Bibliothek des technischen Wissens

Paul Wyndorps

3D-Konstruktion mit Creo Parametric

1. Auflage

Verlag Europa-Lehrmittel • Nourney, Vollmer GmbH & Co. KG
Düsselberger Str. 23 • 42781 Haan-Gruiten

Europa-Nr.: 89526

Autor:

Prof. Dr.-Ing. Paul Theodor Wyndorps, 72793 Pfullingen

Prof. Dr. Wyndorps unterrichtet CAD/CAE-Techniken sowie Konstruktion an der Hochschule Reutlingen.

Verlagslektorat:

Dr. Astrid Grote-Wolff

Die in diesem Lehr- und Übungsbuch bzw. Nachschlagewerk genannten Software-, Hardware- und Handelsnamen sind in der Mehrzahl auch eingetragene Warenzeichen.

Die im Rahmen von diesem Buch verwendeten Konfigurations- und Normteildateien (Startup TOOLS) werden von INNEO-Solutions GmbH auf ihrer Internetseite für die Studentenversion von Pro/ENGINEER bzw. *Creo* kostenlos zum Download bereitgestellt: **www.inneo.com/startuptools-studentenversion**

Die Studentenversion der Design TOOLS-SE können kostenfrei bei der Hochschule Reutlingen heruntergeladen werden:

http://www.dtools.fh-reutlingen.de/

Die kostenlose, jeweils aktuelle Studentenversion von *Creo Parametric* bzw. *Creo Elements*/pro mit eingeschränktem Leistungsumfang ist erhältlich unter: **http://www.ptc.com/go/creoforstudents**

1. Auflage 2013

Druck 5 4 3 2

ISBN 978-3-8085-8952-6

Satz: Prof. Dr. Wyndorps

Druck: Konrad Triltsch, Print und digitale Medien GmbH, 97199 Ochsenfurt-Hohestadt

Vorwort

Mit der Version ***Creo Parametric*** hat PTC als Nachfolger vom ***Pro/ENGINEER-Wildfire*** ein völlig neues Bedienkonzept für sein bewährtes 3D-CAD-System herausgebracht.

Das vorliegende Buch richtet sich in erster Linie an alle, die sich erstmalig in das 3D-CAD-System *Creo Parametric* einarbeiten wollen. Das Buch wurde als Handbuch für *Creo-Parametric*-Funktionen und als Lehrbuch im Hinblick auf die Version ***Creo 1.0*** und ***Creo 2.0*** weiterentwickelt. Im Vergleich zum Vorgängerwerk „3D-Konstruktion mit Pro/ENGINEER – Wildfire 5.0", 5. Auflage, liegen erhebliche Änderungen vor. Wesentliche Erweiterungen sind der Umgang mit dem **Flexiblen Modellieren**, **Bewegungs-Skeletttechniken** (motion sekelton), der Umgang mit **Import-Geometrie,** die detaillierte Anwendung von **Geometrischen Toleranzen** nach der neuen ISO 1101 und die beispielhafte Modellierung von anspruchsvollen **Benutzerdefinierten Elementen (UDF)** am Beispiel des Verzahnungsfräsens.

Am weitgehend durchgängig verwendeten Beispiel eines Modellflugmotors werden in kleinen Arbeitsschritten die wichtigsten Verfahren der 3D-Konstruktion, einschließlich der Blechteilkonstruktion, bis hin zur abgeleiteten Fertigungszeichnung erlernt und trainiert. Neben den reinen Programm-Handhabungstechniken werden die verschiedenen Konstruktionsarbeitsweisen, wie „Top-Down" und „Bottom-Up", sowie die Arbeit aus dem Grobmodell erläutert.

Da meist mehrere Vorgehensweisen zum gleichen Modellergebnis führen, werden möglichst viele der wichtigsten Verfahren und Lösungsansätze beschrieben. Neben der Volumenmodellierung werden Verfahren zur Organisation und Strukturierung von Baugruppen, zur Animation und zur kinematischen sowie dynamischen Simulation der Komponenten behandelt.

Über die Inhalte klassischer Basis- oder Grundkurse hinausgehend soll das Buch den Konstrukteur in die Lage versetzen, übliche Konstruktions- und Detaillierungsaufgaben selbstständig, ohne fremde Hilfe zu lösen. Aufgrund des ausführlichen Inhalts- und Sachwortverzeichnisses ist das Buch zum Selbststudium und als Nachschlagewerk geeignet. Dem Buch beigefügt ist eine DVD mit insgesamt 10 Stunden Videomaterial der wesentlichen Modellierungs- und Verfahrensschritte sowie den CAD-Daten der entsprechenden Kapitel.

Der im Rahmen des Buches verwendete Motor vom Typ „Graupner OS Max 61 FX" wurde aus didaktischen Gründen teilweise erheblich verändert. So entsprechen beispielsweise die angegebenen Werkstoffe nicht den tatsächlich verwendeten Werkstoffen. Auch wurden verschiedene Bemaßungen geändert oder Geometrieelemente weggelassen. Der Schulungsmotor ist damit nicht flugfähig. Bei den Marken „Graupner" und „OS" handelt es sich um beim Deutschen Patentamt eingetragene Marken.

Unseren Lesern wünschen wir viel Freude und Erfolg bei der Erarbeitung der wesentlichen Verfahren der 3D-Konstruktion mit *Creo Parametric.* Kritische Hinweise unserer Leser nehmen wir unter der Verlagsadresse oder per E-Mail (**lektorat@europa-lehrmittel.de**) gerne entgegen. Wir bitten Sie, auch in Zukunft die Weiterentwicklung dieses Buches durch Ihre Verbesserungsvorschläge zu unterstützen.

Winter 2012/2013 Autor und Verlag

Unser besonderer Dank gilt:

Frau Evelyne Margheria, Director, PTC Academic Program EMEA
Herrn Bernhard Eberl, PTC, Education Program Manager
für die Genehmigungen und vielfältige Unterstützung,

INNEO Solutions GmbH, Ellwangen,
für das Bereitstellen wichtiger Konfigurationsdateien,

insbesondere Herrn Dipl.-Ing. (TU) Steffen Nessler,
für die Mitentwicklung der Design TOOLS und seine vielfache Hilfe,

Frau Nina Mogck, Hamburg,
für die Anregungen und Unterstützung sowie Kontrolle der Blechmodellierung,

Herrn Dipl.-Ing. (FH) Martin Lüttke, Hochschule Pforzheim,
für die Überprüfung der Modellierung und die vielen wertvollen Hinweise,

Graupner Modellbau GmbH & Co. KG, Kirchheim/Teck,
für die Freigabe ihres Flugmotors OS Max 61 FX als Schulungsbeispiel und

Trivit AG, Ravensburg,
für die Anregungen sowie die Freigabe von Bildern und Formulierungen.

Inhalt

1 Anleitung zur Handhabung des Buches

Die Darstellung von Dialogboxen wird so weit wie möglich durch zumindest ausschnittsweises Abbilden der entsprechenden Bildschirmdarstellung erreicht.

Um die Erklärungen übersichtlicher zu gestalten, werden folgende Darstellungen und Abkürzungen verwendet:

Aufgabe	Darstellung
Aufforderung zur Ausführung	
Funktionsaufruf mit der Maus aus der Menüleiste (z. B. „Datei")	• ⇦ **Datei**
Funktionsaufruf als Kette aus einem Untermenü der Menüleiste (z. B. Objektmodus „Teil" aus Funktion „Neu" im „Dateimenü")	• ⇦ **Datei**, Neu, ⊙ Teil
Name eines Dialogfensters	UMGEBUNG
Kurzer Klick auf die rechte Maustaste	⇨
Kurzer Klick auf die linke Maustaste	⇦
Kurzer Klick auf die mittlere Maustaste	⇩
Scroll-Rad der Maus	**[Sc]**
Return bzw. Eingabetaste	**[↵]**
Strg-Taste	**[Strg]**
Umschalttaste Groß-/Kleinschreibung	**[⇧]**
Gleichzeitige Maus- und Tastatur-Kombination (z. B. Umschalttaste und linke Maustaste)	**[⇧] +** ⇦
Befehlsschalter in Dialogfenstern	**[OK]** oder ✔
Warnungen, Hinweise und Tipps	⚠ ☞ So kommen Sie schneller ans Ziel.
Eingabeaufrufe	I*Name*I?
Eingaben	**[1.5]**

Creo benötigt als Dezimaltrennzeichen einen Punkt „.". Werden daher im Verlauf dieses Buches direkte Eingaben angegeben, so werden diese in eckigen Klammern und mit Dezimalpunkt dargestellt. Häufig wird zur Verdeutlichung die Einheit mit ausgegeben, z. B. **[1.5] mm**. Maßangaben im Textverlauf werden in der üblichen Form mit Dezimalkomma dargestellt, z. B. **Tiefe *T* = 1,5 mm**.

Begriffe	Bedeutung
Objekte	Bauteile, Komponenten, Zeichnungen, Haupt- und Unterbaugruppen
Elemente	Konstruktionselemente, Bezugselemente, Flächen usw.
Modelle	Teil- oder Baugruppenobjekte

2 Creo-Lizenzpakete

Creo steht ab der Version 1.0 in den kommerziellen Lizenzpaketen *Creo Engineer I* bis *Creo Engineer IV* zur Verfügung (Stand: März 2012). Der größte Teil der in diesem Buch behandelten Verfahren kann allein mit dem Basismodul ***Creo Parametric*** aus dem Paket *Engineer I* angewendet werden, einzelne Themen, wie z. B. die Skelett-Techniken (**Creo Advanced Modeling Extension AAX**) oder die dynamischen Analysen (**Creo Mechansim Dynamics Extension MDX**) können erst ab *Creo Engineer II* oder *Creo Engineer III* umgesetzt werden. Einen Überblick über die Creo-Erweiterungsmodule gibt die folgende Tabelle:

2D- und 3D-Konstruktionslösungen	Creo Engineer I	Creo Engineer II	Creo Engineer III	Creo Engineer IV
Creo Apps				
Creo Parametric	•	•	•	•
Creo Erweiterungen				
Creo Flexible Modeling Extension	•	•	•	•
Creo Manikin Extension	•	•	•	•
Creo Advanced Assembly Extension		1 von 3 Optionen wählen	•	•
Creo Behavioral Modeling Extension		1 von 3 Optionen wählen	•	•
Creo Mechanism Dynamics Extension		1 von 3 Optionen wählen	•	•
Creo Interactive Surface Design Extension			•	•
Creo Piping & Cabling Extension			•	•
Creo Simulation Extension				•
Creo Tolerance Analysis Extension				•
Creo Rights Management Extension				•

Quelle: PTC-Dokument 6723_Creo_Direct_Packages_DS_DS.pdf (Stand März 2012)

Neben den kommerziellen Lizenzpaketen gibt es eine kostenlose Student-Edition und eine kostenpflichtige Academic-Edition mit folgenden Modulen (Quelle: PTC auf Anfrage, Stand 17.08.2012).

	Student Edition	Academic Edition - Individual
Creo Parametric - Design		
Creo Parametric	X	X
Creo Advanced Assembly Extension	X	X
Creo Interactive Surface Design Extension II	X	X
Creo Piping & Cabling Extension	X	X
Creo Advanced Rendering Extension	X	X
Creo Expert Framework Extension		X
Creo Manikin		X
Creo Manikin Analysis		X
Creo Application Programming Toolkit		X
Creo Legacy Migration	X	X
Creo ECAD-MCAD Collaboration		X
Creo Language Option - Chinese	X	X
Creo Flexible Modeling	X	X

Die Student- und die Acadenic-Edition beiinhalten darüberhinaus die im folgenden aufgeführten weiteren Module aus den Bereichen *Production, Simulate, Direct* und *Layout*.

	Student Edition	Academic Edition - Individual
Creo Parametric - Production		
Creo Complete Machining Extension		X
Creo NC Sheetmetal Option		X
Creo Computer-aided Verification Option		X
Creo Plastic Advisor Extension		X
Creo Expert Moldbase Extension	lite	X
Creo Progressive Die Extension		X
Creo Complete Mold Design Extenstion		X

Creo Parametric - Simulation		
Creo Advanced Simulation Extension		X
Tolerance Analysis powered by CETOL		X
Creo Behavioral Modeling Extension	X	X
Creo Mechanism Dynamics	X	X
Creo Creo Spark Analysis Extension		X

Creo Direct		
Client license	X	X

Creo Simulate		
Client license	lite	X

Creo Layout		
Client license	X	X

3 Einleitung

Bei der klassischen zweidimensionalen Darstellung von Konstruktionen in Form technischer Zeichnungen leitet der Konstrukteur von einem dreidimensionalen, nur in seiner Vorstellung existierenden Modell verschiedene zweidimensionale Ansichten und Schnitte ab, die zusammengenommen und versehen mit Maßen eine vollständige Beschreibung des gewünschten dreidimensionalen Bauteils ergeben.

Moderne 3D-CAD-Systeme ermöglichen es dem Konstrukteur, seine dreidimensionale Vorstellung in ein ebenfalls dreidimensionales, virtuelles Modell umzusetzen, welches von allen Seiten und in beliebigen Körperschnitten betrachtet werden kann. Für das Ableiten der zur Dokumentation des Bauteils erforderlichen zweidimensionalen Ansichten und Schnitte in Form von Zeichnungen stehen in *Creo* umfangreiche Hilfsmittel bereit, die einen hohen Automatisierungsgrad ermöglichen.

Der wesentliche Unterschied zur 2D-Konstruktion besteht darin, dass der Konstrukteur die Gestalt des Bauteils nicht mehr über das Bemaßen in den Zeichnungen, sondern über die Festlegung von Längen, Abständen, Durchmessern usw. bei der 3D-Modellerzeugung vornimmt. Die Maße in den abgeleiteten Zeichnungen sind das Ergebnis (Ausgabe) dieses Prozesses; sie dienen im Allgemeinen nicht der Eingabe. In Baugruppendateien werden Verweise auf die Bauteile und deren Verbindungen abgelegt.

Creo Parametric unterscheidet daher zwischen:

- Bauteilmodelldaten, die in Dateien mit der Endung „.prt“ (part) abgelegt werden,
- Baugruppenmodelldaten mit der Endung „.asm“ (assembly),
- Zeichnungsdaten dieser Modelle, die in eigenen Dateien mit der Endung „.drw“ (drawing) abgelegt werden. Zeichnungsdaten sind in diesem Zusammenhang nur die Informationen über die Art und Lage von Ansichten und Schnitten, Formatvorgaben, Anordnung von Bemaßungen, Oberflächen usw. sowie der Verweis auf die zugehörige Modelldatei. Die Maße und Abhängigkeiten der Konstruktionselemente sind hier nicht gemeint.

Aufgrund dieser Struktur werden alle das Modell beschreibenden Informationen (Maße, Definition von Schnitten und Schnittverläufen, Toleranzen, Werkstoffdaten usw.) im Modell abgespeichert.

Im Folgenden sind einige weitere Merkmale von *Creo Parametric* zusammengefasst und kurz beschrieben:

☐ **Parametrik:** Die Modelle sind parametrisch aufgebaut. Die Änderung eines Maßwertes führt zu einer Änderung des Modells und seiner Abhängigkeiten. Anstelle fester Bemaßungswerte können mathematische Funktionen (*Beziehungen*) eingegeben werden, die eine variable Gestaltung der Modelle ermöglichen.

☐ **Bidirektionale Assoziativität:** Die Assoziativität der Modelldaten ist in beiden Richtungen gegeben. Werden beispielsweise Bemaßungswerte des Modells geändert, werden automatisch die entsprechenden Zeichnungen auf die neuen Werte aktualisiert (*Richtung 1*). Werden umgekehrt Änderungen eines Maßwertes in einer abgeleiteten 2D-Zeichnung vorgenommen, wird das 3D-Modell mit allen seinen Abhängigkeiten aktualisiert (*Richtung 2*).

Bei Bauteilen, die Bestandteil von Baugruppen sind, kann die Änderung aus der abgeleiteten Zeichnung heraus aufgrund der dort nicht erkennbaren Abhängigkeiten zu anderen Bauteilen und Nachfolgeelementen zu unerwarteten Ergebnissen beim Regenerieren der Baugruppe führen.

☞ Vermeiden Sie das Ändern von Bauteilen durch Maßänderungen in der abgeleiteten 2D-Zeichnung.

☐ **Elementbasiertes Modellieren**: Beim elementbasierten Modellieren wird das Modell aus mehreren Konstruktionselementen aufgebaut. Das sind in erster Linie gezogene oder rotierte Körper und Schnitte. Dazu kommen platzierbare Grundelemente (*Pick-and-Place-Elemente*) wie Bohrungen, Fasen, Rundungen usw.

Daneben dienen Bezüge (Ebenen, Achsen, Punkte und Kurven) zur Lagefixierung der Konstruktionselemente (Referenzierung).

Dasselbe Modell kann auf unterschiedliche Weisen erstellt werden. Beispielsweise können Fasen und Rundungen schon in der Skizze des Zug- oder Rotationskörpers definiert werden oder als eigenes Konstruktionselement dem Körper nachgeschaltet werden.

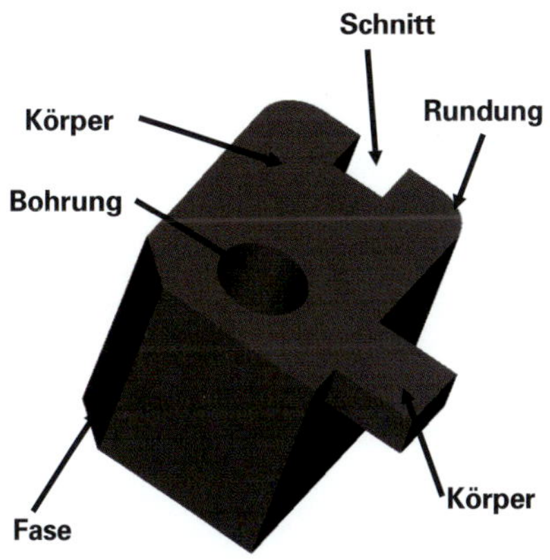

☞ Es gibt in *Creo Parametric* keine Modellierungsvorschriften. Halten Sie die Skizzen so einfach wie möglich. Verwenden Sie nach Möglichkeit viele einfache Konstruktionselemente und platzierbare Grundelemente anstelle komplexer Konstruktionselemente.

- **Eltern-Kind-Beziehungen:** Als Eltern-Kind-Beziehung wird der Zusammenhang zwischen Konstruktionselementen oder Baugruppenkomponenten bezeichnet. Nachfolgend ist eine Bohrung in Abhängigkeit zu einer geraden Nut platziert. Ändert sich die Breite der Nut, ändert sich auch die Lage der Bohrung. In dieser parametrischen Beziehung ist die Nut das „Elternelement" und die Bohrung das „Kind" der Nut.

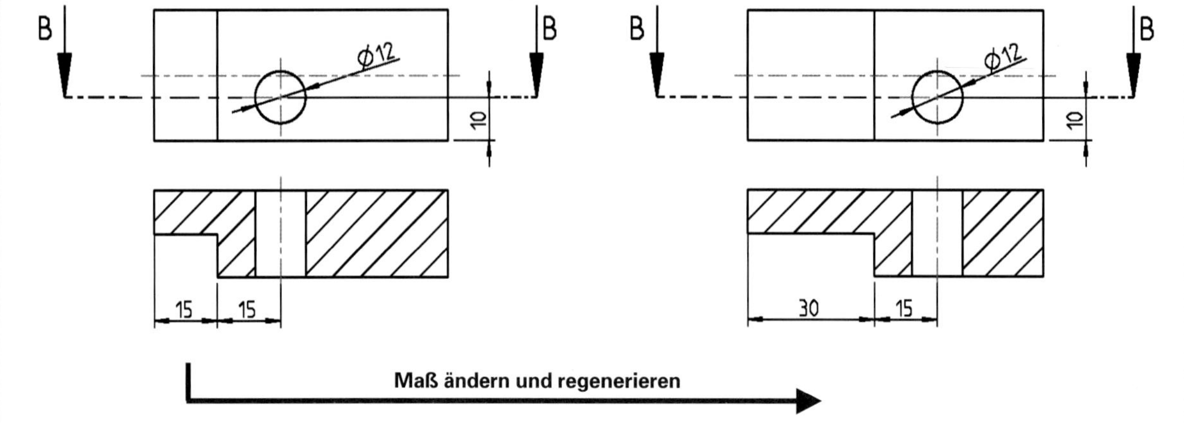

Nut:	Elternelement	Die Bohrung wandert nach rechts.
Bohrung:	Kind (referenziert auf Nut)	

Das Beispiel soll verdeutlichen, wie wichtig es ist, beim Konstruieren darauf zu achten, welche Referenzen einem Konstruktionselement zugewiesen werden.

Die Eltern-Kind-Beziehungen haben ebenfalls Einfluss auf das Löschen von Elementen. Soll die Nut aus dem oberen Beispiel gelöscht werden, muss der Bohrung zuerst eine neue Referenz zugewiesen werden. Gleiches gilt auch für Eltern-Kind-Beziehungen innerhalb und zwischen Baugruppen. Im folgenden Beispiel bestehen keine Eltern-Kind-Beziehungen.

Es ist deshalb ratsam, die Einbaureferenzen von Baugruppenkomponenten im Voraus sorgfältig zu überdenken.

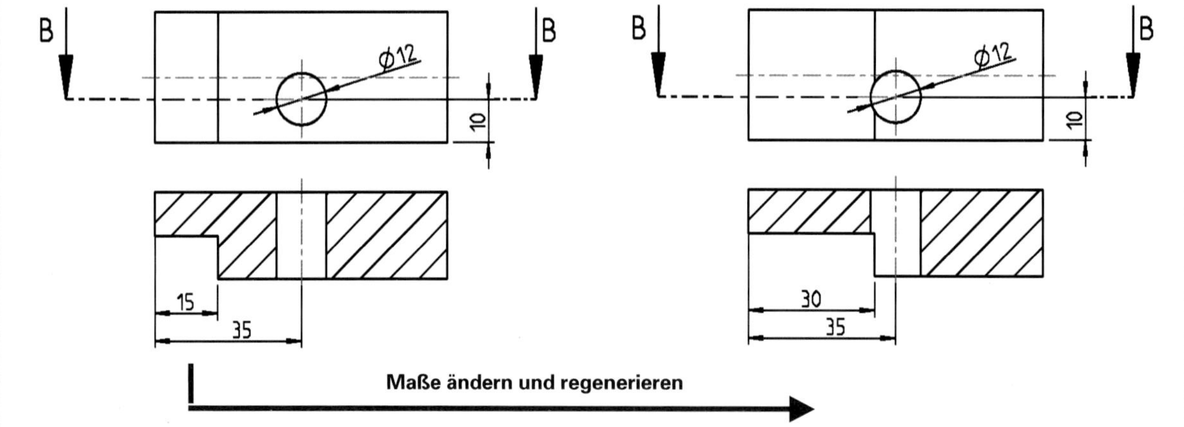

Keine Eltern-Kind-Beziehungen zur Nut	Die Position der Bohrung bleibt bei Verbreiterung der Nut unverändert.

4 Grundlagen

4.1 Creo-Hauptfenster

Die *Creo Parametric* Benutzeroberfläche besteht aus einem Navigationsbereich oder Modellbaum, einem eingebetteten Web-Browser, der Symbolleiste für den Schnellzugriff, einer Funktionsleiste, einer Multifunktionsleiste, einem Mitteilungsbereich, einem Grafikfenster, einem Statusbereich, einem Filter und diversen funktionsorientierten Dialogfenstern.

Das zu bearbeitende Modell wird im **Grafikfenster** bereitgestellt. Die **Darstellungssteuerung** ist standardmäßig immer im Vordergrund und ermöglicht den schnellen Zugriff auf alle Darstellungsfunktionen, wie das Ein- und Ausblenden von Bezügen (Ebenen, Achsen, usw.) und Anmerkungen, das Zoomen, die Modellausrichtungen, die Ansichtsverwaltung und vieles mehr. Mit der rechten Maustaste im Bereich der Darstellungssteuerung kann diese bezüglich Funktion, Lage und Größe verändert werden. Die **Funktionsleiste** ordnet die wichtigsten Funktionsgruppen zu Dateiverwaltung, Modelldefinition, Analysen, Werkzeugen usw. und aktiviert die jeweils zugehörige Multifunktionsleiste mit den Einzelfunktionen. Die **Multifunktionsleiste** kann über die rechte Maustaste minimiert werden. Sie klappt dann immer nur bei Auswahl eines Registers der Funktionsleiste auf. Der **Modellbaum** stellt die Konstruktionshistorie des aktiven Modells bereit.

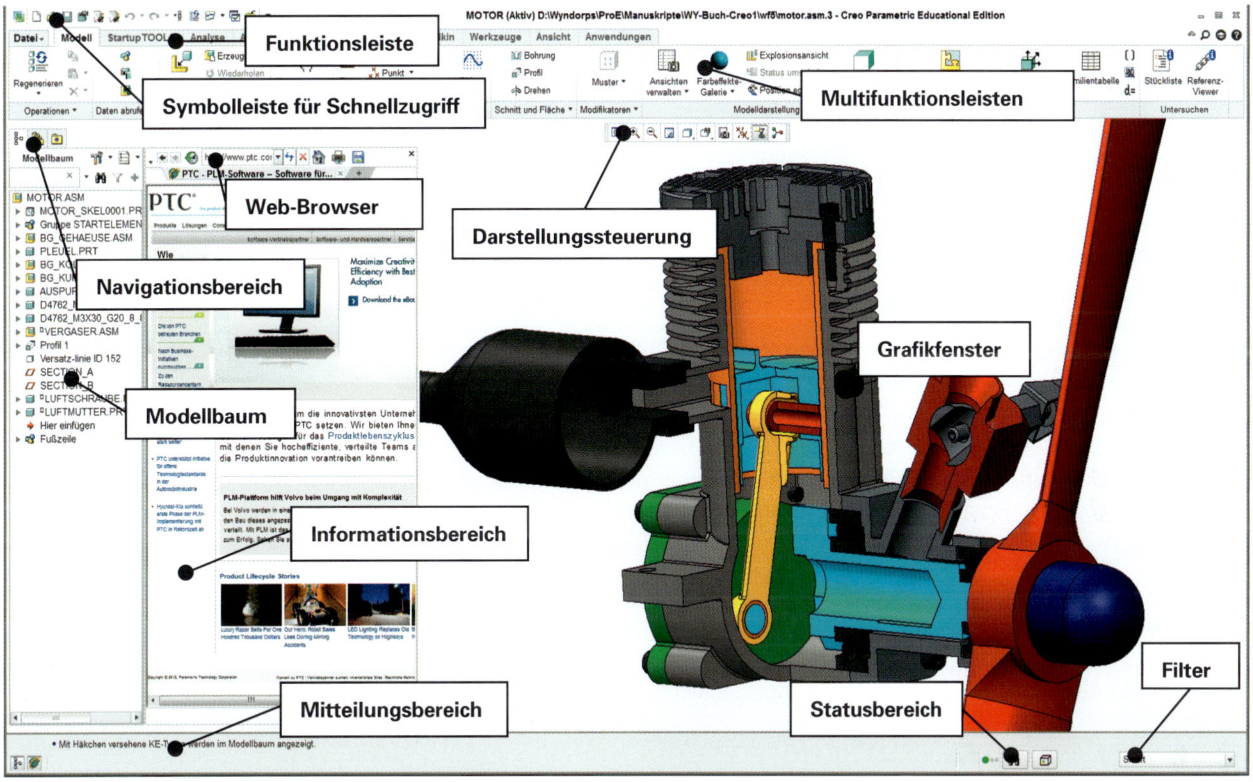

Der **Navigationsbereich** enthält Registerkarten für den Modellbaum, die Folienstruktur, den Ordner-Browser, die Favoriten, den Verlauf und die Verbindungen. Der **eingebettete Web-Browser** von *Creo* befindet sich rechts neben dem Navigationsfenster. Dieser Standard-Browser bietet Zugriff auf interne oder externe Web-Sites sowie Infodaten, wie z. B. Bauteilinformationen. Die **Symbolleiste für den Schnellzugriff** kann genau wie die Multifunktionsleiste individuell angepasst werden.

☞ Menüoptionen, die für den aktuellen Zustand des Fensters oder für das darin dargestellte Objekt oder Element nicht relevant sind, sind nicht verfügbar.

In allen *Creo*-Fenstern gibt es einen **Mitteilungs**- und einen **Statusbereich**, in dem Hilfsinformationen angezeigt werden. Außerdem werden Kurzbeschreibungen eingeblendet, wenn die Maus auf Menünamen, Menübefehle, Schaltflächen oder bestimmte Elemente der Dialogfenster positioniert wird. Im **Mitteilungsbereich** werden alle Mitteilungen angezeigt, die sich unmittelbar auf die im betreffenden Fenster durchgeführten Operationen beziehen. Das Mitteilungsfenster besitzt eine Trennlinie, die es vom grafischen Darstellungsbereich des Fensters abgrenzt. Wenn die Zahl der angezeigten Mitteilungszeilen erhöht oder verringert werden soll, wird der Fensterrahmen in die gewünschte Position gezogen, indem die Maus darauf positioniert und bei gedrückter linker Maustaste bewegt wird.

4.2 Menüstruktur

4.2.1 Funktionsleiste und Multifunktionsleiste

Die Funktionsleiste ist jederzeit anwählbar und ermöglicht den Zugriff auf die Hauptbetriebsarten von *Creo* sowie auf andere systembezogene Funktionen. Die Funktionsleiste unterscheidet sich geringfügig je nach Betriebsmodus (Teil-, Baugruppen- oder Zeichnungsmodus).

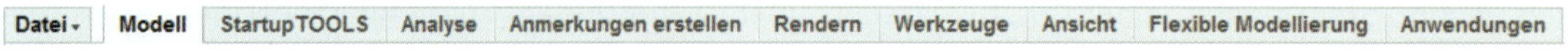

Bei einer individuellen Konfiguration oder der Installation von Zusatztools können zusätzliche Menüpunkte (hier StartupTOOLS) vorhanden sein, über die sich Zusatzfunktionen anwählen lassen.

Datei: Mit dieser Funktion werden *Creo*-Dateien und die *Creo*-Sitzung (Konfiguration mit **Optionen**) verwaltet. Sie enthält die Standardfunktionen zum Öffnen, Erstellen, Löschen und Ausgeben (Drucken) von Dateien sowie zur Sitzungsverwaltung mit Wechsel des Arbeitsverzeichnisses und zum Beenden der Sitzung.

Modell: Unter diesem Register befinden sich sämtliche Funktionen, die zur Definition des Modells oder der Baugruppe benötigt werden. Die Funktionen sind in logischen Gruppen strukturiert und meist als Grafiksymbol und Name direkt verfügbar. Weitere Funktionen sind durch Aufklappen ▾ der Register erreichbar.

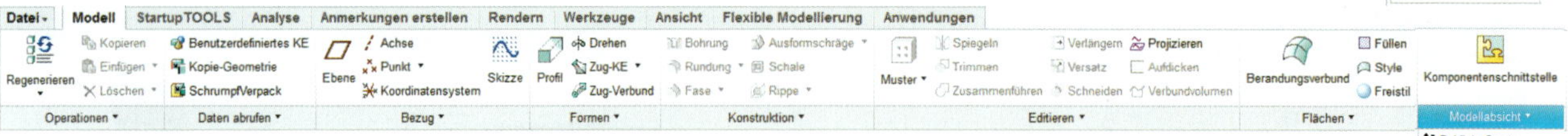

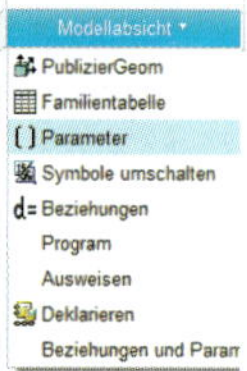

Analyse: Hier sind alle Analysefunktionen, wie z. B. das Messen, die Masseeigenschaften usw. zusammengefasst.

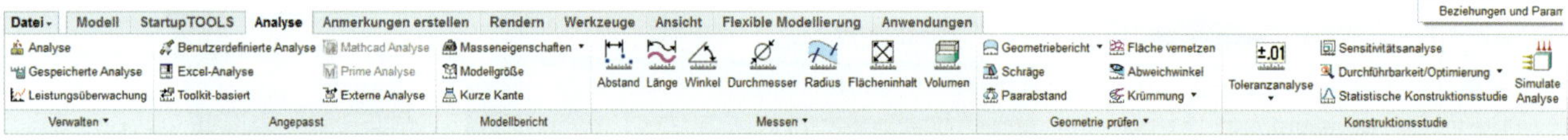

Anmerkungen erstellen: In diesem Menü befinden sich die Funktionen zum Steuern von Modell-Anmerkungen, wie Oberflächenangaben, Form- und Lagertoleranzen (Geometrische Toleranz), Bemaßungen, Symbole und Notizen.

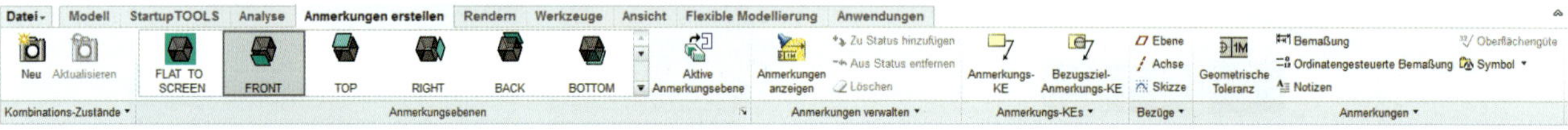

Rendern: Mit diesem Menüpunkt können fotorealistische Modelldarstellungen konfiguriert und eingestellt werden.

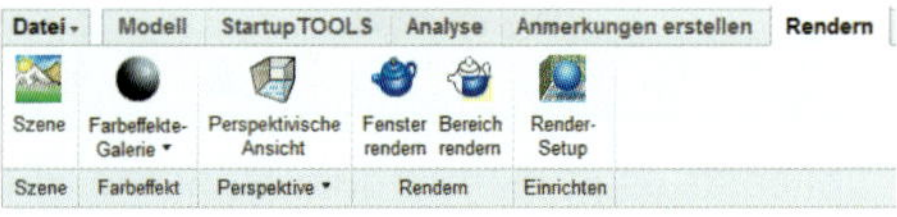

Werkzeuge: Hier werden sämtliche Werkzeuge zusammengefasst. Dazu gehören unter anderem der Referenzviewer, die Suchfunktion, Familientabellen, der Zugriff auf Parameter und Beziehungen, die Komponentenschnittstelle sowie Dienstprogramme zum Erstellen von User-Defined-Feature (UDF: benutzerdefiniertes Objekt) und zur Farbverwaltung.

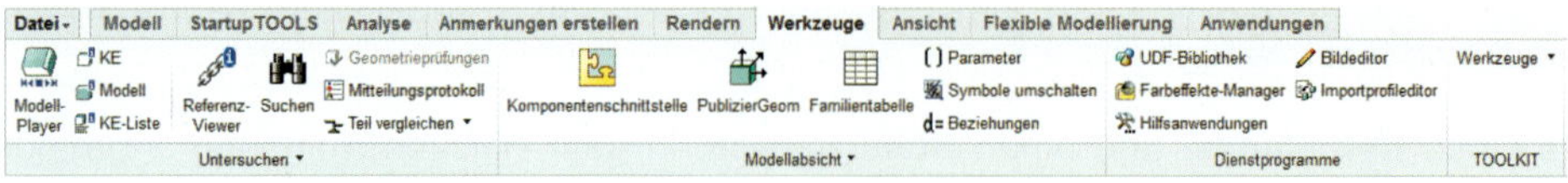

Ansicht: In diesem Menübereich sind alle Funktionen zu Sichtbarkeit, Orientierung, Modelldarstellung und Fenstersteuerung zusammengefasst. Ein Großteil dieser Funktionen ist auch in der Darstellungssteuerung enthalten.

Flexible Modellierung: Dieser Menübereich enthält die Funktionen zur neu eingeführten flexiblen (nicht parametrischen) Modelländerung. Das flexible Modellieren erlaubt das schnelle Experimentieren mit der Konstruktion, ohne Änderungen festlegen zu müssen.

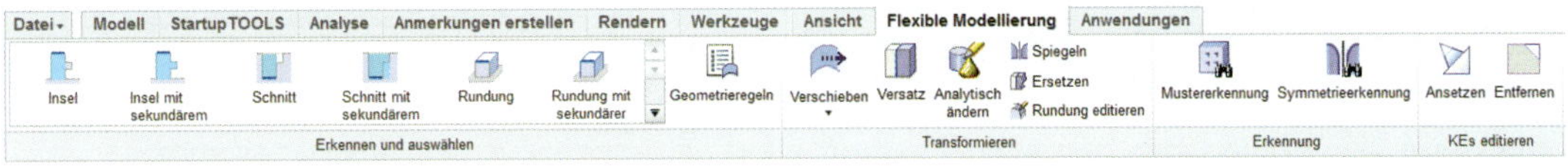

Applikationen: In diesem Menü kann je nach Lizenzmodell zwischen dem Standardmodus und optionalen Modulen, wie Schweißen, Verkabelung, Rohrverlegung, Spritzgusslayout, ECAD-Collaboration, Mechanismus, Animation sowie Simulieren (FEM) gewählt werden.

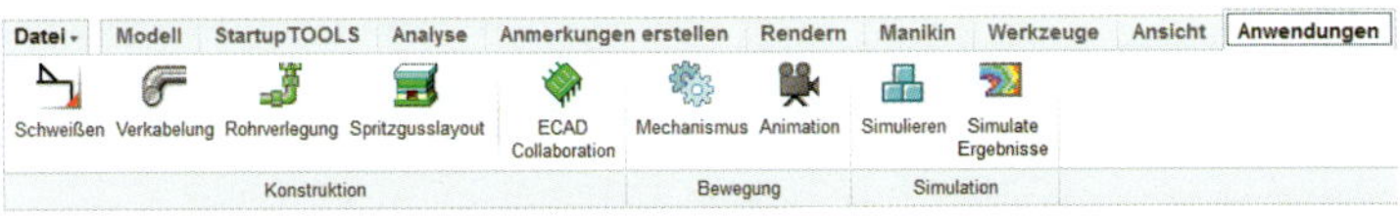

Hilfe: Dieser Bereich am rechten Rand der Funktionsleiste stellt verschiedene Hilfsfunktionen zur Verfügung:

- Multifunktionsleiste minimieren / maximieren
- Suche nach Funktionen über den Funktionsnamen
- Der Learning-Connector stellt bei entsprechender Installation eine Verbindung zur Wissensdatenbank von PTC her
- Öffnet das Hilfe-Center zu *Creo*

4.2.2 Verwaltungsfunktionen - Register „Datei“

Bevor Sie mit dem Modellieren beginnen, sollten Sie sich mit den Speicherfunktionen von *Creo* vertraut machen, da diese teilweise vom üblichen Windows-Standard abweichen:

- *Creo* sucht alle Dateien im Arbeitsverzeichnis und über vorkonfigurierte Suchpfade.
- Neu erzeugte Objekte werden im Arbeitsverzeichnis abgelegt.
- Aufgerufene Objekte werden im Herkunftsverzeichnis abgelegt.

☞ Wählen Sie zu Beginn der Arbeit zuerst das Arbeitsverzeichnis für das aktuelle Projekt aus oder erzeugen Sie ein neues Arbeitsverzeichnis.

- Abweichend von typischen Windows-Programmen bleibt nach dem Schließen eines Fensters das Objekt weiter im Arbeitsspeicher. Zum Entfernen aus dem Arbeitsspeicher dient die Funktion **Aktuelles Objekt löschen** .
- Die beiden **Löschen**-Funktionen entfernen die Modelle sowohl unwiderruflich aus dem Arbeitsspeicher als auch von der Festplatte ohne Verwendung des Windows-Papierkorbes.

⚠ Gelöschte Objekte sind nicht mehr rekonstruierbar.

Das Datei-Register bietet die folgenden Wahlmöglichkeiten:

☐ **Neu** : Erstellt ein neues Objekt (Skizze, Teil, Baugruppe, Zeichnung, usw.)

☐ **Öffnen** : Öffnet ein vorhandenes Objekt aus dem aktuellen Arbeitsverzeichnis. Alle Objekte im Verzeichnis werden angezeigt. Zur Auswahl eines Objektes kann das Verzeichnis auch gewechselt werden.

Wenn in der Konfigurationsdatei *<config.pro>* der Schalter **open_simplified_rep_by_default** auf **yes** gesetzt ist (siehe Kap. 4.3.1), wird man beim Öffnen vorhandener Dateien aufgefordert, den Darstellungstyp zu wählen. Die Darstellungstypen und ihre Verwendung werden in Kap. 20.3.1 erklärt.

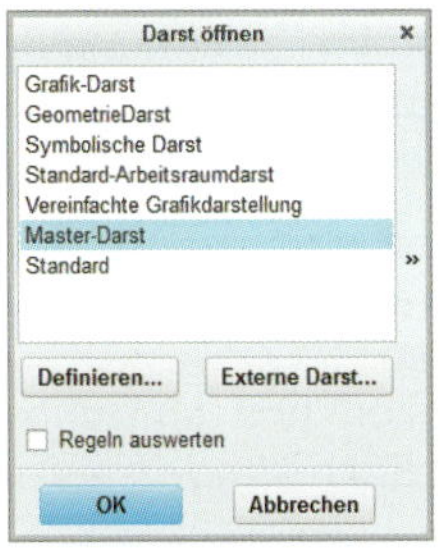

☞ Öffnen Sie zunächst alle Dateien im Modus „Master-Darstellung“.

☐ **Speichern** : Speichert ein Objekt auf der Festplatte. Wurde ein Objekt aus einem anderen Verzeichnis aufgerufen, wird es auch wieder dorthin gespeichert.

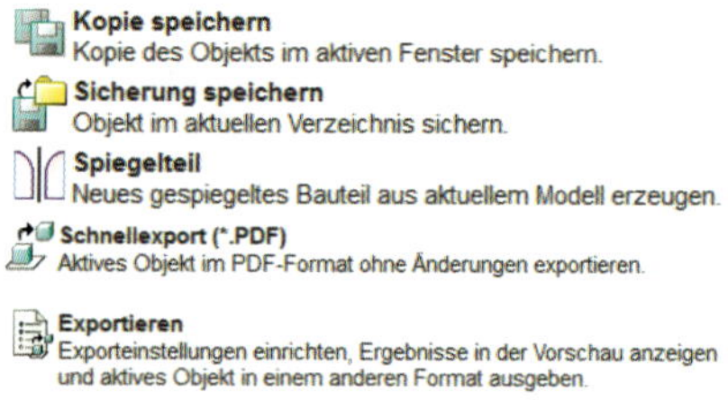

- ☐ **Speichern als ▶**: Öffnet ein Unterregister mit folgenden Speichermöglichkeiten:
  - **Kopie speichern**: Speichert eine Kopie des aktuellen Objekts unter einem neuen Namen. Das ursprüngliche Objekt bleibt dabei aktiv.
  - **Sicherung speichern**: Kopiert den aktuellen Zustand aller abhängigen Objekte einer Baugruppe in ein Verzeichnis.
  - **Spiegelteil, -baugruppe**: Im Teil- oder Baugruppenmodus wird ein neues gespiegeltes Teil bzw. eine neue gespiegelte Baugruppe erstellt. Zu allen Komponenten der Baugruppe werden neue gespiegelte Komponenten erstellt.
  - **Schnellexport (*.PDF)**: Erstellt im Zeichnungsmodus aus der Bildschirmdarstellung eine Zeichnung als PDF-Datei.

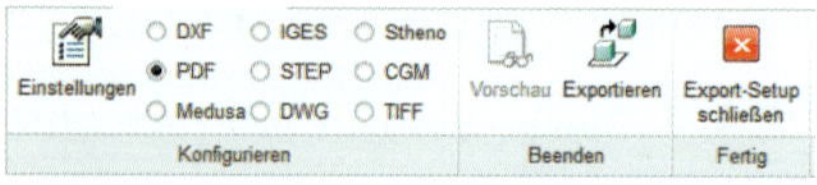

  - **Exportieren**: Ermöglicht den Export einer Zeichnung in unterschiedlichem Format mit erweiterten Einstellungsmöglichkeiten für jedes einzelne Ausgabeformat.

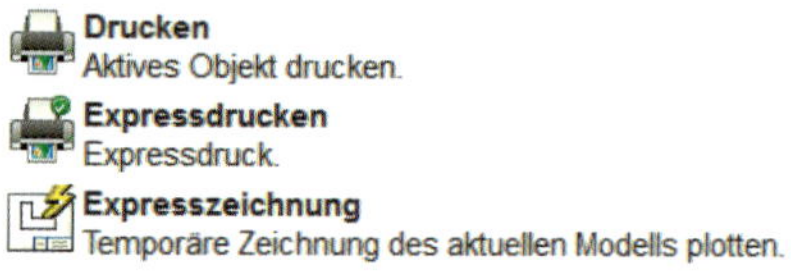

- ☐ **Drucken ▶**: Öffnet ein Unterregister mit folgenden Ausgabemöglichkeiten:
  - **Drucken**: Druckt die Datei mit dem Druckmanager auf dem eingerichteten Drucker.
  - **Expressdrucken ▶**: Druckt die Datei auf dem eingerichteten System-Standarddrucker.
  - **Expresszeichnung**: Bietet die Möglichkeit, aus dem Modell- oder Baugruppenmodus heraus ohne aufwendige Zeichnungsableitung (siehe Kap. 22) eine vorläufige Zeichnung zu drucken.
- ☐ **Schließen**: Schließt das aktuelle Fenster ohne die Daten aus dem Speicher zu löschen.

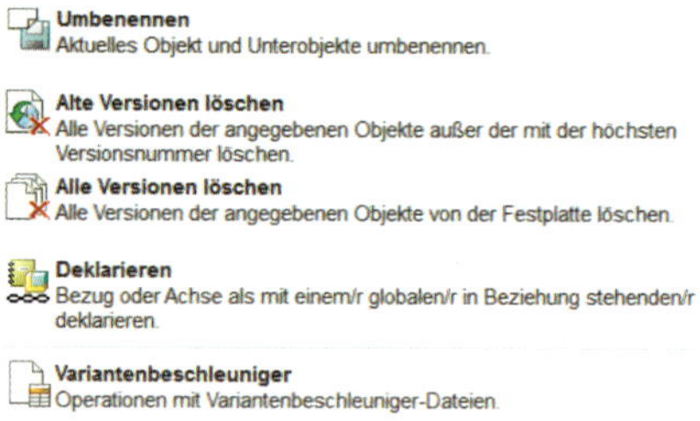

- ☐ **Datei verwalten▶**: Öffnet ein Unterregister mit den Funktionen:
  - **Umbenennen**: Ändert den Dateinamen des aktuellen Objekts in einen neuen Dateinamen. Die Datei kann endgültig, oder nur für die Dauer der aktuellen Sitzung auf der Festplatte umbenannt werden.
  - **Alte Versionen löschen**: Löscht alle älteren Versionen eines Objekts von der Festplatte.
  - **Alle Versionen löschen**: Löscht alle Versionen eines Objekts von der Festplatte und aus dem Arbeitsspeicher.

  ⚠ Der Befehl *Löschen/Alle Versionen* kann nicht rückgängig gemacht werden. Wenn *Alle Versionen löschen* gewählt wurde, kann auch kein früherer Stand mehr aufrufen werden!

  - **Deklarieren**: Erlaubt die Definition und Zuordnung von Steuerdateien (Layouts, Entwürfe) zu den Modelldaten.
  - **Variantenbeschleuniger**: Verwaltet Operationen mit Variantenbeschleunigerdateien.

im Teil- und Baugruppenmodus

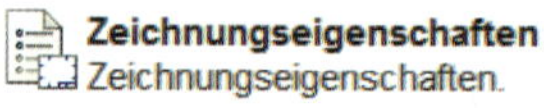

im Zeichnungsmodus

- ☐ **Datei vorbereiten ▶**: Öffnet ein Unterregister mit allgemeinen Modellvorbereitungen. Die wichtigsten Funktionen sind dabei die **Modelleigenschaften** im Teil- und Baugruppenmodus sowie die **Zeichnungseigenschaften** im Zeichnungsmodus. Die weiteren Funktionen betreffen Prüfverfahren für Modelle mittels ModelCHECK und Zugriffsrechte (Digital Right Management DRM).
  - **Modelleigenschaften**: Über die Modelleigenschaften werden dem Modell das Material, die Einheiten, die Genauigkeit, Allgemeintoleranzen und vieles mehr zugewiesen (siehe Kap. 8).

  ☞ Für einen schnellen und einfachen Zugriff ist es hilfreich, die Modelleigenschaften in die *Symbolleiste für Schnellzugriff* aufzunehmen.

  - **Zeichnungseigenschaften**: Im Zeichnungsmodus lassen sich individuell die Zeichnungseinstellungen ändern. Üblicherweise werden die Grundeinstellungen über eine Konfigurationsdatei (z.B. DIN.dtl) vorgenommen.

- ☐ **Senden ▶**: Über die eingeordnete Funktion **E-Mail-Empfänger** können die Modell- oder Zeichnungsdaten sofort an einen Mailempfänger versendet werden.

- ☐ **Sitzung verwalten ▶**: Öffnet ein Unterregister mit den Funktionen zur Sitzungsverwaltung.

  - **Aktuelles Objekt löschen** : Löscht das aktuelle Objekt (Modell, Baugruppe, Zeichnung, usw.) aus dem Arbeitsspeicher und schließt das zugehörige Fenster.

    ☞ Der aktuelle Stand aus dem Speicher wird unwiderruflich gelöscht. Auf der Festplatte gespeicherte Daten bleiben erhalten.

  - **Nicht angezeigte Objekte löschen** : Löscht alle nicht angezeigten Objekte (Modelle, Baugruppen, Zeichnungen, usw.) aus dem Arbeitsspeicher.

    ☞ Nur die Daten aus dem Speicher werden unwiderruflich gelöscht. Auf der Festplatte gespeicherte Daten bleiben erhalten.

  - **Index aktualisieren** : Variantenindexdateien ermöglichen einen beschleunigten Aufruf der einzelnen Varianten eines Modells (siehe Familientabellen, Kap. 13.11.7). Bei Änderungen an den Varianten ist eine Aktualisierung der Indexdatei sinnvoll.

  - **Traildatei ausführen** : Alle Schritte und Eingaben einer *Creo*-Sitzung werden in einer Traildatei abgespeichert. Durch Abspielen der Traildatei lassen sich bei einem unerwarteten Abbruch die Arbeiten wiederherstellen. Traildateien sind editierbare Textdateien (.txt). Vor dem Abspielen einer Traildatei muss diese außerhalb von *Creo* umbenannt werden.

    ☞ Traildateien lassen sich mit ergänzenden Textblöcken zu Trainingsdateien (.txa) für Schulungszwecke erweitern (siehe *Creo*-Hilfe).

  - **Server-Manager** : Verwaltung von Datenservern

  - **Arbeitsverzeichnis auswählen** : Wechselt das aktuelle Arbeitsverzeichnis. *Creo* sucht alle Dateien im Arbeitsverzeichnis und über vorkonfigurierte Suchpfade. Neu erzeugte Objekte werden nur im Arbeitsverzeichnis abgelegt, aufgerufene Objekte werden im Herkunftsverzeichnis abgelegt.

  - **Objekliste** : Erstellt eine Liste aller in der Sitzung (Arbeitsspeicher) geladenen Objekte.

- ☐ **Hilfe ▶**: Öffnet ein Unterregister mit den Hilfe-Funktionen zu *Creo*.

- ☐ **Optionen** : Zugriff auf die Optionen zur Systemkonfiguration (siehe Kap. 4.3).

4.2.3 Dateinamen und Versionen

Grundsätzlich wird von *Creo* keine Datei überschrieben, sondern die aktuelle Version wird immer als neue Datei unter demselben Namen mit einer neuen Versionsnummer abgelegt.

⚠ Teil- bzw. Baugruppennamen müssen im Arbeitsumfeld (unternehmensweit) absolut einmalig sein!

Die Regeln zur Namensgebung von Dateien, z. B. die Länge des Dateinamens, die Auswirkung von Groß- und Kleinschreibung usw. sind abhängig vom Betriebssystem. Beachten Sie diese Regeln, bevor Sie Objekte in *Creo* speichern. Für gewöhnlich sollten alle Datei- und Verzeichnisnamen klein geschrieben werden. Es dürfen keine Umlaute (ü, ö, ä) oder der Buchstabe ß, sowie keine Sonder- oder Leerzeichen verwendet werden.

Für die Standarderweiterungen von Dateinamen gilt:

Einzelteildatei	xxxxx.**prt**.##	prt: part	Zeichnungsdatei	xxxxx.**drw**.##	drw: drawing
Baugruppendatei	xxxxx.**asm**.##	asm: assembly	Skizzendatei	xxxxx.**sec**.##	sec: section

xxxxx: Dateibezeichner ##: laufende Versionsnummer

☞ Zeichnungen sollten den gleichen Namen wie die darin enthaltenen Modelle erhalten.

In diesem Buch werden Bauteile mit beschreibenden Dateinamen (Beispiel: ***kurbelwelle.prt***) und Unterbaugruppen mit „BG_" plus beschreibendem Namen (Beispiel: ***BG_kurbewelle.asm***) benannt. Die Hauptbaugruppe erhält zur Unterscheidung von Unterbaugruppen keine Vorsetzzeichen. Sie lautet hier: ***motor.asm***.

4.2.4 Objektmodus wählen

Das Dialogfenster „Neu", das automatisch bei der Erzeugung eines neuen Objekts aufgerufen wird, ermöglicht den Zugriff auf die Hauptobjektarten von *Creo*. Nachfolgende Objektmodi werden in diesem Buch verwendet und erläutert:

- **Skizze:** Skizzen sind 2-dimensionale parametrische Profile, die zur Definition von Form und Größe sowie zur Lokalisierung von Konstruktionselementen verwendet werden.
- **Teil:** Im Teil-Modus werden Einzelteile modelliert.
- **Baugruppe:** Der Baugruppe-Modus wird benutzt, um bestehende Teile und Unterbaugruppen zu Baugruppen zusammenzufügen.
- **Zeichnung**: Dieser Modus ermöglicht die Erstellung bemaßter 2D-Zeichnungen von Teilen und Baugruppen. In der Zeichnung wird das zuvor erzeugte 3D-Modell in bestimmten Ansichten und Schnitten dargestellt (Abbildung des 3D-Modells). Die Zeichnungsansichten und Bemaßungen sind assoziativ zum 3D-Modell; wird z. B. in einer Ansicht ein Maß geändert, werden nach dem Regenerieren alle Ansichten und das 3D-Modell auf den neusten Stand gebracht. Das Gleiche gilt bei Änderungen im 3D-Modell. Beim Erzeugen einer Zeichnung müssen Zeichnungsname und Zeichnungsgröße angegeben werden. Das Format der Zeichnung kann jederzeit geändert werden.
- **Bericht**: Dieser Modus ermöglicht die Erstellung von assoziativen Berichten, insbesondere Stücklisten. Das Format des Berichtes kann jederzeit geändert werden.

4.2.5 Darstellungssteuerung

Die **Darstellungssteuerung** ist standardmäßig immer im Vordergrund und ermöglicht den schnellen Zugriff auf alle Darstellungsfunktionen

- **Einpassen**: Passt das Teil so in den Bildschirm ein, dass alle Elemente sichtbar sind.
- **Vergrößern**, **Verkleinern**: Vergrößern und Verkleinern der Bildschirmansicht.
- **Bildaufbau**: Neuzeichnen des Bildschirminhaltes.
- **Darstellungsstil**: Stellt verschiedene Darstellungstile für das Modell zur Verfügung.
- **Benannte Ansichten**: Auswahl verschiedener benannter Ansichten (siehe Kap. 20.3.5).
- **Ansichtsmanager**: Bietet Zugriff auf sämtliche Ansichtsfunktionen, z. B. Schnittansichten (siehe Kap. Kap. 20.3).
- **Filter für die Bezugsdarstellung**: Steuert die Sichtbarkeit von Bezügen (Koordinatensystemen, Ebenen, Achsen und Punkten).
- **Anmerkungsanzeige**: Steuert die Sichtbarkeit von Anmerkungen (Notizen, Maßen, Oberflächen, usw.)
- **3D-Drehmitte**: Aktiviert bzw. deaktiviert die 3D-Drehmitte.

4.2.6 Mausfunktionen zur Ansichtssteuerung

Neben der eindeutigen Definition durch Menüs können Objekte auch dynamisch mit der Maus bewegt werden. Folgende Möglichkeiten stehen dabei zur Verfügung:

Aktion	Ergebnis
⇩	**Drehen** • Bei aktiver Drehmitte: Drehen um die Drehmitte (Symbol) • Bei inaktiver Drehmitte: Drehen um die Position des Mauszeigers
[Strg] + ⇩ *oder* **[⇑Sc]**	**Zoomen** (Vergrößern bzw. Verkleinern) um die Anfangsposition des Mauszeigers
[⇧] + ⇩	**Verschieben**

4.2.7 Funktionen der Maustasten bei der Auswahl

Die Auswahl von Objekten und Elementen wird durch verschiedene Maus/Tastatur-Kombinationen ermöglicht:

Aktion		Ergebnis
Bewege Mauszeiger	↖	Objekte unter dem Mauszeiger werden hervorgehoben (Vorauswahl).
Rechte Maustaste	⇨	Das nächste Objekt unter dem Mauszeiger wird hervorgehoben.
Linke Maustaste	⇦	Das vorausgewählte Objekt wird ausgewählt.
Strg-Taste + linke Maustaste	**[Strg] +** ⇦	Hinzufügen / Entfernen von Objekten oder Elementen.
⇧ -Taste + linke Maustaste	**[⇧] +** ⇦	Auswahl einer Kantenkette oder eines Oberflächensatzes.

4.3 Systemeinstellungen

Creo bietet weitreichende Möglichkeiten der Systemanpassung und Systemkonfiguration. Sämtliche Einstellungen, wie z. B. die Behandlung externer Referenzen (siehe Kap. 14.2) oder die Systemfarben, können über das jeweilige Register der *Creo Parametric*-Optionen oder als Parameter im Konfigurationseditor gesetzt werden.

4.3.1 Konfigurationseditor

Alle systemspezifischen Einstellungen (Umgebungsvariablen) werden beim Start von *Creo* aus einer Konfigurationsdatei mit dem Namen *config.pro* gelesen. Darin können alle Umgebungsvariablen bereits vor dem System-Start festgelegt werden. Die Konfigurationsdatei bestimmt somit weitestgehend die Systemeinstellungen (Toleranzen, Genauigkeiten, Suchpfade und Bibliotheks-Verwaltung). Wenn dennoch die Benutzerumgebung über das Menü Einstellungen hinaus während einer Sitzung geändert werden soll, kann eine neue Konfigurationsdatei, die vor Beginn der Sitzung erstellt wurde, geladen werden. Einstellungen, die in der neuen Konfigurationsdatei festgelegt sind, überschreiben die Einstellungen bereits bestehender Konfigurationsdateien. Die Konfigurationsdateien können interaktiv während einer *Creo*-Sitzung verändert werden.

Der Aufruf des Konfigurationseditors erfolgt über: ⇦ **Datei**, ⇦ Optionen, ⇦ **Konfigurationseditor**

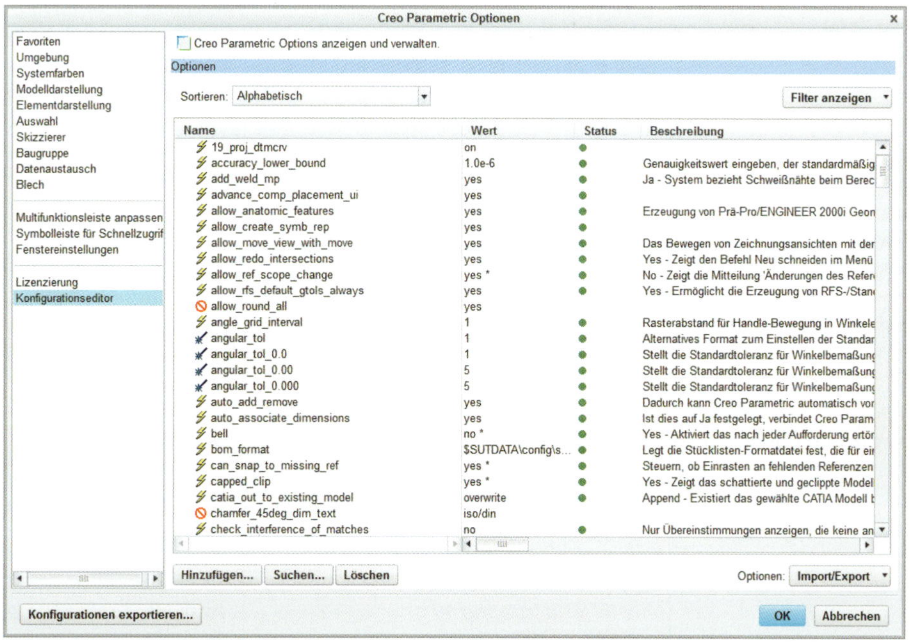

In der Liste werden alle gesetzten Optionen mit ihrem zugewiesenen Wert und Status aufgeführt.

Wird eine Option ausgewählt, kann ihr Wert gesetzt bzw. geändert werden. Neue Optionen können nach **[Hinzufügen...]** eingetragen werden. Die neue bzw. geänderte Option wird in die Liste übernommen. Der Status der Option steht nun auf „nicht zugewiesen", gekennzeichnet durch einen grünen Stern. Damit die Neuerung(en) bzw. Änderung(en) wirksam werden, müssen diese noch durch **[OK]** zugewiesen werden. Zugewiesene Optionen werden in der Spalte Status durch einen grünen Punkt gekennzeichnet.

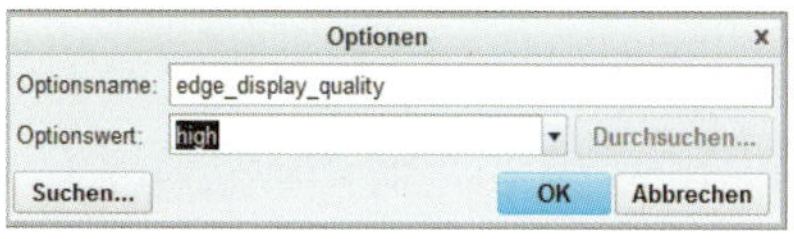

Nach Beenden des Konfigurationsmodus mit **[OK]** wird abgefragt, ob die Konfigurationseinstellungen in einer Datei gespeichert werden sollen.

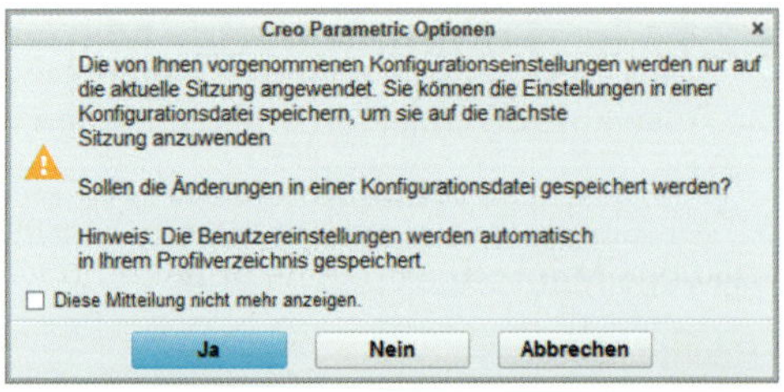

⚠ Die firmenindividuelle Anpassung der *Creo*-Systemkonfiguration ist eine zentrale Administrationsaufgabe.

Diesem Buch liegen als Konfigurationsumgebung die Startup TOOLS (SUT) von INNEO zugrunde. Diese können für die Student- und die Academic-Editon von *Creo* kostenlos heruntergeladen werden: **www.inneo.com/startuptools-studentenversion**

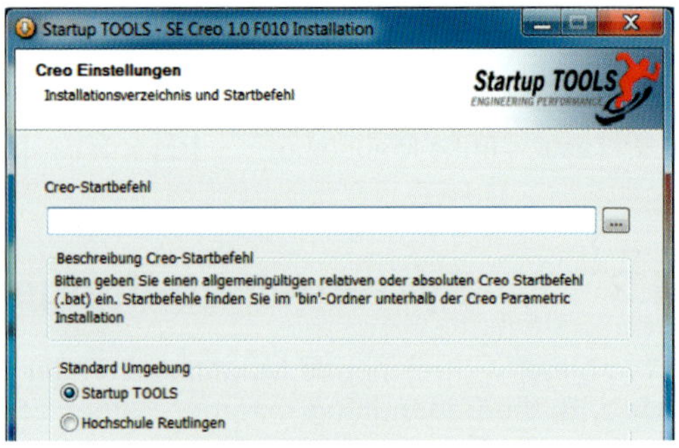

Bei der Installation kann man zwischen dem Standard-Datenpaket (Umgebung) der Startup TOOLS und einem erweiteten Datenpaket der Hochschule Reutlingen wählen. Im erweiterten Paket der Hochschule Reutlingen sind unter anderem die Norm- und Standardkomponenten bereits mit Identnummer angelegt.

Bei Verwendung der SUT-Konfiguration sind eine Vielzahl an Optionen zur Anpassung von *Creo* an europäische Normen und Arbeitsweisen gesetzt. Nachfolgend sind einige der Optionen aus der SUT-Konfiguration aufgeführt:

accuracy_lower_bound 1.0e-6
add_weld_mp yes
advance_comp_placement_ui yes
allow_create_symb_rep yes
allow_anatomic_features yes
allow_move_view_with_move yes
allow_redo_intersections yes
allow_ref_scope_change yes
allow_rfs_default_gtols_always yes
angle_grid_interval 1
angular_tol 1
angular_tol_0.0 1
angular_tol_0.00 5
angular_tol_0.000 5
auto_associate_dimensions yes
bell no
can_snap_to_missing_ref yes
catia_out_to_existing_model overwrite
chamfer_45deg_dim_text iso/din
color_windows all_windows
comp_assemble_start package
create_drawing_dims_only yes
dazix_default_placement_unit mm
default_abs_accuracy 0.01
default_dec_places 3
default_ext_ref_scope all
default_object_invalid_refs copy
default_object_scope_setting all
display_plane_tags no
display_axis_tags no
display_coord_sys_tags no
display_point_tags no
display_full_object_path yes
display_in_adding_view wireframe
drawing_file_editor protab
ecad_create_hint_add yes
ecad_default_comp_height mm
ecad_import_holes_as_features yes
edge_display_quality high
enable_absolute_accuracy yes
enable_assembly_accuracy yes
enable_cadra_export yes
fail_unattached_feature yes
fix_autocad_iges_text_scale yes
fix_refs_to_intersections yes
flip_arrow_scale 1.5
gtol_dim_placement under_value
highlight_new_dims yes
hlr_for_quilts yes
hole_diameter_override yes
iges_in_assoc_dim_geom_21 NO
iges_in_group_to_dwg_layer yes
iges_out_trim_curve_deviation 0.001
ignore_all_ref_scope_settings no
info_output_format html
info_output_mode choose
initial_bend_y_factor 0.785398
!intf_in_external_accuracy yes
intf_in_treat_polyline_as single_spline
intf_out_max_bspl_degree 16
intf3d_out_extend_surface no
intf3d_out_surface_deviation 0.001
keep_info_datums no
lang_propagate no
linear_tol 1
linear_tol_0.00 5
linear_tol_0.000 5
logical_objects yes
mass_property_calculate automatic
menu_show_instances no
millimeter_grid_interval 1
model_allow_ref_scope_change yes
model_grid_spacing 10
motion_envlp_alert no
multiple_skeletons_allowed yes
new_parameter_ui yes
new_relation_ui yes
open_simplified_rep_by_default yes
parenthesize_ref_dim yes
plot_names yes
pro_editor_command notepad
pro_unit_length unit_mm
pro_unit_mass unit_kilogram
prompt_on_exit yes
provide_pick_message_always yes
regen_backup_directory $TRAIL_DIR
remember_last_get_point_option yes
rename_drawings_with_object both
save_drawing_picture_file embed
save_instance_accelerator explicit
save_model_display shading_high
scope_invalid_refs copy
selection_of_removed_entities yes
show_preview_default keep
shrinkwrap_alert no
sketcher_lock_modified_dims yes
sketcher_refit_after_dim_modify no
sketcher_save_preview_image yes
spin_center_display no
spin_with_part_entities yes
start_appmgr no
tangent_edge_display dimmed
tiff_compression g4
todays_date_note_format
%dd.%mm.%yy
tol_display yes
tol_mode nominal
tolerance_standard iso
tolerance_class medium
topobus_enable yes
use_8_plotter_pens yes
variable_plots_in_inches no
visible_message_lines 3
vrml_file_duplicate_material yes
web_enable_javascript on
web_link_file_read yes
web_link_file_write yes
web_link_proe_read yes
web_link_proe_write yes
web_link_security_autoprompt no
weld_color 220 150 20
weld_ui_standard iso
wf_model_tree yes

5 Skizziermodus

Der Skizziermodus wird benutzt, um eine Elementkontur auf eine beliebige Fläche zu zeichnen, die dann z. B. durch Extrusion oder Drehen dreidimensional ausgeformt wird. Implizite Annahmen unterstützen die Festlegung der Konstruktionslogik, z. B. wird eine annähernd vertikal skizzierte Linie als vertikal definiert.

☞ Die Skizzen werden nicht über exaktes, maßliches Zeichnen oder durch Eingabe von Koordinaten und Abständen erzeugt, sondern durch einfaches Freihandskizzieren mit der Maus und nachfolgendes Bemaßen.

5.1 Funktionen im Skizziermodus

Im Skizziermodus stehen eine Vielzahl von Funktionen in der Multifunktionsleiste zur Verfügung:

EINRICHTEN

- ☐ **Skizze einrichten**: Ermöglicht die Neuausrichtung der Skizze.
- ☐ **Referenzen**: Öffnet den Dialog REFERENZEN für das Verwalten von Skizzen-Anbindungen (Skizzen-Referenzen).
- ☐ **Skizzenansicht**: Richtet die Skizze parallel zum Bildschirm aus.
- ☐ ▼ **Schnittorientierung**: Ermöglicht die manuelle Auswahl der horizontalen und vertikalen Schnittreferenzen sowie das Hin- und Herschalten der Betrachtungsrichtung.
- ☐ ▼ **Darstellen**: Steuert die Darstellung von Skizzenanmerkungen.
  - **BemaßDarst**: Schaltet die Sichtbarkeit von Skizzenmaßen an/aus.
  - **BedingDarst**: Schaltet die Darstellung von Skizzenbedingungen an/aus.
  - **EckPktDarst**: Schaltet die Darstellung von Schnitt- und Eckpunkten an/aus.
  - **RasterDarst**: Schaltet die Darstellung des Rasters an/aus.
- ☐ **Raster**: Öffnet den Dialog RASTEREINSTELLUNGEN zur Konfiguration des Skizzenrasters.
- ☐ **Linienstil einstellen**: Öffnet den Dialog LINIENSTIL zur Konfiguration des Linienstils der Skizzenelemente.

DATEN ABRUFEN

- ☐ **Dateisystem**: Ermöglicht das Laden von Skizzenelementen aus externen Daten

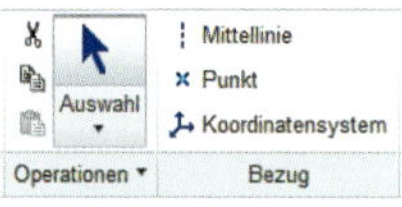

OPERATIONEN

- ☐ **Auswahl**: Auswahl von Skizzenelementen
  - **Einzeln**: Ermöglicht die Auswahl einzelner oder mehrerer Skizzenobjekte für nachfolgende Funktionen.

  ☞ Durch Betätigen der mittleren Maustaste wird der Auswahlpfeil schneller aktiviert.

  - **Kette**: Auswahl einer zusammenhängenden Kette von Skizzenelementen.
  - **Alle Geometrie**: Auswahl aller Geometrieelemente (nur Linien, keine Maße usw.).
  - **Alle**: Auswahl aller Skizzenelemente (mit Maßen usw.)
- ☐ **Ausschneiden**: Ausschneiden der Auswahl.
- ☐ **Kopieren**: Auswahl kopieren.
- ☐ **Einfügen**: Auswahl einfügen.
- ☐ **Löschen**: Auswahl löschen.
- ☐ **Ersetzen**: Auswahl ersetzen.
- ☐ **Konstruktion umschalten**: Schaltet die ausgewählten Geometrieelement zwischen Konstruktions- und Geometriemodus hin- und her.
- ☐ **Sperre umschalten**: Schaltet die Sperrung der ausgewählten Skizzenelemente.
- ☐ **Konvertieren zu**: Ermöglicht das Konvertieren ausgewählter Skizzenelemente in andere Modi (Stark, Umfangsmaß, Referenz, Spline, Konisch).

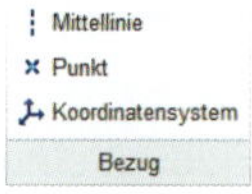

BEZUG

☞ Die folgenden Bezugselemente sind auch **außerhalb der Skizze** als normale Bezüge greifbar.

- ☐ **Mittellinie**: Erstellt eine Bezugsachse
- ☐ **Punkt**: Erstellt einen Bezugspunkt
- ☐ **Koordinatensystem**: Erstellt ein Koordinatensystem

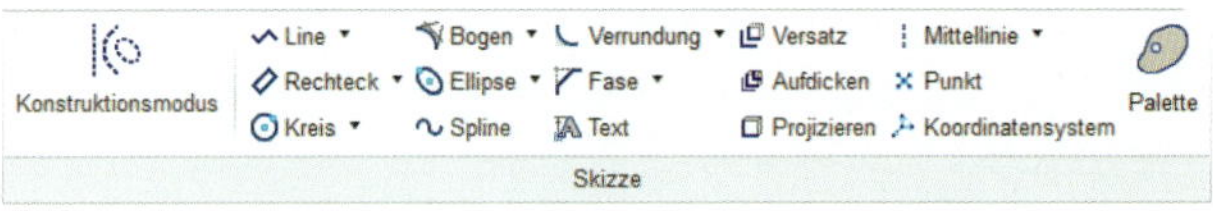

SKIZZE

- **Konstruktionsmodus** :

  Aktiviert / deaktiviert den Konstruktionsmodus. Im Konstruktionsmodus werden alle neuen Skizzenelemente zu Konstruktionslinien (Hilfslinie).

- **Linie** : Aktiviert den Linienmodus.
  - **Linienkette** : Erzeugt gerade Linien als Geometrieelemente.
  - **Linientangential** : Erzeugt tangentiale Linien als Geometrieelemente.

- **Rechteck** : Erzeugt Rechtecke.
  - **Ecken-Rechteck** : Erzeugt ein Ecken-Rechteck als Geometrieelement.
  - **Geneigtes Rechteck** : Erzeugt ein geneigtes Rechteck.
  - **Mittleres Rechteck** : Erzeugt ein horizontal ausgerichtetes Rechteck um einen Mittelpunkt.
  - **Parallelogramm** : Erzeugt ein Parallelogramm.

- **Kreis** : Erzeugt Kreise.
  - **Mitte&Punkt** : Erzeugt einen Kreis durch Eingabe der Mitte und eines Kreispunktes.
  - **Konzentrisch** : Erzeugt konzentrische Kreise zu einem bestehenden Kreis.
  - **3 Punkte / 3 Point** : Erzeugt Kreise durch die Angabe von 3 Punkten.
  - **3 Tangenten** : Erzeugt Kreise durch die Angabe von 3 tangentialen Geometrieelementen.

- **Bogen** : Erzeugt Bögen als Geometrieelemente.
  - **3 Pkt-Tangentenende** : Erzeugt einen Bogen durch 3 Punkte, wobei bei Linienendpunkten ein tangentialer Linienanschluss erstellt wird.
  - **Mitte & Endpunkte** : Erzeugt einen Bogen durch Setzen des Mittelpunktes und der beiden Endpunkte.
  - **3 Tangenten** : Erzeugt einen Bogen anliegend an 3 Tangenten.
  - **Konzentrisch / Concentic** : Erzeugt einen Bogen, der konzentrisch zu bestehenden Bögen oder Kreisen ist.
  - **Kegel** : Erzeugt einen konischen Bogen durch Auswahl der Endpunkte und eines Zwischenpunktes.

- **Ellipse** : Erzeugt Ellipsen.
  - **Achsenenden Ell.** : Erzeugt eine Ellipse durch 3 Punkte. Die beiden ersten Punkt definieren Lage und Länge der ersten Ellipsenachse, der dritte Punkt definiert die Länge der zweiten Ellipsenachse.
  - **Mittelpunkt & Achse** : Erzeugt eine Ellipse durch Setzen des Mittelpunktes und zweier Achsenendpunkte.

- **Spline** : Erzeugt einen Spline durch eine Anzahl an Punkten.

- **Verrundung** : Erzeugt Verrundungen.
  - **Kreisförmig** : Erzeugt eine kreisförmige Verrundung zweier Geometrieelemente, wobei der ursprünglich Schnittpunkt z. B. als Maßbezug erhalten bleibt.
  - **Kreisförmig Trimmen** : Erzeugt eine kreisförmige Verrundung zweier Geometrieelemente, ohne Erhalten des ursprünglichen Schnittpunktes.
  - **Elliptisch** : Erzeugt die elliptische Verrundung zweier Geometrieelemente, wobei der ursprünglich Schnittpunkt als Maßbezug erhalten bleibt.
  - **Elliptisch Trimmen** : Erzeugt die elliptische Verrundung zweier Geometrieelemente, ohne Erhalten des ursprünglichen Schnittpunktes.

- **Fase** : Erzeugt Fasen.
  - **Fase** : Erzeugt eine Fase an zwei Geometrieelementen, wobei der ursprünglich Schnittpunkt z. B. als Maßbezug erhalten bleibt.
  - **Fasentrimmung** : Erzeugt eine Fase an zwei Geometrieelemente, ohne Erhalten des ursprünglichen Schnittpunktes.

- **Text** : Erzeugt einen Text (durch freie Eingabe oder aus einem Parameter) als Skizzenelement.

- **Versatz** : Erzeugt eine Versatzkontur aus bestehenden Skizzenelementen, wahlweise aus Einzelelementen, einer Elementkette oder einer geschlossenen Elementschleife.

- **Aufdicken** : Erzeugt eine doppelte Versatzkontur aus bestehenden Skizzenelementen, wahlweise aus Einzelelementen, einer Elementkette oder einer geschlossenen Elementschleife.

- **Projizieren** : Projiziert vorhandene Elemente (Kanten, Kurven, usw.) außerhalb der Skizze als Geometrieelemente in die aktuelle Skizze.

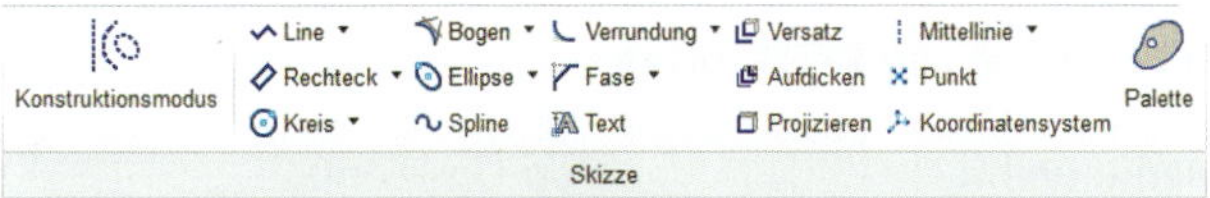

SKIZZE

⚠ Skizzen-Mittellinien, Skizzen-Punkte und Skizzen-Koordinatensysteme sind **nur innerhalb der Skizze** existent. Sie können im Gegensatz zu den **Bezügen** nicht außerhalb der Skizze referenziert werden.

- ☐ **Mittellinie** : Erzeugt Skizzen-Mittellinien.
  - **Mittellinie** : Erzeugt eine Skizzen-Mittellinie.
  - **Fasentrimmung** : Erzeugt eine Skizzen-Mittellinie tangential an bestehenden Elementen.
- ☐ **Punkt** : Erzeugt Skizzen-Punkt.
- ☐ **Koordinatensystem** : Erzeugt ein Skizzen-Koordinatensystem.
- ☐ **Palette** : Ermöglicht das Importieren von Standardskizzen aus einer Vorlagendatei (Palette).

EDITIEREN

- ☐ **Ändern** : Ermöglicht das Ändern von Bemaßungswerten, Spline-Geometrie und Text-Elementen. Durch Sperren des Maßstabs (siehe Kap. 5.4.3, Übung 2) ist das Skalieren einer gesamten Skizze möglich.
- ☐ **Spiegeln** : Spiegelt ausgewählte Elemente an einer Skizzen-Mittellinie.
- ☐ **Aufteilen** : Trennt Skizzenelemente am gewählten Trennpunkt in zwei Elemente auf.
- ☐ **Segment löschen** : Löscht Skizzenelemente zwischen benachbarten Trenn- oder Endpunkten.
- ☐ **Ecke** : Trimmt Skizzenelemente an anderen Skizzenelementen zu einem Eckstoß, je nach Auswahl durch Verlängern oder Kürzen.
- ☐ **Rotieren, Größe ändern** : Die ausgewählten Elemente können innerhalb der Skizze rotiert, verschoben oder in der Größe geändert werden.

PRÜFEN

- ☐ **KE-Anforderungen** : Prüft ob die Skizze für das KE geeignet ist, das durch sie definiert wird.
- ☐ **Überlappende Geom.** : Überlappende Geometrieelemente werden hervorgehoben.
- ☐ **Offenen Enden hervorh.** : Hebt End- oder Eckpunkte hervor, die nur auf einem Geometrieelement vorhanden sind.
- ☐ **Geschlossene Schleifen schattieren** : Schattiert geschlossene Schleifen ohne Überlappungen.

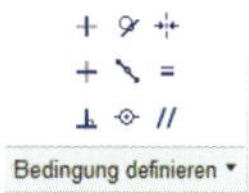

BEDINGUNG DEFINIEREN

- ☐ **Vertikal** : Skizzen-Element oder zwei Eckpunkte vertikal ausrichten.
- ☐ **Horizontal** : Skizzen-Element oder zwei Eckpunkte horizontal ausrichten.
- ☐ **Lotrecht** : Zwei Elemente lotrecht ausrichten.
- ☐ **Tangential** : Zwei Elemente tangential anordnen.
- ☐ **Mittelpunkt** : Punkt auf der Mitte der Linie oder des Bogens platzieren.
- ☐ **Zusammenfallend** : Gleiche Punkte, Punkte auf Elemente oder kollineare Bedingung erzeugen.
- ☐ **Symmetrisch** : Zwei Punkte oder Eckpunkte symmetrisch um eine Mittellinie anordnen.
- ☐ **Gleich** : Bedingung für gleiche Länge, gleicher Radius oder gleiche Krümmung definieren.
- ☐ **Parallel** : Parallelitätsbedingung definieren.

BEMAßUNG

- ☐ **Senkrecht** : Bemaßungen erzeugen, die mindestens ein skizziertes Element referenzieren.
- ☐ **Umfang** : Erstellt nach Auswahl der Umfangselemente eine Umfangsbemaßung, durch welche eine wählbare Geometriebemaßung gesteuert wird.
- ☐ **Basislinie** : Legt die Basislinie (Nulllinie) für Ordinatenbemaßungen fest.
- ☐ **Referenz** : Erzeugt Referenzbemaßungen.

SCHLIEßEN

- ☐ **OK** : Speichern und Schließen der Skizze.
- ☐ **Abbrechen** : Aktuelle Skizze abbrechen und ohne Speichern beenden.

5.2 Funktionen der Maustasten im Skizziermodus

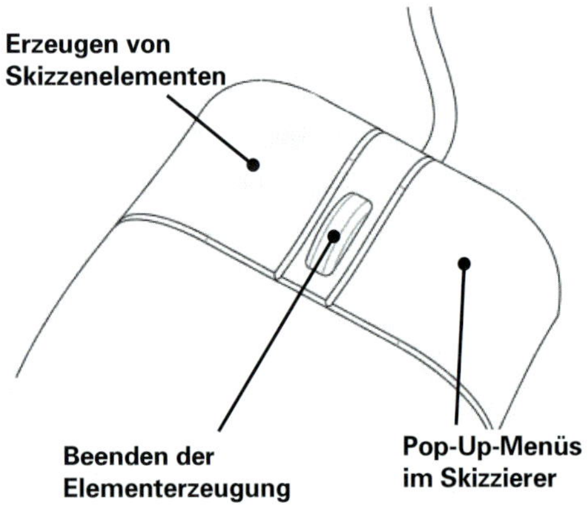

Pop-Up-Menü, wenn nichts markiert ist

⇓

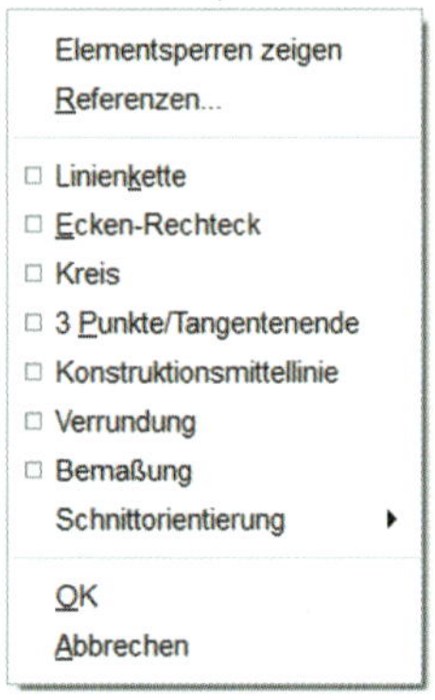

Pop-Up-Menü, wenn Objekt(e) markiert sind

⇓

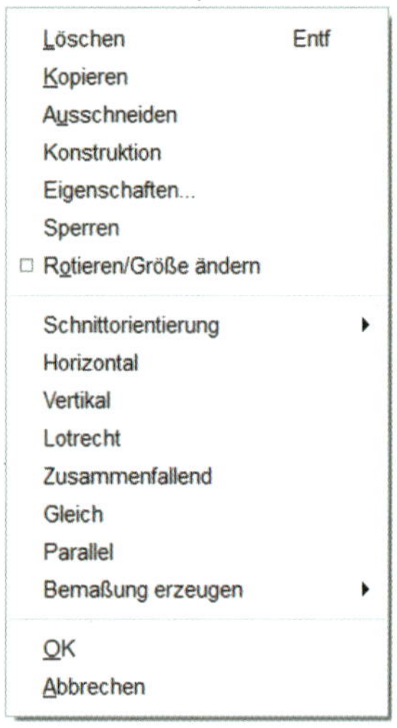

Die Funktionen der Pop-Up-Menüs sind abhängig vom Betriebsmodus (Teil, Baugruppe) und dem gewählten Objekt.

5.3 Implizite Annahmen im Skizziermodus

Die impliziten Annahmen im Skizziermodus sind ein wesentliches Element zur Strukturierung der Konstruktion. Während des Skizzierens werden vom System Annahmen getroffen, die zugelassen oder unterbunden werden können. Diese Annahmen werden durch Symbole in den Skizzen dargestellt:

- ☐ **Gleicher Radius/Durchmesser R**:
  Werden mehr als ein Kreis oder ein Bogen mit einem annähernd gleichen Radius skizziert, erhalten alle den gleichen Radius.

- ☐ **Symmetrie → ←**:
  Symmetrisch um eine Mittellinie skizzierte Elemente erhalten relativ zur Mittellinie gleiche Werte zugewiesen.

  ☞ Eine Referenzlinie stellt keine Mittellinie dar. In diesem Fall muss eine Mittellinie auf die Referenzlinie platziert werden.

- ☐ **Horizontale und vertikale Linien H, V**:
  Verlaufen Linien annähernd horizontal oder vertikal, werden sie exakt vertikal oder horizontal angeordnet.

- ☐ **Parallele und senkrechte Linien //, ⊥**:
  Sind Linien annähernd parallel oder senkrecht zueinander, werden sie exakt parallel oder senkrecht angeordnet.

- ☐ **Tangentialität T**:
  Elemente, die annähernd tangential an Bögen oder Kreisen angeordnet sind, werden tangential angebunden.

- ☐ **90, 180, 270 Grad Winkel**:
  Bögen werden als Vielfache von 90 Grad behandelt, wenn sie mit annähernd horizontal oder vertikal verlaufenden Tangenten skizziert werden.

- ☐ **Kollinearität: -⊗-**
  Annähernd kollineare Segmente werden exakt kollinear angeordnet.

- ☐ **Gleiche Segmentlänge L**:
  Segmente mit unbekannter Länge erhalten die Länge eines Segments mit annähernd gleichem Längenwert zugewiesen.

- ☐ **Punktelemente auf anderen Elementen ⊗**:
  Punkte, die annähernd auf anderen Elementen (Kreisen, Bögen, Linien) liegen, werden exakt darauf angeordnet.

- ☐ **Mittelpunkt M**:
  Liegen die Mittelpunkte von Bögen und Kreisen annähernd auf der gleichen Horizontalen oder Vertikalen, so werden sie dort exakt angeordnet.

- ☐ **Horizontale/Vertikale Führung - - ⁞ :**
  Die Elemente werden horizontal bzw. vertikal auf der gleichen Höhe/Breite geführt.

5.4 Explizite Bedingungen im Skizzierer definieren

So hilfreich die impliziten Bedingungsannahmen im Skizziermodus sind, so werden doch häufig vom System automatisch Bedingungen gesetzt, die nicht dem Konstruktionsziel entsprechen. Andererseits werden wünschenswerte Konstruktionsbedingungen nicht oder nur unzureichend vom System erkannt. Daher können Konstruktionsbedingungen im Skizzierer jederzeit gelöscht oder nachträglich gesetzt werden. Das Löschen von Konstruktionsbedingungen erfolgt durch:

- Ermitteln der Konstruktionsbedingung durch Überfahren mit der Maus. Die Bedingung wird hervorgehoben.
- Auswahl der Konstruktionsbedingung ⇦ .
- Löschen der Konstruktionsbedingung ▶ **[Löschen]** oder **Del / Entf**.

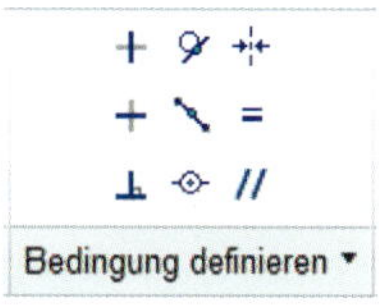

Gesetzt werden Konstruktionsbedingungen im Skizzierer durch Auswahl des zugehörigen Symbols in der Multifunktionsleiste aus dem Bereich BEDINGUNG DEFINIEREN und nachfolgender Auswahl des bzw. der Anwendungsobjekte. Die möglichen Anwendungsobjekte der jeweiligen Bedingung werden nach Auswahl der Bedingung im Mitteilungsbereich von *Creo* angegeben. ➧ *Linie oder zwei Punkte wählen*

Die nebenstehende Skizze wurde ohne implizite Konstruktionsbedingungen erstellt. Sie enthält daher keinerlei Konstruktionsbedigungen. Zur vollständigen Definition sind 6 Maßangaben erforderlich. Seltsam mutet dabei zunächst das doppelte Auftreten des Maßes 5.000 am rechten Schenkel an. Wird zur Verdeutlichung eines der Maße geringfügig geändert, erkennt man das Kippen der gesamten Skizze.

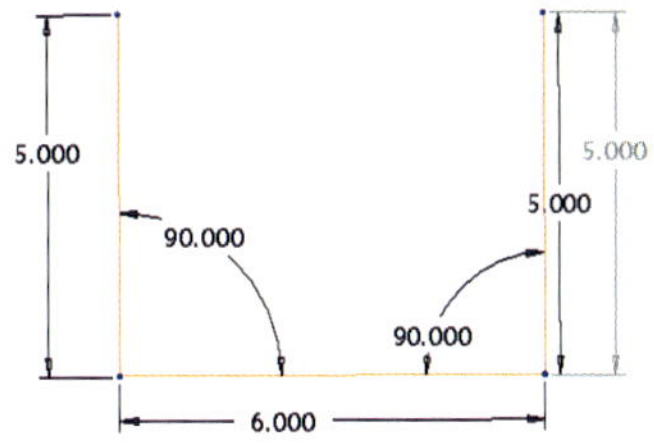

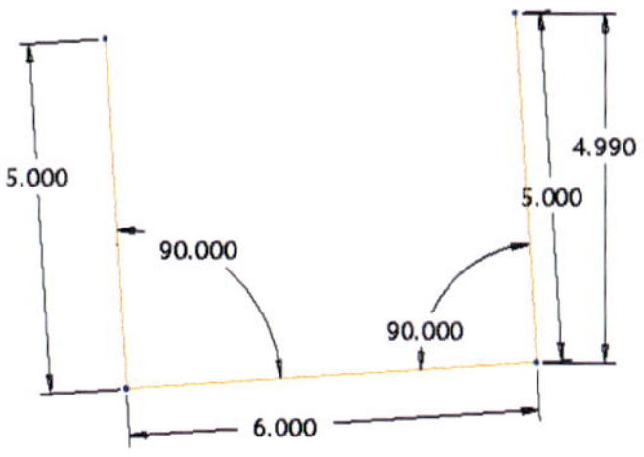

Durch Anwenden geeigneter Konstruktionsbedingungen kann im vorliegenden Beispiel die Anzahl der Bemaßungen erheblich reduziert werden. So wurde für die beiden Schenkel die Bedingung „gleiche Länge" (L1) für den linken Schenkel, die „Vertikale Ausrichtung" (V), den Boden eine „horizontale Ausrichtung" (H) und für das Verhältnis des rechten Schenkels zum Boden die „Senkrechte Ausrichtung" (⊥) gewählt. Andere Bedingungskombinationen mit gleichem Konstruktionsergebnis sind ebenfalls möglich.

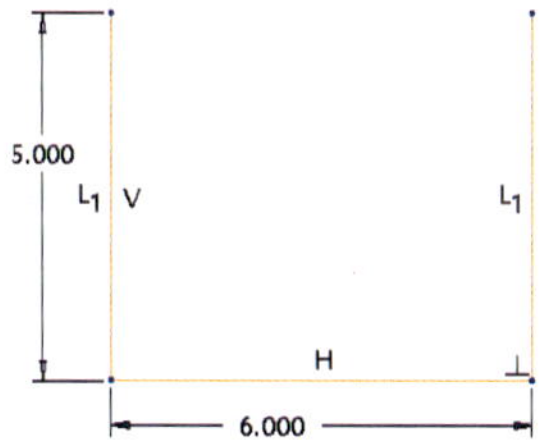

5.4.1 Vorgehensweise beim Skizzieren

Um in *Creo* eine Skizze zu erstellen, müssen folgende Schritte ausgeführt werden:

☐ **Skizzieren** der Geometrie des Schnittes und Überprüfen der impliziten (automatisch generierten) Annahmen. Die Bemaßung und Regenerierung erfolgt automatisch während des Skizzierens.

☞ Skizzieren Sie Ihren Schnitt „optisch richtig" ohne Berücksichtigung der exakten Maße.

☐ **Stärken** und ggf. Sperren der Bemaßungen und Bedingungen, die beibehalten werden sollen. Löschen und Erzeugen der Bemaßungen bis das gewünschte Bemaßungsschema erreicht ist.

☐ **Skalieren** der Skizze durch:

- Markieren aller Skizzenobjekte und Maße mit dem Auswahlwahlpfeil (Ziehen eines Rechteckes),
- Auswahl der Ändern-Funktion aus der Multifunktionsleiste der Skizze,
- Aktivieren des Schalters **[Maßstab sperren]** im Dialog BEMAẞUNGEN ÄNDERN,
- Ändern **eines** Maßes Ihrer Skizze auf den richtigen Wert,
- Beenden des Dialogs BEMAẞUNGEN ÄNDERN mit dem grünen Haken ✔ (nun werden alle Maße im gleichen Verhältnis verändert, d. h. die Skizze bleibt optisch gleich, wird aber neu skaliert),
- Ändern aller noch nicht exakten Maße durch Doppelklick auf die Maßzahl mit dem Auswahlpfeil zu den geforderten Werten,
- Ersetzen der vorgegebenen Werte durch die gewünschten Werte.

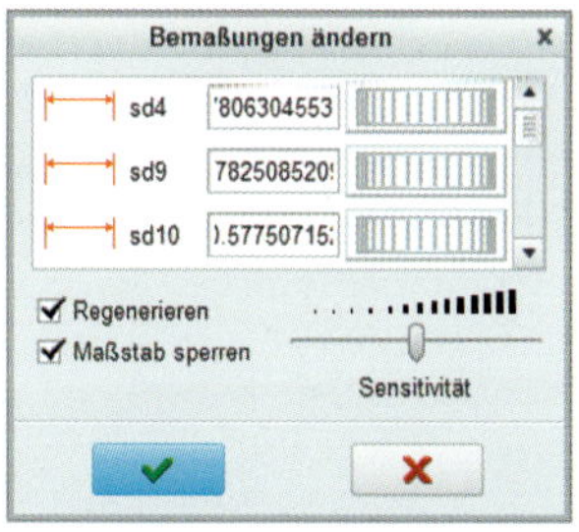

☐ **Beenden** der Skizzenarbeit mit dem OK-Haken ✔.

5.4.2 Tipps zum Arbeiten im Skizziermodus

- ☐ Richten Sie Ihre Geometrie auf vorhandene Bezüge (Ebenen, Punkte, Achsen, Kurven) aus.
- ☐ Die Skizze sollte möglichst einfach bleiben (ca. 10 bis 12 Elemente).
- ☐ Skizzieren Sie zuerst grob; die gewünschten Abmessungen werden dann später angegeben.
- ☐ Vom System zu treffende implizite Annahmen sollten nicht bemaßt werden, z. B. horizontale und vertikale Linien, Bögen mit gleichem Radius oder Durchmesser, parallele und rechtwinklige Linien oder gleiche Segmentlängen.
- ☐ Verwenden Sie den Absichtsmanager, um die impliziten Annahmen während des Skizzierens zuzulassen oder zu unterbinden.
- ☐ Vermeiden Sie große Differenzen zwischen den Längen der Linienelemente (Beispiel: Linien mit der Länge > 100 mm und Linien < 10 mm) innerhalb einer Skizze.
- ☐ Kleine Winkel (< 5°) erzeugen Sie am einfachsten, indem Sie zuerst einen verhältnismäßig großen Winkel skizzieren und regenerieren, um anschließend durch Doppelklick des Auswahlpfeils auf die Maßzahl den richtigen Winkelwert zuzuordnen.
- ☐ Vermeiden Sie das Ausrichten auf Körperkanten. Solche Abhängigkeiten führen bei Änderungen oft zu Problemen.
- ☐ Erzeugen Sie genügend Bemaßungen für die Vollständigkeit der Skizze. Stärken und erzeugen Sie genau die Maße, die Sie später auf der Zeichnung benötigen.
- ☐ Erstellen Sie komplizierte Skizzen schrittweise. Sollen z. B. viele Radien skizziert werden, regenerieren Sie die Skizze zuerst ohne Radien.
- ☐ Vermeiden Sie Bemaßungswerte vom Betrag Null. Ersetzen Sie diese durch geeignete Annahmen.
- ☐ Nutzen Sie die Möglichkeiten der Symmetrie.

☞ Wird in der Datei *config.pro* die Option **sketcher_lock_modified_dims** auf **yes** gesetzt, werden manuell geänderte Maße im Skizzierer automatisch gesperrt. Dies bedeutet, dass die Werte bei dynamischer Änderung der Skizze mit der Maus erhalten bleiben.

5.4.3 Arbeiten im Skizziermodus

Übung 1: Arbeiten im Skizziermodus

Erstellen Sie die folgende Skizze, ohne daraus ein Teil zu generieren. Verwenden Sie zum Skizzieren das Pop-Up-Menü der rechten Maustaste. Benutzen Sie möglichst alle Funktionen des Skizziermodus. Akzeptieren Sie zunächst die automatische Bemaßung.

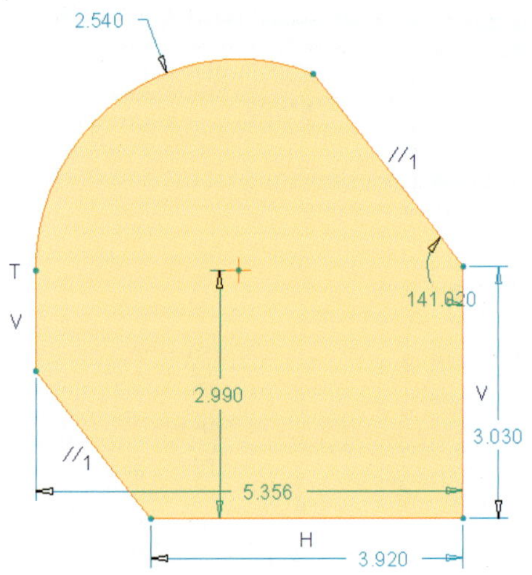

☐ Aktivieren des Skizziermodus

⇦ **Datei**, ⇦ Neu, ⦿ Skizze, Name: **UB1**

☐ Linienelemente skizzieren

- ⇦ mit *oder* ⇨ **Linienkette**
- ⇦ Anfangspunkt der Linie
- ⇦ Endpunkt der Linie
- ⇩ Ende der Linienerzeugung

☐ Bogenelement skizzieren

- ⇦ *oder* ⇨ 3Punkte/Tangentenende
- ⇦ Anfangspunkt
- ⇦ Endpunkt der Linie
- ⇩ Ende der Linienerzeugung

Übung 2: Bemaßen der Skizze

Bemaßen Sie die soeben erzeugte Skizze exakt entsprechend der unten dargestellten Vorlage.

Die Skizze ist jederzeit vollständig bemaßt. Sie können die vorhandenen Maße (**schwache** Bemaßungen sind hellblau dargestellt) akzeptieren, indem Sie diese stärken (**starke** Bemaßungen sind dunkel blau dargestellt, gesperrte Bemaßungen werden braun dargestellt) oder einfach neue, andere Bemaßungen erzeugen. Überflüssige, **schwache** Bemaßungen werden dann automatisch gelöscht. Ist Ihre Skizze durch **starke** Bemaßungen überbestimmt, werden Sie aufgefordert, diese Überbestimmung aufzulösen.

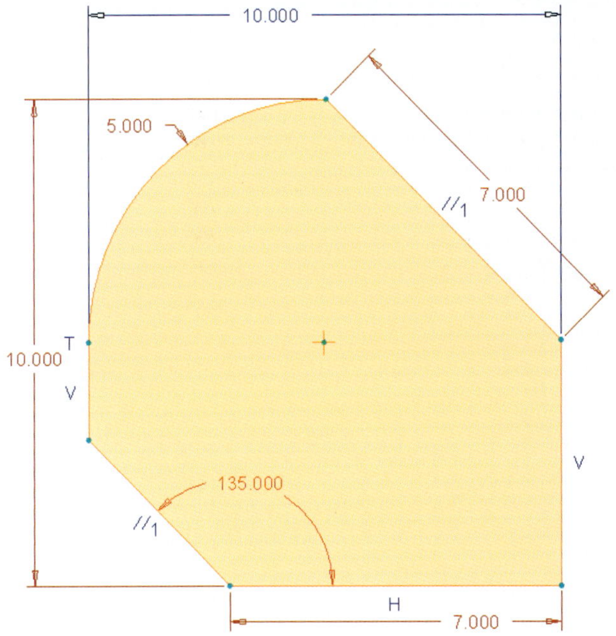

☐ **Skizze Skalieren**

- ⇦ mit gedrückter linker Maustaste eine Fenster über alle Skizzenelemente ziehen (Auswahl wir grün hervorgehoben)
- ⇦ Ändern-Funktion oder ⇨ **Ändern...**
- ☑ Maßstab sperren
- Beliebiges Führungsmaß ändern [Wert eintragen]
- ✔

☐ **Lineare Bemaßungen (Bsp. Maße 7)**

- ⇦ Bemaßungsmodus einschalten |↔|
- ⇦ Linienelement anwählen
- Mauszeiger an die Stelle positionieren, an welcher der Bemaßungswert stehen soll
- ⇩ Maß absetzen

☐ **Lineare Bemaßungen (Bsp. Maße 10)**

- ⇦ Bemaßungsmodus einschalten |↔|
- ⇦ 1. Element anwählen (Linie, Punkt, etc.)
- ⇦ 2. Element anwählen (Linie, Punkt, etc.)
- Mauszeiger an die Stelle positionieren, an welcher der Bemaßungswert stehen soll
- ⇩ Maß absetzen

☐ **Symmetrie (z. B. Rotationsschnitte) bemaßen**

Klicken Sie bei aktiviertem Bemaßungsmodus |↔| mit ⇦ das Element an, das bemaßt werden soll. Klicken Sie mit ⇦ die Mittellinie an, welche die Drehachse darstellt. Klicken Sie dann erneut mit ⇦ auf das Element, ⇩ Maß absetzen.

☐ **Winkelbemaßung**

Klicken Sie bei aktiviertem Bemaßungsmodus |↔| nacheinander mit ⇦ die zwei zu bemaßenden Linien an und platzieren Sie die Bemaßung mit ⇩. Die Stelle, an der Sie die Bemaßung platzieren, bestimmt, wie der Winkel gemessen wird.

☐ **Radiusbemaßung**

- ⇦ Bemaßungsmodus einschalten |↔|
- ⇦ Bogen- oder Kreiselement anwählen
- Mauszeiger an die Stelle positionieren, an welcher der Bemaßungswert stehen soll
- ⇩ Maß absetzen

☐ **Durchmesserbemaßung** (alternativ zur Radiusbemaßung)

Klicken Sie bei aktiviertem Bemaßungsmodus |↔| **zweimal** mit der linken Maustaste auf den Kreis oder Bogen. Mit ⇩ platzieren Sie die Bemaßung.

Da für diese Skizze im weiteren Verlauf des Buches keine Verwendung gegeben ist, kann der Skizzenmodus einfach durch Schließen des Fensters ohne Speichern verlassen werden:

- ⇦ **Datei**, ⇦ **Schließen**

6 Modellerzeugung

6.1 Grundlagen

Ein dreidimensionales Modell besteht in *Creo* aus einzelnen Konstruktionselementen (KE), die Volumen zum Modell hinzufügen (Körper) oder Volumen vom Modell entfernen (Schnitte). Weiterhin wird jedes Modell durch seine Eigenschaften, wie z. B. Materialdaten, Oberflächen- und Toleranzangaben, sowie seine Stücklisteninformationen beschrieben. Die Gestalt eines Modells ergibt sich aus der Summe und Reihenfolge aller seiner Konstruktionselemente.

Im Wesentlichen gibt es folgende Arten von Konstruktionselementen:

- ☐ **Skizzierte Volumen- oder Flächenelemente**
  Das Konstruktionselement wird auf einer vorhandenen Ebene (Bezug) im 2D skizziert. Die Erweiterung der zweidimensionalen Skizze erfolgt durch Extrudieren, Rotieren, Ziehen oder Projizieren.
- ☐ **Platzierbare Grundelemente (Pick-and-Place-Elemente)**
  Pick-and-Place-Elemente (Bohrungen, Wellen, Fasen, Nuten, Ausformschrägen usw.) sind vordefinierte Konstruktionselemente, die nur durch Angabe festgelegter Konstruktionsparameter und zugehöriger Referenzbezüge definiert werden (z. B. Fase an Kante).
- ☐ **Flexible Modellierung**
  Vorhandene Geometrie-Elemente können durch Transformationsverfahren reversibel verändert werden.

Daneben stehen Bezugselemente ohne Volumen zur Verfügung, auf welche die Konstruktionselemente verweisen (referenzieren) können. **Bezüge** dienen in erster Linie als Referenzen für die geometrischen Konstruktionselemente. Zu den Bezügen gehören Achsen, Ebenen, Punkte, Kurven und Koordinatensysteme. Durch die Bezüge wird die eindeutige Lage von Volumenkörpern und Flächen im Raum festgelegt. Darüber hinaus kann durch geschickte Platzierung von Bezügen sehr gut der Aufbau (Hauptmaße und Abhängigkeiten) des Teils oder der Baugruppe gesteuert werden.

6.1.1 Modellierungsschritte in *Creo*

Die Bildfolge der einzelnen Arbeitsschritte zur Modellierung des Motorgehäuses zeigt beispielhaft, wie sich sehr komplexe Bauteile schrittweise aus einer Vielzahl einfacher Konstruktionselemente und Pick-and-Place-Elemente erzeugen lassen. Dabei wird in den ersten 6 Schritten die äußere Gestalt durch Hinzufügen von Extrusionsobjekten erzeugt. In den Schritten 7 und 8 wird das Gehäuseinnere durch Materialentnahme gestaltet. In den Schritten 9 und 10 werden die Anschraubdome als Extrusionskörper sowie Kühlrippen durch Rotationskörper ergänzt. Den Abschluss bilden in den Schritten 11 und 12 die verschiedenen Anschraubbohrungen (Pick-and-Place-Elemente), die durch Muster vervielfältigt werden:

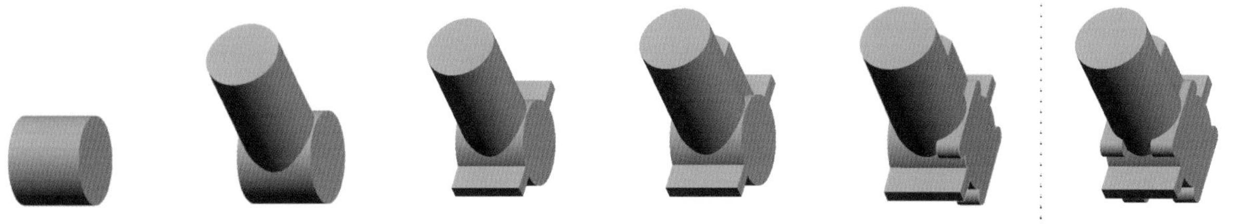

1. Schritt | 2. Schritt | 3. Schritt | 4. Schritt | 5. Schritt | 6. Schritt

Hinzufügen von Körpern als Extrusion aus 2D-skizzierten Schnitten | **Vervielfältigen (Spiegeln)**

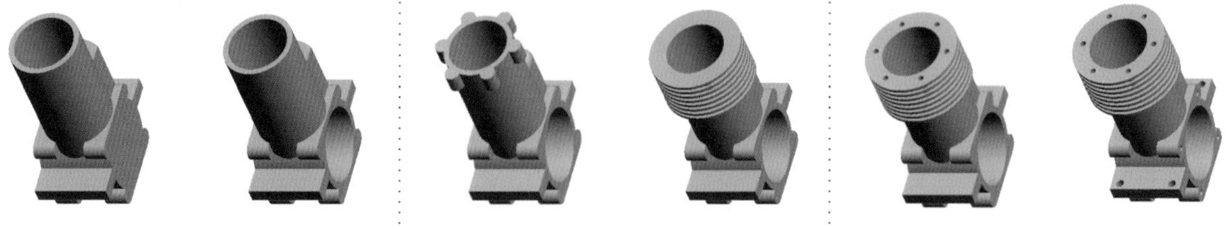

Extrusion | Rotation

7. Schritt | 8. Schritt | 9. Schritt | 10. Schritt | 11. Schritt | 12. Schritt

Entfernen von Volumen als Extrusion von 2D-skizzierten Schnitten (Materialschnitt) | **Hinzufügen und Vervielfältigen (Mustern) von Volumenkörpern** | **Hinzufügen und Vervielfältigen (Mustern) von Pick-and-Place-Elementen**

Jedes einzelne Konstruktionselement und jedes Bezugselement stellt einen eigenen Konstruktionsschritt dar, der von *Creo* mit einer Identifikationsnummer (KE-ID) versehen und im Modellbaum eingetragen wird. Der Konstrukteur kann somit jederzeit im Modellbaum die einzelnen Schritte der Teilentwicklung nachvollziehen.

Verweist ein Konstruktionselement über eine Maßreferenz (Abstandsmaß) auf ein anderes Konstruktionselement oder einen Bezug (z. B. Ebene), so entsteht eine Eltern-Kind-Beziehung. Das Kind-Element kann in der Reihenfolge nicht vor das Eltern-Element gesetzt werden. Beim Löschen eines Eltern-Elementes werden alle Kind-Elemente und deren Nachfolger (Enkel, Urenkel usw.) ebenfalls gelöscht.

☞ Vermeiden Sie weit verzweigte Abhängigkeitsstrukturen. Referenzieren Sie möglichst alle Konstruktionselemente auf wenige Hauptebenen und Hauptachsen, idealerweise auf die Startbezüge.

6.1.2 Darstellung von Bezügen

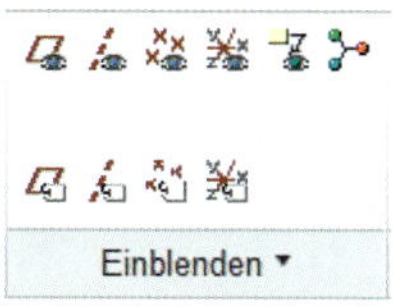

Bezüge werden standardmäßig braun dargestellt. Das Ein- bzw. Ausblenden von Achsen- und Ebenen-Kennzeichen usw. erfolgt über die Multifunktionsleiste im Register Ansicht unter der Rubrik Einblenden:

⇦ **Ansicht**,

Folgende Bezüge werden in diesem Buch verwendet:

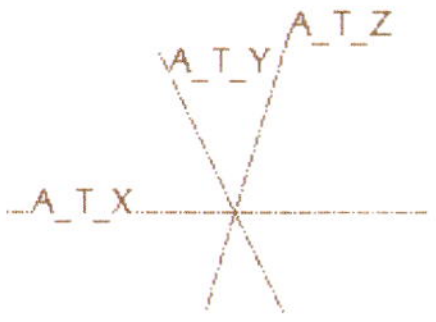

- **Achsen**
  Achsen werden als strichpunktierte, braune Linien dargestellt.
  Achsen ein-/ ausblenden: ,
  Achsenkennzeichen ein-/ ausblenden: ⇦ **Ansicht**,

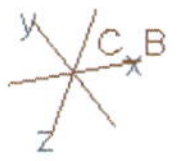

- **Koordinatensysteme**
  Koordinatensysteme werden mit Angabe der *x*-, *y*- und *z*-Richtung dargestellt.
  Koordinatensystem ein-/ ausblenden:
  Koordinatensystem-Kennzeichen ein-/ ausblenden: ⇦ **Ansicht**,

- **Punkte**
  Punkte werden durch ein *x* dargestellt.
  Punkte ein- / ausblenden:
  Punkt-Kennzeichen ein-/ ausblenden: ⇦ **Ansicht**,

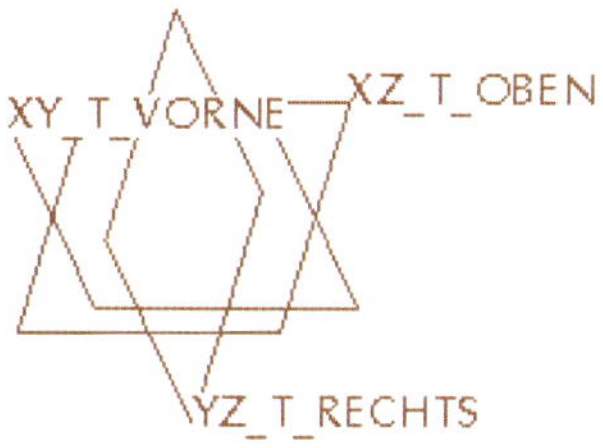

- **Ebenen** (braun)
  Alle Ebenen liegen so auf dem Bildschirm, dass ihre positiven Normalenvektoren zum Betrachter hin orientiert sind (d. h. Blick auf die positiven Seiten der Ebenen).
  Ebenen ein- / ausblenden:
  Ebenen-Kennzeichen ein-/ ausblenden: ⇦ **Ansicht**,

  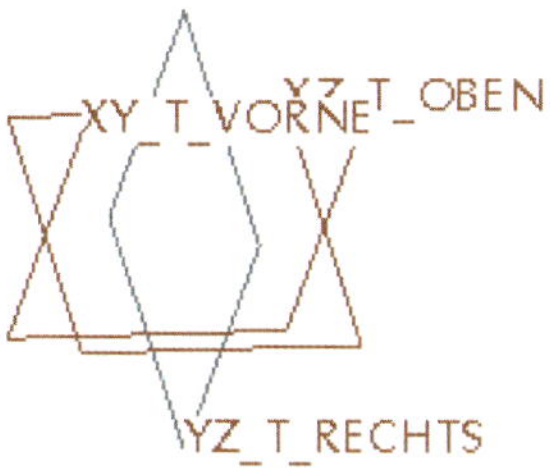

  Ebenen (dunkelgrau)
  Die Ansicht ist in der Weise verdreht, dass die vertikal liegende Ebene von ihrer negativen Seite her betrachtet wird (dunkelgrau).

  Ebenen (parallel zur Ansicht)
  Liegt die Bildschirmansicht so, dass diese exakt senkrecht auf eine Ebene gerichtet ist, dann werden die orthogonalen Ebenen durch je eine braune und eine dunkelgraue Linie dargestellt. Die braune Seite ist dabei die positive Seite der Ebene (positiver Normalenvektor).

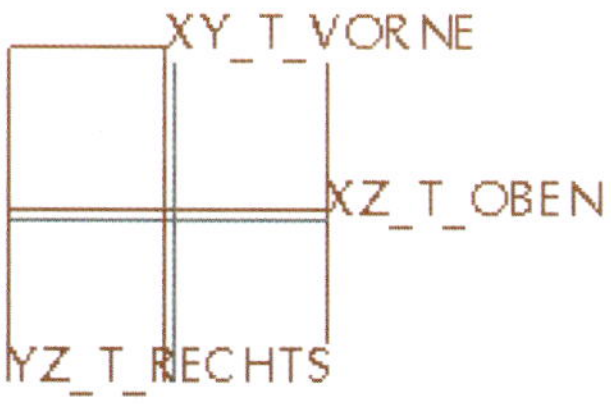

⚠ In der Konfigurationsumgebung der StartupTOOLS werden die Startbezüge für Baugruppen und Bauteile unterschiedlich gekennzeichnet. Bauteilebenen werden beispielsweise mit XY_**T**_VORNE, Baugruppenstartebenen mit XY_**B**_VORNE bezeichnet. Da diese Namen für die Verwendung im Buch zu lang und unhandlich sind, werden im Folgenden vereinfachend die Bezeichnungen E_VORNE für Ebenen und A_X für Achsen unabhängig vom Teil- oder Baugruppenmodus verwendet.

6.2 Arbeitsverzeichnis einstellen

Nach jedem Start von *Creo* sollte als erster Schritt das Arbeitsverzeichnis für die folgende Bearbeitung festgelegt werden, da *Creo* alle Elemente in dem Arbeitsverzeichnis ablegt oder von dort bezieht. Alternativ bzw. ergänzend können über die Konfigurationsdatei feste Suchpfade vorgegeben werden (siehe Kap. 4.3.1). Dieses empfiehlt sich beispielsweise insbesondere für Bibliothekselemente.

Beim Start von *Creo* wird ein spezielles Register Startseite in der Multifunktionsleiste ausgegeben, welches die wichtigsten Grundfunktionen zum Beginn der *Creo*-Arbeit als Schnellzugriff bereitstellt.

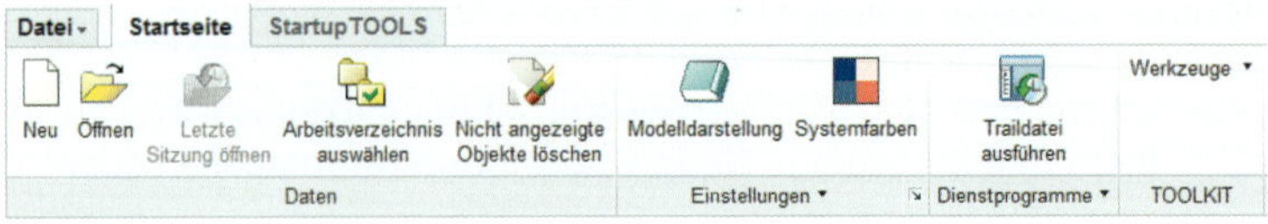

- ⇦ Arbeitsverzeichnis auswählen

Zum Wechseln des Arbeitsverzeichnisses innerhalb einer *Creo*-Sitzung wählen Sie:

- ⇦ **Datei**, ⇦ **Sitzung verwalten**, ⇦ Arbeitsverzeichnis auswählen

6.3 Körper und Schnitte aus Skizzen erzeugen

Das erste Grobmodell des Gehäuses ist in der nebenstehenden Abbildung dargestellt. Es ist zusammengesetzt aus zwei zylindrischen Grundkörpern (in der *Creo*-Terminologie als Konstruktionselemente bezeichnet), dem Kurbelgehäuse und dem Zylinder ohne weitere Details wie Bohrungen und Auflageflächen.

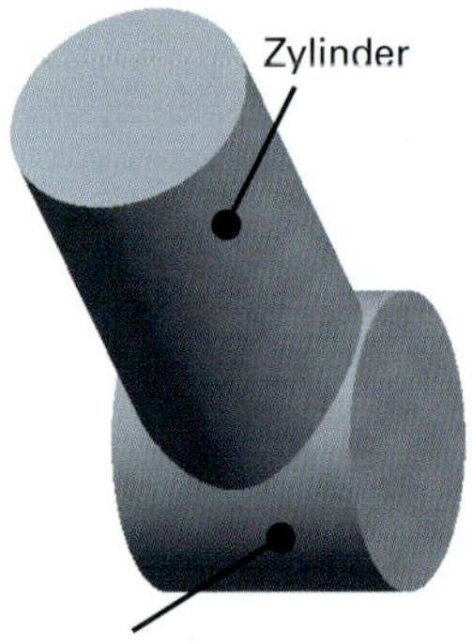

Im Folgenden soll dieses Grobmodell erstellt werden. Dazu muss zunächst der Teil-Modus aktiviert und ein Name für das Teil festgelegt werden:

- ⇦ **Datei**, Neu, ⦿ Teil, Name: **[1501010_motorgehaeuse]**,
- ☑ Standardschablone verwenden, ⇦ **OK**

☞ ***Üblicher Name / Commen Name*** **gibt den Namen für die Ablage im Datenverwaltungssystem Windchill an. Daher ist kein Eintrag erforderlich, wenn ohne Datenverwaltung gearbeitet wird.**

6.3.1 Verwendung von Standard-Schablonen mit Startbezügen

Bei Verwendung der INNEO-Installation (StartupTOOLS) sind Standard-Schablonen in Form von **Startteilen** vordefiniert und müssen nicht extra gewählt werden. Daher wird die Option „Standard-Schablone verwenden" mit einem ☑ aktiviert.

Durch die Verwendung von Standard-Schablonen werden die bei der Erzeugung von Teilen ständig wiederkehrenden Definitionen von Standard-Ebenen, -Achsen oder -Koordinatensystemen eingespart. Ebenso können in Standard-Schablonen bestimmte Ansichten und Parameter definiert werden, die entsprechend der Firmenvereinbarungen in jedem Teil vorhanden sein müssen. Diese Vorgehensweise ist auch günstig, wenn später Änderungen am Modell vorgenommen werden müssen. Aufeinander referenzierende Konstruktionselemente werden vom System in einer Eltern-Kind-Hierarchie definiert. Eine Änderung der Elterngeometrie verursacht bei der Neudefinition der Bezüge fast zwangsläufig den Verlust oder ein Umdefinieren der Folgeelemente.

Beim Aufrufen der Standard-Schablonen wird das Startteil automatisch in das Arbeitsverzeichnis kopiert und mit dem gewünschten Teilenamen versehen.

In der INNEO-Installation sind, wie im Modellbaum zu erkennen, im Startteil zunächst die **Startbezüge**, ein Koordinatensystem (C_T), 3 orthogonale Ebenen (YZ_T_RECHTS, XZ_T_OBEN, XY_T_VORNE) sowie die Achsen (A_T_X, A_T_Y und A_T_Z) als Schnittlinie zweier Ebenen definiert. Damit sind auch Standard-Stücklistenparameter, Einheiten und Toleranzbereiche vordefiniert.

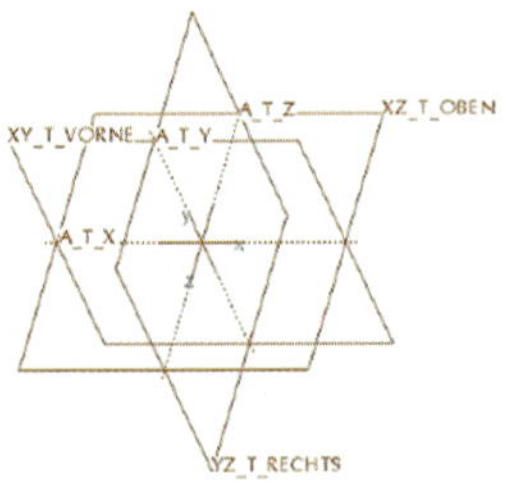

Darstellung der Startbezüge

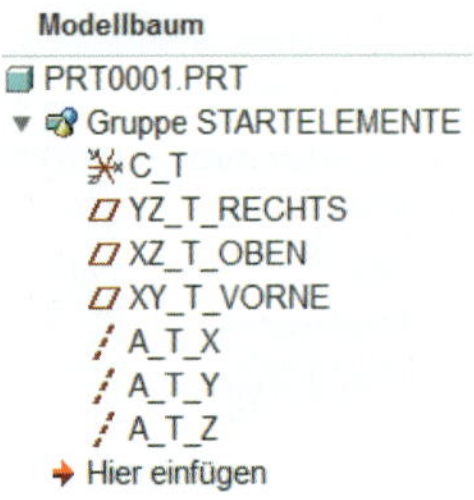

Startbezüge

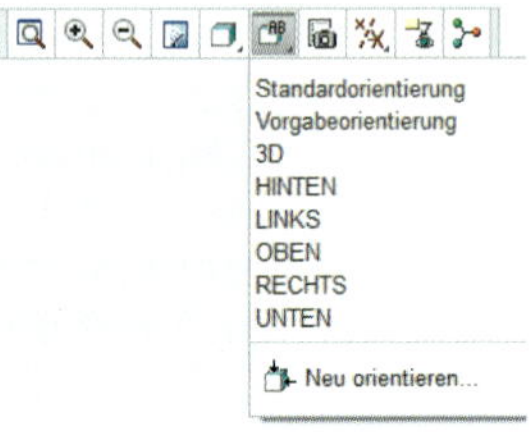

Standardansichten

Zusätzlich sind, nicht im Modellbaum erkennbar, mehrere Standardansichten definiert, die beliebig über aus der Darstellungssteuerung aufgerufen werden können. Das Zuweisen und Definieren weiterer Werkstoffe wird in Kap. 8.1 beschrieben.

Das zu erzeugende Gehäusegrundvolumen besteht aus zwei zylindrischen Volumenkörpern. Zunächst soll der zylindrische Körper des Kurbelgehäuses mit dem Durchmesser **38 mm** und der Länge **33,5 mm** erzeugt werden.

☞ Die Namen der Ebenen werden beim Überfahren mit der Maus sichtbar. In der Anfangsphase der Arbeit mit *Creo* ist es sinnvoll, sich die Ebenen-Kennzeichnung ständig anzeigen zu lassen (siehe Kap. 6.1.2).

6.3.2 Erzeugen des ersten zylindrischen Körpers als extrudiertes Profil (Kurbelgehäuse)

Systematische Vorüberlegungen:

Die Achse A_T_X soll die Drehachse der Kurbelwelle werden, die Achse A_T_Y soll die Bewegungsachse des Kolbens (Zylinderachse) werden. Das Kurbelgehäuse soll als Profilkörper aus einem Kreis extrudiert werden.

Daher wird als Skizzierebene des Kurbelgehäuses die Ebene YZ_T_RECHTS gewählt. Von dieser Ebene ausgehend soll sich der Körper symmetrisch auf beide Seiten auf eine Gesamtlänge von 33,5 mm erstrecken.

Als erstes Konstruktionselement nach den Startbezügen wird nun der zylindrische Grundkörper des Kurbelgehäuses erzeugt.

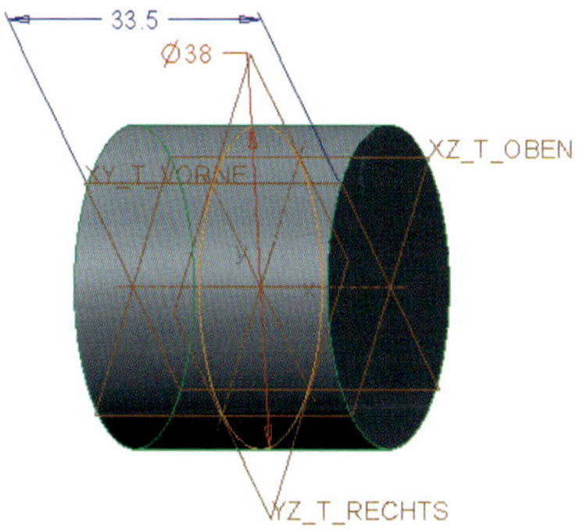

Dazu muss zunächst festgelegt werden, welche Art von Konstruktionselement erstellt werden soll.

Im Fall des zylindrischen Grundkörpers handelt es sich um einen Profilkörper. Das heißt, zuerst wird das Profil (häufig auch als Schnitt bezeichnet) zweidimensional skizziert (Kreis) und dann in die Tiefe (dritte Dimension) extrudiert.

☐ **Aufruf der Funktion „Profil" und der Schnittdefinition**

- ⇦ **Modell**, ⇦ Profil

Unabhängig von der Art des gewählten Aufrufes öffnet *Creo* eine neue Funktionsleiste, aus der alle weiteren Definitionen ausgeführt werden können:

Durch die Wahl der Funktion „Profil" ist definiert, dass ein Profilkörper zu erzeugen ist, dessen Skizze (Schnittprofil) nach beiden Seiten (muss noch definiert werden) von der noch zu bestimmenden Skizzierfläche in die Tiefe extrudiert wird. Der Schalter *Platzierung* im Schaltpult ist rot hervorgehoben, da noch keine Skizzierebene definiert wurde.

☞ Ein Profil wird immer normal (senkrecht) zur Skizzierfläche extrudiert.

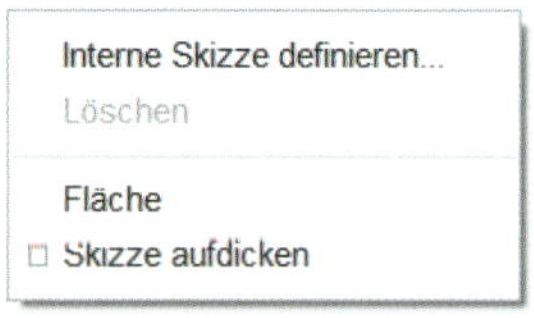

Schneller und einfacher kann die Schnitt- und Skizzendefinition über die rechte Maustaste aktiviert werden. Dazu muss die rechte Maustaste ca. 2 Sekunden lang gedrückt gehalten werden. Es öffnet sich der nebenstehend abgebildete Dialog:

- ▶ **Interne Skizze definieren...** <Aktivieren der Skizzendefinition>

Im nächsten Arbeitsschritt müssen eine Skizzierfläche und deren Ausrichtung auf dem Bildschirm definiert werden.

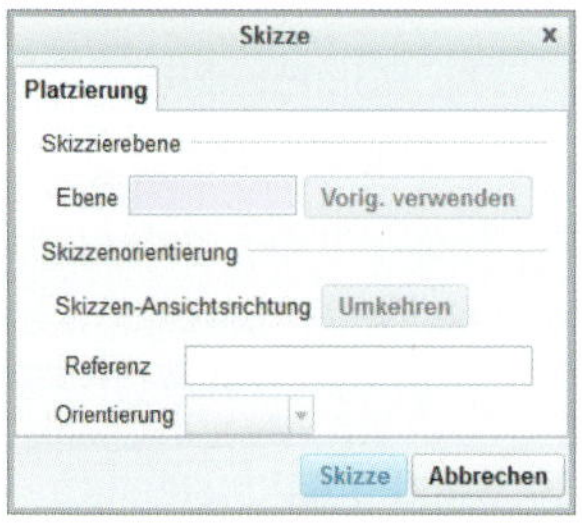

☐ **Wahl der Skizzierebene**

Der Auswahlbereich „Ebene" im Dialog SKIZZE ist aktiviert (lila grau unterlegt). Wählen Sie die Ebene **YZ_T_RECHTS** als Skizzierebene durch Anklicken mit der linken Maustaste im Arbeitsbereich oder im Modellbaum.

- ⇦ **YZ_T_RECHTS**

☐ **Orientierung der Skizzierebene**

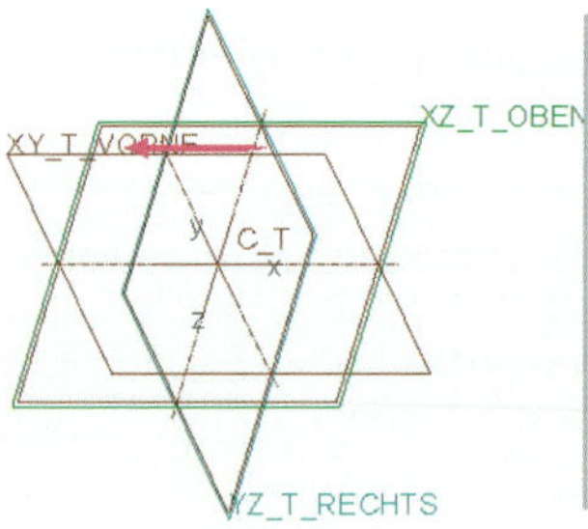

Die Skizzierfläche muss auf dem Bildschirm eindeutig platziert werden können. Im Allgemeinen schlägt *Creo* eine sinnvolle Orientierung vor. Im vorliegenden Fall wird die Skizzierfläche so ausgerichtet, dass die positive Seite der Ebene **XZ_T_OBEN** nach „links" orientiert ist.

Mit Hilfe des Schalters „Umkehren" bzw. durch Anklicken des gelben Pfeils kann die Ausrichtung umgeschaltet werden.

- ⇦ **[Skizze]** <Starten des Skizzierers>

☞ Die Skizzierfläche kann stets durch planar zum Bildschirm angeordnet werden.

☐ **Auswahl von Skizzen-Referenzen**

Beim Aktivieren der Skizze werden automatisch zwei orthogonale Referenzen gesetzt. Diese Referenzen sind erforderlich, um die genaue Lage des neuen Konstruktionselementes zu den schon vorhandenen Konstruktionselementen (im vorliegenden Fall die Ebenen) zu definieren. Mindestens zwei orthogonale Referenzen (*x*-Richtung und *y*-Richtung) müssen angegeben sein. Meistens werden sinnvolle Referenzen vom System vorgeschlagen. Mit aus der Skizzen-Multifunktionsleiste kann jederzeit der Dialog REFERENZEN geöffnet werden, um neue Referenzen zu ergänzen oder bestehende zu löschen bzw. zu ersetzen.

Referenzen können Ebenen, Achsen, aber auch Körperkanten sein. Werden Kanten schon bestehender Konstruktionselemente gewählt, können diese Kanten bei der Erstellung des neuen Konstruktionselementes gefangen (ausgewählt) werden. Referenzen können beliebig gesetzt und wieder gelöscht werden. Sie werden als braun gestrichelte Linien dargestellt. Möglichst sollten nur Bezugselemente als Referenzen verwendet werden. Werden Körperreferenzen benötigt, sind stets Flächen Körperkanten vorzuziehen, da diese „stabiler" sind.

Zum Verlassen des Dialogs muss der Referenzstatus *„Vollständig platziert"* erreicht werden.

Sie werden von *Creo* aufgefordert, die Referenzen für die Bemaßung anzugeben. Akzeptieren Sie die vorgeschlagenen Ebenen **XY_T_VORNE** und **XZ_T_OBEN** durch **Schließen** des Dialogs REFERENZEN:

- ⇦ **[Schließen]**

☐ **Skizzieren der Profilkontur**

Creo befindet sich jetzt automatisch im Skizzenmodus. Nun wird ein Kreis skizziert, dessen Mittelpunkt auf die Achse **A_T_X** (Schnittpunkt der Referenzlinien) ausgerichtet ist:

- ⇦ (*oder* ⇨ **[Kreis]**), ⇦ Schnittpunkt der Referenzen, ⇦ Konturpunkt des Kreises, ⇩ Funktion beenden

Der Bemaßungswert für den Durchmesser wird automatisch als schwaches Maß (hellblau) angegeben.

☐ **Maßwert festlegen**

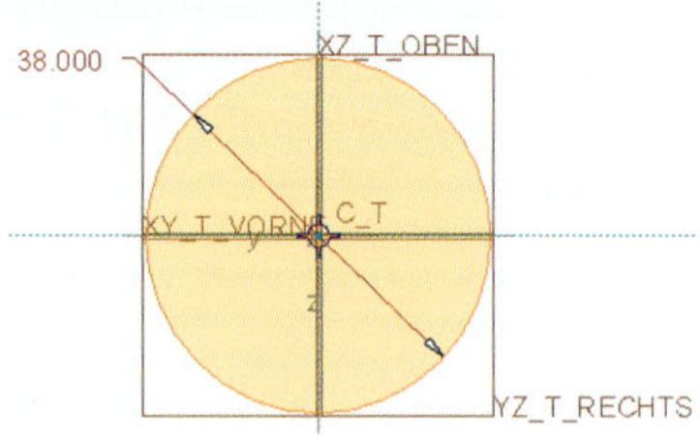

Durch Aktivierung des Auswahlpfeils und Doppelklick auf die zu ändernde Maßzahl wird der Durchmesserwert **38** zugewiesen:

- ⇦ , ⇦ ⇦ Doppelklick auf Bemaßungswert, **[38]**, **[↵]**

Die Skizze wird automatisch regeneriert. Häufig ist es erforderlich, den skizzierten Schnitt mit neu in den Bildschirm einzupassen.

☐ **Beenden des Skizziermodus**

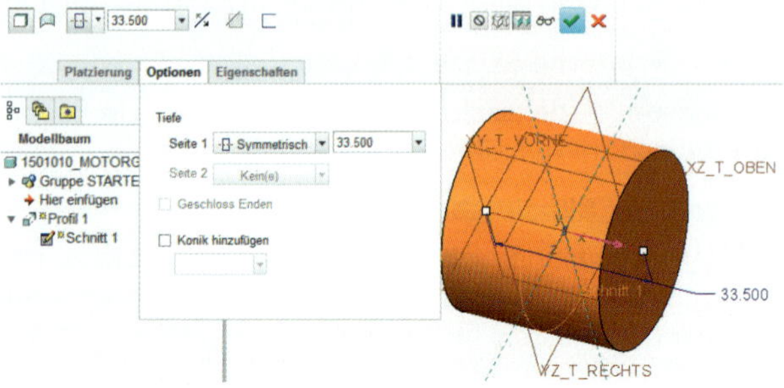

- ✔ <Skizziervorgang fertig >

Der Volumenkörper wird nun als vorläufiger Körper im Hauptfenster orange dargestellt.

☐ **Auswahl der Tiefenoption und -ausdehnung**

Die Tiefenoptionen können wahlweise durch Ziehen ⇦ an den weißen Kästchen des vorläufigen Körpers oder im Menübereich „Optionen" der Extrudieren-Multifunktionsleiste ausgewählt werden.

Die Auswahl der Tiefenoption **Symmetrisch** mit zugehöriger Länge **33,5 mm** erfolgt durch:

⇦ **[Optionen]**, ⇦ Seite 1: [**Symmetrisch**], [33.5], [↵], ✔

Die Profilerzeugung erfolgt symmetrisch zu beiden Seiten der Skizzierebene.

Alternativ und wesentlich schneller kann die Tiefenoption durch Drücken der rechten Maustaste über dem weißen Zugkästchen eingestellt werden. Es öffnet sich ein Auswahldialog mit den Wahlmöglichkeiten. Der Tiefenwert kann direkt über Doppelklick mit der linken Maustaste an der Maßzahl eingetragen werden:

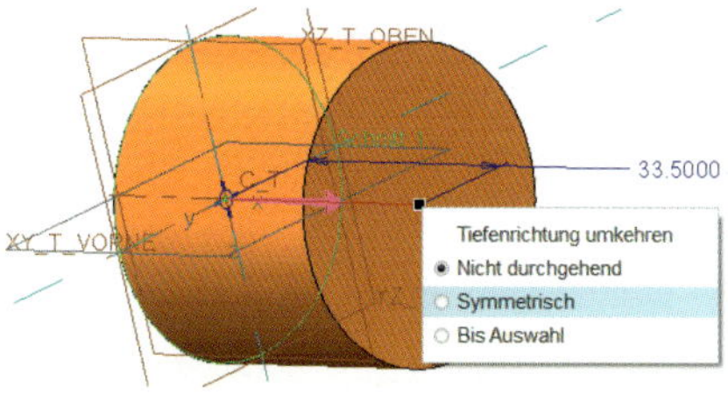

- Mauszeiger auf Zugkasten: ⇨ **[Symmetrisch]**
- Mauszeiger auf Maßzahl: ⇦ ⇦ **[33.5] [↵]**

⚠ Beim Eintrag einer Dezimalzahl benötigt *Creo* einen Punkt anstelle des Kommas.

☞ Wird ein Materialschnitt mit dem Extrudieren-Tool erzeugt, zeigt *Creo* mit Pfeilen die jeweilige Schnittrichtung an. Diese kann durch Klicken mit ⇦ auf den Pfeil umgeschaltet werden.

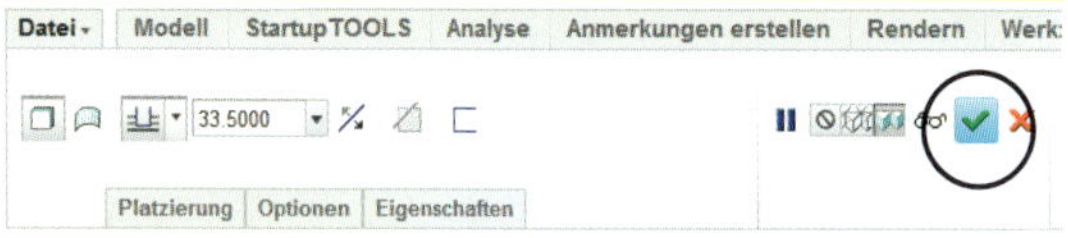

☐ **Beenden der Volumenerzeugung**

- ✔ oder ⇩ *(mittlere Maustaste)*

☞ Das Beenden der Elementerzeugung kann durch Verwenden der mittleren Maustaste beschleunigt werden.

☞ Die Konstuktionselementdefinition kann jederzeit durch Auswahl im Modellbaum über ▶ **[Definition editieren]** reaktiviert und verändert werden.

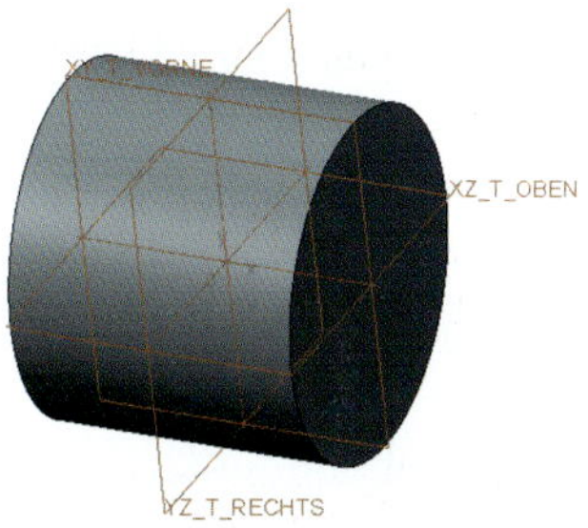

Das Ergebnis dieser ersten Modellierungsschritte ist der abgebildete zylindrische Grundkörper, der sich gleichmäßig zu beiden Seiten der Ebene YZ_T_RECHTS erstreckt. Dieser Körper wird das Kurbelgehäuse des Motors darstellen. In diesem Entwurfsstadium ist das Konstruktionsziel noch nicht erkennbar.

Im nächsten Schritt wird das Gehäuse um einen zweiten zylindrischen Körper erweitert, der später zum Zylinder weiterentwickelt wird. Damit ergibt sich ein Grobmodell des Gehäuses, das seine Funktion schon erahnen lässt.

6.3.3 Anschlusskörper als extrudiertes Profil (Zylindergehäuse)

Analog zum Kurbelgehäuse wird der zweite zylindrische Körper (Zylinder des Motors) erzeugt. Dazu wird als Skizzierebene die Ebene **XZ_T_OBEN** gewählt und eine Kreiskontur mit **32 mm** Durchmesser skizziert. *Creo* aktiviert bei dieser Modellierung automatisch den Schalter ◩ *Material entfernen*, da die Skizze innerhalb des vorhandenen Volumens liegt. In diesem Fall muss der Schalter deaktiviert ⇦ ◩ und als Tiefenoption für Seite 1 die Option **Nicht durchgehend** eingestellt werden. Der Tiefenwert beträgt **67,5 mm**.

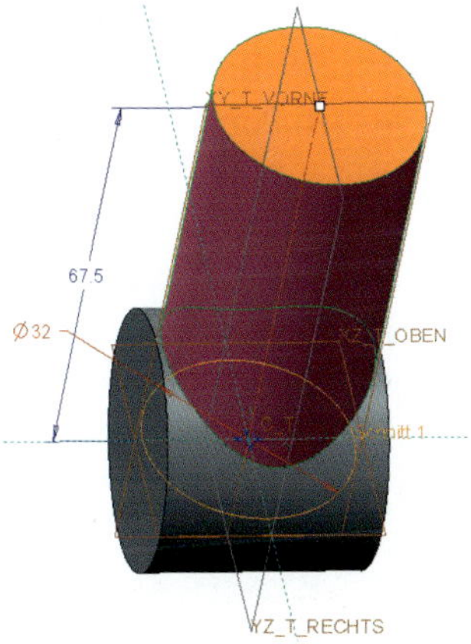

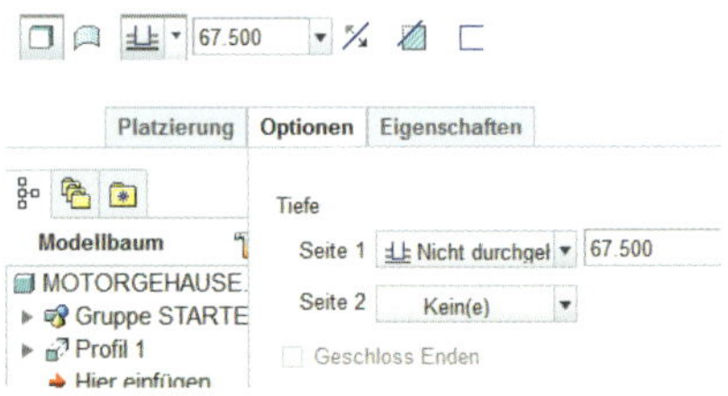

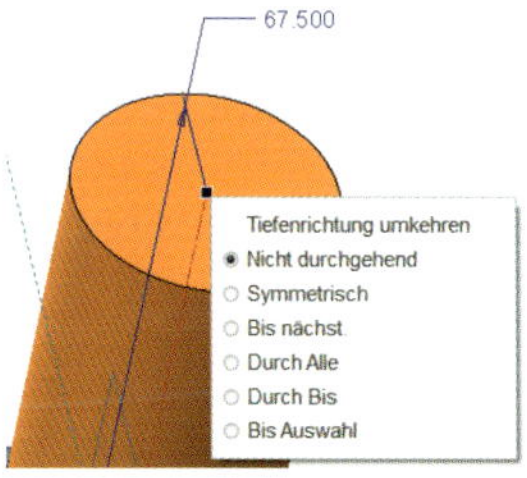

☞ Die beiden zylindrischen Grundkörper werden miteinander zu einem Bauteil verschmolzen.

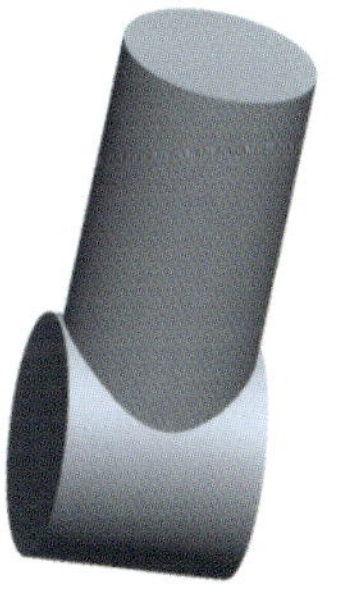

Wenn die Arbeitsschritte ausgeführt wurden, ist ein Grob-Modell des Motorgehäuses erstellt, das für erste Bauraumuntersuchungen und einfache Baugruppendarstellungen nutzbar ist.

☐ **Speichern und Speicherplatzfreigabe**

- ⇦ **Datei**, ⇦ 💾, ⇦ **OK** <Speichern>

Beim ersten Speichern des Objektes kann der Speicherort durch Auswahl eines anderen Verzeichnisses verändert werden. Der durch das Teil *motorgehaeuse* belegte Speicherplatz kann freigegeben werden durch:

- ⇦ **Datei**, ⇦ 🗀 <Fenster schließen>
- ⇦ **Datei**, ⇦ Sitzung verwalten ▶, ⇦ Nicht angezeigte löschen, ⇦ **OK** <Speicherfreig.>

6.3.4 Kurbelwellengehäuse als Rotationskörper & Rotationsmaterialschnitt

Als nächstes Bauteil wird das Kurbelwellengehäuse erstellt. Dieses besteht zunächst aus zwei Konstruktionselementen, einem Rotationskörper und einem Materialschnitt. Die Rippen, Anschraubflansche und der Vergaseranschluss werden später ergänzt.

☐ **Neues Teil erzeugen**

- ⇦ **Datei**, Neu, ⊙ Teil, Name: **[1501011_kurbelwellengehaeuse]**,
- ☑ Standardschablone verwenden, ⇦ **OK**

6.3.4.1 Rotationskörper

Die Außenkontur des Kurbelwellengehäuses wird als rotierter Körper erzeugt:

☐ **Aufruf der Funktion Drehen-Tool und der Schnittdefinition**

- Aufruf des Drehen-Tools: ⇦ **Modell**, ⇦ **Drehen**
- Aktivieren der Skizzendefinition: ▶ **Interne Skizze definieren...**

☐ **Wahl und Orientierung der Skizzierebene**

Da die Volumenerzeugung durch Drehen der Schnittskizze um eine volle Umdrehung (360°) erfolgen wird, können sowohl die Ebene **XY_T_VORNE** als auch **XZ_T_OBEN** als Skizzenebene gewählt werden:

- Wahl der Skizzierebene: ⇦ **[XY_T_VORNE]**

Vorschlag zur Orientierung der Skizzierebene übernehmen durch Starten des Skizzierers.

- Starten des Skizziermodus: ⇦ **[Skizze]**

☐ **Erstellen einer Mittellinie**

⚠ Die Linien der Referenzen sind nicht als Drehachse oder Symmetrielinie für den Skizzierer geeignet. Zu diesem Zweck müssen zusätzlich Mittellinien ⁝ auf diesen Referenzlinien skizziert werden.

- Mittellinie setzen: ⇦ ⁝ Mittellinie oder ▶ **[Konstruktionsmittellinie]**
- 1. Punkt der Mittellinie wählen: ⇦ <1. Punkt auf horizontaler Referenz wählen>
- 2. Punkt der Mittellinie wählen: ⇦ <2. Punkt auf horizontaler Referenz wählen>

☐ **Mittellinie als Drehachse definieren**

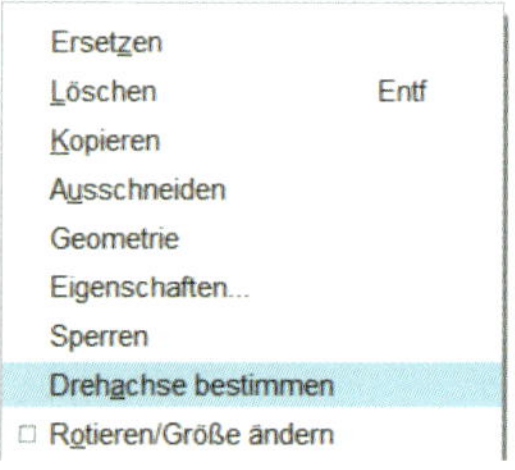

Falls die Mittellinie nicht mehr markiert (grün) ist, markieren Sie die Mittellinie durch einen Klick mit der linken Maustaste (grün) und betätigen Sie danach die rechte Maustaste (gedrückt halten). Es erscheint ein Kontextmenü. Definieren Sie darin die gewählte Mittellinie als **Drehachse** bzw. **Axis of Revolution** Ihres Schnittes:

- ▶ **[Drehachse bestimmen]**

☐ **Skizzieren des Schnittverlaufs**

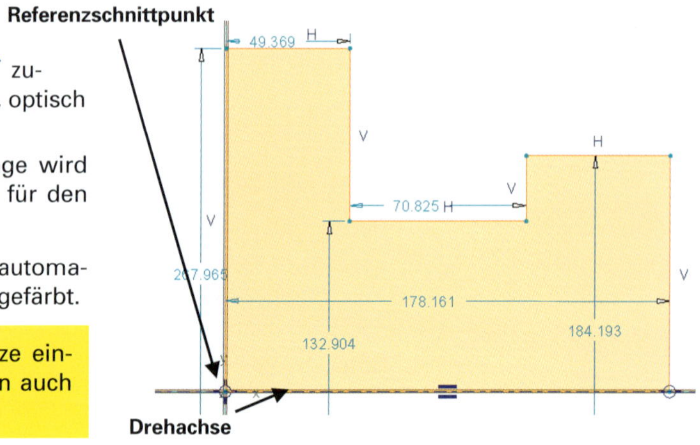

Skizzieren des abgebildeten Schnittverlaufs zunächst **ohne Berücksichtigung der Bemaßung**, optisch einigermaßen richtig.

Zur eindeutigen Positionierung der Schnittlage wird der Schnittpunkt der beiden Referenzebenen für den Punkt unten links des Schnittes gewählt.

Die hellblaue Bemaßung wurde von *Creo* automatisch erstellt. Die Drehachse ist dunkelblau eingefärbt.

⚠ Beachten Sie, dass die Kontur der Skizze eindeutig geschlossen sein muss! Es dürfen auch keine Linien übereinander liegen.

☐ **Maßstab anpassen**

Durch Ziehen eines Fensters bei gedrückter linker Maustaste ⇦ mit dem Auswahlpfeil werden alle Objekte und Maße der Skizze ausgewählt. Skaliert wird die Skizze mit , indem zunächst der Maßstab gesperrt ☑ **Maßstab sperren** und dann ein einziges, beliebiges Maß auf den geforderten Wert gebracht wird:

- Auswahlpfeil aktivieren:
- Fenster ziehen: ⇦ gedrückt halten und ziehen
- Bemaßungsänderung aktivieren: *oder* ▶ **[Ändern]**
- Maßstab sperren: ☑ Maßstab sperren
- Maß auswählen: ⇦
- Bemaßungswert ändern: **[Werteingabe]**
- BEMAẞUNGEN ÄNDERN verlassen: ✔
- Anzeige an Bildschirm anpassen:

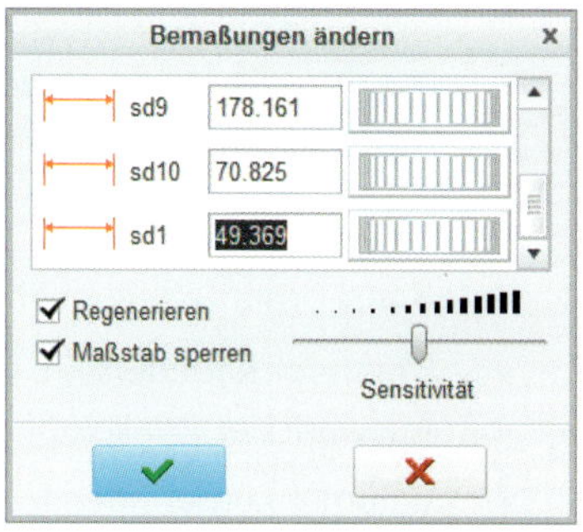

☐ **Anpassen der Bemaßungsart**

a) Längenmaße setzen

- Bemaßungsmodus aktivieren: ⇦ *oder* ▶ **[Bemaßung]**
- Kante/Linie anwählen: ⇦ Kante
- Maßzahl platzieren: ⇩ (mittlere Maustaste)

b) Durchmessermaße setzen

In der nebenstehenden Skizze sind die Maße mit Nachkommastellen automatisch durch den Absichtsmanager generiert, die anderen Maße wurden manuell gesetzt.

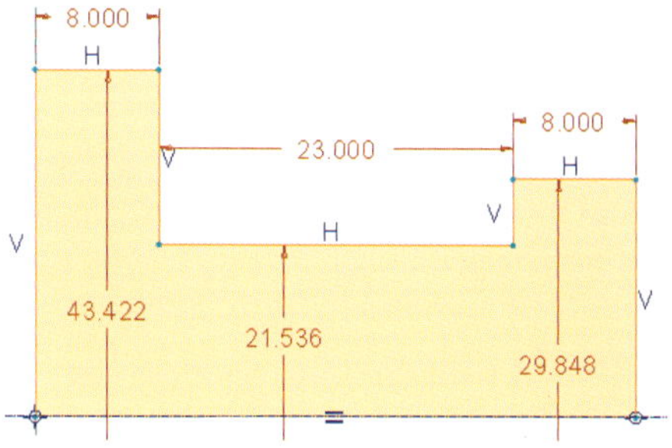

☞ In der Skizze gibt es zwei identische Längenmaße. Diese Angabe ist nur sinnvoll, wenn für zukünftige Konstruktionsvariationen beide Längen unabhängig voneinander verändert werden müssen. Ansonsten wäre die Konstruktionsbedingung „gleiche Länge" sinnvoller.

☞ Mit der Option ***sketcher_dim_of_revolve_axis „yes"*** (*„yes"* ist Standard) werden Maße um eine Drehachse im Skizzierer automatisch als Durchmesserbemaßung erstellt (siehe Kap. 4.3). Wird in *Creo* vor dem Skizzieren der Kontur eine Drehachse erstellt, erzeugt *Creo* die Durchmessermaße im Drehen-KE automatisch.

Für das **manuelle Erzeugen** von Durchmesserbemaßungen wird zunächst die zu bemaßende Körperkante, dann die Mittelachse und schließlich erneut die Körperkante angewählt. Das Maß wird mit der mittleren Maustaste platziert:

- Bemaßungsmodus aktivieren: ⇦
- Kante/Linie anwählen: ⇦ Kante
- Mittellinie anwählen: ⇦ Mittellinie
- Erneut Kante/Linie anwählen: ⇦ Kante
- Maßzahl platzieren: ⇩ (mittlere Maustaste zum Platzieren)

⚠ Für eine Durchmesserbemaßung muss eindeutig die Mittellinie und nicht die über dieser Linie liegende Körperkante angewählt werden.

☐ **Verbleibende Bemaßungswerte anpassen**

- Bemaßungswerte ändern: Durch Doppelklick ⇦ ⇦ mit dem Auswahlpfeil auf die Maßzahl.

☐ **Schnittkontrolle**

Mit lässt sich der Innenraum geschlossener Kantenketten, wie nebenstehend abgebildet, farblich füllen (*standardmäßig aktiv*).

Mit lassen sich die Eckpunkte skizzierter Elemente hervorheben, die nur an einem Element vorhanden sind, also offene Elemente (*standardmäßig aktiv*).

Mit wird überlappende Geometrie hervorgehoben.

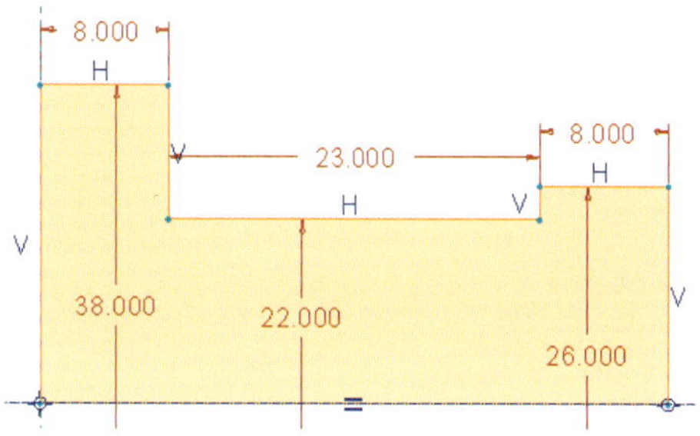

Mit wird die Skizze für die Verwendung des gewählten Konstruktionselements vollständig überprüft. Die nebenstehende Abbildung zeigt einen Prüfbericht für eine Skizze, bei der zwei Linienelemente übereinander liegen. Dieser Fehler wäre auch:

- mit sichtbar geworden, da keine Fläche gefüllt würde,
- mit sichtbar geworden, da die Überlappung hervorgehoben würde.
- Schnittkontur füllen: ⇦

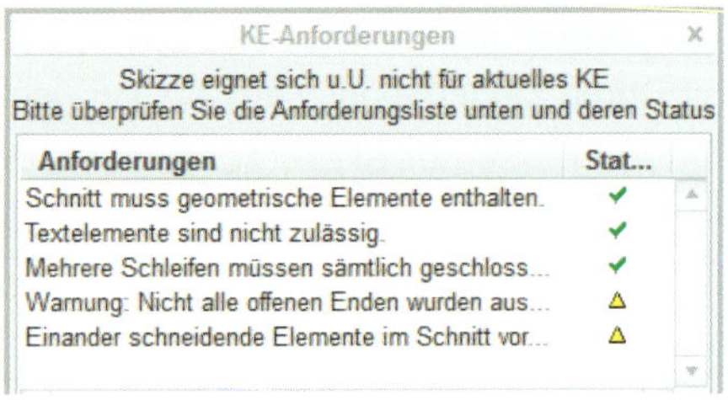

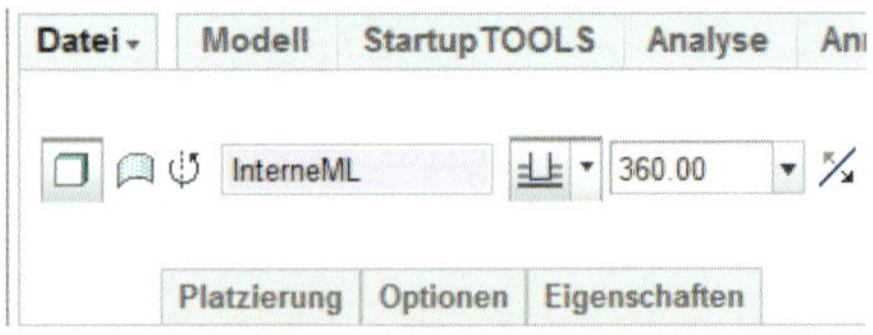

☐ **Rotationskörperdefinition abschließen**

- Skizzierer beenden: ✔
- Auswahl der Winkeloption: **[360]**°
- Volumenkörper beenden : ✔ aus Schaltpult oder ⇩

☞ Wird die Skizze des Rotationskörpers ohne Drehachse innerhalb der Skizze erzeugt, fordert *Creo* den Benutzer beim Verlassen der Skizze auf, eine Achse oder Kante als Rotationsachse zu wählen. Das Erzeugen von Durchmesserbemaßungen ist ohne Drehachse innerhalb der Skizze nicht möglich.

6.3.4.2 Rotierter Materialschnitt

Die Innenkontur des Kurbelwellengehäuses soll als rotierter Materialschnitt erzeugt werden. Dabei wird auf dieselbe Art vorgegangen wie bei der im vorangegangenen Kapitel beschriebenen Erzeugung des Rotationskörpers. Einzig unterschiedlich ist neben der zugrunde liegenden Skizze mit ihren zugehörigen Konstruktionsbedingungen die Verwendung der Option „Material entfernen":

☐ **Aufruf der Funktion „Drehen-Tool" und der Schnittdefinition**

- Aufruf des Drehen-Tools: **Drehen**
- Aktivieren der Skizzendefinition: ▶ **Interne Skizze definieren...**

☐ **Wahl und Orientierung der Skizzierebene**

- Wahl der Skizzierebene: ⇦ **XY_T_VORNE**
  Vorschlag zur Orientierung der Skizzierebene übernehmen durch Starten des Skizzierers.
- Starten des Skizziermodus: ⇦ **[Skizze]**

☐ **Wahl der Referenzen**

Der Referenzdialog erlaubt das Ändern der Referenzbezüge der Skizze.

- Referenzendialog öffnen:
- Auswahl von Referenzen: ⇦ **[Konturelement]**
  Die äußere Bohrungskontur soll immer exakt auf der Außenkante des vorher erzeugten Körpers liegen. Zu diesem Zweck werden diese Körperflächen durch Anklicken mit der linken Maustaste ⇦ bei aktiviertem Auswahlpfeil im Dialogfeld REFERENZEN als zusätzliche Referenzen hinzugefügt.

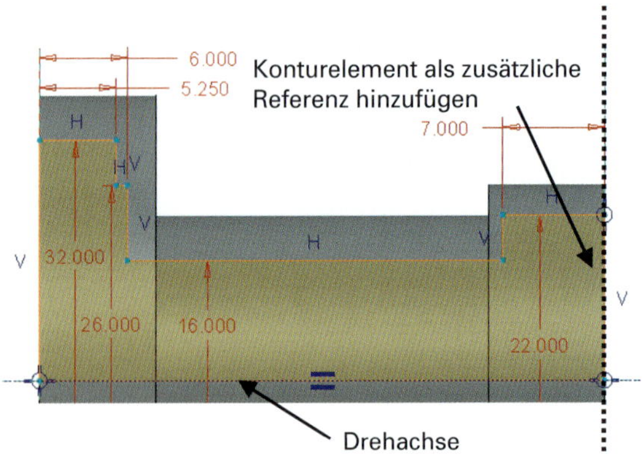

☐ **Skizzieren und Bemaßen des Schnittverlaufs**

- Mittellinie für die Rotationsachse setzen: <entsprechend obiger Skizze>
- ▶ **[Drehachse bestimmen]**
- Skizzieren der Schnittkontur:
  Der oben dargestellte Schnittverlauf wird optisch einigermaßen richtig ohne Rücksicht auf Bemaßungen skizziert.
- Bemaßungsart anpassen: <entsprechend obiger Skizze>
  Das Anpassen des Maßstabes entfällt hier, da durch die bereits vorhandenen Körperkonturen die Skizze sofort in der richtigen Größenordnung erzeugt worden ist.

☞ Die Aufforderung zur Eingabe des Bemaßungswertes erfolgt sofort nach dem Setzen eines Maßes.

- Anpassen der Bemaßungswerte: ⇦ , ⇦ auf die Maßzahl und Werteingabe
- Skizzierer beenden: ✔

☐ **Rotationskörperdefinition abschließen**

- Auswahl der Winkeloption: **[360]**°

- Betriebsart „Volumen“ wählen:
- Betriebsart „Material entfernen“ wählen:

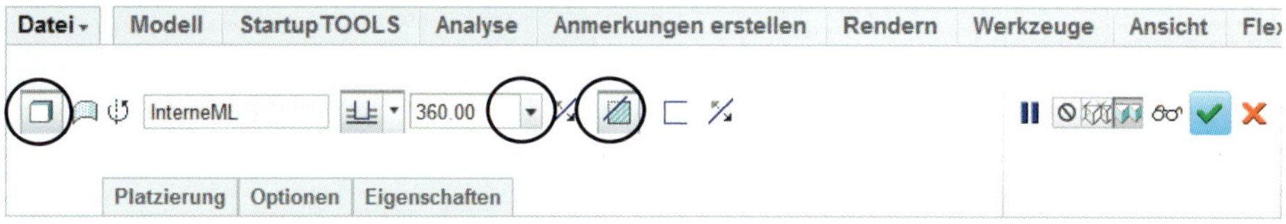

- Mit Hilfe des rechten Umschalters kann gewählt werden, ob alles außerhalb oder innerhalb der skizzierten Kontur weggeschnitten werden soll (Auswahl der Materialseite).
- Volumenkörper beenden:

☐ **Speichern und Speicherplatzfreigabe**

- Speichern des Teils *kurbelwellengehaeuse* und Fenster schließen: , ⇦ **Datei**, ⇦ , ⇦ **OK**
- Speicher freigeben: ⇦ **Datei**, ⇦ Sitzung verwalten ▶, ⇦ Nicht angezeigte löschen , ⇦ **OK**

6.3.5 Modellierungsübungen

Verfahren und Vorgehensweisen, die im bisherigen Verlauf des Buches detailliert beschrieben wurden, werden zukünftig nur kurz in größeren Schritten unter Angabe der jeweils erforderlichen Maße und Skizzen dargestellt. Neue Verfahren werden detailliert beschrieben und erklärt.

Erzeugen Sie mit den Ihnen bekannten Konstruktionselementen die weiteren Teile. Diese werden später verfeinert und in den Motor eingebaut. Beachten Sie dabei die Lage der Teile zu den Ebenen des Startteiles. Die genaue Einhaltung von Position und Ausrichtung der Teile zu ihren Ebenen entsprechend der Vorgaben ist nicht zwingend notwendig, da diese, allerdings mit Mehraufwand, nachträglich geändert werden können.

Die sinnvolle Positionierung und Ausrichtung der Teile ähnlich ihrer Lage im eingebauten Komplettmodell erleichtert den Zusammenbau zum Motor erheblich.

6.3.5.1 Grobmodellierung des Zylinderkopfs

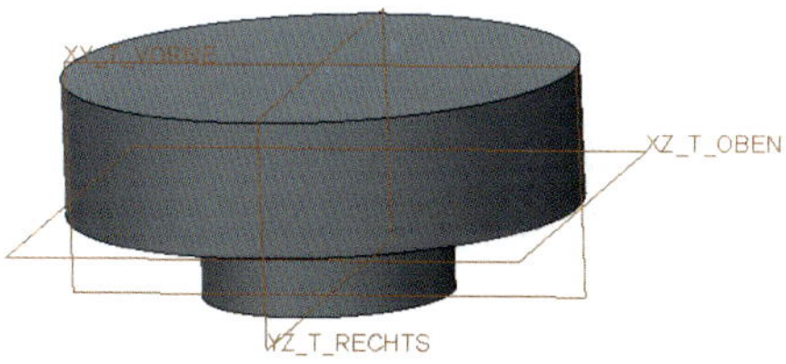

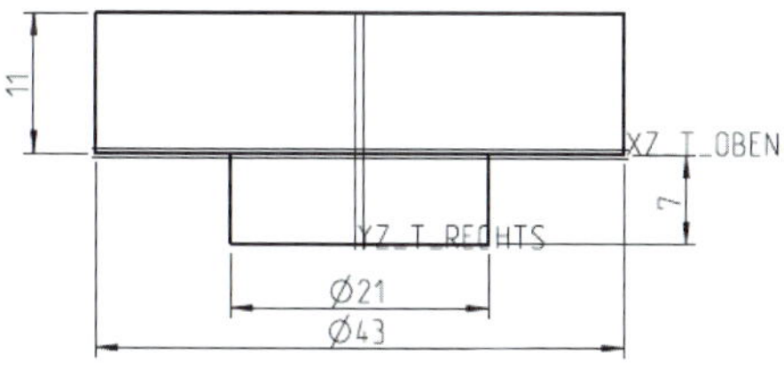

Modellieren Sie ein Grobmodell des Zylinderkopfs entsprechend der nebenstehenden Darstellungen. Gehen Sie dabei nach folgenden Schritten vor:

- Beginnen Sie ein neues Teil mit dem Namen *1501012_zylinderkopf*.

> ☞ Sollten Sie inzwischen *Creo* verlassen und wieder neu gestartet haben, so denken Sie an die Einstellung des Arbeitsverzeichnisses. Denken Sie ferner daran, das richtige Startteil zu verwenden.

Die dargestellte Ausrichtung des Zylinderkopfes auf die Ebenen **XY_T_OBEN** ist für den späteren Zusammenbau zur Verwendung als Einbauebenen sinnvoll.

Der Zylinderkopf kann sowohl über die Funktion Profil aus zwei zylindrischen Extrusionselementen, als auch über das Drehen-Tool erzeugt werden.

- Modellieren Sie den Zylinderkopf entsprechend der dargestellten Skizze aus zwei Extrusionsobjekten (**Ø43 mm** x **11 mm** und **Ø21 mm** x **7 mm**).
- Speichern Sie den Zylinderkopf .

Die weitere Detaillierung des Zylinderkopfes erfolgt aus didaktischen Gründen zu späteren Zeitpunkten in den Kap. 7.1.5., 7.2.2, 8.2.1, 8.6.1 und 12.11.

6.3.5.2 Grobmodellierung der Laufbuchse

In dieser Übung wird die Laufbuchse für den Kolben als Rotationskörper in folgenden Schritten modelliert:

- Beginnen Sie ein neues Teil mit dem Namen *1501013_laufbuchse*.
- Wählen Sie die Funktion Drehen-Tool.
- Definieren Sie selbstständig die für den Einbau erforderliche Skizzierfläche. Anschließend skizzieren Sie zuerst die Mittellinie (auf die Bezugsachse ausgerichtet) und definieren Sie diese als **Drehachse**.
- Skizzieren Sie den in der nebenstehenden Abbildung dargestellten Schnitt.
- Betrachten Sie mit der Funktion **Vorschau** aus dem SCHALTPULT das Ergebnis. Entspricht es den Erwartungen, kann die Elementerzeugung mit ✔ bzw.▼ abgeschlossen werden.
- Speichern Sie die Laufbuchse.

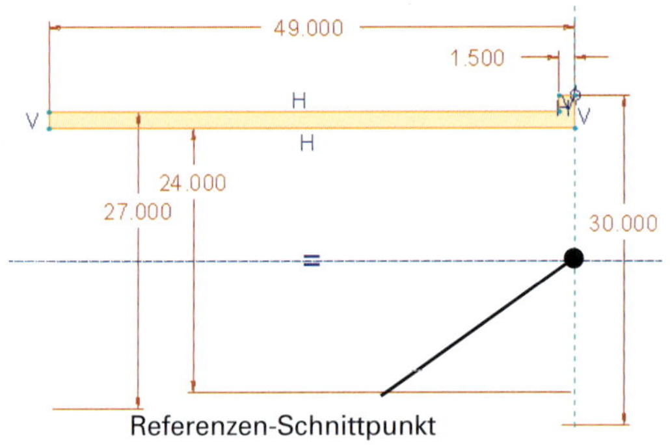

6.3.5.3 Vormodellierung des Kolbens

Die Vormodellierung des Kolbens (*1501014_kolben*) wird entsprechend der folgenden Entwicklungsschritte durchgeführt:

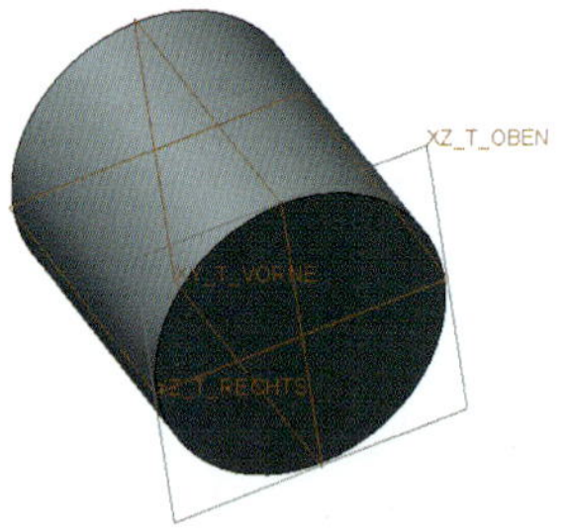

1. Schritt: Grundkörper extrudieren

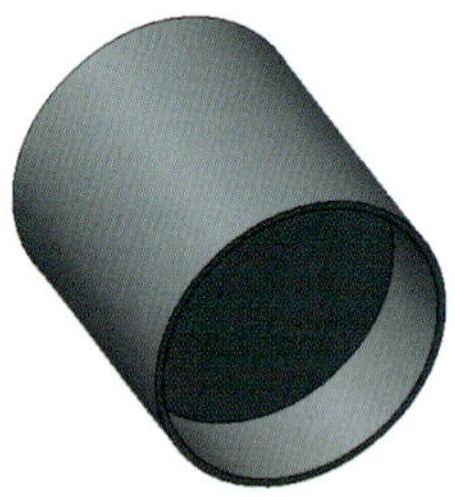

2. Schritt: Bodenbereich entfernen

3. Schritt: Innenbereich entfernen

4. Schritt: Kolbenschild freischneiden

Legen Sie ein neues Teil mit dem Namen *1501014_kolben* an.

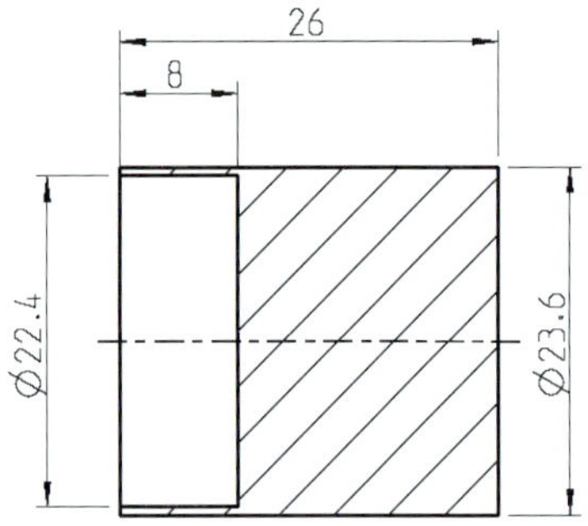

1. **Grundkörper extrudieren**

   Der Grundkörper wird mit dem Extrudieren-Tool auf die Skizzierebene **XZ_T_OBEN** erzeugt. Der Kolbendurchmesser soll **23,6 mm** und die Kolbenlänge **26 mm** betragen.

2. **Bodenbereich entfernen**

   Mit dem Extrudieren-Tool wird ausgehend von Ebene **XZ_T_OBEN** als Skizzierebene das Volumen mit dem Durchmesser **22,4 mm** und der Tiefe **8 mm** entfernt.

3. **Innenbereich entfernen**

   Die skizzierte Bodenöffnung soll als extrudierter Profilschnitt, auf die Ebene **XZ_T_OBEN** mit der **Tiefe 20 mm** (gemessen von XZ_T_OBEN) erzeugt werden.

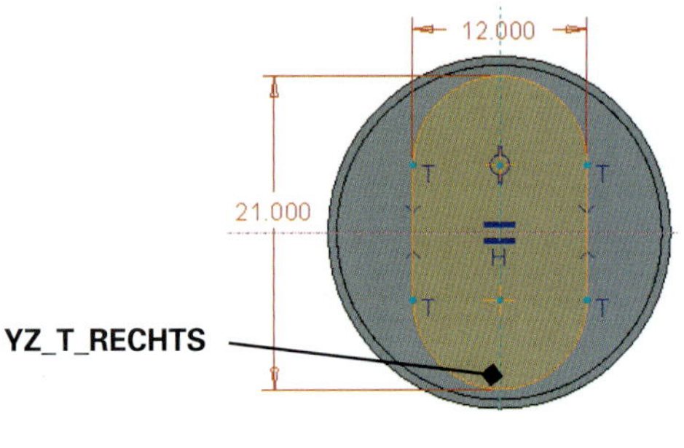

Seit Wildfire 4.0 besteht die Möglichkeit, vordefinierte Skizzen aus einer Palette zu verwenden. Im Folgenden sind beide Vorgehensweisen erläutert:

a) Manuell erstellte Skizzenkontur

> ☞ Nutzen Sie die Symmetriebedingungen im Skizziermodus!

- Zeichnen Sie im Skizziermodus zunächst zwei Mittellinien auf die Referenzebenen.
- Skizzieren Sie ein Rechteck, das relativ symmetrisch zu beiden Mittellinien liegt. Die Symmetriebedingungen werden von *Creo* „gefangen" (symbolisiert durch auf die Mittellinien gerichtete Pfeilspitzen).
- Skizzieren Sie zwei Bögen (oder) tangential an die Ecken des Rechteckes, sodass deren Mittelpunkt auf der Mitte der kurzen Rechteckseite liegt.
- Markieren Sie die beiden inneren Linien des Rechtecks mit ⇦ + **[Strg]** ⇦ und löschen Sie diese mit ▶ **Löschen**.

b) Skizzierer-Palette verwenden

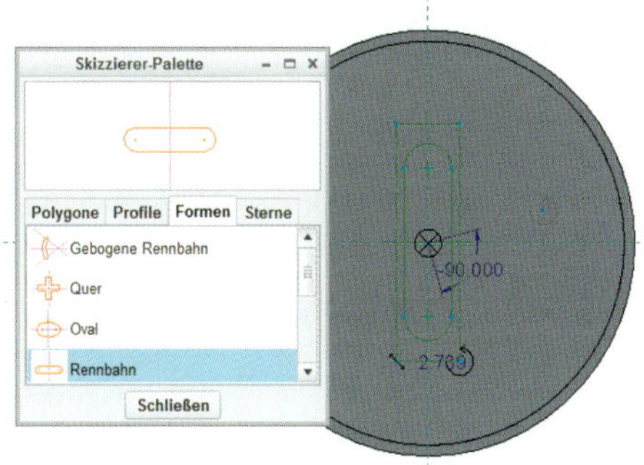

- Skizzierer-Palette aufrufen:
- Register FORMEN: ⇦ **Formen**
- In FORMEN Typ wählen: ⇦ ⇦ **Rennbahn**
- Skizze platzieren: ⇦ *<in Skizzenbereich>*

Zum Ausrichten wird das Langloch am Einbaupunkt ⊗ mit der linken Maustaste gepackt und in den Schnittpunkt der Mittellinien gezogen. Anschließend wird die Skizze mittels um 90° gedreht.

Zur Größenanpassung wird die Skizze durch Ziehen an optisch annähernd angepasst und mit ✔ eingebaut. Die gewünschten Skizzenmaße werden danach durch Doppelklick mit der linken Maustaste auf die erforderlichen Werte eingestellt.

> ☞ Durch Verschieben mit gedrückter rechter Maustaste kann der Einbaupunkt ⊗ innerhalb der Skizze umreferenziert werden.

Nach dem Anpassen der Bemaßung an die erforderlichen Werte verschiebt sich die Skizze seitlich zur gewünschten Lage, da bisher noch keine Lagebedingung für die Mittellage definiert wurde. Zu diesem Zweck wird nun der Mittelpunkt eines der beiden Bögen **Zusammenfallend** mit der Mittenreferenz (Ebene...) der Skizze definiert:

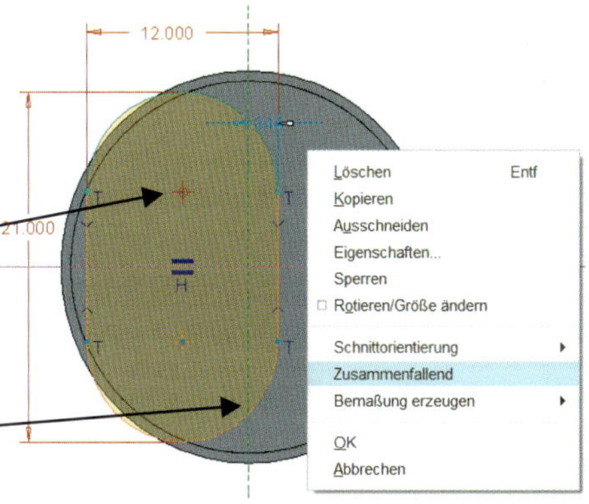

- Mauszeiger über Mittelpunkt platzieren
- Mittelpunkt auswählen ⇦
- Mauszeiger über Mittenreferenz und Auswahl **[Strg]** + ⇦
- Rechte Maustaste (lang): ▶ **Zusammenfallend**
- Skizze beenden ✔, Profiltiefe **20 mm**, Profil beenden ✔

4. Kolbenschild freischneiden

Erzeugen Sie das **Kolbenschild** als extrudierten Profilschnitt , auf **YZ_T_RECHTS**. Stellen Sie dazu die Darstellung auf *verdeckte Kanten* um und verwenden Sie die vorhandenen Körper Außenkanten zur Konturerzeugung, d. h. ergänzen Sie diese als **Referenzen** . Wählen Sie für die **Tiefenoption** in beide Richtungen jeweils **[Bis nächst.]**.

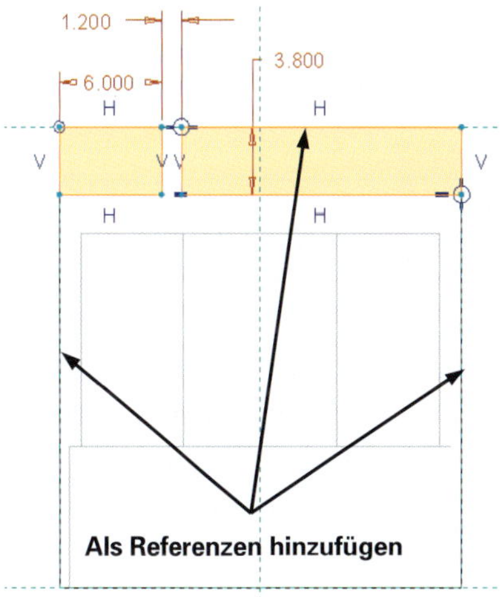

- Speichern des *kolbens*:

6.3.5.4 Vormodellierung des Pleuels (klassische Variante)

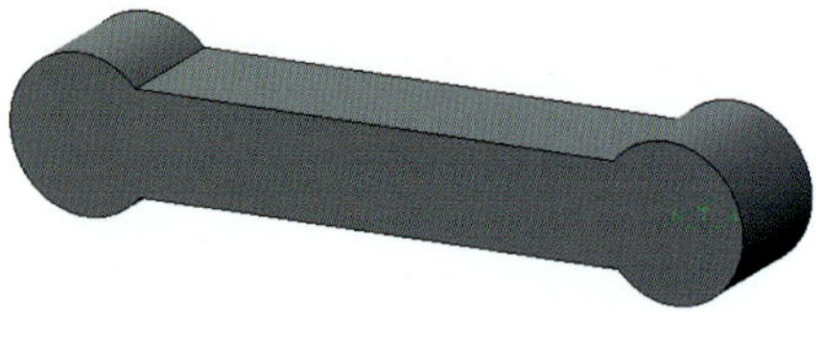

Die Vormodellierung des Pleuels (*1501015_pleuel*) erfolgt in zwei Schritten:

1. **Erzeugung des Grundkörpers**

   Die Achse A_T_X soll die Drehachse der Kurbelwelle sein. Der Pleuel soll als Profilkörper mit einer Dicke von **8 mm** extrudiert und **symmetrisch** zur Ebene **YZ_T_RECHTS** ausgerichtet werden. Daher wird als Skizzierebene für den Grundkörper die Ebene **YZ_T_RECHTS** gewählt.

   Die im Skizziermodus der Profilerzeugung erforderlichen Schritte sind im Folgenden einzeln aufgeführt. Das jeweilige Ergebnis der einzelnen Schritte ist rechts grafisch dargestellt:

   - Mittellinie auf die Ebene XY_T_VORNE platzieren.
   - Kreis mit Durchmesser **10 mm** (Mitte im Referenzenschnittpunkt) skizzieren.

   - Zweiten Kreis mit gleichem Durchmesser (Kennung **R1** an beiden Kreisen) im Abstand der Mittelpunkte **40 mm** skizzieren.

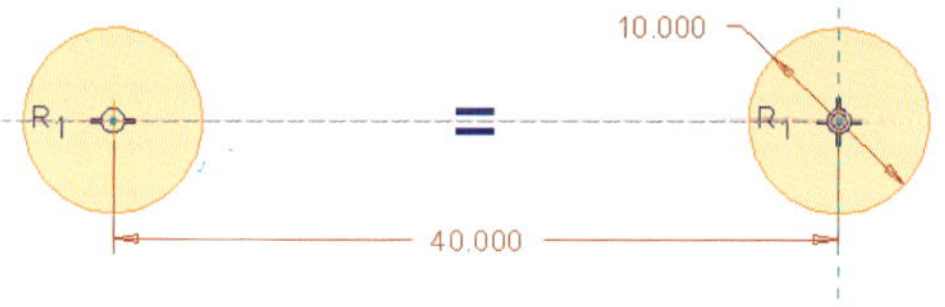

   - Zwei Linien (Pleuelstange) zwischen die Kreise skizzieren.
   - Abstand zwischen den Linien mit **6,6 mm** bemaßen.
   - Symmetrie definieren

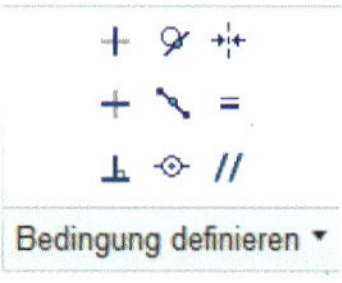

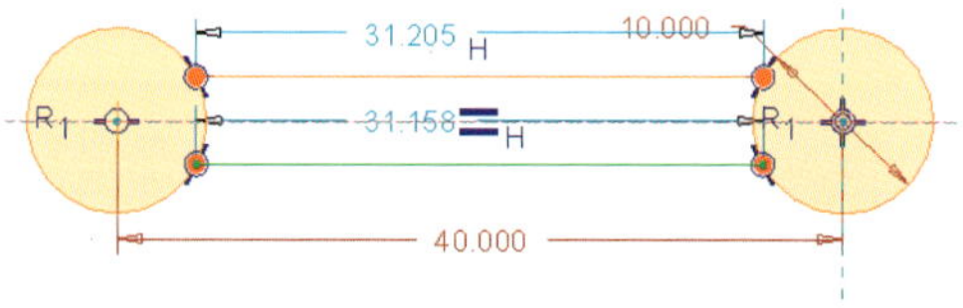

   - ⇦ Mittellinie auswählen
   - ⇦ Endpunkt der 1. Linie wählen
   - ⇦ Endpunkt der 2. Linie wählen

   Die Symmetrie der Linienendpunkte wird durch zueinander gerichtete Pfeile an den Punkten dargestellt.

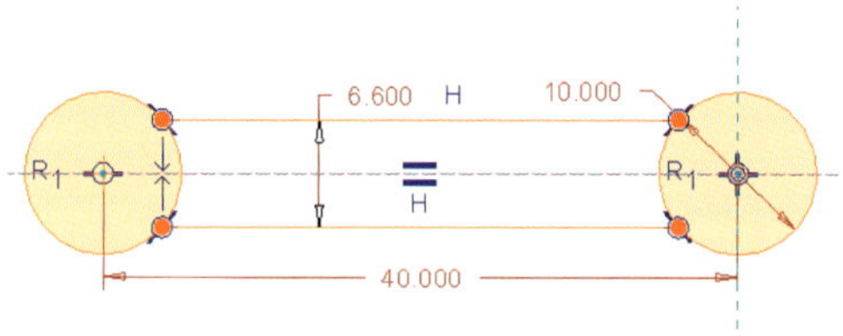

   - Überschüssige Kreisbogensegmente löschen

   Ist der „Segment löschen"-Modus aktiviert, werden die überschüssigen Elemente durch einfaches Auswählen mit der linken Maustaste weggeschnitten.

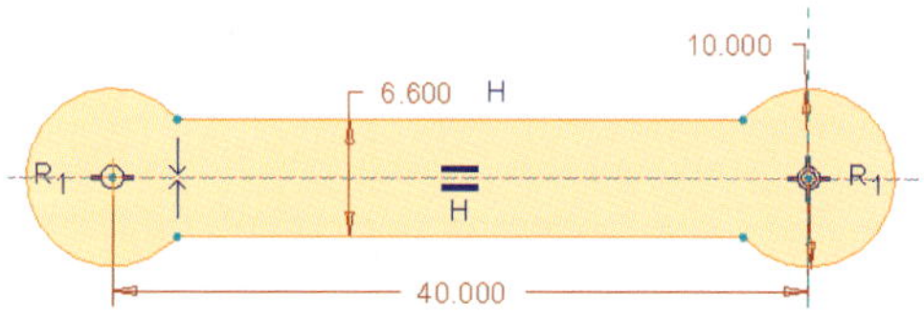

   - Skizze beenden ✓, Extrusionstiefe **8 mm**, symmetrisch, Profil beenden ✓

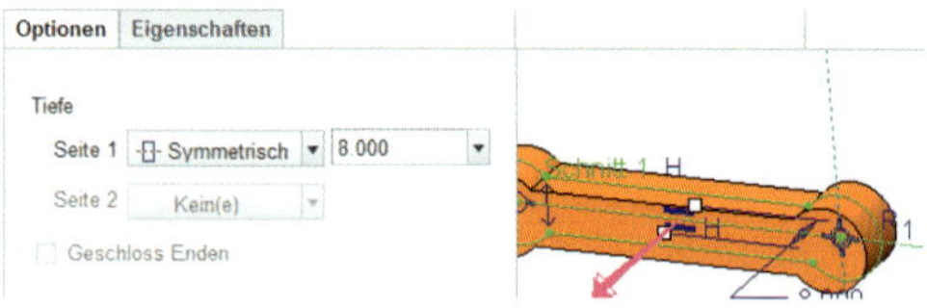

2. **Erzeugung der einseitigen Pleuelstangenreduzierung**

   Die Reduzierung der Pleuelstange wird aus dem Grundkörper erzeugt, indem ein Materialschnitt von **2 mm Tiefe** auf die Pleueloberfläche gelegt wird.

   - Profil, Material entfernen
   - Skizzendefinition: ▶ + **Interne Skizze def…**
   - Skizzierebene: ⇦ **Oberfläche Pleuel**
   - Skizze: ⇦ **[Skizze]**
   - Referenzen:
   - Auswahl von Referenzen: ⇦ **Konturelemente**

Die äußere Schnittkontur soll immer exakt auf der Außenkante des vorher erzeugten Körpers liegen. Zu diesem Zweck werden die zylindrischen Körperflächen durch Anklicken mit der linken Maustaste ⇦ bei aktiviertem Auswahlpfeil im Dialogfeld REFERENZEN als zusätzliche Referenzen hinzugefügt.

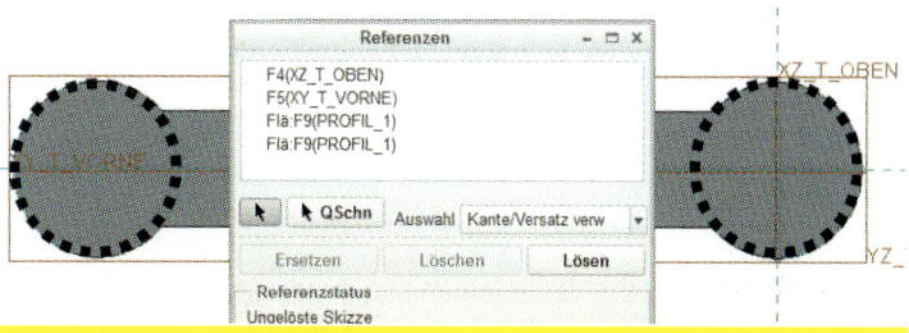

☞ Bei der Auswahl wird immer nur ein 180°-Teilbogen gewählt. Als Referenz wird aber der gesamte Kreis mit Mittelpunkt zur Verfügung gestellt.

- REFERENZEN schließen: ⇦ **[Schließen]**
- Projizieren: **Einzeln,** ⇦ **2 Kanten**

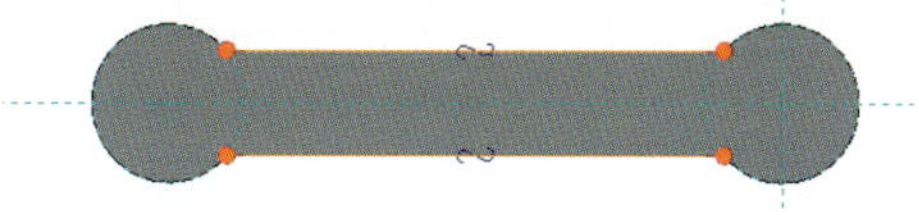

Die vorhandenen Seitenflächen des Pleuelstegs werden in die aktuelle Skizze als Skizzenelemente projiziert.

- 1. Bogen: 3 Punkte/Tangentenende: , ⇦ Mittelpunkt, ⇦ Startpunkt, ⇦ Endpunkt
- 2. Bogen: 3 Punkte/Tangentenende: , ⇦ Mittelpunkt, ⇦ Startpunkt, ⇦ Endpunkt

- Skizze beenden ✔, Tiefenwert **[2]** mm

t = 2 mm

- Extrudieren beenden ✔ *oder* ⇩ und Speichern

Im weiteren Verlauf dieses Buches werden die einzelnen Arbeitsschritte des Skizziermodus weniger detailliert erläutert, da die grundsätzliche Vorgehensweise gleich ist.

6.3.5.5 Modellierung des Pleuels mit Konik

Der Pleuel aus Kap. 6.3.5.4 wird später als Schmiedeteil mit Ausformschrägen versehen (siehe Kap. 7.5.2). Neu in *Creo* ist die Möglichkeit, konische Profile gleich bei der Grundmodellierung vorzusehen.

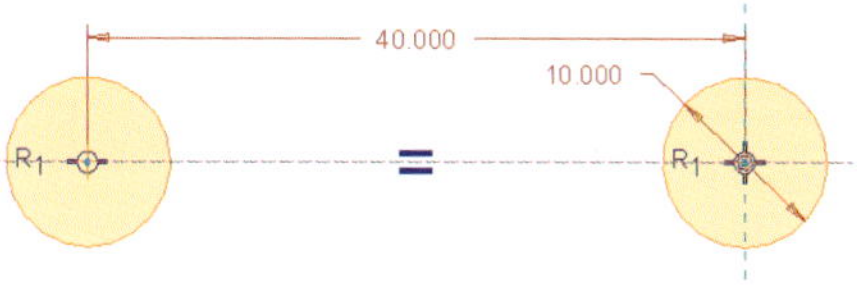

- *1501016_pleuel_konik*

Als Grundkörper des Pleuels werden dazu zunächst zwei kreisförmige Körper in einer Skizze auf die Ebene YZ_T_RECHTS erstellt und **einseitig** mit **4** mm und Konik extrudiert:

- Profil , Skizze wie nebenstehend
- Extrusionstiefe **4 mm**, einseitig
- ▶ ☑ Konik hinzufügen
- ⇦ ⇦ Winkelwert: **[-3]** °
- Profil beenden ✔

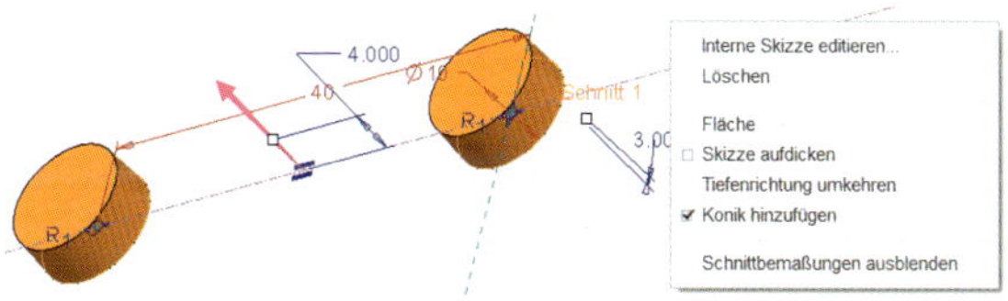

☐ **Erzeugung der einseitigen Pleuelstangenreduzierung**

Zur Definition der Pleuelstangenreduzierung wird ein zweiter Körper ebenfalls ausgehend von der Ebene YZ_T_RECHTS erstellt. Das skizzierte Rechteck referenziert die beiden Kegelmittelpunkte und verwendete eine Mittellinie als Symmetrielinie.

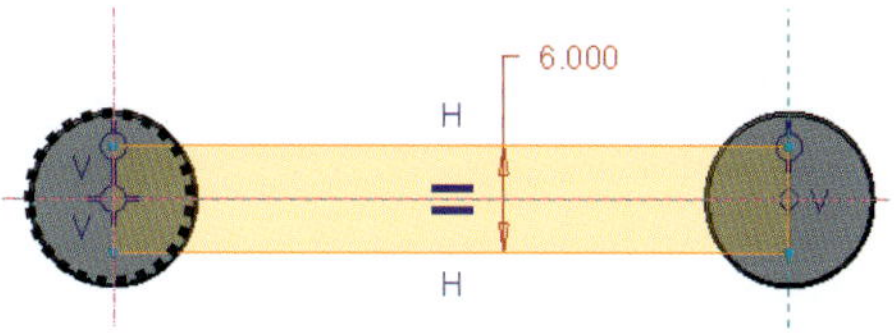

- Profil ,
- Skizzierebene: ⇦ **[YZ_T_RECHTS]**
- Skizze: ⇦ **[Skizze],** wie nebenstehend
- Referenzen:
- Auswahl von Referenzen: ⇦ **Konturelement** für Mittelpunkt

Die Materialüberlappung der Kegel und des Quaders ist unerheblich, da in *Creo* nur die Zustände mit oder ohne Material unterschieden werden. Doppeltes Material gibt es nicht.

- Extrusionstiefe **2 mm**, einseitig
- ▶ ☑ Konik hinzufügen
- ⇦ ⇦ Winkelwert: **[-3]** °
- Profil beenden ✔
- Speichern:

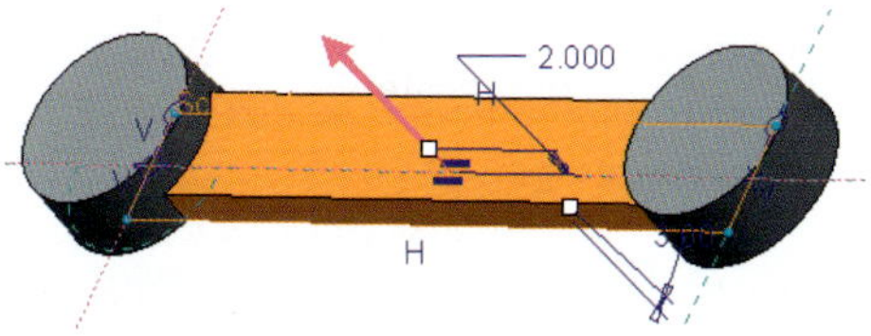

Für den weiteren Verlauf dieses Buches ist es unerheblich, mit welcher Variante des Pleuels weiter gearbeitet wird.

6.4 Operationen und KE-Operationen

Die Operationen, insbesondere die Konstruktionselementoperationen (KE-Operationen), sind Funktionen, die auf bereits im Modell vorhandene Konstruktionselemente angewendet werden, beispielsweise um diese zu kopieren, zu unterdrücken, zu Gruppen zusammenzufassen oder zu ersetzen. Die Funktionsaufrufe der KE-Operationen befinden sich in der Gruppe *Operationen* des Registers **Modell**.

☞ Die meisten Operationen (Löschen, Muster löschen, Unterdrücken, Gruppe) lassen sich schneller über die rechte Maustaste aus dem jeweiligen Zusammenhang heraus aufrufen bzw. im Modellbaum (Umordnen, Einfügemodus) durchführen, wenn ein Konstruktionselement markiert ist. Das Spiegeln des Materialschnittes wird in Kap. 6.4.2 erläutert.

- **Regenerieren**: Mit Regenerieren wird die vollständige Berechnung des gesamten Modells und aller Abhängigkeiten erzwungen. Ein Regenerieren ist insbesondere nach Änderung von Maßwerten durch *Editieren* (siehe Kap. 11) innerhalb einer Konstruktion erforderlich.
- **KE-Operation Kopieren:** Die KE-Operation Kopieren erzeugt eine Kopie des gewählten KEs, im Allgemeinen innerhalb desselben Modells. Der Kopiervorgang kann wahlweise unter Zuordnung neuer Referenzen, unter Verwendung der gleichen Referenzen wie beim Original oder durch Bewegen bzw. Spiegeln definiert werden.

  Diese Funktion lässt sich bei vorher ausgewähltem Objekt größtenteils erheblich einfacher über **Kopieren** bzw. **Einfügen** direkt aus der Multifunktionsleiste ausführen (siehe Kap. 6.4.1). Das **Spiegeln** erfolgt alternativ über einen eigenen Funktionsaufruf aus der Gruppe *Editieren*, nachdem zuvor das zu spiegelnde KE ausgewählt wurde.
- **KE-Operation Umordnen:** Diese Funktion lässt sich erheblich einfacher über den Modellbaum ausführen. Sie wird in Kap. 11.2 ausführlich beschrieben.
- **KE-Operation Einfügemodus:** Diese Funktion lässt sich erheblich einfacher über den Modellbaum ausführen. Sie wird in Kap. 11.3 ausführlich beschrieben.
- **Löschen:** Die KE-Operation Löschen entfernt das gewählte KE und alle seine Kinder aus dem Modell. Die Funktion kann auch über die rechte Maustaste bei gewähltem KE erreicht werden.
- **Gruppe:** Mit der KE-Operation Gruppe lassen sich KEs zu Gruppen zusammenfassen bzw. wieder auflösen. Außerdem können externe Gruppen (Dateiendung .gph) in das aktuelle Modell hinein geladen werden.
- **Unterdrücken:** Beim Unterdrücken werden KEs oder Komponenten vollständig außer Funktion gesetzt, als wären sie gelöscht. Das bedeutet, alle abhängigen Elemente (Kinder) werden mit unterdrückt, da ihre Referenzen (Eltern) nicht mehr verfügbar sind. Unterdrückte Elemente können mit **Zurückholen** wiedergeholt werden. Sie werden im Modellbaum mit einem schwarzen Quadrat gekennzeichnet (siehe Kap. 11).

6.4.1 Kopieren & Einfügen von Konstruktionselementen

Die Funktionen **Kopieren**, **Einfügen** und **Spezial einfügen** sollen am Beispiel einer Platte mit Bohrung (*die Bohrungsdefinition ist in Kap. 7.1 beschrieben*) erläutert werden.

☐ **Kopieren**

Zunächst wird das zu kopierende Konstruktionselement im Modellbaum oder Hauptarbeitsfenster ausgewählt:

- Bohrung auswählen: ⇦ **Bohrung**

Nach der Auswahl des Objektes steht in der Systemleiste das Icon zum Kopieren zur Verfügung.

- Bohrung kopieren: *oder* **[Strg + C]**

Die Bohrung wurde nun in den Zwischenspeicher kopiert. In der Multifunktionsleiste stehen nun neu die Icons (*Einfügen*) und (*Spezial einfügen*) zur Verfügung.

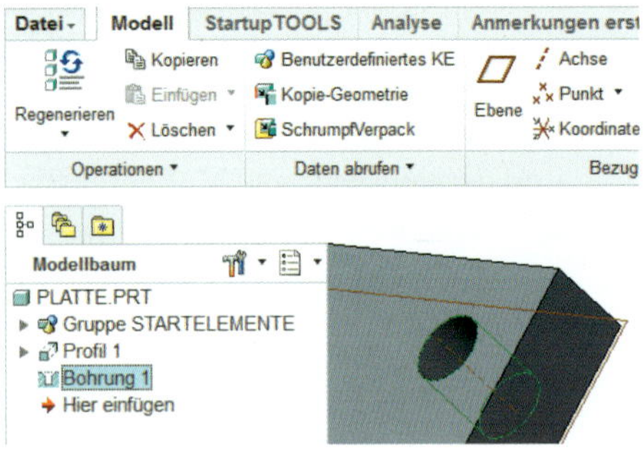

☐ **Einfügen**

Mit *Einfügen* wird das gewählte Konstruktionselement mit allen seinen Definitionen in das aktuelle Bauteil oder auch ein anderes Bauteil eingefügt.

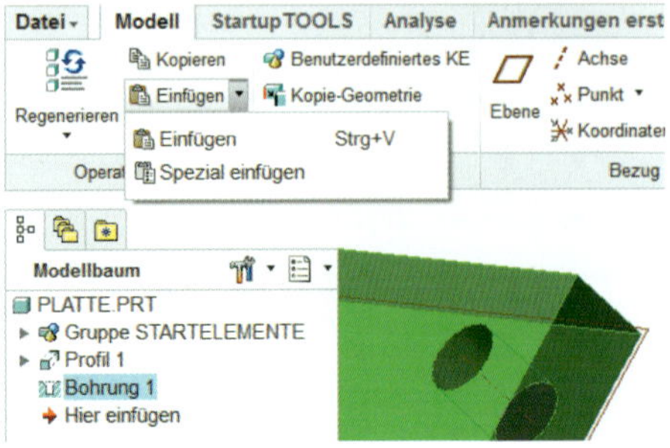

☞ Die Bohrungsdefinition wird in Kap. 7.1 beschrieben.

☞ Die Lage-Referenzen der Bohrung (grüne Zugkästchen) müssen neu definiert werden!

- KE einfügen: oder **[Strg + V]**

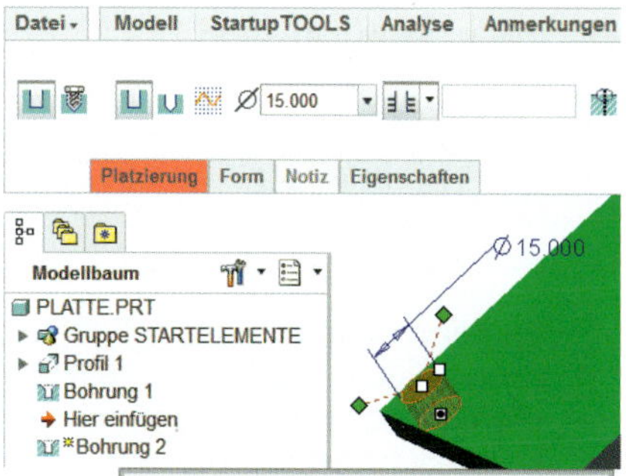

Es öffnet sich das Schaltpult für die neue Bohrung. Darin sind die Form- und Funktionsdefinitionen von der ursprünglichen Bohrung übernommen worden. Die Platzierungen müssen neu gesetzt werden.

- Primäre Referenz: ⇦ Oberfläche
- Sekundäre Referenzen: <Ziehen der Griffe>
- Einfügen beenden: ✔

☐ **Spezial einfügen**

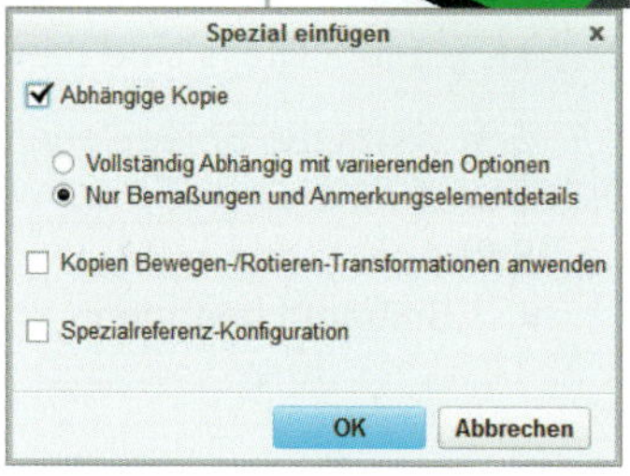

Mit *Spezial einfügen* können mehrere KEs gleichzeitig oder auch Bemaßungsmuster kopiert werden. Insbesondere ist es möglich, das kopierte KE mit Translations- und/oder Rotationsreferenzen zu platzieren.

- KE *Spezial einfügen*:

Im Dialog SPEZIAL EINFÜGEN kann definiert werden, ob die Bemaßungen der Kopie **abhängig** bzw. **unabhängig** vom Original sein sollen.

Im Folgenden wird beispielhaft gezeigt, wie eine abhängige Bohrungskopie durch Transformation zur Ursprungsbohrung erzeugt wird:

- Kopieren Bewegen-...Transformationen zuweisen ☑
- SPEZIAL EINFÜGEN Schließen: **[OK]**

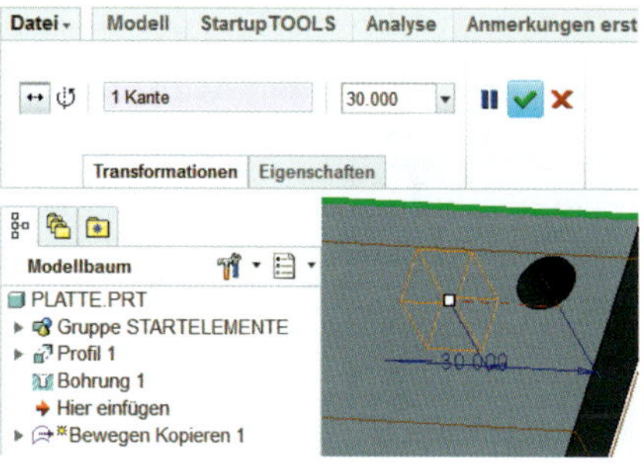

Es öffnet sich das Schaltpult für die Transformation. Mit wird eine rotatorische mit ↔ eine translatorische Verschiebung erreicht.

- Translation: ↔
- Bewegungsrichtung auswählen: ⇦ Kante
- Verschiebungsbetrag: **[30]** ggf. [-30]

Im Panel TRANSFORMATIONEN besteht die Möglichkeit, weitere Bewegungen zu ergänzen.

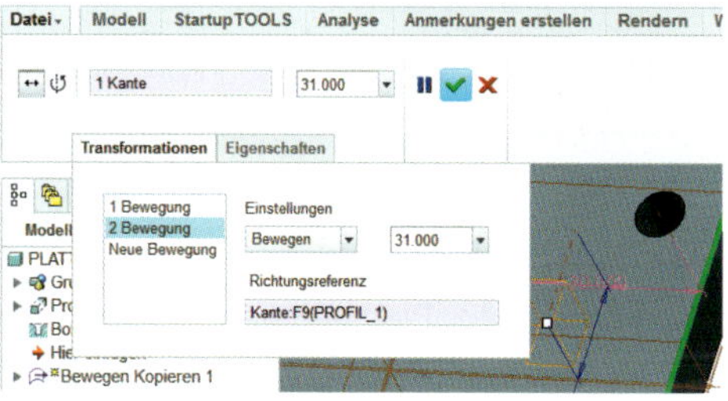

- Weitere Bewegung: **[Neue Bewegung]**
- Bewegungsrichtung auswählen: ⇦ **Kante**
- Verschiebungsbetrag: **[31]** ggf. **[-31]**
- ...
- Spezial einfügen beenden: ✔

☐ **Maß ändern an Kopie oder Original**

Aufgrund der eingestellten Abhängigkeit der Bemaßungen führen Maßänderungen unabhängig davon, ob sie am Original oder der Kopie durchgeführt wurden, nach dem Regenerieren zur entsprechenden Änderung am jeweils anderen Objekt.

6.4.2 Spiegeln von Konstruktionselementen

Als Beispiel für eine Operation soll die in Kap. 6.3.5.4 (2. Profil) erzeugte Pleuelstangenreduzierung durch abhängiges Spiegeln an der Ebene **YZ_T_RECHTS** auf die andere Seite des Pleuels übertragen werden:

☐ **Klassische Pleuelvariante nach Kap. 6.3.5.4**

- Auswahl des zu spiegelnden KEs: ⇦ <Profil 2>

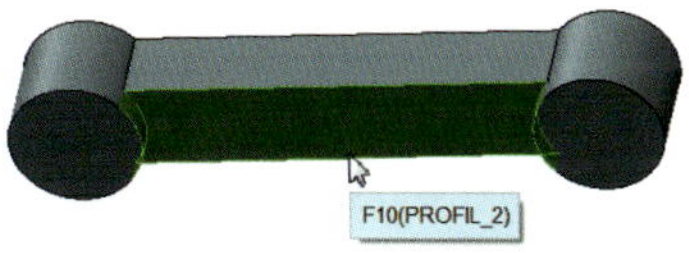

☐ **Konik-Pleuelvariante nach Kap. 6.3.5.5**

- Auswahl des 1. zu spiegelnden KEs: ⇦ <Profil 1> bei Variante 2
- Auswahl des 2. zu spiegelnden KEs: **[Strg]+**⇦ <Profil 2> bei Var. 2

Die Körperkanten des ausgewählten KEs werden im Hauptarbeitsfenster in grün dargestellt. Wird ein ausgewähltes KE erneut mit der linken Maustaste angepickt, wird eine Fläche oder Kante auf dem KE ausgewählt und grün dargestellt. Zum Zurücksetzen der Auswahl wird mit der linken Maustaste in den freien, im Allgemeinen grauen Hintergrund hinein geklickt.

Klassisch **Mit Konik**

☐ **Beide Pleuelvarianten**

- Spiegelfunktion aus ⇦ **Modell**, ⇦ Gruppe *Editieren*

Da noch keine Spiegelebene als Referenz gewählt wurde, ist das Panel REFERENZEN im Schaltpult rot hervorgehoben.

- Auswahl der Spiegelebene: ⇦ **YZ_T_RECHTS**

Im Panel OPTIONEN des Schaltpultes kann eingestellt werden, ob die Spiegelkopie abhängig (vollständig, oder gleiche Maße und Anmerkungselemente) oder unabhängig sein soll. Wird die Abhängigkeit deaktiviert, werden alle Maße und Referenzbezüge in das neue KE kopiert. Diese sind dann unabhängig vom Original veränderbar.

Erst wenn die Spiegelebene als Referenz erfolgreich definiert wurde (Panel REFERENZEN in schwarz), kann der Befehl abgeschlossen werden:

- Spiegeln beenden: ✔ *oder* ⇩

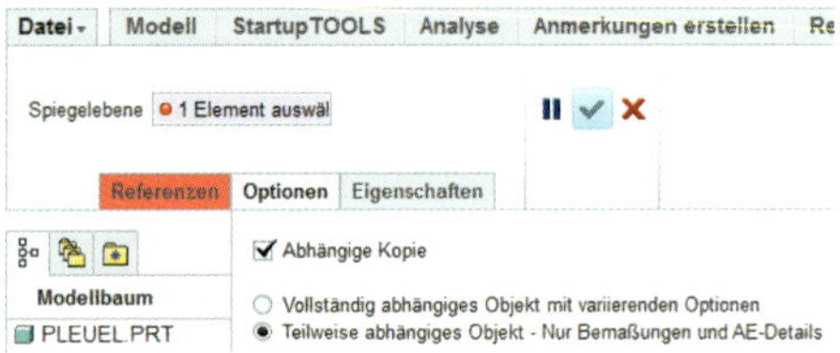

6.5 Bezugselemente erzeugen

Bezugselemente (Modellbezüge) werden als Referenzen für die Platzierung von Konstruktionselementen und Komponenten benötigt. Da das Erzeugen von Bezugselementen an verschiedenen Stellen dieses Buchs in unterschiedlichen Varianten benötigt wird, soll in diesem Kapitel eine zusammenfassende Behandlung ohne konkrete Anwendung für den Motor vorgenommen werden.

Nicht alle Bezugselemente und Möglichkeiten der Bezugserzeugung können hier vorgestellt werden, die Beispiele sind jedoch soweit repräsentativ, dass andere Anwendungen leicht selbstständig ausgeführt werden können.

6.5.1 Bezugsebene erzeugen

Die Funktion „Bezugsebene erzeugen" wird über ⇦ **Modell**, ⇦ **Ebene** aufgerufen:

Als Bedingungstypen stehen abhängig von der Wahl der Referenzbezüge folgende Varianten zur Verfügung:

- **Durch**: Platziert die neue Bezugsebene durch die ausgewählte Referenz.
- **Versetzt**: Platziert die neue Bezugsebene versetzt von der ausgewählten Referenz.
- **Parallel**: Platziert die neue Bezugsebene parallel zur ausgewählten Referenz.
- **Senkrecht**: Platziert die neue Bezugsebene senkrecht zur ausgewählten Referenz.
- **Tangente**: Platziert die neue Bezugsebene tangential zur ausgewählten Referenz.

Durch die Wahl der Referenzelemente und deren Anzahl werden die Bedingungstypen vorgesteuert. Beispiele sind:

☐ **Versatzebene**

Bei Auswahl einer **Ebene** oder einer ebenen Körperfläche mit ⇦ wird die Bezugsebene als **parallele Versatzebene** erzeugt.

☞ Ein Versatzwert 0 ist zwar möglich, sollte aber besser als „Durch" definiert werden!

☞ Der pinke Pfeil zeigt die positive Richtung der neuen Ebene an. Durch Anklicken des Pfeils ⇦ wird diese umgeschaltet.

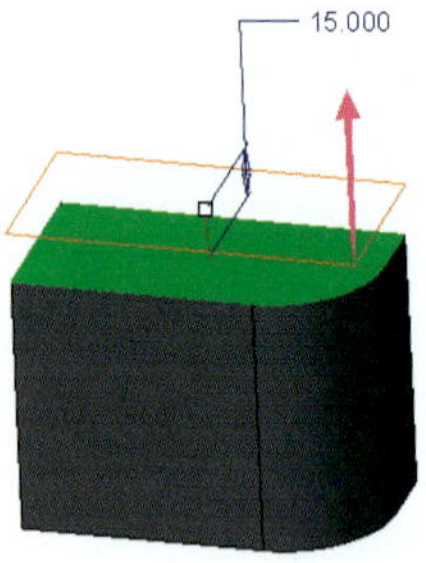

☐ **Winkelebene**

Durch die Auswahl einer **Ebene** (oder ebenen Körperfläche) und die zusätzliche Auswahl einer Achse (oder Kante) wird die Bezugsebene als **Winkelebene** durch die Achse (Kante) erzeugt.

☞ Das **Hinzufügen** von Referenzen erfolgt allgemein mit **[Strg] +** ⇦.

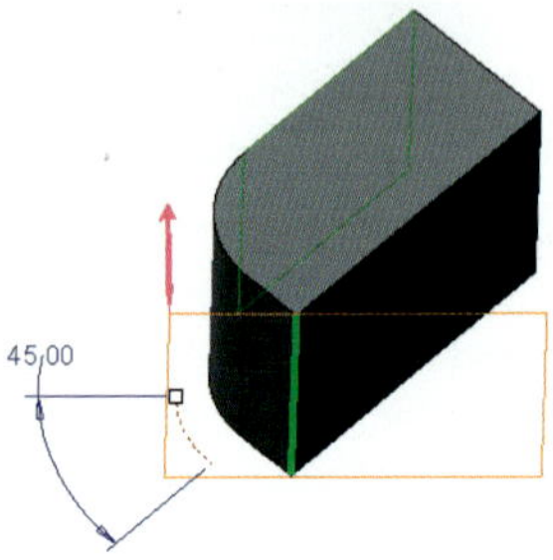

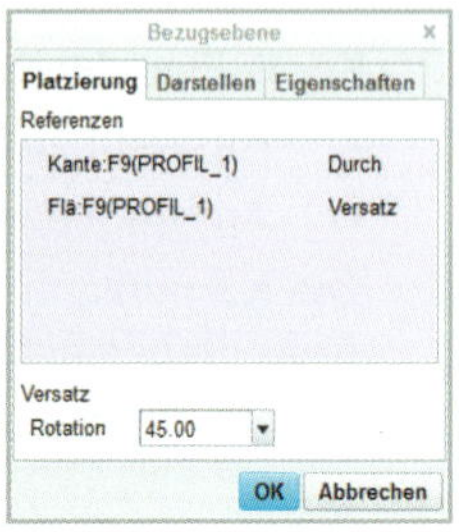

☐ **Tangentialebene**

Bei Auswahl einer **zylindrischen Fläche** steht der Bedingungstyp **Tangential** zur Verfügung.

Zusätzlich zur Tangentialdefinition ist der Verweis auf eine senkrechte oder parallele Ebene (Fläche) unbedingt erforderlich.

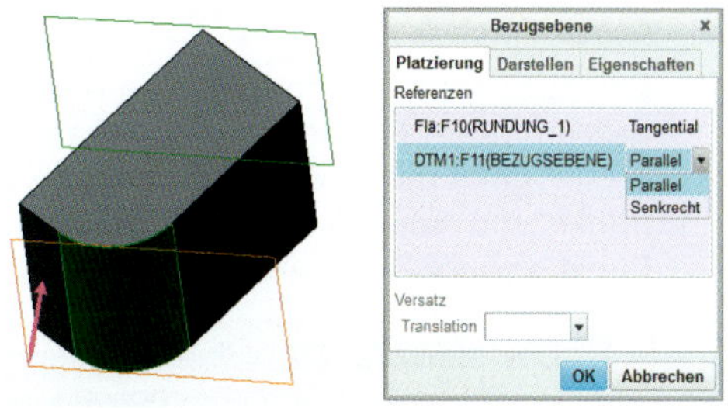

☐ **Ebene durch 3 Punkte**

Bei Auswahl dreier beliebiger **Punkte** wird eine Bezugsebene durch diese Punkte gelegt.

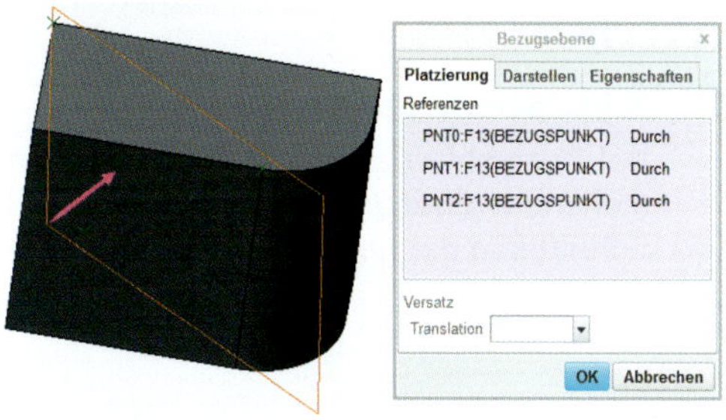

☐ **Ebene durch Kante und Punkt**

Bei Auswahl einer **Kante** und eines **Punktes** wird die Bezugsebene durch die Kante und den Bezugspunkt gelegt.

⚠ Der Schalter **[OK]** zum Abschluss der Ebenendefinition steht nur zur Verfügung, wenn die Ebenendefinition vollständig und eindeutig ist.

6.5.2 Bezugsachse erzeugen

Die Funktion „Bezugsachse erzeugen" wird über ⇦ **Modell**, ⇦ **Achse** aufgerufen:

Als Bedingungstypen stehen zur Verfügung:

- **Durch:** Die Bezugsachse ist durch die ausgewählte Referenz definiert. Zur Auswahl weiterer Referenzen drücken Sie während des Wählens die Strg-Taste.
- **Senkrecht:** Die Bezugsachse wird senkrecht zur ausgewählten Referenz platziert. Dieser Referenztyp setzt voraus, dass entweder im Kollektor Versatzreferenzen weitere Referenzen definiert werden oder ein weiterer Punkt oder Eckpunkt hinzugefügt wird, um die Achse vollständig zu definieren.

Beispiele für die Definition von Bezugsachsen sind:

☐ **Achse durch**

Bei Auswahl einer **zylindrischen Fläche** mit ⇦ wird die Bezugsachse als **Mittelachse des Zylinders** erzeugt.

Bei Auswahl einer **Kante** liegt die neue Bezugsachse exakt auf dieser Kante.

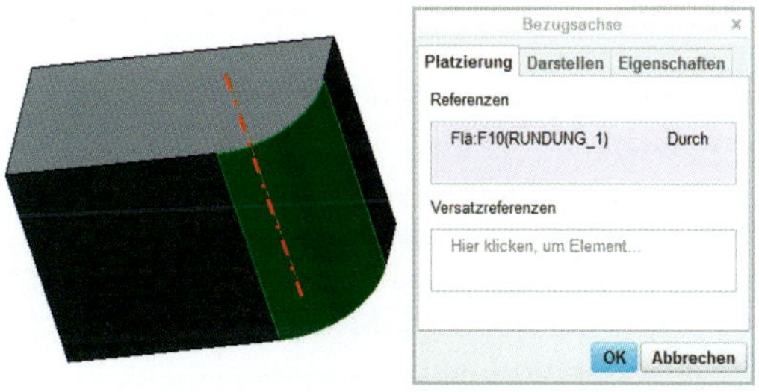

☐ **Achse senkrecht**

Bei Auswahl einer **Ebene** oder einer ebenen Körperfläche wird die Bezugsachse **senkrecht** zu dieser erzeugt.

Im Kollektor Versatzreferenzen (oder durch Ziehen der Referenzgriffe, grüne Kästchen) sind zusätzliche Angaben zur Lage der Achse auf der Ebene vorzunehmen. Anstelle zweier Kantenreferenzen kann beispielsweise ein Punkt gewählt werden.

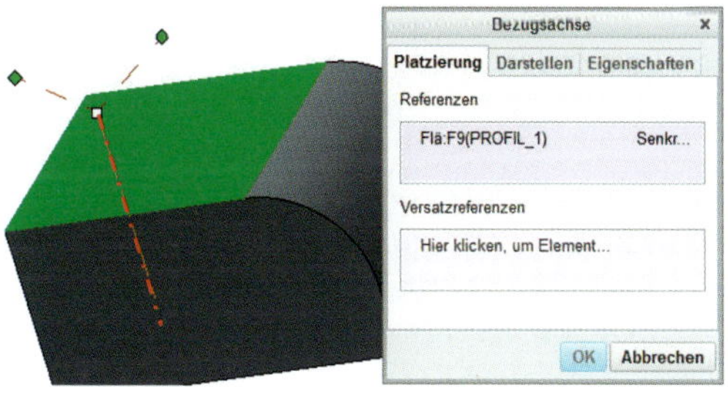

☐ **Achse durch & senkrecht**

Bei Auswahl eines vorhandenen **Punktes**, der auf einer **gekrümmten Fläche** liegt, und zusätzlicher Auswahl dieser gekrümmten Fläche wird die Achse durch den Punkt und **senkrecht** zur Krümmung der Fläche im Punkt erzeugt.

☞ Das **Hinzufügen** weiterer Referenzen erfolgt mit der Tastenkombination **[Strg] +⇦** .

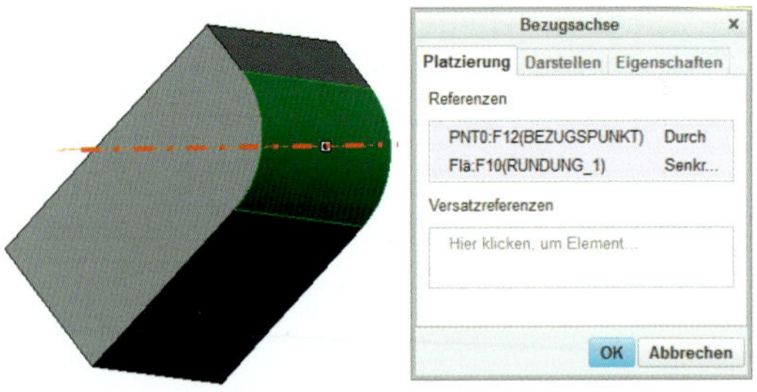

☐ **Achse durch 2 Ebenen**

Bei Auswahl zweier vorhandener, zueinander senkrecht stehender **Ebenen** mit **[Strg] +** ⇦ wird eine Achse als Schnittlinie der beiden gewählten Ebenen erzeugt.

6.5.3 Bezugsachse am Pleuel erzeugen

Als Beispiel für die Erzeugung einer Bezugsachse wird die fehlende zweite Achse am Pleuel ergänzt:

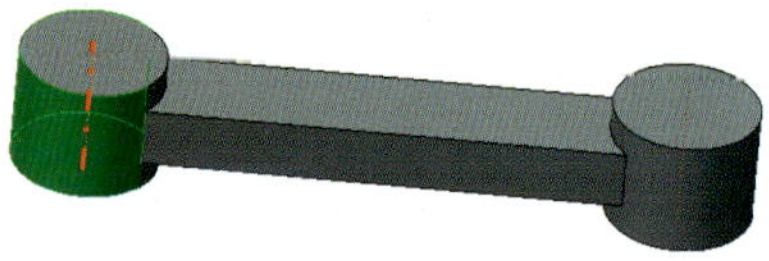

- ⁄ , ⇦ Zylindrische Pleuelfläche wählen, **[OK]** *oder* ⇩

Bei der konischen Pleuelvariante ist dieser Schritt nicht erforderlich, da die 2. Achse automatisch aus den beiden Kegeln mit erstellt wurde. Die Funktion würde aber analog mit Auswahl einer Kegelfläche funktionieren.

6.5.4 Bezugspunkte erzeugen

Für Bezugspunkte stehen verschiedene Werkzeuge zur Definition zur Verfügung:

- **Bezugspunkt** ˣˣ: Die Lage des Bezugspunktes wird über Verweise auf Flächen und Kanten definiert.
- **Versatzkoordinatensystem-Bezugspunkt** ⁎: Der Bezugspunkt wird durch den Versatz (*x*-, *y*- und *z*-Richtung) zu einem Koordinatensystem definiert.
- **Feldbezugspunkt** ˣ: Ein Feldpunkt ist eine Art Bezugspunkt, der in Verbindung mit benutzerdefinierten Analysen (BDAs) verwendet wird.

⚠ Der in früheren Wildfire-Versionen verfügbare **„Skizzierter Bezugspunkt** ˣ" ist ab Wildfire 5 nicht mehr im Bezugsmenü angeordnet. Er steht jetzt als **Geometriepunkt** × direkt in der Skizze zur Verfügung.

Die Funktion „Bezugspunkt erzeugen" wird über ⇦ **Modell**, ⇦ ˣˣ **Punkt** aufgerufen.

Bezugspunkte können als **Einzelpunkte** oder als **Punktefeld** erstellt werden. Beim Punktefeld werden in einer einzelnen Punkt-Funktion mehrere Punkte (✦ *Neuer Punkt*) definiert, die dann im Modellbaum als einzelner Bezugspunkt aufgeführt sind. Im Arbeitsfenster sind beide Punkte einzeln dargestellt und auch einzeln referenzierbar.

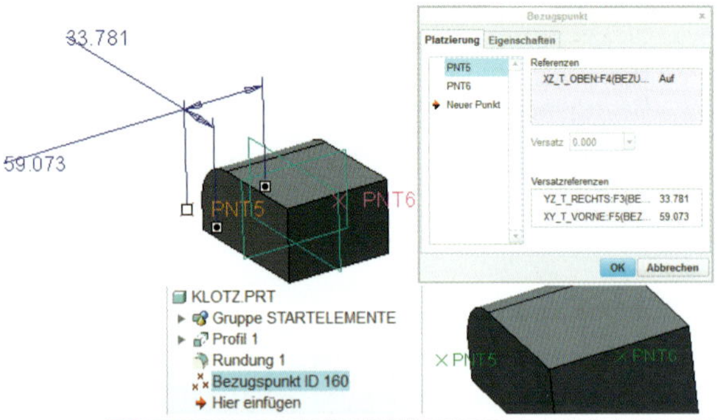

Im Folgenden sind einige Beispiel für normale Bezugspunkt-Definitionen aufgeführt:

☐ **Punkt auf ebener Fläche**

Bei Auswahl einer **Ebene** oder einer **ebenen Körperfläche** mit ⇦ wird der Bezugspunkt **auf** dieser Fläche erzeugt.

Im Kollektor Versatzreferenzen (oder durch Ziehen der Referenzgriffe, grüne Kästchen) sind zusätzliche Angaben zur Lage des Punktes auf der Ebene zu machen.

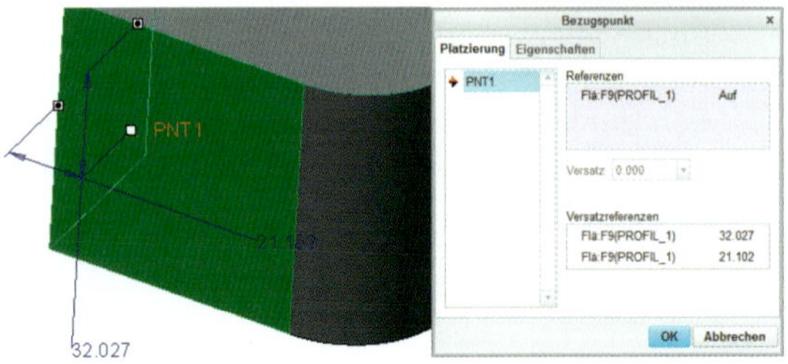

☐ **Punkt im Versatz zu ebener Fläche**

Bei Auswahl einer **Ebene** oder einer **ebenen Körperfläche** mit ⇦ kann der Bezugspunkt mit **Versatz** zu dieser Fläche erzeugt werden.

Im Kollektor Versatzreferenzen (oder durch Ziehen der Referenzgriffe, grüne Kästchen) sind zusätzliche Angaben zur Lage des Punktes auf der Ebene vorzunehmen.

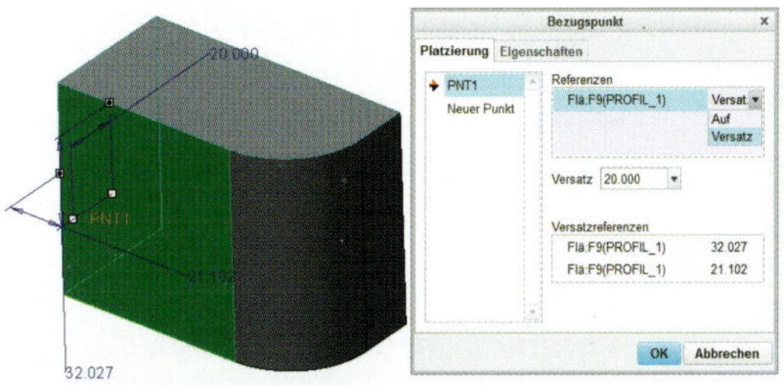

☐ **Punkt auf beliebiger Fläche**

Bei Auswahl einer **beliebig gekrümmten Körperfläche** mit ⇦ wird der Bezugspunkt **auf** dieser Fläche erzeugt.

Im Kollektor Versatzreferenzen (oder durch Ziehen der Referenzgriffe, grüne Kästchen) sind zusätzliche Angaben zur Lage des Punktes auf der Ebene zu machen.

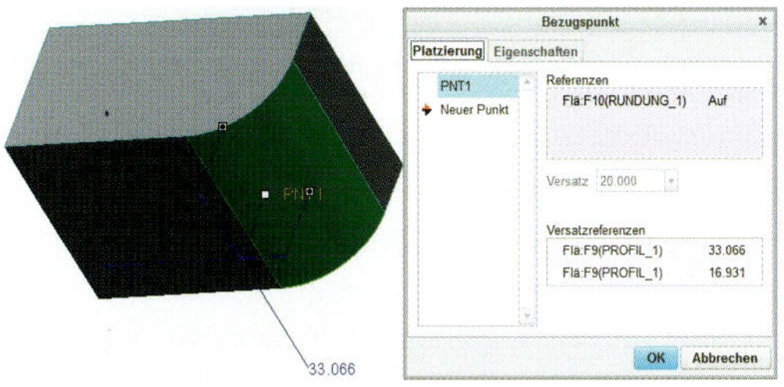

☐ **Punkt auf Kurve bzw. Kante**

Durch Auswahl einer **Kante** oder **Kurve** wird der Bezugspunkt auf diese Kante bzw. Kurve platziert. Dabei kann der **Kantenanfang** bzw. das **Kantenende** referenziert werden.

Die Lage zum Kanten- bzw. Kurvenanfang oder zu den Enden kann wahlweise als **Verhältnis** zur Kanten- bzw. Kurvenlänge oder als absoluter (**Reell**) Wert eingegeben werden.

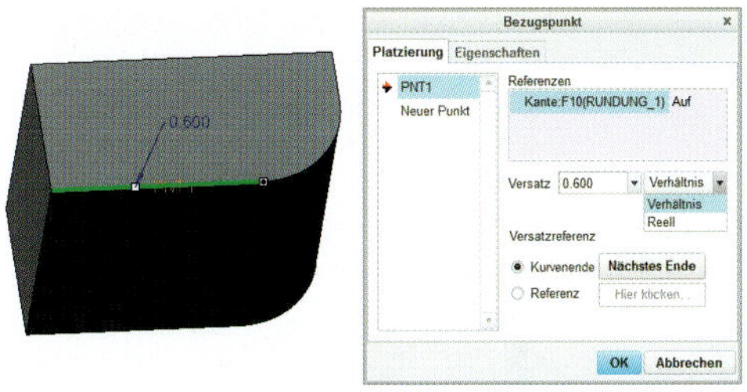

6.5.5 Bezugskurve erzeugen

Die Funktion „Bezugskurve erzeugen" wird über ⇦ **Modell**, ⇦ Bezug ▼, ⇦ ~ **Kurve** aufgerufen.

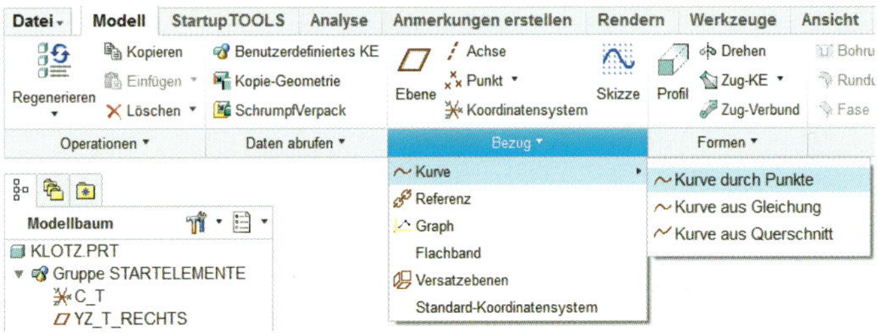

Als Erzeugungsvarianten stehen zur Verfügung:

☐ **Kurve durch Punkte (Einzelpunkte)**

Nach Aufruf der Funktion **Kurve durch Punkte** können einzelne **Punkte** im Arbeitsfenster mit ⇦ zusammengestellt werden. Für die Verbindung (Kurvenform) zwischen den Punkten stehen die Optionen **Spline** (Standard) oder **Gerade** ohne oder mit Verrundung(en) zur Verfügung.

Die Reihenfolge der Punkte bestimmt die Verbindungsfolge. Sie kann mit ⇧ und ⇩ nachträglich variiert werden.

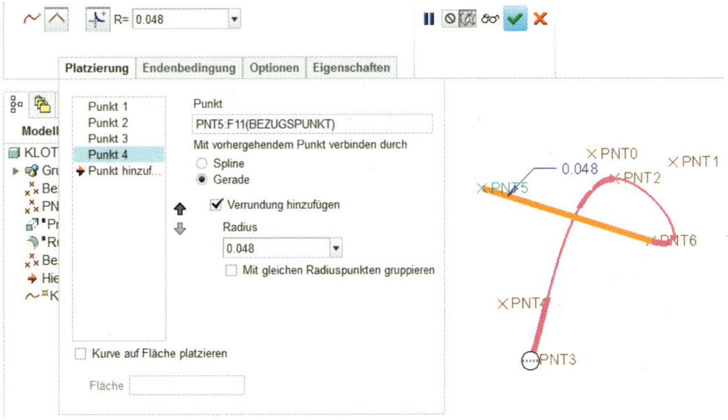

Mit ▶ auf ⊙ lassen sich Endenbedingungen, wie z.B. ein tangentialer Anschluss der Kurve an bestehende Geometrie, definieren.

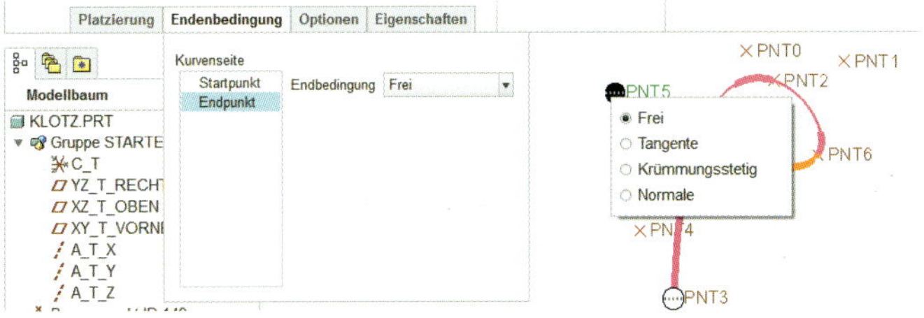

☐ Kurve durch Punkte (Punktefeld)

Wird **vor** dem Aufruf der Funktion **Kurve durch Punkte** ein **Punktefeld** im Modellbaum markiert, wird die Kurve sofort durch alle Punkte des Feldes entsprechend der Reihenfolge im Punktefeld erstellt.

☞ Die Reihenfolge der Punkte kann dann nicht nachträglich variiert werden.

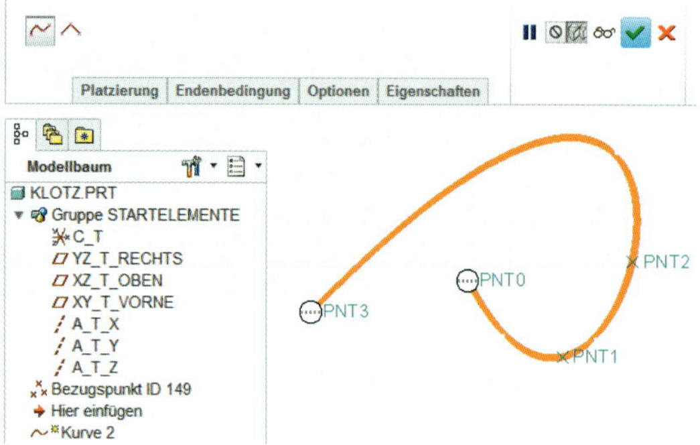

☐ Aus Querschnitt (Q-Schnitt nutzen)

Es können Bezugskurven aus den Berandungen von Querschnitten erzeugt werden. Weist ein Querschnitt mehr als eine Berandungskette auf, wird für jede Kette ein eigener Kurvenzug erstellt.

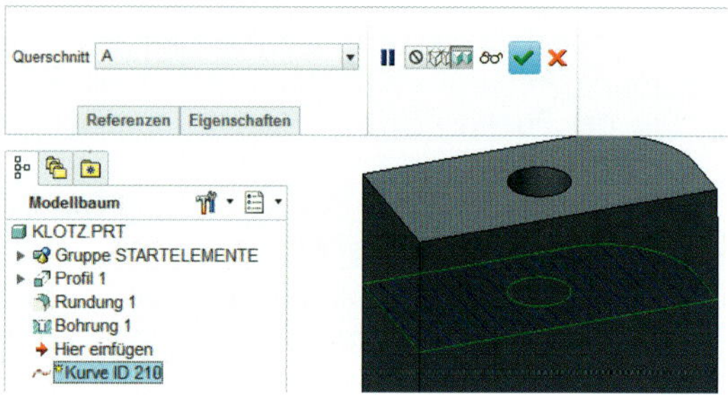

☐ Aus Gleichung

Bezugskurven aus Gleichung sind die universellste Möglichkeit zur Erzeugung von Kurven. Jede Kurve bezieht sich auf ein vorher vorhandenes Koordinatensystem. Zur Definition der Kurve kann wahlweise ein kartesisches, ein polares (Zylinderform) oder ein sphärisches Koordinatensystem entlang der Laufvariable ***t*** verwendet werden. Die Laufvariable ***t*** geht immer von 0 bis 1.

```
a=20
b=25
w=360*t

x=(a+b)*cos(w)-a*cos((1+b/1)*w)
y=(a+b)*cos(w)-a*sin((1+b/1)*w)
z=0
```

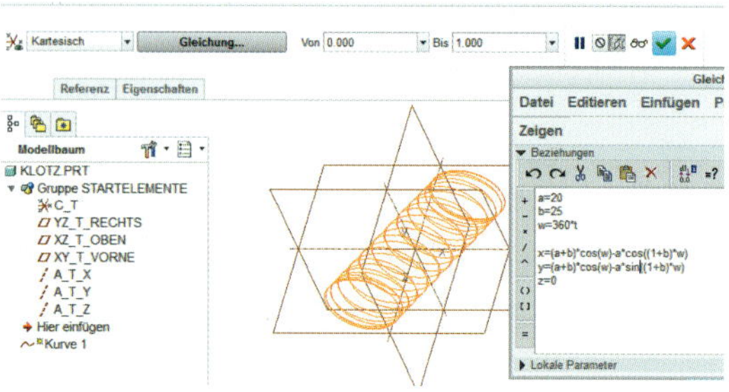

Die als Beispiel abgebildete Kurve erstellt eine Epizykloide mit dem außen umlaufenden Rollradius ***a*** und dem Radius des Innenkreis ***b***. Die Kurve ist über einen Winkel von 360° ($w = t \cdot 360$, mit $t = 0 \ldots 1$) definiert.

Die folgenden Variablen werden zur Kurvendefinition verwendet und sollten daher nicht als Parameternamen innerhalb einer Konstruktion benutzt werden:

- kartesisch definierte Kurve: ***x***, ***y***, ***z***, ***t*** als Laufvariable
- zylindrisch definierte Kurve: ***r***, ***theta***, ***z***, ***t*** als Laufvariable
- sphärisch definierte Kurve: ***r***, ***theta***, ***phi***, ***t*** als Laufvariable

Eine abschnittsweise Definition der Kurve aus Gleichung durch *if*, *else*, *endif*,... ist nicht möglich (siehe *Creo*-Hilfe).

☐ Aus Datei

Die aus den Vorgängerversionen Pro/ENGINEER bekannte Möglichkeit, Bezugskurven aus verschiedenen Dateiformaten („.ibl“, IGES, SET oder VDA) zu erstellen, ist nicht in die Multifunktionsleiste von *Creo* übernommen worden. Ungeachtet dessen ist die Funktion weiterhin verfügbar und über die Funktionssuche erreichbar.

7 Platzierbare Grundelemente

Pick-and-Place-Elemente sind vordefinierte Grundelemente wie Bohrungen, Rundungen, Fasen, die nicht skizziert werden müssen. Lediglich die Platzierungsverweise (Referenzen) auf Kanten, Flächen, Achsen oder zu Bezügen und deren Maßangaben müssen zugewiesen werden. Dadurch wird die Lage der in ihrer Form vordefinierten Konstruktionselemente fixiert.

Die Arbeit mit den platzierbaren Grundelementen kann durch Anwenden der sogenannten **Objekt-Action** gegenüber den nachfolgenden Beschreibungen beschleunigt werden. Dazu wird zuerst das Platzierungsobjekt, z.B. die Bohrungsebene oder -fläche, gewählt und dann der Funktionsaufruf (z. B. Bohrung) gestartet.

7.1 Bohrungen

Die Funktion „Bohrung" wird über ⇦ **Modell**, ⇦ **Bohrung** aufgerufen.

☞ Bei allen Bohrungstypen kann durch Anklicken des Schaltpult-Menüpunktes **Form** eine schematische Voransicht des Bohrungsergebnisses ein- bzw. ausgeblendet werden.

7.1.1 Bohrungstypen

Im Schaltpult der Bohrungen werden umfangreiche vordefinierte **Bohrungstypen** zur Verfügung gestellt:

☐ **Einfache Bohrung** : Erzeugt eine Bohrung mit konstantem Durchmesser und definierter Tiefe.

Als Untergruppen der einfachen Bohrung existieren:

a) Gerade Bohrung : (flacher Lochgrund)

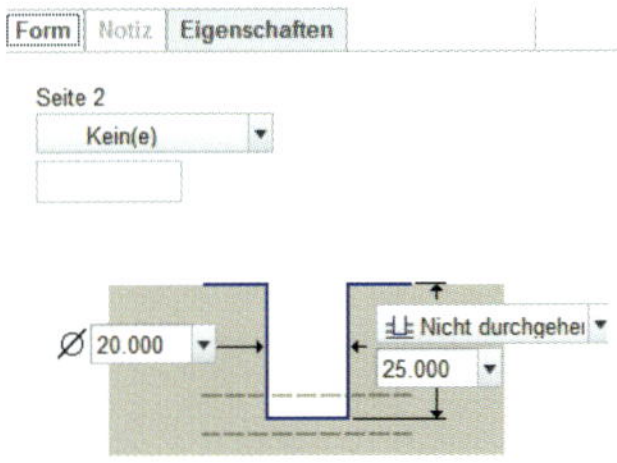

b) Sackloch-Bohrung : (spitzwinkliger Lochgrund)

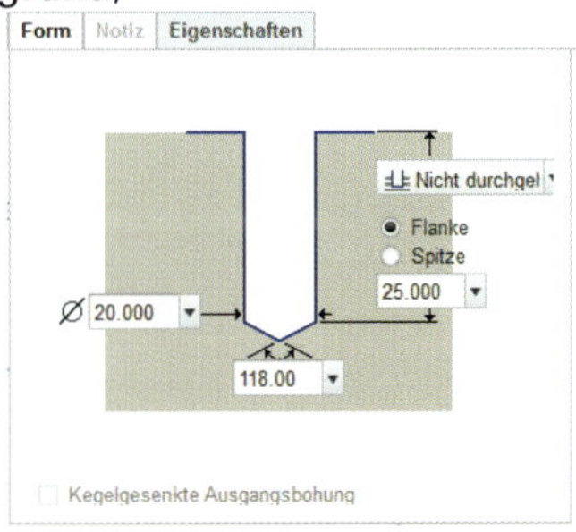

c) Skizzierte Bohrung : (beliebige rotationssymmetrische Form)

Dabei handelt es sich um eine Bohrung, deren gesamte Kontur durch einen als Rotationselement skizzierten Schnitt definiert wird. Der Aufruf der Skizze erfolgt mit oder .

Die nebenstehende Abbildung zeigt eine frei skizzierte Bohrungsgeometrie.

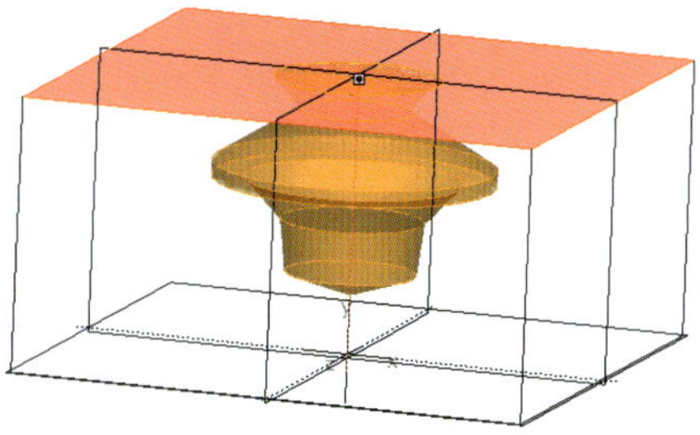

☐ **Standardbohrung** :

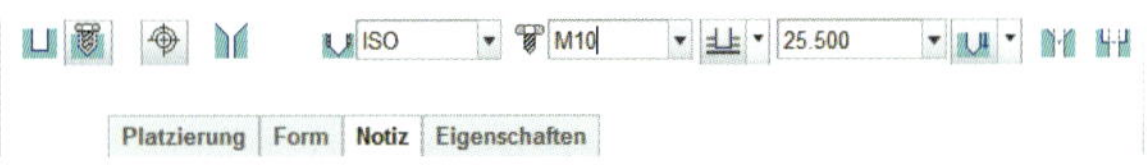

Als Standardbohrungen stehen verschiedene vordefinierte Bohrungstypen zur Verfügung.
Standardbohrungen werden über Tabellendateien mit der Endung *.hol* definiert. Der Pfad zu den *hol*-Dateien wird über die Konfigurationsoption *hole_parameter_file*_path festgelegt. Die Bohrungsdateien können an eigene Bedürfnisse angepasst bzw. neu erstellt werden. *Creo* lädt beim Programmstart alle Tabellen des Verzeichnisses.

Zum Lieferumfang von *Creo* gehören Tabellen mit Daten entsprechend der Normen ISO, NPT, NPTF, UNC und UNF. Bohrungen nach DIN sind beispielsweise in den Startup TOOLS enthalten.

⚠ Wurde eine Bohrung als Standardbohrung über eine *hol*-Datei definiert und die *hol*-Tabelle steht nicht mehr zur Verfügung, so bleibt die Bohrungsdefinition erhalten. Allerdings kann diese Bohrung nicht mehr nachträglich tabellengesteuert verändert werden.

Folgende Standardbohrungen stehen im Bohrungsassistenten zur Verfügung:

a) Gewindebohrungen

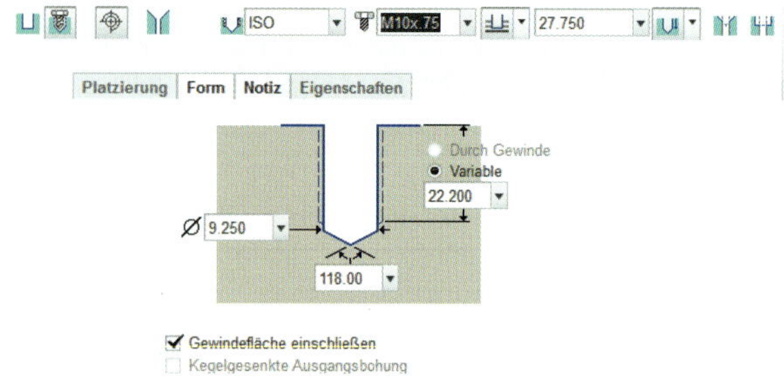

b) Kegelgewindebohrung

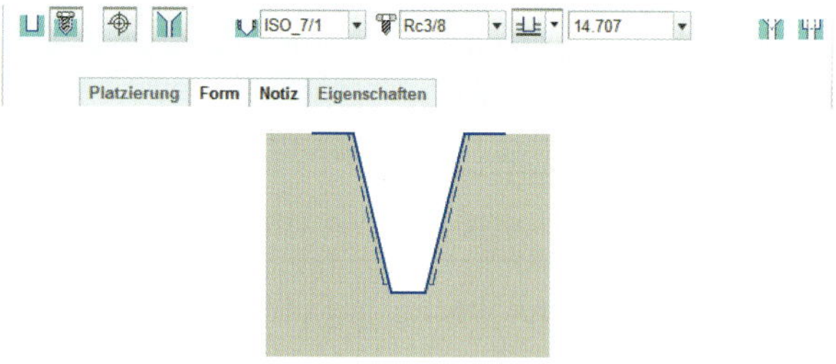

c) Kernlochbohrungen

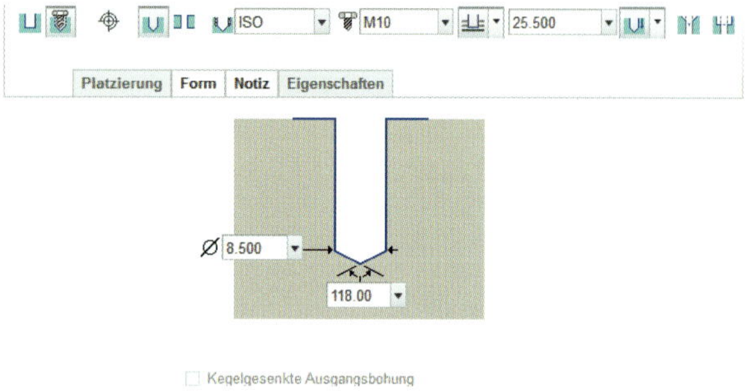

d) Abstandsbohrungen

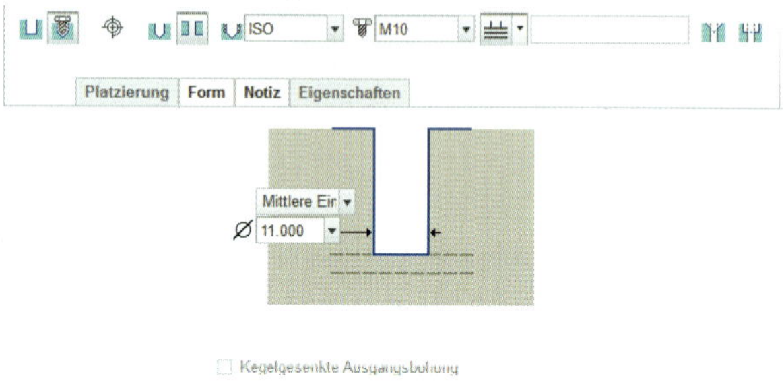

e) Standardbohrung mit Kegelsenkung

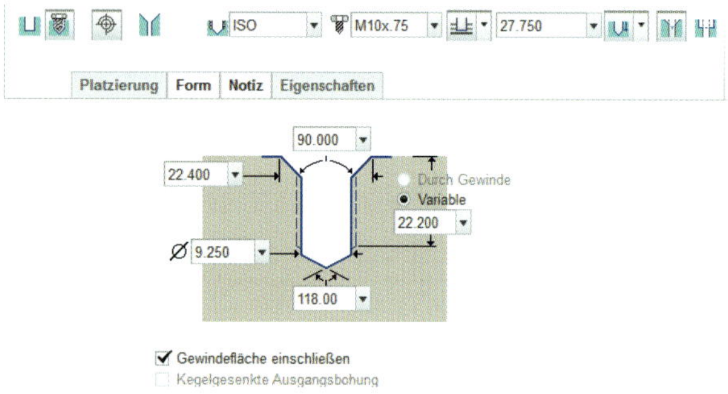

f) Standardbohrung mit Zylindersenkung

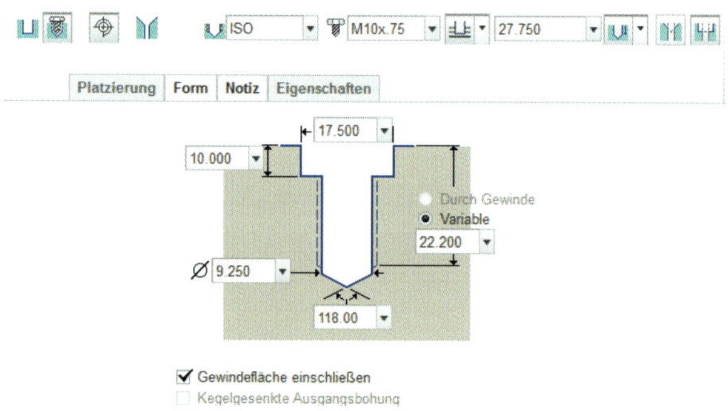

g) Standardbohrung mit Kegel- und Zylindersenkung

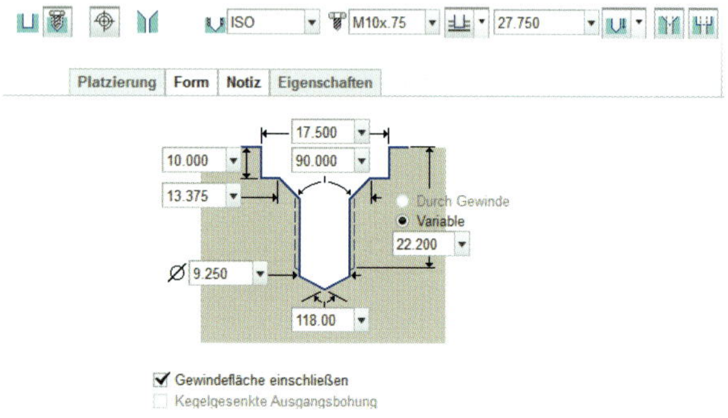

h) Tiefe als Bohrspitze oder Nutzdurchmesser

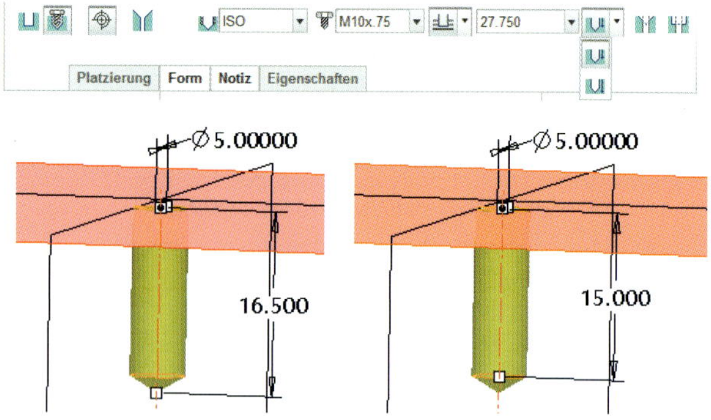

☐ Geometrielose Bohrungen

Geometrielose Bohrungen stehen nur für den Typ „einfache Bohrung" zur Verfügung. Sie werden im Schaltpult und Modellbaum durch gekennzeichnet und dienen der Reduzierung der Speicherauslastung bei sehr großer Bohrungsanzahl im Modell.

Bei Mehrfachauswahl im Modellbaum (siehe auch Such-Tool Kap. 20.5) lässt sich die Darstellungsart aller gewählten Bohrungen gleichzeitig umstellen:

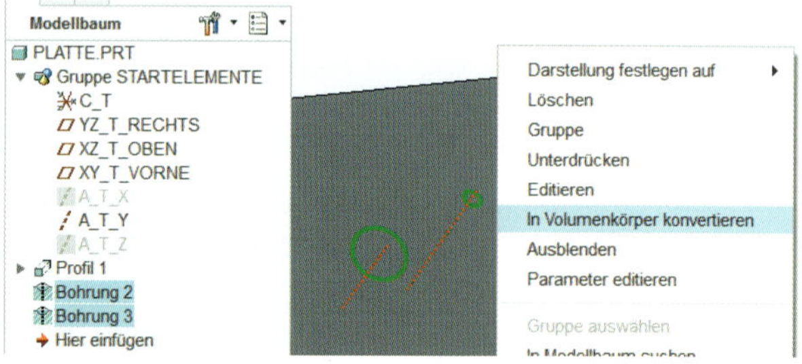

▶ **[In einfache Darstellung konvertieren]**

bzw. ▶ **[In Volumenkörper konvertieren]**

7.1.2 Standard-Bohrtabellen *.hol

Alle Bohrungen der Rubrik *Standardbohrungen/Standard Hole* werden über Bohrungstabellen in eigenen Bohrungsdateien definiert. Diese Dateien befinden sich normalerweise im Verzeichnis *...\proewildfire5\text\hole* und haben die Dateiendung "*.hol". Über die Option *hole_parameter_file_path* kann ein zusätzlicher Pfad für benutzerdefinierte Bohrtypendateien angegeben werden. Folgende Besonderheiten sind bei Bohrungstabellen zu berücksichtigen:

☐ **Gewindebezeichnung mit "M"**

Seit Wildfire 5 besteht erstmals die Möglichkeit, ein Gewindemaß automatisch durch Voranstellen des M als metrisches ISO-Gewinde zu kennzeichnen. Vollständig unabhängig vom Namen der "hol"-Datei werden **nur** die Gewinde der Tabelle mit M gekennzeichnet, für die der Name **ISO** bei der Variablen ***THREAD_SERIES*** im Kopfbereich der Tabelle steht. Bei allen anderen Tabellen muss diese ISO-Kennzeichnung manuell für jede Bohrung ergänzt werden (siehe Kap. 22.4.3).

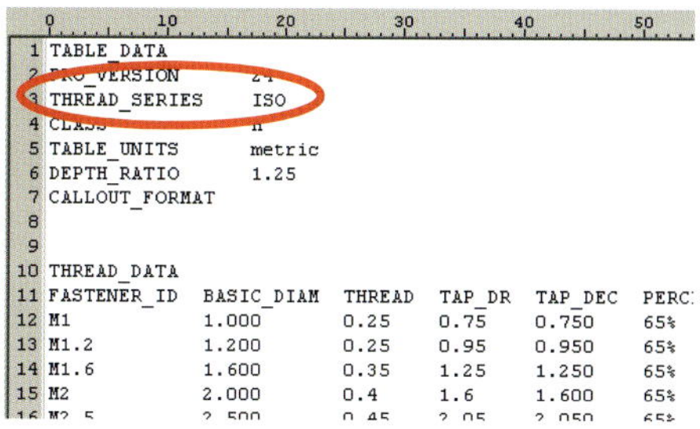

```
1  TABLE_DATA
2  PRO_VERSION      24
3  THREAD_SERIES    ISO
4  CLASS            H
5  TABLE_UNITS      metric
6  DEPTH_RATIO      1.25
7  CALLOUT_FORMAT
8
9
10 THREAD_DATA
11 FASTENER_ID   BASIC_DIAM   THREAD   TAP_DR   TAP_DEC   PERC
12 M1            1.000        0.25     0.75     0.750     65%
13 M1.2          1.200        0.25     0.95     0.950     65%
14 M1.6          1.600        0.35     1.25     1.250     65%
15 M2            2.000        0.4      1.6      1.600     65%
```

☐ **Auswahlregister für Standardbohrungen**

Das Auswahlregister für Standardbohrungen stellt die Auflistung aller Einträge der Variablen ***THREAD_SERIES*** der geladenen Bohrungstabellen dar. Diese Bezeichnung muss daher eindeutig sein. Es darf daher nur eine Datei mit der Angabe ***THREAD_SERIES* ISO** geben.

Neben den Bohrungstabellen aus dem Benutzerverzeichnis *hole_parameter_file_path* werden immer zusätzlich auch die Bohrtabellen aus dem Standardverzeichnis geladen. Sind in beiden Verzeichnissen Daten mit derselben ***THREAD_SERIES***-Angabe, so wird die Datei aus dem Benutzerverzeichnis verwendet.

Aus den genannten Gründen ist es nicht möglich, mehrere Bohrungstabellen für ISO-Bohrungen anzulegen, die unterschiedliche Bohrungsgruppen enthalten, z.B. ***ISO-Regel***, ***ISO-Fein-1.5***, usw.

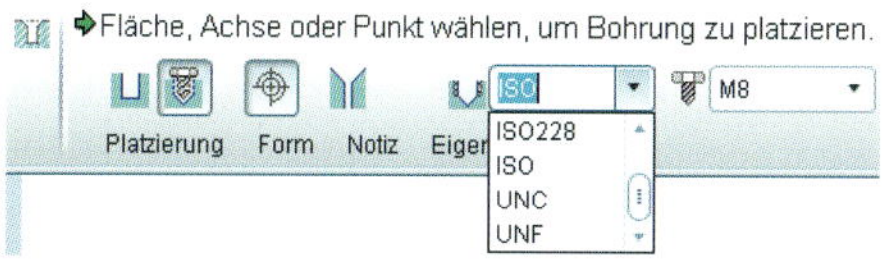

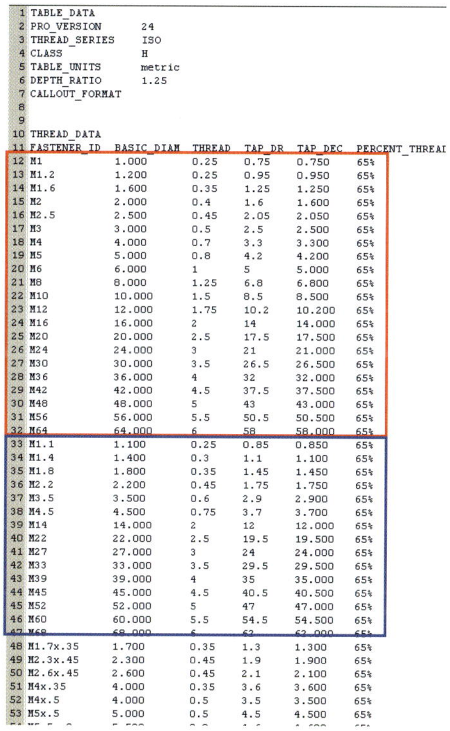

```
1  TABLE_DATA
2  PRO_VERSION      24
3  THREAD_SERIES    ISO
4  CLASS            H
5  TABLE_UNITS      metric
6  DEPTH_RATIO      1.25
7  CALLOUT_FORMAT
8
9
10 THREAD_DATA
11 FASTENER_ID   BASIC_DIAM   THREAD   TAP_DR   TAP_DEC   PERCENT_THREAI
12 M1            1.000        0.25     0.75     0.750     65%
13 M1.2          1.200        0.25     0.95     0.950     65%
14 M1.6          1.600        0.35     1.25     1.250     65%
15 M2            2.000        0.4      1.6      1.600     65%
16 M2.5          2.500        0.45     2.05     2.050     65%
17 M3            3.000        0.5      2.5      2.500     65%
18 M4            4.000        0.7      3.3      3.300     65%
19 M5            5.000        0.8      4.2      4.200     65%
20 M6            6.000        1        5        5.000     65%
21 M8            8.000        1.25     6.8      6.800     65%
22 M10           10.000       1.5      8.5      8.500     65%
23 M12           12.000       1.75     10.2     10.200    65%
24 M16           16.000       2        14       14.000    65%
25 M20           20.000       2.5      17.5     17.500    65%
26 M24           24.000       3        21       21.000    65%
27 M30           30.000       3.5      26.5     26.500    65%
28 M36           36.000       4        32       32.000    65%
29 M42           42.000       4.5      37.5     37.500    65%
30 M48           48.000       5        43       43.000    65%
31 M56           56.000       5.5      50.5     50.500    65%
32 M64           64.000       6        58       58.000    65%
33 M1.1          1.100        0.25     0.85     0.850     65%
34 M1.4          1.400        0.3      1.1      1.100     65%
35 M1.8          1.800        0.35     1.45     1.450     65%
36 M2.2          2.200        0.45     1.75     1.750     65%
37 M3.5          3.500        0.6      2.9      2.900     65%
38 M4.5          4.500        0.75     3.7      3.700     65%
39 M14           14.000       2        12       12.000    65%
40 M22           22.000       2.5      19.5     19.500    65%
41 M27           27.000       3        24       24.000    65%
42 M33           33.000       3.5      29.5     29.500    65%
43 M39           39.000       4        35       35.000    65%
44 M45           45.000       4.5      40.5     40.500    65%
45 M52           52.000       5        47       47.000    65%
46 M60           60.000       5.5      54.5     54.500    65%
47 M68           68.000       6        62       62.000    65%
48 M1.7x.35      1.700        0.35     1.3      1.300     65%
49 M2.3x.45      2.300        0.45     1.9      1.900     65%
50 M2.6x.45      2.600        0.45     2.1      2.100     65%
51 M4x.35        4.000        0.35     3.6      3.600     65%
52 M4x.5         4.000        0.5      3.5      3.500     65%
53 M5x.5         5.000        0.5      4.5      4.500     65%
```

☞ Alle Bohrungen, die automatisch mit einem M gekennzeichnet werden sollen, müssen in einer gemeinsamen Datei mit der Bezeichnung ***THREAD_SERIES* ISO** aufgeführt werden.

☐ **Bohrungstabelle ändern**

Die Bohrungstabellen lassen sich mit einem ganz normalen Editor bearbeiten. Wegen der fehlenden Gruppierungsmöglichkeit auf Bohrtabellenebene ist eine Anordnung nach Normreihen empfehlenswert.

Die abgebildete Normtabelle wurde durch Umsortieren und Ändern der ***FASTENER_ID*** aus der ISO-Standardtabelle von *Creo* gewonnen. Dabei stehen in den Zeilen 12 bis 32, also an vorderer Stelle bei der Auswahl, die ISO-Regelgewinde nach Reihe 1, gefolgt von den ISO-Regelgewinden nach Reihe 2 und im Weiteren Feingewinde (jeweils mit Steigungsangabe in der Bezeichnung).

7.1.3 Bohrungsplatzierung

Seit Wildfire 4.0 wurde die Handhabung der Bohrungsplatzierung in einigen entscheidenden Punkten erheblich vereinfacht. So können nun Referenzen entsprechend der auch sonst in *Creo* verwendeten Vorgehensweise mit der Steuerungstaste **[Strg]** aufsummiert werden. Als Beispiel sei das Einsammeln der Bohrungsansatzfläche und einer Achse für eine zentrische Bohrung genannt.

Eine weitere Vereinfachung ist die farbliche Abgrenzung der Referenz-Zugknöpfe (grün) gegenüber den Tiefen- und Durchmesser-Zugknöpfen in der dynamischen Einbauansicht. Damit lassen sich sämtliche Bohrungseinbauten ohne Öffnen des Platzierungs-Registers ausführen. Es gilt:

- **Grüne Referenz-Zugknöpfe** werden einfach mit der linken Maustaste auf einen Referenzbezug (z.B. Ebene) gezogen und fangen diese durch Loslassen der linken Maustaste.
- **Weiße Referenz-Zugknöpfe** (z. B. Tiefenreferenz) fangen den Referenzbezug in Kombination mit der Shift-Taste.

Folgende **Platzierungstypen** können ausgewählt werden:

- ☐ **Linear**: Die Bohrung wird über zwei lineare Bemaßungen definiert, die sich auf bestehende Ebenen oder Flächen beziehen.

  Die Platzierung erfolgt durch:

  - ⇦ Auswahl der Bohrungsansatzfläche
  - ⇦ Ziehen der beiden **grünen** Einbaureferenzen zu Ebenen, Kanten, Flächen, usw.
  - **[⇧] +** ⇦ Ziehen des **weißen** Zugknopfs auf eine Referenz (Kante, Fläche) bei gedrückter Umschalttaste

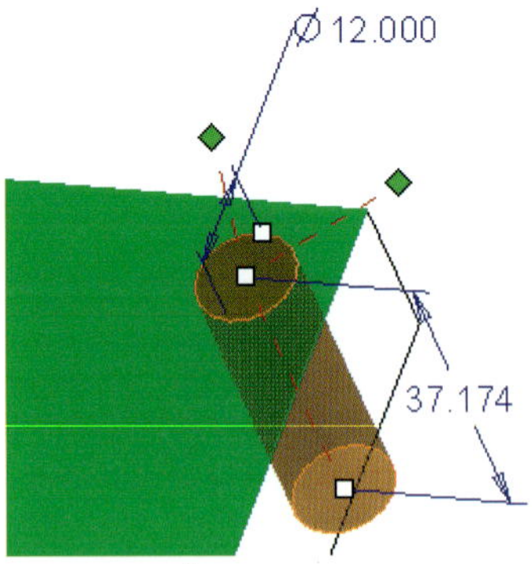

- ☐ **Radial zu Achse**: Die Bohrung wird über einen Teilkreisradius und eine Winkelbemaßung definiert.

  Die Platzierung erfolgt durch: ⇦ Auswahl der Bohrungsansatzfläche

  - Auswahl des Ansatztyps: ▶ *auf grünem Knopf* **[Radial]**
  - ⇦ Ziehen der 1. **grünen** Einbaureferenzen zu einer Achse
  - ⇦ Ziehen der 2. **grünen** Einbaureferenz zu einer Ebene, Fläche, usw.
  - **[⇧] +** ⇦ Ziehen des **weißen** Zugknopfs auf eine Referenz (Kante, Fläche) bei gedrückter Umschalttaste

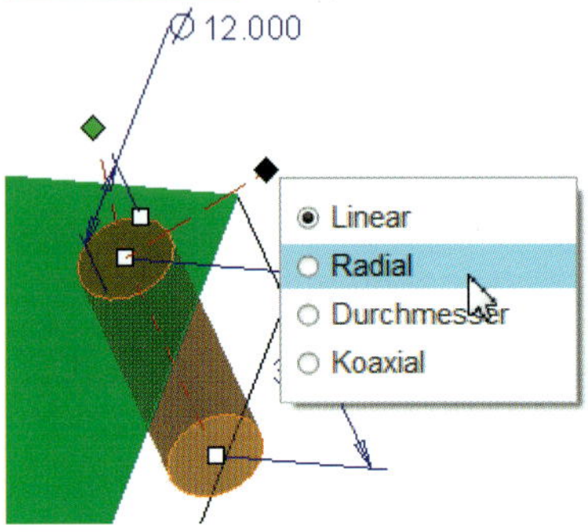

- ☐ **Radial zu Zylinderfläche**: Die Bohrung wird radial zu einer Zylinderfläche mit zugehörigem Winkel- und Linearmaß definiert.

  Die Platzierung erfolgt durch:

  - ⇦ Auswahl der Zylinderfläche
  - ⇦ Ziehen der beiden grünen Einbaureferenzen zu Ebenen, Kanten, Flächen, usw.
  - **[⇧] +** ⇦ Ziehen des **weißen** Zugknopfs auf eine Referenz (Kante, Fläche) bei gedrückter Umschalttaste

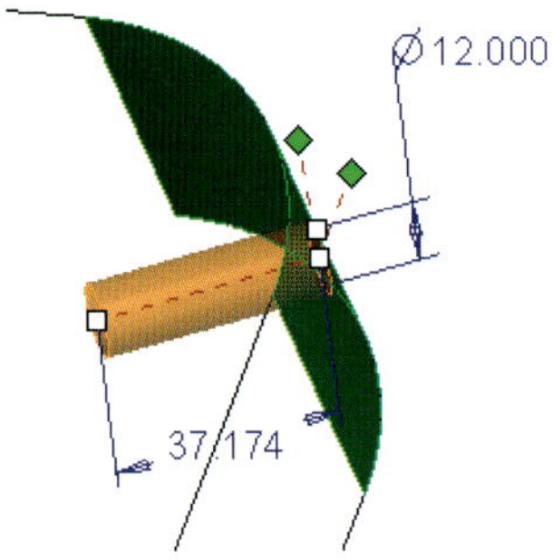

- ☐ **Durchmesser**: Die Bohrung wird über einen Teilkreisdurchmesser und eine Winkelbemaßung definiert.

  Die Platzierung erfolgt durch:

  - ⇦ Auswahl der Bohrungsansatzfläche
  - Auswahl des Ansatztyps: ▶ *auf grünem Knopf* **[Durchmesser]**
  - ⇦ Ziehen der 1. **grünen** Einbaureferenzen zu einer Achse
  - ⇦ Ziehen der 2. **grünen** Einbaureferenz zu einer Ebene, Fläche, usw.
  - **[⇧] +** ⇦ Ziehen des **weißen** Zugknopfs auf eine Referenz (Kante, Fläche) bei gedrückter Umschalttaste

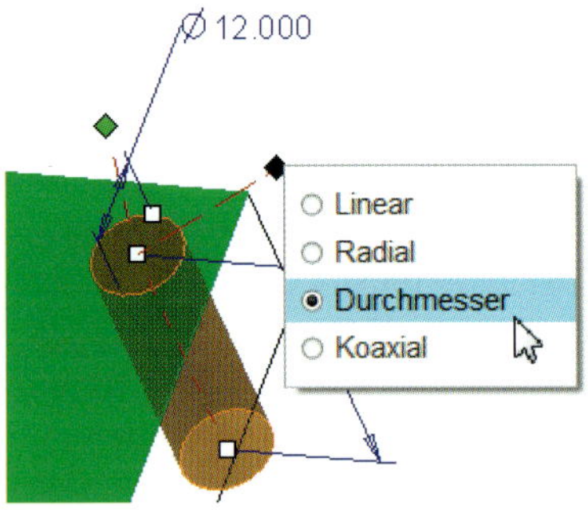

- ☐ **Koaxial**: Die Bohrung verläuft koaxial zu einer Achse.

  Die Platzierung erfolgt durch:

  - ⇦ Auswahl der Bohrungsansatzfläche
  - ⇦ Auswahl der Achse
  - **[⇧] +** ⇦ Ziehen des **weißen** Zugknopfs auf eine Referenz (Kante, Fläche) bei gedrückter Umschalttaste

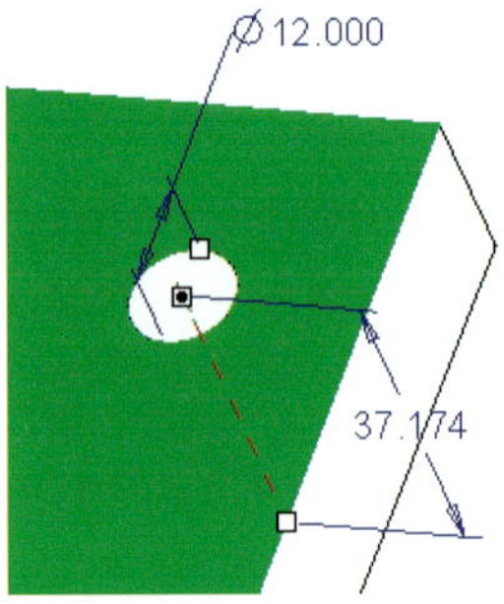

7.1.4 Kolbenbohrung (gerade Bohrung, radiale Platzierung)

Im Folgenden soll beispielhaft der Kolben um die Bohrung zur Aufnahme des Kolbenbolzens erweitert werden. Die Bohrung soll **radial** von der Zylindermantelfläche ausgehend bei einem Durchmesser von **6 mm** im Abstand von **12 mm** zur Kolbenunterkante und senkrecht zur Ebene **YZ_T_RECHTS** erzeugt werden und durch den ganzen Kolben verlaufen.

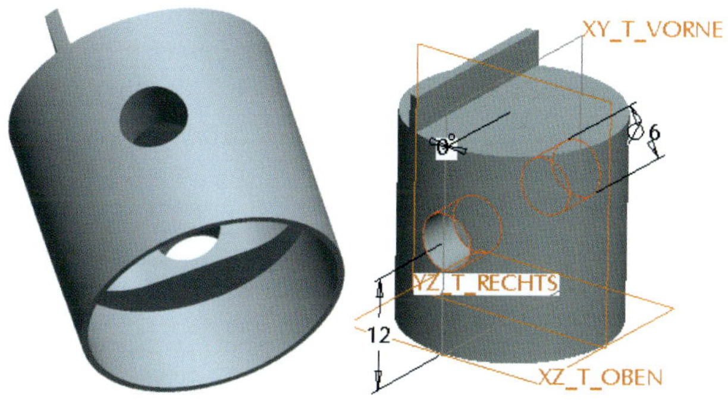

An diesem Beispiel werden zusätzlich die Funktionsweise des Auswahlfilters **Smart** und der Arbeitsmethode **object first** erläutert.

- ⇦ [*1501014_kolben.prt*] <Öffnen>

Für die platzierbaren Grundelemente ist es meist günstiger, zuerst das Platzierungsobjekt zu wählen und anschließend den Funktionsaufruf durchzuführen (**object first**). Besonders hilfreich ist dabei der standardmäßig eingestellte Auswahlfilter **Smart**. Beim 1. Anklicken der Zylindermantelfläche des Kolbens wird als Objekt der Kolben ausgewählt (grüne Kanten). Wird nach einer kleinen Bewegung der Maus ein 2. Mal die Zylindermantelfläche angeklickt, so wird damit diese Mantelfläche des Kolbens ausgewählt (grüne Fläche).

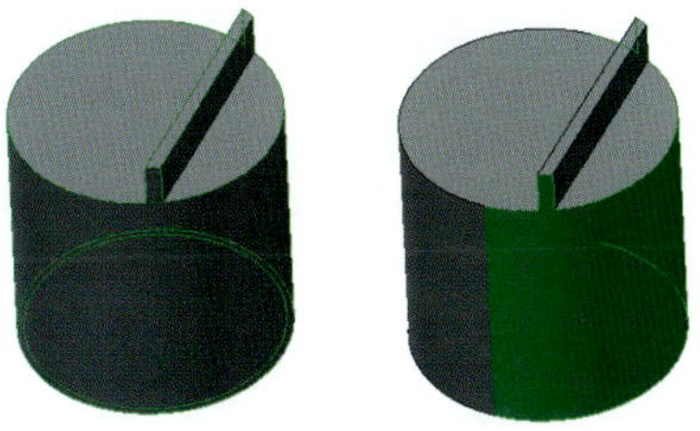

1. Anklicken **2. Anklicken**

☞ Das Rücksetzen der Auswahl erfolgt durch ein Klicken mit der linken Maustaste in den freien Bereich (Hintergrund) des Arbeitsfensters.

Wird nun die Funktion **Bohrung** aufgerufen, erkennt *Creo* automatisch, dass eine radiale Ausrichtung der Bohrung auf die Zylindermantelfläche erforderlich ist, da die Zylindermantelfläche als primäre Referenz gesetzt wird:

- ⇦ **Bohrung**

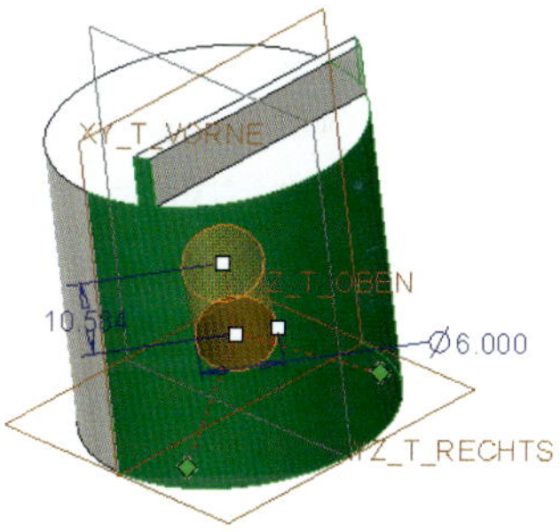

Die Bohrungsreferenzgriffe ermöglichen die Definition der sekundären Referenzen. Im vorliegenden Fall sind zwei sekundäre Referenzen erforderlich: die vertikale Lage (Höhe) und die Winkellage der Bohrung.

Durch Ziehen der Bohrungsreferenzgriffe mit der Maus auf die Referenzebenen wird die Lage der Bohrung definiert:

- ⇦ Bohrungsgriff 1: <Ziehen zur Ebene **YZ_T_RECHTS**>
- ⇦ Bohrungsgriff 2: <Ziehen zur Ebene **XZ_T_OBEN**>

Als Folge dieses Schrittes stehen jetzt neben dem Durchmessermaß ein Winkelmaß zur Ebene YZ_T_RECHTS und ein lineares Abstandsmaß zur Ebene XZ_T_OBEN zur Verfügung.

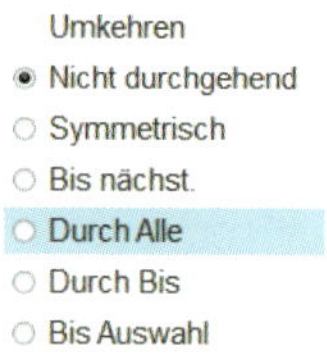

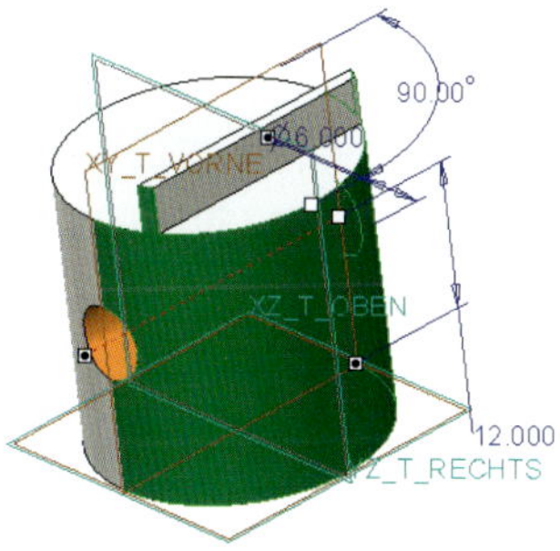

Wird auf dem Bohrungsreferenzgriff am Ende der Bohrungsachse die rechte Maustaste gedrückt, erscheint ein Pop-Up-Menü mit den möglichen Tiefenoptionen. Wählen Sie hier **[Durch Alle]**.

- Bohrungs-Achsen-Griff: ▶ **[Durch Alle]**
- Maß anpassen Durchmesser: ⇦ ⇦ **[6]** mm
- Maß anpassen Abstand XZ_T_OBEN: ⇦ ⇦ **[12]** mm
- Maß anpassen Winkel YZ_T_RECHTS: ⇦ ⇦ **[90]** °

Die Bohrung ist in der Voransicht bereits richtig erkennbar. Alle Einstellungen lassen sich auch über das SCHALTPULT und seine Register vornehmen bzw. kontrollieren:

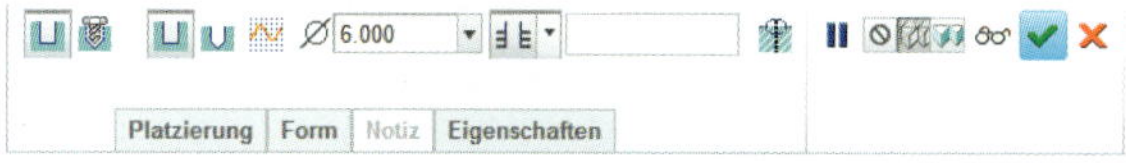

- Bohrung fertigstellen: ✔ *oder* ⇩

7.1.5 Zündkerzenbohrung (koaxial)

Als Beispiel für eine koaxiale Bohrung mit metrischem Gewinde und Zylindersenkung wird die Zündkerzenbohrung im Zylinderkopf vorgeführt. Die Erzeugung der Zündkerzenbohrung wird dabei ohne Anwendung von **object first** vorgestellt. Die erforderlichen Maße der Bohrung sind der nachfolgenden Skizze zu entnehmen:

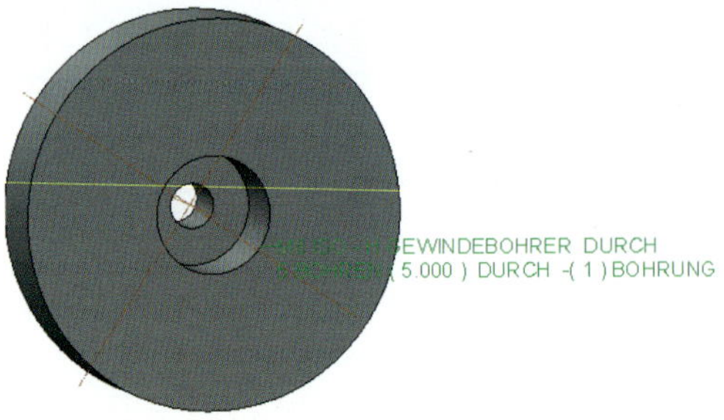

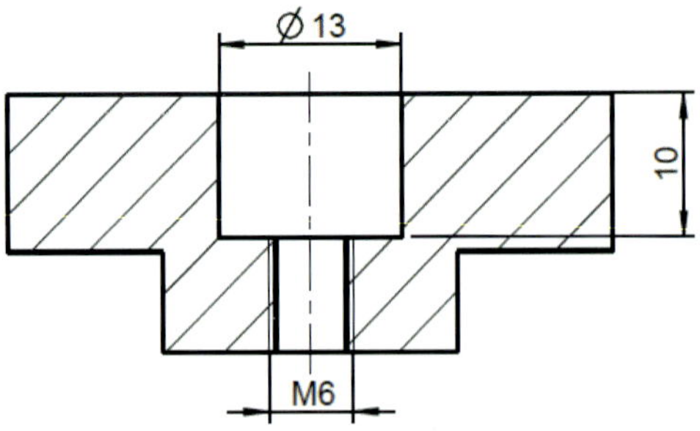

☞ In der SUT-Installation steht für die Sichtbarkeitssteuerung der Bohrungsnotizen der Map-Key „nn" zur Verfügung. Dazu wird lediglich die Tastenkombination „nn" eingegeben. Map-Key sind aufgezeichnete Befehlsfolgen, sogenannte Tastaturmakros, die in der Konfigurationsdatei mit abgespeichert werden. Sie ermöglichen es, häufig wiederkehrende Befehlsfolgen für eine beschleunigte Anwendung mit weniger Aufwand bereitzustellen.

☐ **Teil *zylinderkopf.prt* öffnen**

- **[1501012_zylinderkopf.prt]**

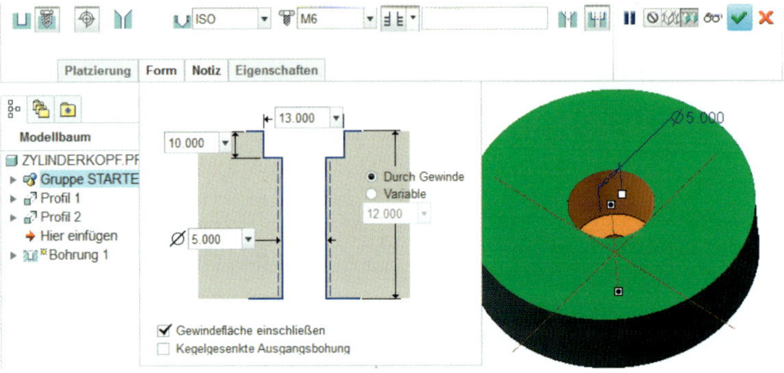

☐ **Bohrungstool aktivieren**

- Bohrung, Standardbohrung,
- ISO ISO oder DIN,
- M6x1 <M6> oder <M6x1>

☐ **Platzierung festlegen**

- ⇦ Achse A_T_Y
- **[Strg]** + ⇦ Oberfläche

☐ **Form festlegen**

Bohrungstiefe: , Gewindefläche **aktivieren**: , Kegelsenkung **deaktivieren**: , Senkbohrung **aktivieren**: , ⇦ FORM öffnen, Durch Gewinde **aktivieren**: ◉, Maße der Senkbohrung: ***d* = 13 mm, *t* = 10 mm**

☐ **Bohrungserzeugung beenden, Modell speichern**

- Bohrung fertigstellen: ✔ *oder* ⇩
- Speichern:

7.1.6 Bohrung am Pleuelauge (koaxial)

Das Pleuel wird durch Ergänzen der ersten Bohrung mit dem Durchmesser **D = 7,4 mm** am Pleuelauge erweitert.

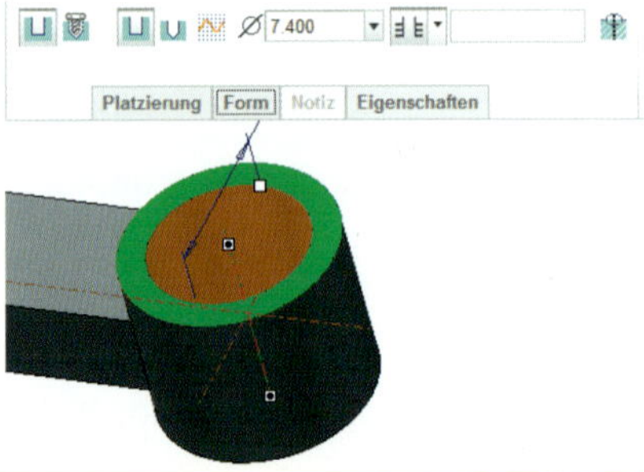

- Bohrung,
- Auswahl der Bohrungsachse: ⇦ <Achse>,
- Bohrungsansatzfläche auswählen: **[Strg]**+⇦ <Oberfläche>,
- **[Durch Alle]**,
- Bohrungsdurchmesser: ⇦ **[7.4]**
- Bohrung fertigstellen: ✔ *oder* ⇩
- Speichern:

☞ Die zweite Bohrung wird später durch Kopieren erstellt.

7.1.7 Bohrung für Zylinderkopfverschraubung (Durchmesser)

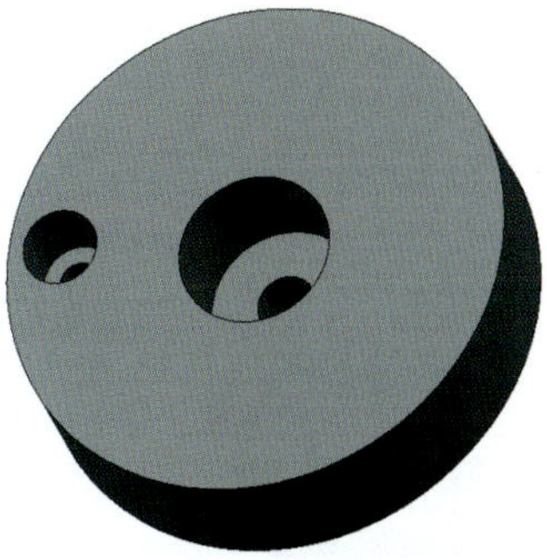

Der Zylinderkopf ist um eine erste Verschraubungsbohrung mit Zylindersenkung zu erweitern. Diese Bohrung soll auf einem Teilkreisdurchmesser von **34 mm** in einer Winkellage von **60°** zur Ebene E_RECHTS platziert werden.

Die Durchgangsbohrung soll passend für eine DIN-Schraube M3 mit zugehöriger Zylindersenkung definiert werden. Die Tiefe der Zylindersenkung soll **6,5 mm** und der Durchmesser der Zylindersenkung ebenfalls **6,5 mm** betragen.

☐ **Bohrungstool aktivieren**

- Bohrung, <Standardbohrung>
- Maßnormung: ISO <DIN *oder* ISO > <**M3**> *oder* <**M3x0.5**>

☐ **Platzierung festlegen**

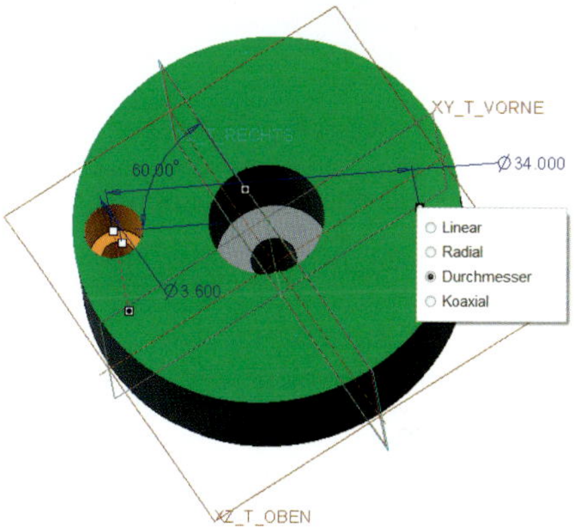

- Bohrungsansatz: ⇦ <Oberfläche Zylinderkopf>
- Typ (grüner Knopf): ▶ **Durchmesser**
- 1. Referenz (grüner Knopf): ⇦ **YZ_T_RECHTS**
  <Bohrungs-Referenzgriff auf YZ_T_RECHTS ziehen>
- 2. Referenz (grüner Knopf): ⇦ **Achse A_T_Y**
  <Bohrungs-Referenzgriff auf A_T_Y ziehen>
- Platzierungswinkel: **[60]**° <Winkel zu E_RECHTS>
- Durchmesser: **[34]** mm <Teilkreisdurchmesser>

☐ **Form festlegen**

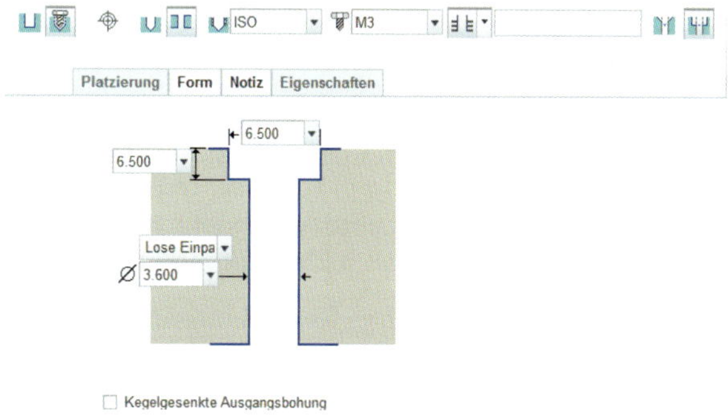

- Bohrungstiefe: <Durch Alle>
- Gewindefläche **deaktivieren:**
- Kegelsenkung **deaktivieren:**
- Senkbohrung **aktivieren:**
- Abstandsbohrung **aktivieren:**
- Maße anpassen:
  Tiefe der Senkbohrung: **[6.5]** mm
  Durchmesser Senkbohrung: **[6.5]** mm
  Bohrungsdurchmesser: **Lose Einpassung**

Die zu einer Gewindedefinition gehörigen Durchgangsbohrungen stehen in 3 Klassen zur Verfügung:

- Lose Einpassung: größte Bohrung,
- Mittlere Einpassung: mittlere Bohrung,
- Maßgenaue Einpassung: engste maßgenaue Bohrung

☐ **Bohrungserzeugung beenden**

Bohrung fertigstellen: ✔ *oder* ⇩

☞ Der Zylinderkopf wird letztendlich, wie die nebenstehende Abbildung des fertigen Zylinderkopfes verdeutlicht, durch insgesamt sechs Schrauben mit dem Zylinder verbunden.

☞ Die weiteren fünf Bohrungen werden nicht einzeln nach dem soeben beschriebenen Verfahren erzeugt, sondern später mit Hilfe des Befehls Mustern vervielfältigt (siehe Kap. 12.11.1).

7.2 Fasen

Creo stellt die beiden in der nebenstehenden Abbildung dargestellten Fasenvarianten zur Verfügung: die **Kantenfase** und die **Eckenfase**.

Darüber hinaus können auf den Übergangsbereich mehrerer Kantenfasen unterschiedliche Übergangsformen (Übergangsmodi) angewendet werden:

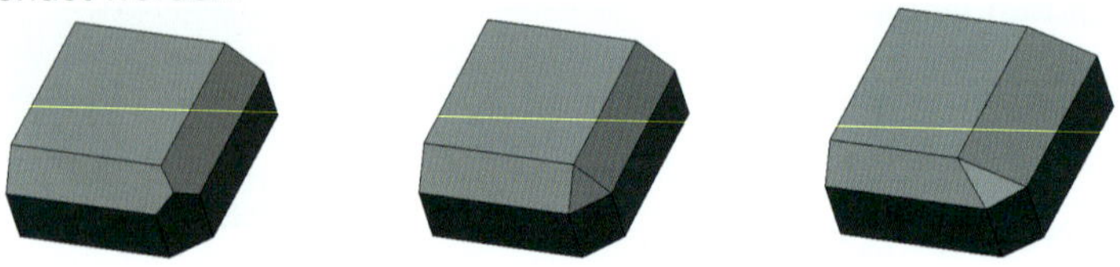

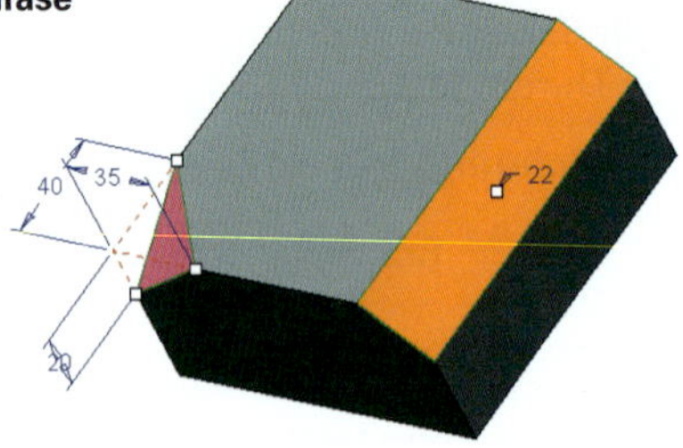

7.2.1 Kantenfasen

Der Aufruf der Funktion **Kantenfase** erfolgt über ⇦ **Modell**, ⇦ Fase▾, ⇦ **Kantenfase** *oder* ⇦ **Modell**, ⇦ **Fase**

Eine Kantenfase erzeugt eine schräge Fläche zwischen zwei Flächen durch Auswahl einer oder mehrerer Kanten.

Mehrere Kanten können gleichzeitig mit demselben Fasenabstand in einem Satz zusammengefasst und bearbeitet werden. Dabei wird die erste Kante durch Anklicken mit der linken Maustaste ⇦ ausgewählt. Zum **Hinzufügen weiterer Kanten** werden diese bei gedrückter Steuerungstaste mit der linken Maustaste angeklickt **[Strg]+**⇦ . Durch ein erneutes Anklicken **[Strg]+**⇦ kann eine Kante wieder abgewählt werden.

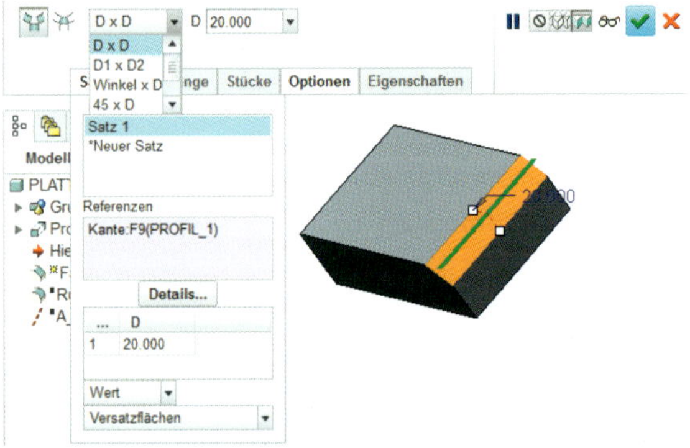

Darüber hinaus können Kanten zu mehreren Sätzen zusammengefasst werden, die ihrerseits mehrere Kanten enthalten können. Dabei kann jedem Satz ein anderer Fasenabstand zugewiesen werden. Das Hinzufügen eines neuen Satzes erfolgt über die rechte Maustaste ▶ **[Satz hinzufügen]** oder im **Satz-Fenster**. Die auf diese Art in einem Arbeitsgang erzeugten Fasen bilden nur ein einziges Konstruktionselement (KE) im Modellbaum.

Es gibt vier unterschiedliche **Bemaßungsschemata** zur Erzeugung einer Kantenfase:

- **45xD:** Erzeugt eine Fase im Winkel **45°** zu beiden Flächen und mit dem Abstand **D** von der Kante entlang jeder Fläche.
- **DxD:** Erzeugt eine Fase mit einem Abstand **D** von der Kante entlang jeder Fläche. **D1xD2** (Referenzfläche erforderlich): Erzeugt eine Fase in einem Abstand **D1** von einer ausgewählten Kante entlang einer Fläche und im Abstand **D2** von der Kante entlang der zweiten Fläche. Mit können die Abstandsmaße getauscht werden.
- **WinkelxD** (Referenzfläche erforderlich): Erzeugt eine Fase in einem Abstand **D** von einer ausgewählten Kante entlang einer benachbarten Fläche und unter einem angegebenen Winkel zu dieser Fläche. Mit können Winkel- und Abstandsmaß getauscht werden.

Der **Übergangsmodus** wird direkt aus der Funktion **Kantenfase** heraus aktiviert durch .

Nach der Aktivierung des Übergangsmodus wird der zu bearbeitende Übergang durch Anklicken mit der linken Maustaste ⇦ ausgewählt. Je nach Anzahl der angefasten Kanten im Übergangsbereich stehen unterschiedliche Formen für den Übergang bereit.

Je nach Anzahl der angefasten Kanten stehen beispielsweise die nebenstehend abgebildeten Varianten zur Auswahl.

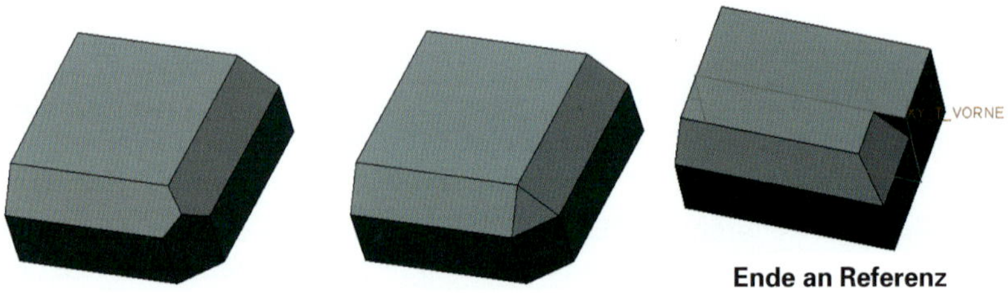

Schneiden (3 Kanten) **Einzelfläche (3 Kanten)** **Ende an Referenz (hier: Ebene XY_T_VORNE für die einzelne Kante)**

Mit wird wieder in den Kantenmodus zurückgeschaltet.

7.2.2 Kantenfasen am Zylinderkopf

Als Beispiel für das Kantenfasen soll der Zylinderkopf um zwei Fasen 0,5 mm x 45° erweitert werden.

Die beiden anzufasenden Kanten sind die Zylinderkopfaußenkante im Bereich der oberen Zylinderkopffläche und die Außenkante der Zylindersenkung der Zündkerzenbohrung.

Beide Kanten sollen zu einem Satz zusammengefasst und entweder mit der Option **DxD** oder mit **45xD** und dem Wert **0,5 mm** gefast werden.

☐ **Fasen-Tool anwenden**

- ⇦ **Modell**, ⇦ **Fase**
- ⇦ 1. Kante auswählen
- **[Strg]** +⇦ 2. Kante auswählen
- Kantentyp: **[DxD]** oder **[45xD]**
- Fasenwert D: **[0.5]**
- Fasvorgang beenden: ✔

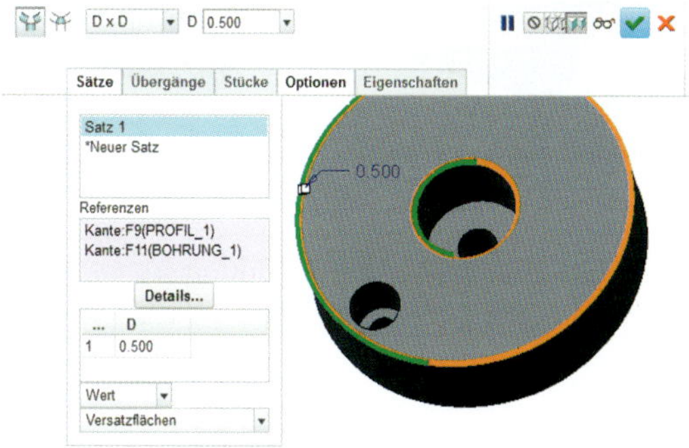

7.3 Rundungen

Der Aufruf der Funktion **Rundungen** kann auf zwei unterschiedliche Arten erfolgen:

- ⇦ **Modell**, ⇦ Rundung▼, ⇦ **Rundung**
- ⇦ **Modell**, ⇦ **Rundung**

Neben der allgemeinen Rundungsfunktion steht das Automatische Runden zur Verfügung. Rundungen werden prinzipiell ähnlich der Fasen erstellt. Sie werden im **Satzmodus** zusammengestellt. Der **Übergangsmodus** definiert die Rundungsübergänge zwischen mehreren Rundungen.

7.3.1 Satzmodus

Im Satzmodus können Rundungen auf unterschiedliche Arten erzeugt werden. Die Auswahl der Elemente steuert dabei die Erzeugungsart und das Ergebnis, wie die nachfolgenden Beispiele verdeutlichen:

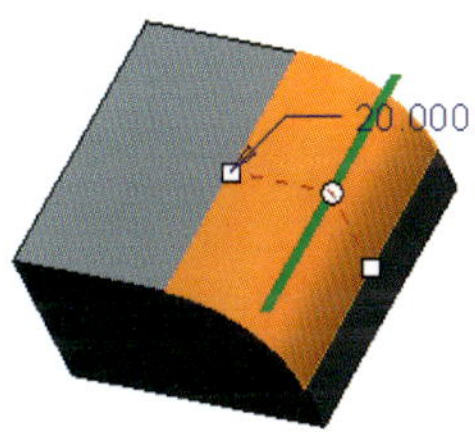

Wahl einer **einzelne Kante**

⇦ <Kante>

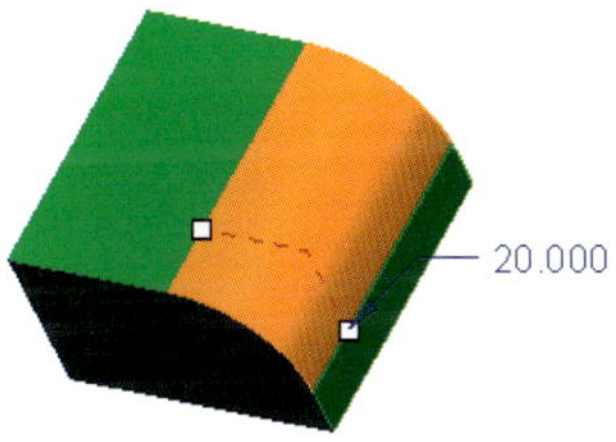

Wahl **zweier Flächen**

⇦ <Fläche> +**[Strg]+**⇦ <Fläche>

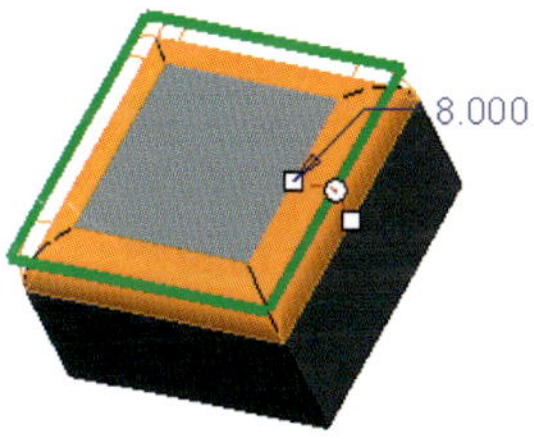

Wahl einer **Kantenkette**

⇦ <Kante> + **[⇧]+**⇦ <Fläche>

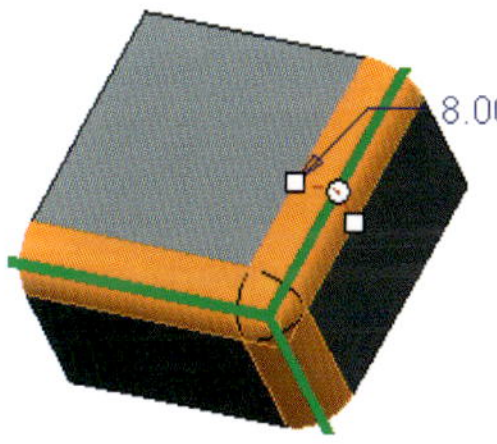

Wahl **Mehrere Kanten**

Hinzufügen. **[Strg]+**⇦ <Kante>

Die Abbildung des Kolbens zeigt eine Rundung mit konstantem Radius, bei der zwei Kanten zu einem Satz zusammengefügt und mit demselben Radius R = 1,2 mm gerundet wurden.

Mit Hilfe der rechten Maustaste im Radienpunkt oder auf einem **Radien-Referenzgriff** können weitere Radien hinzugefügt werden.

- ▶ **Radius hinzufügen**

Die rechte Abbildung zeigt entsprechend eine Rundung mit variablem Radius, bei der zwei Kanten mit jeweils zwei unterschiedlichen Radien gerundet wurden.

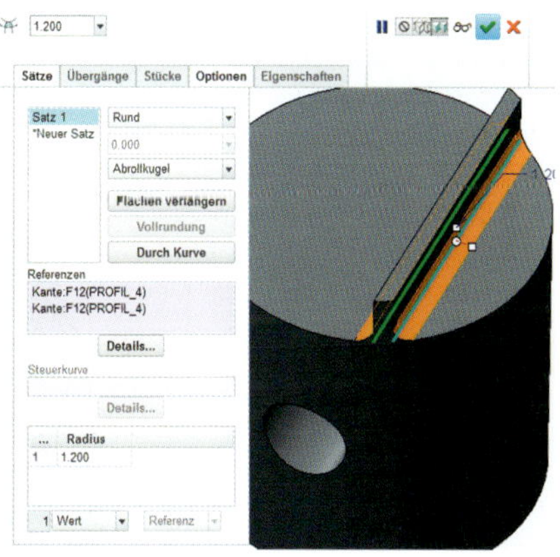

Einfacher Radius

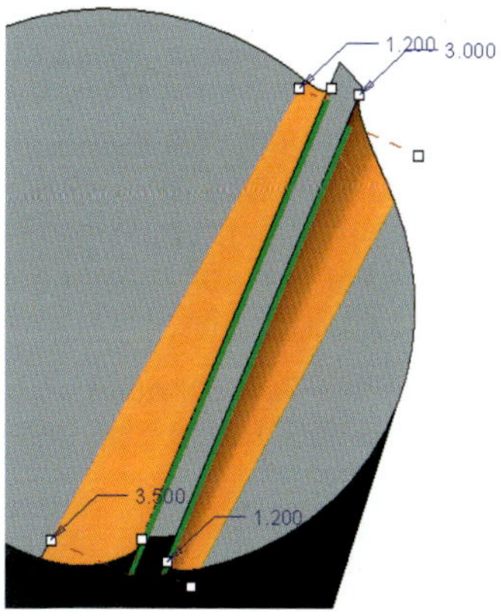

Zwei Radien

7.3.2 Übergangsmodus

Nach dem Runden in einem Eckenbereich (bzw. Auswahl einer gerundeten Ecke) steht, integriert in die Rundungsfunktion, der Übergangsmodus mit folgenden Varianten zur Verfügung:

Standard (Nur 2 verrunden) | **Schneiden** | **Kugelförmige Ecke** | **Ende an Referenz** | **Einzelfläche**

☞ Es ist ratsam, beim Runden eines Teiles die Reihenfolge der einzelnen Rundungen zu beachten und so vorzugehen, dass möglichst lange tangentiale Kantenketten entstehen.

7.3.3 Automatisches Runden

Die Funktion zum automatischen Runden ist eine sehr leistungsstarke Neuerung seit Wildfire 5. Während bei der bisher üblichen Rundungsfunktion die einzelnen abzurundenden Kanten oder Ketten manuell auszuwählen sind, kehrt die automatische Rundungsfunktion die Arbeitsweise um. Demnach müssen die Kanten ausgewählt werden, die **nicht** gerundet werden sollen – eine erhebliche Zeitersparnis beim Modellieren von Guss- oder Kunststoffteilen.

Beim automatischen Runden prüft *Creo*, ob der gewählte Radius an den nicht abgewählten Kanten realisierbar ist. Kanten, die mit dem gewählten Radius nicht gerundet werden können, werden von der Rundung ausgeschlossen, die anderen werden trotzdem gerundet.

Die Arbeitsweise des automatischen Rundens wird am Beispiel des Kurbelwellengehäuses gezeigt:

☐ **1. Beispiel: Autom. Runden mit manuellem und automatischem Kantenausschluss**

- ⇦ **Modell**, ⇦ Rundung▾, ⇦ **Autom runden**
- ⇦ 1. zu entfernende Kante
- **[Strg]+⇦** 2. zu entfernende Kante
- Radiuswert: **[0.8]**
- Rundung ausführen: ✔

Je nach Anzahl der zu prüfenden Kanten kann die Bearbeitung ein wenig dauern.

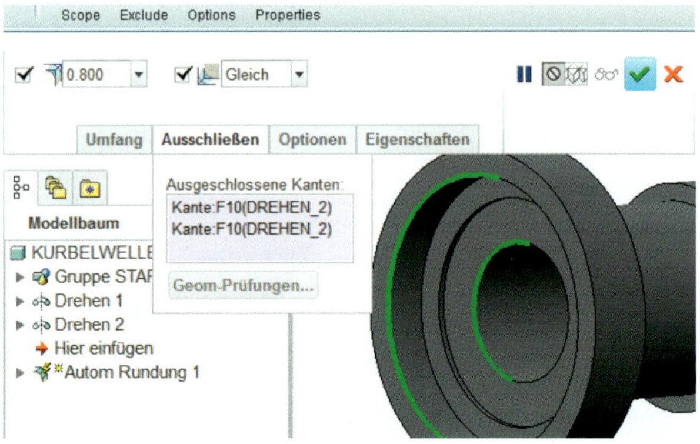

Wie die nebenstehende Abbildung zeigt, wurden zusätzlich zu den beiden gewählten Kanten (rote Punkte) weitere Kanten (grüne Punkte) ebenfalls nicht gerundet. Das liegt daran, dass der Abstand zwischen den beiden grün markierten Kanten nur 0,75 mm beträgt und somit keine Rundung mit je 0,8 mm je Kante möglich ist.

Ohne Fehlermodus wurden aber alle anderen Kanten gemäß Vorgabe gerundet.

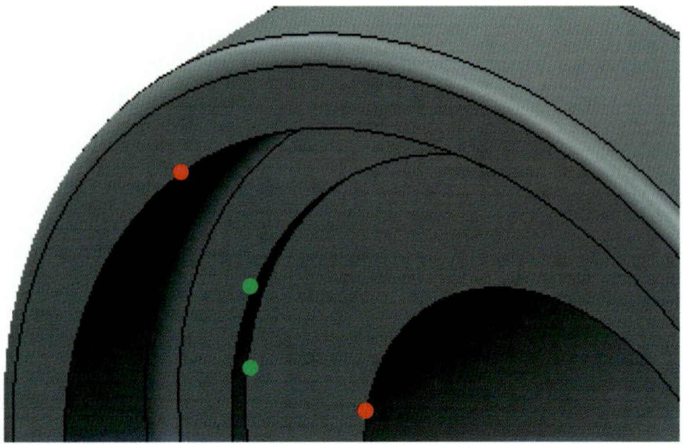

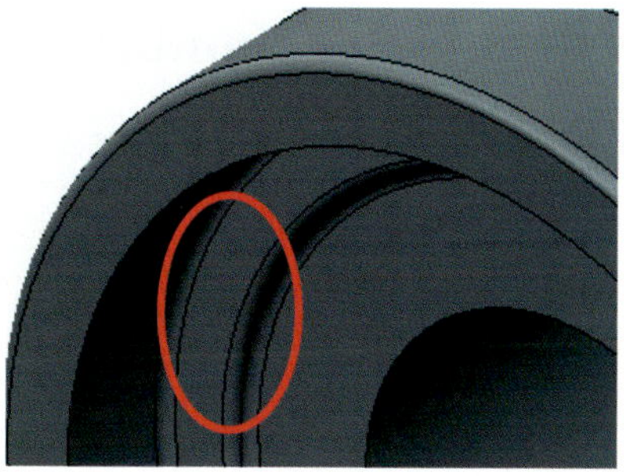

☐ **2. Beispiel: Autom. Runden mit manuellem Kantenausschluss**

- Autom Rundung auswählen: ⇦ *<im Modellbaum>*
- Editieren-Modus aktivieren: ▶ **[Editieren]**
- Radienwert ändern: ⇦ ⇦ **[0.5]**

Da die im 1. Beispiel von *Creo* ausgeschlossenen Kanten jetzt mit dem neuen Radienwert gerundet werden können, wurden diese automatisch neu in die Rundungen mit aufgenommen.

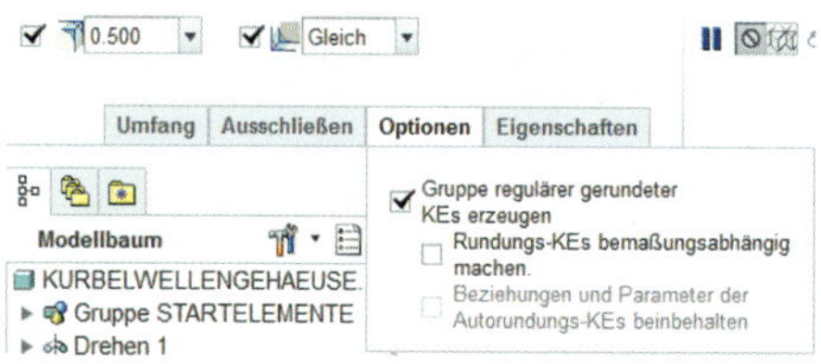

Unter dem Register Optionen im Schaltpult gibt es einen Schalter zum Erzeugen regulärer Rundungs-KEs. Wird dieser Schalter gesetzt (alternativ nachträglich über ▶ **[In Gruppe konvertieren]**), wird anstelle des *Autom. Rundungs*-KEs im Modellbaum eine Gruppe mit einem oder mehreren normalen Rundungs-KEs angelegt.

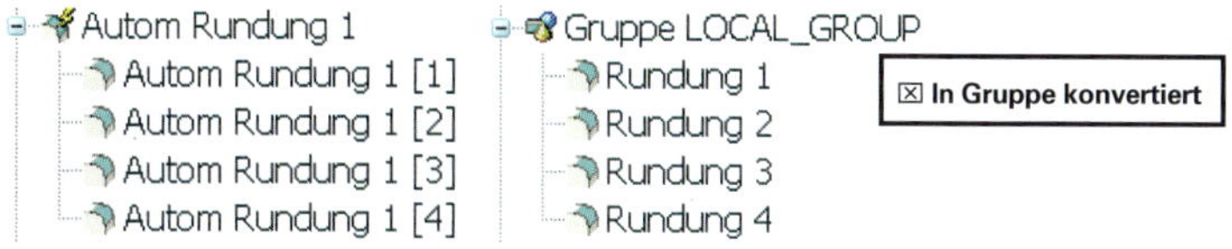

Ist der Schalter ***Rundungs-KEs bemaßungsabhängig machen*** nicht gesetzt, werden alle Radien einzeln bemaßt, ist er gesetzt, wird je Rundungs-KE ein einziges Maß ausgegeben.

⚠ Beim Konvertieren in eine Gruppe bzw. beim regulären Erzeugen gerundeter KEs ist kein Rückgriff auf die Definition des automatischen Rundungswerkzeuges mehr möglich, da dieses komplett aufgelöst wird. Dafür stehen die Rundungsergebnisse als einzelne, gruppierte *Creo*-Rundungen zur Verfügung.

7.3.4 Kantenrundung am Kolben

Der Kolben ist um die Rundungen am Kolbenschild mit **R = 1,2 mm** zu erweitern. Dazu sollen die beiden zu rundenden Kanten zu einem Satz zusammengefasst werden.

- **[*150101kolben.prt*]** <Öffnen>
- ⇦ **Modell**, ⇦ Rundung <Rundungsfunktion aufrufen>
- 1. Kante auswählen: ⇦ <Kante>
- 2. Kante hinzufügen: **[Strg]**+⇦ <Kante>
- Radius eingeben: **[1.2]** mm
- Rundung beenden: ✔

Anschließend wird der Kolben gespeichert und der Speicherplatz wieder freigegeben.

Alternative Vorgehensweise: „object first"

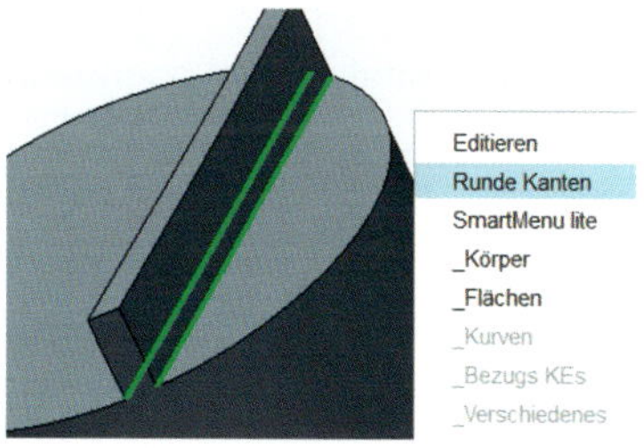

- Auswahlspeicher leeren: ⇦ <freien Hintergrund>
- Materialschnitt anklicken: ⇦ <Profil im Arbeitsfenster>
- 1. Kante auswählen: ⇦ <Kante im Arbeitsfenster>
- 2. Kante hinzufügen: **[Strg]**+⇦ <Kante im Arbeitsfenster>
- Kontextmenü für Auswahl: ▶ **[Runde Kanten]**
- Radius eingeben: **[1.2]** mm
- Rundung beenden: ✔

7.4 Schalenfunktion

Das Konstruktionselement **Schale** höhlt einen Volumenkörper nach Eingabe der gewünschten Wanddicke(n) aus.

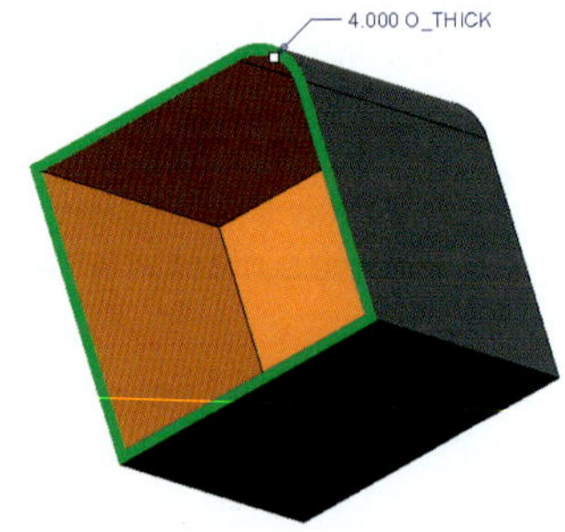

⚠ Alle Volumenelemente, die im Modellbaum vor dem Schalenelement stehen, werden ausgehöhlt.

- ⇦ **Modell**, ⇦ **Schale**

Bei der **Schalenfunktion** können beliebige Flächen des Körpers ausgewählt werden, an denen der Körper geöffnet werden soll. Anschließend wird eine globale Wandstärke definiert. Darüber hinaus kann separaten Körperflächen eine von der globalen Wandstärke abweichende Dicke zugewiesen werden.

Als Beispiel für die Schalenfunktion wird ein neues Teil *1501017_boden.prt* erstellt:

- Neues Teil erstellen: ***1501017_boden***
- Quader 200 x 100 x 20: *<beliebige Ebene>*

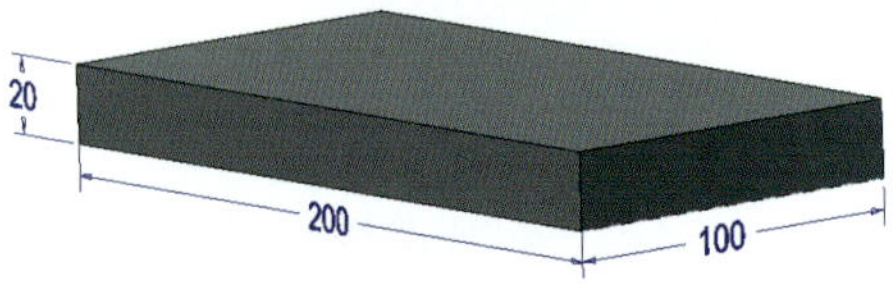

☐ **Beispiel 1: Bohrung nach Schale**

- Schalenfunktion aufrufen: ⇦ **Modell**, ⇦ **Schale**
- Oberfläche zum Ausschließen: ⇦ <Oberfläche>
- Schalendicke eingeben: ⇦ ⇦ **[2]** mm
- Schalenfunktion beenden: ✔
- Durchgangsbohrung d = 20 mm: Bohrung **[20]** mm
  Lage zur *x*-Außenkante: **[100]** mm
  Lage zur *y*-Außenkante: **[75]** mm

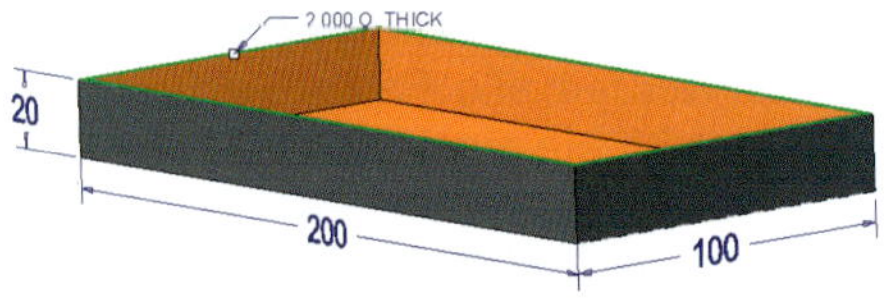

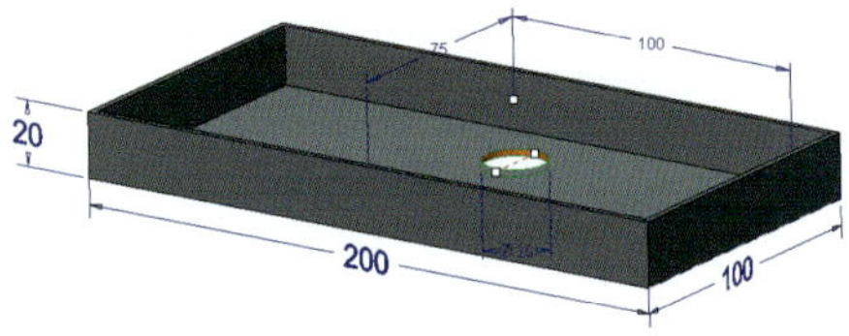

Das Ergebnis ist die nebenstehend abgebildete Schale mit der Durchgangsbohrung durch den Boden.

☐ **Beispiel 2: Schale nach Bohrung**

Wird die Reihenfolge der Bearbeitung so geändert, dass die Bohrung **vor** der Schalendefinition erstellt wurde, ergibt sich, wie abgebildet, ein Auge um die Bohrung. Dabei wird die gesamte Form der Bohrung berücksichtigt.

⚠ Die Schalenfunktion definiert ausgehend von allen **vorhandenen Außenflächen** des Teiles eine Wanddicke.

- Durchgangsbohrung zu ISO-M12: Bohrung **[12]** mm
  ohne Gewinde, Zylindersenkung: , , ,
  Lage zur *x*-Außenkante: **[100]** mm
  Lage zur *y*-Außenkante: **[75]** mm

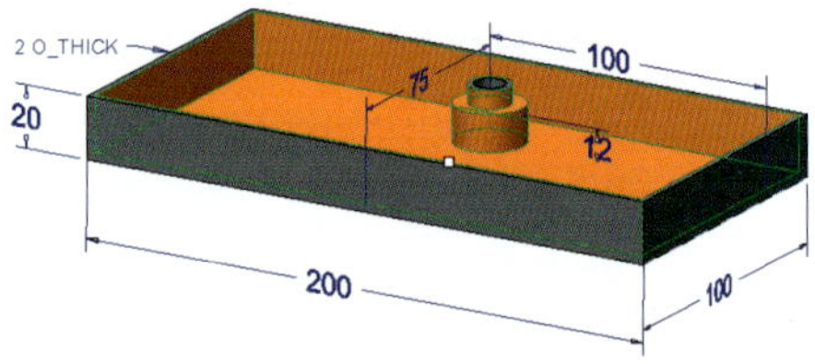

- Schalenfunktion aufrufen:
- Oberfläche zum Ausschließen: ⇦ <Oberfläche>
- Schalendicke eingeben: ⇦ ⇦ **[2]** mm
- Schalenfunktion beenden: ✔
- Modell speichern:
- Speicherplatz freigeben:

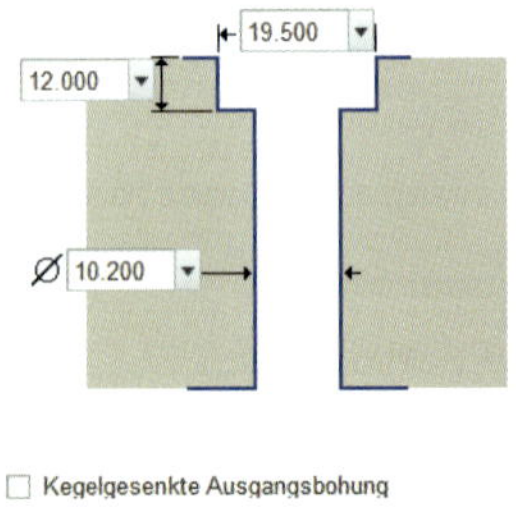

⚠ Bei geeigneter Referenzierung der Bohrung (nur auf die Außenflächen) kann die Änderung der Reihenfolge sehr komfortabel durch einfaches Verschieben des Schalen-KEs im Modellbau erreicht werden (siehe Kap 10.2).

7.4.1 Schalenfunktion am Auspuff

Der Auspuff wird als geschlossener Rotationskörper erzeugt, mit Radien versehen, anschließend mit der Schalenkonstruktion ausgehöhlt und zur Anschlussseite (Flaschenöffnung) hin geöffnet.

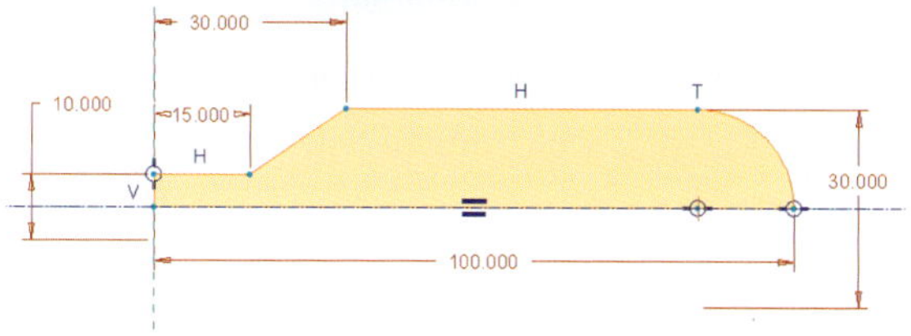

- ☐ **Volumenkörper erzeugen**
  - Neues Teil/Part: ***1501018_auspuff***
  - Grundkontur erzeugen: *Drehen*
  - Der Rotationsköper ist über den nebenstehend dargestellten Schnittverlauf zu definieren.
  - Rundungen ergänzen: **R = 10** mm (Übergang Flaschenhals-Kegel und Kegel-Zylinder)
- ☐ **Schale definieren**
  - <Schalenfunktion aufrufen>
  - ⇦ **[Referenzen]** <Panel Referenzen öffnen>
  - Entfernte Flächen: ⇦ Flaschenöffnung
  - Dicke: **[1.5]** mm

  Es besteht die Möglichkeit, weitere Flächen zu entfernen oder auch Flächen zu wählen, die eine abweichende Wandstärke (Nicht-standardmäßige Dicke) haben sollen.

  - Richtung der Wandstärkenerzeugung: **<nach innen>**

Mit kann die Richtung der Wandstärkenerzeugung umgeschaltet werden.

- Schalenfunktion beenden:

- ☐ **Speichern und Speicherplatzfreigabe**
  - Auspuff speichern:
  - Speicherplatz freigeben:

7.5 Schrägen (Ausformschrägen)

Mit dieser Funktion können spitzwinklige Keilelemente im Bereich von ±30° erzeugt werden.

Dieses Werkzeug ist in der Anwendung der Fertigung nachempfunden und bietet neben der Erzeugung einseitiger Schrägen auch die Möglichkeit, mit ebenen oder skizzierten Trennflächen eine beidseitige Verformung der bestehenden Geometrie, z. B. Ausformschrägen, zu erzeugen. Der Aufruf der Schrägenfunktion erfolgt durch:

- ⇦ **Modell**, ⇦ Ausformschräge ▼, ⇦ **Schräge**

7.5.1 Einfache Schräge

Die einfache Schräge wird am Beispiel der Bodenplatte demonstriert:

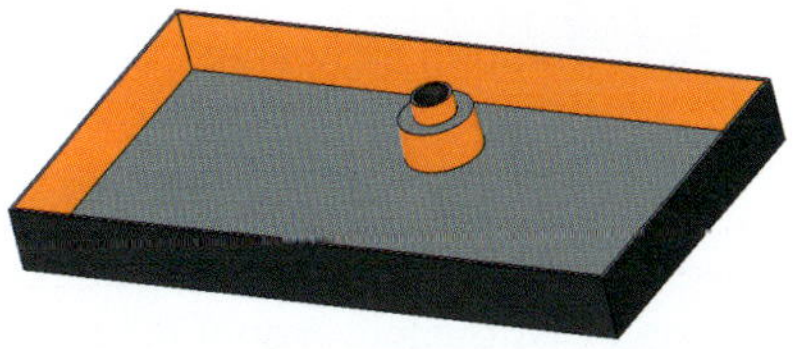

- **[*1501017_boden.prt*]** <Öffnen>

- ☐ **Auswahl der anzuschrägenden Flächen**
  - ⇦ **Modell**, ⇦ Ausformschräge ▼, ⇦ **Schräge**
  - |Satz abzuschrägender Flächen wählen|? **[Strg]+**⇦

  Klicken Sie alle inneren Wandflächen einschließlich der beiden Dom-Halbflächen einzeln mit der linken Maus-Taste bei gedrückter Strg-Taste an. Die ausgewählten Flächen werden grün hervorgehoben. Der Sammelbereich der Schrägenflächen findet sich unter dem Register REFERENZEN.

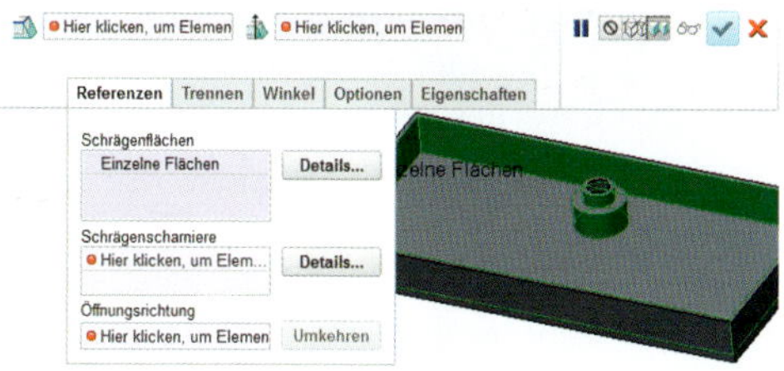

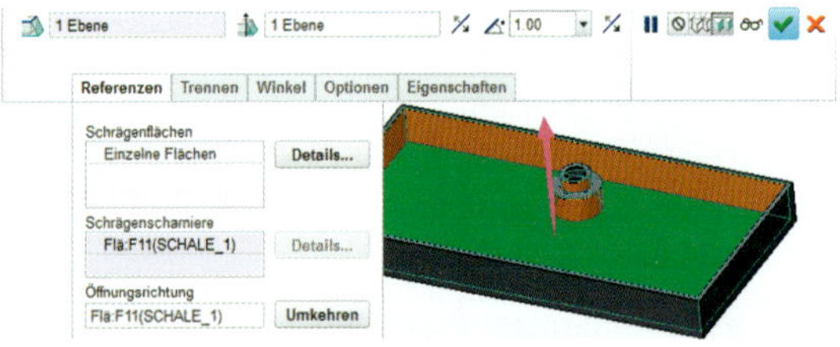

☐ **Schrägenscharnier definieren**

Durch Anklicken des Auswahlbereichs für die **Schrägenscharniere** im Schaltpult oder über das Auswahlmenü der rechten Maustaste wird die Flächenauswahl beendet und die Schrägenscharnierauswahl aktiviert.

- Scharnierauswahl aktivieren: ▶ **Schrägenscharniere**
- Schrägenscharnier auswählen: ⇦ **[Bodenfläche]**

Nach Auswahl des Schrägenscharniers erweitert sich das Schaltpult um die Eingabefelder für die Öffnungsrichtung, den Schrägenwinkel und die Schrägenrichtung. Eine Öffnungsrichtung wird vorgeschlagen.

- Schrägenwinkel definieren: **[3]** °
- Schrägenrichtung umschalten:
- Schrägendefinition beenden: ✔ *oder* ⇩
- Speichern und freigeben: ,

7.5.2 Ausformschrägen am Pleuel (klassisch)

Als Beispiel sollen Ausformschrägen von 3° an den Seitenflächen des Pleuels erzeugt werden, die von der Mittelebene des Pleuels ausgehen. D. h., die Mittelebene des Pleuels muss als Trennebene der Schräge definiert werden:

- ***[1501015_pleuel.prt]*** <Öffnen>
- ⇦ **Modell**, ⇦ Ausformschräge ▼, ⇦ **Schräge**

☐ **Auswahl der anzuschrägenden Flächen**

- |Satz abzuschrägender Flächen wählen|? ⇦, **[Strg]+**⇦

Klicken Sie alle Flächen (grün abgesetzt) einzeln mit der linken Maus-Taste bei gedrückter Strg-Taste an. Vergessen Sie nicht die beiden Flächen, die über dem Materialschnitt verlaufen.

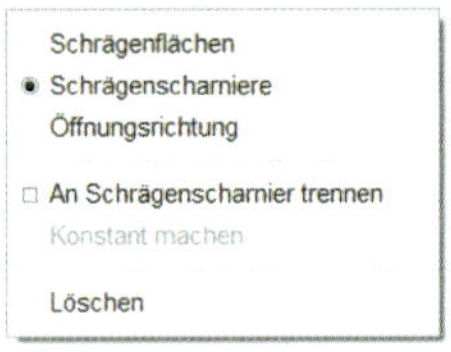

☐ **Schrägenscharnier definieren**

Durch Anklicken des Auswahlbereichs für die Schrägenscharniere im Schaltpult oder über das Auswahlmenü der rechten Maustaste wird die Flächenauswahl beendet und die Schrägenscharnierauswahl aktiviert:

- Schrägenscharnierauswahl aktivieren: ▶ Schrägenscharniere
- Schrägenscharnier auswählen: ⇦ **[YZ_T_RECHTS]**

☐ **Trennebene definieren**

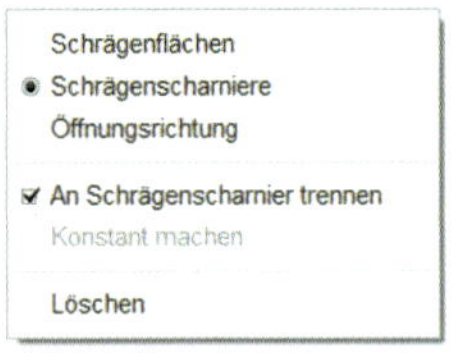

Das Abschrägen des Pleuels soll zu beiden Seiten der Mittelebene erfolgen. Darum wird diese Mittelebene als Trennebene für die Schrägendefinition verwendet, d. h., der Schrägenvorgang wird an der Trennebene in zwei unabhängige Schrägenvorgänge aufgetrennt.

- Trennen aktivieren: ☑ An Schrägenscharnier trennen

Wird das Panel TRENNEN des Schaltpultes geöffnet, so stehen weitere Einstellmöglichkeiten für die Schrägentrennung zur Verfügung.

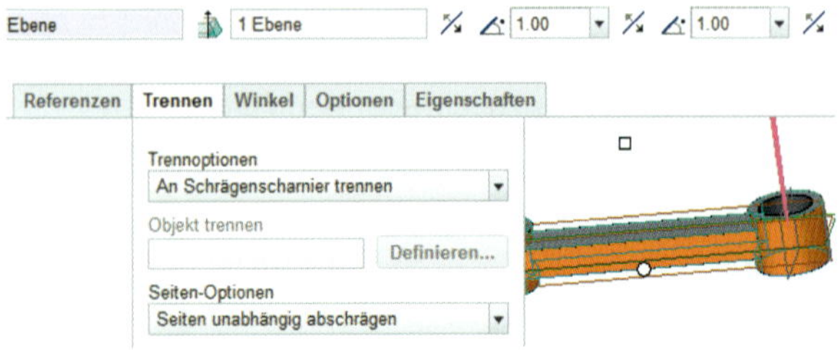

Wird die Seitenoption „Seiten unabhängig abschrägen" eingestellt, können für beide Schrägenseiten unterschiedliche Winkel eingegeben werden. Bei „Seiten abhängig abschrägen" werden beide Seiten über dasselbe Maß gesteuert. Alternativ kann auch eine beliebige Ebene als Trennebene gewählt werden.

- Panel TRENNEN öffnen: ⇦ **[Trennen]**
- Trennoption: An Schrägenscharnier...
- Seitenoption: Seiten unabhängig...

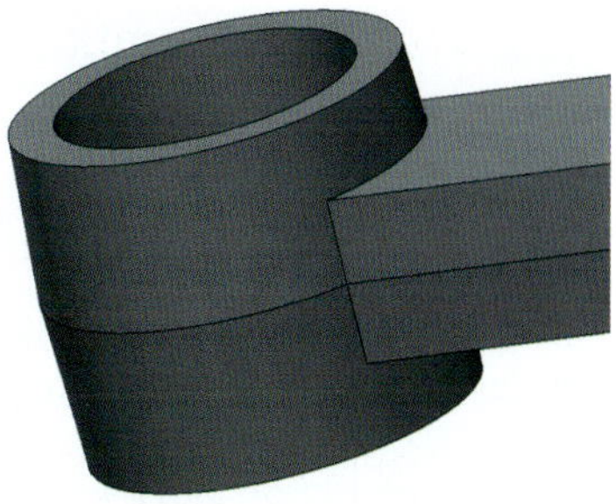

☐ **Winkeldefinition**

- Panel Winkel öffnen: ⇦ **[Winkel]**
- Winkel 1: **[3]**°
- ggf. Richtung umschalten
- Winkel 2: **[3]**°
- ggf. Richtung umschalten:
- Schrägenfunktion beenden: ✔ *oder* ⇩
- Speichern und freigeben: ,

7.6 Rippenfunktion

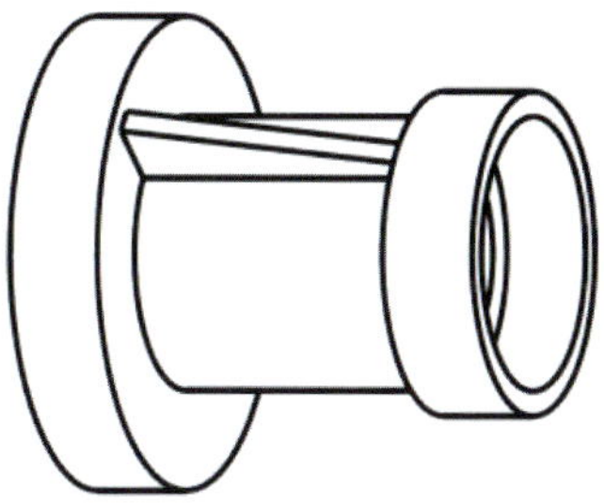

Rippen werden standardmäßig als skizzierte Profilkonturen zwischen vorhandenen Körperkanten auf Skizzierebenen erzeugt. Weiter besteht die Möglichkeit, Rippen anhand einer oder gleich mehrerer Rippenleitkurven zu definieren.

⚠ Im Gegensatz zu den bisher behandelten Körpern und Schnitten dürfen die Skizzen von Rippen nicht geschlossen sein. Die Rippenkontur wird durch mindestens eine vorhandene Körperkante bzw. Körperfläche geschlossen.

7.6.1 Profilrippe

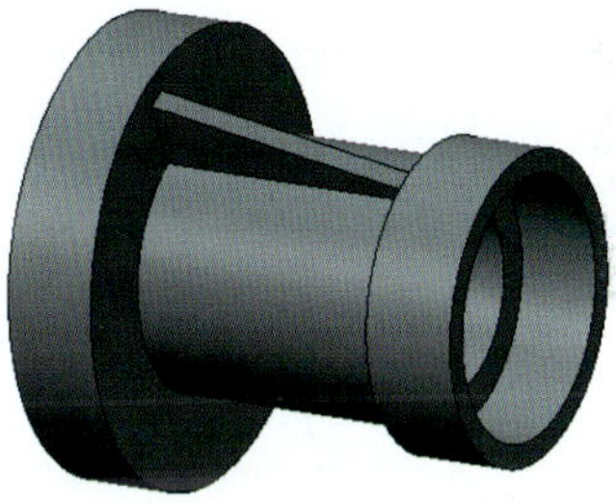

Die Profilrippenfunktion wird aufgerufen über:

- ⇦ **Modell**, ⇦ Rippe ▼, ⇦ **Profilrippe**

Als Beispiel soll eine Rippe des Kurbelwellengehäuse entsprechend der obigen Abbildung erzeugt werden:

☐ **Profilrippenfunktion aktivieren**

- **[*1501011_kurbelwellengehaeuse.prt*]** <Öffnen>
- ⇦ **Modell**, ⇦ Rippe ▼, ⇦ **Profilrippe**
- Aktivieren der Skizzendefinition: ▶ + Interne Skizze definieren...
- Skizzierebene: **[XY_T_VORNE]**

☐ **Im Skizziermodus**

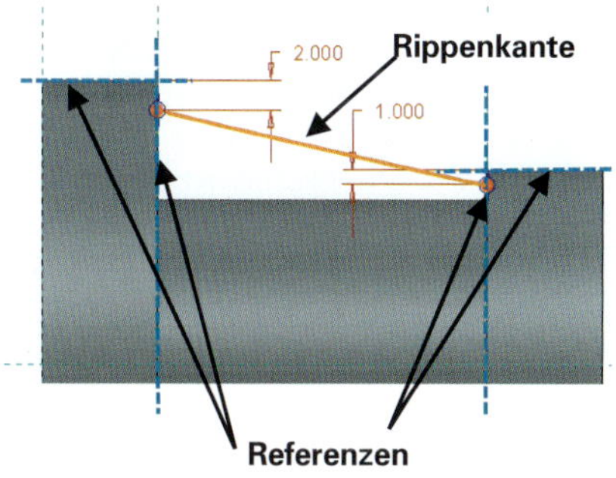

Als Referenzen müssen die in der Skizze gestrichelt dargestellten Körperkanten ergänzt werden. Das ist erforderlich, damit *Creo* diese zum exakten Platzieren des Rippenkonturanfangspunktes bzw. des entsprechenden Endpunktes verwenden kann.

- Referenzen: Körperkanten nach Skizze
- Skizzieren der Rippenkante: (s. Bild rechts)
- Skizzierer beenden: ✔

☐ **Im Funktionsmodus**

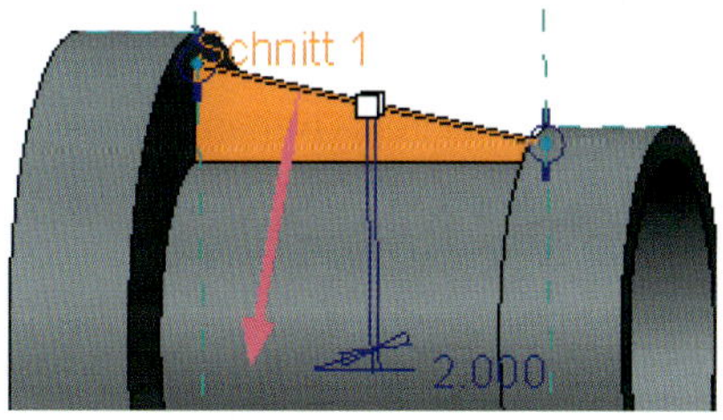

- Extrusionsrichtung einstellen: < Pfeil zum Körper hin >

⚠ Die Kontur der Rippe darf nicht geschlossen sein!

- Rippenbreite: **[2]** mm
- Rippenerzeugung beenden: ✔ *oder* ⇩

Durch mehrfaches Betätigen von kann die Dickenrichtung von *Seite 1* zu *Seite 2*, weiter zu *Symmetrisch* und wieder zurück geschaltet werden. Die Ausgangslage ist symmetrisch.

- Speichern und freigeben: ,

7.6.2 Rippenleitkurve

Die Rippenleitkurvenfunktion wird aufgerufen über:

- ⇦ **Modell**, ⇦ Rippe ▾, ⇦ **Rippenleitkurve**

Zur Verdeutlichung dieser Funktion soll der Boden *1501017_boden* mit Versteifungsrippen versehen werden:

☐ **Rippenfunktion aktivieren**

- **[*1501017_boden.prt*]** <Öffnen>
- ⇦ **Modell**, ⇦ Rippe ▾, ⇦ Rippenleitkurve
- Aktivieren der Skizzendefinition: ▶ Interne Skizze definieren...
- Skizzierebene: ⇦ <Rand auswählen>

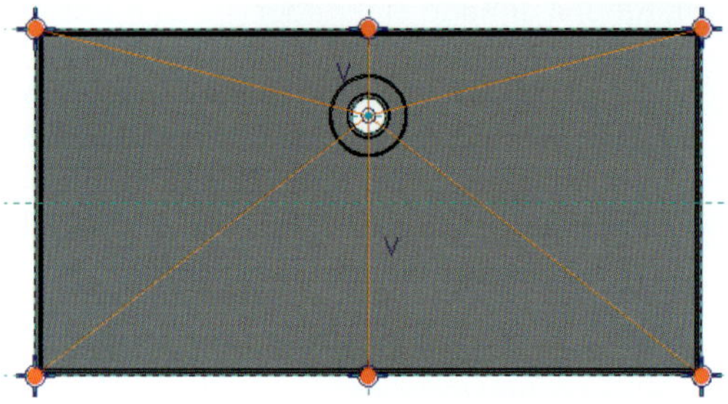

☐ **Im Skizziermodus**

Als Referenzen müssen die in der Skizze gestrichelt dargestellten **äußeren** Körperkanten einschließlich der Bohrungsinnenkante ergänzt werden.

- Referenzen: äußere Körperkanten nach Skizze Bohrungsaußenkontur
- Skizzieren der Rippenleitkurven: (s. Bild rechts)
- **Segment löschen** der inneren Leitkurven :

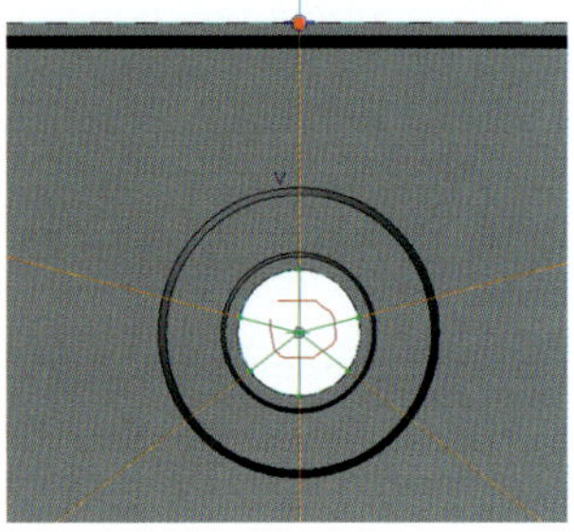

Beim Skizzieren der Leitkurve als einzelne Linien wurde automatisch jeweils die Mitte der Bohrung als Anfangs- bzw. Endpunkt verwendet. Mit dem **Segment-Löschen**-Werkzeug des Skizzierers werden nun die Linienüberstände an der Bohrungsreferenz getrimmt.

Dazu wird nach dem Aktivieren der Funktion mit gedrückt gehaltener linker Maustaste ◀ eine Kurve skizziert, die alle zu trimmenden Objekte schneidet. Wird die Maustaste losgelassen, werden die so gewählten Skizzensegmente gelöscht.

- Skizzierer beenden: ✔

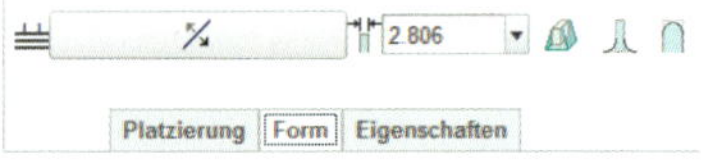

Über die grafischen Steuerelemente im Schaltpult kann die Form der Rippen mit Ausformungsschrägen, sowie Kopf- und Fußradien weitgehend den Bedürfnissen angepasst werden. Die Steuerelemente können sowohl einzeln als auch kombiniert verwendet werden.

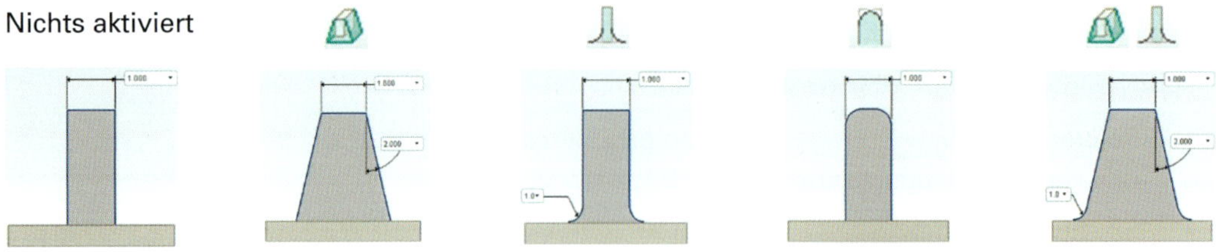

- Schräge u. Fußradius aktivieren: +
- Panel FORM öffnen: ⇦ **[Form]**
- Rippendicke: **[1]** mm
- Fußradius: **[0.3]** mm
- Schrägungswinkel: **[3]** °
- Rippen-Tool beenden: ✔ *oder* ⇩

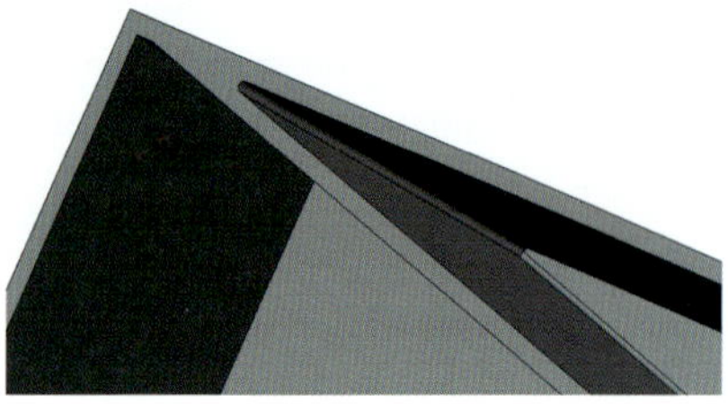

Bei genauer Betrachtung erkennt man, dass die Übergänge zwischen den Wänden und dem Boden der Platte noch nicht vollständig verrundet sind. Hier bietet sich idealerweise die *Automatische Verrundung* aller konkaven Kanten anstelle der in die Rippenleitkurve integrierten Verrundung an.

☐ **Definition editieren**

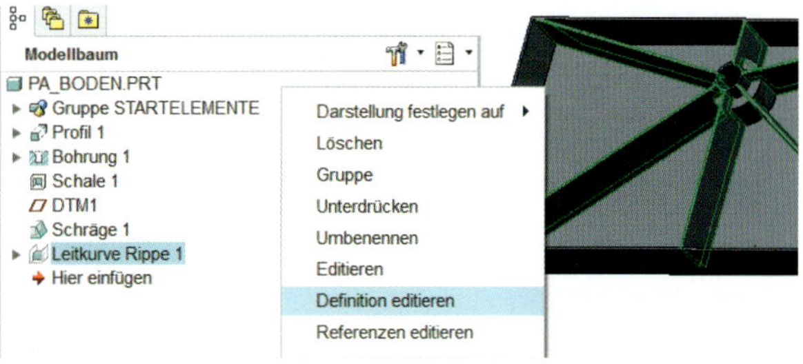

- Auswahl der *Leitkurve Rippe 1* im Modellbaum ⇦
- ▶ Definition editieren
- Fußradius deaktivieren
- Rippen-Tool beenden: ✔ *oder* ⇩

7.7 Übung zum automatischen Runden

- ⇦ **Modell**, ⇦ Rundung▼, ⇦ **Autom runden**

Es sollen ausschließlich die konkaven Innenkanten der Platte gerundet werden. Standardmäßig werden alle Kanten verrundet.

- Konvexe Kanten ausschließen: ☐
- Konkave Kanten einschließen: ☑
- Radienwert: **[0.5]** mm
- Optionen öffnen: ⇦ OPTIONEN
- ☑ Gruppe regulärer gerundeter KEs erzeugen
- ☑ Rundungs-KE bemaßungsunabhängig machen
- Autom. runden beenden: ✔ *oder* ⇩
- Speichern und freigeben:

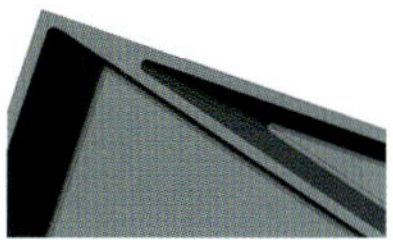

7.8 Übung zum Kopieren und Einfügen von KEs

Die Bohrung am 2. Pleuelauge soll durch die Funktion des „KE-Kopierens“ erstellt werden. Zunächst wird das zu kopierende Konstruktionselement (hier: Bohrung 1) im Modellbaum oder dem Hauptarbeitsfenster ausgewählt:

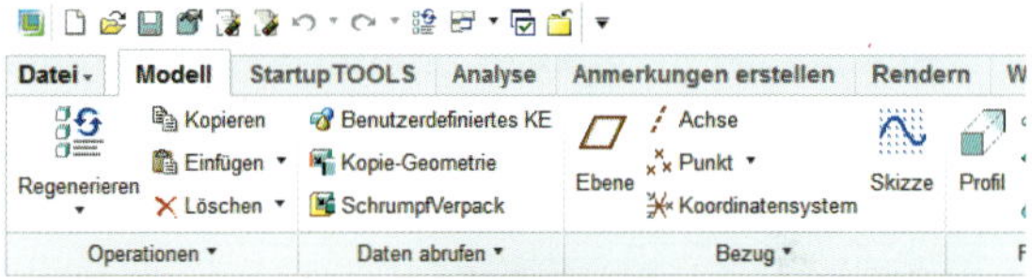

- **[*1501015_pleuel.prt*]**
- ⇦ Bohrung auswählen
  Nach der Auswahl steht in der Systemleiste das Icon zum Kopieren zur Verfügung.

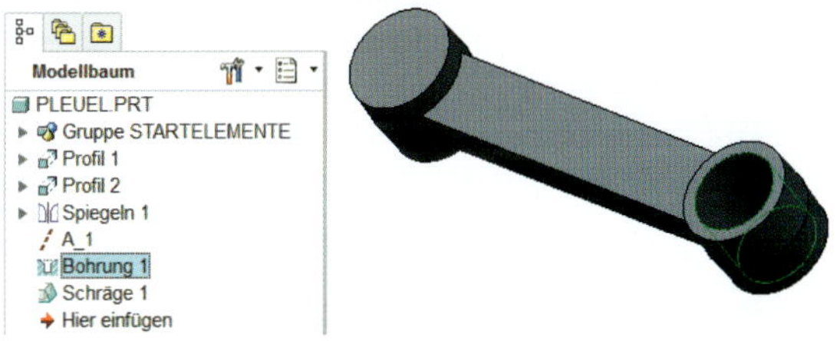

- Bohrung kopieren: ⇦ *oder* **[Strg+C]**

Die Bohrung wurde nun in den Zwischenspeicher kopiert.

- Bohrung einfügen: ⇦ *oder* **[Strg+V]**

Das Schaltpult der Bohrungserzeugung öffnet sich.

- 1. Referenz: ⇦ **Achse**
- 2. Referenz: **[Strg]+**⇦ **Oberfläche**
- Bohrung beenden: ✔ *oder* ⇩

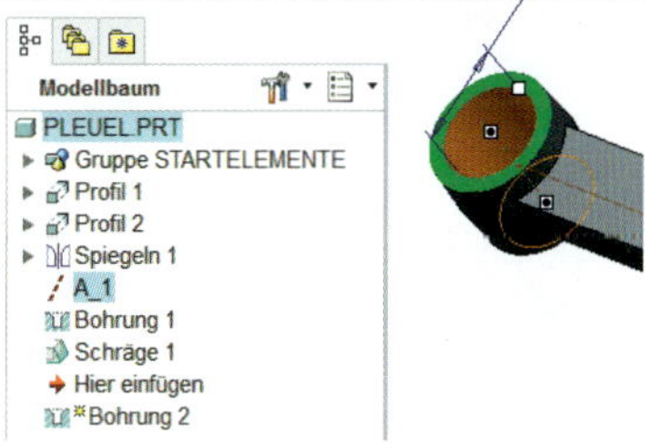

7.9 Übungen zu Pick & Place-Elementen (Pleuel)

Im Folgenden wird das Pleuel durch Ergänzen der Fasen an den Bohrungen der beiden Pleuelaugen und der Rundungen an den Längskanten sowie den Kehlradien vervollständigt.

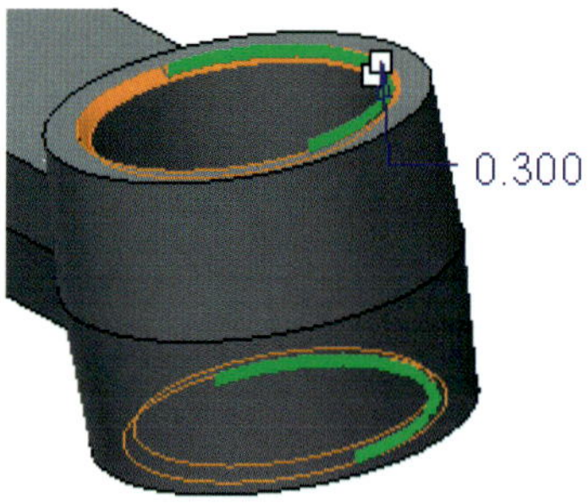

☐ **Fase an den Bohrungskanten**

Die Bohrungskanten sind mit einer Fase **0,3 mm x 45°** zu versehen:

- **Kantenfase**
- 1. Kante auswählen: ⇦
- 2. bis 4. Kante hinzufügen: **[Strg]** +⇦
- Kantentyp: **[DxD]** oder **[45xD]**
- Fasenwert D: **[0.3]** mm
- Fasvorgang beenden: ✔ *oder* ⇩

☐ **Runden der Pleuelstange (1. Satz)**

Die Pleuelstange ist mit einem Radius **R = 0,8 mm** zu runden:

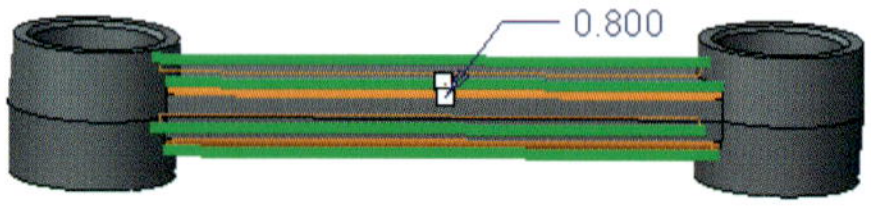

- **Rundung**
- 1. Kante auswählen: ⇦
- 2. bis 4. Kante hinzufügen: **[Strg]**+⇦
- Radius eingeben: **[0.8]** mm

⚠ Rundungsvorgang noch nicht beenden!

- Runden der Pleuelaugen-Außenkanten als 2. Satz

Die Pleuelaugen sind mit einem Radius **R = 0,5 mm** zu verrunden:

- 1. Kante auswählen: ⇦ *(ohne Strg-Taste)*
- 2. bis 4. Kante hinzufügen: **[Strg]**+⇦
- Radius eingeben: **[0.5]** mm
- Rundung beenden: ✔ *oder* ⇩

⚠ Durch das Anwählen einer neuen Kante **ohne Strg-Taste** innerhalb derselben Rundungsfunktion wird ein 2. Satz an Kanten angelegt. Dem 2. Satz kann ein anderer Radienwert zugewiesen werden.

☐ **Runden der Kehlradien zwischen Pleuelstange und Pleuelauge**

- **Rundung**
- 1. Kante auswählen: ⇦

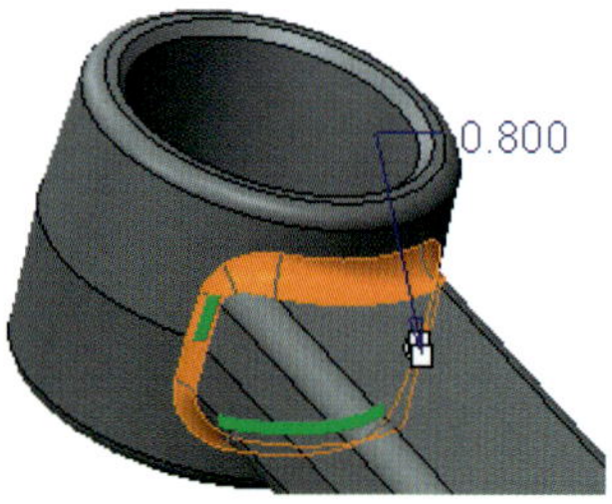

Durch Auswahl eines Kantensegments erkennt *Creo* automatisch den Zusammenhang zwischen den beiden zu rundenden Oberflächen. Die zu erzeugende Rundung wird in der dynamischen Vorschau sichtbar. Aufgrund der Unstetigkeit an der Schrägen-Trennebene ist nur eine Seite der Pleuelstange erfasst. Die Gegenseite wird der Auswahl hinzugefügt.

- 2. bis 4. Kante hinzufügen: **[Strg]**+⇦
- Radius eingeben: **[0.8]** mm
- Rundung beenden: ✔ *oder* ⇩

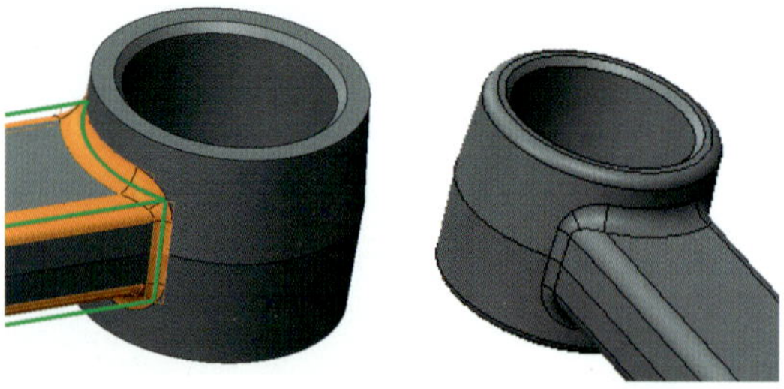

Für das Runden der Kehlradien zwischen Pleuelstange und Pleuelauge wurde kein neuer 3. Satz, sondern ein neuer Aufruf der Rundungsfunktion (2. Rundungs-KE) verwendet, da die Rundungen der Pleuelstange vor der Definition der Kehlradien erfolgt sein müssen, damit der stetige Übergang gegeben ist.

In vielen Fällen führt auch ein 3. Satz innerhalb der ersten Rundungsfunktion zu demselben Ergebnis, verlangt aber einen höheren manuellen Auswahlaufwand, da sämtliche Kantenteilstücke der späteren Rundung einzusammeln sind.

☞ **Es ist zielführender und modelltechnisch stabiler, aufeinander aufbauende Rundungen in einzelnen Rundungselementen nacheinander zu realisieren.**

Das Ergebnis der Fasen- und Rundungsoperationen zeigt der nebenstehende Ausschnitt des Pleuels. Insbesondere ist die komplexe Flächenrundung im Übergangsbereich zwischen der Pleuelstange und dem Pleuelauge unter Einbeziehung der Kantenrundungen an der Pleuelstange und der Ausformschrägen gut zu erkennen.

8 Modelleigenschaften

Die Modelleigenschaften, wie Material, Toleranzen, Einheiten, Genauigkeit, Flexibilität und andere, sind in der Multifunktionsleiste von *Creo* unter **Datei**, *Vorbereiten* ▸, **Modelleigenschaften** zusammengefasst.

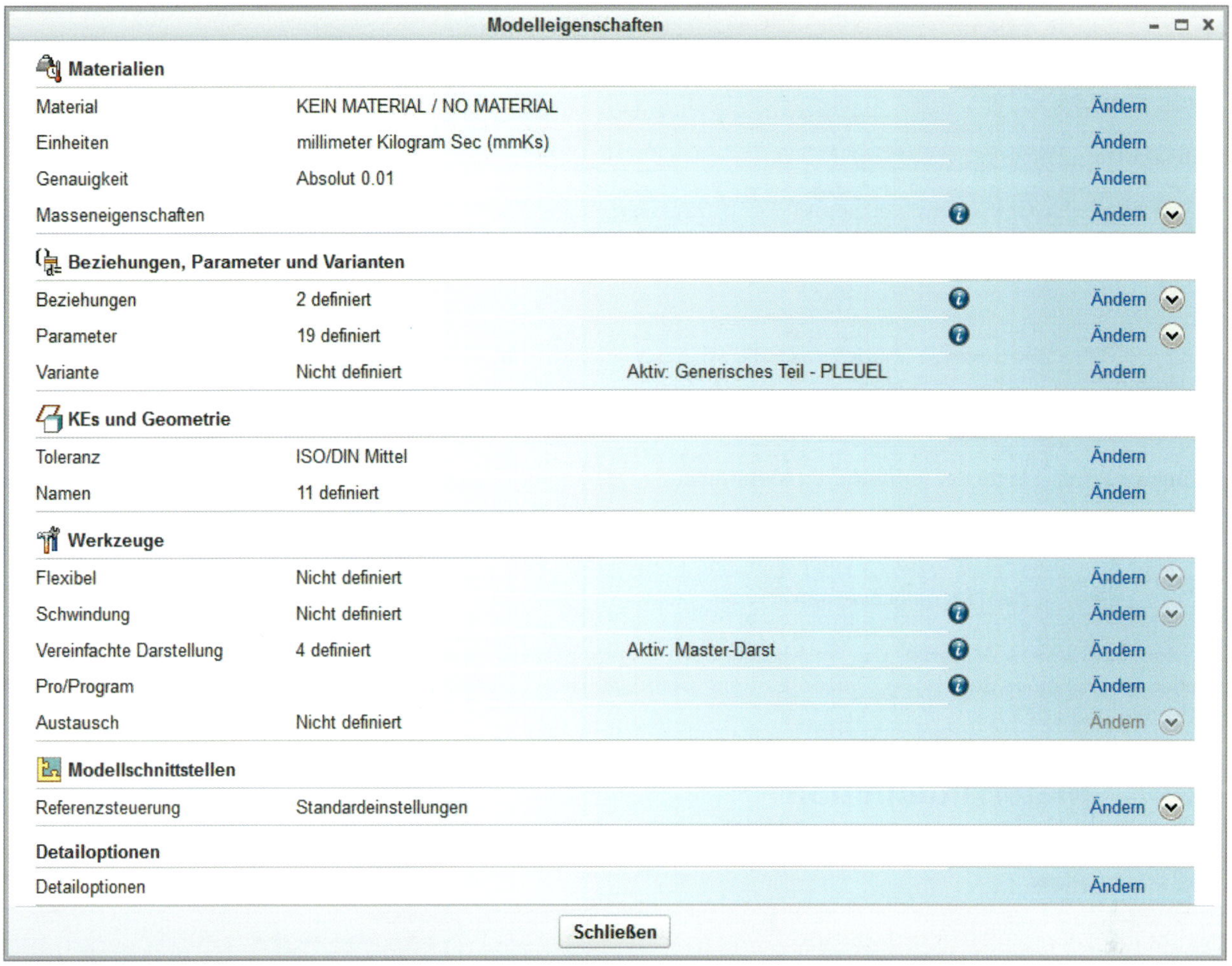

Im Folgenden werden einige Modelleigenschaften und deren Anwendung behandelt. Andere Modelleigenschaften, wie z. B. die *Vereinfachten Darstellungen* oder die *Flexibilität*, werden in anderen Kapiteln im Zusammenhang mit einer definierten Anwendung vorgestellt.

Durch Anklicken von Ändern werden weitere Untermenüs zum Ändern und Einstellen der jeweiligen Modelleigenschaft geöffnet. Mit werden weitere Textdetails, mit zusätzlichen Informationen und Steuerungsmöglichkeiten angezeigt.

8.1 Materialzuweisung

Bislang wurden in diesem Buch den Bauteilen keinerlei spezifische Materialien zugewiesen. Alle Bauteile bestehen aufgrund der entsprechenden Voreinstellung der INNEO Startup TOOLS aus 10037_S235JR (oder „Kein Material" bei der Installation der Hochschule Reutlingen).

Werkstoffdaten werden in einzelnen Dateien mit der Endung *„.mtl"* in einem eigenen Verzeichnis abgelegt. Dieses Verzeichnis wird in *Creo* über den Parameter **pro_material_dir** in der Datei *config.pro* angegeben (siehe Kap. 4.3).

⚠ In *Creo* wird für die Zeiteinheit Sekunde anstelle der Abkürzung **s** die Abkürzung **sec** verwendet.

Das Zuweisen von Material sowie das Editieren der Materialdaten im Teil- oder Baugruppenmodus erfolgt über:

⇦ **Datei**, ⇦ *Vorbereiten* ▸, ⇦ **Modelleigenschaften**, ⇦ Material **Ändern**

Rechte Maustaste

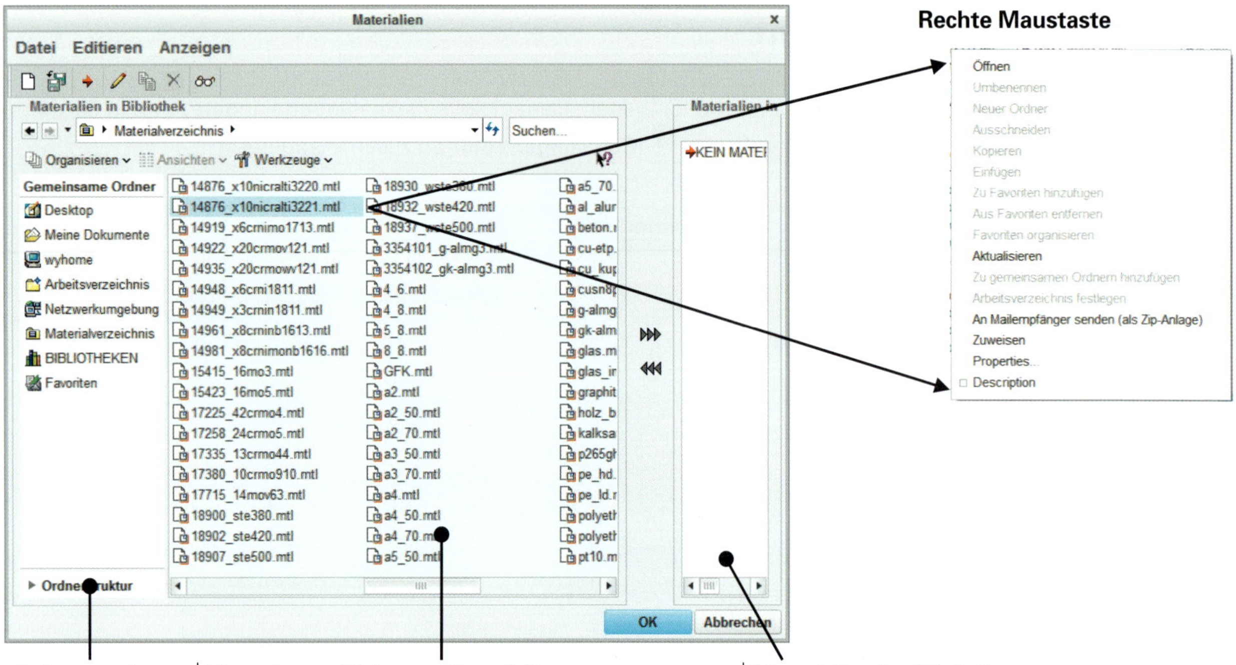

Ordnerstruktur

Liste der verfügbaren Materialien

Über das Menü oder die rechte Maustaste lassen sich Materialien anlegen, ändern oder dem Modell zuweisen.

Materialien im Modell

Listet alle im Modell gespeicherten Materialdaten auf. Der zugewiesene Materialdatensatz ist durch ✚ gekennzeichnet.

Der Modellparameter **Material**, der im Modellbaum angezeigt wird, errechnet sich bei Verwendung der INNEO-Installation aus einer Beziehung. Dieser wird erst beim nächsten Speichern des Modells oder beim Neuberechnen der Beziehungen geändert.

8.2 Materialdefinition

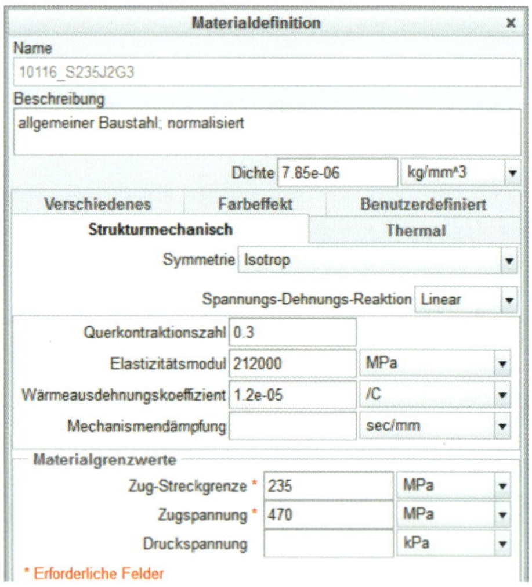

Das Definitionsfenster eines gewählten Materials wird über die rechte Maustaste geöffnet:

- Material wählen ⇦
- Materialdefinition öffnen: ▶ **Eigenschaften...**

Die erforderlichen Eingaben für die Materialdatei entsprechen normalen physikalischen Werkstoffparametern. Die Eingabeeinheiten können aus Vorgabelisten gewählt werden. Unter dem Register FARBEFFEKT können dem Material bestimmte Farbeffekte zugewiesen werden.

Eine wesentliche Verbesserung gegenüber den Versionen bis Wildfire 2 ist die Möglichkeit, BENUTZERDEFINIERTE WERSTOFFPARAMETER zu erstellen. Damit lassen sich beispielsweise landesspezifisch unterschiedliche Werkstoffbezeichnungen, eigene Materialgruppen oder Sonderanwendungen realisieren. Die so definierten Werkstoffparameter stehen dann im Modell als Modellparameter unter dem Register Material für alle Anwendungen, wie z. B. Beziehungen oder Schriftfeldausgaben, zur Verfügung.

8.2.1 Material EN-GJL-250 anlegen

Als Beispiel einer Materialdefinition soll ein neuer Werkstoff EN-GJL-250 für die *Creo*-Materialzuweisung angelegt und für den *zylinderkopf.prt* angewendet werden. Nur die minimal notwendigen Daten werden eingetragen.

8.2.1.1 Standard- und Struktur-Daten

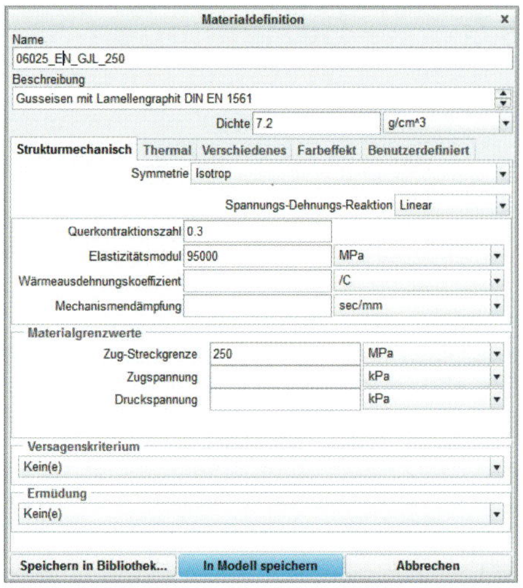

- [*1501012_zylinderkopf*.prt]
- ⇦ **Datei**, ⇦ *Vorbereiten* ▸, ⇦ **Modelleigenschaften**
- ⇦ Material **Ändern**
- MATERIALDATEN:
- Name: **06025_EN_GJL_250**
- Beschreibung: **Gusseisen mit Lamellengraphit DIN EN 1561**

☐ **STRUKTURMECHANISCH**

- Dichte: **[7.2] [g/cm³]**
- Elastizitätsmodul: **[95000] [Mpa]**
- Querkontraktionszahl: **[0.3]**
- Streckgrenze: **[250] [MPa]**
- ...
- Daten speichern: ⇦ **[In Modell speichern]**
- Daten zuweisen: ▶ **[Zuweisen]**

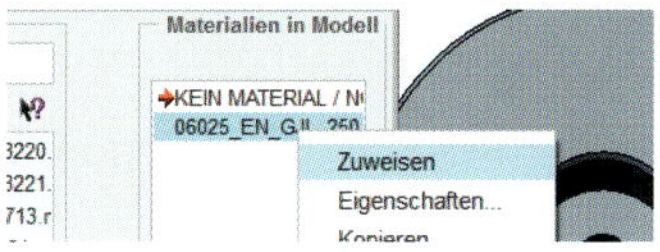

8.2.1.2 Benutzerdefinierte Materialparameter

Unter dem Register „BENUTZERDEFINIERT" können anwenderspezifische Parameter definiert und zugewiesen werden. Im vollen Umfang sinnvoll nutzbar wird die Verwendung benutzerdefinierter Materialparameter erst im Zusammenhang mit der Definition eigener Startobjekte, da hiermit Verknüpfungen beispielsweise für mehrsprachige Zeichnungsparameter geschaffen werden können.

Wie der nebenstehende Auszug der Materialparameter verdeutlicht, werden sämtliche Standard-Materialparameter, die seitens PTC vordefiniert sind, in der Parameterbezeichnung „PTC_" vorangestellt.

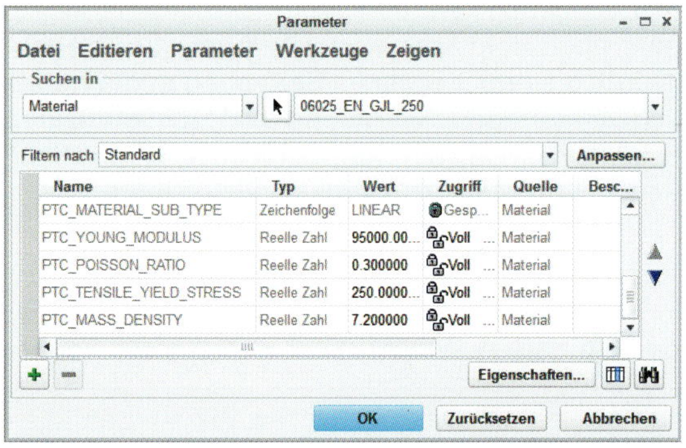

> ☞ Für eine eindeutige Zuordnung eigener Materialparameter ist das Verwenden aussagekräftiger Namen zu empfehlen.

Im Folgenden werden beispielhaft zwei Benutzerparameter zur Kennzeichnung mehrsprachiger Materialbezeichnungen vorgestellt:

- **BENUTZERDEFINIERT**
- Neuer Parameter: ✚
- Name: **[WY_US_NAME]**
- Typ: ***Zeichenfolge***
- Wert: **[ASTM A48 35B / 40B]**

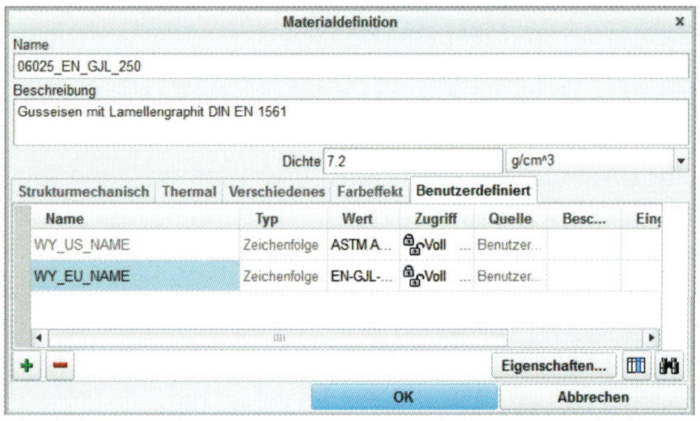

Weiteren Parameter anlegen:

- Neuer Parameter: ✚
- Name: **[WY_EU_NAME]**
- Typ: ***Zeichenfolge***
- Wert: **[EN-GJL-250]**
- Dialog schließen: **[OK]**

Bei den Werkstoffen der SUT werden seitens INNEO bereits eine Reihe von benutzerdefinierten Materialparametern analog der beschriebenen Vorgehensweise verwendet. Allerdings sind diese nicht durch Voranstellen von Bezeichnungen unverwechselbar als SUT-Parameter gekennzeichnet.

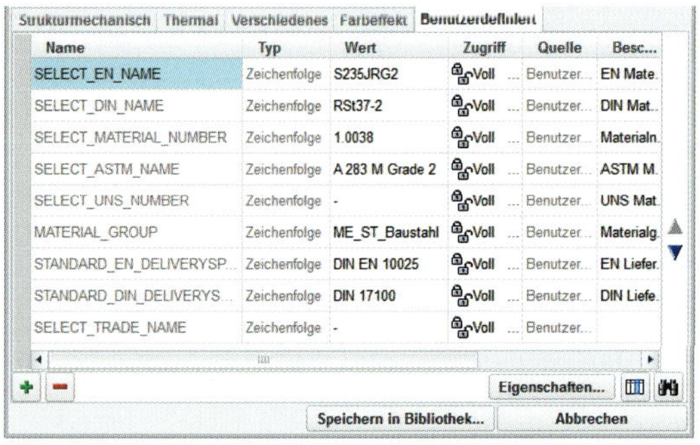

> ☞ Zum Anlegen neuer Materialien empfiehlt sich das Kopieren und anschließende Bearbeiten vorhandener Materialien, da dann die erforderlichen Standardparameter bereits angelegt sind.

8.3 Beziehungen

Die Beziehungen werden unter anderem über die Modelleigenschaften (siehe Kap. 15) erreicht:

- ⇦ **Datei**, ⇦ *Vorbereiten* ▶, ⇦ **Modelleigenschaften,** ⇦ Beziehungen **Ändern**

Beziehungen können auf Baugruppen- bzw. Teilebene, oder innerhalb einer Baugruppenkomponente, eines Konstruktionselements (siehe Kap. 24.3.3.5), einer Skizze, eines Musters, eines geerbten Elements usw. definiert werden. Die Beziehungen gelten immer nur innerhalb ihres jeweiligen Definitionsbereichs.

Auf Teil- bzw. Baugruppenebene können die Beziehungen wahlweise unter der Rubrik *Ursprünglich* oder *Nach Regenerierung* eingetragen werden. Beziehungen, die unter der Rubrik *Ursprünglich* eingetragen sind, werden immer automatisch aktualisiert. Das heißt, jede Modelländerung in welcher Form auch immer führt zur Prüfung und Aktualisierung der Beziehungen.

In der INNEO-Konfiguration ist bei Teilen bereits am Startteil eine Beziehungen für die Ausgabe des Materialnamens in der Rubrik *Ursprünglich* definiert. Jede Änderung am zugewiesenen Materialparameter führt zu einer Aktualisierung des Parameters *Material* für die Ausgabe des Materialnamens.

Beziehungen, die unter der Rubrik *Nach Regenerierung* eingetragen sind, werden immer erst dann aktualisiert, wenn vorher eine Modellregenerierung erfolgreich durchgeführt wurde. Die wichtigste Anwendung für diese Rubrik ist die Berechnung der Bauteil- bzw. Baugruppenmasse. Diese soll erst ausgeführt werden, wenn alle geometrischen Änderungen abgeschlossen und komplett durchregeneriert sind. Würde die entsprechende Beziehung in die Rubrik *Ursprünglich* eingetragen, würde parallel zur Modellregenerierung ständig das Gewicht neu berechnet, was erhebliche Einbußen bei der Modellstabilität zur Folge hätte.

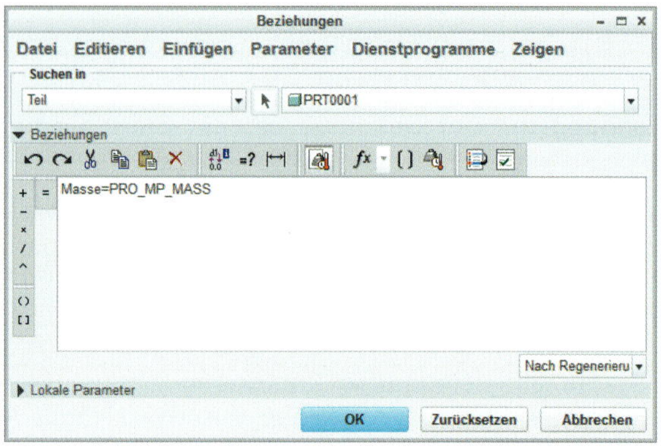

In der INNEO-Konfiguration sind sowohl in den Startteilen als auch in den Startbaugruppen die Beziehung zur Berechnung der Masse in der Rubrik *Nach Regenerierung* eingetragen.

8.4 Parameter

Alle Angaben zu den Modellen können als Parameter im Modell definiert werden. Besonders sinnvoll ist die Definition von Standardparametern in der Startschablone (Startteil siehe Kap. 6.3.1). Diese stehen dann gleichwertig für alle Bauteile zur Verfügung und können auch in übergeordneten Baugruppen verwendet werden. Bei Verwendung der INNEO-Installation sind entsprechende Parameter für Gewicht, Material, Identnummer, Benennung, Bezeichnung usw. in den Startteilen vordefiniert. Diese Parameter werden zur automatischen Generierung der Stückliste und zum automatischen Ausfüllen des Zeichnungskopfes verwendet.

Zur Definition bzw. Ansicht der Modellparameter führt

- ⇦ **Werkzeuge**, ⇦ [] Parameter

Im Dialog PARAMETER können bestehende Parameter gelöscht bzw. mit + neue erzeugt werden.

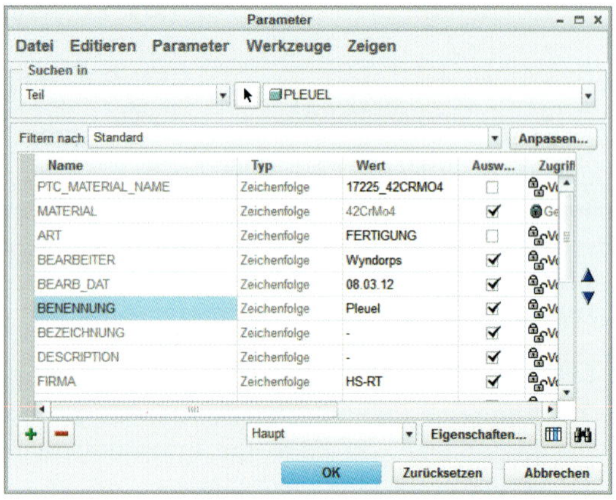

Jedem Parameter muss ein eindeutiger Typ zugeordnet werden. Als Parameter-Typen stehen zur Verfügung:

- **Ganzzahl**, z. B.: {-∞,...-3, -2, -1, 0, 1, 2, ..., +∞} (Integer)
- **Reelle Zahl**, z. B.: 3.4 oder 3.4E-2
- **Zeichenkette**, z. B.: „Zeichnungsnummer“
- **Ja/Nein**: Boolesche Variable, die nur die Werte „WAHR“ oder „FALSCH“ annehmen kann.

Über **Suchen in** kann zwischen verschiedenen Parametergruppen umgeschaltet werden. So finden sich die im vorangegangenen Kapitel angesprochenen benutzerdefinierten Materialparameter in der Gruppe MATERIAL, zu erkennen an der *Quelle* **Benutzerdefiniert**.

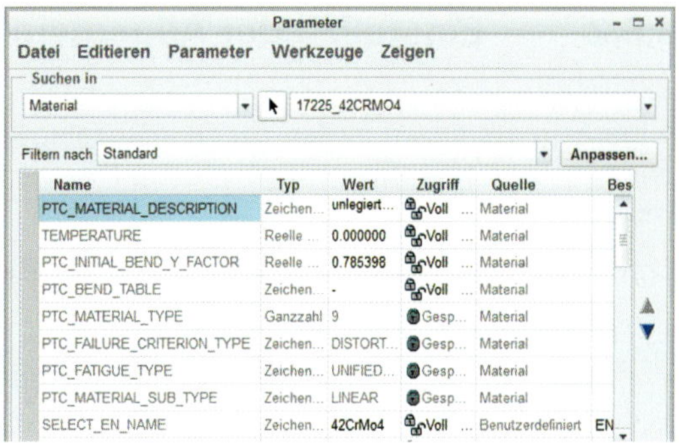

8.5 Einheitensystem

Zum Abfragen bzw. Ändern des Einheitensystems eines Bauteils bzw. einer Baugruppe ist die folgende Funktionskette erforderlich:

- ⇦ **Datei**, ⇦ *Vorbereiten* ▸, ⇦ **Modelleigenschaften,** ⇦ Einheiten **Ändern**

Im Dialog EINHEITEN-MANAGER ist die Möglichkeit gegeben, neue Einheitensysteme anzulegen, bestehende zu ändern (Editieren) oder zu löschen.

Wird das Einheitensystem für ein bestehendes Bauteil geändert, so muss *Creo* mitgeteilt werden:

- ob das Bauteil bzw. die Baugruppe die gleiche Größe behalten soll, d. h., ob die Bemaßungsdaten entsprechend auf das neue System umgerechnet werden müssen,
- ob die gleichen Bemaßungen behalten werden sollen; entsprechend wird die Bauteil- bzw. Baugruppengröße automatisch umgerechnet.

8.6 Toleranzen

Alle Abmessungen beliebiger Bauteile unterliegen fertigungsbedingt mehr oder weniger großen Schwankungen. Eine zentrale Aufgabe des Konstrukteurs besteht darin, durch entsprechende Tolerierung der Maße den zulässigen Rahmen der Abweichungen sinnvoll zu definieren.

In DIN ISO 2768-1 werden Allgemeintoleranzen, d. h. Toleranzen für Längen und Winkelmaße, ohne einzelne Toleranzeinträge festgelegt. Diese sind wiederum in Toleranzklassen, fein, mittel, grob und sehr grob, unterteilt.

⚠ In *Creo* ist jedes Maß mit definierten Toleranzen versehen. Werden keine speziellen Toleranzeinträge vorgenommen, werden im Fall der Einstellung ISO/DIN die Allgemeintoleranzen zugrunde gelegt.

8.6.1 Bemaßungs- und Toleranzanzeige im Teilmodus

In einem Vorgriff auf die später erläuterten Möglichkeiten zur Änderung von KEs (siehe Kap. 11) wird hier beschrieben, wie Bemaßungen und Toleranzen bzw. Grenzwerte im Teilmodus zur Anzeige gebracht werden können:

- **[1501012_zylinderkopf.prt]**
- 1. KE (Körper) selektieren: ⇦
  Im Modellbaum oder im Grafikfenster
- Editieren-Modus: ▶ **[Editieren]**
  Alle Bemaßungen des Körpers werden dargestellt.
- Maß 43 wählen: ⇦ <Maßzahl>
  Das ausgewählte Maß wird hervorgehoben.
- ▶ [Eigenschaften…]
- Toleranzmodus: ⇦ **[Grenzwerte]**

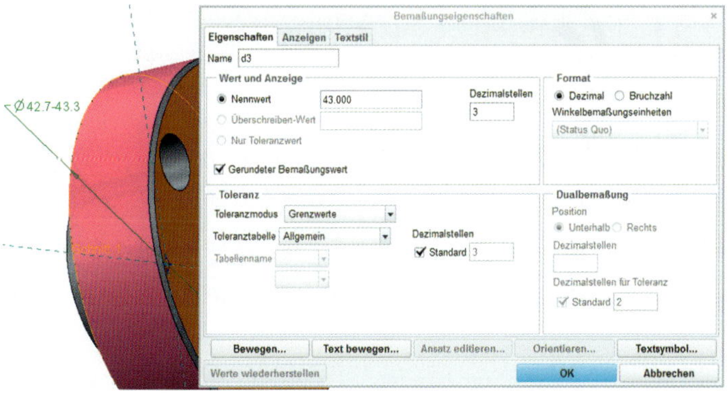

Durch Umschalten des Toleranzmodus auf die Einstellung **Grenzwerte** werden das Größt- und das Kleinstmaß des Nennwertes dargestellt. Die entsprechende Toleranz ist in diesem Fall durch die Allgemeintoleranzen (Toleranztabelle *Allgemein / General*) definiert.

8.6.2 Einstellen der Allgemeintoleranzen nach DIN ISO 2768

Allgemeintoleranzen werden im Teil- oder im Baugruppenmodus eingestellt. Sinnvoll ist die Voreinstellung der Allgemeintoleranzen in den Standardschablonen. Diese haben dann für alle mit Hilfe der Standardschablonen erzeugten Teile bzw. Baugruppen Gültigkeit. Die Allgemeintoleranzen können jedoch nachträglich jederzeit geändert werden.

Creo stellt folgende Standard-Tolerierungssysteme zur Verfügung:

- **DIN/ISO** (Deutsches Institut für Normung, Internationale Organisation für Normung),
- **ANSI** (American National Standards Institute).

Zum Einstellen des Tolerierungs-Standards nach ISO/DIN ist folgender Funktionsaufruf erforderlich:

- ⇦ **Datei**, ⇦ *Vorbereiten* ▶, ⇦ **Modelleigenschaften**, ⇦ Toleranz **Ändern**, ⇦ **Standard**, ⇦ **ISO/DIN**

☞ Bei Änderung der Einstellung empfiehlt *Creo* die Regenerierung, da die Maßtoleranzen geändert wurden.

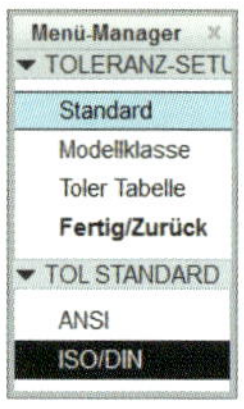

Mit Hilfe der Toleranzklassen für Allgemeintoleranzen nach DIN ISO 2768-1 werden diese an die Bedürfnisse bestimmter Branchen angepasst. Werden beispielsweise im Werkzeugbau generell sehr hohe Anforderungen an die Genauigkeit gelegt, so empfiehlt sich die Einstellung „fein". Das heißt alle Maße, insbesondere diejenigen ohne eigenen Toleranzeintrag, unterliegen sehr engen Fertigungstoleranzen. Es werden entsprechend weniger Einzeltoleranzen benötigt. In den meisten Fällen wird die Toleranzmodellklasse „mittel" verwendet.

- ⇦ **Datei**, ⇦ *Vorbereiten* ▶, ⇦ **Modelleigenschaften**, ⇦ Toleranz **Ändern**, ⇦ **Modellklasse**, ⇦ **MITTEL**

⚠ In *Creo* existieren keine Parameter für den Tolerierungsstandard oder die Modellklasse. Daher werden Änderungen daran **nicht für eine Schriftfeldausgabe** zur Verfügung gestellt!

☞ Bei Verwendung der INNEO-Installation sind der Tolerierungs-Standard nach ISO/DIN und die Toleranzklasse „mittel" in den Standardschablonen voreingestellt.

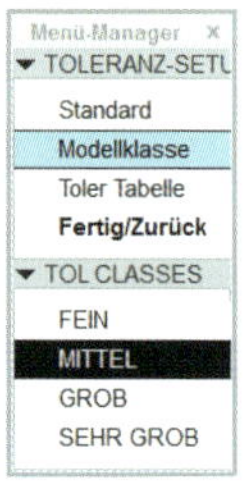

8.6.3 Toleranztabelle festlegen

8.6.3.1 Grundlagen

In DIN ISO 286 werden die Toleranzen für Einzelmaße in Toleranzklassen eingeteilt. Diese Toleranzklassen setzen sich zusammen aus einem **Grundabmaß**, gekennzeichnet durch einen Buchstaben, und einem **Grundtoleranzgrad**, gekennzeichnet durch eine Zahl (z. B. **H7**). Die Buchstaben geben die Lage des Toleranzbereichs (Grundmaß) zur Nulllinie (Null-Toleranz) des Maßes an. Für Bohrungs- bzw. Innentoleranzen werden Großbuchstaben, für Wellen- bzw. Außentoleranzen werden Kleinbuchstaben verwendet. Die Zahlenangabe (Toleranzgrad) kennzeichnet die Größe des Toleranzbereiches.

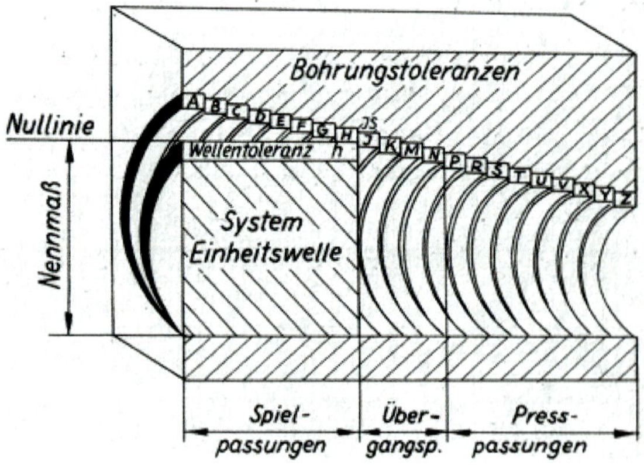

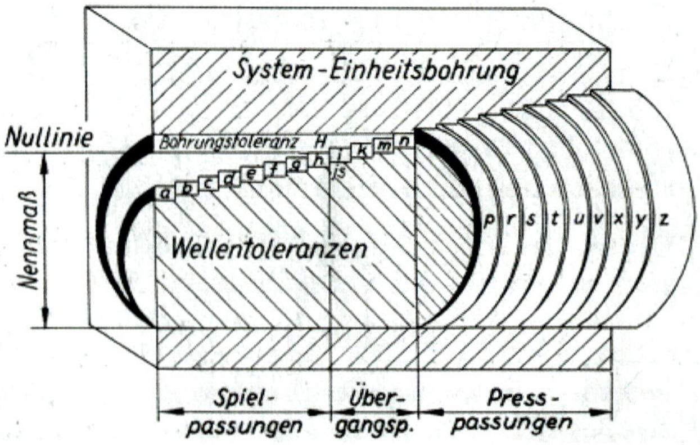

8.6.3.2 Toleranztabellen in *Creo*

Toleranzen werden von *Creo* in Tabellenform bereitgestellt. Diese Toleranztabellen haben die Datei-Endung .ttl und befinden sich im Unterverzeichnis ***\tol_tables\ISO*** des *Creo* Common-Verzeichnisses (im Allgemeinen C:\Program Files\PTC\Creo1.0\Common Files\Mxxx\tol_tables\iso).

Neben der Toleranztabelle für die Allgemeintoleranzen (*general_def.ttl*) stehen eine Vielzahl von Bohrungstoleranztabellen (*hole_xx.ttl*) und Wellentoleranztabellen (*shaft_xx.ttl*) sowie eine Bruchkantentoleranztabelle (*broken_edge.ttl*) bereit.

Soll beispielsweise ein Außendurchmesser mit einer Toleranz f6 nach DIN ISO 286 versehen werden, muss zunächst die entsprechende Toleranztabelle *shaft_f.ttl* zum Modell hinzugeladen (aufgerufen) werden:

- ⇦ **Datei**, ⇦ *Vorbereiten* ▶, ⇦ **Modelleigenschaften**, ⇦ Toleranz **Ändern**, ⇦ **Toler Tabelle**
- ⇦ **Abrufen**, ⇦ *<shaft_f.ttl>*,⇦ **Öffnen**

Ggf. werden Sie aufgefordert, das Modell zu regenerieren.

☞ Mehrere Toleranztabellen (Grundabmaße) können gleichzeitig aufgerufen werden.

☞ Die Bohrungs- und Wellentoleranzen sind häufig nicht in der Standardschablone geladen, da oft Sorge bezüglich einer Vergrößerung des Modells und erhöhter Lade- und Bearbeitungszeiten bestehen. Mit den modernen CAD-Arbeitsrechnern ist diese Gefahr äußerst gering, so dass der Verwendung aller Allgemeintoleranztabellen bereits im Startteil eigentlich nichts im Wege steht. Bei Verwendung des Datenverzeichnisses der Hochschule Reutlingen sind alle Toleranztabellen in den Startteilen enthalten.

8.6.4 Maßtoleranz nach DIN ISO 286 mit Hüllbedingung zuweisen

Nach dem Laden der Toleranztabelle steht das Wellen-Grundabmaß **f** im Modell zur Verfügung und kann in Verbindung mit den tabellierten Toleranzgraden beliebigen Maßen zugewiesen werden:

- ⇦ Körper selektieren
- ▶ **[Editieren]**
- ⇦ Maßzahl, ▶ **[Eigenschaften]**
- Toleranztabelle ▼ ⇦ **[Welle]**
- Tabellenname▼ ⇦ **[f]**, ▼⇦ **[6]**

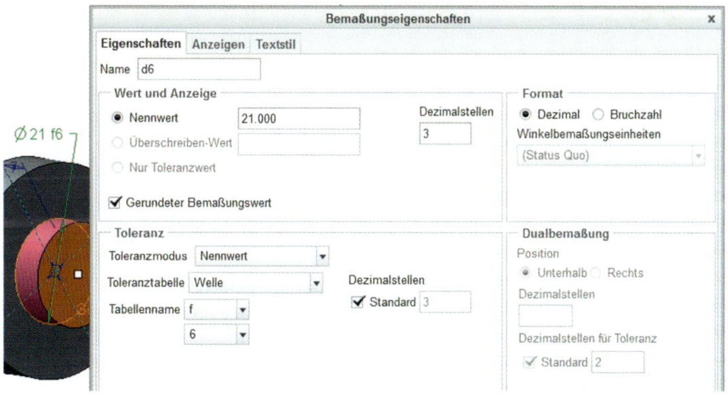

☐ **Hüllbedingung ergänzen:**

- ⇦ **Anzeigen**
- ⇦ Mauszeiger hinter @D
- ⇦ [Textsymbol],
- ⇦ Ⓔ <Symbol wählen>
- ⇦ **[OK]**

Die gewählte Toleranz **f6** ist nun ergänzt um die Hüllbedingung als Maßeintrag zugewiesen.

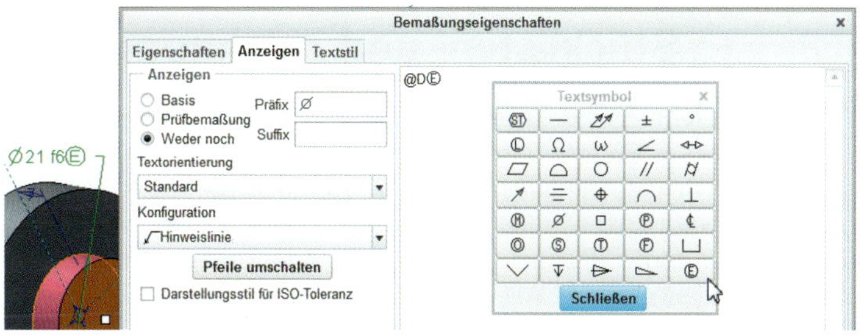

8.6.5 Freie Toleranzen zuweisen

Wird keine Toleranztabelle (d. h. Toleranztabelle: **Keine**) und ein Toleranzmodus abweichend von „Nennwert" gewählt, können je nach Art des Toleranzmodus Toleranzwerte, Abmaße oder eine Plus-/Minustoleranz eingegeben werden.

Die nebenstehende Abbildung zeigt die Einstellung eines unteren Abmaßes von -0,1 mm und eines oberen Abmaßes von +0,2 mm für ein gewähltes Maß (hier: Nennmaß 11 mm).

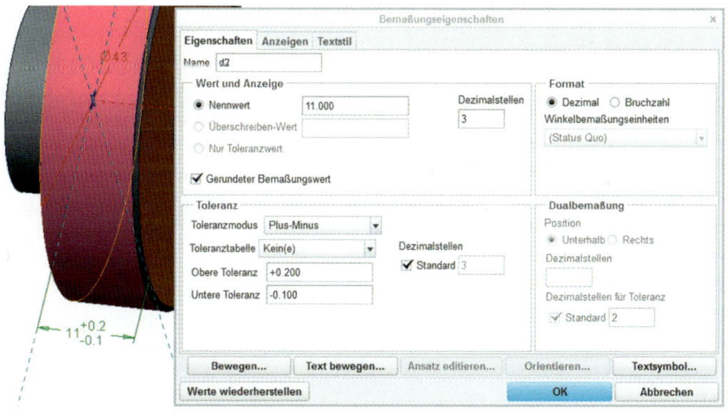

8.7 Modellbaumanpassung

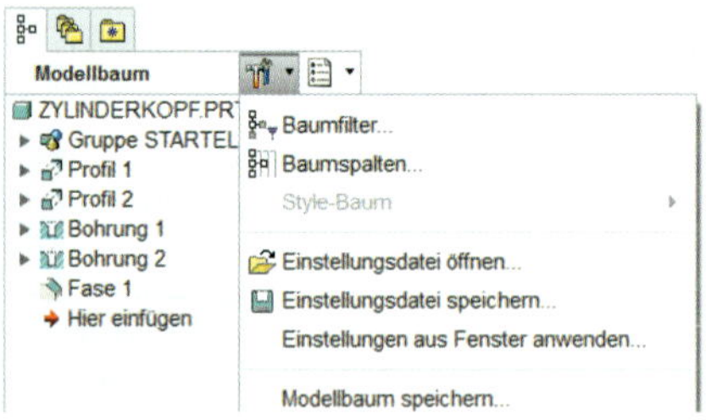

Der Modellbaum kann in weiten Bereichen an die individuellen Bedürfnisse angepasst werden. So können beispielsweise alle Modellparameter über den Modellbaum eingegeben werden.

Das Ändern der Modellbaum-Ausgaben erfolgt über den Funktionsaufruf im Kopf der Modellbaumanzeige.

Im Dialog MODELLBAUMSPALTEN können die gewünschten Änderungen vorgenommen werden.

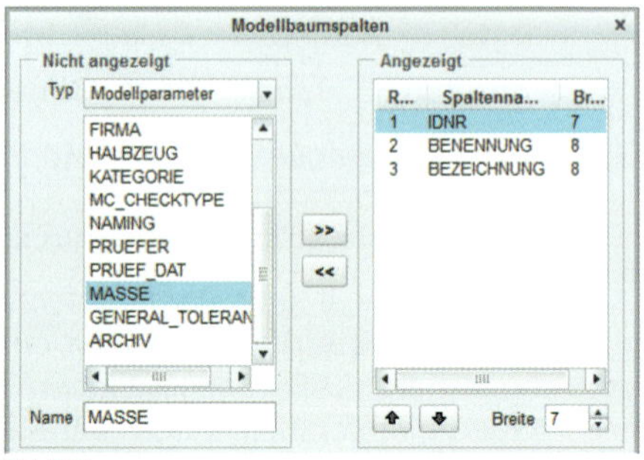

Die Vielzahl der in Baumspalten darstellbaren Parameter sind in Kategorien nach Typen zusammengefasst (Info, Modellparameter, Datenbankparameter usw.). Nach Auswahl der entsprechenden Kategorie (Typauswahl) stehen in der links angeordneten Liste „Nicht angezeigt" die der Kategorie zugehörigen Parameter zur Auswahl bereit.

Wird ein Parameter der Liste mit ⇦ ausgewählt kann er mit [»] in die rechts angeordnete Liste „Angezeigt" übertragen werden. Umgekehrt werden angezeigte Parameter mit [«] wieder aus der Anzeige entfernt.

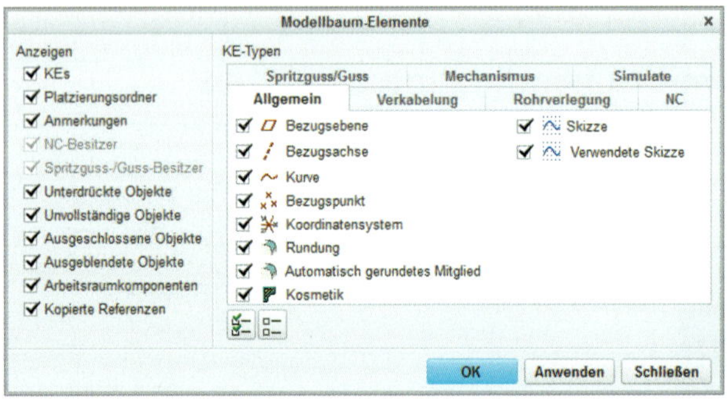

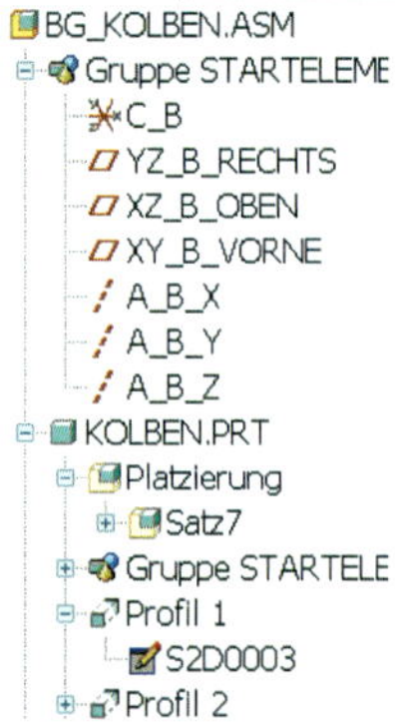

Alles darstellen

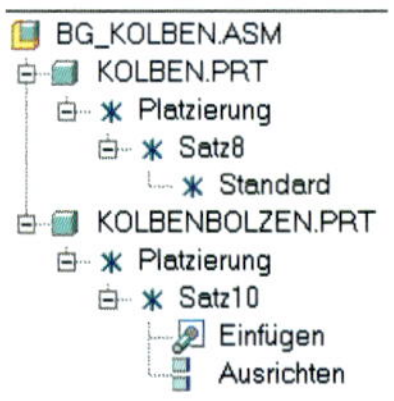

KEs nicht darstellen

Im Baumfilter BAUMFILTER kann der Platzierungsordner aktiviert werden. Dies ermöglicht die Ausgabe der Platzierungsbedingungen im Modellbaum einer Baugruppe. Nach Zusammenstellung aller gewünschten Anzeigeparameter wird die Modellbaumdarstellung durch **[Anwenden]** geändert.

8.8 Stücklisten- und Zeichnungskopfinformationen

Für ein sinnvolles Datenmanagement müssen eine Vielzahl von Modellinformationen (z. B. Identnummer, Werkstoff, Halbzeug, Benennung, usw.) verwaltet werden und den einzelnen Prozessen der Produktentstehung, der Beschaffung, im Ersatzteilwesen usw. zugänglich gemacht werden. Wichtig ist dabei vor allem die eindeutige Zuordnung z. B. von CAD-Modell, Datenstamm, Zeichnung, Mehrfachverwendung usw. Im industriellen Umfeld werden dazu so genannte Product-Lifecycle-Management-Programs (PLM) eingesetzt. Diese lesen in der Regel die Daten (Parameter) aus dem CAD-Modell aus und verwalten die Verknüpfungen in externen Datenbanken. Im Rahmen dieses Buches wird auf den Einsatz eines PLM-Systems verzichtet. Trotzdem soll der Zusammenhang mit den Modellparametern geübt und angewendet werden, wenngleich ohne externe Datenbankanbindung. Zu diesem Zweck wurden von Beginn an die Dateinamen der Modelle mit einer vorangestellten fortlaufenden Nummer, der Identnummer der Komponenten, versehen.

☞ In der speziellen Konfiguration der StartupTOOLS der Hochschule Reutlingen (siehe Kap. 4.3.1) sind alle Norm- und Standardteile aus der Bibliothek ebenfalls mit Identnummern versehen.

Am Modell definierte Parameter können im Modellbaum angezeigt werden. Durch Anwählen mit der linken Maustaste ⇦ in den Erweiterungsspalten des Modellbaums können den vordefinierten Modellparametern Werte zugewiesen werden. In der folgenden Abbildung wurden die Benennung und die Zeichnungsnummer für ein Bauteil *1501012_zylinderkopf.prt* manuell eingegeben. Als Halbzeug-Information wurde hier der Verweis auf die Identnummer eines Modells oder Modellabgusses (*Mdl_1501009*) eigetragen.

☞ Es ist grundsätzlich empfehlenswert, zu Beginn der Modellierung eines neuen Bauteiles das Material zuzuweisen und die Modellparameter und Stücklisteninformationen einzutragen.

In gleicher Weise können auch die Parameter von Baugruppen oder für die Teile einer Baugruppe eingegeben werden. Diese Modellparameter sind überall dort verfügbar, wo das Modell referenziert wird. Insbesondere sind die Modellparameter bei abgeleiteten 2D-Zeichnungen oder Stücklisten verfügbar.

Die dargestellten Parameter **IDNR, Benennung**, **Bezeichnung**, **Bearbeiter**, **Bearb_Dat, Firma** und **Halbzeug** sind Bestandteil sowohl der SUT-Standard- als auch der Hochschule-Reutlingen-Installation (siehe Kap. 4.3.1). Alle Normteile der beiden vordefinierten Installationen verfügen über dieselben Parameter. Somit muss bei der Verwendung von Normteilen kein Parameter „von Hand" eingegeben werden. Darüber hinaus sind Zeichnungsrahmen mit Zeichnungsköpfen (Schriftfeldern) vordefiniert, die unter Verwendung derselben Modellparameter erstellt wurden. Damit werden die Zeichnungsköpfe bei der Zeichnungsableitung automatisch mit den richtigen Daten bzgl. Werkstoff, Zeichnungsnummer, Benennung und Bauteilgewicht gefüllt.

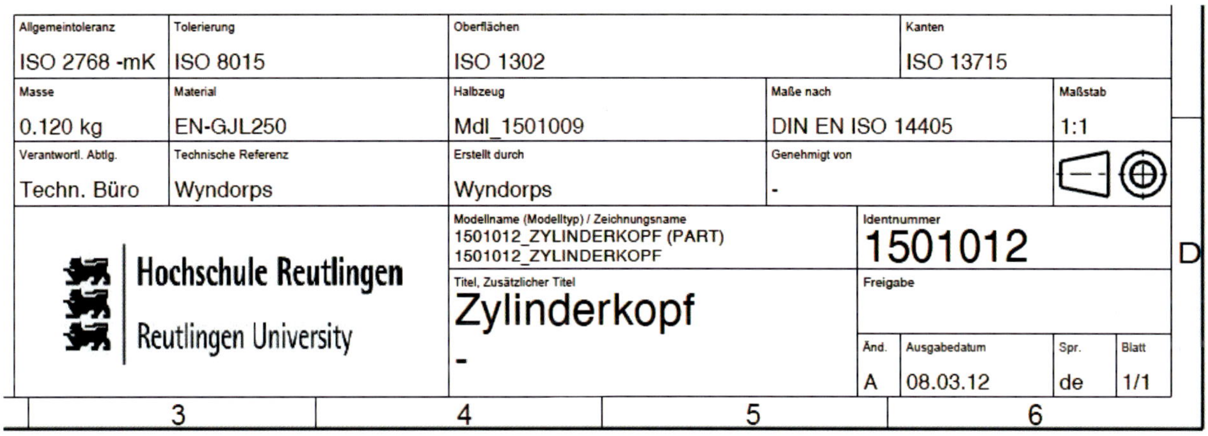

9 Modellierungsübungen

Im Folgenden werden einige Bauteile modelliert, die teilweise für die weitere Arbeit mit diesem Buch erforderlich sind. Dabei werden die im bisherigen Verlauf des Buches beschriebenen Verfahren angewendet und verfeinert.

9.1 Kurbelwelle

Die Modellierungsschritte für die Kurbelwelle (*1501019_kurbelwelle*) zeigen die folgenden Abbildungen:

1. Schritt: Grundkörper | **2. Schritt: Erster Massenausgleich** | **3. Schritt: Kurbelzapfen** | **4. Schritt: Zweiter Massenausgleich** | **5. Schritt: Bohrung** | **6. Schritt: Gemischkanal**

1. **Grundkörper**
   Für den Grundkörper wird das Drehen-Tool verwendet, d. h. der Grundkörper wird als Rotationskörper erstellt. Somit kann die Wellenkontur weitgehend in einem Konstruktionselement definiert werden.

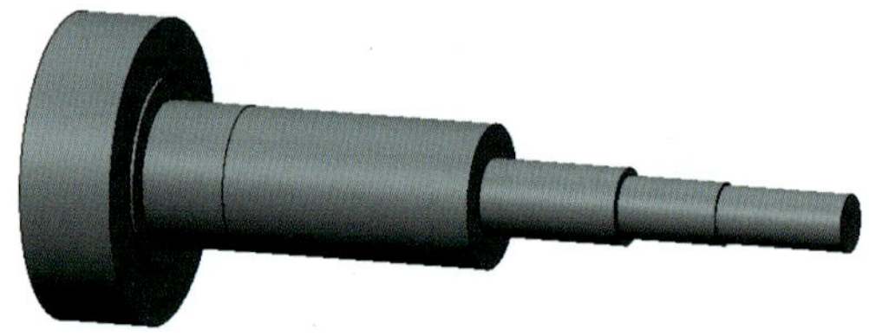

-  <*1501019_kurbelwelle.prt*>
-  Grundkörper als Rotations-KE
- Skizzendefinition: ▶ Interne Skizze definieren…
- Skizzierebene: **XY_T_VORNE**
- Skizze: <siehe Abbildung>

Die vorliegende Wellenskizze ist vergleichsweise komplex und entspricht somit nicht der Regel „Einfache Skizzen" (siehe Kap. 5.4.2). Sie dient als Beispiel für eine mögliche Modellierungsart, die gerade bei Getriebewellen häufig angewendet wird.

⚠ Beachten Sie den Abstand von 4 mm der Ausgleichsmasse bzgl. der Ebene YZ_T_RECHTS.

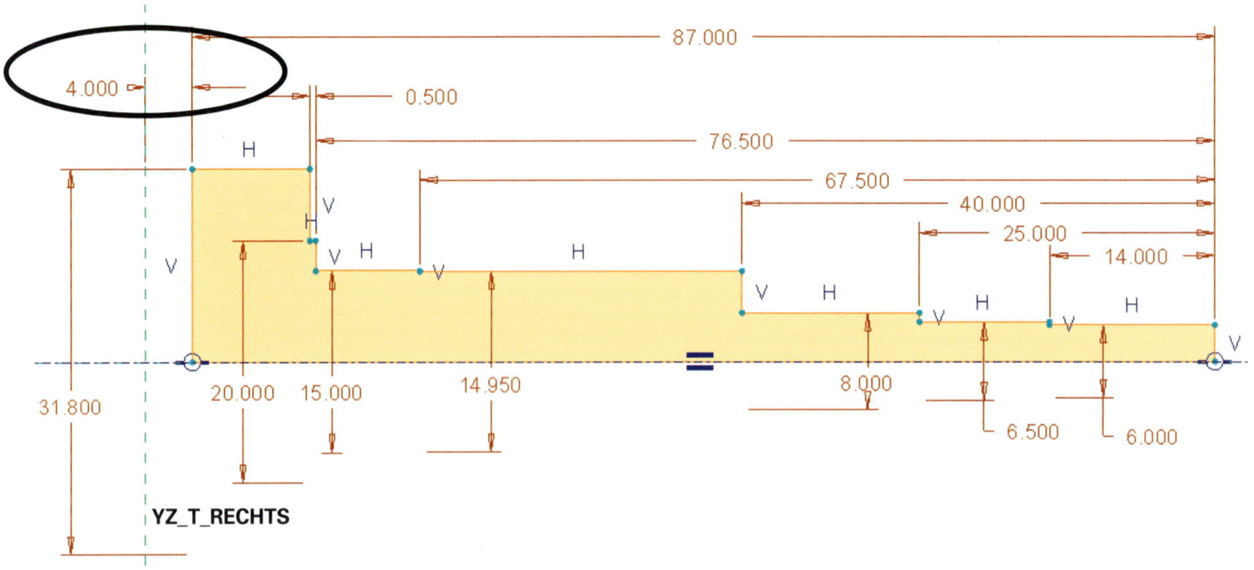

2. **Erster Massenausgleich**

Der erste Massenausgleich wird als Materialschnitt mit dem Extrudieren-Tool erstellt. Als Skizzierebene wird dabei, wie nebenstehend dargestellt, eine Körperfläche des Grundkörpers gewählt.

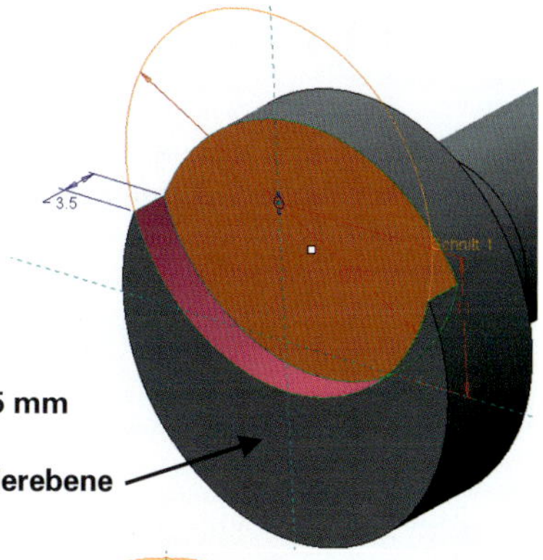

t = 3,5 mm

Skizzierebene

- ⇦ , Material entfernen , ▶ Interne Skizze definieren...
- Skizzierebene: <siehe Abbildung rechts>
- Skizze: <siehe zweite Abbildung rechts>
- ▶ **[Referenzen]**, ⇦ **[XY_T_VORNE]**, ⇦ **[Schließen]**

Der erste Massenausgleich wird als Kreis von **30 mm** Durchmesser im Abstand **11 mm** von der Ebene XZ_T_OBEN und mit dem Kreismittelpunkt auf der Ebene XY_T_VORNE skizziert.

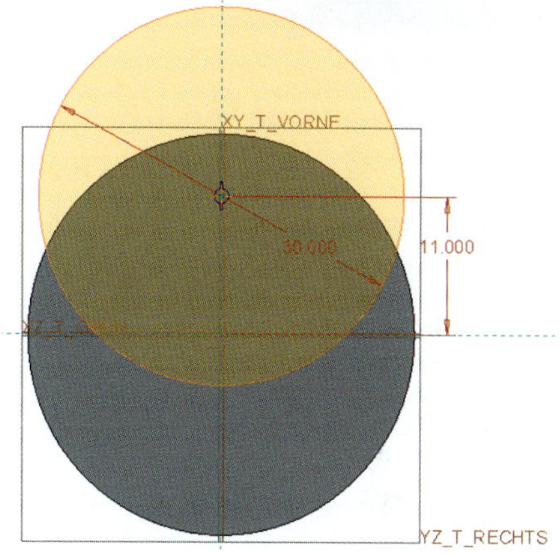

- Kreis skizzieren:
- Skizze bemaßen:
- Skizze beenden: ✔
- Tiefe: **[3,5]** mm

Gegebenenfalls müssen die Richtungen der Materialentfernung (Tiefenrichtung bzw. Innen-/Außenschnitt bezogen auf die Kontur) mit umgeschaltet werden.

- Extrudieren-Tool beenden: ✔

3. **Kurbelzapfen mit Bezugsachse**

Im dritten Schritt wird der Kurbelzapfen modelliert. Dieser kann durch zweifaches Profilziehen unter Verwendung der Körperkante des Massenausgleichs als Referenz erzeugt werden.

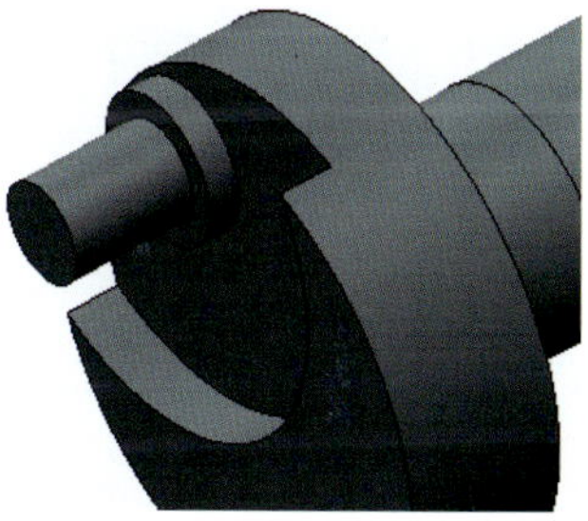

Im Folgenden wird ein alternatives Verfahren unter Verwendung von Bezügen (Achse) vorgestellt. Dazu wird zunächst, falls nicht vorhanden, eine Bezugsachse durch die Mitte des im vorangegangenen Schritt erzeugten Materialschnitts (erster Massenausgleich) generiert. Anschließend wird der Kurbelzapfen mit dem Drehen-Tool als Rotationskörper um diese Bezugsachse erzeugt.

☐ **Bezugsachse setzen**

- : <Aufruf der Funktion Achse>
- Referenzen: ⇦ <Mantelfläche wie Abbildung rechts>

  Creo erkennt bei der Achsendefinition automatisch, dass die neue Achse nur „**Durch**" die Mitte des Zylinders verlaufen kann.
- Achse beenden: **[OK]**

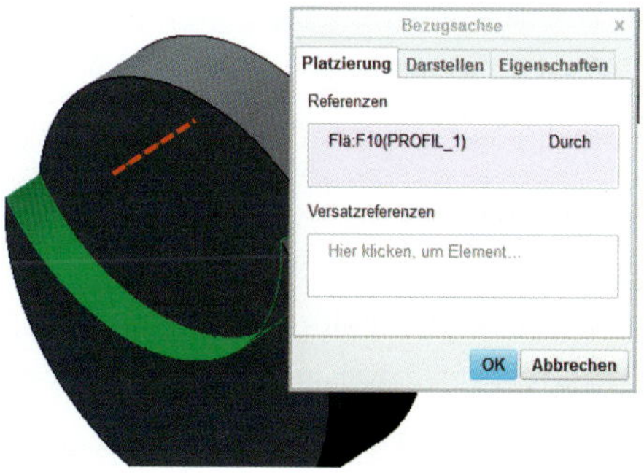

☐ **Umbenennen von KEs**

Jedem Konstruktionselement können beliebige Namen zugewiesen werden. Die einzige Bedingung ist dabei die Eindeutigkeit der Bezeichnung innerhalb eines Modells.

- Auswahl des KE: ⇦ <Achse auswählen>
- Kontextmenü: ▶ Umbenennen
- Umbenennen: **[A_EXZENTER]**

Alternativ kann das umzubenennende Konstruktionselement im Modellbaum mit einem Doppelklick ausgewählt und der Name eingegeben werden:

- Auswahl im Modellbaum: ⇦ ⇦
- Namen eingeben: **[A_EXZENTER]**

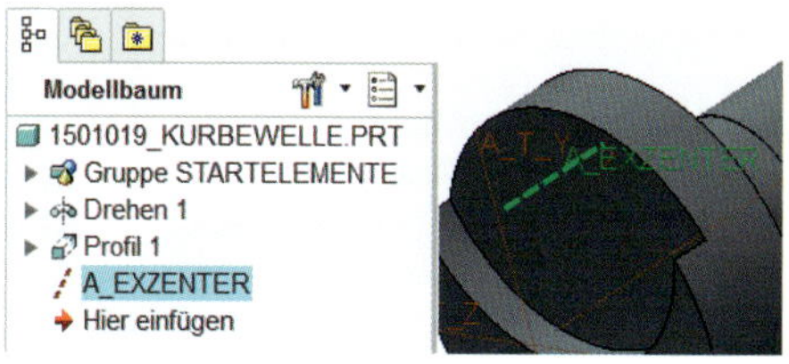

- ☐ **Zapfen als Rotationskörper**
  Beim Skizzieren des Zapfens als Rotationskörper mit dem Drehen-Tool auf die Ebene XY_T_VORNE müssen die gerade erzeugte Achse A_EXZENTER und die Schnittfläche des ersten Massenausgleichs als Referenzen der Skizze ergänzt werden.

  Auf die Achse A_EXZENTER wird eine Mittellinie als Drehachse des neuen Rotationskörpers erstellt.

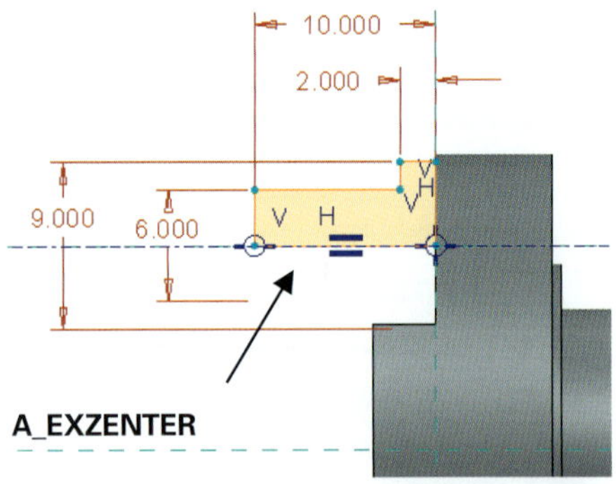

4. **Zweiter Massenausgleich**

Der zweite Massenausgleich soll entsprechend der nebenstehenden Darstellung als Profilschnitt + unter Verwendung der Skizzenfunktionen **Projizieren** und **Spiegeln** erzeugt werden.

- , , ▶ Interne Skizze definieren...
- Skizzierebene: <Körperfläche siehe nebenstehende Abb.>
- Skizzenerzeugung: <siehe Skizze>

Im Folgenden werden die notwendigen Arbeitsschritte detailliert beschrieben und die Einzelergebnisse dargestellt:

1. Phase:

- Symmetrielinie setzen:
- Projizieren aufrufen:
- ⇦ Außenkontur wählen

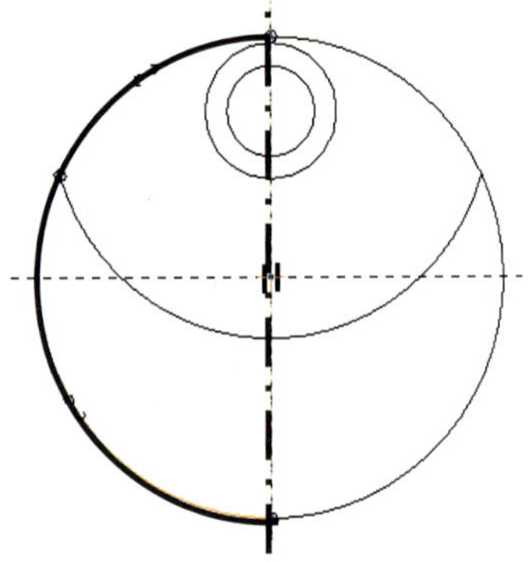

2. Phase:

- Kontur skizzieren

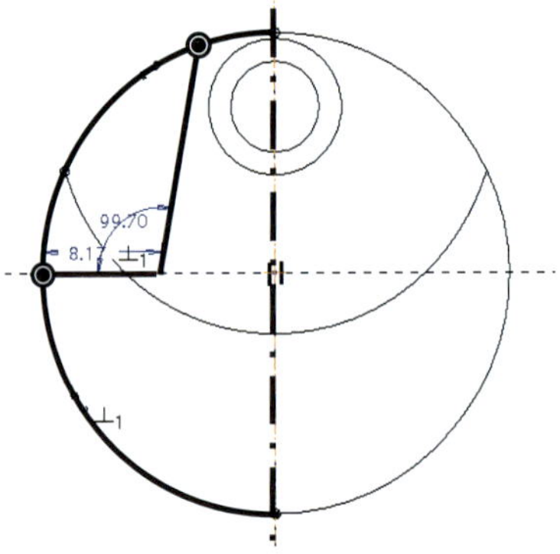

3. Phase:

- Kreissegmente löschen:

Die wegzuschneidenden Kantensegmente werden mit ⇦ angewählt.

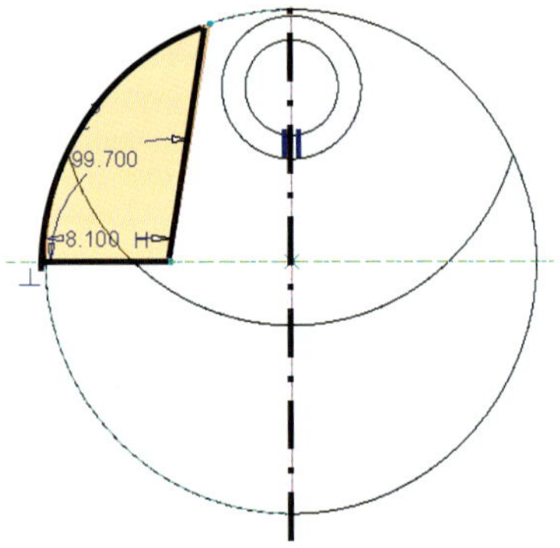

4. Phase:

- Alles auswählen: **<Fenster>** ⇦
- Spiegeln aufrufen:
- ⇦ Spiegelachse angeben

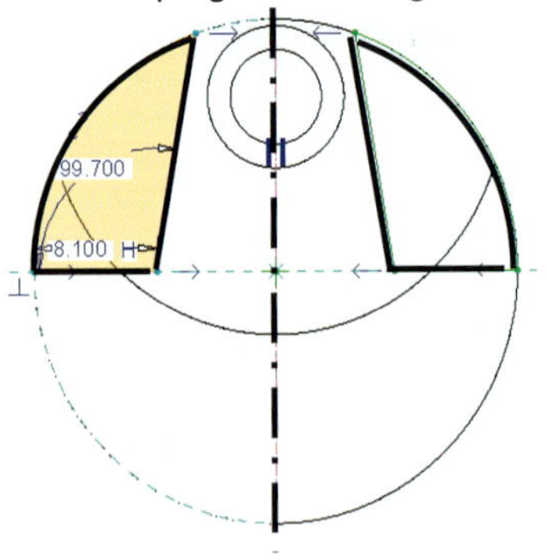

5. Phase:

- Bemaßung erzeugen:
- Skizzierer beenden:

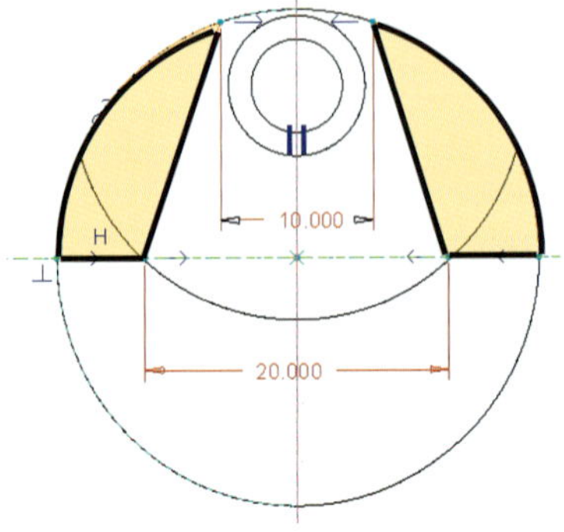

6. Phase:

- Materialschnitt aktivieren:
- Schnittrichtung wählen:
- Tiefe: **[Durch Alle]**
- Profilerzeugung beenden:

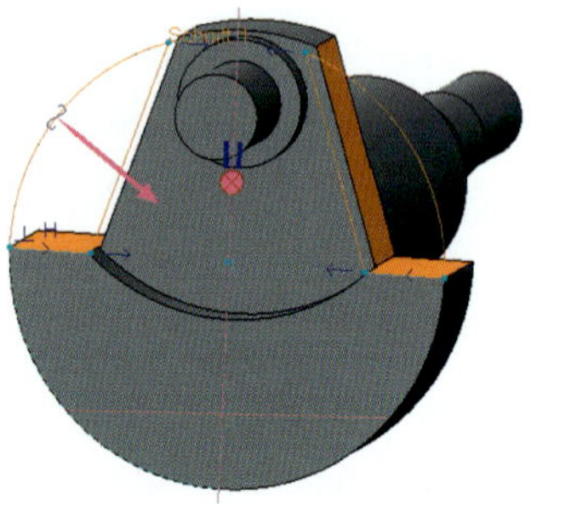

5. Kurbelwellenbohrung als Sackloch

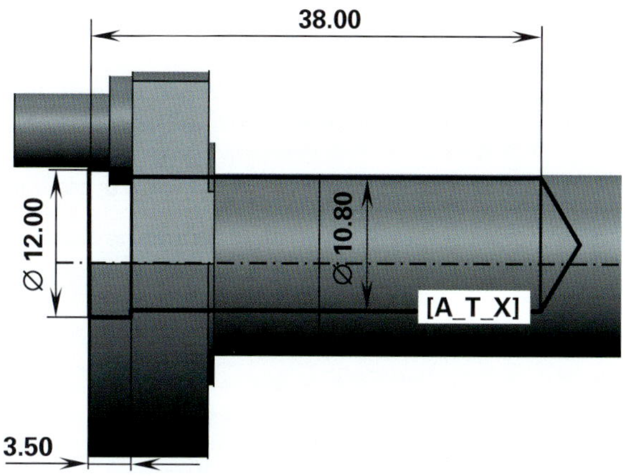

Die Kurbelwellenbohrung wird mit dem Bohrungs-Tool als Sacklochbohrung mit Zylindersenkung erzeugt:

- Bohrungs-Tool:
- Einfache Bohrung aktivieren:
- Standard Bohrloch aktivieren:
- Achse wählen: ⇦ A_T_X
- Ansatzfläche wählen: **[Strg]** +⇦
- Senkbohrung aktivieren:
- Ggf. Kegelsenkung deaktivieren:
- Bohrungstiefe: **[38]** mm

Der Senkdurchmesser kann bei dieser Funktion nur über das Panel FORM eingegeben werden:

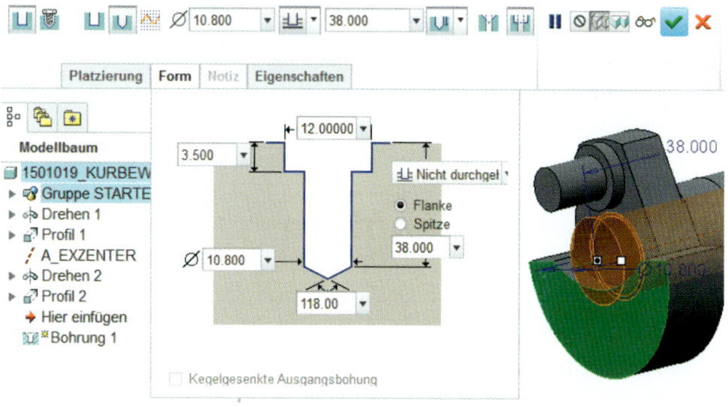

- FORM öffnen: ⇦ **[Form]**
- Bohrungsform durch Maßeingaben gestalten
- Bohrungs-Tool beenden:

6. Brennstoffgemisch-Durchführung an der Kurbelwelle

Die Öffnung für die Brennstoffgemisch-Durchführung wird durch Materialentfernung mit dem Extrudieren-Tool erzeugt.

Der Materialschnitt ist dazu auf eine Mittelebene der Kurbelwelle unter Ausnutzen der Symmetriebedingung zur Mittellinie zu skizzieren und nach außen herauszuschneiden.

Verfeinern Sie anschließend die Kurbelwelle mit Fasen und Radien nach eigenem Ermessen.

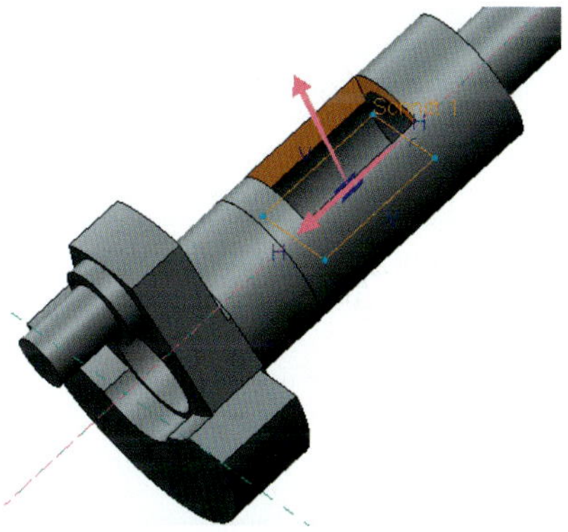

- Extrudieren-Tool:
- Material entfernen:
- Skizzendefinition: ▶ **Interne Skizze def...**
- Skizzierebene: ⇦ <XZ_T_OBEN>
- Skizze: <nach Abbildung>

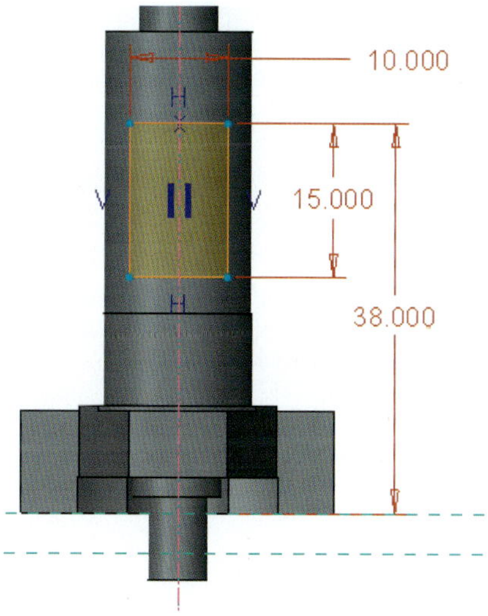

Wird als erstes Element im Skizzermodus die Mittelachse gesetzt, kann beim nachfolgenden Skizzieren des Rechtecks die gewünschte Symmetriebedingung durch den Absichtsmanager erkannt werden. Dazu muss das Rechteck nur einigermaßen symmetrisch zur Mittellinie skizziert werden.

- Bemaßung erzeugen:
- Skizzierer beenden:
- Tiefe: **[Durch alle]**
- Extrusion beenden:
- Modell speichern:

9.2 Gleitlager

Das nebenstehend abgebildete Gleitlager kann vollständig mit nur einem Konstruktionselement (Extrudieren-Tool) erstellt werden:

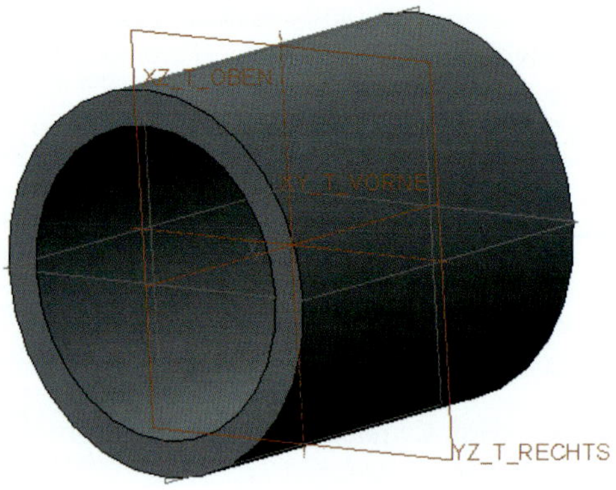

- <*1501020_gleitlager.prt*>
- ▶ **Interne Skizze def...**
- Skizzierebene: ⇦ **[YZ_T_RECHTS]**
- Skizze: ⇦ **[Skizze]**
- Kreis skizzieren: **[7.4]** mm
- Kreis skizzieren: **[6]** mm
- Skizzierer beenden: ✔
- Symmetrie einstellen: , Tiefenwert: **[8]** mm
- Extrudieren beenden: ✔
- Modell speichern:

9.3 Kolbenbolzen

Der Kolbenbolzen wird analog zum Gleitlager symmetrisch zur Ebene YZ_T_RECHTS mit Hilfe des Extrudieren-Tools erzeugt. Die Fasen an den Bolzenenden werden mit dem Fasen-Tool als eigenständiges Konstruktionselement erstellt.

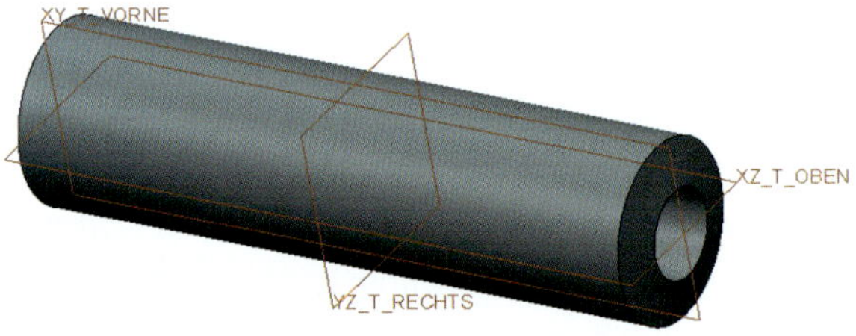

☐ **Grundkörper**

- <*1501021_kolbenbolzen.prt*>

Analog zum im vorigen Kapitel erzeugten Gleitlager werden zwei Kreise auf die Ebene **YZ_T_RECHTS** skizziert und symmetrisch auf die Länge **23,5** mm extrudiert.

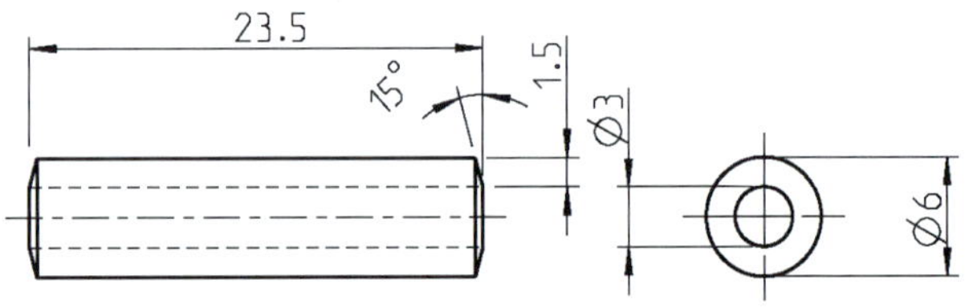

☐ **Fasen an den Bolzenenden**

- Kantenfase
- Kantentyp: ⇦ **[WinkelxD]**
- ⇦ 1. Kante auswählen
- **[Strg]** +⇦ 2. Kante auswählen

Die beiden zu fasenden Kanten sind somit zu einem Satz zusammengefasst worden. Daher werden beide Kanten eine einzige Definition gleich gefast.

- Fasenwert D: **[1.5]** mm
- Fasenwinkel: **[15]**°
- Fase beenden: ✔
- Modell speichern:

10 Baugruppen

10.1 Grundlagen

Das erste Element einer Baugruppe wird als **Basiselement** bezeichnet. Basiselemente einer Baugruppe können Konstruktionselemente oder Komponenten, also Einzelteile, Unterbaugruppen oder auch Skelettteile (Entwurfsteile) sein.

Sinnvollerweise beginnt eine Baugruppe genau wie ein Teil mit drei orthogonalen Bezugsebenen als Basiselemente. Die hier verwendeten INNEO-Startbezüge <*sut_de_se.asm*> sind entsprechend vorbereitet. Die meisten der bisher nur grob entworfenen Bauteile des Motors werden später weiter detailliert. So wird beispielsweise das Motorgehäuse in Kap. 12.11.4 um Kühlrippen erweitert.

10.1.1 Aufbau und Strukturierung von Baugruppen

Üblicherweise werden mehrere Komponenten zu Einheiten (Unterbaugruppen) zusammengefasst. Beispielsweise werden alle Anbauelemente der Kurbelwelle, das sind hier die Wälz- und Gleitlager, in der Unterbaugruppe *BG_Kurbelwelle.asm* zusammengefasst. Ebenso wird die Unterbaugruppe *BG_Kolben.asm* mehrere Bauteile (Kolben, Kolbenring, Kolbenbolzen) enthalten. Ähnliches gilt auch für das *BG_Gehauese.asm*, bestehend aus dem Motorgehäuse, dem Kurbelwellengehäuse, dem Deckel, diversen Schrauben usw.

Diese Baugruppenstruktur wird beim Aufbau des Gesamtmodells in *Creo* berücksichtigt. Daraus ergibt sich automatisch auch eine entsprechend der Baugruppenstruktur geordnete Stücklistenstruktur aller Bauteile. Die folgende Abbildung zeigt die **Baugruppenstruktur des Motors**. Baugruppen können auf beliebig vielen Ebenen angeordnet werden, d. h. jede Baugruppe und Unterbaugruppe kann ihrerseits wieder Unterbaugruppen enthalten. Für den im Rahmen dieses Buches verwendeten Modellmotor sind zwei Baugruppenebenen ausreichend. Die nachfolgende Darstellung verzichtet auf die Angabe der Identnummern im Namen.

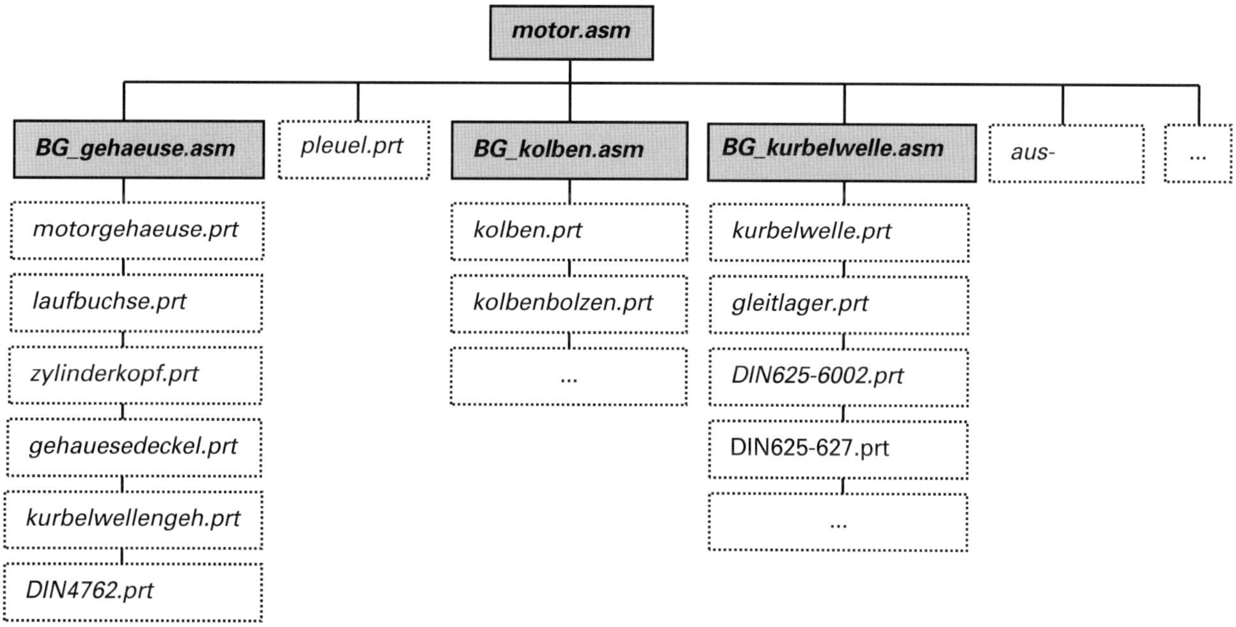

Wie bereits in Kap. 4.2.3 beschrieben, erhalten alle Bauteilmodelldateien die Endung *.prt*" (part) und alle Baugruppendateien die Endung *.asm* (assembly). Üblicherweise werden die Zeichnungszugriffsrechte und die Namensvergabe für Modelle und Zeichnungen von einem **P**rodukt**d**aten**m**anagement-System (**PDM-System**) innerhalb eines Unternehmens gesteuert. Da im Rahmen dieses Buch nicht auf ein derartiges System zurückgegriffen werden soll, werden die Bauteil- und Baugruppennamen nach folgenden Regeln vergeben:

1. Alle Bauteile erhalten Dateinamen, die sich aus der Identnummer und dem beschreibendem Namen zusammensetzen (Beispiele: *1501021_kolbenbolzen.prt, 1501019_kurbelwelle.prt*). Die Endung *.prt* wird von *Creo* automatisch generiert.
2. Allen Baugruppendateien werden nach der Identnummer und dem beschreibenden Dateinamen die Zeichen *BG_* vorangestellt (Beispiele: *1501022_BG_kolben.asm, 1501023_BG_kurbelwelle.asm*). Auch hier hängt *Creo* die Endung *.asm* automatisch an.
3. Nur die Hauptbaugruppe erhält den beschreibenden Dateinamen ohne Vorzeichen (Beispiel: *motor.asm*), wobei *Creo* die Endung *.asm* automatisch anhängt.

Bei Konstruktionen mit einer größeren Anzahl von Unterbaugruppen lässt sich so die Hauptbaugruppe schnell im Arbeitsverzeichnis selektieren und öffnen.

10.1.2 Einbau in die Baugruppe

Seit Version WF 3.0 ist der frühere Dialog zur KOMPONENTENPLATZIERUNG durch die im Folgenden abgebildete Schaltpult-Funktionalität am Rand des Grafikfensters ersetzt worden. Mit *Creo* 1.0 werden die Platzierungsbedingungen neu strukturiert. So sind beispielsweise die aus Wildfire bekannten Platzierungsbedingungen Einfügen oder Ausrichten nicht mehr vorhanden.

Mechanismusverbindungen **Platzierungsbedingungen**

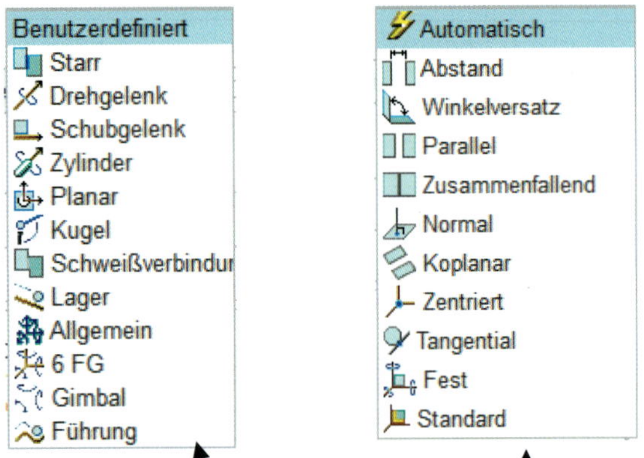

- Im Modus **Bewegen** kann die einzubauende Komponente entsprechend der noch vorhandenen Freiheitsgrade beliebig innerhalb der Baugruppe bewegt werden, ohne dass es zu einem Verankern (Platzieren) des Bauteils kommt.
- Die Komponente kann nur im Modus **Platzierung** platziert werden. Die einzelnen Komponenten einer Baugruppe müssen eine eindeutige Lage zueinander besitzen. Dies wird durch eindeutige Referenzen zwischen Baugruppe und Teil erreicht.

☞ Beim Hinzufügen neuer Baugruppenkomponenten sollten diese auf möglichst wenige Komponenten, idealer Weise nur auf die Startbezüge der Baugruppe, referenziert werden.

Im Statusbereich des Schaltpultes wird zu jeder Zeit der aktuelle Platzierungsstatus **STATUS** angezeigt. Ein Einbau ist erfolgreich abgeschlossen, wenn der Platzierungsstatus „**Vollständig definiert**" erreicht wurde.

Als Einbaubedingungen stehen im Schaltpult einerseits die Mechanismusverbindungen und andererseits die Platzierungsbedingungen zur Verfügung. Die Mechanismusverbindungen geben den Bewegungszusammenhang (kinematische Bedingungen) zwischen einzelnen Komponenten bzw. Unterbaugruppen an. Diese werden in Kap. 23.2 näher behandelt.

Platzierungsbedingungen (statische Bedingungen)

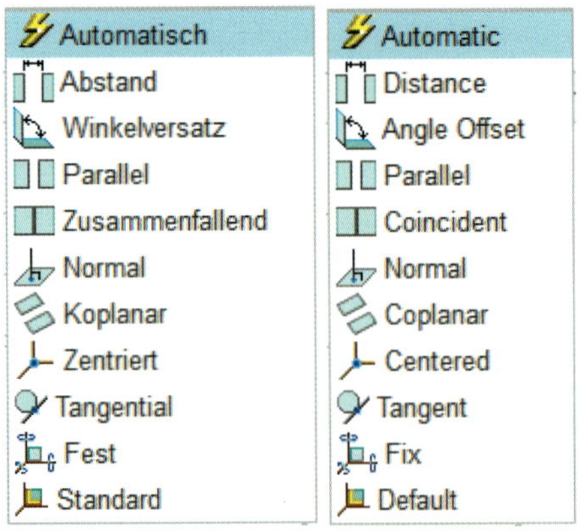

Mechanismusverbindungen (kinematische Bedingung)

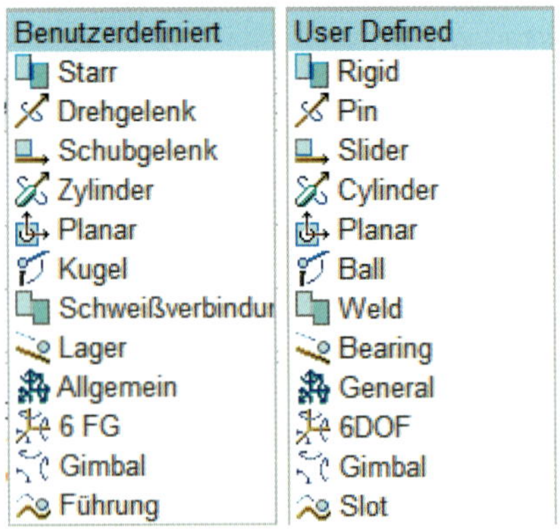

☞ Seit der Version WF 3.0 können alle wesentlichen Einbaudefinitionen für den kinematischen Zusammenhang, einschließlich der Vorgabe von Regenerierungsbedingungen und Grenzkriterien für den Bewegungsalgorithmus (siehe Kap. 23) aus dem Komponenten-Einbauschaltpult heraus erstellt und verwaltet werden, ohne in die Applikation Mechanismus wechseln zu müssen.

10.1.3 Platzierungsbedingungen

In der folgenden Tabelle sind die Platzierungsbedingungen von *Creo* aufgelistet und erläutert.

Einbaubedingung	Anwendbar auf	<Versatz> Erläuterung
Abstand	• 2 Punkte • Punkt-Linie • Punkt-Ebene • 2 Linien • Linie-Ebene • 2 Ebenen • 2 planare Flächen	Die gewählten Elemente der Komponenten und der Baugruppe werden in einem definierten Abstand zueinander angeordnet.
Winkelversatz	• 2 Linien • Linie-Ebene • 2 Ebenen	Die gewählten Elemente der Komponenten und der Baugruppe werden unter einem definierten Winkel zueinander angeordnet.
Parallel	• 2 Linien • Linie-Ebene • 2 Ebenen	Die gewählten Elemente der Komponenten und der Baugruppe werden unter parallel zueinander angeordnet.
Zusammenfallend	• Punkte • Linien • Ebenen • planare Flächen • Zylinder • Kegel • Punkt-Kurve • usw.	Die gewählten Elemente der Komponenten und der Baugruppe werden zusammenfallend zueinander angeordnet. Bei Zylindern und Kegeln werden deren Achsen zusammenfallend angeordnet.
Senkrecht	• 2 Linien • Linie-Ebene • 2 Ebenen	Die Komponentenreferenz wird senkrecht zur Baugruppenreferenz angeordnet.
Koplanar	2 linienförmige Elemente	Zwei Linienelemente (Linie, Kante, Achse usw.) werden koplanar, also in einer Ebene liegend, angeordnet.
Zentriert	• 2 Koordinatensysteme oder Koordinaten-Absichtssysteme aus Kegel-Kegel • Torus-Torus oder Kugel-Kugel.	Die Zentren der beiden Koordinatensysteme bzw. Absichts-Koordinatensysteme werden aufeinander zentriert. *Absichts-Koordinatensysteme sind sich aus einer eindeutigen Geometrie definierende Koordinatensysteme (z. B. Kugelmitte, Kegelspitze, usw.)*
Tangential	Zwei Flächen	Zwei Flächen werden an ihren Tangenten ausgerichtet.
Fest		Platziert die Komponente ohne Referenzen an der aktuellen Position.
Standard	Koordinatensystem	Richtet das von *Creo* erzeugte Standard-Koordinatensystem der Komponente an dem Standard-Koordinatensystem der Baugruppe aus. Die Komponente wird im Baugruppenursprung platziert.
Automatisch (voreingestellt)	Beliebig	*Creo* ermittelt auf der Basis der ausgewählten Platzierungselemente automatisch einen möglichen Platzierungstyp.

Die Mechanismusbedingungen und deren Anwendung werden in Kap. 23 vorgestellt.

10.2 Zusammenbau mit Bauteilbezügen

In diesem Kapitel wird die erste Baugruppe *1501022_BG_kolben.asm* erstellt. Die erste und zentrale Komponente dieser Baugruppe ist das Bauteil *1501014_kolben.prt* selber. Seine räumliche Position innerhalb der Baugruppe ist eigentlich unwichtig, sofern sie eindeutig fixiert ist. Sinnvoll ist aber auch hier eine logische Positionierung innerhalb des Koordinatensystems der Baugruppe.

Alle weiteren Komponenten, z. B. der Kolbenbolzen, müssen dann richtig zum Kolben positioniert werden. Dazu wird der Kolbenbolzen auf die Bohrung des Kolbens referenziert. Diese Referenzbezüge zwischen den Bauteilen der Baugruppe (Bauteilbezüge) stellen eine Eltern-Kind-Beziehung dar. Soll zu einem späteren Zeitpunkt der eingebaute Kolben durch einen anderen ersetzt werden, verliert der Kolbenbolzen seine Platzierungsinformationen.

10.2.1 Unterbaugruppe BG_Kolben

Zum Aktivieren des Baugruppenmodus ist folgender Funktionsaufruf erforderlich:

- ⇦ **Datei**, ⇦ Neu, ◉ Baugruppe, ☑ Standardschablonen,
- Name: <***1501022_BG_kolben***>, Üblicher Name: <***BG_kolben***>

In der INNEO-Installation sind die Standard-Schablonen geeignet vordefiniert.

Genau wie in der Objektart „Teil" stellen die Standard-Schablonen ein 3-Ebenen-plus-Achsen-System zur Verfügung. Die Elemente der Startbezüge haben zur besseren Übersicht ein „B" für Baugruppe in ihrer Bezeichnung.

⚠ Die Definition der Startteile und Startbaugruppen können bei verschiedenen Installationen erheblich unterschiedlich sein.

10.2.1.1 Einbau der ersten Komponente

Beim Einbau der ersten Komponente einer Baugruppe ist es für die Übersichtlichkeit der Unterbaugruppe und den späteren Einbau in die übergeordnete Baugruppe sinnvoll, diese auf der **Standardposition** zu platzieren. Dabei werden die Ursprungskoordinatensysteme von Baugruppe und Komponente übereinander positioniert.

Zum Einfügen der Komponente *1501014_kolben.prt* in die Baugruppe führt folgender Funktionsaufruf:

- ⇦ **Modell**, ⇦ , <*1501014_kolben.prt*>, ⇦ **Öffnen**

Der Kolben wird geladen und hängt am Mauszeiger. Das Schaltpult für den Zusammenbau ist geöffnet. In der nebenstehenden Abbildung sind das Ebenensystem der Baugruppe und des Kolbens zu erkennen.

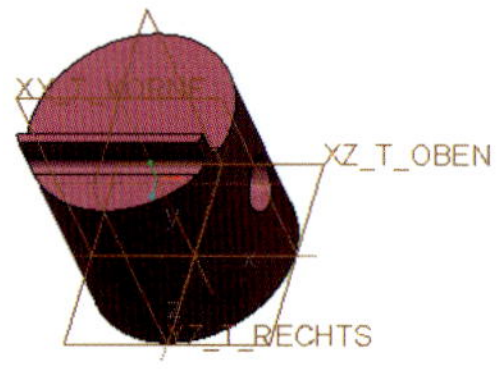

⚠ Solange der Platzierungsvorgang nicht abgeschlossen ist, d. h. das Schaltpult noch nicht beendet worden ist, wird die einzubauende Komponente in der Voransichtfarbe (hier: lila) dargestellt.

Der Platzierungsmodus kann erst aktiviert werden, wenn die Komponente nicht mehr am Mauszeiger hängt. Die Komponente kann beliebig im Arbeitsfenster durch Klicken mit der linken Maustaste abgelegt werden.

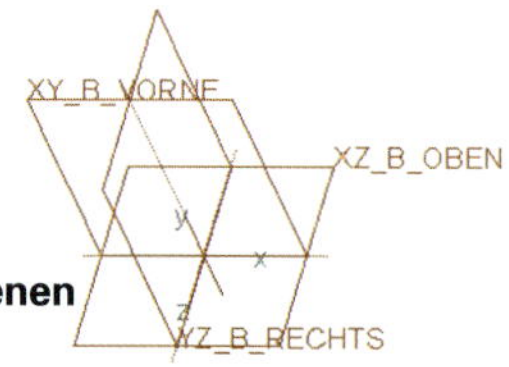

Baugruppenebenen

- ⇦ Ablegen der Komponente durch Klicken der linken Maustaste
- Platzierungsregister öffnen: ⇦ **[Platzierung]**
- Bedingungstyp: ⇦ **Standard**

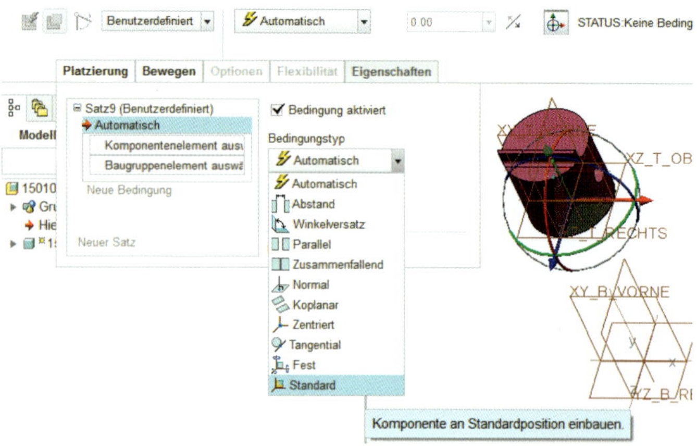

Die Komponente rückt unverzüglich an die korrekte Position. Baugruppen- und Teilebenen liegen dann deckungsgleich übereinander und der Platzierungsstatus wird als *Vollständig definiert* ausgegeben.

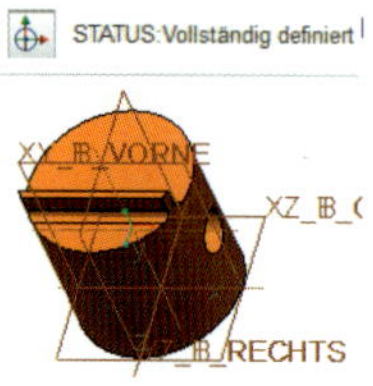

Der vollständige Platzierungsstatus wird neben der Angabe im Schaltpult auch durch den Farbwechsel der Komponenten zu orange dargestellt.

- SCHALTPULT beenden: ✔

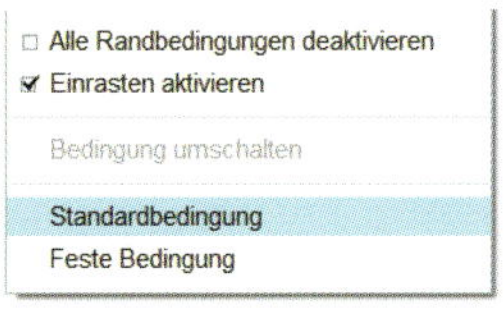

Alternativ lässt sich der Einbau nach dem Ablegen der Komponente über die Funktionalität der rechten Maustaste realisieren:

- Auswahlmenü aktivieren: ▶**[Standardbedingung]**

  Die Koordinatensysteme von Bauteil und Baugruppe liegen jetzt exakt übereinander. Damit liegen auch die Ebenensysteme von Bauteil und Baugruppe übereinander.

- Baugruppe speichern:

10.2.1.2 Einbau weiterer Komponenten

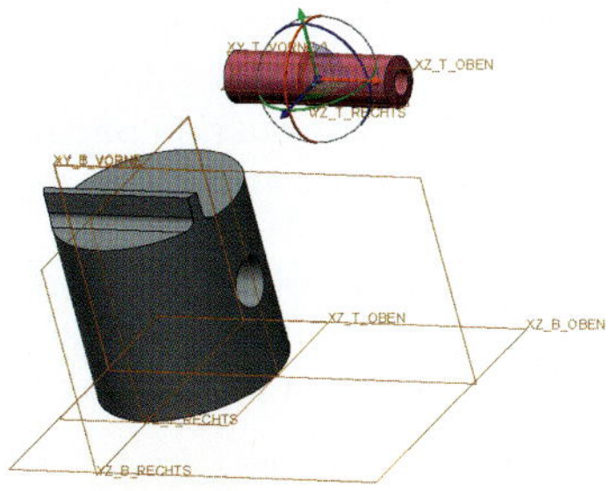

Als zweite Komponente soll der Kolbenbolzen in die Baugruppe *BG_Kolben* eingesetzt werden.

- ⇦ **Modell**, ⇦ , *<1501021_kolbenbolzen.prt>*, ⇦ Öffnen,
- ⇦ Ablegen der Komponente: Sinnvoll und empfehlenswert ist das Ablegen der Komponenten außerhalb der bereits eingebauten Komponente(n), aber so in der Nähe, dass man die Bezüge (Ebenen, Achsen) von Baugruppe und neuer Komponente gut unterscheiden kann.

⚠ **Der Kolbenbolzen kann jetzt nicht beliebig eingebaut werden. Auch die Standardposition ist ungeeignet. Er muss genau in die Bohrung des Kolbens eingefügt und mittig ausgerichtet werden.**

Nach dem Ablegen der Komponente erscheint an dieser, ausgerichtet am Koordinatensystem der nebenstehend dargestellte **CoPilot**. Über ihn lässt sich die Komponente während der Einfügeoperation zielgerichtet bewegen:

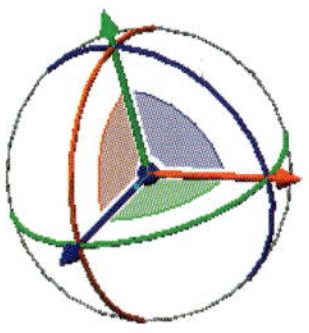
CoPilot

- Bei gedrückter linker Maustaste über dem Zentrumspunkt ist die Komponente frei verschiebbar.
- Bei gedrückter linker Maustaste über einer der Achsen (rot, grün oder blau) verschiebt man die Komponente entlang dieser Achse.
- Die 3 farbigen Flächensegmente erlauben das Verschieben in der entsprechenden Ebene.
- Die orbitalen Bögen drehen die Komponente um die farblich zugeordnete Achse.
- Sobald die Einbaubedingnungen definiert und damit festgelegt sind, stehen nur noch die freien Verschiebungen im CoPilot zur Verfügung, die anderen Verschieberichtungen sind ausgegraut. Im nebenstehenden Beispiel sind die Zylinderflächen als zusammenfallend definiert. Damit können die Komponenten nur noch axial (roter Pfeil) bewegt oder um die rote Achse gedreht (rote Orbitallinie) werden.

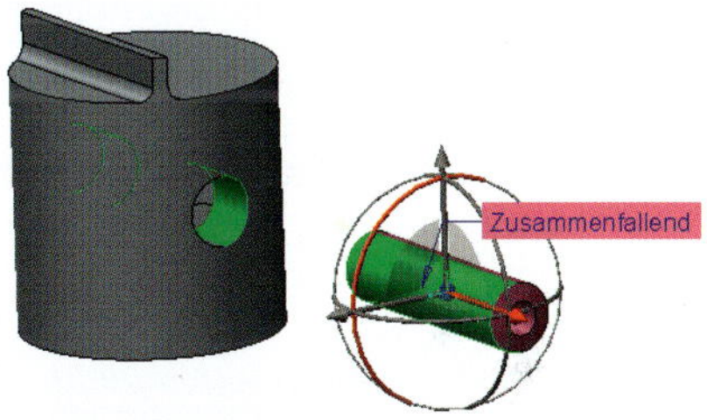

Zum Einbau werden nun die erforderlichen Einbaubedingungen gesetzt. Diese sind das konzentrische Zusammenfallen der zylindrischen Flächen von Bolzen und Kolbenbohrung und anschließend das Zusammenfallen der Mittelebenen von Bolzen und Kolben:

- ⇦ zylindrische Bolzenfläche wählen

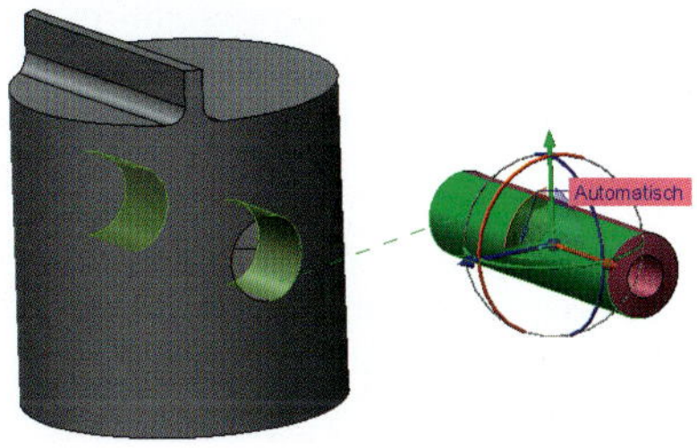

☞ **Nach der Wahl der ersten Zylinderfläche wird eine gestrichelte Zuglinie als Darstellungshilfe ausgehend von der gewählten Fläche zur aktuellen Position des Mauszeigers gezogen.**

- ⇦ zylindrische Bohrungsfläche wählen

Nach Wahl der zweiten Zylinderfläche wird die Verbindungsdefinition „Zusammenfallend" in das Arbeitsfenster geschrieben. Positioniert man den Mauszeiger über diesem Text, kann über die rechte Maustaste ein Kontextmenü für alternative Verbindungsdefinitionen auf der Basis der gewählten Referenzen (hier: zwei zylindrische Flächen) geöffnet werden.

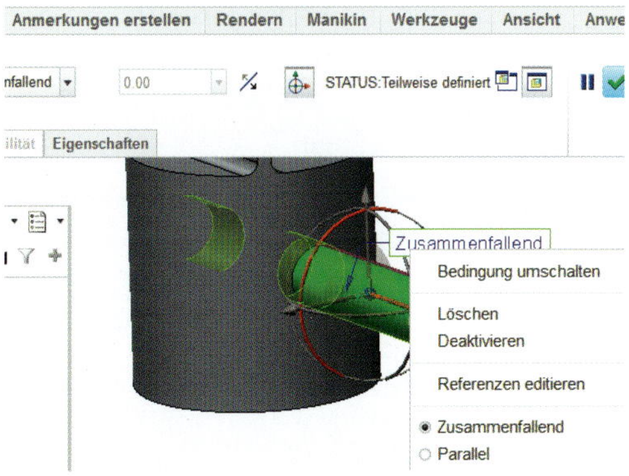

☞ **Die automatisch von *Creo* gewählte Verbindungsdefinition „Zusammenfallend" ist für den vorliegenden Fall geeignet und wird beibehalten.**

Der Platzierungsstatus ist jetzt nur **teilweise definiert**, da der Kolbenbolzen noch zwei Freiheitsgrade hat:, die Rotation um die Bolzenlängsachse (rot im CoPilot) und die axiale Lage entlang der Bolzenlängsachse.

Für den weiteren Einbau ist das Einblenden der Ebenen hilfreich:

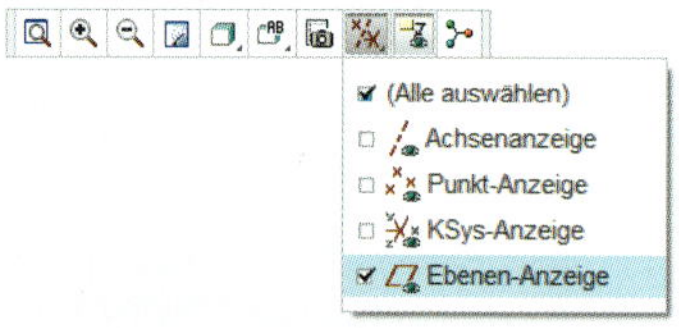

- ⇦ Darstellungssteuerung, ☑ Ebenen-Anzeige

Als nächstes werden als Referenz für die axiale Lage des Bolzens die Mittelebenen von Bolzen und Kolben zusammenfallend definiert.

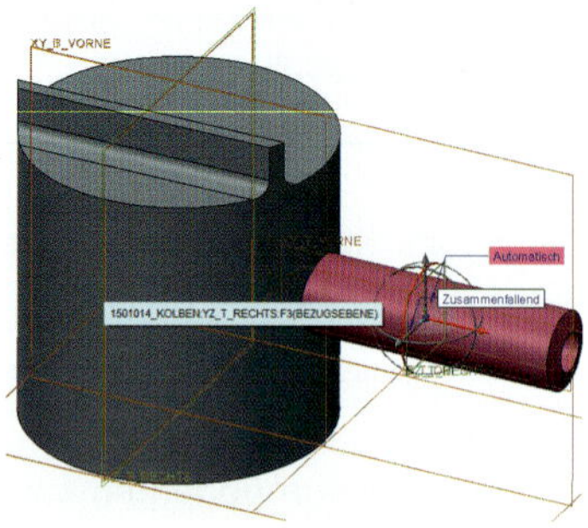

☞ Im vorliegenden Fall ist es relativ unerheblich, ob als Bezug für die axiale Lage des Bolzens die Mittelebene des Kolbens oder die entsprechende Baugruppenebene referenziert wird. Je komplexer eine Konstruktion wird, desto wichtiger werden aber eindeutige Referenzen. Beispielsweise wäre es denkbar, dass für eine nachfolgende Konstruktionsanpassung ein Verschieben der Kolbenlage notwendig wird. Wenn dann der Kolbenbolzen in seiner axialen Lage zur Baugruppe anstatt zum Kolben definiert wurde, kommt es zum Fehler.

☞ Darüberhinaus ist es sinnvoll, Referenzen zu möglichst wenig unterschiedlichen Komponenten zu definieren, da dieses den Berechnungsaufwand der Modelle reduziert.

Während des Einbauvorgangs stehen in *Creo* verschiedene Hilfsmittel zur Wahl der Referenzbezüge zur Verfügung:

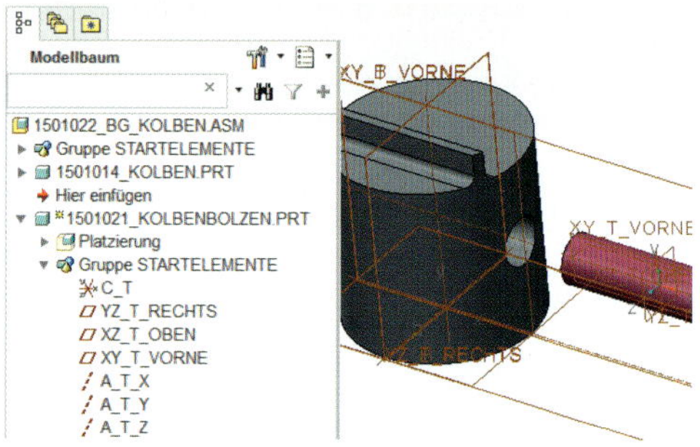

a) **Referenzbezüge aus Modellbaum:** Durch Anklicken der Dreiecke ▶ an den Komponenten und weiter der Gruppen im Modellbaum können bei entsprechend aktiviertem Modellbaumfilter (siehe Kap. 8.7) alle Konstruktionselemente der Baugruppe sowie der darin bereits verbauten Komponenten und der im Einbau befindlichen Komponente (gekennzeichnet durch ✳ vor dem Komponentennamen) eingeblendet und durch Anklicken mit der linken Maustaste ausgewählt werden.

b) **Referenzbezüge aus eigenem Modellfenster:** Durch Aktivieren von [Symbol] im Einbauschaltpult wird für die einzubauende Komponente ein eigenes Fenster geöffnet, was die Auswahl der Komponentenreferenzen erheblich vereinfachen kann. Die Einbaureferenzen können aus beiden Fenstern beliebig zusammengeklickt werden. Eine Reihenfolge ist nur insoweit zu beachten, dass immer die Referenzen einer Verbindungsdefinition (*1. Verbindunsgdefinition ist hier das Zusammenfallen der zylindrischen Flächen, die 2. Verbindungsdefinition ist die axiale Lage*) eingehalten werden müssen. Innerhalb der Verbindungsdefinition ist die Reihenfolge der Referenzen bedeutungslos.

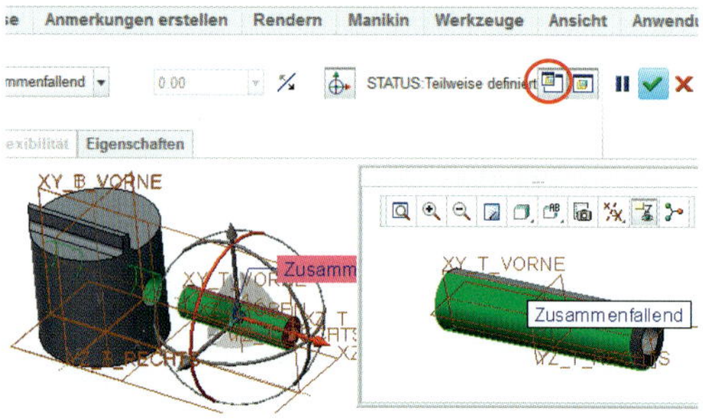

Wird zusätzlich der Schalter [Symbol] im Schaltpult deaktiviert, so wird die einzubauende Komponente im Hauptarbeitsfenster ausgeblendet und nur noch der CoPilot an der entsprechenden Position angezeigt. Dadurch lässt sich das ungewollte Auswählen von Komponentenreferenzen verhindern.

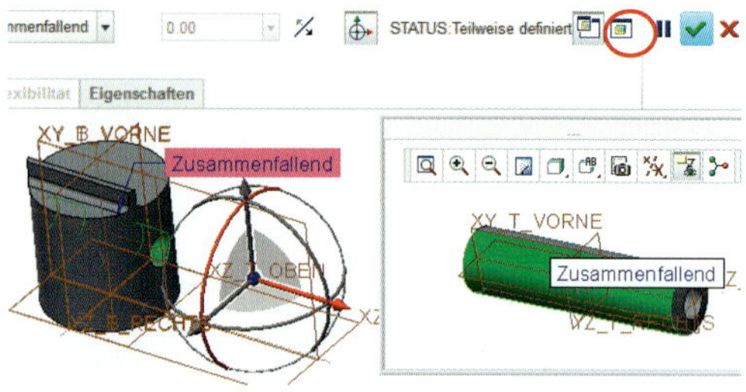

c) **Referenzbezüge aus Liste:** Wird an irgendeiner Position des Mauszeigers durch **längeres Halten** der rechten Maustaste das abgebildete Kontextmenü geöffnet, kann dort die Option „Aus Liste auswählen" gewählt werden.

▶ **Aus Liste wählen**

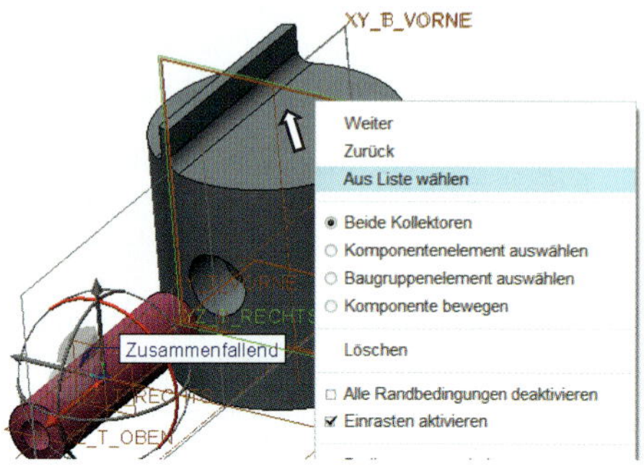

Es erscheint die Liste aller in einem engen Umfeld unter dem Mauszeiger zu finden Elemente. Im Beispiel sind das eine Fläche der Rundung, die Kolbenflächen der Extrusionen Profil_1 und Profil_4 sowie die Bezugsebenen von Kolben und Baugruppe.

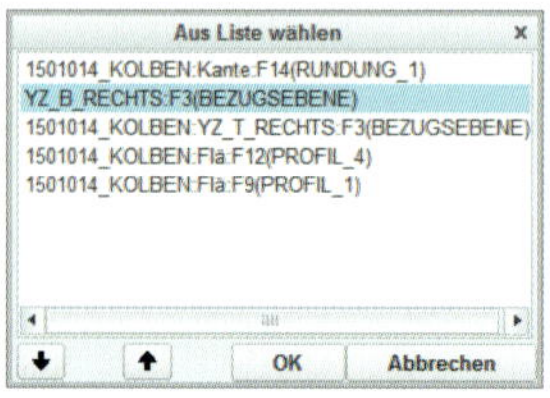

Die Auswahl der Referenz erfolgt unmittelbar aus der Liste.

d) **Referenzbezüge aus Schnellauswahl:** Durch **kurzes Klicken** der rechten Maustaste an irgendeiner Position des Mauszeigers werden nacheinander alle sich unter dem Mauszeiger befindlichen Elemente hervorgehoben. Die Auswahl des gewünschten Elements erfolgt mit der linken Maustaste, wenn dieses hervorgehoben ist.

> ⚠ Wird der Mauszeiger bei dem kurzen Anklicken bewegt, fängt die Auflistung der Elemente an der neuen Mausposition wieder von vorne an. Ist das Listenende erreicht, fängt die Auswahl ebenfalls wieder von vorne an.

Verbinden Sie die Mittelebene YZ_T_RECHTS des Kolbenbolzens mit der Mittelebene YZ_T_RECHTS des Kolbens.

- ⇦ YZ_T_RECHTS am Kolben
- ⇦ YZ_T_RECHTS am Bolzen

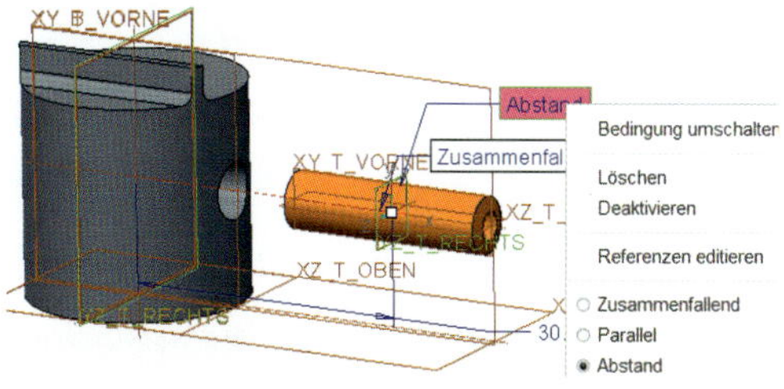

Wenn die axiale Lage des Kolbens recht nahe an der gewählten Position war, wird automatisch die Bedingung „Zusammenfallend" gesetzt, anderenfalls kann die Bedingung „Abstand" eingestellt werden. Mit der rechten Maustaste auf der Bedingungsangabe im Arbeitsfenster kann dies auf „Zusammenfallend" umgeschaltet werden.

> ⚠ Die Eingabe eines Abstandes von 0 mm für den Versatz der Ebenen führt zum gleichen Modellergebnis. Werden aber zu einem späteren Zeitpunkt in einer Zeichnung die Maße eingeblendet, so erscheint dieses Null-Maß. Bei Verwendung der Versatzoption „Zusammenfallen" werden hingegen die Symmetriebedingungen ohne Maße dargestellt.

Der Kolbenbolzen hat jetzt nur noch einen Freiheitsgrad: die Drehung um seine Längsachse. *Creo* hat beim Zusammenbau eine Lage angenommen, bei der die Ebenen E_VORNE von Komponente und Baugruppe ausgerichtet aufeinander liegen. Diese rotatorische Festlegung kann mit dem Schalter **Annahmen zulassen** im Register {PLATZIERUNG} bestätigt bzw. widerrufen werden. Im Fall des Widerrufs muss eine dritte Einbaubedingung definiert werden.

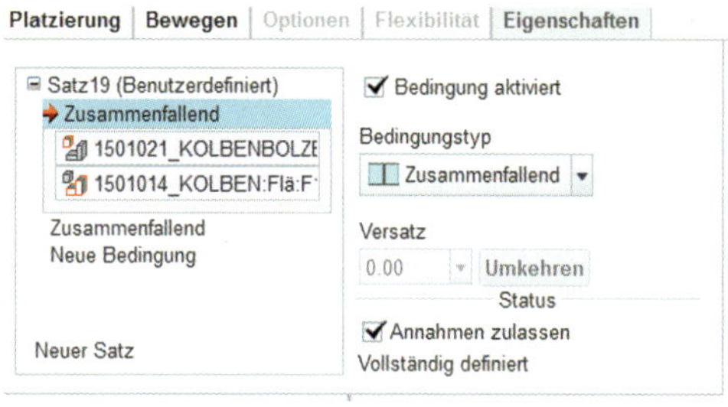

- ☑ Annahmen zulassen
- SCHALTPULT beenden: ✔
- Baugruppe speichern: 💾

> ☞ Die manuelle Auswahl des Verbindungstyps ist in den meisten Fällen nicht notwendig. *Creo* erkennt unter **Automatisch** zumeist den notwendigen Typ anhand der gewählten Bezüge, Flächen oder Körperelemente.

10.2.2 Unterbaugruppe BG_Kurbelwelle

In gleicher Weise wird eine neue Unterbaugruppe *1501023_BG_kurbelwelle.asm* mit den Komponenten *1501019_kurbelwelle.prt* (an erster Stelle) und *1501020_gleitlager.prt* erzeugt. Da die Vorgehensweise im voranstehenden Kapitel ausführlich beschrieben wurde und keine nennenswerten Unterschiede vorliegen, wird hier auf die detaillierte Beschreibung verzichtet.

Zunächst wird eine neue Baugruppe *1501023_BG_kurbelwelle.asm* angelegt. Dann wird darin das Bauteil *1501019_kurbelwelle.prt* an der **Standardposition** eingebaut.

Als zweite Komponente wird das Teil *1501020_gleitlager.prt* eingebaut:

- Nach dem Verbinden der Zylindermantelflächen über die Bedingung **Zusammenfallend** wird die Stirnfläche der Gleitlagerbuchse auf die entsprechende Stirnfläche des Exzenterzapfens mit der Versatzoption **Zusammenfallend** ausgerichtet.
- Aufgrund der Symmetrie des Gleitlagers ist auch hier kein eigenes Ausrichten des Rotationsfreiheitsgrads erforderlich, d. h. der Schalter **Annahmen zulassen** kann bestätigt bleiben.
- Baugruppe speichern: 💾

Ist in den Modellbaum-Filtereinstellungen der Schalter Platzierungsordner (siehe Kap. 11.1) aktiviert, werden die Platzierungsbedingungen für jede Komponente dargestellt. Sie können über die rechte Maustaste modifiziert werden. In der nachfolgenden Modellbaumabbildung wurde der besseren Übersicht halber die Darstellung der KEs im Modellbaumfilter deaktiviert.

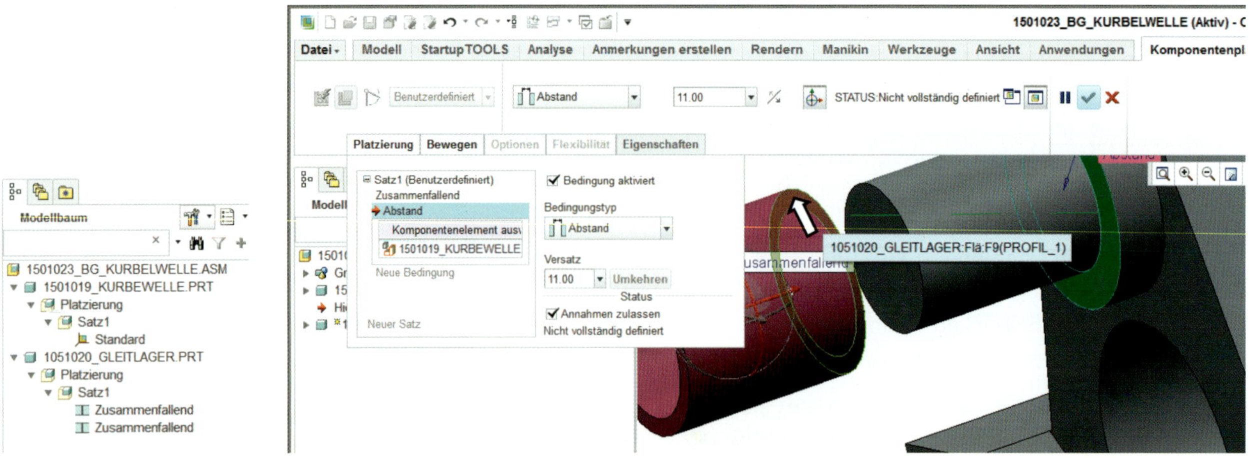

☞ Während des Platzierens kann die einzubauende Komponente zu jedem Zeitpunkt dynamisch entsprechend ihrer Freiheitsgrade mit dem CoPilot bewegt werden.

10.2.3 Änderung der Farbdarstellung von Komponenten in Baugruppen

Farbeffekte können im Teilmodus (als reiner Farbeffekt bzw. über die Materialdefinition) oder im Baugruppenmodus zugewiesen werden. Die im Teilmodus zugewiesenen Farbdefinitionen werden in die Baugruppe übernommen. Nachfolgende Farbdefinitionen im Baugruppenmodus wirken sich nicht auf den Teilmodus aus. Sie gelten nur lokal in der Baugruppe und deren Nachfolger. Neben der reinen Farbdefinition können Farbeffekte, wie Transparenz, Oberflächentexturen und Farb-Mappings (Auflegen von BitMap-Bildern auf Oberflächen), zugewiesen werden. Der Funktionsaufruf der Farbeffekte-Galerie erfolgt über die Multifunktionsleiste im Register **Ansicht**, wobei die farbliche Darstellung des Aufrufsymbols der aktuell eingestellten Farbe entspricht (z.B. ● oder ●). Die aktuell dargestellte Farbe kann bedingt durch die Art und den Ursprung des Aufrufs dem ganzen Bauteil, einzelnen Oberflächen des Bauteiles einer ganzen Baugruppe oder einzelnen Komponenten einer Baugruppe zugewiesen werden.

10.2.3.1 Farbzuweisung im Teilmodus

Die aktuell dargestellte Farbe kann wahlweise dem ganzen Teil oder einer oder mehreren Flächen zugewiesen werden.

- ⇦ **Ansicht**, ⇦ ●

☐ **Farbzuweisung an das Teil**

Die Farbzuordnung erfolgt durch Auswahl des Bauteilnamens im Modellbaum.

- ⇦ Teil im Modellbaum wählen
- ⇩ Auswahl bestätigen

Alternativ kann die Teilauswahl durch mehrfaches kurzes Klicken auf die rechte Maustaste vorgenommen werden, bis alle Kanten des Teils hervorgehoben sind.

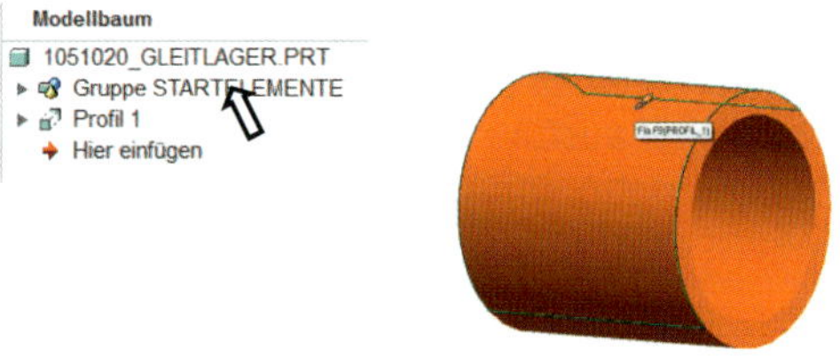

☐ **Farbzuweisung an eine Fläche**

Die Auswahl der Fläche kann durch einfaches Anklicken einer Fläche im 3D-Arbeitsbereich erfolgen. Alternativ kann der Auswahlfilter auf „Fläche" umgestellt werden.

- ⇦ Fläche wählen
- ⇩ Auswahl bestätigen

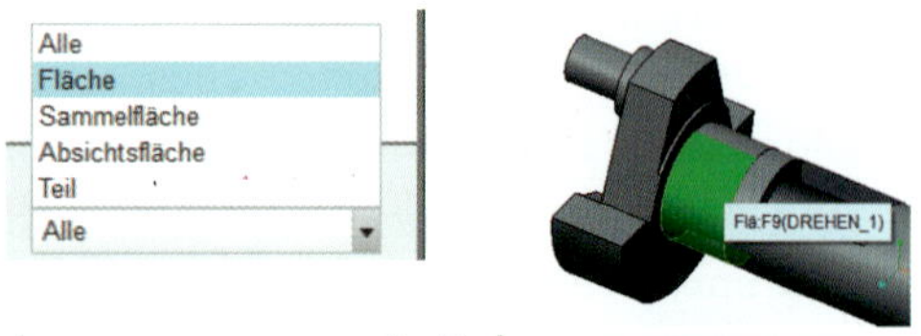

⚠ Das Ergebnis der Einzelteil- und Einzelflächen-Farbdefinition im Teilmodus wird in die Baugruppe übernommen, solange keine davon abweichende Farbdefinition der Baugruppe vorliegt.

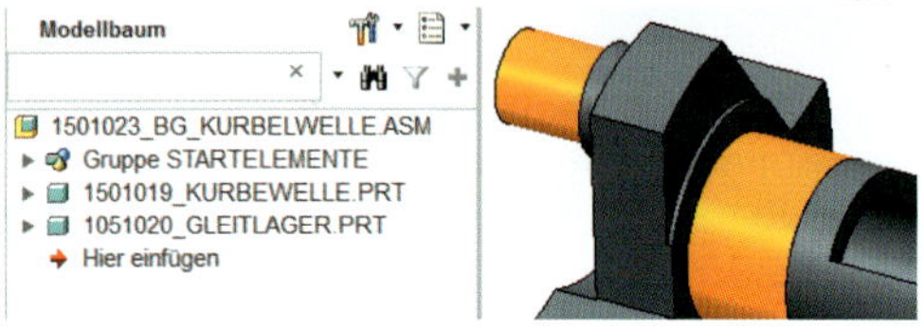

10.2.3.2 Farbzuweisung im Baugruppenmodus

Die aktuell dargestellte Farbe kann wahlweise der ganzen Baugruppe oder einzelnen Komponenten der Baugruppe zugewiesen werden.

- ⇦ **Ansicht**, ⇦ ●

☐ **Farbzuweisung an Komponente**

Die Auswahl erfolgt durch Anklicken einzelner Komponenten mit dem Pinselsymbol im Arbeitsfenster oder im Modellbaum.

- ⇦ Komponente im Modellbaum wählen
- ⇩ Auswahl bestätigen

⚠ Die Flächen-Farbzuweisung aus dem Bauteil wird lokal für die Baugruppe übermalt. Die Farbzuweisung aus der Baugruppe wird nicht ins Teil übernommen.

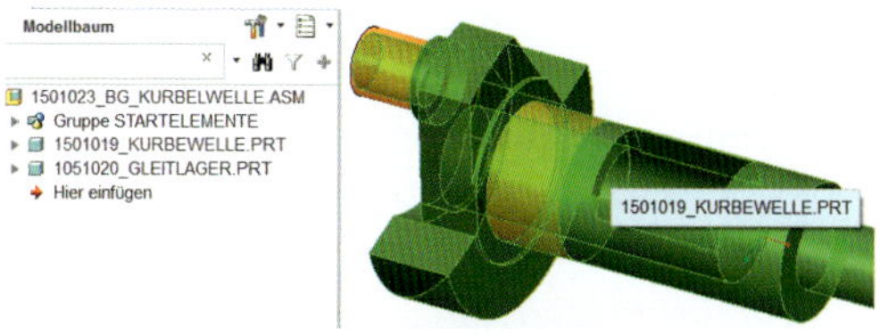

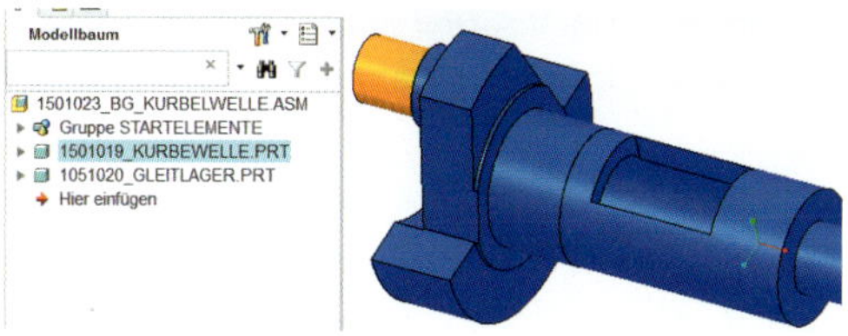

☐ **Farbzuweisung an Baugruppe**

Die Auswahl erfolgt durch Anklicken der Baugruppe im Modellbaum.

- ⇦ Baugruppe im Modellbaum wählen
- ⇩ Auswahl bestätigen

⚠ Es werden nur diejenigen Flächen und Komponenten eingefärbt, für die keine Farbdefinition aus dem Teilmodus vorliegt. **Übermalen findet nicht statt.** Die Farbzuweisung aus der Baugruppe wird nicht ins Teil übernommen.

10.2.3.3 Farbeffekteditor

Im Farbeffekteditor lassen sich Farb- und Farbeffekte auswählen bzw. definieren. Farben und Farbeffekte können in einer eigenen **Bibliothek** abgespeichert und daraus aufgerufen werden. Durch Anklicken des Dreiecks neben dem Farbballon, wird der Editior geöffnet.

- ⇦ Farbeffekte-Galerie ▾

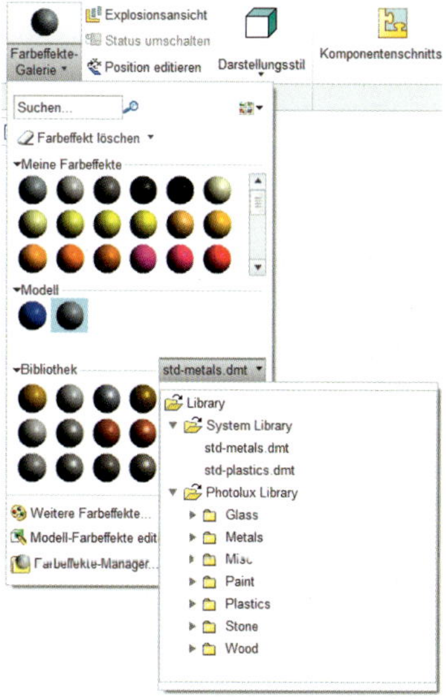

Die Farbdarstellung im Farbeffekteditor und am Bildschirm können unterschiedlich sein, wenn die Option **Gerenderte Proben** im Ansichtsmenü nicht gesetzt ist.

Im weiteren Verlauf des Buches werden zur übersichtlicheren Darstellung verschiedentlich Komponenten in Baugruppen eingefärbt, ohne dass die Arbeitsschritte im Einzelnen angegeben sind.

10.2.4 Hinzufügen eines Standard- bzw. Normteils aus der Bibliothek

In die Baugruppe *BG_kurbelwelle.asm* sollen zwei Rillenkugellager aus der Normteil-Bibliothek eingebaut werden:

- ⇦ **Modell,** ⇦ **Einbauen**
- Suchen in: **BIBLIOTHEKEN**
- Verzeichnisauswahl: **normteile**
- Verzeichnisauswahl: **lager**
- Verzeichnisauswahl: **din625**
- Datei öffnen: *din625_t1.prt*

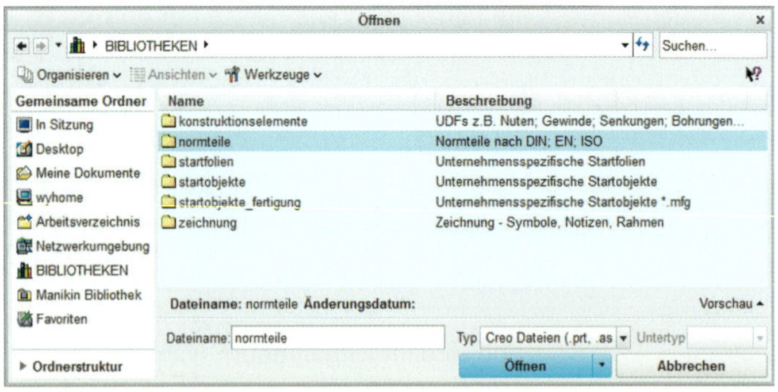

⚠ Die hier beschriebene Verzeichnisstruktur sowie die Normteil-Datei *din625_teil_1.prt* sind Bestandteil der StartupTOOLS-Installation mit der Datenstruktur der Hochschule-Reutlingen (siehe Kap. 4.3.1). Bei anderen Installationen sind ähnliche Verzeichnisstrukturen und Normteil-Dateien üblich.

Im Dialog VARIANTE WÄHLEN besteht die Möglichkeit, das gewünschte Lager über seinen Namen **[Nach Name]** bzw. anhand von Auswahlfiltern (Spaltenparameter) **[Nach Spalte]** zu wählen.

Bei der Spaltenauswahl werden in der unteren Fensterhälfte immer die Namen der Elemente angezeigt, die alle bisher gewählten Bedingungen erfüllen.

- Spaltenauswahl: ⇦ **[Nach Spalte]**

Die folgenden Parameter sind im Modus **[Nach Spalte]** nacheinander zu setzen:

Nach Name

Nach Spalte

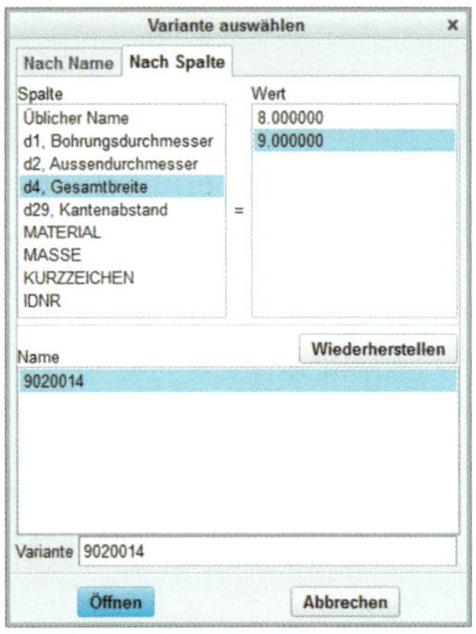

- d1, Bohrungsdurchmesser: **[15]** mm
- d2, Außendurchmesser: **[32]** mm
- d4, Gesamtbreite: **[9]** mm
- **Öffnen** einer Variante: **9020014**
- Einbau und Platzierung: <siehe Kap. 10.2.1.2>
- Ändern der Farbdarstellung: <siehe Kap. 10.2.3>
  Die Änderung der Farbdarstellung des Lagers hat keinen Einfluss auf die Materialparameter.

☞ Die meisten Normteilmodelle sind bereits mit Standardschnittstellen versehen. Anschließend kann zwischen der Verwendung der definierten Standardschnittstellen und dem normalen Einbaumodul (Manueller Einbau) ausgewählt werden. Die Arbeitsweise der Standardschnittstellen wird in Kap. 16.6 beschrieben.

- **Einbau des 2. Lagers:** In gleicher Art- und Weise wird ein Rillenkugellager nach DIN 625 Teil 1 Typ RS (Lager mit einer Dichtscheibe) in die Baugruppe eingebaut. Bei der Ausrichtung des Lagers ist zu beachten, dass die Dichtscheibe zum dünneren Wellenende hin gerichtet ist.

  Bohrungsdurchmesser: **[8]** mm
  Außendurchmesser: **[22]** mm
  Gesamtbreite: **[7]** mm
  Variante: **9021101**

Speichern Sie die Baugruppe.

10.2.5 Unterbaugruppe BG_Gehaeuse

Analog zu Kap. 10.2.1 wird die Unterbaugruppe *1501024_BG_gehaeuse.asm* erzeugt. Sie enthält zunächst nur die Komponente Motorgehäuse *1501010_motorgehaeuse.prt.* Diese wird an die Standardposition (Default) platziert.

10.3 Datensicherung (Sicherung) von Baugruppen mit Normteilen

Creo speichert alle Bauteile an dem Ort, von dem sie aufgerufen wurden, oder im aktuellen Arbeitsverzeichnis. Gleichzeitig speichert *Creo* in der Baugruppendatei keine Verweise auf Herkunftsverzeichnisse der Bauteile. Das heißt, *Creo* sucht alle Komponenten einer zu öffnenden Baugruppe im aktuell eingestellten Arbeitsverzeichnis oder entsprechend der in der *search.pro* gesetzten Suchpfade.

⚠ Wird die Baugruppe normal, d. h. ohne „Sicherung speichern" gespeichert und zu einem späteren Zeitpunkt wieder geöffnet, sucht *Creo* die Dateien der Normteile im aktuellen Arbeitsverzeichnis vergeblich, wenn kein entsprechender Suchpfad in der Datei *search.pro* gesetzt ist kommt es zu entsprechenden Fehlermeldungen.

Sind in der Baugruppe, die mit „Sicherung speichern" gesichert wird, Normteile (auch mit Suchpfad) verbaut, so werden

- Kopien der Normteildateien,
- Beschleunigungsdateien (z. B. *9020014.xpr*) für die Komponenten und
- eine Liste der indizierten Elemente aus den Normteildaten (*Verzeichnisname.idx*)

in das Sicherungsverzeichnis geschrieben. Damit sind die verbauten Normteile nicht mehr mit dem ursprünglichen Datenverzeichnis verbunden. Im Sinn der eigentlichen Sicherungsfunktion ist dieses aber gewollt, da die gesicherten Daten somit immer unabhängig von irgendwelchen anderen Datenpaketen funktionsfähig sind.

- ⇦ **Datei**, ⇦ **Speichern als ▶**, ⇦ Sicherung speichern

Mit diesem Aufruf werden Kopien aller von der Baugruppe abhängigen Modelle in ein frei zu wählendes Verzeichnis geschrieben. Wird kein Verzeichnis angegeben, werden die Kopien in das aktuelle Arbeitsverzeichnis geschrieben und der Versionszähler hochgesetzt. Wird ein anderes Verzeichnis als Speicherort angegeben, so werden dort die Kopien mit dem Versionsindex 1 hineingeschrieben. Die Funktion **Datensicherung** wird angewendet, um *Creo*-Projekte vollständig mit allen Bibliothekselementen zu sichern (z. B. auf CD) oder auf einen anderen Rechner zu übertragen, auf dem keine Bibliotheksdaten vorhanden sind.

⚠ Wenn Sie ein Modell sichern, es nachträglich ändern und dann speichern, werden die Änderungen im Sicherungsverzeichnis gespeichert. Das Speicherverzeichnis kann nicht innerhalb derselben Sitzung auf das ursprüngliche Arbeitsverzeichnis zurückgesetzt werden.

10.4 Skelett-Technik

In *Creo* stehen je nach Lizenzmodell (siehe Kap. 2) zwei Skelett-Techniken zur Verfügung: das Standardskelett und ein Bewegungsskelett. Für beide Skelettvarianten wird das *Creo*-Erweiterungsmodul Advanced Assembly Extension (AAX) benötigt. Einige der Funktionalitäten eines Standard-Skeletts lassen sich auch ohne AAX realisieren.

10.4.1 Standard-Skelett (AAX)

Ein Standard-Skelettmodell (Entwurfsmodell) ist sehr hilfreich für große Baugruppen. Alle Hauptreferenzen, wie Ebenen, Achsen usw., die für den Einbau der Komponenten notwendig sind, gehören zum Skelettmodell. Es wird als erstes Teil (Skelett-Teil) in die Baugruppe eingebaut bzw. darin erzeugt. Die weiteren Komponenten werden dann auf dieses Teil ausgerichtet.

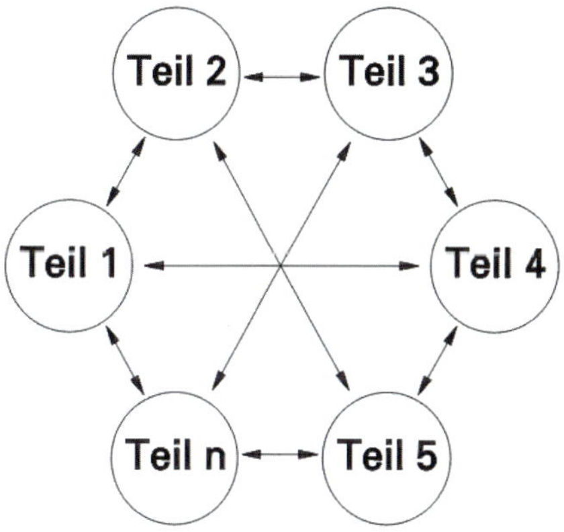

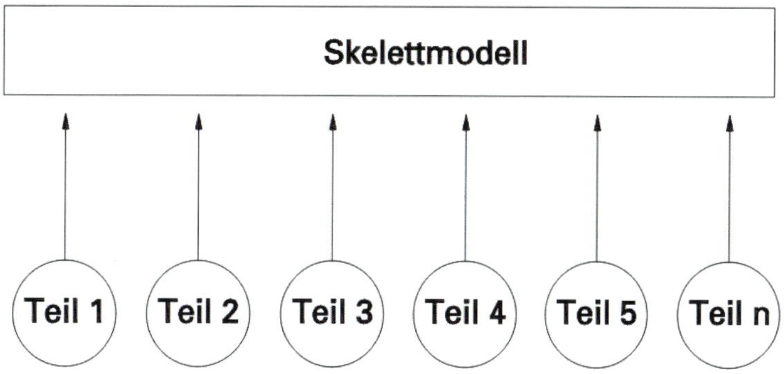

Bezüge, die in mehreren Komponenten vorhanden sein sollen, sollten auch in das Skelettmodell übernommen und dann vom Skelettmodell in die jeweiligen Teile kopiert werden. So wird die Baugruppe nur über das Skelettmodell gesteuert und es entstehen keine Abhängigkeiten zwischen Teilen. Über Baugruppenvoreinstellungen (siehe Kap. 14.2) lassen sich vordefinierte Regeln für die Abhängigkeiten (Referenzen) zwischen Komponenten einstellen.

Mit dieser Technik wird eine hohe Flexibilität der Baugruppe erreicht, da keine Eltern-Kind-Abhängigkeiten zwischen den Komponenten entstehen. Die Handhabung der Baugruppe wird dadurch sehr viel einfacher (Teile unterdrücken, löschen, austauschen usw.). In Kap. 14.1 wird das Skelettmodell zur Steuerung der Konstruktionsabsicht („Top-Down"-Konstruktion) behandelt.

Zunächst wird eine neue Baugruppe *1501025_motor.asm* als Hauptbaugruppe für den übergeordneten Zusammenbau und dann darin ein Standard-Skelettmodell aus der Baugruppe heraus erzeugt. Anschließend werden in diesem Skelettmodell Bezüge (Bezugskurven, Bezugspunkte, Bezugsachsen usw.) definiert, die später als Einbaureferenzen für den Zusammenbau genutzt werden können.

☐ **Baugruppe anlegen**

- ⇦ **Datei**, ⇦ Neu, ⦿ Baugruppe, ⦿ Konstruktion, ☑ Standardschablonen,
- Name: <***1501025_ motor***>, Üblicher Name: <***motor***>

☐ **Erzeugen des Standardskeletts**

- ⇦ **Modell**, ⇦ **Erzeugen**

Es öffnet sich der Dialog KOMPONENTENERZEUGUNG:

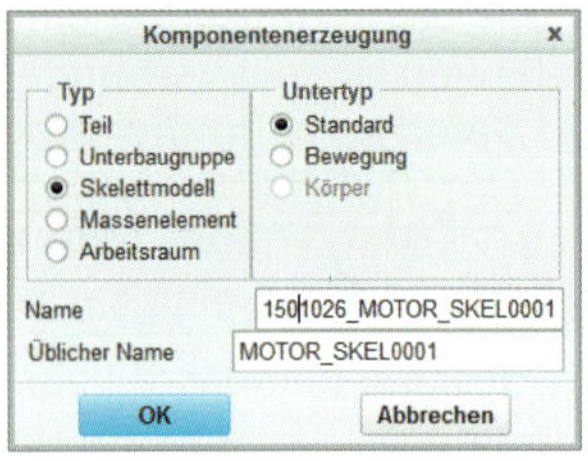

- Typ: ⦿ Skelettmodell

Creo schlägt einen Namen für das Skelett vor, der sich aus dem Baugruppennamen ableitet. Da das Skelett als eigenständiges *Creo*-Objekt verwaltet werden muss, wird die Identnummer im Modellnamen nach Liste verändert:

- Untertyp: ⦿ Standard, **[OK]**
- Name: <***1501026_motor_skel0001***>
- Üblicher Name: <***motor_skel0001***>

Im Dialog ERZEUGUNGSOPTIONEN sind folgende Einstellungen zu wählen:

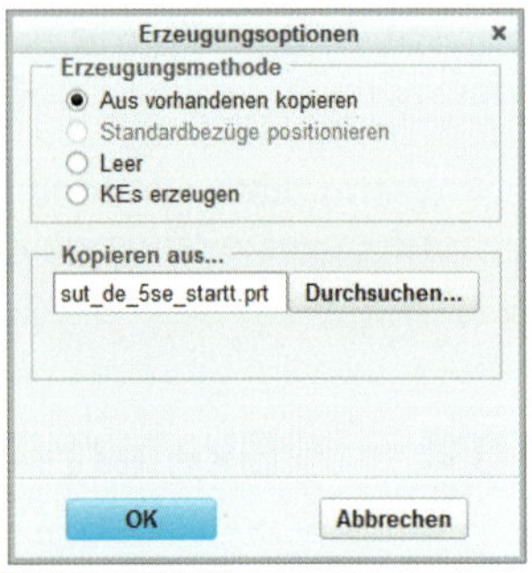

- Erzeugungsmethode: ⦿ Aus vorhandenen kopieren
- Kopieren aus: **[Durchsuchen]**
- Auswahl: *sut_de_5se_startt.prt*

Dadurch werden für das Skelettmodell die Startoptionen der Bauteile verwendet. Diese sind insbesondere die Startebenen und -achsen und das Einheitensystem.

- Erzeugungsoptionen beenden: **[OK]**

Das Skelett ist jetzt wie ein Bauteil noch vor den Startbezügen der Baugruppe im Modellbaum platziert. Da beim späteren Einbau der Komponenten diese nur auf das Skelett referenziert werden sollen, ist es sinnvoll, die Startbezüge der Baugruppe auszublenden.

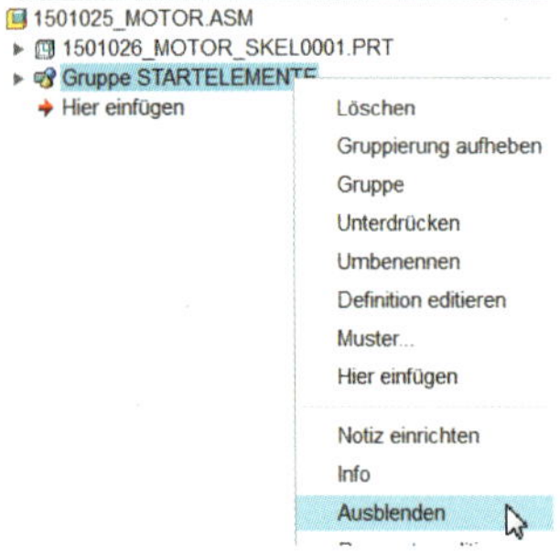

- Gruppe STARTELEMENTE markieren : ⇦
- Auswahl ausblenden: ▶ **[Ausblenden]**

> ⚠ Wie in Kap. 6.3.1 erläutert, sind in den Startteilen neben den Startbezügen auch Standardansichten definiert. Diese basieren auf den Startbezügen. Werden daher Startbezüge gelöscht, stehen die gespeicherten Ansichten ebenfalls nicht mehr zur Verfügung! Da diese aber insbesondere bei der Zeichnungserstellung (siehe Kap. 22.3) sehr hilfreich sind, ist hier das **Ausblenden** der Startbezüge sinnvoll, nicht das **Unterdrücken** oder **Löschen**!

Das Ausblenden ist im Gegensatz zum Unterdrücken bzw. Löschen keine Modellaktion, sondern eine reine Ansichtsmaßnahme. Diese wird daher normalerweise nicht mit im Modell gespeichert. Da das Ausblenden im vorliegenden Fall aber dauerhaft für die Bearbeitung sein soll, muss der Folienstatus im Baugruppenmodell gespeichert werden:

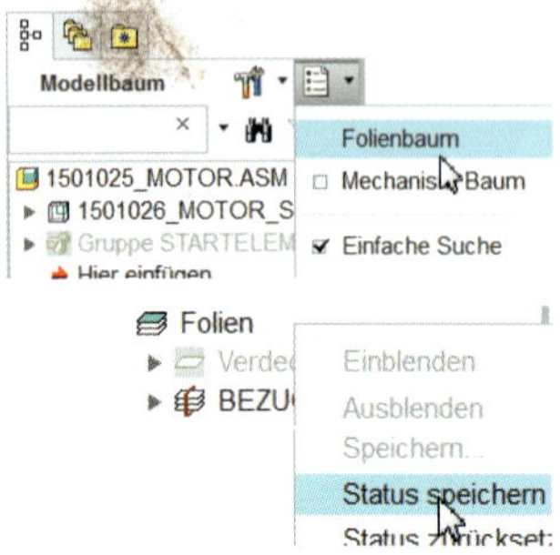

- Folienansicht einstellen: ⇦ **[Folienbaum]**
- Status speichern im Folienbaum ▶ **[Status speichern]**
- Modellbaum einstellen: ⇦ **[Modellbaum]**

Beim nächsten Speichern der Baugruppe wird der Folienstatus mitgespeichert.

☐ **Öffnen des Skelettmodells aus der Baugruppe**

In dem soeben erzeugten Skelettmodell sollen Skizzen und Bezüge definiert werden. Dazu muss das Skelettmodell geöffnet werden. Dieses kann direkt aus der Baugruppe heraus erfolgen:

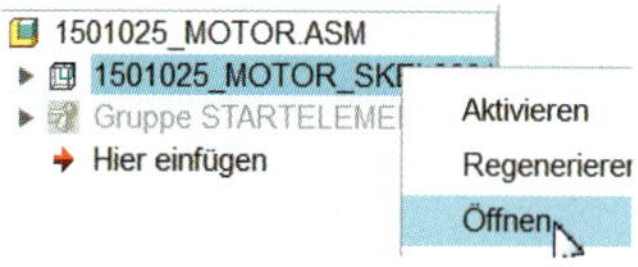

- ⇦ Skelettmodell im Modellbaum markieren
- Öffnen des Skelettmodells: ▶ **[Öffnen]**

☐ **Bezugskurve erzeugen**

Auf die Skelett-Ebene YZ_T_RECHTS soll die nebenstehende Bezugskurve erzeugt werden. Diese Kurve bildet in vereinfachter Form die Kinematik des Kurbeltriebs ab.

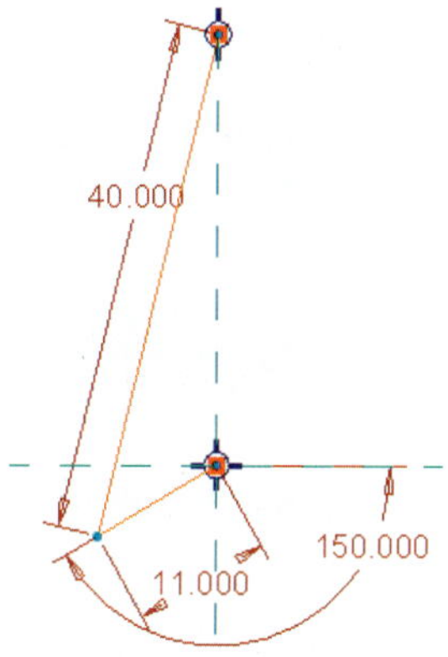

- ⇦ **Modell**, ⇦ **Skizze** <skizzierte Bezugskurve>

Die Ebene YZ_T_RECHTS wird als Skizzierfläche, die XZ_T_OBEN als **Oberseite** - ⚠ Skizzenorientierung beachten - genutzt. Die Vorgehensweise im Skizziermodus ist dieselbe, wie bei der Definition von Extrusions- oder Rotationskonturen. Einziger Unterschied ist, dass Bezugskurven nicht geschlossen sein müssen.

Das Ende der **40 mm** langen Linie wird auf die Ebene XY_T_VORNE und der Anfang der **11 mm** langen Linie auf den Schnittpunkt der Referenzen ausgerichtet.

- Skizze beenden: ✔

☐ **Erzeugen von Bezugsachsen**

Durch die Kurvenendpunkte werden zwei Achsen **senkrecht** zur Ebene YZ_T_RECHTS erzeugt. Auf diese beiden Achsen werden beim Zusammenbau des Motors die Komponenten *Pleuel*, *BG_Kurbelwelle* und *BG_Kolben* referenziert.

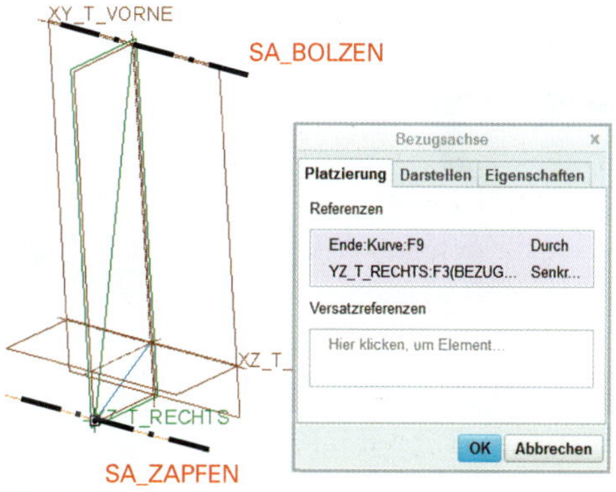

- ⇦ **Modell**, ⇦ Achse
- 1. Referenz: ⇦ <Ende:Kurve>
- 2. Referenz: **[Strg]+⇦ YZ_T_RECHTS**
- Dialog Bezugachse verlassen : **[OK]**
- 2. Achse analog ...

☞ Creo erkennt anhand der Auswahl der Referenzelemente das Zusammenwirken der Referenzen.

☐ **Umbenennen der Achsen in SA_ZAPFEN und SA_BOLZEN**

- 1. Achse auswählen: ⇦
- Umbenennen: ▶ **Umbenennen** <SA_ZAPFEN>
- 2. Achse auswählen: ⇦
- Umbenennen: ▶ **Umbenennen** <SA_BOLZEN>
- Speichern des Skelettmodells:

☐ **Zurückwechseln in den Zusammenbau**

☞ Wird wieder der Motorzusammenbau 1501025_motor.asm aktiviert, sind darin alle Änderungen des Skelettmodells übernommen worden.

- ⇦ **Ansicht**, ⇦ **Fenster**, ***1501025_MOTOR.ASM***

10.4.1.1 Zusammenbau mit Skelettbezügen

Im nächsten Schritt werden die Komponenten in die Baugruppe eingebaut. Dabei sollen zunächst nur Referenzen auf Skelettbezüge verwendet werden. Wurde die Bearbeitung zwischenzeitlich unterbrochen und *Creo* beendet, muss der Zusammenbau *1501025_motor.asm* neu geöffnet werden.

☐ **Gehäusebaugruppe einbauen**

- ⇦ **Modell**, ⇦ Einbauen , *<1501024_BG_gehaeuse.asm>*, ⇦ Öffnen, ⇦ Mater-Darst, ⇦ **[OK]**
- ⇦ Komponente ablegen

- **1. Zusammenfallend:**
  Komponentenreferenz: ⇦ **<Gehäuseachse A_B_X>**
  Baugruppenreferenz: ⇦ **<Skelettachse: A_T_X>**
- **2. Zusammenfallend:**
  Komponentenreferenz: ⇦ **<Gehäuseachse A_B_Y>**
  Baugruppenreferenz: ⇦ **<Skelett: A_T_Y>**
- Dialog beenden: ✔ *oder* ⇩

In der Baugruppe *BG_gehaeuse* liegen die **Teil**-Startbezüge des Motorgehäuses (A_**T**_X, A_**T**_Y,..) genau über den **Baugruppen**-Startbezügen (z. B. A_**B**_X, A_**B**_Y,..). Für eine saubere Referenzstruktur des Zusammenbaus ist es sinnvoll, die Platzierung nur auf die Baugruppen-Startbezüge auszurichten.

☞ Das Motorgehäuse überdeckt nun die Achsen und Kurven des Skeletts. Damit beim Einbau des Pleuels zuverlässig **nur Achsen des Skeletts** referenziert werden, ist es sinnvoll, die Baugruppe *1501024_BG_gehauese.asm* temporär auszublenden.

☐ **Ausblenden der Baugruppe *BG_gehaeuse.asm***

- Gehäusebaugruppe im Modellbaum markieren: ⇦
- Kontext-Menü der rechten Maustaste: ▶ **[Ausblenden]**

⚠ Die Gehäusebaugruppe ist nach wie vor in der Hauptbaugruppe vorhanden, wird aber nicht dargestellt. Die Bezüge (Achsen, Ebenen usw.) des Motorgehäuses können über den Modellbaum als Referenzen ausgewählt werden. Im Hauptarbeitsfenster sind sie aber nicht selektierbar.

☐ **Einbau der Komponente *pleuel.prt***

☞ Beim Einbau von Komponenten ist es sehr hilfreich, sich jeweils nur die Bezugselemente anzeigen zu lassen, die für die jeweilige Platzierung notwendig sind, d. h., sollen zunächst zwei Achsen zueinander definiert werden, sind nur die Bezugsachsen eingeblendet, beim Ausrichten von Ebenen nur die Bezugsebenen. Die Sichtbarkeitssteuerung der Bezüge (Beispiel: Achsen), kann innerhalb aller Funktionen beliebig aus der Darstellungssteuerung heraus geschaltet werden.

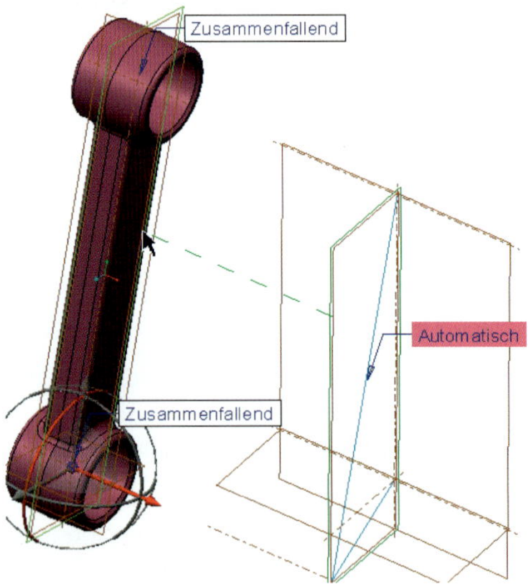

- ⇦ **Modell**, ⇦ Einbauen , *<1501015_pleuel.prt>*, ⇦ Öffnen, ⇦ **[OK]**
- ⇦ Komponente ablegen
- **1. Zusammenfallend:**
  Komponentenreferenz: ⇦ <**Pleuelachse A_1**>
  Baugruppenreferenz: ⇦ <**Skelettachse SA_Bolzen**>
- **2. Zusammenfallend:**
  Komponentenreferenz: ⇦ **<Pleuelsachse A_T_X>**
  Baugruppenreferenz: ⇦ **<Skelettachse SA_ZAPFEN>**
- **3. Ausrichten:**
  Komponentenreferenz: ⇦ **<Pleuelebene YZ_T_RECHTS>**
  Baugruppenreferenz: ⇦ **<Skelettebene YZ_T_RECHTS>**
- Einbau beenden: ⇩ *oder* ✔

☐ **Ausblenden des Pleuels**

- Pleuel markieren: ⇦
- Kontext -Menü: ▶ **[Ausblenden]**

☞ Durch das Ausblenden des Pleuels sind für den nachfolgenden Einbau wieder nur die Skelettbezüge referenzierbar. Die Ausrichtung und Orientierung der Kolbenbaugruppe können leicht anhand der Skelettskizze erkannt werden.

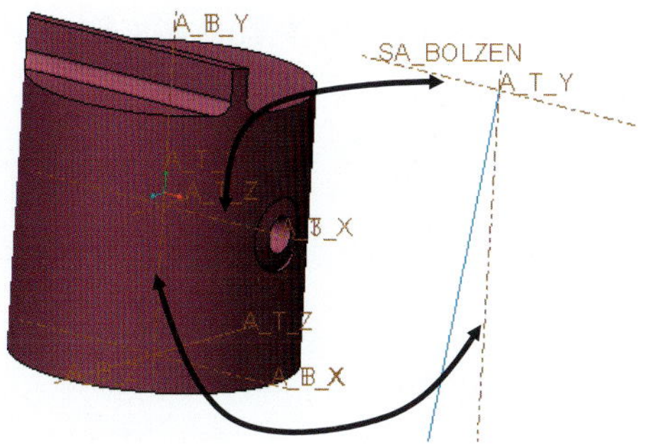

☐ **Einbau der Baugruppe *BG_kolben.asm***

- ⇦ **Modell**, ⇦ Einbauen, *<1501022_BG_kolben.asm>*,
- ⇦ Öffnen, ⇦ **[OK]**, ⇦ **Mater-Darst**
- ⇦ Komponente ablegen
- **1. Zusammenfallend:**
  Komponentenreferenz: **<Bohrungsachse>**
  Baugruppenreferenz: **<SA_BOLZEN>**
- **2. Ausrichten:**
  Komponentenreferenz: **<*BG_kolben* A_B_Y>**
  Baugruppenreferenz: **<A_Y_T>**

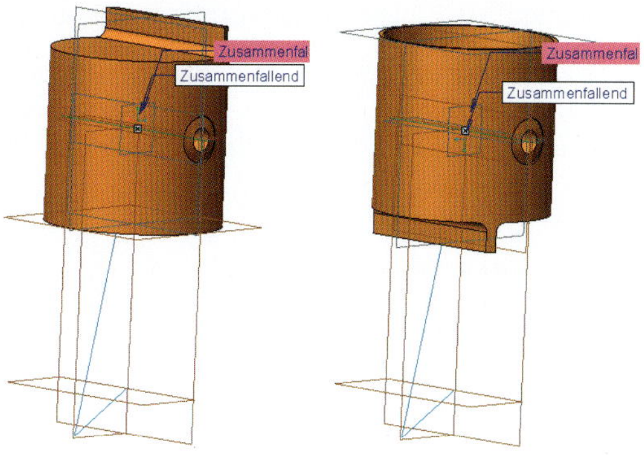

Obwohl *Creo* zu diesem Zeitpunkt bereits den Platzierungsstatus **Vollständig definiert** angibt, kann die Unterbaugruppe *BG_kolben.asm* noch zwei verschiedene Ausrichtungen haben: **Kolben nach unten** oder **nach oben** gerichtet.

Zur eindeutigen Festlegung muss die Unterbaugruppe orientiert werden. In *Creo* 1 ist dazu keine dritte Bedingung mehr erforderlich. Die Orientierung kann einfach mit im Schaltpult oder über die rechte Maustaste mit ▶ **Bedingung umschalten** geändert werden.

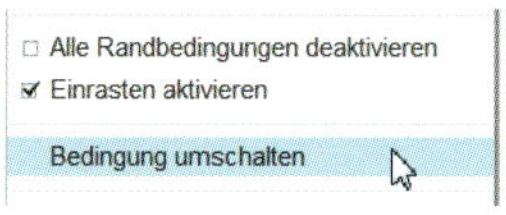

- Einbau beenden: ⇩ *oder* ✔

☐ **Ausblenden der Unterbaugruppe *BG_kolben***

- Kolbenbaugruppe markieren: ⇦
- Kontext-Menü: ▶ **[Ausblenden]**

☐ **Einbau der Unterbaugruppe *BG_kurbelwelle.asm***

Der Einbau der Unterbaugruppe *BG_kurbelwelle.asm* erfolgt analog zu den bisher beschriebenen Einbauten durch:

- **Zusammenfallen** der Bohrungsachse A_B_X auf die Skelettachse A_T_X
- **Zusammenfallen** der Zapfenachse auf die Skelettachse SA_ZAPFEN
- **Zusammenfallen** der Gleitlagerebene <*gleitlager.prt*: YZ_T_RECHTS> auf die Ebene <Skelett: YZ_T_RECHTS> des Skelettmodells
- Einbau beenden: ⇩ *oder* ✔
- Speichern der *motor*-Baugruppe

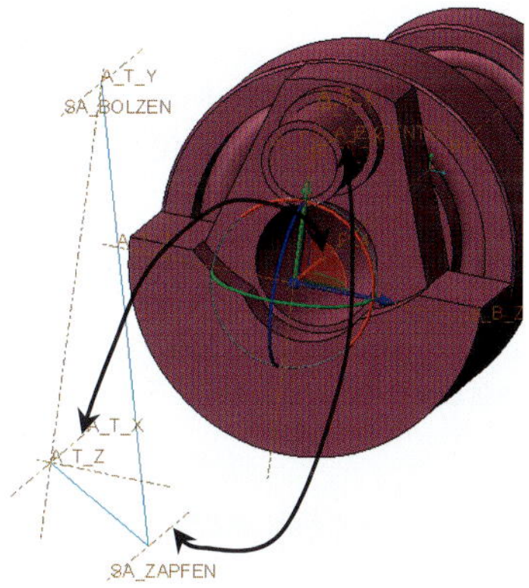

Achsausrichtung

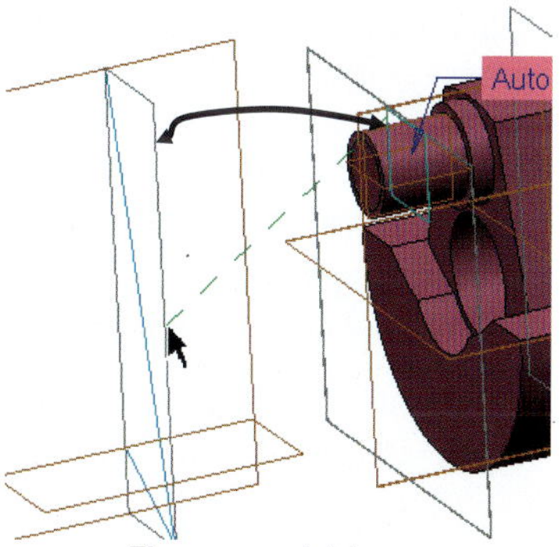

Ebenenausrichtung

Im Ergebnis ist die Kurbelwelleneinheit nun entsprechend der Skelettskizzenlage positioniert.

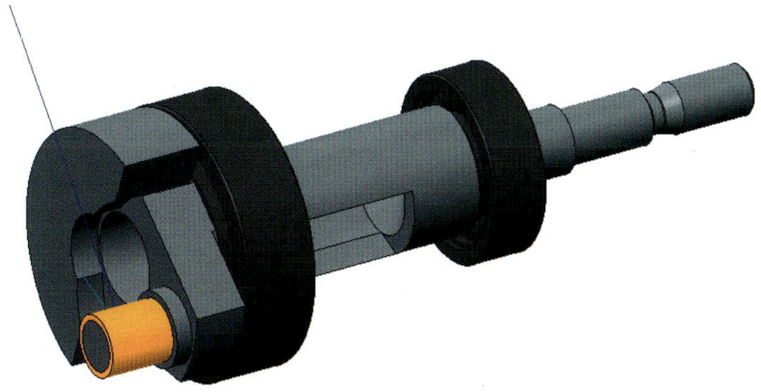

10.4.2 Standard-Teil als Skelett ohne AAX

Anstelle eines Standardskeletts kann auch ein normales Teil ohne Volumenelemente verwendet werden. Im Unterschied zum Standardskelett erkennt *Creo* ein solches Teil nicht als Skelett und behandelt es wie jedes normale Bauteil. Das hat zur Folge, dass

1. das Teilskelett nicht mit dem Skelettsymbol, sondern mit dem Teilsymbol im Modellbaum dargestellt wird,
2. das Teilskelett nicht automatisch an erster Stelle in der Baugruppe, sondern hinter den Startelementen angeordnet wird,
3. die Masse des Teilskeletts zur Massenberechnung der Baugruppe herangezogen wird,
4. das Teilskelett in Stücklisten im Gegensatz zum Skelettteil mit aufgelistet wird.

Die Punkte 2 bis 4 lassen sich durch relativ einfache Maßnahmen umgehen:

Zu 2: Wird das Teilskelett an die Standardposition (siehe Kap.10.2.1.1) in die Baugruppe eingebaut, kann es einfach bei gedrückter linker Maustaste im Modellbaum vor die Startelemente gezogen werden.

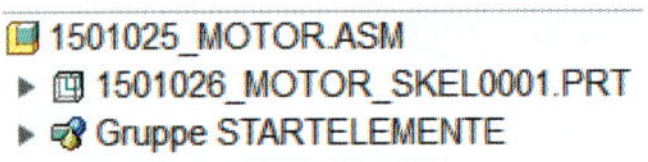

Skelettmodell in BG

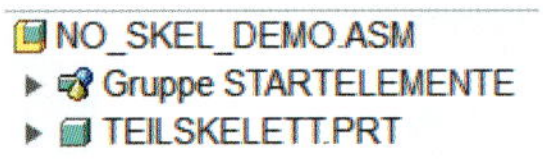

Teil als Skelett

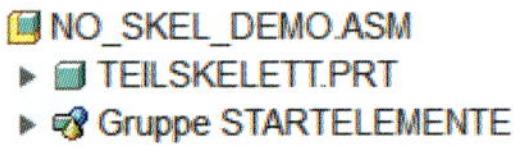

Teil als Skelett (umsortiert)

Zu 3: Wird das Teilskelett ohne Volumenelemente erstellt, so hat es auch keine Masse. Zusätzlich kann über ⇦ **Datei**, ⇦ **Vorbereiten**, ⇦ Modelleigenschaften, ⇦ Masseneigenschaften: **Ändern**, ⇦ Dichte **[1.0E-10]** die Dichte auf den kleinsten zulässigen Wert gesetzt werden.

Zu 4: Mit Hilfe der Definition eines Modell-Parameters (in der SUT-Konfiguration kann dazu der Parameter ART verwendet werden) kann ein Wert des Parameters als Filter in der Definition der Stücklistentabelle (siehe Kap. 22.10.2.2) herangezogen werden.

Die Punkte 3 und 4 lassen sich beispielsweise durch Anlegen eines eigenen Teilskelett-**Startobjekts** weitgehend automatisieren. Alle anderen im Buch beschriebenen Anwendungen des Standard-Skeletts funktionieren in gleicher Weise auch am Teilskelett.

10.4.3 Bewegungsskelett-Technik (AAX)

Die Funktionalität des Bewegungsskeletts kann ohne das Erweiterungsmodul Advanced Assembly Extension (AAX) nicht umgesetzt werden.

Während im Standard-Skelett die Skizzen und Bezugselemente statisch, d. h. durch Referenzbezüge und Bemaßungen fest definiert sind, ermöglicht das Bewegungsskelett zusätzlich die Definition von Bewegungen. Darüber hinaus können Lagerungsbedingungen definiert oder auch weitgehend automatisch erkannt werden, die sich auf Körper (Komponenten) übertragen lassen.

10.4.3.1 Bewegungsskelett erstellen

Zunächst wird analog zu Kap. 10.4.1 eine neue Baugruppe *1501027_motor_dyn.asm* als alternative Hauptbaugruppe für den übergeordneten Zusammenbau erstellt.

☐ **Baugruppe anlegen**

- ⇦ **Datei**, ⇦ Neu, ⦿ Baugruppe, ⦿ Konstruktion, ☑ Standardschablonen,
- Name: <***1501027_ motor_dyn***>, Üblicher Name: <***motor_dyn***>

☐ **Erzeugen des Bewegungsskeletts**

- ⇦ **Modell**, ⇦ **Erzeugen**

Es öffnet sich der Dialog KOMPONENTENERZEUGUNG:

- Typ: ⦿ Skelettmodell

Creo schlägt einen Namen für das Skelett vor, der sich aus dem Baugruppennamen ableitet. Da das Skelett als eigenständiges *Creo*-Objekt verwaltet werden muss, wird die Identnummer im Modellnamen nach Liste verändert:

- Untertyp: ⦿ Bewegung, **[OK]**
- Name: <***1501028_motion_skel0001***>
- Üblicher Name: <***motion_skel0001***>

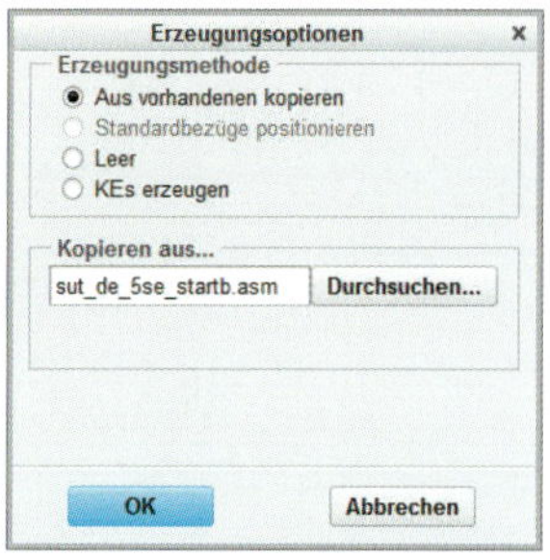

Im Dialog ERZEUGUNGSOPTIONEN sind folgende Einstellungen zu wählen:

- Erzeugungsmethode: ⦿ Aus vorhandenen kopieren
- Kopieren aus: **[Durchsuchen]**
- Auswahl: *sut_de_5se_startb.prt*

Abweichend vom Standard-Skelett werden für das Bewegungsskelett die Startoptionen der **Baugruppen** verwendet. Diese sind insbesondere die Startebenen und -achsen sowie das Einheitensystem.

- Erzeugungsoptionen beenden: **[OK]**

Das Skelett ist jetzt wie eine Unterbaugruppe noch vor den Startbezügen der Baugruppe im Modellbaum platziert. Da beim späteren Einbau der Komponenten diese nur auf das Skelett referenziert werden sollen, ist es auch hier sinnvoll, die Startbezüge der Baugruppe auszublenden.

- Gruppe STARTELEMENTE markieren : ⇦
- Auswahl ausblenden: ▶ **[Ausblenden]**
- Folienansicht einstellen: ⇦ **[Folienbaum]**
- Status speichern im Folienbaum: ▶ **[Status speichern]**
- Modellbaum einstellen: ⇦ **[Modellbaum]**

Beim nächsten Speichern der Baugruppe wird der Folienstatus mitgespeichert.

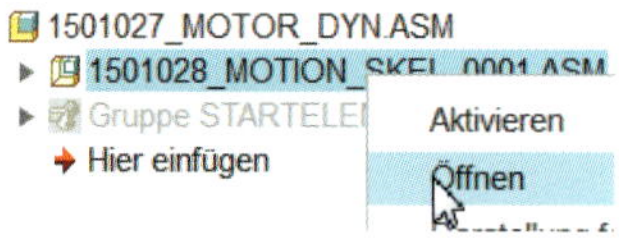

☐ Öffnen des Skelettmodells aus der Baugruppe

In das soeben erzeugte Skelettmodell sollen Skizzen und Bezüge definiert werden. Dazu muss das Skelettmodell geöffnet werden. Dieses kann direkt aus der Baugruppe heraus erfolgen:

- ⇦ Skelettmodell im Modellbaum markieren
- Öffnen des Skelettmodells: ▶ **[Öffnen]**, ⇦ **[MasterDarst]**

☐ Bezugskurve erzeugen

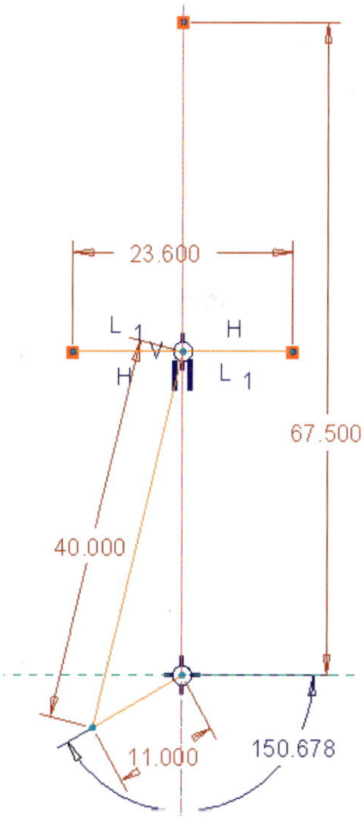

Auf die Skelett-Ebene YZ_T_RECHTS soll die nebenstehende Bezugskurve erzeugt werden. Diese Kurve bildet in vereinfachter Form die Kinematik des Kurbeltriebs ab.

- ⇦ **Modell**, ⇦ **Skizze** <skizzierte Bezugskurve>

Die Ebene YZ_B_RECHTS wird als Skizzierfläche, die XZ_B_OBEN als **Oberseite** - ⚠ Skizzenorientierung beachten - genutzt. Die Vorgehensweise im Skizziermodus ist dieselbe wie bei der Definition von Extrusions- oder Rotationskonturen.

Die Linie mit der Läge 67,5 mm stellt vereinfacht die Zylinderhöhe dar. Das Ende der 40 mm langen Linie (Pleuel) wird auf die Ebene XY_T_VORNE und der Anfang der 11 mm langen Linie (Exzenter) auf den Schnittpunkt der Referenzen bzw. Startpunkt der Zylinderhöhenlinie ausgerichtet. Der Kolbendurchmesser wird durch zwei gleich lange (L1), horizontale (H) Linien durch den oberen Endpunkt der Pleuellinie dargestellt, die als gemeinsame Länge den Kolbendurchmesser erhalten.

Alle Bemaßungen, mit Ausnahme des Winkels für die Exzenterstellung, müssen gesperrt sein:

- ⇦ Maß wählen, ▶ Sperren

Der Winkel darf nicht gesperrt sein und muss ggf. entsperrt werden:

- ⇦ Maß wählen, ▶ Entsperren

☐ Kinematischen Skizzenzusammenhang definieren

Das definierte Sperren von Bemaßungen verhindert, dass beim Ziehen mit der Maus diese Maße verändert werden. Somit ist in der abgebildeten Skizze nur noch der Winkel der Exzenterlage durch Ziehen mit der Maus veränderbar. Dazu kann in der Skizze bei aktiviertem Auswahlpfeil ein beliebiges, geeignetes Linienelement (z. B. die Kolbenlinie) bei gedrückter Maustaste bewegt werden. Die Skizze stellt somit ein einfaches, bewegliches Abbild der zu entwickelnden Kurbelkinematik dar.

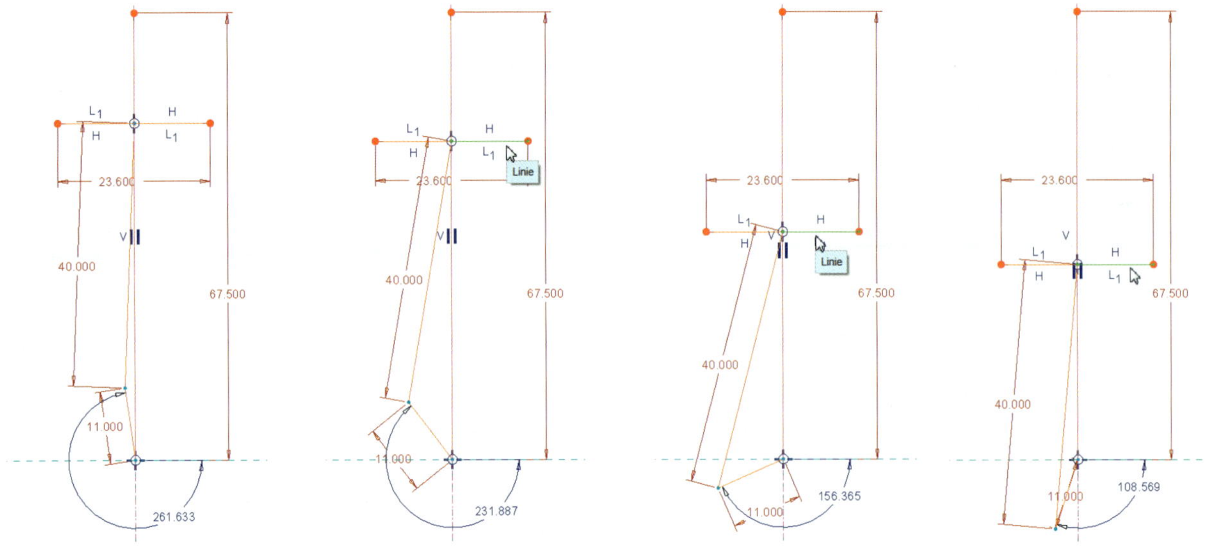

- Skizze beenden: ⇩ *oder* ✔
- Bewegungsskelett speichern: 💾

10.4.3.2 Bewegungsskelett: Fixkörper definieren

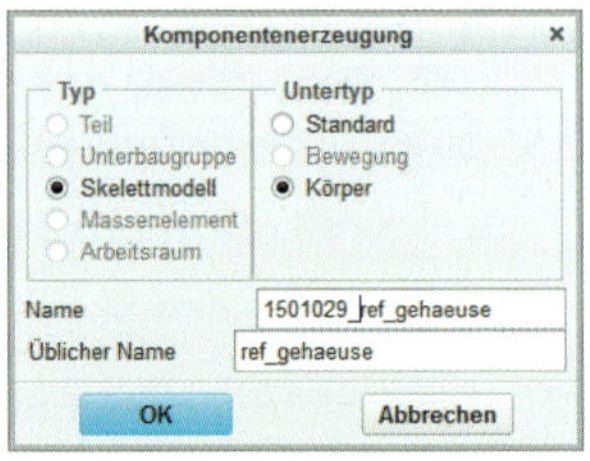

Im Bewegungsskelett (*1501028_motion_skel0001.asm*) lassen sich weitere Körperskelette definieren, die sich aus den Skizzenelementen ableiten und bei richtiger Vorgehensweise weitgehend automatisch die kinematischen Verbindungen anhand der Skizzenbeweglichkeit untereinander erstellen.

⚠ Als erster Körper muss ein festes, unbewegliches Element definiert werden.

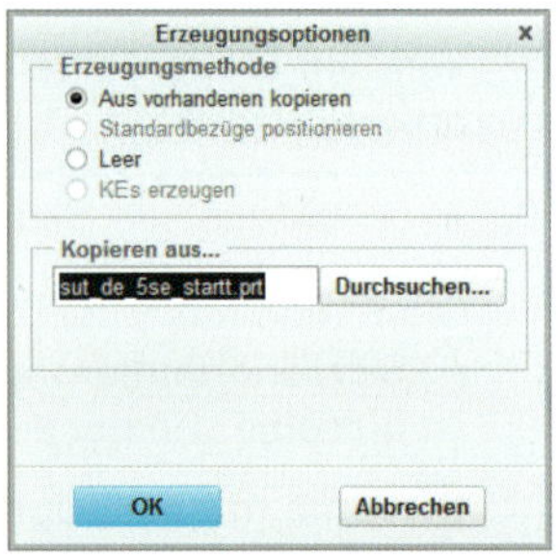

- ⇦ **Modell**, ⇦ **Erzeugen**
- Typ: ◉ Skelettmodell
- Untertyp: ◉ **Körper**
- Name: *<1501029_ref_gehaeuse>*
- Üblicher Name: *<**ref_gehaeuse**>*, **[OK]**
- Erzeugungsmethode: ◉ Aus vorhandenen kopieren
- Kopieren aus: *ggf.* **[Durchsuchen]**
- Auswahl: *sut_de_5se_startt.prt*
- **[OK]**

Die Körperskelette verwenden wiederum die Start**teile** als Basis der Modellerzeugung.

Es öffnet sich der Dialog KÖRPERDEFINITION. Darin können einzelne oder mehrere Linienelemente (Kette) aus der Skizze zur Körperdefinition herangezogen werden.

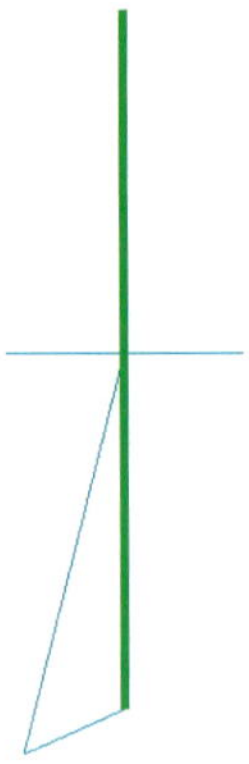

⚠ Beim Anklicken der Skizze wird automatisch die gesamte Skizze gewählt. Tatsächlich soll für den festen Körper allein die senkrechte Linie verwendet werden.

- Mauszeiger über senkrechte Linie platzieren
- ⇨ Durch kurzes Klicken der rechten Maustaste werden nacheinander alle Elemente unter dem Mauszeiger hervorgehoben
- ⇦ Auswahl nur der senkrechten Linie
- KÖRPERDEFINITION beenden: ⇩ *oder* ✔

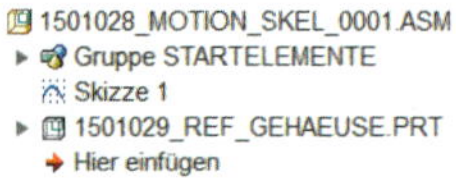

Im Modellbaum ist nun das Referenzskelett des Gehäuses als Komponente der Skelettbaugruppe aufgeführt.

10.4.3.3 Bewegungsskelett: 1. beweglichen Körper (Exzenter) definieren

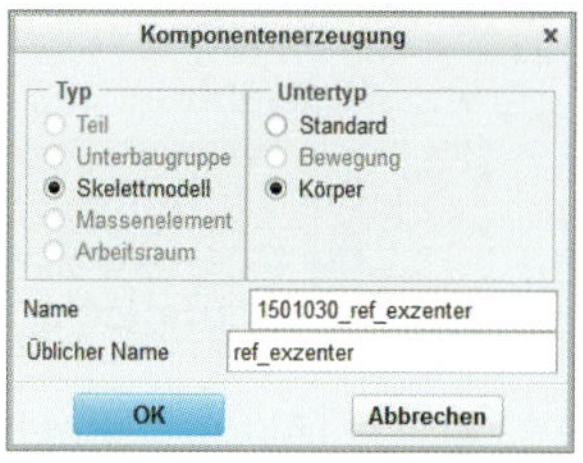

Sinnvoll ist die Definition der beweglichen Körper in der Reihenfolge, in der sie zueinander verknüpft sind. Dadurch kann *Creo* in den meisten Fällen automatisch die entsprechende Verbindung (Gelenk) erkennen.

- ⇦ **Modell**, ⇦ Erzeugen
- Typ, Untertyp: ⦿ Skelettmodell, ⦿ **Körper**
- Name, Üblicher Name: <***1501030_ref_exzenter, ref_exzenter***>, **[OK]**

- Erzeugungsmethode: ⦿ Aus vorhandenen kopieren
- Auswahl: *sut_de_5se_startt.prt*, **[OK]**

Analog der in Kap. 10.4.3.2 beschriebenen Vorgehensweise wird nun die Linie, die den Exzenter repräsentiert, gewählt:

- Selektieren des Elementes über ⇨
- Auswahl mit ⇦

Wird nun bei aktiviertem Schalter „Verbindungen für Platzierungsdefinition verwenden" die Aktualisierung gestartet, findet *Creo* eine Drehgelenk-Verbindung in der Ebene YZ_B_RECHTS am Endpunkt der Kurve F9.

- ⇦ **[Aktualisieren]**

☞ Klickt man mit der linken Maustaste im Dialog KÖRPERDEFINITION die Verbindung an, wird diese im Arbeitsfenster symbolisch dargestellt.

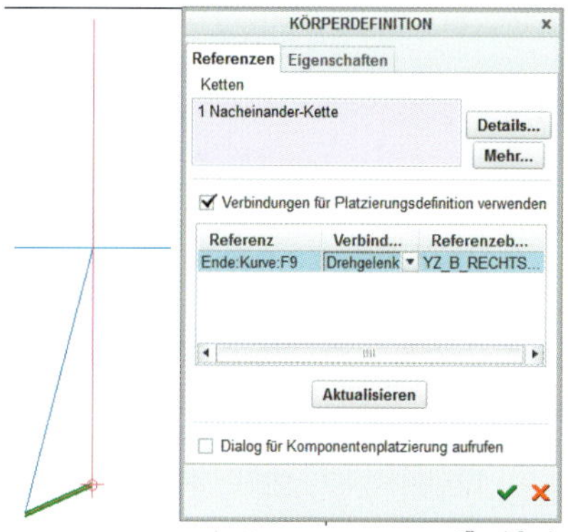

- KÖRPERDEFINITION beenden: ⇩ *oder* ✔

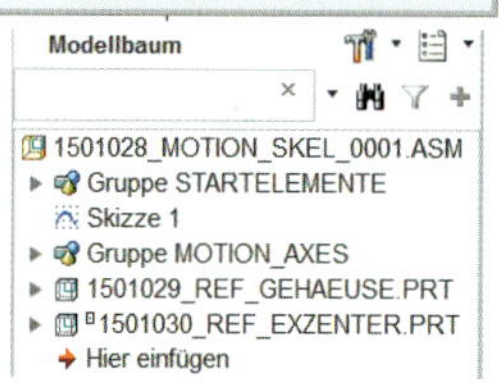

Im Modellbaum des Bewegungsskeletts finden sich jetzt neu das 2. Körperskelett und eine Gruppe mit Bewegungsachsen (Gruppe_MOTION_AXES).

☞ Das kleine Viereck am Skelettsymbol gibt an, dass diese Komponente nicht vollständig platziert ist, sondern noch mindestens einen Bewegungsfreiheitsgrad hat.

10.4.3.4 Bewegungsskelett: Weitere bewegliche Körper definieren

Die weiteren beweglichen Körper werden analog erstellt:

☐ **Pleuel-Skelett erzeugen**

- ⇦ **Modell**, ⇦ Erzeugen
- Typ, Untertyp: ⦿ Skelettmodell, ⦿ **Körper**
- Name, Üblicher Name: <***1501031_ref_pleuel, ref_pleuel***>, **[OK]**
- Erzeugungsmethode: ⦿ Aus vorhandenen kopieren
- Auswahl: *sut_de_5se_startt.prt*, **[OK]**

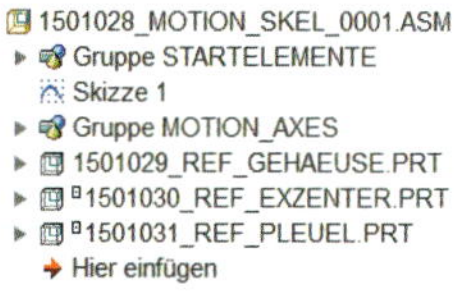

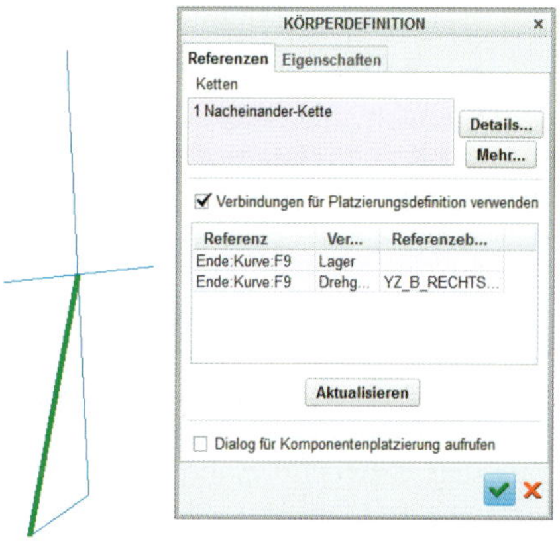

☞ Bei der Pleuel-Referenz werden automatisch zwei Verbindungen erkannt: ein Drehgelenk zur Exzenter-Referenz und eine allgemeine Lagerverbindung (Zylinderlager) zur senkrechten Zylinder-Referenz.

- ⇦ **[Aktualisieren]**
- KÖRPERDEFINITION beenden: ⇩ *oder* ✔

Im Modellbaum ist nun die weitere Komponente aufgelistet, in der Gruppe *Motion_Axes* wurden weitere Achsen hinzugefügt.

☐ **Kolben-Skelett erzeugen**

- ⇦ **Modell**, ⇦ Erzeugen
- Typ, Untertyp: ⦿ Skelettmodell, ⦿ **Körper**

- Name, Üblicher Name: <***1501032_ref_kolben, ref_kolben***>, **[OK]**
- Erzeugungsmethode: ⦿ Aus vorhandenen kopieren
- Auswahl: *sut_de_5se_startt.prt*, **[OK]**

> ⚠ Bei der Kolbenreferenz müssen die beiden Linien des Kolbens durch ⇦ Wahl der ersten und **[Strg]+**⇦ Wahl der zweiten Linie zusammengefasst werden.

- ⇦ **[Aktualisieren]**
- KÖRPERDEFINITION beenden: ⇩ *oder* ✔

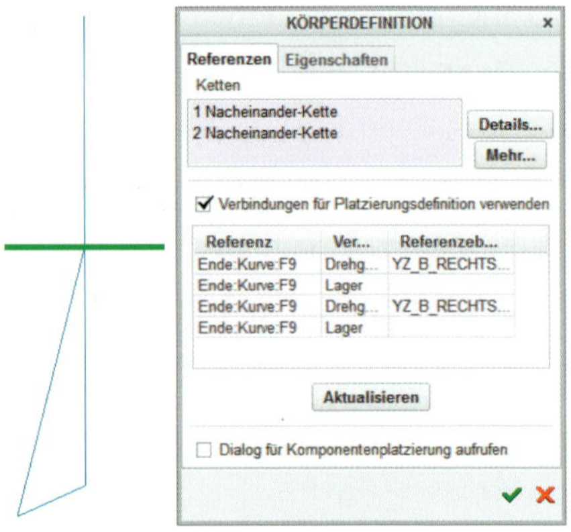

Bei einem ersten Bewegungstest mit der Funktion

- ⇦ **Modell**, ⇦ **Komponenten ziehen**, ⇦ <*Kolben-Referenz*>, ◀ ziehen mit gedrückter Maustaste

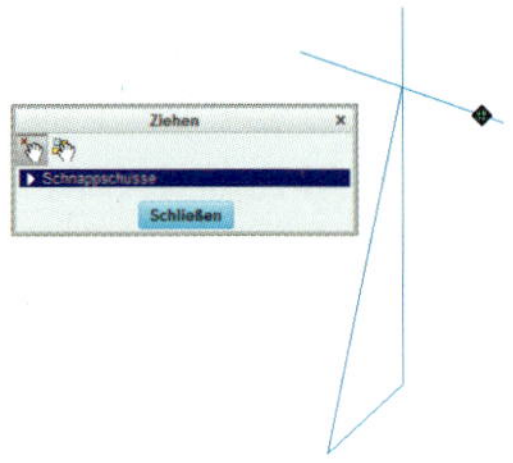

wird deutlich, dass sich die Kolben-Referenz noch drehen lässt. Also muss noch eine weitere Verbindung definiert werden, um dieses auszuschließen.

☐ Verbindung modifizieren

- ⇦ Auswahl der Kolben-Referenz im Modellbaum
- ▶ Definition editieren

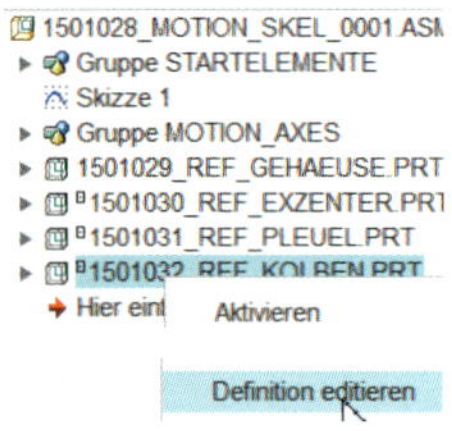

Der Dialog KÖRPERDEFINITION öffnet sich erneut. Darin muss der Schalter *Dialog für Komponentenplatzierung aufrufen* gesetzt werden:

- ☑ Dialog für Komponentenplatzierung aufrufen
- KÖRPERDEFINITION beenden: ⇩ *oder* ✔

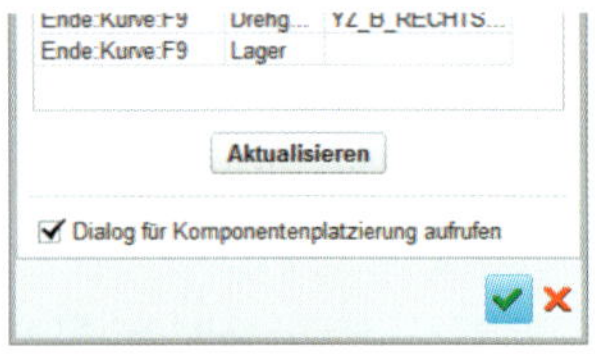

Am oberen Rand des Arbeitsfensters öffnet sich das Schaltpult für die Komponentenplatzierung. Gleichzeitig werden Platzierungssymbole und die bisher automatisch gesetzten Platzierungsbedingungen angezeigt. Es muss noch eine weitere Platzierungsbedingung manuell ergänzt werden. Dazu wird ohne Elementauswahl die rechte Maustaste gedrückt und die Funktion *Satz hinzufügen* gewählt:

- ▶ Satz hinzufügen

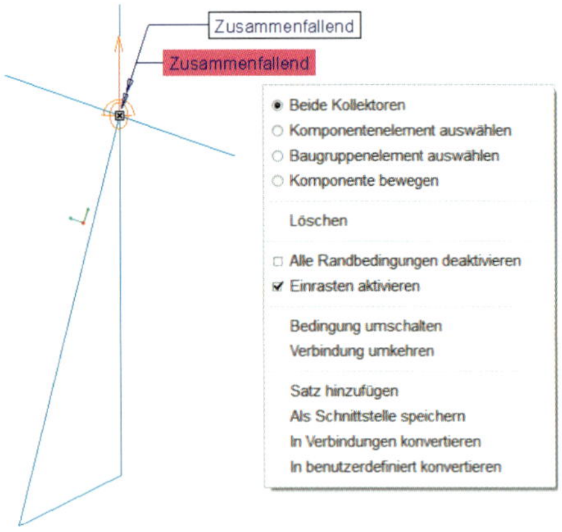

Sinnvoll ist das Setzen einer ***Zylinderverbindung*** für die Mittelachse der Kolben-Referenz und die Mittelachse der Zylinder-Referenz. Dazu werden die Achsen in der Darstellungssteuerung eingeblendet:

- ⇦ Darstellungssteuerung **An**, ⇦ **Achsen einblenden**,
- ⇦ Darstellungssteuerung **Aus**

Ebenfalls sinnvoll ist das Ausblenden des CoPilots, da keine manuellen Verschiebungen vorgenommen werden sollen und er daher jetzt stört:

- ⇦ (im Schaltpult)

Wahl des Typs Zylinder-Verbindung im Schaltpult:

- ⇦ **Zylinder**

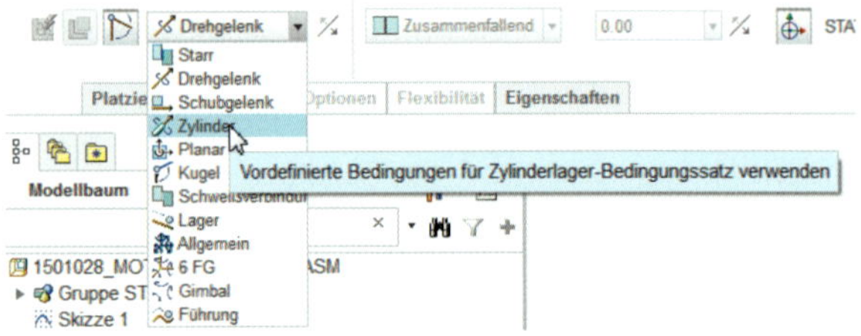

Jetzt müssen noch die beiden Achsen gewählt werden, durch die die Zylinderlagerverbindung definiert werden soll:

- ⇦ Achse der Kolben-Referenz
- ⇦ Achse der Zylinder-Referenz
- Einbaudefinition beenden ⇩ *oder* ✔

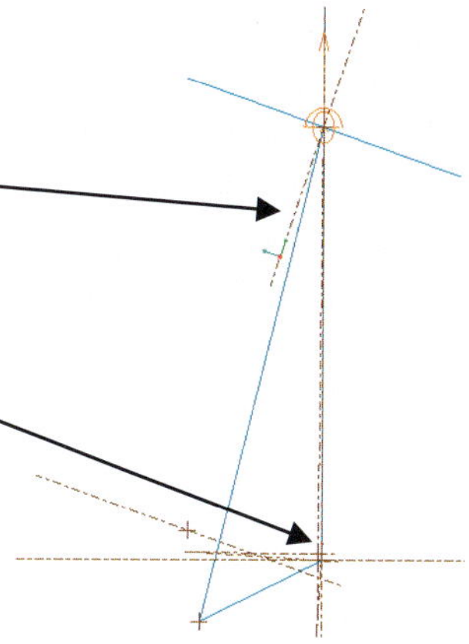

Achsen wieder ausblenden:

- ⇦ Darstellungssteuerung **An**, ⇦ **Achsen ausblenden**,
- ⇦ Darstellungssteuerung **Aus**

Bei nachfolgendem Ziehen mit der Funktion ⇦ **Modell**, ⇦ **Komponenten ziehen**, ⇦ *<Kolben-Referenz>*, ◀ ziehen mit gedrückter Maustaste kippt die Kolben-Referenz nicht mehr ab.

- Modell speichern:

⚠ Zieht man den Kolben in die obere oder untere Endlage, kann es ein wenig dauern, bis *Creo* wieder einen neuen Weg akzeptiert. Besser ist nun das Ziehen am gemeinsamen Endpunkt von Exzenter- und Pleuel-Referenz. Hier kann die gesamte Kurbelkinematik simuliert werden.

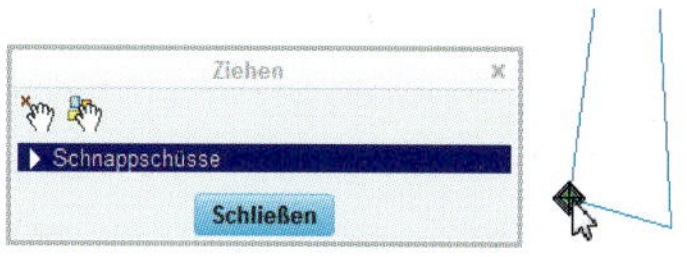

10.4.3.5 Einbau bestehender Komponenten

Innerhalb der eigentlichen Konstruktionsbaugruppe *1501027_motor_dyn.asm* können nun die einzelnen Unterbaugruppen und Komponenten auf das kinematische (bewegliche) Teilegerüst referenziert werden. Dabei übernehmen diese die Beweglichkeit ihrer Referenzkomponenten.

☐ **Kolbenbaugruppe einfügen**

- ⇦ **Datei**, ⇦ **Öffnen**, *1501027_motor_dyn.asm*, ⇦ Master-Darst
- ⇦ **Modell**, ⇦ **Einbauen**, *1501022_bg_kolben.asm*, ⇦ Öffnen, ⇦ Master-Darst

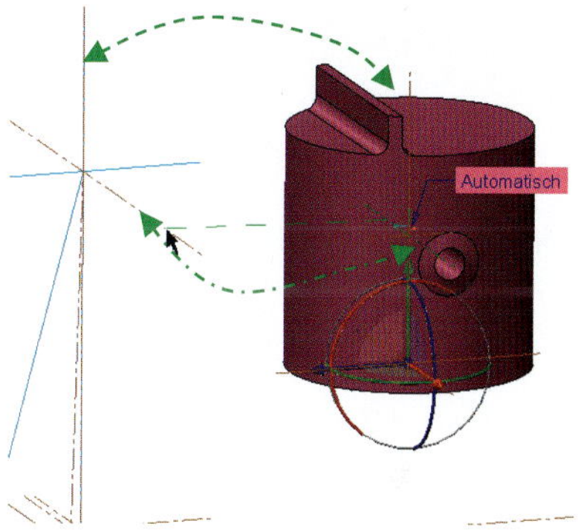

Zunächst wird die Achse des Kolbenbolzens mit der Kolbenquerachse der Kolbenreferenz **zusammenfallend** ausgerichtet:

- ⇦ Achse Kolbenbolzen, ⇦ Achse *ref_kolben* (siehe Abbildung)

Als zweiter Verbindungssatz wird die senkrechte Kolbenachse auf eine der verfügbaren senkrechten Achsen **zusammenfallend** ausgerichtet.

- ⇦ Kolbenachse, ⇦ Mittelachse der Baugruppe (siehe Abbildung)
- Einbaudefinition beenden: ⇩ *oder* ✔

☐ **Pleuel einfügen**

Zunächst empfiehlt es sich, alle Komponenten und Elemente des Motionskeletts, mit **Ausnahme der Pleuel-Referenz**, sowie die Startelemente der Baugruppe und die Komponente *bg_kolben* auszublenden.

- ⇦ und **[Strg]**+⇦: Elemente wählen
- ▶ **Ausblenden**

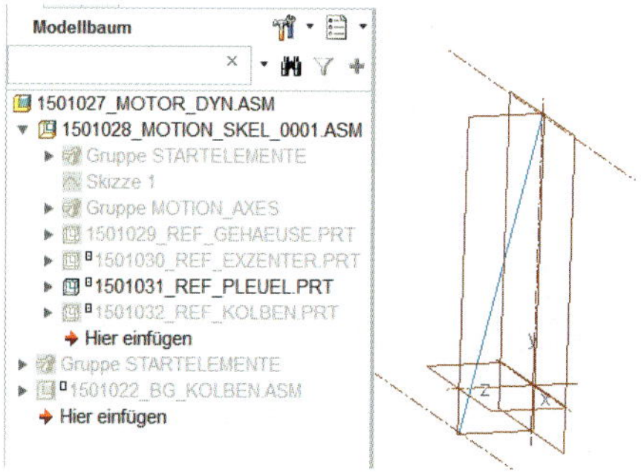

Jetzt sind nur noch die Elemente der Pleuel-Referenz im Arbeitsfenster sichtbar.

- ⇦ **Modell**, ⇦ **Einbauen**, *1501015_pleuel.prt*, ⇦ Öffnen,

Die beiden Achsen des Pleuels werden mit den zugehörigen Achsen der Pleuel-Referenz (grün) und die Mittelebene des Pleuels mit der Mittelebene der Pleuel-Referenz (hellblau) **zusammenfallend** ausgerichtet.

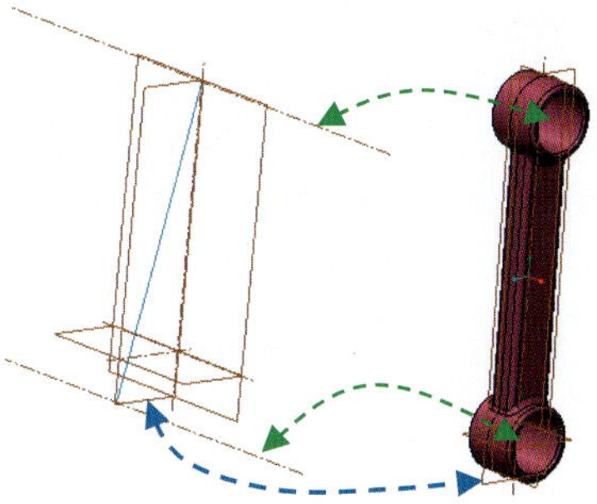

- ⇦ 1. Achse Pleuel, ⇦ 1. Achse *ref_pleuel* (siehe Abbildung)
- ⇦ 2. Achse Pleuel, ⇦ 2.Achse *ref_pleuel* (siehe Abbildung)
- ⇦ Mittelebene Pleuel, ⇦ Mittelebene *ref_pleuel* (siehe Abbildung)
- Einbaudefinition beenden: ⇩ *oder* ✔
- ⇦ *ref_pleuel*, ▶ **Ausblenden**
- ⇦ *ref_exzenter*, ▶ **Einblenden**

□ **Kurbelwellenbaugruppe einfügen**

Die Kurbelwelle definiert ihre Winkellage über das Skelett, die axiale Lage wird dagegen durch die Dicke des Pleuels festgelegt. Daher wird der Pleuel zusätzlich zur Exzenter-Referenz eingeblendet.

- ⇦ **Modell**, ⇦ **Einbauen**, *1501023_bg_kurbelwelle.asm*, ⇦ Öffnen, ⇦ Master-Darst

Ausrichten der beiden Kurbelwellenachsen **zusammenfallend** zu den zugehörigen Achsen der Exzenter-Referenz.

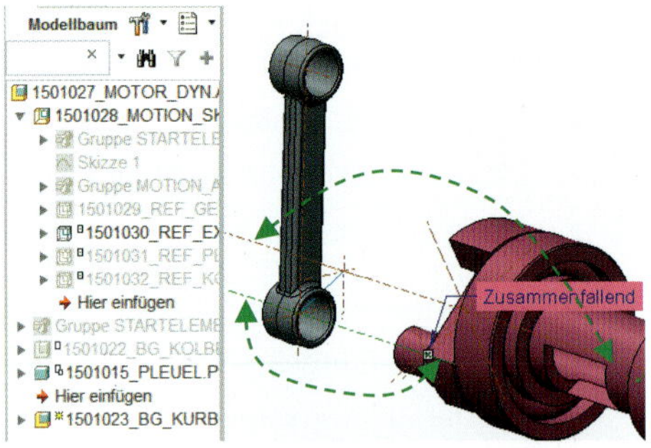

Anschließend werden die Anschlagflächen von Pleuel und Kurbelwellenzapfen **zusammenfallend** zueinander ausgerichtet.

- Einbaudefinition beenden: ⇩ *oder* ✔

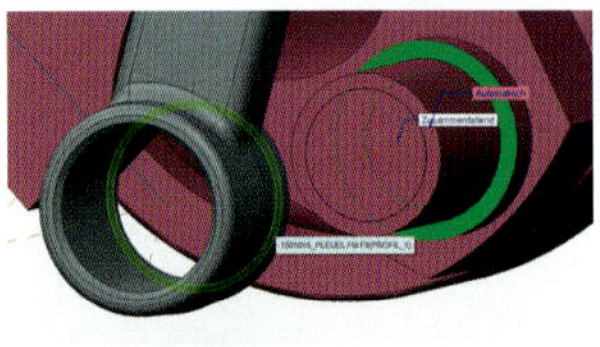

□ **Gehäusebaugruppe einfügen**

Die Gehäusebaugruppe wird analog auf die Achsen der Gehäuse-Referenz eingebaut.

- ⇦ **Modell**, ⇦ **Einbauen**, *1501024_bg_gehaeuse.asm*, ⇦ Öffnen, ⇦ Master-Darst

Ausrichten der Zylinderachse und der Kurbelwellenachse **zusammenfallend** zu den jeweils zugehörigen Achsen der Gehäuse-Referenz. In der nebenstehenden Darstellung ist das Gehäuse transparent dargestellt.

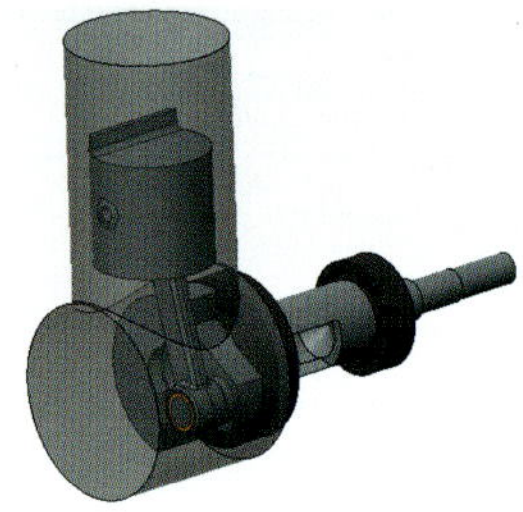

- Modell speichern:

10.4.4 Digitaler Entwurf

Mittlerweile besteht ein erster digitaler Entwurf des zu entwickelnden Motors. Durch Ändern des Skelettwinkels (siehe Kap. 11) in der Variante mit dem Standard-Skelett bzw. durch Komponentenziehen bei der Motion-Variante können Bewegungen ausgeführt und erste Kollisionsbetrachtungen angestellt werden. In der nachfolgenden Bilderserie ist die Gehäusebaugruppe ausgeblendet.

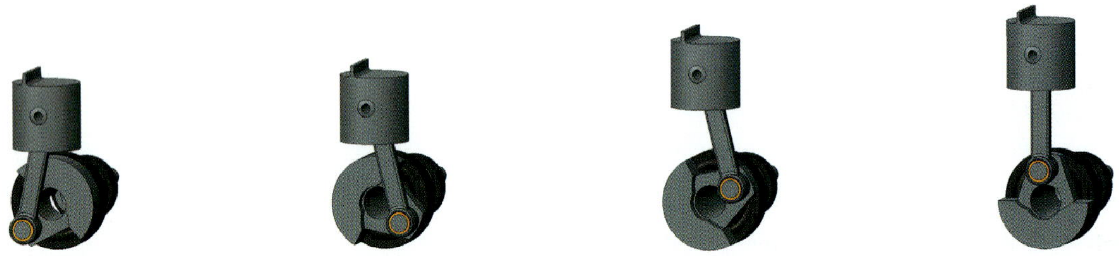

10.4.5 Skelett-Technik als Entwurfs-Layout (AAX)

Die den vorangegangenen Kapiteln 10.4.1, 10.4.2 und 10.4.3 beschriebenen Anwendungen der Skelett-Technik durch Einbau unabhängig vom Skelett modellierter Komponenten nutzen die Möglichkeiten der Skelett-Technik nicht vollständig. Das kann zu Problemen führen, wenn zum Beispiel die Länge des modellierten Pleuels nicht exakt mit der Länge der Pleuel-Referenz in der Skelettskizze übereinstimmt. Auf der anderen Seite sind in der Skelettskizze die Pleuellänge, die Exzentrizität und ggf. der Kolbendurchmesser bereits definiert. Werden diese Informationen gleich mit in die Modellierung der Komponenten übertragen, übernimmt die Skelettskizze neben der Positions- bzw. Bewegungsdefinition gleichzeitig die Steuerung der zugehörigen Hauptgeometrie.

Im Folgenden werden die bisher modellierten Komponenten und Unterbaugruppen unter Anwenden dieser Übergabetechnik für Skelettdefinitionen noch einmal modelliert. Um hierbei die Übersicht bezüglich der Elemente zu bewahren, werden die neuen Teile mit denselben Namen, aber ohne Voranstellen der Identnummern erstellt.

Damit nicht noch eine dritte Motor-Zusammenbauvariante benötigt wird, wird der dynamische Zusammenbau *1501027_motor_dyn.asm* weiterverwendet und verändert. Die bereits in der Baugruppe verbauten Komponenten werden mit Ausnahme des Skeletts *1501028_motion_skel_0001* **unterdrückt**. Durch das Unterdrücken werden die Komponenten in der Baugruppe außer Funktion gesetzt, ohne endgültig gelöscht zu sein.

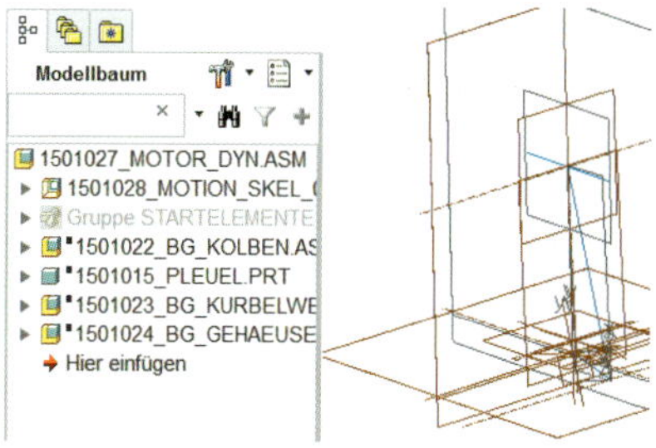

☐ **Komponenten unterdrücken**

- ⇦ **Datei**, ⇦ **Öffnen**, *1501027_motor_dyn.asm*, ⇦ Master-Darst
- ⇦ 1. Komponente *1501022_bg_kolben* im Modellbaum wählen
- ⇧ + ⇦ letzte Komponenten *1501024_bg_gehaeuse* wählen
- ▶ **[Unterdrücken]**, **[OK]**

Im Modellbaum sind die unterdrückten Komponenten durch ein gefülltes schwarzes Viereck neben dem Typsymbol gekennzeichnet. Im Arbeitsfenster sind nur noch die Skizzen und Bezüge von dem Skelett und den Skelett-Referenzkörpern zu sehen.

10.4.5.1 Kolben-Referenz aufbereiten

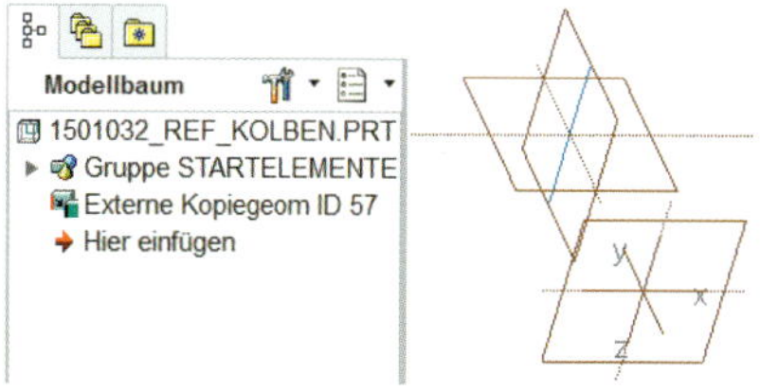

Öffnet man die Körper-Referenzobjekte (Beispiel *1501032_ref_kolben*), so erkennt man, dass das Koordinatensystem des Referenzkörpers nicht in der Mitte der *Externe Kopiegeometrie* (blaue Linie) des symbolisch skizzierten Kolbens liegt. Wie bereits aufgrund der in Kap. 10.2.1 erstellten Kolbenbaugruppe klar ist, wird auch für den Kolben eine Baugruppe aus mehreren Komponenten benötigt. Für den Einbau und die Definition der neuen Komponenten ist das Vorhandensein logischer Koordinatensysteme sehr hilfreich.

Als Einbaureferenz für die später noch zu erstellende neue Kolbenbaugruppe und den neuen Kolben wird ein Koordinatensystem in der Mitte der Kolbenbohrung erstellt. Ein Koordinatensystem wird durch 3 Ebenen oder 3 Achsen definiert. Zwei geeignete Ebenen sind in der Kolben-Referenz bereits vorhanden. Die dritte Ebene wird **parallel** zur unteren Ebene und **durch** die blaue Skizze des Kolbens erstellt:

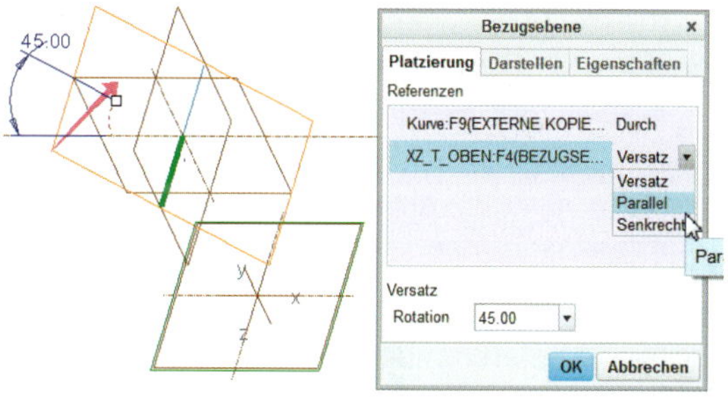

- ⇦ **Modell**, ⇦ Ebene
- ⇦ blaue Linie im Arbeitsfenster
- **[Strg]**+⇦ Ebene (siehe Abbildung)
- Versatzoption: ▼ Parallel
- **[OK]**
- ⇦ <Abwählen der aktiven Ebene durch Klicken in den freien Hintergrund>

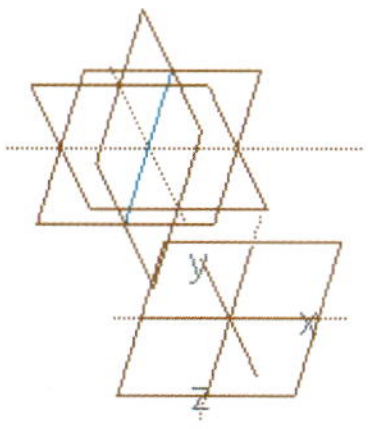

Als nächstes wird ein neues Koordinatensystem durch die 3 Ebenen erstellt:

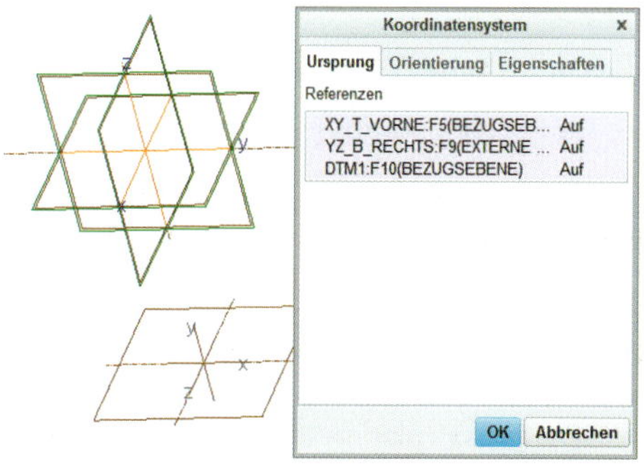

- ⇦ **Modell**, ⇦ Koordinatensystem
- ⇦ erste Ebene im Arbeitsfenster
- **[Strg]**+⇦ 2. und 3. Ebene (siehe Abbildung)

Der spätere Einbau der Komponenten wird erheblich erleichtert, wenn die Ausrichtung der Koordinatensysteme übereinstimmt. Daher ist es sinnvoll, die Ausrichtung des Koordinatensystems mit dem bereits in der Kolben-Referenz vorhandenen Koordinatensystem gleich zu setzen.

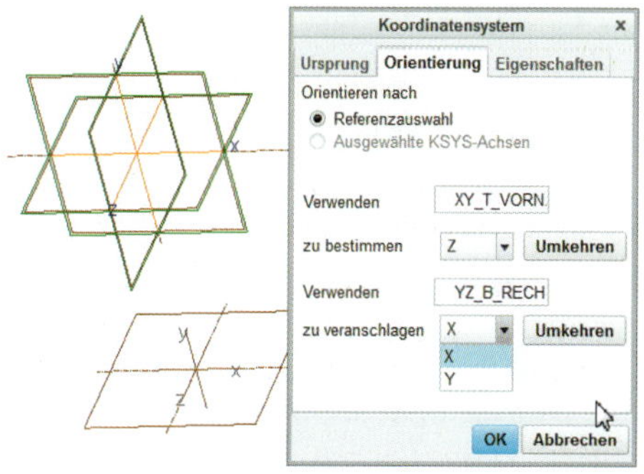

- ⇦ Register ORIENTIERUNG
- Anpassen der Referenzauswahl bis die Ausrichtung der *x*-, *y*- und *z*-Achse beider Koordinatensysteme übereinstimmen.
- **[OK]**
- Kolben-Referenz speichern:

10.4.5.2 Pleuel-Referenz aufbereiten

Analog der Vorgehensweise nach Kap. 10.4.5.2 wird nun in der Pleuel-Referenz ein Koordinatensystem an einem der beiden Enden der Pleuelskizze erstellt:

- ⇦ **Modell**, ⇦ Ebene <erste Versatzebene>
- ⇦ Ebene (siehe Abbildung)
- **[Strg]**+⇦ Kurvenendpunkt (siehe Abbildung)
- Versatzoptionen: ▼ Durch und ▼ Parallel
- **[OK]**

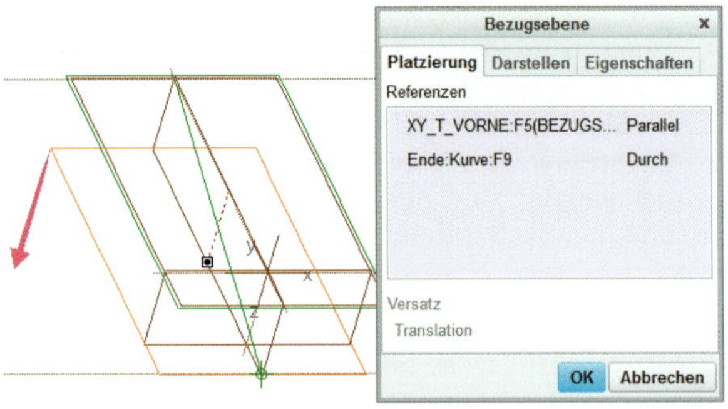

- ⇦ **Modell**, ⇦ Ebene <zweite Versatzebene>
- ⇦ Ebene (siehe Abbildung)
- **[Strg]**+⇦ Kurvenendpunkt (siehe Abbildung)
- Versatzoptionen: ▼ Durch und ▼ Parallel
- **[OK]**

Als nächstes wird ein neues Koordinatensystem durch drei Ebenen erstellt und ausgerichtet:

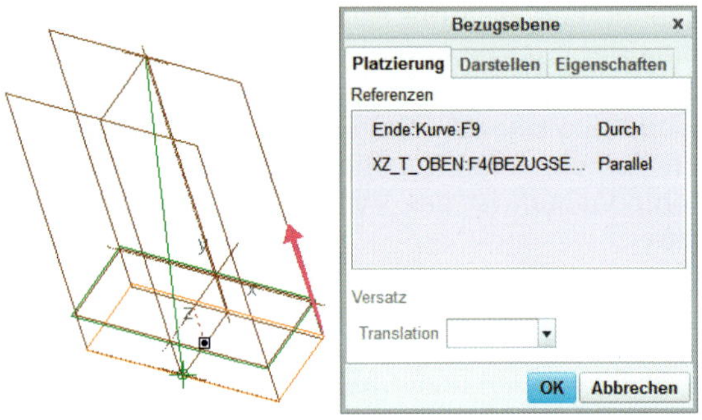

- ⇦ **Modell**, ⇦ Koordinatensystem
- ⇦ erste Ebene im Arbeitsfenster
- **[Strg]**+⇦ 2. und 3. Ebene (siehe Abbildung)
- ⇦ Register ORIENTIERUNG
- Anpassen der Referenzauswahl bis die Ausrichtung der *x*-, *y*- und *z*-Achse beider Koordinatensysteme übereinstimmen.
- **[OK]**
- Pleuel-Referenz speichern:

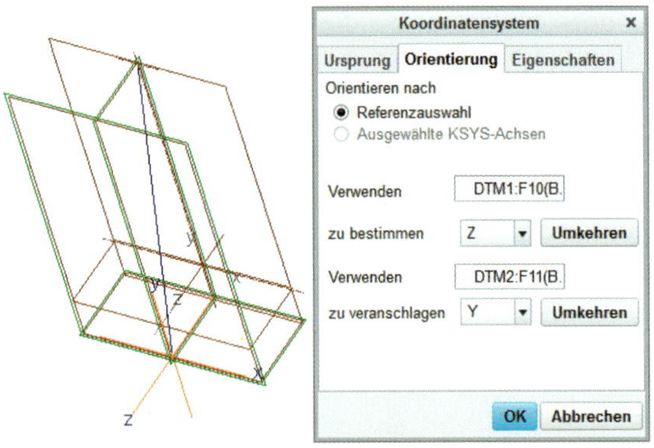

10.4.5.3 Pleuel mit Maßübernahme anlegen

- ⇦ bzw. der Hauptbaugruppe <***1501027_motor_dyn.asm***>

Für die Definition eines neuen Pleuels mit Maßübernahme werden in der Hauptbaugruppe wieder alle Elemente des Bewegungsskeletts *1501028_motion_skel_001* mit Ausnahme der Pleuel-Referenz ausgeblendet.

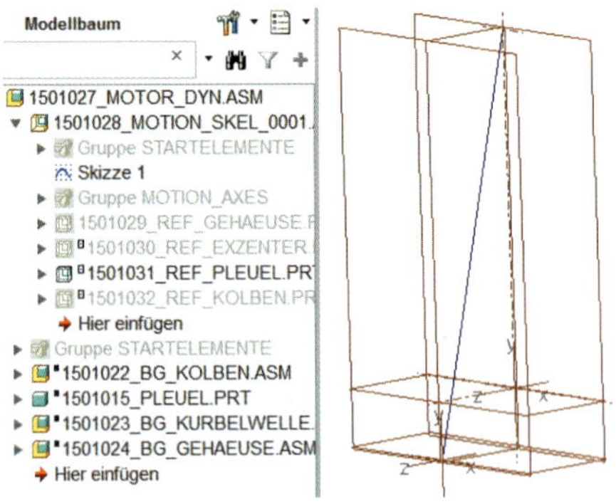

☐ Pleuelkomponente erzeugen und platzieren

- ⇦ **Modell**, ⇦ Erzeugen
- Typ, Untertyp: ⦿ Teil, ⦿ Volumenkörper
- Name, Üblicher Name: <***pleuel***>, <***pleuel***>, **[OK]**
  (*ohne Identnummer, da Alternativbeispiel*)
- Erzeugungsmethode: ⦿ Aus vorhandenen kopieren
- Auswahl: *sut_de_5se_startt.prt*, **[OK]**
- ⇦ <Modell ablegen>

Aufgrund der Vorbereitung durch das Koordinatensystem in der Pleuel-Referenz kann der Einbau der Komponente sehr einfach über die Auswahl der beiden Koordinatensysteme von Pleuel-Referenz und Pleuel vorgenommen werden. Dazu werden die Konstruktionselemente von Pleuel-Referenz *1501031_ref_pleuel* und dem Pleuel *pleuel.prt* durch Aufklicken der Gruppen im Modellbaum sichtbar geschaltet:

- ⇦ ▶ *1501031_ref_pleuel*
- ⇦ ▶ *pleuel.prt*, ⇦ ▶ *Gruppe STARTELEMENTE*

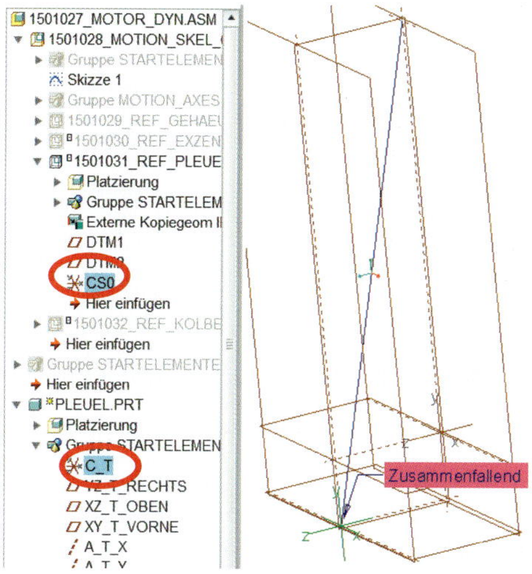

Nun können die Koordinatensystem **CS0** in der Pleuel-Referenz und **C_T** im Pleuel als Platzierungsbedingung direkt ausgewählt werden:

- ⇦ **CS0** <Platzierungsreferenz in der Pleuel-Referenz>
- ⇦ **C_T** <Platzierungsreferenz im Pleuel>
- Einbaudefinition beenden ⇩ *oder* ✔

☐ Vorbereiten der Maßübernahme

- ⇦ ***pleuel.prt*** im Modellbaum auswählen, ▶ **Öffnen**
- ⇦ **Modell**, ⇦ **Kopie-Geometrie**
- ⇦ Nur Publiziergeometrie **deaktivieren**
- ⇦ (aus Schaltpult) ***1501031_ref_pleuel.prt***, ⇦ **Öffnen**

Es öffnet sich der Dialog PLATZIERUNG. Die Pleuel-Referenz kann für den Referenzbezug innerhalb der Komponente frei platziert werden. Einzig sinnvoll ist die Platzierung durch Aufeinanderlegen der Koordinatensysteme von Pleuel und Pleuel-Referenz:

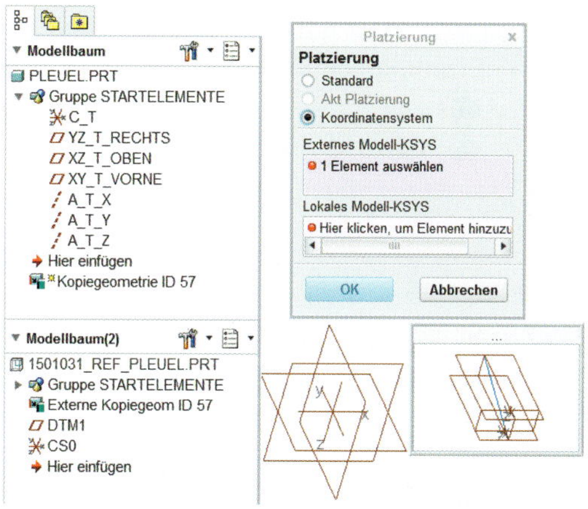

- ⇦ ◉ Koordinatensystem

Im Modellbaum wird ein zweiter Bereich für die Pleuel-Referenz geöffnet. Gleichzeitig öffnet sich ein kleines Fenster mit der Pleuel-Referenz. Die Auswahl der beiden Koordinatensystem kann in beliebiger Reihenfolge entweder über die beiden Modellbäume oder durch Anklicken in den Arbeitsfenstern oder auch gemischt erfolgen:

- ⇦ **CS0** <Platzierungsreferenz in der Pleuel-Referenz>
- ⇦ **C_T** <Platzierungsreferenz im Pleuel>
- **[OK]**

Die Lage der Pleuel-Referenz ist jetzt innerhalb des Pleuels eindeutig definiert. Als nächstes wird gewählt, welche Elemente aus der Pleuel-Referenz im Pleuel verwendet werden sollen.

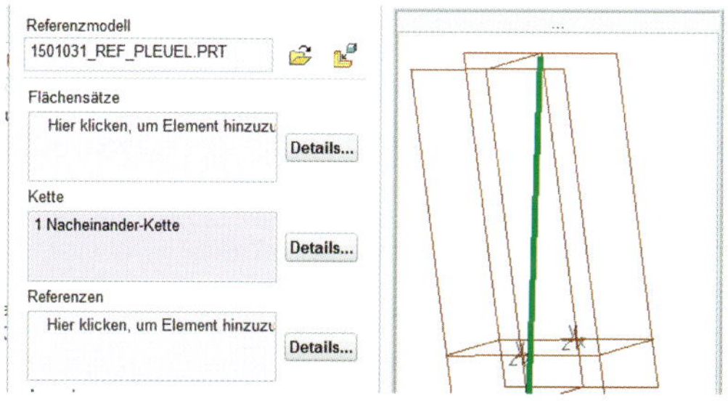

- ⇦ Register REFERENZEN öffnen
- ⇦ Sammelbereich für (Linien-)Kette durch Anklicken aktivieren
- ⇦ Pleuel-Linie auswählen
- Kopiegeometrie beenden ⇩ *oder* ✔

☐ Pleuelmodellierung mit Maßübernahme

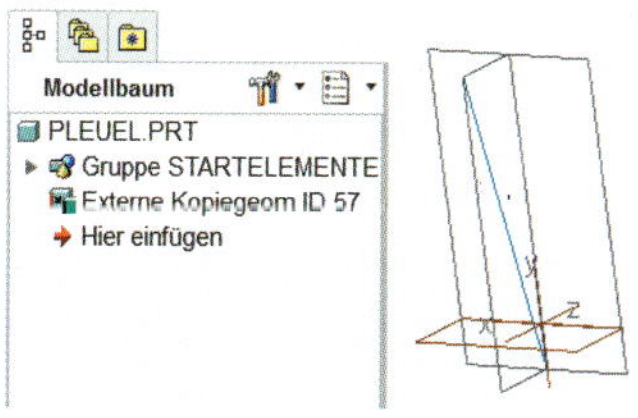

Im Pleuel steht nun die das Pleuel symbolisierende Linie aus der ursprünglichen Kinematik-Skizze des Bewegungsskeletts zur Verfügung. Sie gibt eindeutig die Lage und Größe des zu konstruierenden Pleuels an. Analog zur Beschreibung aus Kap. 6.3.5.4 ff. wird nun das Pleuel auskonstruiert mit dem Unterschied, dass die Linie in der Skizze der Grundkontur referenziert wird:

- ⇦ Profil, ⇦ Ebene der Pleuellinie als Skizzierebene
- ⇦ , ⇦ Pleuellinie (Externe Kopiegeom) hinzufügen
- ⇦ Pleuellinien-Endpunkt 1 (Ende: Kurve: F9) hinzufügen
- ⇦ Pleuellinien-Endpunkt 2 (Ende: Kurve: F9) hinzufügen
- **[Schließen]**

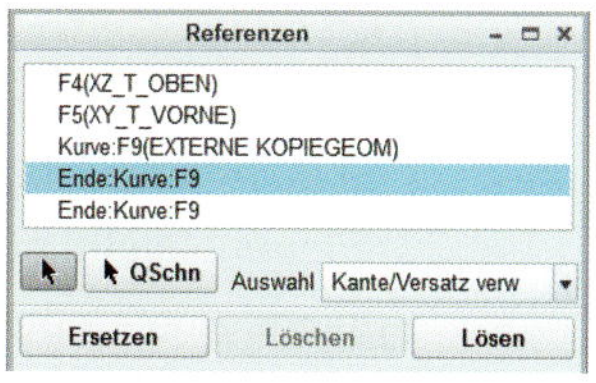

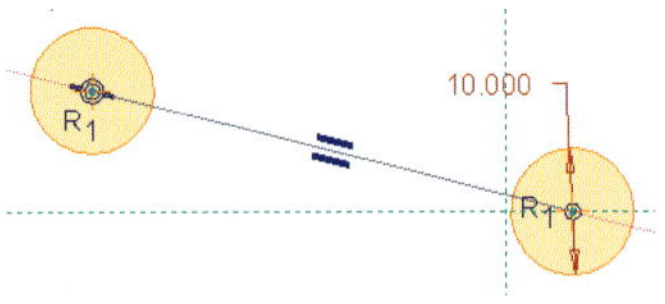

- ⇦ Kreise durch die Endpunkte der Pleuellinie
- ⇦ Mittellinie durch die Pleuellinie

Im Unterschied zu Kap. 6.3.5.4 erstellt *Creo* kein Maß für den Abstand der beiden Kreise, da die Definition der Pleuellänge in der Kinematik-Skizze des Bewegungsskeletts erfolgt ist.

Änderungen der Pleuellänge können ausschließlich in der Skelettskizze vorgenommen werden. Die weiteren Schritte am Pleuel erfolgen analog zu Kap. 6.3.5.4 ff.

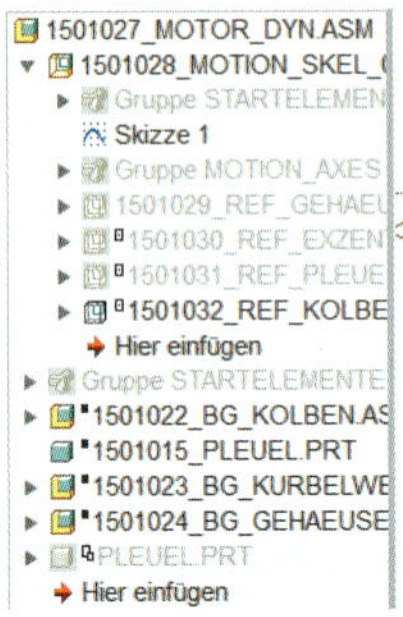

10.4.5.4 Kolbenbaugruppe und Kolben mit Maßübernahme anlegen

- ⇦ bzw. der Hauptbaugruppe <***1501027_motor_dyn.asm***>

Für die Definition einer neuen Kolbenbaugruppe und eines Kolbens mit Maßübernahme werden in der Hauptbaugruppe wieder alle Elemente des Bewegungsskeletts *1501028_motion_skel_001* mit Ausnahme der Kolben-Referenz ausgeblendet. Ebenfalls ausgeblendet wird der soeben erstellte Pleuel.

☐ **Kolbenbaugruppe erzeugen und platzieren**

- ⇦ **Modell**, ⇦ Erzeugen
- Typ, Untertyp: ⦿ Unterbaugruppe, ⦿ Standard
- Name, Üblicher Name: <***bg_kolben***>, < ***bg_kolben*** >, **[OK]**, ⇦ <ablegen> (*ohne Identnummer, da Alternativbeispiel*)
- Erzeugungsmethode: ⦿ Aus vorhandenen kopieren
- Auswahl: *sut_de_5se_startb.asm*, **[OK]**
- ⇦ ▸ *1501032_ref_kolben*
- ⇦ ▸ *bg_kolben.prt*, ⇦ ▸ Gruppe STARTELEMENTE
- ⇦ **CS0** <Platzierungsreferenz in der Kolben-Referenz>
- ⇦ **C_B**<Platzierungsreferenz in der *bg_kolben*>
- Einbaudefinition beenden ⇩ *oder* ✔

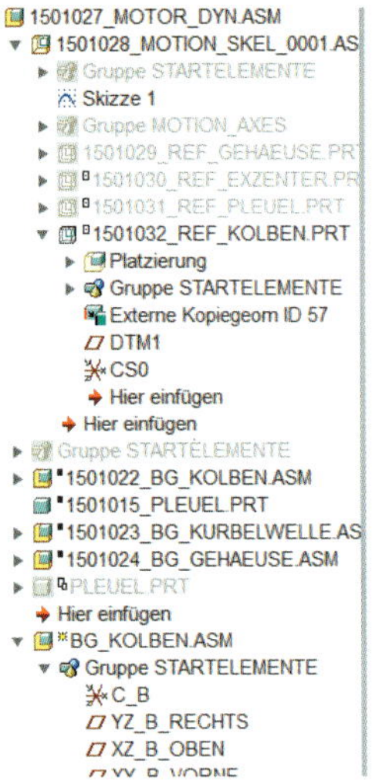

☐ **Kolben erzeugen und platzieren**

- ⇦ *bg_kolben* im Modellbaum auswählen, ▶ **Öffnen**, ⇦ Master-Darst, **[OK]**
- ⇦ **Modell**, ⇦ Erzeugen
- Typ, Untertyp: ⦿ Teil, ⦿ Volumenkörper
- Name, Üblicher Name: <***kolben***>, <***kolben***>, **[OK]** (*ohne Identnummer, da Alternativbeispiel*)
- Erzeugungsmethode: ⦿ Aus vorhandenen kopieren
- Auswahl (ggf. Durchsuchen): *sut_de_5se_startt.asm*, **[OK]**
- ⇦ Komponente im Arbeitsfenster frei absetzen
- ▶ **Standardbedingung**
- Einbaudefinition beenden: ⇩ *oder* ✔

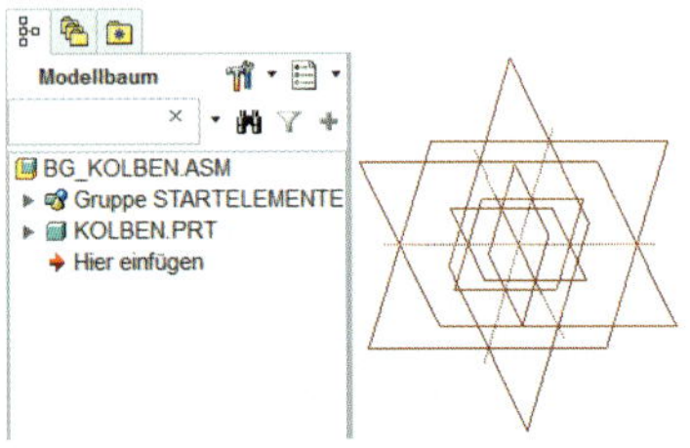

☐ **Vorbereiten der Maßübernahme**

- ⇦ *kolben* im Modellbaum auswählen, ▶ **Öffnen**
- ⇦ **Modell**, ⇦ **Kopie-Geometrie**
- ⇦ Nur Publiziergeometrie **deaktivieren**
- ⇦ ***1501032_ref_kolben.prt*** , ⇦ **Öffnen**
- ⇦ ⦿ Koordinatensystem
- ⇦ **CS0** <in der Kolben-Referenz>
- ⇦ **C_T** <im Kolben>
- **[OK]**
- ⇦ Register REFERENZEN öffnen
- ⇦ (Linien-)Kette durch Anklicken aktivieren
- ⇦ Pleuel-Linie(n) auswählen
- Kopiegeometrie beenden ⇩ *oder* ✔

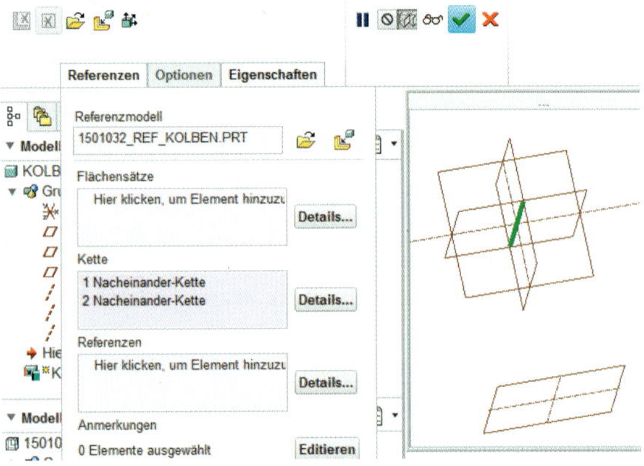

☐ Kolben modellieren

Die Definition zweier Bezugspunkte auf den Enden der Kolbenlinienreferenz erleichtert das Referenzieren in der nachfolgenden Profilskizze.

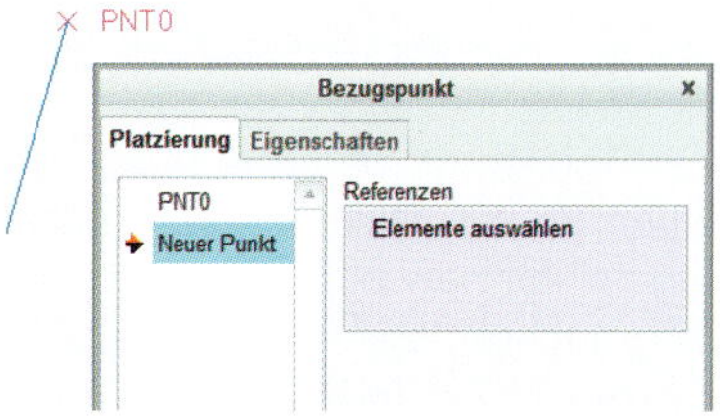

- ⇦ **Modell**, ⇦ Punkt, ⇦ 1. Endpunkt Kolbenlinie,
- ⇦ Neuer Punkt, ⇦ 2. Endpunkt Kolbenlinie, **[OK]**

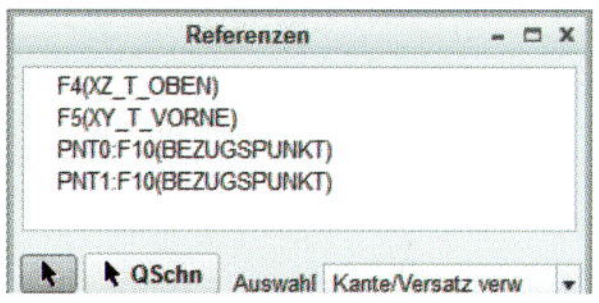

- ⇦ Profil, ⇦ Ebene der Kolbenlinie als Skizzierebene **XZ_T_OBEN**
- ⇦ , ⇦ Punkte hinzufügen,
- **[Schließen]**
- ⇦ Kreis um Mittelpunkt durch einen Bezugspunkt
- Skizze beenden: ⇩ *oder* ✔

Bei dieser Modellierungsvariante stellt die Kolbenreferenzlinie die Lage der Kolbenachse, also der Kolbenbohrung dar. Daher wird der Kolben von dieser Lage ausgehend **14 mm** nach oben und **12 mm** nach unten extrudiert.

Falls Unklarheit besteht, welche Richtung oben oder unten ist, kann eine Seite extrudiert werden und das Modellergebnis in der Hauptbaugruppe überprüft werden.

Die weiteren Modellierungen am Kolben erfolgen analog zu Kap. 6.3.5.3 ff.

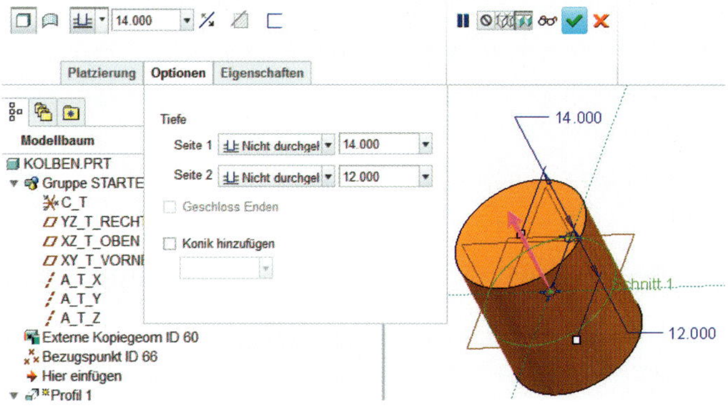

Genau wie die Pleuellänge folgt der Kolbendurchmesser immer exakt den Vorgaben aus der Kinematik-Skizze. Gleichzeitig wurde der kinematische Zusammenhang aus der Skizze übernommen. Das Modell kann jederzeit entsprechend der Freiheitsgrade bewegt werden.

Analog lassen sich Kurbelwelle, Kolbenbolzen, Zylinderdurchmesser und -länge usw. jeweils auf die Referenzkörper beziehen.

⚠ Die Kinematik-Skizze steuert somit die wesentlichen Modelldaten und die Modellkinematik. Weitere Detailmodellierungen der Komponenten erfolgen nach wie vor in den einzelnen Komponenten selber.

Die beiden nachfolgenden Abbildungen zeigen die Wirkung von Änderungen an der Kinematik-Skizze vor und nach dem Regenerieren.

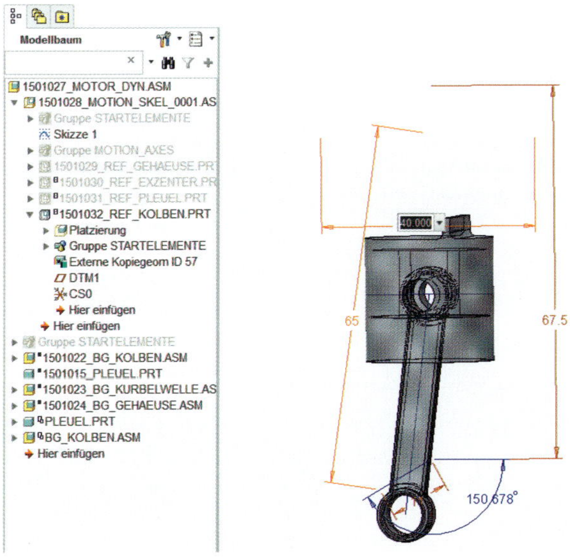

Vor Regenerieren

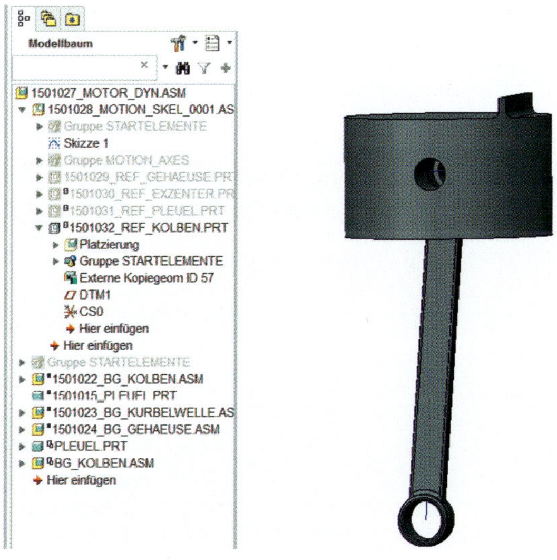

Nach Regenerieren

⚠ Für die weiteren Bearbeitungen innerhalb des Buchs wird der Einfachheit und Übersichtlichkeit halber die ursprüngliche Motorbaugruppe ohne Bewegungsskelett *1501025_motor.asm* herangezogen.

10.5 Folien zur Strukturierung

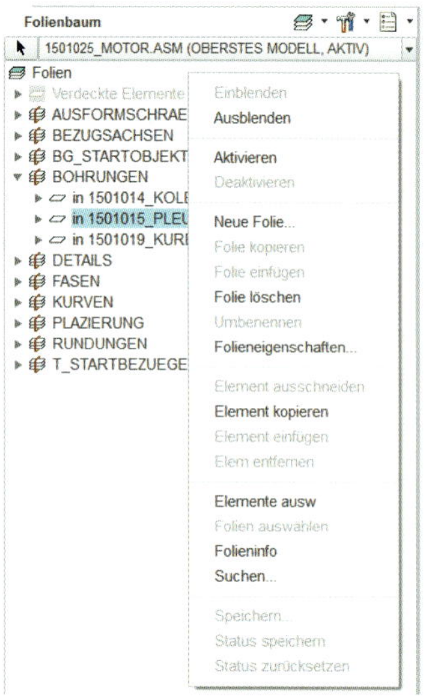

Alle Objekte und Elemente in *Creo* können auf einer oder mehreren verschiedenen Folien liegen. Diese Folien können ein- bzw. ausgeblendet werden. Mit Hilfe von Regeln können beliebige Elemente bei der Erzeugung oder nachträglich automatisch bestimmten Folien zugeordnet werden. Im nebenstehenden Beispiel werden alle Ausformschrägen, Bezugsachsen, Bezugsebenen, Bohrungen, Gewinde usw. auf eigene Folien gelegt. Damit lassen sich beispielsweise durch Ausblenden der Folie „Gewinde" alle Gewindeflächen auch für die gesamte Baugruppe ausblenden.

Entsprechende Regeln für die Folienzuweisung während der Erzeugung lassen sich über entweder den Befehl DEF_LAYER in der Datei *config.pro* als Standard für alle Sitzungen festschreiben oder alternativ über ein so genanntes **Folienmodell** definieren. Sehr benutzerfreundlich lassen sich Regeln über das Such-Tool formulieren (siehe Kap. 20.5).

- Folienansicht einstellen: ⇦ **Ansicht**, ⇦ **Folien**

Der Folienmanager wird anstelle des Modellbaums angezeigt.

Nach Auswahl einer Folie oder einer Foliengruppe wird über die rechte Maustaste der Befehlskontext zur Foliensteuerung aktiviert.

- Folien ausblenden: ▶ **[Ausblenden]**
- Folien einblenden: ▶ **[Einblenden]**

⚠ Der Folienstatus wird standardmäßig nicht gespeichert, d. h., beim Neustart von *Creo* wird wieder der vorherige Folienstatus aktiviert. Mit **Status speichern** im Folienmanager wird der aktuell eingestellte Folienstatus abgespeichert und beim nächsten Programmstart geladen. Mit **Status zurücksetzen** wird der Standard wiederhergestellt.

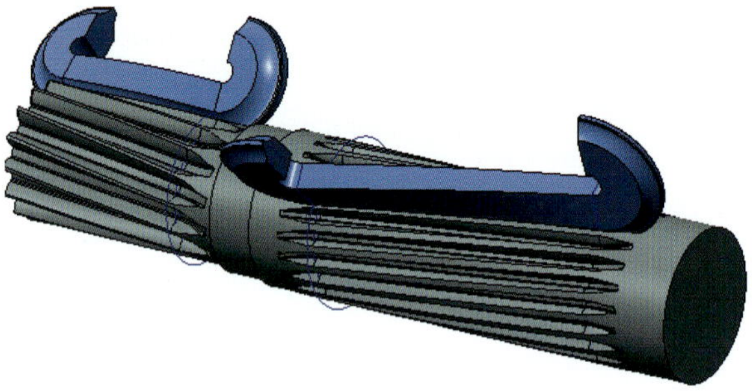

Flächen- und Kurven-Folien eingeblendet

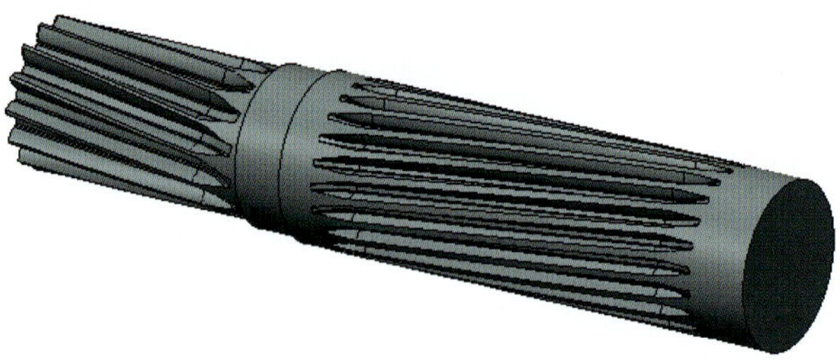

Flächen- und Kurven-Folien ausgeblendet

Ein gutes Beispiel für den Einsatz von Folien bietet das Verzahnungsfräsen aus Kap. 24.3. Die obigen Abbildungen verdeutlichen die Darstellungsänderungen durch Ein- bzw. Ausblenden der Flächen- und Kurven-Folien.

⚠ Volumenbildende Konstruktionselemente, wie z. B. Bohrungen oder Rundungen, lassen sich zwar auch auf Folien zusammenfassen, können aber nicht ausgeblendet werden.

11 Editieren von Teilen und Konstruktionselementen

Sowohl im Baugruppenmodus als auch im Teilmodus können Konstruktionselemente durch Ändern der Bemaßungswerte, Umdefinieren der Skizzen (Definition editieren) oder auch durch Ändern der Konstruktionsreihenfolge modifiziert werden. Das Konstruktionselement (KE), das zu ändern ist, kann entweder im Hauptfenster oder im Modellbaum durch Anklicken mit der linken Maustaste ausgewählt werden. Das ausgewählte Element wird im Hauptfenster durch grüne Kanten hervorgehoben und gleichzeitig im Modellbaum blau unterlegt.

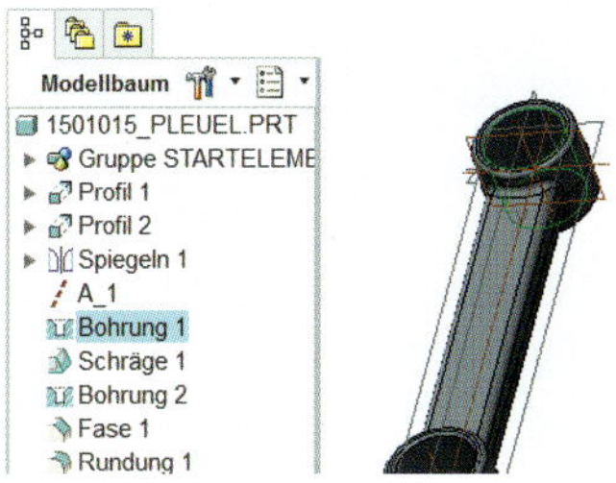

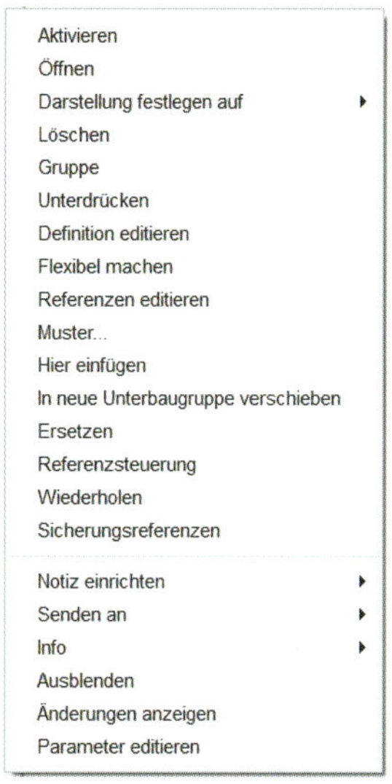

Komponente gewählt

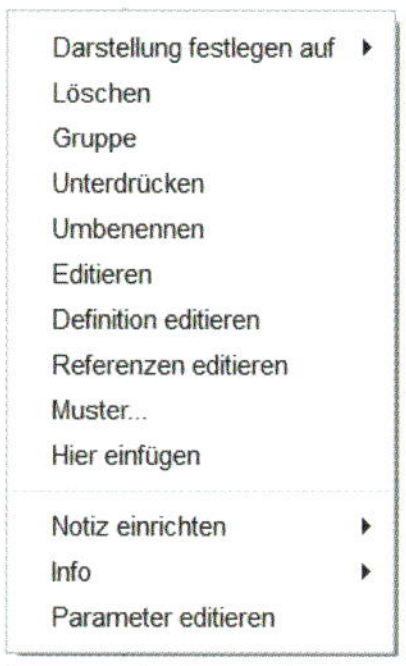

Konstruktionselement gewählt

Durch Betätigen der rechten Maustaste wird ein Unterfenster geöffnet, das eine Vielzahl von Funktionen bereitstellt. Alternativ können die Funktionen auch über **Modell-Editieren** aus der Multifunktionsleiste aufgerufen werden:

- ☐ **Aktivieren:** Aktivieren (nur in Baugruppen) setzt eine Komponente aus der Baugruppe heraus zur Bearbeitung, d. h., die ganze Baugruppe bleibt sichtbar. Auf alle Elemente und Bezüge innerhalb der Baugruppe kann referenziert werden. Neue Konstruktionselemente werden aber nur in der aktivierten Komponente erzeugt.

  Im unteren linken Viertel des Hauptfensters wird der Name der aktiven Komponente angezeigt. Im Modellbaum wird das Symbol um einen grünen Punkt ergänzt. Die inaktiven Komponenten werden transparent dargestellt. In diesem Modus werden alle neu erzeugten KEs an das aktive Modell angefügt. Zum **Deaktivieren** wird die übergeordnete Baugruppe aktiviert.

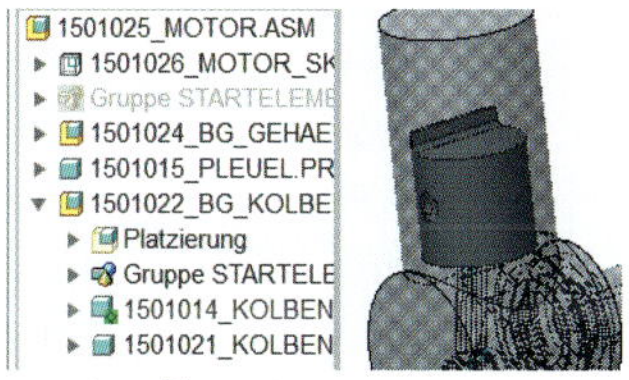

- ☐ **Öffnen**: Öffnet (nur in Baugruppen) eine Komponente zur Bearbeitung in einem separaten Fenster.
- ☐ **Darstellung festlegen auf**: Ermöglicht das schnelle Ändern der Darstellungsart von Komponenten. Beispielhaft ist nebenstehend das Motorgehäuse nur über einen Berandungsquader dargestellt.
- ☐ **Löschen:** Löscht eine Komponente oder ein Konstruktionselement.
- ☐ **Gruppe**: Fasst eine Auswahl an Komponenten oder Konstruktionselementen zu einer Gruppe zusammen.

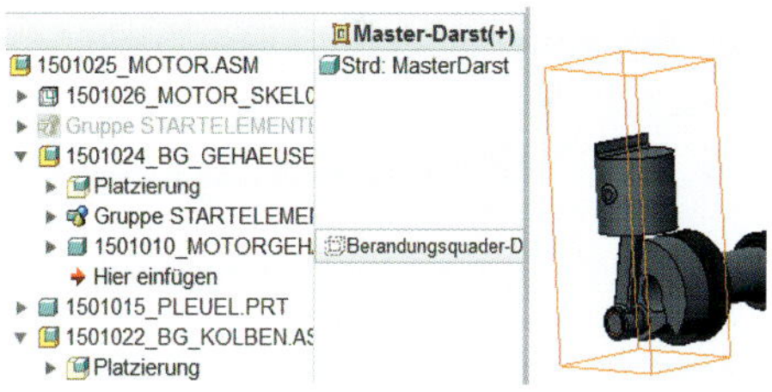

- ☐ **Unterdrücken, Zurückholen:** Beim Unterdrücken werden KEs oder Komponenten vollständig außer Funktion gesetzt (von der Regenerierung ausgeschlossen), als wären sie gelöscht. Unterdrückte Elemente können mit **Zurückholen** wiedergeholt werden. Sie werden im Modellbaum mit einem schwarzen Quadrat gekennzeichnet.

  ⚠ Alle abhängigen Elemente (Kinder) werden mit unterdrückt, da ihre Referenzen (Eltern) nicht mehr verfügbar sind.

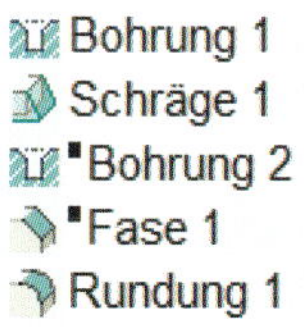

- ☐ **Editieren** der Bemaßungswerte (nur bei gewähltem KE): Wählen Sie das Konstruktionselement aus, dessen Bemaßungswerte Sie verändern wollen. Die Bemaßung des Konstruktionselementes wird eingeblendet. Durch Anklicken der Maßzahl mit der linken Maustaste kann der jeweilige Bemaßungswert verändert werden. Es können mehrere Konstruktionselemente nachgewählt werden. Ein Bildaufbau blendet die Maße wieder aus.

  ⚠ Im Gegensatz zum Skizziermodus wird das Modell nach einer Änderung von Bemaßungswerten nicht automatisch regeneriert, d. h., die Änderungen werden nicht sichtbar. Nachdem Sie alle Änderungen eingegeben haben, muss die Regenerierung manuell gestartet werden. Das Regenerieren des Modells erfolgt mit .

- ☐ **Definition editieren:** Mit Definition editieren können die ursprüngliche Definition eines jeden KEs bzw. die Einbaubedingungen einer Komponente wieder aufgerufen und geändert werden. Es öffnet sich wieder das Schaltpult, das zur Erzeugung des KEs bzw. zum Einbau der Komponente verwendet wurde.

- **Flexibel machen:** Mit dieser Funktion lassen sich Komponenten mit flexibler Gestalt erzeugen. Die Anwendung dieser Funktion wird in Kap. 14.7 beispielhaft beschrieben.
- **Referenzen editieren:** Diese Funktion ermöglicht die Neudefinition und Kontrolle der KE-Referenzen.
- **Muster...**: Muster stellen eine beliebige Anzahl an Varianten eines Konstruktionselements oder einer Gruppe von Konstruktionselementen dar. Dem Befehl Muster ist ein eigenes Kapitel in diesem Buch gewidmet (siehe Kap. 12).
- **Hier einfügen**: Verschiebt den Einfügepunkt im Modellbaum hinter das gewählte KE. Die nachfolgenden Elemente werden temporär unterdrückt. Neue Elemente können an dem Einfügepunkt eingefügt werden. Nachträglich muss dann der Einfügepunkt wieder an das Modellende verschoben werden.
- **In neue Unterbaugruppe verschieben** (nur Baugruppe): Erstellt eine neue Baugruppe und verschiebt die gewählte Komponente dahin.
- **Ersetzen:** Ermöglicht den Ersatz einer Komponente durch eine andere mit vergleichbaren Bezügen.
- **Referenzensteuerung:** Diese Funktion ermöglicht die Steuerung und Kontrolle externer Referenzen.
- **Wiederholen** (nur Baugruppe): Ermöglicht den wiederholten Einbau der Komponente durch Wahl neuer Referenzen.
- **Sicherungsreferenzen** (nur Baugruppe): Bei aktiver Sicherungsreferenz wird eine Komponente bei der nächsten Regenerierung aktualisiert, unabhängig davon, ob das Elternteil vorhanden ist, oder nicht.
- **Notiz einrichten:** Eine Notiz kann entweder an eine Baugruppenkomponente oder an ein Bauteil-KE angebunden werden. Sie dient zur Ausgabe von Informationen (siehe Beispiel in Kap. 13.10)
- **Senden an:** Diese Funktion ermöglicht das Versenden von Komponenten und Baugruppen per E-Mail.
- **Info:** Hiermit lassen sich Informationen zum Modell, zum KE, zu den Eltern-Kind-Beziehungen oder über den globalen Referenzzusammenhang ausgeben. Der globale Referenzzusammenhang wird in Kap. 14.6 vorgestellt.
- **Ausblenden:** Diese Funktion ermöglicht das Ausblenden von Komponenten in Baugruppen.
- **Änderungen anzeigen**: Zeigt Änderungen der Komponenten farblich an, die im Verlauf der aktuellen Sitzung vorgenommen wurden.

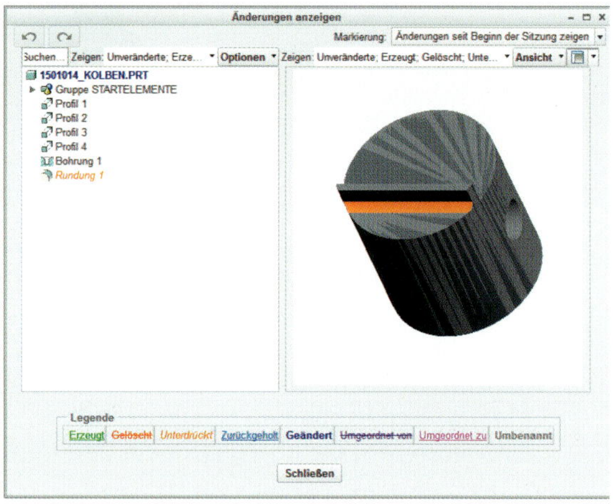

- **Parameter editieren:** Diese Funktion ermöglicht den direkten Zugriff auf die Konstruktionsparameter.

11.1 Bemaßungswerte ändern (einfache Bewegungsanalyse)

Durch Ändern des Winkelmaßes der Standard-Skelettskizze sollen verschiedene Kolbenstellungen im Zusammenbau sichtbar gemacht werden. Öffnen der Baugruppe *1501025_motor.asm*:

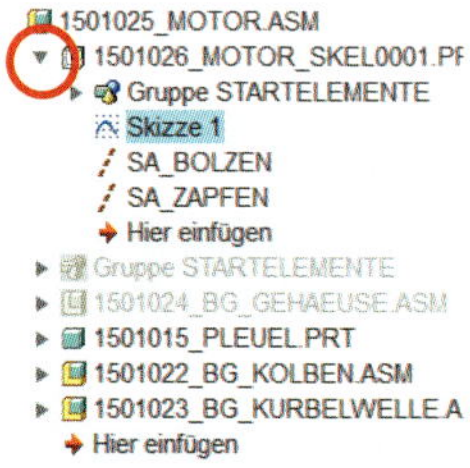

- **[*1501025_motor.asm*]**

Falls noch Komponenten der Baugruppe ausgeblendet sind, werden diese zunächst eingeblendet. Danach wird die Gehäusebaugruppe *1501024_BG_gehaeuse.asm* wieder ausgeblendet, damit die Änderungen der Winkelstellung nicht durch das Gehäuse verdeckt werden:

- *1501024_BG_gehaeuse.asm* ausblenden: ▶ **[Ausblenden]**

Als nächstes werden die Konstruktionselemente des Skeletts angezeigt und die Skelettkurve geändert. Dazu müssen im BAUMFILTER die **KEs** zur Darstellung aktiviert sein (siehe Kap. 8.7):

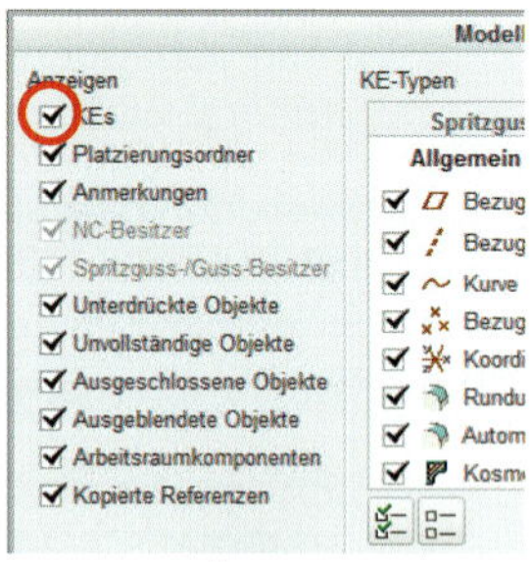

- 1501026_motor_skel001.prt erweitern: ⇦
- Bezugskurve auswählen: ⇦ **<Skizze 1>**
- Editieren-Funktion aufrufen: ▶ **[Editieren]**
  Alle Maße des KEs werden jetzt angezeigt!
- Ändern des Winkelwertes: ⇦ ⇦ **[neuer Winkel]**
- Wert bestätigen: **[↵]**
- Regenerieren:

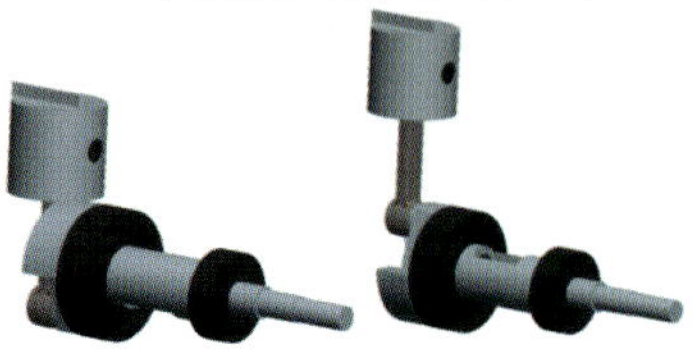

11.2 Ändern der Reihenfolge von Konstruktionselementen

Die Reihenfolge der Konstruktionselemente hat einen großen Einfluss auf die Gestalt des Bauteils. Die nachfolgenden Abbildungen zeigt den Unterscheid zwischen einer Bohrung, die vor Einfügen des Quaders, und einer Bohrung, die nach der Konstruktion des Quaders erzeugt worden ist.

Die Änderung der Reihenfolge der Konstruktionselemente kann durch Ziehen des Konstruktionselements mit der Maus im Modellbaum erfolgen:

- Das zu verschiebende Konstruktionselement auswählen: ⇦
- Ggf. weitere Komponente zur Auswahl hinzufügen: **[Strg]+**⇦
- Einen Bereich wählen: **[⇧] +** ⇦

Anschließend wird die Auswahl mit **gedrückt gehaltener linker Maustaste** an die neue Position im Modellbaum gezogen.

Bohrung vor dem Quader erzeugt

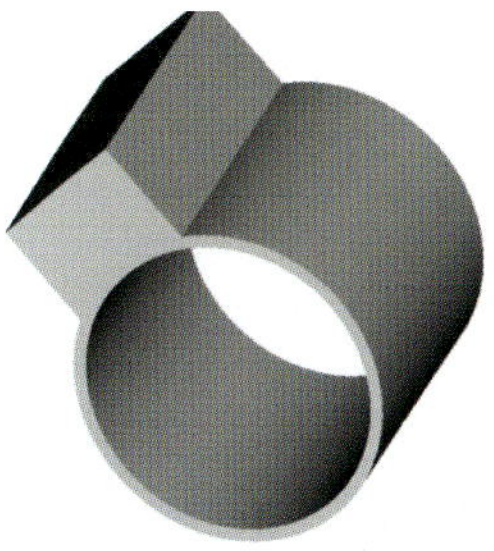

Bohrung nach dem Quader erzeugt

Grundsätzlich bietet *Creo* die Möglichkeit, jedes Konstruktionselement innerhalb der Modell-Historie an einen anderen Platz zu verschieben. Das kann allerdings erhebliche Auswirkungen auf die Form des Modells haben. Die Möglichkeiten sind stark von den Abhängigkeiten und Referenzen innerhalb des Modells (Eltern-Kind-Beziehungen) beeinflusst.

So ist es zum Beispiel nicht möglich, ein Konstruktionselement an eine Stelle zu schieben, an der das Bezugselement und die Bezugsfläche für die Skizze noch nicht existieren. Andererseits kann ein Konstruktionselement nicht beliebig weit nach hinten verschoben werden, wenn spätere Elemente auf dieses Konstruktionselement referenziert wurden. Sie erhalten jedoch vom System immer die Nachricht, in welchem Bereich das Element verschoben werden kann.

11.3 Einfügemodus

Mit der Option **Hier einfügen** kann die Vergangenheit der Objektentstehung einerseits nachvollzogen werden und andererseits nachträglich verändert werden.

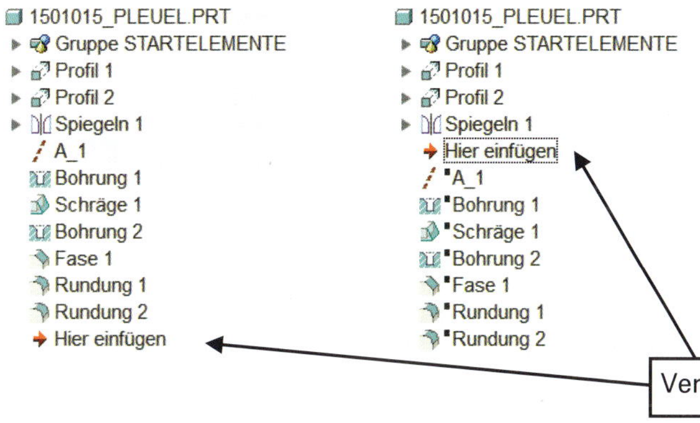

Der Einfügemodus bietet die Möglichkeit, an eine beliebige Stelle des Konstruktionsprozesses zurückzukehren und dort entsprechende Modifizierungen des Modells vorzunehmen oder an dieser Stelle weitere Elemente einzufügen.

⚠ Der Einfügemodus bleibt bis zum Abbruch aktiv. Das gilt auch, wenn das Teil bei aktiviertem Einfügemodus gespeichert und erneut geladen wird.

Der Einfügemodus wird aktiviert durch Ziehen des Elements **[➔ Hier einfügen]** im Modellbaum mit der linken Maustaste an die Stelle, an welcher der Einfügemodus gestartet werden soll.

Alle Elemente, die in der Konstruktionshistorie hinter dem gewählten Einfügepunkt liegen, werden unterdrückt.

Zum Beenden des Einfügemodus wird das Element **[➔ Hier einfügen]** wieder auf die letzte Position im Modellbaum gezogen.

11.4 Modellierungsübungen

Das bereits bestehende Motorgehäuse wird um die Konstruktionselemente entsprechend der Skizze auf Seite 119 erweitert. Die neu erzeugten Konstruktionselemente werden nach ihrer Fertigstellung und einer Regenerierung der Baugruppe automatisch darin übernommen.

☞ Auf eine ausführliche Beschreibung jedes einzelnen Schrittes wird hier verzichtet, da alle zur Erzeugung notwendigen Arbeitsweisen bereits weiter oben detailliert beschrieben sind.

Die Modellierungsschritte für die nächste Erweiterung des Motorgehäuses zeigen die folgenden Abbildungen:

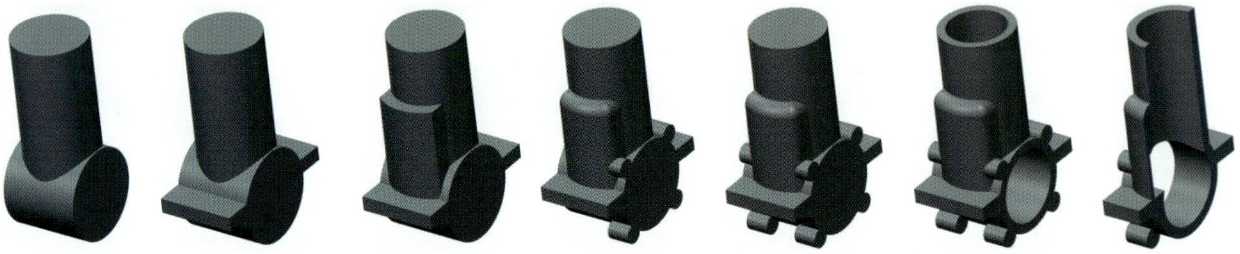

Grobmodell	1. Schritt: Anschraubflansch	2. Schritt: Gemischkanal	3. Schritt: Rechter Flansch	4. Schritt: Linker Flansch	5. Schritt: Bohrungen	6. Schritt: Aushöhlung

☐ **Anschraubflansch 60 mm x 6 mm**

Der Anschraubflansch wird als Rechteck auf die Ebene **XZ_T_OBEN** skizziert und **6 mm** als Profil gezogen. Dabei werden die vorhandenen Gehäusekanten als Begrenzungen referenziert und die Symmetrie um die Mittelebene genutzt. Dazu wird eine Mittellinie ⁝ auf diese Symmetrieebene erzeugt.

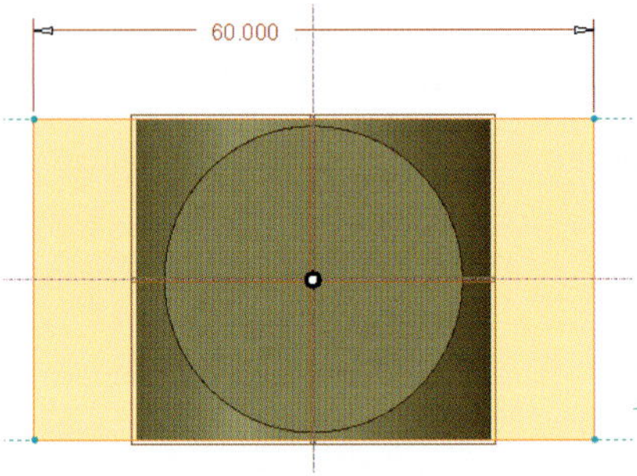

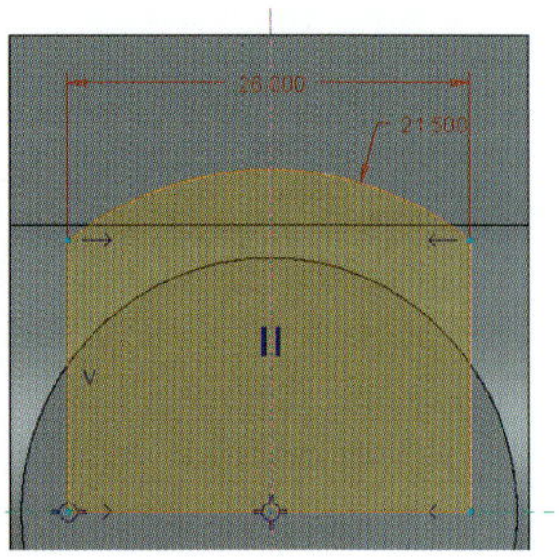

☐ **Außenkontur Gemischkanal R = 21,5 mm x 26 mm x 44 mm**

Die Außenkontur des Gemischkanals wird auf die Ebene **XZ_T_OBEN** skizziert und **44 mm** nach oben gezogen. Auch hier wird analog die Symmetrie um die Mittelebene genutzt. Der Mittelpunkt des Radius **21,5 mm** wird auf den Schnittpunkt der Startebene positioniert.

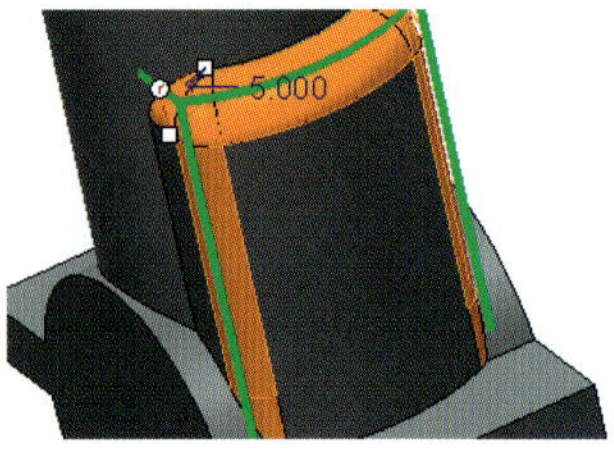

☐ **Verrunden des Gemischkanals mit R = 5 mm**

(nach untenstehender Skizze) durch Einsammeln der Kanten mit der Strg-Taste.

☐ **Anschraubflansche 30 mm x 30 mm, R = 4 mm und Tiefe = 10 mm**

Die Anschraubflansche werden entsprechend der nebenstehenden Skizze zunächst auf einer Seite des Gehäuses als Profilkörper erzeugt und dann durch Spiegeln auf die andere Seite kopiert.

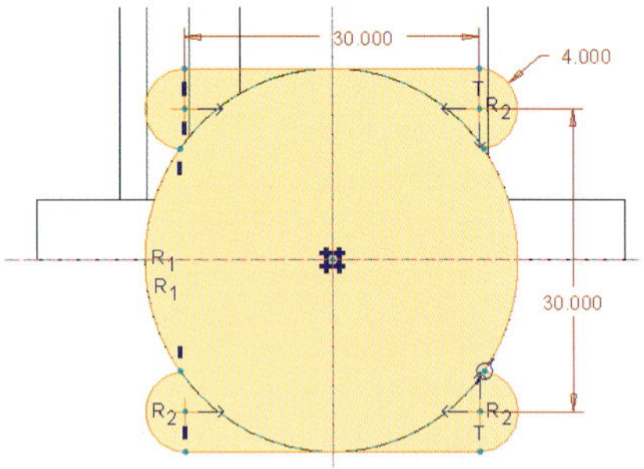

☐ **Kurbelwellenbohrung als Kernmaß d = 30 mm**

(z. B. als Profilschnitt oder Bohrung) Die eigentliche Bohrung soll später 32 mm betragen. Hier ist beispielhaft der Durchmesser eines Einlegekerns für das Gussteil bemaßt.

☐ **Zylinderbohrung als Kernmaß d = 25 mm**

(z. B. als Profilschnitt oder Bohrung). Als Tiefe der Bohrung wird bis zur ⫡ Ebene **XZ_T_OBEN** gewählt. Die eigentliche Bohrung soll später 27 mm betragen.

☐ **Aushöhlen des Gemischkanals h = 34 mm**

Die Aushöhlung des Gemischkanals wird nun als Profilschnitt ausgehend von der Oberfläche der Anschlussflansche erzeugt. Die nebenstehende Skizze kann unter Verwendung der Skizziererfunktionen **Versatz** von **1,5 mm** und **5 mm** und **Projizieren** sowie durch anschließendes Trimmen (**Segment löschen**) und/oder Dehnen (**Ecke**) auf die benötigten Längen erzeugt werden.

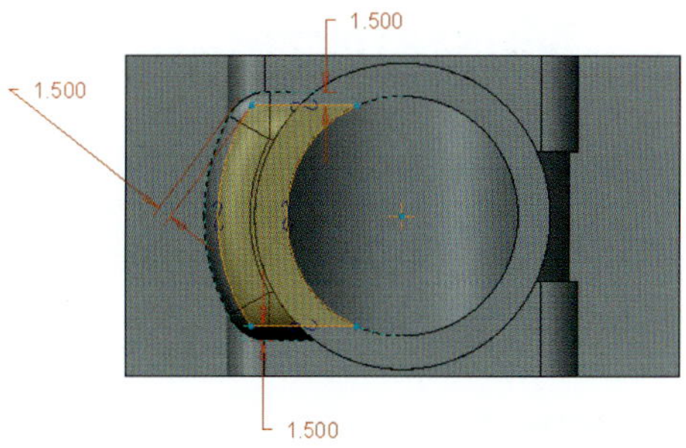

Beim Kantenversatz wird als Typ **Einzeln** gewählt. Die Versatzrichtung (Pfeil) ist durch Eingabe eines negativen Werts umkehrbar. Anschließend werden die Rundungen wieder zurückgeholt.

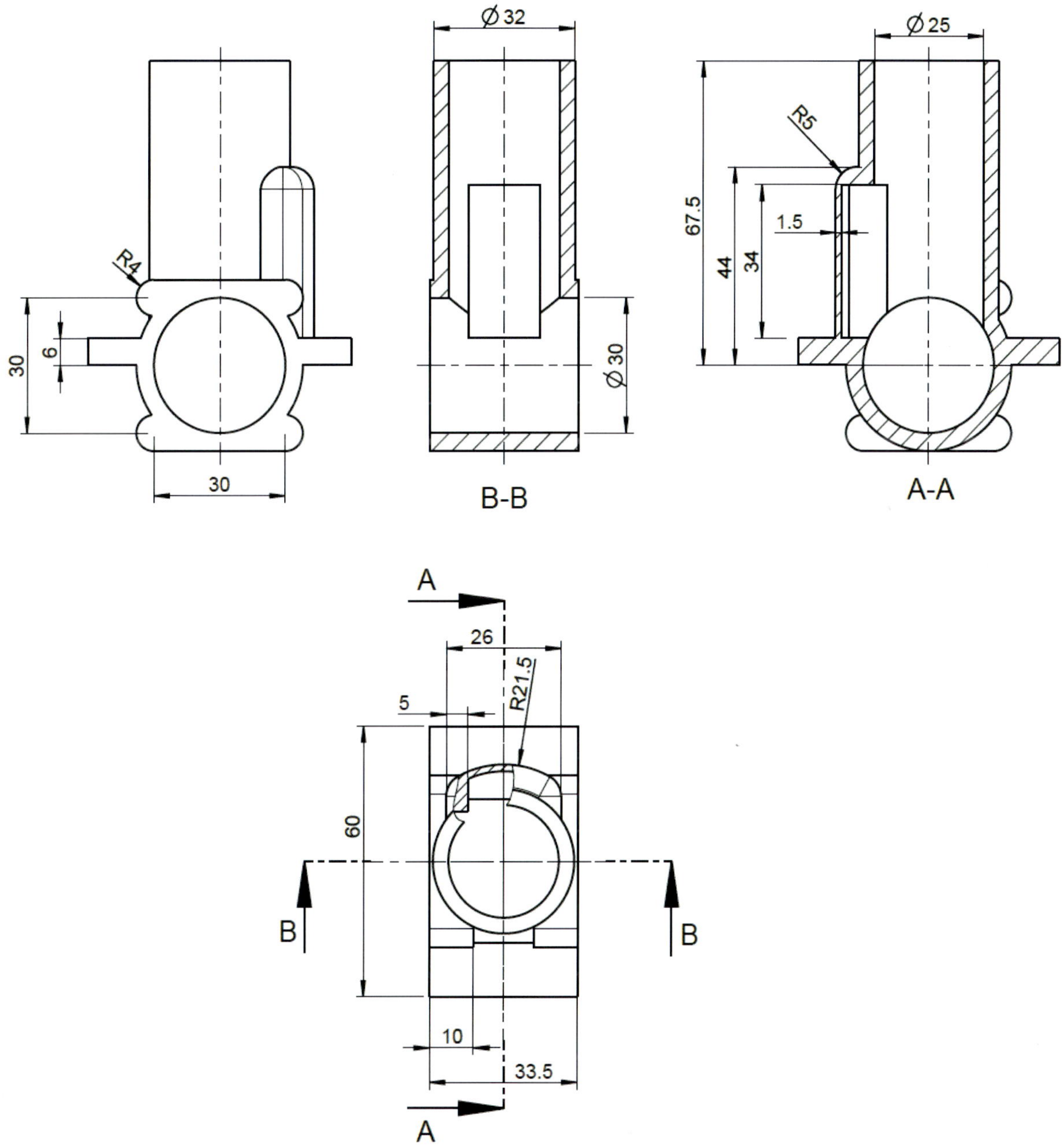

Skizze mit Bemaßungen für die 1. Erweiterung des Motorgehäuses

12 Mustererzeugung

Muster bilden eine beliebige Anzahl an Varianten eines Konstruktionselements oder einer Gruppe von Konstruktionselementen. Ist einmal ein Muster vorhanden (z. B. Bohrungsmuster als Bohrbild), können weitere Elemente dieses Muster als Referenz verwenden (Referenz-Muster). Referenz-Muster verwenden die gleichen Vervielfältigungskriterien wie das Original (z. B. Scheiben- und Schraubeneinbau auf das Bohrbild).

Creo unterscheidet folgende Mustertypen, die im Schaltpult ausgewählt werden können:

☐ **Muster (Allgemein)**

- **Bemaßung (Maßmuster)**: Diese Art von Muster wird durch Verwendung von steuernden Bemaßungen bestimmt, durch die die Änderungen am Muster festgelegt werden.
- **Richtung**: Dieses Muster ist vergleichbar mit dem Maßmuster. Allerdings werden anstelle der steuernden Bemaßungen Kanten, Ebenen, lineare Kurven usw. zur Richtungsdefinition verwendet. Entlang dieser Richtungen werden dann die Kopien mit definierten Abständen erzeugt.
- **Achse**: Mit dieser Mustervariante können beliebige Objekte als Rotationskopien um eine vorher bestehende Achse erzeugt werden. Dieses ersetzt die oft sehr komplizierten Verfahren zum Rotationsmuster früherer Pro/ENGINEER-Versionen.
- **Füllen**: Diese Funktion erzeugt das Muster durch Füllen eines durch eine Kurve definierten Bereichs oder einer Kurvenkontur mit Varianten entsprechend eines ausgewählten Rasters.
- **Tabelle**: Der Aufruf Tabellenmuster erzeugt das Muster durch die Verwendung einer Mustertabelle und durch die Festlegung der Bemaßungswerte für jede Mustervariante.
- **Referenz**: Diese Art von Muster wird durch Referenzieren auf ein bereits vorhandenes Muster erzeugt, z. B. muss für eine Senkung diese nur einmal mit einer Referenz auf der gemusterten Bohrung erzeugt werden und kann dann über ein Referenz-Muster vervielfältigt werden.
- **Kurve**: Bei dieser Mustervariante folgen die Musterelemente einem Kurvenverlauf, wobei die Ausrichtung der Musterelemente der Kurvenrichtung und der Flächenform angepasst werden können.
- **Punkt**: Beim Punkt-Muster werden die Musterelemente anhand von Geometriepunkten einer internen oder externen Skizze angeordnet.

⚠ Richtungs- und Achsmuster sind völlig unabhängig von der Erzeugung des zu musternden Konstruktionselements.

☐ **Geometriemuster**
Geometriemuster erstellen Vervielfältigungen von geometrischen Elementen in Form von Kopiegeometrie-Elementen. Wird beispielsweise eine Geometrie bestehend aus mehreren KEs als Geometriemuster gemustert, stehen in den Kopien die einzelnen KEs nicht zur Verfügung. Die Bemusterung erfolgt nur als Komplettpaket. Für Geometriemuster stehen dieselben Erzeugungsvarianten (Richtung, Achse, Kurve, Punkt, Tabelle, Referenz, usw.) wie bei den allgemeinen Mustern zur Verfügung.

Geometriemuster bringen insbesondere bei komplexer Kopiergeometrie Vorteile, da nicht alle Kopien einzeln berechnet werden müssen. Die Originalgeometrie bleibt bei Geometriemustern erhalten.

☐ **Beziehungsgesteuertes Muster**
Jede einzelne Musterinstanz kann in ihrer Position und ihrem Vorhandensein durch Beziehungen gesteuert werden.

Wird die Elementbemaßung eines Musters geändert, so wird automatisch das gesamte Muster modifiziert. Das Muster ist durch seine Parameter (Anzahl der Varianten, Abstände zwischen Musterelementen und Geometriebemaßungen) charakterisiert und somit modifizierbar.

Für alle Mustertypen stehen die folgenden Optionen zur Verfügung. Sie unterscheiden sich insbesondere durch die benötigte Regenerierungszeit:

- **Identisch**: Die Geometrie jedes Elementes des Musters und seiner Referenzflächen sind gleich. Dies ist die schnellste Musteroption, da nur wenige Berechnungen erforderlich sind. Allerdings dürfen sich weder die Musterelemente berühren oder durchdringen, noch darf die Muster-Referenzfläche, z. B. durch eine Nut im Bereich eines Musterelements, verändert sein.
- **Variabel**: Die Geometrie einzelner Musterelemente kann unterschiedlich sein, wenn z. B. ein Musterelement in eine Nut des Referenzobjekts fällt (langsameres Muster, keine Berührungen oder Durchdringungen der Musterelemente zulässig).
- **Allgemein** (Voreinstellung): Die einzelnen Musterelemente können sich durchdringen (sehr langsames Muster, insbesondere bei größeren Musterelementzahlen).

☞ Seit Pro/ENGINEER-Wildfire 2.0 gibt es die Mustervarianten **Achse** und **Richtung** sowie die Muster-**Voransicht** mit der Möglichkeit des **Zu- oder Abschaltens** einzelner oder mehrerer Musterelemente bei allen Mustervarianten.

In der Voransicht werden die zu erzeugenden Mustervarianten als kleine schwarze Punkte dargestellt. Die Größe der Punkte hat nichts mit der Größe des Musterobjekts zu tun. Durch Anklicken der Punkte mit der linken Maustaste ⇦ werden einzelne Musterelemente ab- (weißer Punkt) bzw. zugeschaltet.

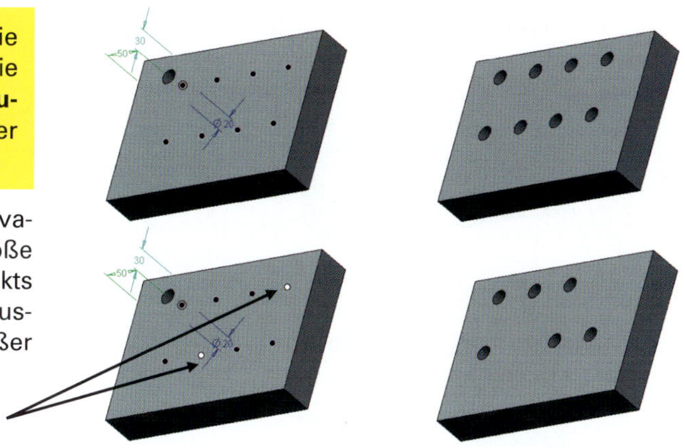

Voransicht **Musterergebnis**

12.1 Musterfunktion aufrufen

Die Musterfunktion steht nur zur Verfügung, wenn **vorher** ein zu musterndes Objekt gewählt wurde. Als Beispiel wird im Folgenden eine Platte mit einer Bohrung verwendet.

- ⇦ Objekt (z. B. Bohrung) wählen
- ⇦ **Modell**, ⇦ **Muster** *oder* ▶ **[Muster...]**

12.2 Bemaßung-Muster

Das Muster wird mithilfe von steuernden Maßen des Basiselements festgelegt. Im folgenden Beispiel wurde eine Bohrung als Basiselement auf drei verschiedene Arten gemustert:

a) Der Abstand zur linken Kante wird mit einem Inkrement als Führungsmaß in die erste Richtung versehen.

b) Der Abstand zur linken Kante und der Abstand zur oberen Kante werden mit je einem Inkrement als Führungsmaße in der ersten Richtung versehen. Das zweite Maß wird mit gedrückter Strg-Taste hinzugefügt.

c) Der Abstand zur linken Kante wird mit einem Inkrement als Führungsmaß in die erste Richtung und der zur oberen Kante mit einem Inkrement in die zweite Richtung versehen.

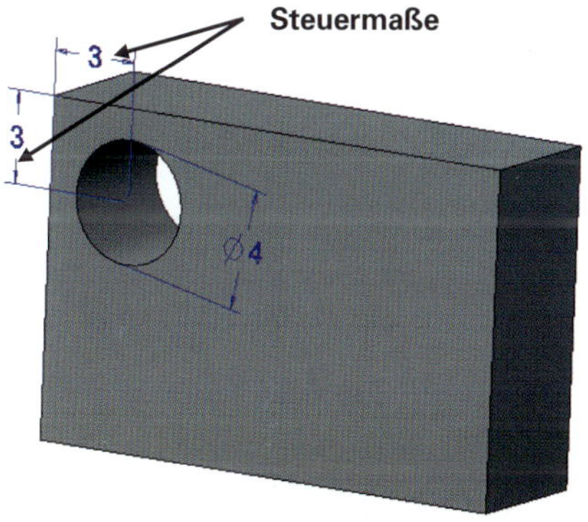

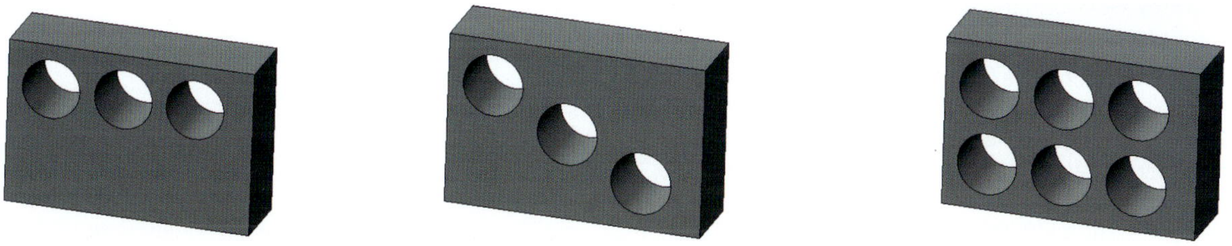

a) Eine Richtung, ein Maß **b) Eine Richtung, zwei Maße** **c) Zwei Richtungen, jeweils ein Maß**

12.3 Richtung-Muster

Das Muster wird mithilfe Richtung gebender Kanten, Ebenen oder linearer Kurven mit einzugebenden Abständen (Inkrementen) zum Basiselement festgelegt. Im folgenden Beispiel wurde eine Bohrung als Basiselement auf zwei unterschiedliche Arten gemustert:

a) Der Abstand zur Basisbohrung entlang der Längskante wird mit einem Inkrement versehen.

b) Der Abstand zur Basisbohrung entlang der Längskante wird mit einem Inkrement als Führungsmaß in die erste Richtung und der entlang der Querkante mit einem Inkrement in die zweite Richtung versehen.

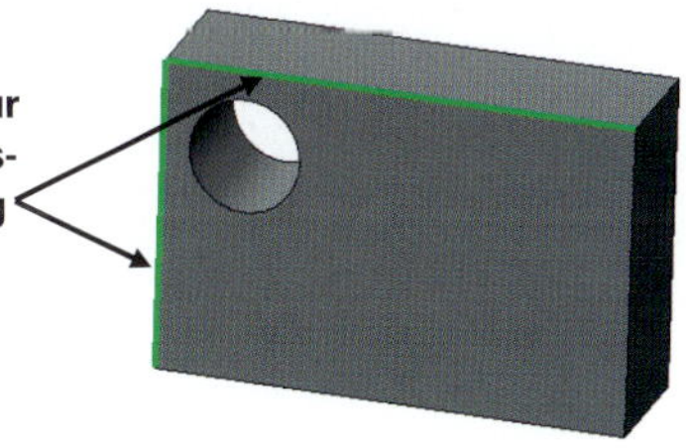

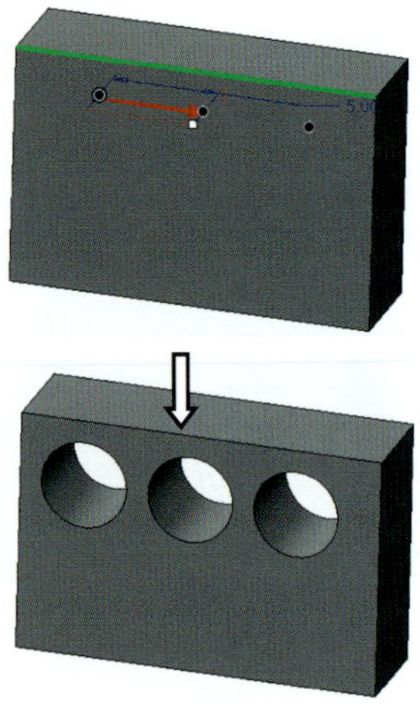

a) Eine Richtung

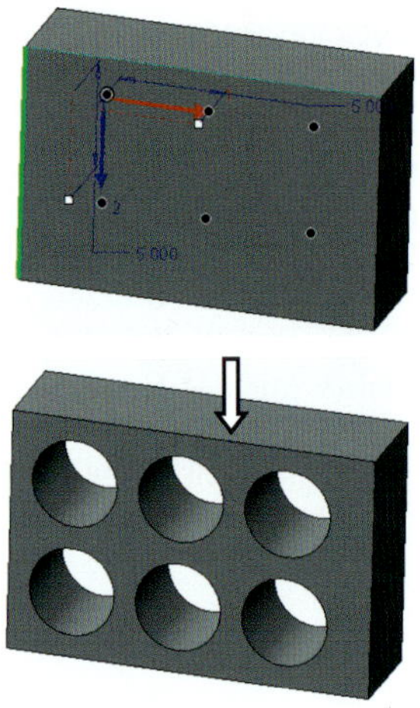

b) Zwei Richtungen

12.4 Achse-Muster (Rotationsmuster)

Beim Achsen-Muster (Rotationsmuster) werden ein oder mehrere Objekte um eine vorher vorhandene Achse vervielfältigt. Alle Musterobjekte haben den gleichen Abstand zur Achse. Die Anzahl- und der Inkrementwinkel werden bei der Mustererzeugung definiert. Die Musterelemente lassen sich einzeln ab- bzw. zuschalten. Die Zeichnungsableitung eines Rotationsmusters enthält nur die bei der Definition verwendeten Maße, keine Radien- oder Durchmesserbemaßung, wenn diese nicht bei der Definition des Musterobjektes definiert sind. Der Teilkreisdurchmesser wird aber immer dargestellt.

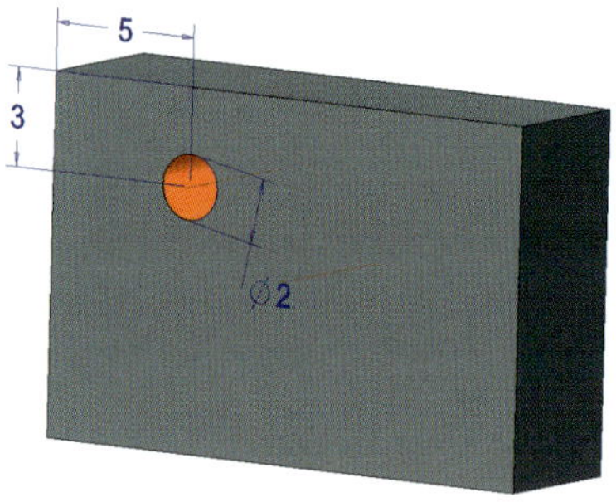

Ursprungsobjekt

Musterergebnis

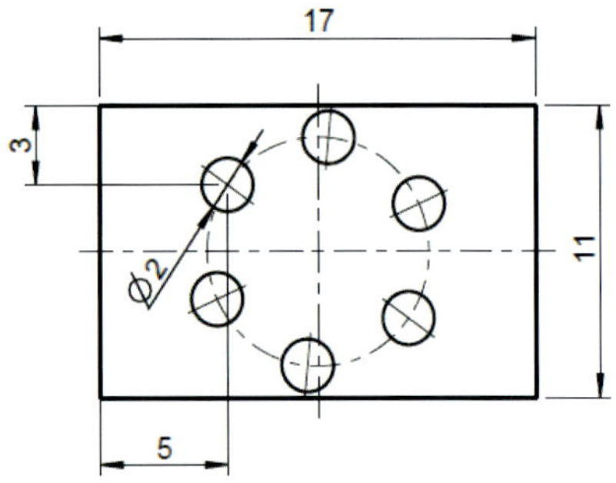

Zeichnungsableitung

12.5 Füllen-Muster

Beim Füllen-Muster werden ein durch eine Bezugskurve definierter Bereich einer Fläche oder die Kurve selber mit einem Muster gefüllt, dessen geometrische Struktur wählbar ist. Alle Einzelelemente des Musters können durch Anklicken beliebig zu- oder abgeschaltet werden.

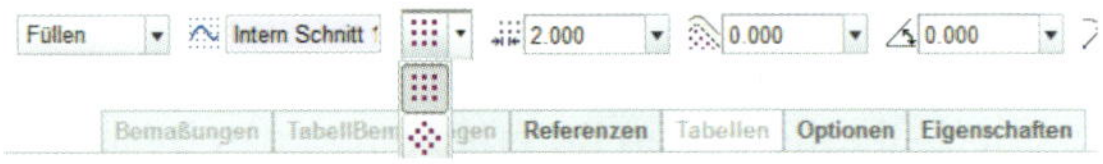

Zur Verfügung stehen folgende Verteilungsstrukturen 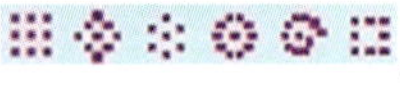, deren Abstände beliebig variierbar sind:

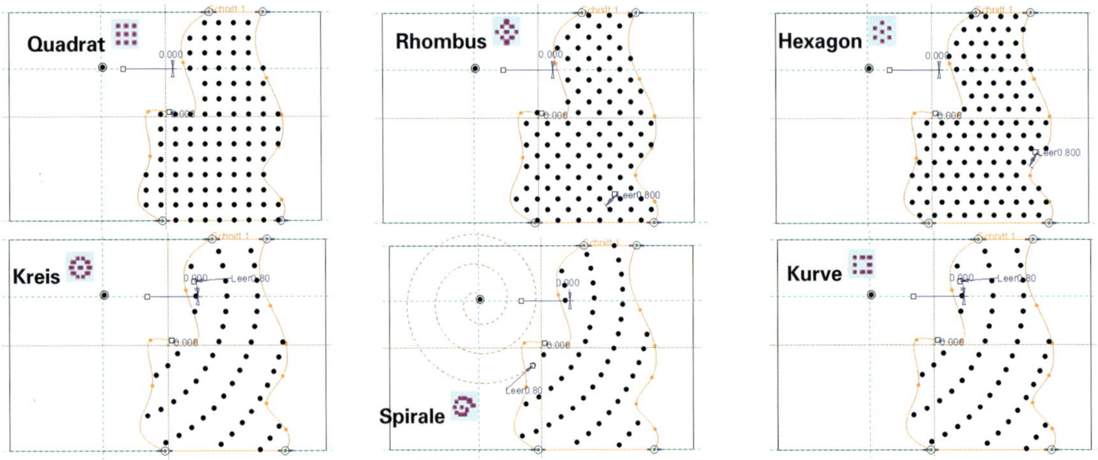

12.6 Tabelle-Muster

Beim Tabelle-Muster werden Lage und Form der einzelnen Musterelemente über eine Tabelle gesteuert. Der Tabellenname kann frei gewählt werden.

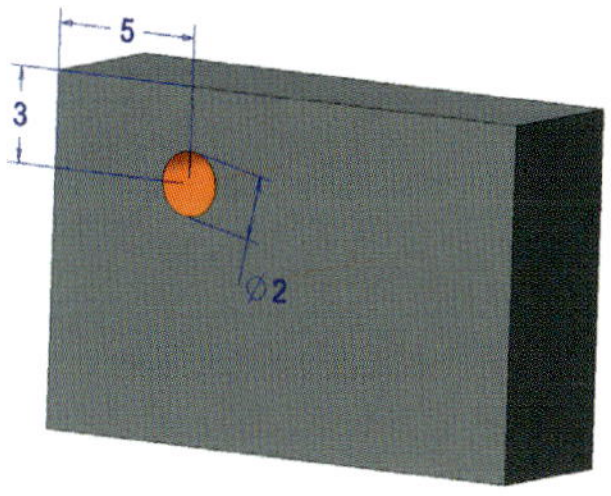

Basiselement

Tabellenname TEST			
Idx	d6 (3.00)	d5 (5.00)	d7 (2.00)
2	3	13	3
3	8	8	2

Mustertabelle

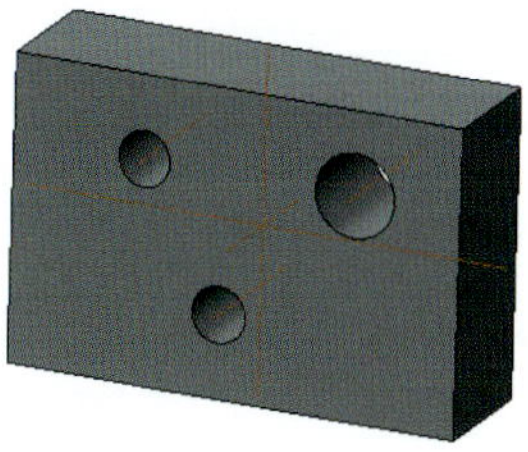

Gemustert mit Mustertabelle

12.7 Referenz-Muster

Beim Referenz-Muster beziehen sich die neuen Musterelemente auf ein bereits bestehendes Muster. Dazu müssen die Elemente des neuen Musters auf das erste Element des Ausgangsmusters referenzieren. Im folgenden Beispiel ist eine Senkung auf die **erste Bohrung** eines vorhandenen Bohrmusters referenziert (linkes Bild). Beim Mustern dieser Kegelsenkung als Referenz-Muster wird diese auf alle Elemente des ursprünglichen Musters übertragen (rechtes Bild).

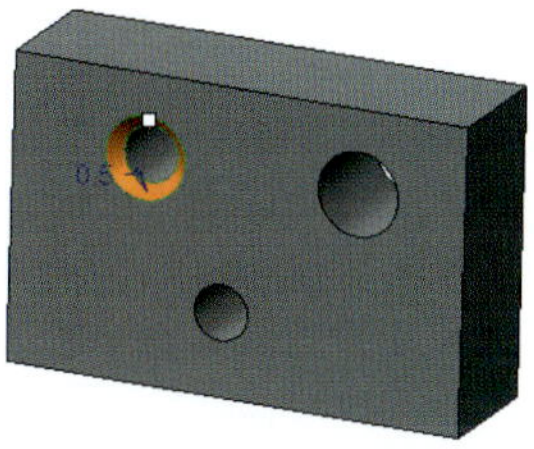

Senkung auf das Basiselement eines Musters referenziert

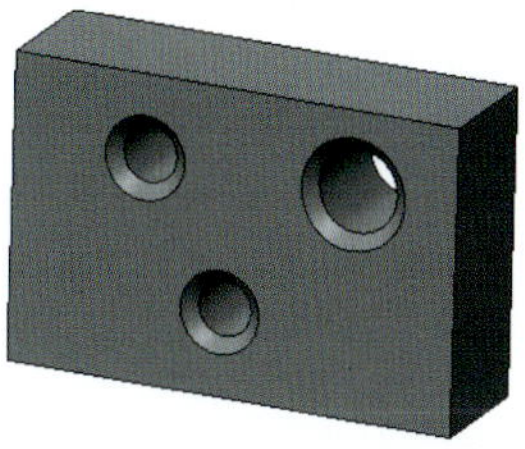

Ergebnis: Referenz-Muster

12.8 Kurve-Muster

Seit Wildfire 3.0 ist das Kurve-Muster als eigenständiger Mustertyp neu hinzugekommen. Dabei wird das Musterelement ausgehend von der Lage des Basiselements entlang einer wählbaren Kurve vervielfältigt. Liegen, wie nebenstehend abgebildet, der Kurvenursprung und der Referenzpunkt des Basiselements nicht übereinander, wird die Kontur der Kurve zur Vervielfältigung in den Referenzpunkt des Basiselements verschoben.

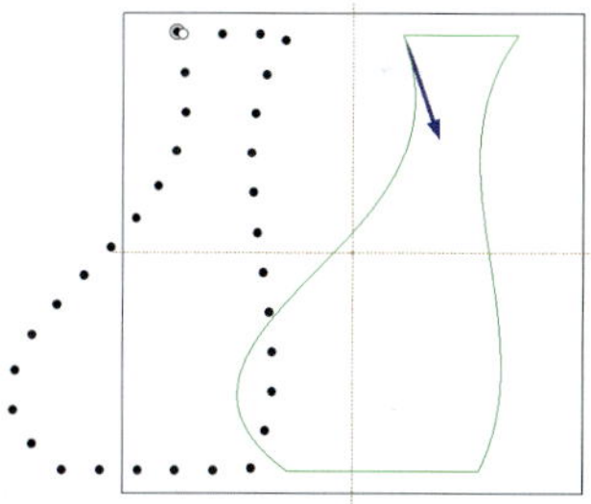

Über das Register OPTIONEN lässt sich einstellen, ob die Kopieobjekte mit Ihrer Ausrichtung der **Kurvenrichtung folgen** oder ihre Ursprungsausrichtung beibehalten sollen. Die nebenstehenden Abbildungen verdeutlichen diesen Zusammenhang anhand eines rechteckigen Materialschnittes, der sich beim Folgen der Kurve mit dreht. Seit Wildfire 4.0 existiert die Möglichkeit, die Musterelemente einer Flächenform folgen zu lassen. Im rechten Beispiel folgen die Bohrungen der Körperoberfläche.

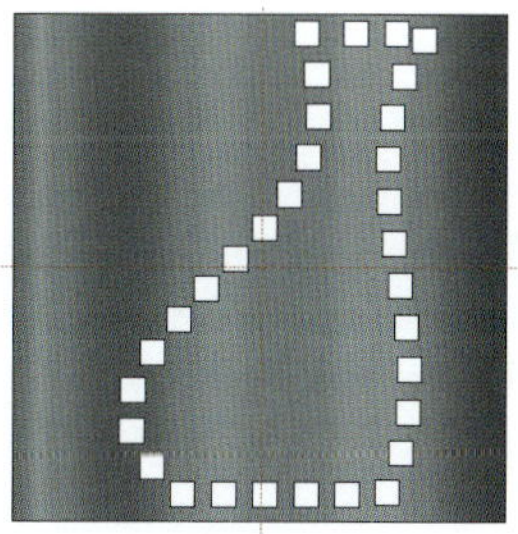

Konstant

Kurvenrichtung folgen

Register OPTIONEN

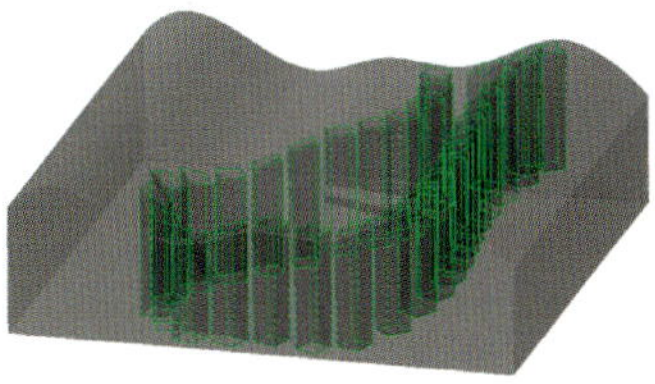

Konstant

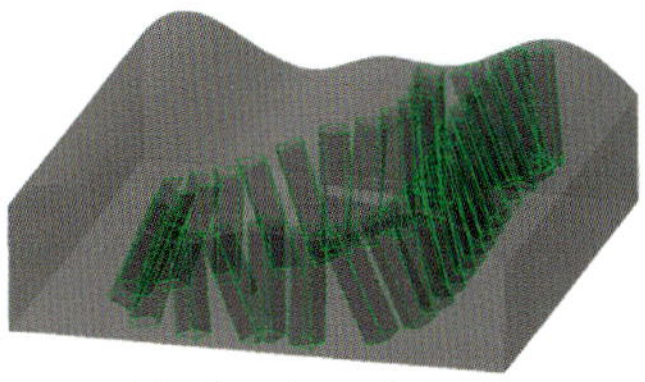

Flächenform folgen

12.9 Punkt-Muster

Seit Wildfire 5 gibt ist das Punkt-Muster. Die Vervielfältigung des Musterobjektes erfolgt dabei anhand von einzelnen Punkten, Punktefeldern oder auch skizzierten Punkten.

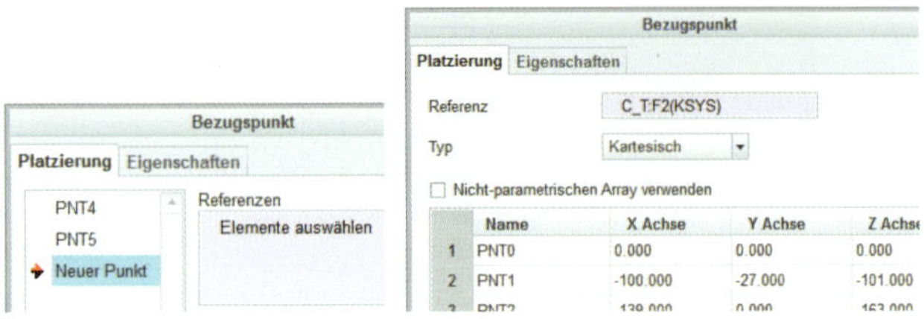

Mit werden **vorher im Modell vorhandene Punkte** als Platzierungsreferenz für das Musterobjekt verwendet, auch dann, wenn das Musterobjekt selber nicht auf einen Punkt referenziert ist.

Wird dabei ein Punktefeld (z. B. erstellt über) ausgewählt, so werden alle Punkte des Punktefeldes zur Platzierung herangezogen.

Wie bei allen Mustertypen lassen sich einzelne Musterelemente durch Anklicken des schwarzen Punktes ausschalten.

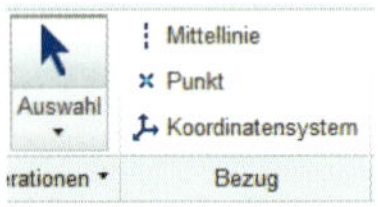

Mit kann eine im Modell vorhandene Punkte-Skizze ausgewählt bzw. über ▶ **[Interne Skizze definieren...]** erstellt werden.
Die Punkte der Skizze müssen als Bezugspunkte (Punkt aus dem Skizzen-Unterregister ***Bezug***) erstellt worden sein.

12.10 Geometriemuster

Im Unterschied zu den allgemeinen Mustern werden nicht die Konstruktionselemente mit den zugehörigen Definitionen vervielfältigt, sondern nur das geometrische Ergebnis, d. h. die Körperflächen der gewählten Elemente. Der Vorteil besteht in einem geringeren Rechenaufwand und einem schnelleren Ergebnis.

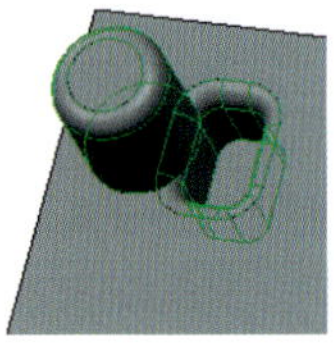

Beim Geometriemuster werden genau wie bei den allgemeinen Mustern zunächst die Konstruktionselemente ausgewählt, deren Flächengeometrie bemustert werden soll. Der Aufruf des Geometriemusters erfolgt danach über:

- ⇦ **Modell**, ⇦ **Muster▼**, ⇦ Geometriemuster

Es stehen dieselben Erzeugungsoptionen wie beim allgemeinen Muster zur Verfügung.

Zur Definition des Zielgeometrie muss zwischen den im Folgenden erläuterten Optionen am rechten Rand des Schaltpults gewählt werden:

- **Durch Sammelfläche abgegrenztes Volumen mit Material füllen**: Obwohl die Elemente von Zapfen und Loch zum Mustern gewählt wurden, ist bei dieser Option nur der Zapfen im Ergebnis vorhanden. Die Flächen des Lochs liegen im Inneren des Grundkörpers und werden daher ausgefüllt.

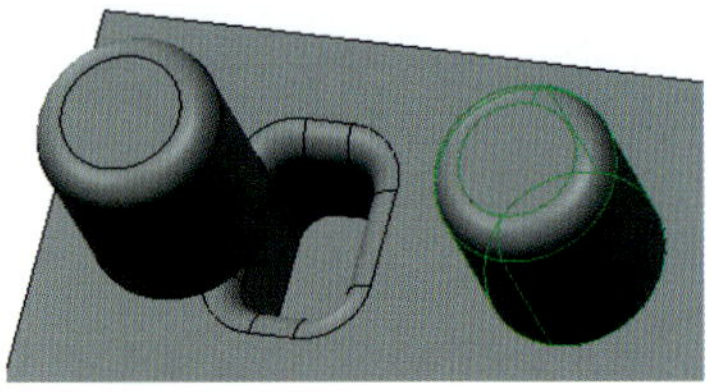

- **Festes Material aus durch Sammelfläche abgegrenztem Volumen entfernen:** Auch in diesem Beispiel wurden Zapfen und Loch zur Vervielfältigung ausgewählt. Die begrenzende Sammelfläche der Kopierelemente wird jetzt aber vollständig von dem vorhandenen Volumen abgezogen.

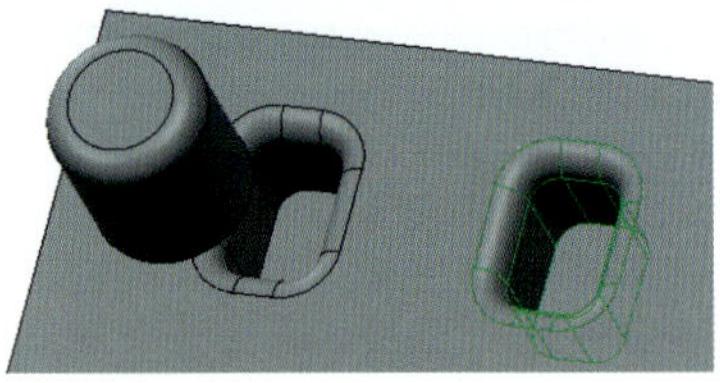

- **Flächenteilstück durch Sammelfläche ersetzen; festes Material wird entsprechend gefüllt und entfernt:** Diese Funktion stellt eine Kombination der beiden vorherigen Beispiele dar. Es wird sowohl Material entfernt, als auch Volumen hinzugefügt.

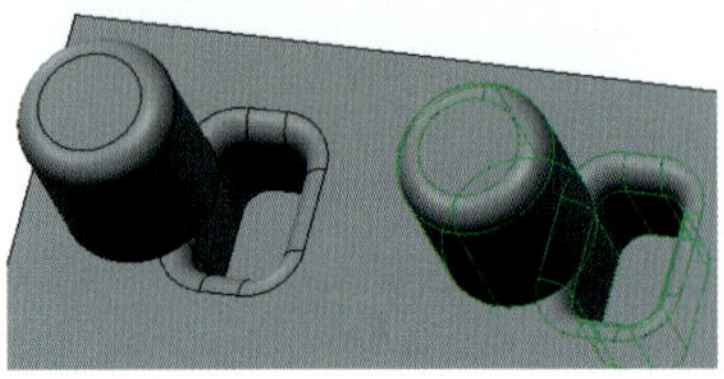

12.11 Übungen und Anwendungen insbesondere zum Mustern

In diesem Kapitel werden die verschiedenen Musterfunktionen an Beispielen des Modellmotors detailliert erklärt.

12.11.1 Zylinderkopfbohrungen als Rotations-Maßmuster

Die Senkbohrungen zur Verschraubung des Zylinderkopfes mit dem Zylinder sollen über ein Rotations-Maßmuster aus der vorhandenen ersten Bohrung (siehe Kap. 7.1.7) vervielfältigt werden. Bei der ursprünglichen Definition der Senkbohrung wurden Maßreferenzen als Durchmesser, bezogen auf die Mittelachse und den Winkel zu einer Ebene, erzeugt. Damit steht ein Winkel als steuerndes Maß für ein Maßmuster zur Verfügung.

- *<1501012_zylinderkopf.prt>*
- Bohrung selektieren: ⇦
- ⇦ **Modell**, ⇦ **Muster** *oder* ▶ **[Muster...]**

  Alle Erzeugungsmaße der Bohrung sind nun sichtbar.
- Bemaßung-Muster wählen: ⇦ **[Bemaßung]**
- Auswahl des Winkelmaßes: ⇦ **[Winkelmaß]**

  Als erste Maßreferenz wird die Winkelbemaßung der Bohrung (60°) ausgewählt.
- Inkrement: **[60]**°

  Das Inkrement bezeichnet den Abstand entlang des ausgewählten Maßes, um das die weiteren Elemente versetzt werden sollen.
- Anzahl der Bohrungen: **[6]**
  Die Musteranzahl wird im Schaltpultbereich „1" eingetragen. Für die zweite Richtung werden keine Einträge vorgenommen.
- Musterfunktion beenden: ✔

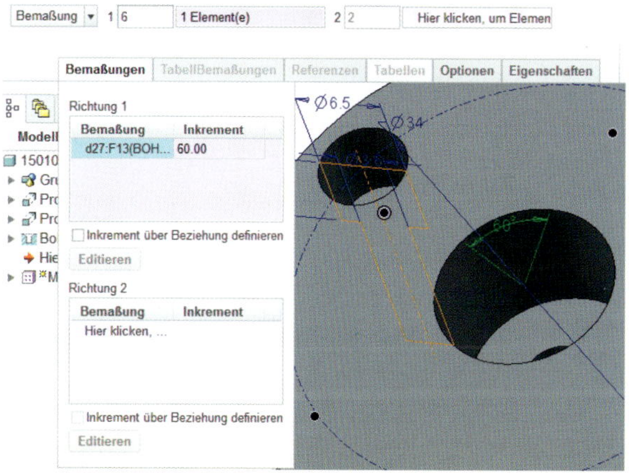

☞ Die Eingabe des Inkrements kann alternativ direkt über das Eingabefenster der Maßzahl oder das Panel BEMAẞUNGEN erfolgen.

12.11.2 Körper und Schnitte als Rotationsmuster

In diesem Beispiel sollen die nebenstehend abgebildeten Anschraubdome für den Zylinderkopf mit dem Extrudieren-Tool erzeugt und anschließend mit einem Rotationsmuster vervielfältigt werden.

Körper oder Schnitte konnten bis Wildfire 1.0 systembedingt nicht in der beschriebenen Form als Maßmuster vervielfältigt werden. Ursache dafür war, dass in Wildfire und *Creo* Kreise immer aus zwei Halbkreisen definiert sind. Beim Mustern über 180° ergab sich damit ein mathematisches Problem am Übergang der beiden Halbkreise. Ab der Version Wildfire 2.0 können Rotationsmuster problemlos auf Körper und Schnitte angewendet werden. Auf die Beschreibung der aufwendigen Verfahren, die in den vorangegangenen Pro/ENGINEER-Versionen notwendig waren, wird daher verzichtet. Da sowohl das Bemaßungs- als auch das Achse-Muster verwendbar sind, werden im Folgenden beide Varianten vorgestellt.

☐ **Variante 1: Körper und Schnitte mit Bemaßung-Muster**

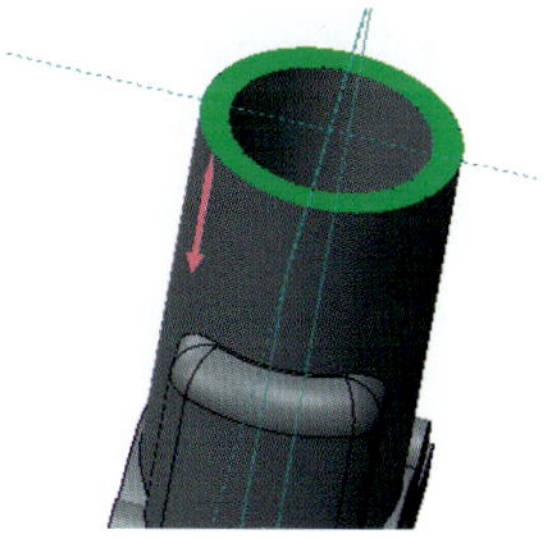

- *<1501010_motorgehaeuse.prt>*,
- ⇦ **Profil**
- Skizzendefinition: ▶ **+ Interne Skizze definieren...**
- Skizzierfläche: ⇦ <Obere Gehäusestirnfläche>
- Skizzen-Orientierung: <Vorschlag übernehmen>
- Referenzen: <Vorschlag übernehmen>

Im Skizziermodus:

- Punkt auf Achsenref. einfügen: <Hilfspunkt für Bemaßung>
- Mittellinie setzen: **[30]** ° <Winkellage>
- Kreis auf Mittellinie einfügen: **[7]** <Durchmesser>
- Kreismitte zu Punkt bemaßen: **[17]**

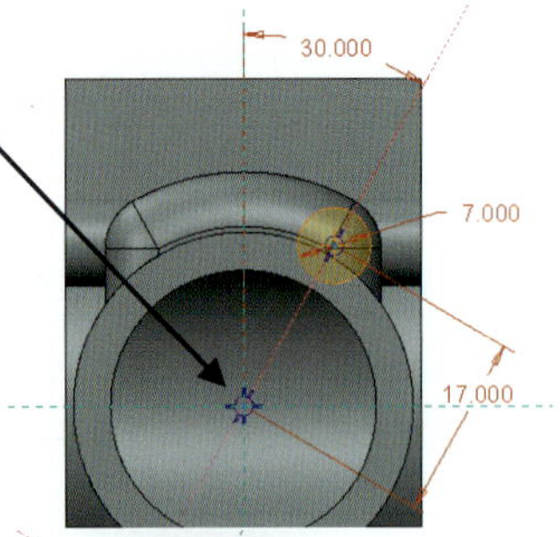

Wählen Sie nach dem Aktivieren des Bemaßungsmodus zunächst den Punkt ⇦ und als nächstes die Kreismitte ⇦ aus. Platzieren Sie die Bemaßung auf die Mittellinie zwischen die beiden Punkte ⇩.

- Skizzierer beenden: ✔
- Tiefenoption: **[8]**
- Tiefenrichtung: *<nach unten>*
- Profilerzeugung beenden: ✔

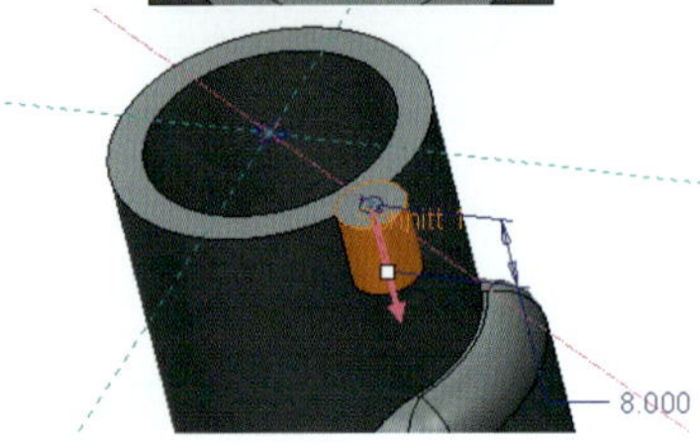

Muster erzeugen:

- Selektieren des Körpers: ⇦ **<Körper>**
- Muster aufrufen: ▶ **[Muster…]**
  Alle Erzeugungsmaße der Skizze der Bohrung werden nun sichtbar.

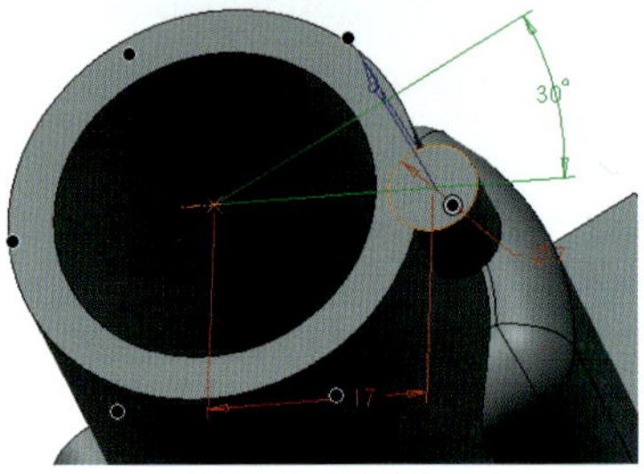

Im Muster-Modus:

- Bemaßung-Muster wählen: ⇦ **[Bemaßung]**
- Richtung 1: ⇦ **[Winkelmaß]**
  Als erste Maßreferenz wird die Winkelbemaßung der Bohrung (30°) ausgewählt.
- Inkrement: **[60]°+[↵]**
  Das Inkrement definiert den Abstand zur nächsten Bohrung.
- Anzahl der Bohrungen: **[6]**
  Die Musteranzahl wird im Schaltpultbereich „1" eingetragen. Für die zweite Richtung werden keine Einträge vorgenommen.
- Musterfunktion beenden: ✔

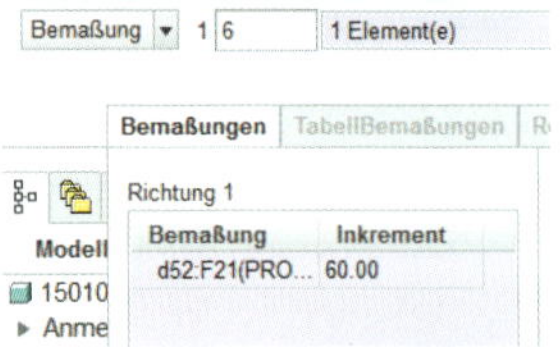

☞ Wird bei der Skizze für den Körper anstelle der Radiusbemaßung über die Punktdefinition ein Konstruktionshilfskreis verwendet, funktioniert das Bemaßung-Muster nicht, da das oben beschriebene 180°-Definitionsproblem zum Tragen kommt. Das Musterergebnis entspricht dann der nebenstehenden Abbildung mit 6 Musterelementen (siehe Modellbaum), aber nur 3 erkennbaren Musterelementen im Hauptarbeitsfenster. Hier liegen jeweils 2 Kopien genau übereinander. Dieses Problem lässt sich mit Hilfe des Achse-Musters lösen.

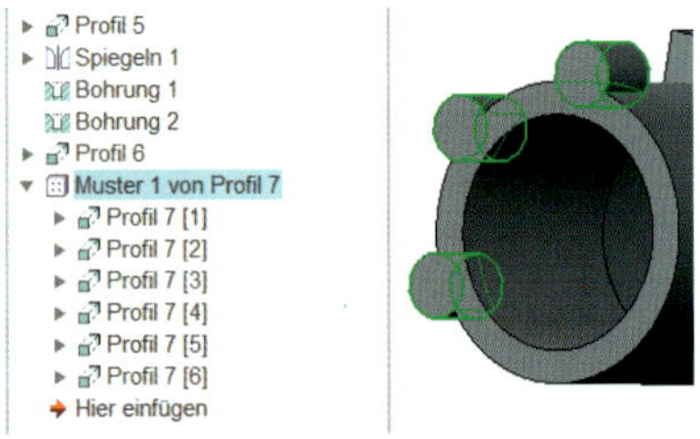

☐ **Variante 2: Körper und Schnitte mit Achse-Muster**

- ⇦ **Profil**
- Skizzendefinition: ▶ **+ Interne Skizze definieren...**
- Skizzierfläche: ⇦ <Obere Gehäusestirnfläche>
- Skizzen-Orientierung: <Vorschlag übernehmen>
- Referenzen: <Vorschlag übernehmen>

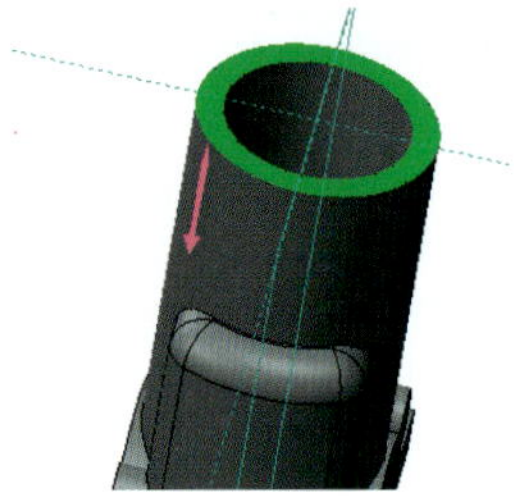

Im Skizziermodus:

- Konstruktionsmodus aktivieren: **Konstruktionsmodus**
- Kreis im Mittelpunkt einfügen: **[17]** <Radius>
- Radius bemaßen: **[17]**
- Kreis auswählen:
- Mittellinie setzen:
- Winkel bemaßen: **[30]**°
- Konstruktionsmodus deaktivieren: **Konstruktionsmodus**

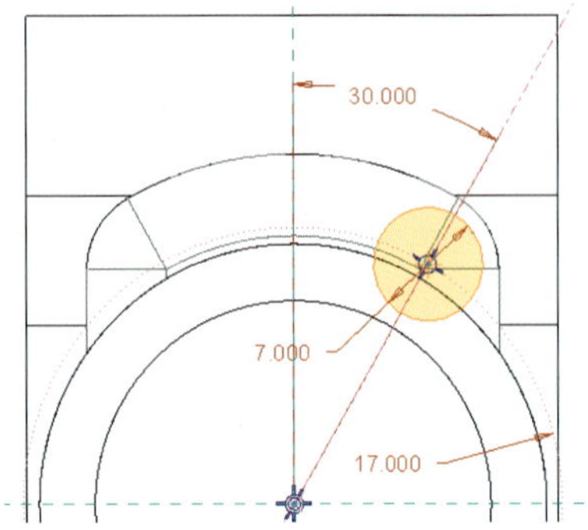

- Kreis im Schnittpunkt Mittellinie/Hilfskreis: [7]
- Skizzierer beenden: ✔
- Tiefenoption: [8]
- Profilerzeugung beenden: ✔

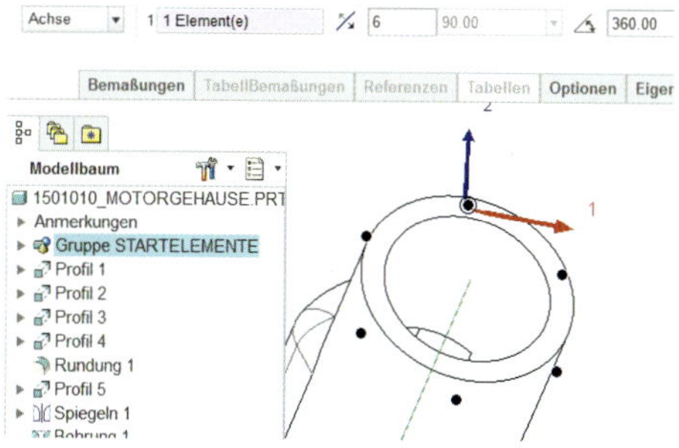

Muster erzeugen:

- Selektieren des Körpers: ⇦ **<Körper>**
- Muster aufrufen: ▶ **[Muster...]**

Alle Erzeugungsmaße der Skizze der Bohrung werden nun sichtbar.

Im Muster-Modus:

- Achse-Muster wählen: ⇦ **[Achse]**
- Achse auswählen: ⇦ **[Zylinderachse]**
- 360°-Winkel ausfüllen: **<360>**
- Anzahl der Elemente: **[6]**
- Muster beenden, speichern: ✔,

12.11.3 Rippen am Kurbelwellengehäuse als Geometriemuster (Achse)

Das Kurbelwellengehäuse wird jetzt um die fehlenden drei Rippen als Achse-Muster aus der vorhandenen Rippe (siehe Kap. 7.6.1) erweitert:

- Selektieren der Rippe: ⇦ **<Rippe>**
- Muster aufrufen: ⇦ **Modell**, ⇦ **Muster▼**, ⇦ Geometriemuster
- Verschmelzungstyp: *oder*
- Achse-Muster wählen: ⇦ **[Achse]**
- Achse auswählen: ⇦ **<Zylinderachse>**
- Winkelinkrement eingeben: **[90]**°
- Anzahl der Rippen: **[4]**
- Muster beenden, speichern: ✔,

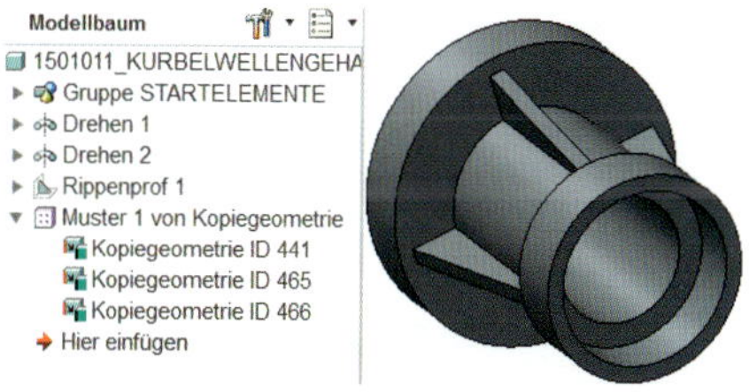

12.11.4 Kühlrippen am Motorgehäuse als Richtung-Muster

In diesem Kapitel wird eine Kühlrippe des Motorgehäuses als Rotationskörper mit dem Drehen-Tool erzeugt und über ein Richtung-Muster entsprechend der Maßangaben in der folgenden Skizze vervielfältigt.

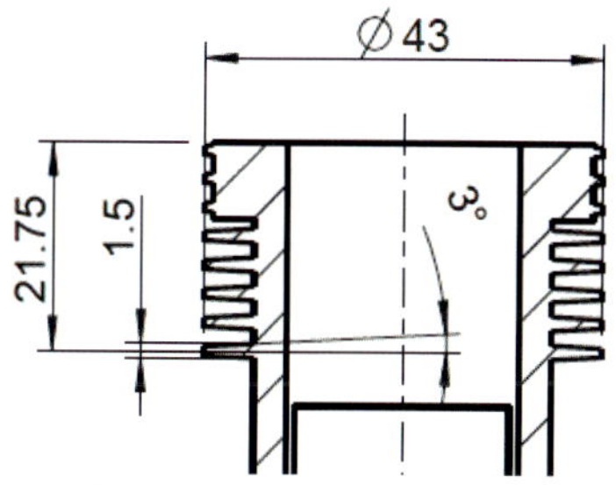

☐ **Kühlrippe als Rotationskörper**

- ⇦ **Drehen**, Skizzierebene: **[YZ_T_RECHTS]**

Im Skizziermodus werden die Außenwand und die Oberkante des Zylinders als Referenzen verwendet. Die Schnittskizze ist nebenstehend abgebildet.

Es wird zunächst über ▶ **Drehachse** eine Drehachse definiert. Dann wird eine horizontale Mittellinie im Abstand 21,75 mm von der Oberfläche erstellt und die Rippenskizze unter Ausnutzen der Symmetrie mit einer Schräge von 3° skizziert.

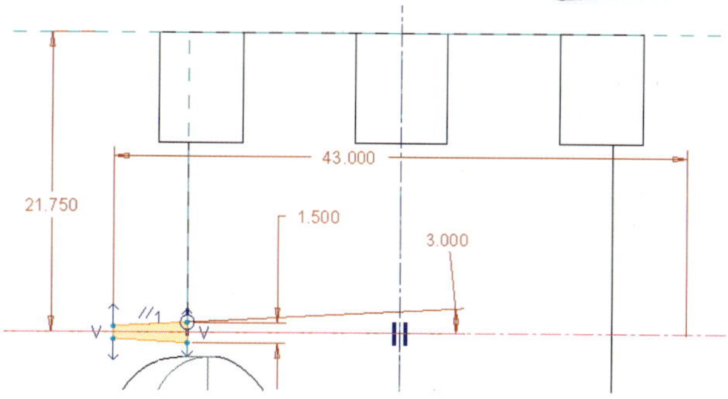

☐ **Weitere Kühlrippen als Maßmuster**

- Selektieren der Rippe: ⇦ <Rippe>
- Muster aufrufen: ⇦ **Modell**, ⇦ **Muster**

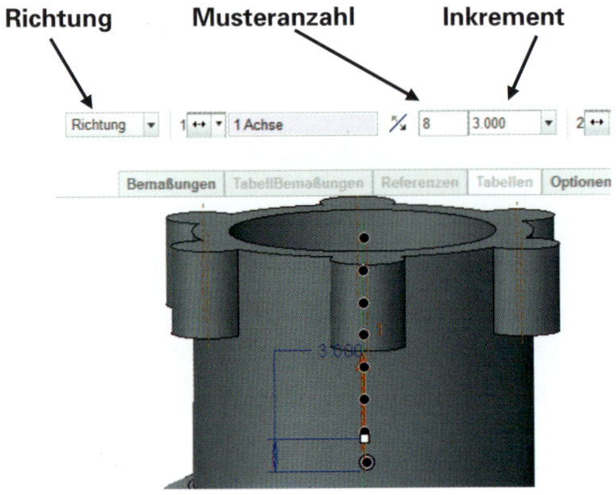

Im Muster-Modus:

- Richtung-Muster wählen: ⇦ **[Richtung]**
- Richtungselement wählen: ⇦ **<Achse>**
- Inkrement: **[3]**
  Alle weiteren Rippen sollen ausgehend von der Ursprungsrippe um je 3 mm versetzt werden.
- Anzahl der Rippen: **[8]**
- Musterfunktion beenden: ✔
- Motorgehäuse speichern: 💾

12.11.5 Kühlrippen am Zylinderkopf als Tabelle-Muster

Die Kühlrippen am Zylinderkopf werden als Beispiel für ein Tabellenmuster herangezogen. Zur Verdeutlichung der Auswirkung des Tabellenmusters sollen die Kühlrippen jeweils unterschiedliche Tiefen haben und in ihren Abständen variieren.

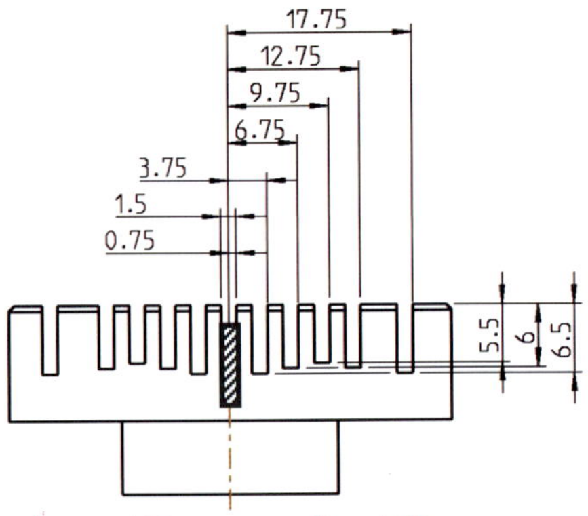

☐ **Erste Kühlrippe als Materialschnitt (Extrudieren-Tool)**

- <1501012_*zylinderkopf.prt*>
- ⇦ **Profil, Skizzierebene [XY_T_ VORNE]**
  Der mittlere Materialschnitt wird auf der Mittelebene **XY_T_ VORNE**, durch die keine Bohrungen gehen mit den Maßen **B = 1.5 mm** und **T = 6.5 mm** nach der nebenstehenden Abbildung skizziert und mit der Tiefenoption **Durch Alle** in beiden Richtungen entfernt.

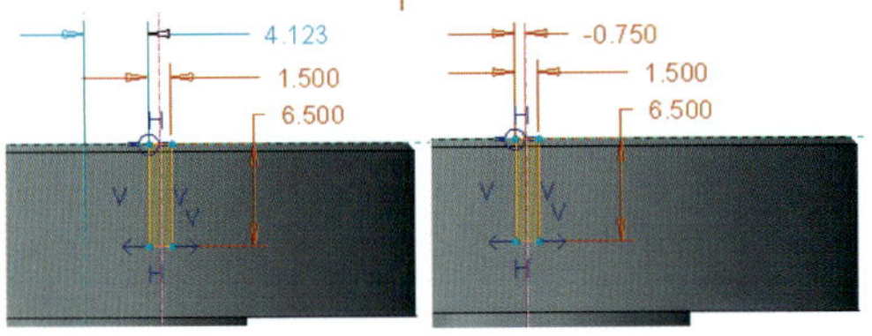

⚠ Dabei wird zunächst eine Mittellinie **rechts** von der Mittelreferenz erstellt, dann der Schnitt symmetrisch zu dieser Mittellinie definiert und anschließend die Lage der Kante zur Mittelreferenz mit dem negativen Wert **-0.75 mm** festgelegt.

☐ **Mustererzeugung**

- Materialschnitt auswählen: ⇦ **Profil**
- Muster aufrufen: **Muster**
- Betriebsart: **[Tabelle]**
- 1. Maß selektieren: ⇦ <Tiefe 6.5>
- 2. Maß selektieren: **[Strg]+**⇦ <Maß 0.75>

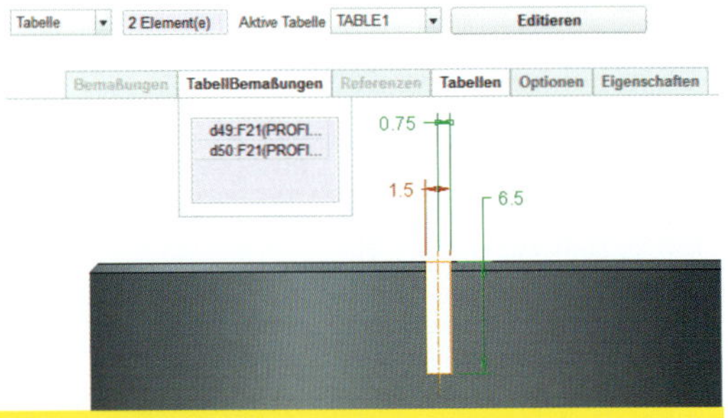

☞ Diejenigen Maße, die in der Mustertabelle gesteuert werden sollen, werden ausgewählt. Die Reihenfolge der angewählten Maße entspricht der Reihenfolge des Eintrags in der Tabelle.

☐ **Tabellenwerte ergänzen**

- Schalter Editieren: ⇦ **[Editieren]**

Ergänzen weiterer Maßreihen (Materialschnitte) durch Hinzufügen weiterer Zeilen in der Tabelle. Jede Zeile in der Tabelle stellt einen eigenen Materialschnitt dar.

R11	!idx	d49(6.500)	d81(0.750)
R12	1	6.5	3.75
R13	2	6	6.75
R14	3	5.5	9.75
R15	4	6	12.75
R16	5	6.5	17.75

- Tabelle schließen: ☒, Muster beenden: ✔
- ⇦ Modell, ⇦ **Spiegeln**, ⇦ **[XY_T_VORNE]**, ✔
- Zylinderkopf speichern: 💾

13 Fortgeschrittene Modellierung

Creo stellt neben den bisher gezeigten Modellierungs- und Arbeitstechniken noch eine Vielzahl weiterer Funktionen zur Verfügung, von denen hier eine kleine Auswahl vorgestellt werden soll.

13.1 Rohteil- und Fertigteildefinitionen (AAX)

Die bisherigen Modellierungsschritte am Motorgehäuse haben ein vereinfachtes Rohteil des späteren Motorgehäuses ergeben. Insbesondere die Kurbelwellen- und die Zylinderbohrung sollen mechanisch nachgearbeitet werden. Des Weiteren sind noch verschiedene Bohrungen, z. B. zum Anschrauben des Zylinderkopfes, zu ergänzen. In vielen Anwendungsfällen ist es sinnvoll, eindeutig zwischen Roh- und Fertigteil zu unterscheiden, wenn z. B. Rohteile nach eigener Zeichnung zugekauft werden und in einem anderen Betrieb zum Fertigteil weiterverarbeitet werden. Für diese Fälle ist es erforderlich, für Roh- und Fertigteil getrennte Zeichnungen und Modelle zu verwalten.

Dieses lässt sich in *Creo* über eine Verschmelzung-Vererbung abbilden.

Im Folgenden soll beispielhaft eine Roh- und Fertigteildefinition durchgeführt werden. Davor werden als letzte Rohteilbearbeitung noch automatische Rundungen ergänzt.

☐ Automatisches Runden konkaver Kanten

Da es sich bei dem Motorgehäuse um ein Gussteil handeln soll, werden für dieses Beispiel stark vereinfachend alle konkaven Kanten mit dem Radius R = 0.5 mm automatisch gerundet.

- *<1501010_motorgehaeuse.prt>*
- ⇦ **Modell**, ⇦ Rundung▼, ⇦ **Autom Runden**
- Konvexe Kanten ausschließen: ▶ ☐ **Konvexe Kanten**
- Radienwert: **[0.5]** mm
- Rundung als Gruppe erzeugen: ▶ ☑ Als Gruppe erzeugen
- Funktion beenden: ✔

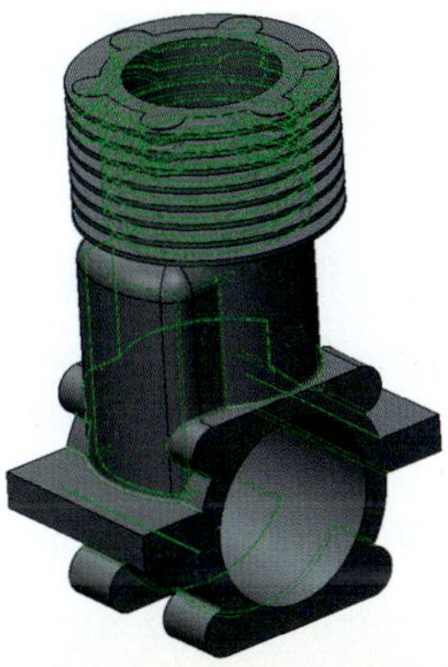

⚠ Die **Verschmelzung/Vererbung** gehört nicht in das grundständige Lizenzmodell von *Creo*. Ist keine entsprechende Lizenz verfügbar, wird später einfach das Grundmodell des Motorgehäuses *1501010_motorgehaeuse.prt* weiter bearbeitet. Zur Demonstration der Roh-/Fertigteilthematik wird daher hier eine Kopie des Motorgehäuses verwendet.

Vererbungs-KE: Vererbungs-KEs ermöglichen die assoziative Übertragung von Geometrie- und KE-Daten in einer Richtung von einem Referenzteil zu einem Zielteil innerhalb einer Baugruppe. Das erzeugte Teil ist selbst dann vollständig funktional, wenn sich das Referenzteil nicht in der Sitzung befindet. Mit Vererbungs-KEs lassen sich Variationen bestehender Modelle erzeugen. Die Geometrie und die Daten eines Vererbungs-KE sind zu Beginn mit dem Referenzteil identisch, aus dem es abgeleitet ist.

Verschmelzungs-KE: Durch Verschmelzen können Sie das Material eines Teils zu einem anderen Teil hinzufügen bzw. davon abziehen, nachdem die beiden Teile in einer Baugruppe platziert worden sind. Standardmäßig wird beim Verschmelzen Material vom Quellteil zum Zielteil hinzugefügt. Die Option zum Entfernen von Material bewirkt, dass Material des Quellteils vom Zielteil subtrahiert wird.

☐ Kopie speichern als Rohteil

⇦ **Datei**, ⇦ Speichern als, ⇦ **Kopie speichern**, Neuer Name: **[*1501033_motorgehaeuse_roh.prt*]**

☐ Fertigteil definieren

- Neues Teil anlegen: ⇦ *<1501034_*motorgehaeuse*_fertig>*
- ⇦ **Modell**, ⇦ Daten abrufen▼, ⇦ **Zusammenführung / Vererbung**
- **Schaltp.** ⇦ *<1501033_motorgehaeuse_roh>*

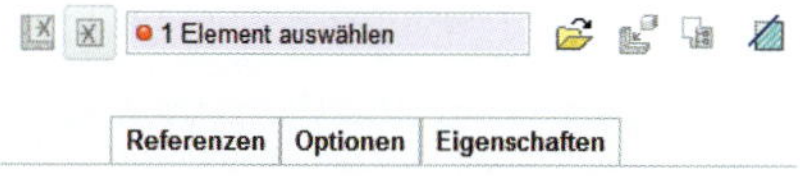

Das zu vererbende Rohteilmodell muss in dem neuen Fertigteilmodell eindeutig platziert werden.

Zur Platzierung öffnet sich der Dialog EXTERNE VERSCHMELZUNG, der prinzipiell identisch mit dem Platzierungsdialog beim Einbau von Komponenten in Baugruppen ist. Der Einbau erfolgt sinnvoll auf die Standardbedingung:

▶ **[Standardbedingung]**, ✔

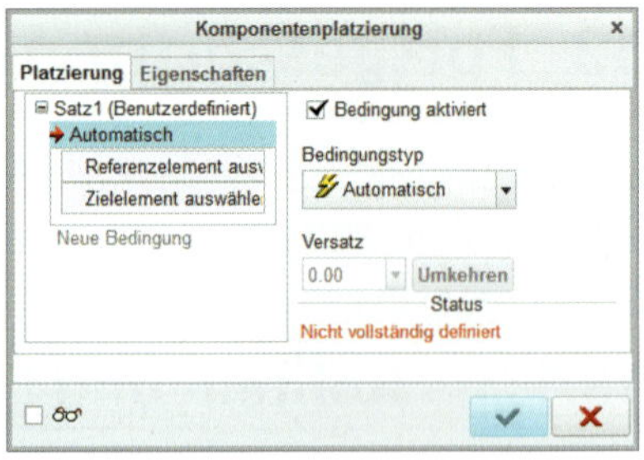

Der Platzierungsdialog kann über aus dem Schaltpult jederzeit wieder geöffnet werden. Standardmäßig ist für die Vererbung und Verschmelzung „abhängig" eingestellt. Das heißt, Änderungen am Rohteil wirken sich nach Regenerierung auch auf das Fertigteil aus. Über das Register OPTIONEN kann die Abhängigkeit deaktiviert werden.

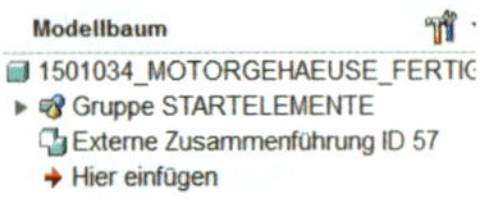

Verschmelzung

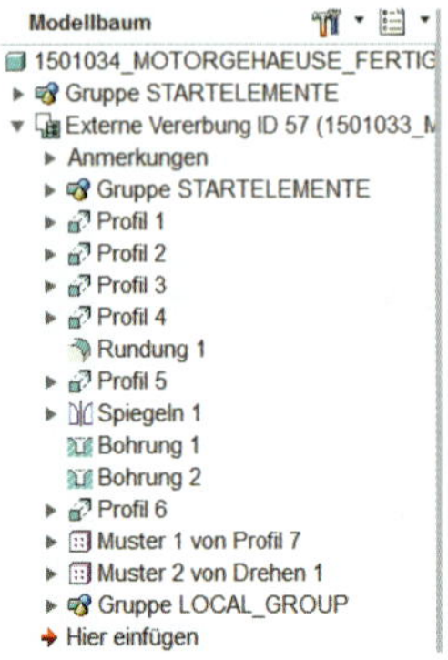

Vererbung

Ebenfalls voreingestellt ist der Verschmelzungsmodus. Die Umschaltung auf den Vererbungsmodus erfolgt über:

- Umschalten auf Vererbungs-KE: ⇦
- Vererbung abschließen: ✔

⚠ Die Verschmelzung erzeugt eine Rohteilkopie als einzelnes Konstruktionselement im Fertigteil, während die Vererbung eine vollständige (abhängige) Konstruktionskopie des Rohteils erzeugt.

13.1.1 Fertigteil: Modellierung und Bearbeitungseinfärbung

Für manche Anwendungen ist es hilfreich, wenn nachträgliche Modelländerungen (Fertigteilmodellierungen) automatisch farblich hervorgehoben werden. Als Beispiel sollen die erforderlichen Nacharbeiten der Zylinder- und der Kolbenbohrung am Fertigteil verwendet werden. Dies lässt sich mit folgendem Trick erreichen:

- *<1501034_motorgehaeuse_fertig.prt>*

☞ Steht keine Vererbungslizenz zur Verfügung, werden die folgenden Schritte am originalen Motorgehäuse *1501010_motorgehaeuse.prt* durchgeführt.

Zunächst wird dem gesamten Modell (Teil) eine neue Farbe zugewiesen, die später die Nacharbeit kennzeichnen soll:

☐ **Bearbeitungsfarbe dem Modell zuweisen**

- **Ansicht**, ⇦ Farbeffekte-Galerie▼
- Farbe definieren: ⇦ Farbe wählen
- Farbe zuweisen: ⇦ **im Modellbaum** *<1501034_motorgehaeuse_fertig>*
- Zuweisung beenden: ⇩

Als nächstes werden alle Körperflächen des Modells ausgewählt und mit der Farbe des unveränderten Modells eingefärbt.

☐ **Körperflächen selektieren**

Im Unterschied zu allen bisher verwendeten Auswahloptionen soll nun kein einzelnes Konstruktionselement des Modells gewählt werden, sondern sämtliche Körperflächen, die sich über mehrere Konstruktionselemente verteilen. Dazu empfiehlt es sich, den Auswahlfilter vom Modus **Smart** in den Modus **Geometrie** umzustellen:

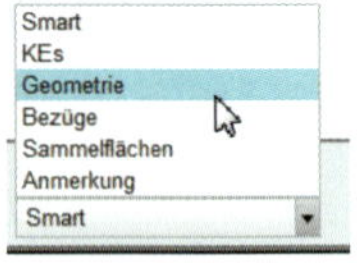

- Auswahlfilter ⇦ **[Geometrie]**
- **Eine** beliebige Körperfläche wählen: ⇦ <Körperfläche>
- Sämtliche Körperflächen wählen: ▶ **[Körperflächen]**

☐ **Farbauswahl und Farbzuweisung für Istzustand**

- **Ansicht**, ⇦ Farbeffekte-Galerie▼
- Farbe definieren: ⇦ Farbe wählen

Damit sind die modelltechnischen Vorbereitungen für eine Bearbeitungskennzeichnung abgeschlossen und das Modell kann gespeichert werden. Werden nachfolgende Bearbeitungen durchgeführt, haben diese Änderungen an den Körperflächen zur Folge. Diese neuen Flächen erhalten somit automatisch immer die Grundfarbe des Modells.

☐ **Bearbeitungen:** Kurbelwellenbohrung und Zylinderbohrung vergrößern:

Wichtig ist, dass nicht die vorhandene Bohrung vergrößert (editiert) wird, da sich daraus modelltechnisch keine neue Körperfläche ergeben würde, sondern dass neue Materialschnitte bzw. neue Bohrungen erstellt werden.

- Kurbelwellenbohrung : ⇦ , **[32] mm**, <Durch Alle>
- Zylinderbohrung: ⇦ , **[27] mm**, <Bis nächst. >

13.1.1.1 Sacklochgewinde als Referenz-Muster

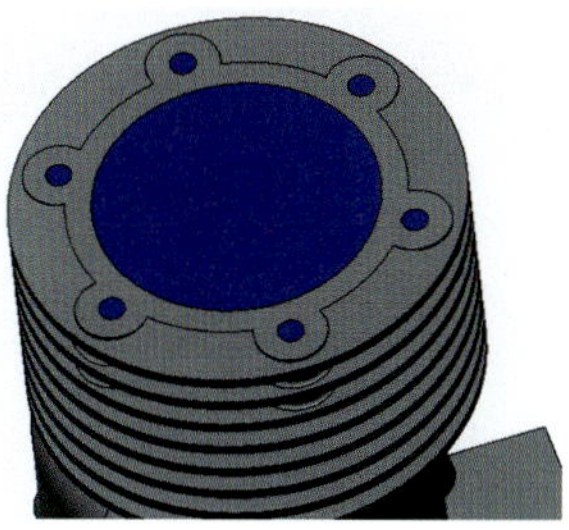

In diesem Kapitel werden die Gewindebohrungen für die Zylinderkopfverschraubung erzeugt. Diese sollen zentrisch zu den Achsen der in Kap. 12.11.2 erstellten Verschraubungsdome angeordnet werden und exakt die gleiche Anzahl wie diese haben. Dazu werden die Gewindebohrungen über ein Referenz-Muster auf das vorhandene Muster der Verschraubungsdome vervielfältigt.

⚠ Im KE-Modus (Erzeugung von Konstruktions-Elementen) kann ein Referenz-Muster nur dann erzeugt werden, wenn das neue KE auf das **Ursprungselement (1. KE)** des bereits vorhandenen Musters referenziert wird.

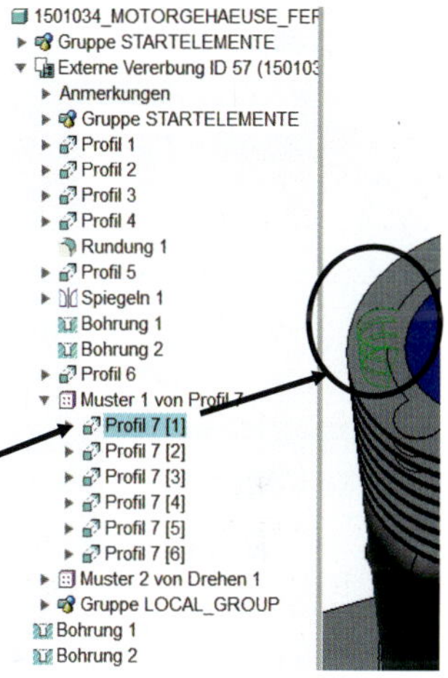

☐ **Ursprungselement ermitteln**

Um das Ursprungselement des Schraubendom-Musters zu ermitteln, wird im Modellbaum das Muster erweitert und der erste darin befindliche Dom ausgewählt. Bei Anwendung in einem normalen Bauteil (*motorgehaeuse.prt*) wird das Element dann auch im Arbeitsfenster durch rote Kanten hervorgehoben.

- Externe Vererbung erweitern: ▼ Externe Vererbung
- Dom-Muster im Modellbaum erweitern: ▼ **Muster**
- Ursprungselement auswählen: ⇦ <KE auswählen>

Das erste Musterelement ist nun im Arbeitsfenster durch grüne Kanten erkennbar.

☐ **Bohrung erzeugen**

- ⇦ **Modell**, ⇦ Bohrung, Standardbohrung,
- ISO ISO, <M3>
- 1. Referenz: ⇦ <Obere Gehäusefl.>
- 2. Referenz: **[Strg]+**⇦ <Achse 1. Dom>
- Bohrungstiefe: **[7.5]** mm
- Gewindetiefe: **[6]** mm
- Kegelsenkung: **deaktiviert**
- Senkbohrung: **deaktiviert**
- Gewindefläche: **aktiviert**
- Bohrung beenden: ✔

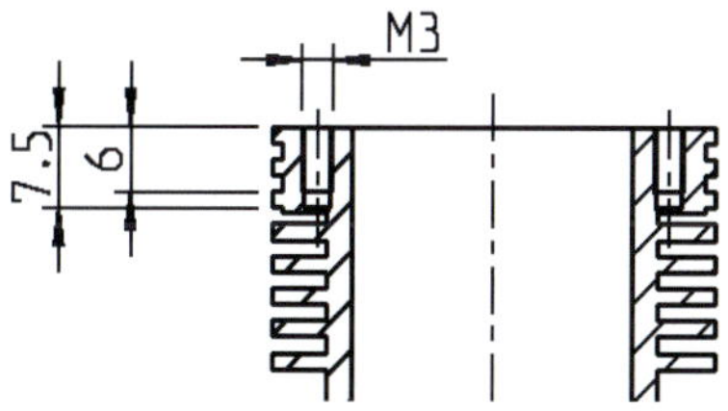

☐ **Mustererzeugung**

- Selektieren der Bohrung: ⇦
- Muster aufrufen: ⇦ **Modell**, ⇦ **Muster**
  Creo erkennt automatisch den Zusammenhang der Referenzen und schlägt ein Referenz-Muster vor.
- Musterfunktion beenden: ✔ *oder* ⇩

13.1.1.2 Anschraubbohrungen als Punkt-Muster

Nun werden die 4 Bohrungen in die Anschraubflächen „gebohrt". Dazu wird zunächst eine Skizze mit den Platzierungspunkten der Bohrungen erzeugt, dann eine Bohrung definiert und über ein Punkt-Muster vervielfältigt.

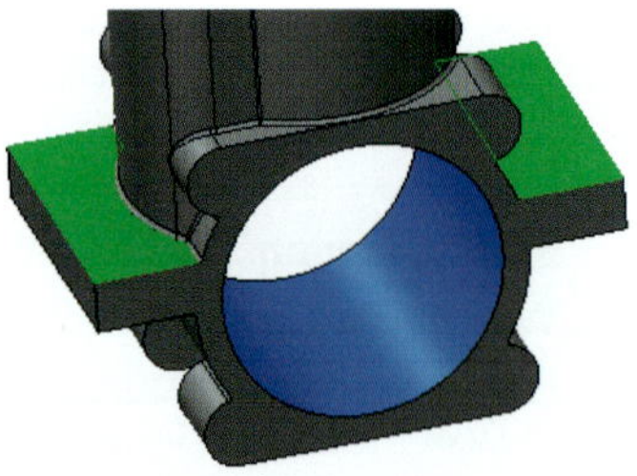

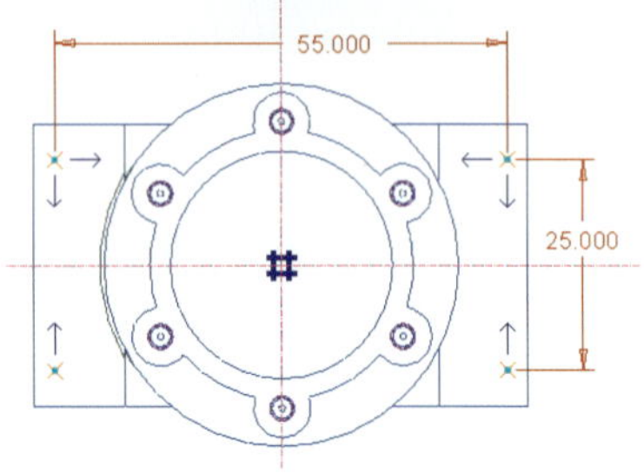

☐ **Bohrskizze anlegen**

- ⇦ **Modell**, ⇦ Skizze
- ⇦ **Skizze**, ⇦ Bezug: **Punkt** <*Absetzen in Skizze*>
- ⇦ **Skizze**, ⇦ Skizze: Mittellinie <*Absetzen auf horizontale Referenz*>
- ⇦ **Skizze**, ⇦ Skizze: Mittellinie <*Absetzen auf vertikale Referenz*>
- ⇩ <Punkt einfügen beenden>
- **[Punkt wählen]**
- ⇦ **Skizze**, ⇦ Editieren: Spiegeln <*an vertikaler Mittellinie*>
- ⇦ **[Punkt wählen]**, **[Strg]+**⇦ <***beide*** *Punkte wählen*>
- ⇦ **Skizze**, ⇦ Editieren: Spiegeln <*an horizontaler Mittellinie*>
- ⇦ <Bemaßungen anpassen>
- Skizze beenden: ✔ *oder* ⇩

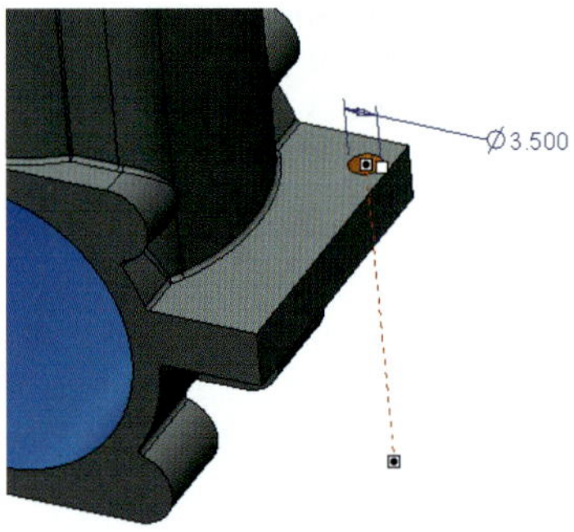

☐ **Bohrung erzeugen**

- ⇦ **Darstellungssteuerung**, ☑ Punkt-Anzeige
- ⇦ **Modell**, ⇦ Bohrung, Einfache Bohrung
- 1. Referenz: <**Punkt**>
  Für das Punkt-Muster kann ein beliebiger Punkt der Skizze gewählt werden. Es muss keine Reihenfolge beachtet werden.
- Bohrungsdurchmesser: **[3.5]**
- Bohrungstiefe: **[Durch Alle]**
- Bohrung beenden: ✔ *oder* ⇩

☐ **Mustererzeugung**

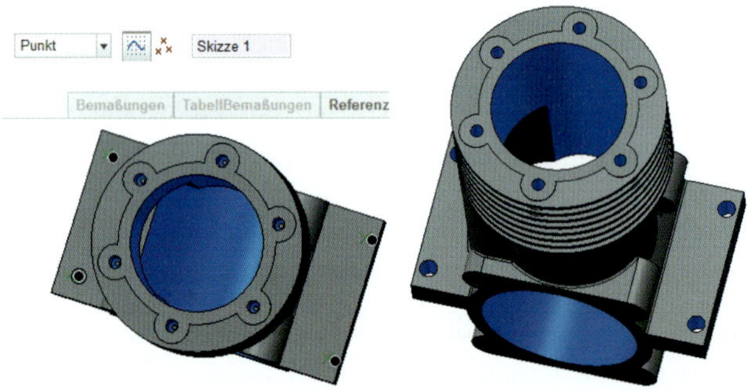

- Bohrung selektieren: ⇦
- ⇦ **Modell**, ⇦ **Muster**, ⇦ **[Punkt]**
- Skizze auswählen: ⇦ **[Skizze 1]**
- Muster beenden: ✔ *oder* ⇩
- Motorgehäuse speichern:

13.1.1.3 Flanschbohrungen als Bemaßung-Muster in 2 Richtungen

Die Flanschbohrungen werden nach ISO für die Deckel- und Kurbelgehäuseverschraubung mit **M3** und **Gewindetiefe 6 ohne Kegelsenkung und Senkbohrung** erzeugt (1 Stück) und linear als Bemaßung-Muster in zwei Richtungen gemustert (3 Bohrungen auf erster Seite). Danach wird das gesamte Bohrmuster auf die andere Seite des Gehäuses gespiegelt.

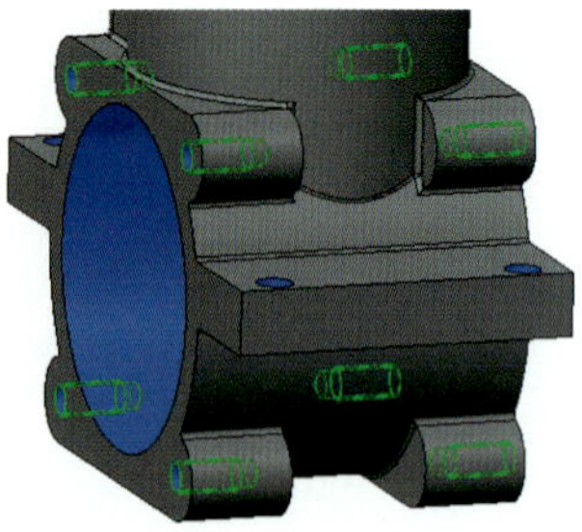

☐ **Bohrung erzeugen**

- ⇦ **Modell**, ⇦ Bohrung, Standardbohrung,
- ISO, <M3>
- Primäre Referenz: ⇦ <Oberfläche Deckelanschluss>

- Platzierungstyp: ⇦ **Linear**
- Sekundäre Referenz 1: ⇦ **XZ_T_OBEN** *<Ziehen>*
- Versatz: **[15]** mm
- Sekundäre Referenz 1: ⇦ **XY_T_VORNE** *<Ziehen>*
- Versatz: **[15]** mm
- Bohrungstiefe: **[7.5]** mm
- Gewindetiefe: **[6]** mm
- Kegelsenkung: **deaktiviert**
- Senkbohrung: **deaktiviert**
- Gewindefläche: **aktiviert**
- Bohrung beenden: ✔

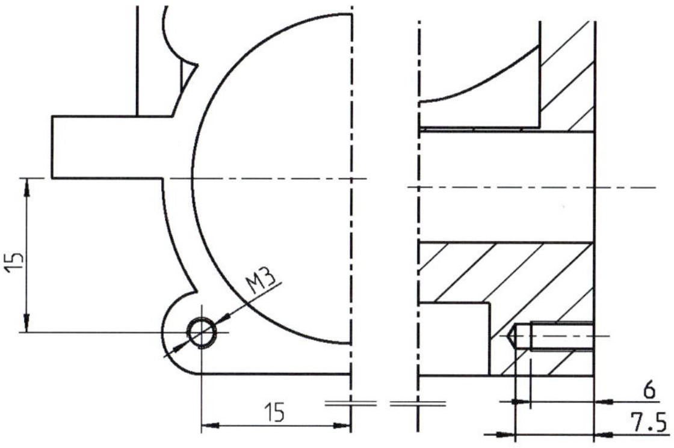

□ **Bohrung Muster**

- Bohrung selektieren: ⇦
- ⇦ **Modell**, ⇦ **Muster**, ⇦ **[Bemaßung]**
- 1. Richtung: ⇦ <Maß 15 selektieren>
- 1. Inkrement: **[-30]** mm
- 2. Richtung aktivieren. ⇦
- 2. Richtung: ⇦ <anderes Maß 15 selektieren>
- 2. Inkrement: **[-30]** mm
- Musterfunktion beenden: ✔

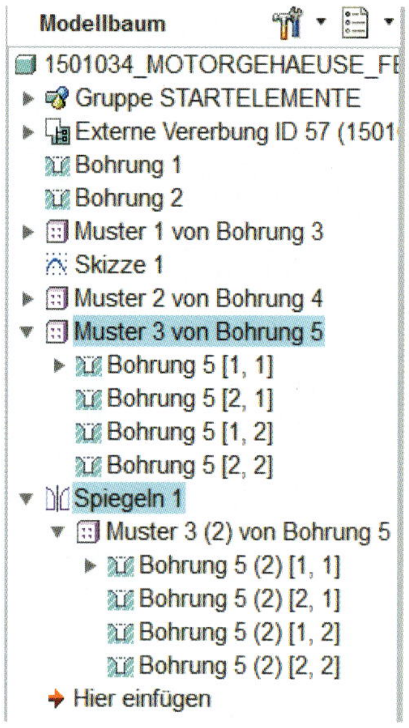

□ **Muster spiegeln**

- Muster selektieren: ⇦
- Spiegelfunktion aufrufen: ⇦ **Modell**, ⇦ **Spiegeln**
- Spiegelebene auswählen: **YZ_T_RECHTS**
- Spiegeln beenden: ✔

13.1.1.4 Parametrische Abguss-Identnummer als Erhebung

Weit verbreitet ist die Verwendung von Abguss-Identnummern, die zur eindeutigen Zuordnung als Volumenelement in Form einer Erhebung oder Prägung am Rohteil (Abguss) aufgebracht sind. Im Folgenden soll beispielhaft der Modellparameter IDNR des Motorgehäuse-Rohteiles parametrisch ausmodelliert werden.

Dazu wird zunächst der Parameter IDNR mit der 7-stelligen Identnummer belegt:

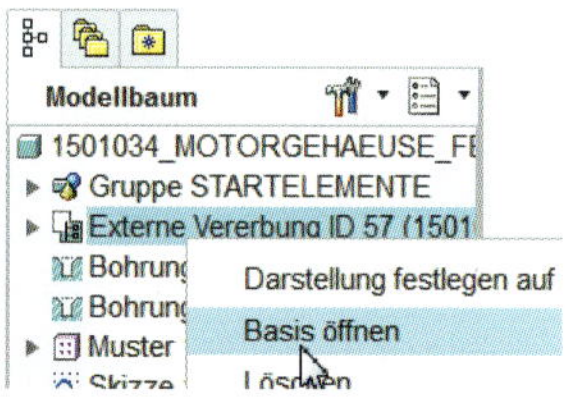

- ⇦ Öffnen: ***[motorgehaeuse_fertig.prt]***
- Externe Vererbung wählen: ⇦ <Externe Vererbung>
- Vererbtes Rohteil öffnen: ▶ **[Basis öffnen]**

- ⇦ **Werkzeuge**, ⇦ Parameter
- Parameterwert IDNR ändern: ⇦ **[1501033]**
- Dialog PARAMETER beenden: **[OK]**

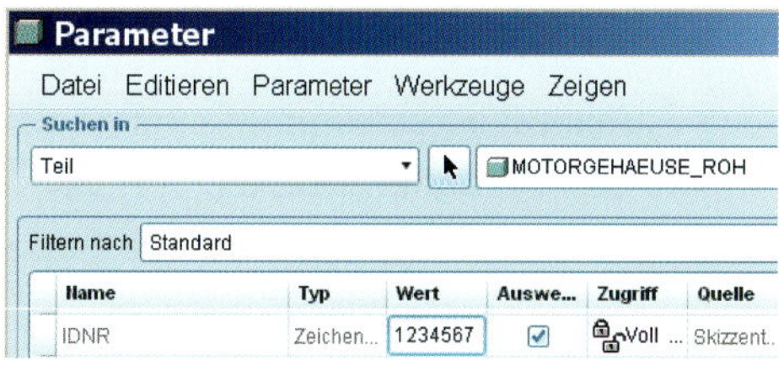

☐ Parametrische Textskizze erstellen

Die Abgussnummer soll als Erhebung auf die Außenkontur des Gemischkanals erstellt werden. Dazu wird eine Bezugsebene **parallel** zu XY_T_VORNE und **tangential** an die Außenfläche des Gemischkanals erstellt:

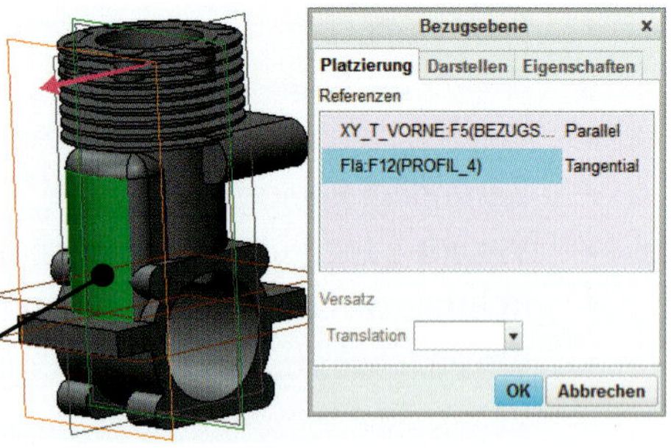

- Ebene erzeugen: ⇦ **Modell**, ⇦ Ebene
- Versatzebene wählen: ⇦ <XY_T_VORNE>
- Parallelität wählen: ⇦ **[Parallel]**
- Tangentialfläche wählen: **[Strg]+**⇦ <Außenfläche>
- Tangentialität wählen: ⇦ **[Tangential]**
- Ausrichtung nach Skizze: ggf. ▶ **[Senkr. Richtung umsch.]**
- Ebene fertig stellen: **[OK]**
- Skizze erstellen: ⇦ **Modell**, ⇦ Skizze
- Skizzierebene: ⇦ <DTM1>

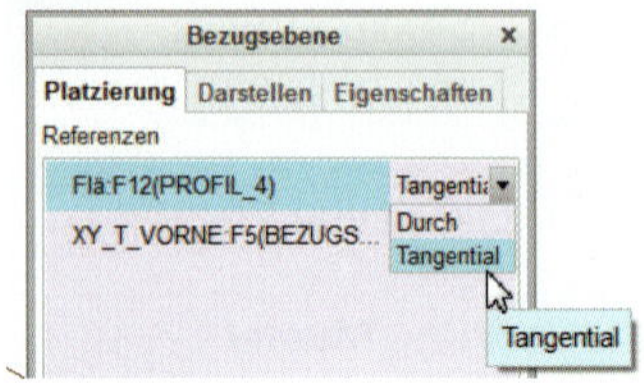

- Skizzentext aktivieren: ⇦ Text
- 1. Skizzenpunkt festlegen: ⇦ <auf vertikale Referenz>
- 2. Skizzenpunkt-Texthöhe: ⇦ <auf vertikaler Referenz nach oben vom 1. Skizzenpunkt>
- Im Dialog TEXT: ◉ **[Parameter verwenden]**
- In PARAMETER WÄHLEN: ⇦ IDNR
- Gewählte einfügen: ⇦ **[Ausgewählte einfügen]**

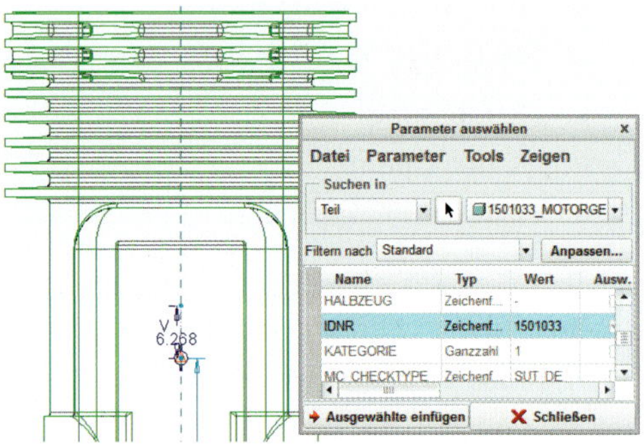

- Textposition horizontal: ⇦ **[Mitte]**
- Dialog TEXT beenden: **[OK]**
- Textfunktion beenden: ⇩
- Texthöhe anpassen: **[3]**
- Vertikale Textposition: **[20]**
- Skizze beenden: ✔

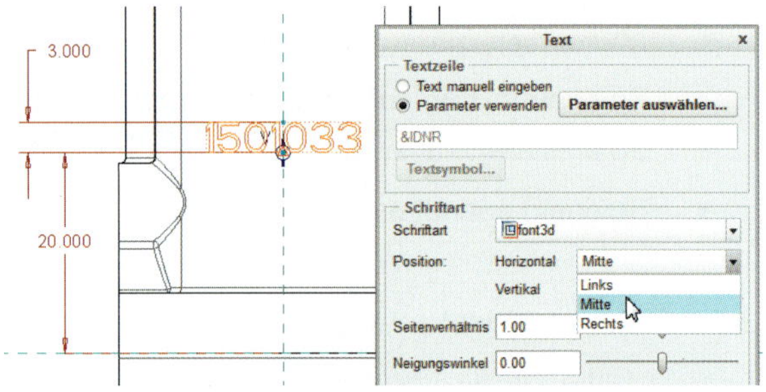

☐ Texterhebung über Versatzfläche

Das direkte Extrudieren der Textskizze hätte einen endlichen Textkörper, ausgehend von einer ebenen Fläche (Skizzierfläche) als Ergebnis. Gewünscht ist dagegen eine einheitliche Texterhebung, ausgehend von der Außenfläche des Gemischkanals. Zu diesem Zweck wird zunächst eine Versatzfläche der Außenfläche des Gemischkanals für die Höhe Texterhebung erstellt und anschließend die Extrusion beidseitig an der Versatzfläche (grün) und der Außenfläche begrenzt:

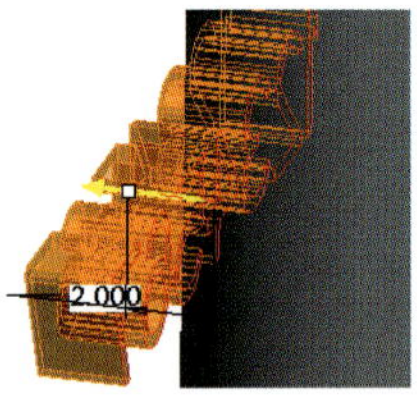

Ebene Extrusion

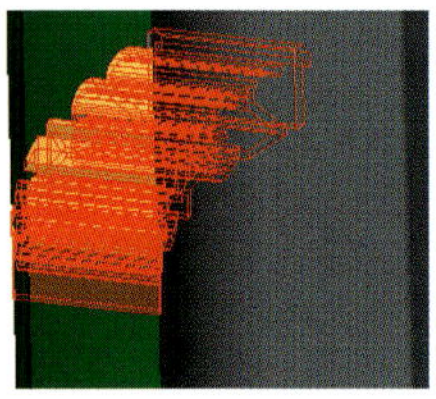

Beidseitig Extrusion (flächenbegrenzt)

- Auswahlfilter leeren: ⇦ in den freien Hintergrund
- Gemischkanal anklicken: ⇦ Gemischkanal
- Außenfläche wählen: ⇦ Außenfläche Gemischk.
- ⇦ **Modell**, ⇦ **Versatz**
- Versatzwert: **[0.5]**
- Versatzfunktion beenden: ✔ *oder* ⇩

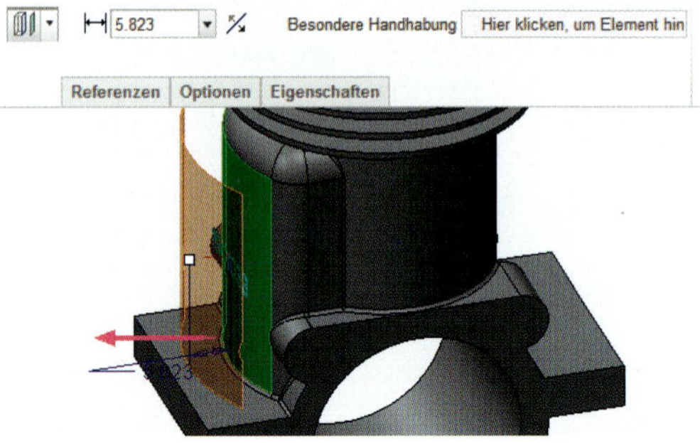

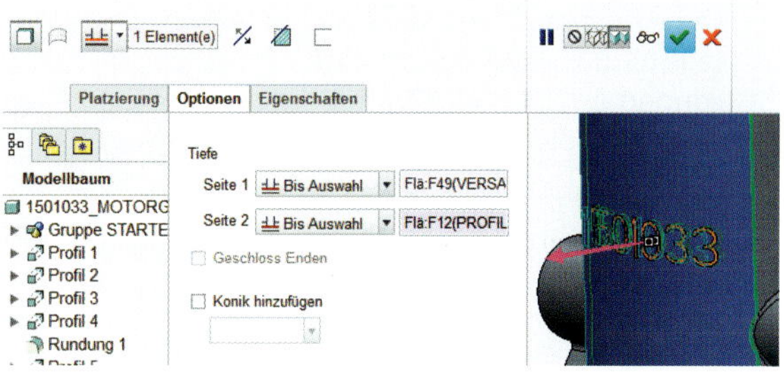

- Skizze 1 wählen: ⇦ Skizze 1
- Extrudieren-Tool: **Profil**
- Optionen öffnen: ⇦ **Optionen**
- Seite 1: <bis Auswahl>
- Versatzfläche wählen: ⇦ Versatzfläche
- Seite 2: <bis gewählt>
- Versatzfläche wählen: ⇦Außenfläche Gemischk.
- Profil beenden: ✔ *oder* ⇩

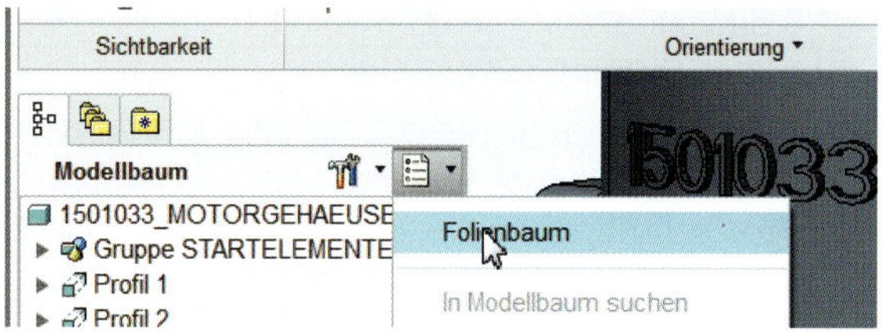

☐ **Versatzfläche im Rohteil dauerhaft ausblenden**

- Versatzfläche wählen: ⇦ Versatz 1
- Ausblenden: ▶ **[Ausblenden]**
- Folienbaum öffnen: ⇦ **Folienbaum**
- Status speichern: ▶ **[Status speichern]**
- Modellbaum aktivieren: ⇦ **Modellbaum**
- Modell speichern:

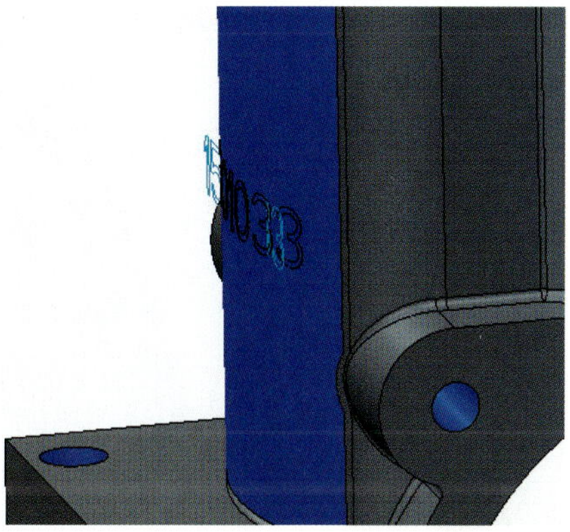

☐ **Fertigteil anpassen**

Wechselt man nun zurück in das Fertigteil und aktualisiert dieses, so erscheinen die Schriftskizze und die Versatzfläche in blau. Die eigentliche Schrifterhebung liegt ebenfalls in blau unter der Versatzfläche verborgen.

Sinnvoll ist daher das dauerhafte Ausblenden aller Kurven- und Flächenelemente über die Folien im Fertigteil:

- Fertigteil öffnen: bzw. Fenster wechseln
- Externe Vererbung wählen: ⇦
- Vererbung aktualisieren: ▶ **[Vererbung aktualisieren]**

☞ Beim Aktualisieren der Vererbung kommt es vereinzelt zu Problemen mit den gespiegelten Bohrungen. In diesem Fall hilft es, die erste Bohrung zu wählen, ▶ **[Definition editieren...]** und ohne Änderung direkt wieder zu beenden.

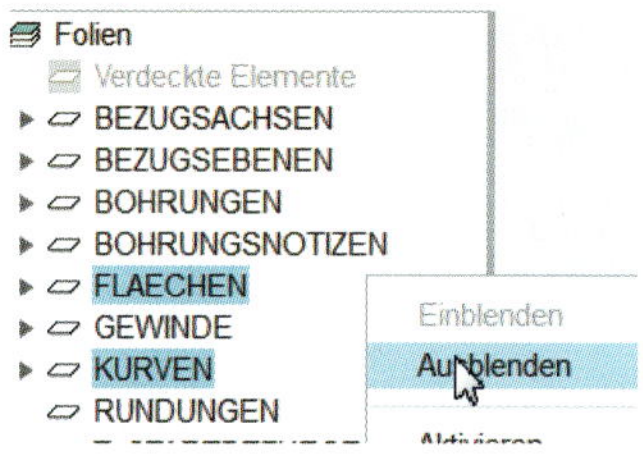

- Folienbaum öffnen: ⇦ **Folienbaum**
- Flächenfolie wählen: ⇦ **[FLAECHEN]**
- Kurvenfolie hinzufügen: **[Strg]** + ⇦ **[KURVEN]**
- Auswahl ausblenden: ▶ **[Ausblenden]**
- Status speichern: ▶ **[Status speichern]**
- Folienbaum schließen: ⇦ **Modellbaum**

Aufgrund der nachträglichen Änderung am Rohteil stellt die Abgussnummer für das Fertigteil eine nachträgliche Änderung dar und wird in blauer Farbe als Bearbeitung gekennzeichnet.

Dieses lässt sich dadurch korrigieren, dass im Fertigteil das Element **[➔Hier einfügen]** direkt hinter die *Externe Vererbung* verschoben wird und dann analog zu Kap. 13.1.1 erneut alle Körperflächen in der Gußfarbe (grau) eingefärbt werden:

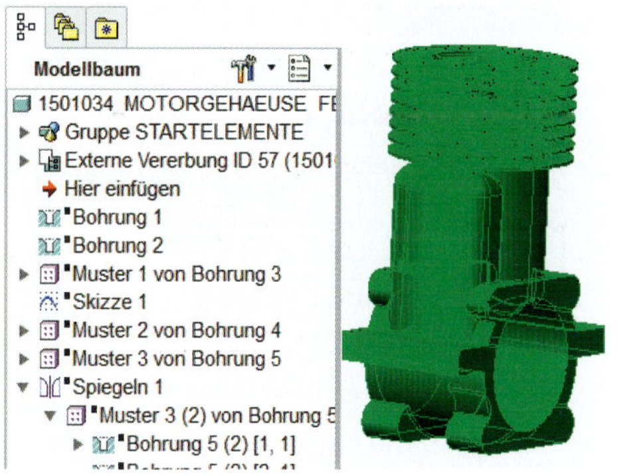

- **[➔Hier einfügen]** verschieben: ⇦ *<Ziehen >*
- **Eine** beliebige Körperfläche wählen: ⇦ <Körperfläche>
- Sämtliche Körperflächen wählen: ▶ **[Körperflächen**
- Farbe definieren und zuweisen: ⇦ **Ansicht**, ⇦ ● Farbe
- **[➔Hier einfügen]** zurückverschieben: ⇦ *<ans Ende >*

Die Abgussnummer ist nun, gesteuert über den Parameter IDNR des Rohteilmodells, sowohl im Roh- als auch im Fertigteil ausmodelliert. Änderungen am Rohteil können durch eine neue Abgussnummer dokumentiert und auf jeden Abguss (Fertigteil) übertragen werden.

Wird der Parameter IDNR im Rohteil geändert und die Externe Vererbung im Fertigteil danach aktualisiert, ist die neue Nummer ohne manuellen Eingriff in beiden Teilen ausmodelliert.

☞ Soll die Abgussnummer als Prägung ausgeführt werden, müssen lediglich die Versatzfläche nach innen gerichtet und das Profil als Materialschnitt definiert werden.

☞ Sinnvoll ist unter Umständen, die Automatische Verrundung erst nach (im Modellbaum hinter) der Modellierung der Abgussnummer durchzuführen.

13.2 Ziehen an Leitkurve (Anschlusskragen am Auspuff)

Die weiteren Modellierungsschritte am Auspuff zeigt die folgende Darstellung:

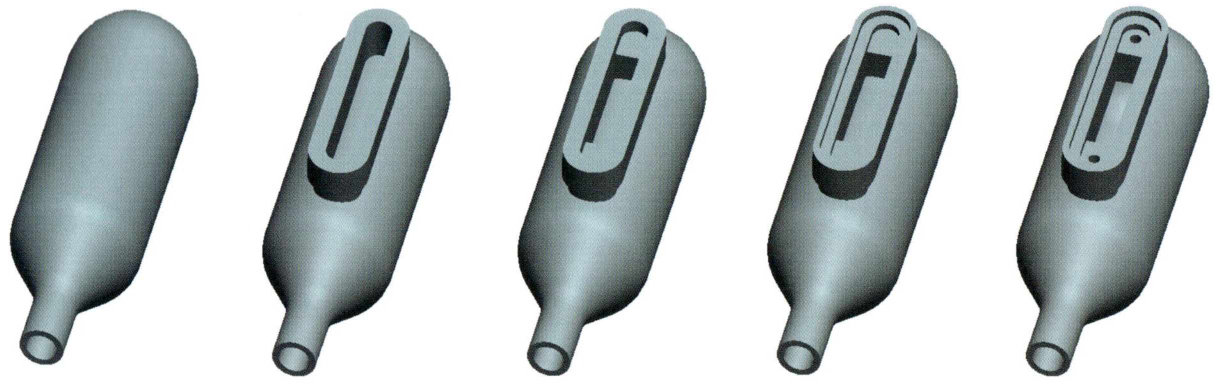

Ausgangssituation | **1. Schritt: Auspuffkragen** | **2. Schritt: Anschraubböden** | **3. Schritt: Dichtungssitz und Flaschendurchstoß** | **4. Schritt: Gewindebohrungen**

In der folgenden Abbildung sind die Leitkurve, an welcher der Anschlusskragen des Auspuffs entlang gezogen werden soll, und der zu skizzierende Schnitt für diesen Körper dargestellt. Eine Leitkurve kann man sich als eine Art Führungsstange für einen Duschvorhang vorstellen. Der Vorhang (Schnitt) wird entlang der Führungsstange (Leitkurve) gezogen und hängt daran herunter.

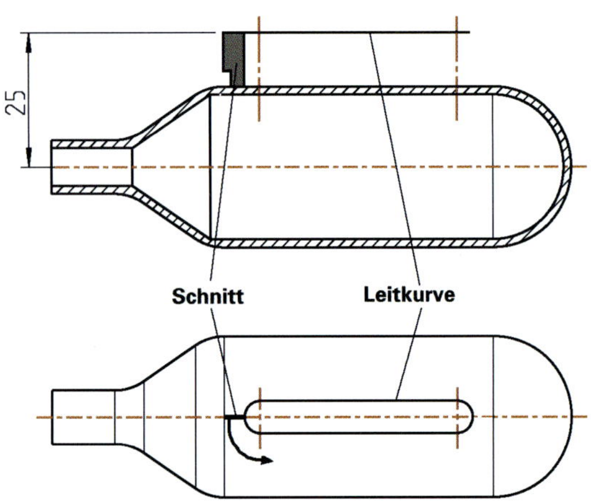

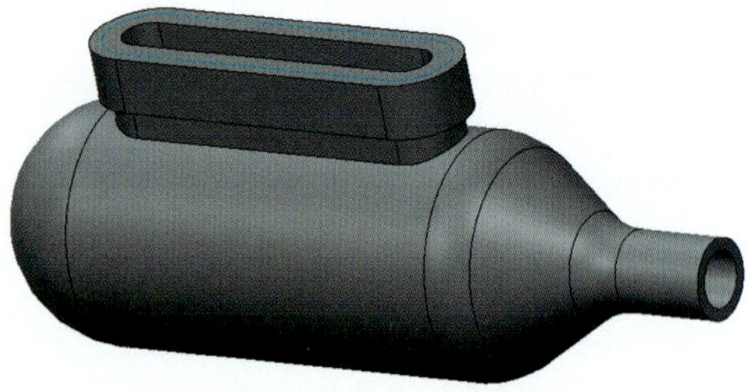

Zunächst wird die Leitkurve skizziert, an welcher der Körper entlang gezogen werden soll. Für diese Leitkurve wird eine Bezugsebene benötigt, die um **25 mm** von einer Mittelebene des Auspuffs versetzt liegt. Die Bezugsebene kann in die Funktion **Skizzierte Bezugskurve** integriert, also „on the fly“ erzeugt werden:

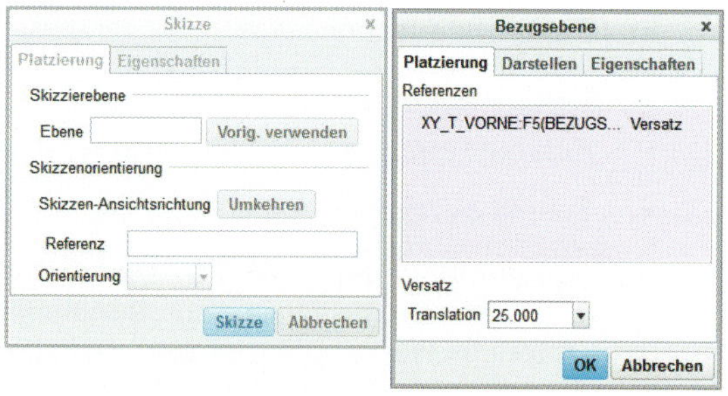

☐ Bezugskurve mit Skizzierebene „on-the-fly" erzeugen

- ⇦ **Modell**, ⇦ **Skizze**
- ⇦ **Modell**, ⇦ **Ebene**

Eine in das Skizzentool integrierte Bezugsebene wird erzeugt. Aus dem aktivierten Feld <Ebene> des Bereichs <Skizzierebene> im Dialog SKIZZIERTE BEZUGSKURVE heraus wird die Funktion **Ebene** (siehe Kap. 6.5.1) aufgerufen. Die Funktion **Ebene** ist somit in die Funktion **Skizze** integriert. Die neu erstellte Ebene wird automatisch als Skizzenebene gewählt.

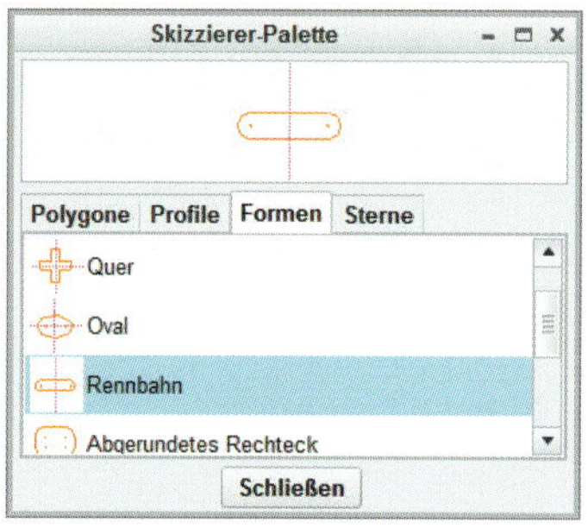

- Selektieren einer Längsebene: ⇦ **<XY_T_VORNE>**
- Verschiebung: **[25]** mm
- BEZUGSEBENE beenden: **[OK]**
- Skizzierer aufrufen: **[Skizze]**

Im Skizziermodus:

- Skizzierer-Palette öffnen: ⇦ **Skizze**, ⇦ **Palette**
- Register FORMEN ⇦ **[Formen]**
- Rennbahn: ⇦ ⇦
- Ablegen in Skizze: ⇦
  <im Arbeitsfenster>
- Aufhängepunkt auf Achse ziehen: ⇦ ⊗
- Skizzierer-Palette schließen: **[Schließen]**
- Paletteneinbau beenden: ✔ *oder* ⇩
- Bemaßungen anpassen: , **ggf.**

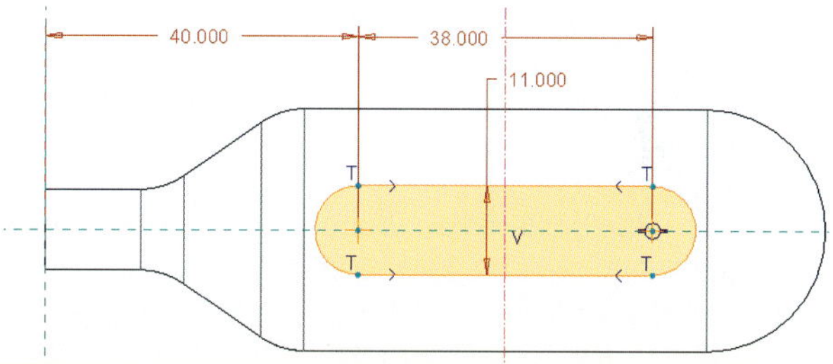

> ☞ Beim Ändern der Bemaßung, die aus der Palettenskizze übernommen wurde, verweigert *Creo* häufig das Löschen von Palettenmaßen bei Überbestimmung im Dialog SKIZZE LÖSEN (Maß 35.190 in der linken Skizze). Abhilfe verschafft das vorherige manuelle Löschen der ungewollten Bemaßung.

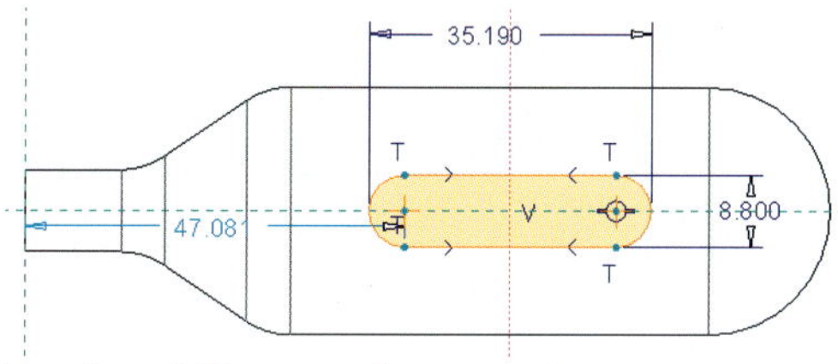

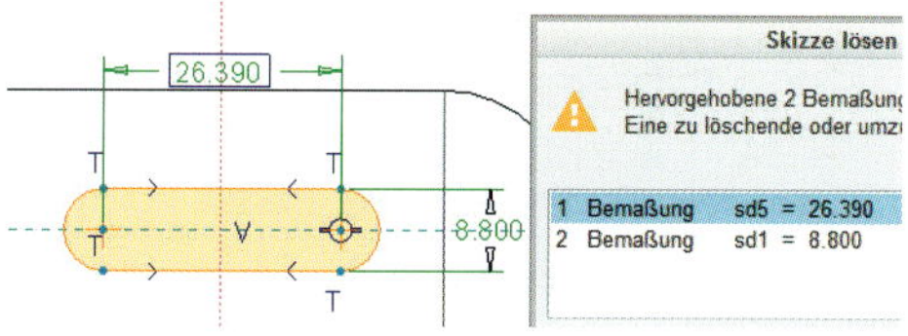

- Mittelpunkt auf Ebenenreferenz:
- Skizze beenden: ✔

☐ Zug-KE erzeugen

Der zu ziehende Körper wird definiert und an der Leitkurve entlang gezogen.

- ⇦ **Modell**, ⇦ **Zug-KE**
- Referenzen-Panel öffnen: ⇦ **[Referenzen]**
- Leitkurve auswählen: ⇦ <Kurve>
  Creo wählt den ersten Konstruktionspunkt der Skizze als Ursprung.
- Skizziermodus aktivieren: *oder* ▶ **[Skizze]**

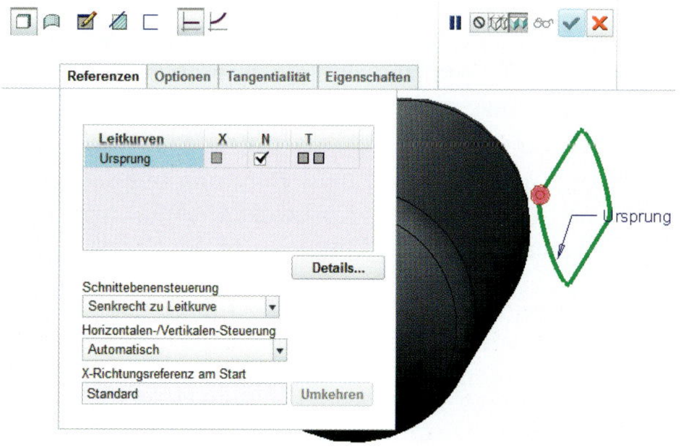

Im Folgenden wird die an der Leitkurve entlang zu ziehende Körperkontur (der Duschvorhang) skizziert. *Creo* dreht die Ansicht derart, dass sie senkrecht zur Leitkurve im Ursprung ausgerichtet ist. Durch den Ursprungspunkt werden eine horizontale und eine vertikale Referenz gelegt. Die Ausrichtung hängt dabei von der Richtung der On-The-Fly-Ebenen ab.

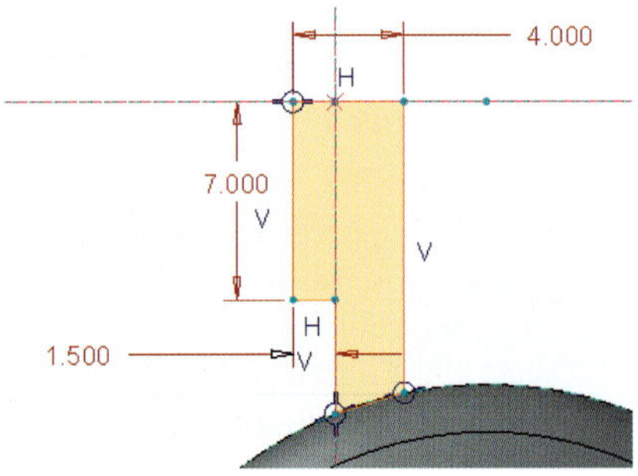

Im Skizziermodus:

- Referenzen öffnen: ⇦ *oder* ▶ **[Referenzen]**
- Referenz ergänzen: ⇦ <Außendurchmesser>
- Schnitt skizzieren:

☞ Da ein Volumen nur **mit Masse** oder **ohne Masse** sein kann, ist am Zylinderanschluss kein Bogenelement, sondern nur eine Sehne notwendig. Wichtig ist, dass die Endpunkte der vertikalen Linien auf den Auspuffaußendurchmesser ausgerichtet sind (Referenz).

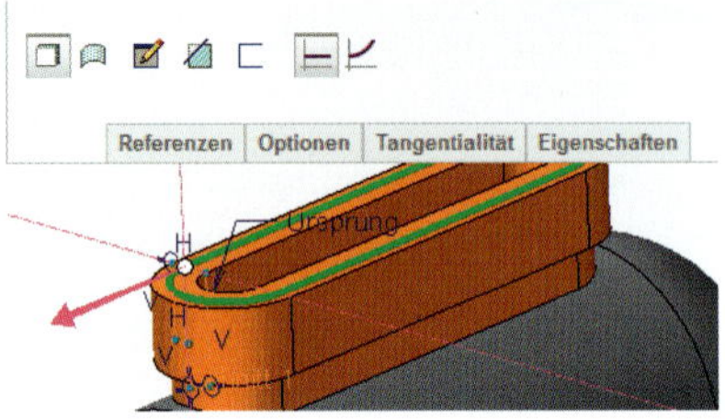

- Skizzierer beenden: ✓
- Konstanter Schnitt: ⇦ **aktivieren** *oder* ▶ **[Konstanter Schnitt]**
- Zug-KE beenden: ✓

13.3 Konstruktionsmodus (Anschlussböden am Auspuff)

Im nächsten Schritt werden die Körper für die Gewindebohrungen als Profil erzeugt. Dazu wird „on-the-fly" eine Versatzebene von der Anschlussfläche um 3 mm nach innen versetzt als Skizzierebene erzeugt. Im Skizziermodus wird eine normale Kantenlinie in eine Konstruktionslinie umdefiniert.

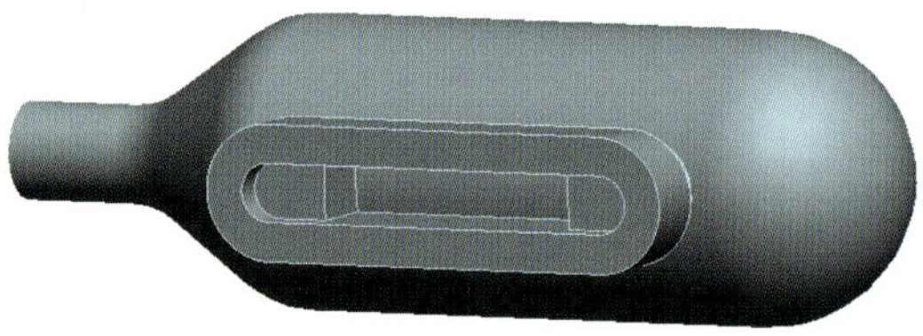

☞ Alle Skizzenelemente können in Konstruktionsskizzenelemente umdefiniert werden. Konstruktionsskizzenelemente erzeugen keine Körperkanten. Im bisherigen Verlauf des Buches sind meist nur Mittellinien als Konstruktionsskizzenelemente verwendet worden (Ausnahme: ein Kreis in Kap. 12.11.2).

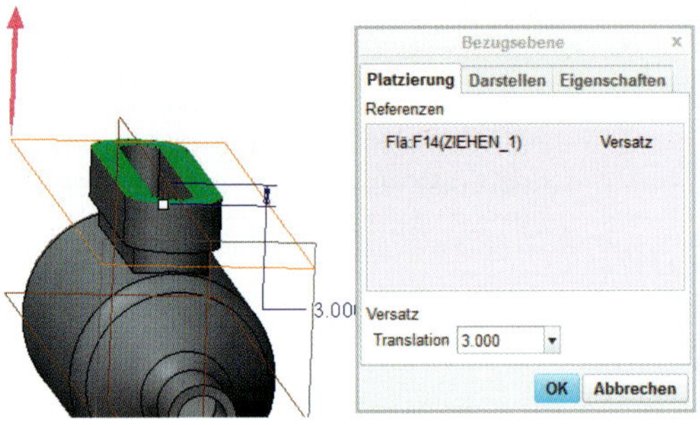

☐ **Aufruf des Extrudieren-Tools**

- Profilkörper erzeugen: ⇦ **Modell**, ⇦ **Profil**
- Skizzendefinition: ▶ **Int. Skizze def. ...**

☐ **On-the-Fly-Ebene erzeugen**

- Bezugsebene: ⇦ **Modell**, ⇦ **Ebene**
- Ausgangsebene wählen: ⇦ **[Anschlussfläche]**
- Versatz: **[-3]**
- Bezugsebene fertig: **[OK]**
- Skizzenausrichtung: <beliebige Ebene>
- Skizzenmodus: **[Skizze]**

Im Skizziermodus:

- Dialog Referenzen: ⇦ *oder* ▶ **[Referenzen]**
  <Als Referenzen sind die inneren Begrenzungsbögen des Anschlussprofils und eine Innenkante zu wählen (hellblau gestrichelte Linien).>

Da keine Symmetrieebene in der Mitte des Anschlussprofils liegt, trotzdem aber eine Symmetriebedingung sinnvoll ist, wird zunächst eine Konstruktionslinie (rot nachgezeichnet) zwischen die beiden Mittelpunkte der Kreisbögen skizziert.

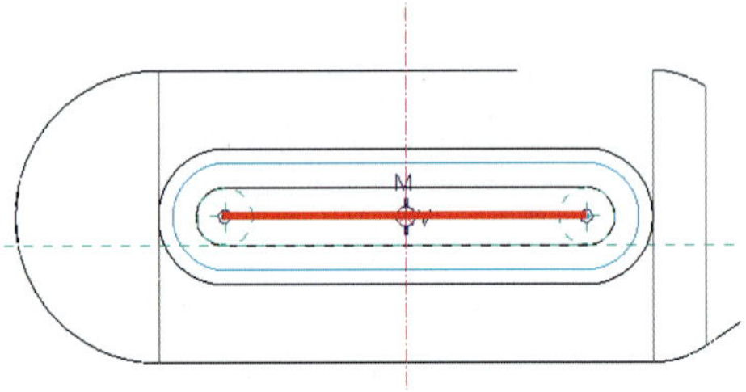

Dann wird eine Mittellinie durch den Mittelpunkt **M** der soeben erzeugten Konstruktionslinie senkrecht erzeugt:

- ⇦ **Skizze**, ⇦ **Konstruktionsmodus aktivieren**
- Linie skizzieren: <Verbinden der Bogenmittelpunkte>

- Mittellinie: <Senkrecht durch den Mittelpunkt>

Nun kann das nebenstehende Profil skizziert, an der Mittellinie gespiegelt und entsprechend bemaßt werden:

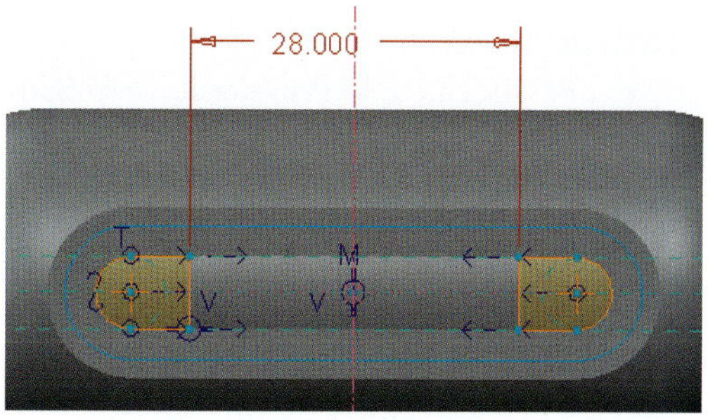

- ⇦ **Skizze**, ⇦ **Konstruktionsmodus deaktivieren**
- Kontur skizzieren:
- Kontur bemaßen:
- Skizziermodus beenden: ✔

Im Schaltpult:

Als Tiefenoption wird das Profil **Bis gewählt** zur äußeren Mantelfläche des Auspuffs gezogen.

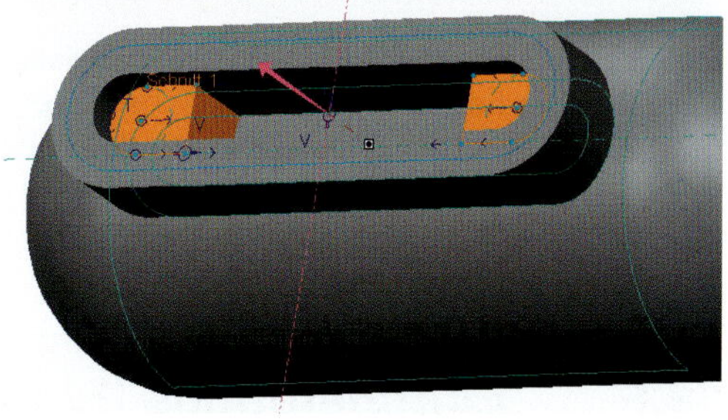

- Tiefenoption: <Äußere Mantelfläche>
- Profilerzeugung beenden: ✔

13.4 Versatzkante im Skizziermodus (Dichtungssitz am Auspuff)

Der Dichtungssitz wird als extrudierter Profilschnitt ausgehend von der Anschlussfläche erzeugt, der als Form die vorhandene Zugkontur mit einem Versatz von **2,5 mm** nutzt (Option: **Schleife**) und eine Tiefe von **1,5 mm** haben soll.

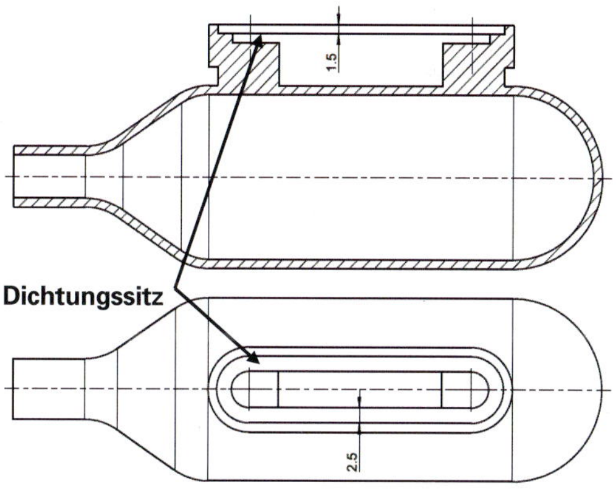

Aufruf des Extrudieren-Tools:

- ⇦ **Modell**, ⇦ **Profil**, ▶ **[Material entfernen]** *oder* ⇦
- Skizzendefinition: ▶ **[Interne Skizze def. ...]**
- Skizzierfläche wählen: ⇦ <Oberfläche Anschluss>

Im Skizziermodus:

- ⇦ **Skizze**, ⇦ **Versatz**, ⇦ ⊙ **Schleife**
- ⇦ <Oberfläche des Anschlussflanschs wählen>

  Mit ⇦ **Weiter** und **Vorig.** kann zwischen den von *Creo* gefundenen Schleifen vorwärts oder rückwärts geschaltet werden. Die Auswahl der richtigen Schleife erfolgt mit **Akzeptieren**.
- |Versatz in Pfeilrichtung|? **[2.5]** mm
- Skizziermodus beenden: ✔

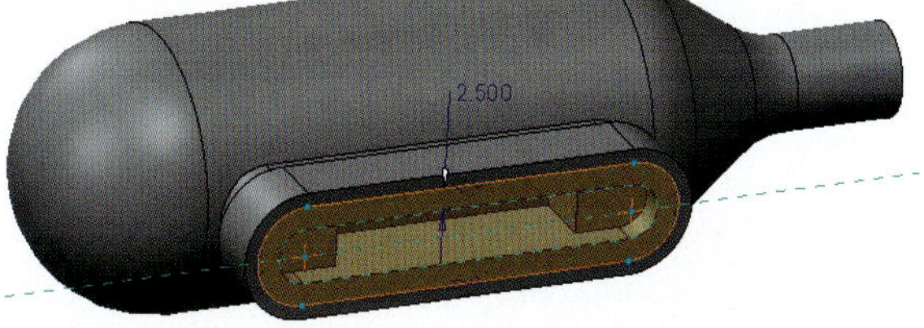

Im Schaltpult:

- Tiefe: **[1.5]** mm
- Materialschnitt beenden: ✔

13.5 Projizieren im Skizziermodus (Durchstoß am Auspuff)

Wie der nebenstehende Querschnitt verdeutlicht, muss der ursprüngliche Flaschenkörper noch durchstoßen werden, damit die Abgase aus dem Zylinder in den Auspuff eingeleitet werden können. Dies erfolgt unter Verwendung der Skizzierer-Funktion **Projezieren** ohne Versatz Typ **Schleife**.

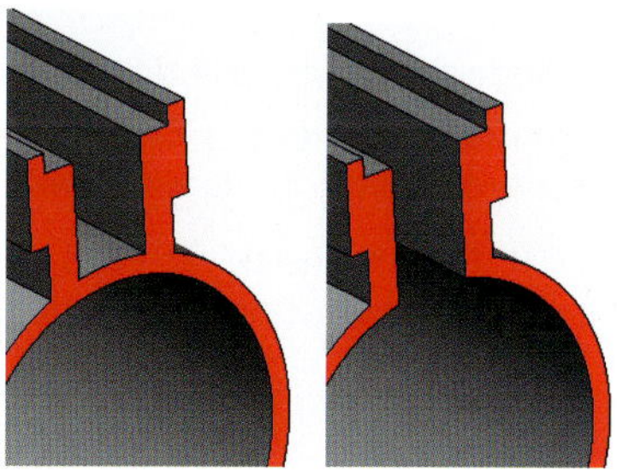

Aufruf des Extrudieren-Tools:

- ⇦ **Modell**, ⇦ **Profil**, ▶ **[Material entfernen]** *oder* ⇦
- Skizzendefinition: ▶ **[Interne Skizze def. ...]**
- Skizzierfläche wählen: ⇦

Im Skizziermodus:

- ⇦ **Skizze**, ⇦ **Projizieren**, ⇦ **Schleife**
- ⇦ <Fläche wählen>
- Inneren Schleifenbereich wählen: ⇦ **[Weiter] …[Akzeptieren]**
- Skizziermodus beenden: ✔

Im Schaltpult:

- Tiefe: **Bis Nächste**
- Materialschnitt beenden: ✔

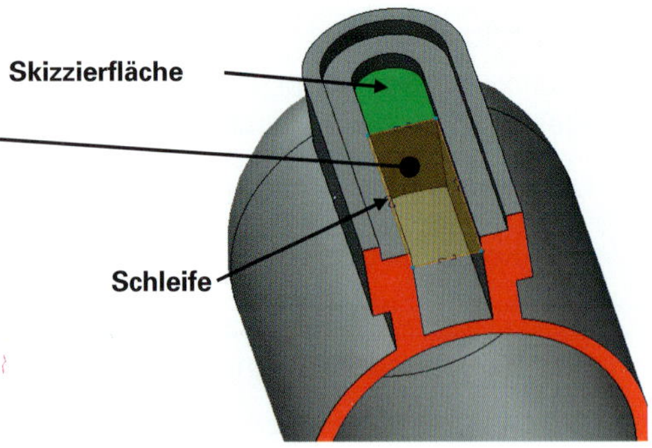

Abschließend werden die beiden **Gewindesacklöcher** nach ISO M3 x 5 / 6,5 mm tief koaxial zu den Achsen der Konturbögen erzeugt. Dazu müssen zunächst zwei Achsen durch die zylindrische Außenkontur zur Platzierung erzeugt werden (siehe Kap. 6.5.2).

- Modell speichern:

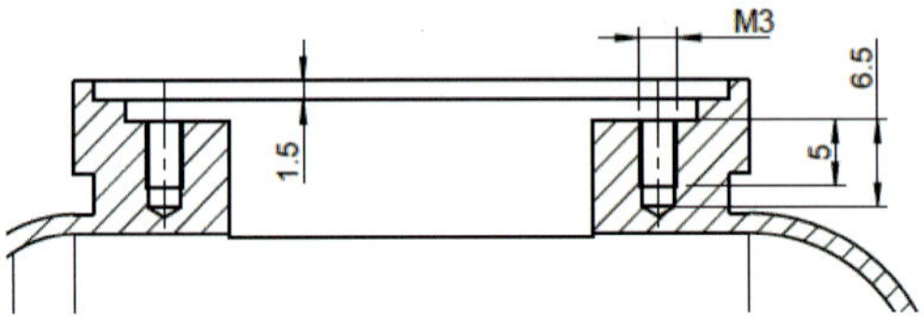

13.6 Einfügemodus (Eingriff in die Konstruktionshistorie)

Im Folgenden soll der Auspuffanschluss an das bestehende Rohteil des Motorgehäuses *1501033_motorgehaeuse_roh.prt* ergänzt werden. Dazu wird die abgebildete Kontur auf die Ebene XY_T_VORNE skizziert und mit der Tiefe **26 mm** entgegen der Seite der Brennstoffgemischzufuhr **vor** der Gruppe der Verrundungen extrudiert:

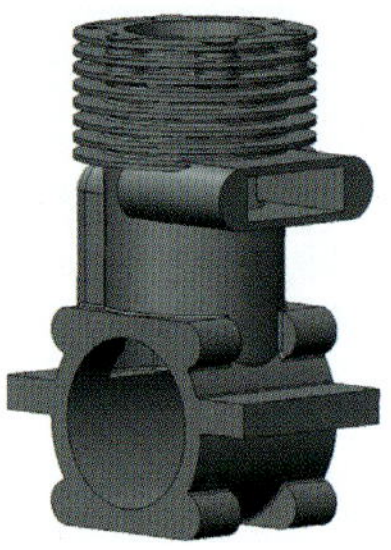

☐ **Konstruktionshistorie ändern**

- Das Element **[➔Hier einfügen]** wird bei gedrückt gehaltener linker Maustaste ⇦ im Modellbaum vor die **Gruppe Local_Group** (Rundungsgruppe) geschoben. Die nachfolgenden Konstruktionselemente werden somit temporär unterdrückt.

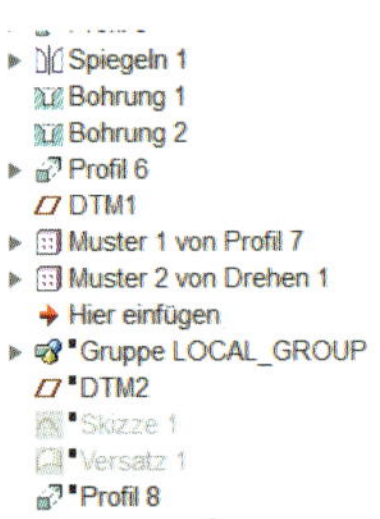

☐ **Profilkörper definieren**

- ⇦ **Modell**, ⇦ **Profil**,
- Skizzendefinition: ▶ **[Interne Skizze def. …]**
- Skizzierfläche: **XY_T_VORNE**
- Skizzierer aktivieren: **[Skizze]**

Im Skizziermodus:

- Mittellinie vertikal setzen: Mittellinie
- Skizze aus Bogen und Linie erzeugen: Bogen, Linie
- Symmetrie und Anbindung an Mittellinie: ,
- Alternativ über die Skizzierer-Palette: Palette
- Skizzierer verlassen: ✔

Im Schaltpult:

- Tiefe: **[26]** mm
- Profilerzeugung beenden: ✔

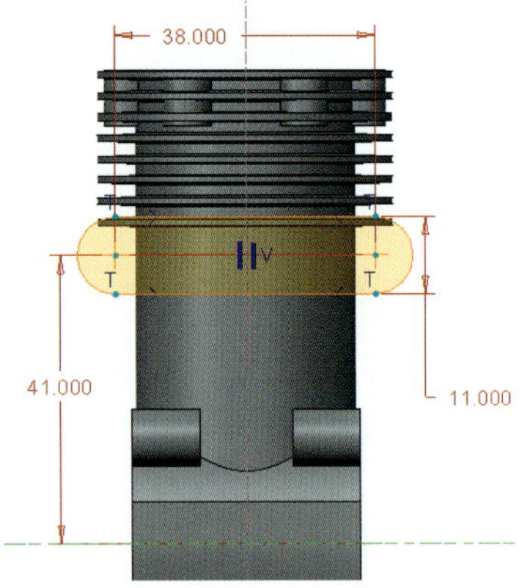

☐ **Ändern der Konstruktionsreihenfolge**

Betrachtet man das Ergebnis, so wird deutlich, dass die vorher erzeugte Zylinderbohrung nun unbrauchbar geworden ist, d. h., es wäre besser, wenn der Auspuffanschluss vor der Zylinderbohrung erzeugt worden wäre.

Zu diesem Zweck wird das gerade erzeugte KE im Modellbaum mit gedrückt gehaltener linker Maustaste nach oben, vor die Zylinderbohrung (Bohrung 2) geschoben.

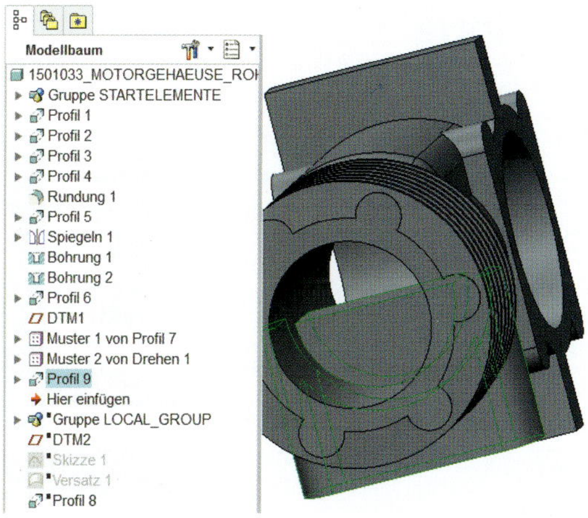

Profilerzeugung zeitlich nach der Bohrungserzeugung

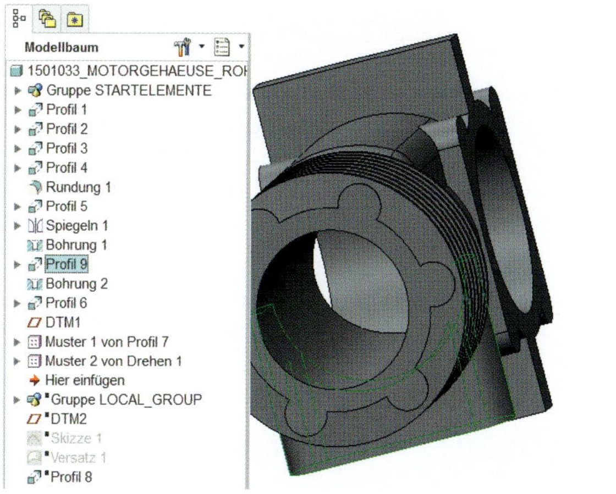

Profilerzeugung zeitlich vor der Bohrungserzeugung

Durch diesen Eingriff in die Konstruktionshistorie wurde im Sinne der Objekthierarchie der Auspuffanschluss **vor** der Zylinderbohrung erzeugt.

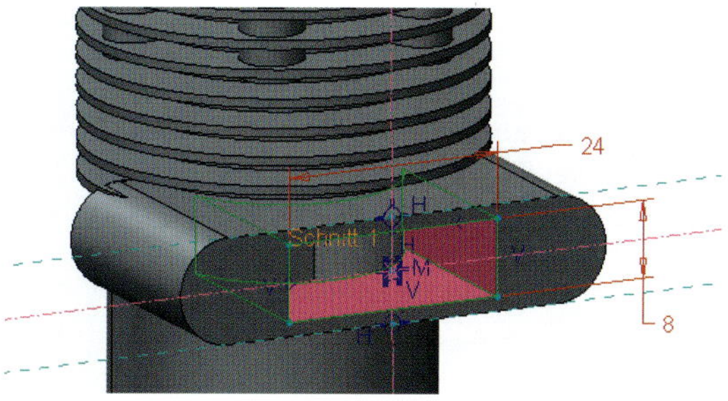

☐ Auslasskanal

Als nächstes muss der Auslasskanal als Materialschnitt mit den Abmessungen **24 mm x 8 mm** bis zur Zylinderbohrung (**Bis Nächste**) erzeugt werden.

Da die dazu notwendigen Verfahren bereits vielfach in diesem Buch beschrieben sind, wird an dieser Stelle nur eine verkürzte Anleitung für die Schritte im Skizzierer gegeben:

- <Obere und untere Fläche des Anschlussflansches als Referenz ergänzen>
- **Mittellinie** <vertikal>, **Konstruktionsmodus aktivieren**
- **Linie** <auf Mittellinie von oberer zu unterer Referenz>
- **Mittellinie** <horizontal durch Mittelpunkt der vorangegangenen Linie>
- **Konstruktionsmodus deaktivieren**
- **Rechteck** <**24** x **8** mm^2 symmetrisch zu beiden Mittellinien>

☐ Konstruktionshistorie zurücksetzen

Durch Verschieben des Elementes **[➔Hier einfügen]** an das Ende des Modellbaums wird die Konstruktionshistorie vollständig wiederhergestellt. Allerdings sind die neuen Kantenübergänge, die sich aus dem Anschlussflansch für den Auspuff ergeben, nicht gerundet, da die Automatische Rundung aus Kap. 7.7 in eine feste Gruppe überführt worden ist.

- ⇦ **[➔Hier einfügen]** <ans Ende schieben>

Hier bietet sich die Möglichkeit, diese Gruppe zu unterdrücken oder zu löschen und am Ende des Modells das Automatische Runden analog zu Kap. 7.7 erneut durchzuführen und wieder in eine Gruppe zu konvertieren.

- ⇦ Gruppe LOCAL_GROUP <im Modellbaum auswählen>
- ▶ **[Unterdrücken / Löschen]**
- ⇦ **Modell**, ⇦ Rundung▾, ⇦ **Autom Runden**
- … analog Kap. 7.7

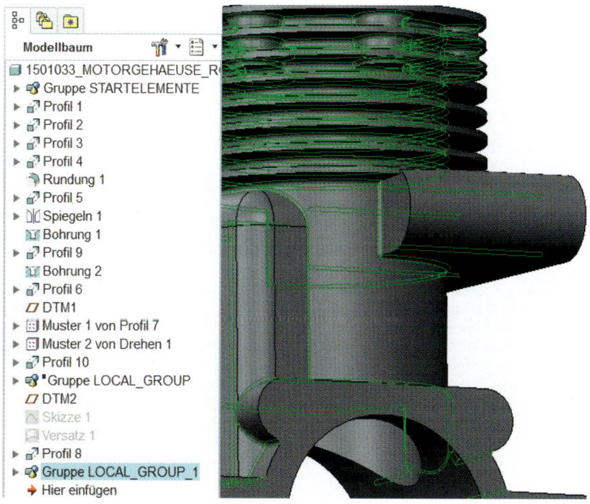

13.7 Fertigteil-Anpassung mit Modellhistorie

Wird nach den Modifikationen des Rohteiles nach Kap. 13.6 das Fertigteilmodell *1501034_motorgehaeuse_fertig.prt* geöffnet und zwecks Aktualisierung regeneriert, so sind alle Flächen des Auspuffanschlusses als Bearbeitungsflächen blau eingefärbt. Es ist daher erforderlich, den Farbzustand der Vererbung wieder zu korrigieren.

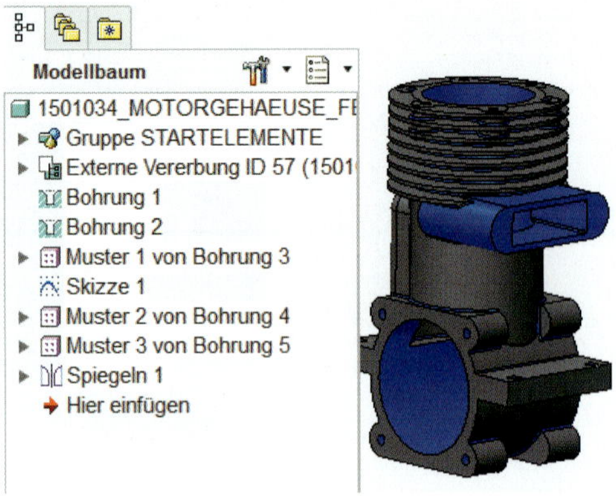

Zu diesem Zweck wird in die Modellhistorie des Fertigteiles eingegriffen und das Element **[➔Hier einfügen]** unmittelbar hinter das Element **Externe Vererbung** verschoben.

Anschließend werden analog zur Vorgehensweise in Kap. 13.1.1 alle Körperflächen mit der grauen Rohfarbe eingefärbt:

- ⇦ **[➔Hier einfügen]** <Verschieben hinter Ext. Vererbung>
- **Eine** Körperfläche wählen: ⇦ <Körperfläche>
- Sämtliche Körperflächen wählen: ▶ **[Körperflächen]**
- Farbe definieren und zuweisen: **Ansicht**, ⇦ ● Farbeffekte-Galerie▼, Farbe wählen ⇦ ●
- Zurücksetzen der Modellhistorie: ⇦ **[➔Hier einfügen]** <Zurückschieben ans Ende>

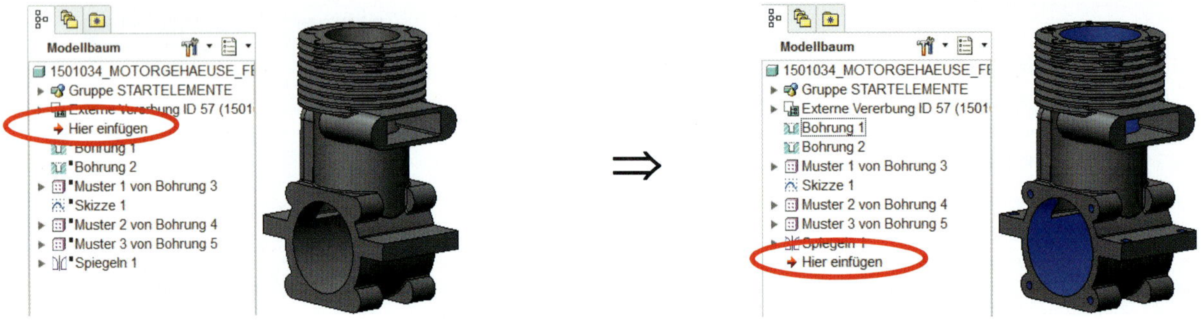

☐ Durchgangsbohrungen für Auspuffanschluss

Die beiden **Durchgangsbohrungen** für den Auspuffanschluss **M3** werden wieder als mechanische Fertigung am Fertigteil *1501034_motorgehaeuse_fertig.prt* erzeugt. Hierzu wird zunächst eine Skizze mit zwei Bezugs-Punkten auf den Mittelpunkten der als Referenz definierten Flanschbögen erstellt. Auf einen der Skizzen-Punkte wird anschließend die Durchgangsbohrung definiert.

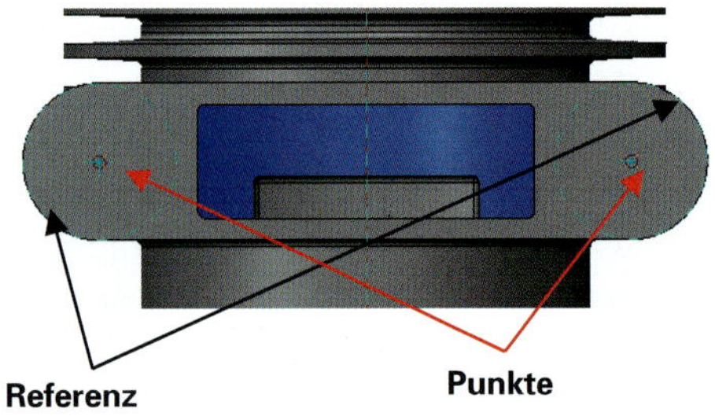

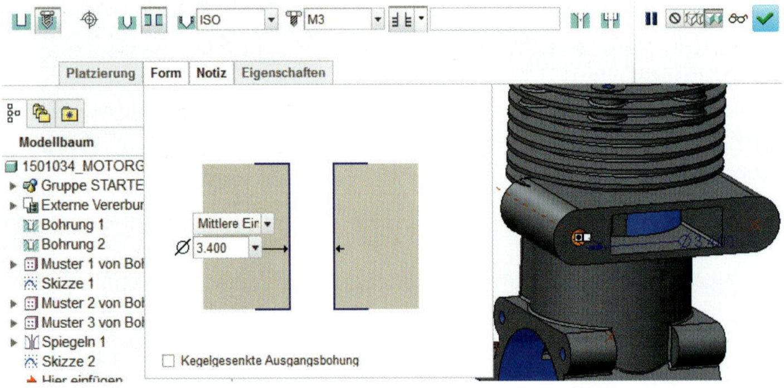

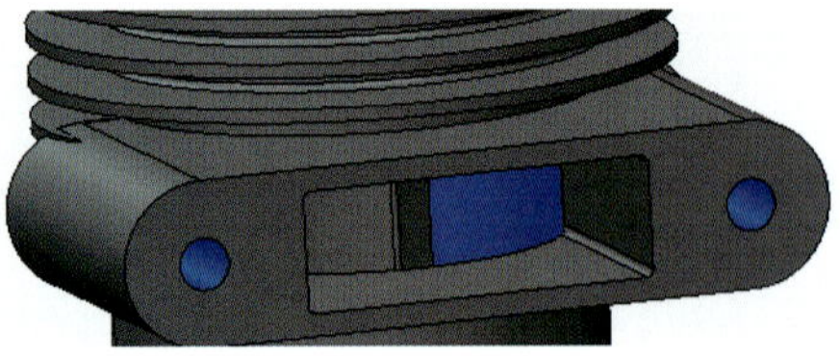

Die Vervielfältigung der Bohrung erfolgt über das Punkt-Muster analog zu Kap. 13.1.1.2.

13.8 Ziehen an Kante

Am ersten Wellenabsatz der Kurbelwelle *1501019_kurbelwelle.prt* wird ein Gewindefreistich in Anlehnung an DIN 76 erzeugt. Dieser wird als Materialschnitt an der vorhandenen Körperkante entlang gezogen. Die vorhandene Körperkante stellt dabei die Leitkurve für das Zug-KE dar.

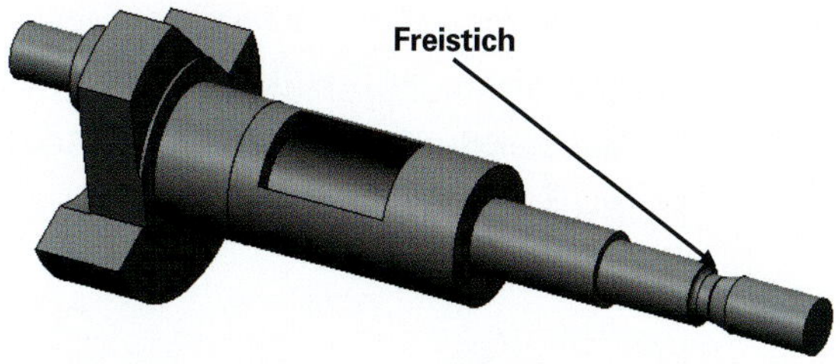

☐ **Zug-KE erzeugen**

- ⇦ **Modell**, ⇦ **Zug-KE**
- Materialschnitt aktivieren:
- Kante auswählen: ⇦
- Flächenschleife aktivieren: **[⇧]**
  Zieht man bei gedrückt gehaltener ⇧-Taste die Maus über die Stirnfläche des Wellenabsatzes, so wird die ganze Flächenschleife hervorgehoben und kann ausgewählt werden.
- Flächenschleife auswählen: **[⇧]**+⇦ <Stirnfläche>
- Skizzierer aktivieren: *oder* ▶ **[Skizze]**
- Zoom einpassen
- Kontur skizzieren:
  Die Kontur muss nicht geschlossen sein, da *Creo* die schließende Körperkante in Richtung der Materialentnahme erkennt.
- ⇦ *Skizze*, ✔
- ⇦ *Zug-KE*, ✔

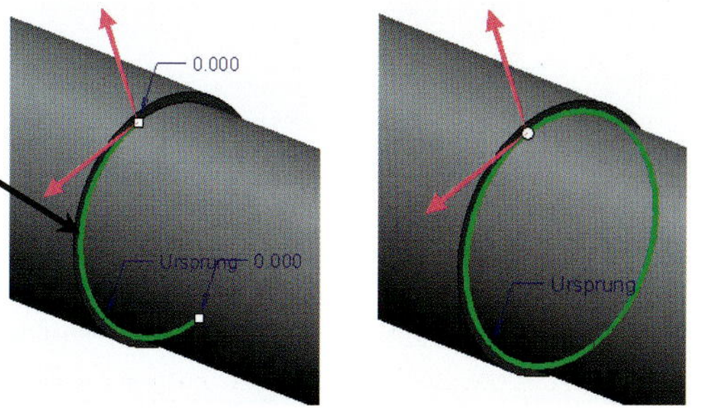

Einzelne Kante (ohne ⇧) **Flächenschleife (mit ⇧)**

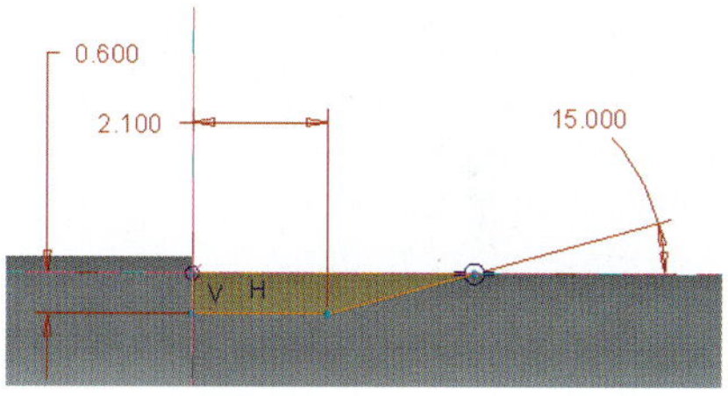

☐ **Runden der Innenkanten**

- Runden-Tool: ⇦ **Modell**, ⇦ **Rundung**
- Innenkanten auswählen (1 Satz): ⇦ , **[Strg]**+⇦
- Radius: **[0.6]** mm
- ⇦ *Rundung*, ✔

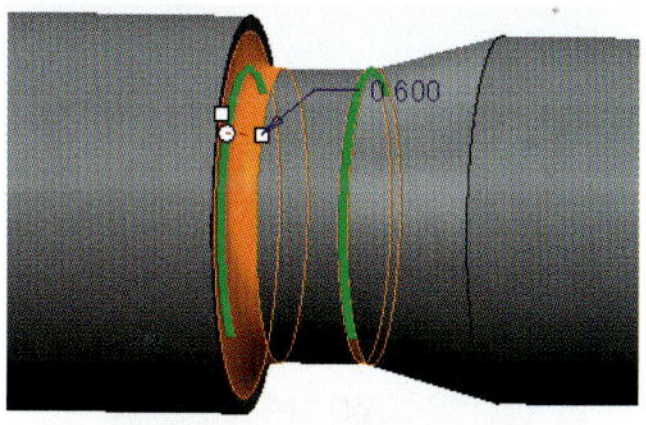

☞ In den Design TOOLS sind diverse **Freistichvarianten** als Pick-and-Place-Elemente definiert.

13.9 Außengewinde (Kosmetik)

Am abtriebsseitigen Wellenende ist noch die Definition eines Außengewindes erforderlich. Dazu wird zunächst eine Fase 0,5 mm x 45° erstellt.

- ⇦ **Modell**, ⇦ **Fase**
- ⇦ <Kante gemäß Darstellung>
- Bemaßungstyp: **45 x D**
- Wert: **[0.5]** mm
- *Kantenfase* beenden: ✔

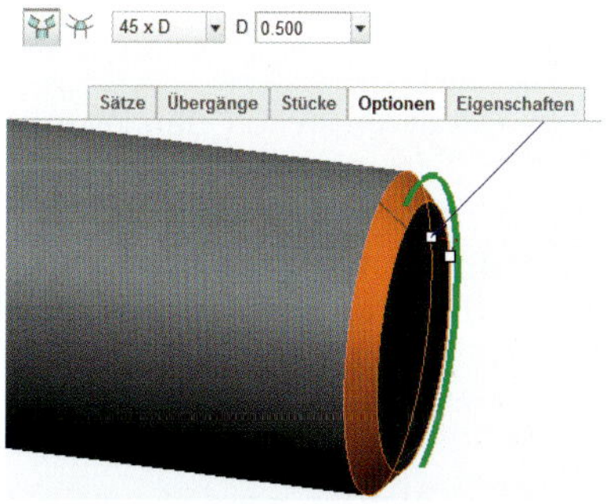

Für eine saubere zeichnerische Darstellung des Gewindes in einer späteren Zeichnungsableitung ist bei der Definition des Gewindes darauf zu achten, dass der Übergang des Freistichs als **Endfläche** und die Fasenfläche als **Startfläche** gewählt werden.

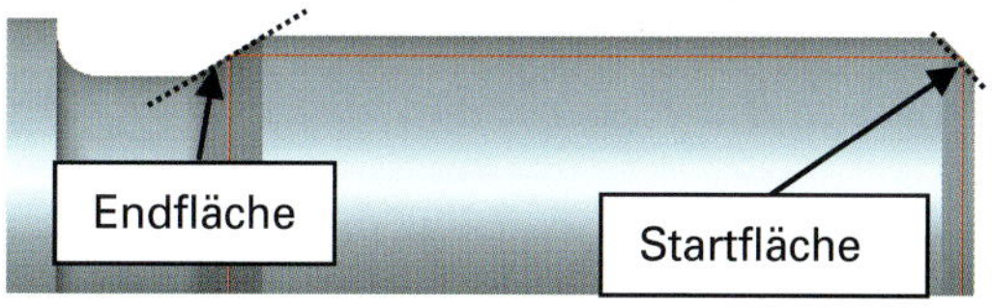

☐ **Gewindekosmetik erstellen**

- ⇦ **Modell**, ⇦ Konstruktion▼, **Kosmetisches Gewinde**
- ⇦ <Schaftmantel als Fläche mit Gewinde>
- ⇦ <Fasenfläche als Startfläche>
- **Standardgewinde aktivieren**, ⇦ (ISO) **M6**
- **[Bis Auswahl]**, ⇦ <Fläche des Gewindefreistichs>
- *Gewinde* beenden: ✔

13.10 Notizen und Anmerkungselemente

Alle 2D-Informationen, wie allgemeine Notizen, Maßangaben, Oberflächenangaben und geometrische Toleranzen (Form- und Lagetoleranzen), lassen sich am dreidimensionalen Modell definieren und als sogenannte *3D-Zeichnung* sichtbar machen. Im Folgenden werden entsprechende Beispiele vorgestellt.

13.10.1 Anmerkungsorientierung für 3D-Notizen

Neu in *Creo* ist die Möglichkeit, vordefinierte Anmerkungsorientierungen in einer Auswahlgalerie als Anmerkungsebenen zu verwalten. Diese Galerie der Anmerkungsebenen ist im Hauptregister **Anmerkungen erstellen** zu finden.

Durch Anwählen von ↘ im Hauptregister **Anmerkungen erstellen** öffnet sich der Anmerkungsebenen-Manager. Hier können weitere Anmerkungsebenen definiert, gelöscht, der Galerie hinzugefügt oder daraus ausgeschlossen werden.

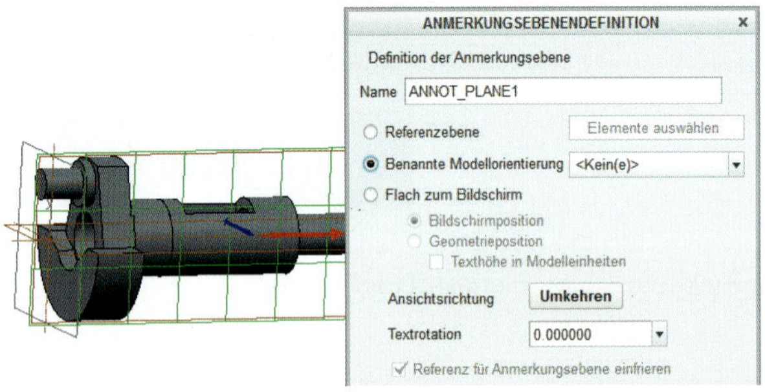

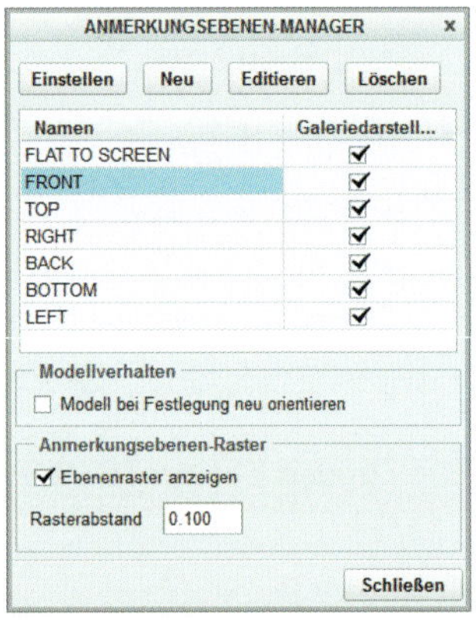

Mit ⇦ **Anmerkungen erstellen**, ⇦ **Aktive Anmerkungsebene** wird die aktuelle Ansicht auf die aktive Anmerkungsebene so ausgerichtet, dass die Texte der Notizen auf der Anmerkungsebene am Bildschirm normal zu lesen sind.

☞ Die eingestellte Orientierung behält bis zu einer Änderung für alle nachfolgenden Anmerkungen Gültigkeit.

13.10.2 KE-gebundene Notiz erzeugen

Der Freistich soll später in der Zeichnungsableitung anstelle einer vollständigen Bemaßung nur mit der nach DIN zulässigen Kurzbezeichnung „DIN 76 - A" gekennzeichnet werden.

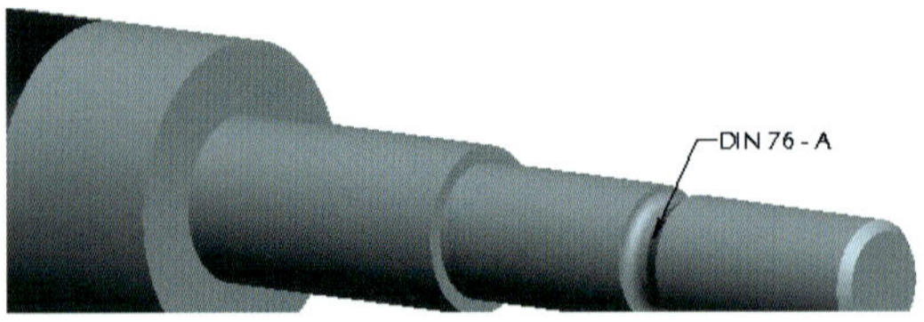

Derartige Notizen werden zur Entwicklungszeit, also dann, wenn alle Informationen verfügbar sind, am Modell abgelegt und können zum Zeitpunkt der Zeichnungsableitung abgerufen werden.

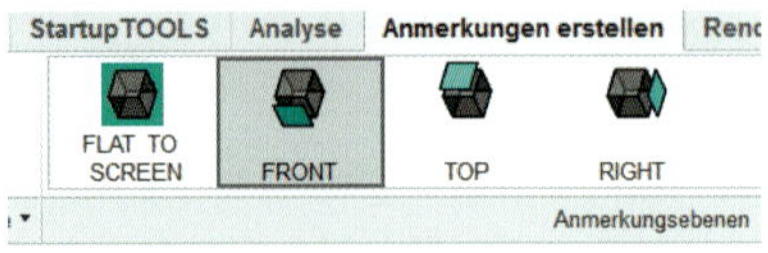

☐ **Vordefinierte Anmerkungsorientierung**

Die Anordnung von Anmerkungselementen (Notizen) wird über das Register Anmerkungen erstellen gesteuert. Im vorliegenden Fall soll die Notiz im 3D-Arbeitsfenster immer flach auf dem Bildschirm angeordnet sein:

- ⇦ **Anmerkungen erstellen**, ⇦ **Front**

☐ **Im Modellbaum**

Das KE, an das die Notiz angehängt werden soll, wird im Modellbaum ausgewählt. Die Funktion Notiz einrichten kann dann über die rechte Maustaste aufgerufen werden:

- Im Modellbaum: ⇦ < Ziehen 1 wählen>
- Notiz einrichten: ▶ **[Notiz einrichten]** ▶, ⇦ **[KE]**

☐ **Im Dialog Notiz**

- Text: **[DIN 76 - A]**
- Platzieren: ⇦ **[Platzieren]**
- Menü-Manager: **[Mit Hinweislinie]** **[Standard]** ⇦ **[Fertig]**
- Ansatztyp: **[Auf Element]**
- Kante... wählen: ⇦ <Kante für die Platzierung der Pfeilspitze wählen>
- Dialog beenden: ⇦ **[Fertig]**
- Position der Notiz: ⇦ <Arbeitsschirm>
- Notiz beenden: **[OK]**

Über die Darstellungssteuerung lässt sich auch die Sichtbarkeit von Anmerkungen und Notizen steuern.

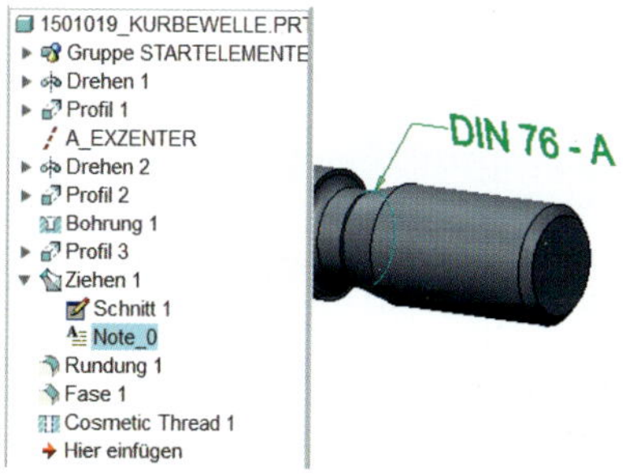

☞ Im Textbereich von Notizen können neben normalem Text auch Parameter (siehe Kap. 13.11.5) eingetragen werden. Diese können aus dem 3D-Modell heraus durch Auswahl der Notiz geändert werden und ermöglichen so das Verändern des Modells.

13.10.3 Oberflächenangaben als 3D-Notizen (Anmerkungs-KE)

Die Möglichkeiten und Handhabung der 3D-Notizen werden ständig erweitert und verbessert. Beispielhaft werden hier einige Oberflächenangaben und Maße in das Modell der Kurbelwelle eingetragen:

- ⇦ **Anmerkungen erstellen**, ⇦ **Front**
- ⇦ **Aktive Anmerkungsebene**
- ⇦ **Anmerkungs-KE**

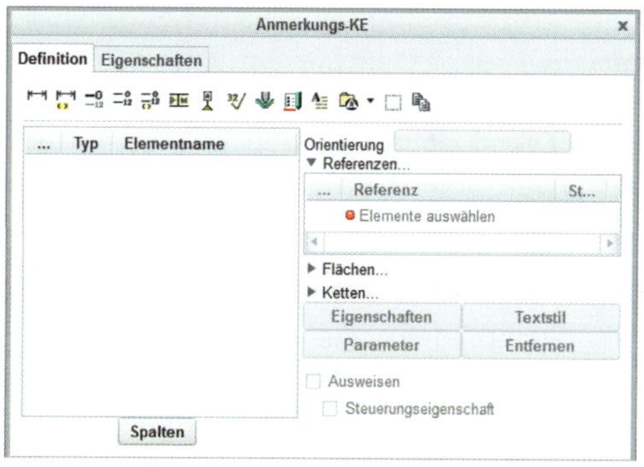

Aus dem Dialog Anmerkungs-KE heraus kann eine Vielzahl an Anmerkungselementen grafisch ausgewählt und definiert werden:

- gesteuerte Bemaßung
- Referenzbemaßungen
- Basislinie-Ordinatenbemaßung
- Ordinaten-Referenzbemaßung
- geometrische Toleranz
- Bezugskennzeichen
- Oberflächengüte
- Stanzmodelleigenschaft
- Fertigungsschablone
- Notiz
- Angepasstes Symbol
- Leeres Anmerkungselement
- kopiertes Anmerkungselement

☞ Oberflächenangaben werden in *Creo* als **Symbole** (siehe Kap. 22.7) bezeichnet. Eine Sonderstellung nehmen dabei die von PTC mitgelieferten Symbole aus der Rubrik Oberflächengüte ein.

- ⇦ Oberflächengüte

Beim ersten Wählen einer Oberflächengüte öffnet sich der Dateibereich, der in der Konfiguration als **pro_surface_finish_dir** definiert ist. Im abgebildeten Beispiel verweist dieser Bereich auf die Oberflächensymboldatei aus der studentischen Konfiguration der Startup TOOLS *obf_eniso1302.sym*.

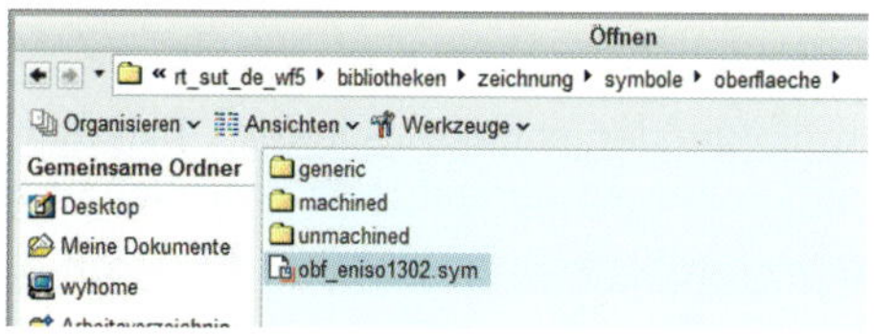

⚠ Symbole können beliebig erzeugt und verändert werden. Einige werden standardmäßig von *Creo*, andere von INNEO zur Verfügung gestellt.

- ⇦ **obf_eniso1302.sym**, ⇦ **[Öffnen]**
- ⇦ Register GRUPPIERUNG
- ⇦ DIN_ISO_1302 ▶, ⦿ Spanend, ☑ RZ, ▶ Rauheitswert
- ⇦ Register VARIABLER TEXT
- ⇦ Rauheit_1: **[z]**, ⇦ Rauheitswert_1: **[25]**
- ⇦ Register ALLGEMEIN
- ⇦ Platzierungsstyp: **[senkrecht zu Element]**
- ⇦ <Wahl der Referenzfläche für den Ansatz>
- ⇦ <Sammelbereich für Platzierungsreferenz aktivieren>
- ⇦ <Platzierungspunkt wählen>
- ⇩ **Absetzen des Symbols**
- **[OK]**
- ANMERKUNGS-KE **[OK]**

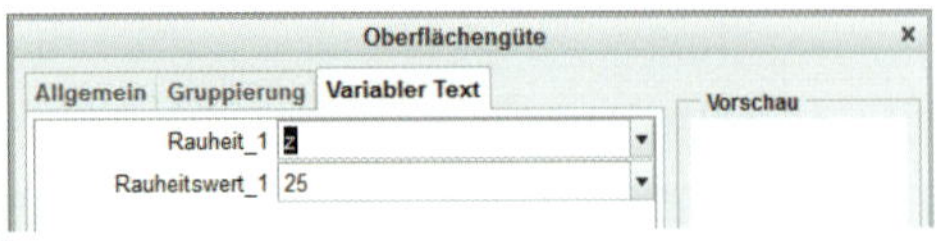

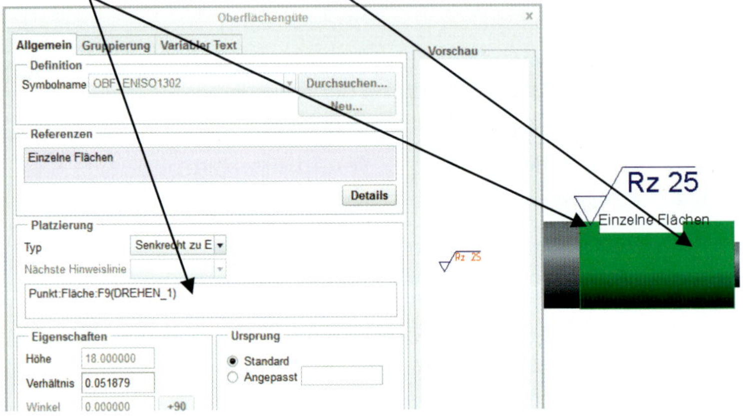

Durch anschließendes Anwählen des Oberflächensymbols mit der linken Maustaste kann dieses am Ziehhändel im Rahmen der Flächenreferenz verschoben werden.

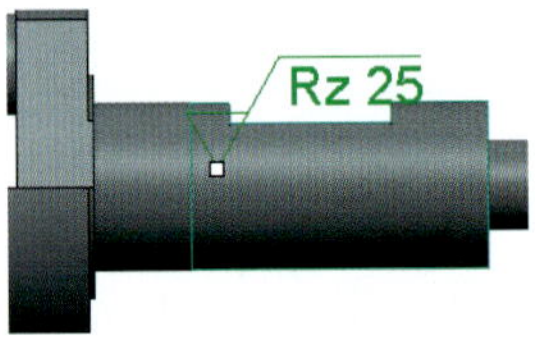

13.10.4 Oberflächengüte aus Palette

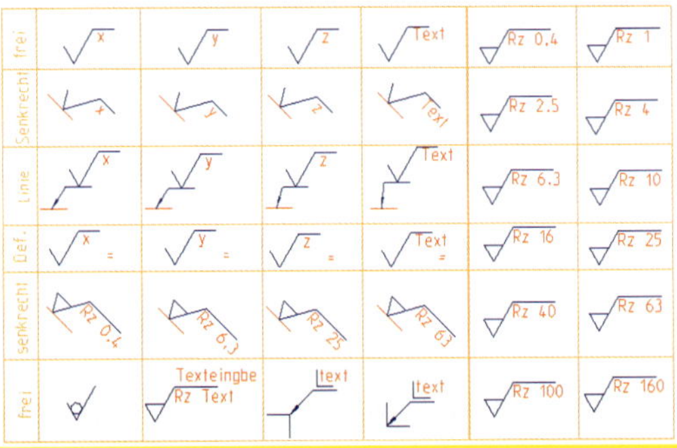

Eine effektive und schnelle Variante zum Einbau von Symbolen aller Art, also nicht nur von Oberflächensymbolen, stellt die Auswahl aus einer Zeichnungspalette dar. Eine Zeichnungspalette ist eine *Creo*-Zeichnungsdatei mit dem Namen *palette.drw*, in der sämtliche standardisierten Symbole verwendet werden. Bei der Verwendung der Palette werden diese angezeigt und können in das aktuelle Objekt einschließlich ihrer Platzierungsbedingungen durch Drag & Drop hineinkopiert werden.
Der Suchpfad für die Palettenzeichnung wird über die folgende Option in der *config.pro* (siehe Kap. 4.3) gesteuert:

pro_palette_dir <Pfad zu *palette.drw*>

☞ Durch Gestalten der Zeichnung *palette.drw* bietet sich eine sehr einfache Möglichkeit, eine Standardisierung bezüglich der Verwendung von Zeichnungssymbolen zu erreichen.

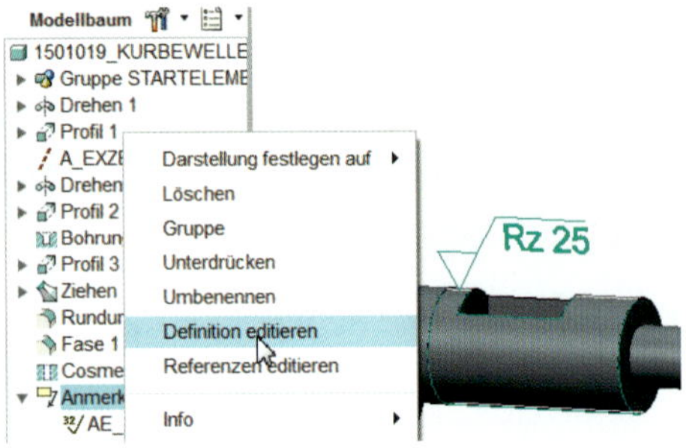

In Kapitel 13.10.3 wurde bereits ein erstes Anmerkungs-KE erstellt. Darin ist bisher nur das erste Oberflächensymbol enthalten. Das neue Oberflächenzeichen kann nun entweder als neues Anmerkungs-KE erstellt oder besser über ▶ **[Definition editieren]** als weiteres Symbol zur bestehenden Anmerkung hinzugefügt werden.

Das Zusammenfassen von Anmerkungs-KEs zu sinnvollen Gruppen ist als Strukturierungsmerkmal empfehlenswert. Typische Gruppen können sein: Obf_XY, Obf_XZ, Masze_XY, usw.

Im Folgenden soll ein weiteres Oberflächenzeichen aus der Palette zum ersten Anmerkungs-KE hinzugefügt werden.

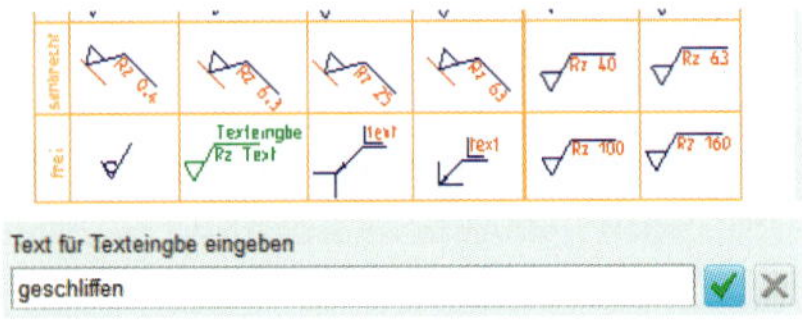

- Anmerkungs-KE wählen: ⇦ Anmerkung 1
- Erweiterung ermöglichen: ▶ **[Definition editieren]**
- ANMERKUNGS-KE: ▾ ⇦ ▼ <Symbol erweitern>
- Palette aktivieren: ⇦ <Palette aktivieren>
- Symbol aus Palette wählen: ⇦ <in *palette.drw*>

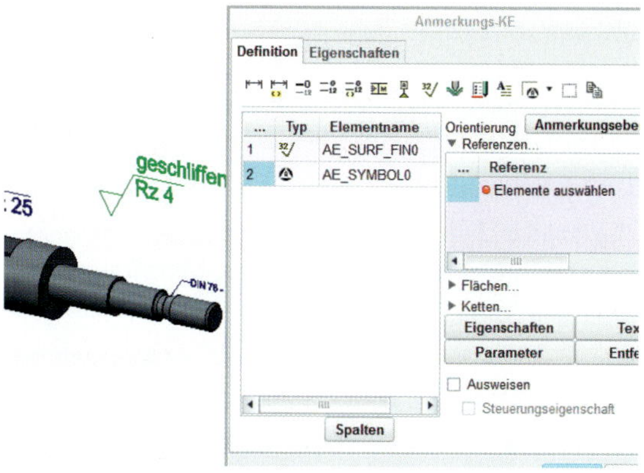

- Platzierung im Modell wählen: ⇦ <ins Arbeitsfenster>

Enthält das in der Palette verwendete Symbol variablen Text, so werden diese Texte im Mitteilungsbereich abgefragt und können verändert werden.

- Ggf. variablen Text eingeben: **[geschliffen]** ↵
- Ggf. variablen Text eingeben: **[4]** ↵
- PALETTE: **[Schließen]** od. ⇩

Im vorliegenden Fall wurde das Oberflächensymbol der Palette mit der Einbauoption „frei" erstellt. Daher ist es jetzt frei auf dem Arbeitsschirm positioniert und muss über Eigenschaften „**Auf Element**" gesetzt werden:

- ⇦ Eigenschaften
- Platzierungstyp: ⇦ **▼[Auf Element]**

Beim Überfahren mit der Maus im Arbeitsfenster bietet *Creo* nur die Schnittbereiche von Körperflächen mit der aktiven Anmerkungsebene zur Auswahl an:

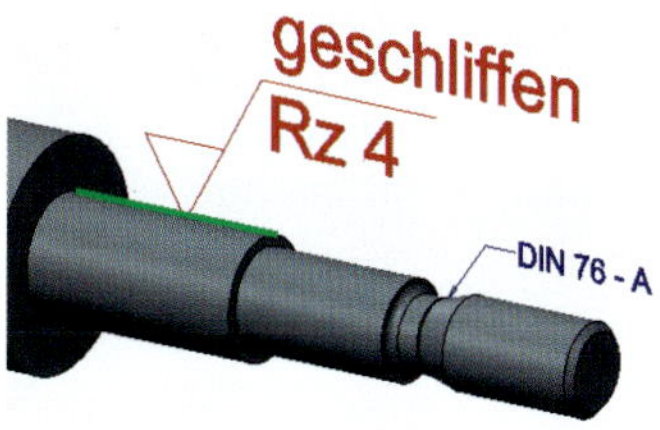

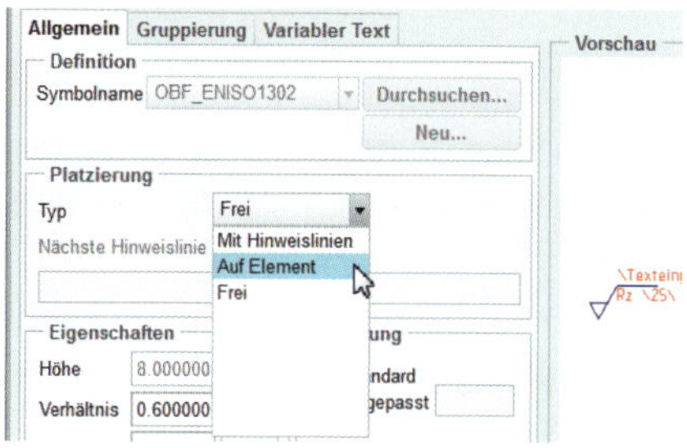

- ⇦ Flächenschnitt wählen
- Platzierung beenden: ⇩
- ANGEP. ZEICH.-SYMB. schließen: **[OK]**
- ANMERKUNGS-KE schließen: **[OK]**

Im Sinne der oben angesprochenen Strukturierung ist es empfehlenswert, das Anmerkungs-KE umzubenennen:

- Anmerkungs-KE wählen: ⇦ <Anmerkung 1>
- Umbenennen: ▶ **[Umbenennen] [OBF_XY]**

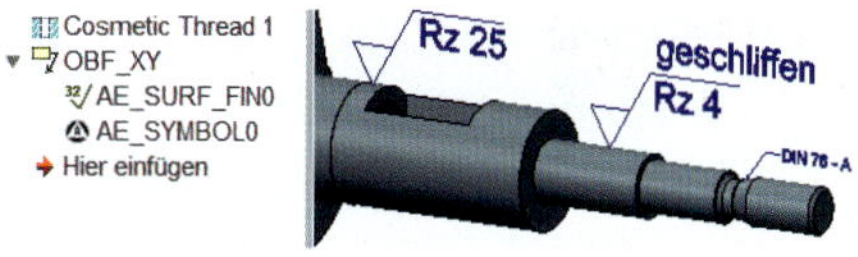

13.10.5 Maße als 3D-Notizen

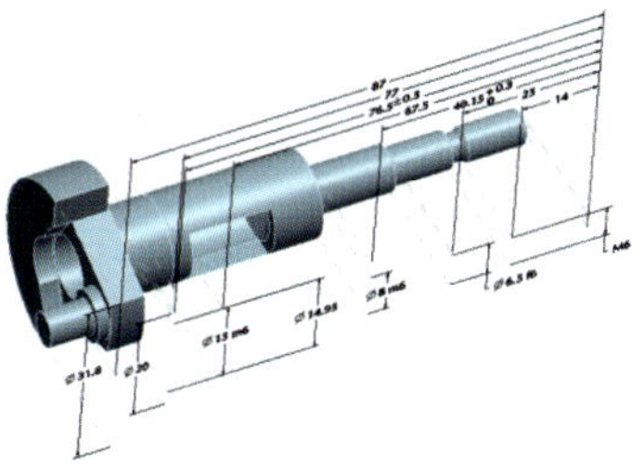

Mit *Creo* werden die Werkzeuge zur 3D-Zeichnung konsequent weiter entwickelt. Bemaßungen werden in steuernde und gesteuerte Maße unterschieden. **Steuernde Maße** sind Konstruktionsmaße, also die Maße, die für den konkreten Modellaufbau verwendet wurden. **Gesteuerte Maße** sind Maße, die unabhängig vom Modellaufbau nachträglich nur für die Dokumentation erstellt wurden. Mit Ihnen kann das Modell nicht gesteuert (verändert) werden.

13.10.5.1 Steuernde Maße (Konstruktionsmaße)

Eine wesentlich Neuerung von *Creo* gegenüber Wildfire besteht darin, dass sämtliche Anmerkungen, dazu gehören auch die Bemaßungen nun im 3D-Arbeitsraum, genauso behandelt und angewendet werden, wie im Zeichnungsmodus. Am Beispiel der steuernden Maße heißt das, dass diese als im Modell vorhandene Anmerkungen lediglich **angezeigt** werden müssen.

Als Beispiel werden die Maße des Grundkörpers der Kurbelwelle (1. Drehen-KE) verwendet.

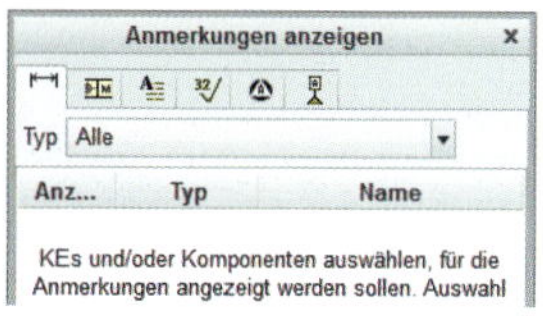

- ⇦ **Anmerkungen erstellen**, ⇦ **Anmerkungen anzeigen**
- In ANMERKUNGEN ANZEIGEN: ⇦ , Typ: **Alle**
- „Drehen 1" wählen: ⇦

Alle Maße des KEs werden in der Position übernommen, die in der erzeugenden Skizze definiert wurde.

Mit in ANMERKUNG ANZEIGEN werden alle Maße zur Darstellung abgewählt, mit alle entsprechend angewählt. Einzelne Bemaßungen können durch Anklicken im 3D-Arbeitsfenster oder in der Liste von der Darstellung ausgeschlossen ☐ bzw. eingeschlossen ☑ werden.

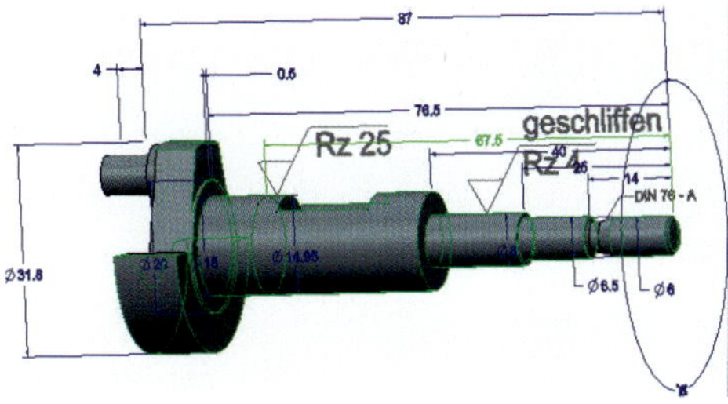

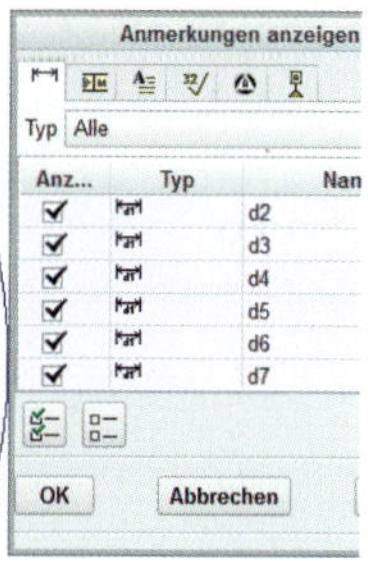

Im nebenstehend abgebildeten Beispiel wurde die 360°-Winkelbemaßung des Rotationskörpers von der Darstellung ausgeschlossen (rot im Arbeitsfenster, ☐ beim Maß d2 laut Abbildung). Die anderen Maße des KEs Drehen 1 können durch [Anwenden] eingeblendet werden.

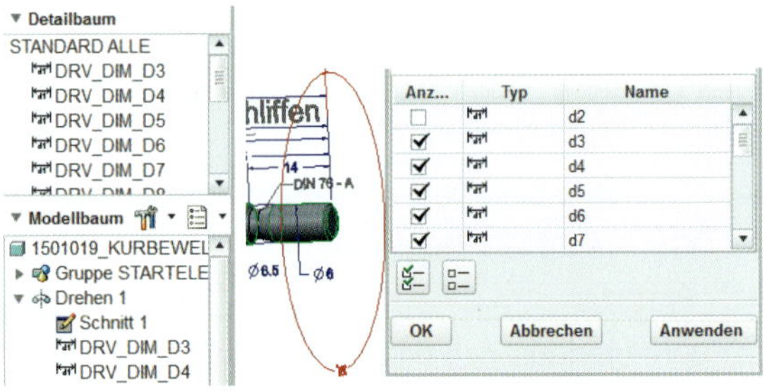

- In ANMERKUNGEN ANZEIGEN: ⇦ **[Anwenden]**

Die Maße werden nun am Bildschirm dargestellt. Im Modellbaum sind alle Maße unter dem daraus erzeugten Konstruktionselement aufgeführt.

- In ANMERKUNGEN ANZEIGEN: ⇦ **[Abbrechen]**

Zusätzlich gibt es einen neuen **Detailbaum,** in dem alle Anmerkungen aufgelistet sind. Insbesondere bei Durchmessermaßen tritt das Problem auf, dass deren Darstellung vollständig durch das Körpervolumen abgedeckt wird, sobald die Hervorhebung des KEs im Modellbaum beendet wird.

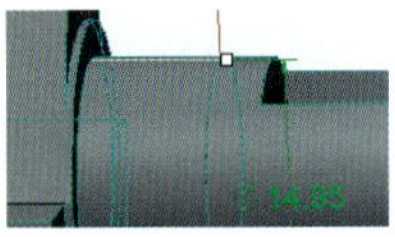

Daher besteht die Möglichkeit, die Darstellung der Maße komfortabel auf parallele Versatzebenen zu verschieben. Zur Demonstration wird zunächst eine Versatzebene mit dem Namen parallel zur Ebene XY_T_OBEN und tangential an den größten Außendurchmesser erstellt.

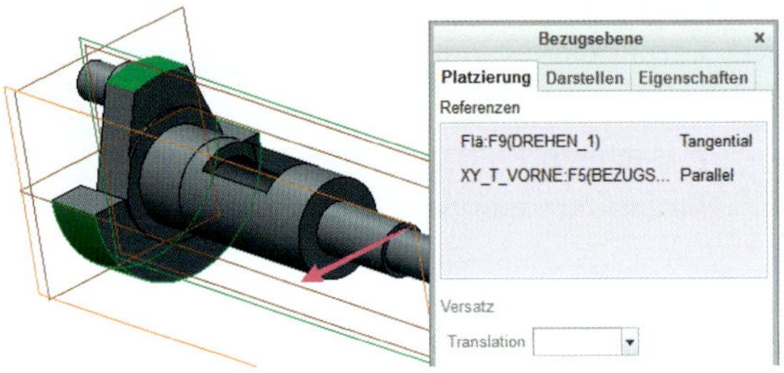

- ⇦ **Darstellungssteuerung**, **deaktivieren**
- ⇦ **Modell**, ⇦ **Ebene**
- ⇦ Zylinderfläche, ⇦ Tangential,
- ⇦ Ebene XY_T_VORNE, ⇦ Parallel,⇦ **[OK]**
- ▶ **[Umbenennen] [E_BEM_XY]**

  Das Umbenennen der Ebene ist nicht erforderlich, hat aber den Vorteil einer klaren Funktionszuordnung über den Modellbaum.

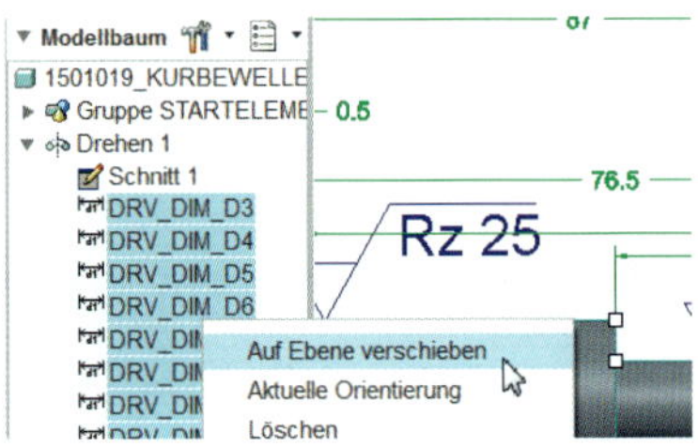

- ⇦ **Darstellungssteuerung**, **aktivieren**
- „Drehen 1 " erweitern: ⇦ ▶ Drehen 1
- Alle DRV_DIM-Elemente wählen: ⇦ + [⇧]⇦
- Verschieben: ▶ **[Auf Ebene verschieben]**
- Zielebene wählen: ⇦ **[E_BEM_XY]**

Das Ergebnis verdeutlichen die beiden nachfolgenden Abbildungen: Während bei der Standardansichtsausrichtung VORNE alle Bemaßungen vor dem Volumenkörper stehen, erkennt man in der freien Ausrichtung, dass alle Maße auf der Versatzebene angeordnet sind. Der funktionale Zusammenhang zwischen Maßhilfslinie und Körper wird durch dünne, gestrichelte Zuordnungslinien gut erkennbar.

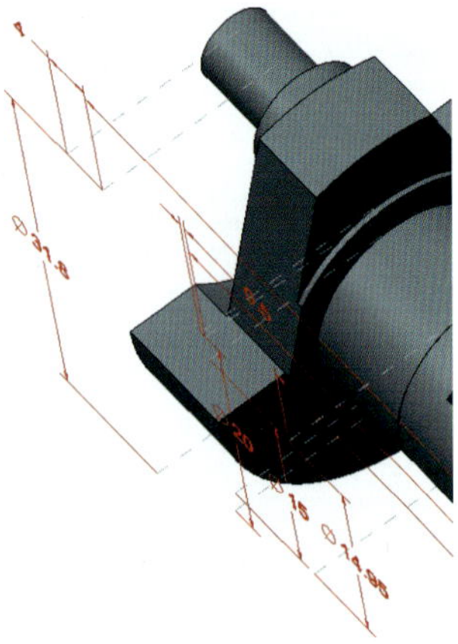

🡐 Freie Ausrichtung

Ausrichtung VORNE 🡒

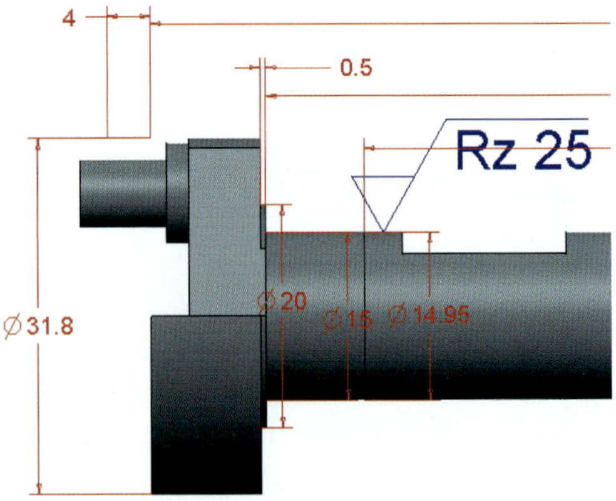

13.10.5.2 Texthöhen von Notizen, Anmerkungs-KE und Symbolen

Der Ausschnitt der **3D-Ansicht** zeigt drei verschiedene Texthöhen bei verschiedenen Anmerkungselementen:

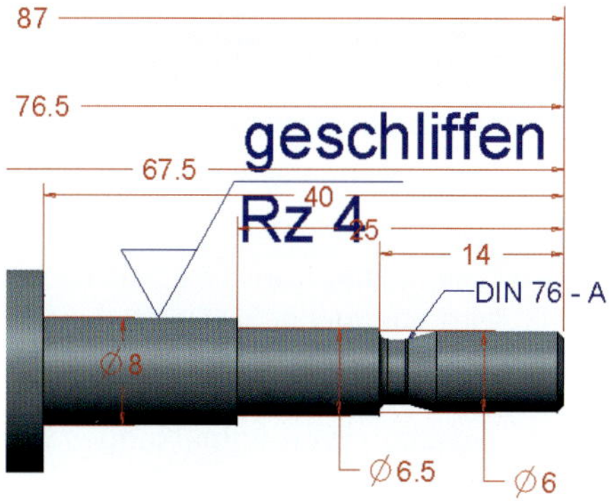

- **Maßzahlen**: Die Texthöhe der Maßzahlen wird beim Anlegen der gesteuerten Maße anhand der aktuellen maximalen Modellabmessungen berechnet. Werden zu unterschiedlichen Entwicklungsständen gesteuerte Maße angewendet, können diese mit unterschiedlichen Texthöhen dargestellt werden. Die Größe der Maßzahlen ändert sich mit der Zoomstufe der Darstellung.
- **Oberflächenzeichen als Symbol**: Das Oberflächenzeichen wird aus einer Symbolbibliothek verwendet. Diesem wurde bereits bei der Symboldefinition eine feste Texthöhe relativ zum Bauteil zugewiesen. Diese Texthöhe passt sich beim Zoomen entsprechend der Zoomstufe an.

In der **2D-Zeichnungsableitung** werden alle Angaben unabhängig vom Typ mit der im Textstil voreingestellten festen Texthöhe dargestellt. Die Bauteilgröße wird dabei über den zu wählenden Maßstab gesteuert.

Die nebenstehende Abbildung zeigt die unbearbeitete Zeichnungsdarstellung desselben Ausschnitts für einen Maßstab 2:1. Bei der Zeichnungsableitung wird die Maßanordnung der 2D-Ansicht aus der Maßansicht der 3D-Zeichnung übernommen. Diese wurde ihrerseits zunächst aus der Anordnung der Konstruktionsskizze übernommen.

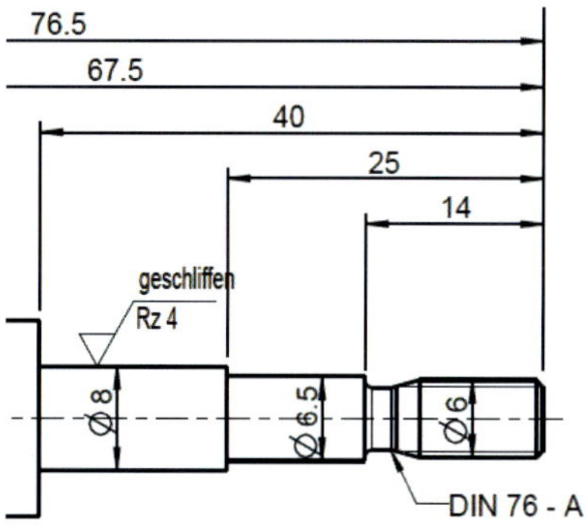

☞ Es ist daher empfehlenswert, schon bei der Bauteilkonstruktion in den Skizzen auf eine sinnvolle Maßanordnung zu achten.

13.10.5.3 Eigenschaftsänderung gesteuerter und steuernder Maße

☐ **Texthöhe anpassen**

Die Texthöhen steuernder oder auch gesteuerter Maße in der 3D-Ansicht lassen sich einzeln oder nach Mehrfachauswahl gemeinsam ändern.

- Maß(e) im Modellbaum auswählen: ⇦ , **[Strg] +⇦**

☞ Zur Auswahl **aller gesteuerten Maße** eines Modells ist die Verwendung des Such-Tools (Kap. 20.5) mit folgenden Suchoptionen zu empfehlen:
- Suchen in: Anmerkungselement
- Suchen über: Steuernde

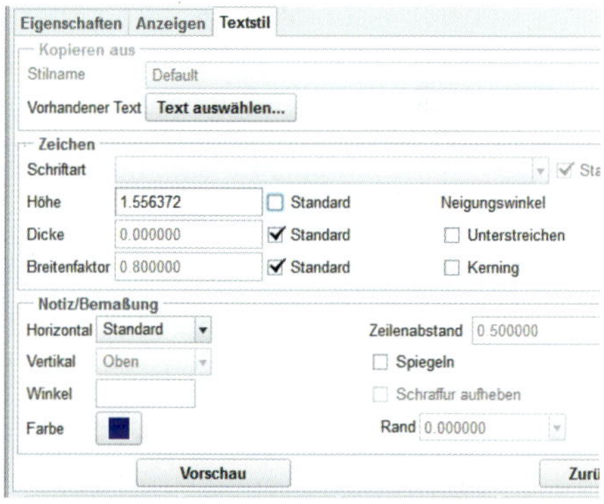

- Bemaßungseigenschaften öffnen: ▶ **[Eigenschaften]**
- Register **Textstil**: ⇦
- Höhe: Standard deaktivieren: ☐ Standard
- Zeichen, Höhe eingeben: **[Wert]**
- BEMAßUNGSEIGENSCHAFTEN **[OK]**

☐ **Bemaßung löschen**

Durch die auf das Konstruktionselement bezogene Erzeugung der steuernden Maße nach Kap. 9.1 wurden alle Maße des Drehen-KEs als 3D-Maße verwendet. Als Beispiel sollen nun die Maße 4 (Abstandsmaß zur Referenzebene, also kein Geometriemaß) von der 3D-Darstellung ausgeschlossen werden.

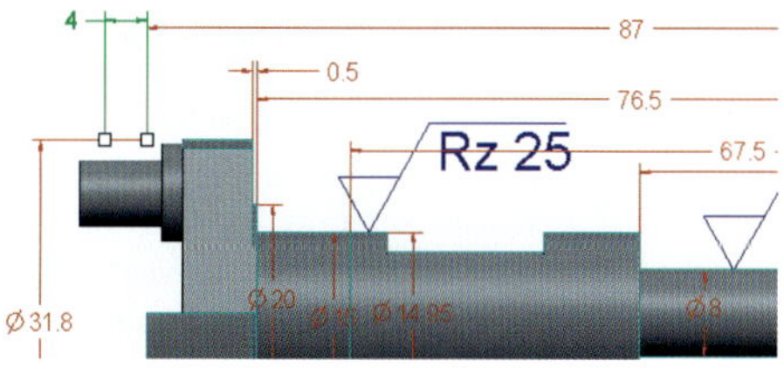

Die Auswahl der Maße kann entweder über den Modellbaum nach Aufklappen des Drehen-KEs oder über den Auswahlfilter „Anmerkung" direkt aus dem Arbeitsfenster erfolgen:

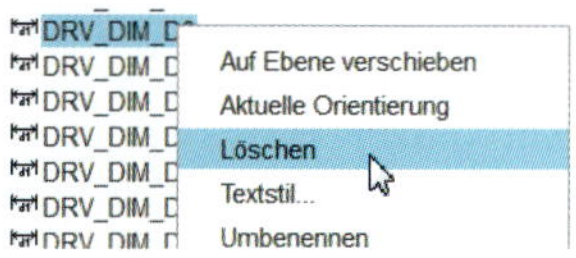

- Auswahlfilter ändern: ⇦ Filter **[Anmerkung]**
- Bemaßung wählen: ⇦ <Maß 4>
- Maß löschen: ▶ **[Löschen]**

⚠ Das Maß wird sowohl aus der Darstellung als auch aus der Modellbaumauflistung und der Detailbaumauflistung gelöscht, nicht jedoch aus der KE-Skizze! Über Anmerkungen anzeigen kann es jederzeit wieder zur Darstellung hinzugefügt werden.

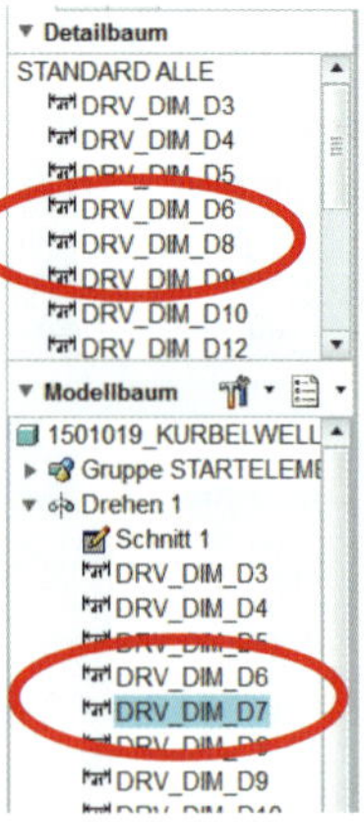

☐ **Bemaßung ausblenden**

- Bemaßung wählen: ⇦ <Maß 0.5>
- Maß ausblenden: ▶ **[Aus Status entfernen]**

Im Unterschied zum Löschen bleibt das Maß in der Modellbaumauflistung vorhanden. Es wird aber in der 3D-Darstellung und der Detailbaumliste nicht angezeigt.

⚠ Im Gegensatz zum Ein- und Ausblenden von Objekten und Folien wird der Anzeigestatus von Anmerkungen beim Speichern des Modells mitgespeichert!

13.10.5.4 Gesteuerte Maße

Gesteuerte Maße sind Maße, die anhand der Modelldaten automatisch gesteuert werden, aber ihrerseits nicht zur Modellsteuerung dienen. Als Beispiel soll als Ersatz für das in Kap. 13.10.5.3 ausgeblendete Maß 0,5 mm der entsprechende Abstand vom Wellenende erzeugt werden. Da es sich bei den bisher in diesem Modell verwendeten Anmerkungselementen nur um Oberflächensymbole oder um gesteuerte Maße, die aber direkt am KE angeordnet sind, gehandelt hat, wird ein neues AnmerkungsKE erstellt und mit der Bezeichnung BEM_XY versehen. Entsprechend Kap. 13.10.1 wird zunächst die Anmerkungseben ***Front*** für die neu zu erzeugenden Bemaßungen eingestellt bzw. überprüft.

- ⇦ **Anmerkungen erstellen,** ⇦ **Front**
- ⇦ **Aktive Anmerkungsebene**
- ⇦ **Anmerkungs-KE**
- ⇦ <gesteuerte Bemaßung>
- Ansatz Type: ⇦ **[Auf Fläche]**

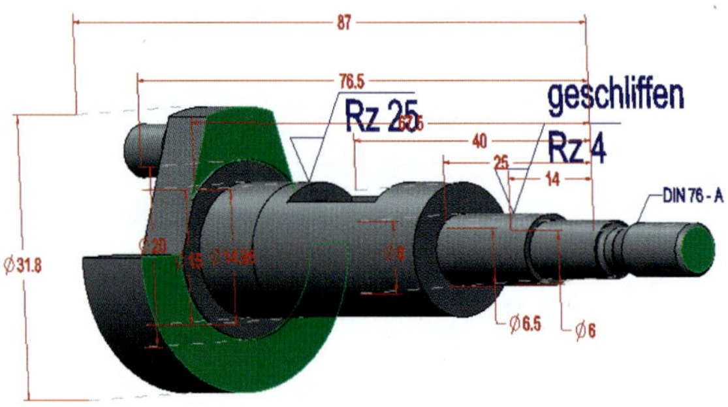

Im Menü-Manager stehen verschiedene Auswahloptionen für das Referenzieren der Bemaßungsansätze zur Verfügung. Mit der Auswahloption ***Auf Fläche*** lassen sich sehr einfach Bemaßungen zwischen zwei parallelen Flächen erstellen. Die Lage der Bemaßungsebene wird dabei durch den **ersten** der beiden zu wählenden Flächenpunkte festgelegt.

- Maß platzieren: ⇩
- ggf. weitere Maß-KEs hinzufügen ...
- ANMERKUNGS-KE beenden: **[OK]**

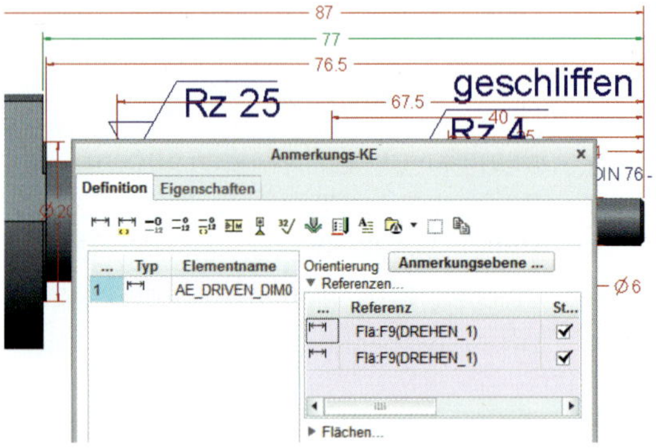

☐ **Anmerkung umbenennen**

- Anmerkung auswählen: ⇦ , ▶ **[Umbenennen]**
- Zielebene wählen: ⇦ **[BEM_XY]**

☐ **Maß(e) auf Ebene E_BEM_XY ausrichten**

- Maß(e) auswählen: ⇦
- Verschieben: ▶ **[Auf Ebene verschieben]**
- Zielebene wählen: ⇦ **[E_BEM_XY]**

Die Ansatzpunkte der Maßhilfslinien sowie die Lage der Maße auf der Zeichnungsebene lassen sich jederzeit nachträglich durch Auswahl des Maßes im Modellbaum und die Funktionen der rechten Maustaste anpassen.

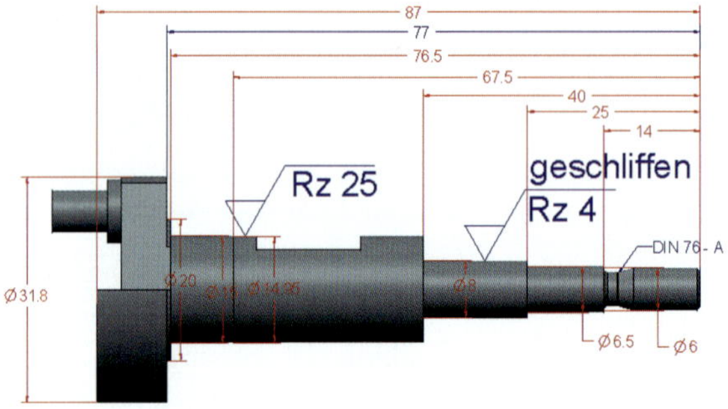

Das Verschieben der Hilfslinienansätze ist unter ***Eigenschaften*** oder direkt über die rechte Maustaste mit ***Bewegen*** möglich.

Mit dieser Methode lassen sich 3D-Zeichnungen aufbauen. Das ist insbesondere in dem Fall interessant, wenn anstelle einer zeichnungsgebundenen Fertigung die Herstellung direkt anhand eines 3D-Modells erfolgt.

13.11 Standard- und Normteile

In diesem Kapitel wird beispielhaft die Erstellung eines Normteils beschrieben. Normteile sind Standardelemente mit meist gleicher Geometrie, aber unterschiedlichen Abmessungen, die über feste Komponentenschnittstellen eingebaut werden. Die unterschiedlichen Abmessungen werden über Familientabellen festgelegt. Innerhalb der Familientabellen werden die einzelnen Varianten durch eindeutige Bezeichnungen unterschieden.

13.11.1 Schraube mit Gewinde als Kosmetik

Ein Standard- oder Normteil ist zunächst ein ganz normales Modell vom Typ „Teil". Als Beispiel soll eine Schraube mit Innensechskant, ähnlich DIN EN ISO 4762 erstellt werden.

☐ **Neues Teil anlegen**

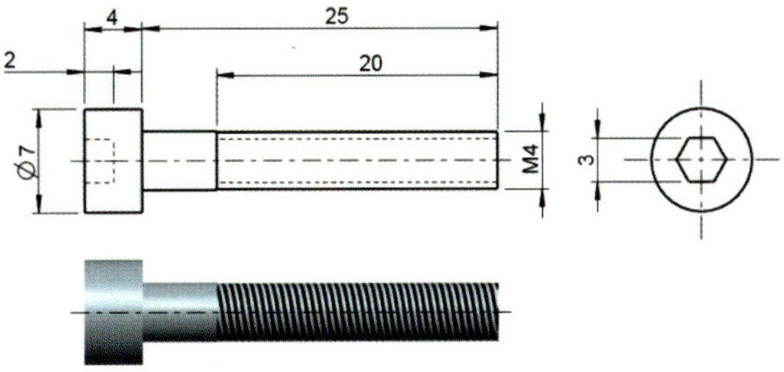

- ⇦ **Datei**, ⇦ **Neu**, ⦿Teil, ⦿ Volumenkörper
- Name: **[9039201_din4762]**
- ☑ Standard-Schablonen verwenden

Zur besseren Übersichtlichkeit soll die Schraube später mit einer Oberflächentextur entsprechend der nebenstehenden Abbildung für die Gewindedarstellung versehen werden.

Da das Aufprägen von Texturen auf Körperflächen immer für eine komplette Oberfläche gilt, muss der Schraubenschaft schon bei der Modellierung in den Gewindekörper und den Schaftkörper aufgeteilt werden. In *Creo* werden Oberflächen mit gleichem Maß automatisch zu einer einzigen Oberfläche verschmolzen. Allerdings ist die Eingabe unterschiedlicher Nennmaße für Gewindekörper und Schaft der Schraube nicht sinnvoll.

Zu diesem Zweck werden im Folgenden die Bemaßungsberandungen von Schaft und Gewindekörper bei gleichem Nennmaß unterschiedlich eingestellt. Das heißt, beim Schaftkörper wird die Bemaßungsberandung auf den oberen Grenzwert der Allgemeintoleranz, beim Gewindekörper dagegen auf den unteren Grenzwert eingestellt, mit dem Ergebnis, dass beide Körperelemente in der Darstellung unterschiedliche Größen bei identischem Nennmaß haben.

☐ **Gewindekörper anlegen**

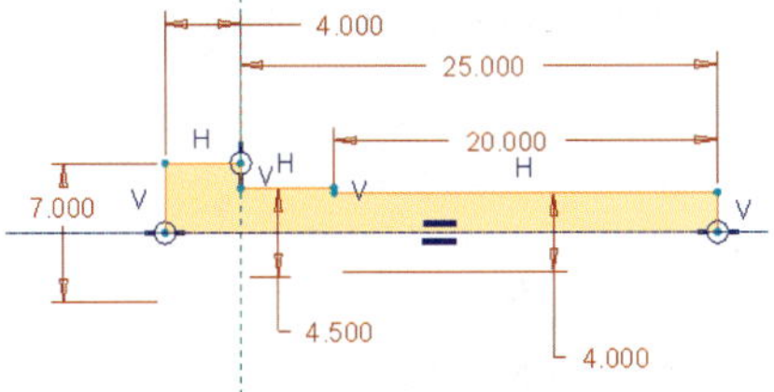

- ⇦ **Datei**, ⇦ **Drehen** <Gewindekörper extrudieren>
- Skizzendefinition: <siehe rechts>
- Skizze beenden: ✔
- Drehen beenden: ✔

☐ **Berandungsbemaßung ändern**

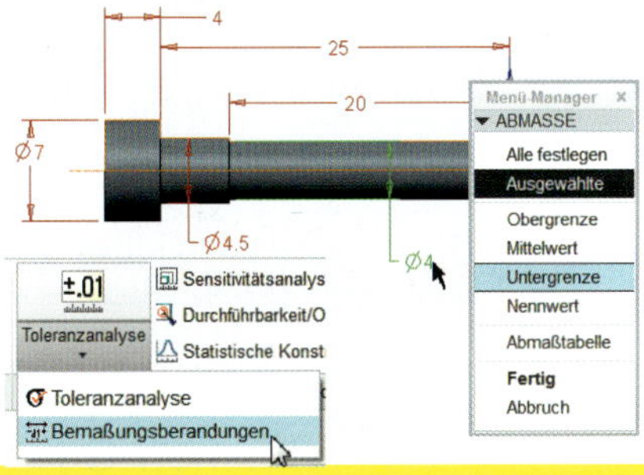

- ⇦ **Analyse**, ⇦ Toleranzanalyse ▼
- ⇦ Bemaßungsberandungen
- ABMASSE: ⇦ Ausgewählte, ⇦ Untergrenze
- Drehen 1 auswählen: ⇦ <im Modellbaum oder Arbeitsfenster>
- Maß Ø 4 auswählen: ⇦ <im Arbeitsfenster>
- ⇦ **[Fertig]**

☞ **Durch das Ändern der Berandungsbemaßung wird das Maß Ø 4 geometrisch auf seinen kleinsten Wert (Untergenze = 3,9 mm) gemäß der Allgemeintoleranzen modelliert, während als Maßwert weiter das Nennmaß Ø 4 mm ausgewiesen wird. Nun kann der Schaftdurchmesser von Ø 4,5 mm auf Ø 4 mm geändert werden, da dieser standardmäßig als Nennwert definiert wurde.**

☐ **Nennwert ändern**

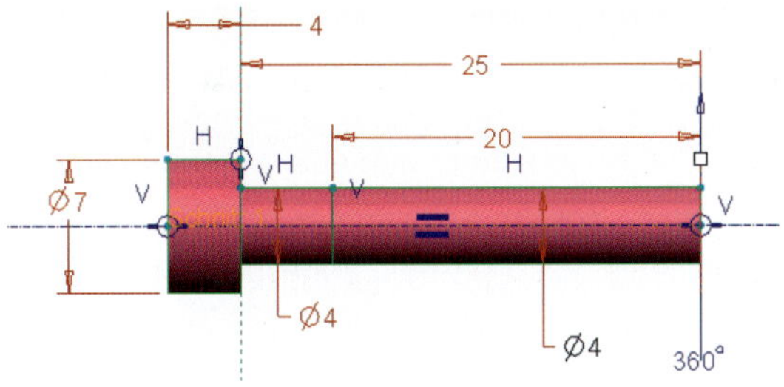

- ⇦ Drehen 1 auswählen
- ▶ **[Editieren]**
- Maß Ø 4,5 ändern auf Wert Ø **[4]** mm
- Regenerieren

☐ **Innensechskant erzeugen**

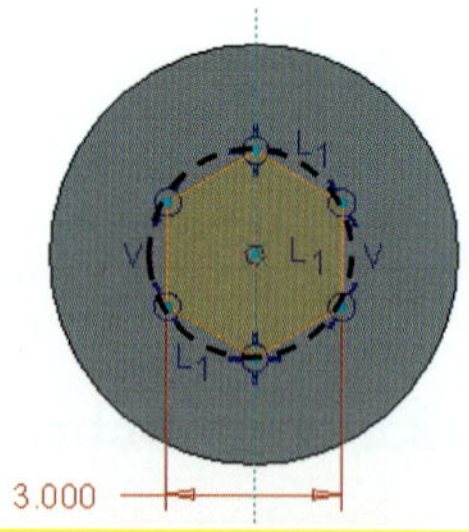

- ⇦ Profil, ⇦ Material entfernen, Tiefe **[2]** mm

Das Sechskant-Profil lässt sich manuell erzeugen, indem man zunächst einen Kreis skizziert, diesen in einen Hilfskreis (Kreis markieren ⇦, rechte Maustaste ▶ **[Konstruktion]**) umdefiniert und dann die sechs Begrenzungsflächen in ihrer Lage ungefähr skizziert, wobei die Endpunkte aller Linien auf dem Hilfskreis liegen. Danach setzt man für die Begrenzungsflächen die Skizzierbedingung, sodass alle die gleiche Länge haben, bzw. horizontal oder vertikal angeordnet sind.

☞ Jedes Element des Skizzierers lässt sich in der beschriebenen Art und Weise auch ohne Umschalten in den Konstruktionsmodus als Hilfselement verwenden.

☐ **Gewinde als Kosmetik erzeugen**

Die detaillierte Darstellung eines Gewindes als spiralförmig umlaufender Materialschnitt ist aus zwei Gründen nicht sinnvoll: Die Rechenzeit für die Modell- und Baugruppendarstellung wird erhöht, und die zeichnerische Ableitung eines Gewindes mit allen Körperkanten ist nach Norm nicht zulässig. Daher werden Gewinde in *Creo* als kosmetische Elemente erzeugt, die in der Zeichnungsableitung die richtige Darstellung ergeben, im Dreidimensionalen aber nicht dargestellt werden.

☞ Kosmetische Gewinde sind nur in der Modellansicht in nicht schattierten Modi, z. B. „Drahtmodell", als magentafarbene Flächen sichtbar. Im schattierten Modus werden kosmetische Gewinde nicht dargestellt.

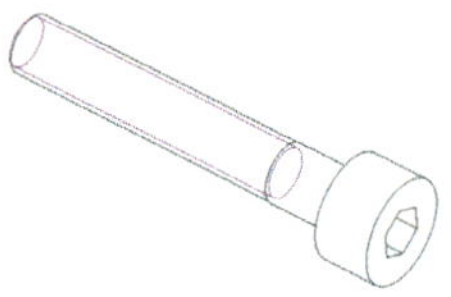

Drahtmodell mit sichtbarer Gewindefläche

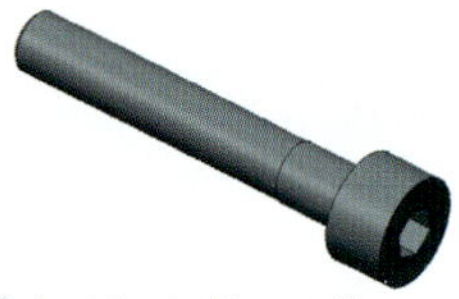

Schattierte Darstellung Gewinde nicht sichtbar

☐ **Gewindekosmetik erstellen**

☞ Für die Modellierung der Gewindekosmetik kann nicht das Standardgewinde gewählt werden, da der zugehörige Durchmesser aus Tabellen gesteuert wird und *Creo* nicht ohne weiteres aus Familientabellen Tabellenwerte umschalten kann. Daher wird abweichen von Kap. 13.9 die **Gewindekosmetik** mit manueller Eingabe von Kernmaß und Steigung verwendet.

- ⇦ **Modell**, ⇦ Konstruktion▼, **Kosmetisches Gewinde**
- ⇦ <Schaftmantel als Fläche mit Gewinde>
- ⇦ <Stirnfläche als Startfläche>
- Steigung: **[0.7]** mm
- **Einfaches Gewinde aktivieren**, Ø **[3.3]** mm
- **[Bis Auswahl]**, ⇦ <Übergang am Schaft>
- Gewindekosmetik beenden: ✔

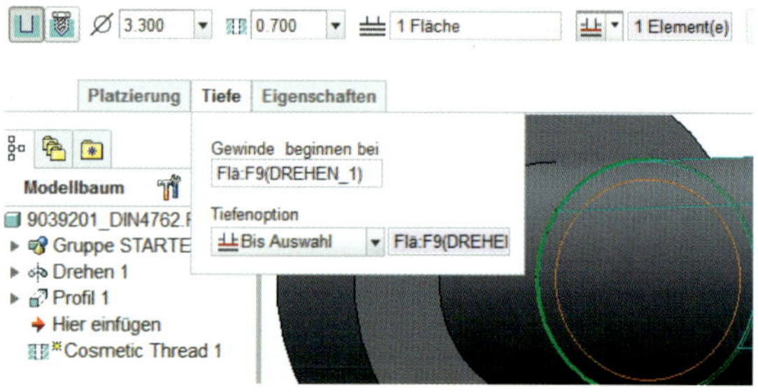

☞ Der Gewindedurchmesser wird in Kap. 13.11.3 über eine Beziehung an den Schaftdurchmesser gekoppelt. Daher wird hier nur eine Eingabe kleiner als der aktuelle Schaftdurchmesser <4 mm benötigt.

13.11.2 Oberflächen-Gewinde als Textur

Zur besseren Darstellung soll das Gewinde als schräg stehende Streifenoptik auf dem Gewindeschaft aufgebracht werden. Zu diesem Zweck wird ein Bild im Format BMP oder GIF als eine Art Aufkleber (Decal) auf die Oberfläche gelegt. Das Bild kann z. B. mit dem Standardprogramm PAINT erstellt werden. Die Größe des Bildes ist dabei unerheblich.

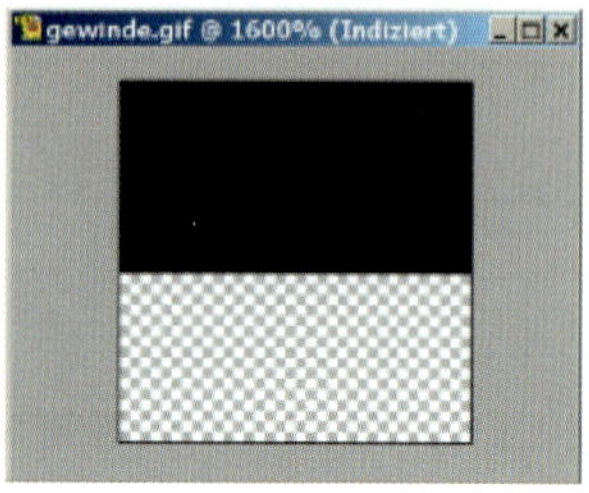

Die nebenstehende Abbildung zeigt ein solches Bild in einem Adobe Photoshop-Fenster. Dabei wurde die obere Hälfte in schwarz eingefärbt, die untere Hälfte ist transparent gehalten, kann aber alternativ eine andere Farbe, z. B. Grau, erhalten.

Das Bild wird als *gewinde.gif* (oder *gewinde.bmp*) beispielsweise im Bibliotheksverzeichnis für Texturen abgespeichert: ...\Program Files\PTC\Creo 2.0\Common Files\Mxxx\graphic-library\gewinde.gif

☐ **Farbeffekt anlegen**

- Ansicht, ⇦ Farbeffekte-Galerie▼, ⇦ Farbeffekte-Manager...
- ⇦ <Grundfarbe der Schraube wählen>
- ▶ **Neu** <Es wird eine Kopie des gewählten Materials angelegt>
- Name der neuen Farbe definieren: **[Gewinde]**
- ⇦ Zuordnung
- ⇦ Decal ▼: ⇦ **[Bild]**
- ⇦ Bildzuweisung aktivieren
- ⇦ Datei *Gewinde.gif* öffnen
- FARBEFFEKTE-MANAGER: **[Schließen]**

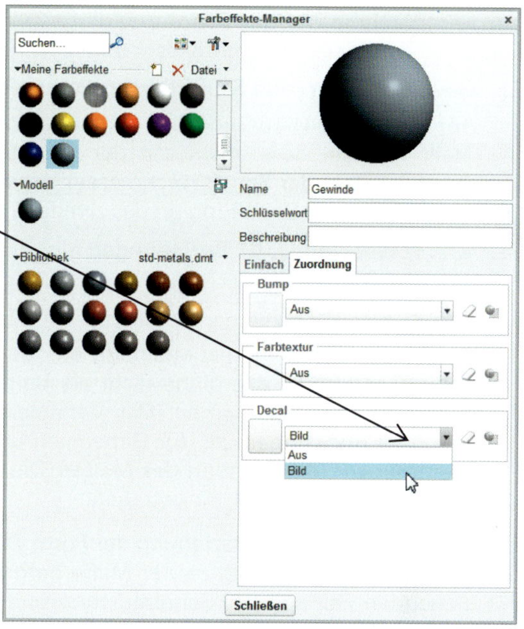

☐ **Farbeffekt zuweisen**

- Ansicht, ⇦ <Farbe wählen>
- ⇦ <Gewindefläche auswählen>

- ⇩ <Einfärben beenden>

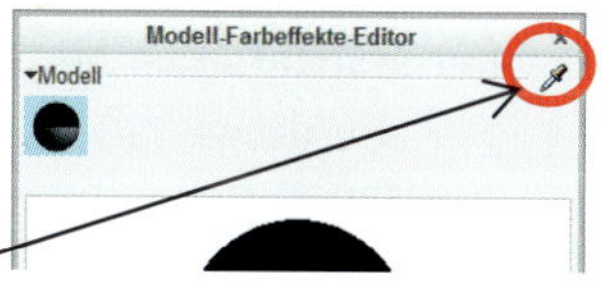

☐ **Farbeffekt anpassen**

- Ansicht, ⇦ Farbeffekte-Galerie▼, ⇦ Modell-Farbeffekte editieren ...
- Zu bearbeitende Oberfläche wählen: ⇦ <Gewindefläche>
- Register ZUORDNUNG öffnen: ⇦ **[Zuordnung]**
- Platzierung bearbeiten: ⇦

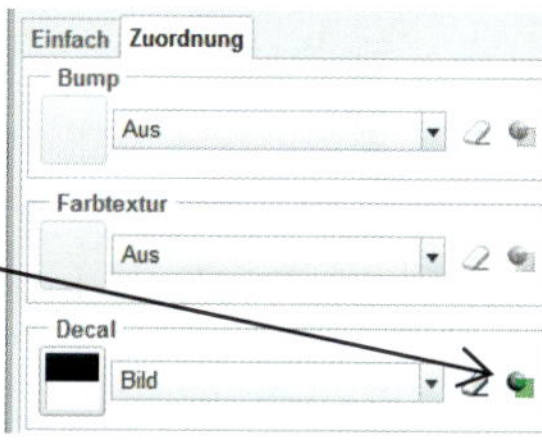

- Kopien aktivieren: ⦿ **Mehrere**
- Wiederholungen wählen: z. B. ***x*** -Wert **[1]**, ***j*** -Wert **[20]**
  Die erforderliche Anzahl an Wiederholung ist abhängig von der Größe des verwendeten Bildes.
- Rotation wählen: z. B. **[-2.5]**
  Die Rotation ermöglicht die Schrägstellung des Abziehbildes.
  Eine sinnvolle Einstellung kann derart vorgenommen werden, dass sich an der Grenzkante der beiden Zylinderhälften kein Versatz ergibt.

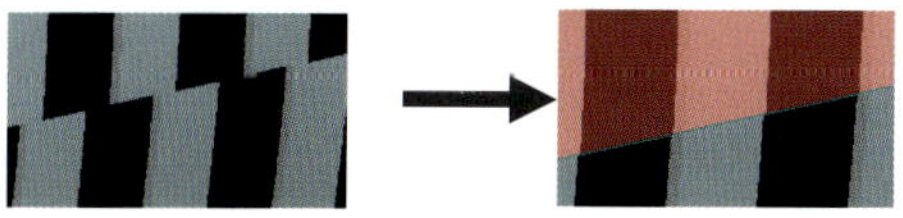

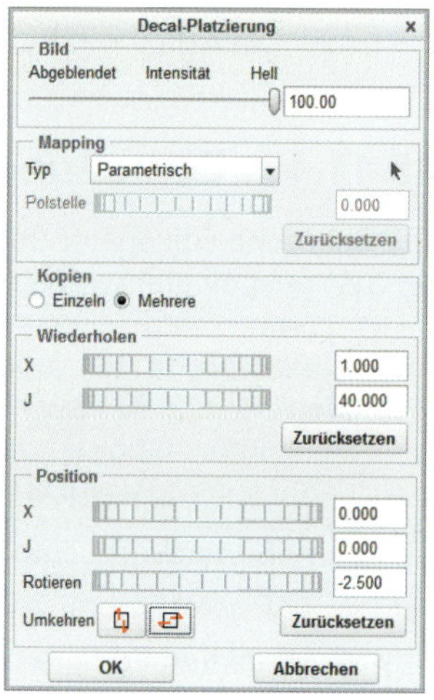

- Platzierung beenden: **[OK]**
- Modell-Farbeffekte-Editor beenden: **[Schließen]**

13.11.3 KE-Beziehung

Entsprechend der bis hierher vorgenommenen Modellierungsschritte der Schraube besteht der Schraubenschaft aus dem Gewindekörper, dem Schaftkörper und der Gewindekosmetik. Der Gewinde- und der Schaftkörper haben dasselbe Nennmaß (aktuell 4 mm), während sich der Kerndurchmesser der Schraube, dargestellt durch die Gewindekosmetik, aus Gewindedurchmesser und Gewindesteigung errechnet.

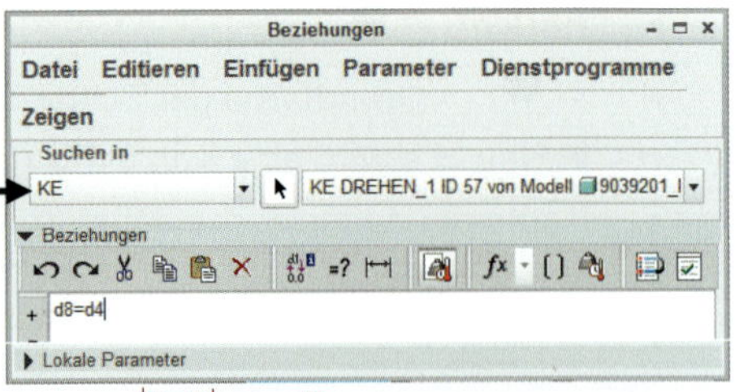

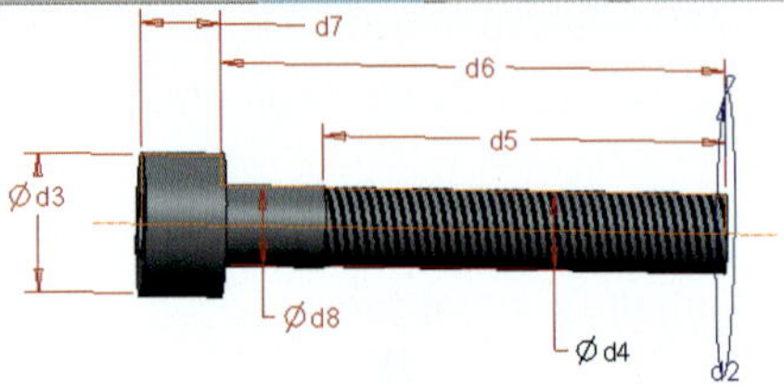

☐ **Gewindekörper- und Schaftdurchmesser gleichsetzen**

Für die Größensteuerung der Schraubenvarianten soll sichergestellt werden, dass allein mit der Eingabe des Gewindenenndurchmessers der Schaftdurchmesser denselben Wert erhält. Dazu wird eine KE-Beziehung an das zweite Profil-KE geschrieben:

- ⇦ **Werkzeuge**, d= **Beziehungen**
- Suchen in: ⇦ **[KE]**
- Konstruktionselement wählen: ⇦ <Drehen 1>

Es werden die Konstruktionsmaße des gewählten KEs am Bildschirm angezeigt, allerdings nicht als Bemaßungswert, sondern mit deren Variablennamen. Der Variablenname besteht immer aus dem Buchstaben „d" für Dimension und einer fortlaufenden Nummer zur Identifikation des Maßes. Die zu schreibende Beziehung wird in dieses KE eingetragen.

Durch Eintragen der Beziehung der Form *Maß1 = Maß2* kann nun eine feste Verknüpfung zweier Maße hergestellt werden. Im vorliegenden Fall soll der Schaftdurchmesser (hier: d8) immer den Wert des Gewindedurchmessers (hier: d4) übernehmen:

- Beziehung eintragen: **[d8=d4]**
- Bild-Neuaufbau: ⇦ Darstellungssteuerung, ⇦

☐ **Kerndurchmesser als Näherungsbeziehung setzen**

Für metrische ISO-Spitzgewinde errechnet sich der Kerndurchmesser zu näherungsweise $d_3 = d - 1{,}227 \cdot p$ mit der Gewindesteigung *p*. Die Gewindesteigung steht aus dem kosmetischen Gewinde-KE als lokaler Parameter zur Verfügung.

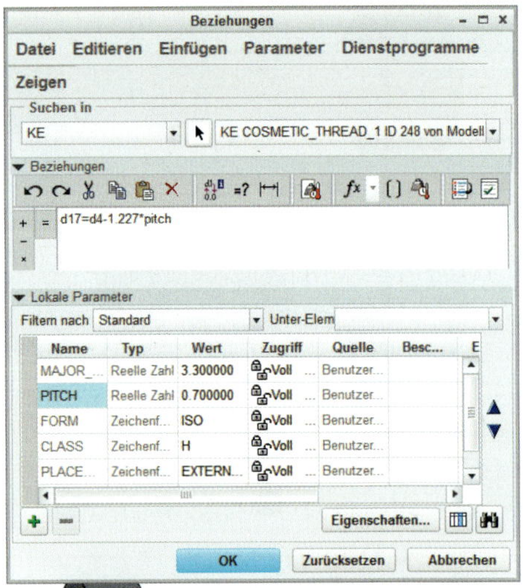

- Suchen in: ⇦ **[Cosmetic Thread 1]**
- ⇦ **Lokale Parameter ▼**
- Beziehung eintragen: **[d17=d4-1.227 *pitch]**

⚠ Die Bezeichnungen (Nummern) der Maße können abweichen.

- Beziehungsdialog beenden: **[OK]**

☞ Die Arbeit mit Beziehungen wird in Kap. 15 allgemein behandelt.

13.11.4 Bemaßungen (um-)benennen

Die Schraube soll später über ihre Parameter (Gewindedurchmesser: *M*, Länge: *L*, Gewindelänge: *GL*, Schlüsselweite: *SW*) ausgewählt werden können. Dazu ist es sinnvoll, den entsprechenden Maßen diese Namen zuzuordnen.

☞ *Creo* vergibt für jedes KE, jeden Schnitt, aber auch für jedes Maß einen eindeutigen Namen (KE-ID, Bemaßungs-ID usw.). Eine Bemaßungs-ID ist ein lokaler Name, d. h., er gilt innerhalb des KE und Modells. Alle Informationen zu einem Modell, einem KE oder zu den Eltern-Kind-Beziehungen eines KE können jederzeit angezeigt werden.

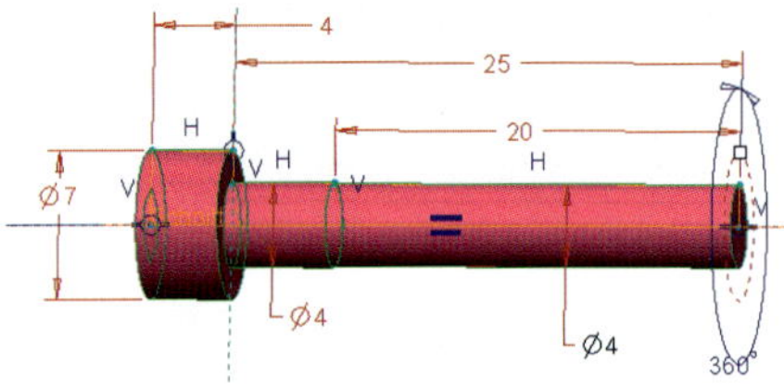

☐ **Bemaßungswerte einblenden**

- KE selektieren: ⇦ <Drehen 1>
- Funktion Editieren aufrufen: ▶ **[Editieren]**

Die Werte der Konstruktionsmaße des gewählten KE werden angezeigt. Mit der Funktion **Symbole umschalten** kann die Anzeige auf Darstellung der Bemaßungsnamen umgestellt werden.

- ⇦ **Werkzeuge**, ⇦ **Symbole umschalten**

☐ **Maße umbenennen**

- Einzelnes Maß auswählen: ⇦ <auf das Maßsymbol (z. B. d3 mm)>
- Eigenschaften aufrufen: ▶ **[Eigenschaften]**
- Name eintragen: **[DA]** <Kopfdurchmesser>
- ⇦ **[OK]**

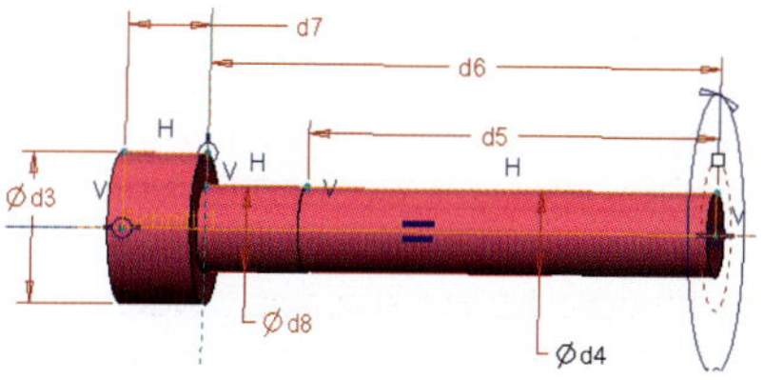

- Der Vorgang wird für die anderen Maße und KE wiederholt.

☞ Die Maße können jetzt über ihren Namen ausgewählt werden.

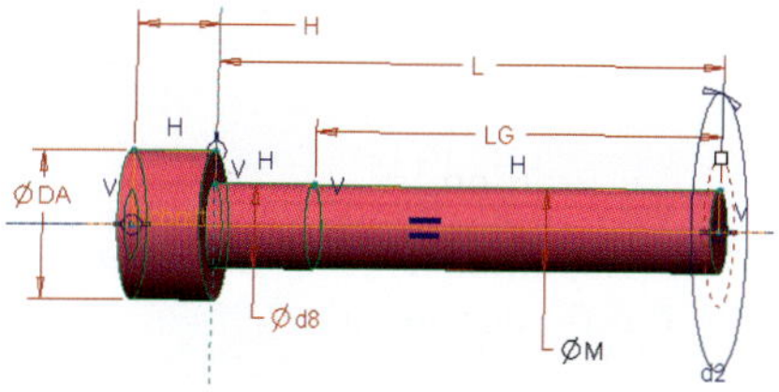

Als Resultat sollten wie nebenstehend abgebildet die folgenden Maßvariablen existieren:

- **T** für die Tiefe
- **SW** für die Schlüsselweite des Inbus
- **H** für die Kopfhöhe
- **DA** für den Kopfdurchmesser
- **L** für die Schraubenlänge
- **LG** für die Gewindelänge
- **M** für den Gewindenenndurchmesser

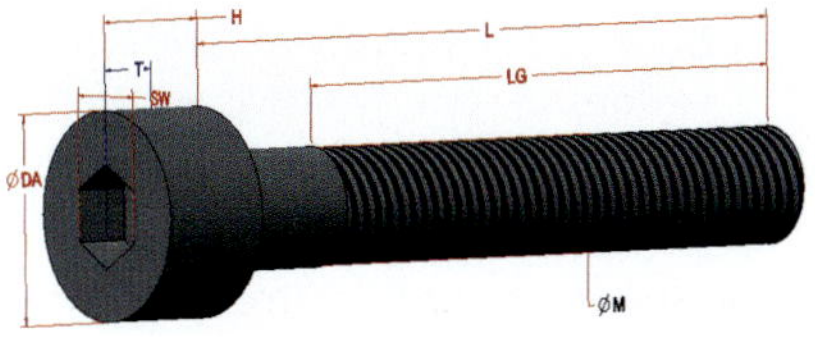

13.11.5 Teil-Parameter für Normteilkennzeichnung

Die Schraube wurde unter Verwendung der Standard-Schablonen erzeugt. In der INNEO-Installation sind in der Standard-Schablone neben den Startbezügen und Ansichten auch einige Stücklistenparameter vordefiniert. Soll die Schraube in verschiedenen Größenvarianten als Normteil für weitere Zugriffe abgelegt werden, müssen einige Parameter, wie z. B. der Parameter „Benennung", für alle Schrauben (feste Parameter) den Wert „**Innensechskantschraube**" erhalten. Andere Parameter, wie z. B. der Parameter „Bezeichnung", müssen für jede Schraubenvariante einen anderen Wert (variable Parameter) erhalten (**DIN4762-M2_5x12** oder **DIN4762-M3x25**). Die „festen" Parameter, z. B. „Benennung", werden eingegeben über:

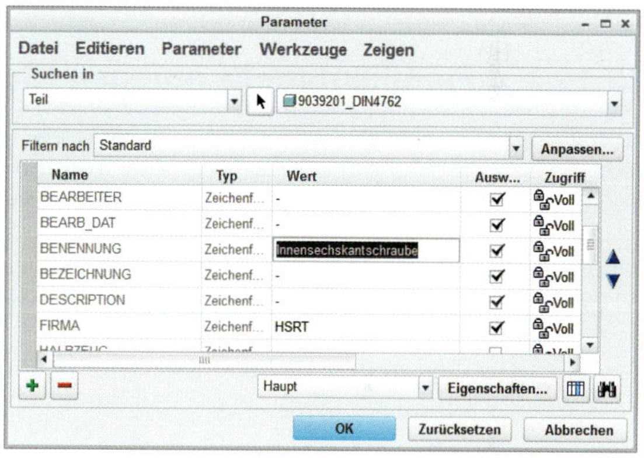

- ⇦ **Werkzeuge**, ⇦ **Parameter**

Im Dialog PARAMETER kann für die Benennung der Wert „**Innensechskantschraube**" eingetragen werden. Ebenfalls aus der Standard-Schablone kommt die Materialzuweisung RSt 37-2 für die Schraube. Üblicherweise werden anstelle des Schraubenwerkstoffs so genannte Schraubenfestigkeitsklassen (z. B. 8.8, 10.9, 12.9 usw.) verwendet. Der Wert des Parameters „Material" kann allerdings in diesem Dialog nicht geändert werden, da er über eine Beziehung (Spalte: Quelle) gesteuert wird und daher gesperrt ist (Spalte: Zugriff).

Inneo-Kategorie Parameter

INNEO verwendet für seine Startup TOOLS den Parameter „Kategorie" zur Klassifikation von Normteilen. Derartige Klassifikatoren sind insbesondere in Verbindung mit dem Such-Tool (siehe Kap. 20.5) sinnvoll. Sie ermöglichen beispielsweise die regelgesteuerte Definition von Folien für alle Normteile, alle Schrauben usw.

In der nebenstehenden Tabelle sind die Klassifikationswerte für den Parameter „Kategorie" der Startup TOOLS-Installation aufgelistet.

Kategorie	Bedeutung	Kategorie	Bedeutung
1	Konstruktive Baugruppen	40	Stifte
2	Konstruktive Einzelteile	45	Federn
20	Schrauben	50	Lager
25	Muttern	55	Dichtungen
30	Scheiben	60	Profile
35	Sicherungen	80	Zubehör

Für das Beibehalten dieser Systematik muss der Schraube als Kategorieparameter der Wert 20 zugewiesen werden.

☐ **Teil- Parameter setzen**

- Benennung: **[Innensechskantschraube]**
- Kategorie: **[20]** <für Parameter „Kategorie" (Schrauben)>
- Dialog PARAMETER verlassen: **[OK]**

13.11.6 Werkstoffvarianten für Standardteile

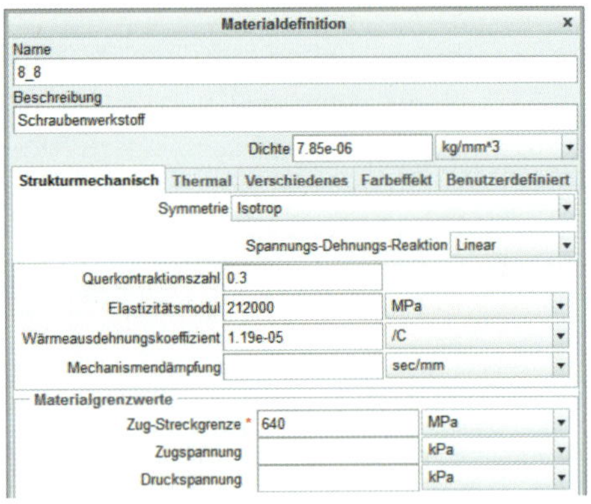

Analog zur Vorgehensweise in Kap. 8.2 können im Modell der Schraube spezielle Schraubenwerkstoffe angelegt werden.

Typische Schraubenwerkstoffe sind:

- 8.8 mit Streckgrenze 800 MPa und Zugspannnung 640 MPa
- 10.9 mit Streckgrenze 1000 MPa und Zugspannnung 900 MPa
- 12.9 mit Streckgrenze 1200 MPa und Zugspannnung 1080 MPa

⚠ Den Punkt in der Bezeichnung kann *Creo* im Dateisystem nicht verwalten. Bleibt die Verwendung auf das Schraubenmodell beschränkt, wird die vollständige Bezeichnung einschließlich Punkt ausgegeben.

⚠ Beim Speichern als *mtl*-Datei und beim erneuten Laden in ein Modell werden der Punkt und die Bezeichnung nach dem Punkt einfach gelöscht.

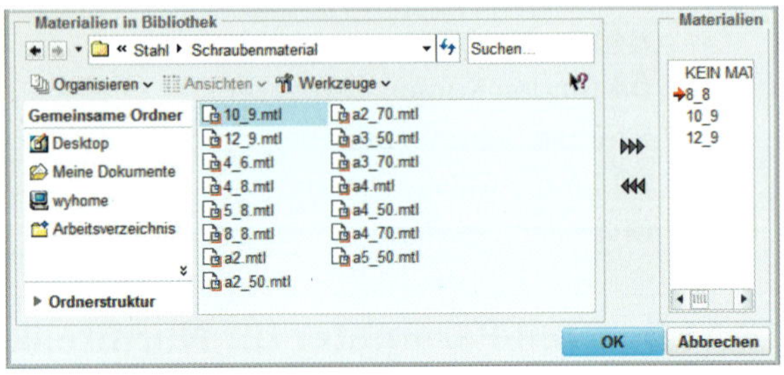

Als Materialien stehen im Modell der Schraube nun die typischen Schraubenwerkstoffe zur Verfügung. Sie werden im Folgenden beim Aufbau der Familientabelle (Schraubenvarianten) als eine Auswahloption neben Schraubenlänge, Gewindegröße usw. verwendet.

13.11.7 Familientabelle anlegen (Schraubenvarianten)

Familientabellen werden verwendet, um Varianten eines Bauteils oder einer Baugruppe zu definieren. Sie enthalten eine Zusammenstellung aller steuernden Angaben eines Standardteils in Spaltenorientierung. Jede Tabellenzeile entspricht darin einer Variante des generischen Originals.

☞ **Familientabellen** können auch geschachtelt werden, das heißt, jede Variante eines generischen Originals kann ihrerseits wieder ein generisches Objekt einer weiteren Familientabelle sein.

Als Beispiel sollen zu dem bisher entwickelten generischen Original einer Innensechskantschraube nach DIN EN ISO 4762 weitere Varianten mit anderen Gewindedurchmessern, Schraubenlängen und Werkstoffen ergänzt werden.

☐ **Aufbau der Familientabelle**

- ⇦ **Werkzeuge**, ⇦ ▦ **Familientabelle**

  Es öffnet sich der leere Dialog FAMILIENTABELLE 9039201_DIN4762. Hier müssen zunächst die Tabellenspalten (steuernde Daten) festgelegt werden.

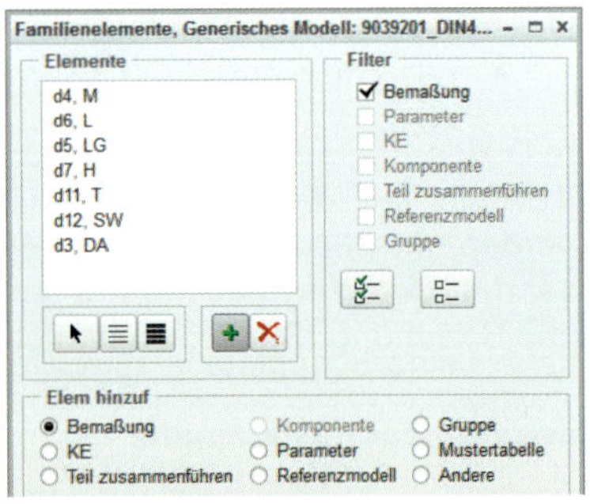

- ⇦ Tabellenspalten hinzufügen
- ⦿ **Bemaßung**
- ⇦ **Werkzeuge**, ⇦ **Symbole umschalten**

☞ Mit Familientabellen können weit mehr als nur Bemaßungen gesteuert werden. So können beispielsweise Konstruktionselemente aktiviert bzw. deaktiviert (unterdrückt) werden und vieles mehr.

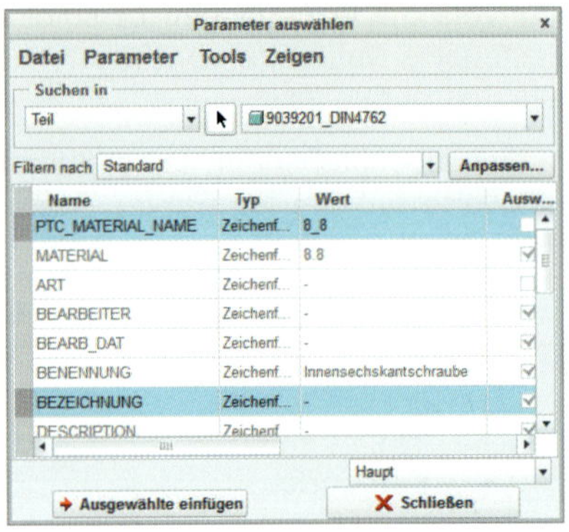

- ⇦ Konstruktionselement wählen
- Maße in Arbeitsfenster auswählen: ⇦, **[Strg]** + ⇦ , ...
  <Wählen Sie die Maße *M, L, LG , H, T, SW* und *DA*.>

Neben den ausgewählten Maßen sollen auch die Parameter **Bezeichnung** und **IDNR** (siehe Kap. 13.11.5) und das Material durch die Familientabelle gesteuert werden.

- Parameter aktivieren: ⦿ **Parameter**
- Dialog PARAMETER WÄHLEN: ⇦ **Bezeichnung**
- Dialog PARAMETER WÄHLEN: **[Strg]+⇦ PTC_MATERIAL_NAME**
- Dialog PARAMETER WÄHLEN: **[Strg]+⇦ IDNR**

Der Parameter PTC_MATERIAL_NAME gibt nicht nur den Materialnamen aus, sondern steuert auch die Materialauswahl bei mehreren im Modell definierten Werkstoffen.

- Gewählte einfügen: ➔ **Ausgewählte einfügen**
- Dialog verlassen: **X [Schließen]**
- Änderungen zuweisen: **[OK]**

☐ **Tabelle erweitern bzw. editieren**

- Neue Variante(n) hinzufügen: ⇦

Nun können Tabelleneinträge vorgenommen werden. Jede Zeile stellt eine eigene Schraubenvariante dar.

⚠ Die ***Variantennamen*** müssen eindeutigen sein. Doppelte Bezeichnungen sind nicht möglich!

☞ Der Variantenname sollte entweder eine vollständige Beschreibung der Variante geben, z. B. **DIN4762_M3X12_8_8** oder einen eindeutigen Identifikator (Identnummer IDNR) verwenden. Punkte, Plus- und Minuszeichen usw. können nicht für Variantennamen verwendet werden (Dateinamenkonvention).

Die Spalte ***Üblicher Name*** ist für die Verwendung in Produktdatenverwaltungssystemen, wie z. B. Windchill oder PDMLink von PTC, vorgesehen. Im vorliegenden Fall wird hier die Identnummer IDNR eingetragen.

In der abgebildeten Tabelle sind einige der im Rahmen dieses Buches verwendeten Schrauben für drei verschiedene Werkstoffe definiert. Da die zu steuernden Bemaßungen in Kap. 13.11.4 mit beschreibenden Namen versehen wurden, stehen diese Namen (M, L, GL, DA, T, SW und *H*) in der Tabelle als Spaltenüberschriften zur Verfügung.

- Tabelle schließen: **[OK]**

☞ Familientabellen können direkt aus *Creo* heraus mit Microsoft EXCEL bearbeitet werden.

Nach der Definition einer Familientabelle wird der aktuelle Variantenname (in diesem Fall **Variante: Generisch**) im unteren linken Quadranten des Arbeitsfensters angegeben.

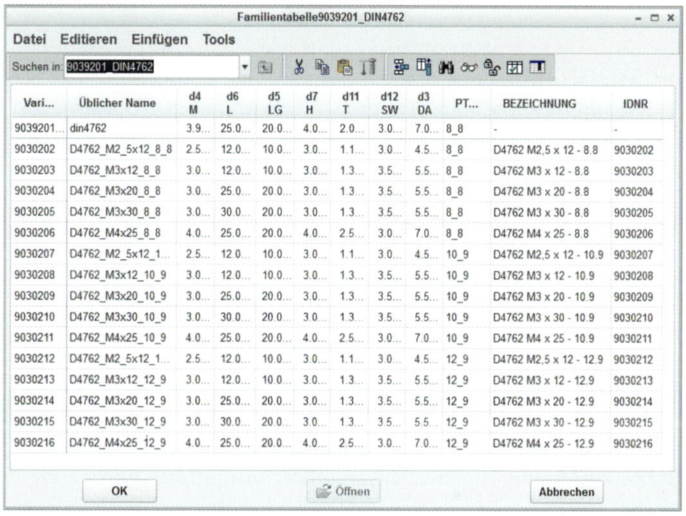

Vari...	Üblicher Name	d4 M	d6 L	d5 LG	d7 H	d11 T	d12 SW	d3 DA	PT...	BEZEICHNUNG	IDNR
9039201...	din4762	3.9...	25.0...	20.0...	4.0...	2.0...	3.0...	7.0...	8_8	-	-
9030202	D4762_M2_5x12_8_8	2.5...	12.0...	10.0...	3.0...	1.1...	3.0...	4.5...	8_8	D4762 M2,5 x 12 - 8.8	9030202
9030203	D4762_M3x12_8_8	3.0...	12.0...	10.0...	3.0...	1.3...	3.5...	5.5...	8_8	D4762 M3 x 12 - 8.8	9030203
9030204	D4762_M3x20_8_8	3.0...	25.0...	20.0...	3.0...	1.3...	3.5...	5.5...	8_8	D4762 M3 x 20 - 8.8	9030204
9030205	D4762_M3x30_8_8	3.0...	30.0...	20.0...	3.0...	1.3...	3.5...	5.5...	8_8	D4762 M3 x 30 - 8.8	9030205
9030206	D4762_M4x25_8_8	4.0...	25.0...	20.0...	4.0...	2.5...	3.0...	7.0...	8_8	D4762 M4 x 25 - 8.8	9030206
9030207	D4762_M2_5x12_1...	2.5...	12.0...	10.0...	3.0...	1.1...	3.0...	4.5...	10_9	D4762 M2,5 x 12 - 10.9	9030207
9030208	D4762_M3x12_10_9	3.0...	12.0...	10.0...	3.0...	1.3...	3.5...	5.5...	10_9	D4762 M3 x 12 - 10.9	9030208
9030209	D4762_M3x20_10_9	3.0...	25.0...	20.0...	3.0...	1.3...	3.5...	5.5...	10_9	D4762 M3 x 20 - 10.9	9030209
9030210	D4762_M3x30_10_9	3.0...	30.0...	20.0...	3.0...	1.3...	3.5...	5.5...	10_9	D4762 M3 x 30 - 10.9	9030210
9030211	D4762_M4x25_10_9	4.0...	25.0...	20.0...	4.0...	2.5...	3.0...	7.0...	10_9	D4762 M4 x 25 - 10.9	9030211
9030212	D4762_M2_5x12_1...	2.5...	12.0...	10.0...	3.0...	1.1...	3.0...	4.5...	12_9	D4762 M2,5 x 12 - 12.9	9030212
9030213	D4762_M3x12_12_9	3.0...	12.0...	10.0...	3.0...	1.3...	3.5...	5.5...	12_9	D4762 M3 x 12 - 12.9	9030213
9030214	D4762_M3x20_12_9	3.0...	25.0...	20.0...	3.0...	1.3...	3.5...	5.5...	12_9	D4762 M3 x 20 - 12.9	9030214
9030215	D4762_M3x30_12_9	3.0...	30.0...	20.0...	3.0...	1.3...	3.5...	5.5...	12_9	D4762 M3 x 30 - 12.9	9030215
9030216	D4762_M4x25_12_9	4.0...	25.0...	20.0...	4.0...	2.5...	3.0...	7.0...	12_9	D4762 M4 x 25 - 12.9	9030216

13.11.8 Komponentenschnittstelle definieren

Jeder Komponente (Teil/Baugruppe) können eine oder mehrere Schnittstellendefinitionen zugewiesen werden, die ihrerseits jeweils einen kompletten Satz von Einbaubedingungen enthalten.

Jede Einbaubedingung besteht aus dem Verbindungstyp, dem zugehörigen Versatzkriterium und der Komponentenreferenz. Die Baugruppenreferenz wird dagegen beim Einbau automatisch passend gesucht. Komponenten, denen eine Schnittstelle zugewiesen wurde, können durch einfaches Ziehen aus dem Browser heraus in die Baugruppe oder über die Autoeinbaufunktion eingebaut werden.

Für die Schraube aus den vorangegangenen Kapiteln wird im Folgenden eine Komponentenschnittstelle definiert.

☐ **Komponentenschnittstelle definieren**

- ⇦ **Werkzeuge**, ⇦ **Komponentenschnittstelle**

Creo schlägt automatisch einen Schnittstellennamen (INTFC001) und Platzierungstyp (Automatisch) vor:

- Name der Schnittstelle: **[Bohrung_Flaeche]**
- Bedingungen ändern: ⇦ ➔ **Automatisch**
- Bedingungstyp: ⇦ **Zusammenfallend**
- **Expliziter Typ:** ⇦ **Gegenrichten**
- 1. Komponentenreferenz: ⇦ <Auflagefl. Schraubenkopf>
- Weitere Bedingung aktivieren: ⇦ **[Neue Bedingung]**
- 2. Komponentenreferenz: ⇦ <Schraubenmantelfläche>
- Definition beenden: ✔

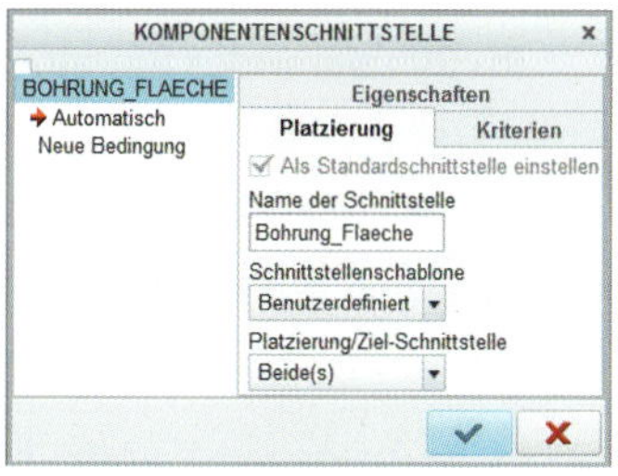

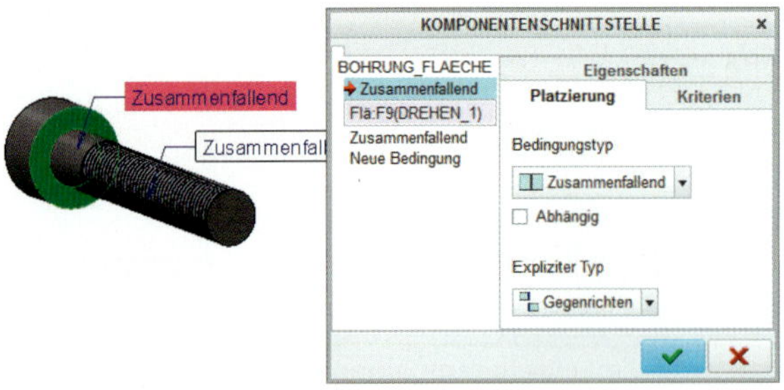

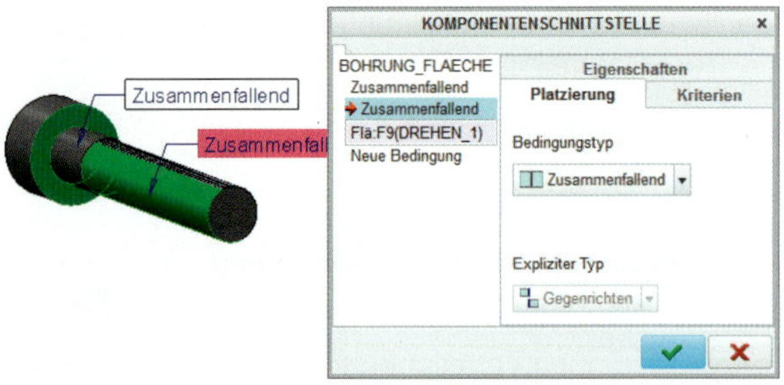

- Analog kann als zweite Komponentenschnittstelle **Achse-Flaeche** definiert werden.

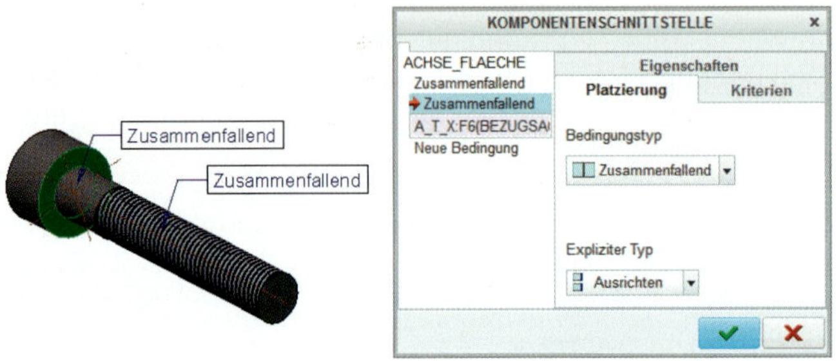

Durch Auswahl einer Schnittstelle im Fußbereich des Modellbaums kann über die rechte Maustaste die gewählte Schnittstelle als Standardschnittstelle vordefiniert werden. Die aktuell eingestellte Standardschnittstelle wird im Modellbaum durch einen grünen Punkt am Grafiksymbol gekennzeichnet:

- Fußbereich öffnen: ⇦ ▶ Fußzeile
- Schnittstelle öffnen: ⇦ ▶ Schnittstellen
- Schnittstelle wählen: ⇦ <z. B. BOHRUNG_FLAECHE>
- Als Standard deklarieren: ▶ **[Standard einst]**

13.12 Spiralförmige Zugelemente-Feder

Mit *Creo* lassen sich auch spiralförmige Elemente erzeugen. Die häufigste Anwendung dieser Elemente ist eine Schraubenfeder, die hier beispielhaft vorgeführt wird. Eine Verwendung der Feder für den Beispielmotor gibt es nicht.

☐ Spiralförmiges Zug-KE

- ⇦ **Datei**, Neu, ◉ Teil, Name: **[1501035_feder_test]**, ☑ Standardschablone verwenden, ⇦ **OK**
- ⇦ Modell, ⇦ Zug-KE ▼, ⇦ Spiralförmiges Zug-KE
- ▶ **Internes Spiralprofil definieren ...**, ⇦ **XY_T_VORNE, [Skizze]**

⚠ Im **Internen Spiralprofil** wird als Skizze die umhüllende Außenkontur gezeichnet.

Das Spiralprofil stellt als Rotationselement die Einhüllende des mittleren Windungsdurchmessers der Feder dar.

Im Skizzierer des Spiralprofils:

- ▶ Drehachse <vertikal absetzen>
- ▶ Linienkette <wie nebenstehend abgebildet>
- Linienkette beenden: ⇩, ⇩

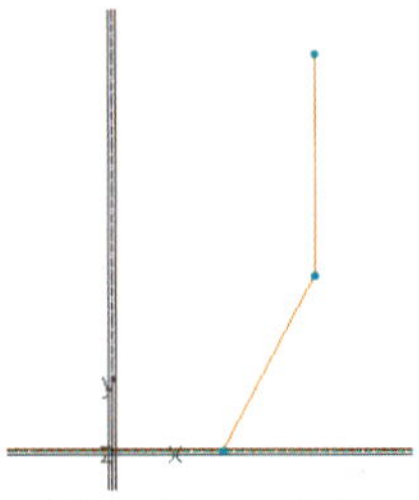

Linienkette aktiv

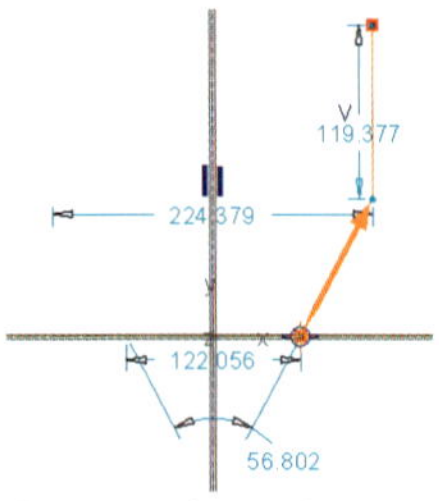

Linienkette beendet

☞ Ausgehend vom 1. Startpunkt setzt *Creo* einen Pfeil in Zugrichtung. Dieser Startpunkt muss am Federanfang (oder Federende) liegen.

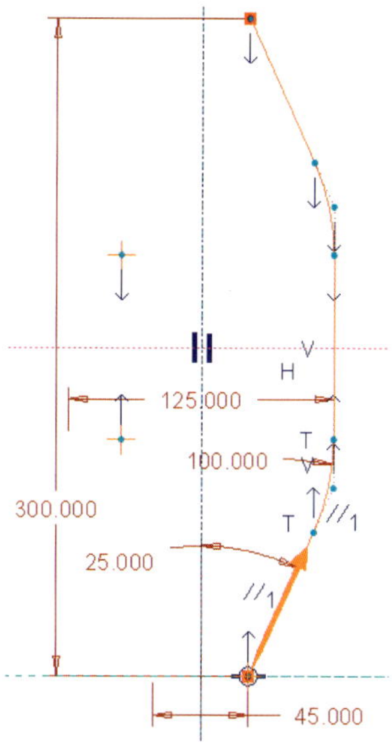

- ⇦ Verrunden der geraden Elemente, ⇦ 1. Linie, ⇦ 2. Linie

⚠ Das Spiralprofil darf keine Knicke enthalten.

- Horizontale Mittellinie an Linienendpunkt: ⇦
- Auswahl aller Elemente der Skizze: [⇦ **halten]** <Fenster>
- Spiegeln an der horizontalen Mittellinie: ⇦
- Bemaßung anpassen: ⇦
- Skizzierer verlassen: ✔

☐ Steigungsdefinition

Die Steigung des spiralförmigen Zug-KEs kann an bestimmten Punkten entlang des Spiralprofils unterschiedlich definiert werden.

- ⇦ **Steigung**, Wert (Startpunkt): **[5]**
- ⇦ **Steigung hinzufügen**, Wert (Endpunkt): **[5]**
- ⇦ **Steigung hinzufügen**
- ⇦ Positionstyp: **[Über Referenz]**
- ⇦ Punkt (siehe unten) wählen

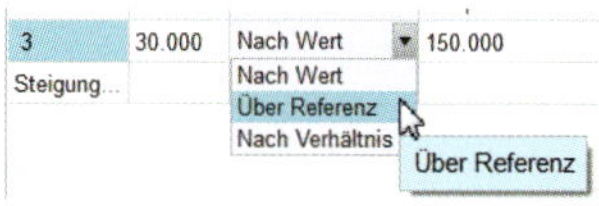

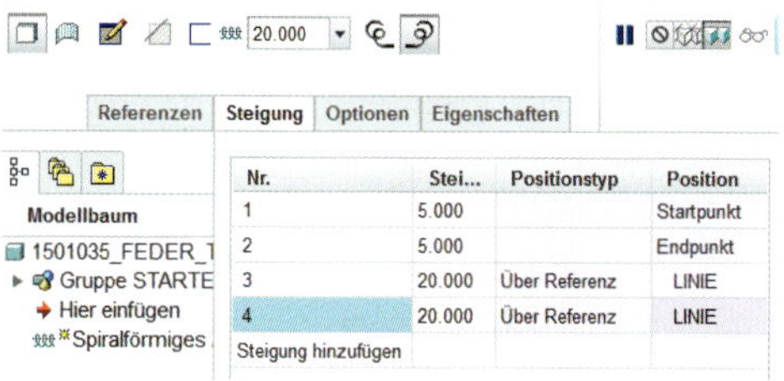

Als Referenz für die geänderte Steigung wird der Punkt des tangentialen Übergangs zwischen dem 25°-Anstieg und dem Bogen gewählt.

- Wert: **[20]**
- ⇦ Steigung hinzufügen
- ⇦ Positionstyp: [Über Referenz]
- ⇦ Punkt wählen
- Wert: **[20]**

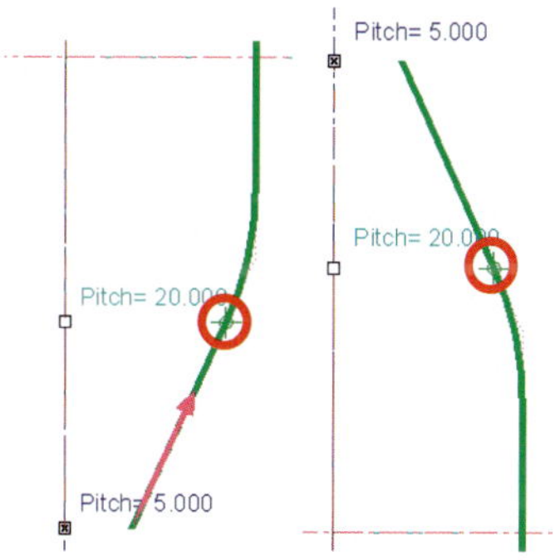

☐ Spiralquerschnitt

- ▶ Spiralquerschnitt

Die Bildschirmansicht der Skizze wird um 90° gedreht, um den Schnitt des Spiralquerschnitts zu skizzieren. *Creo* setzt dabei automatisch zusätzliche Referenzen durch den Startpunkt des Spiralprofils.

- Drahtquerschnitt skizzieren:
- Radius: **[5]** mm
- Skizzierer verlassen: ✔
- Wickelrichtung wählen:
- Spiralförmiges Zug-KE beenden: ✔

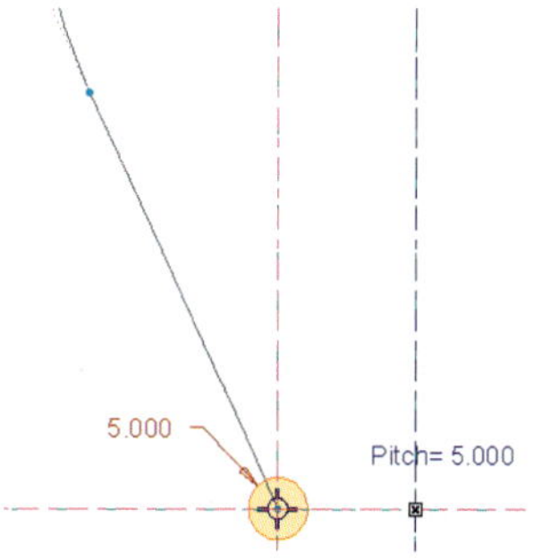

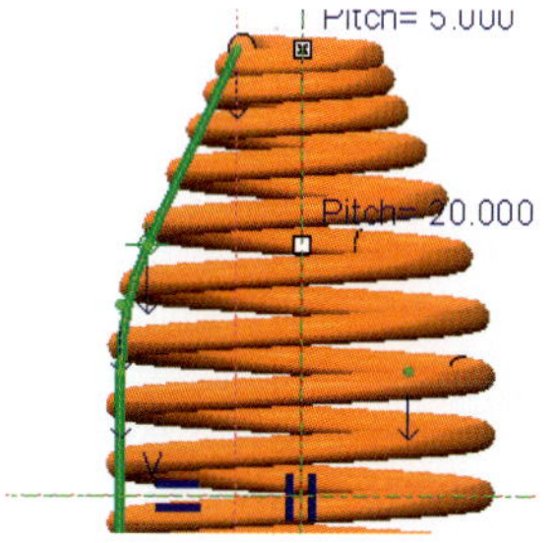

Das Ergebnis ist die nebenstehende Schraubenfeder mit variablem Wicklungsdurchmesser und linear variabler Steigung.

In den Design TOOLS II befinden sich verschiedene Federmodelle, die über einfache Menüeingabewerte parametrisch frei variiert werden können.

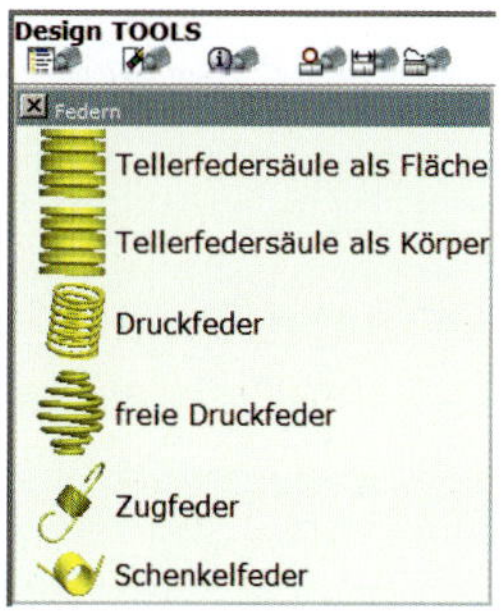

13.13 Körper aus verbundenen Querschnitten (Luftschraube)

Die im Folgenden vorgestellte Luftschraube ist gegenüber einer realen Luftschraube erheblich vereinfacht. Durch diese Vereinfachung ist die Geometrieerzeugung aus verbundenen Querschnitten leichter zu verstehen.

Für die Luftschraube wird ein neues Teil mit dem Namen *1501036_luftschraube.prt* angelegt. Dabei werden wieder die Standardvorlagen verwendet:

Zunächst werden 3 Querschnitte als skizzierte Bezugskurven erzeugt, welche die Luftschraube beschreiben:

- Anschlussquerschnitt zur Nabe
- Profilquerschnitt vor dem Übergang zur Nabe
- Profilquerschnitt am Flügel-Ende

Diese Querschnitte können auch innerhalb der Funktion **Verbund** erzeugt werden. Um die Entwicklungsschritte besser darstellen und Zwischenschritte speichern zu können, wird hier aber der Weg über die externen Bezugskurven gewählt. Diese Bezugskurven werden später über die Skizziererfunktion **Projizieren** referenziert. Daher können sie alle auf dieselbe Ebene in der Propellermitte skizziert werden.

☐ **1. Bezugskurve (Rechteck)**

Als erste Bezugskurve wird ein Rechteck als Anschlussquerschnitt zur Nabe skizziert:

- ⇦ **Modell**, ⇦ **Skizze** <skizzierte Bezugskurve>
- Skizzierebene: ⇦ **[XY_T_VORNE]**
- Oberseite: ⇦ **[YZ_T_RECHTS]**
- 1. Mittellinie: <auf 1. Referenz>
- 2. Mittellinie: <auf 2. Referenz>
- Rechteck: <Symmetrie zu beiden Referenzen>
- Bemaßen:
- Skizzierer beenden:

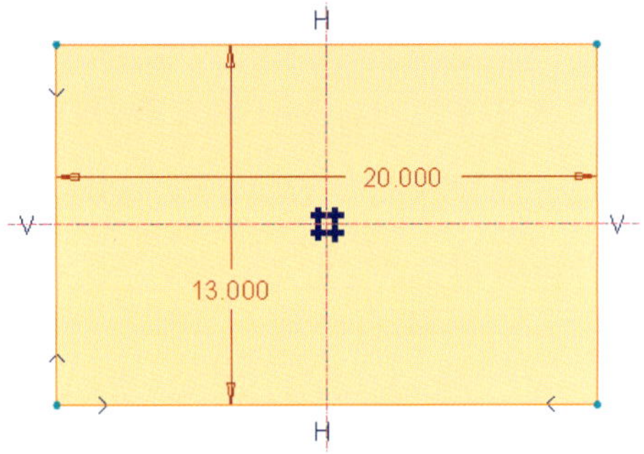

☐ **2. Bezugskurve (Propellerquerschnitt vor dem Nabenübergang)**

Als zweite Bezugskurve wird die im Folgenden dargestellte Geometrie skizziert. Die unter dieser Kontur liegende Rechteckkontur der ersten Bezugskurve ist zur besseren Übersichtlichkeit ausgeblendet worden:

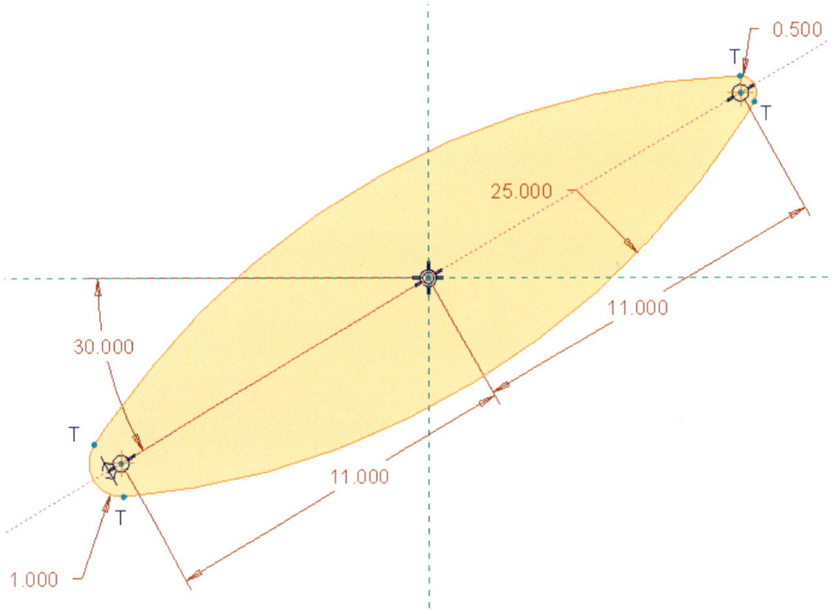

- ⇦ **Modell**, ⇦ **Skizze**
- Skizzierebene: ⇦ **[XY_T_VORNE]**
- ⇦ Oberseite: **[YZ_T_RECHTS]**
- Mittellinie: <30° zur Vertikalen>
- Mittelpunkt: <Punkt im Ursprung>
- 1. Kreis: <auf Mittellinie> **[R = 1]**
- 2. Kreis: <auf Mittellinie> **[R = 0.5]**
- Bemaßen: <Kreismitte - Punkt> **[11]**
- Bemaßen: <Kreismitte - Punkt> **[11]**
- Bogen: <ungefähr skizzieren>
- Tangential: <Bogen - 1. Kreis>
- Tangential: <Bogen - 2. Kreis>
- Bogenradius: **[25]**
- Bogen auswählen: <zum Spiegeln wählen>
- Bogen spiegeln: <an 30° Mittellinie>
- Zuschneiden: <innere Segmente löschen>
- Skizze beenden: ✔

☐ **3. Bezugskurve (Flügelendenquerschnitt)**

Als dritte Bezugskurve wird der Profilquerschnitt am Flügelende skizziert. Bei der folgenden Darstellung wurden ebenfalls die beiden vorher erstellten Skizzen ausgeblendet.

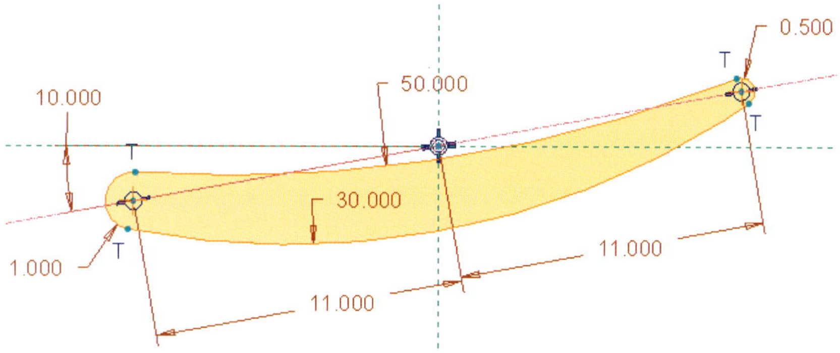

- ⇦ **Modell**, ⇦ **Skizze**
- Skizzierebene: ⇦ **[XY_T_VORNE]**
- ⇦ Oberseite: **[YZ_T_RECHTS]**
- Mittellinie: <10° zur Horizontalen>
- Mittelpunkt: <Punkt im Ursprung>
- 1. Kreis: <auf Mittellinie> **[R = 1]**
- 2. Kreis: <auf Mittellinie> **[R = 0.5]**
- Bemaßen: <Kreismitte - Punkt> **[11]**
- Bemaßen: <Kreismitte - Punkt> **[11]**
- Bogen (unten): <ungefähr skizzieren>
- Tangential: <Bogen - 1. Kreis>
- Tangential: <Bogen - 2. Kreis>
- Bogenradius: **[30]**
- 2. Bogen: <ungefähr skizzieren>
- Tangential: <Bogen - 1. Kreis>
- Tangential: <Bogen - 2. Kreis>
- Bogenradius: **[50]**
- Zuschneiden: <innere Segmente löschen>
- Skizzierer beenden: ✔

Die nebenstehende Abbildung zeigt die 3 auf der Ebene XY_T_VORNE übereinander liegenden Bezugsprofile. Im Folgenden wird aus diesen 3 Querschnitten eine Seite des Propeller-Profils erzeugt, indem die Schnitte als parallele Profilquerschnitte mit einem einzugebenden Abstand zueinander definiert werden. Dabei werden jeweils die Endpunkte der skizzierten Elemente der Schnitte miteinander verbunden.

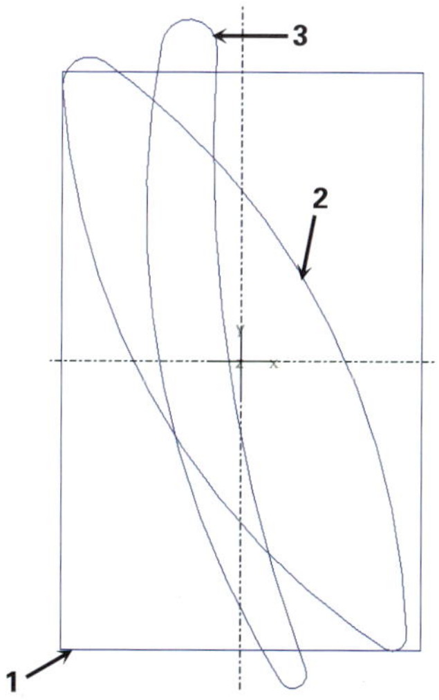

⚠ Die Anzahl der skizzierten Elemente (Linien oder Bögen) muss in allen Schnitten gleich sein. Anderenfalls fehlen die Verbindungspunkte.

Da die *x*-Achse als Rotationsachse der Luftschraube dienen soll, der rechteckige Flügelquerschnitt aber bereits vor der Rotationsachse existieren muss, wird eine Versatzebene zur Ebene **XY_T_VORNE** im Abstand **8 mm** als Skizzierebene für das Flügelprofil erzeugt.

☐ **Versatzebene für Flügelprofil**

- ⇦ **[XY_T_VORNE]** <Ebene auswählen>
- ⇦ **Modell**, ⇦ **Ebene**, Versatz: **[8]** mm
- **[OK]**

13.13.1 Verbundkörper (*Creo* 1.0)

Das Verbundkörper-Tool ist erst in *Creo* 2.0 auf die neue Menüstruktur umgestellt worden.

⇦ **Modell**, ⇦ **Formen▼**, ⇦ Verbund ▶, ⇦ Körper...

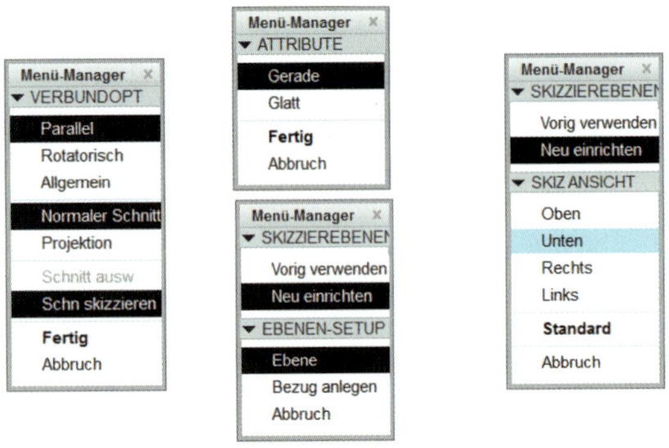

Menü-Manager		
Parallel	↳ Norm. Schnitt	↳ Schn. Skizzieren
		Fertig
Gerade	<gerade Verbindung der Profile>	
		Fertig
Ebene	<neue Versatzebene DTM1 wählen>	
		Fertig
Richtung	<von Bezugskurven weggerichtet>	
		Umschalten / OK
Skiz Ansicht	**[Standard]**	

Creo öffnet den Skizzierer für den ersten Profilquerschnitt.

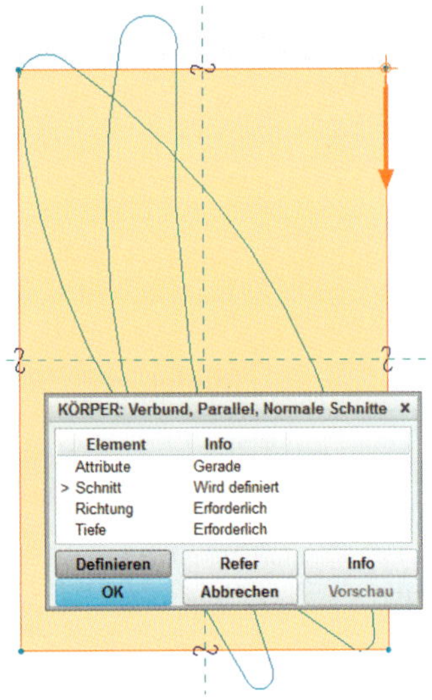

☐ **1. Querschnitt ins Verbund-KE übertragen**

- Projizieren: ▢
- Schleifenauswahl: ◉ **Schleife**
- 1. Querschnitt wählen: ⇦

<Eine beliebige Kante des rechteckigen Querschnitts auswählen.>

Creo hat die geschlossene Kontur (Schleife) des ersten Querschnitts erkannt und als Kontur übernommen. Gleichzeitig kennzeichnet ein Pfeil den **Startpunkt des Querschnitts** und die Richtung zum nächsten Element. *Creo* verbindet die Schnitte derart, dass der Startpunkt des ersten Schnitts mit dem Startpunkt des nächsten Schnitts verbunden wird und dann jeweils die Eckpunkte in Richtung der Pfeile weiter verbunden werden.
Damit ist die Definition des ersten Querschnitts abgeschlossen. Zum Wechseln in den nächsten Querschnitt wird aus dem Menü der rechten Maustaste die Funktion **Schnitt umschalten** gewählt:

- Nächster Schnitt: ▶ **[Schnitt umschalten]**

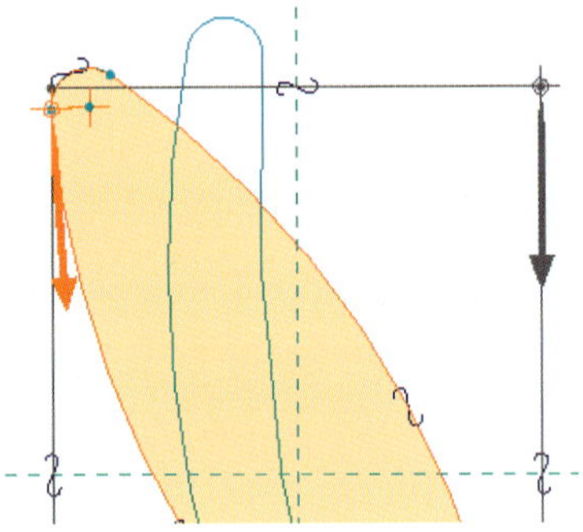

☐ **2. Querschnitt ins Verbund-KE übertragen**

Der erste Schnitt bleibt in grau schwach sichtbar. Der zweite Schnitt wird nun analog definiert:

- Projizieren: ▢
- Schleifenauswahl: ◉ **Schleife**
- Querschnitt wählen: ⇦
- <Ein beliebiges Element des zweiten Querschnitts auswählen.>

Im nebenstehenden Beispiel sind sowohl die Position als auch die Richtung des Startpunkts für den 2. Querschnitt falsch.

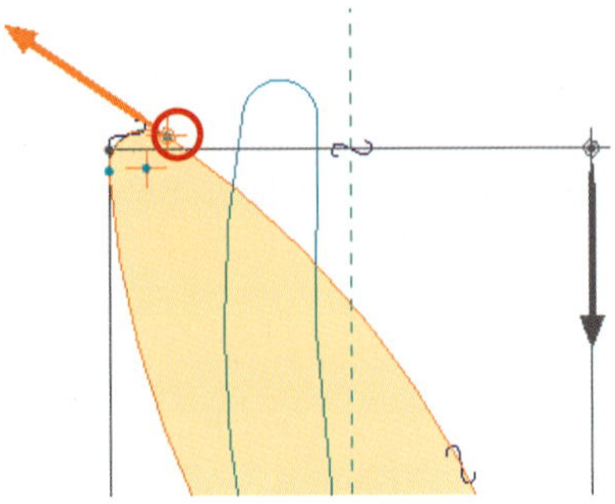

Markieren Sie den richtigen Eckpunkt des 2. Querschnitts (s. Markierung) und wählen Sie über die rechte Maustaste die Funktion **Startpunkt**:

- Eckpunkt markieren: ⇦ <Eckpunkt nach Skizze auswählen>
- Als Startpunkt definieren: ▶ **[Startpunkt]**

Das Ergebnis zeigt die nebenstehende Abbildung. Der Startpunkt ist richtig positioniert, aber falsch herum gerichtet.

⚠ Unter ***Richtung*** ist die Richtung entlang des Kurvenzuges zu verstehen, nicht die absolute Richtung im Raum!

Ein wiederholtes Auswählen und Kennzeichnen als Startpunkt schaltet die Richtung um:

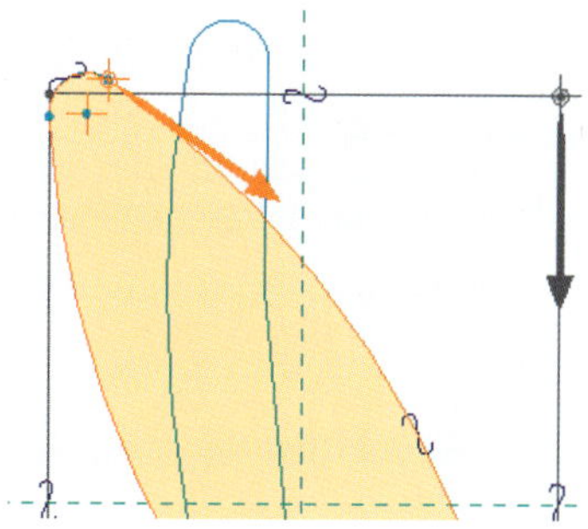

- Eckpunkt markieren: ⇦ <Eckpunkt erneut auswählen>
- Als Startpunkt definieren: ▶ **[Startpunkt]**

Damit ist die Definition des zweiten Querschnitts abgeschlossen. Zum Wechseln in den nächsten Querschnitt wird aus dem Menü der rechten Maustaste die Funktion **Schnitt umschalten** gewählt:

- Nächster Schnitt: ▶ **[Schnitt umschalten]**

☐ **3. Querschnitt ins Verbund-KE übertragen**

Analog wird der dritte Querschnitt definiert und der Startpunkt festgelegt:

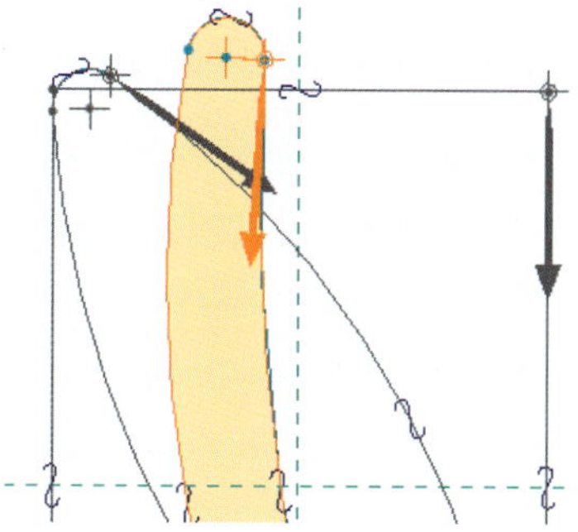

- Projizieren:
- Schleifenauswahl: ◉ **Schleife**
- Querschnitt wählen: ⇦ <Element des 3. Querschnitts>
- Eckpunkt markieren: ⇦ <Eckpunkt auswählen>
- Als Startpunkt definieren: ▶ **[Startpunkt]** <ggf. mehrfach ausführen>
- Schnittdefinition beenden: ✔

☐ **Verbund-KE abschließen**

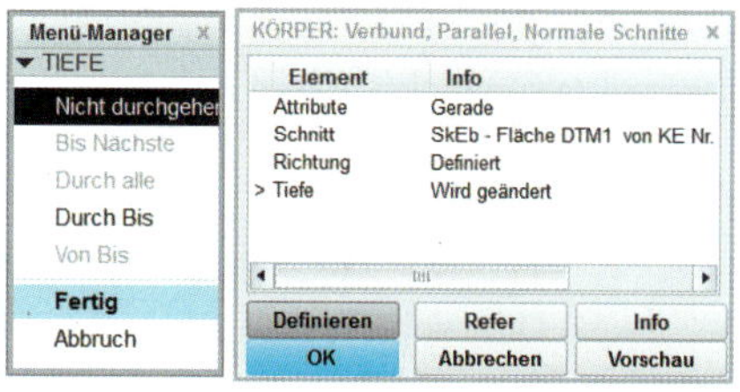

Solange mit **Zwischen Schnitten wechseln** weitergeschaltet wurde, wurden ständig neue Querschnitte definiert. Mit dem Beenden der Skizzendefinition wird nun die Tiefe der Elemente abgefragt:

- Tiefenoption: **„Nicht durchgehend"** ⇦ **[Fertig]**
- TIEFE für Schnitt 2 eingeben: **[12]** mm
- TIEFE für Schnitt 3 eingeben: **[100]** mm
- Dialog KÖRPER: VERBUND beenden: **[OK]**

13.13.1.1 Verbundkörper (*Creo* 2.0)

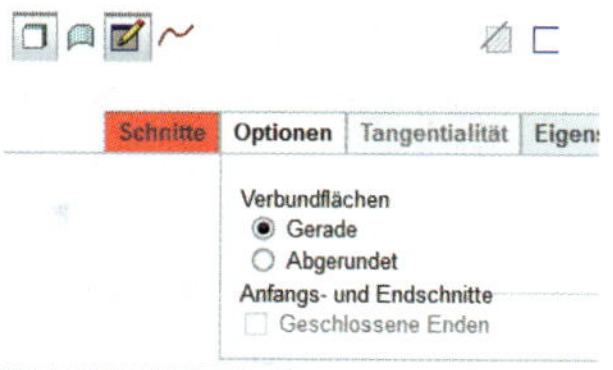

Das Verbundkörper-Tool wurde mit *Creo* 2.0 auf die neue Menüstruktur umgestellt.

- ⇦ Modell, ⇦ Formen ▼, ⇦ **Verbund**
- ⇦ Optionen, Verbundflächen: ⇦ ◉ **Gerade**
- ⇦ Schnitte, ⇦ **[Definiere…]**

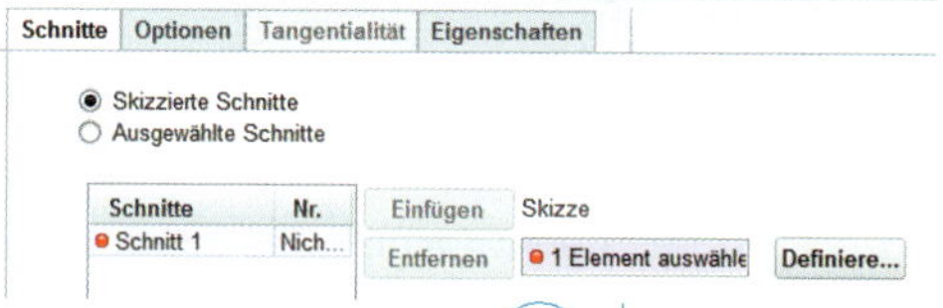

Es öffnet sich der Dialog zur Skizzenorientierung. Als Skizzierebene wird die Ebene DTM1 gewählt.

- ⇦ **[DTM1]**

☐ **1. Querschnitt ins Verbund-KE übertragen**

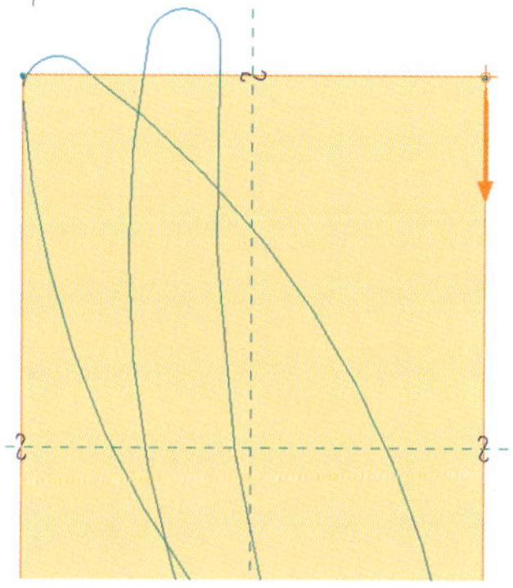

- Projizieren:
- Schleifenauswahl: ◉ **Schleife**
- 1. Querschnitt wählen: ⇦

  <Eine beliebige Kante des rechteckigen Querschnitts auswählen.>
- Fenster TYP schließen: ⇦ **[Schließen]**

Creo hat die geschlossene Kontur (Schleife) des ersten Querschnitts erkannt und als Kontur übernommen. Gleichzeitig kennzeichnet ein Pfeil den **Startpunkt des Querschnitts** und die Richtung zum nächsten Element. *Creo* verbindet die Schnitte derart, dass der Startpunkt des ersten Schnitts mit dem Startpunkt des nächsten Schnitts verbunden wird und dann jeweils die Eckpunkte in Richtung der Pfeile weiter verbunden werden.

- Schnittdefinition beenden: ✔

☐ **2. Querschnitt ins Verbund-KE übertragen**

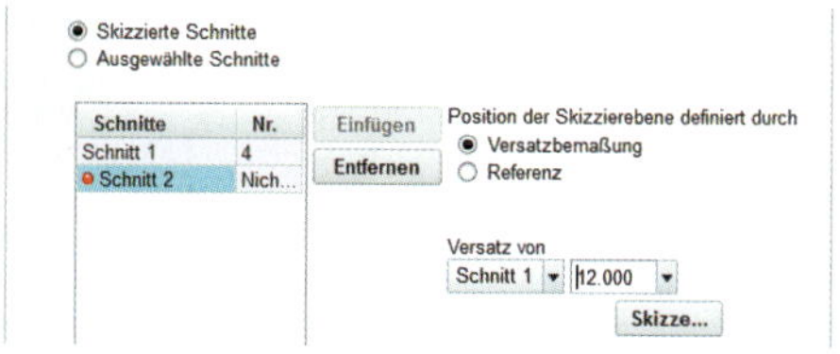

Der erste Schnitt bleibt grün markiert. Analog wird ein zweiter Schnitt eingefügt und definiert:

- ⇦ Schnitte, ⇦ **[Einfügen]**
- Schnitte, Versatz von: **Schnitt 1**, **[12]** mm

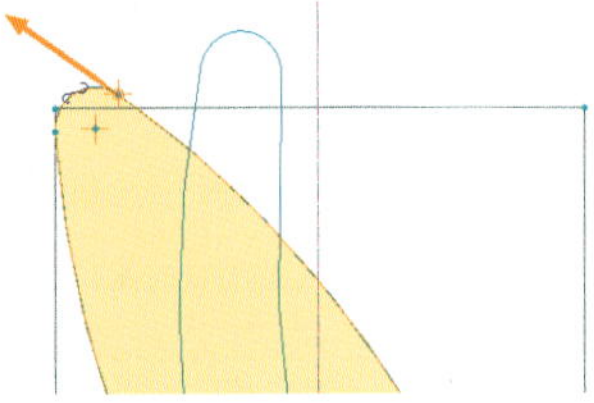

- Schnitte, ⇦ **[Skizze...]**
- Projizieren ◻, Schleifenauswahl: ◉ **Schleife**
- Querschnitt wählen: ⇦ <Ein beliebiges Element des zweiten Querschnitts auswählen>

Im nebenstehenden Beispiel sind sowohl die Position, als auch die Richtung des Startpunkts für den 2. Querschnitt gegenüber dem des 1. Querschnitts falsch.

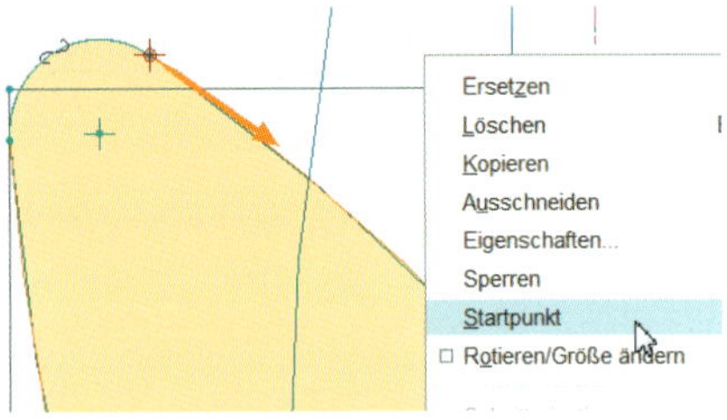

Markieren Sie den richtigen Eckpunkt des 2. Querschnitts und wählen Sie über die rechte Maustaste die Funktion **Startpunkt**:

- Eckpunkt markieren: ⇦ <Eckpunkt nach Skizze auswählen>
- Als Startpunkt definieren: ▶ **[Startpunkt]**

Das Ergebnis zeigt die nebenstehende Abbildung. Der Startpunkt ist richtig positioniert, aber falsch herum gerichtet.

- Schnittdefinition beenden: ✔

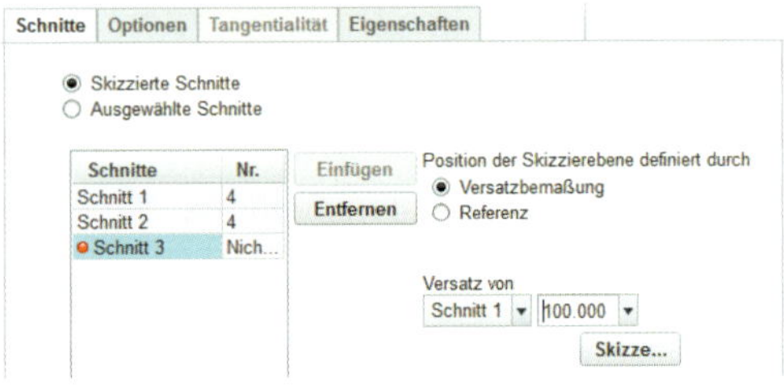

☐ **3. Querschnitt ins Verbund-KE übertragen**

Die beiden Querschnitte sind in der dynamischen Voransicht bereits verbunden. Nun wird analog der 3. Querschnitt ergänzt.

- ⇦ Schnitte, ⇦ **[Einfügen]**
- Schnitte, Versatz von: ⇦ **Schnitt 1▼**, **[100]** mm
- Schnitte, ⇦ **[Skizze...]**
- Projizieren: ◻
- Schleifenauswahl: ◉ **Schleife**
- Querschnitt wählen: ⇦ <Element des 3. Querschnitts>
- Eckpunkt markieren: ⇦ <Eckpunkt auswählen>
- Als Startpunkt definieren: ▶ **[Startpunkt]** <ggf. mehrfach ausführen>

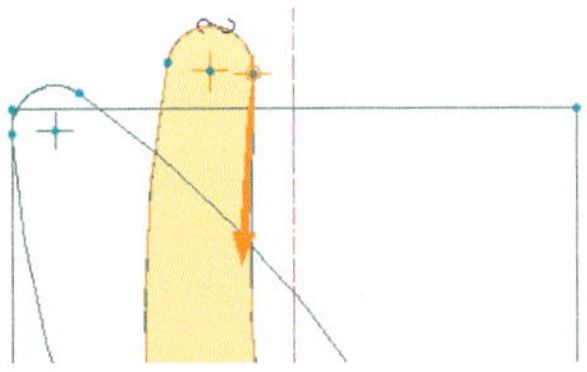

- Schnittdefinition beenden: ✔

Das Ergebnis ist der als Voransicht abgebildete Flügel der Luftschraube. Da die Querschnitte des Verbundkörpers die Bezugskurven mit **Projizieren** referenzieren, dürfen eventuelle Querschnittsänderungen nur an den Bezugskurven vorgenommen werden.

- Verbundkörperdefinition beenden: ✔

13.14 Konstruktion mit Flächen und Kurven

Im Folgenden werden einige Beispiele für das Konstruieren mit Flächen im Rahmen der normalen *Creo*-Umgebung vorgestellt. Nicht Bestandteil des Buches ist die Arbeit mit dem Style-Tool, da hierzu ein spezielles Lizenzmodul erforderlich ist.

13.14.1 Kurve durch Punkte

Für die Konstruktion des Endes des Rotorflügels soll später beispielhaft ein Berandungsverbund verwendet werden. Dazu sind zunächst Berandungskurven erforderlich. Diese werden im Folgenden definiert.

- ⇦ **Modell**, ⇦ Bezug ▼, ⇦ ∿ Kurve ▶, ⇦ ∿ **Kurve durch Punkte**
- ⇦ 1. Punkt wählen

- **[Strg]**+⇦ 2. Punkt wählen
- ▶ auf linkem ⊖: ◉ **[Tangente]**
- ⇦ Linie (grün in Abb.) als Tangentenbezug wählen

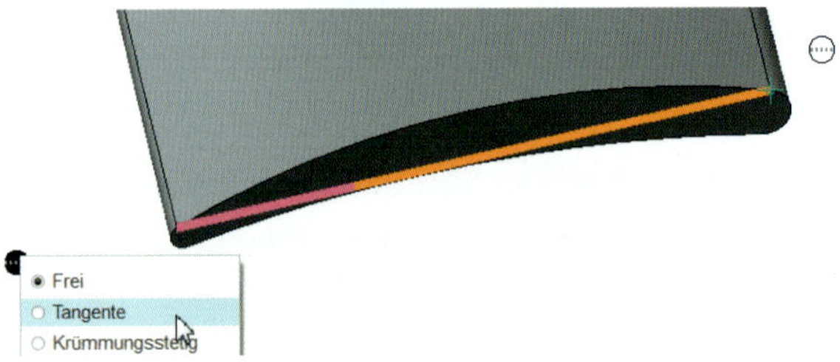

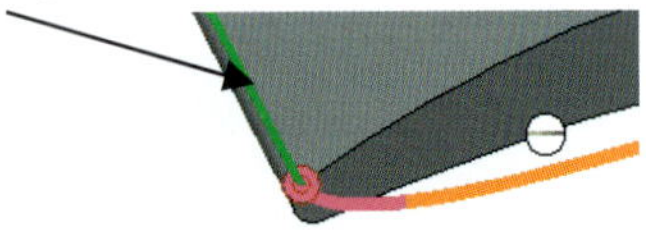

- ▶ auf rechtem ⊙: ◉ **[Tangente]**
- ⇦ Linie (grün in Abb.) als Tangentenbezug wählen
- ⇦ auf Pfeil: Umschalten der 2. Tangentialbedingung
- Kurve beenden: ✔

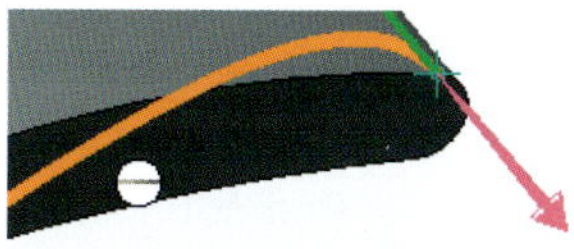

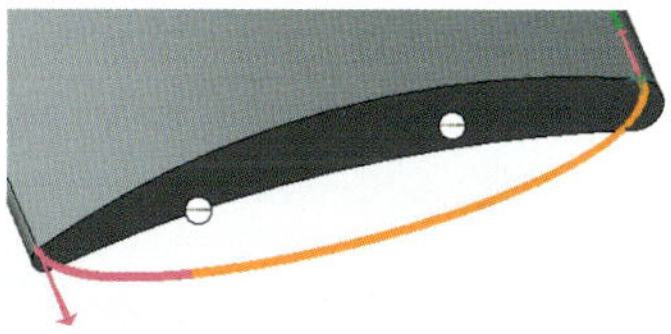

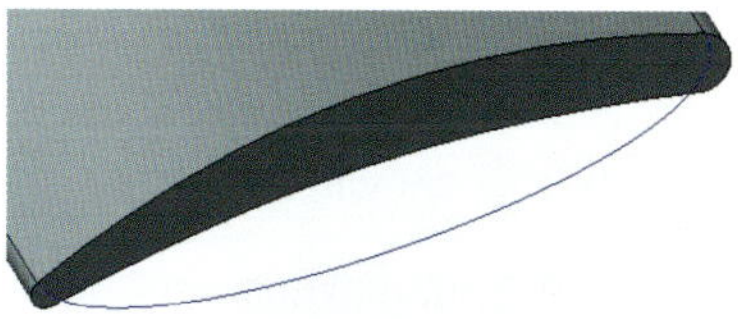

Das Ergebnis ist die nebenstehend oben abgebildete Kurve, tangential anschließend an die Kanten der Front- und Heckradienübergänge der Rotoroberseite.

Analog wird eine zweite Kurve an der Rotorunterseite erstellt.

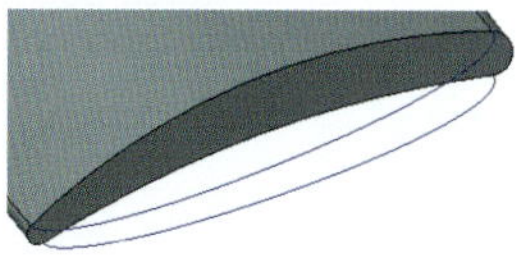

13.14.2 Flügelauslauf als Berandungsverbund

Die Funktion *Berandungsverbund* steht in der *Creo*-Studentenversion nicht zur Verfügung. Auf der Basis der in Kapitel 13.14.1 erstellten Berandungskurven an der Luftschraube werden zunächst unter Berücksichtigung von Übergangskriterien einzelne Flächen zwischen den Berandungskurven aufgespannt, die dann zu einer Sammelfläche verschmolzen und danach mit Volumen aufgefüllt werden.

☐ **1. Berandungsfläche erstellen**

- ⇦ **Modell**, ⇦ **Berandungsverbund**
- 1. Berandungskurve wählen: ⇦ <Kante Nr. 1>
- 2. Berandungskurve hinzufügen: **[Strg]+**⇦ <Kurve Nr. 2>

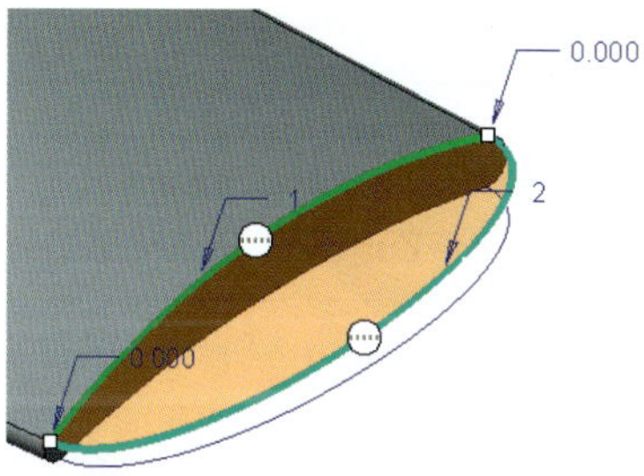

Die beiden Kurven/Kanten haben an beiden Enden gemeinsame Endpunkte und spannen eine eindeutige Fläche auf. Diese wird farblich dargestellt. Die Flächenübergänge werden durch grafische Symbole dargestellt:

Flächenübergang: Frei

Flächenübergang: Tangential

Flächenübergang: Senkrecht

Flächenübergang: Krümmungsdefiniert

☐ **Tangentialen Flächenübergang definieren**

Zwischen der neuen Fläche und der vorhandenen Flügeloberfläche soll entlang der Grenzkurve 1 ein tangentialer Flächenübergang definiert werden.

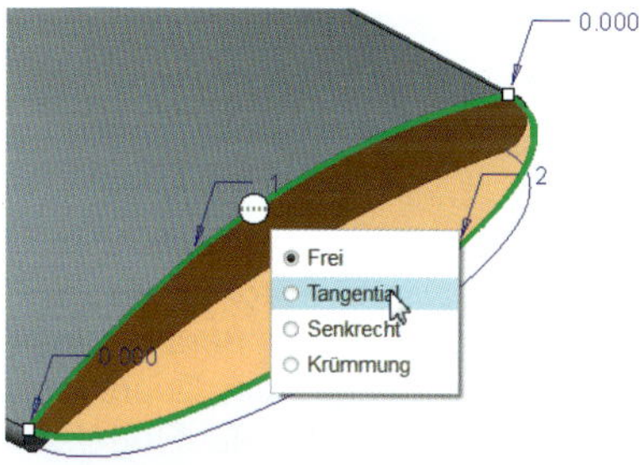

Dazu wird das Flächenübergangssymbol entlang Kante 1 mit der rechten Maustaste auf den Wert **Tangential** umgeschaltet:

- Übergangsmodus Kante 1: ▶ **[Tangential]**

Der Flächenübergang entlang Kante 2 kann noch nicht definiert werden, da hier noch keine Anschlussfläche existiert.

- Funktion beenden: ✔ *oder* ⇩

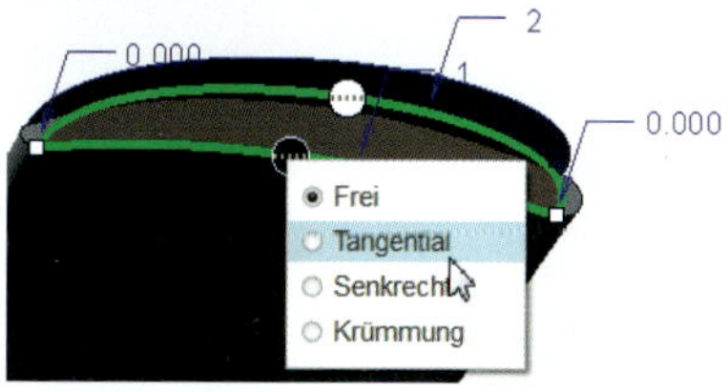

☐ **2. Berandungsfläche erstellen**

Die 2. Berandungsfläche wird analog an der Unterseite der Luftschraube zwischen der unteren Körperkante und der 2. Berandungskurve erstellt. Auch hier wird ein tangentialer Flächenübergang zur vorhandenen Flügelunterfläche definiert.

☐ **Berandungsverbund aus 4 Berandungskurven**

Als nächstes muss der Bereich zwischen den beiden Flächen mit rundherum tangentialer Anbindung gefüllt werden. Wählt man in der Berandungsverbundfunktion nur die beiden Grenzkanten der Ober- und Unterfläche aus, fehlt noch die Anbindung an die beiden stirnseitigen Profilverrundungen. Daher müssen zusätzlich diese beiden Grenzkurven verwendet werden:

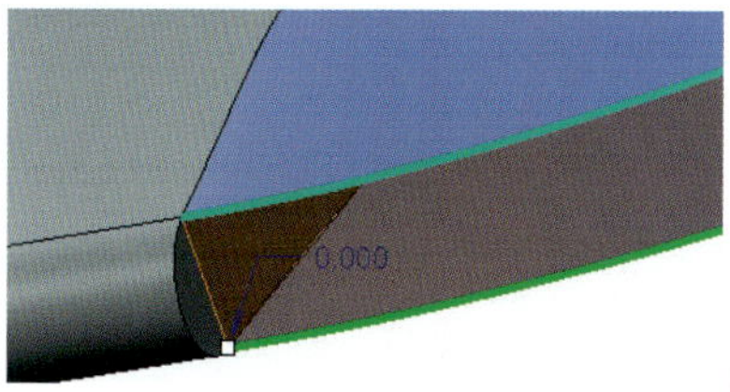

- ⇦ Modell, ⇦ Berandungsverbund
- 1. Berandungskurve wählen: ⇦ <obere Kante, Nr. 1>
- 2. Berandungskurve hinzufügen: **[Strg]+**⇦ <untere Kante, Nr. 2>

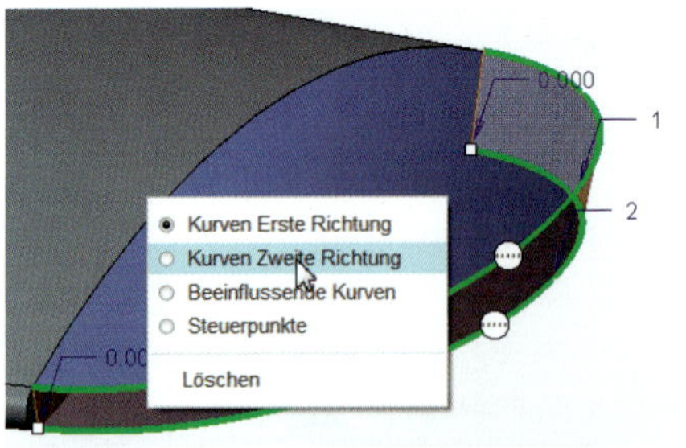

Diese beiden Kanten finden sich im ersten Kollektor mit dem Symbol . Die nun zu wählenden 2 Kanten bilden die Begrenzung in der zweiten Richtung. Diese wird über die rechte Maustaste oder über das Symbol aktiviert:

- 2. Richtung aktivieren: ▶ **[Kurven Zweite Richtung]**
- 3. Berandungskurve wählen: ⇦ <linker Bogen>
- 4. Berandungskurve wählen: **[Strg] +**⇦ <rechter Bogen>

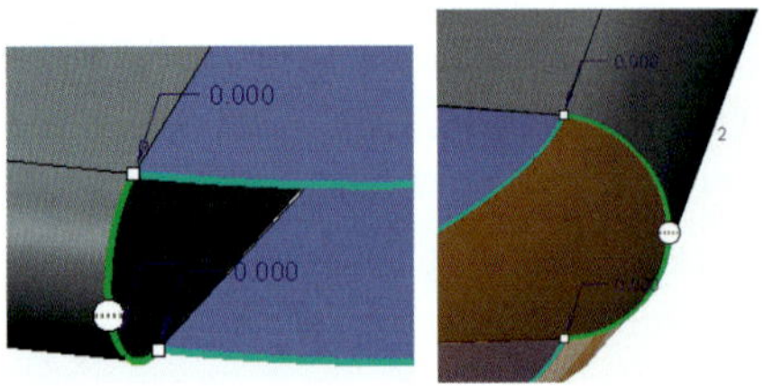

Die dynamische Voransicht rechts zeigt schon ein erstes Flächenresultat. Allerdings sind die Flächenübergänge noch unstetig (scharfkantig).

☐ **Tangentiale Flächenübergange definieren**

Die Definition der Flächenübergänge kann prinzipiell auf dieselbe Art wie bereits beschrieben erfolgen. Allerdings müssen nun aufgrund der höheren Komplexität der Übergänge die jeweiligen Bezugsflächen für die Tangentialität manuell definiert werden. Dazu wird der Bereich BEDINGUNGEN des Schaltpults geöffnet. Hier werden die 4 Flächenübergänge einzeln auf Tangential umgestellt und jeweils die zugehörige Tangentialfläche mit der linken Maustaste im Arbeitsschirm gewählt. Die Abbildung zeigt den tangentialen Übergang zwischen der oberen Kante mit der zugehörigen Tangentialfläche rot hervorgehoben.

- Richtung 1-Erste KE: **[Tangential]**
- ⇦ Zugehörige Anschlussfläche
- Richtung 1-Letzte KE: **[Tangential]**
- ⇦ Zugehörige Anschlussfläche
- Richtung 2-Erste KE: **[Tangential]**
- ⇦ Zugehörige Anschlussfläche

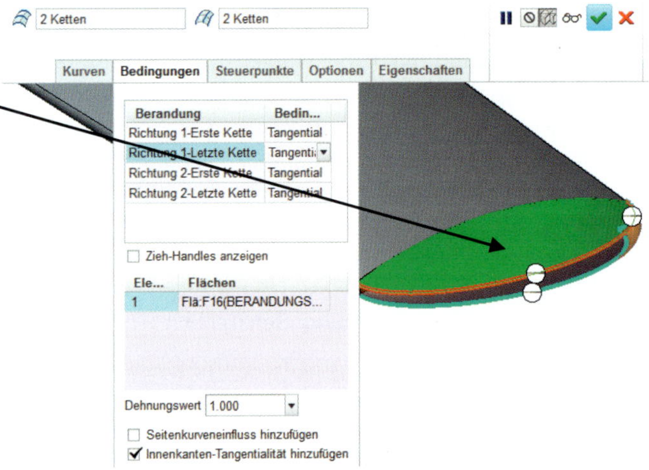

> ☞ *Creo* schlägt nun geeignete Körperflächen vor, wenn die ersten Flächen erfolgreich gewählt wurden.

- Richtung 2-Letzte KE: **[Tangential]**
- ⇦ Zugehörige Anschlussfläche
- Berandungsverbund beenden: ✔ *oder* ⇩

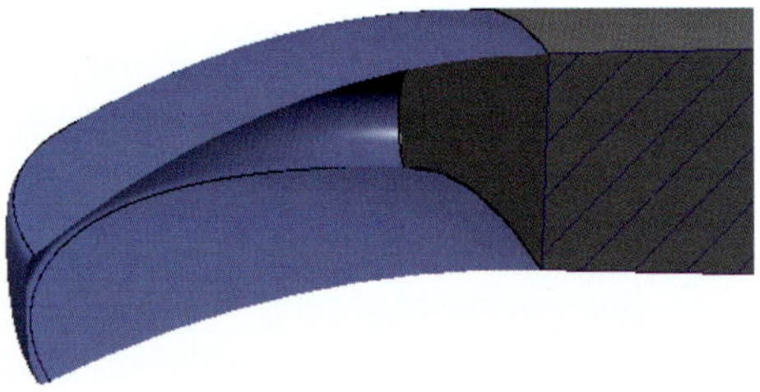

Das Ergebnis sieht auf den ersten Blick wie eine vollständig ausmodellierte Rotorflügelspitze aus, abgesehen von der abweichenden Farbe der Berandungsverbund-KE. Erzeugt man allerdings einen geeigneten Querschnitt, so wird deutlich, dass bisher nur die Außenhülle der Flügelspitze als Flächen erstellt worden sind.

13.14.3 Flächenverschmelzen (Zusammenführen)

Die Flügelspitze besteht aktuell aus 3 Einzelflächen: den Ober- und Unterseitenverlängerungen sowie der Verbindungsfläche. Den fehlenden Abschluss bildet die Körperfläche des bereits ausmodellierten Flügelvolumens. Für die Definition eines Volumens muss die geschlossene Kontur als eine einzige Sammelfläche oder als eine Sammelfläche plus Körperfläche vorliegen.

Für die Arbeit mit Flächen empfiehlt sich die Anwendung des Sammelflächen-Auswahlfilters:

- ⇦ Filter, ⇦ **[Sammelflächen]**

☞ Sammelflächen konnten bis Wildfire 3.0 nur aus zwei Flächen verschmolzen werden. Seit Wildfire 4.0 ist das gleichzeitige Zusammenführen mehrerer Flächen möglich, wenn diese an den Rändern Kontakt zueinander haben.

⚠ Für die Funktion *Zusammenführen* müssen mindestens zwei Sammelflächen vorher ausgewählt sein!

☐ **Zusammenführen**

- 1. Fläche wählen: ⇦ <Oberseitenverl.>
- 2. Fläche hinzufügen: **[Strg]+**⇦ <Zwischenfläche>
- 3. Fläche hinzufügen: **[Strg]+**⇦ <Unterseitenfläche>
- ⇦ **Modell**, ⇦ **Zusammenführen**
- Zusammenführen beenden: ✔ *oder* ⇩

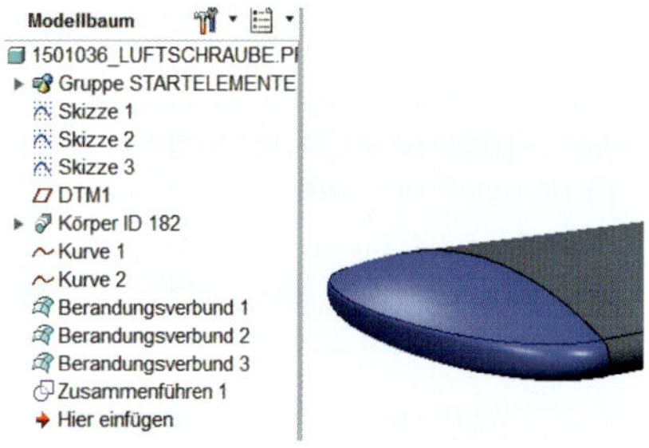

13.14.4 Verbundvolumen

Nachdem eine einzelne Sammelfläche sowie eine Körperfläche als Begrenzung verfügbar sind, kann *Creo* diesen Bereich als Verbundvolumen auffüllen. Sämtliche Funktionen zur Modifikation von oder mit Flächen sind erst anwählbar, wenn **vorher** geeignete Elemente ausgewählt wurden:

- ⇦ Sammelfläche für Verbundvolumenwählen <siehe Abb. rechts>
- ⇦ **Modell**, ⇦ **Verbundvolumen**

Die Funktion *Verbundvolumen* unterscheidet folgende Varianten:

Sammelfläche mit Material füllen

Material innerhalb oder außerhalb entfernen

Ersetzt ein Teilstück des angrenzenden Körpers durch die gewählte Sammelfläche

Die Richtung des Materialzuwachses bzw. der Materialentnahme wird jeweils über gewechselt.

- Typ definieren: ⇦
- Richtung definieren: ggf.
- Funktion beenden: ✔ *oder* ⇩

13.15 Vervielfältigungsvarianten

Das gesamte bisherige Modellierungsergebnis der Luftschraube soll kopiert und die Kopie um 180° gedreht angeordnet werden. Die nebenstehende Abbildung zeigt den Modellbaum der bisherigen Modellierung, bestehend aus 12 Konstruktionselementen nach der Startgruppe.

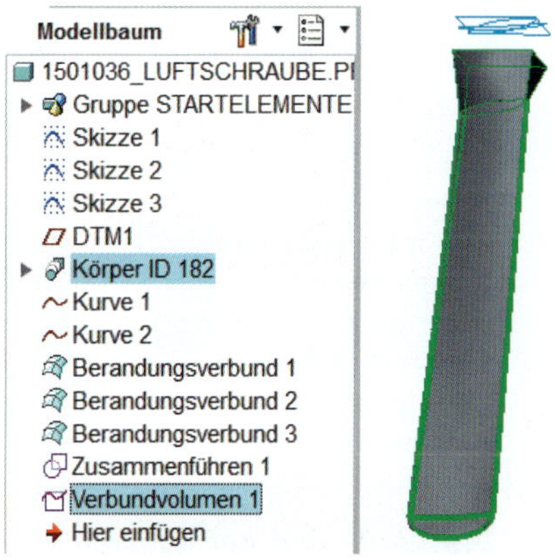

13.15.1 Einzelvervielfätigung: Kopieren & Einfügen

Eine einfache Möglichkeit der Vervielfältigung bietet das bereits in Kap. 6.4.1 beschriebene *Kopieren* und anschließende *Spezial Einfügen*. Eine Besonderheit im vorliegenden Anwendungsfall ist dadurch gegeben, dass für diesen Prozess nur die wirklich Volumen bildenden Konstruktionselemente (**hier Körper ID182** und **Verbundvolumen 1**) verwendet werden müssen.

- 1. Konstruktionselement markieren: ⇦ **[Verbundkörper]**
- 2. Konstruktionselement hinzufügen: **[Strg]+**⇦ **[Verbundvol.]**
- ⇦ **Modell**, ⇦ **Kopieren** *oder* **[Strg + C]**
- ⇦ **Modell**, ⇦ Einfügen▼, ⇦ **Spezial einfügen**
- ☑ Kopieren Bewegen-/Rotieren-Transformationen anwenden
- Dialog SPEZIAL EINFÜGEN schließen: **[OK]**

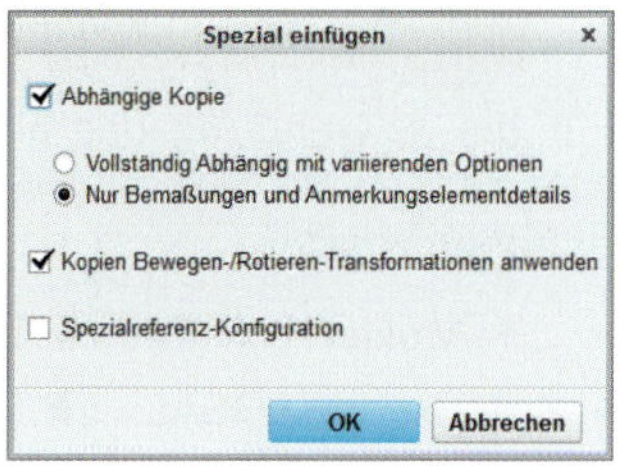

Im Schaltpult:

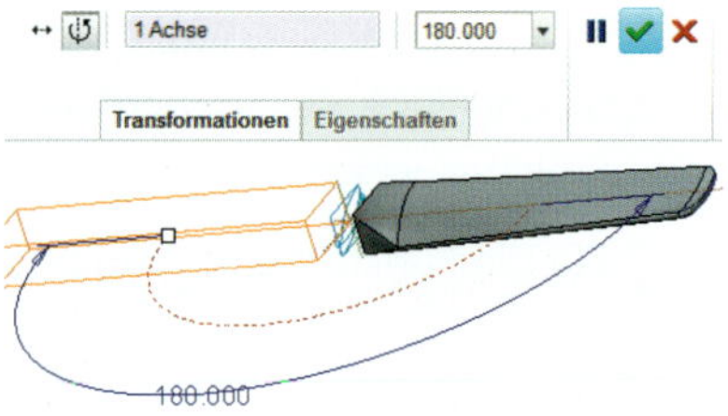

- ⇦ ⟲ <Rotation aktivieren>
- ⇦ **[A_T_X]** <Rotationsachse wählen>
- Rotationswinkel eingeben: **[180]**°
- Schaltpult beenden: ✔ *oder* ⇩

Die nebenstehende Abbildung zeigt, dass allein die beiden Volumen bildenden Konstruktionselemente vervielfältigt wurden. Alle Konstruktionselemente dazwischen, obwohl für die Definition des Verbundvolumens erforderlich, mussten nicht kopiert werden.

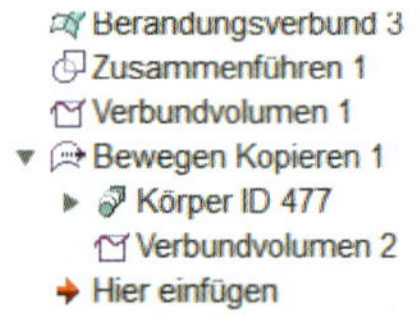

Wäre beim Zusammenführen in Kap. 13.14.4 der Typ ❐ (Sammelfläche mit Material füllen) gewählt worden, würde die Flügelspitze in der Kopie fehlen.

- ⇦ **[Bewegen Kopieren 1]**, ▶ **[Unterdrücken]** <für folgende Alternative>

13.15.2 Vervielfältigung als Gruppen-Muster

Eine alternative Vorgehensweise, die z. B. dann sinnvoll ist, wenn die Anzahl der Rotorblätter variabel zu halten ist, bietet das in Kap. 12 bereits detailliert beschriebene *Mustern*. Allerdings müssen alle zu musternden Konstruktionselemente aufeinander folgend sein. Flächen verändernde Konstruktionselemente lassen sich nicht alleine zum Mustern auswählen.

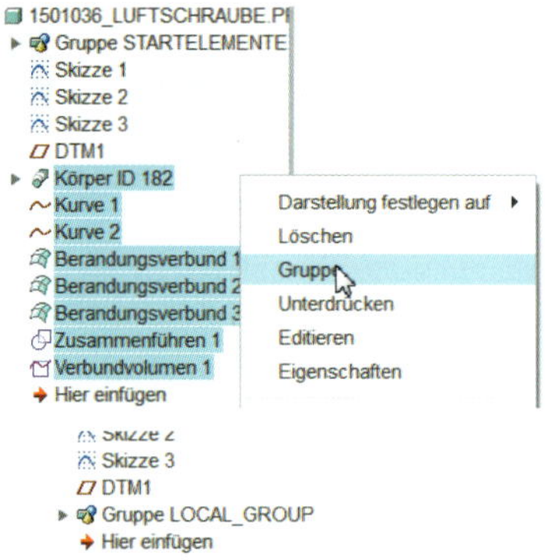

Für diesen Fall bietet sich das Gruppieren von Konstruktionselementen und nachfolgende Mustern der Gruppe an:

☐ **Gruppieren**

- ⇦ <Auswahl des Zug-Verbundkörpers>
- **[⇧]+**⇦ <Auswahl aller KE bis Verbundvolumen>
- ▶ **[Gruppe]** <Gruppieren>

☐ **Mustern der Gruppe**

- ▶ **[Muster]** <Mustern aktivieren>
- ⇦ Achse/Axis <Achsmuster im Schaltpult>
- ⇦ **[A_T_X]** <Musterachse wählen>
- Musteranzahl: **[3]**
- ⦣ **aktivieren** <360° ausfüllen>
- Mustern beenden: ✔ *oder* ⇩

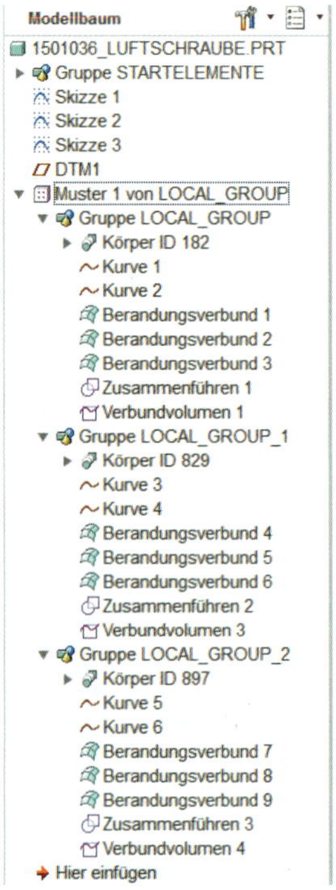

Der abgebildete Modellbaum verdeutlicht, dass im Unterschied zur Einzelkopie alle Gruppen vollständig mit allen Konstruktionselementen vervielfältigt wurden. Allerdings sind alle Kopien abhängig vom Original, d. h., jede Änderung in den Ursprungselementen wirkt sich für alle Kopieelemente aus.

☞ Aufgrund der höheren Flexibilität (problemloses Ändern der Flügelanzahl, Möglichkeit von nachfolgenden Referenz-Mustern usw.) ist in den meisten Anwendungsfällen eine Mustervariante vorzuziehen.

Für die Anwendung des alternativen Verfahrens der Vervielfältigung als Geometrie-Muster (Kap. 13.15.2.1) müssen das aktuelle Muster gelöscht und die Gruppierung aufgehoben werden:

- ⇦ Muster 1, ▶ [Muster löschen]
- ⇦ Gruppe LOCAL..., ▶ [Gruppierung aufheben]

13.15.2.1 Vervielfältigung als Geometriemuster

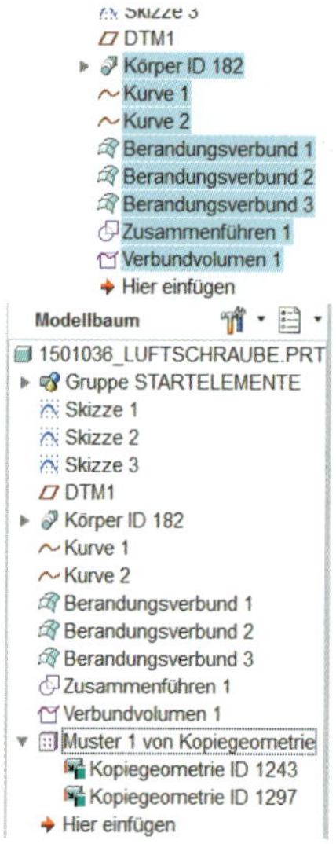

Eine weitere Alternative bietet das Geometriemuster. Hier werden nur die geometrischen Elemente vervielfältigt.

- ⇦ <Auswahl des Zug-Verbundkörpers>
- [⇧]+⇦ <Auswahl aller KE bis Verbundvolumen>
- ⇦ **Modell**, ⇦ **Muster▼**, ⇦ Geometriemuster
- ⇦ Achse <Achsmuster im Schaltpult>
- ⇦ **[A_T_X]** <Musterachse wählen>
- Musteranzahl: **[3]**
- **aktivieren** <360° ausfüllen>
- Mustern beenden: ✓ *oder* ⇩

☞ Diese Variante hat die Flexibilität der Mustervarianten, kopiert aber nur ein einziges Geometrieelement und ist dadurch auch bei komplexer Geometrie sehr schnell und stabil.

13.16 Restmodellierung der Luftschraube

Vervollständigt wird der Propeller durch einen Zylinder mit der Höhe **13 mm** symmetrisch zur Ebene YZ_T_RECHTS und mit dem Außendurchmesser **28 mm** sowie einer Durchgangsbohrung **6,5 mm** als Nabenanschluss:

- ⇦ **Modell**, ⇦ **Profil**
- Skizzierebene ⇦ **[YZ_T_RECHTS]**
- Kreiskontur skizzieren: **[28]** mm
  <Mittelpunkt im Zentrum des Koordinatensystems>
- Tiefenoption: **Symmetrisch**
- Tiefenwert: **[13]** mm

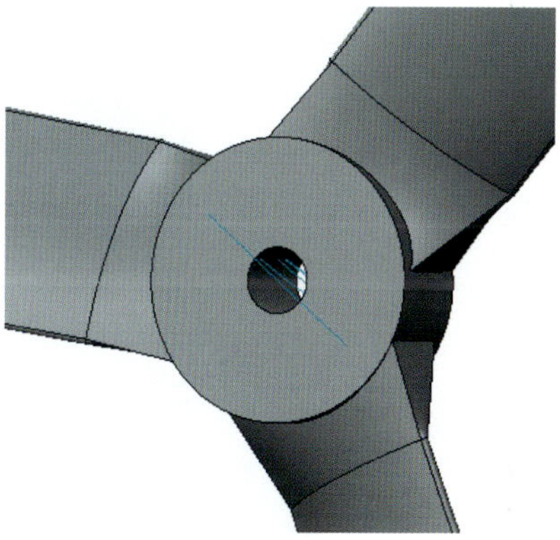

- ⇦ **Modell**, ⇦ **Bohrung**
- Bohrungstyp: **Einfache Bohrung**
- Durchmesser: **[12]** mm
- Tiefenwert: **[Durch Alle]**

Störend sind jetzt noch die lilafarbenen Flächen an den Flügelspitzen sowie die blauen Kurven in der Rotormitte. Beim Verwenden der Startup-TOOLS als Konfigurationsbasis liegen Flächen und Kurven jeweils auf eigenen Folien und lassen sich darüber gemeinsame ausblenden:

- ⇦ ▼, ⇦ **Folienbaum**
- ⇦ FLAECHEN, **[Strg]+**⇦ KURVEN <Folien auswählen>
- ▶ **[Ausblenden]**
- ▶ **[Status speichern]** <Folienstatus speichern>
- ⇦ <Luftschraube speichern>

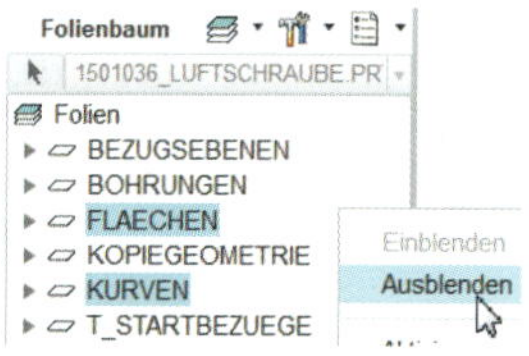

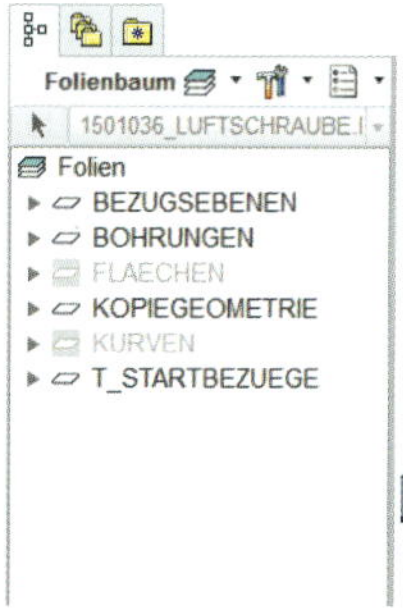

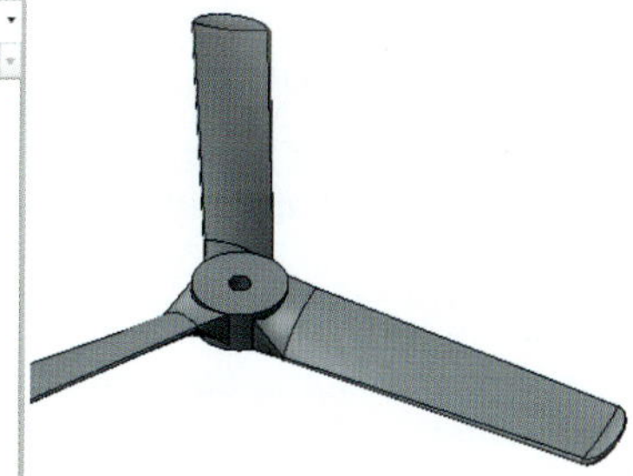

14 Fortgeschrittene Arbeitstechniken beim Zusammenbau

14.1 „Top-Down"-Konstruktion

Bei der „Top-Down"-Konstruktion wird die Konstruktionsabsicht mit einfachen Konstruktions- und Bezugselementen in einem groben Vorentwurf definiert. Als Vorentwurf wird dabei ein Skelettmodell (siehe Kap. 10.4) verwendet. Ein Skelettmodell hat gegenüber einem normalen Modell den Vorteil, dass es in Baugruppen verfügbar ist, ohne in den Stücklisten aufgeführt zu werden.

Aus dem Vorentwurf (Skelettmodell) können einzelne Geometrieelemente publiziert und als referenzierbare Objekte anderen Baugruppen zur Verfügung gestellt werden. Damit lassen sich Bauraumgrenzen und Einbaubedingungen verschiedener später zusammenwirkender Baugruppen definieren, d. h., dem Bearbeiter einer Baugruppe stehen nur die zur Bearbeitung seiner Baugruppe erforderlichen Elemente zur Verfügung. Der Projektleiter hat dagegen jederzeit den Überblick über das Gesamtprojekt.

⚠ Da der Flugmotor zur Demonstration der „Top-Down"-Technologie ungeeignet ist, wird diese am Beispiel einer Werkzeugmaschine beschrieben.

14.1.1 Entwurfsarbeit am übergeordneten Skelett (Hauptbaugruppe)

Die übergeordnete Hauptbaugruppe wird vom Projektleiter angelegt und verwaltet (Beispiel: *wdh.asm*).

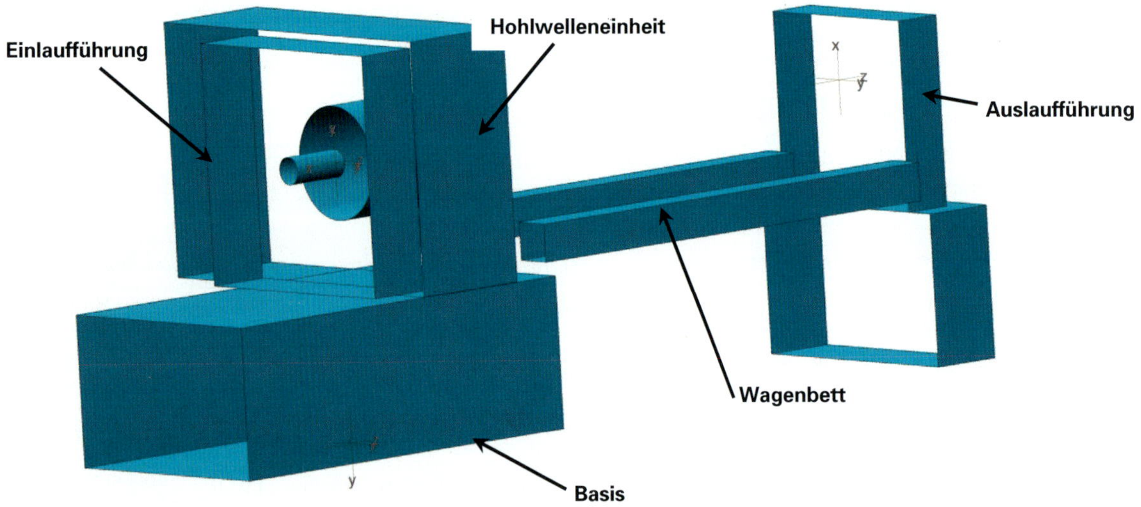

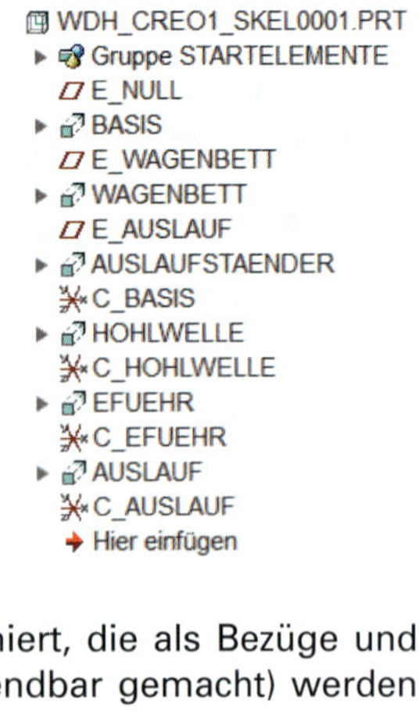

In die Hauptbaugruppe erzeugt der Projektleiter ein Skelettmodell (siehe Kap. 10.4.1) als erste Komponente (Beispiel: *WDH_SKEL0001.PRT*). In dieses Skelett-Teil (Öffnen des Skeletts) werden die Grobentwürfe (Bauräume) der zu konstruierenden Maschine als möglichst einfache Konstruktionselemente skizziert.

Dabei empfiehlt sich die Verwendung der Flächenoption der Konstruktionselemente, da später nur Flächen-KE publiziert werden können.

☞ Alle Skelett-KE erhalten die in *Creo* standardmäßig eingestellte Farbe Blau.

Die nebenstehende Abbildung des Modellbaums zeigt, dass für jede der späteren Baugruppen ein eigenes Koordinatensystem angelegt wurde. Zusätzlich wurde zur Orientierung die Fundament-Nulllage als Ebene **E_NULL** erzeugt.

In diesem Skelettmodell werden vom Projektleiter Geometrie- und Bezugselemente definiert, die als Bezüge und Arbeitsrahmen für die einzelnen Konstrukteure publiziert (veröffentlicht und damit verwendbar gemacht) werden sollen.

Beispielhaft wurden verschiedene Maschinenkomponenten, wie die Einlaufführung und die Hohlwelleneinheit, bezüglich ihres zur Verfügung stehenden Bauraums dargestellt. Für die meisten Maschinenkomponenten wurden jeweils eigene Koordinatensysteme definiert.

Bezugs-, Flächen- und Kurvenelementen lassen sich zu Sätzen in Form von Publiziergeometrie zusammenfassen, die eine schnelle und einfache Übergabe an andere Komponenten und Baugruppen ermöglichen.

14.1.2 Publiziergeometrie erstellen

Bezugs-, Flächen- und Kurvenelementen lassen sich zu Sätzen in Form von Publiziergeometrie zusammenfassen. Das erzeugte KE ist dabei keine Kopie der ausgewählten Geometrie, sondern eine reine Zusammenfassung mehrerer lokaler Referenzen, die einfach in andere Modelle kopiert werden können.

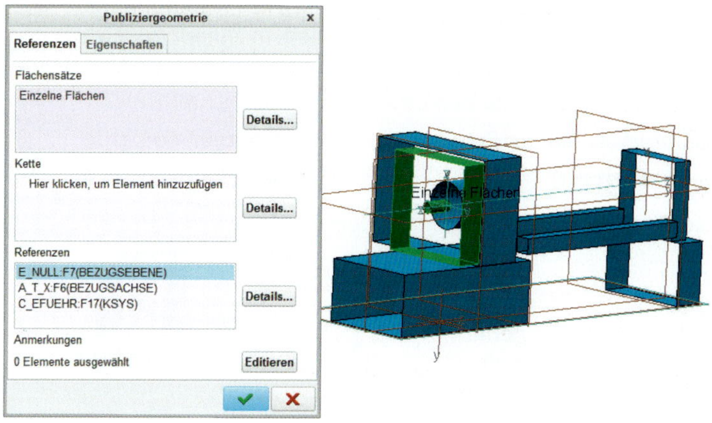

- ⇦ **Werkzeuge**, ⇦ **PublizierGeom**

Es öffnet sich der Dialog PUBLIZIERGEOMETRIE mit aktivierter Referenzauswahl.

Der aktive Auswahlbereich für die Referenzen wird lila unterlegt. Im Bereich *Referenzen* können sämtliche Bezugselemente, im Bereich *Flächensätze* alle Flächen und im Bereich *Ketten* alle Kurven und Kurvenketten ausgewählt werden.

Nebenstehend abgebildet ist die Referenzauswahl für die Einlaufführung:

- ⇦ **Flächensätze** <aktivieren>
- ⇦ , **[Strg] +** ⇦ <Flächen wählen>

Im abgebildeten Dialog PUBLIZIERGEOMETRIE wurden die Begrenzungsflächen für die Einlaufführung gewählt. Weiter wurden unter der Rubrik Referenzen die Bezüge für die Fundamentlage Ebene **E_NULL**, die Drehachse **A_T_X** und das Einbaukoordinatensystem der Einlaufführung **C_EFUEHR** ausgewählt.

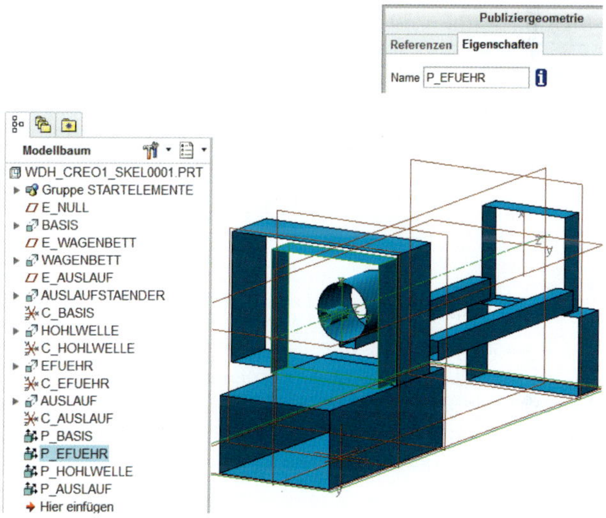

- ⇦ **Referenzen** <aktivieren>
- ⇦ **E_NULL**
- ⇦ , **[Strg] +** ⇦ **C_EFUEHR** <Koordinatensystem>
- ⇦ , **[Strg] +** ⇦ **A_T_X** <Mittelachse>

Sinnvoll ist darüber hinaus die Vergabe eines beschreibenden Namens für die Publiziergeometrie:

- ⇦ Register EIGENSCHAFTEN aktivieren
- Name: **P_EFUEHR**
- Kopiegeometrie beenden ⇩ *oder* ✔

Im nebenstehend abgebildeten Hauptskelett der Schälmaschine wurden auf diese Weise vier Publiziergeometriesätze für verschiedene Konstruktionsbereiche der Maschine zusammengefasst.

14.1.3 Publiziergeometrie als Kopie referenzieren

Beim Aufbau der untergeordneten Baugruppen der ersten Ebene wird die jeweils zugehörige Publiziergeometrie als externe Kopie-Geometrie in das Modell integriert. Diese kann wahlweise in die Baugruppe selber oder in ein zu erstellendes Unterbaugruppenskelett eingefügt werden.

Der Aufbau der Unterbaugruppen wird für das Beispiel der Einlaufführung unter Verwendung eines neuen Baugruppenskeletts für die Baugruppe *BG_efuehr.asm* demonstriert:

- ⇦ **Datei**, ⇦ Neu, ⦿ Baugruppe, ☑ Standardschablone verwenden, **[*BG_efuehr.asm*]**
- ⇦ **Modell**, ⇦ Erzeugen, ⦿ Skelettmodell, ⦿ Standard, **[BG_EFUEHR_SKEL0001]**
- ⇦ *BG_EFUEHR_SKEL0001.PRT,* ▶ **Öffnen** <Öffnen des Skelettmodells>

  Für die neu erstellte Unterbaugruppe *BG_efuehr* ist somit ein eigenes Skelettteil erstellt worden, das die wichtigsten Platzierungs- und Bauraumelemente aus dem Hauptskelett *wdh_*creo1_skel0001 übernimmt.

- ⇦ **Modell**, ⇦ **Kopie-Geometrie**

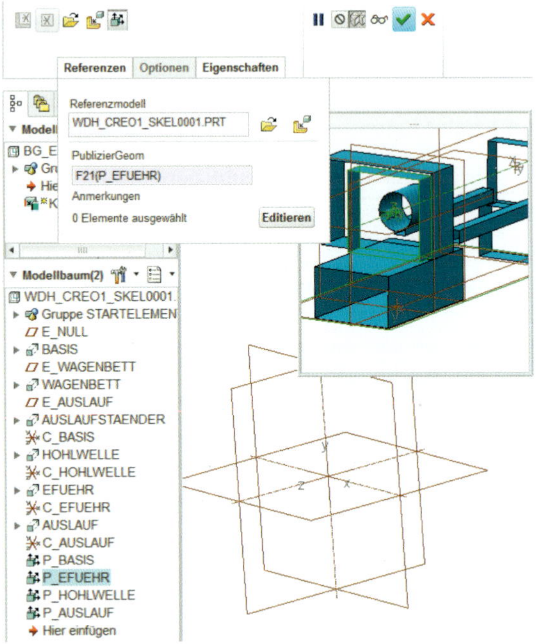

- ⇦ (aus Schaltpult) *wdh_creo1_skel0001.prt*
- ⇦ **Öffnen, ◉ Standard, [OK]**

  <Es wird das Modell geöffnet, aus dem heraus Elemente in das aktuelle Modell kopiert werden sollen.>

Der Modellbaum wird nun für die beiden aktiven Komponenten geteilt. Zusätzlich steht das Referenzskelett in einem zusätzlichen kleinen Grafikfenster zur Verfügung.

- REFERENZEN aus Schaltpult öffnen: ⇦ [REFERENZEN]
- Sammelbereich für PubGeom : ⇦ PublizierGeometrie
- ⇦ **[P_EFUEHR]** <PubGeom auswählen>
- Kopiegeometrie beenden: ⇩ *oder* ✔

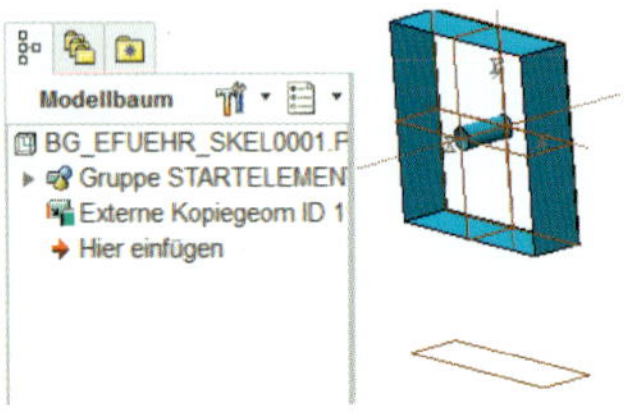

Im Skelett der Unterbaugruppe stehen jetzt genau die Elemente der Publiziergeometrie aus dem Hauptskelett als Externe Kopiergeometrie zur Verfügung.

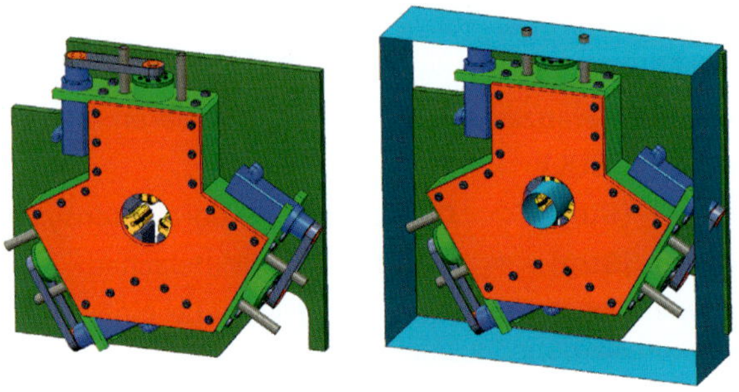

Der Konstrukteur kann in die Unterbaugruppe hinein die Einlaufführung konstruieren, ohne durch sämtliche Referenzen der Gesamtmaschine gestört zu sein. Bei ausgeblendetem Unterbaugruppenskelett arbeitet er ausschließlich in „seiner" Baugruppe, kann aber bei Einblenden des Skeletts eventuelle Überschreitungen des zugewiesenen Bauraums sofort erkennen und Gegenmaßnahmen ergreifen.

14.1.4 Zusammenbau durch den Projektleiter

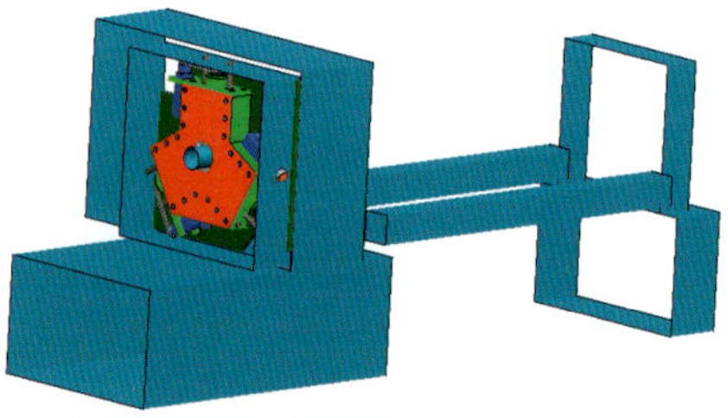

Der Projektleiter baut alle Baugruppen in die übergeordnete Hauptbaugruppe (*wdh.asm*) ein und platziert sie. Damit kann er zu jeder Zeit den Zustand der Baugruppen (hier: Einlaufführung) und das Einhalten der Bauraumgrenzen erkennen. Hier empfiehlt sich die Verwendung vereinfachter Darstellungen und Schrumpf-KE (siehe Kap. 20.4 ff).

Die folgende Abbildung zeigt eine vollständig auskonstruierte Schälmaschine. Das übergeordnete Skelettmodell mit den Bauraumbegrenzungen wurde ausgeblendet.

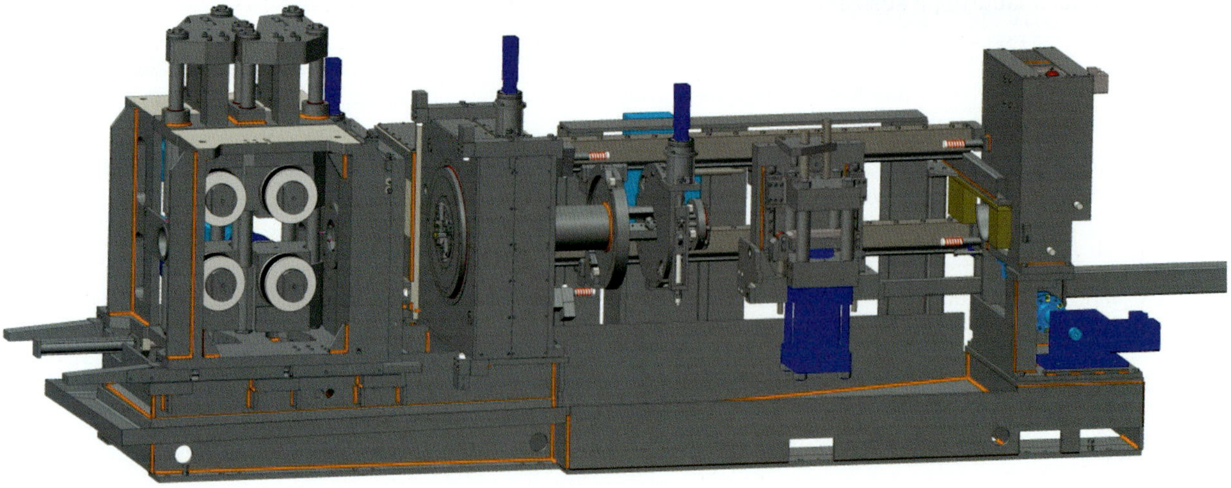

***Creo*-Modell einer vollständigen Schälmaschine (SMS 100, SMS-EUMUCO, Leverkusen 2003, überarbeitet 2012)**

14.2 „Top-Down"-Konstruktion aus der Baugruppe

Neben der bisher beschriebenen Konstruktionsweise, bei der die einzelnen Komponenten von Baugruppen zunächst grob erzeugt, in Baugruppen eingebaut und danach verfeinert werden („**Bottom-Up**"-Methode, d. h. von unten nach oben aufbauend), bietet *Creo* auch die Möglichkeit, aus der Baugruppe heraus Einzelteile zu erzeugen und zu detaillieren („**Top-Down**"-Methode, d. h. von oben nach unten aufbauend). Dabei können in der Baugruppe bereits vorhandene Bezüge und Komponenten als Referenzen genutzt werden. Damit wird die Entwurfsarbeit erheblich vereinfacht.

⚠ Werden bei der „**Top-Down"-Methode** Verweise (Referenzen) auf andere Bauteile zur Definition eines neuen Teils verwendet, so ist das neue Bauteil von seinen Elternteilen abhängig, d. h. es kann nicht ohne diese Elternteile existieren. Das ist insbesondere dann von Nachteil, wenn dieselbe Komponente mehrfach, aber in unterschiedlichen Zusammenhängen verwendet wird. Ein nachträgliches Auflösen der Abhängigkeiten ist oft schwierig und erfordert ein sorgfältiges Arbeiten.

Aufgrund dieses Nachteils werden in einigen Unternehmen Referenzen zwischen verschiedenen Komponenten nur eingeschränkt zugelassen. Entsprechende Einschränkungen lassen sich für den Baugruppenmodus definieren über:

- ⇦ **Datei**, ⇦ Optionen, ⇦ **Baugruppe**

Typisch für den allgemeinen Maschinenbau, bei dem Bauteile möglichst mehrfach in verschiedenen Konstruktionen verwendet werden sollen, sind Einstellungen, die ***Externe Referenzen*** nur auf Skelettmodelle oder Publiziergeometrien erlauben.

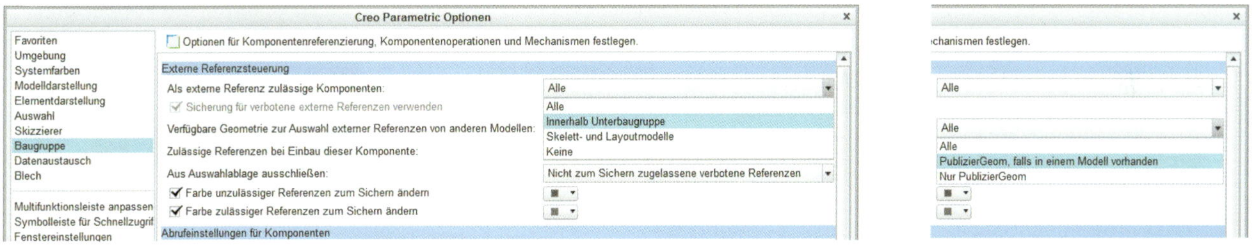

Als Beispiel wird der Gehäusedeckel an die vorhandenen Bauteile angepasst in die Baugruppe hinein konstruiert.

☐ **Baugruppe vorbereiten**

- ⇦ **Datei**, ⇦ **Öffnen**, ⇦ Master-Darst <Baugruppe *1501025_motor.asm* öffnen>

Die neu zu erzeugende Komponente soll möglichst nur auf das vorhandene Motorgehäuse referenziert werden. Damit keine anderen Referenzen gegriffen werden, ist es sinnvoll, alle anderen Komponenten der Hauptbaugruppe *motor.asm* vorher auszublenden. Aufgrund der Symmetrie des Motorgehäuses besteht die Gefahr, den Deckel auf der falschen Seite zu konstruieren. Entweder man merkt sich die Seite, oder man lässt die Kurbelwellenbaugruppe eingeblendet und wählt die Referenzen sorgfältiger aus.

- Auswahl aller Komponenten der Baugruppe: ⇦ **1. Komp. + [⇧]+⇦ letzte Komp.**
- Auswahl ausblenden: ▶ **[Ausblenden]**
- Gehäusebaugruppe auswählen: ⇦ *<1501024_bg_gehaeuse.asm>*
- Kurbelwellenbaugruppe zur Auswahl hinzu: **[Strg]+**⇦ *<1501023_bg_kurbelwelle.asm>*
- Auswahl einblenden: ▶ **[Einblenden]**

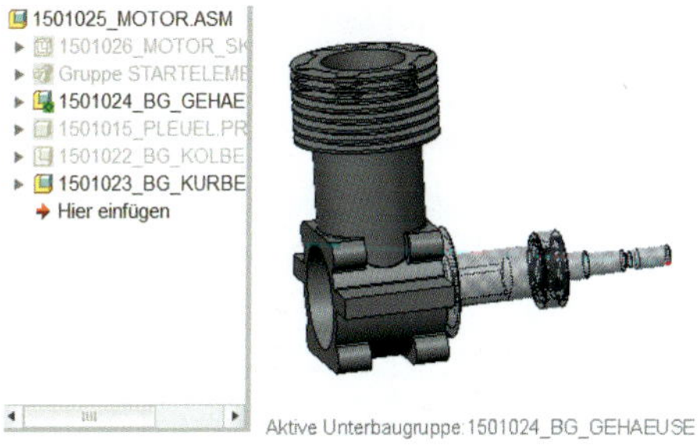

Da der Gehäusedeckel in die Unterbaugruppe *BG_gehaeuse.asm* gehören soll, muss diese zunächst aktiviert werden.

- Gehäusebaugruppe wählen: ⇦*<1501024_bg_gehaeuse.asm>*
- Aktivieren: ▶ **[Aktivieren]**

Die Unterbaugruppe *BG_gehaeuse.asm* ist jetzt aktiviert. Das wird durch einen grünen Punkt im Modellbaum und durch den Eintrag „Aktive Unterbaugruppe: 1501024_BG_ GEHAEUSE" im Arbeitsfenster angezeigt. Alle inaktiven Komponenten sind, soweit überhaupt eingeblendet (Kurbelwelle), halb ausgegraut.

☐ **Bauteil *1501037_gehaeusedeckel.prt* erzeugen**

Der Deckel wird nun aus der Hauptbaugruppe heraus in der aktiven Unterbaugruppe BG_gehaeuse.asm erzeugt und platziert. Die Konstruktionselemente des Deckels werden erst danach ergänzt:

- ⇦ **Modell**, ⇦ **Erzeugen**, ⦿ Teil, ⦿ Volumenkörper, **[*1501037_gehaeusedeckel.prt*]**, **[OK]**

Im Dialog ERZEUGUNGSOPTIONEN stehen verschiedene Erzeugungsmethoden zur Auswahl:

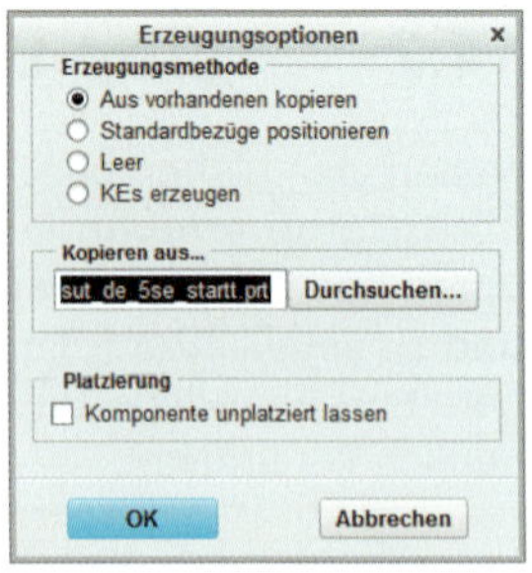

- **Aus vorhandenem kopieren**: Kopiert vorhandene Modelle als Vorlage für das neue Teil. Vorlagen sind insbesondere Startteile und Startbaugruppen.
- **Standardbezüge positionieren**: Positioniert nur die drei orthogonalen Ebenen als Standardbezüge.
- **Leer**: Erzeugt ein leeres Teil ohne Standardbezüge.
- **KEs erzeugen**: Erzeugt ein erstes KE des neuen Teils ohne Startbezüge.

- Erzeugungsmethode: ⦿ Aus vorhandenem kopieren
- Startteil auswählen: ⇦ **[Durchsuchen...]** *<startteil.prt>* **[Öffnen]**

Der Gehäusedeckel wird mit dem Startteil als Vorlage erzeugt. Damit sind alle Parameter und Startbezüge entsprechend der bisherigen Teile vordefiniert.

- ERZEUGUNGSOPTIONEN beenden: **[OK]**

☐ **Gehäusedeckel positionieren**

Die Startbezüge des Gehäusedeckels müssen jetzt platziert werden. Sinnvoll sind das Ausrichten der Ebene **YZ_T_RECHTS** auf der Anschlussfläche des Motorgehäuses und das Ausrichten der Deckelachse **A_T_X** auf der Mittelachse des Motorgehäuses **A_T_X**.

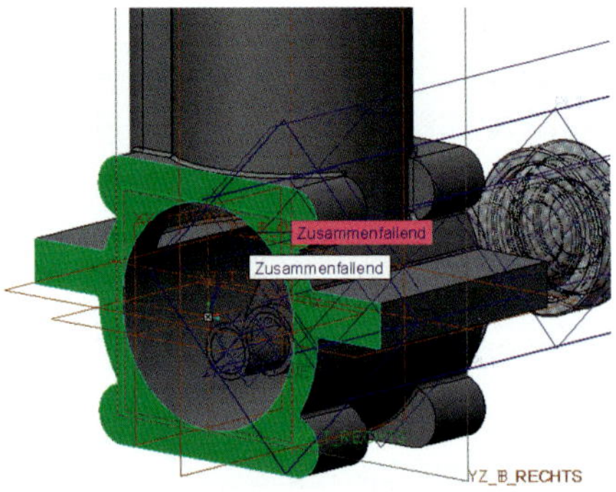

☞ Durch Betätigen der rechten Maustaste werden nacheinander die unter dem Mauszeiger liegenden Auswahlobjekte hervorgehoben. Im Mitteilungsbereich kann der jeweilige Name abgelesen werden. Die Auswahl erfolgt mit der linken Maustaste.

- Einbau beenden: ⇩ *oder* ✔

Die Komponente *<1501037_gehaeusedeckel.prt>* ist im Modellbaum in die Gehäusebaugruppe eingefügt worden und soll im nächsten Schritt als aktives Teil gesetzt werden. Ein entsprechender Hinweis steht im Arbeitsfenster und wird durch die grüne Markierung im Modellbaum angezeigt.

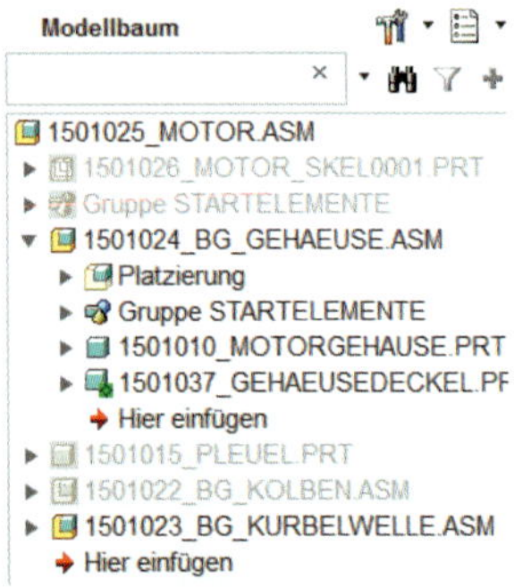

- Gehaeusedeckel auswählen: ⇦ *<1501037_gehaeusedeckel.prt >*
- Auswahl aktivieren: ▶ **[Aktivieren]**

☞ Seit Wildfire 4.0 werden **inaktive Komponenten** der Baugruppe im Arbeitsfenster grau und transparent dargestellt. Nur die aktive Komponente wird massiv dargestellt. Im unten abgebildeten Beispiel sind daher nur die Startbezüge des Gehäusedeckels in ihrer Normalfarbe brau.

☐ **Erstes Deckel-KE erzeugen**

Als erstes KE des Gehäusedeckels wird der Gegenflansch passend an den vorhandenen Flansch des Motorgehäuses konstruiert. Dabei sollen die vorhandenen Kanten referenziert werden:

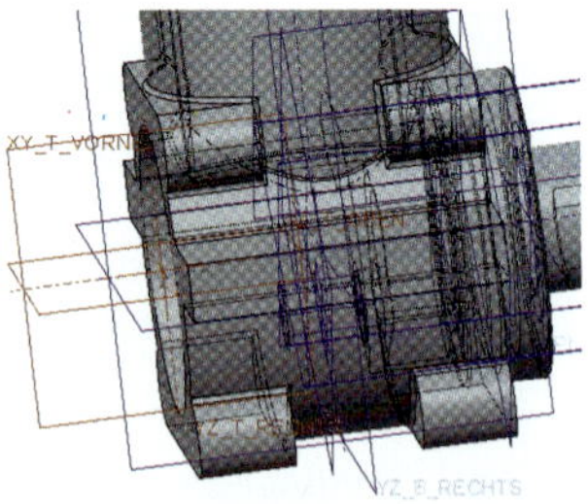

- ⇦ **Modell**, ⇦ Profil
- Skizzierebene ⇦ **[YZ_T_RECHTS]** <vom Gehäusedeckel>

Als Skizzierebene wird die Ebene YZ_T_RECHTS des Gehäusedeckels ausgewählt.

- Skizzenausrichtung, Referenz: ⇦ <Standard, ev. Ebene XY_T_VORNE des Gehäusedeckels wählen>
- Skizzierer aktivieren: **[Skizze]**

Eine Möglichkeit, die passende Skizzenkontur zu ermitteln, ist die Angabe aller notwendigen Konturelemente als Referenz. Im Folgenden wird eine alternative Vorgehensweise vorgestellt.

- ⇦ **Darstellungssteuerung**, ⇦ Sichtbare Kanten
- ⇦ **Skizze**, ⇦ **Projizieren**, ⦿ Schleife
- Flächenwahl: ⇦ <Gehäuseoberfläche>
  Konturwahl: ⇦ **[Weiter, Zurück]**
  Auswahl: ⇦ **[Akzeptieren]**

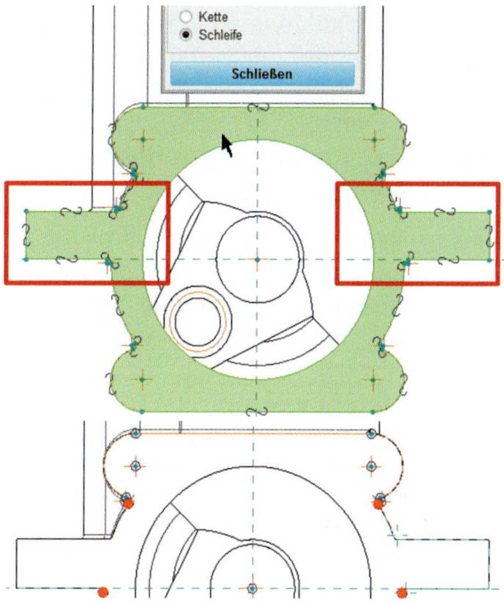

Das Ergebnis der Auswahl sollte der abgebildeten Skizze entsprechen.

Die Kantenelemente innerhalb der rot markierten Rechtecke müssen jetzt entfernt werden, da sie nicht zur Außenkontur des Deckels gehören sollen:

- Flanschelemente auswählen: ⇦, ⇦, ...
  <einzeln entsprechend der gestrichelten Linie löschen>
- Flanschelemente löschen: ▶ **[Löschen]**
  Beim Löschen ist darauf zu achten, dass die kleinen Radienübergänge des Gehäuses erhalten bleiben.
- Zweite Seite analog

Weiter werden auf beiden Seiten die Gehäusebögen zu den Anschraubbögen gedehnt und damit die Kontur wieder geschlossen:

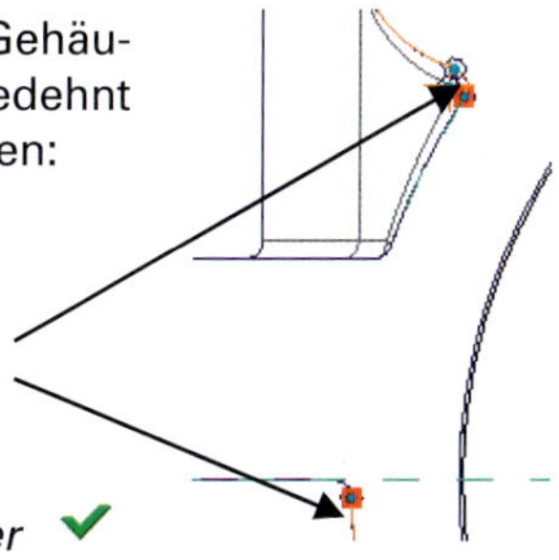

- ⇦ **Skizze**, ⇦ **Ecke**
- ⇦ 1. Linie <kleiner Radius>
- ⇦ 2. Linie <großer Bogen>
- Zweite Seite analog
- Skizzierer beenden: ⇩ *oder* ✓

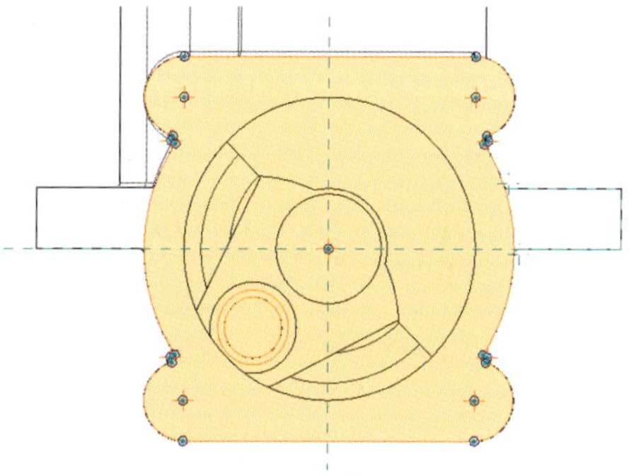

Der Deckelflansch erhält eine Dicke von **5 mm**. Die Dicke ist vom Motorgehäuse wegzurichten:

- Tiefenoption: **[5]** mm
- Profilerzeugung beenden: ✓

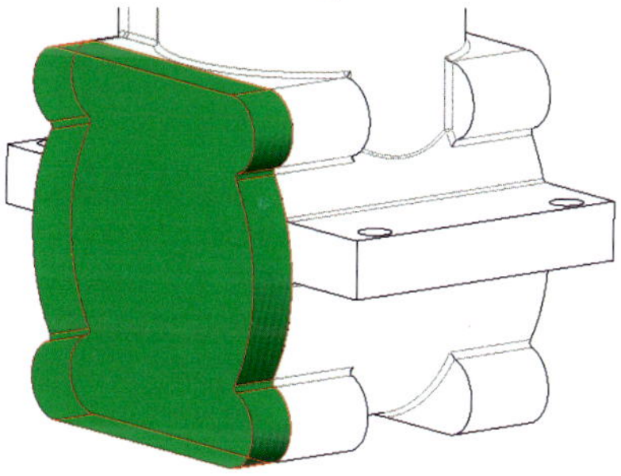

Die nebenstehende Abbildung zeigt die Grundform des neu konstruierten Gehäusedeckels. Dieser referenziert die Kanten des Motorgehäuses. Das heißt, wird der Flansch des Motorgehäuses maßlich verändert, ändert sich der Flansch des Gehäusedeckels entsprechend mit.

14.3 Ersetzen mit Referenzbezügen

In Kapitel 10.2.5 wurde als erste Komponente der Baugruppe *1501024_BG_gehaeuse.asm* das ursprüngliche Motorgehäuse *1501010_motorgehaeuse.prt* eingesetzt. Dies soll nun, sofern die Lizenz für das Vererbungs-KE vorhanden ist, durch die Fertigteilkomponente des Motorgehäuses *1501034_motorgehaeuse_fertig.prt* ersetzt werden. Die Schwierigkeit besteht darin, dass der Gehäusedeckel durch eine Vielzahl an Referenzbezügen (Skizzierfläche, Skizzenkontur, ggf. Achse) mit dem einfachen Motorgehäuse verknüpft ist. Diese Referenzen müssen daher manuell auf das Fertigteil des Gehäuses umgesetzt werden.

- ⇦ **Datei**, ⇦ **Öffnen** <1501024_*BG_gehaeuse. asm*>
- ⇦ **[*1501010_motorgehaeuse.prt*]**
  <zu ersetzende Komponente>
- ▶ **[Ersetzen]**
- Ersetzen durch: ⦿ Beziehungslose Komponente
- ⇦ **Öffnen** **[*1501034_motorgehaeuse_fertig*]**
  <Ersatzkomponente wählen>
- ⇦ **Referenztabelle editieren**

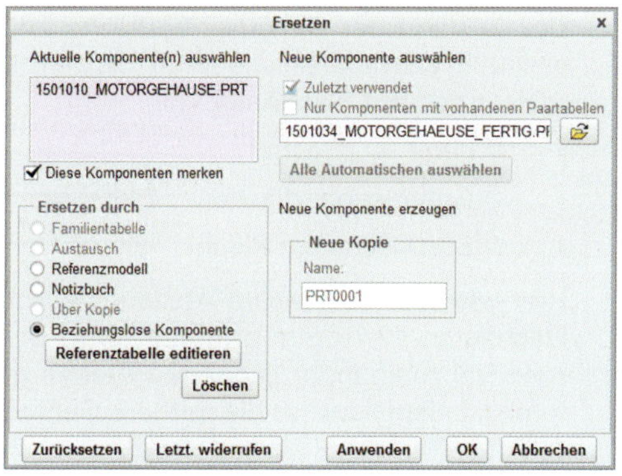

Im Hauptarbeitsfenster von *Creo* werden beide Komponenten nebeneinander dargestellt. Es öffnet sich der Dialog REFERENZPAAR-TABELLE, in dem alle externen Referenzbezüge der Ursprungskomponente dargestellt sind.

Diesen kann einzeln, durch Auswahl im Arbeitsfenster, der jeweilige Referenzbezug der neuen Komponente zugewiesen werden.

- 1. Referenz wählen: ⇦ **[Tag_0]**

☞ Durch das Anklicken des Tags erscheint ein grüner Zugknopf. Mit diesem kann man die Zuordnung einfach vornehmen; es muss nur beim ersten Tag_0 in den leeren Arbeitsbereich geklickt werden, damit der Knopf erscheint.

- Neue Referenz wählen: ⇦ <grünen Zugknopf auf Kante, Bezug, Fläche, … ziehen.>
- 2. Referenz wählen: ⇦ **[Tag_1]**
- Neue Referenz wählen: ⇦ <Kante, Bezug, Fläche, …>
- …. (bis alle Referenzen umgesetzt sind).
- Referenzpaartabelle schließen: **[OK]**
- ⇦ **[Anwenden]**, ⇦ **[OK]**

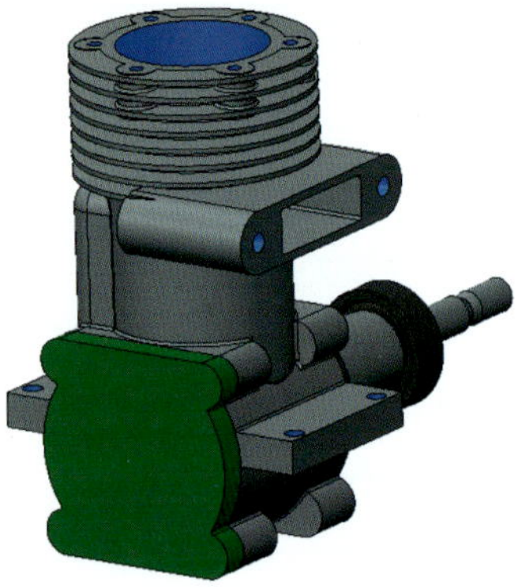

⚠ Die hier beschriebene Vorgehensweise ist nicht zu empfehlen. Wesentlich sinnvoller wäre der Austausch des Gehäusemodells vor der Erzeugung des Deckels. Dann hätten jedoch die Einbaureferenzen des Deckels neu gewählt werden müssen. Auch sind Skizzenreferenzen über unterschiedliche Bauteile im Sinne einer vernünftigen und leicht änderbaren Modellierungssystematik generell nicht zu empfehlen. Die Kombination dieser beiden Verfahren wurde hier nur als Beispiel für die Möglichkeiten in *Creo* herangezogen.

14.4 Analysefunktionen (Messen in Modell oder Baugruppe)

Der Gehäusedeckel soll als zusätzliche Funktion die Kurbelwelle axial in einer Richtung lagern. Zu diesem Zweck muss der Abstand zwischen der Deckelauflagefläche und der Kurbelzapfen-Stirnfläche bestimmt werden. Zunächst wird dazu der Gehäusedeckel ausgeblendet, um einfacher an die Stirnfläche des Kurbelzapfens heranreichen zu können:

☐ **Vorbereitung in Baugruppe:**

- ⇦ **Datei**, ⇦ **Öffnen** <*1501025_motor. asm*>
- ⇦ ▶ *1051024_bg_gehaeuse.asm* <Erweitern>
- ⇦ *1041037_gehaeusedeckel.prt* <Auswählen>
- ▶ **[Ausblenden]** <Gehäusedeckel ausblenden>

☐ **Messen im Modell**

Der Aufruf der Analyse-Funktion **Messen Abstand** erfolgt über:

- ⇦ **Analyse**, ⇦ **Abstand**

Der Abstand der Gehäuseoberfläche im Bereich der Deckelauflage bis zur Stirnfläche des Kurbelzapfens soll ermittelt werden. Beides sind Flächen. Daher ist das Umstellen des Auswahlfilters am oberen rechten Bildschirmrand auf ***Fläche*** sinnvoll:

- ⇦ **Filter**, ⇦ **[Fläche]**
- ⇦ Gehäuseoberfläche
- ⇦ Stirnfläche am Pleuel

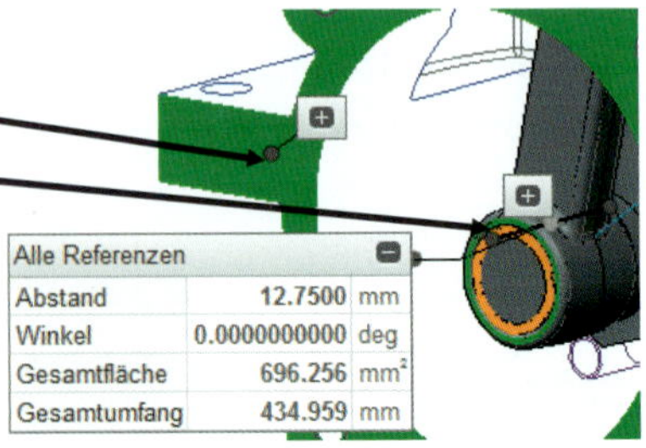

Hier wird der senkrechte Abstand zwischen beiden grün hervorgehobenen Flächen zu 12,75 mm ermittelt. Wird beispielsweise der Abstand zwischen zwei frei zueinander liegenden Kanten gemessen, muss eine Projektionsreferenz, beispielsweise die mittlere Gehäuseachse, angegeben werden.

14.5 Modellieren aus der Baugruppe

Mit Hilfe des ermittelten Abstands wird der Gehäusedeckel aus der Baugruppe heraus weiter modelliert. Dazu wird er zunächst in der Baugruppe wieder eingeblendet:

☐ **Baugruppe *motor.asm* aktivieren und alle Komponenten einblenden**

Für die folgenden Schritte wird zunächst die Hauptbaugruppe *1501025_motor.asm* wieder aktiv gesetzt. Alle darin enthaltenen Komponenten werden eingeblendet:

- ⇦ **[*1501025_motor.asm*]** <Hauptbaugr. im Modellbaum wählen>
- ⇦ **Ansicht**, ⇦ Einblenden, ⇦ **Alle Einblenden**

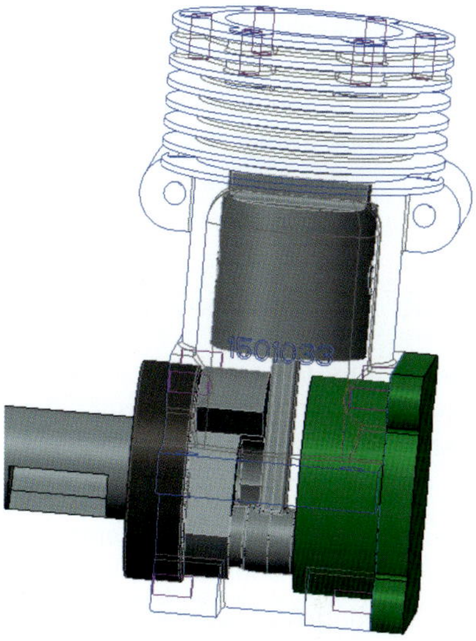

☐ **Vorbereitungen in der Baugruppe**

Da das nachfolgend zu erzeugende Konstruktionselement nicht Bestandteil der Baugruppe ist, sondern zum Gehäusedeckel gehören soll, muss der Gehäusedeckel als „aktives Teil" gesetzt werden:

- ▶ *<1501037_gehaeusedeckel>* **[Aktivieren]**

☐ **Axialanschlag extrudieren**

- ⇦ **Modell**, ⇦ **Profil**, ▶ **[Interne Skizze definieren...]**
- Skizzierebene ⇦ **[YZ_T_RECHTS]** <aus dem Gehäusedeckel>
- Skizzenorientierung <beliebig>
- ⇦ **[Skizze]**
- ⇦ **Darstellungssteuerung**, ⇦ **Verdeckte Kanten**
- ⇦ **Skizze**, **Projizieren**, ⦿ Schleife
- ⇦ Gehäusestirnfläche wählen
- ⇦ Weiter... Akzeptieren
- Skizzierer beenden: ✔
- Tiefe: **[12.75]** mm
  Das Tiefenmaß ist das Ergebnis der Messung aus Kap. 14.4.
- Richtung zum Pleuel hin wählen:
- Profilerzeugung beenden: ✔

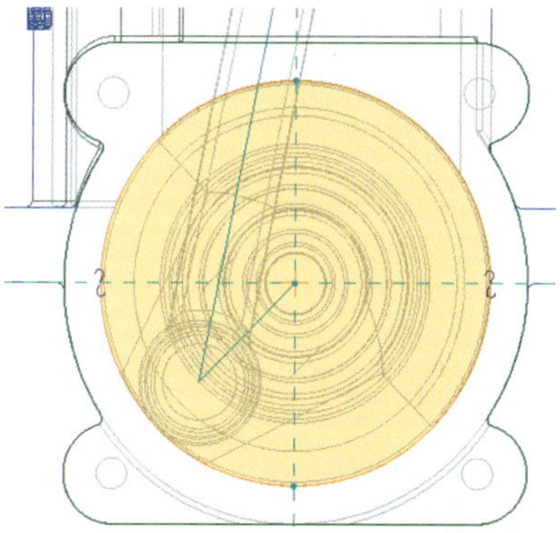

☐ **Bohrmuster übernehmen**

Das Bohrbild des Gehäuses soll exakt für den Deckel übernommen werden. Dazu muss zunächst durch Anwählen im Modellbaum das Grundelement des Bohrungsmusters gefunden werden. Danach kann auf diese Bohrung referenzierend eine neue Bohrung erzeugt werden:

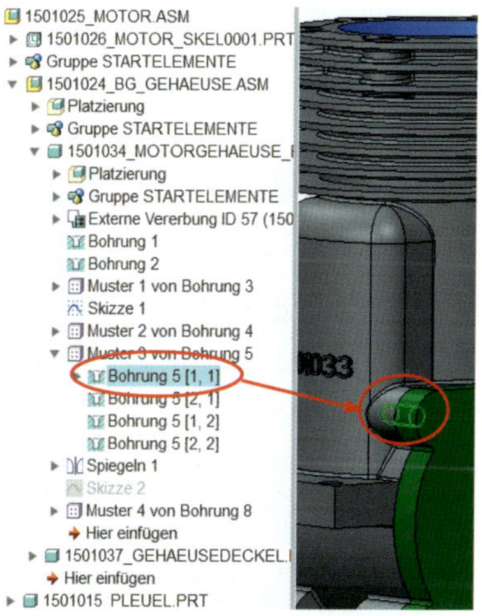

- ⇦ **Erste Bohrung** aus Muster *1501034_motorgehaeuse_fertig* wählen
  Position der Bohrung merken!
- ⇦ **Darstellungssteuerung**, ⇦ ☑ **Achsenanzeige**
- ⇦ *1501037_gehaeusedeckel.prt*, ▶ **[Aktivieren]**
- ⇦ **Modell**, ⇦ Bohrung, ⇦ <Standardbohrung>
  ⇦ Gewinde deaktivieren, ⇦ <Abstandsbohrung>
  ⇦ ISO-Standard, ⇦ **[M3]** <Gewinde-Nennmaß>
- ⇦ 1. Referenz [Achse] der ersten Musterbohrung>
- **[Strg] + ⇦ [Deckeloberfläche]**
- Bohrungstiefe: **[Durch Alle]**
- Bohrung beenden: ✔ *oder* ⇩
- ▶ **[Muster]**
- ⇦ **[Referenz]**
- Muster beenden: ✔ *oder* ⇩

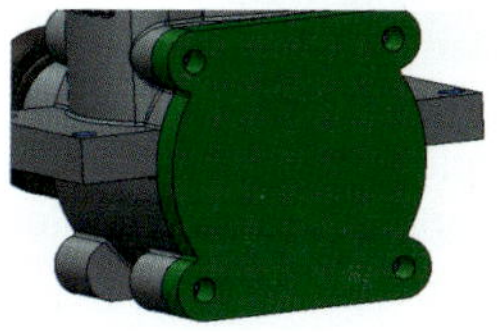

Wurde das Referenz-Muster nicht automatisch erkannt, so wurde möglicherweise nicht das erste Muster-KE markiert.

☐ **Deckel fertigstellen**

Die Bearbeitung am Gehäusedeckel als aktivem Teil wird nun beendet. Dazu wird die gesamte Baugruppe *motor.asm* aktiviert:

- ▶ <*1501025_motor.asm*> **[Aktivieren]**

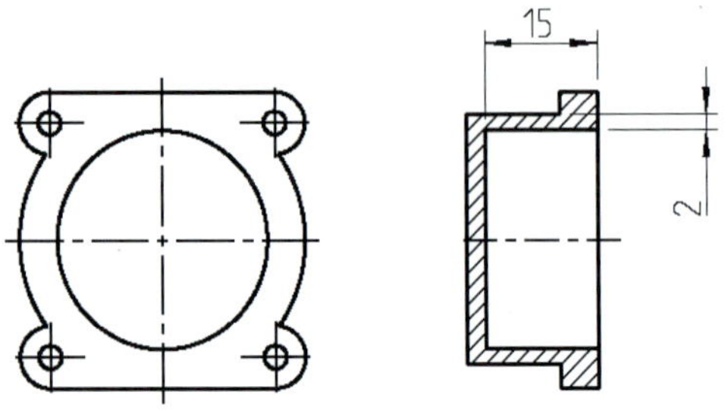

Die Arbeiten am Gehäusedeckel können noch um einen Materialschnitt erweitert werden, der von der Deckeloberfläche aus im Abstand **2 mm** von der zylindrischen Fläche **15 mm** in die Tiefe geht. Dieses kann wahlweise aus der Baugruppe heraus bei aktiviertem *1501037_gehaeusedeckel.prt* oder im Einzelteil *1501037_gehaeusedeckel.prt* erfolgen.
Das Öffnen des Teils *1501037_gehaeusedeckel.prt* aus der Baugruppe erfolgt mit:

- ▶ <*1501037_gehaeusedeckel.prt*> **[Öffnen]**

14.6 Referenzkontrolle

Bei dem in den voranstehenden Kapiteln erzeugten Deckel wurden für den Grundkörper und das Bohrungsmuster externe Referenzen verwendet. Damit sind wesentliche Geometrieinformationen des Bauteils nicht Bestandteil der Datei *1501037_gehaeusedeckel.prt*, sondern liegen in anderen Modellen, den Eltern-Modellen. Daraus können sich verschiedene Probleme ergeben:

- Wird beispielsweise später eine Zeichnung von dem Deckel abgeleitet, sind die Konstruktionsmaße des 1. Körpers nicht über die Funktion **Anmerkungen anzeigen** (siehe Kap. 22.4) erreichbar.
- Werden Änderungen an der referenzierten Geometrie eines Elternmodells durchgeführt, werden die sich daraus ergebenden Änderungen auch am Deckel ausgeführt. Das gilt insbesondere auch dann, wenn derselbe Deckel in einem völlig anderen Zusammenhang eingebaut ist (Mehrfachverwendung).

Daher ist es wichtig, jederzeit über die Art und den Status der Referenzen eines Konstruktionselements, Teils oder einer Baugruppe informiert zu sein. Dies ermöglicht der Referenzen-Viewer. Er wird aufgerufen durch:

- ⇦ **Werkzeuge**, ⇦ **Referenz-Viewer**

Nebenstehend ist der Referenzen-Viewer des Gehäusedeckels für den Fall abgebildet, dass nur der Gehäusedeckel im Arbeitsspeicher geladen und der Ausgabefilter auf **Referenzen** eingestellt ist.

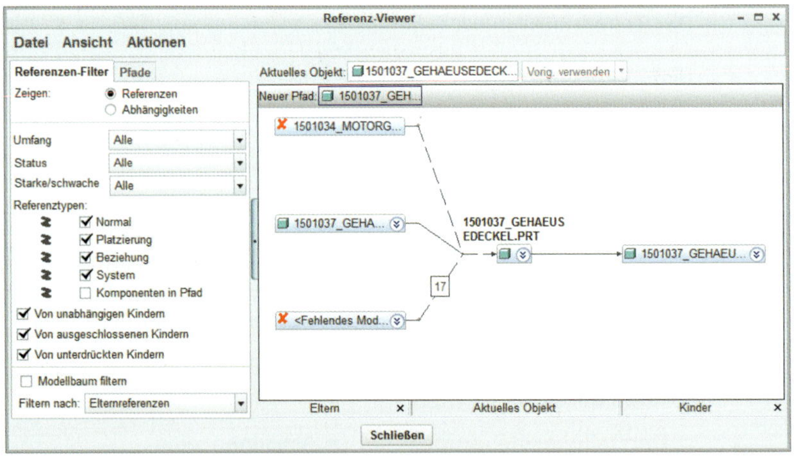

Das Fehlen von Detailinformationen wird durch ✘ gekennzeichnet, die Anzahl der externen Abhängigkeiten des Gehäusedeckels werden durch die eingerahmte Zahl mit [17] angegeben.

Genauere Informationen zu den einzelnen Abhängigkeiten lassen sich über die rechte Maustaste abrufen.

- ⇦ Abhängigkeitspfad auswählen
- ▶ **[Info ▶]**
- ▶ **[Referenz-Info]**

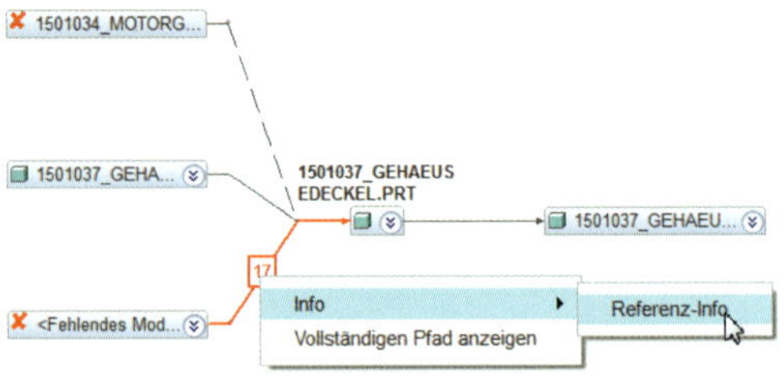

Für alle Referenzen (hier 17 Stück) werden die detaillierten Referenzinformationen in einem Fenster ausgegeben. Beispielhaft ist nebenstehend der Informationstext zur ersten Referenz aufgeführt:

```
Referenz Nr.1:
Referenztyp: KE-Referenz
Verwendet als: Schnittbemaßungsreferenz

Warnung: Das referenzierte Modell befindet sich nicht in der Sitzung.
Referenzierender VolKörper: 1501037_GEHAEUSEDECKEL.PRT
Referenzierendes KE: Profil 1

Referenz ist im Kontext von: 1501024_BG_GEHAEUSE.ASM
```

Sind alle Komponenten, die vom Gehäusedeckel referenziert werden, in den Arbeitsspeicher geladen, lassen sich neben den Verweisen auf die Elternelemente (links) auch die Abhängigkeiten von Kind-Elementen (rechts) ausgeben. Durch Anklicken von ⊗ am Kind-Element, wird die Einbauposition als ID 34 des Gehäuses in die Baugruppe *BG_GEHAEUSE.ASM* ausgegeben.

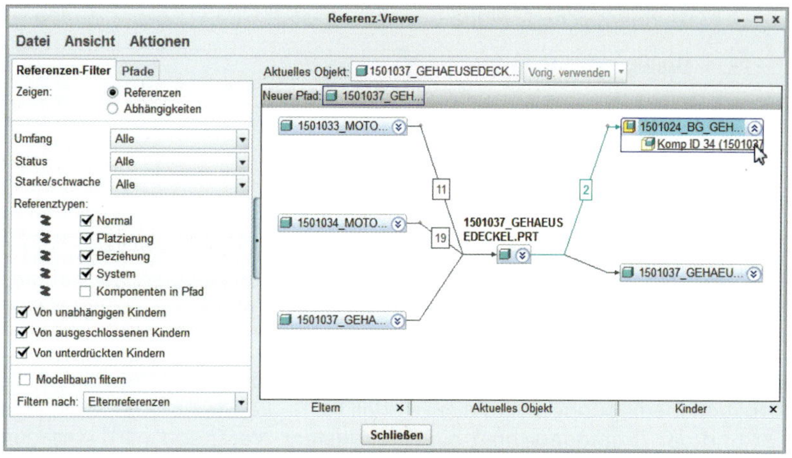

14.7 Flexible Komponenten

Flexible Komponenten ermöglichen die Darstellung einer Komponente in verschiedenen geometrischen Formen, ohne dass dazu eine andere Komponente mit der neuen geometrischen Form eingesetzt werden muss. In den automatisch abgeleiteten Stücklisten wird für verschiedene Zustände immer nur eine Position besetzt.

Als Beispiel soll die in Kap. 13.12 erzeugte Feder passend zwischen zwei Platten eingebaut werden. Später wird der Abstand der beiden Platten verändert; die Feder passt sich den neuen Bedingungen an.

☐ **Vorbereiten einer Platte und einer Baugruppe**

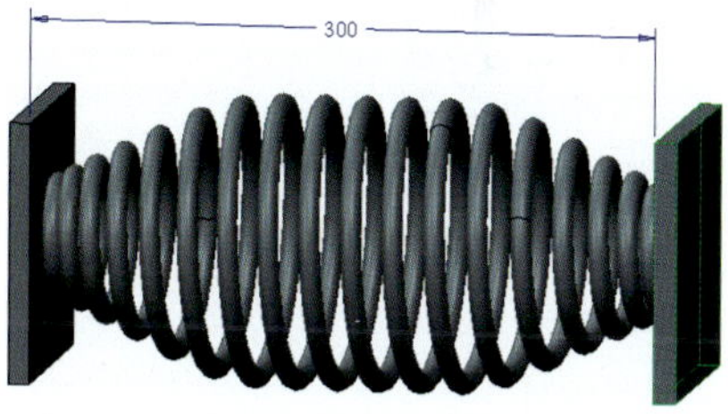

- Zunächst ist eine Platte *1501038_platte.prt* mit den Abmessungen 120 mm x 120 mm x 10 mm zu erzeugen.
- Diese Platte wird in eine neue Baugruppe (*1501039_flex_test.asm*) zweimal parallel mit dem Abstand 300 mm eingebaut. Die erste Platte wird auf der Standardposition eingebaut.
- Einbau der Feder (*1501035_federtest.prt*), ausgerichtet auf die Achse (Achse, falls nicht vorhanden, vorher erzeugen) und ihrer Bodenebene XY_T_VORNE, ausgerichtet auf eine der beiden innen liegenden Plattenflächen.

☐ **Flexibel machen der Feder**

- ⇦ Feder im Modellbaum selektieren
- ▶ **[Flexibel machen]**

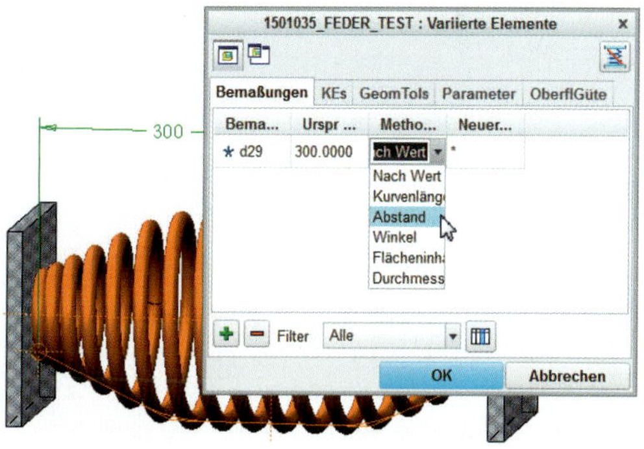

Der nebenstehend abgebildete Dialog FEDERTEST: VARIIERTE ELEMENTE öffnet sich. Darin sind folgende Schritte auszuführen:

- Typ „Bemaßungen" auswählen: **[Bemaßungen]**
- Bemaßung hinzufügen: ⇦ **+**
- *1501035_federtest.prt* auswählen: ⇦ <im Arbeitsfenster>

Im Menü Manager:

- Im Menü Manager SCHNITT AUSW: **[Angeben]**
- Im Menü Manager FESTLEGEN: **☒ Profil**
- Im Menü Manager SCHNITT AUSW: **[Fertig]**
- Maß [300] auswählen: ⇦ **<300>**
- Auswahl bestätigen: ⇩
- Im Dialog AUSWAHL: **[OK]**

Im Dialog FEDERTEST: VARIIERTE ELEMENTE:

- Methode „Abstand" wählen: ⇦ **[Abstand]**

Im aus Kap. 14.4 bekannten Dialog ABSTAND wird der zu messende Plattenabstand definiert:

- ⇦ Innenfläche 1. Platte wählen

- ⇦ Innenfläche 2. Platte wählen
- Dialog beenden: ✔

Im Dialog FEDERTEST: VARIIERTE ELEMENTE:

- Dialog beenden: **[OK]**
- Einbau bestätigen: ✔

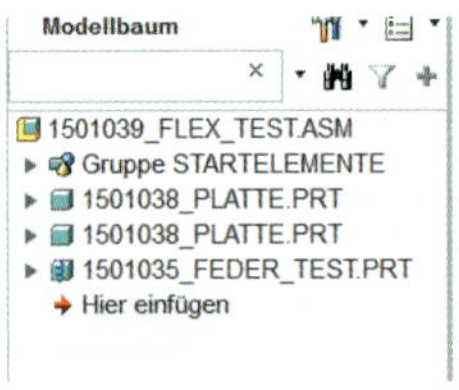

☞ Als Ergebnis dieses Prozesses wird, soweit dadurch keine Konstruktionsbedingungen der Feder verletzt werden, die Gesamtlänge der Feder über den Abstand der beiden Platten gesteuert. Das so erstellte flexible Federmodell kann auch in **verschiedenen Stellungen** innerhalb **derselben Baugruppe** vorkommen.

Die folgende Zusammenstellung der 3 beispielhaften Zustände zeigt, dass *Creo* die Konstruktionsbedingungen der Feder einhält, d. h. die Steigungen, der Wicklungsdurchmesser und der Drahtquerschnitt bleiben konstant. Verändert wird dagegen die Windungsanzahl. Das deckt sich nicht mit dem tatsächlichen Verhalten einer Feder, bei der sich die Steigungen und die Wicklungsdurchmesser verändern, die Windungszahl hingegen konstant bleibt.

Ein derartiges Federverhalten wird im folgenden Kapitel simuliert. Dazu muss die Steigung über Beziehungen und Parameter berechnet werden. Die Parameter ihrerseits werden dann über den Abstand und weitere Beziehungen gesteuert.

Plattenabstand 280 mm

Plattenabstand 350 mm

Plattenabstand 500 mm

15 Beziehungen

15.1 Maßbeziehung einfügen

Beziehungen sind mathematische Zusammenhänge, die zum Steuern von Modellen und zum Zusammenspiel mehrere Modelle verwendet werden. Als einfaches Beziehungsbeispiel wird eine Abhängigkeit des Übergangsradius von der Feder-Gesamtlänge hergestellt.

Die bereits in Kap. 13.12 definierte Feder wird im Folgenden erweitert:

- ⇦ **Datei**, ⇦ **Öffnen [1501035_feder_test.prt]**
- Feder selektieren: ⇦ <im Modellbaum>
- Definition editieren: ▶ **[Definition editieren]**
- Spiralprofil editieren: ▶ **[Internes Spiralprofil editieren...]**
- ⇦ **Werkzeuge**, **Symbole umschalten**

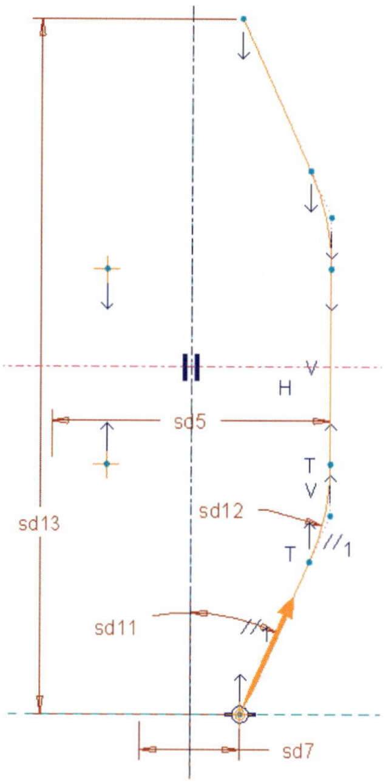

Um Beziehungen zwischen Maßen eingeben zu können, benötigt man die Kenntnis über die internen Bemaßungsvariablen von *Creo*. Mit *Symbole umschalten* aus dem Register *Werkzeuge* kann die Bemaßungsdarstellung zwischen der Ausgabe des Variablen-Namens und des Maßwertes hin- und hergeschaltet werden.

Creo nummeriert alle Maße innerhalb einer Definition (hier: Skizze) kontinuierlich durch. Dabei werden auch die automatisch erzeugten Maße berücksichtigt. Jede Nummer wird innerhalb der Definition nur einmal vergeben.

So lautet die Bemaßungsvariable für die Gesamtlänge in der nebenstehenden Abbildung sd13, die des Verrundungsradius sd12.

☞ Alle Maße in *Creo* heißen „dxxx". Das Voranstellen eines „s" zeigt die Zugehörigkeit zur aktiven Skizze an.

Oftmals ist es sinnvoll, eine Skizze vollständig gesteuert durch ein Führungsmaß aufzubauen. Als Beispiel wird festgelegt, dass der Radius (sd12) immer 50% der Federlänge (sd13) betragen soll. In *Creo* können Beziehungen direkt in den Maßwert geschrieben werden. Nach dem Aktivieren des Skizziermodus des Zugprofils (s. o.) wird der Maßwert für den Radius durch Doppelklick aktiviert und als Wert **sd13/3** eingetragen:

- Maßwert sd12 aktivieren: ⇦ ⇦
- Beziehung zuweisen: **[sd13/3] [↵]**
- */Diese Beziehung hinzufügen sd12= sd13/3 ? /* **[Ja]**
- ⇦ Reiter *Skizze* aktivieren
- Skizzierer beenden: ✔
- Ende KÖRPER: SPIRALF. ZUG-KE: ✔

15.2 Beziehungen und Parameter verwalten

Der Dialog BEZIEHUNGEN wird aufgerufen mit:

⇦ **Werkzeuge**, **d= Beziehungen**

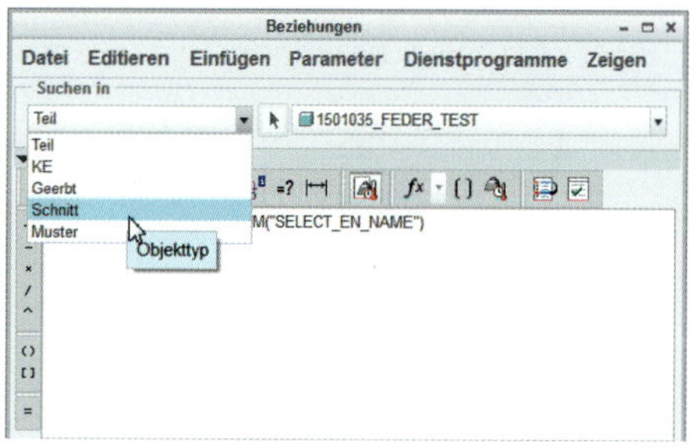

Folgende Suchkriterien stehen im Beziehungseditor zur Verfügung:

- **Teil** oder **Baugruppe**: Zeigt die in diesem Modell und seinen KE-Schnitten erzeugten Beziehungen und Benutzerparameter an. Beziehungen oder Parameter, die in einem KE definiert wurden, werden dagegen nicht angezeigt.
- **KE**: Zeigt sowohl in diesem KE und ggf. in seinen Schnitten erzeugte Beziehungen als auch die in diesem KE erzeugten Benutzerparameter an.
- **Muster**: Zeigt in diesem Muster für die gewählte Richtung erzeugte Musterparameter, Beziehungen und Benutzerparameter sowie die Benutzerparameter und Schnitt-Beziehungen im Elternmodell an.
- **Schnitt**: Zeigt nur die in diesem Schnitt erzeugten Beziehungen an.
- **Geerbt**: Zeigt nur geerbte Beziehungen an.

16 Weitere Modellierungs- und Einbauübungen

16.1 Erweiterung der Laufbuchse

Die Modellierung der Ein- und Auslassöffnungen der Laufbuchse erfolgt in Anlehnung an Kap. 12.11.1. Da alle notwendigen Verfahrensschritte in den voranstehenden Kapiteln ausführlich beschrieben wurden, werden hier nur kurze Hinweise zur Vorgehensweise gegeben.

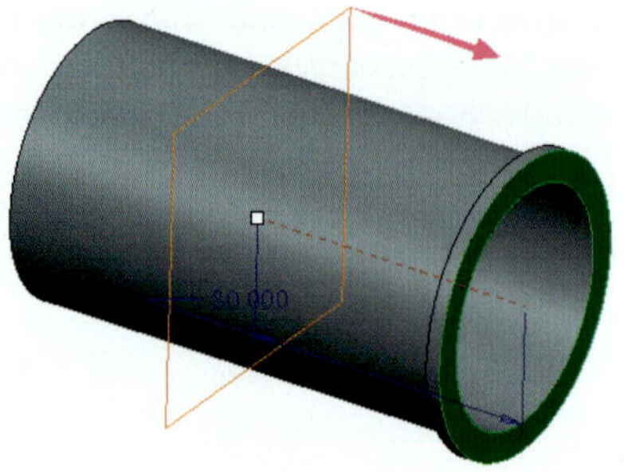

☐ **Allgemein**

- ⇦ **Datei**, ⇦ **Öffnen [1501013_laufbuchse.prt]**
- ⇦ **Modell**, ⇦ **Ebene**
  <Versatzebene im Abstand von **30 mm** zur Oberfläche >

☐ **Einlauföffnung**

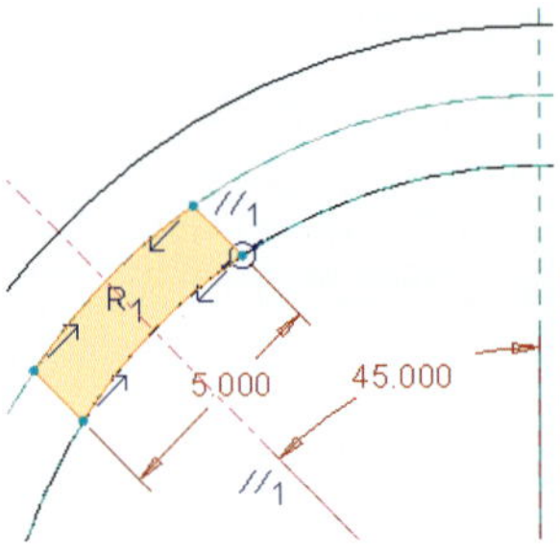

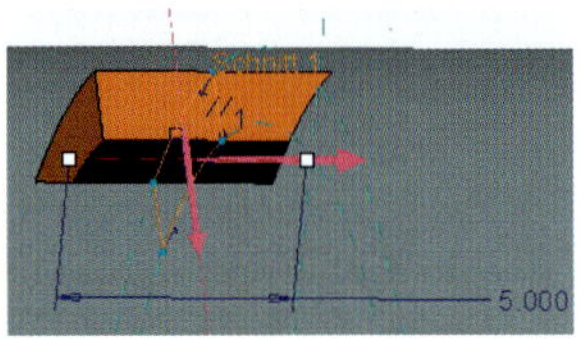

- Materialentfernung als Profil auf der Versatzebene unter Ausnutzung der Symmetrie und Parallelität zu einer Mittellinie unter **45**° erzeugen. Die Durchmesser werden als Referenzen übernommen (siehe Skizze).
- Tiefe: **5** mm, **symmetrisch**
- **Achse-Muster** des Schnitts: **4** Stück unter **30°**

☐ **Auslauföffnungen** (analoges Vorgehen)

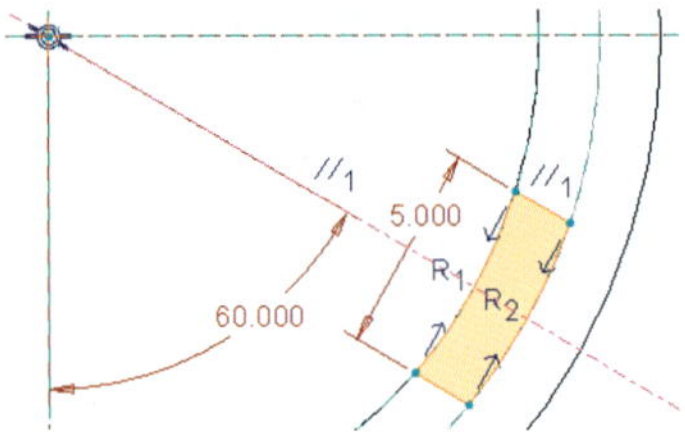

- Materialentfernung als Profil auf der Versatzebene unter Ausnutzung der Symmetrie und Parallelität zu einer Mittellinie unter **60**° erzeugen. Die Durchmesser werden als Referenzen übernommen (siehe Skizze).
- Tiefe: **5** mm, **symmetrisch**
- **Achse-Muster** des Schnitts: **5** Stück unter **30°**
  (ggf. Richtung der Mustererzeugung umschalten)

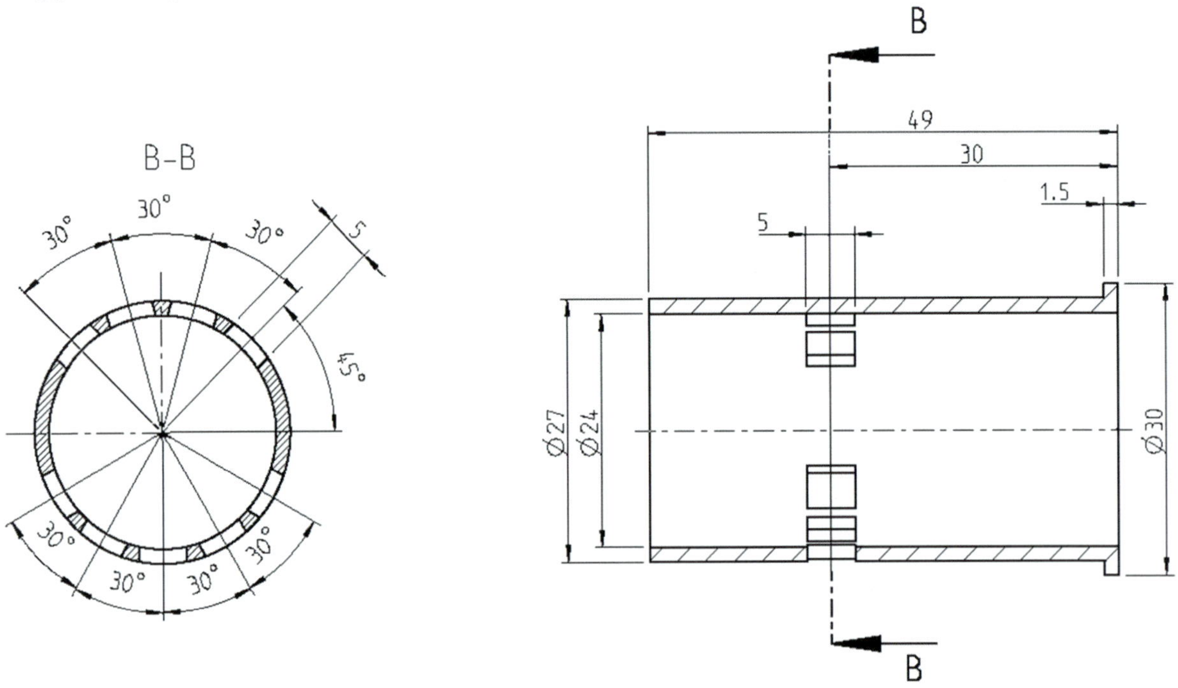

16.2 Laufbuchse und Zylinderkopf im Einfügemodus einbauen

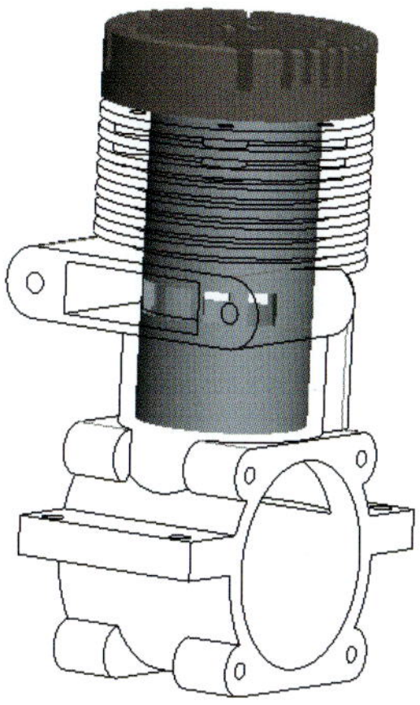

Die Laufbuchse und der Zylinderkopf sollen aus dem übergeordneten Zusammenbau *1501025_motor.asm* heraus in die Unterbaugruppe *1501024_BG_gehaeuse.asm* eingebaut werden. Aus Gründen einer logisch strukturierten Stückliste sollen beide Komponenten in der Konstruktionshistorie direkt auf das Motorgehäuse *1501034_motorgehaeuse_fertig.prt* folgen. Das heißt, beide Komponenten sollen vor dem bereits in der Unterbaugruppe *1501024_BG_gehaeuse.asm* integrierten Gehäusedeckel positioniert werden, ohne dass dieser vorher aus der Baugruppe entfernt wird.

Die Reihenfolge der Komponenten im Modellbaum gibt die zeitliche Abfolge des Einbaus wieder. Ein Ändern dieser Reihenfolge stellt also einen Eingriff in die Konstruktionshistorie dar.

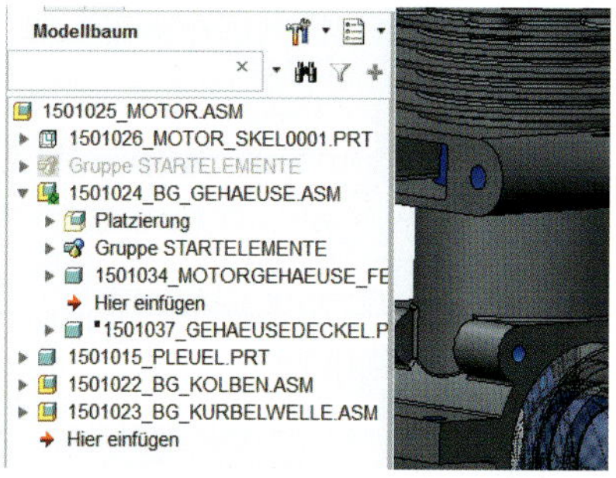

Zum Einfügen wird im Modellbaum das Element **[➔ Hier einfügen]** der Unterbaugruppe *1501024_BG_gehaeuse.asm* mit **gedrückter linker Maustaste** hinter das Motorgehäuse gezogen. Alle im Modellbaum, d. h. in der Konstruktionshistorie, nachfolgenden Elemente (hier der Gehäusedeckel) werden automatisch unterdrückt.

☐ **Einfügemodus in *1501024_BG_gehaeuse.asm* aktivieren**

- ⇦ **Datei**, ⇦ **Öffnen**, ⇦ **[*1501025_motor.asm*]**
- ⇦ ▶ *1501024_BG_gehaeuse.asm* <Baugruppe erweitern>
- ⇦ **[➔ Hier einfügen]** <verschieben>

Das Element **[➔ Hier einfügen]** der Gehäusebaugruppe wird an die Stelle verschoben, an der die neue Komponente eingefügt werden soll. Alle Komponenten, die im Modellbaum hinter dem Element **[➔ Hier einfügen]** angeordnet sind, werden unterdrückt. Anschließend wird die Gehäusebaugruppe aktiviert, um dort hinein die Laufbuchse einzubauen.

- ⇦ ***1501024_BG_gehaeuse.asm*** <im Modellbaum wählen>
- ▶ **[Aktivieren]** <BG Aktivieren>

☐ **Einbau der Laufbuchse**

- ⇦ **Modell**, **Einbauen**, ⇦ **[*1501013_laufbuchse.prt*]**
- ⇦ Ablegen der Komponenten
- 1. Einbaubedingung:
  ⇦ Komponentenreferenz: <**Buchsenmantelfläche**>
  ⇦ Baugruppenreferenz: <**Zylindermantelfläche**>
  ▶ **[Zusammenfallend]** <auf dem Einbauhinweis>
- ggf. Richtung korrigieren: ▶ **[Bedingung umschalten]**

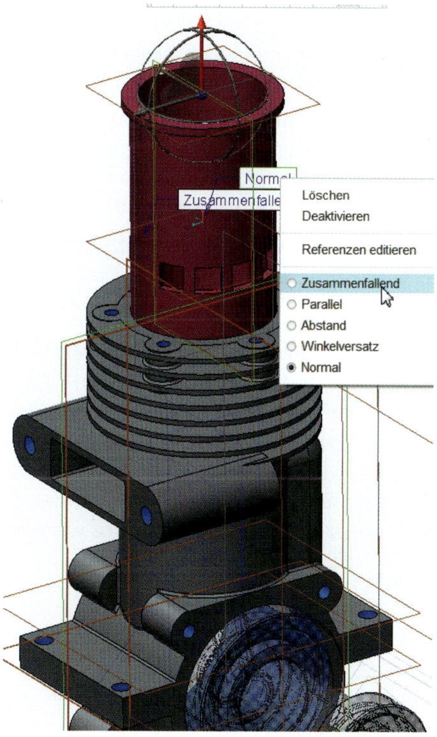

Beim Einbau der Buchse ist auf die richtige Orientierung der Ein- bzw. Auslassöffnungen zu achten. Es gibt 4 Einlass- und 5 Auslassöffnungen. In der nebenstehenden Abbildung ist die Buchse nach dem ersten Platzieren um 90° verdreht positioniert.

Durch Auswahl zweier um 90° zueinander versetzter Ebenen und anschließendem Umschalten von Winkelversatz auf **Zusammenfallend** wird die richtige Orientierung erreicht:

- 2. Einbaubedingung:
  ⇦ Komponentenreferenz: <**Buchsenebene**>
  ⇦ Baugruppenreferenz: <**Baugruppenebene 90°**>
  ▶ **[Zusammenfallend]** <auf dem Einbauhinweis>
- ggf. Richtung korrigieren: ▶ **[Bedingung umschalten]**

Die Buchse muss jetzt in ihrer axialen Lage fixiert werden:

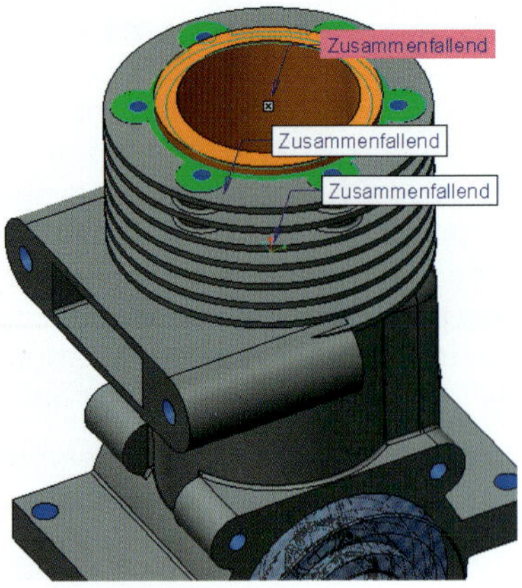

- 3. Einfügen:
  ⇦ Komponentenreferenz: <**Buchsenkragenunterseite**>
  ⇦ Baugruppenreferenz: <**Stirnfläche Motorgehäuse**>
  ▶ **[Zusammenfallend]** <auf dem Einbauhinweis>
- Dialog beenden: ✔

Zur besseren Übersicht in der Baugruppe empfiehlt sich die Verwendung von unterschiedlichen Farben für verschiedene Bauteile (siehe Kap. 10.2.3).

Da der Zylinderkopf ebenfalls noch vor den Gehäusedeckel angeordnet werden soll, bleibt der Einfügemodus weiter aktiviert.

☐ Einbau des Zylinderkopfs

In der nebenstehenden Abbildung ist der Zylinderkopf vom Zylinder abgehoben dargestellt, um die Zuordnung der Einfügekriterien besser ersichtlich zu machen.

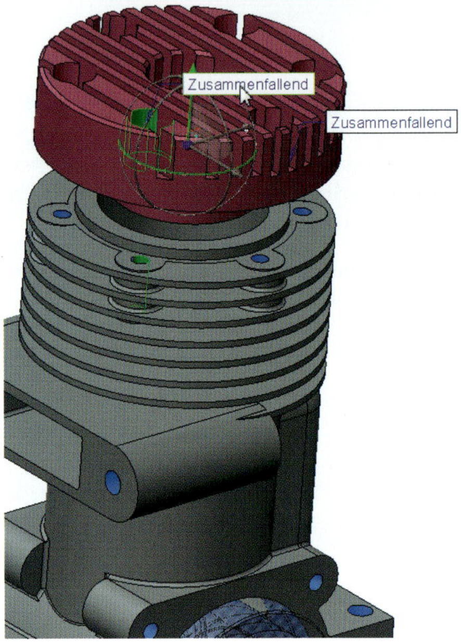

- ⇦ **Modell**, Einbauen, ⇦ **[*1501012_zylinderkopf*]**
- ⇦ Ablegen der Komponenten
- 1. Einbaubedingung:
  ⇦ Komponentenreferenz: <**Zylinderkopfmantelfläche**>
  ⇦ Baugruppenreferenz: <**Mantelfläche Motorgeh.**>
  ▶ **[Zusammenfallend]** <auf dem Einbauhinweis>

Beim Einbau des Zylinderkopfs ist darauf zu achten, dass die Kühlrippen in Fahrtrichtung (d. h. parallel zur Kurbelwelle) ausgerichtet sind und dass die Verschraubungsbohrungen zueinander passen. Dies kann beispielsweise dadurch erreicht werden, dass als zweite Einbaubedingung ebenfalls **Zusammenfallend** für die entsprechenden Bohrungsmantelflächen gewählt wird:

- 2. Einbaubedingung:
  ⇦ Komponentenreferenz: <**Bohrungsmantelfläche**>
  <Die Bohrungsmantelfläche des Zylinderkopfs ist zu wählen.>
  ⇦ Baugruppenreferenz: <**Gewindemantelfläche**>
  <Die Gewindemantelfläche des Motorgehäuses ist zu wählen.>
  ▶ **[Zusammenfallend]** <auf dem Einbauhinweis>
- 3. Einbaubedingung:
  ⇦ Komponentenreferenz: <Fläche *1501012_zylinderkopf.prt*>
  ⇦ Baugruppenreferenz: <Fläche *1501013_laufbuchse.prt*>
  ▶ **[Zusammenfallend]** <auf dem Einbauhinweis>
  <Der Zylinderkopf sitzt axial auf der Laufbuchse.>
- Dialog beenden: ✔

☐ Hauptbaugruppe aktivieren und Einfügemodus beenden

Zum Verlassen des Einfügemodus wird im Modellbaum das Element **[➔Hier einfügen]** mit **gedrückter linker Maustaste** an die letzte Position in der Unterbaugruppe *BG_gehaeuse.asm* gezogen. Alle Bauteile werden automatisch wieder eingeblendet. Die Laufbuchse und der Zylinderkopf sind an der gewünschten Position in der Konstruktionshistorie eingefügt worden.

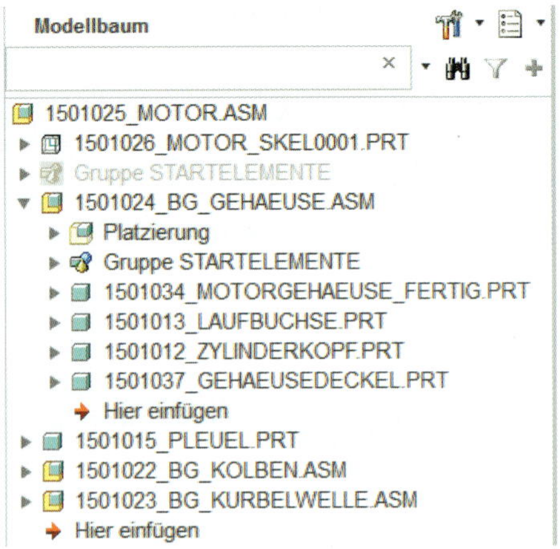

- ⇦ *1501025_motor.asm* <im Modellbaum auswählen>
- ▶ **[Aktivieren]** <HauptBG aktivieren>
- ⇦ **[➔ Hier einfügen]** <ans Ende ziehen>
- ⇦ **Datei**, ⇦ **Speichern als ▶**, ⇦ Sicherung speichern

<Datensicherung (siehe Kap. 10.3): Das Arbeitsverzeichnis bleibt auch das Sicherungsverzeichnis.>

16.3 Kurbelwellengehäuse einbauen

Das Kurbelwellengehäuse soll derart in die Baugruppe eingebaut werden, dass die Stützrippen unter 45° zur Vertikalebene stehen. Um beim Einbau nur eindeutige Referenzen auf ein einziges Bauteil (*motorgehaeuse.prt*) zuzulassen, empfiehlt es sich, zunächst alle anderen Bauteile (einschließlich des Skeletts) auszublenden. Nur das Motorgehäuse bleibt eingeblendet.

☞ Entweder Sie merken sich die Lage des freien Anschlussflansches, oder Sie lassen den Gehäusedeckel eingeblendet.

☐ **Unterbaugruppe aktivieren**

- ⇦ **Datei**, ⇦ **Öffnen**, ⇦ **[*1501025_motor.asm*]**
- ⇦ ***1501024_BG_gehaeuse.asm*** <im Modellbaum wählen>
- ▶ **[Aktivieren]** <BG Aktivieren>
- ⇦ ▶ *1501024_BG_gehaeuse.asm* <Baugruppe erweitern>

☐ **Ausblenden**

- Auszublendende Objekte wählen: ⇦ , **[Strg]+**⇦
  <Alle Objekte außer *motorgehaeuse.prt* markieren.>
- ▶ **[Ausblenden]**

☐ **Einbau des Kurbelwellengehäuses**

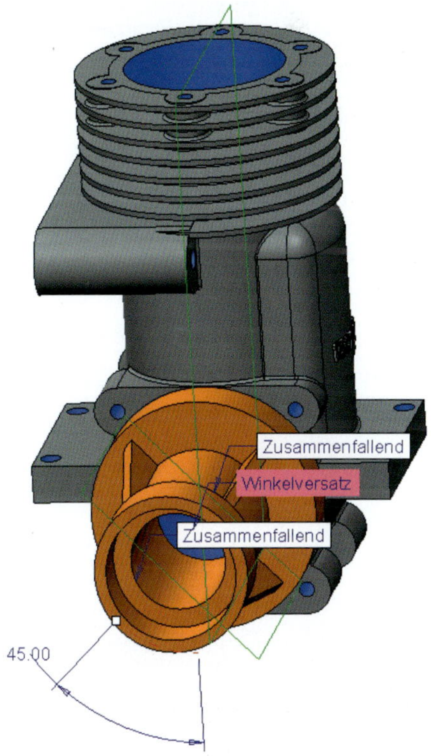

- ⇦ **Modell**, **Einbauen**, ⇦**[*1501011_kurbelwellengehaeuse.prt*]**
- ⇦ Ablegen der Komponenten
- 1. Einbaubedingung:
  ⇦ Komponentenreferenz: <**Mantelfläche Kurbelwellengeh.**>
  ⇦ Baugruppenreferenz: <**Bohrtungsfläche Motorgeh.**>
  ▶ **[Zusammenfallend]** <auf dem Einbauhinweis>
- 2. Einbaubedingung:
  ⇦ Komponentenreferenz: <**Stirnfläche Kurbelwellengeh.**>
  ⇦ Baugruppenreferenz: <**Anschlussfläche Motorgeh.**>
  ▶ **[Zusammenfallend]** <auf dem Einbauhinweis>

  Creo gibt nun den Status **Vollständig definiert** aus, da standardmäßig der Schalter **[☑ Annahmen zulassen]** aktiviert ist. Wird eine dritte Bedingung ergänzt, so wird der Schalter automatisch deaktiviert.
- ▶ **[Neue Bedingung]**
  <Weitere Einbaubedingung definieren>
- 3. Einbaubedingung:
  ⇦ Komponentenreferenz: <**Rippeneben Kurbelwellengeh.**>
  ⇦ Baugruppenreferenz: <**Vertikaleben Motorgeh.**>
  ▶ **[Winkelversatz]** <auf dem Einbauhinweis>
  [45]° <Winkelversatz>
- Dialog beenden: ✔

☐ **Alle Einblenden und Hauptbaugruppe aktivieren**

- ⇦ **Ansicht**, Einblenden▼, **Alle Einblenden**
- ⇦ *1501025_motor.asm* <im Modellbaum wählen>
- ▶ **[Aktivieren]**

16.4 Baugruppenmodellierung des Anschlussflansches

Das Kurbelwellengehäuse kann in der bisherigen Entwicklungsphase nicht mit dem Motorgehäuse verschraubt werden, da der zum Anschlussflansch am Motorgehäuse passende Flansch am Kurbelwellengehäuse noch fehlt. Dieser wird aus der Baugruppe heraus ergänzt.

Auch für diesen Arbeitsschritt ist es besser, wenn in der Baugruppe nur die gewünschten Elemente *motorgehaeuse_fertig* und *kurbelwellengehaeuse* greifbar, d. h. eingeblendet sind. Alle anderen Objekte sollten temporär ausgeblendet werden.

☐ **Ausblenden**

- ⇦ , **[Strg]+**⇦ <Objekte markieren>
- ▶ **[Ausblenden]**

Da ein zusätzliches KE an das Kurbelwellengehäuse (und nicht in der Baugruppe) erzeugt werden soll, muss das Bauteil *1501011_kurbelwellengehaeuse.prt* **aktiviert** werden.

☐ **Kurbelwellengehäuse aktivieren**

- ⇦ *1501011_kurbelwellengehaeuse.prt* <im Modellbaum>
- ▶ **[Aktivieren]**

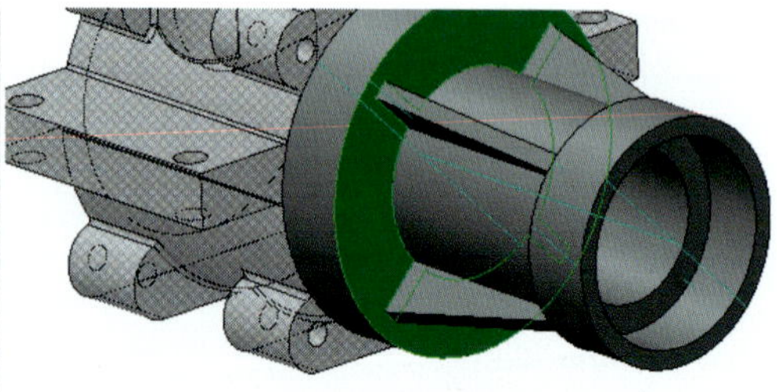

Aktives Teil:1501011_KURBELWELLENGEHAEUSE

☐ **Grundkörper passend erzeugen**

- ⇦ **Modell**, **Profil**, ▶ **[Interne Skizze def. ...]**
- Skizzierebene: <Körperfläche>
- Skizzenausrichtung: <wie vorgeschlagen>

Die Skizzenerzeugung erfolgt analog zu der in Kap. 14.1 detailliert beschriebenen Vorgehensweise.

☐ **Außenkontur auswählen (durchgezogene Linie)**

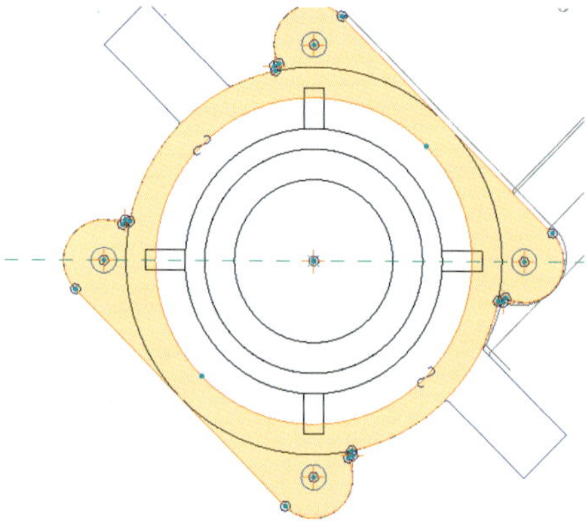

- ⇦ **Darstellungssteuerung**, ⇦ Sichtbare Kanten
- ⇦ **Skizze**, ⇦ **Projizieren**, ⦿ Schleife
- Flächenwahl: ⇦ <Gehäuseoberfläche>
  Konturwahl: ⇦ **[Weiter]**
  Auswahl: ⇦ **[Akzeptieren]**
- Flanschelemente auswählen: ⇦ , ⇦
- Flanschelemente löschen: ▶ **[Löschen]**
- Kontur schließen: <Ecke >
  ⇦ 1. Linie wählen
  ⇦ 2. Linie wählen

☐ **Innenkontur auswählen (gepunktete Linie)**

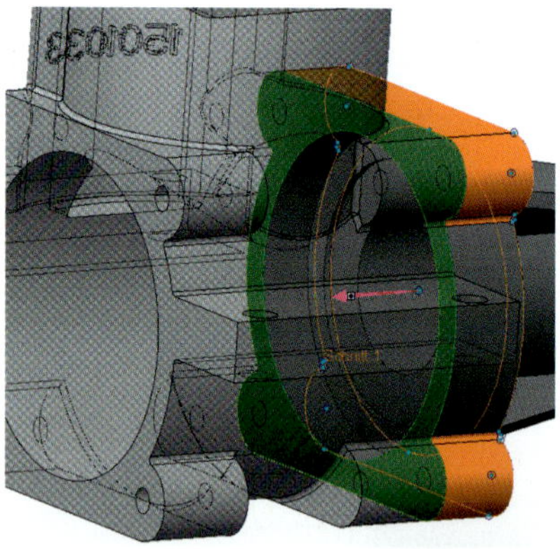

- ⇦ **Skizze**, ⇦ **Projizieren**, ⦿ Schleife
- Flächenwahl: ⇦ <Gehäuseoberfläche>
  Konturwahl: ⇦ **[Weiter]**
  Auswahl: ⇦ **[Akzeptieren]**
- Skizzierer verlassen: ✔
- Tiefe **[bis Auswahl]**: <Motorgehäusefläche>
- Profilerzeugung beenden: ✔

☐ **Erste Anschlussbohrung erzeugen**

Die Anschlussbohrungen können als Referenz-Muster zu den vorhandenen Bohrungen des Motorgehäuses erzeugt werden. Dazu ist es erforderlich, das erste Musterelement (Ursprungselement) zu finden und die neue Bohrung darauf zu referenzieren.

Das Ursprungselement wird im Modellbau ausgewählt und dann in der Baugruppe hervorgehoben.

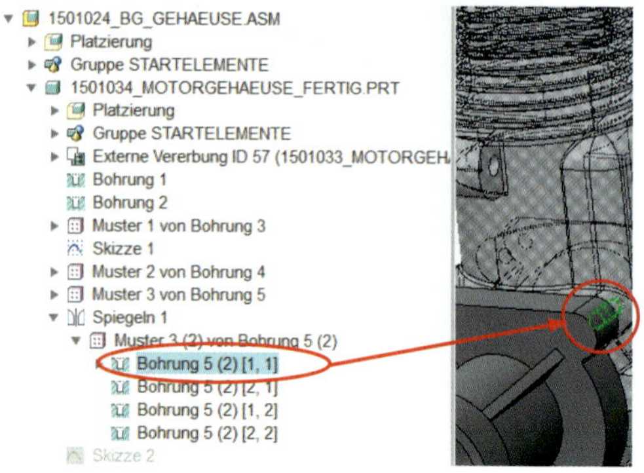

- ⇦ <Ursprungselement im Modellbaum selektieren>
- ⇦ **Modell**, **Bohrung**, Standardbohrung, **ISO**, **M3**
- Gewinde **deaktivieren**
- Abstandsbohrung **aktivieren**
- Bohrtiefe **durch alle**

- ⇦ 1. Referenz: **Achse**
  <Die Achse des Ursprungselements ist zu wählen.>
- **[Strg]+**⇦ 2. Referenz: **Fläche**
  <Ziehen des Bohrungs-Referenzgriffs auf die obere Fläche des Kurbelwellengehäuses bei gedrückter ⇧-Taste oder Ergänzen mit der Strg-Taste.>
- Bohrung fertigstellen: ✔

☐ **Bohrung mustern**

- ▶ **[Muster ...]** <Mustern aufrufen>

<*Creo* erkennt automatisch den Zusammenhang der Referenzen und schlägt ein Referenz-Muster vor.>

- Musterfunktion beenden: ✔

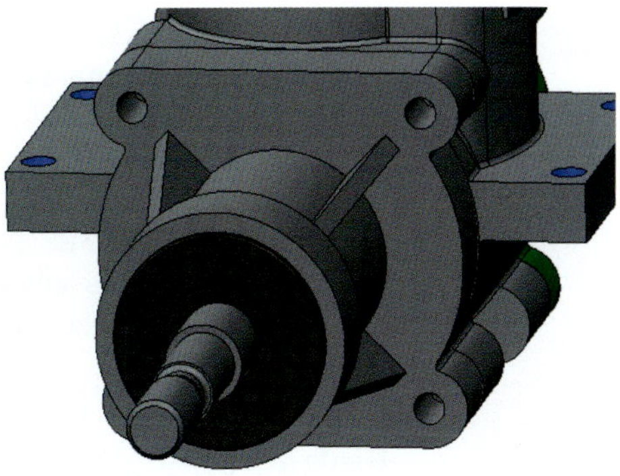

☐ **Teil deaktivieren**

Die Bearbeitung am Kurbelwellengehäuse als aktives Teil wird nun beendet. Dazu wird die gesamte Baugruppe *1501025_motor.asm* aktiviert:

- ⇦ *1501025_motor.asm* <im Modellbaum wählen>
- ▶ **[Aktivieren]**

☐ **Einblenden aller Komponenten**

- ⇦ **Ansicht**, Einblenden▼, **Alle Einblenden**

16.5 Auspuff einbauen

Der Auspuff wird als eigene Komponente direkt in die Hauptbaugruppe *1501025_motor.asm* eingebaut.

Er lässt sich geschickt durch zweifaches Anwenden der Platzierungsbedingung **Zusammenfallend** (jeweils auf die Halbkreise rechts und links) sowie einmaliges **gegengerichtetes Zusammenfallen** der Auflageflächen einbauen.

Der Abgasaustritt sollte nach hinten, d. h. dem Luftschraubenanschluss der Kurbelwelle entgegengerichtet sein.

16.6 Standard-Komponenten (Schrauben) hinzufügen (RefMuster)

Beim Einbau der Schrauben wirkt sich die konsequente Verwendung von Mustern zur Vervielfältigung von Konstruktionselementen positiv aus. Hier muss jetzt jeweils nur eine Schraube je Muster eingebaut werden. Alle weiteren Schrauben werden als Referenz-Muster ergänzt.

☞ Beim Komponenteneinbau und anschließendem Mustern ist es nicht erforderlich, die erste Komponente auf das Ursprungselement zu referenzieren. *Creo* erkennt das Referenz-Muster unabhängig vom Referenzbezug.

Für die Verschraubung des Gehäusedeckels (*1501037_gehaeusedeckel.prt*) und des Kurbelwellengehäuses (*1501011_kurbelwellengehaeuse.prt*) werden jeweils eine Schraube DIN 4762-M3x12 eingesetzt und dann über die Funktion **Referenz-Muster** vervielfältigt.

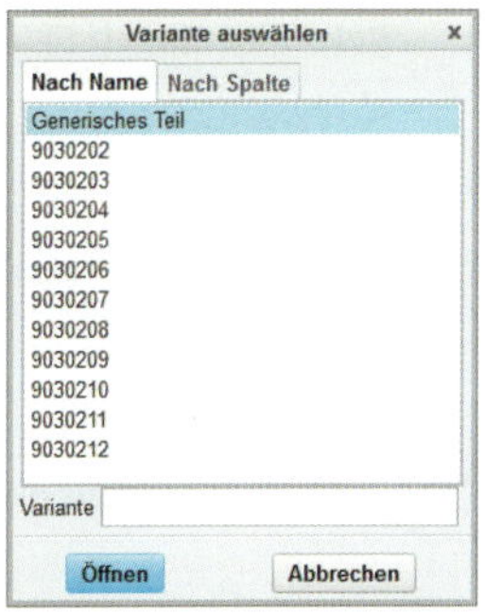

- Gehäusebaugruppe öffnen oder aktivieren: **[Öffnen] - [Aktivieren]**

☐ **Auswahl einer Schraubenvariante**

- ⇦ **Modell**, ⇦ **Einbauen**, ⇦ **[*9030291_din4672.prt*], [Öffnen]**

Im Dialog VARIANTE AUSWÄHLEN stehen alle vorher erzeugten Varianten (siehe Kap. 13.11 ff.) der Schraube nach DIN 4762 zur Verfügung.

Die Auswahl der einzubauenden Variante kann über den Variantennamen **[Nach Name]** oder über Parameter **[Nach Spalte]** erfolgen. Da meist erheblich mehr Varianten in einer Familientabelle abgelegt werden, ist im Allgemeinen die Auswahl **[Nach Spalte]** sinnvoll.

- Im Dialog VARIANTE WÄHLEN: ⇦ **[Nach Spalte]**

In der Parameterauswahl stehen alle Parameter der Schraube mit allen definierten Werten zur Verfügung. Wird ein **Parameter** mit einem zugehörigen **Wert** selektiert, stehen in der unteren Namensliste **(Name)** nur die Varianten, die diese Bedingung erfüllen.

- ⇦ Spalte: **d4, M,** ⇦ Wert: **3.0**

Nachfolgend kann ein weiterer Parameter mit zugehörigem Wert ausgewählt werden. In der unteren Namensliste **(Name)** stehen wieder nur die Varianten zur Verfügung, die alle Auswahlkriterien erfüllen.

- ⇦ Spalte: **d6, L,** ⇦ Wert: **12.0**
- ⇦ Spalte: **PTC_Material_name,** ⇦ Wert: **8_8**
- Variante auswählen: ⇦ Name: **[9030203]**
- VARIANTE AUSWÄHLEN beenden: ⇦ **[Öffnen]**

☞ Die Auswahlvariante **Nach Spalte** stellt einen Kombinationsfilter dar. Dabei werden immer nur die Varianten angezeigt, die allen gewählten Filterparametern entsprechen. Mit **Wiederherstellen** werden alle Filterparameter wieder zurückgesetzt.

16.6.1 Einbau über Schnittstellendefinition

In Kap. 13.11.8 wurden für die Schrauben nach DIN 4762 Komponentenschnittstellen zum vereinfachten Einbau definiert, die jetzt zur Anwendung kommen. Ist die einzubauende Komponente mit einer Schnittstelle versehen, öffnet sich das Einbauschaltpult sofort in der Option *„Mittels Schnittstelle platzieren"* (Mit kann ggf. in den manuellen Platzierungsmodus gewechselt werden.). Wahlweise kann der Einbau als *Schnittstelle zu Geometrie* oder von *Schnittstelle zu Schnittstelle* erfolgen. Im zweiten Fall *Schnittstelle zu Schnittstelle* würde die neue Komponente mit ihrer Schnittstelle in eine Baugruppe eingebaut, wenn darin eine entsprechende geeignete Gegenschnittstelle bereits vorhanden ist. Da die Schnittstellendefinition keine Angaben zur rotatorischen Lage der Schraube enthält, muss der Schalter **Annahmen zulassen** aktiviert sein.

16.6.1.1 Manuelles Platzieren mit Schnittstellendefinition

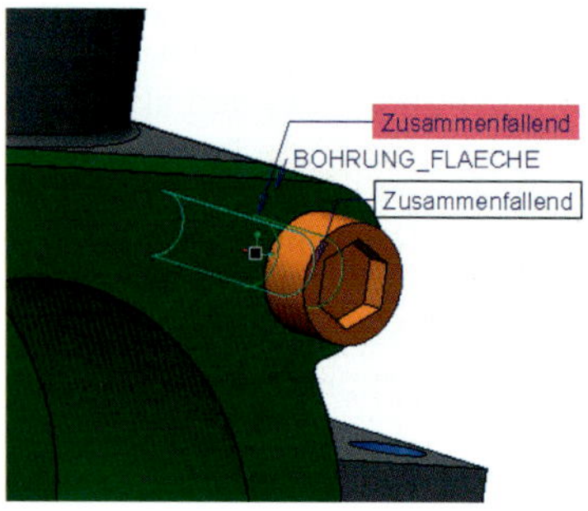

Nach der Auswahl der Schraubenvariante können ohne weitere Abfragen direkt die Baugruppenreferenzen für die Schnittstellendefinition ausgewählt werden. Es muss nicht einmal die Schnittstellendefinition selber gewählt werden, da *Creo* anhand der gewählten Baugruppenreferenzen die geeignete Schnittstelle erkennt.

- Schnittstelle zu Geometrie einstellen: ⇦ **[Schnittstelle zu Geom]**
- Auswahl der Auflageoberfläche: ⇦ <Oberfläche>
- Auswahl einer Bohrung: ⇦ <Bohrungs-Zylinderfläche>
- Schaltpult schließen: ✔ *oder* ⇩

16.6.1.2 Automatisches Platzieren mit Schnittstellendefinition

⚠ Beim Einbau von Schrauben ist zu beachten, dass diese im Bereich der Gewinde eine **Durchdringung** mit dem Mutternkörper haben. Daher muss im Register OPTIONEN der Schalter *„Fundstellen auf Durchdringung prüfen"* deaktiviert werden.

Alternativ lassen sich mit **[Autom platzieren]** ausgehend von einem mit der linken Maustaste auszuwählenden Bildschirmpunkt passende Einbaubedingungen ermitteln. Die Ergebnisse werden im linken unteren Fenster aufgelistet und können mit [»] in das rechte Fenster für die gewählten Einbaupositionen hinübergeholt werden.

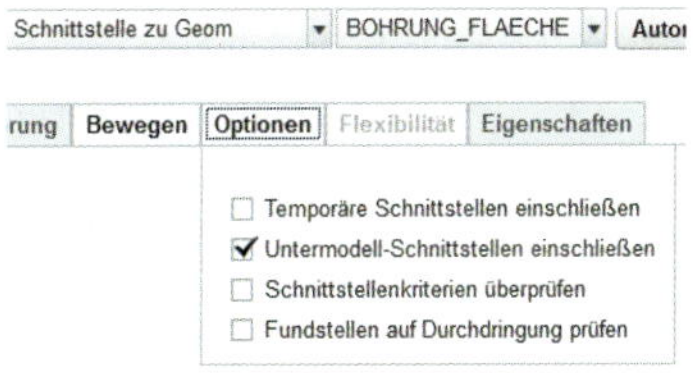

Die maximale Anzahl der Positionen und die Größe des Suchbereiches lassen sich unter dem Panel VOREINSTELLUNGEN vorgeben.

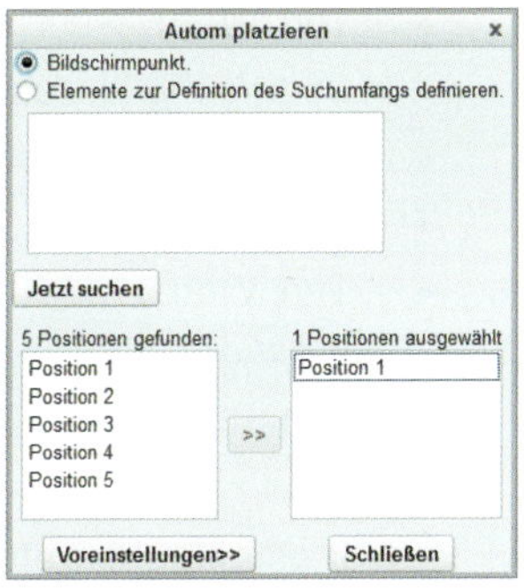

- ⇦ Optionen, ⇦ ☐ Fundstellen auf Durchdringung prüfen
- ⇦ **[Autom platzieren]** <Automatisches Platzieren>
- ⦿ Bildschirmpunkt **aktivieren**
- ⇦ Punkt in Bohrungsnähe wählen <im Arbeitsfenster>
- ⇦ Geeigneten Einbau aus Liste suchen <Positionen>
- ⇦ [»] <Einbau auswählen>
- ⇦ [»] <Ggf. weitere Einbauten wählen
- ⇦ **[Schließen]** AUTOM PLATZIEREN schließen
- Schaltpult schließen: ✔ *oder* ⇩

16.6.2 Schraube vervielfältigen (Referenz-Muster)

Nach dem Einbau der Schraube kann diese als Referenz-Muster vervielfältigt werden:

- ⇦ <Selektieren der Schraube im Modellbaum>
- ▶ **[Muster]**

Das Referenz-Muster wird automatisch erkannt und angewendet.

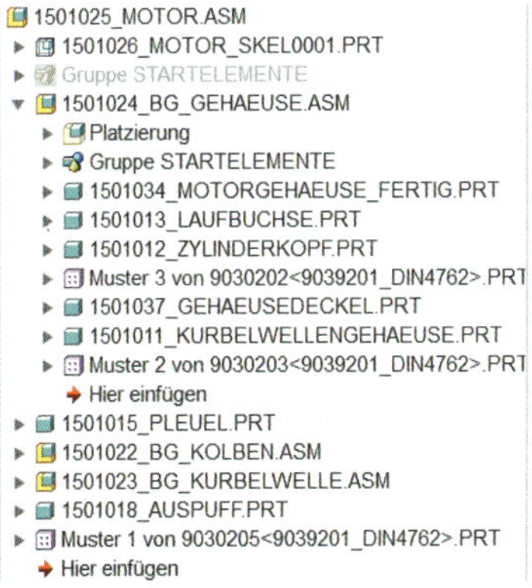

- Musterfunktion beenden: ✔ *oder* ⇩

In gleicher Weise können die weiteren Verschraubungen ergänzt werden:

- Zylinderkopfverschraubung: M3x12 – 8.8
- Kurbelwellengehäuseverschraubung: M3x12 – 8.8
- Auspuffverschraubung in Hauptbaugruppe: M3x30 – 8.8

☞ Durch Aktivieren der Unterbaugruppe vor dem Einbau der Schrauben und sinnvolles Eingreifen in die Konstruktionshistorie können die Schrauben so im Modellbaum angeordnet werden, dass die Zugehörigkeit zu den anzuschraubenden Komponenten erkennbar wird.

Hier stehen z. B. die Zylinderkopfschrauben unter dem Zylinderkopf und die Kurbelwellengehäuseschrauben unter dem Kurbelwellengehäuse usw.

- Datensicherung (siehe Kap. 10.3)

16.7 Ersetzen durch Familientabelle

Eine typische Situation in der Konstruktion stellt der Ersatz einer Komponente durch eine andere infolge veränderter Anforderungen dar. In Kapitel 14.3 wurde dazu ein komplexes Beispiel mit vielen bauteilübergreifenden Referenzen behandelt. Im Folgenden sollen die Schrauben am Zylinderkopf mit der Festigkeitsklasse 8.8 gegen Schrauben derselben Familientabelle mit der Festigkeitsklasse 12.9 ersetzt werden.

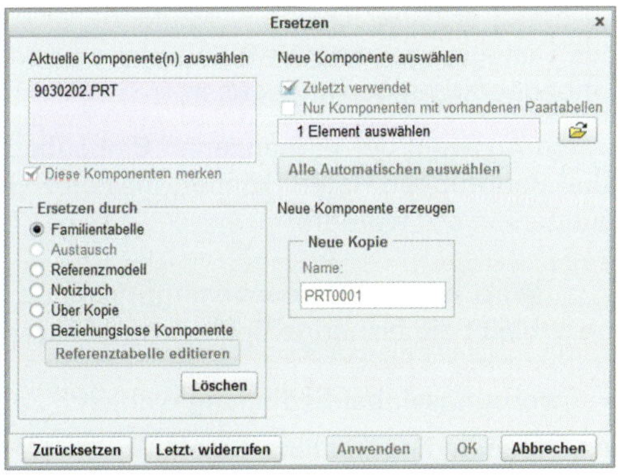

Da beide Schrauben derselben Familientabelle angehören, ist keinerlei neue Referenzierung erforderlich.

- ⇦ <Schraube im Modellbaum wählen>
- ▶ **[Ersetzen]**
- Ersetzen durch: ⦿ **Familientabelle**
- ⇦ 📂 <neue Komponente>

☐ **Im Register FAMILIENBAUM**

- Register BAUM öffnen: ⇦ **[Baum]**
- Suchmodus aktivieren: ⇦ **[Suchen]**

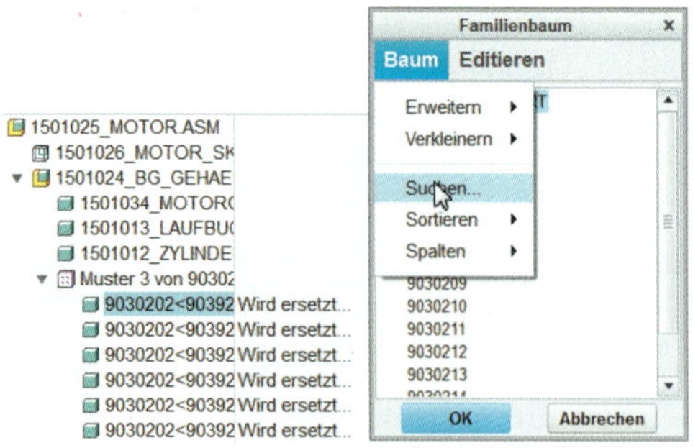

☐ **Im Register** SUCHEN

- Typ, Wert: ⇦ **[M]**,⇦ **[3]**
- Bedingung hinzufügen: ⇦ **[Hinzufügen]**
- „Und"-Verknüpfung setzen: ◉ **Und**
- Baumfilter setzen: ☑ **Baum filtern**
- Typ, Wert: ⇦ **[L]**,⇦ **[12]**
- Bedingung hinzufügen: ⇦ **[Hinzufügen]**
- Materialzuweisung wählen: ⇦ **[PTC_MATERIAL_NAME]**
- Wert ⇦ **[12.9]**
- Bedingung hinzufügen: ⇦ **[Hinzufügen]**

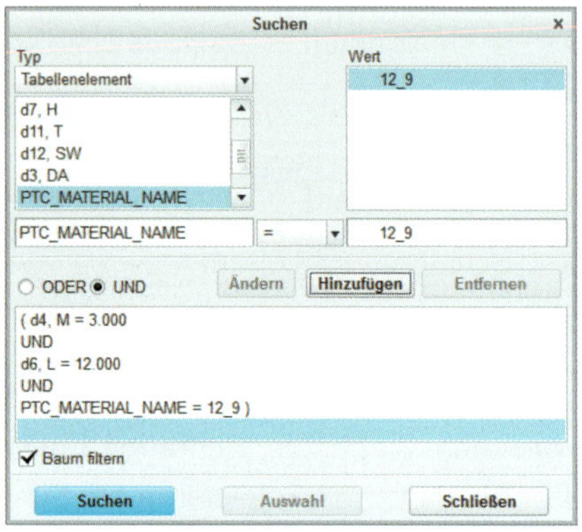

☐ **Im Register FAMILIENBAUM**

- Schraube auswählen: ⇦ **[9030213]**
- Dialog schließen: **[OK]**

☐ Im Dialog **ERSETZEN**

- Dialog schließen: **[OK]**

Automatisch werden alle Schrauben des Musters ausgetauscht.

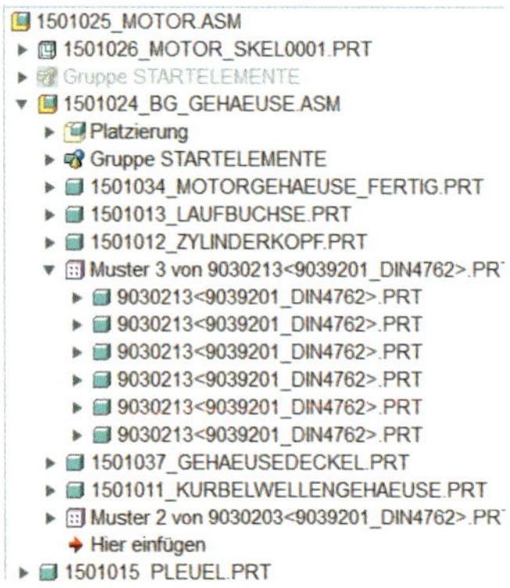

16.8 Wiederholen von Komponenten

Das Wiederholen stellt eine komfortable Vervielfältigungsvariante für Komponenten dar. Im vorliegenden Fall wird für die Verschraubung des Kurbelwellengehäuses eine Schraube der Deckelverschraubung wiederholt verwendet:

- Baugruppe *BG_gehaeuse* öffnen oder aktivieren: ⇦ 📂 *1501024_bg_gehaeuse.asm*
- Eine Schraube des Kurbelwellengehäuses wählen: ⇦ **[9030203]**
- Wiederholen für Deckelschraube aufrufen: ▶ **[Wiederholen]**

Es öffnet sich der Dialog KOMPONENTE WIEDERHOLEN. Im oberen Bereich des Dialogs sind die zu wiederholende Komponente und darunter ihre Einbaubedingungen angegeben.

Durch Auswahl der vorhandenen Einbaubedingungen im Bereich „Variabel Baugruppen-Refer" können diese jeweils durch neue Einbaubedingungen ersetzt werden.

☞ Wird für eine Einbaubedingung keine neue Bedingung definiert, bleibt die bisherige Bedingung gültig.

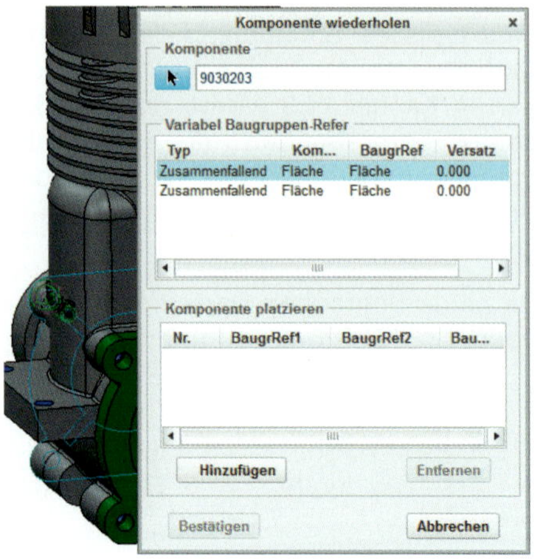

- Bohrungseinbaubedingung wählen: ⇦ <im Dialog>
- Neue Bedingung hinzufügen: ⇦ **[Hinzufügen]**
- Neue Kopfauflagefläche wählen: ⇦ <Oberfläche Deckel>

Die Schraube wird bereits an der richtigen Position dargestellt, da Ausgangs- und Ziellage dieselbe Achse verwenden. Allerdings verwendet die neue Schraube nun eine Bohrungsfläche aus dem Kurbelwellengehäuse als Referenz und kann daher im Modellbaum nicht vor das Kurbelwellengehäuse angeordnet werden. Sinnvoll ist daher das Zuweisen einer Bohrungsfläche des Geshäusesdeckels:

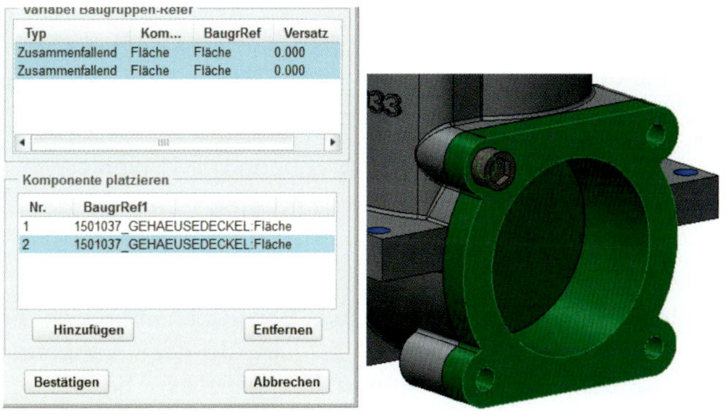

- 2. Bohrungseinbaubedingung: ⇦
- Neue Bedingung hinzufügen: ⇦ **[Hinzufügen]**
- Deckelbohrung wählen: ⇦ <Bohrungsfl.>
- Einbau: ⇦ **[Bestätigen]**

☞ Für das weitere Vervielfältigen der Schraube ist wiederum das Referenz-Muster und anschließende Verschieben des Schraubenmusters im Modellbaum hinter den Gehäusedeckel zu empfehlen.

- Muster: ▶ **[Muster]**
- Muster wählen: ⇦ <im Modellbaum>
- Verschieben bei gedrückter ⇦ Maustaste

16.9 Vergaseranschluss

In diesem Kapitel wird der nebenstehend im Schnitt abgebildete Vergaseranschluss an das Kurbelwellengehäuse ergänzt. Aufgrund der bisher symmetrischen Gestalt des Kurbelwellengehäuses ist nur aus der Hauptbaugruppe *1501025_motor.asm* oder aus der Unterbaugruppe *BG_gehaeuse.asm* heraus zu erkennen, in welche Richtung der Vergaseranschluss erzeugt werden muss.

☞ Das Modellieren des Vergaseranschlusses ist für das weitere Arbeiten mit diesem Buch nicht zwingend erforderlich.

Im Folgenden werden die Verfahrensschritte vorgestellt, um den Vergaseranschluss aus der Hauptbaugruppe *1501025_motor.asm* heraus zu modellieren.

☐ **Schritt 1:**

Zunächst wird in der Baugruppe *motor.asm* das Kurbelwellengehäuse als aktives Teil zur Bearbeitung gesetzt.

- ⇦ **Datei**, ⇦ **Öffnen**, ⇦ **[*1501025_motor.asm*]**
- ⇦ ***1501011_kurbelwellengehaeuse.prt*** <im Modellbaum wählen>
- ▶ **[Aktivieren]**

☐ **Schritt 2:**

Anschließend wird eine Bezugsebene unter dem Winkel **30°** zur oberen Fläche durch die vordere **Kante** (rot hervorgehoben) erzeugt.

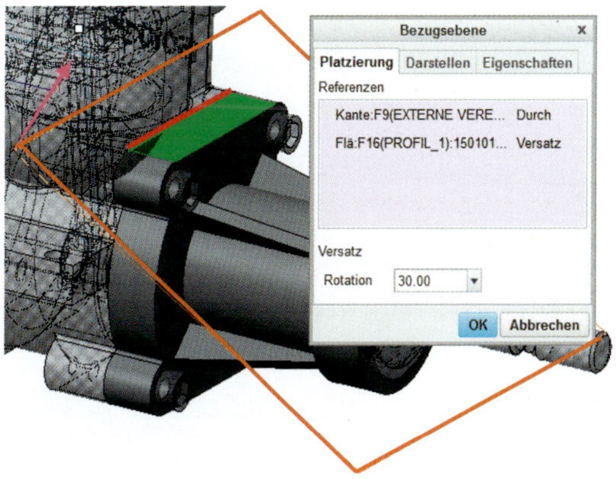

- ⇦ **Modell**, **Ebene**, ⇦ <Versatzfläche wählen> <siehe nebenstehende Abbildung>
- Kante wählen: **[Strg]+**⇦
- Rotation: **[30]**° ggf. **[-30]**°
- Beenden: **[OK]**

Da die Lage des Vergaseranschlusses nun auch im Einzelteil *1501011_kurbelwellengehaeuse.prt* definiert ist, kann die Bearbeitung im Teilmodus fortgesetzt werden.

- ⇦ <*1501011_kurbelwellengehaeuse* im Modellbaum>
- Datei öffnen: ▶ **[Öffnen]**

- [ ] **Schritt 3:**

Nun wird eine weitere Versatzebene zu der zuvor erzeugten Ebene im Abstand **15 mm** erstellt. Diese Ebene wird später als Skizzierebene verwendet.

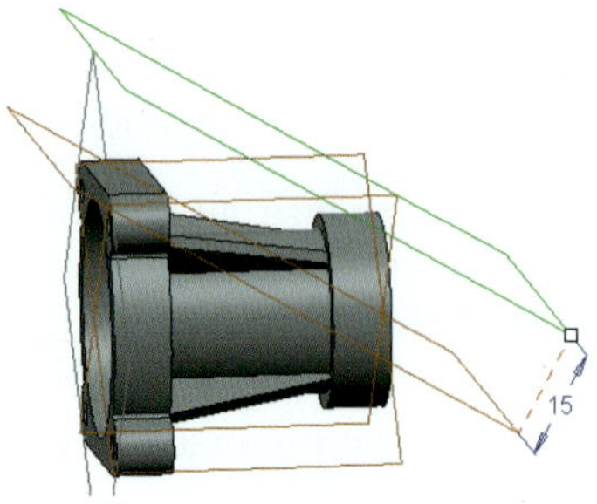

- ⇦ **Modell**, **Ebene**, ⇦ <Ebene DTM1 wählen>
- Versatz: **[15]** mm

- [ ] **Schritt 4:**

In diesem Schritt werden zwei Bezugsachsen durch die Ursprungsebenen des Parts erzeugt. Je nach verwendetem Startteil sind diese beiden Bezugsachsen bereits in den Startobjekten vorhanden.

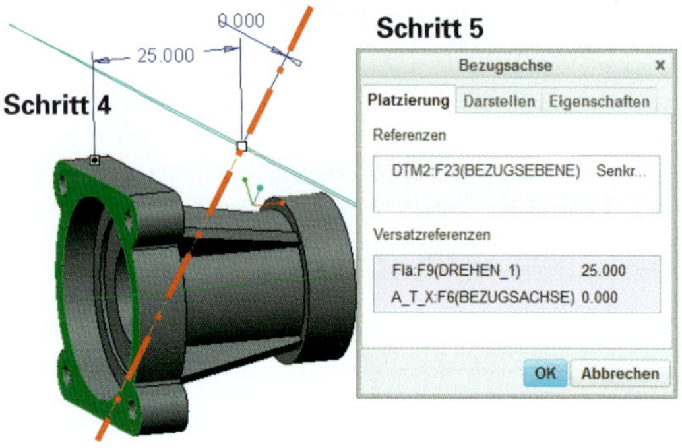

- ⇦ **Modell**, **Achse**

- [ ] **Schritt 5:**

Im 5. Schritt wird erneut eine Achse **senkrecht** zur Ebene (aus Schritt 3) erzeugt. Als Versatzreferenzen werden die Mittelachse des Kurbelwellengehäuses A_X mit dem Abstand **[0]** und die Stirnfläche des Kurbelwellengehäuses mit dem Abstand **[25]** über **[Strg]** +⇦ gewählt.

- [ ] **Schritt 6:**

Zur Orientierung der Skizze ist noch eine weitere Ebene **senkrecht** zur zuletzt erzeugten Ebene **durch** die Mittelachse des Kurbelwellengehäuses erforderlich.

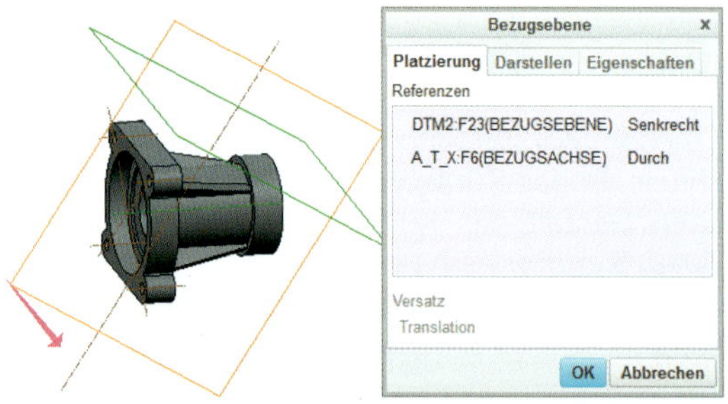

- ⇦ **Modell**, **Ebene**, ⇦ <Ebene DTM2 wählen>
- Achse hinzufügen: **[Strg]+**⇦ <Mittelachse>
- Bezugsebene beenden: **[OK]**

- [ ] **Schritt 7:**

Auf die Ebene aus Schritt 3 wird das Profil für den Vergaseranschluss zum Aufdicken skizziert. Zur Orientierung der Skizze dient die Ebene aus Schritt 6. Als Referenz für die Skizze wird die Achse aus Schritt 5 verwendet. Es wird ein Kreis mit dem Durchmesser **15 mm** konzentrisch um die Achse aus Schritt 4 skizziert und nach dem Verlassen der Skizze um **2,5 mm** nach innen aufgedickt.

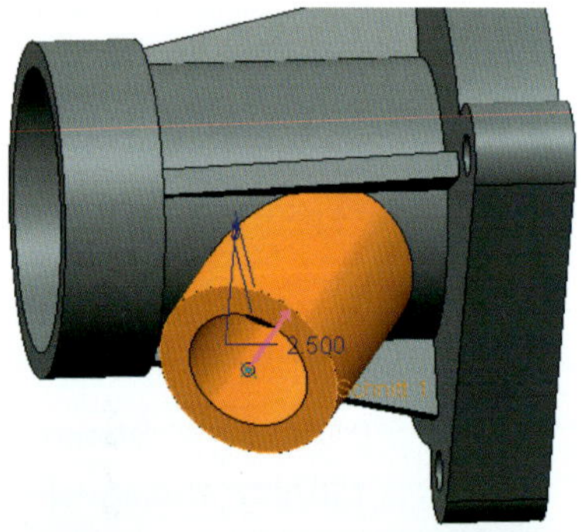

Das Profil wird mit der Tiefenoption **Bis Nächste** gezogen.

- [ ] **Schritt 8:**

Zuletzt muss nur noch ein Profil als Materialschnitt mit der Skizzenfunktion **Projizieren** durch die zylindrische Wand des Kurbelwellengehäuses erzeugt werden.

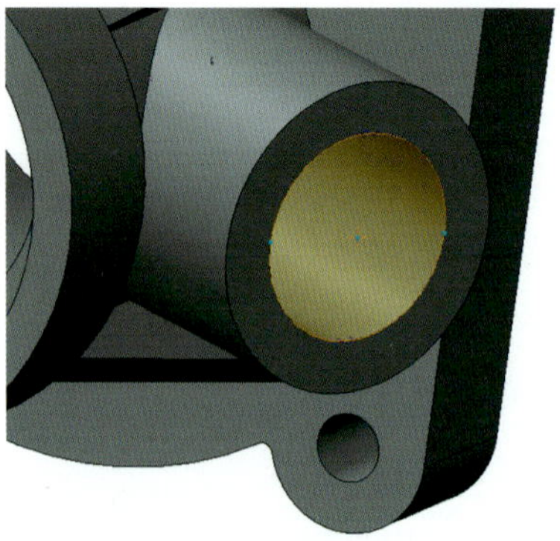

Dieser kann ausgehend von der Anschlussoberfläche ebenfalls mit der Tiefenoption **Bis Nächste** erzeugt werden.

16.10 Statorblech

Als Beispiel für die verschiedenen Techniken im Skizziermodus, Varianten der Maßdarstellung und Angabe von Form- und Lagetoleranzen (siehe Kap. 22.6) wird ein in der Literatur verbreitetes fiktives Statorblech herangezogen.

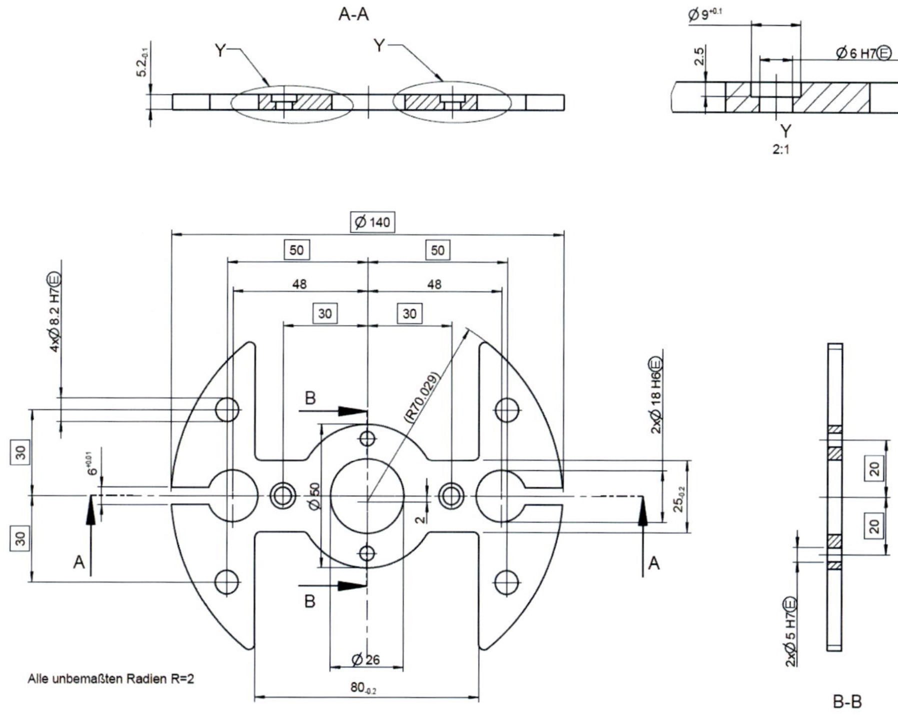

☐ **Blech anlegen als Volumenkörper**

- *<1501048_statorblech.prt>*
- ▶ **Interne Skizze def...**
- Skizzierebene: ⇦ **[XZ_T_OBEN]**

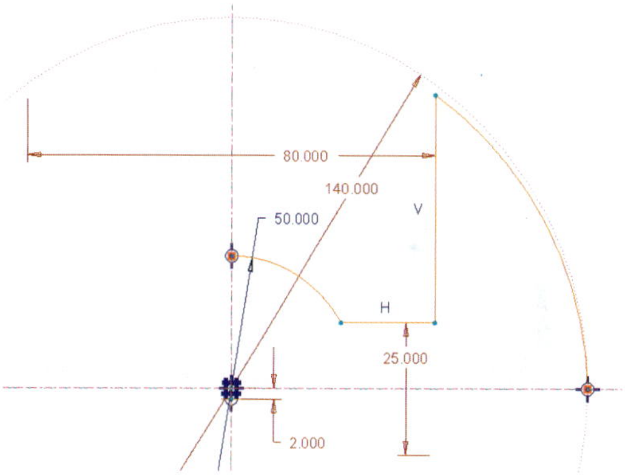

16.10.1 Erweiterte Skizzen-Techniken

Der Grundkörper wird aus der nebenstehend abgebildeten, fertig bemaßten Profilskizze durch zweimaliges Spiegeln in der Skizze erstellt und in eine Dicke von 5,2 mm extrudiert.

Die Bemaßungen 80 mm und 25 mm werden vor dem Spiegeln als Symmetriemaße erstellt, indem zuerst eine Mittellinie auf die Referenzen erzeugt wurde. Zur Bemaßung werden im Bemaßungsmodus |↔| zuerst das Linienelement ⇦ , dann die Mittellinie ⇦, erneut das Linienelement ⇦ und dann der Ort des Maßeintrags ⇩ gewählt.

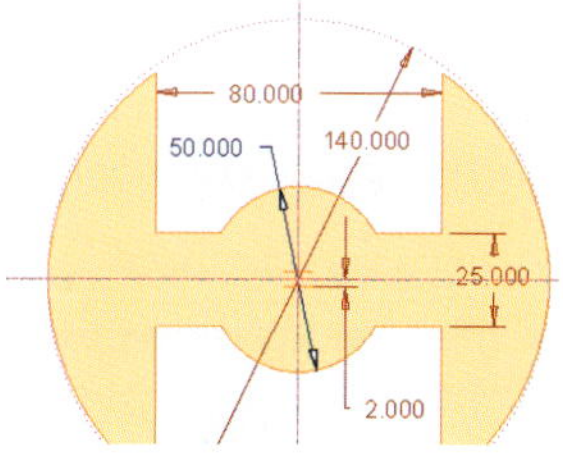

Anschließend werden in einem zweiten Profil-KE die beiden Schlitze und die zentrale Bohrung als gemeinsamer Materialschnitt erstellt. Hilfreich ist dabei das Skizzieren der ersten Schlitzgeometrie, die anschließend innerhalb der Skizze auf die andere Seite gespiegelt wird.

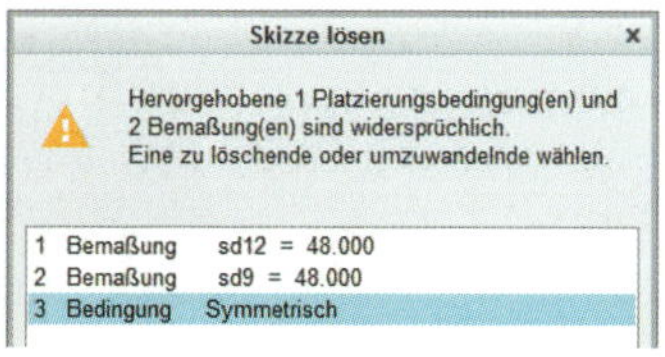

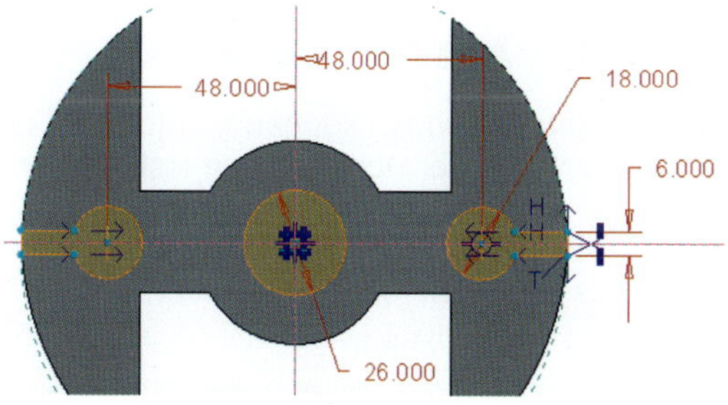

☞ Das zusätzliche Abstandsmaß von 48 mm wird anschließend erstellt. Dazu muss die Symmetriebedingung des bemaßten Punktes gelöscht werden.

16.10.2 Punkt-Muster, Toleranzen, Hüllbedingung, Basisbemaßung

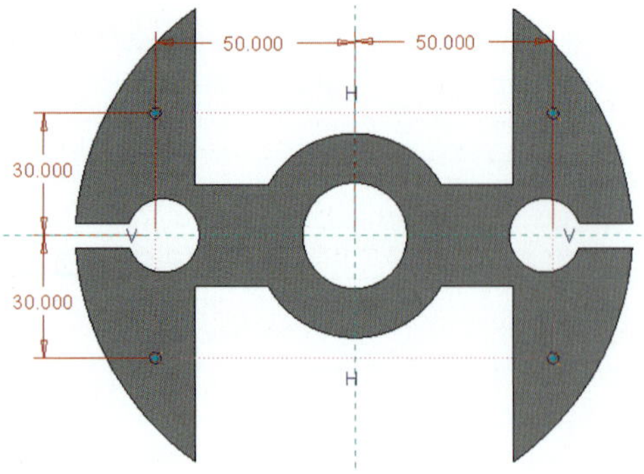

Im nächsten Schritt werden vier Durchgangsbohrungen mit dem Durchmesser Ø8,2H7Ⓔ erzeugt. Dazu wird zunächst eine Skizze auf die Blechoberfläche erstellt, darin ein Rechteck im Konstruktionsmodus skizziert und wie nebenstehend bemaßt. Anschließend werden Punkte aus der Rubrik „**Bezug**" in die 4 Ecken des Rechtecks gesetzt. Weiter wird eine Durchgangsbohrung mit 8,2 mm auf einen beliebigen der Punkte erstellt und als Punkt-Muster (siehe Kap. 12.9) vervielfältigt.

Nun wird eine Bohrung des Musters zum Editieren aufgerufen:

- ⇦ <Bohrung wählen>
- ▶ **Editieren**
- ⇦ <Durchmessermaß wählen>
- ▶ **Eigenschaften...**
- Toleranz auf Nennwert, Bohrung, H7 einstellen
- ⇦ Anzeigen, ⇦ Suffix, ⇦ **[Textsymbol]**, ⇦ Ⓔ
- ⇦ Präfix <„4x" vor das Ø-Symbol eintragen>
- Dialog beenden: **[OK]**

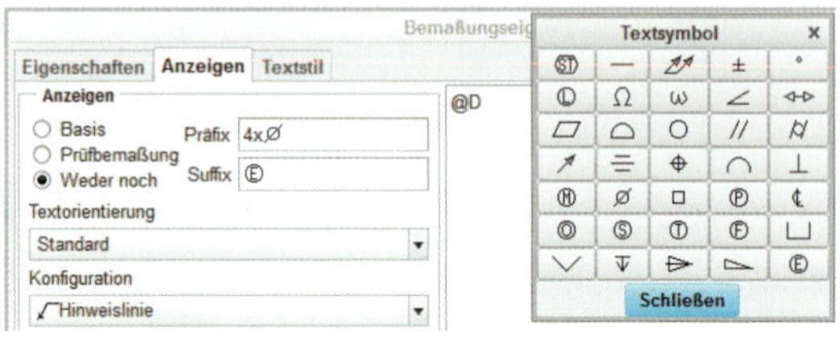

Nach derselben Methode werden nun zwei Durchgangsbohrungen Ø6H7Ⓔ, die zugehörigen Senkungen mit $Ø9^{+0,1}$ 2,5 mm tief und die beiden Durchgangsbohrungen Ø5H7Ⓔ erstellt.

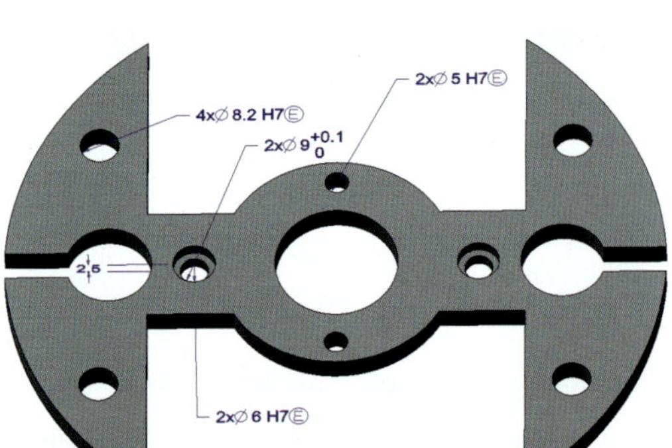

Im Modellbaum sind die Skizzen für die Punkt-Muster automatisch ausgeblendet.

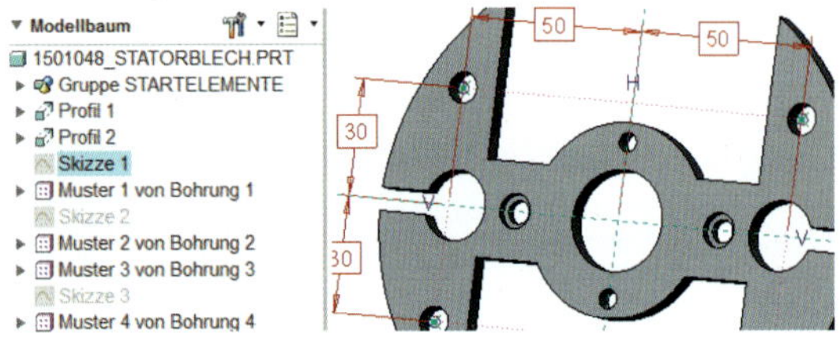

Durch Auswahl der Skizze im Modellbaum können trotzdem die Bemaßungen der Skizze über die rechte Maustaste zum Editieren gewählt werden:

- ⇦ Skizze 1, ▶ **Editieren**
- ⇦ <erste Bemaßung wählen>
- **[Strg]+**⇦ <weitere Bemaßung dazu wählen>
- ▶ **Eigenschaften...**, ⇦ Anzeigen, ◉ **Basis**

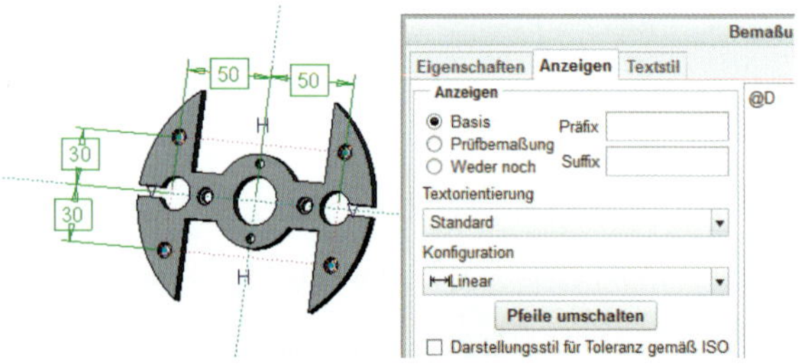

Die gewählten Bemaßungen werden durch ein umstellendes Rechteck als Positionsmaße (Basis) gekennzeichnet.

- Dialog beenden: **[OK]**

In gleicher Weise werden die Maße aus den Skizzen 2 und 3 als Positionsmaße gekennzeichnet.

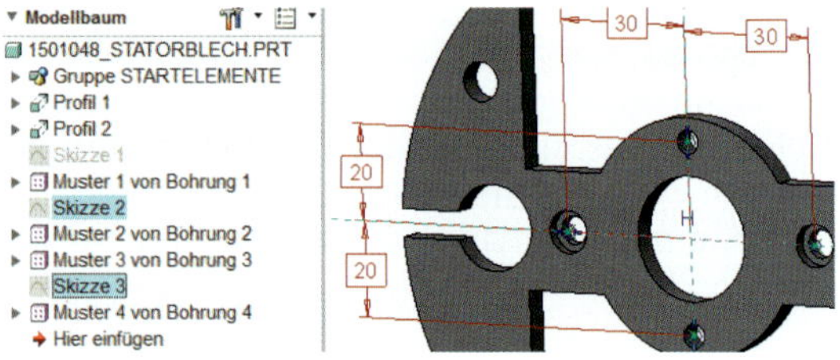

16.10.3 Absichtskante

Die Blechabrundungen können komfortabel über die automatische Erkennung der Absichtskette erstellt werden:

- ⇦ **Modell**, ⇦ **Rundung**
- Mauszeiger über Kante platzieren
- ▶ **Aus Liste wählen**
- ⇦ Auswahl der geeigneten Absichtskette, **[OK]**
- Radienwert: **[2.0]** mm
- ⇦ *Rundung* ✔ oder ⇩

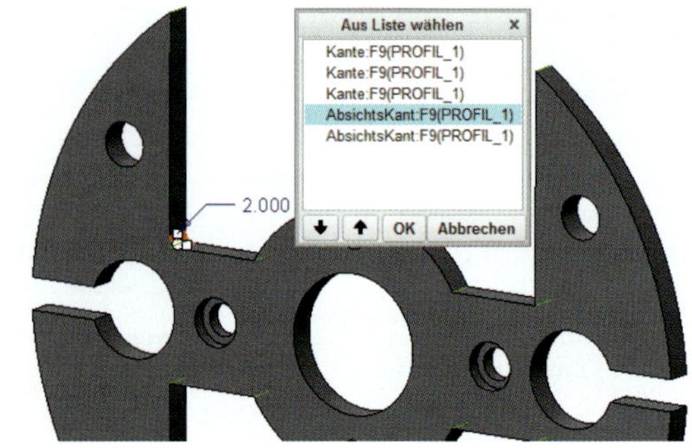

17 Schweißen

Die Anwendung „Schweißen" steht in der Schools-Version nicht zur Verfügung. Allerdings werden Schweißnähte, die mit der Hochschul- oder industriellen Versionen erstellt wurden beibehalten. Sie können aber nicht verändert (umdefiniert) werden. Die Schweißnahtsymbole lassen sich verändern und anpassen.

In Kap. 13.1 wurde bereits der Aufbau einer Roh-/Fertigteil-Thematik am Beispiel eines Gussteils vorgestellt. Im folgenden Beispiel wird (ohne Verwendung für den Beispielmotor) eine mögliche Realisierung von Schweißteilen vorgestellt. Im Anwendungszusammenhang (Maschine) werden **Schweißteile** entsprechend ihrer Bezeichnung bevorzugt als Einzelteile verwendet. Tatsächlich bestehen Schweißteile aber aus mindestens **zwei Bauteilen** (Blechen), die ggf. nach Zeichnung oder Schablone zugeschnitten und durch das Schweißen zu einem Schweißteil verbunden werden müssen. Nach dem Schweißen sind üblicherweise noch mechanische Fertigungsschritte am kompletten Schweißteil erforderlich.

In *Creo* sind grundsätzlich 3 verschiedene Arten des Umgangs mit Schweißteilen realisierbar:

Schweißbaugruppe: Der klassische und **empfehlenswerte Weg** ist die Anwendung von Schweißbaugruppen, bestehend aus Schweißnebenteilen mit Zeichnung und/oder Schablone, die in der Schweißbaugruppe eindeutig zueinander positioniert und verschweißt werden. Anschließend werden die Bearbeitungen am fertigen Schweißteil als Baugruppenbearbeitungen (nur Materialschnitte möglich) durchgeführt. Die Stückliste der Schweißbaugruppe ist die Stückliste der Schweißnebenteile. Als Schweißteil wird schlussendlich die Schweißbaugruppe verwendet.

Verschmolzenes Schweißteil aus Schweißeinzelteilen: Dieser Weg ist neu in *Creo* möglich und bisher **weniger zu empfehlen**. Der Vorteil besteht in der Realisierung eines Schweißeinzelteils (anstatt einer Schweißbaugruppe) bestehend aus Schweißnebenteilen mit Zeichnung und/oder Schablone. Alle Schweißnahtdefinitionen und alle Fertig-Bearbeitungen erfolgen am Schweißeinzelteil als Bauteilbearbeitungen. Schweißnahtvorbereitungen über den Schweißnahtassistenten sind nicht möglich, eine Stückliste der Schweißnebenteile ist ebenfalls nicht möglich, und die Durchgängigkeit der Datenverwaltung in den PDM-Systemen ist noch nicht geklärt. Weitere Nachteile sind, dass die Schweißstöße in der Schweißteilzeichnung nicht dargestellt werden und die Schweißnebenteile keine unterschiedlichen Schraffuren aufweisen.

Schweißteil aus KEs: Von der Anwendung dieser Variante ist **abzuraten**. Hier werden alle Schweißnebenteile als Konstruktionselemente (KEs) in ein Schweißeinzelteil hinein modelliert. Es gibt daher keine Schweißnebenteile, Schweißnebenteilzeichnungen und auch keine Schablonen. Schweißstöße und unterschiedliche Schraffuren sind nicht darstellbar. In Alt-Konstruktionen ist diese Art der Schweißteilmodellierung leider recht häufig vorhanden. Neu in *Creo* ist nun die Möglichkeit, derartige Schweißmodelle mit dem Schweißtool aufzuwerten, d. h. Schweißnähte modell- und zeichnungstechnisch zu ergänzen.

Im Folgenden wird die Schweißbaugruppen-Variante behandelt. Dazu werden zunächst drei einzelne Platten (je ein einzelnes Teil) mit folgenden Abmessungen erstellt und entsprechend der nebenstehenden Abbildung in eine neue Baugruppe *BG_schweissen.asm* fest eingebaut.

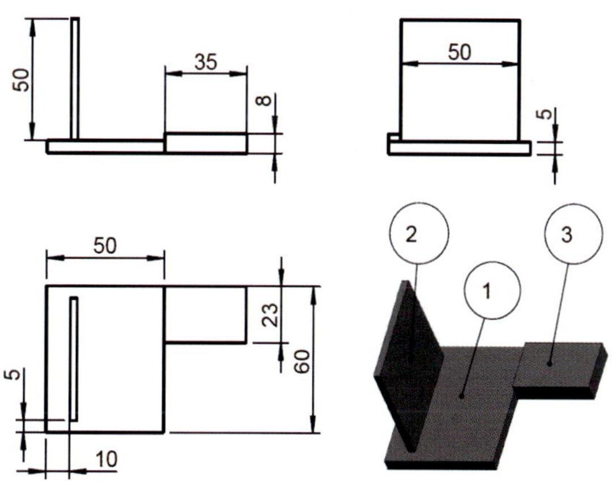

- *1051040_blech_01.prt*: 50 mm x 60 mm x 5 mm
- *1051041_blech_02.prt*: 50 mm x 50 mm x 3 mm
- *1051042_blech_03.prt*: 35 mm x 23 mm x 8 mm

  Alle Bleche aus 1.0038 S235JR

- *1501043_BG_schweissen.asm*

  Zusammenbau nach Skizze

17.1 Schweißanwendung vorbereiten

Zum Aktivieren der Schweißanwendung führt:

- ⇦ **Anwendungen**, ⇦ Schweißen

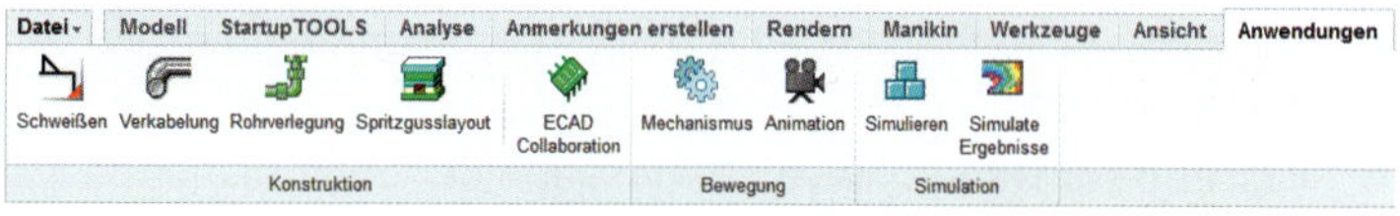

17.1.1 Schweißnahtnorm auf ISO

In der Standardeinstellung verwendet *Creo* den ANSI-Normstandard für die Definition und Angabe von Schweißnähten.

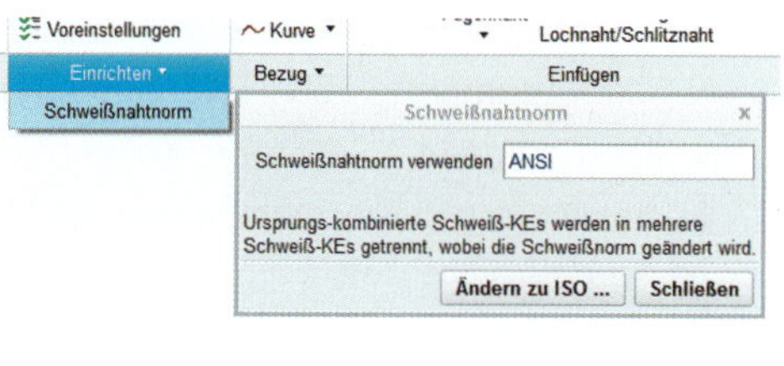

- ⇦ **Schweißen**, **Setup** (*oder Einrichten*)▼, ⇦ **Schweißnahtnorm**
- ⇦ **[Ändern zu ISO...]**

17.1.2 Schweißmaterial definieren

Für eine Massenberechnung des Schweißteils wird das Gewicht der Schweißnähte benötigt. Dazu müssen der Schweißnahtwerkstoff und der Schweißstab definiert und angegeben sein.

- ⇦ **Schweißen**, ⇦ Schweißnahtmaterial
- ⇦ Neues Schweißmaterial, ⇦ Definieren…,
- ⇦ 10038_S235JR ⯈⯈⯈, **[OK]**
- ⇦ Durchmesser (Schweißstab): **[3]**
- ⇦ Schweißstablänge: **[100]**
- Schweißmaterial-Name: **[S235jr_3x100]**
- ⇦ **[OK]**

Im Modellbaum ist das Schweißmaterial nun als **S235JR_3X100** aufgeführt und kann allen nachfolgend definierten Schweißnähten des Modells zugewiesen werden.

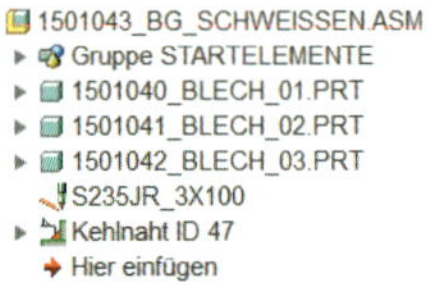

17.1.3 Schweißnaht-Voreinstellungen

In den meisten Fällen müssen in einer Schweißbaugruppe eine größere Anzahl an Schweißnähten erstellt werden. Sinnvoll und hilfreich im Sinne einer beschleunigten Bearbeitung ist daher, wenn für die einzelnen Schweißnahttypen (Kehlnaht, Stumpfnaht, usw.) Standardeinstellungen (Nahtdicke, Nahtausführung, usw.) vordefiniert, abgespeichert und wieder geladen werden können. Beispielhaft wird eine Voreinstellung für Kehlnähte vorgestellt:

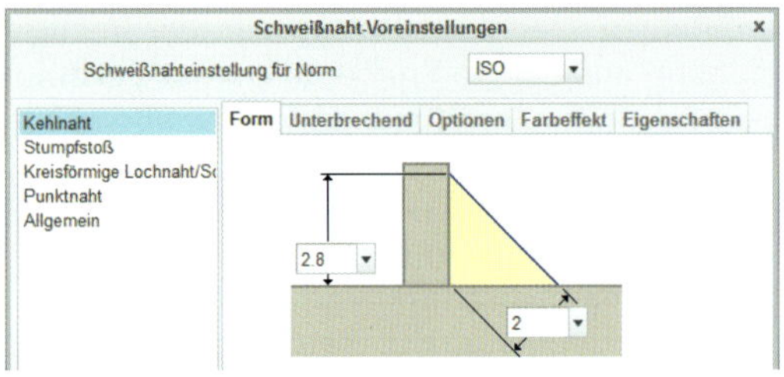

☐ **Kehlnaht: Form**

- ⇦ **Schweißen**, ⇦ Voreinstellungen
- Schweißnahteinstellungen für Norm: ⇦ **ISO▼**
- ⇦ **Form**, Nahthöhe: **[2]** mm
- ⇦ **Form**, Schenkellänge: **[2.8]** mm

> ☞ Die Schenkellänge ist für die Nahteinstellung ISO unerheblich, da im Regelfall die Nahthöhe ausgegeben wird.

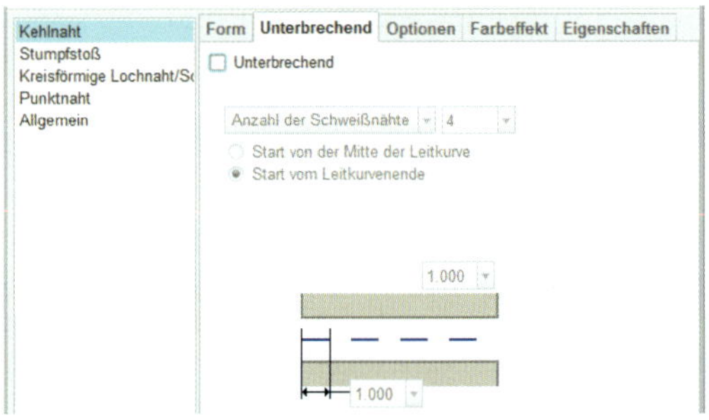

☐ **Kehlnaht: Unterbrechend**

Standardmäßig sollen durchgezogene Kehlnähte verwendet werden. Alternativ können unterbrechende Nähte in Länge und Anzahl der Unterbrechungen vordefiniert werden.

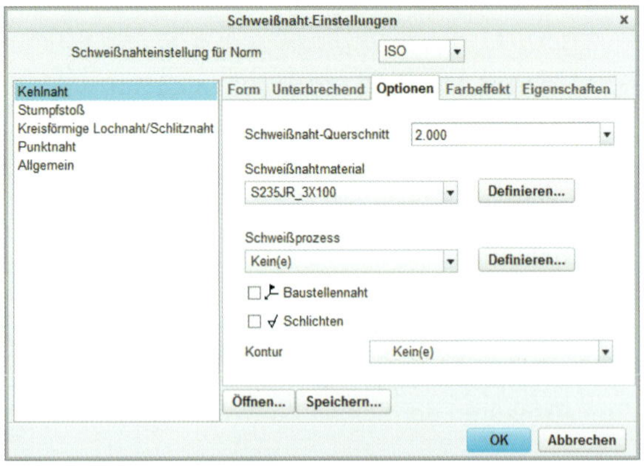

☐ **Kehlnaht: Optionen**

Der Schweißnahtquerschnitt wird für die Berechnung des Schweißnahtgewichts benötigt. Dieser kann zwar auch anhand eines Schnittes mit einer Ebene für jede Schweißnaht einzeln berechnet werden, aber dazu muss bei jeder Schweißnaht eine geeignete Schnittebene gewählt werden.

Passend zur Nahthöhe von 2 mm kann der entsprechende Nahtquerschnitt (Fläche des Nahtdreiecks) zu **2** mm² eingegeben werden.

- ⇦ **Optionen**, Schweißnahtquerschnitt: **[2]** mm²
- ⇦ **Optionen**, Schweißnahtmaterial: **S235_JR_3X100**
- ⇦ **Optionen**, Kontur: **Keine**

In diesem Register besteht weiter die Möglichkeit zwischen Flach-, Wölb- (Konvex) oder Hohlnähten (Konkav) zu wählen.

Darüber hinaus können Schweißprozesse definiert und per Voreinstellung zugewiesen werden. Weitere Schweißprozesse können definiert werden über:

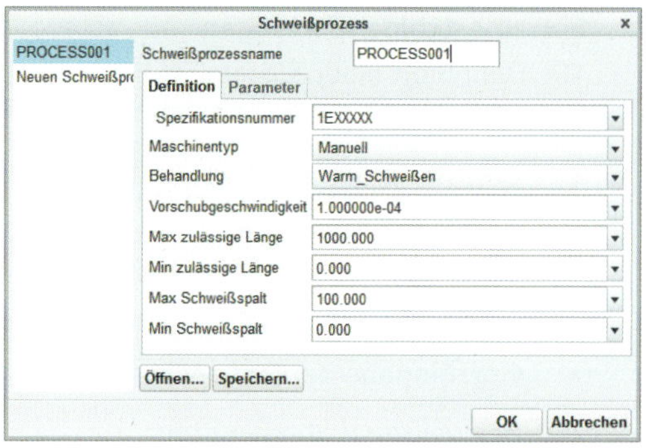

- ⇦ **Schweißen**, ⇦ Prozess

> ⚠ Die Voreinstellungen werden **nicht** mit der Baugruppendatei abgespeichert. Voreinstellungen können jedoch separat im Arbeitsverzeichnis gespeichert und daraus geladen werden.

17.2 Schweißnähte definieren

Am Beispiel der Bleche werden einige Schweißnahtanwendungen vorgestellt:

17.2.1 Kehlnähte ohne Nahtvorbereitung

☐ **Umlaufende Kehlnaht erzeugen**

- ⇦ **Schweißen**, ⇦ Kehlnaht
- ⇦ , **[Strg]+**⇦ Flächenauswahl am 1. Körper (blech_02). Für eine umlaufende Kehlnaht müssen alle (vier) Seitenflächen des zu verschweißenden Objekts gewählt werden.

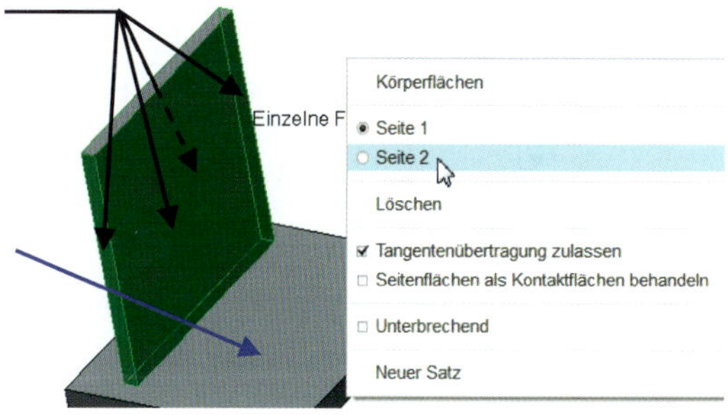

- ▶ **[Seite 2]** <Flächenkollektor für 2. Körper>
- ⇦ Flächenauswahl am 2. Körper (blech_01)

Bei entsprechender Voreinstellung ist keine Eingabe der Schweißnahtdicke *A* erforderlich: **[2]** mm

Unter dem Register Optionen in der Kehlnahtfunktion können alle Parameter der Voreinstellung auch einzeln gesetzt werden. Des Weiteren kann der Querschnitt der Schweißnaht automatisch ermittelt werden. Dazu ist jedoch je Naht eine **Baugruppenebene** anzugeben, durch die der Schweißnahtquerschnitt senkrecht verläuft.

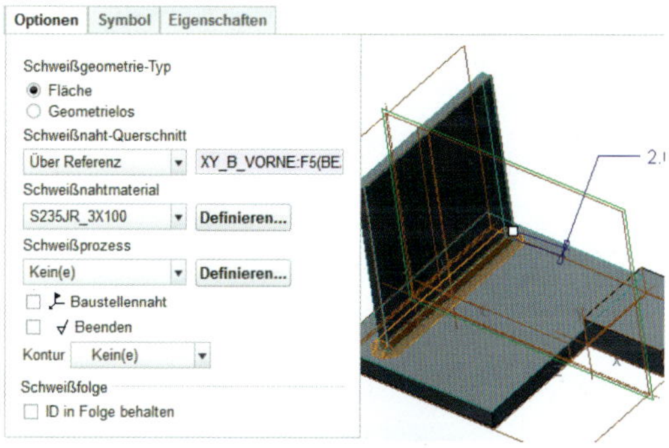

> ☞ Der berechnete Schweißnahtquerschnitt berücksichtigt allein die Nahtdicke A. Nahtkonturen (Hohl-, Flach- oder Wölbnaht) werden nicht berücksichtigt.

- Schweißnaht abschließen: ✔ *oder* ⇩

> ⚠ Schweißnähte werden als Flächen dargestellt.

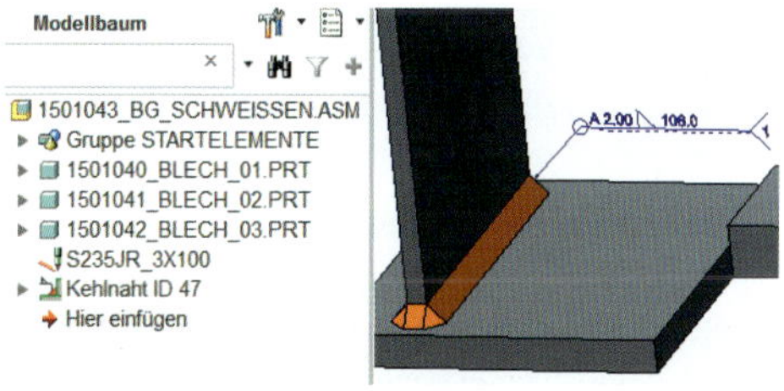

Die nebenstehende Abbildung zeigt neben den Schweißnahtflächen auch das automatisch erstellte Schweißsymbol für die Rundumschweißung nach DIN EN 26692.

Nach Auswahl der Schweißnaht im Modellbaum können über das Kontextmenü auf der rechten Maustaste die Schweißparameter aufgezeigt werden. Der Schweißnahtquerschnitt wird im Parameter X_SECTION_AREA definiert.

- ⇦ Schweißnaht auswählen <im Modellbaum>
- ▶ **Parameter editieren**

☐ **Einzelne Kehlnaht erzeugen**

Die Definition einer Einzelnaht erfolgt analog durch Auswahl nur einer einzelnen Körperfläche am 1. Körper.

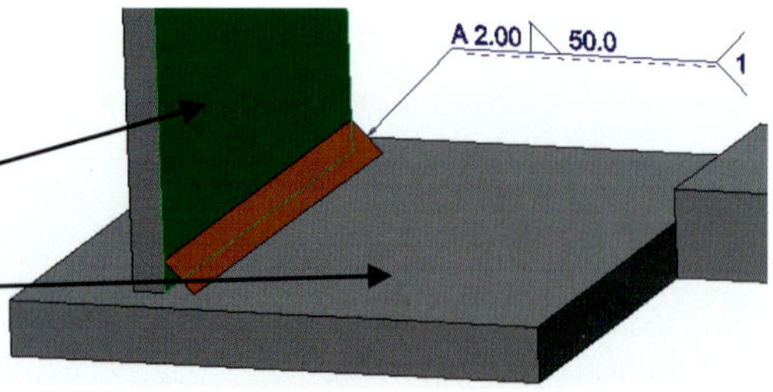

- ⇦ **Schweißen**, ⇦ Kehlnaht
- ⇦ Flächenauswahl am 1. Körper (*blech_02)*
- ▶ **[Seite 2]** <Flächenkollektor für 2. Körper>
- ⇦ Flächenauswahl am 2. Körper (*blech_01)*
- Ggf. Eingabe der Schweißnahtdicke A: **[2]** mm
- Schweißnaht abschließen: ✔ *oder* ⇩

☐ **Unterbrochene Kehlnaht erzeugen**

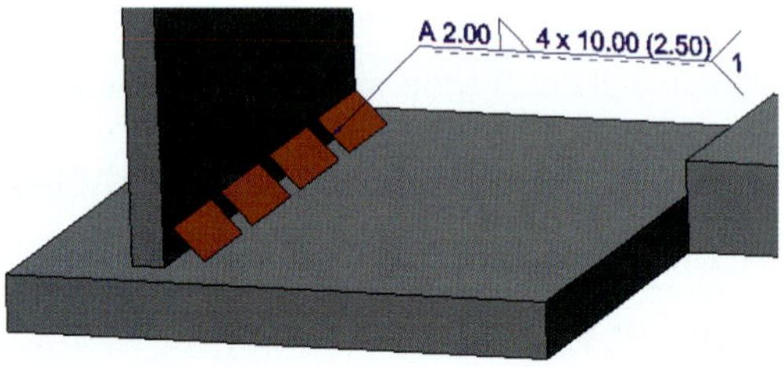

- ⇦ **Schweißen**, ⇦ Kehlnaht
- ⇦ Flächenauswahl am 1. Körper (*blech_02)*
- ▶ **[Seite 2]** <Flächenkollektor für 2. Körper>
- ⇦ Flächenauswahl am 2. Körper (*blech_01)*
- Ggf. Eingabe der Schweißnahtdicke A: **[2]** mm
- ▶ **[Unterbrechend]** <Unterbrechung>
- Anzahl der Nahtstücke: **[4]**
- Länge der Nahtstücke: **[10]** mm

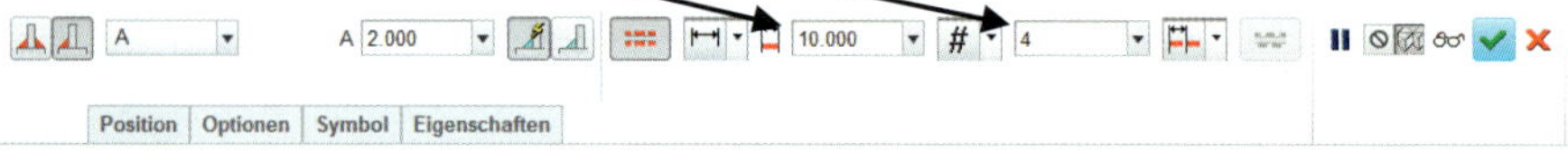

- Schweißnaht abschließen: ✔ *oder* ⇩

17.2.2 Stumpfnaht mit Nahtvorbereitung

Eine Nahtvorbereitung ist eine mechanische Bearbeitung (Materialabtrag) an mindestens einem der zu verschweißenden Teile. In der aktiven Baugruppe *BG_schweissen.asm* wird die Applikation *Schweißen* aufgerufen.

- ⇦ **Anwendungen**, ⇦ **Schweißen**

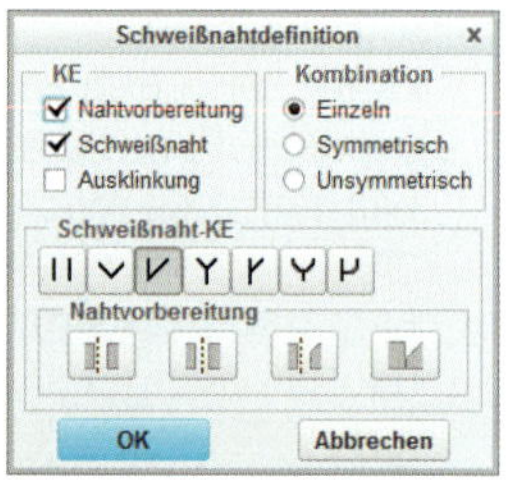

Als Beispiel für eine Schweißung mit Nahtvorbereitung wird die Stumpfnahtverbindung zwischen *blech_01* und *blech_03* als HV-Naht verwendet.

☐ **Im Schweißnaht-Assistenten**

- ⇦ **Schweißen**, ⇦ **Schweißnaht-Assistent**
- Nahtvorbereitung erzeugen: ☑ **Nahtvorbereitung**
- Schweißnaht erzeugen: ☑ **Schweißnaht**
- ⇦ <HV-Stumpfnaht>
- ⇦ <HV-Vorbereitung mit Schweißspalt>
- Auswahl bestätigen: **[OK]**

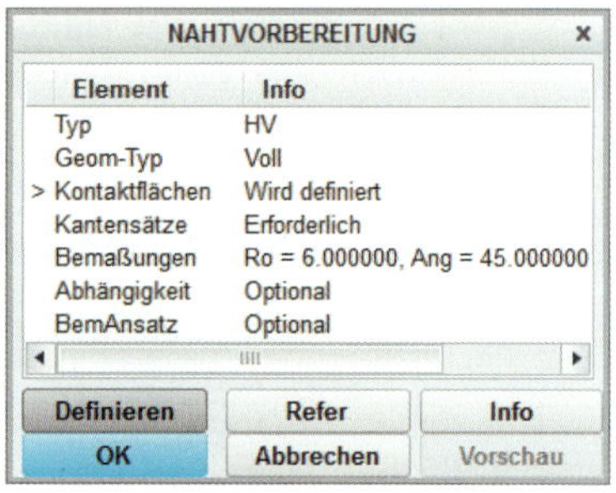

☐ **Im Dialog NAHTVORBEREITUNG**

Im Dialog NAHTVORBEREITUNG ist sofort der Modus zur Auswahl der Kontaktflächen aktiv.

- ⇦ <Auswahl der Kontaktfläche>
- ⇩ <Kontaktflächenauswahl beenden>

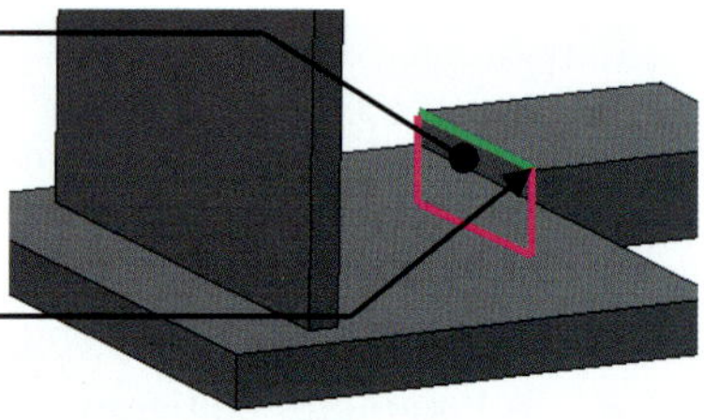

Der Modus zur Auswahl der *Kantensätze* wird aktiviert.

- ⇦ <Auswahl der Kante>
- ⇩ <Menümanager fertig>
- ⇩ <Kantensatzauswahl beenden>

Im Dialog NAHTVORBEREITUNG

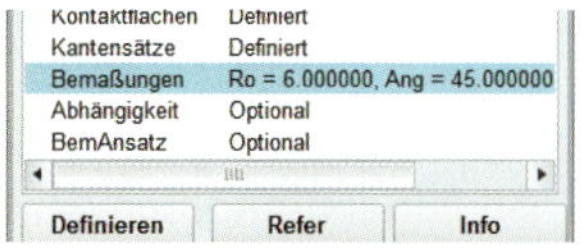

- Bemaßungen wählen: ⇦ **[Bemaßungen]**
- Bemaßungen definieren: ⇦ **[Definieren]**

Im Dialog NV-BEMAẞUNGEN

- Schweißspalt: **[2]** mm
- Winkel: **[45]**°
- Tiefe: **[3]** mm
- NV-BEMAẞUNG beenden: **[OK]**
- NAHTVORBEREITUNG beenden: **[OK]**

☐ **Im Schaltpult der Schweißnaht**

Die Außenkante der Nahtvorbereitung (grün) wird automatisch als Kante der Seite 1 der Schweißnaht vorgeschlagen.

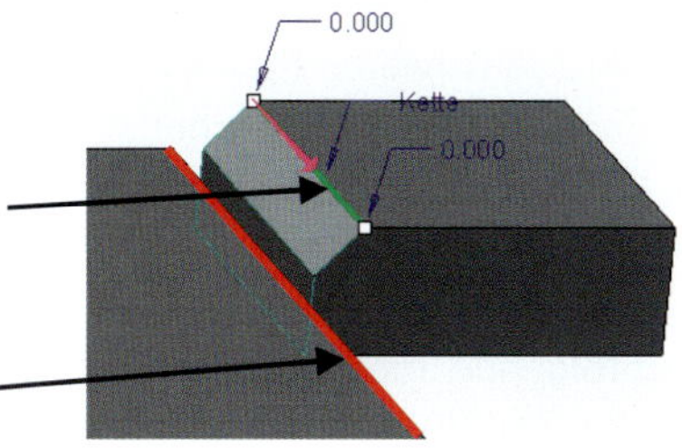

- 2. Seite der Naht definieren: ▶ **[Seite 2]**
- 2. Naht wählen: ⇦ <rote Kante>

Aufgrund der unterschiedlichen Längen der zu verbindenden Blechkanten muss die 2. Kante durch Verwenden der weißen Zugknöpfe auf die richtige Länge (–37 mm) gekürzt werden.

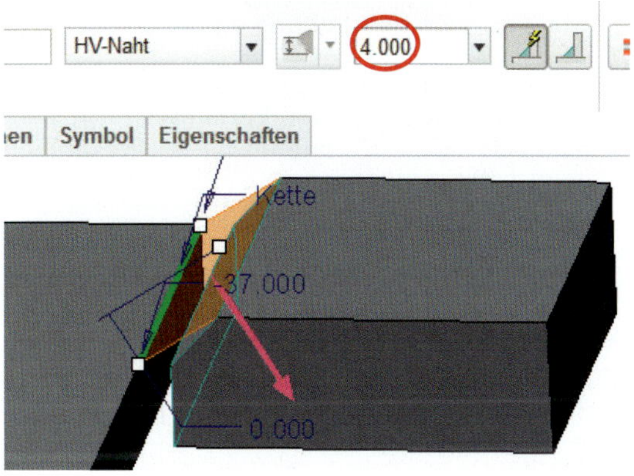

- Zugknopf greifen und mit gedrückter ⇦ verschieben.
- Eingabe der Schweißnahtdicke A: **[4]** mm
- Schweißnaht abschließen: ✔ *oder* ⇩

☞ *Creo* öffnet nun wieder den Schweißnaht-Assistenten zur Definition einer nächsten Schweißnaht.

- Schweißnaht-Assistent beenden: **[Abbrechen]**

Im Modellbaum befindet sich vor der Stumpfnaht das Nahtvorbereitungs-KE. Die Schweißnahtsymbole sind jeweils unter das Naht-KE eingeordnet.

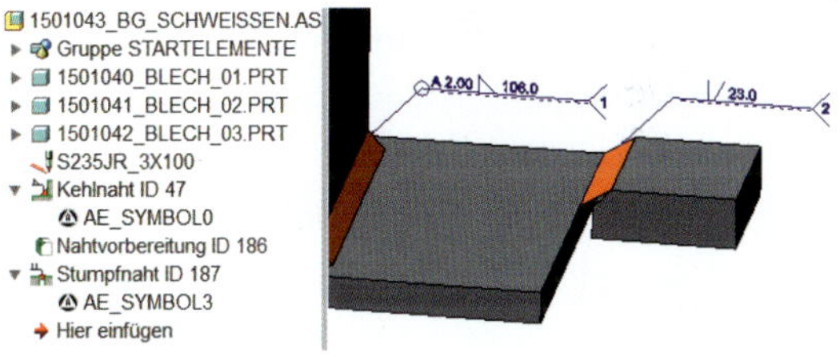

Die Nahtvorbereitung besteht im vorliegenden Fall aus einer Kürzung (Schweißspalt) und anschließender Fase (Öffnungswinkel) an Blech *1501042_blech_03.prt*.

Öffnet man nun das *1501042_blech_03.prt* selber und/oder erstellt eine Zeichnungsableitung des Bleches, so findet man neben dem ursprünglichen Profil-KE zwei weitere Konstruktionselemente für den Schweißspalt und den Öffnungswinkel, die aus der Baugruppe heraus an das Blech-Einzelteil übergeben wurden.

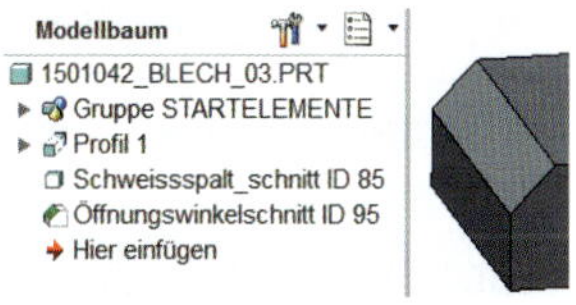

In einer Zeichnungsableitung des Blechs sind neben den ursprünglichen Profilmaßen auch die Bemaßungen von Schweißspaltzuschnitt (2 mm) und Öffnungswinkel (45° und 3 mm) verfügbar.

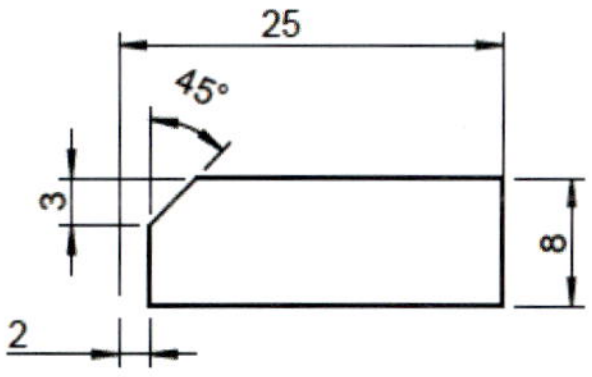

⚠ Die Rückführung von aus der Baugruppe gesteuerten Bearbeitungen (Nahtvorbereitungen) in die Schweißeinzelteile erfordern aufwendigere Berechnungen beim Regenerieren der Modelle. Bei großen Schweißbaugruppen mit vielen Nahtvorbereitungen kann das zu spürbaren Verzögerungen beim Modellaufbau führen.

☞ Schweißnahtvorbereitungen können mit demselben modelltechnischen und zeichnerischen Ergebnis auch als normale Konstruktionselemente direkt in den Schweißnebenteilen realisiert werden. Damit entfällt der berechnungsaufwendige Prozess der Rückführung.

17.2.3 Schweißsymbol bearbeiten

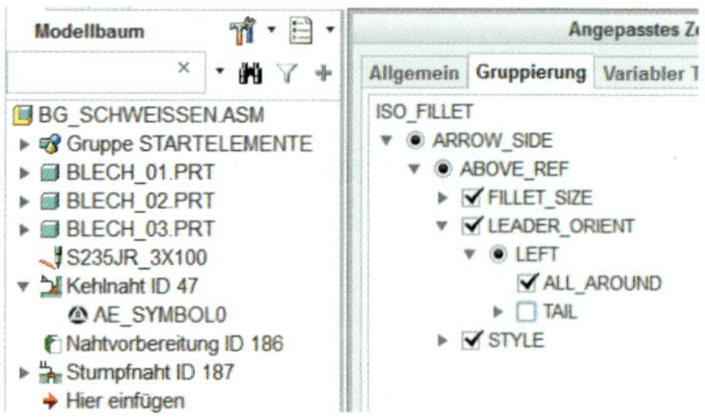

Die Schweißsymbole werden automatisch auf der Basis der gewählten Einstellungen und Schweißverfahren erstellt. Sie stehen analog für die Zeichnungsableitung zur Verfügung.

Sollen beispielsweise die Ausgabe der Nahtreferenz deaktiviert und die Nachkommastellen bei der Schweißnahtdicke unterbunden werden, ist folgende Funktionskette erforderlich:

⇦ Kehlnaht im Modellbaum aufklicken, ⇦ Symbol anwählen
⇨ Eigenschaften, ⇦ Gruppierung, ⇦ ARROW_ SIDE
⇦ ABOVE_REF, ⇦ LEADER_ORIENT, ⇦ LEFT
⇦ TAIL deaktivieren (Keine Ausgabe der Nahtreferenz)
⇦ Variabler Text, ⇦ &throat_thickness:weld[.2]
⇦ Endung [.2] ändern auf **[.0]**
⇦ **[OK]**

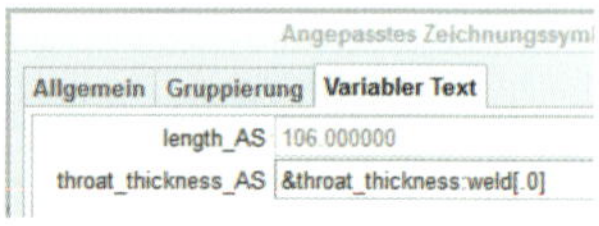

Das Ergebnis ist die nebenstehend abgebildete Schweißbaugruppe. Für nachfolgende mechanische Bearbeitungen des Schweißteils bzw. der Schweißbaugruppe stehen in *Creo* folgende Methoden zur Verfügung:

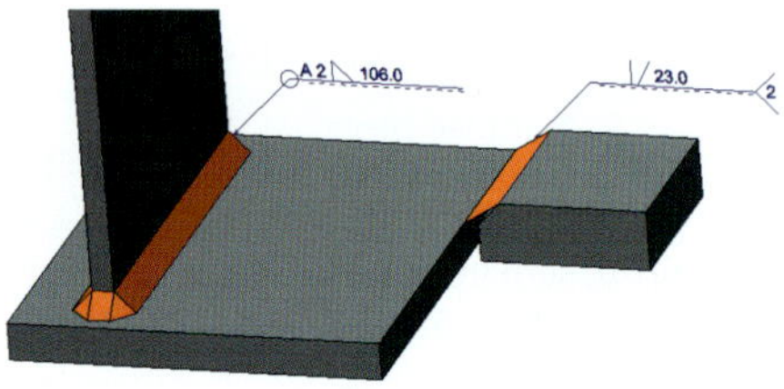

- Mechanische Bearbeitung an der Schweißbaugruppe
- Mechanische Bearbeitung an einem verschmolzenen Schweißteil

Im Folgenden werden beide Varianten vorgestellt. Die Entscheidung für die eine oder andere Variante ist im Wesentlichen abhängig von den Datenstrukturen der Firma.

17.2.4 Mechanische Bearbeitung in der Schweißbaugruppe

Bei dieser Vorgehensweise werden sämtliche Bearbeitungsvorgänge, die nicht bereits am Schweißnebenteil (Blech) vorher eindeutig definiert werden konnten, als sogenannte Baugruppenmaterialschnitte in der Schweißbaugruppe durchgeführt. Als Beispiel wird eine Bohrung verwendet, die *blech_03* durchbohrt, deren Lage aber abhängig von *blech_02* definiert ist:

- ⇦ **Datei**, ⇦ Öffnen, ⇦ **[*1501043_BG_schweissen.asm*]**
- ⇦ **Modell**, ⇦ **Bohrung**, ⇦ Einfache Bohrung
- ⇦ **Durch alle**, Ø **[8]** mm
- Bohrungsansatzfläche: ⇦ <grüne Fläche>
- 1. Zugknopf auf Fläche ziehen: ⇦ **[55]** mm
- 2. Zugknopf auf Fläche ziehen: ⇦ **[45]** mm
- Bohrung beenden: ✔ *oder* ⇩

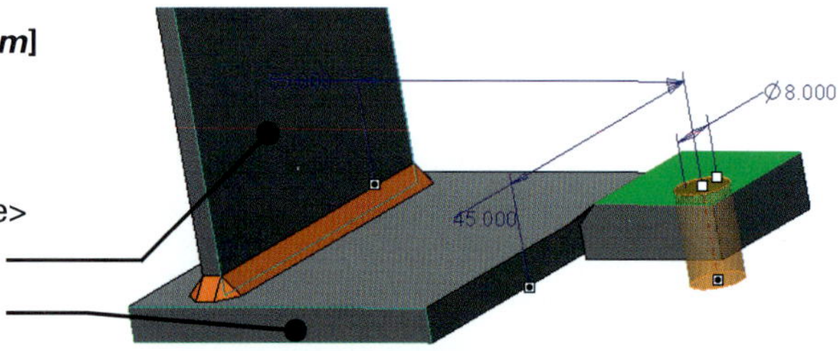

Die nachfolgende Abbildung zeigt eine Zeichnungsableitung der Schweißbaugruppe. Diese enthält beispielhaft alle Komponenten (Schweißnebenteile) einschließlich ihrer Lage zueinander, die Schweißnahtkennzeichen aus der Anwendung „Schweißen" sowie eine Stückliste der Schweißnebenteile mit zugehörigen Positionsnummern als Stücklistenballons.

Zusätzlich wird die mechanisch zu fertigende Bohrung in Lage und Größe dargestellt und bemaßt. Die Notwendigkeit zur Fertigung der Bohrung nach dem Schweißen ergibt sich aus der Lagebemaßung relativ zum Blech Nr. 2. Diese Bohrung ist daher als Baugruppenmaterialschnitt nicht in das Modell des Bleches Nr. 3 übernommen worden, ganz im Gegensatz zu den Bearbeitungen der Nahtvorbereitung.

Für die Zeichnung wurden folgende **ergänzenden Maßnahmen** durchgeführt:

- Maßtoleranz mit Hüllbedingung (analog Kap. 8.6.4)
- Ausfüllen aller Modellparameter (analog Kap. 8.3)
- Oberflächeneinträge (analog Kap. 22.7.1)
- Allgemeiner Symboleintrag (analog Kap. 22.7.1)
- Stückliste eingefügt (analog Kap. 22.9)
- Positionsnummern vergeben (analog Kap. 22.10.3)
- Querschnitt definiert (analog Kap. 20.3.5)
- Zeichnungsformat gewählt (analog Kap. 22.2)
- Schweißnahtüberdeckung ausgeblendet (analog Kap. 22.9)

Mengenübersichtsstückliste (DIN 6771-A; DIN 199 T2) / alle Teile aller Baugruppenebenen / keine Baugruppen

1	2	3	4	5	6
Lfd. Nr.	Menge	Einheit	Benennung (Kategorie/Dateiname)	Identnummer Sachnummer/Norm-Kurzbezeichnung	Material Halbzeug
1	1	Stk	Blech (4/1501041_BLECH_02)	1501041 DIN EN 10025 x 3	S235JR 50 x 50 x 3
2	1	Stk	Blech (4/1501040_BLECH_01)	1501040 DIN EN 10025 x 5	S235JR 50 x 60 x 5
3	1	Stk	Blech (4/1501042_BLECH_03)	1501042 DIN EN 10025 x 8	S235JR 35 x 23 x 8

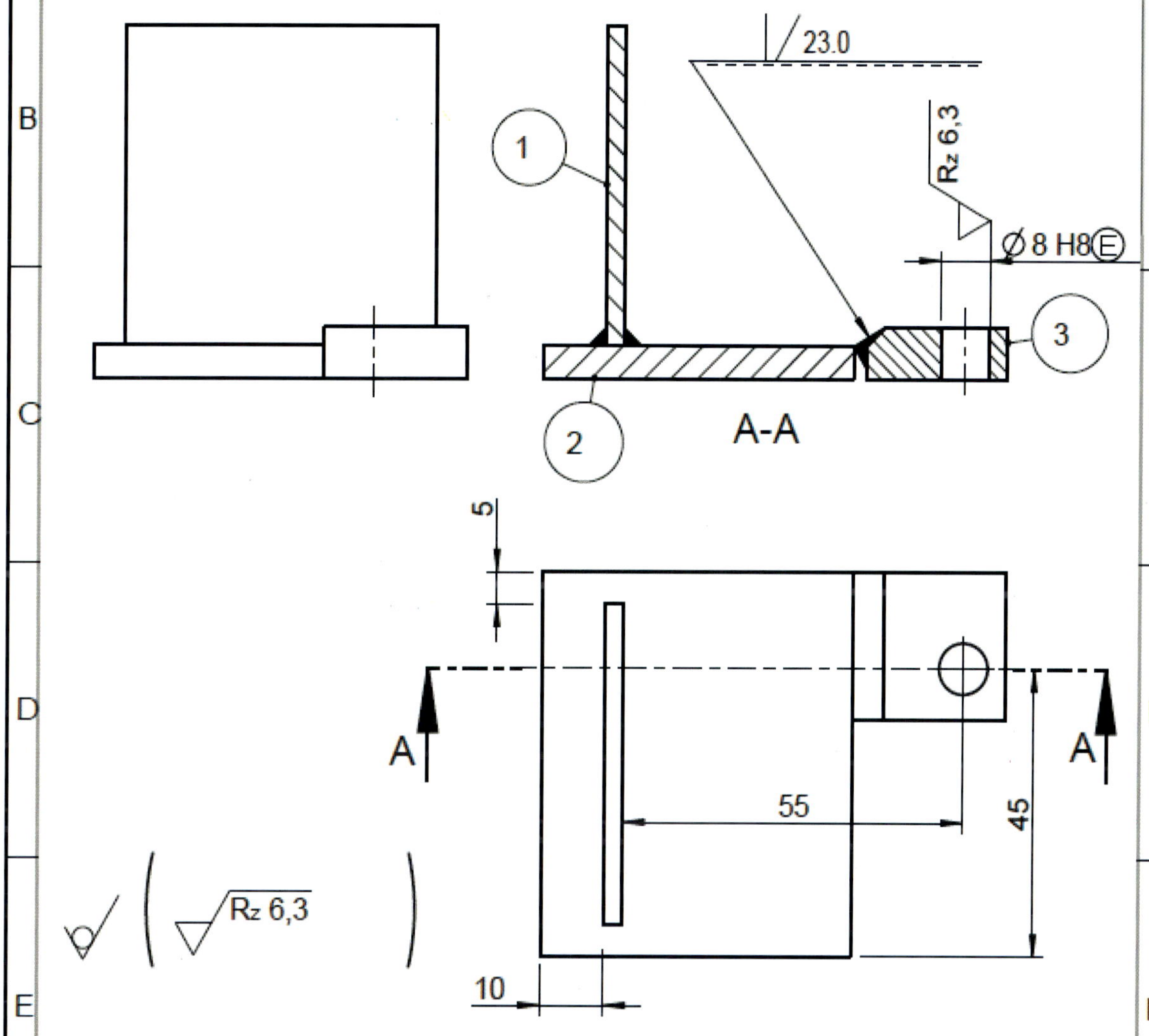

Allgemeintoleranz Schweißkonstruktion EN ISO 13920-B

Allgemeintoleranz: ISO 2768 -cK	Tolerierung: ISO 8015	Oberflächen: ISO 1302	Kanten: ISO 13715	
Masse: 0.209 kg	Material: -	Halbzeug: -	Maße nach: DIN EN ISO 14405	Maßstab: 1:1
Verantwortl. Abtlg.: Techn. Büro	Technische Referenz: Wyndorps	Erstellt durch: Wyndorps	Genehmigt von: -	
Hochschule Reutlingen / Reutlingen University		Modellname (Modelltyp) / Zeichnungsname: 1501043_BG_SCHWEISSEN (ASSEM) 1501043_BG_SCHWEISSEN	Identnummer: 1501043	
		Titel, Zusätzlicher Titel: Halter (geschweißt) -	Freigabe:	
			Änd.: A	Ausgabedatum: 12.04.12; Spr.: de; Blatt: 1/1

18 Umgang mit Import-Geometrie

Viele Hersteller stellen Ihre Produkte auch als importierbare CAD-Daten in unterschiedlichen Formaten zur Verfügung. In den seltensten Fällen weisen die Daten dabei genau das Format des verwendeten CAD-Systems auf. Darüber hinaus fehlen üblicherweise sämtliche Parameter und Vorbelegungen der lokalen CAD-Installation.

Oft sind die zur Verfügung gestellten Daten daher unbrauchbar. Insbesondere bei reinen Flächendaten gibt es immer wieder Probleme, z. B. die Kontur zu schließen und mit Volumen (und Gewicht!) zu versehen oder eine brauchbare Zeichnungsdarstellung zu erreichen. Zur Reparatur von Flächendaten stellt *Creo* den Import DataDoctor IDD zur Verfügung. Dieser ist ein leistungsfähiges, aber auch sehr komplexes Werkzeug, dessen Beschreibung den Rahmen des Buches überschreiten würde.

18.1 Spindelhubgetriebe von „tracepartsonline“ aufbereiten

Beispielhaft soll ein Spindelhubelement für ca. 3500 kg Hublast mit axial bewegter, nicht rotierender Spindel aus den Katalogen von **http://www.tracepartsonline.net** für die Verwendung in *Creo* aufbereitet werden.

Die Eingabe von „Spindelhub“ im Suchfeld von *tracepartsonline.net* (Achtung: Sprache auf *Deutsch* umstellen) liefert eine größere Auswahl unterschiedlicher Varianten und Anbieter. Neben den reinen 3D-Daten sind auch die Maßblätter verfügbar.

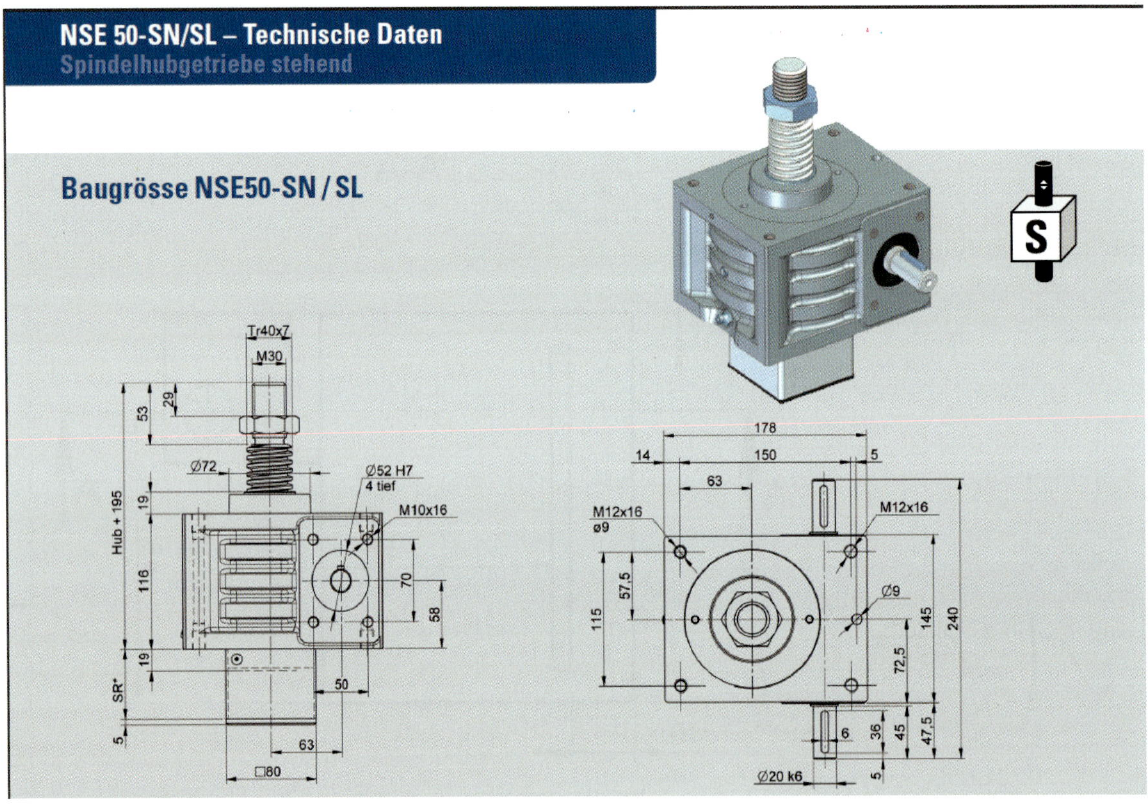

Gewählt wird das Getriebe des Herstellers NOZAG mit der Bezeichnung NSE55-SN mit Spindel TR40x7 und einem Hub von 250 mm, in einer Position von 75 mm ausgefahren.

Als Datenformat für den Download der 3D-Daten wird das Format ***3D Pro/ENGINEER Neutral*** gewählt.

Hinweis: Für den kostenfreien Download ist eine Registrierung erforderlich.

Nach dem Download steht im Download-Ordner die Datei *nse50-sn_tr_40x7_0_0_0_0_0_150_0.zip* zur Verfügung.

18.1.1 Importgeometrie laden

⚠ Die Datei *nse50-sn_tr_40x7_0_0_0_0_0_150_0.zip* muss vor dem Laden ins Arbeitsverzeichnis verschoben werden.

- ⇦ **Datei**, ⇦ Öffnen, ⇦ Typ: **Alle Dateien**
- ⇦ ⇦ nse50-sn_tr_40x7_0_0_0_0_0_150_0.zip
- ⇦ ⇦ nse50-snTr40x7000001500.neu

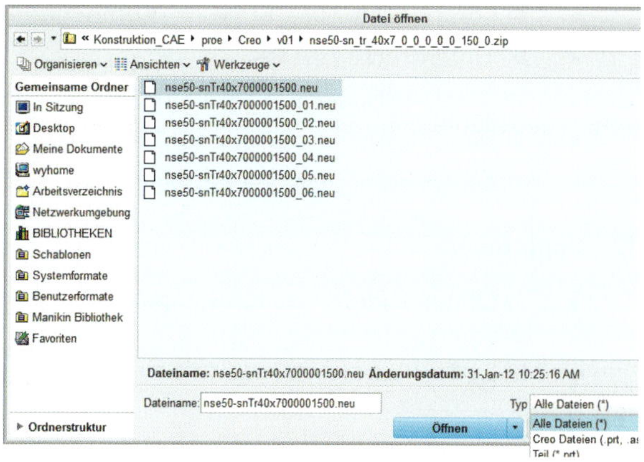

⚠ Damit das Modell mit allen Standardparametern, Folien, Einheiten, Ansichten usw. versehen wird, **muss** der Schalter **Schablonen verwenden** aktiviert werden!

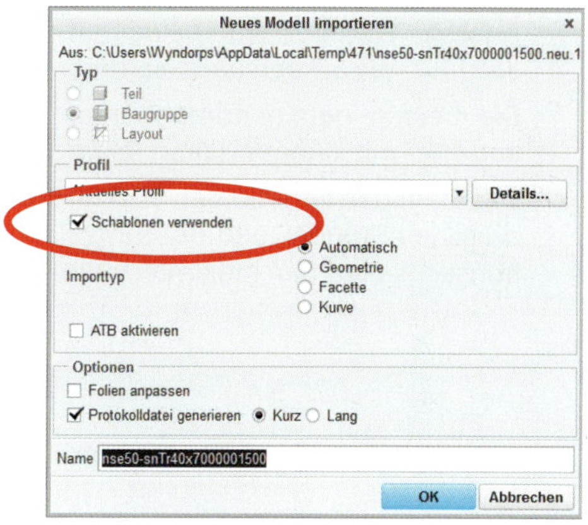

Das Ergebnis ist eine Baugruppe bestehend aus den Komponenten des Spindelhubgetriebes.

Die Trennung der Komponenten ist allerdings nicht vollständig. So sind z. B. der Anschlusssteller und die Madenschraube zu einem Teil verschmolzen.

18.1.2 Volumen- sowie Flächenprüfung

⇦ Darstellung auf *„sichtbare Kanten"* umschalten:

Bei Standard-Farbschema und nicht eingefärbtem Modell sind Flächenkanten in lila und Körperkanten in schwarz (bei weißem Hintergrund) dargestellt. Offene Kanten (Löcher) sind in Gelb dargestellt.

Offene Kanten verhindern das Umwandeln in Volumenmodelle und benötigen teils aufwendige Nacharbeiten.

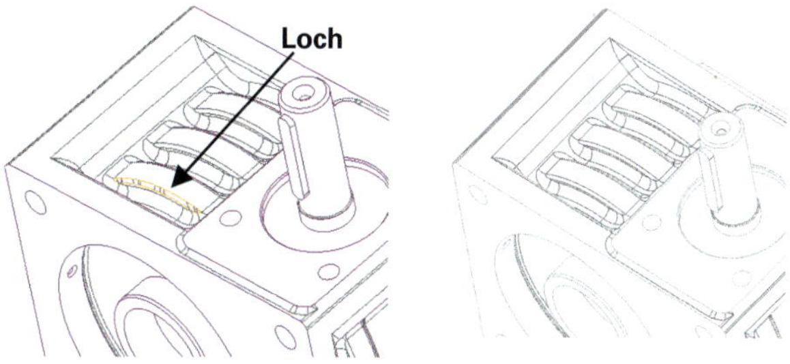

Flächenmodell **Volumenmodell**

18.1.3 Baugruppenstruktur von Importgeometrie ändern bzw. löschen

Das Nutzen von Import-Geometrie als Baugruppe ist in den meisten Fällen nicht sinnvoll, da die Komponente als ein Kaufteil mit einem Datenstammsatz verwaltet werden soll. Bei Baugruppen werden jedoch in den Stücklisten automatisch alle Komponenten ausgewiesen. Einzig sinnvoll ist eine Baugruppenstruktur bei Importgeomtrieen in dem Fall, wenn Bewegungen innerhalb der Kaufteile simuliert werden sollen, beispielsweise bei Kolben in Zylindern bzw. der Spindel eines Spindelhubgetriebes.

Im vorliegende Beispiel werden daher die Komponenten _03 und _04 als die bewegten Elemente zu einem Teil (B) und die restlichen Komponenten als unbewegliche Elemente zu einer Komponente (A) zusammengefasst.

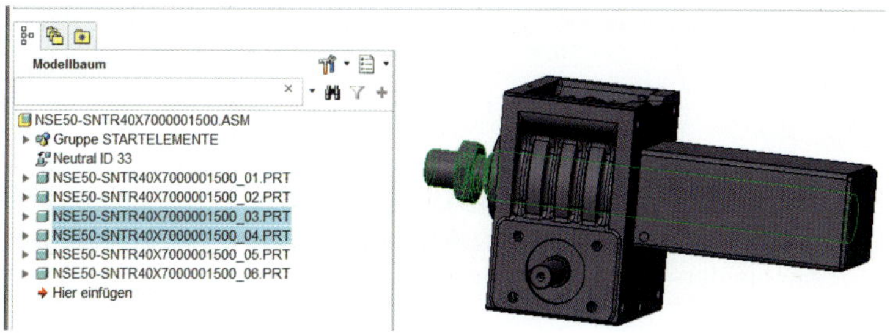

☐ **Exportieren aus der Importbaugruppe heraus**

- ⇦ Komponente _03, **[StrG]**+⇦ Komponente _04 im Modellbaum auswählen
- ▶ Unterdrücken, ⇦ **OK**
- ⇦ **Datei**, ⇦ Speichern als, ⇦ Kopie speichern,⇦ Typ: **IGES(*.igs)**
- ⇦ Neuer Name: **nse50-sntr40x7000001500_A**, ⇦ **OK**
- ⇦ Exportieren IGES: ☑ **Volumenkörper**,⇦ Ohne Struktur, ⇦ **OK**

☐ **Importieren**

- ⇦ Öffnen, ⇦ Typ: **IGES(*.igs)**,⇦ *nse50-sntr40x7000001500_A.igs*, ⇦ Öffnen
- ⦿ Typ: **Teil**, ☑ Schablonen verwenden, ⇦ Name: *1501051_nse50_gehaeuse*
- ⇦ **OK**

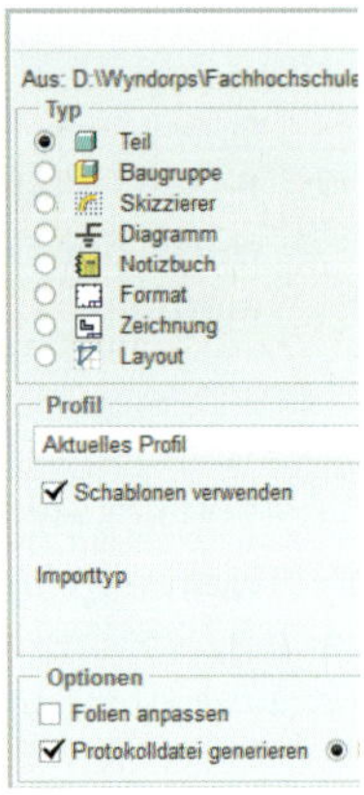

Die so erstellte Datei wird als *Creo*-Datei abgespeichert: ⇦ Speichern

Analog werden die bewegten Komponenten zu einem Teil mit dem Namen *1501052_nse50_spindel* zusammengefasst.

Die beiden neuen Komponenten können in einer neuen Baugruppe *1501053_nse50-sntr40x7* mit kinematischen Bedingungen entsprechend Kap. 23.2 verbaut werden.

Das Gehäuse wird an der Standardposition eingesetzt. Die Spindel wird als Zylinderlager zwischen Spindel- und Bohrungsfläche definiert. Sinnvoll ist die Begrenzung der Translationsachse auf den maximalen und minimalen Hub (siehe Kap. 23.2.1).

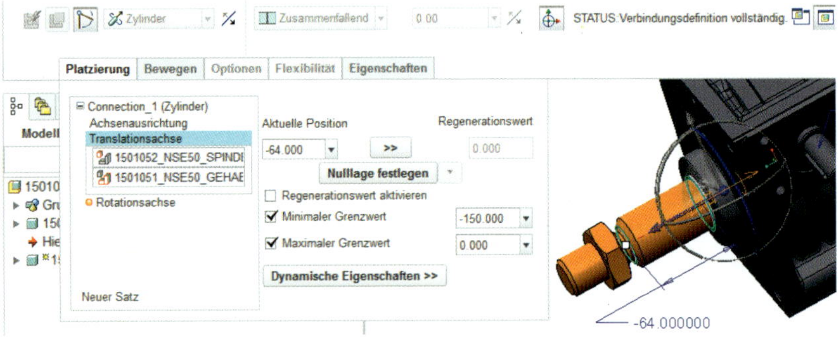

18.1.4 Fremdformate bzgl. Massen aufbereiten

Das Innenleben des Spindelhubgetriebes ist nicht ausmodelliert. Vielmehr ist die Außenkontur komplett mit Volumen gefüllt. Daher liefert die Berechnung des Gewichts anhand der CAD-Daten in *Creo* unbrauchbare Werte. Aus dem Maßblatt des Herstellers geht hervor, dass das Getriebe 10,02 kg ohne Spindel und die Spindel selber 8,0 kg/m wiegen.

Daher werden der Spindel, Teil *1501052_nse50_spindel* und dem Gehäuse Teil *1501051_nse50_gehaeuse* die erforderlichen Massenwerte zugewiesen.

⚠ Das Ändern (Überschreiben) der Massenwerte der genannten Einzelteile führt nicht zum Ziel, da die dort eingetragenen Werte allein im Teil gelten. In der Baugruppe werden dann wieder falsche Werte berechnet!

☞ **Trick:** Anstelle der Masse wird die **Dichte** der Teile so geändert, dass die Massenberechnung mit dem vorhandenen Volumen das richtige Gewicht des jeweiligen Bauteils ergibt! Dazu wird ein neuer Parameter „Gewicht" mit dem erforderlichen Gewicht der Komponente lt. Herstellerangaben angelegt und die Dichte anhand dieses Gewichts und des Modellvolumens in einer Beziehung berechnet.

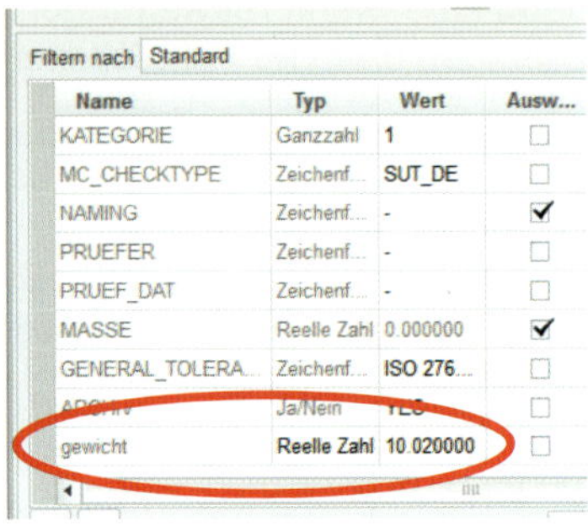

- ⇦ **Datei**, ⇦ Öffnen, ⇦ *1501051_nse50_gehaeuse*
- ⇦ **Werkzeuge**, ⇦ () Parameter, ⇦ **+**
- ⇦ Name="Gewicht", Typ=Reelle Zahl, Wert=10.02
- ⇦ **OK**

⚠ Es ist nicht möglich, einer Komponente das Gewicht „Null" bzw. die Dichte „Null" zuzuweisen. Geben Sie in dem Fall einen vernachlässigbar kleinen Wert für das Gewicht ein!

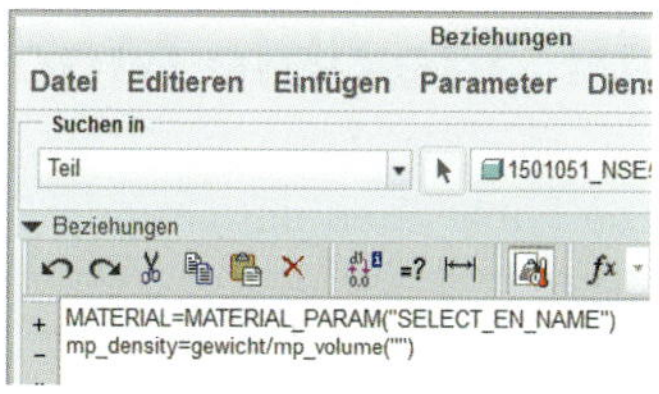

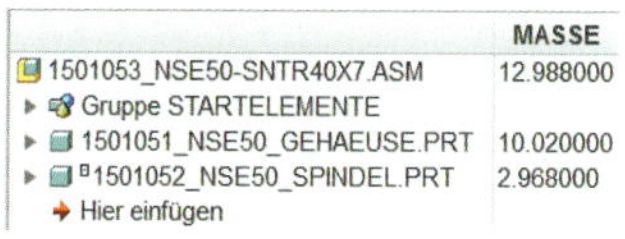

- ⇦ **Modell**,⇦ Regenerieren
- ⇦ **Werkzeuge**, ⇦ Beziehung d=
- Eintragen im Beziehungseditor: **mp_density=gewicht/mp_volume("")**
- ⇦ **OK**
- ⇦ **Modell**,⇦ Regenerieren

Werden diese Schritte für alle Komponenten der Kaufteil-Baugruppe entsprechend durchgeführt, stimmt auch die Gewichtsberechnung in den übergeordneten Baugruppen mit den Komponenten.

Da die ursprüngliche Baugruppe aus den heruntergeladenen Neutraldaten nicht mehr benötigt wird, kann diese gelöscht werden.

18.1.5 Baugruppe: Spindelhubgetriebe

Die beiden neu erstellten Komponenten des Spindelhubgetriebes werden in einer gemeinsamen Baugruppe beweglich zusammengefasst. Der Einbau von Komponenten mit Bewegungsfreiheitsgrad wird in Kap. 23 beschrieben.

- ⇦ **Datei**, ⇦ Neu, ⦿ Baugruppe, ⇦ Name *1501053_nse50-sntr40x7*,
- ⇦ *1501051_nse50_gehaeuse* an der Standardposition einbauen
- ⇦ *1501052_nse50_spindel* mit „Zylinder"-Bedingung einbauen (siehe Kap. 23)

Damit lassen sich verschiedene Stellungen des Spindelhubgetriebes in einer Baugruppe darstellen.

In aller Regel sind bei importierten Volumenobjekten die innenliegenden Elemente nicht ausmodelliert, sodass diese als Vollkörper geschnitten oder nachträglich vom Schnitt ausgeschlossen werden. Die nachfolgende Zeichnungsableitung zeigt dieses beispielhaft anhand mehrerer importierter Komponenten (Spindelhubgetriebe, Motor, Stirnradgetriebe und Kupplung).

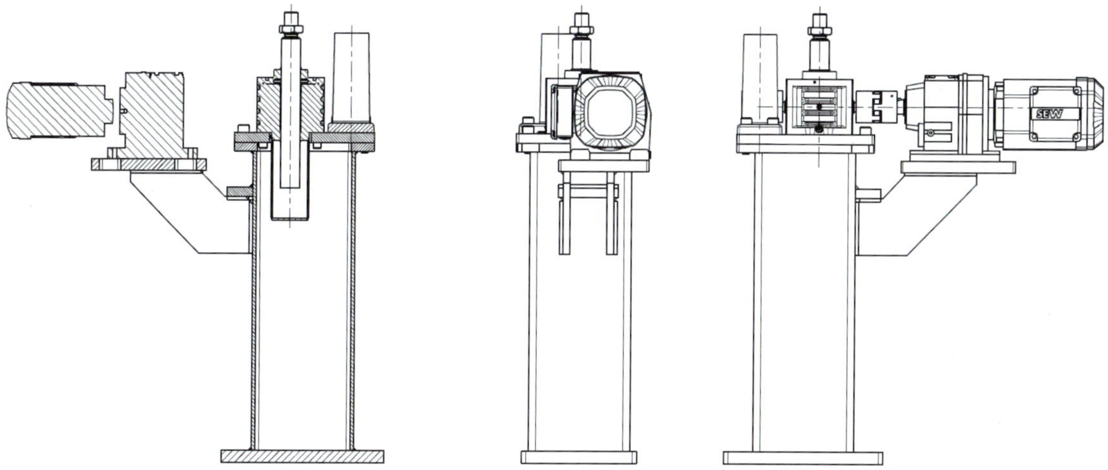

19 Flexible Modellierung

Die Funktionen der Gruppe *Flexible Modellierung* gehören zu den herausragenden Neuerungen von *Creo* gegenüber Pro/ENGINEER – Wildfire. Sie bieten eine Vielzahl an Möglichkeiten, Modelländerungen mit geringem Aufwand und weitgehend ohne parametrische Zusammenhänge zu realisieren. Besonders geeignet ist die Flexible Modellierung im Zusammenhang mit importierten Modellen, die keine parametrischen Informationen enthalten.

Als Beispiel sollen am importierten Spindelhubgetriebe aus Kap. 18.1 einige Veränderungen durchgeführt werden.

- ⇦ **Datei**, ⇦ Öffnen, ⇦ ***1501051_nse50_gehaeuse.prt***

19.1 Mustererkennung und Musteranwendung

Das Spindelhubgetriebe soll später mit einem Ständer verschraubt werden. Beim Schraubeneinbau sollen die Vorteile eines Referenz-Musters (siehe Kap. 12.7) genutzt werden.

- ⇦ **Flexible Modellierung**, ⇦ **Mustererkennung**
- ⇦ <Bohrungsfläche auswählen>

Nach Auswahl der Bohrungsfläche einer Unterseitenbohrung erkennt *Creo* die Ähnlichkeit von 4 je paarweise gegenüberliegenden Bohrungen am Gehäuse. Wird der Filter von *Identisch* auf *Ähnlich* umgestellt, werden auch die 4 weiteren Bohrungen gefunden, die sich bezüglich der Querbohrung von der ersten Auswahl unterscheiden.

Da aber nur von der Unterseite her verschraubt werden soll, wird eine weitere Einschränkung der Mustererkennung notwendig.

Dazu sollen nur die Bohrungen zugelassen werden, die an der Unterseite angeordnet sind. Das kann grundsätzlich durch zwei unterschiedliche Vorgehensweisen erreicht werden:

☐ **Überschüssige Elemente einzeln abwählen**

Durch Anklicken der Punktsymbole ⇦ ⦿ am Bildschirm können einzelne Elemente vom Muster ausgeschlossen werden. Die Bohrungen bleiben dabei erhalten, sind aber nicht in das neue Muster integriert.

- Mustererkennung abschließen: ✔ *oder* ⇩

☐ **Mustererkennung einschränken**

- ⇦ Optionen, ⇦ ☑ **Mustererkennung einschränken**
- ⇦ <Bodenfläche auswählen>

Creo fasst nur die 4 unteren Gehäusebohrungen zu einem Muster zusammen.

- Mustererkennung abschließen: ✔ *oder* ⇩

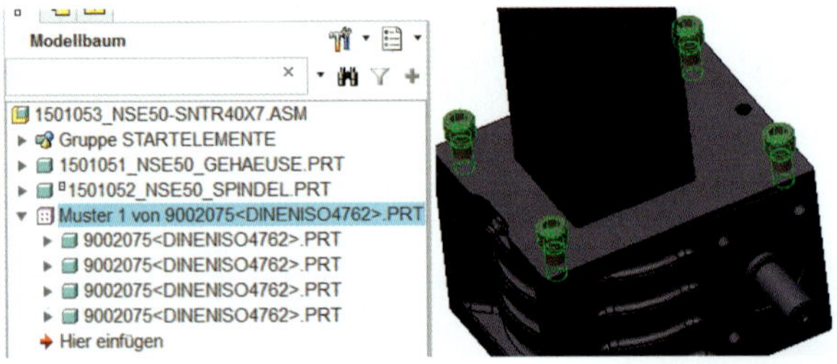

Bei beiden Verfahren kann das Muster nachfolgend beispielsweise als Referenz für den Schraubeneinbau verwendet werden. Dazu muss lediglich eine Schraube auf dem ersten Musterelement platziert werden (siehe Kap. 12.7 und Kap. 13.1.1.1).

Alternativ kann das Muster verwendet werden, um eine z. B. Nachbearbeitung in Form einer Fase für die Bohrungen zu erstellen:

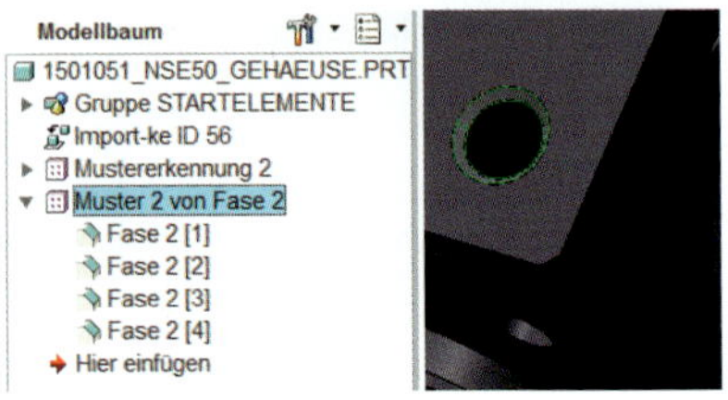

- Auswahl des **ersten** Musterelements
- ⇦ **Modell**, ⇦ Fase, ⇦ Ober**fläche**, **[Strg]** + ⇦ Bohrungs**fläche**
- ✔ *oder* ⇩
- ▶ **Muster**... Referenz, ✔ *oder* ⇩

☞ Die Fasendefinition über Kanten statt Flächen lässt sich bei dem importierten Modell nicht mustern!

19.2 Entfernen

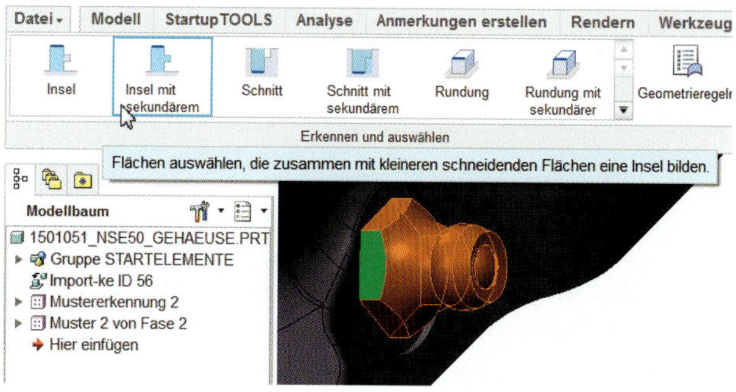

Als Beispiel für das Entfernen soll der Schmiernippel am Gehäuse entfernt werden:

- ⇦ **Flexible Modellierung**
- ⇦ <Auswahl eines beliebigen Flächenelements des Schmiernippels (Abb. rechts: grüne Fläche)>

Wird der Mauszeiger nun über die Elemente der Rubrik ERKENNEN UND AUSWÄHLEN bewegt, so werden jeweils die mit diesem Filter ausgewählten Flächenelemente (orange) hervorgehoben.

- ⇦ **Insel mit sekundärem**
- ⇦ **Flexible Modellierung**, ⇦ **Entfernen**

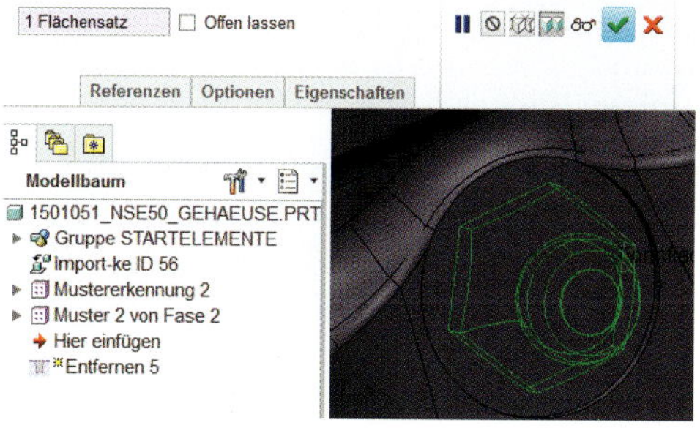

☑ **Offen lassen**

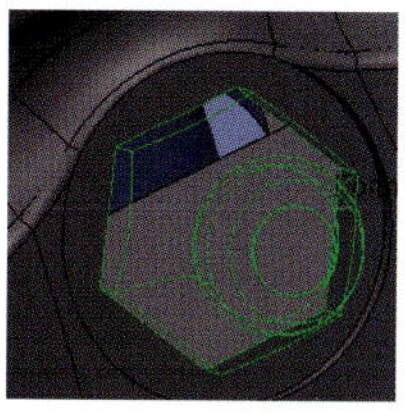

Die Kanten des entfernten Schmiernippels werden in der Voransicht noch dargestellt, der Nippel selber ist aber bereits entfernt und das Loch mit einer Fläche verschlossen.

Mit dem Schalter ☐ **Offen lassen** kann das System veranlasst werden, das Loch nicht zu schließen.

- ✔ *oder* ⇩

⚠ Wird die Geometrie durch Aktivieren des Schalters ☑ **Offen lassen** offen gehalten, so kann in *Creo* dort kein Volumen erstellt werden. Damit hätte das Gehäuse in diesem Bereich keine Querschnittsschraffur mehr.

☞ In den meisten Fällen würde das Teil auch keine Masse mehr haben. Im vorliegenden Fall wird die Masse trotzdem noch korrekt berechnet, da am Ende des Schutzrohres noch ein geschlossenes Volumen vorhanden ist, dem jetzt über die Beziehung zur Dichteberechnung aus Kap. 18.1.4 das gesamte Gewicht zugwiesen wird.

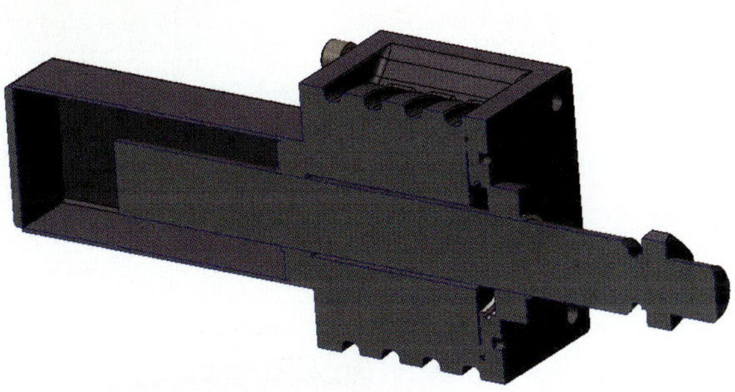

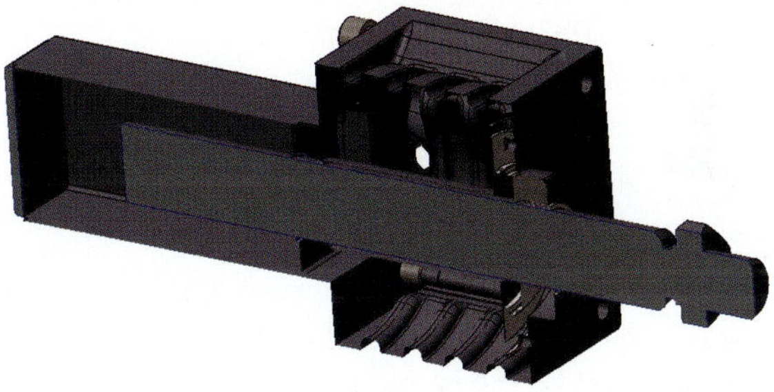

19.3 Verschieben mit Ziehgriff

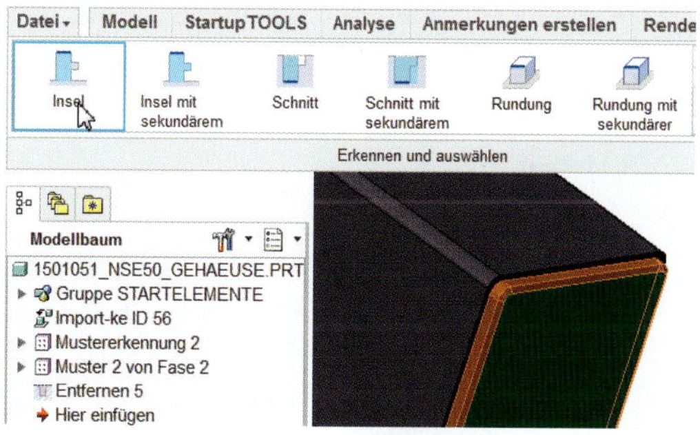

Als Beispiel für das Verschieben mit Ziehgriff soll das Rechteck-Schutzrohr des Gehäuses verlängert und unter einem Winkel angeschnitten werden:

- ⇦ **Flexible Modellierung**
- ⇦ <Auswahl eines beliebigen Flächenelements des Rechteckbodens (Abb. rechts: grüne Fläche)>
- ⇦ **Insel**

Im gleichen Schritt ist es sinnvoll, zusätzlich zu dem Rechteckboden auch die angrenzende Stumpffläche des Rechteckrohres mit zu verschieben:

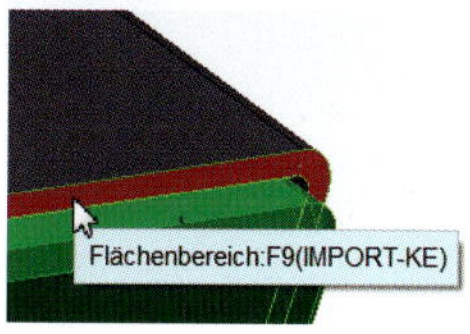

- **[Strg]** + ⇦ <Hinzufügen der Stumpffläche (Abb. rechts: rote Fläche)>
- ⇦ **Flexible Modellierung**, ⇦ Verschieben ▼, ⇦ **Mit Ziehgriff verschieben**

Der Ziehgriff (Pilot) ist senkrecht auf die zuerst gewählte Fläche ausgerichtet. Durch Auswahl des Registers SCHRITTE und Wahl einer neuen Platzierungsfläche kann der Ziehgriff bei Bedarf neu ausgerichtet werden.

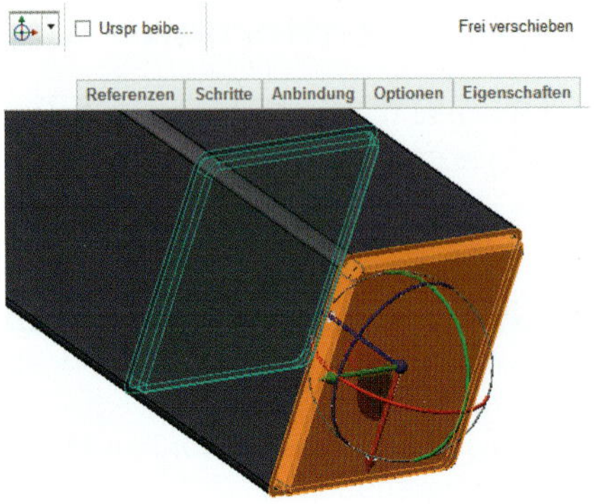

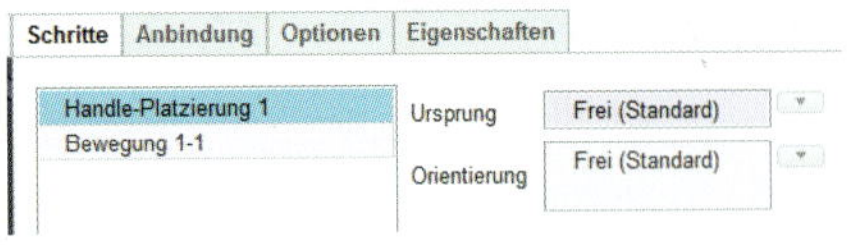

Durch Schieben mit der linken Maustaste an den Pfeilen oder Bögen des Ziehgriffs wird die entsprechende Verschiebung ausgeführt. Entsprechend der Abbildung wurde eine Verschiebung auf dem blauen Pfeil in negativer Richtung ausgeführt. Das Ergebnis ist unmittelbar in der Voransicht erkennbar.

Es können mehrere Verschiebungen nacheinander in demselben Funktionsaufruf durchgeführt werden. Beispielhaft ist in der nebenstehenden Abbildung nach dem Verschieben über den blauen Pfeil zusätzlich eine Rotation entlang des grünen Bogens durchgeführt worden.

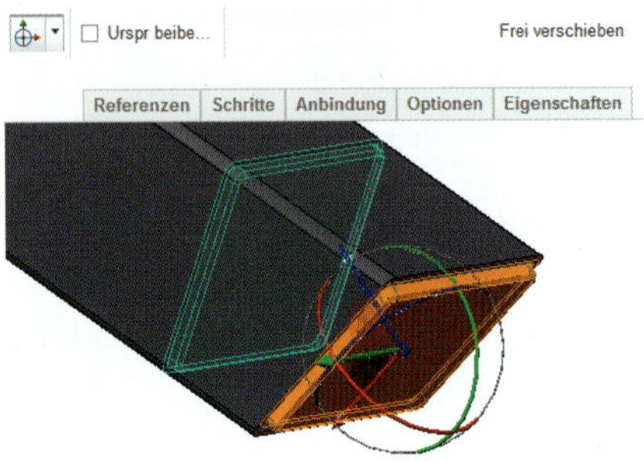

Über das Auswahlfeld am linken Rand des Schaltpultes kann nachträglich der Bedingungstyp der Verschiebung gewechselt werden.

- ✓ *oder* ⇩

19.4 Nach Bemaßung verschieben

Als Beispiel für das Verschieben nach Bemaßung soll das Bodenblech des Schutzrohres an die durch den Winkelschnitt veränderte Geometrie angepasst werden. Dazu wird in einem ersten Schritt der gesamte Deckel maßlich verschoben und im zweiten Schritt der Deckel maßlich verändert.

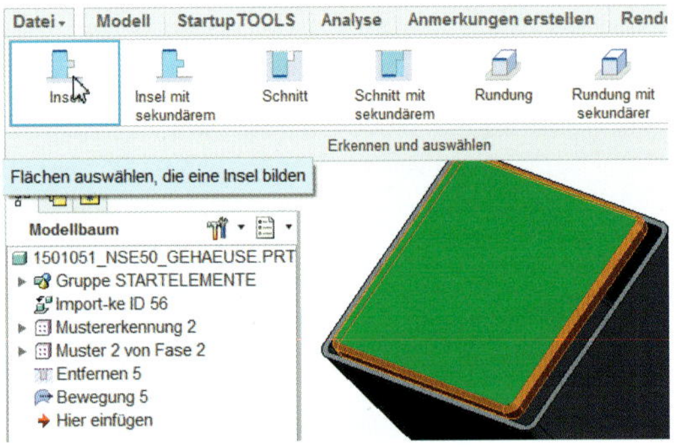

☐ **Deckel verschieben**

- ⇦ **Flexible Modellierung**
- ⇦ <Auswahl eines beliebigen Flächenelements des Rechteckbodens (Abb. rechts: grüne Fläche)>
- ⇦ **Insel**
- ⇦ **Flexible Modellierung**, ⇦ Verschieben ▼
- ⇦ **Nach Bemaßung verschieben**

Das Register BEMAßUNG wird rot hervorgehoben, da noch Referenzen für die Bemaßungsdefinition fehlen.

- ⇦ <Auswahl der Stirnfläche für erste Maßreferenz>
- **[Strg]** + ⇦ <Auswahl der Kante für zweite Maßreferenz>
- ⇦ ⇦ **[1.5]** <Maßwert eintragen>
- ✓ *oder* ⇩

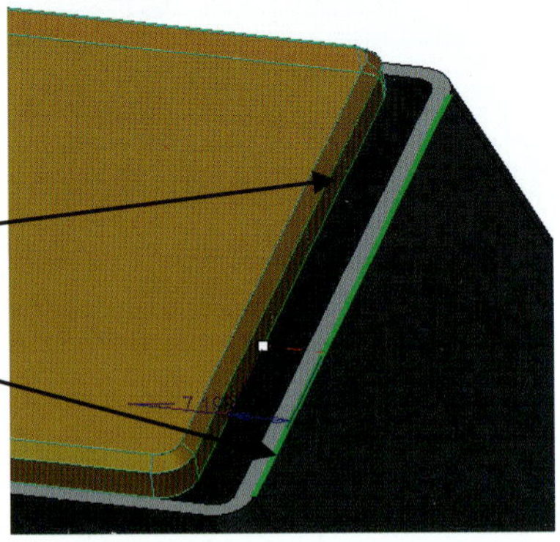

Der gesamte Boden ist jetzt mit einem Abstand von 1,5 mm an das Rechteckrohr herangeschoben. Im nächsten Schritt wird der Deckel maßlich auf 1,5 mm Abstand an die gegenüberliegende Kante des Rechteckrohrs gestreckt.

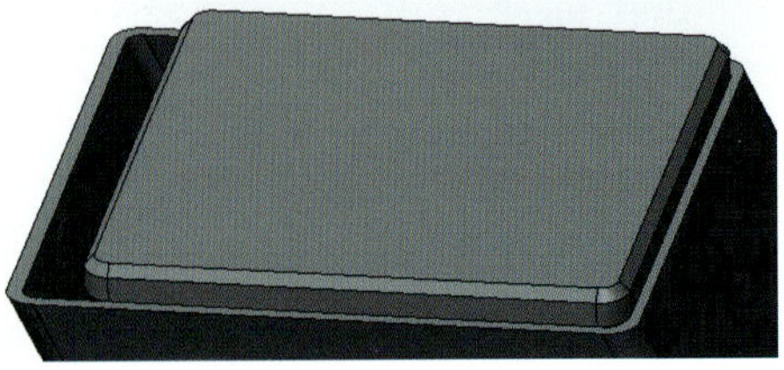

☐ **Deckel verschieben**

- ⇦ **Flexible Modellierung**

Die Flächenauswahl über die Filter aus „Erkennen und auswählen" funktioniert nun nicht. Die Stirnflächen, Radien beidseitig, die zugehörigen Fasflächen und die Deckfläche müssen manuell ausgewählt werden:

- ⇦ <1. Flächenelement>
- **[Strg]** + ⇦ <weiteres Flächenelement>
- ...
- ⇦ **Flexible Modellierung**, ⇦ Verschieben ▼
- ⇦ **Nach Bemaßung verschieben**
- ⇦ <Auswahl der Stirnfläche für erste Maßreferenz>
- **[Strg]** + ⇦ <Auswahl der Kante für zweite Maßreferenz>
- ⇦ ⇦ **[1.5]** <Maßwert eintragen>
- ✔ *oder* ⇩

19.5 Rotationskopie erzeugen

Als weiteres Beispiel soll an einer der beiden Getriebewellen eine zweite identische Passfeder unter einem Winkel von 120° zur vorhandenen Passfeder erzeugt werden. Dazu ist es zunächst erforderlich, analog Kap. 6.5.2 eine Achse **Durch** die zylindrische Fläche des Wellenendes für den Rotationsbezug zu erstellen.

- ⇦ **Modell**, ⇦ **Achse**
- ⇦ <Zylinderfläche wählen>
- ⇦ **[OK]**

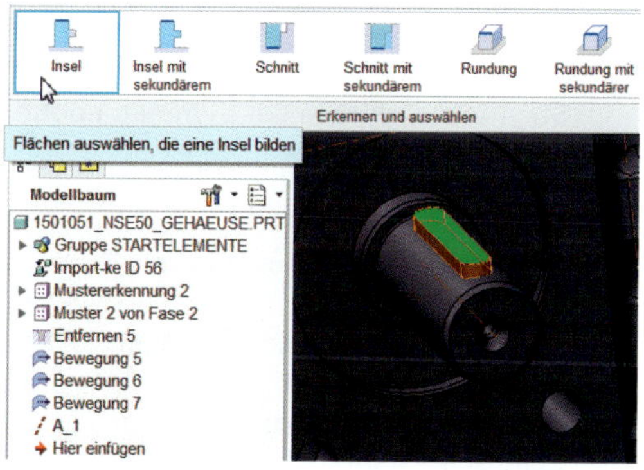

- ⇦ **Flexible Modellierung**
- ⇦ <Auswahl eines beliebigen Flächenelementes Passfeder (Abb. rechts: grüne Fläche)>
- ⇦ **Insel**
- ⇦ **Mit Ziehgriff verschieben**

Da die neue Passfeder als Kopie erzeugt werden soll, wird der Schalter ☑ **Urspr behalten** aktiviert.

- ⇦ ☑ **Urspr behalten**

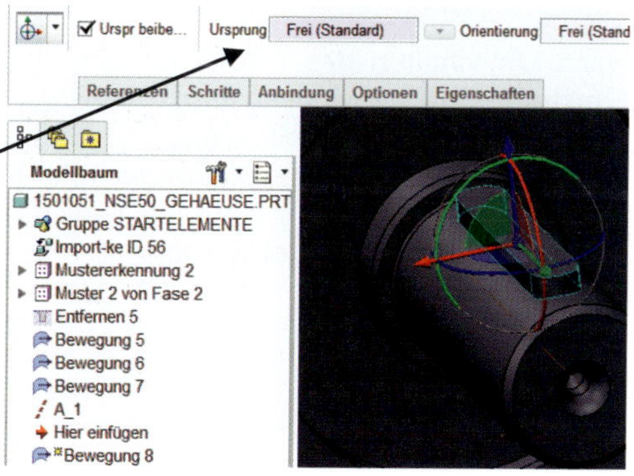

Der Ziehgriff steht mit seiner blauen Pfeilrichtung senkrecht auf der zuerst gewählten Fläche der Passfeder.

Im Referenzsammler für den Ursprung ist die Angabe *„Frei (Standard)"* eingetragen.

Für eine Rotation um die Mittelachse der Welle muss der Ziehgriff jedoch die Achse als Referenz verwenden.

Durch Aktivieren des Referenzsammlers für den Ursprung (Anklicken) und Auswahl der Rotationsachse wird der Ziehgriff auf die Achse ausgerichtet. Im Referenzsammler ist nun die Achse eingetragen. Weiter gibt es nur zwei Bewegungsreferenzen, die als blauer Pfeil (axiale Verschiebung) und blauer Bogen (Rotation) dargestellt sind.

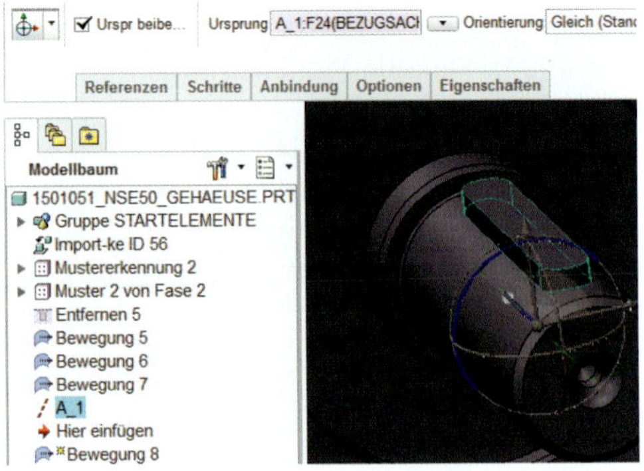

- ⇦ <Referenzsammler aktivieren>
- ⇦ <Achse wählen>

Durch Verschieben entlang des blauen Bogens wird eine Rotationskopie erzeugt.

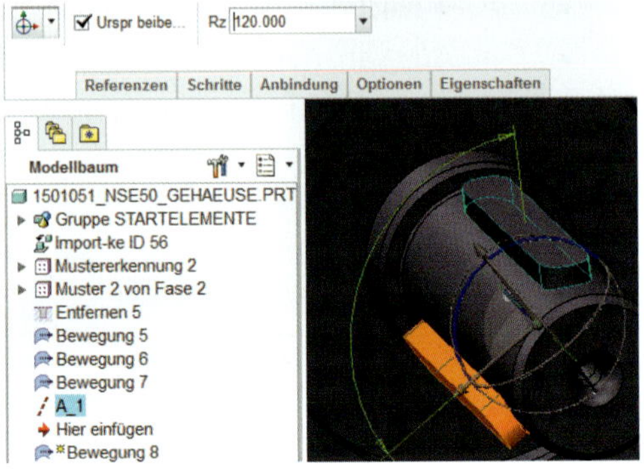

- ⇦ <Verschieben entlang des blauen Bogens>
- ⇦ ⇦ **[120]**°
- ✔ *oder* ⇩

19.6 Symmetrieerkennung

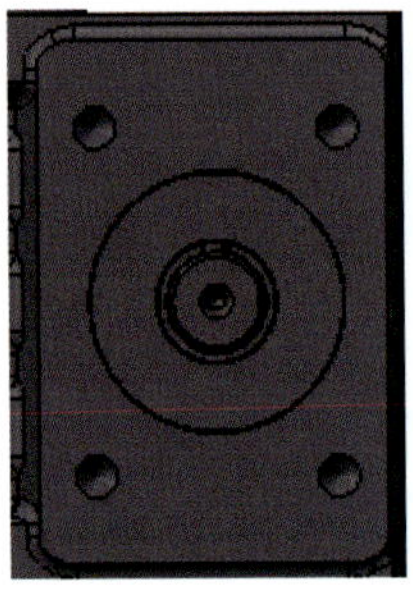

Das als Beispiel verwendete Spindelhubgetriebe wurde bereits beim Konvertieren in ein *Creo*-Modell durch Verwenden der Standardschablonen mit Symmetrieebenen aus dem Startmodell versehen. Die Symmetrieerkennung funktioniert aber nur, wenn das Ursprungsobjekt auch in der Symmetrielage erstellt wurde.

Mit der Symmetrieerkennung bietet *Creo* eine Möglichkeit, jederzeit Symmetriebedingungen aus gegebener Bauteilgeometrie zu finden und als Ebenen in das Modell zu integrieren. Als Beispiel soll die Symmetrielage der Anschlussbohrungen für den Motorflansch ermittelt werden.

- ⇦ **Flexible Modellierung**, ⇦ **Symmetrieerkennung**
- ⇦ <Erste Bohrungsfläche auswählen>
- **[Strg]** + ⇦ <Fläche der Symmetriebohrung wählen>

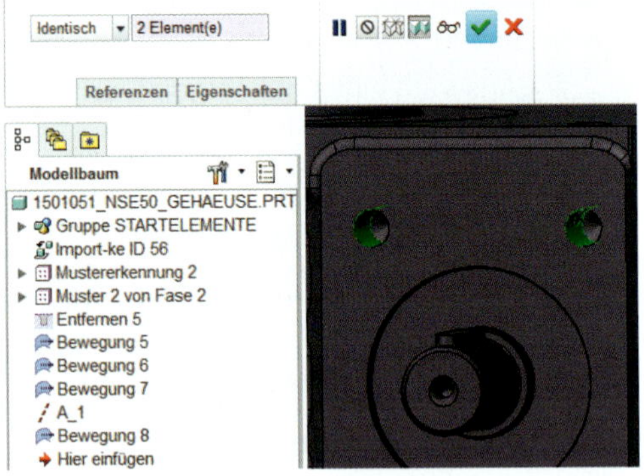

Der Versuch, die Funktion mit ✔ oder ⇩ abzuschließen, führt zu der folgenden Fehlermeldung.

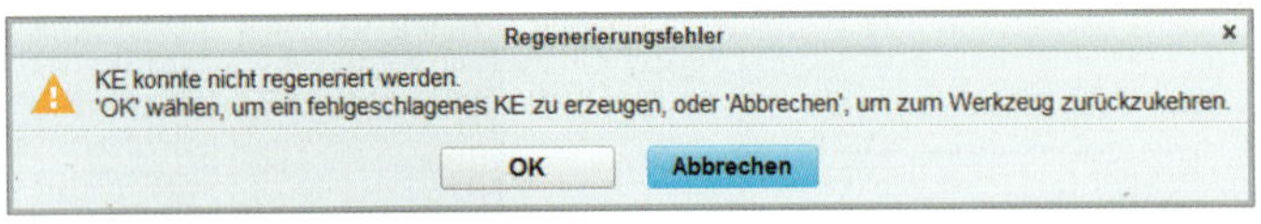

Ursache dafür ist, dass der Filter für die Symmetrieerkennung auf „Identisch" steht, die eine der beiden Bohrungsflächen aber durch eine Querbohrung von der anderen abweicht.

Nach Umschalten des Filters auf „Ähnlich" und Beenden der Funktion wird im Modellbaum eine Gruppe „Symmetrieerkennung 1" angelegt. Darin sind eine Symmetrieebene und die Flächenelemente beider Bohrungen als Mitglieder aufgelistet. Die Ebene ist eine ganz normale *Creo*-Bezugsebene und kann beliebig weiter verwendet werden.

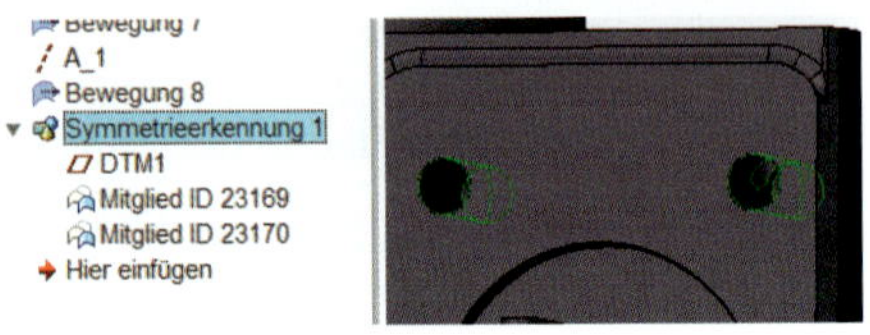

20 Baugruppen-Ansichtsmanagement

Ohne besondere Maßnahmen zur Ansichtsteuerung benötigen große Baugruppen mit vielen Komponenten unter Umständen lange zum Laden aller Daten sowie zur Berechnung und Darstellung der Sichtbarkeit. Häufig werden später nur in einem beschränkten Bereich der gesamten Baugruppe oder an einigen wenigen Komponenten Veränderungen oder Ergänzungen durchgeführt. Solange *Creo* jedoch nicht weiß, welche Komponenten der Baugruppe benötigt werden, müssen alle geladen werden. Bei der Berechnung der Bildschirm-Sichtbarkeit ermittelt *Creo* auf der Basis der eingestellten Ansicht, des Zooms und der Bildschirmauflösung, welche Details differenziert dargestellt werden können, und vereinfacht die Darstellung beispielsweise um Rundungen oder Fasen. Dieses erfolgt für den Anwender unmerklich im Hintergrund. Beispielhaft ist dies in den folgenden Abbildungen dargestellt:

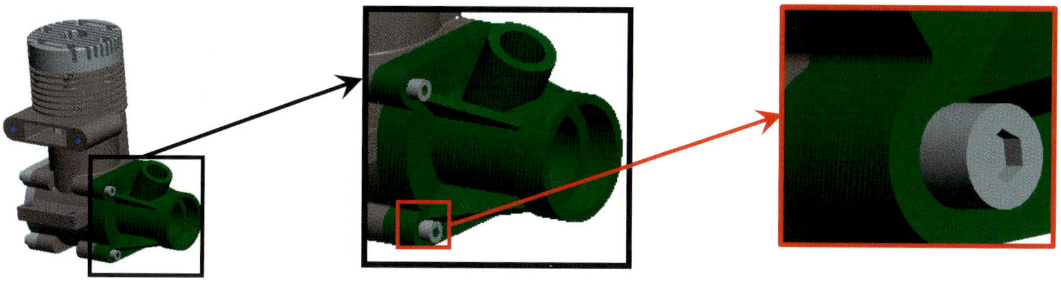

a) Kleiner Bildschirm-Zoom **b) Externe Vergrößerung aus a)** **c) Großer Bildschirm-Zoom**

Bild a) zeigt die Gehäusebaugruppe für einen kleinen Bildschirm-Zoom. Vergrößert man einen Ausschnitt von Bild a) zu Bild b) außerhalb von *Creo*, wird erkennbar, dass die Innensechskantflächen der Schraube bei der Bildschirmdarstellung weggelassen wurden und stattdessen die dahinterliegende ebene Fläche des Kurbelwellengehäuses dargestellt ist. In Bild c) ist ein vergrößerter Zoom der Schraube in *Creo* dargestellt. Hier sind jetzt alle Flächen ausdetailliert und sogar der Schattenwurf ist dargestellt.

Eine weitere Beschleunigung der Ladezeiten und des Bildaufbaus kann erreicht werden durch:

- Definition von vereinfachten Ansichten, wobei Komponenten ein- bzw. ausgeschlossen oder nur auf die geometrischen Informationen beschränkt werden können. Diese Möglichkeiten bietet der **Ansichtsmanager**.
- Verwendung und Darstellung von Konstruktionselementen, die ein Abbild komplexer Komponenten und Baugruppen als erheblich reduziertes Flächenmodell (ohne Volumen) erzeugen. Diese funktionieren wie ein Schrumpfschlauch, der über das Objekt gezogen und eng angesaugt wird. Sie heißen daher **Schrumpf-KE**.

20.1 Baugruppen-Materialschnitte

In einer Baugruppe können Materialschnitte erzeugt werden. Einzige Besonderheit gegenüber Materialschnitten an Bauteilen ist, dass die zu schneidenden Komponenten definiert werden müssen.

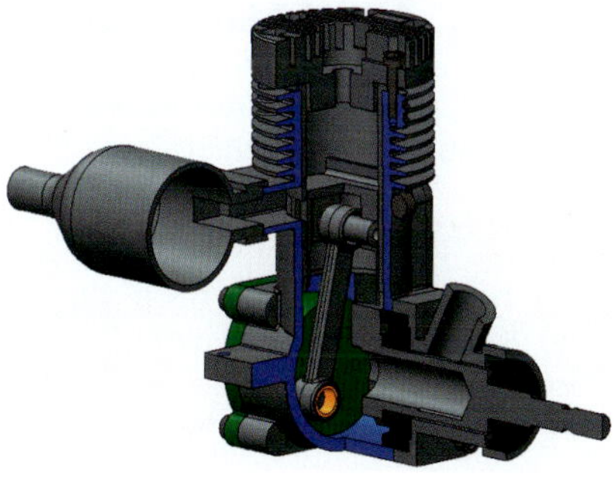

Im nebenstehend abgebildeten Beispiel sind die meisten Komponenten der Baugruppe geschnitten. Nur Pleuel und Kolbenbolzen sind nicht geschnitten.

Sinnvoll, aber nicht unbedingt erforderlich ist das Definieren des Baugruppenmaterialschnittes auf den Ebenen des Skelettmodells.

Dazu werden zunächst mit Hilfe des Folienmanagers (⇦ **Ansicht**, ⇦ **Folien**) alle Bezugsebenen, Platzierungsebenen und Teil-Startbezüge ausgeblendet und nur die Teil-Startbezüge des Skeletts eingeblendet. Wird dann die Sichtbarkeit der Ebenen eingeschaltet, sind allein die Ebenen des Skeletts im Arbeitsfenster sichtbar und im Arbeitsfenster anwählbar.

- ⇦ **Ansicht**, ⇦ **Folien**
- Folien wählen: ⇦ , **[Strg]+**⇦ <Auswahl wie abgebildet>
- Ausblenden: ▶ **[Ausblenden]**
- ⇦ **Ansicht**, ⇦ **Folien** (dekativieren)

Die Teil-Startbezüge des Skeletts sollen eingeblendet bleiben. Hierzu kann man zunächst den ganzen Satz der Teil-Startbezüge ausblenden und nachträglich die Teil-Startbezüge des Skeletts *1501026_MOTOR_SKEL0001.PRT* wieder einblenden.

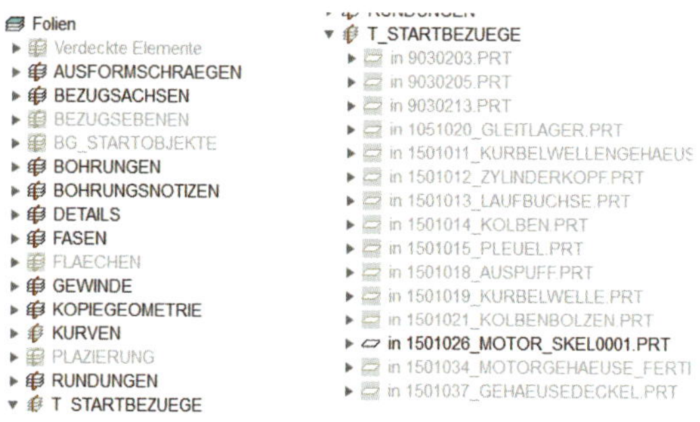

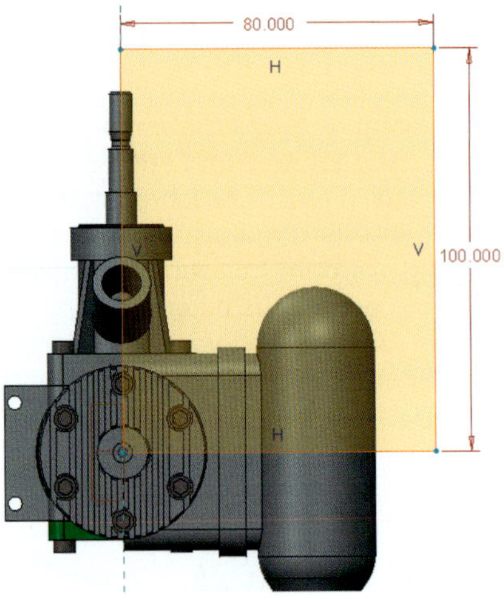

Dann wird ein Profilschnitt (⇦ **Modell**, ⇦ Profil) auf die Skelettebene XZ_T_OBEN erzeugt. Die Ebenen YZ_T_RECHTS und XY_T_VORNE werden als Referenzen für den Skizziermodus verwendet.

⚠ **Die Option „Körper" (hier: Profilkörper) steht im Baugruppenmodus nicht zur Verfügung, da Körper nur als Komponenten eingefügt werden können. Daher können in einer Baugruppe nur Materialschnitte erzeugt werden.**

Als Tiefenoption wird in beiden Richtungen (Seite 1 und Seite 2) **Durch Alle** gewählt.

Zusätzlich zu den bereits beschriebenen Auswahlmöglichkeiten steht im Schaltpult das Panel **Schneiden** zur Verfügung.

Standardmäßig ist der Schalter **[☑ Automatisch aktualisieren]** aktiviert. *Creo* ermittelt dann alle Komponenten, die aufgrund der geometrischen Bedingungen vom skizzierten Schnitt berührt werden und schneidet diese.

Wird der Schalter deaktiviert, können ausgewählte Komponenten ▶ **[Entfernen]** vom Schneiden ausgenommen werden.

Nebenstehend ist diese Bedingung beispielhaft für den Kolbenbolzen *1501021_kolbenbolzen.prt* abgebildet.

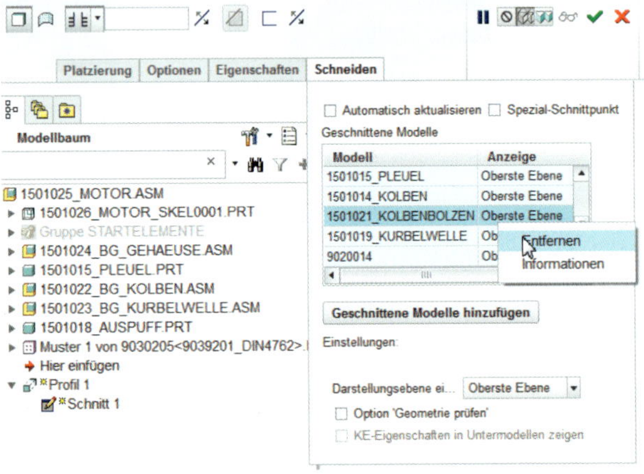

⚠ Baugruppenschnitte müssen bei jedem Laden vollständig neu berechnet werden (Zeitaufwand).

⚠ Baugruppenschnitte sind vollwertige Materialschnitte, d. h. sie sind auch in abgeleiteten Gesamtzeichnungen und Baugruppenzeichnungen wirksam.

⚠ In der Zeichnung eines Einzelteils, das durch einen Baugruppenmaterialschnitt verändert wird, ist der Schnitt nicht vorhanden.

Eine typische Anwendung für Baugruppenmaterialschnitte sind beispielsweise Bohrungen für Passstifte, die erst bei der Montage gebohrt und eingesetzt werden. Diese Bohrungen dürfen in der Fertigungszeichnung der Einzelteile nicht vorhanden sein, müssen aber in der Gesamt- oder Montagezeichnung eingetragen und bemaßt sein.

Eine weitere Anwendung sind, wie bereits beschrieben, die Schweißkonstruktionen mit Schweißnebenteilmodellen.

20.2 Explosionsdarstellung

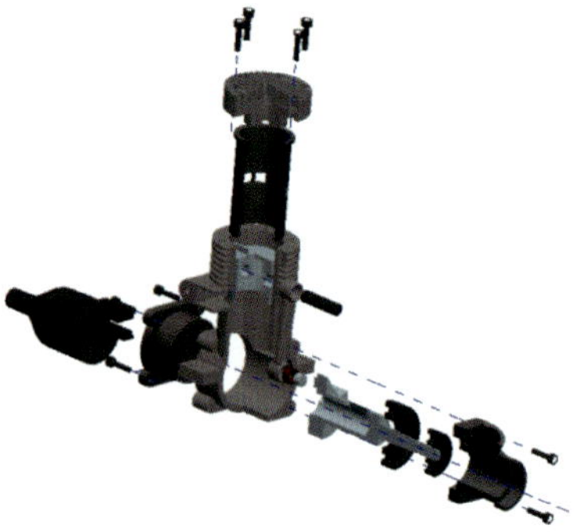

Creo kann aus dem Zusammenbau heraus Explosionsdarstellungen erzeugen. Der Aufruf erfolgt über:

⇦ **Ansicht**, ⇦ **Explosionsansicht**

Dabei richtet sich *Creo* nach den Kriterien der Komponentenplatzierung. Jeder Komponente wird von *Creo* eine Standard-Explosionsposition zugewiesen. Diese kann jederzeit verändert werden.

Die Position der einzelnen Komponenten und Unterbaugruppen kann verändert werden durch:

☐ **Komponentenposition in der Explosionsansicht editieren**

⇦ **Ansicht**, ⇦ **Position editieren**

Die Arbeitsweise zum Ändern der Explosionsposition von Komponenten hat sich mit *Creo* gegenüber den Vorgängerversionen verändert. In Pro/ENGINEER-Wildfire wurde zunächst eine Achse oder Kante ⇦ als Bewegungsreferenz gewählt und dann die zu verschiebende(n) Komponente(n) mit ⇦ verschoben.

In *Creo* kann meist auf die Wahl einer Bewegungsreferenz verzichtet werden, da *Creo* für den Verschiebemodus anhand der Koordinatensystemausrichtung der Baugruppe ein Verschiebekoordinatensystem für die Komponente definiert. Wird im Verschiebemodus eine Achse oder gerade Kante als Bewegungsreferenz angegeben, so wird das Verschiebekoordinatensystem entsprechend dieser Referenz ausgerichtet.

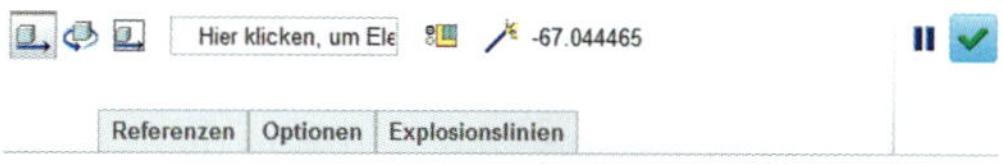

Der Modus ANSICHTSEBENE verschiebt die Komponente(n) ohne Bewegungsreferenzbezug frei in der aktuellen Ansichtsebene.

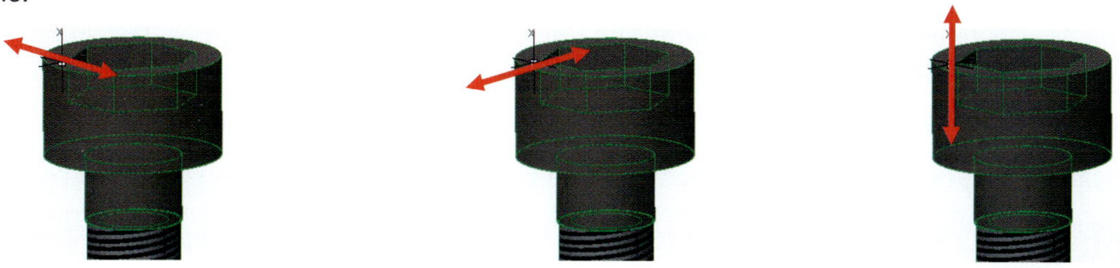

Für den ROTIERENMODUS muss eine Achse oder gerade Kante als Bewegungsreferenz (Drehachse) gewählt werden.

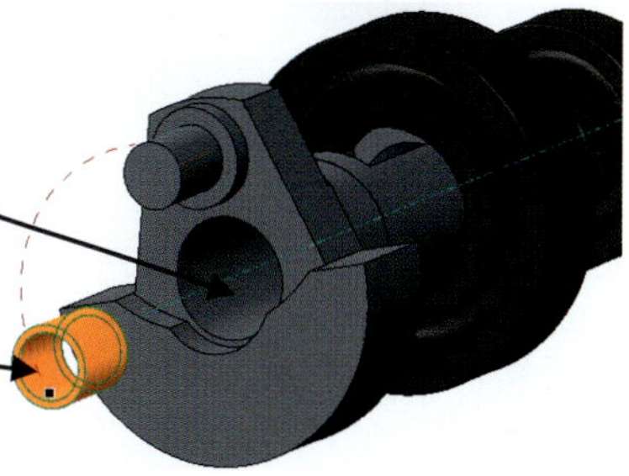

- Referenzauswahl aktivieren: ▶ **[Bewegungsreferenz]**
- Bewegungsreferenz auswählen: ⇦ <Achse oder Modellkante>
- Komponente(n) wählen: ⇦ , **[Strg]+⇦**
- Komponentenposition wählen: ⇦ <Am Ziehen-Griff>

Im Register OPTIONEN des Schaltpults kann eingestellt werden, ob die Komponenten mit den darauf referenzierten Nachfolgekomponenten (Kinder) bewegt werden sollen: ☑ **Mit Kindern bewegen**

☐ **Versatzlinien erzeugen**

Versatzlinien zeigen den Versatz der explodierten Komponenten zur Position im zusammengebauten Zustand an. Durch die Auswahl zugehöriger Achsen- oder Flächenpaare werden automatisch die Versatzlinien erzeugt.

☞ Explosionsdarstellungen können auch über den Ansichtsmanager (siehe Kap. 20.3.4) eingestellt und verwaltet werden. Im Ansichtsmanager lassen sich mehrere unterschiedliche Explosionsansichten definieren und aufrufen.

20.3 Ansichtsmanager

Der Ansichtsmanager definiert und steuert Ansichtsstile, vereinfachte Ansichten und Explosionsansichten. Vereinfachte Ansichten und Explosionsansichten können auf abgeleiteten 2D-Zeichnungen dargestellt werden, Teile und Baugruppen lassen sich mit vereinfachten Darstellungen öffnen.

Wird z. B. eine Baugruppe mit **Grafikdarstellung** geöffnet, müssen gegenüber einer **Master-Darstellung** wesentlich weniger Berechnungen durchgeführt werden. Damit wird die Ladezeit erheblich verkürzt:

☐ **Darstellung öffnen**

⇦ **Datei**, ⇦ **Öffnen [*1501025_motor.asm*]**

⇦ Öffnen▼, ⇦ **[Darst öffnen ...]**

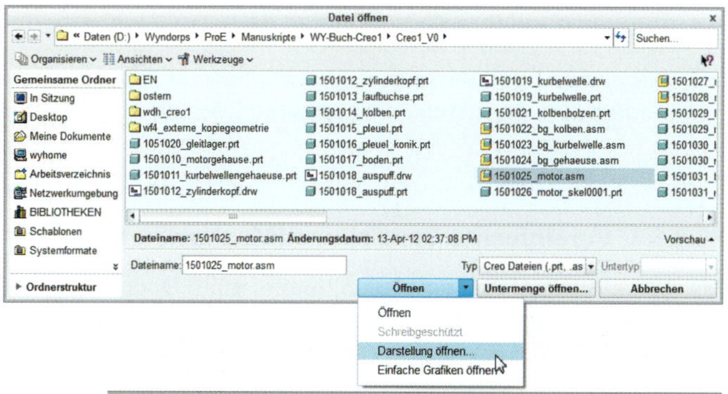

☞ Wird in der Datei **config.pro** bzw. über den Konfigurationseditior der Parameter **open_simplified_rep_by_default** auf **Yes** gesetzt, werden alle Baugruppen-Dateien immer mit dem Dialog DARST ÖFFNEN geöffnet. Damit kann das versehentliche Öffnen sehr großer Baugruppen als Master-Darstellung verhindert werden.

- ⇦ **[GrafikDarst]**
- DARST ÖFFNEN beenden: **[OK]**

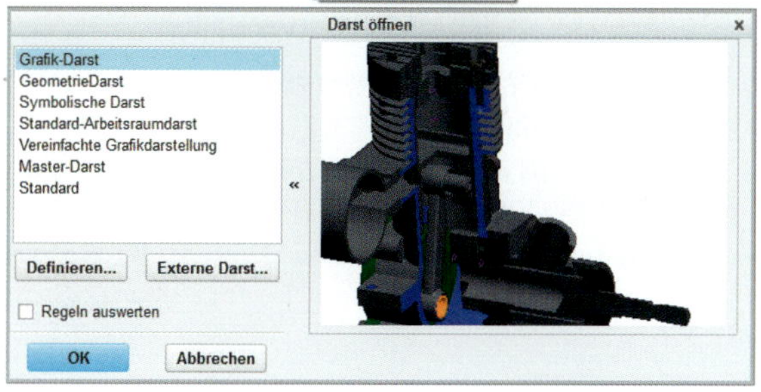

Der aus den vorangegangenen Wildfire-Versionen bekannte Schalter ☑ **Aktualisierung-auf-Anfrage-aktivieren** ist seit der Version Wildfire 5.0 als Wahlmöglichkeit abgeschafft und fix aktiviert worden. Bei Bedarf, z. B. beim Öffnen-Aufruf über die rechte Maustaste, werden die nur teilweise geladenen Komponenten vollständig in den Speicher geholt.

Creo hat von allen Komponenten der Motorbaugruppe nur die erforderlichen Geometriedaten für eine saubere geometrische Darstellung des Modells geladen. Weitere Informationen, wie z. B. Toleranzangaben, Massen, Referenzbezüge usw., wurden nicht in den Arbeitsspeicher geladen.

Über den Ansichtsmanager lassen sich sämtliche Darstellungstypen definieren. Der Ansichtsmanager kann entweder aus dem Register MODELL, ANSICHTEN oder direkt aus der DARSTELLUNGSSTEUERUNG aufgerufen werden:

⇦ **Ansicht**, ⇦ Ansichten verwalten *oder* ⇦ **Darstellungssteuerung**

Im Ansichtsmanager stehen diese Ansichtstypen zur Verfügung, die im Folgenden detailliert beschrieben werden:

- Vereinf Darstellung (siehe Kap. 20.3.1)
- Stil (siehe Kap. 20.3.3)
- Explodieren (siehe Kap. 20.3.4)
- QSchnitt (*Creo* 1.0) (siehe Kap. 20.3.5)
- Schnitte (ab *Creo* 2.0)
- Orientieren (siehe Kap. 20.3.6)
- Alle (siehe Kap. 20.3.8)
- Folien (siehe Kap. 10.5 und 20.3.7)

Zonen werden im Register QSCHNITT bzw. SCHNITTE definiert. Sie erleichtern das Organisieren großer Baugruppen, indem bestimmte Arbeitsräume (Zonen) zur Bearbeitung definiert werden. Sie werden in diesem Buch nicht speziell behandelt.

20.3.1 Vereinfachte Darstellung

Vereinfachte Darstellungen steuern das Laden und Darstellen der Komponenten. Fest vordefiniert sind in *Creo* je nach Betriebsmodus (Teil oder Baugruppe) im Wesentlichen die folgenden Darstellungen:

- Die **Master-Darstellung** stellt die vollständig detaillierte Baugruppe einschließlich aller Komponenten dar.
- **Grafikdarstellungen** enthalten nur Anzeige-Informationen. Sie ermöglichen es, eine große Baugruppe schnell zu laden. In Grafikdarstellungen können Sie nicht ändern oder referenzieren. Die Konstruktionselemente können nicht einzeln selektiert werden.
- **Geometriedarstellungen** stellen die vollständige Geometrie für Komponenten bereit. Sie benötigen mehr Zeit beim Aufrufen und belegen mehr Speicherplatz als grafische Darstellungen. Mit ihrer Hilfe können verdeckte Kanten entfernt, Messinformationen abgerufen und Massenwerte genau berechnet werden.
- **Symbolische Darstellung** ermöglichen das Ersetzen von Komponenten durch ein Symbol.

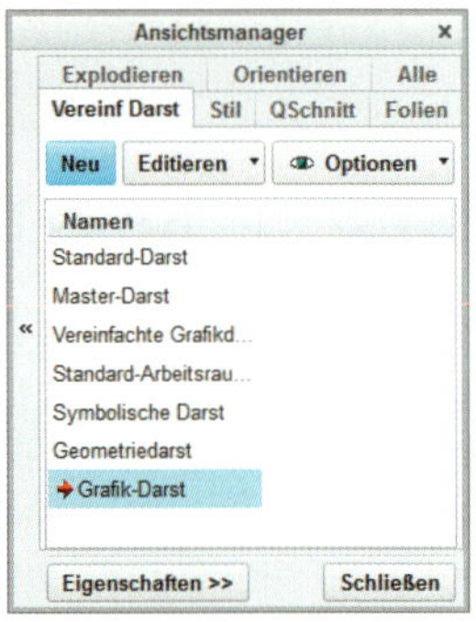

- **Nur Baugr**: Diese Darstellungsform steht nur im Modus Einschließen (s. u.) zur Verfügung. Damit können Baugruppen ohne ihre Komponenten dargestellt werden, obwohl diese vorhanden sind.

☞ Über den Funktionsaufruf **Neu** können neue vereinfachte Darstellungen angelegt werden. Dabei wird immer eine Kopie der aktuell eingestellten Darstellung als Vorlage erzeugt.

20.3.1.1 Vereinfachte Darstellung (Masterdarstellung ohne Gehäuse) erzeugen

Als erstes Beispiel soll eine neue vereinfachte Darstellung auf Basis einer Masterdarstellung erstellt werden, bei der die Gehäusebaugruppe ausgeblendet ist. Die Bedienoberfläche für vereinfachte Darstellungen ist mit *Creo* gegenüber Pro/ENGINEER-Wildfire völlig umgestellt worden.

- ⇦ **Ansicht**, ⇦ Ansichten verwalten
- Master-Darstellung aktivieren: ⇦ ⇦ **[Master-Darst]** <Doppelklick>
- Neue Darstellung: ⇦ **[Neu]**
  Creo schlägt als Name der neuen Darstellung „Rep0001" vor. Sinnvoll sind beschreibende Namen, wobei für die Namensgebung keine Umlaute, Sonderzeichen oder Leerzeichen zugelassen sind.
- Namenseintrag: **[O_Gehaeuse] + [↵]**

Da in der Master-Darstellung alle Komponenten eingeschlossen sind, wird im neu gestalteten Dialog EDITIEREN: O_GEHAEUSE die gesamte Baugruppe automatisch zum **Ausschließen** vorgeschlagen.

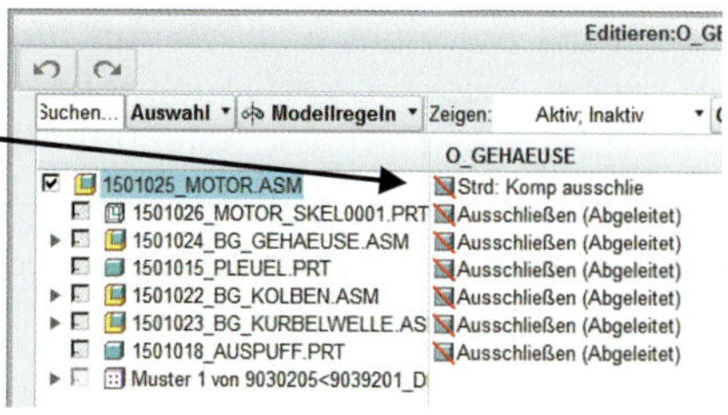

Durch Auswahl des Darstellungszustands einzelner Komponenten oder der gesamten Baugruppe kann die jeweilige Darstellungsart gewählt werden. Später neu hinzugefügte Komponenten werden wiederum in der Ursprungsdarstellung (Master-Darstellung) ergänzt.
Im rechten Fenster ist eine Vorschau auf das Ergebnis aktiv.

Zunächst wird für den gesamten Motor die Master-Darstellung gesetzt:

- *1501025_motor.asm* als Master Darst.: ⇦ **[Master-Darst**
- *1501024_BG_gehaeuse.asm* ausschließen: ⇦ **Ausschließen**
- Dialog beenden: **[OK]**

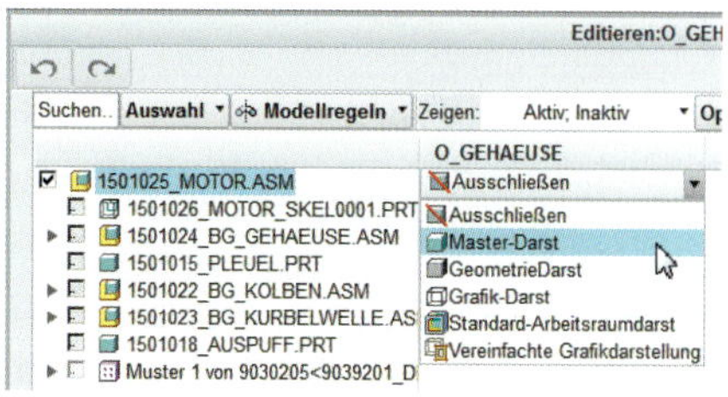

Die neue Darstellung mit dem Namen **O_Gehaeuse** wird eingestellt. Dieses wird durch einen roten Pfeil vor dem Darstellungsnamen und durch den Namenseintrag im Hauptarbeitsfenster gekennzeichnet.

Die Darstellung O_Gehaeuse ist jetzt aus der Kopie der Master-Darstellung mit der gewählten Änderung definiert.

- ANSICHTSMANAGER schließen: **[Schließen]**

Zum Ändern der vereinfachten Darstellung wird die Funktion **Editieren - Umdefinieren** der Darstellung **O_Gehaeuse** aufgerufen:

- Darstellung ändern: ⇦ **[Editieren]**
  ⇦ **[Umdefinieren]**
- Änderungen durchführen....
- ANSICHTSMANAGER schließen: **[Schließen]**

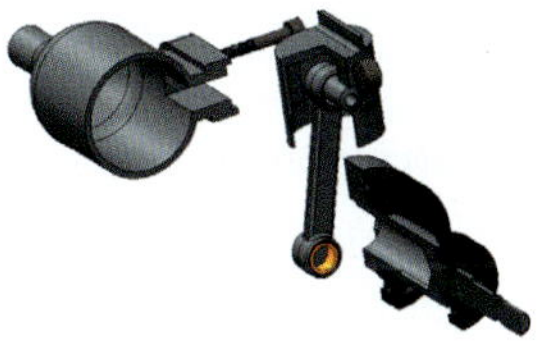

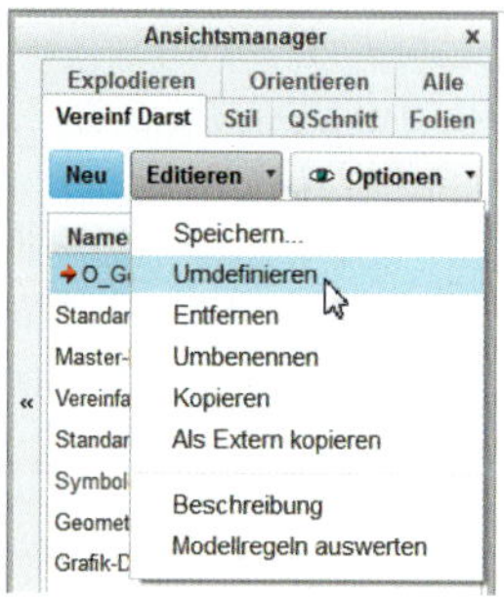

20.3.1.2 Vereinfachte Darstellung in Baugruppen über Regeln

Eine besonders leistungsstarke Möglichkeit zur Erzeugung vereinfachter Darstellungen bietet die Anwendung von **Regeln** als Auswahlkriterien. Im folgenden Beispiel soll eine Kopie einer Master-Darstellung erzeugt werden, bei der alle Normteile ausgeschlossen sind.

- ⇦ **Ansicht**, ⇦ Ansichten verwalten
- Master-Darstellung aktivieren: ⇦ ⇦ **[Master-Darst]** <Doppelklick>
- Neue Darstellung: ⇦ **[Neu]**
- Namenseintrag: **[O_Normt] + [↵]**

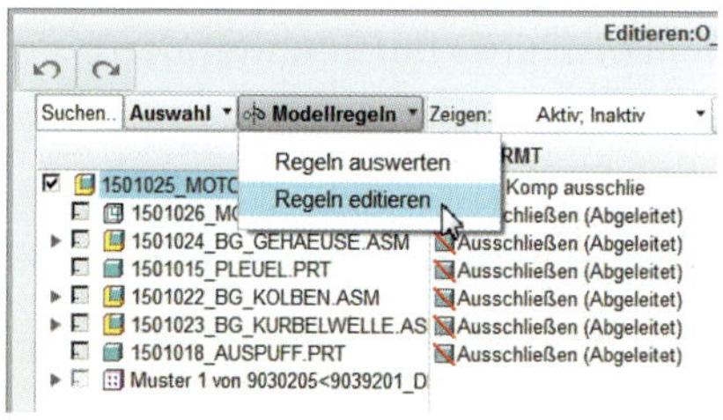

Zunächst wird die gesamte Motorbaugruppe auf Master-Darst. gesetzt. Danach werden die Normteile per Regeldefinition ausgeschlossen:

- *1501025_motor.asm* als Masterdarst.: ⇦ **[MasterDarst]**
- Modellregeln aktivieren: ⇦ **[Modellregeln]**
- Regeln ändern bzw. erzeugen: ⇦ **[Regeln editieren]**

Ein Dialog für die Regelaktionen öffnet sich.

- Regel hinzufügen: +
- VereinfDarstAktion: ⇦ **Ausschließen**
- Bedingung wählen: ▶ **[Neu]**
- Namenseintrag: **[O_Normt]**
- Neue Bedingung definieren: ▶ **[Neu]**

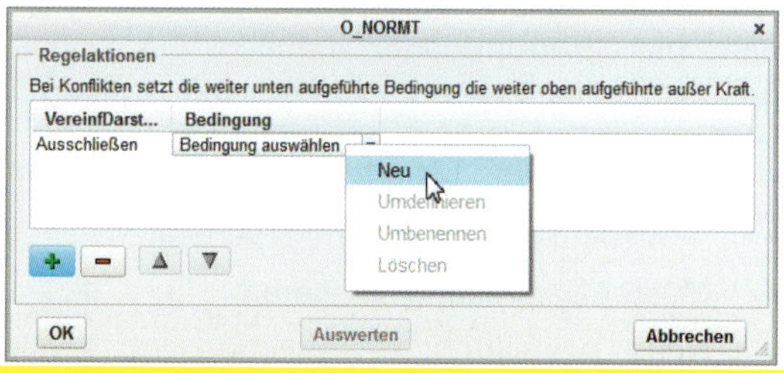

⚠ Das 2. Setzen des Neu-Aufrufs ist zwingend erforderlich, damit sich der Regel-Editor öffnet.

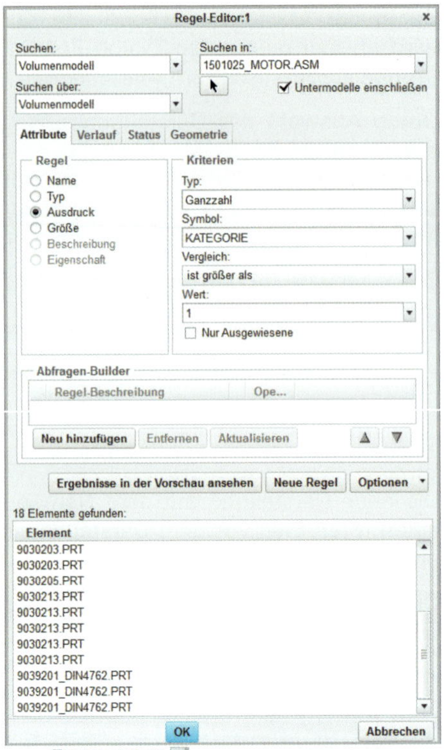

Im Such-Tool steht eine Vielzahl von Möglichkeiten zur Bildung von Auswahlregeln zur Verfügung. Für die Auswahl aller Normteile bietet sich hier der Parameter Kategorie der INNEO-Tools an. Dieser hat für alle Normteile einen Wert größer als 1.

Im Dialog REGEL-EDITOR sind folgende Einträge vorzunehmen:

- Suchen: **[Volumenmodell]**
- Suchen über: **[Volumenmodell]**
- Suchen in: **[*1501025_motor.asm*]**
- Untermodelle: ☑ **Untermodelle einschließen**
- Register Attribute: ⇦ **Attribute**
- Regel: ⦿ **Ausdruck**
- Typ: ⇦ **[Ganzzahl]**
- Symbol: ⇦ **[Kategorie]**
- Vergleich: ⇦ **[ist größer als]**
- Wert: **[1]**

Mit **[Ergebnisse in der Vorschau ansehen]** wird die Suche entsprechend der eingestellten Kriterien gestartet:

- Suche ausführen: ⇦ **[Ergebnisse in der Vorschau ansehen]**

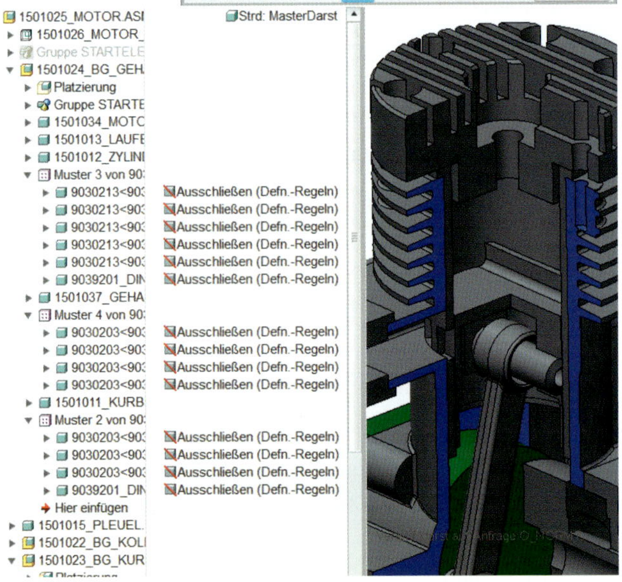

Creo findet alle Komponenten, deren Parameter-Kategorie größer als 1 ist (Lager DIN 625 und Schrauben DIN 4762), und führt diese in einer Liste auf. Diese Auswahl muss nun der Regel zugeordnet werden:

- Regel als Abfrage hinzufügen: ⇦ **[Neu hinzufügen]**

⚠ Der Schalter **[Neu hinzufügen]** ist bei *Creo 2.0* nur beim Umdefinieren von Regeln verfügbar. Ansonsten wird die Regel automatisch durch das Beenden des Regel-Editors hinzugefügt.

- REGEL-EDITOR:1 beenden: **[OK]**
- Dialog O_NORMT beenden: **[OK]**

Im Regeldialog Editieren:O_NORMT wird der Komponentenausschluss durch **Anwenden** durchgeführt:

- Regel anwenden: **[Anwenden]**
- Dialog beenden: **[OK]**
- ANSICHTSMANAGER schließen: **[Schließen]**

☞ Die so definierte Regel gilt auch für alle Komponenten, die erst in Zukunft in die Baugruppe eingebaut werden!

20.3.2 Vereinfachte Darstellung im Teilmodus

Als Beispiel einer vereinfachten Darstellung im Teilmodus wird am Rohteil des Motorgehäuses eine Darstellung ohne die Gussrundungen definiert. Ein modelltechnisch wesentlich komplexeres, aber typisches Beispiel stellen unterschiedliche vereinfachte Darstellungen für die 2D- und 3D-Ausgabe von Zahnrädern dar.

- ⇦ **Datei**, ⇦ Öffnen [*1501033_motorgehaeuse_roh.prt*]
- ⇦ **Ansicht**, ⇦ Ansichten verwalten
- Master-Darstellung aktivieren: ⇦ ⇦ **[Master-Darst]** <Doppelklick>
- Neue Darstellung: ⇦ **[Neu]**
- Namenseintrag: **[O_Rundung] + [↵]**

Im Auswahldialog EDIT METHOD kann als auszuschließende Elemente zwischen Attributen, Konstruktionselementen, Arbeitsbereich und Oberflächen ausgewählt werden.

- Konstruktionselemente wählen: ⇦ **[KEs]**

Im Modus AUSSCHLIEẞEN werden über den Modellbaum oder im Hauptarbeitsfenster die von der Darstellung auszuschließenden Konstruktionselemente gewählt.

- Lokale Rundungsgruppe wählen: ⇦ <**LOCAL_GROUP_1** im Modellbaum>

Durch Anklicken von **Bildschirm aktual** wird das Ergebnis am Bildschirm aktualisiert.

- Auswahl beenden: ⇦ **[Fertig]**
- Typauswahl beenden: ⇦ **[Fertig / Zurück]**

Im Ansichtsmanager steht die Darstellung O_Rundung zur Auswahl zur Verfügung.

- Ansichtsmanager schließen: ⇦ **[Schließen]**

20.3.3 Ansichtsstil (Stil)

Über das Register **Stil** werden für einzelne oder mehrere Komponenten Ansichtsstile (früher: Komponentendarstellungen) festgelegt. Als Ansichtsstile stehen **schattiert**, **sichtbare Kanten**, **verdeckte Kanten**, **Drahtmodell** und **Ausblenden** zur Verfügung. Im folgenden Beispiel wird ein Ansichtsstil definiert, bei dem das Motorgehäuse als Drahtmodell dargestellt wird.

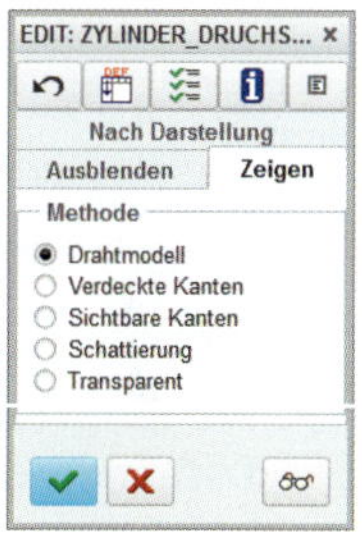

☐ **Ansichtstil erzeugen (Motorgehäuse als Drahtmodell)**

- ⇦ **Ansicht**, ⇦ Ansichten verwalten
- Register Stil: ⇦ **[Stil]**
- Master-Stil aktivieren: ⇦ ⇦ **[Master-Stil]**
- Neuer Stil: ⇦ **[Neu]**
- Namenseintrag: **[Zylinder_Durchsichtig] + [↵]**
- Register Zeigen: **Zeigen**
- Methode: ◉ **Sichtbare Kanten**
- Komponente(n) wählen: ⇦ <1501034_*motorgehaeuse_fertig.prt*>
- Dialog beenden: ✔
- ANSICHTSMANAGER schließen: **[Schließen]**

> ☞ Vereinfachte Darstellungen und Ansichtsstile sind kombinierbar.

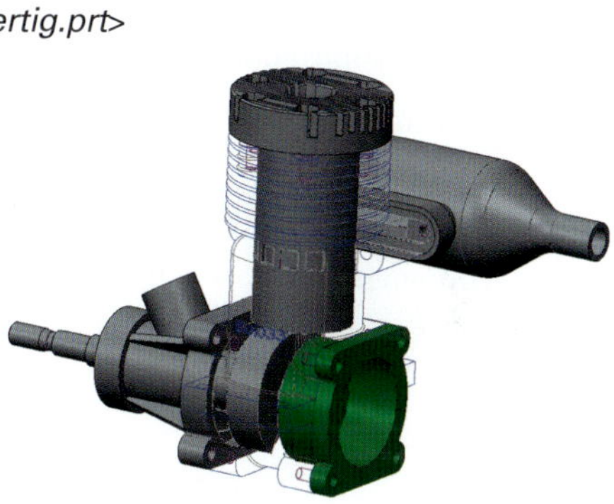

Ist als vereinfachte Darstellung **O_NOMRT** eingestellt, werden unter dem Ansichtsstil **Zylinder_Durchsichtig** keine Normteile dargestellt. Im Fall der **Master-Darstellung** geschieht dies jedoch. Nebenstehend ist die Master-Darstellung mit dem Stil **Zylinder_Durchsichtig** kombiniert. (Der Baugruppenmaterialschnitt ist in der nebenstehenden Darstellung unterdrückt.)

20.3.4 Explodieren-Ansicht

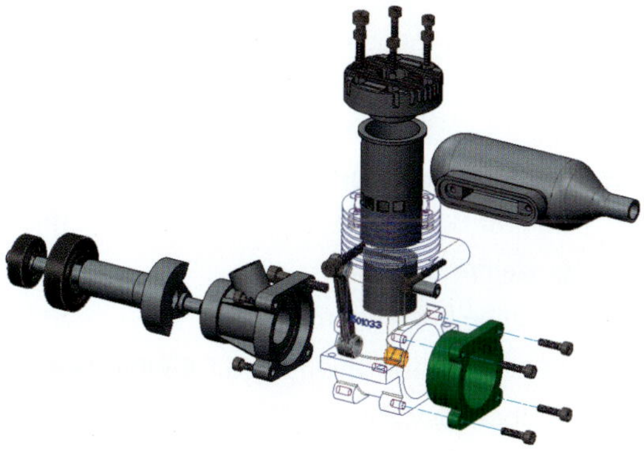

Explosionsdarstellungen ermöglichen die Darstellung von Baugruppen, wobei die Positionen der Komponenten frei wählbar sind. Zusammenbauansichten stellen die Komponenten an ihren fixierten Positionen dar.

Analog zu den Ansichtsstilen lassen sich über das Register **Explodieren** die Explosionsansichten definieren. Es können mehrere unterschiedliche Explosionsansichten mit unterschiedlichen Positionen der Komponenten und Versatzlinien definiert werden. Damit können beispielsweise verschiedene Montage- oder Zusammenbaustadien dargestellt werden.

> ☞ In Kap. 23.2.5 wird beschrieben, wie Schnappschüsse bestimmter Komponentenstellungen erstellt und in Zeichnungen verfügbar gemacht werden. Diese Schnappschüsse verwenden die Funktion **Explodieren-Ansicht** zur Speicherung der Komponentenpositionen.

Das Erstellen von Explosionsansichten mit Versatzlinien ist in Kap. 20.2 erklärt.

Für die weiteren Bearbeitungen werden für die Motorbaugruppe *1501025_motor.asm* wieder die Master-Darstellung und der Master-Stil eingestellt. Des Weiteren werden der Baugruppenmaterialschnitt aus Kap. 20.1 und eventuelle Versatzlinien aus Kap. 20.2 oder 20.3.4 unterdrückt.

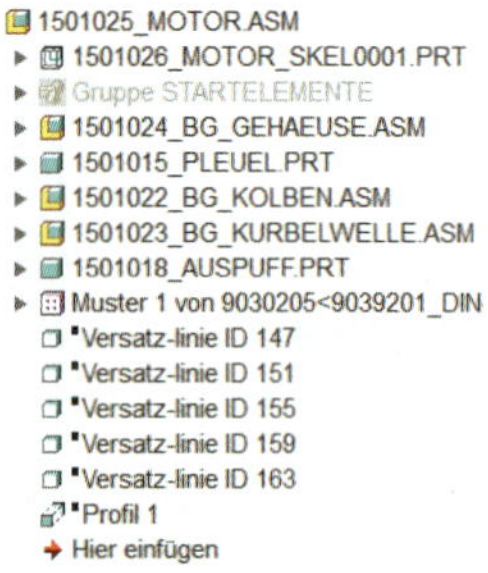

- ⇦ **Datei**, ⇦ Öffnen [***1501025_motor.asm***]
- ⇦ **Ansicht**, ⇦ Ansichten verwalten, ⇦ Stil, ⇦ ⇦ Master-Stil
- ⇦ Vereinf Darst, ⇦ ⇦ Master-Darst
- ⇦ Profil 1 <im Modellbaum>, ▶ **[Unterdrücken]**

20.3.5 Querschnitte

Querschnitte sind Schnitte durch Baugruppen oder Bauteile, die im Gegensatz zum Materialschnitt kein Material entfernen, sondern die Schnittfläche darstellen. Querschnitte werden insbesondere zur Darstellung von schraffierten Schnitten in zweidimensionalen Zeichnungen verwendet.

Es soll ein Querschnitt des gesamten Motors erzeugt werden. Dieser wird später als Schnittansicht in einer Zeichnung verwendet.

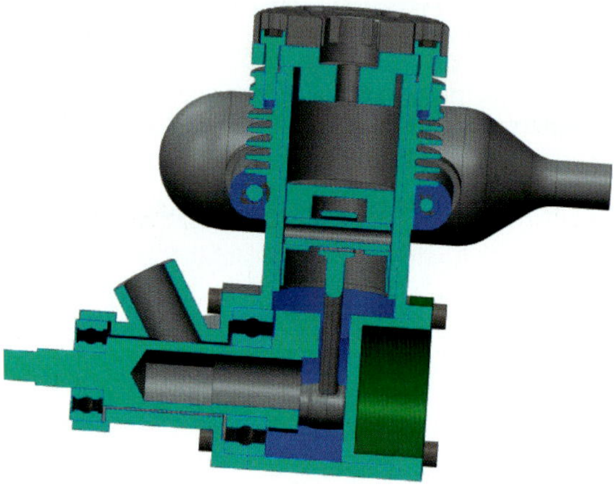

⚠ Baugruppenquerschnitte können nur auf Baugruppenebenen definiert werden.

☞ Im Sinn einer übersichtlichen Referenzstruktur ist die Definition eigener, benannter Ebenen für Querschnitte empfehlenswert.

☐ Benannte Schnittebene erzeugen

- ⇦ **Datei**, ⇦ Öffnen [*1501025_motor.asm*]
- Ebene erzeugen: ⇦ **Modell**, ⇦ **Ebene**
- Bezugsebene: ⇦ **[XY_B_VORNE]**, ⇦ **[Durch]**, ⇦ **[OK]**
- Umbenennen: ⇦ ⇦ **[Schnitt_A]**

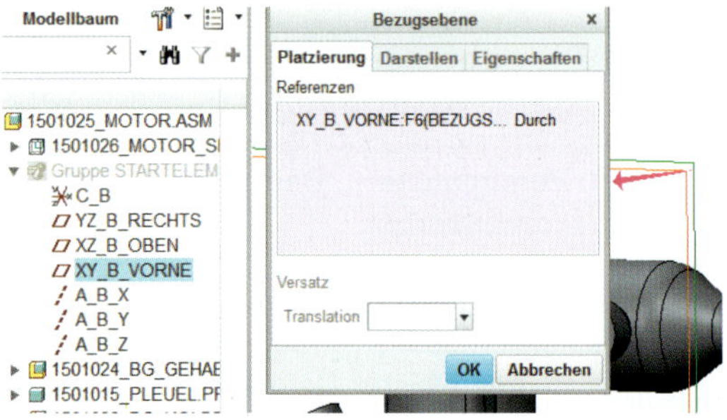

20.3.5.1 Planaren Baugruppenquerschnitt (A) erzeugen (*Creo* 1.0)

- ⇦ **Ansicht**, ⇦ Ansichten verwalten, ⇦ QSchnitt
- Neuen Querschnitt anlegen: ⇦ **[Neu]**
- Namen eingeben: **[A] [↵]**

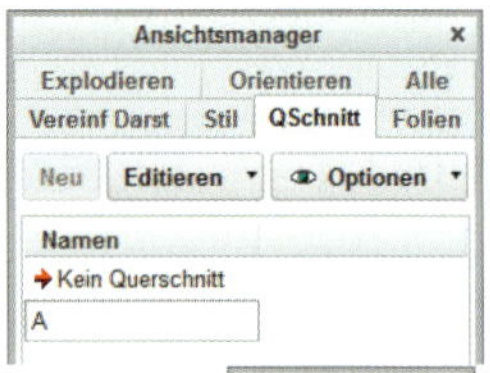

Im Dialog QSCHNITT OPT:

- Ebener Schnitt: **[Planar]**
- Einzelner Schnitt: **[Einzeln]**
- Eingabe bestätigen: ⇦ **[Fertig]**

Wählen Sie die geeignete Baugruppenebene für den nebenstehend abgebildeten Querschnitt aus.

- Ebenenauswahl: **[Schnitt_A]**

Durch einen Doppelklick auf den neuen Querschnitt im Ansichtsmanager kann die Schnittgeometrie aktiviert werden.

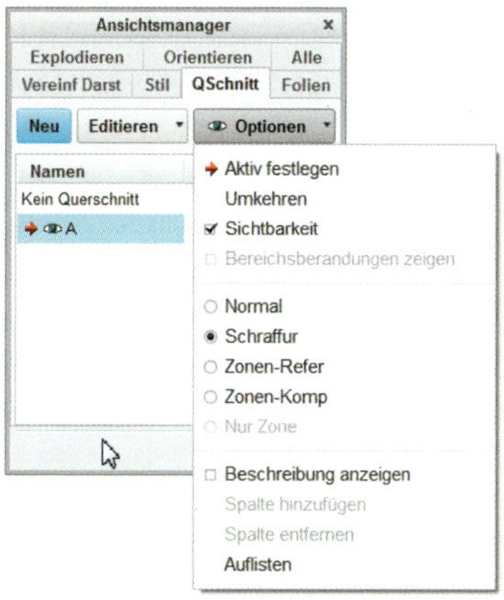

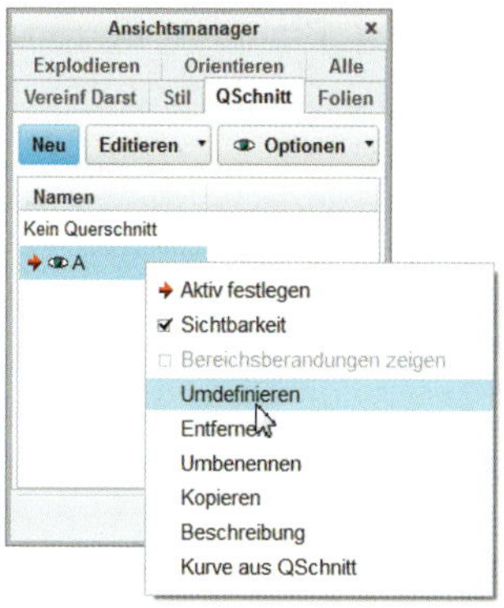

- Querschnitt aktivieren: ⇦ ⇦

Über das Register OPTIONEN lassen sich Querschnittschraffuren einblenden oder die Richtung des Querschnitts umschalten. Mit der Funktion **Umdefinieren**, die für den gewählten Querschnitt über die rechte Maustaste erreicht wird, können die Schraffuren des Querschnitts angepasst oder die Bemaßungswerte des Querschnitts geändert werden.

Wird die **Sichtbarkeit** aktiviert, so bleibt die Querschnittschraffur auch bei deaktiviertem Querschnitt (**Kein Querschnitt**) im Modell sichtbar.

☞ Querschnitte aus *Creo* 1.0 und den vorherigen Pro/ENGINEER-Versionen werden beim Aktivieren in *Creo* 2.0 automatisch in das neue Format konvertiert! Schraffurdefinitionen bleiben erhalten.

20.3.5.2 Querschnitte aktivieren bzw. deaktivieren (*Creo* 1.0)

Das Aktivieren und Deaktivieren von Querschnitten erfolgt in *Creo* 1.0 noch ausschließlich nach der Methode aus Pro/ENGINEER-Wildfire über den Ansichtsmanager. Diese Funktionalität ist in *Creo* 2.0 ebenfalls noch gewährleistet.

- ⇦ **Ansicht**, ⇦ Ansichten verwalten, ⇦ QSchnitt (*Creo* 1.0)
  oder ⇦ Schnitte (*Creo* 2.0)
- ⇦ ⇦ **[A]** <Doppelklick auf den Querschnittsnamen>

Zum Deaktivieren:

- ⇦ ⇦ **[Kein Querschnitt]** <Doppelklick >

20.3.5.3 Baugruppenschraffuren anpassen (*Creo* 1.0)

- ⇦ **Ansicht**, ⇦ Ansichten verwalten, ⇦ QSchnitt
- Querschnitt A aktivieren: ⇦ ⇦ **[A]**
- ⇨ **[Umdefinieren]**, ⇦ **Schraffur**

Es öffnet sich der Menü-Manager wie nebenstehend abgebildet. Im Teilmodus stehen die Schalter zum Wechsel der Querschnitte (Auswahl, Weiter und Zurück) sowie das Ausschließen nicht zur Verfügung.

Mit *Auswahl* können die Querschnitte von Komponenten gewählt, mit *Weiter* und *Zurück* kann zwischen den Komponenten gewechselt werden. *Abstand* und *Winkel* verändern entsprechend das Aussehen der Schraffuren. *Ausschließen* schließt die Schraffuren der Komponenten vom Querschnitt aus. Typische Anwendung dieser Funktion sind Schrauben und rotationssymmetrische Komponenten (Wellen, Bolzen) ohne Innengeometrie.

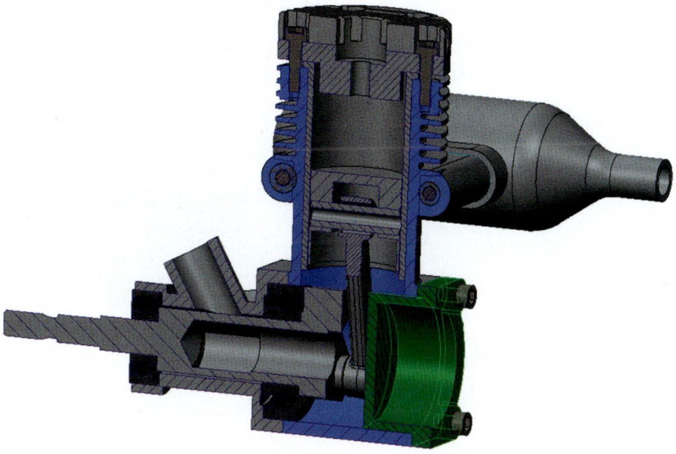

20.3.5.4 Planaren Baugruppenquerschnitt (B) erzeugen (*Creo* 2.0)

Als Beispiel für die neue Schnittdefinition aus *Creo* 2.0 wird der Schnitt B herangezogen.

Erstellen Sie in gleicher Weise einen Querschnitt B durch die Motorebene YZ_B_RECHTS.

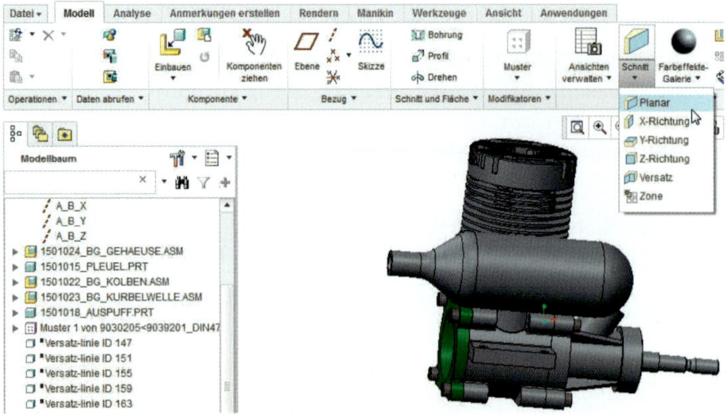

- ☐ **Benannte Schnittebene erzeugen**
  - ⇦ **Modell**, ⇦ **Ebene**
  - ⇦ **[XY_B_ECHTS]**, ⇦ **[Durch]**
  - ⇦ ⇦ **[Schnitt_B]** <Umbenennen>
- ☐ **Schnitt anlegen**
  - ⇦ **Modell**, ⇦ Schnitt, ⇦ **Planar**

  Ist die Ebene noch gewählt, wird der Schnitt sofort erstellt, sonst:
  - Ebene wählen: ⇦ <Schnitt_B >
- ☐ **Schnitt-Einstellungen**

  Wurde als Schnittreferenz anstatt einer Ebene ein Koordinatensystem gewählt, so können hier die orthogonalen Schnitte *x*, *y* und *z* gewählt werden. 0.000 Hier kann ein Versatzwert des Querschnittes bezogen auf die Referenz eingegeben werden.

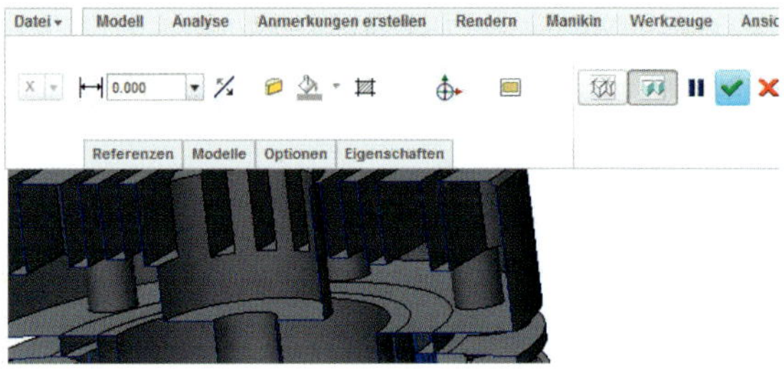

> ⚠ Die Versatzoption „Durch" ohne Maß steht hier nicht zur Verfügung. Bei Zeichnungsableitungen mit Querschnitten muss darauf geachtet werden, dass kein Nullmaß ausgegeben wird.

Ändert die Schnittrichtung

Schaltet zwischen einer offenen oder geschlossenen Querschnittsfläche um.

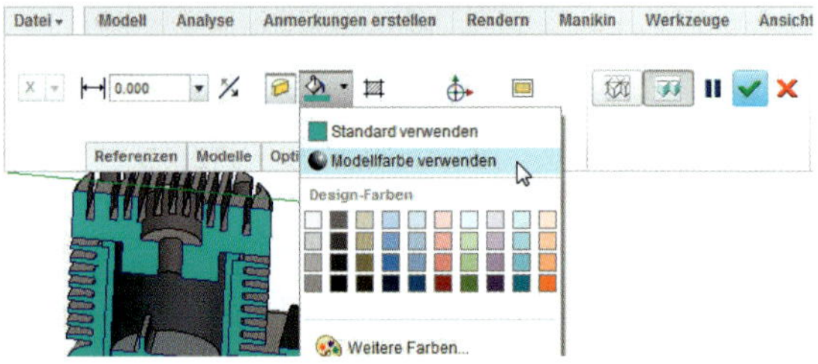

Färbt die Querschnittsfläche entweder mit den Farben der Komponenten (Modellfarbe) oder einer wählbaren Farbe.

Aktiviert die Sichtbarkeit der Schraffur(en)

Aktiviert den **CoPilot** für die Schnittlage. Die Schnittlage kann nachträglich beliebig bezogen auf die Referenz in allen Winkel- und Verschiebelagen verändert werden.

Öffnet ein zusätzliches Fenster mit einer Ansicht des 2D-Schnittes.

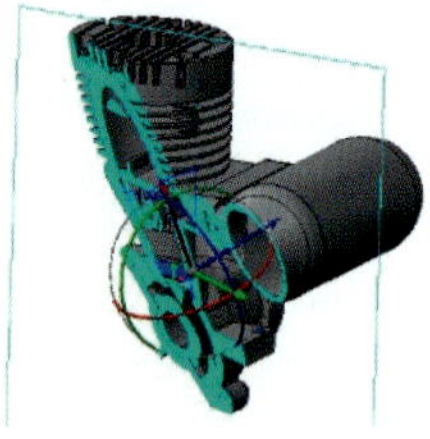

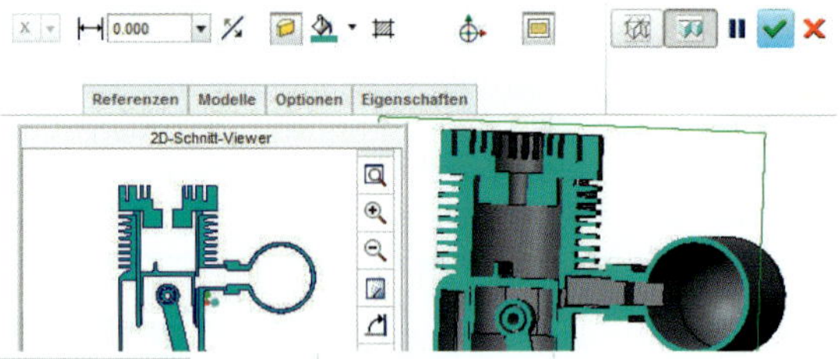

Im Register ⇦ Schnitt, ⇦ **Modelle** können einzelne Komponenten oder Baugruppen vom Schnitt ausgeschlossen werden.

> ⚠ Vom Schnitt ausgeschlossenen Komponenten fehlen im 2D-Schnitt der Voransicht!

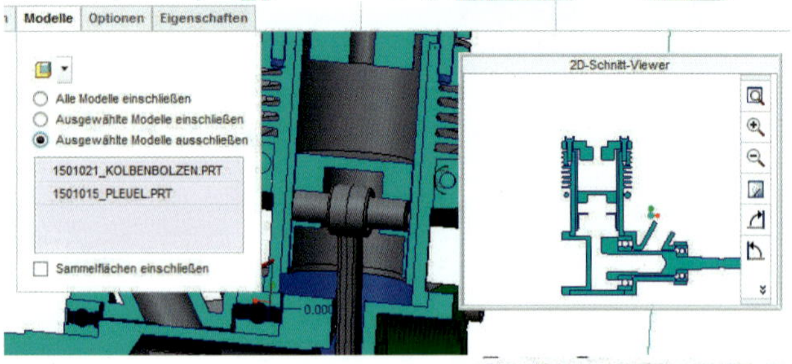

Das Ausschließen von Komponenten ist nicht mit dem Ausschließen von Schraffuren zu verwechseln. Es stellt eher eine Alternative zum Baugruppenmaterialschnitt dar (siehe Kap. 20.1).

- Schnittdefinition beenden: ✔

- ☐ **Schnitt-Einstellungen**

  Eine der wichtigsten Neuerungen von *Creo* 2.0 dürfte sein, dass Querschnitte nun auch im Modellbaum am Ende unter einem eigenen Register Schnitte aufgelistet werden und damit jederzeit auffindbar sind.

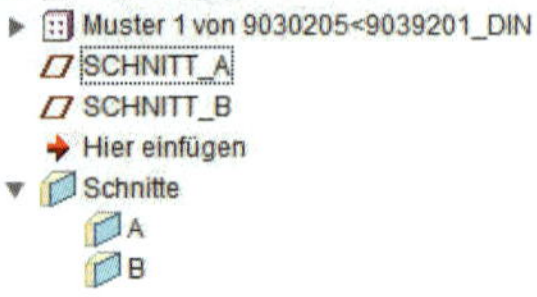

20.3.5.5 Querschnitte aktivieren / deaktivieren (*Creo* 2.0)

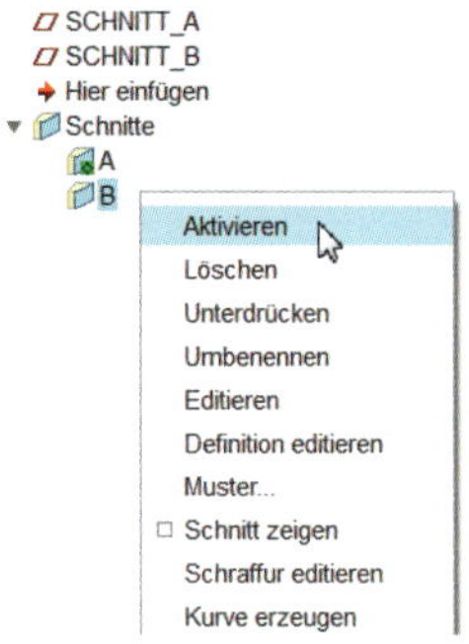

Neben der aus Pro/ENGINEER-Wildfire bekannten Funktionalität der Schnittaktivierung können in *Creo* 2.0 Schnitte direkt aus dem Modellbaum heraus aktiviert werden.

- Schnitt im Modellbaum wählen: ⇦ **[A]**
- ▶ **[Aktivieren]** bzw. **[Deaktivieren]**

Der aktive Schnitt wird durch einen grünen Punkt am Querschnittssymbol ange-zeigt.

Schnitte mit sichtbarer Schraffur (☑ **Schnitt zeigen**) werden durch ein Schraffursymbol bzw. im Modellbaum ausgewiesen.

Stufenschnitte werden mit bzw. gekennzeichnet.

20.3.5.6 Baugruppenschraffuren anpassen (*Creo* 2.0)

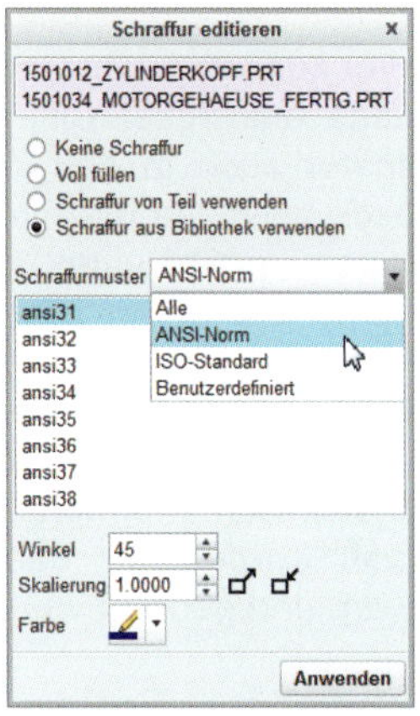

Das Anpassen der Schraffuren von Baugruppen im 3D-Modus ist mit *Creo* 2.0 komplett umgestellt worden.

- Schnitt im Modellbaum wählen: ⇦ **[B]**
- ▶ **[Aktivieren]**
- ▶ **[Schraffur editieren]**
- Eine oder mehrere Komponente(n) für **gemeinsame** Schraffur wählen: ⇦ , **[Strg]+⇦**

Zur Auswahl stehen folgende Schraffur-Optionen:

- **Keine Schraffur**: Diese Option entspricht dem früheren **Ausschließen**. Sie wird üblicherweise für Normteile (Schrauben) oder rotationssymmetrische Komponenten (Wellen ohne Innenbohrung) angewendet.
- **Voll füllen**: Füllt den Querschnitt der gewählten Komponente(n) mit dem Schraffurfarbwert, nicht mit dem Querschnittsflächenwert.
- **Schraffur von Teil verwenden**: Den Materialeigenschaften können im Register VERSCHIEDENES Schraffuren zugewiesen werden. Falls vorhanden werden diese für den Querschnitt verwendet.
- **Schraffur aus Bibliothek verwenden**: Zur Verfügung stehen üblicherweise Schraffurmuster nach ANSI und ISO. Darüber hinaus können benutzerdefinierte Schraffurmuster verwendet werden.

Wurde ein Schraffurmuster gewählt, z. B. ANSI31, können der Schraffurwinkel, die Schraffurgröße (verdoppeln, halbieren) und die Schraffurfarbe variiert werden.

⚠ Alle Änderungen an den Schraffuren müssen mit Anwenden bestätigt werden!

☞ Nicht ganz eindeutig ist in der beim Erstellen dieses Buchs vorliegenden Wochenversion F000 die Funktionsweise der Skalierung. Änderungen am Skalierungsfaktor haben optisch dieselbe Auswirkung wie Verdoppeln oder Halbieren. Umgekehrt wird aber der Skalierungsfaktor nicht durch Verdoppeln oder Halbieren verändert.

⚠ Die Definition des Schraffurwinkels ist immer auf die Bildschirmansicht, nicht auf das Modell bezogen!

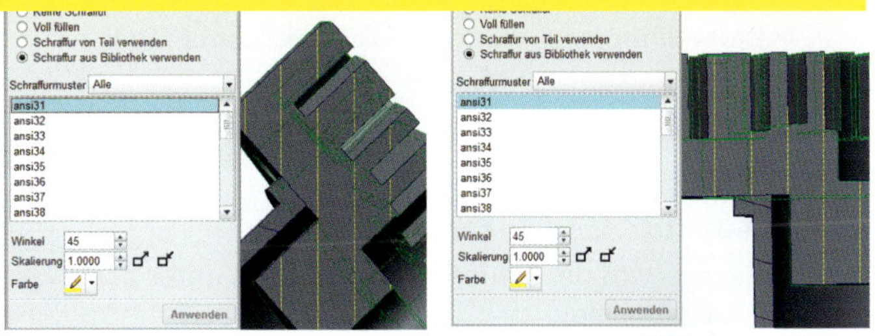

Die nebenstehenden Abbildungen zeigen die auf den Bildschirm bezogen konstante Ausrichtung der (gelben) Schraffur bei gleichen Einstellungen und verdrehter Komponentenlage.

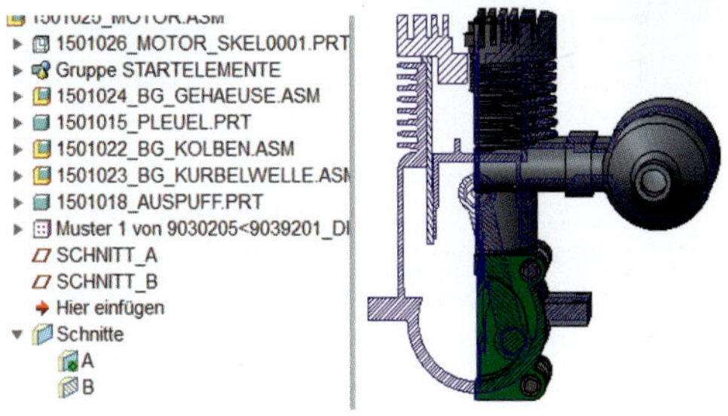

Die Abbildung zeigt den **aktiven**, **planaren Querschnitt A** kombiniert mit **Schnitt zeigen** des inaktiven, planaren Querschnittes B nach dem Anpassen der Schraffuren in der Version *Creo* 2.0.

20.3.5.7 Komponenten vom Schnitt ausschließen (*Creo* 2.0)

Mit die komfortabelste Neuerung von *Creo* 2.0 ist die Möglichkeit, Komponenten (z. B. Normteile) bereits bei der Schnittdefinition im 3D-Modell durch einfaches Anklicken vom Schnitt auszuschließen.

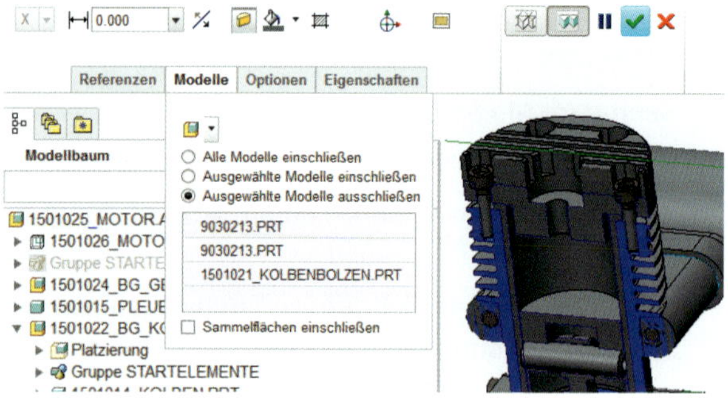

- Schnitt im Modellbaum wählen: ⇦ **[A]**
- ▶ **[Aktivieren]**, ▶ **[Definition editieren]**
- ⇦ MODELLE, ⇦ ⦿ Ausgewählte Modell ausschließen
- ⇦ **[Strg+⇦]** <Komponenten anklicken>
- Schnittdefinition beenden: ✔

20.3.6 Orientieren

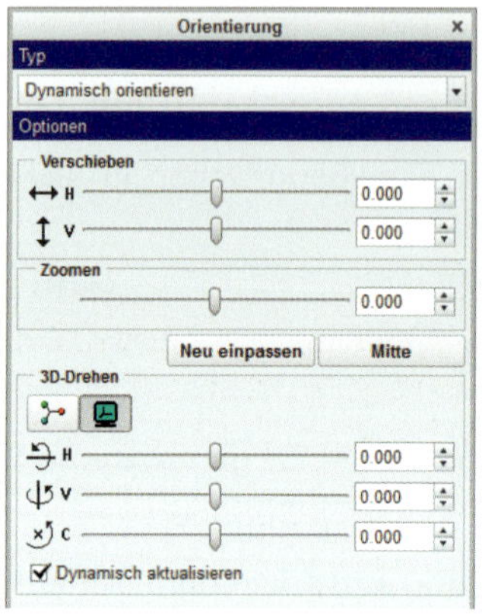

Hier können ergänzend zu den Standardorientierungen neue Ansichtsorientierungen erzeugt, gespeichert und später auch in den Zeichnungen verwendet werden. Jede beliebige Bildschirmansicht kann als Orientierung durch Eingabe eines Namens abgespeichert werden. Beim Ausrichten ***Über Referenz orientieren*** wird das Modell durch Anklicken von zwei normal (also unter 90°) zueinander stehenden Flächen ausgerichtet (Beispiel: vorne-oben, unten-links, rechts-oben usw.). Bei ***Dynamisch orientieren*** kann das Modell um eine Achse oder Körperkante oder dynamisch mit der Maus bewegt und gedreht werden.

20.3.7 Folien

Das Folienmanagement in Baugruppen ist sehr komplex und für den normalen Anwender nicht ohne weiteres nachvollziehbar, da nur Folien mit Baugruppendefinition über den Baugruppen-Ansichtsmanager, Folien ohne Baugruppendefinition dagegen nur über den Komponenten-Ansichtsmanager geschaltet werden können. Da der Themenkreis in der aktuell vorliegenden PTC-Dokumentation ebenfalls nur sehr ansatzweise erläutert ist, wird auf die Vorstellung und Anwendung des Folienmanagements in Baugruppen im Rahmen dieses Buches verzichtet.

⚠ *Creo* ermöglicht durch die Verwendung von **Folienmodellen** anstelle von Foliendefinitionen über die Konfigurationsdatei *config.pro,* eine individuelle Gestaltung der Foliendefinitionen. Daher können die Folienstrukturen bei jeder Installation anders aussehen, als im Folgenden abgebildet.

Folienzustände lassen sich im Modell definieren und verwalten. Als Beispiel werden Folienzustände im Bauteil *1501034_motorgehaeuse_fertig* verwendet:

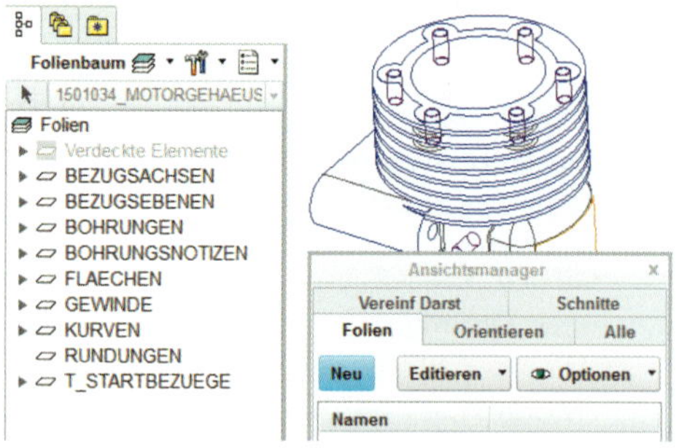

- ⇦ **Datei**, ⇦ Öffnen **[*1501034_ motorgehaeuse_fertig*]**
- ⇦ **Darstellungssteuerung**, ⇦ **Sichtbare Kanten**
- ⇦ **Ansicht**, **Folien**
- ⇦ **Darstellungssteuerung**, ⇦ **Ansichtsmanager**
- Register **Folien**: **[Folien]**

  Alle Folien sind im Folienbaum sichtbar, also eingeblendet. Im Ansichtsmanager ist kein Folienstatus gespeichert.

☐ **Folienstatus *Alles_An* speichern**

Zunächst wird der aktuelle Folienzustand unter dem Namen „Alles_An" angelegt:

- Im Folienbereich: **[Neu]**
- Namen eintragen: **[Alles_An] [↵]**

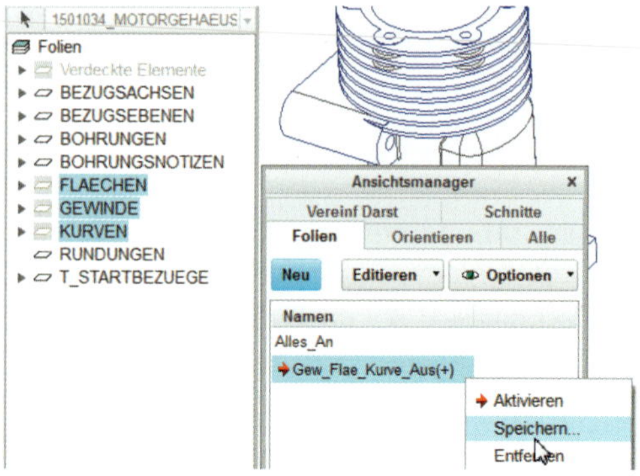

☐ **Folienstatus *Gew_Flae_Kurve_Aus* Anlegen**

Ein neuer Folienzustand soll unter dem Namen *Gew_Flae_Kurve_Aus* angelegt werden, bei dem Gewinde-, Flächen und Kurvenfolien ausgeblendet sind. Dazu wird zunächst der aktuelle Folienzustand als Ausgangszustand angelegt, dann der Folienzustand geändert und danach gespeichert.

- Im Folienbereich des Ansichtsmanagers: **[Neu]**
- Name eintragen: **[*Gew_Flae_Kurve_Aus*] [↵]**
- Folie im Folienbaum auswählen: ⇦ <FLAECHEN, GEWINDE, KURVEN>
- Folie ausblenden: ▶ **[Ausblenden]**

Klickt man zurück in den Ansichtsmanager, so wird hinter den Namen des Folienstatus ein (+) eingetragen. Dadurch wird gekennzeichnet, dass der aktuell dargestellte Folienzustand nicht dem gespeicherten Zustand entspricht.

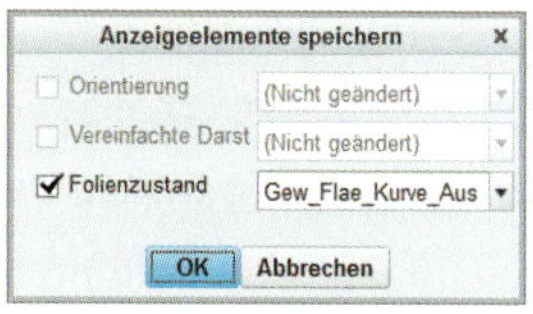

- Neuen Folienzustand auswählen: ⇦ <Bohrnot_Aus>
- Folienzustand speichern: ▶ **[Speichern]**
- Im Dialog DARSTELLUNGSELEMENTE: **[OK]**

☞ Durch einen Doppelklick auf den jeweiligen Namen der Folienzustände kann zwischen diesen beliebig hin und her geschaltet werden.

- Folienmanager beenden: ⇦ **[Schließen]**

20.3.8 Alle Ansichten

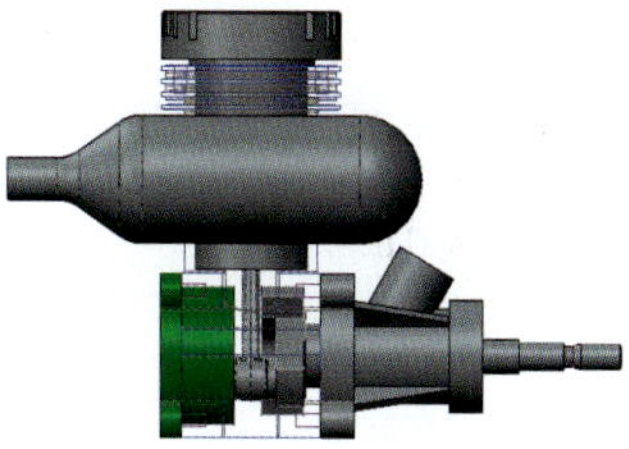

Über dieses Register lassen sich alle bisher definierten Ansichtstypen (vereinfachte Ansichten, Ansichtenstile, Explosionsansichten, Foliensätze und Ansichtsorientierungen) unter einem Auswahlnamen zusammenfassen. Damit kann dann „auf Knopfdruck" das gesamte Ansichtensystem gewechselt werden. Seit Wildfire 3.0 können diese Einstellungen als *Präsentationen* für die Zeichnungsableitung verwendet werden.

Als Beispiel soll in der Motorbaugruppe die vereinfachte Ansicht „O_Normt" mit dem Ansichtenstil „Zylinder_Durchsichtig" in der Orientierung „Vorne" im nicht explodierten Zustand unter einem Namen „Test" zusammengefasst werden.

☐ **Ansichten zusammenfassen**

- ⇦ **Datei**, ⇦ **Öffnen [*1501025_ motor.asm*]**
- ⇦ **Ansicht**, ⇦ **Ansichtsmanager**
- Register **Alle**: **[Alle]**
- ⇦ **[Neu]** <Neue Zusammenfassung>
- Namenseintrag: **[Test] + [↵]**
  Creo fragt, ob die vorhandenen Darstellungszustände referenziert werden sollen oder ob neue anzulegen sind.
- Darstellungszustände: ⇦ **[Originale referenzieren]**
- Stil ändern: ⇦ **[Editieren]**, ⇦ **[Umdefinieren]**

Im Dialog mit dem Namen der Zusammenfassung (hier: Test) können jetzt die vorhandenen Ansichtseinstellungen zusammengefasst werden.

- Dialog beenden: ✔

☞ Durch Doppelklick auf die Namen der Zusammenfassung können diese vollständig mit allen Einstellungen aktiviert werden.

- ANSICHTSMANAGER schließen: **[Schließen]**

20.4 Schrumpf-KE

Zur Reduzierung der Ladezeiten bei sehr großen Baugruppen können so genannte **Schrumpf-Konstruktionselemente** verwendet werden. Schrumpf-KEs stellen ein mehr oder weniger detailgetreues Abbild der Außenflächen des Ausgangsteils oder der Ausgangsbaugruppe als „Hülle" dar. Innen liegende Elemente und Strukturen werden nicht abgebildet.

Um später die Qualität eines Schrumpf-KE beurteilen zu können, muss dieses alleine, d. h. ohne alle originalen KEs, dargestellt werden. Zu diesem Zweck wird zunächst eine **vereinfachte Darstellung** mit dem Namen „Schrumpf" in der Hauptbaugruppe *1501025_ motor.asm* erzeugt.

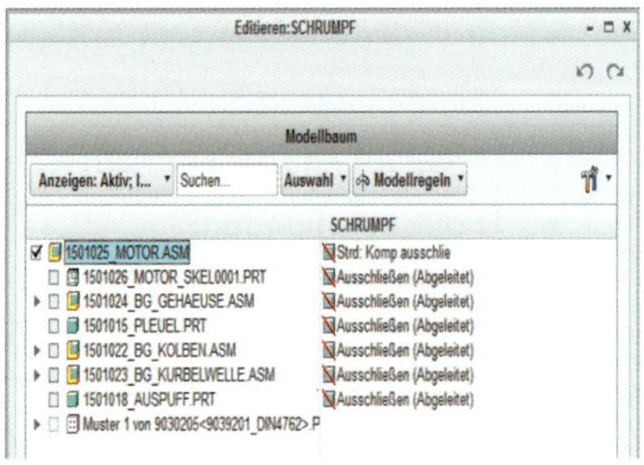

- ⇦ **Ansicht**, ⇦ **Ansichtsmanager**
- Vereinfachte Darstellungen öffnen: ⇦ **[Vereinf Darst]**
- Master-Darstellung aktivieren: ⇦ ⇦ **[Master-Darst]**
- Neue vereinfachte Darstellung: ⇦ **[Neu]**
- Namenseintrag: **[Schrumpf] + [↵]**
- Modus Ausschließen: **[Ausschließen]**
- Gesamte Baugruppe ausschließen: ☑ **MOTOR.ASM**
- Dialog beenden: **[OK]**
- Master-Darstellung aktivieren: ⇦ ⇦ **[Master-Darst]**
- Ansichtsmanager schließen: **[Schließen]**

Die Master-Darstellung wird wieder aktiviert, da anderenfalls keine Komponenten der Baugruppe sichtbar wären.

20.4.1 Internes Schrumpf-KE (Standardauswahl)

Das interne Schrumpf-KE wird als Außenhülle des Motors in der Baugruppe *1501025_ motor.asm* erzeugt:

- ⇦ **Modell**, ⇦ Schrumpfverpackung

Im Register Optionen können neben der Qualität weitere Attribute der Schrumpfverpackung eingestellt werden.

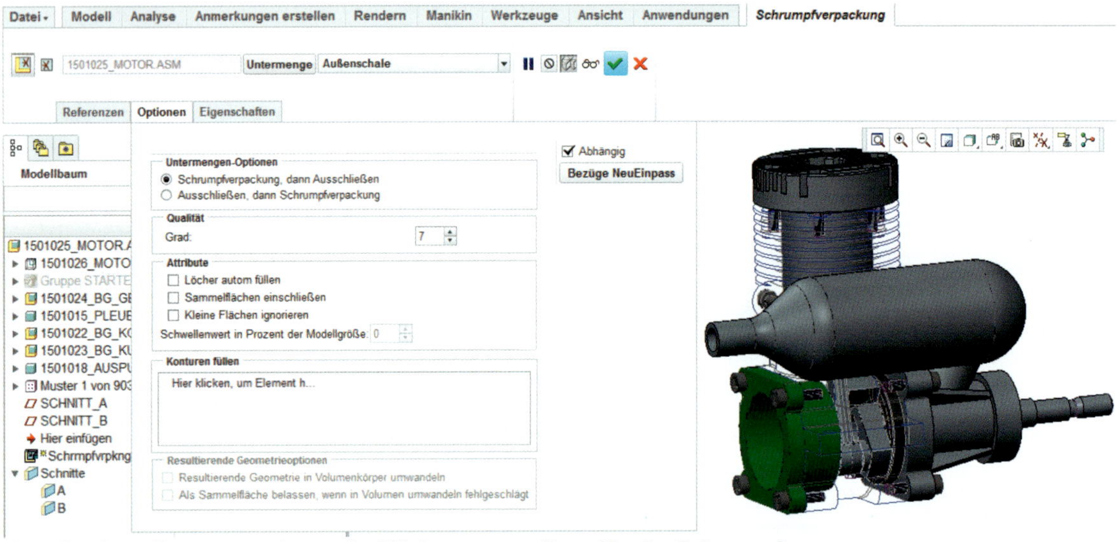

Unter dem Register Referenzen kann die Flächensammelliste für die Schrumpfverpackung geöffnet werden. Einzelflächen, die der Schrumpfverpackung hinzuzufügen sind, lassen sich mit ⇦ und **[Strg] +** ⇦ am Bildschirm zusammenstellen. Das Sammeln wird mit ⇩ beendet.

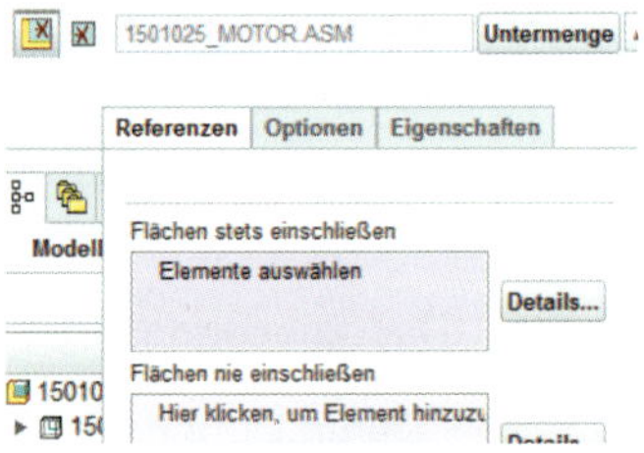

☞ Sollen **alle Flächen** aller Komponenten einer Baugruppe in die Schrumpfverpackung übernommen werden, kann das Sammeln direkt ohne einzelne Komponentenauswahl mit ⇩ beendet werden.

- Panel Optionen öffnen: ⇦ **[Optionen]**
- Qualitätsgrad einstellen: **[7]**
- Schrumpfverpackung beenden: ✔

Das nebenstehende Ergebnis zeigt, dass der Qualitätsgrad 1 eines Schrumpf-KEs für höhere Ansprüche zu gering gewählt wurde. Wird der Qualitätsgrad auf 7 geändert, ergibt sich eine hinreichende Qualität der Schrumpfverpackung.

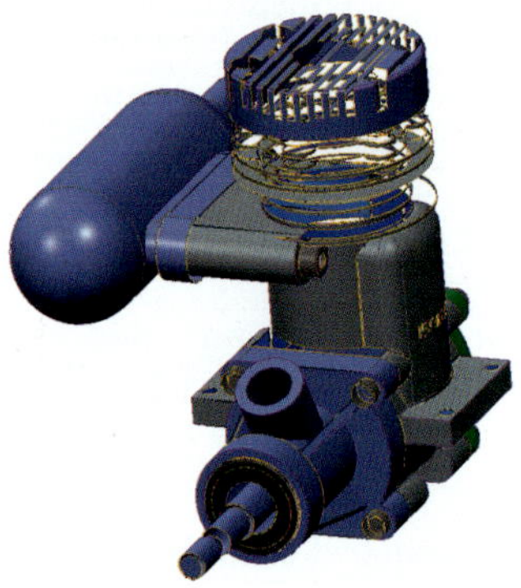

Schrumpfverpackung des Motors mit Qualitätsgrad 1

⚠ Je höher der Qualitätsgrad der Schrumpfverpackung gewählt wird, desto größer ist der Rechenaufwand zur Ermittlung der Außenflächen. Gleichzeitig nimmt die Ladezeit der Modelle mit Schrumpfverpackung zu.

20.4.2 Internes Schrumpf-KE (Manuell definiert)

Ein Nachteil der Schrumpf-KEs bei der im vorangegangenen Kapitel beschriebenen Vorgehensweise besteht darin, dass der Qualitätsgrad einen sehr hohen Einfluss auf das Ergebnis hat, gleichzeitig aber mit steigendem Qualitätsgrad die Berechnung des Schrumpf-KEs extrem zunimmt. Selbst bei hohem Qualitätsgrad können im Bereich kleiner Flächenübergänge „Flächenreste" ohne Anbindung zu anderen Flächen übrig bleiben.

Manchmal ist daher eine Vorgehensweise sinnvoll, bei der die in das Schrumpf-KE zu übertragenden Elemente manuell definiert werden, dafür aber die Berechnung und Aktualisierung des Schrumpf-KEs erheblich beschleunigt und eine hervorragende Qualität des Schrumpf-KEs erzielt wird.

- ⇦ **Modell**, ⇦ Schrumpfverpackung
- Panel OPTIONEN öffnen: ⇦ **[Optionen]**
- Qualitätsgrad einstellen: **[1]**

☞ Bei dieser Vorgehensweise reicht der Qualitätsgrad 1 völlig aus, da später explizit die zu übernehmenden Körperflächen ausgewählt werden. Darin liegt der große Geschwindigkeitsvorteil begründet.

- UNTERMENGE wählen: ⇦ **[Untermenge]**
- *1501025_motor* ignorieren: ⇦ **Ignorieren**

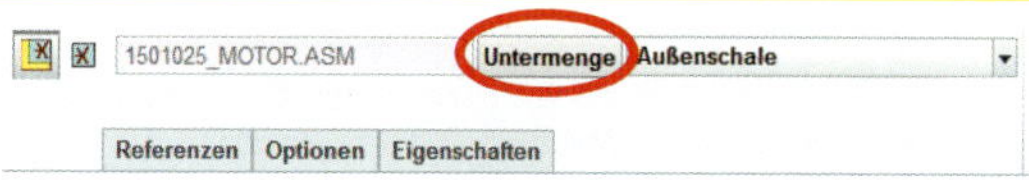

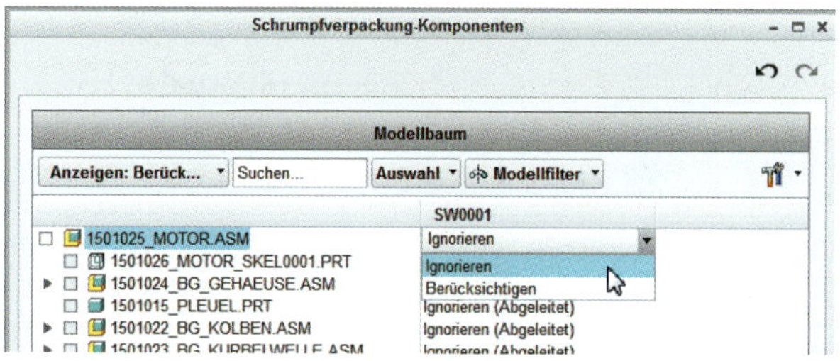

Es werden somit zunächst alle Elemente der Baugruppe aus der Schrumpfverpackung ausgeschlossen (Ignorieren).

- SCHRUMPFVERPACKUNG-KOMPONENTEN schließen: **[OK]**

Im Folgenden werden die einzelnen Flächen für das Schrumpf-KE definiert:

Anstelle des mühsamen und langwierigen Auswählens aller erforderlichen einzelnen Berandungsflächen aller Komponenten werden hier alle Körperflächen der relevanten Komponenten gewählt und in das Schrumpf-KE überführt. Das sind deutlich mehr Flächen als nur die Außenkonturen. Das Schrumpfmodell entspricht damit vollständig und geometrisch exakt der Kontur der gewählten Komponenten.

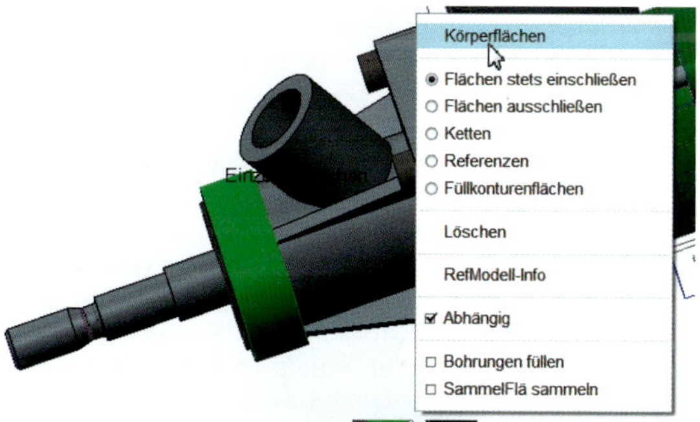

- Fläche einer beliebigen Komp. wählen: ⇦
- Umstellen auf Körperflächen: ▶ **Körperflächen**

Es werden alle Körperflächen der Komponente ausgewählt. Als Informationstext wird „Alle Körperflächen" ausgegeben.

- Fläche einer weiteren Komponente: **[Strg] +** ⇦
- Umstellen auf Körperflächen: ▶ **Körperflächen**
- Schrumpfverpackung beenden: ✔

20.4.3 Externes, abhängiges Schrumpf-KE

Eine weitere Möglichkeit besteht in der Definition externer Schrumpf-KEs. Damit lassen sich neue Teile erstellen, die eine abhängige oder unabhängige Kopie eines Teils bzw. einer Baugruppe, bestehend nur aus deren Außenhülle oder gewählten Flächen, enthalten. Als Beispiel wird eine Kopie der Gehäusebaugruppe *1501024_BG_gehaeuse.asm* als neues Teil unter dem Namen *1501044_SBG_gehause.prt* erstellt.

- ⇦ **Datei**, Neu, ⦿ Teil, Name: **[*1501044_SBG_gehaeuse*]**
- ☑ Standardschablone verwenden, ⇦ **OK**
- ⇦ **Modell**, ⇦ Schrumpfverpackung
- Kopiermodell im Schaltpult öffnen: ⇦ , ⇦ ⇦ **[*1501024_BG_gehaeuse.asm*]**
- Masterdarstellung öffnen: ⇦ **[Masterdarstellung]**
- Platzierung: ⦿ Standard

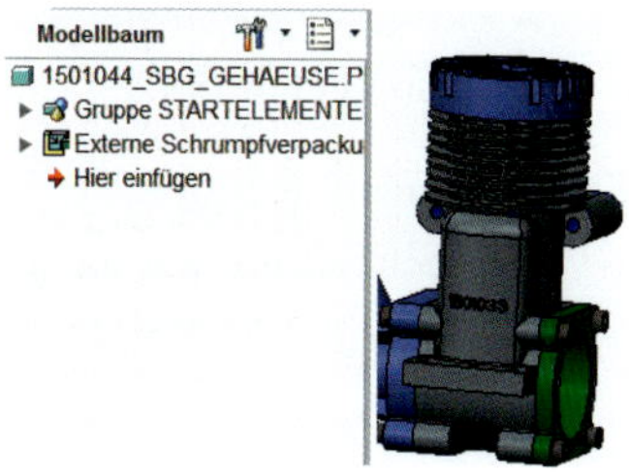

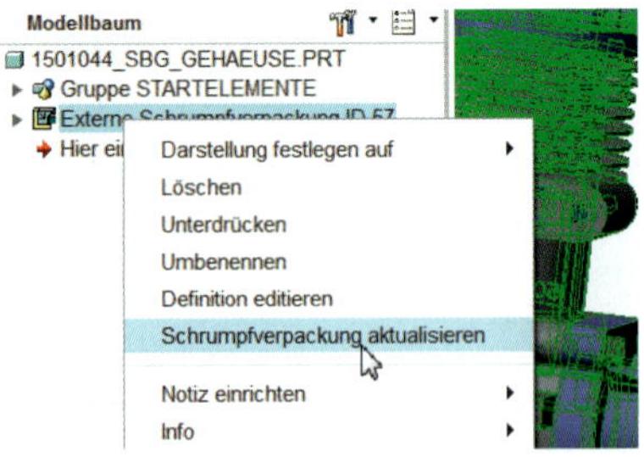

- Dialog PLATZIERUNG schließen: **[OK]**
- Qualitätsgrad analog Kap. 20.4.1 oder manuelle Auswahl nach Kap. 20.4.2
- Abhängigkeit in OPTIONEN aktivieren: ⇦ OPTIONEN, ⇦ ☑ Abhängig
- Schrumpfverpackung beenden: ✔

Der Menüpunkt **SchrumpfVerpack aktualisieren** steht nur dann im Kontextmenü der rechten Maustaste zur Verfügung, wenn alle für die Schrumpfverpackung erforderlichen Komponenten (hier Baugruppe *1051024_BG_gehaeuse.asm*) vollständig im Arbeitsspeicher geladen sind und in den Optionen die Abhängigkeit aktiviert war.

20.4.4 Externes, unabhängiges Schumpf-KE (Ext. Kopie)

Unabhängige, das heißt nicht aktualisierbare Schrumpfverpackungen von Teilen oder ganzen Baugruppen können auch durch **Kopie speichern** erstellt werden: ⇦ **Datei**, ⇦ Speichern als ▶, ⇦ **Kopie speichern**

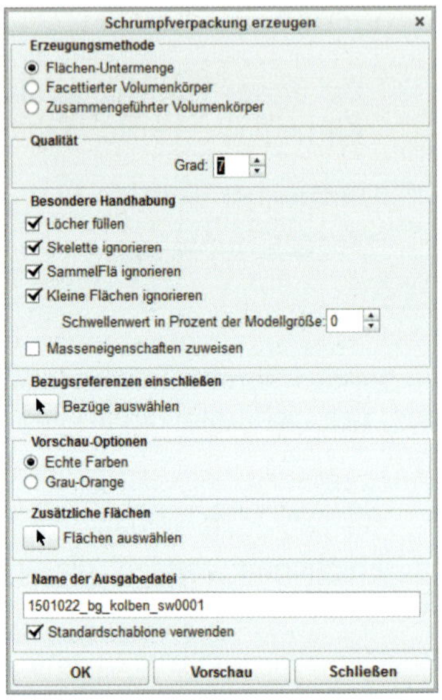

- Typ: ⇦ **SchrumpfVerpack**
- Namen eintragen oder akzeptieren
- Dialog schließen: **[OK]**

Zusätzlich zu den bereits bekannten Optionen der Schrumpf-KE-Erzeugung ist hier unter anderem die Möglichkeit gegeben, der Schrumpfverpackung Volumen entweder als facettierter oder verschmolzener Körper zuzuweisen.

- Schrumpfverpackung beenden: **[OK]**

20.5 Such-Tool

Mit dem Such-Tool lassen sich beliebige Elemente in *Creo* zielgerichtet selektieren.

20.5.1 Such-Ergebnisse auf Folie zusammenfassen

Das interne Schrumpf-KE der Motorbaugruppe liegt jetzt immer genau über den ursprünglichen Komponenten. Daher funktioniert der Ansichtsstil **Zylinder_Durchsichtig** nicht mehr. Wünschenswert wäre daher, dass alle Schrumpf-KEs auf eine eigene Folie eingetragen würden und somit ähnlich wie Ebenen und Achsen gemeinsam ein- bzw. ausgeschaltet werden können.

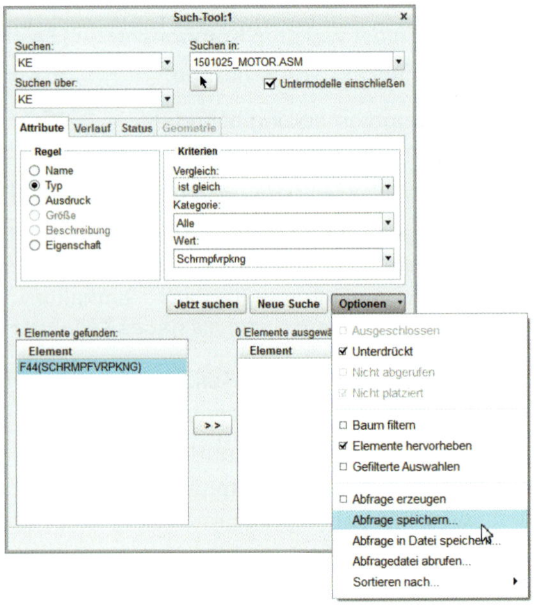

Zu diesem Zweck wird eine Suchregel definiert, die genau dieses bewirkt:

☐ **Suchregel definieren**

- ⇦ **Werkzeuge**, **Suchen**
- ⇦ ATTRIBUTE
- Suchen: **[KE]**
- Suchen über: **[KE]**
- Regel: ⇦ ◉ **Typ** Vergleich wählen: **[ist gleich]**
- Kategorie wählen: **[Alle]**
- Wert auswählen: ⇦ **[Schrmpfvrpkng]**
- Suche starten: **[Jetzt suchen]**

☐ **Ergebnisübertrag auf Folie aktivieren**

Das Suchergebnis soll auf eine Folie geschrieben werden:

- Optionen aktivieren: ⇦ **[Optionen]**
- Abfrage: ⇦ **[Abfrage speichern...]**

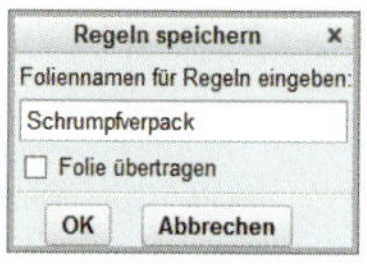

- ☐ **Folie definieren im Dialog Regeln speichern**
  - Foliennamen für Regel: **SchrumpfVerpack**
  - Folie übertragen deaktivieren: **☐ Folie übertragen**
  - Dialog beenden: **[OK]**

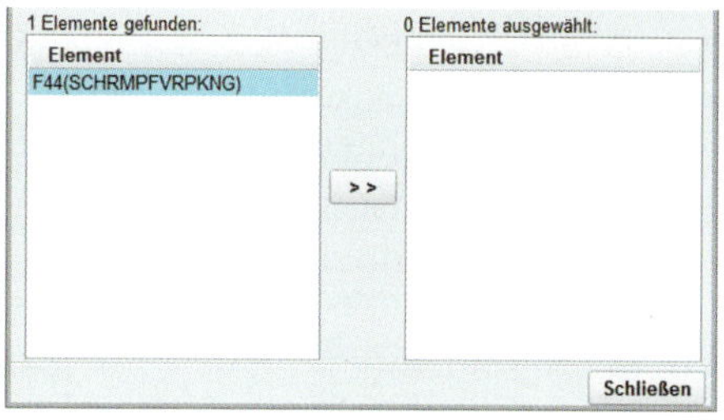

- ☐ **Ergebnisse zuweisen**
  - Suchergebnis zuweisen: > >
  - Dialog beenden: **[Schließen]**

  Wird nun der Folienmanager aktiviert, existiert dort eine neue Folie mit dem Namen „SchrumpfVerpack", auf der das Schrumpf-KE eingetragen ist.

- ☐ **Folienbaum aktivieren**
  - ⇦ **[Folienbaum]**

  Die Folie „SchrumpfVerpack" kann nach dem Auswählen über die rechte Maustaste ausgeblendet werden.

  - Folie auswählen: ⇦ <SchrumpfVerpack>
  - Folie ausblenden: ▶ **[Ausblenden]**

  Die Such-Regel ist in die Folieneigenschaften eingetragen worden und kann darüber jederzeit wieder editiert werden:

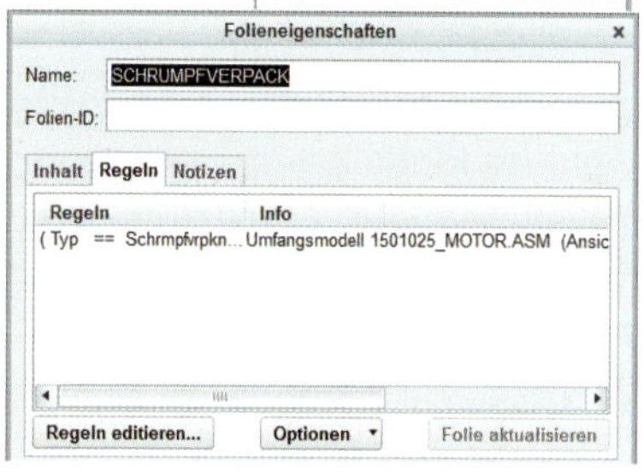

- ☐ **Folienregel editieren**
  - Folie auswählen: ⇦ <SchrumpfVerpack>
  - ▶ **[Folieneigenschaften...]**
  - ⇦ **Regeln**
  - ⇦ **[Regeln editieren...]**
  - ...

20.5.2 Außenkontur als vereinfachte Darstellung

Mit Hilfe des Such-Tools lassen sich auch Elemente für vereinfachte Darstellungen selektieren. Ein besonders interessantes Beispiel, insbesondere für die Handhabung großer Baugruppen, ist die Selektion von außen liegenden Komponenten.

Im Gegensatz zu der mittels **Regel** erzeugten vereinfachten Ansicht aus Kap. 20.3.1.2 ist die Auswahl über das Such-Tool nicht assoziativ. Das heißt, es werden nur die zum Zeitpunkt der Regeldefinition gültigen Elemente selektiert. Nachfolgend erzeugte Elemente werden nicht berücksichtigt. Der große Vorteil dieses Vorgehens besteht darin, dass die so definierte vereinfachte Darstellung beim Regenerieren oder Laden nicht neu berechnet werden muss. Damit lassen sich beispielsweise große Baugruppen für den Ladevorgang auf die wesentlichen Außenkomponenten reduzieren.

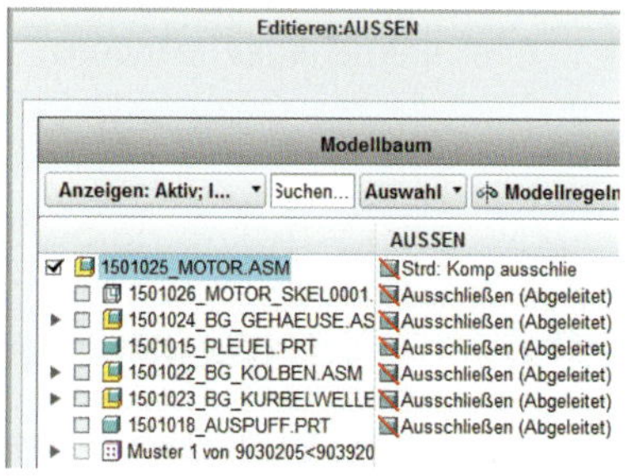

- ⇦ **Ansicht**, ⇦ **Ansichtsmanager**
- Vereinfachte Darstellungen öffnen: ⇦ **[Vereinf Darst]**
- Master-Darstellung aktivieren: ⇦ ⇦ **[Master-Darst]**
- Neue Darstellung: ⇦ **[Neu]**
- Namenseintrag: **[AUSSEN] + [↵]**
- Baugruppe ausschließen: ☑ ***1501025_MOTOR.ASM***

Damit werden alle Komponenten der Baugruppe zunächst ausgeschlossen. Im Folgenden werden nur die Komponenten mit sichtbarer Außenfläche gesammelt und in die vereinfachte Ansicht eingeschlossen:

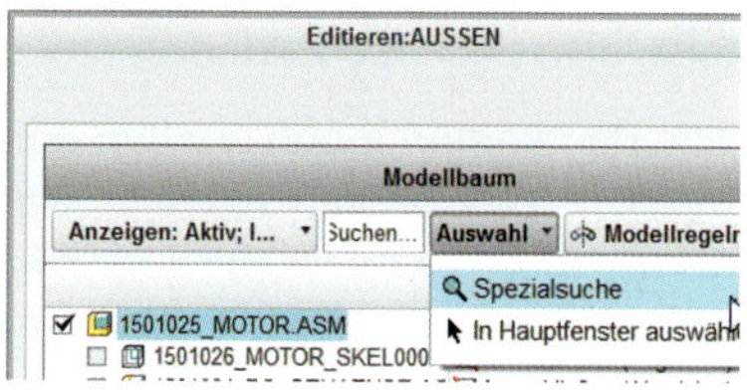

- Register Auswahl: **[Auswahl]**
- Suchen: **[Spezialsuchen]**

> ☞ Zur Reduzierung der Ladezeiten werden nur die Geometriedaten der nicht ausgeschlossenen Komponenten geladen. Die einzuschließenden Komponenten werden über das Such-Tool definiert.

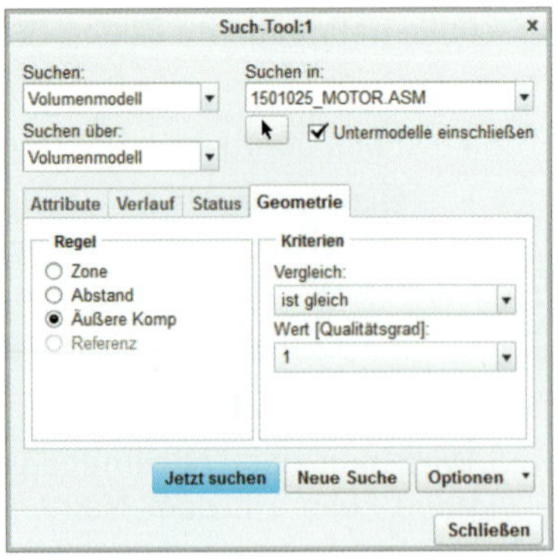

- Register Geometrie wählen: **[Geometrie]**
- Suchen: **[Volumenmodell]**
- Suchen über: **[Volumenmodell]**
- Regel: ⦿ **[Äußere Komp]**
- Vergleich auswählen: ⇦ **[ist gleich]**
- Qualitätswert auswählen: **[1]**

Als Qualitätsgrad stehen maximal 10 Stufen zur Verfügung. Je höher der Qualitätsgrad gewählt wird, desto genauer werden die Außenkomponenten ermittelt. Bei Qualitätsgrad 1 (gering) bleiben Komponenten hinter kleineren Öffnungen (hier: Zündkerzenbohrung) unberücksichtigt.

- Suche starten: ⇦ **[Jetzt suchen]**
- Bestätigen der Warnmeldung: **[OK]**

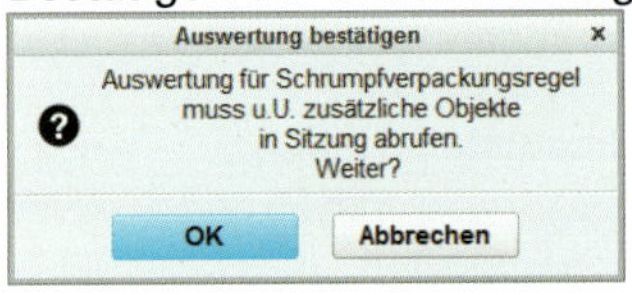

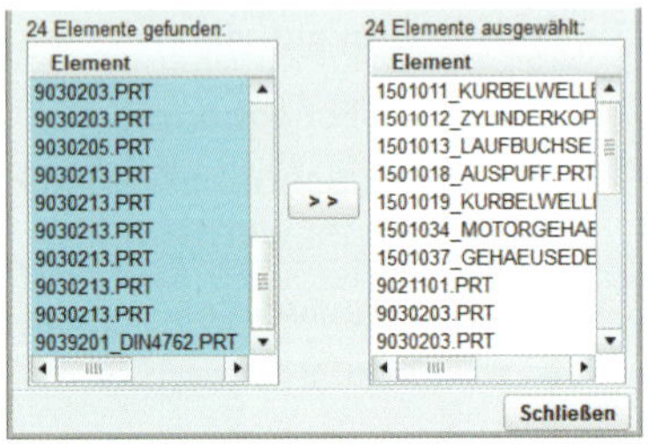

- Markieren des 1. Suchergebnisses: ⇦ <1. Element>
- Hinzufügen aller Suchergebnisse: [⇧]+⇦ <letztes Element>
- Suchergebnis zuweisen: [> >]
- Dialog beenden: **[Schließen]**

Zurück im Dialog EDITIEREN: AUSSEN sind die Suchergebnisse sowohl im Modellbaum, als auch in dem Editieren-Dialog hervorgehoben. Über das Kontextmenü der rechten Maustaste kann nun die Darstellung der gewählten Komponenten geändert werden:

- Darstellung ändern: ▶ **[Darstellung festlegen auf]**
- Auswahl Geometriedarstellung: ▶ **[Geometrie]**
- Änderung zuweisen: **[Anwenden]**

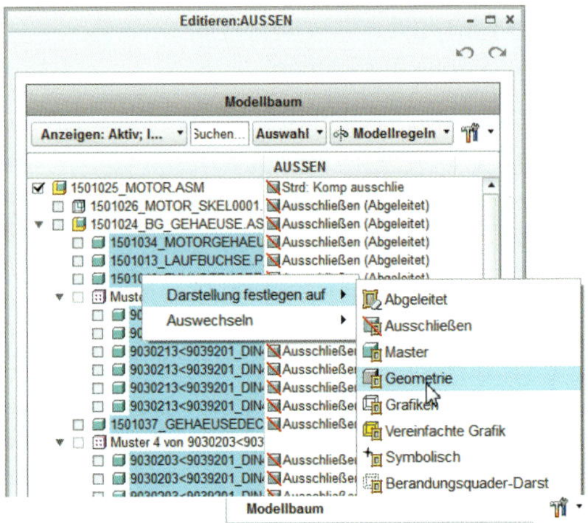

> ☞ Solange der Dialog EDIT: AUSSEN noch nicht geschlossen ist, kann man im Modellbaum den Status der Komponenten erkennen.

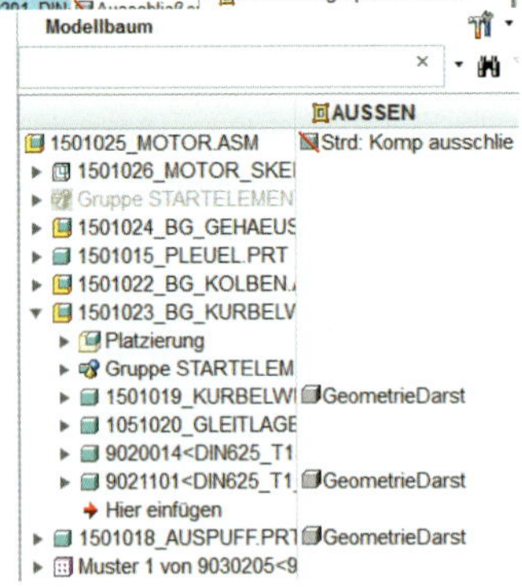

So sind im vorliegenden Beispiel bei Qualitätsstufe 1 der Pleuel, das Gleitlager und die gesamte Kolbenbaugruppe ausgeschlossen, obwohl durch die Zündkerzenbohrung eine Öffnung in den Innenraum besteht. Die Kurbelwelle selber und der Auspuff sind dagegen als Geometriedarstellung eingeschlossen worden.

- EDIT: AUSSEN beenden: **[OK]**
- Ansichtsmanager beenden: **[Schließen]**

20.6 Vergleich Such-Tool vs. Regel-Definition

Der wesentliche Unterschied zwischen der Anwendung von **Regeln** (siehe Kap. 20.3.1.2) und dem **Such-Tool** (siehe Kap. 20.5) besteht in der Assoziativität der Regeldefinition. Werden beispielsweise, wie in Kap. 20.3.1.2 erläutert, alle Normteile über eine Regeldefinition aus einer vereinfachten Darstellung ausgeschlossen, so werden alle Normteile, also auch die **zukünftig** erst einzubauenden, aus der vereinfachten Darstellung **assoziativ** ausgeschlossen.

Alle Regeldefinitionen werden bei jedem Regenerieren des Modells neu berechnet. Dazu müssen alle Elemente des Modells im Speicher geladen sein. Daher eignet sich die Regeldefinition nicht für die Vereinfachung großer Baugruppen durch Ausschluss der Innenkomponenten entsprechend Kap. 20.5, da zunächst alle Komponenten geladen und erst danach ausgeschlossen werden.

Die Anwendung des Such-Tools ist nicht assoziativ. Nur diejenigen Elemente werden gefiltert, die **zum Zeitpunkt der Suchanfrage** den Suchkriterien entsprechen. Nachfolgend definierte Elemente, die ebenfalls den Suchkriterien entsprechen würden, werden nicht berücksichtigt. Die Ergebnisse von Suchanfragen sind statisch und werden nicht neu berechnet. Damit eignet sich die Anwendung des Such-Tools für die Vereinfachung großer Baugruppen durch Ausschluss der Innenkomponenten entsprechend Kap. 20.5. Die Suchanfrage wird **nach der Fertigstellung** der Unterbaugruppe ausgeführt und speichert die Ergebnisse als vereinfachte Darstellung im Modell. Diese vereinfachte Darstellung wird beim Laden ohne neue Berechnung identisch geladen.

20.7 Zonen

Eine weitere Alternative zur übersichtlichen Handhabung großer Baugruppen bietet die Anwendung von Zonen, insbesondere in Kombination mit vereinfachten Darstellungen unter Anwendung des Such-Tools. Damit lassen sich anhand verschiedener Kriterien, wie z. B. Ebenen-Bezüge, Ausschnitte (Zonen) von Baugruppen definieren. Alle Komponenten, die sich teilweise oder vollständig innerhalb des Ausschnitts (Zone) befinden, können mit Hilfe des Such-Tools aus einer vereinfachten Darstellung aus- bzw. in sie eingeschlossen werden.

Eine Zone ist ein durch beliebige Grenzen definierbarer Teilausschnitt eines Modells. Als Grenzen bieten sich idealerweise Bezugsebenen an.

20.7.1 Zone erstellen

☐ **In *Creo* 1.0:**

- ⇦ **Modell**, ⇦ Ansichten verwalten▼, ⇦ **Zone**

Es öffnet sich der bereits aus Kap. 20.3 bekannte Ansichtsmanager.

- Namenseintrag: **[Zone1] + [↵]**
- Dialog Q-SCHNITT OPT: ⇦ **[Zone]**

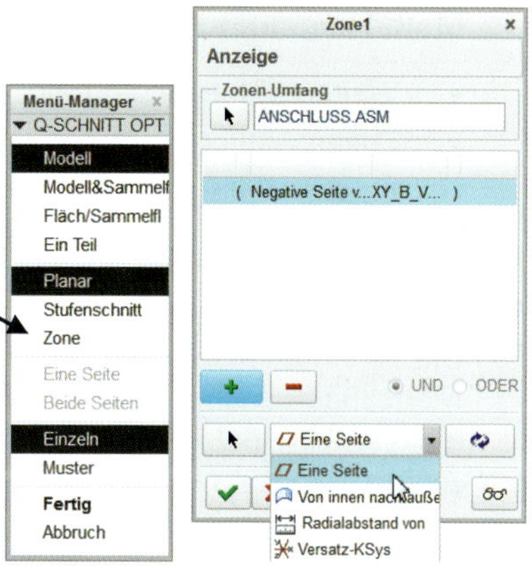

Es öffnet sich unverzüglich der Dialog ZONE1 bzw. XSEC0001. Darin stehen verschiedene Möglichkeiten zur Definition der Zone zur Verfügung. Beispielhaft werden mit ***Eine Seite*** Ebenen als Zonenbegrenzungen gewählt:

- Auswahlverfahren: ▱ Eine Seite
- Ebene wählen: ⇦ **[XY_B_VORNE]**

Die Pfeile geben die Richtung an, in der die Zone definiert wird.

Die Elemente entgegen der Pfeilrichtung werden weggeschnitten.

- Richtung umschalten:

Für die vollständige Definition der Zone wird als weitere Einschränkung eine zweite Ebenenbegrenzung auf YZ_B_RECHTS ergänzt und mittels der Option **UND** verknüpft. Damit wird ein Viertelschnitt der Motorbaugruppe als Zone definiert:

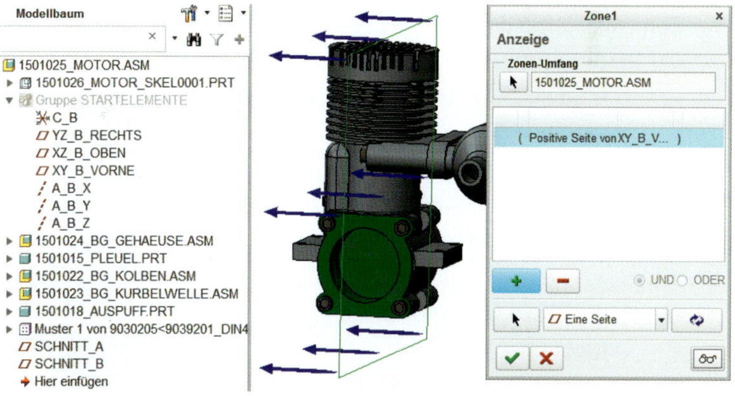

- Weitere Zonenbedingung:
- Ebene wählen: ⇦ **[YZ_B_RECHTS]**
- Verknüpfung: ⦿ UND
- Zonendefinition beenden: ✔
- Zone aktivieren: ⇦ ⇦ **[Zone1]**

Das Ergebnis ist der nebenstehend abgebildete Viertelschnitt der Motorbaugruppe.

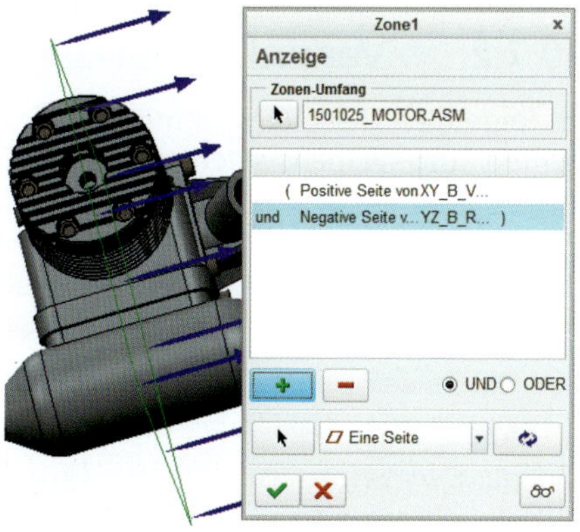

☐ **In *Creo* 2.0:**

- ⇦ **Modell**, ⇦ Schnitt ▼, ⇦ **Zone**

Es öffnet sich unverzüglich ohne den Umweg über den Menümanager der Dialog XSEC0001. Die Namensvergabe für die Zone erfolgt automatisch als Xsec001. Ein Umbenennen ist erst später möglich.

- Auswahlverfahren: Eine Seite
- Ebene wählen: ⇦ **[XY_B_VORNE]**

Die Pfeile geben die Richtung an, in der die Zone definiert wird. Die Elemente entgegen der Pfeilrichtung werden weggeschnitten.

- Richtung umschalten:

Für die vollständige Definition der Zone wird als weitere Einschränkung eine zweite Ebenenbegrenzung auf YZ_B_RECHTS ergänzt und mittels der Option UND verknüpft. Damit wird ein Viertelschnitt der Motorbaugruppe als Zone definiert:

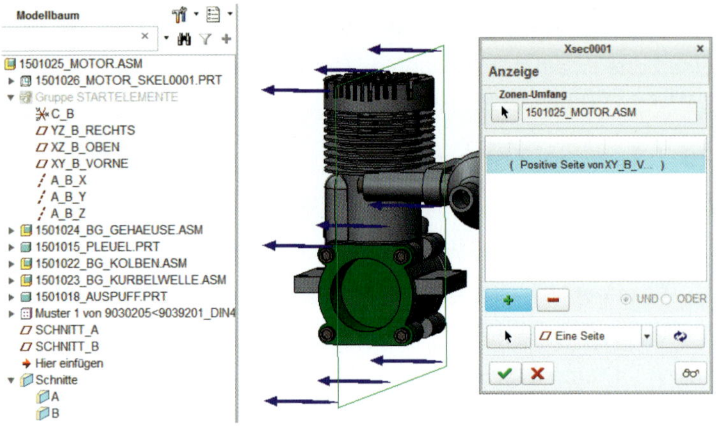

- Weitere Zonenbedingung:
- Ebene wählen: ⇦ **[YZ_B_RECHTS]**
- Verknüpfung: ◉ **UND**
- Zonendefinition beenden: ✔

Die Zonendefinition wird bei *Creo* 2.0 in die Fußzeile des Modellbaums eingetragen. Hier kann die Definition nun auch umbenannt werden:

- ⇦ XSEC0001
- ▶ **Umbenennen** [Zone1]

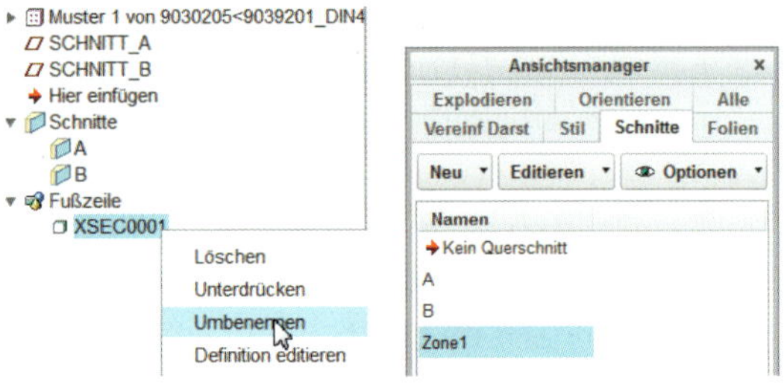

Zum Aktivieren der Zone muss nun der Ansichtsmanager geöffnet werden:

- ⇦ **Modell**, ⇦ Ansichten verwalten
- ⇦ Schnitte
- ⇦ ⇦ **[Zone 1]**

Für die weiteren Schritte sollte im Ansichtsmanager „kein Querschnitt" eingestellt werden:

- ⇦ ⇦ ➔**Kein Querschnitt**
- ⇦ **[Schließen]**

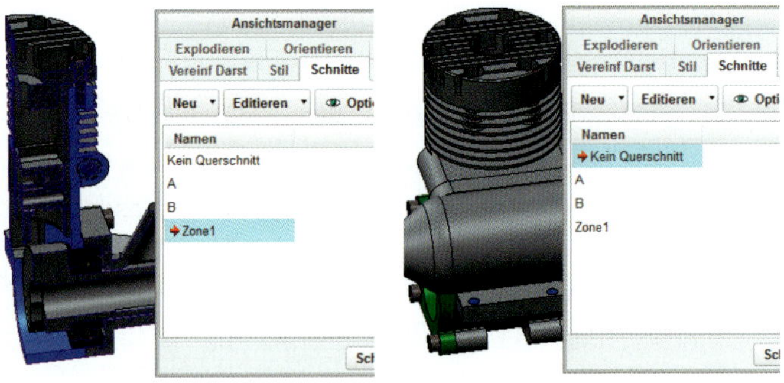

20.7.2 Vereinfachte Darstellung aus Zone erstellen

Im folgenden Beispiel wird mit Hilfe des Such-Tools eine vereinfachte Darstellung definiert, in der nur die Komponenten ausgewählt werden, die an der **Zone 1** beteiligt sind.

- ⇦ **Darstellungssteuerung**, ⇦
- Vereinfachte Darstellungen: ⇦ **[Vereinf Darst]**
- Neue Darstellung: ⇦ **[Neu]**
- Namenseintrag: **[NUR_ZONE1] + [↵]**
- Ausschließen: ☑ ***1501025_motor.asm***
- Register AUSWAHL: **[Auswahl]**
- Finden aktivieren: **[Spezialsuchen]**

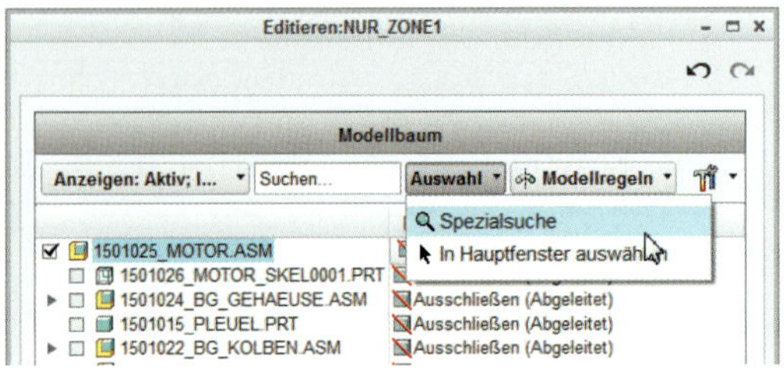

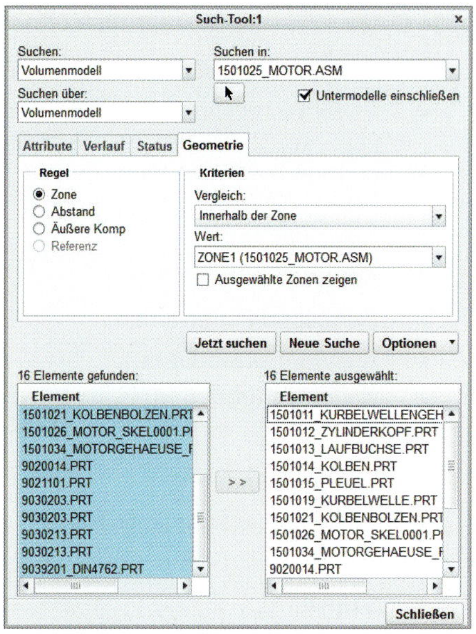

- Register Geometrie wählen: GEOMETRIE
- Suchen: **[Volumenmodell]**
- Suchen über: **[Volumenmodell]**
- Regel: **◉ [Zone]**
- Vergleich: **[Innerhalb der Zone]**
- Wert auswählen: **[Zone1 (*MOTOR.ASM*)]**
- Suche starten: **[Jetzt suchen]**
- 1. Suchergebnisses: ⇦ 1. Element
- Alle Suchergebnisse: **[⇧]+**⇦ letztes Element
- Suchergebnis zuweisen: [>>]
- Dialog beenden: **[Schließen]**
- Darstellung wählen: **▶ Darstellung festlegen auf ▶**
- Master-Darstellung: ⇦ **[Master]**
- Dialog beenden: **[OK]**
- Ansichtsmanager schließen: **[Schließen]**
- Baugruppe speichern: 💾

Wird die Baugruppe mit der vereinfachten Darstellung AUS_ZONE1 nach dem Wegnehmen aus dem Arbeitsspeicher neu geöffnet, werden nur die Komponenten in den Speicher geladen, die Bestandteil des durch die Zone definierten Viertelschnitts sind. So werden, wie nebenstehend abgebildet, die Kurbelwelle und das Gehäuse vollständig geladen. Es fehlen aber der Auspuff und die vorderen beiden Schrauben des Kurbelwellengehäuses. Im Modellbaum sind die fehlenden Komponenten ohne Inhalt aufgeführt (siehe: Auspuff), können aber bei Bedarf nachträglich über die Funktionalität der rechten Maustaste „nachgeladen“ werden.

☐ **Nachladen von Komponenten:**

- ⇦ <Komponente im Modellbaum wählen>
- **▶ [Darstellung festlegen auf ▶]**
- ⇦ **[Master]**

20.8 Organisieren großer Baugruppen

Sollen große Unterbaugruppen (z. B. *motor.asm, leitwerk.asm, tragflaechen.asm usw.*) in einer übergeordneten Hauptbaugruppe (z. B. *modellflugzeug.asm*) zur Beschleunigung des Ladevorgangs auf Außenkomponenten reduziert werden, ist folgende Vorgehensweise zu empfehlen:

1. **Schritt:**
   Sicherstellen, dass der Abfragemodus für das Öffnen mit Darstellungen standardmäßig aktiviert ist, d. h., dass der Parameter **open_simplified_rep_by_default** in der Datei *config.pro* auf **yes** gesetzt ist:

   ⇦ **Datei**, ⇦ Optionen, ⇦ **Konfigurationseditor**, ⇦ Suchen..., Schlüsselwort: **[open_simp] + [↵]**

2. **Schritt:**
   Vereinfachte Darstellung der Außenkomponenten (AUSSEN) **in den einzelnen Unterbaugruppen** erzeugen (siehe Kap. 20.5.2) und speichern der Baugruppen. Der Qualitätsgrad wird für jede Unterbaugruppe nach Bedarf eingestellt.

3. **Schritt:**
   In der Hauptbaugruppe wird nach dem Einbau der Unterbaugruppen eine neue *Vereinfachte Darstellung* „NUR_AUSSEN“ definiert, in der die Unterbaugruppen jeweils durch ihre vereinfachten Darstellungen „AUSSEN“ ersetzt werden.

- <Hauptbaugruppe öffnen>
- ⇦ **Darstellungssteuerung**, ⇦
- Vereinfachte Darstellungen: ⇦ **[Vereinf Darst]**
- Neue Darstellung: ⇦ **[Neu]**
- Namenseintrag: **[NUR_AUSSEN] + [↵]**
- Ausschließen: ☑ ***modellflugzeug.asm***
- Komponente *motor.asm*: **[Benutzerdefiniert]**
- Darstellung auswählen: ⇦ **[AUSSEN]**
- Auswahl akzeptieren: ⇦ **[Anwenden]**
- Weitere Unterbaugruppen wählen und auswechseln
- ....
- Dialog beenden: **[OK]**
- Ansichtsmanager schließen: **[Schließen]**

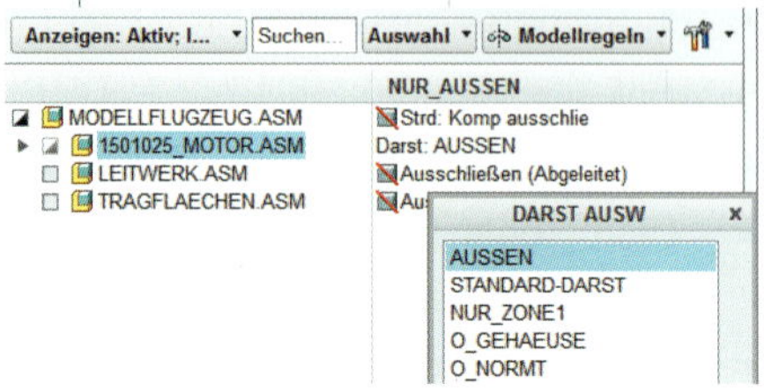

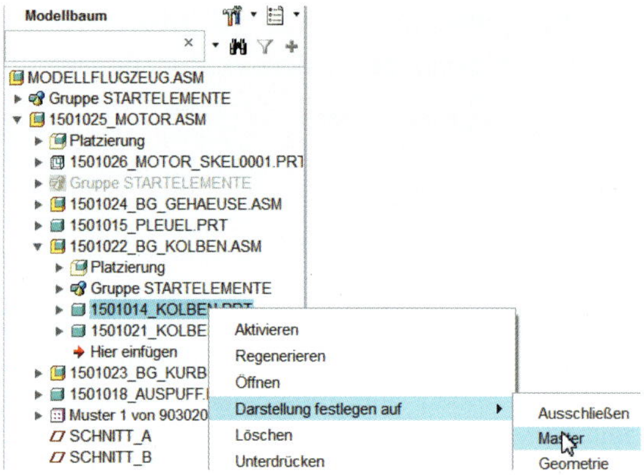

4. Schritt:

Beim Laden der Hauptbaugruppe mittels **Darst öffnen** steht die neue *Vereinfachte Darstellung* **NUR_AUSSEN** zur Verfügung. Wird diese ausgewählt, werden alle Unterbaugruppen nur in dem Umfang geladen, in dem sie in der jeweiligen vereinfachten Darstellung **AUSSEN** definiert wurden. Im vorliegenden Fall werden demnach keine reinen Innenteile in den Speicher geladen.

Wie nebenstehend abgebildet sind alle Komponenten, auch die ausgeschlossenen Komponenten in Unterbaugruppen (z. B. *kolben.prt*), im Modellbaum aufgelistet, ohne dass jedoch die zugehörigen Modelldaten im Speicher geladen sind. Jede dieser Komponenten kann bei Bedarf nachträglich über die Funktionalität der rechten Maustaste „nachgeladen" werden.

21 Blechkonstruktion

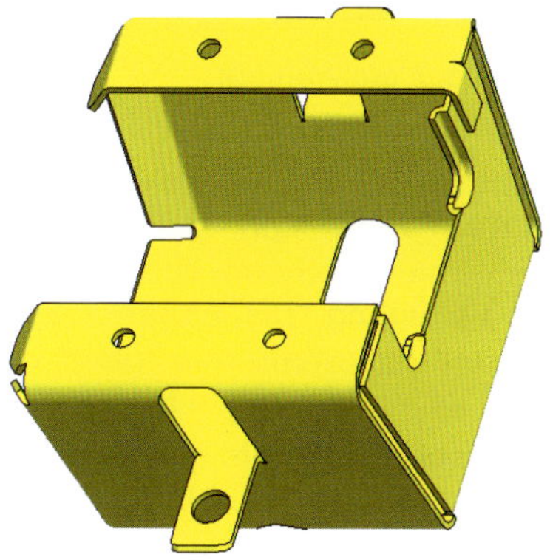

Als Beispiel einer Blechkonstruktion mit *Creo* soll die abgebildete Motorkonsole erstellt werden. Diese erfüllt keinerlei Funktion im Zusammenhang mit dem Beispielmotor. Sie dient allein als Sammelobjekt für verschiedene Blech-Konstruktionselemente und Blechverfahren.

In den meisten Fällen ist die Konstruktion eines Blechteiles aus dem 3D-Zusammenhang der Anwendung heraus sinnvoll (**Zielkonstruktion**). In diesem Fall wird die wesentliche Grundgeometrie in Form der gewünschten Blech-Fertigkontur erstellt. Der Blechzuschnitt als Ausgangsprodukt des Blechteils wird dabei am Ende als Abwicklung erstellt.

In Ausnahmefällen kann das Nachvollziehen einzelner Fertigungsschritte (Zuschnitt-, Stanz- und Biegeoperationen) sinnvoll sein (**Fertigungskonstruktion**). Möglich sind auch Mischformen.

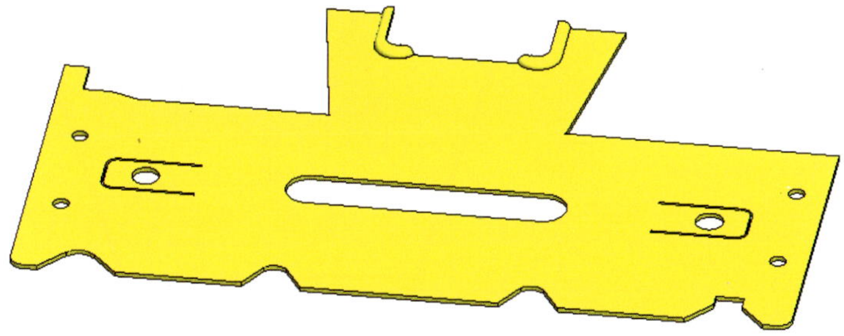

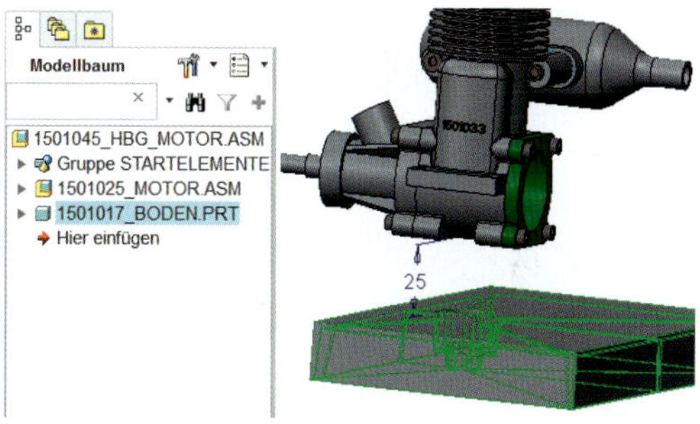

Als Beispiel wird im Folgenden die Zielkonstruktion behandelt. Zu diesem Zweck wird eine neue Baugruppe unter dem Namen *1501045_HBG_motor.asm* angelegt und darin die Motorbaugruppe *1501025_motor.asm* an der Standardposition eingebaut. Anschließend wird die Bodenplatte *1501017_ boden.prt* mit einem Abstand von 25 mm zur unteren Fläche des Motorgehäuses hinzugefügt.

21.1 Blechteil in Baugruppe erzeugen

In die bestehende Baugruppe hinein wird eine neue Komponente erzeugt und an der Standardposition platziert. Im Unterschied zu der in Kap. 14.2 beschriebenen Vorgehensweise wird nun allerdings kein Volumenkörper, sondern ein **Blech** angelegt und entsprechend ein Blechelement als Startobjekt verwendet:

- ⇦ **Modell**, ⇦ Erzeugen, ⦿ Teil, ⦿ Blech, **[*1501046_konsole.prt*]**, **[OK]**

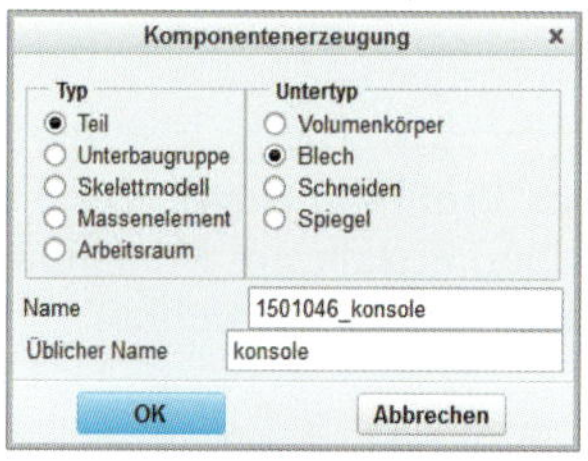

☐ **Dialog Erzeugungsoptionen**

- Erzeugungsmethode: ⦿Aus vorhandenen kopieren
- **Startblech** auswählen: ⇦ **[Durchsuchen]**
  <*sut_de5se_start**bl**.prt*> ⇦ **[Öffnen]**
- Dialog beenden: **[OK]**
- Element absetzen: ⇦ <im Arbeitsfenster>
- Standardplatzierung: ▶ **[Standardbedingung]**
- Platzierung abschließen: ⇩ *oder* ✔

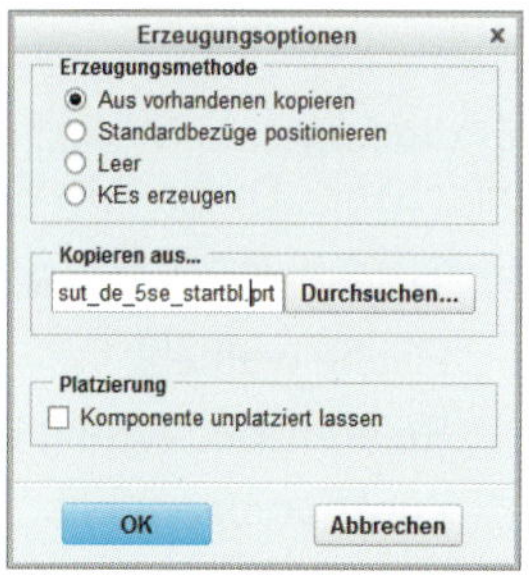

21.2 Erste Lasche als Zielkonstruktion aus Baugruppe

Die erste Lasche der Konsole wird als Zielkonstruktion in der Baugruppe an die vorhandene Konstruktion anschließend definiert. Dazu wird zunächst das Blechteil *1501046_konsole.prt* in der Baugruppe zur Bearbeitung aktiviert:

- Blech auswählen: ⇦ *<1501046_konsole.prt>*
- Blechkomponente aktivieren: ▶ **[Aktivieren]**

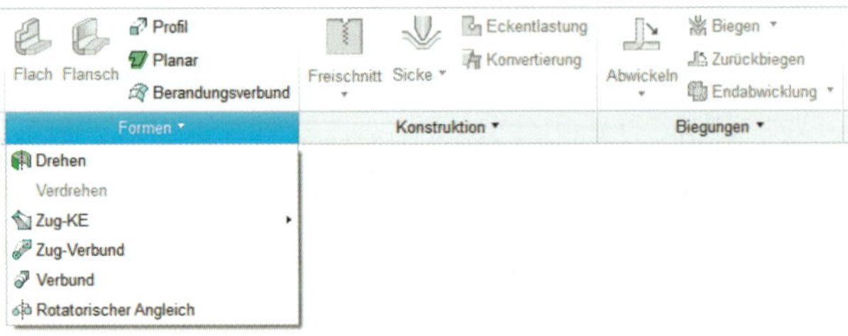

Nach dem Aktivieren des Blechsteiles *1501046_konsole.prt* stehen im Register MODELL zunächst nur eine beschränkte Anzahl an Grundfunktionen zur Verfügung. Die weiteren Blechfunktionen werden erst nutzbar, wenn eine Blech-Grundkontur (Erste Lasche) im Modell vorhanden ist.

Die **Erste Lasche** wird auf der Ebene YZ_T_RECHTS des Blechs *1501046_konsole.prt* erstellt. Dabei kann wahlweise die Bodenplatte *1051017_boden.prt* als Referenz verwendet werden oder der Abstand zur Bodenplatte angegeben werden.

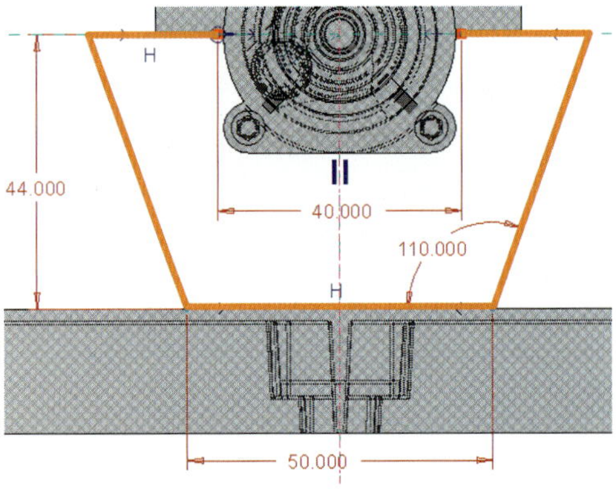

Bei der Variante mit einer Referenz, ist die Blechgeometrie (ohne Maß 44 mm) später abhängig von der Lage der Bodenplatte und würde damit einer veränderten Einbaulage folgen. Gleichzeitig ist aber zur vollständigen Definition des Blechs auch immer die komplette Baugruppe erforderlich.

- ⇦ **[YZ_T_RECHTS]**, ⇦ **Modell**, **Profil**
- ▶ + Interne Skizze definieren...
- Skizze anlegen:
- Skizzierer beenden: ✔
- Tiefenoption: Symmetrisch
- Tiefenwert: **[55]** mm

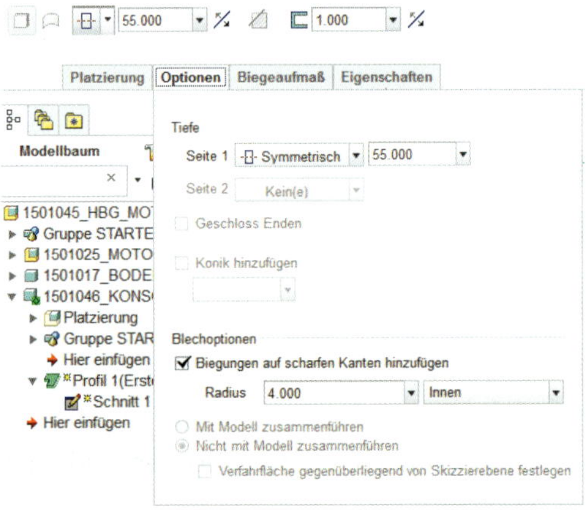

Da die Skizzenkontur nicht geschlossen ist, verwendet *Creo* automatisch die Funktion Dünn des Profil-Konstruktionselements. Im Register OPTIONEN können als weitere Blechoptionen Biegeradien für scharfe Kanten hinzugefügt werden:

- Blechoptionen: ☑ **Biegung auf scharfen Kanten hinzufügen**
- Radius: **[4]** mm
- Radiusart: **[Innen]**
- Blechdicke: **[0.5]** mm
- Profil beenden: ✔

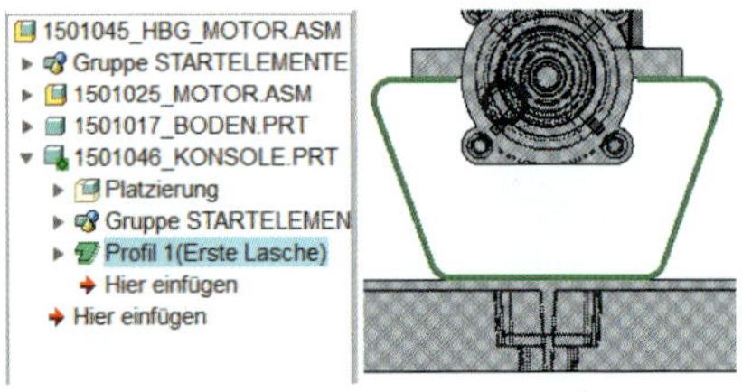

Das Profil der ersten Blechgeometrie wird entsprechend der Vorgaben erstellt. Im Modellbaum wird das Konstruktionselement als **Erste Lasche** bezeichnet.

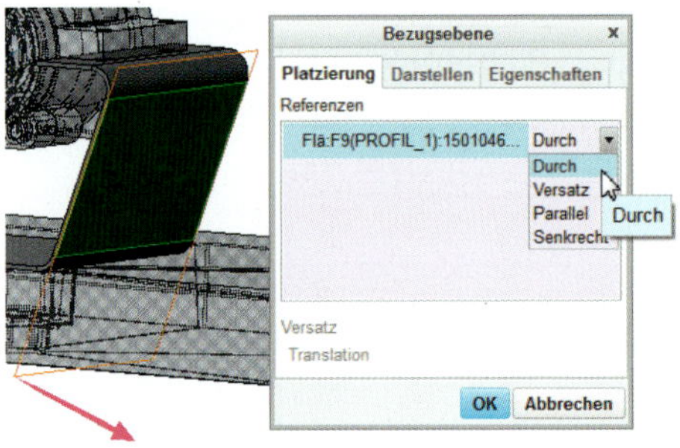

Für die folgende Modellierung einer flachen Lasche wird noch eine Hilfsebene „Durch" die Seitenfläche des Blechs erstellt:

- ⇦ **Modell**, **Ebene**
- Fläche wählen: ⇦ <Seitenfläche des Blechs>
- Referenzbedingung ändern: ⇦ **[Durch]**
- Funktion beenden: **[OK]**

21.3 Flach (flache Lasche)

Im Folgenden wird eine flache Lasche mit frei definierter Kontur an die erste Lasche angefügt:

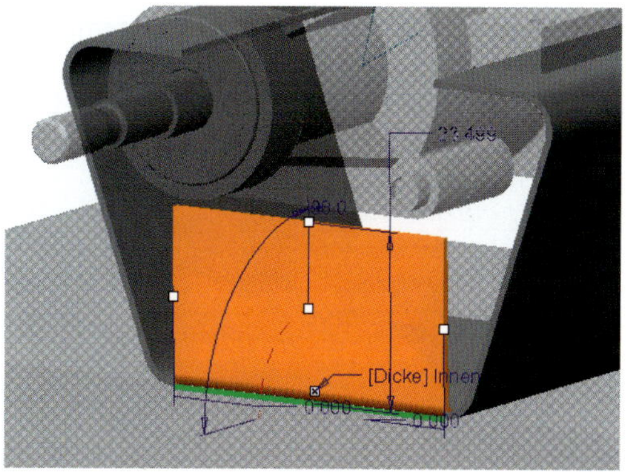

- **Modell**, **Flach**
- <Ansatzkante wählen>

  Als Ansatzkante wird die untere vordere Kante der Ersten Lasche gewählt. Das ist die Kante, die nachfolgend die Außenkante der Biegung wird.

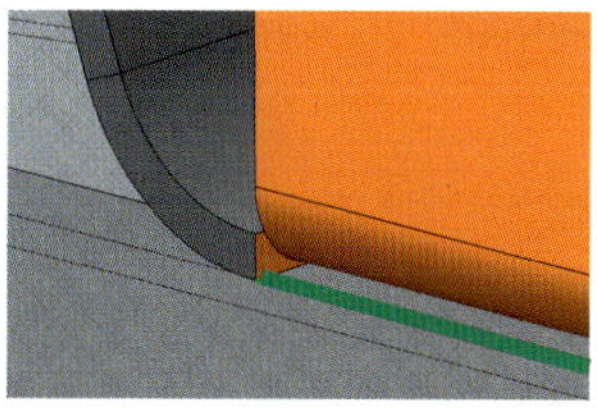

Creo erstellt in der dynamischen Voransicht eine rechteckige Biegelasche mit der Breite der gewählten Kante unter 90°.

☐ **Laschenform anpassen**

Die Form der Lasche lässt sich im Register FORM anpassen:

- <Register FORM öffnen>
- ⦿ **Höhenbemaßung schließt Dicke ein**
- **[Skizze...]** <Skizze anpassen>

In der Skizze werden zunächst die beiden vertikalen Bedingungen „V" gelöscht und dann die Mittelebene sowie die soeben erstellte Hilfsebene als Referenz ergänzt.

Danach wird eine vertikale Mittellinie auf der Mittelebenenreferenz erzeugt. Für die beiden oberen Eckpunkte wird nun die Symmetrie zur Mittellinie definiert. Anschließend erhält die eine Seite eine Parallelitätsbedingung // zur geneigten Hilfsebene (DTM1). Weiter wird die Höhe mit 40 mm bemaßt.

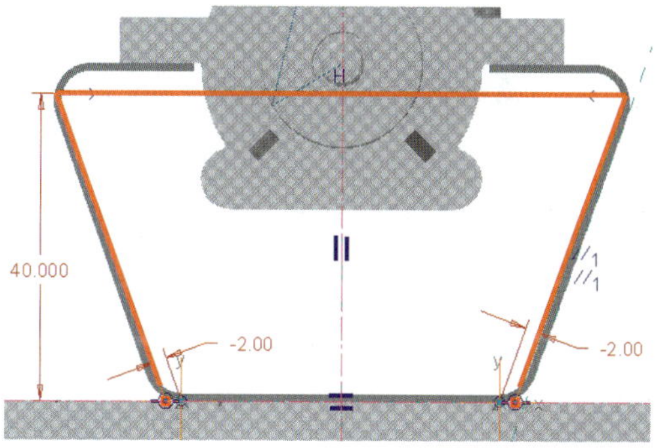

Abschließend werden die unteren Ansätze der Lasche jeweils um 2 mm gegenüber der Ansatzkante verlängert. Dazu muss an jeder Ansatzkante ein **negativer Versatzwert** von –2 mm eingegeben werden.

Nach dem Verlassen des Skizzierers steht das Biegeresultat in der Voransicht zu Verfügung. Der Versuch, im Register ENTLASTUNG eine andere Entlastungsform als ***Freischnitt*** zu definieren, scheitert, da *Creo* dieses nur in Bezug auf eine flache Blechkontur definieren kann. Daher wird die Laschendefinition zunächst abgeschlossen und dieser Lasche nachträglich eine Abwicklung der ersten Lasche vorangestellt.

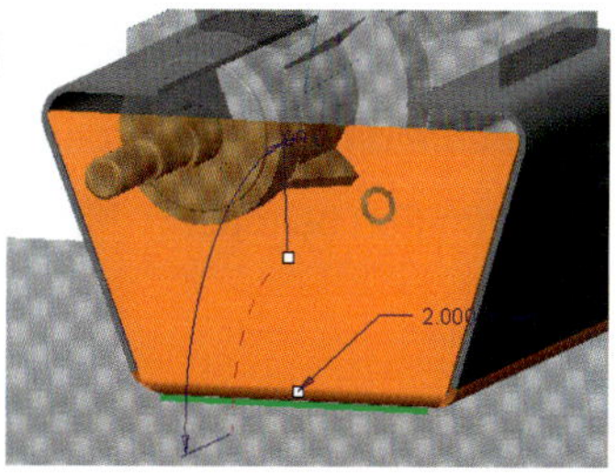

- Radius (innen): **[2]** mm
- Flache Lasche beenden: ✔

21.4 Abwickeln

- **Modell**, **Abwicklen**

In *Creo* wird in vielen Fällen die feste Geometrie für die Verformung automatisch gefunden. Ebenfalls automatisch voreingestellt ist, dass das Blech vollständig abgewickelt wird. Alternativ können die Elemente manuell gewählt werden:

- Feste Geometrie: <Bodenauflagefläche>
- **Gesamte gebogene Geometrie abwickeln**
- Abbiegen beenden: **[OK]**

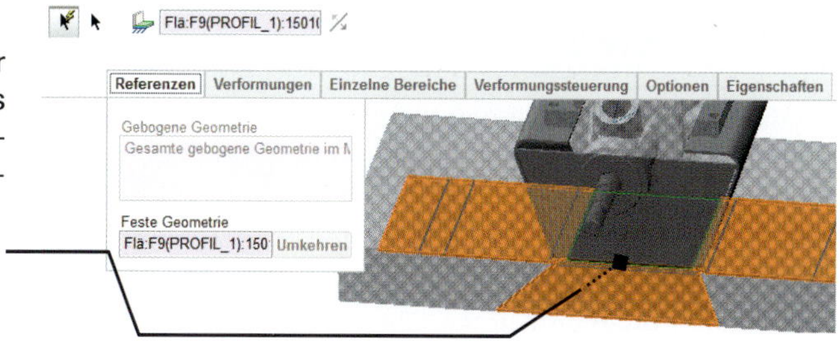

Das Blech wird vollständig abgewickelt, einschließlich der Geometrie der ersten Lasche und der angesetzten flachen Lasche.

Wird nun das Abwicklungs-Konstruktionselement im Modellbaum mit der linken Maustaste vor das Konstruktionselement der flachen Lasche verschoben, so ist im Ergebnis nur die erste Lasche abgewickelt und die flache Lasche im gebogenen Zustand vorhanden.

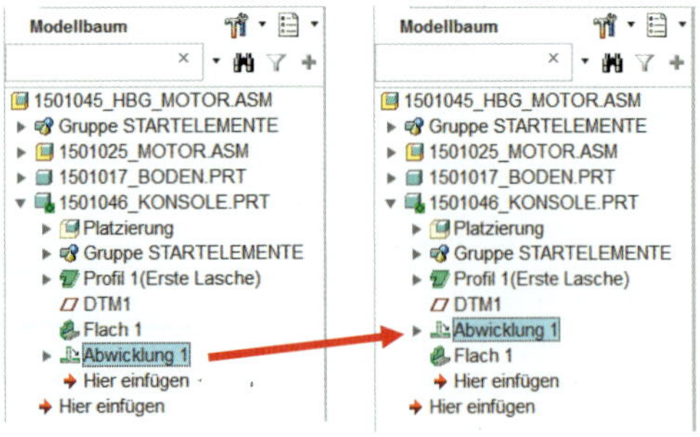

In diesem Zustand können jetzt auch Entlastungen für das Biegen der angesetzten Lasche Flach 1 definiert werden. In der Abbildung wurden zur besserer Übersicht die Biegebereiche in blau und die ebenen Blechbereiche in gelb eingefärbt.

☞ Der gebogene Zustand vor der Abwicklung kann jederzeit durch ein **Zurückbiegungs-Konstruktionselement** wieder hergestellt werden. Alle Konstruktionselemente, die in der Modellhistorie (Modellbaum) zwischen dem Abwicklungs- und dem Rückbiegungs-Konstruktionselement angeordnet sind, beziehen sich in Ihrer Definition auf den abgewickelten (flachen) Blechzustand.

21.5 Biegeentlastung

Für den Ansatz der Lasche **Flach 1** soll nun beidseitig eine Entlastung zur Minimierung der Materialspannungen im Biegegrund definiert werden. Die geometrische Definition dieser Entlastung bezieht sich dabei auf das flache (abgewickelte) Blech.

- Lasche auswählen: ⇦ <Flach 1>
- Definition editieren: ▶ **[Definition editieren]**
- ENTLASTUNG : ⇦ **Entlastung**
- Typ: **[Länglich-rund]]**
- Tiefe: **[Nicht durchgehend]** **[5]** mm
- Breite: **[3]** mm
- Sollen für beide Seiten der Biegekante unterschiedliche Entlastungen definiert werden, muss der Schalter ***Jede Seite einzeln definieren*** gesetzt werden.
- Definition beenden: ✔

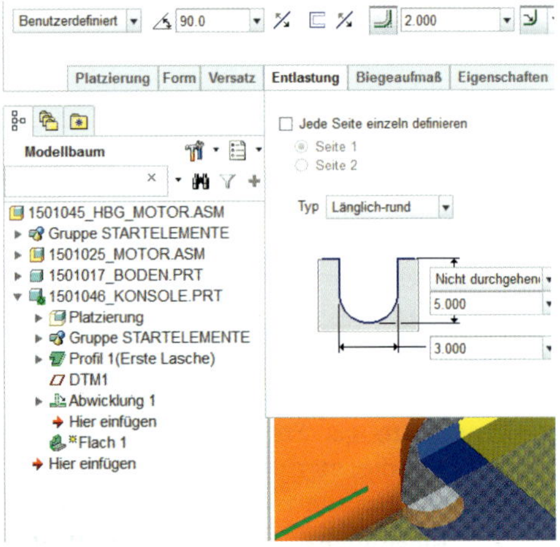

Nebenstehend ist das Ergebnis vor und nach einer Rückbiegeoperation dargestellt. (Die Erläuterung Rückbiegung erfolgt in Kap. 21.8).

Zur besseren Unterscheidung wurden die Biegezonen nachträglich manuell blau und die Schnittzonen rot eingefärbt.

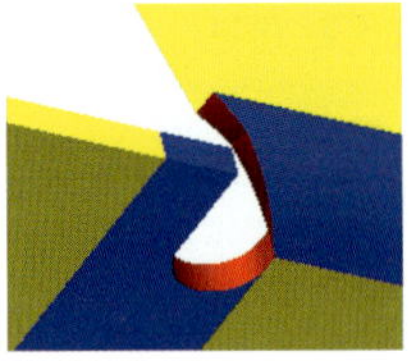

Vor Rückbiegung

Nach Rückbiegung

21.6 Blechausbruch

Um die nebenstehend abgebildete Lasche aus dem Blech heraus biegen zu können, muss zunächst die entsprechende Schnittkontur in das Blech geschnitten werden. Wie in der Abbildung zu erkennen, reicht der Schnitt jedoch in den Biegebereich (schwarz) hinein. Daher ist es sinnvoll, die Schnittkontur in der flachen Blechlage zu definieren.

Diese Schnittdefinition entspricht dann auch einer Herstellung durch Stanzen oder Lasern an der flachen Blechtafel vor den Biegeoperationen.

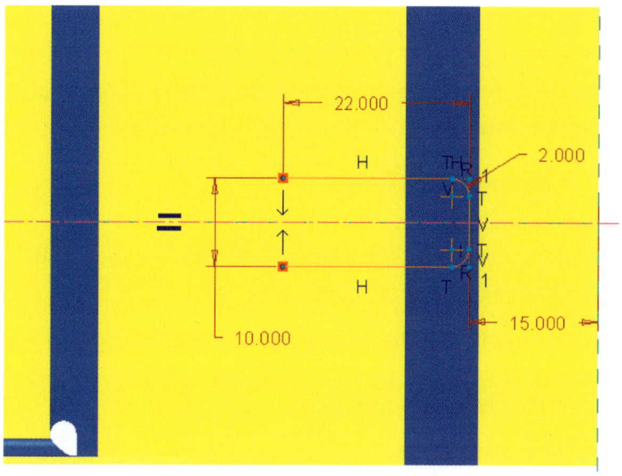

- ⇦ **Modell**, ⇦ **Profil**
- Material entfernen: ▶ Material entfernen
  Skizze aufdicken: ▶ Skizze aufdicken
- Schnittdicke: **[0.5]** mm
- Blechausbruch: ▶ Blechausbruch
- Tiefenoption: **[Durch Alle]**
- Skizzendefinition: ▶ + Interne Skizze definieren...

Als Skizzierfläche wird die innere oder äußere Oberfläche des Bleches im Bereich der zu definierenden Lasche gewählt.

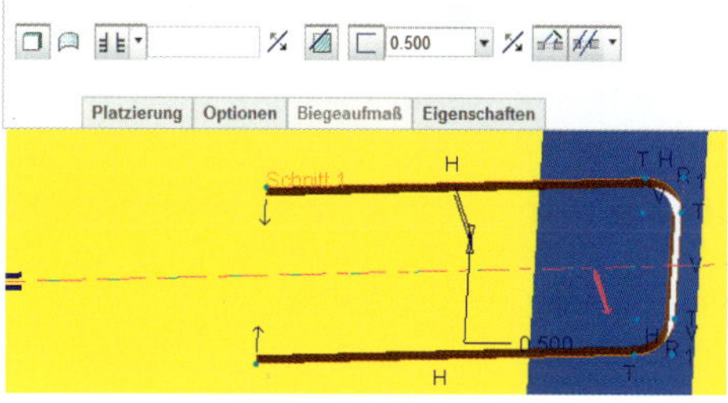

In der Skizze werden die äußere Blechkante und die mittlere Blechebene YZ_T_RECHTS als Referenz ergänzt. Die Radien werden als Skizzen-Verrundung erstellt und größenmäßig gleich = gesetzt.

- Definition beenden: ✔

☐ **Blechausbruch spiegeln**

Der Blechausbruch wird an der Blechebene XY_T_VORNE gespiegelt:

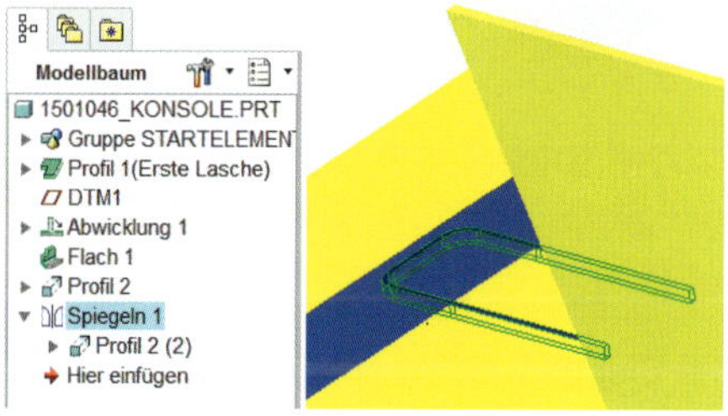

- ⇦ <Profil 2 (Blechausbruch) wählen>
- ⇦ **Modell**, ⇦ Editieren ▼, ⇦ **Spiegeln**
- Spiegelebene: ⇦ **[XY_T_VORNE]**
- Definition beenden: ✔

Die Kopie wird, eingebettet in eine Gruppe im Modellbaum, abgelegt.

☐ **Weiterer Blechausbruch**

An der Lasche **Flach 1** wird ein kreisförmiger Blechausbruch vorgenommen:

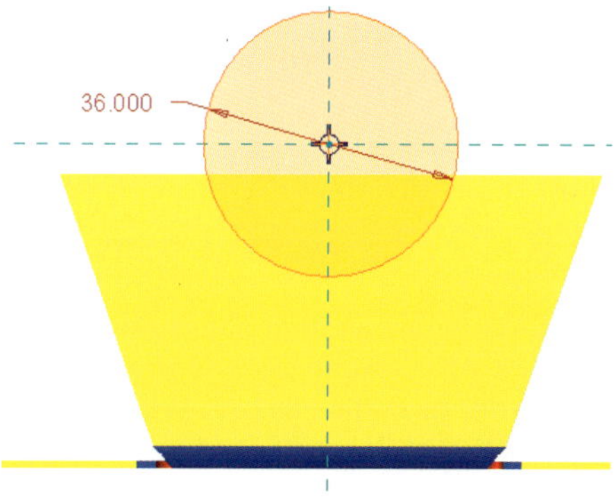

- ⇦ **Modell**, ⇦ **Profil**
- Material entfernen: ▶ **Material entfernen**
- Blechausbruch: ▶ **Blechausbruch**
- Tiefenoption: **[Bis nächste]**
- Skizze: ▶ **+ Interne Skizze definieren...**

  Ein Kreis mit Durchmesser **36** mm wird auf die Oberfläche der Lasche skizziert.

- Skizze verlassen: ✔

☞ Blechkonstruktionen werden intern in *Creo* als Flächenkonstruktionen behandelt, die anschließend aufgedickt werden. Bei Blechschnitten, insbesondere in einem Verformungsbereich, ist daher die Angabe der Fläche zur Senkrechtensteuerung erforderlich.

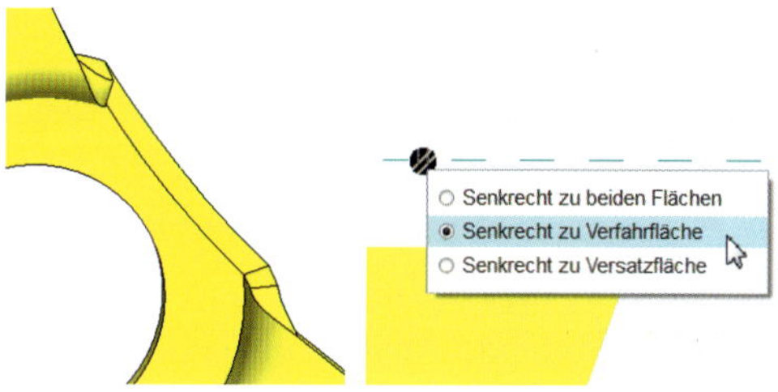

- ⇦ wählen: ▶ **[Senkr. zu Verfahrfl.]**
- Definition beenden: ✔

21.7 Biegung

Die ausgeschnittenen Laschen werden nun nach außen aus dem Blech herausgebogen:

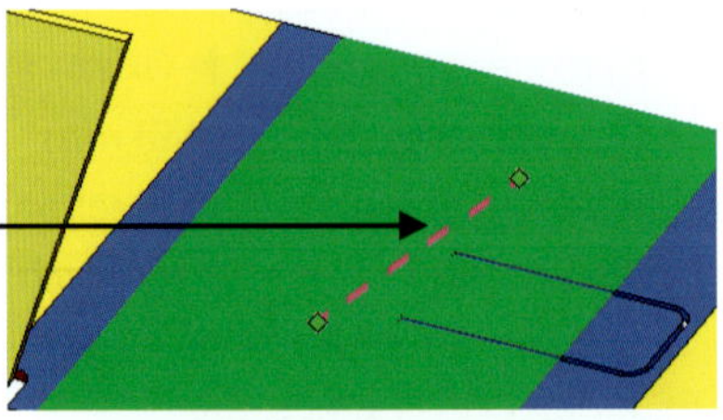

- ⇦ **Modell**, ⇦ **Biegen**
- ⇦ <Blechoberfläche>

Auf der gewählten Oberfläche erscheint eine Hilfslinie (magenta) mit grünen Referenzendpunkten.

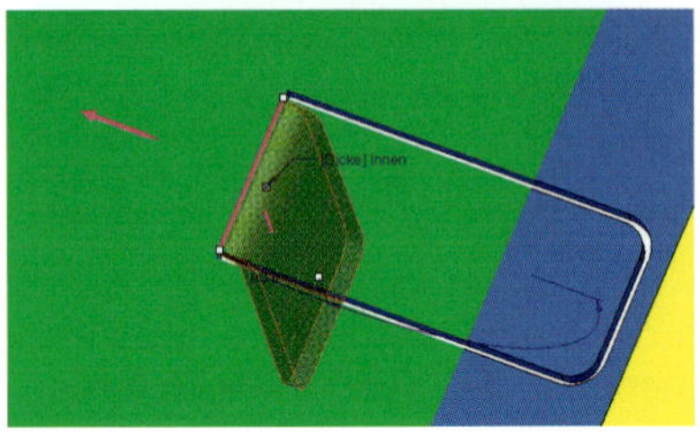

Die Linie stellt die Biegelinie für den Biegevorgang dar. Die Referenzendpunkte werden mit der linken Maustaste ⇦ auf die **inneren Endpunkte** des Materialschnitts gezogen:

- ⇦ Referenzpunkt 1 ziehen
- ⇦ Referenzpunkt 2 ziehen

Der magentafarbenen Pfeil, der in der Skizzeneben (grün) liegt, gibt die **Richtung der festen Position**, ausgehend von der Biegelinie, an. Durch Anklicken des Pfeils wird die Richtung umgeschaltet.

Der zweite magentafarbene Pfeil gibt die **Richtung der Biegelasche**, ebenfalls ausgehend von der Biegelinie, an. Durch Anklicken des Pfeils wird die Richtung umgeschaltet.

- **[70]** ° <Biegewinkel>
- Die Schalter definieren den Beginn der Biegung bezogen auf die Biegelinie.
- **[Dicke]** <Blechdicke als Biegeradius>
- <Innenradius>

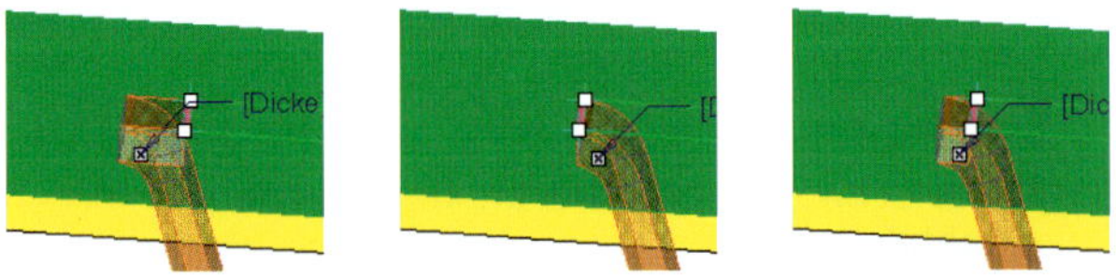

Bis Biegelinie **Andere Seite** **Beide Seiten**

- Definition beenden: ✔

Die Biegung der gespiegelten Lasche muss analog erzeugt werden, da sich Biegeelemente nicht spiegeln lassen.

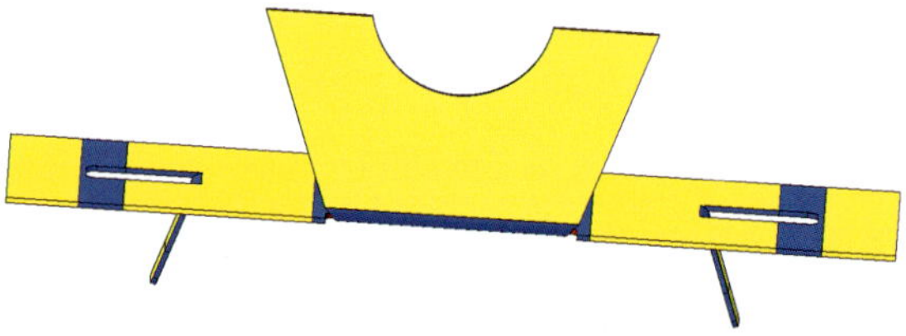

21.8 Zurückbiegen

Mit Rückbiegen werden alle Biegevorgänge, die durch eine vorangegangene Abwicklung aufgelöst wurden, wieder rückgängig gemacht. Der Körper bzw. die Flächen werden wieder in den geformten Zustand zurückversetzt.

- ⇦ **Modell**, ⇦ **Zurückbiegen**

In *Creo* wird in vielen Fällen die feste Geometrie für die Rückbiegung automatisch gefunden. Ebenfalls automatisch voreingestellt ist, dass das Blech vollständig zurückgewickelt wird.

Alternativ können die Elemente manuell gewählt werden:

- Feste Geometrie: ⇦ <Bodenauflagefläche>
- **Gesamte abgewickelte Geometrie ...**
- Funktion abschließen: ✔

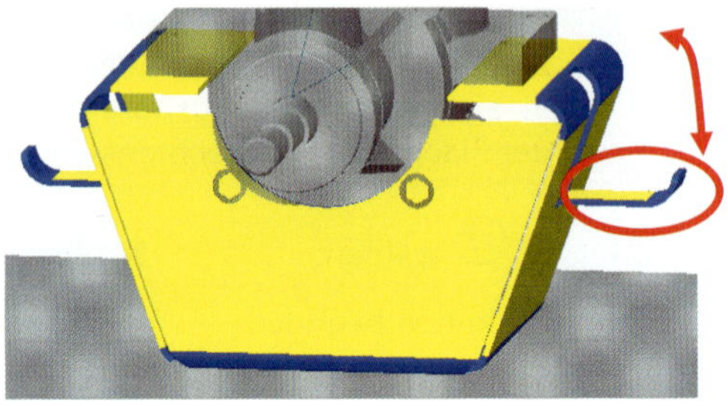

Die nebenstehende Abbildung zeigt das Ergebnis des Rückbiegeprozesses. Da die Schnittdefinition der beiden seitlichen Außenlaschen in den ursprünglichen Biegebereich der ersten Lasche hineinreichen, ist diese Ursprungsbiegung auch auf die Außenlaschen übertragen worden.

Beim realen Blechbiegen kann dieses Phänomen leicht durch eine geeignete Biegereihenfolge unterbunden werden. In *Creo* kann derselbe Effekt durch gezieltes Auswählen der Rückbiegevorgänge erreicht werden:

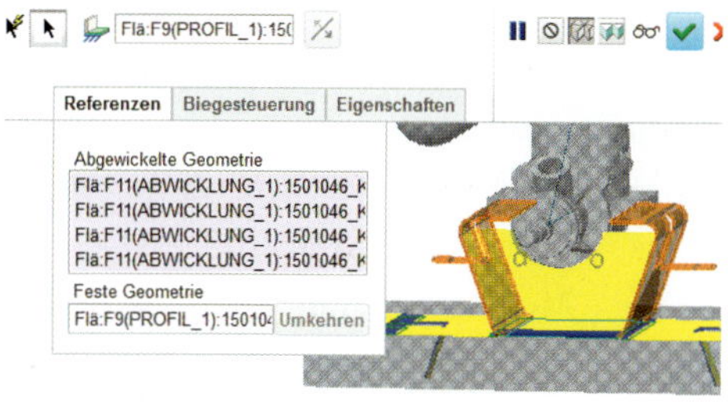

- ⇦ Zurückbiegen 1 <im Modellbaum wählen>
- ▶ **Definition editieren** <Zurückbiegung umdefinieren>
- ⇦ ➤ <Geometrie manuell auswählen>

Die Vorschau zeigt sofort das gewünschte Biegeergebnis. Ein weiteres An- bzw. Abwählen von Biegezonen (blau eingefärbte Bereiche) ist nicht erforderlich. Alternativ kann die Auswahl komplett manuell erfolgen.

Die Abbildung zeigt die nun mit geraden Außenlaschen zurückgebogene Konsole ohne den Einbauzusammenhang der Baugruppe.

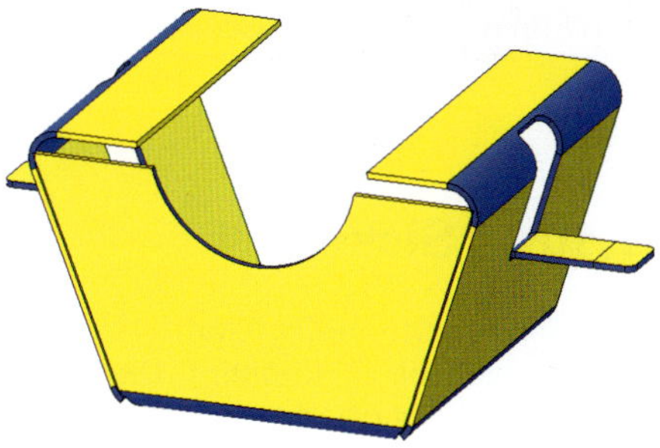

21.9 Blechbearbeitung mit Pick-and-Place-Elementen

Im oberen Bereich der Lasche **Flach 1** gibt es eine Materialdurchdringung, die eine Fase oder Rundung der Kante erforderlich macht.

Weder das Fasen-, noch das Rundungs- oder Bohrungstool stehen in der Blechleiste zur Verfügung. Trotzdem sind diese Funktionen über die Menüleiste oder teilweise auf der rechten Maustaste anwendbar:

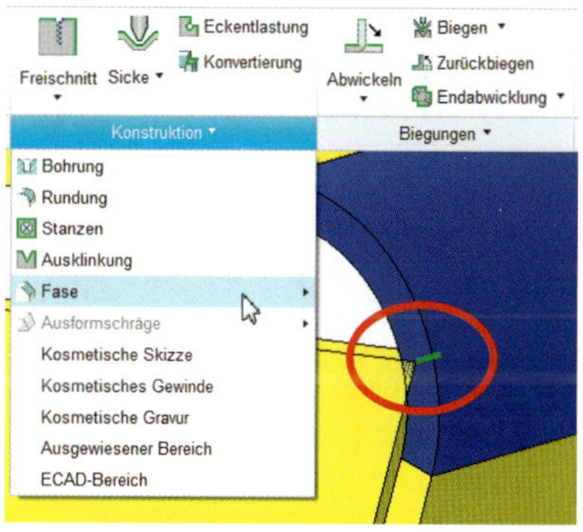

☐ **Kantenfase**

- KE **Flach 1** wählen: ⇦ <Flach 1>
- Kante wählen: ⇦ <Kante>
- ⇦ **Modell**, ⇦ Konstruktion ▼, ⇦ Fase ▶, ⇦ **Kantenfase**
- Fasabstand: **[DxD]**, **[5]** mm
- Fasen-Tool beenden: ✔

☐ **Kantenrundung**

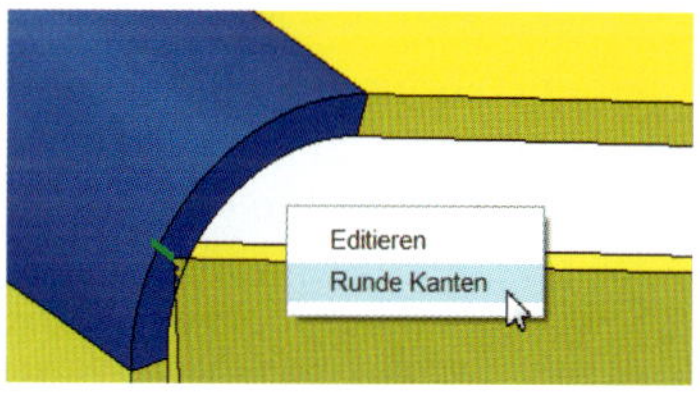

- KE **Flach 1** wählen: ⇦ <Flach 1>
- Kante wählen: ⇦ <Kante>
- Runde-Kanten: ▶ **[Runde Kanten] [5]** mm
- Rundung beenden: ✔

☐ **Bohrung erzeugen**

Die Bohrungen zum Anschluss des Motorgehäuses können auf verschiedene Arten mit oder ohne Referenzbezug, beispielsweise als Materialschnittreferenz zu den vorhandenen Gehäusebohrungen, erstellt werden. Als Beispiel werden die Bohrungen über das Bohrungs-Tool am gebogenen Blechmodell erstellt und bemustert (ohne Bezugsreferenz zum Motorgehäuse).

Für eine bessere Übersicht ist es sinnvoller, das Blechteil *1501046_konsole.prt* zu öffnen, anstatt aus der Baugruppe heraus aktiviert zu arbeiten:

- Modellbaum wählen: ⇦ *<1501046_konsole>*
- Teil öffnen: ▶ **[Öffnen]**
- ⇦ **Modell**, ⇦ Konstruktion ▼, **Bohrung**

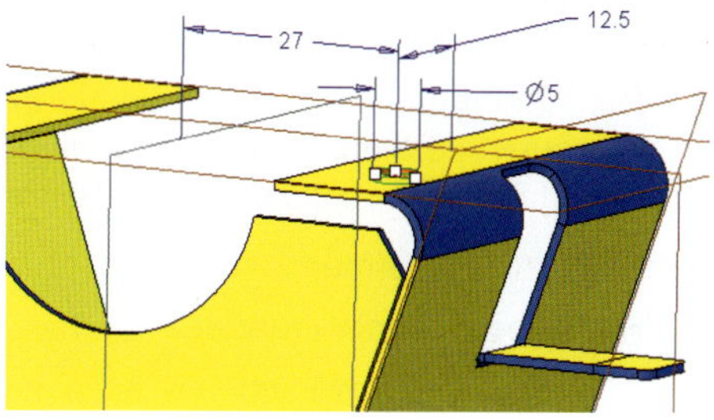

Die Bohrung wird mit einem Durchmesser von 5 mm ausgehend von der Blechoberfläche **BisNächst** im Abstand 12,5 mm von XY_T_RECHTS und 27 mm von XY_T_VORNE erstellt.

☐ **Bohrung mustern**

Anschließend wird die Bohrung analog Kap. 12.11.2 in zwei Richtungen wahlweise als Bemaßungs- oder Richtungsmuster vervielfältigt.

- Bohrung auswählen: ⇦
- Muster-Funktion: ▶ **[Muster]**

Die Musterdefinition kann der nebenstehenden Abbildung entnommen werden.

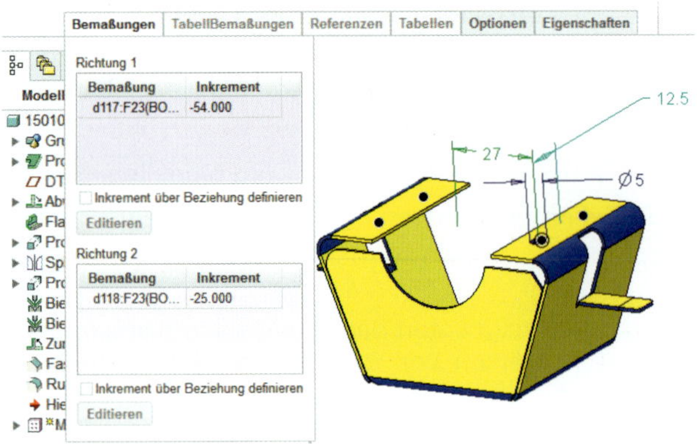

21.10 Sicken

Sicken lassen sich in *Creo* auf zwei Arten definieren: aus positiver Präge- bzw. Stanzgeometrie oder aus negativer Gesenkgeometrie (Tiefziehen). Die Werkzeuggeometrie sind ein Stanzstempel bzw. ein Gesenk, in beiden Fällen aber eigene Teile (Werkzeuge). Als Beispiel werden das Prägen und Prägestanzen von Schraubenanschlussflächen vorgestellt.

21.10.1 Prägestempel erzeugen

Der Prägestempel wird als neues Teil (Volumenkörper) unter dem Namen *1501047_praegestempel.prt* entsprechend der nebenstehenden Abbildung mit zwei zylindrischen Körpern von ∅ 8 mm, 10 mm Länge und ∅ 5 mm, 2 mm Länge jeweils rechts und links von der Ebene YZ_T_RECHTS erstellt und gespeichert.

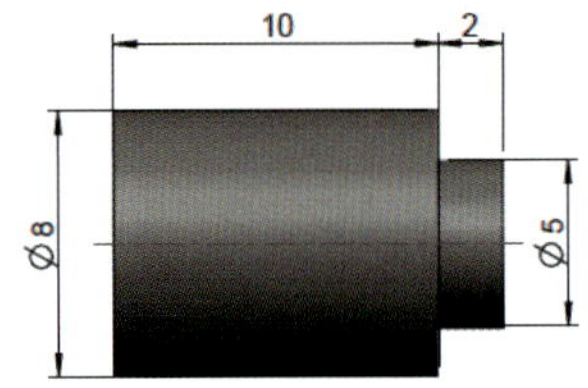

21.10.2 Sicke erzeugen

Im Blechteil werden zwei Achsen als Bezugsreferenz für die Sickenplatzierung auf die Ebene YZ_T_RECHTS, 15 mm unterhalb der Ebene XZ_T_OBEN und jeweils positiv und negativ um 15 mm zur Ebene XY_T_VORNE ersetzt erstellt.

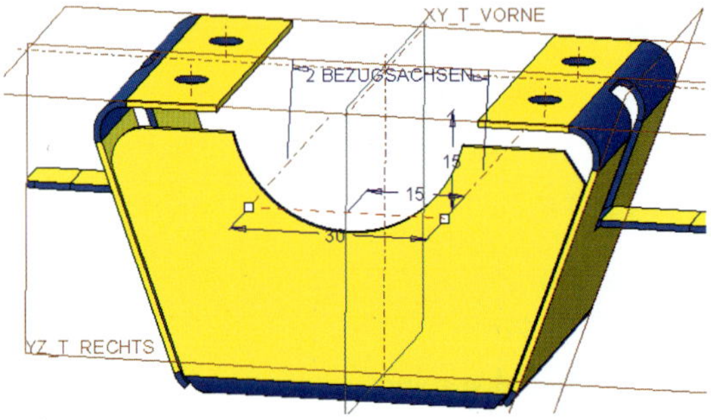

- 1. Achse erzeugen: ⇦ **Modell**, ⇦ **Achse**
- 2. Achse durch Mustern: ⇦ **Modell**, ⇦ **Muster**

Alternativ können auch Achsen aus der Baugruppe über Copy & Paste in das Blech kopiert werden. Im vorliegenden Fall soll das Blechteil jedoch ohne externe Referenzbezüge auskommen.

☐ **Sicke platzieren**

- ⇦ **Modell**, ⇦ Sicke ▼, ⇦ **Stanzstempel**
- *<1501047_praegestempel>*, **[Öffnen]**

Das Stanzwerkzeug (*1501047_praegestempel.prt*) wird analog zum Einbau von Komponenten in Baugruppen (siehe Kap. 10.1.2) in das Blechteil eingebaut:

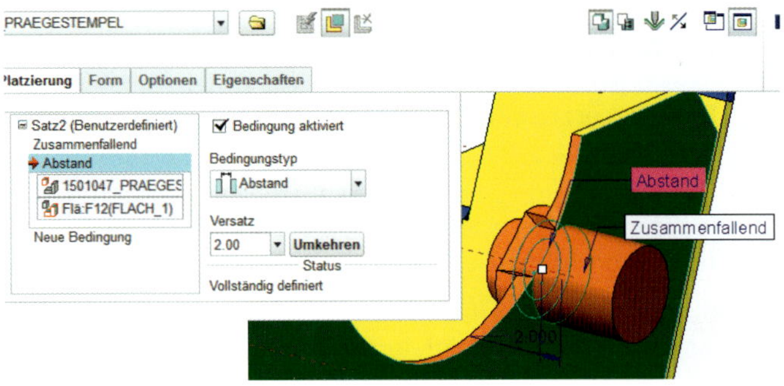

- Achsen von Stempel und Blech: **Zusammenfallend**
- Stempelringfläche und Blechoberfläche: **Abstand [-2]** mm

Die Abbildung zeigt das Ergebnis der Voransicht. Im Register Optionen können noch die inneren Platzierungskanten mit einem Radius von 0,3 mm versehen werden:

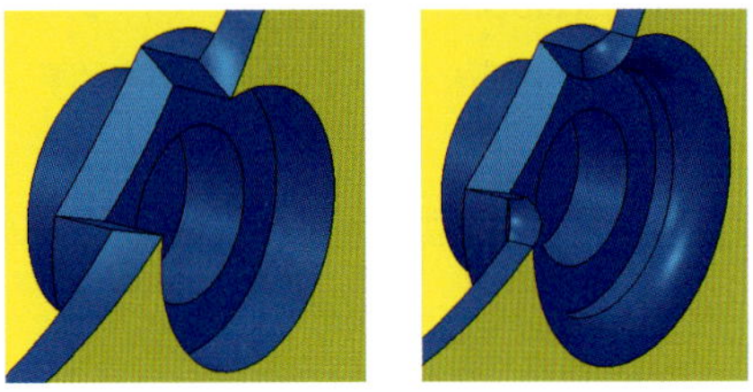

- Optionen öffnen: ⇦ **[Optionen]**
- Scharfe Kanten runden: ☑ **Platzierungskanten**
- Innenradius wählen: ⇦ **[Innen]**
- Radius: **[0.3]** mm

☐ **Sicke ausstanzen**

Sollen an der Sicke Ausstanzungen von Blechmaterial erfolgen, so werden diese durch Ausschließen von Stanzmodellflächen definiert. Im Beispiel soll der kleinere Dorn des als Stanzwerkzeug verwendeten *1501047_praegestempel.prt* ein Loch in das Blech stanzen. Dazu werden im Register OPTIONEN im Bereich **Ausgeschlossene Stanzmodellflächen** die beiden Zylinderhalbflächen und die Bodenfläche des Stanzstempels ausgewählt:

- Flächen-Referenzsammlung: ⇦
- 1. Halbzylinderfläche: ⇦
- 2. Halbzylinderfläche: **[Strg]** + ⇦
- Bodenfläche: **[Strg]** + ⇦
- Sickenfunktion beenden: ✔ *oder* ⇩
- 2. Sicke als Ref.-Muster: ▶ **Muster...**
- Musterfunktion beenden: ✔ *oder* ⇩

21.10.3 Stanzstempel

Der Unterschied zwischen einem Präge- und einem Stanzstempel besteht nur darin, dass der Stanzstempel Bohrungen erstellt. Im vorangegangenen Kapitel wurde der Prägestempel als Stanzstempel verwendet, indem im Bereich **Ausgeschlossene Stanzmodellflächen** des Registers OPTIONEN Flächenelemente des Stempels ausgeschlossen wurden. Soll ein Werkzeug von vorneherein als Stanzstempel erstellt werden, so muss diese Auschlussflächendefinition bereits am Stempel erfolgen:

- ⇦ **Datei**, ⇦ **Öffnen** <*1501047_praegestempel.prt*>
- ⇦ **Anmerkung erstellen**, ⇦ **Anmerkungs-KE**
- ⇦ DEFINITION, ⇦ **SMT-Stanzmodelleigenschaften definieren**
- Auszuschließende Flächen wählen: ⇦ , **[Strg]** + ⇦
- Auswahl bestätigen: **[OK]**

☞ Damit ist der Prägestempel als Stanzstempel definiert. In einem Teil kann es nur eien einzige Stanzstempeldefinition geben. Daher ist nun das Symbol der Stanzmodelleigenschaft aus der Auswahlleiste verschwunden.

- Anmerkungs-KE abschließen: **[OK]**

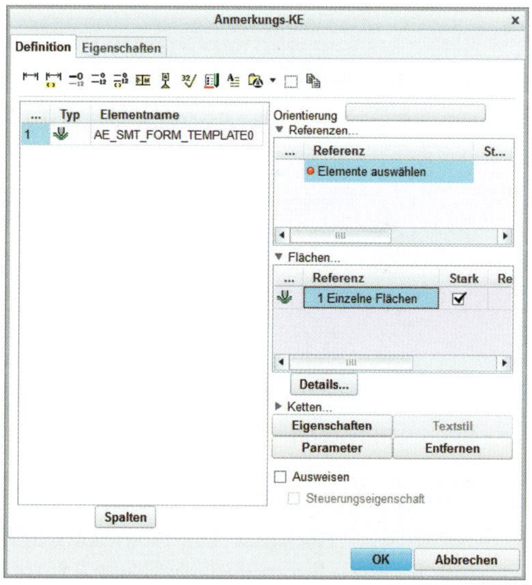

Das Modell *1501047_praegestempel.prt* fungiert jetzt als Stanzstempel und erzeugt standardmäßig eine Materialentfernung im Bereich des Zapfens.

21.11 Verlängern

Im Folgenden wird das Blechteil an einer Kante verlängert. Die Verlängerung erfolgt normal (senkrecht) zur gewählten Kante in der Blechebene. Gleichzeitig werden ggf. erforderliche Übergänge mitgezogen:

- Verlängerungskante wählen: ⇦ <Kante>
- ⇦ **Modell**, ⇦ **Verlängern**
- ⇦ <Ziehen>, Wert: **[5]** mm
- Funktion beenden: ✔ *oder* ⇩

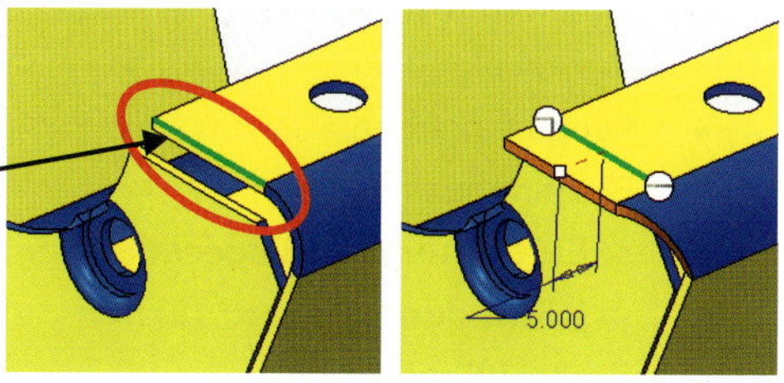

21.12 Definition von Laschen

Im Folgenden werden verschiedene Arten von Laschen vorgestellt.

21.12.1 Flanschlasche

An die Verlängerungslasche angrenzend wird eine Flanschlasche unter einem Biegewinkel von 80° und mit der Länge von 3 mm unter Verwendung einer rechteckigen Entlastung erzeugt. Als Ansatzkante für den Flansch wird dazu die Außenkante der Biegung gewählt.

☐ **Flanschansatz definieren**

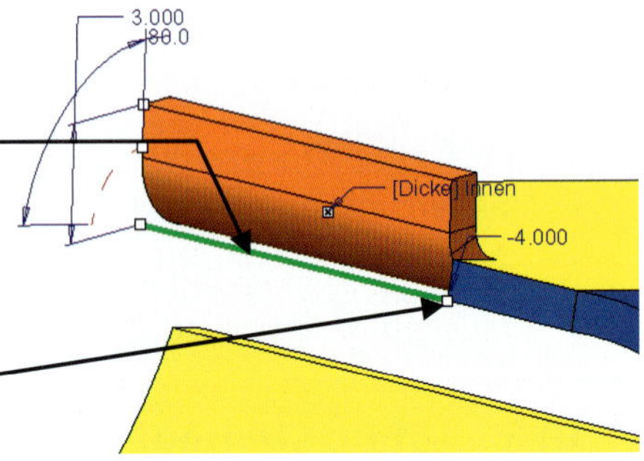

- ⇦ **Modell**, ⇦ **Flansch**
- ⇦ <Ansatzkante>

Die Flanschlasche soll nicht über die ganze Länge der Kante, sondern 4mm vom gebogenen Rand entfernt angesetzt werden. Dazu wird mit gedrückter linker Maustaste der weiße Zugknopf der Ansatzkante verschoben, bis der Abstandswert -4 mm angezeigt wird.

- ⇦ <Kantenansatz am Zugknopf verschieben >

Alternativ kann die Reduzierung der Kantennutzung auch über das Schaltpult eingestellt werden:

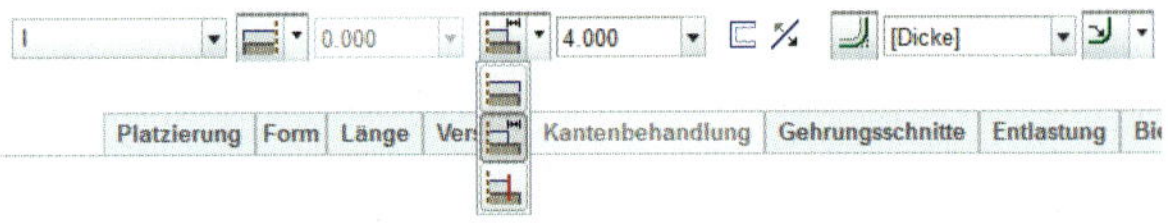

- Rechtsseitigen Ansatz ändern:
- Wert eintragen: **[4]** mm

☐ **Entlastung definieren**

Als Entlastung wird der Übergang zwischen dem Verformungsbereich und dem unverformten Blech bezeichnet. Folgende Entlastungsvarianten stehen zur Verfügung:

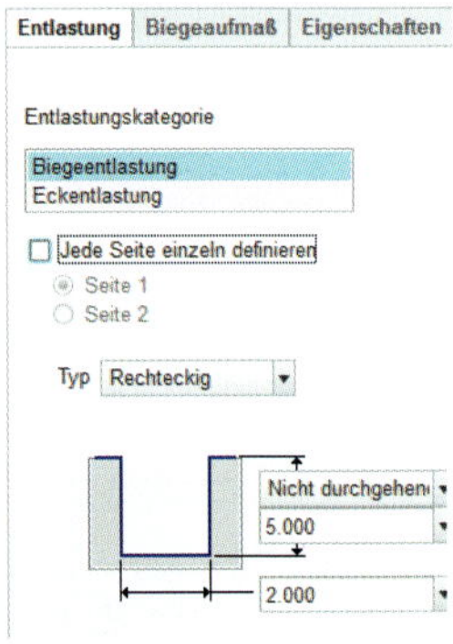

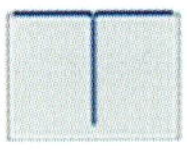

Freischnitt: Am Ende der Biegezone wird das Blech eingeschnitten.

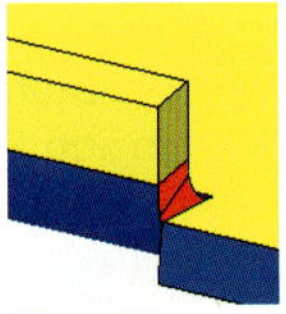

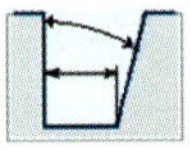

Dehnen: Der Übergangsbereich wird auf einer definierten Länge und unter einem definierten Winkel durch Dehnen ausgestaltet.

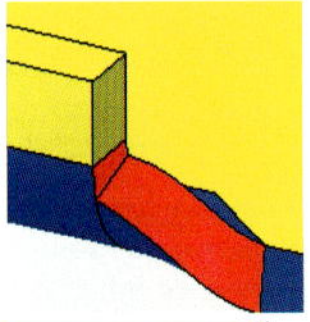

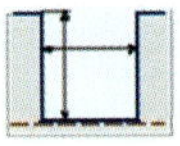

- **Rechteck**: Der Übergangsbereich wird rechteckig mit der Tiefe **5** mm und der Breite **2** mm ausgeschnitten.

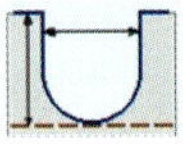

Rund-Länglich: Der Übergangsbereich wird abgerundet mit definierter Tiefe ausgeschnitten.

☐ **Flanschgeometrie definieren**

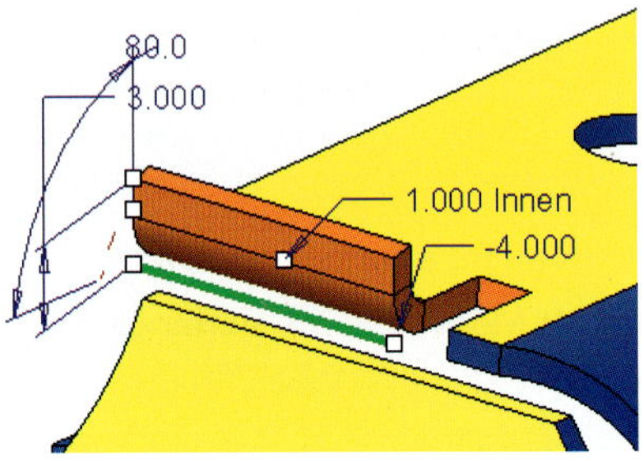

- Winkel eingeben: ⇦ ⇦ **[80]**°
- Länge eingeben: ⇦ ⇦ **[3]** mm
- Biegeradius eingeben: ⇦ ⇦ **[1]** mm
- ⇦ ENTLASTUNG, ⇦ **[Biegeentlastung]**, ⇦ **[Rechteckig]**
- ⇦ **[Nicht durchgehend]**, **[5]** mm
- Breite: **[2]** mm
- Funktion beenden: ✔ *oder* ⇩

21.12.2 Verdrehte Lasche

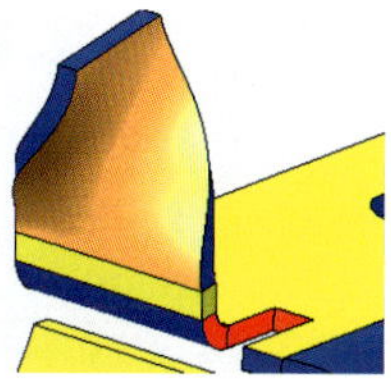

An die Flanschlasche angrenzend soll nun eine verdrehte Lasche erzeugt werden. Für die verdrehte Lasche ist kein Icon-Aufruf in der Blech-Standardleiste vorhanden. Wie viele der weniger häufig verwendeten Funktionen wird diese über die Menüleiste aufgerufen.

- ⇦ **Modell**, ⇦ Formen ▼, ⇦ Verdrehen

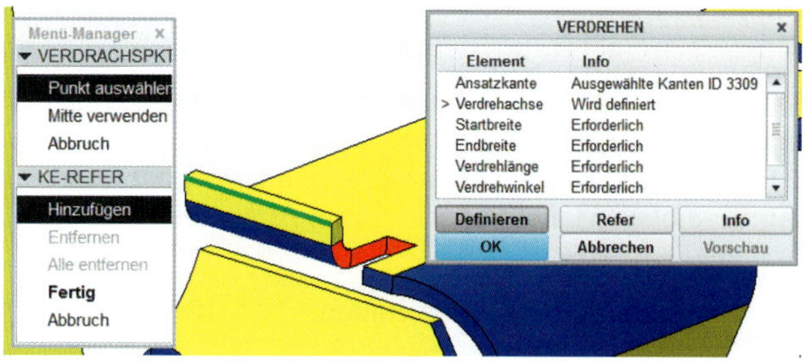

Als Ansatzkante für den Flansch wird eine Längskante der vorangegangenden Flanschlasche gewählt.

- Ansatzkante wählen: ⇦ <Kante>

Im Menü VERDRACHSPKT kann ein vorher definierter Bezugspunkt auf der Ansatzkante als Durchgangspunkt für die Mittelachse der Verdrehung definiert werden. Soll die Verdrehachse durch die Kantenmitte gehen, ist kein Bezugspunkt erforderlich:

- Bezugspunkt auf Ansatzkante: ⇦ **[Mitte verwenden]**

Creo ermittelt für die Startbreite der verdrehten Lasche die vorhandene Länge der Ansatzkante. Wird ein größerer oder kleinerer Wert angegeben, so wird die Lasche jeweils symmetrisch um den Ansatzpunkt (aktuelle Mitte gewählt) verlängert bzw. gekürzt.

- Startbreite bestätigen: ⇩

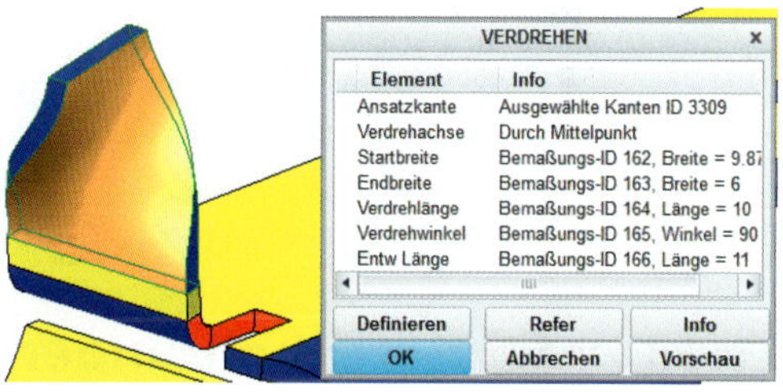

Die verdrehte Lasche soll sich nach oben verjüngen. Daher wird ein geringerer Wert für die Endbreite als für die Startbreite eingegeben:

- Endbreite eingeben: **[6]** mm

Als **Verdrehlänge** wird die Länge der verdrehten Lasche bezeichnet.

- Verdrehlänge: **[10]** mm
- Verdrehwinkel: **[90]**°

Beim Verdrehen der Lasche werden je nach Verfahren in unterschiedlichem Umfang Stauchungen und Dehnungen am Blech vorgenommen, die *Creo* nicht berechnen kann. Daher muss die entwickelte Länge der Lasche eingegeben werden. Die entwickelte Länge ist die Länge der Lasche im abgewickelten, also unverformten Zustand.

- Entwickelte Länge: **[11]** mm
- Funktion beenden: **[OK]** *oder* ⇩

21.12.3 Trapezlasche

An die verdrehte Lasche wird nun noch eine trapezförmige flache Lasche ergänzt:

- ⇦ **Modell**, ⇦ **Flach**
- Ansatzkante wählen: ⇦ <Kante>
- Form definieren: ⇦ **[Trapezoid]**
- 1. Trapezwinkel: ⇦ ⇦ **[10]**°
- 2. Trapezwinkel: ⇦ ⇦ **[10]**°
- Laschenlänge: ⇦ ⇦ **[5]** mm
- Funktion beenden: ✔ *oder* ⇩

21.12.4 Flanschlasche an Berandungs-Tangentialkette

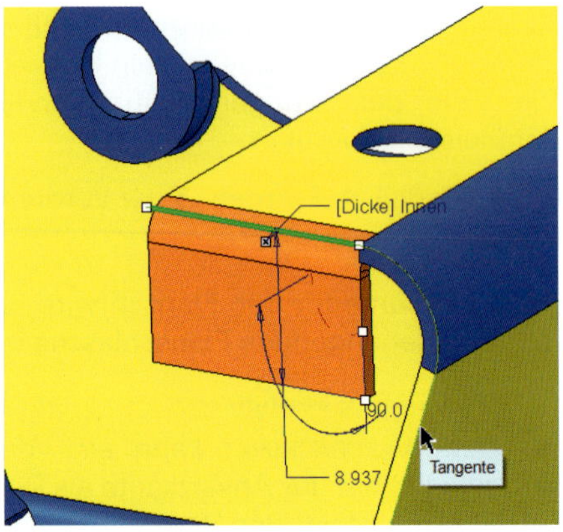

- ⇦ Modell, ⇦ Flansch
- ⇦ <Ansatzkante>

Wird die Shift-Taste (Hochstelltaste) gedrückt gehalten und dann der Mauszeiger über den nächsten Kantenabschnitt (Bogen) positioniert, so wird (nach einer kleinen Wartezeit) der Bogen markiert, und es erscheint der Hinweis **Einzeln**, da dieser Bogen als einzelnes Kantenelement hinzugefügt würde.

Bewegt man ohne Lösen der Shift-Taste den Mauszeiger direkt auf eines der anderen Kettensegmente (z. B. die Seitenwand), wird sofort die gesamte **Tangentialkette** hervorgehoben. Durch Betätigen der linken Maustaste wird diese Auswahl bestätigt.

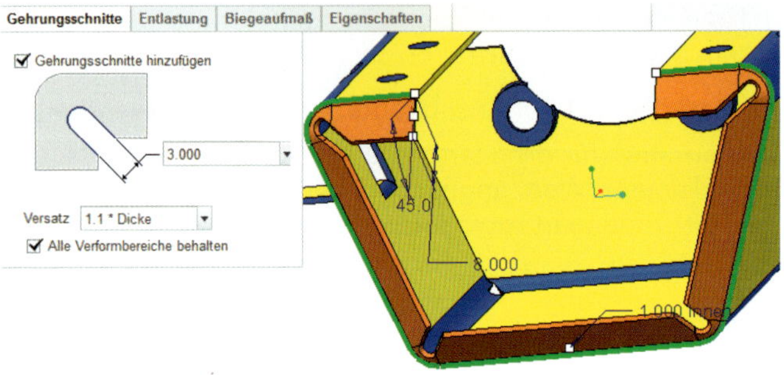

- Shift-Taste drücken und Halten: **[Shift]**
  - Mauszeiger über Seitenkante: ⇦
  - Tangentenkette auswählen: ⇦
- Winkel auf 45° ändern: ⇦ ⇦ **[45]**°
- Länge auf 8 mm ändern: ⇦ ⇦ **[8]** mm
- ⇦ GEHRUNGSSCHNITTE
- ☑ **Alle Verformungsbereiche behalten**
- Breite auf 3 mm ändern: **[3]** mm
- Innenradius: ⇦ **[1]** mm
- Versatz: **[1.1*Dicke]**
- Funktion beenden: ✔ *oder* ⇩

21.13 Fertigteilbohrungen

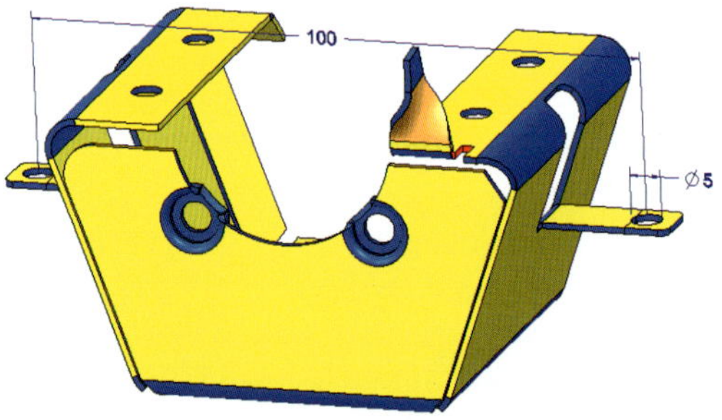

Das Volumenmodell abschließend werden noch ein paar Bohrungen erstellt, deren Position und Größe nur am Fertigmodell definiert werden können. Zunächst werden zwei Bohrungen mit Durchmesser 5 mm und dem Abstand 100 mm symmetrisch zur Mittelebene des Modells in die ausgeklappten Laschen erstellt.

Damit die Modellbemaßung entsprechend der nebenstehenden Abbildung gewährleistet ist, wird die erste Bohrung entsprechend der folgenden Skizze als Materialschnitt (Blechausbruch) erstellt und dann an der Mittelebene gespiegelt.

Da die beiden Laschen dieselbe Oberfläche ergeben, könnten beide Bohrungen auch gemeinsam in einer einzigen Skizze definiert werden. Das würde aber bei eventuell später unterschiedlichen Biegewinkeln der Laschen zu Problemen führen.

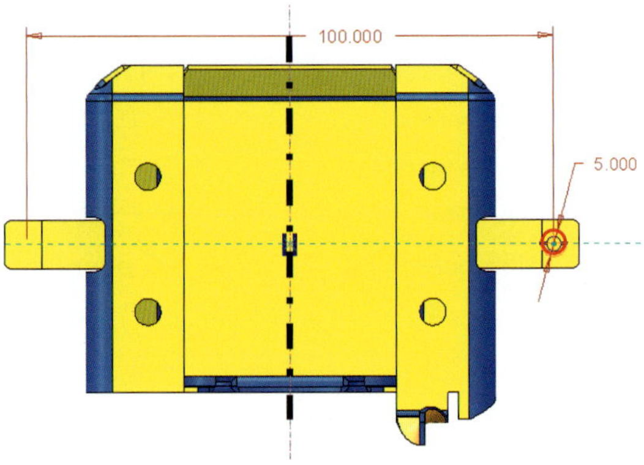

- ⇦ **Modell**, ⇦ **Profil**,
- ▶ ☑ **Material entfernen**
- ▶ ☑ **Blechausbruch**
- ⇦ **[Durch Alle]**
- ▶ **Interne Skizze definieren...**

Als Skizzierfläche wird die obere Oberfläche einer Blechlasche gewählt. Auf die Mittelebene wird zunächst eine Mittellinie erstellt und dann ein Kreis mit Durchmesser 5 mm (rot) und einer Symmetriebemaßung 100 mm erzeugt.

- Skizze beenden: ✔ *oder* ⇩
- Funktion beenden: ✔ *oder* ⇩

Anschließend wird die Bohrung analog zu Kap. 21.6 abhängig an der Mittelebene gespiegelt:

- ⇦ **Modell**, ⇦ Editieren ▼, ⇦ **Spiegeln**, ⇦ **[XY_T_VORNE]**,⇩

In die trapezförmige Lasche wird weiter ein Blechausbruch (Bohrung) mit 2,5 mm Durchmesser mittig erstellt. Dafür sind verschiedene Ansätze denkbar, z. B. das Abwickeln des gesamten Blechs, Definition der Bohrung um abgewickelten Zustand und anschließendes Rückbiegen.

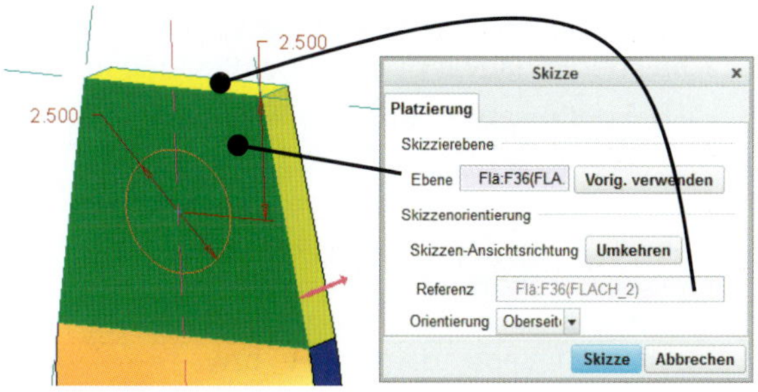

Beispielhaft soll der Blechausbruch direkt an der Lasche ohne Abwicklung und Rückbiegung erstellt werden:

- ⇦ **Modell**, ⇦ **Profil**,
- ▶ ☑ **Material entfernen**, ☑ **Blechausbruch**
- ⇦ **[Durch Alle]**
- ▶ **Interne Skizze definieren...**

Als Skizzierfläche wird die ebene Oberfläche der letzten Trapezlasche und für die Bildschirmausrichtung „Oberseite“ wird die Stirnfläche der Lasche gewählt.

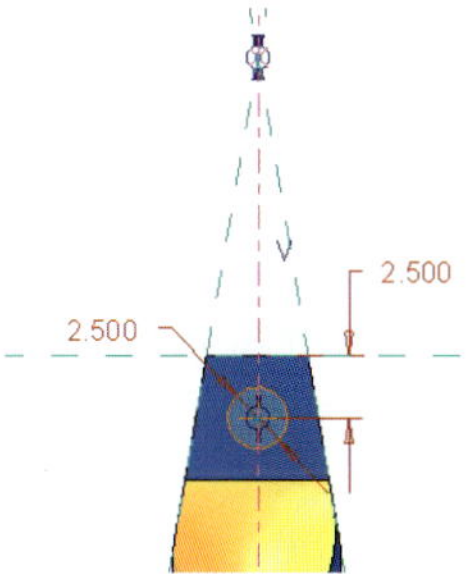

In der Skizze werden die Seiten der Lasche als Referenz hinzugefügt, dann eine Mittellinie durch den Schnittpunkt der beiden Referenzen und senkrecht zur horizontalen Referenz erstellt. Auf diese Mittellinie wird ein Kreis mit Durchmesser **[2,5]** mm und Mittelpunktsabstand **[2,5]** mm erstellt.

- Funktion beenden: ✔ *oder* ⇩

21.14 Blechabwicklungen

Die nebenstehende Abbildung zeigt das ausmodellierte Blechteil im Einbauzusammenhang als Motorkonsole, ohne Befestigungselemente. Für die Herstellung der erforderlichen Blechschnitte wird eine flache, also die abgewickelte Geometrie des Bleches benötigt.

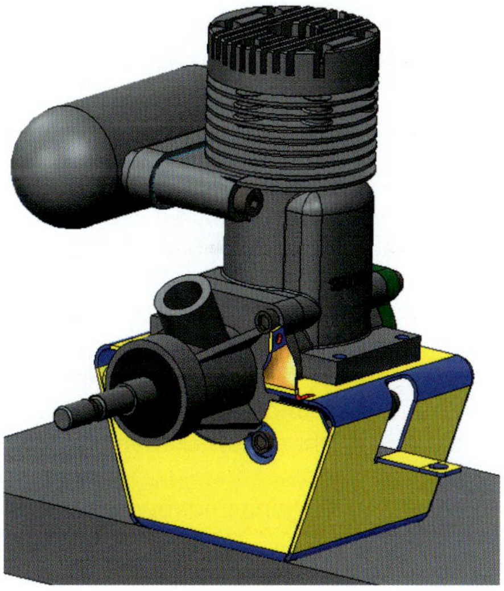

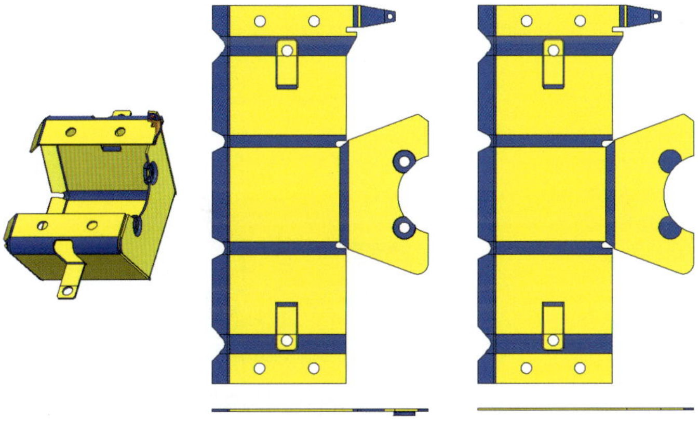

Volumenmodell **Abgewickelt mit Prägung** **Abgewickelt, Prägung flach**

Die obige Darstellung zeigt in schattierter Ausführung die Modellstadien des Volumenmodells, einer Abwicklung, bei der die Prägungen noch vorhanden sind, und einer Abwicklung, bei der die Prägungen ebenfalls wieder abgeflacht wurden. Dabei handelt es sich somit um das reine Blechmodell für den Zuschnitt. Bei den Darstellungen wurden zum besseren Verständnis die Verformungsbereiche schwarz eingefärbt.

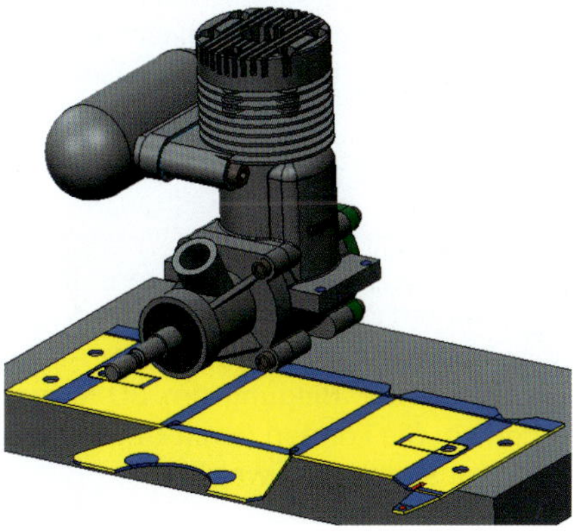

> ⚠ Alle Stadien werden im Modell, also dem Teil *1501047_konsole.prt* definiert und verwaltet, eine 2D-Zeichnungsableitung verweist nur auf den entsprechenden Modellstatus.

Da ein Modellstatus in *Creo* jedoch eindeutig sein muss, können nicht gleichzeitig in demselben Modell der abgewickelte und der Volumenzustand nebeneinander existieren. Die nebenstehende Darstellung zeigt den für eine Zeichnungsableitung erforderlichen abgewickelten Zustand in der Baugruppenanwendung. Für diese Variantensteuerung bietet sich in *Creo* die Verwendung von Familientabellen an.

Eine Neuerung von *Creo* ist, dass zu jedem Zeitpunkt der Blechteil-Bearbeitung aus dem Blechteil heraus die Vorschau der Endabwicklung aufgerufen und in einem eigenen Grafikfenster zur Anzeige gebracht werden kann.

- ⇦ **Darstellungssteuerung**, ⇦

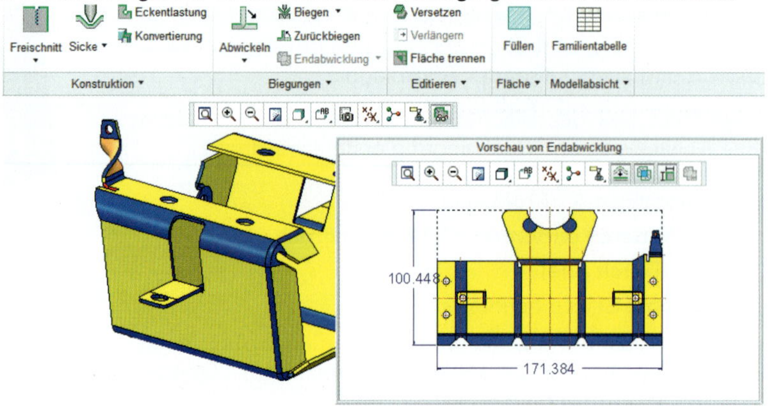

☞ Durch einen Doppelklick auf den Bereich Vorschau der Endabwicklung wird das Fenster Bildschirm füllend dargestellt bzw. wieder auf die Standardgröße zurückgesetzt.

In der Darstellungssteuerung des Vorschaufensters lassen sich weitere Optionen schalten:

- : Aktiviert bzw. deaktiviert die Abwicklung von Sicken in der Vorschau
- : Blendet die Außenmaße der abgewickelten Blechplatte ein bzw. aus.
- : Hebt überlappende Modellgeometrie hervor.
- : Erzeugt eine Endabwicklung als letztes KE des 3D-Blechmodells (siehe Kap. 21.14.1.1). Diese Funktion steht nur zur Verfügung, solange keine Abwicklung am Modellende vorhanden ist.

21.14.1 Manuelle Endabwicklung und Abwicklungsvariante

Creo bietet verschiedene Möglichkeiten an, Endabwicklungen zu erzeugen und die beiden Varianten, also das geformte Modell und das abgewickelte Modell, zu verwalten. Zum einen können die Endabwicklung und die Familientabellenvarianten manuell definiert werden, zum anderen bietet *Creo* eine automatisierte Definition derselben an. Zum besseren Verständnis wird zunächst die manuelle Vorgehensweise beschrieben.

21.14.1.1 Manuelle Endabwicklung

Mit der Funktion *Endabwicklung* wird das gesamte Modell vollständig abgewickelt. Alternativ kann auch die aus Kap. 21.4 bereits bekannte Abwicklung mit der Option „Alle abwickeln" verwendet werden. Der Vorteil der Endabwicklung besteht darin, dass diese Funktion immer als letztes Element im Modellbaum steht. Das erleichtert die Handhabung, wenn man häufig zwischen abgewickeltem und nicht abgewickeltem Modell wechseln muss.

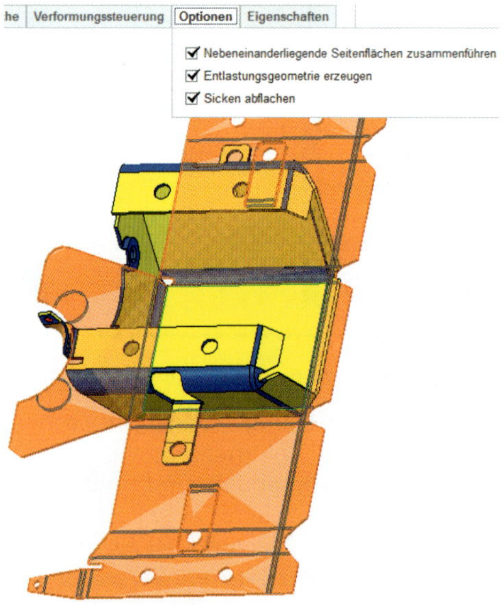

⚠ Es kann nur eine Endabwicklung je Modell geben!

- ⇦ **Modell**, ⇦ **Endabwicklung**

Existiert bereits eine Abwicklung mit Definition einer festen Geometrie im Modell, so wird diese Geometrie erneut als feste Geometrie der Abwicklung vorgeschlagen. Alternativ kann eine beliebige Fläche oder Kante als feste Geometrie definiert werden.

Im Register OPTIONEN kann unter anderem ausgewählt werde, ob Sicken ebenfalls abzuflachen sind.

An den Abwicklungselementen, insbesondere am Endabwicklungselement, hängen automatisch generierte Notizelemente an (siehe Modellbaum). Diese geben Auskunft über die Richtung und den Winkel der Biegung. Im 3D-Modell sind diese Notizen eher hinderlich. Sie können durch Deaktivieren der Anmerkungsanzeige einfach ausgeblendet werden:

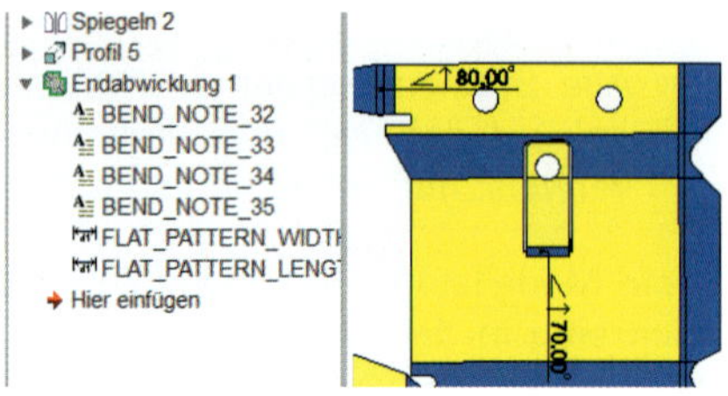

- ⇦ **Darstellungssteuerung**, ⇦ Anmerkungsanzeige

Für eine spätere Zeichnungsableitung des Blechmodells sind diese aber sehr hilfreich. Ein nach oben gerichteter Pfeil gibt eine Biegung in Richtung des Bildschirms, ein nach unten gerichteter Pfeil vom Bildschirm weg an (siehe nebenstehende Abbildung).

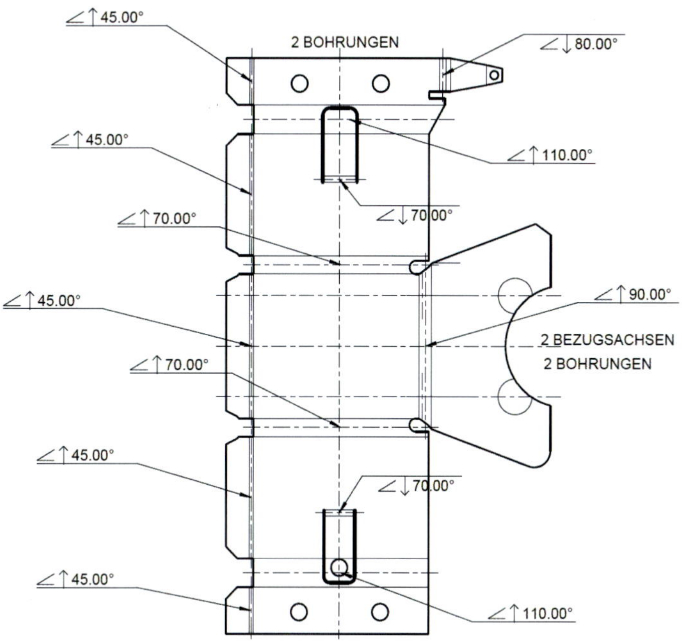

21.14.1.2 Modellzustand über Familientabelle verwalten

Das Ursprungsmodell des Blechteils ist nun abgeschlossen. Allerdings liegt das Blechteil in einer vollständig abgewickelten Form mit abgeflachten Sicken vor. Für das eigentliche 3D-Volumenmodell müssen die letzten Abwicklungselemente im Modellbaum unterdrückt werden. Eine Möglichkeit, dies zu erreichen, bietet die Definition einer Familientabelle, analog zu Kap. 13.11.7, mit einer generischen 2D-Variante und einer 3D-Variante mit unterdrückter Endabwicklung.

Sehr komfortabel und neu in *Creo* ist die Möglichkeit, aus der Darstellungssteuerung heraus eine Endabwicklung zu erstellen, die gleich als Variante einer Familientabelle eingetragen und definiert wird. Dazu muss zunächst die zuvor erstellte manuelle Endabwicklung gelöscht werden.

☐ **Im 3D-Blechmodell**

- ⇦ <Endabwicklung im Modellbaum wählen>
- ▶ **Löschen**
- ⇦ **Darstellungssteuerung**, ⇦ <Vorschau Endabwicklung>

☐ **In der Vorschau der Endabwicklung**

- ⇦ **Darstellungssteuerung**, ⇦
- ⇦ **[Variante Erzeugen]** <Name akzeptieren>

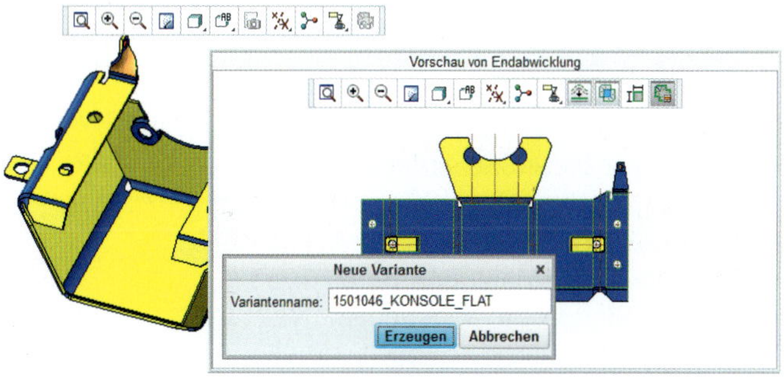

☐ **Im 3D-Blechmodell**

- ⇦ **Darstellungssteuerung**, ⇦ <Vorschau Endabwicklung abschalten>
- ⇦ Modell, ⇦ **Familientabelle**

In der Familientabelle existieren nun 2 Objekte, die sich dadurch unterscheiden, dass im ersten Fall die Endabwicklung unterdrückt [N] und im zweiten Fall nicht unterdrückt [Y] ist.

- Familientabelle schließen: **[OK]**
- Modell speichern:

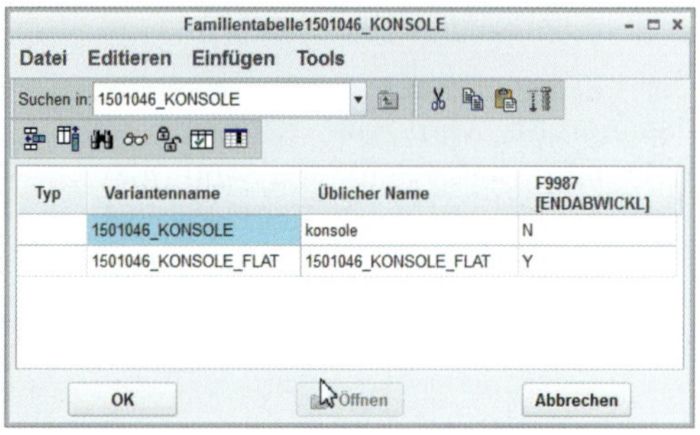

22 Zeichnungen und Berichte

Creo verwendet das dreidimensionale Modell als einheitliche Datenbasis für alle Prozesse, wie Zeichnungen, FEM-Berechnungen und Fertigungsanalysen. Darunter ist zu verstehen, dass möglichst alle Informationen, die in einer **zweidimensionalen** Zeichnung erscheinen sollen, am dreidimensionalen Objekt, also dem Modell, definiert sein sollten. Dies gilt insbesondere für Achsen und Bemaßungen, aber durchaus auch für Oberflächen- und Fertigungsangaben, Form- und Lagetoleranzen („geometrische Toleranzen" in *Creo*), vereinfachte Notizangaben (z. B. Freistich oder Zentrierbohrung nach DIN), Schweißnahtangaben usw. Im Folgenden wird die Zeichnung für die Kurbelwelle *1501019_kurbelwelle.prt* abgeleitet.

22.1 Zeichnungsmodus aktivieren

Am besten erfolgt der Zeichnungsaufruf für eine neu zu erstellende Zeichnung aus dem 3D-Modell heraus, von dem die Zeichnung abgeleitet werden soll. Eine Zeichnung stellt dabei eine eigene Datei mit der Endung *„.drw"* dar. Der Modus Zeichnung wird eingestellt durch:

- ⇦ **Datei**, ⇦ **Öffnen, [*1501019_kurbelwelle.prt*]**
- ⇦ Datei, ⇦ **Neu**, ⇦ ◉ **Zeichnung**
- Name: ***1501019_kurbelwelle***, üblicher Name: ***kurbelwelle***
- ☑ **Standardschablone verwenden**
- Dialog NEU beenden: **[OK]**

☞ Aus Gründen der Übersichtlichkeit sollte für die Zeichnung und das Objekt, von dem die Zeichnung abgeleitet wird, der gleiche Name verwendet werden.

Für die Verwendung von Standard-Schablonen gelten die gleichen Empfehlungen wie für die Arbeit im Teil-Modus.

Je nach Art der Installation stehen verschiedene Schablonen mit vordefinierten Ansichten zur Verfügung. Ausgehend von einer **leeren Schablone** wird eine Zeichnung in folgender Weise erstellt:

☐ **Formateinstellungen im Dialog NEUE ZEICHNUNG**

- Standardmodell: ***1501019_kurbelwelle.prt***

☞ Das Standardmodell gibt jenes Modell an, von dem die Zeichnung erstellt werden soll. Gegebenenfalls kann mit **[Durchsuchen]** der Arbeitsbereich nach der Modelldatei durchsucht werden.

- Leere Schablone verwenden: ◉ **Leer**
- Querformat: **Aktivieren**
- Standardgröße: ⇦ **A3**
- NEUE ZEICHNUNG verlassen: **[OK]**

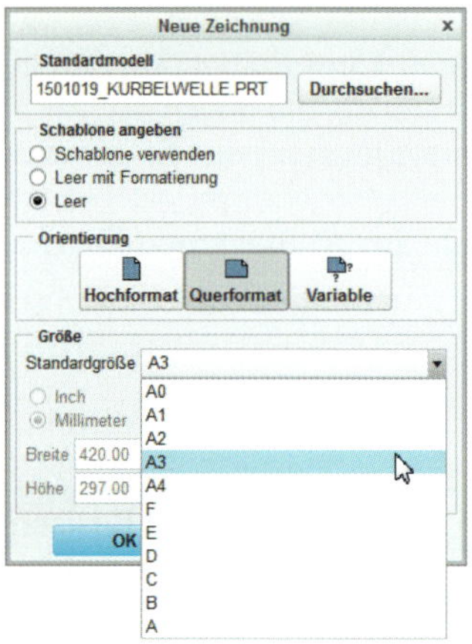

Am unteren Rand des Zeichnungsfensters werden der aktuelle Blattmaßstab, die aktuelle Modelldatei und deren Typ sowie die Blattgröße angegeben. Nebenstehend ist dieser Bereich durch einen Rahneb gekennzeichnet und vergrößert herausgezogen

Der Zeichenbereich der gewählten Papiergröße wird als Rahmen am Bildschirm dargestellt. Es kann über den Rahmen hinaus gearbeitet werden, jedoch wird nur der Bereich innerhalb des Rahmens beim Ausdrucken berücksichtigt.

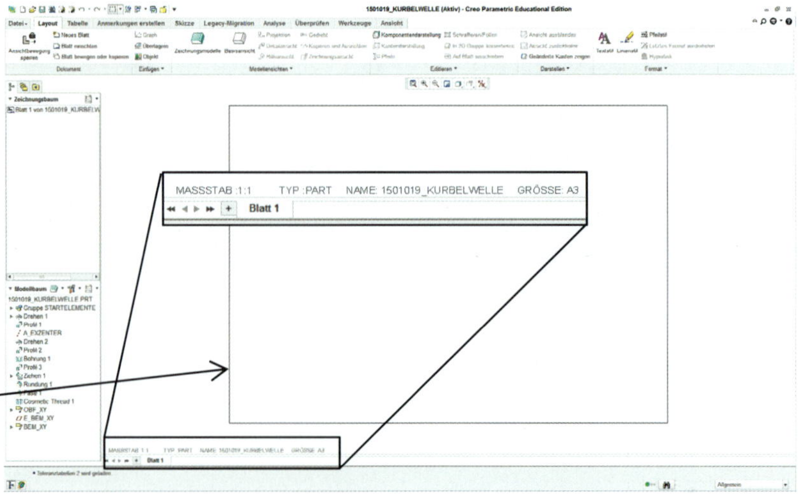

22.2 Zeichnungsrahmen setzen

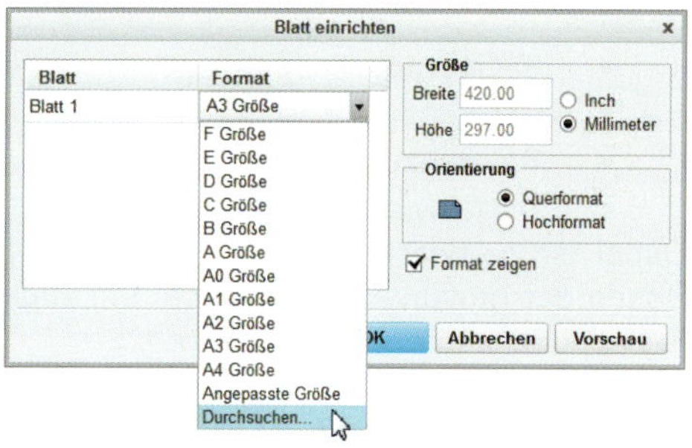

Wird bei der Aktivierung des Zeichnungsmodus die Option ◉ **Leer mit Formatierung** verwendet, so können vorhandene Formatdateien (**.frm*) aufgerufen werden, die beispielsweise Zeichnungsrahmen enthalten. Im Dialog BLATT EINRICHTEN können jederzeit das Format und die Blattgröße geändert werden.

Diesen Dialog erreicht man über:

- ⇦ **Layout**, ⇦ **Blatt einrichten**, ⇦ A3 Größe, ⇦ A3 Größe ▼
- ⇦ Durchsuchen…, ⇦ ⇦ ***a3qm_hsrt_de.frm***, ⇦ **[OK]**

Die Zeichnungsköpfe werden automatisch mit den Stücklistenparametern ausgefüllt (siehe Kap. 8.8).

22.3 Zeichnungsansichten

In *Creo* werden folgende Typen von Zeichnungsansichten bereitgestellt:

- **Basisansicht:** Eine Basisansicht ist im Allgemeinen die erste Ansicht in einer Zeichnung. Sie muss in ihrer Lage und Orientierung auf dem zweidimensionalen Zeichenbereich vollständig ausgerichtet werden. Auf einem Zeichnungsblatt können mehrere Basisansichten verwendet werden. Basisansichten können auch Querschnitte (Querschnittsansichten) sein.
- **Projektion:** Projektionsansichten ergeben sich als rechtwinklige Projektionen (Klappungen) aus einer bestehenden Ansicht. Die Klappung erfolgt entweder an einer senkrechten Ebene (Klappung nach rechts bzw. links) oder an einer waagerechten Ebene (Klappung nach oben oder unten). Projektionsansichten können gleichzeitig Querschnittansichten sein.
- **Detailansicht:** Eine Detailansicht ist ein Ausschnitt (durch einen skizzierten Spline definiert) einer vorhandenen Ansicht oder einer Querschnittansicht, der im Allgemeinen einen größeren Maßstab verwendet.
- **Hilfsansicht:** Eine Hilfsansicht ist eine Projektionsansicht, die in einem rechten Winkel auf eine ausgewählte Fläche oder Achse projiziert wird. Die gewählte Fläche in der Elternansicht muss senkrecht zum Bildschirm stehen.
- **Gedrehte Ansicht:** Eine gedrehte Ansicht ist ein Querschnitt einer vorhandenen Ansicht, die um 90 Grad um eine Schnittebenenprojektion gedreht ist. Sie unterscheidet sich insofern von einer Querschnittsansicht, als dass sie eine Linie enthält, welche die Rotationsachse für die Ansicht kennzeichnet.

22.3.1 Basisansicht erstellen (volle Ansicht, kein Schnitt)

In einer leeren Zeichnung muss zuerst eine Basisansicht erstellt werden:

- ⇦ **Layout**, ⇦ **Basisansicht** *oder* ▶ **Basisansicht einfügen…**

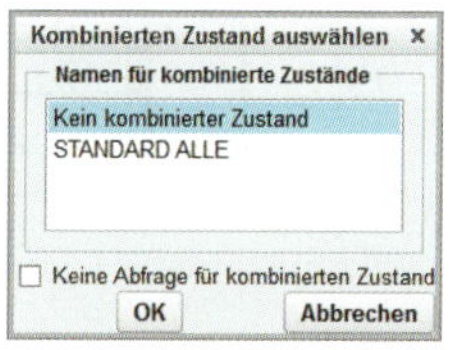

Seit Version WF 3.0 besteht die Möglichkeit, **Kombinierte Zustände** für die Zeichnungsableitung zu wählen, soweit diese im Modell definiert sind. Unter **Kombinierten Zuständen** (bis WF4: **Präsentationen**) sind alle Einstellungen zu verstehen, die im **Ansichtsmanager** unter dem Register ALLE zusammengefasst werden (siehe Kap. 20.3.8).

- Kein kombinierter Zustand: **[OK]**
- ⇦ <Mittelpunkt der Zeichnungsansicht wählen>

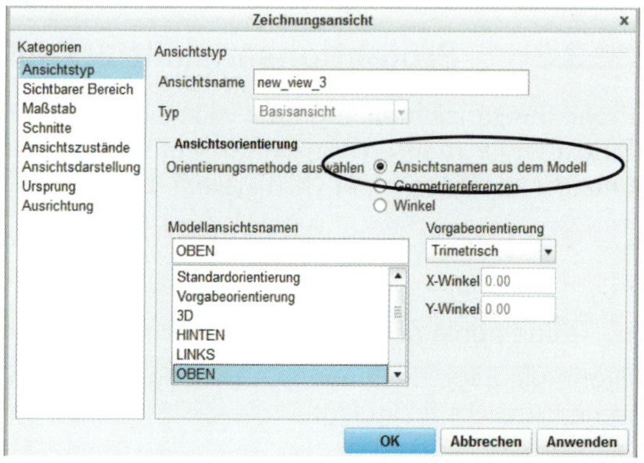

Das Modell wird im Zeichnungsfenster abgelegt, und der Dialog ZEICHNUNGSANSICHT wird geöffnet.

In diesem Dialog werden alle Grundeinstellungen der Zeichnungsansicht vorgenommen. Die wichtigste Einstellung ist die Orientierung der Ansicht. Standardmäßig wird als **Orientierungsmethode** die Auswahl über die **Ansichtsnamen aus Modell ansehen** vorgeschlagen.

Wurden im Modell (oder seiner Startschablone) geeignete Standardansichten definiert, so kann durch Auswahl ⇦ des entsprechenden **Modellansichtsnamens (OBEN)** aus der Liste diese Ausrichtung eingestellt werden.

- ⇦ **[VORNE]** <Modellansichtsnamen wählen>
- ⇦ **[Anwenden]**

Sind keine Ansichten gespeichert oder entspricht keine der gespeicherten Ansichten den Bedürfnissen des Anwenders, erfolgt die Orientierung durch Auswahl geeigneter **Geometriereferenzen** für zwei orthogonale Richtungen. Beispiel:

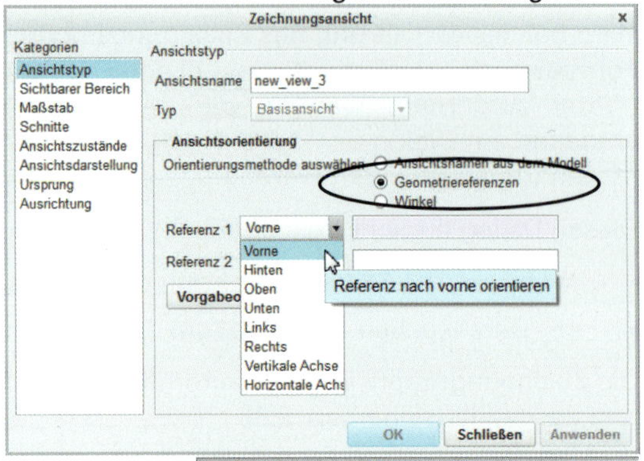

- ⦿ Geometriereferenzen
- Referenz 1 – Vorne: ⇦ **XY_T_VORNE**
- Referenz 2 – Oben: ⇦ **XZ_T_OBEN**
- ⇦ **[Anwenden]**

Dabei ist zu beachten, dass immer die positive Seite einer Ebene der gewünschten Ausrichtung zugewiesen wird (siehe Kap. 6.1.2).

Seit WF 3.0 besteht die Möglichkeit, schattierte Modelldarstellungen in Zeichnungen zu verwenden. Das Einstellen erfolgt in der Kategorie ANSICHTSDARSTELLUNG unter *Darstellungsstil.* Ist der Darstellungsstil *Umgebung folgen* eingestellt, wird der Stil entsprechend der Ansichtseinstellungen in der Menüleiste Darstellungsteuerung ausgewählt.

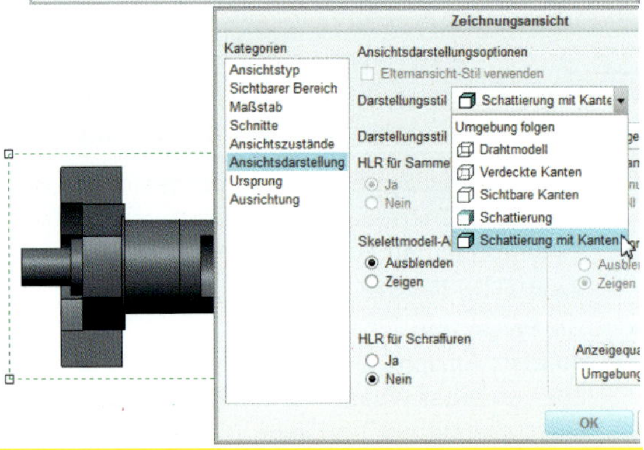

Übliche Zeichnungsdarstellungen werden mit der Einstellung **Sichtbare Kanten** erreicht.

- ZEICHNUNGSANSICHT beenden: ⇦ **[Schließen]**

Standardmäßig vergibt *Creo* für jede Ansicht einen Namen „new_view_XX“, wobei XX einen Ansichten-Zähler darstellt. Sinnvoll ist hier die Vergabe beschreibender Ansichten-Namen, wie z. B. „Draufsicht“ oder „Längsschnitt“. Die Zeichnungsnamen werden bei der Ansichtsauswahl für Schnittpfeile benötigt.

☞ Alle entsprechend Kap. 13.10 am Modell definierten KE-Notizen, 3D-Maßeinträge und Symboleinträge werden angezeigt, sofern sich diese in der gewählten Ansichtsausrichtung darstellen lassen. Die Position und Anordnung entspricht dabei weitgehend der im 3D-Modell realisierten, wobei die Darstellung aufgrund des eingestellten Zeichnungsmaßstabs teilweise erheblich variieren kann. Nachfolgend ist die unbearbeitete Zeichnungsableitung der Kurbelwelle in zwei unterschiedlichen Maßstäben (1:1 und 2:1) für den Fall abgebildet, dass die Notizen nach Kap. 13.10 im 3D-Modell erstellt wurden.

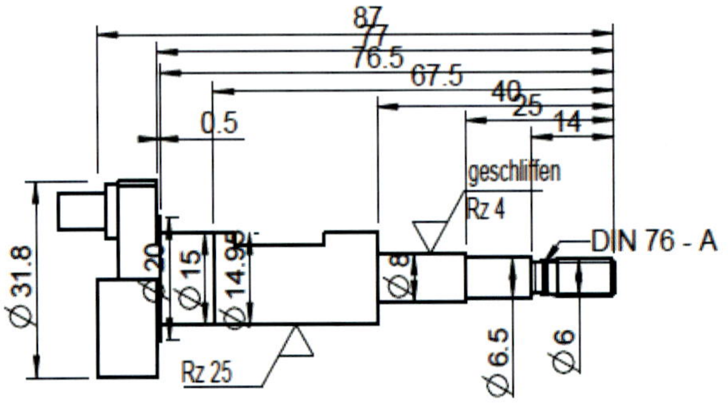

Maßstab 1:1

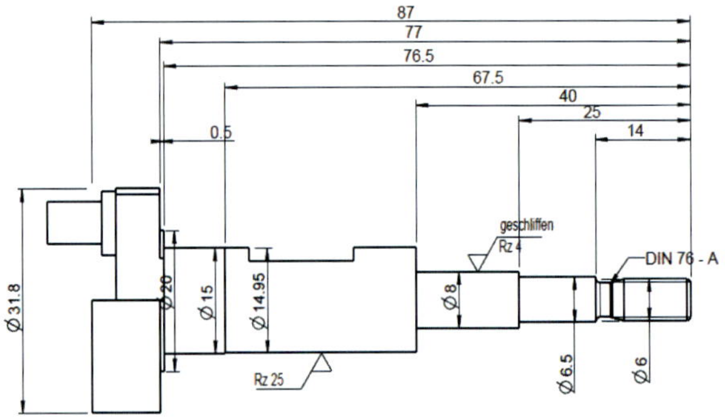

Maßstab 2:1

Im Folgenden wird davon ausgegangen, dass außer der DIN-Angabe nach Kap. 13.10.2 keine weiteren 3D-Notizen im Modell vorhanden sind.

22.3.2 Projektionsansicht erstellen (volle Ansicht, kein Schnitt)

Projektionsansichten ergeben sich als rechtwinklige Projektionen (Klappungen) aus einer bestehenden Ansicht. Sind bereits mehrere Ansichten auf einem Blatt vorhanden, fragt *Creo* nach der Elternansicht für die Projektion. Eine Projektionsansicht wird erstellt über:

- ⇦ **Layout**, ⇦ **Projektion** *oder*
- ⇦ <Basisansicht wählen>
- ▶ **Projektionsansicht einfügen...**

- Mittelpunkt der neuen Zeichnungsansicht anklicken: ⇦ <unterhalb der Basisansicht>

Durch die Lage des neuen Zeichnungsmittelpunktes zur Elternansicht wird die Projektionsrichtung und Position der neuen Ansicht festgelegt.

Die zweite Projektionsansicht wird analog rechts von der Basisansicht erstellt.

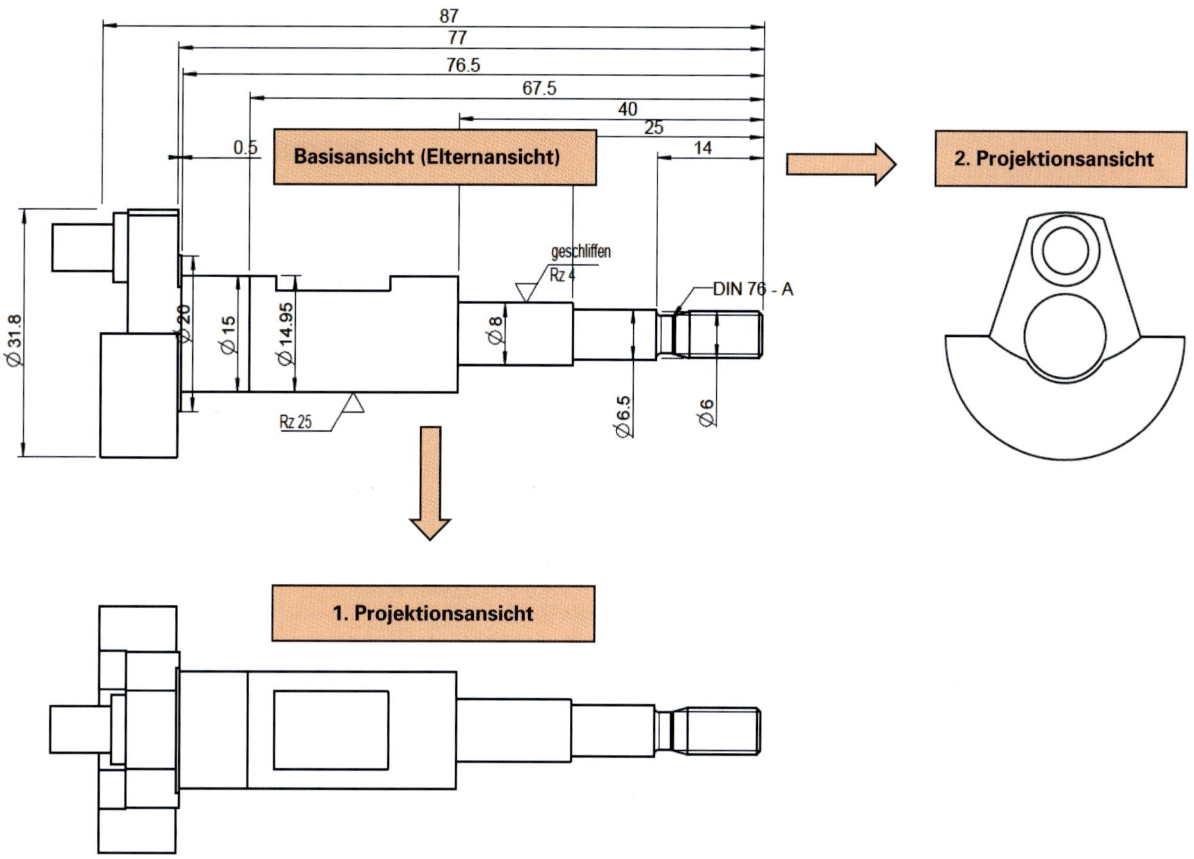

22.3.3 Schnittansicht einstellen

Der Basisansicht soll ein Vollschnitt der Kurbelwelle zugewiesen werden. Dieser Querschnitt muss entweder zuvor im Modell definiert worden sein (siehe Kap. 20.3.5) oder während der Ansichtsdefinition neu erzeugt werden.

☞ Grundsätzlich ist die Definition von Querschnitten im Modell analog Kap. 20.3.5 vorzuziehen!

Im Folgenden wird beispielhaft vorgeführt, wie ein Querschnitt aus der Ansichtsdefinition der Zeichnung heraus definiert wird:

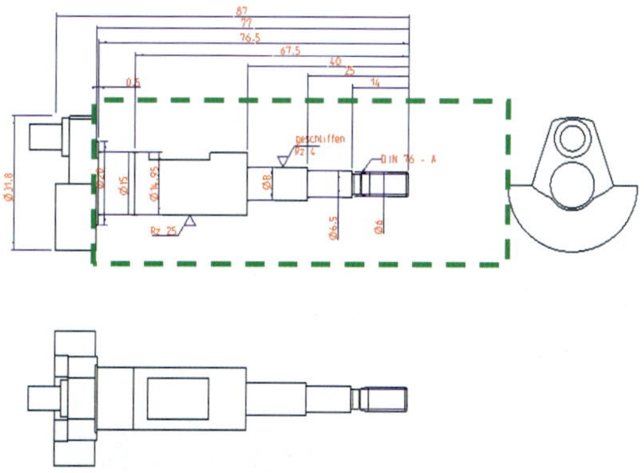

☐ **Querschnitterzeugung aus der Zeichnung**

Beim Überfahren der in der Zeichnung vorhandenen Ansichten werden diese durch einen grünen Rahmen hervorgehoben. Durch einen Doppelklick mit der linken Maustaste innerhalb des Rahmens wird der Dialog ZEICHNUNGSANSICHT geöffnet:

- ⇦ **Darstellungssteuerung**, ⇦ Ebenen einblenden
- ⇦ ⇦ ZEICHNUNGSANSICHT aktivieren
- Kategorie wählen: ⇦ **[Schnitte]**
- Querschnitt einstellen: ◉ **2D-Querschnitt**

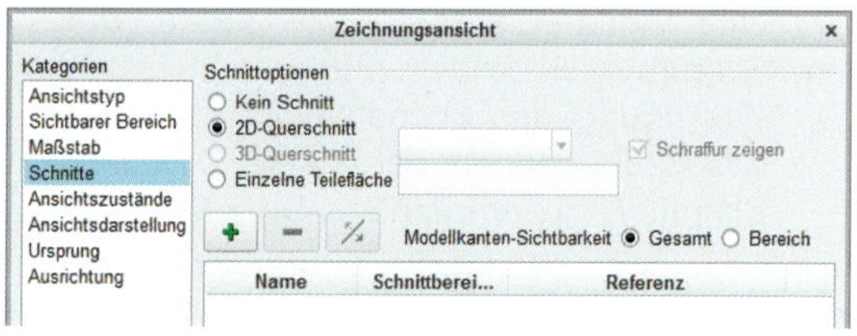

Sind bisher keine Querschnitte im Modell definiert, so ist die Liste leer. Anderenfalls wird eine Liste der verfügbaren Querschnitte ausgegeben.
Durch Aktivieren des Schalters ✚ können neue Querschnitte definiert werden:

- Neuer Querschnitt: ⇦ ✚

Im Menü-Manager QUERSCHNITT ERZEUGEN:

Im Menü-Manager QUERSCHNITT ERZEUGEN:

- Ebenen Schnitt: **[Planar]**
- Einzelner Schnitt: **[Einzeln]**
- Eingabe bestätigen: ⇦ **[Fertig]**
- Querschnittname eingeben: **[A], [↵]**

Im Menü-Manager EBENEN-SETUP:

- Neue Ebene anlegen: ⇦ **[Bezug anlegen]**
- Ebene durch Startebene: ⇦ **[Durch]**

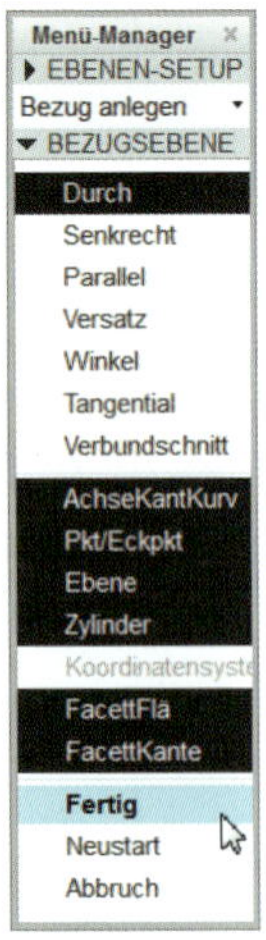

Nun muss die Schnittebene gewählt werden:

- Ebenen Auswahl: ⇦ **[XY_T_VORNE]**
- Eingabe bestätigen: ⇦ **[Fertig]**

Die Auswahl der Schnittebene ist am einfachsten in einer zur Schnittansicht rechtwinklig liegenden Ansicht möglich.

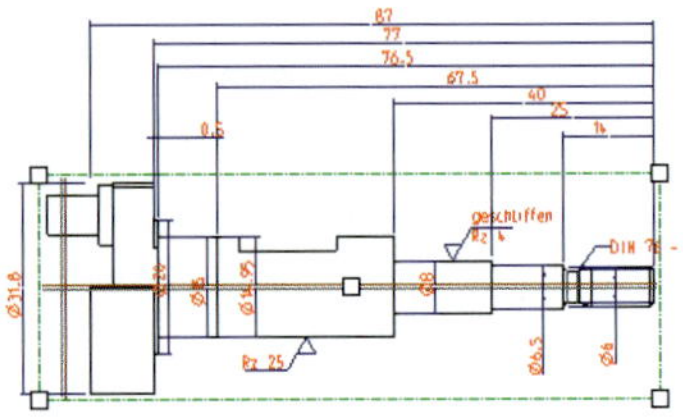

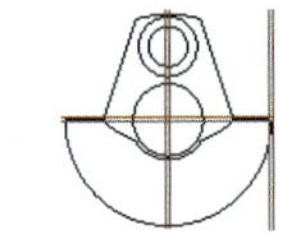

Positionieren Sie den Mauszeiger etwa auf der Mittelebene der ersten Ansicht und klicken Sie die rechte Maustaste kurz an. Bei jedem Anklicken wird ein anderes der unter dem Mauszeiger liegenden Elemente hervorgehoben. Wiederholen Sie den Vorgang so lange, bis die gewünschte Bezugsebene hervorgehoben ist. Die Auswahl dieser Ebene erfolgt dann durch einen kurzen Klick mit der linken Maustaste.

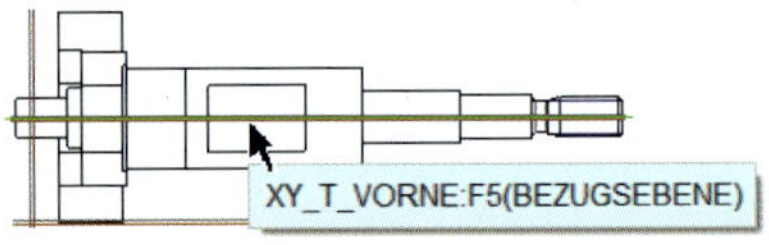

Im Dialog ZEICHNUNGSANSICHT wird der Querschnitt A mit einem grünen Haken versehen und als Vollschnitt angegeben. Ungeeignete, da nicht in der Zeichenebene liegende Querschnitte werden mit einem roten Kreuz gekennzeichnet.

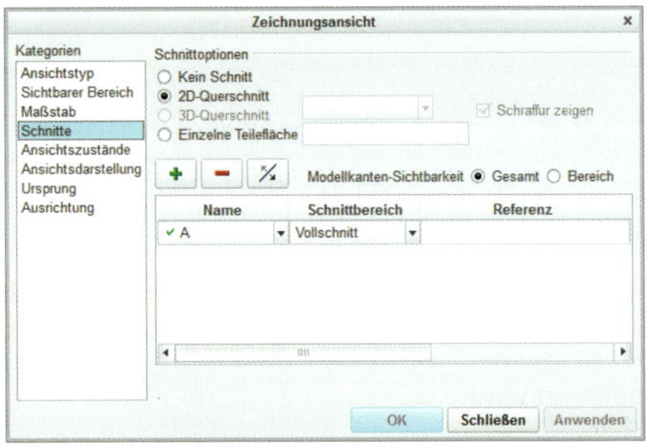

Mit ⁄ kann die Schnittrichtung umgeschaltet werden. Wurde die Schnittrichtung falsch gewählt, ist das Schraffurergebnis, wie nachfolgend abgebildet (Bemaßungen usw. ausgeblendet), nach dem Anwenden fehlerhaft.

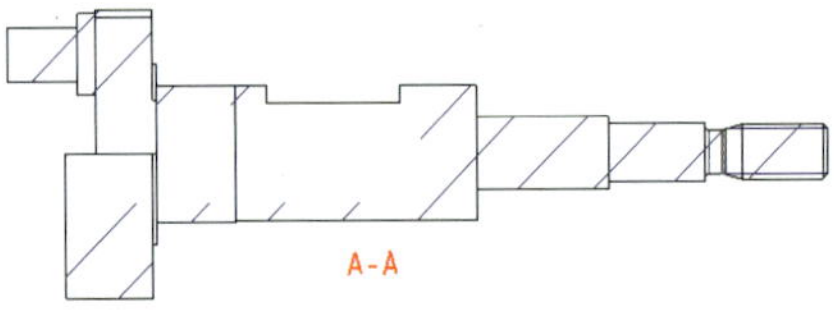

- QUERSCHNITT einstellen: ⇦ **[Anwenden]**

Zur Darstellung der Projektionspfeile muss der Schiebebalken der Ansichtsliste ganz nach rechts geschoben und in das Feld **Pfeilanzeige** geklickt werden:

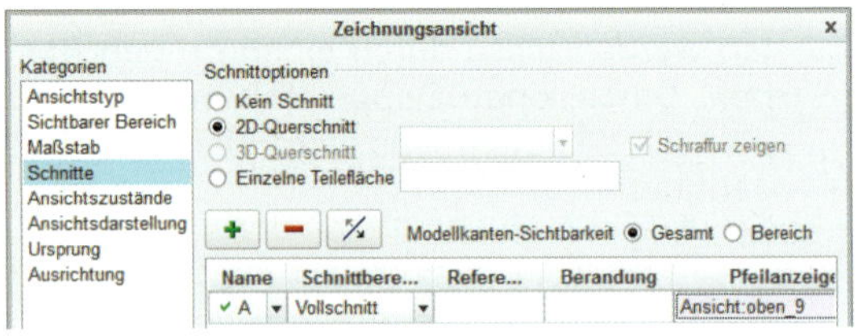

- ⇦ Pfeilanzeige aktivieren
- ⇦ <1. Projektionsansicht wählen>
- ⇦ **[Anwenden]**
- ⇦ **[Schließen]**

Im Modellbaum bzw. in der Modellbaumansicht der Kurbelwelle sind jetzt eine neue Ebene DTM1 sowie der Schnitt A zu finden. Für eine bessere Zuordnung der Ebenenverwendung ist das Umbenennen der Ebene DTM1 in Schnitt_A zu empfehlen. Dies kann direkt aus der Modellbaumansicht der Zeichnung heraus erfolgen, über:

▶ **Umbenennen [Schnitt_A]**

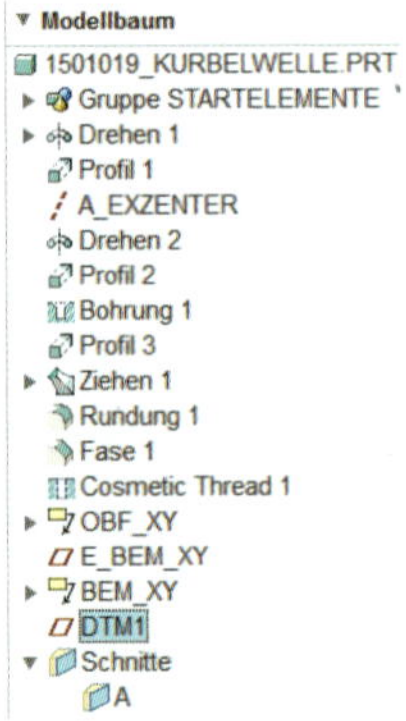

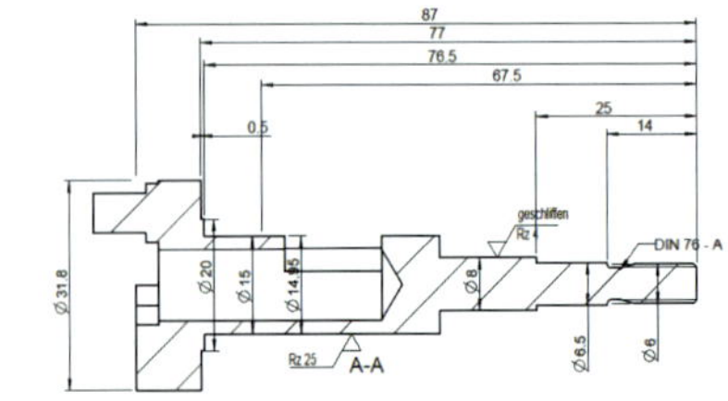

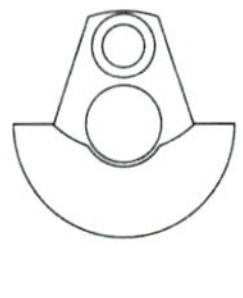

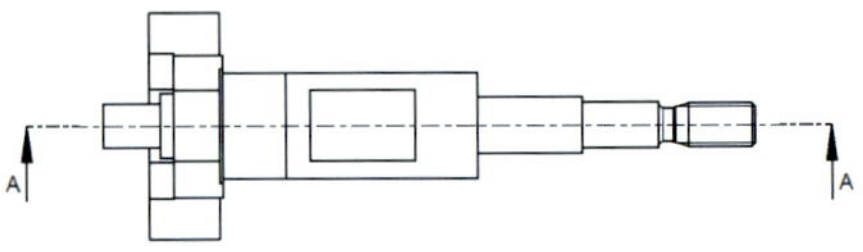

22.3.4 Ansichten bewegen, Ansichtsbewegungen sperren

Beim Überfahren der Zeichnung mit der Maus werden jeweils die unter dem Mauszeiger liegenden Elemente, Ansichten, Schraffur, Schnittlinien usw., hervorgehoben. Durch einen Klick mit der linken Maustaste wird das gerade hervorgehobene Element ausgewählt. Im Fall einer Ansicht kann diese dann bei gedrückter linker Maustaste verschoben werden.

⚠ Abhängige Projektionsansichten werden mit ihren Elternansichten gemeinsam verschoben.

Unbeabsichtigtes Verschieben von Ansichten kann durch *Sperren* von Ansichtsbewegungen verhindert werden:

- ⇦ Layout, ⇦ **Ansichtsbewegung sperren**

☞ Durch *Ansichtsbewegung sperren* werden alle Ansichten auf allen Blättern gesperrt.

22.3.5 Absichtserkennung über das Kontextmenü der rechten Maustaste

Anstelle der manchmal aufwendigen Funktionsauswahl über die Multifunktionsleiste kann in vielen Fällen eine Kurzauswahl über die rechte Maustaste vorgenommen werden. Dabei ist das Erscheinungsbild des Kontextmenüs abhängig von den vorher gewählten Elementen und dem aktuellen Register der Multifunktionsleiste.

Die folgenden Abbildungen geben beispielhaft das jeweilige Kontextmenü der rechten Maustaste bei aktivem Register LAYOUT, abhängig von den vorher gewählten Elementen wieder:

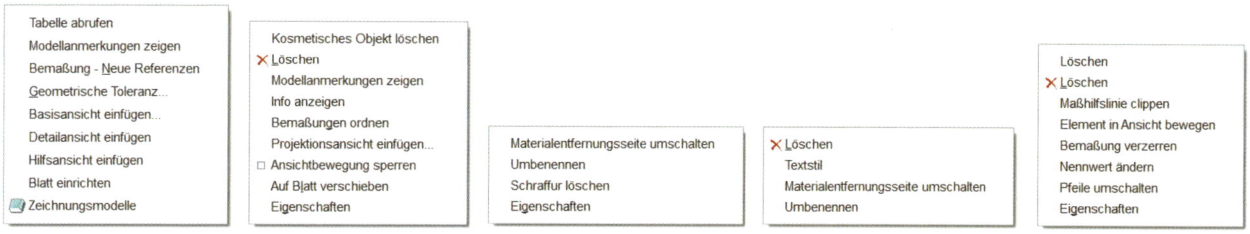

a) Nichts gewählt **b) Ansicht gewählt** **c) Schraffur gewählt** **d) Schnittpfeil gewählt** **e) Bemaßung gewählt**

Ist kein Zeichnungselement gewählt (Fall a), steht im Kontext-Menü die Funktion **Basisansicht einfügen** zur Verfügung. Ist dagegen eine Ansicht gewählt (Fall b), wird **Projektionsansicht einfügen** angeboten. Dabei wird die vorher gewählte Ansicht als Elternansicht verwendet. Über die Eigenschaften wird in den Fällen a) und b) der Dialog ZEICHNUNGSANSICHT geöffnet. Im Fall c) der gewählten Schraffur wird der Dialog SCHRAFFUR ÄNDERN und im Fall e) der Dialog BEMAßUNGSEIGENSCHAFTEN geöffnet.

22.3.6 Zeichnungsmaßstab und Blattgröße

Beim Platzieren der ersten Zeichnungsansicht wählt *Creo* automatisch einen Maßstab in der Weise aus, dass die gewünschte Ansicht vollständig auf der gewählten Blattgröße dargestellt werden kann.

Der aktuelle Blattmaßstab und die aktuelle Zeichnungsgröße werden am unteren linken Rand des Arbeitsfensters ausgegeben. Durch einen Doppelklick auf diese Angaben können diese geändert werden.

- Blattmaßstab ändern: ⇦ ⇦ **[MASSSTAB]**
  Wert: **[2] [↵]**
- Zeichnungsformat ändern: ⇦ ⇦ **[GRÖSSE] oder** ⇦ Layout, ⇦ **Blatt einrichten**
  Das Zeichnungsformat muss bezogen auf das aktuelle Beispiel nicht geändert werden.

22.4 Zeigen von Modellanmerkungen

Das Anzeigen und Wegnehmen von Modellanmerkungen ist ein wesentlicher Bestandteil der Vorbereitung von *Creo*-Zeichnungen. Die zugrunde liegende Idee besteht darin, dass alle in einer Zeichnung angezeigten Elemente ihren Ursprung im 3D-Modell haben. Die im 3D-Modell enthaltenen Bemaßungen, geometrischen Toleranzen, Querschnitte usw. werden in die 2D-Zeichnung importiert. Sie behalten dabei die Assoziativität mit dem 3D-Modell bei. Diese Elemente werden standardmäßig im sichtbaren Zustand importiert. In der Zeichnung werden diese Bemaßungen oder andere Anmerkungselemente selektiv in der Ansicht **angezeigt**, der sie angehören.

Nicht angezeigte Elemente werden als **weggenommen** bezeichnet. Sie befinden sich weiterhin in der 3D-Dateidatenbank und können jederzeit in der Zeichnung angezeigt werden. Diese Elemente können nur dann aus der Zeichnung gelöscht werden, wenn sie aus dem 3D-Modell gelöscht werden. Das Anzeigen und Wegnehmen kann nur aus dem Register ANMERKUNGEN ERSTELLEN der Multifunktionsleiste erfolgen.

- ⇦ **Anmerkungen erstellen**, ⇦ **Modellanmerkungen zeigen**

Im Dialog MODELLANMERKUNGEN ZEIGEN können folgende Anmerkungen wahlweise **angezeigt** bzw. **weggenommen** werden:

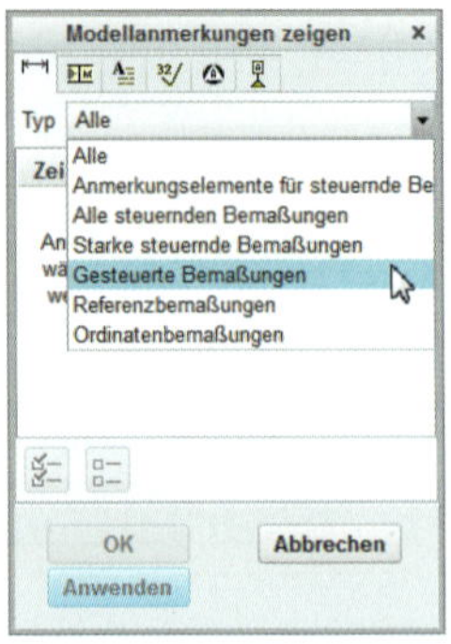

- Bemaßung (gesteuerte, steuernde, Referenz...)
- Form- und Lagetoleranzen
- Notiz
- Symbol
- Oberflächengüte
- Bezüge (Bezugsebenen, -achsen,- ziele, Achsen)

Bei Bemaßungen und Bezügen steht jeweils ein Unterregister für unterschiedliche Typen zur Auswahl.

Sobald das Menü MODELLANMERKUNGEN ZEIGEN aktiviert ist, können im Zeichnungsfenster beliebige Elemente gewählt werden. Wird beispielsweise die Anmerkungsgruppe **Bezüge** mit der Typ-Auswahl *Achsen* aktiviert, so können durch Auswahl im Zeichnungsfenster die Achsen einer Zeichnungsansicht (Anklicken einer Ansicht), die Achsen eines Teils (Anklicken eines Teils in Baugruppenzeichnungen) oder die Achsen eines Konstruktionselements (Anklicken eines KE) zur Anzeige gebracht werden.

Das Ergebnis der Einstellungen wird als Zeichnungsresultat im Zeichnungsfenster und als Liste im Dialog MODELLANMERKUNGEN ZEIGEN ausgegeben.

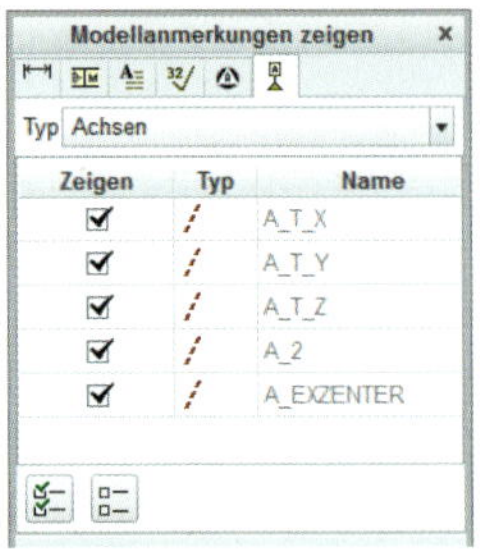

Aus dieser Liste können wiederum beliebige Einzelelemente oder alle Elemente von der Darstellung ausgeschlossen werden:

- Einzelne Anmerkungen wegnehmen: Zeigen ☐
- Einzelne Anmerkungen anzeigen: Zeigen ☑
- Alle Anmerkungen wegnehmen:
- Alle Anmerkungen anzeigen:

22.4.1 Achsen zeigen

Im Folgenden werden die notwendigen Schritte zum Anzeigen der Achsen in der Zeichnung beschrieben:

☐ **Register ANMERKUNGEN ERSTELLEN für Achsen aktivieren**

☞ Zum Einblenden von Achsen empfiehlt es sich, vorher die Sichtbarkeit der Modellachsen zu deaktivieren, da sonst die Unterscheidung zwischen Modellachsen und Zeichnungsachsen schwierig wird.

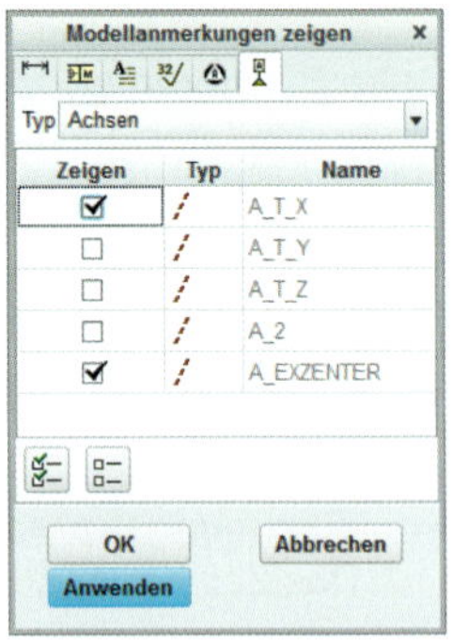

- ⇦ **Darstellungssteuerung**, ⇦ ☐ <Achsensichtbarkeit deaktivieren>
- ⇦ **Anmerkungen erstellen**, ⇦ **Modellanmerkungen zeigen**
- ⇦ <Bezüge aktivieren>
- Typ: ⇦ **Achsen**

☐ **Achsen der Basisansicht einblenden**

- ⇦ <Umrandung Basisansicht wählen>

Es werden alle Achsen der Ansicht angezeigt. Beim Überfahren der einzelnen Listenelemente im Dialog ANMERKUNGEN ERSTELLEN mit der Maus wird das jeweilige Element im Zeichenbereich hervorgehoben. Im vorliegenden Fall liegen die Achsen A_2 und A_EXZENTER übereinander. Es reicht also die Darstellung von A_T_X und A_EXZENTER. Die Achsen A_T_Y und A_T_Z gehören in diese Ansicht nicht hinein.

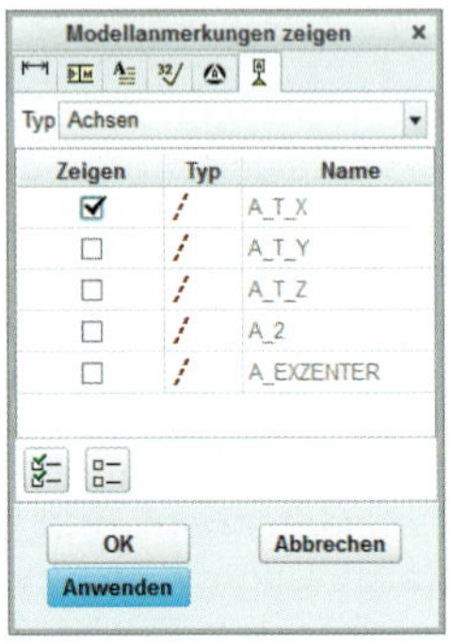

- Alle abwählen: ⇦
- Achse A_T_X anzeigen: ⇦ ☑ **A_T_X**
- Achse A_EXZENTER anzeigen: ⇦ ☑ **A_EXZENTER**
- Auswahl zuweisen: ⇦ **[Anwenden]**

☐ **Achsen der ersten (unteren) Projektionsansicht einblenden**

- Projektionsansicht auswählen: ⇦ *<1. Projektionsansicht>*
- Alle abwählen: ⇦
- Achse A_T_X anzeigen: ⇦ ☑ **A_T_X**
- Auswahl zuweisen: **[Anwenden]**

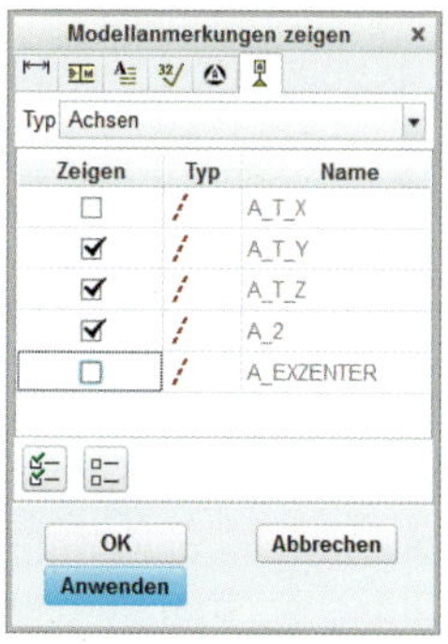

☐ **Achsen der zweiten (rechten) Projektionsansicht einblenden**

- Projektionsansicht auswählen: ⇦ *<2. Projektionsansicht>*
- Achsenabwahl gemäß Abbildung: ⇦ ☐ **A_T_X** und ⇦ ☐ **A_XZENTER**
- Auswahl zuweisen: ⇦ **[Anwenden]**
- MODELLANMERKUNGEN ZEIGEN beenden: **[ABBRECHEN]**

Nach dem Anzeigen der Detailelemente sollte man einen neuen Bildaufbau vornehmen:

- ⇦ **Darstellungssteuerung**, ⇦ Bildaufbau

Neu hinzugefügte Zeichnungselemente bleiben auch nach dem Schließen des Dialogs ANMERKUNGEN-ERSTELLEN hervorgehoben, um sie von den vorher zugewiesenen besser unterscheiden zu können. Die Achsen können bei Bedarf in Ihrer Länge verändert werden, z. B. sollte die Exzenterachse verlängert werden:

Beim Überfahren mit der Maus werden die einzelnen Zeichnungselemente hervorgehoben. Ist die zu ändernde Achse hervorgehoben, kann diese mit ⇦ ausgewählt werden. An den Achsenenden sind jetzt kleine Zugkästchen, die mit der linken Maustaste verschoben werden können. Zum Abwählen der Achse klickt man mit der linken Maustaste irgendwo in einen freien Bereich der Zeichnungsfläche.

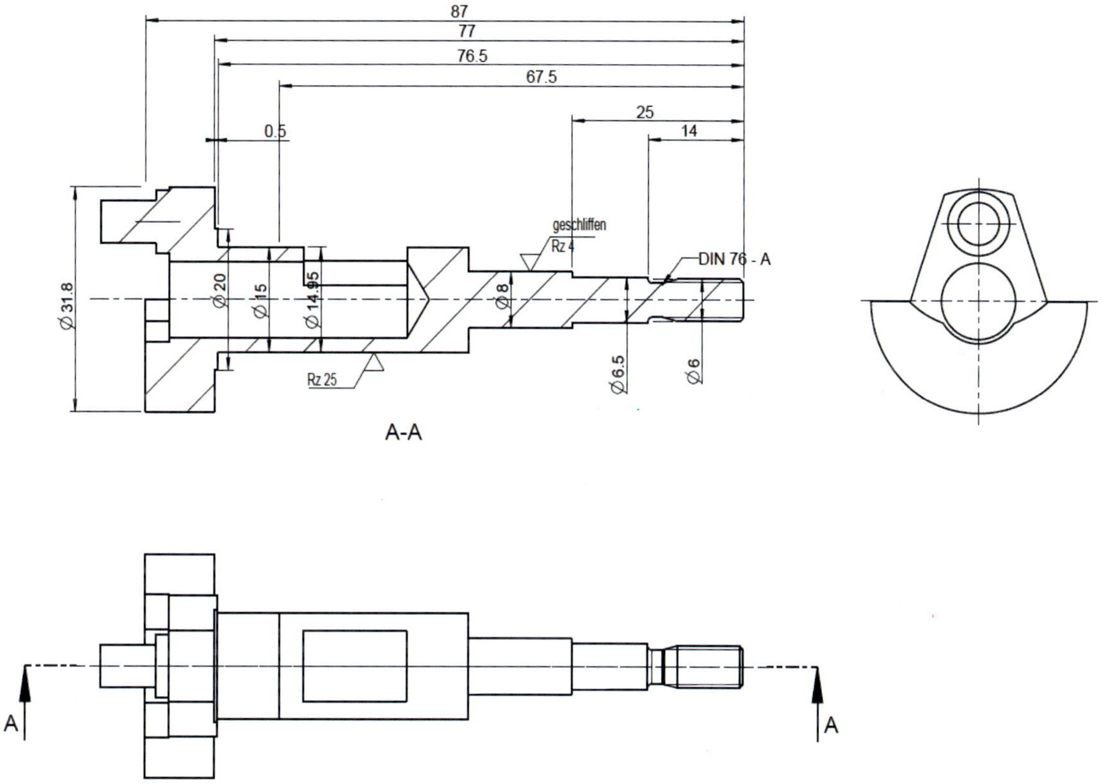

Stand der Kurbelwellenzeichnung

22.4.2 Bemaßung zeigen

Aufgrund der Definition der 3D-Maße in Kap. 13.10.5.1 sind die Bemaßungen des 1. Kurbelwellen-Konstruktionselements von Beginn an in der Zeichnung dargestellt. Als Beispiel für das Zeigen von Konstruktionsmaßen soll die Bemaßung der Gemischkanalöffnung der Kurbelwelle aus Kap. 9.1, Schritt 6, in der unteren Projektionsansicht dienen:

- ⇦ **Anmerkungen erstellen**, ⇦ **Modellanmerkungen zeigen**
- Bemaßungen aktivieren:
- Typ: **Alle**

Bewegt man den Mauszeiger ohne Drücken einer Maustaste über einer Zeichnungsansicht, werden je nach Lage des Mauszeigers unterschiedliche Elemente hervorgehoben, z. B. Ansichtsumrandung (strichpunktierte Umrandung) oder einzelne Konstruktionselemente (Kanten als Volllinien).

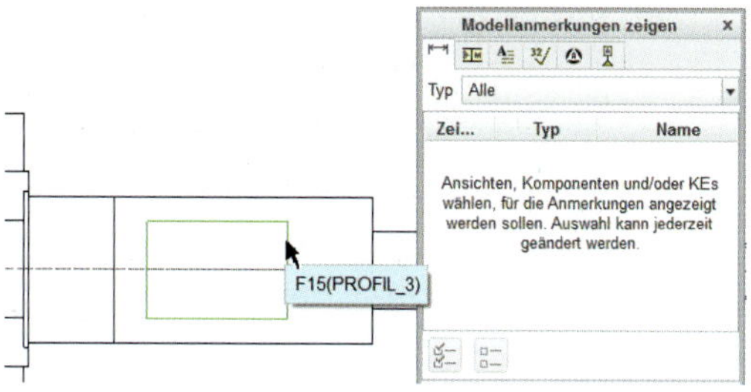

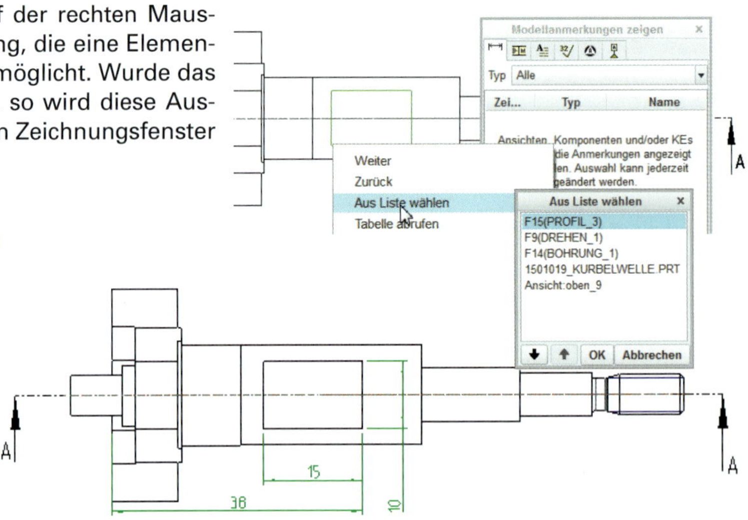

Alternativ zu dieser Auswahlvariante steht auf der rechten Maustaste die Option **Aus Liste wählen** zur Verfügung, die eine Elementauswahl anhand der Elementbenennungen ermöglicht. Wurde das entsprechende Element aus der Liste gewählt, so wird diese Auswahl mit **[OK]** bestätigt. Bei direkter Auswahl im Zeichnungsfenster erfolgt die Auswahl über die linke Maustaste:

- ⇦ <Gemischkanalöffnung wählen>
- MODELLANMERKUNEN ZEIGEN beenden: **[OK]**

Die neu angezeigten Bemaßungen bleiben zunächst markiert und können somit bei Bedarf sofort wieder gelöscht oder geordnet werden.

☞ Das Ergebnis der Bemaßungsdarstellung ist umso besser, je sorgfältiger die Maße in der erzeugenden Skizze positioniert wurden.

22.4.3 Bemaßungen anpassen und ordnen

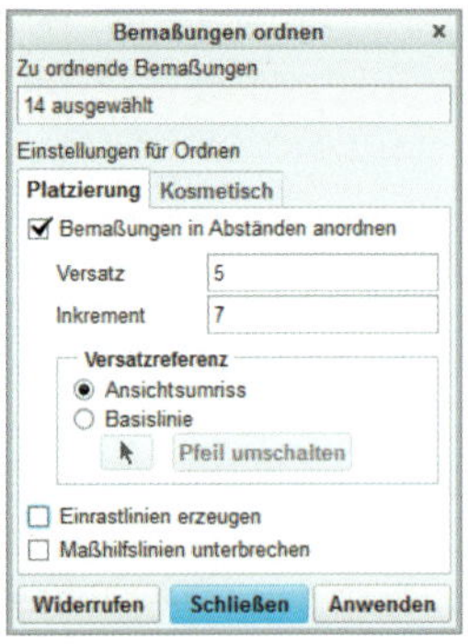

Die Funktion **Bemaßungen ordnen** erreicht man nach Auswahl der zu ordnenden Maße im Register ANMERKUNGEN ERSTELLEN über die rechte Maustaste:

- Alle Maße einer Ansicht auswählen: ⇦ <Fenster ziehen>
- Bemaßungen ordnen: ▶ **[Bemaßungen ordnen]**

⚠ Die Funktion **Bemaßungen ordnen** wirkt nur bei orthogonalen Maßen!

☞ Sinnvoll ist ein **Inkrement** (Abstand zwischen Maßen) von 7 mm bei einem **Versatz** (Abstand des ersten Maßes vom Ansichtsumriss) von 5 mm, da die Höhe der Maßzahl üblicherweise 5 mm beträgt.

Im Dialog BEMAßUNGEN ORDNEN können eingestellt werden:

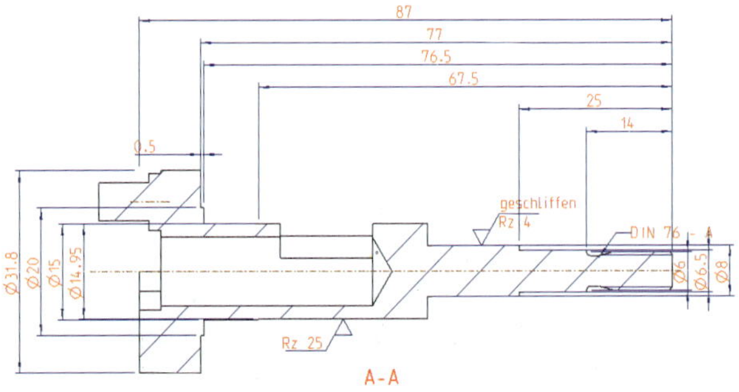

- **Versatz**: Abstand der ersten Bemaßung zur Ansicht-Umgrenzung. Die Ansicht-Umgrenzung entspricht einer rechteckigen Box, welche die Bauteilansicht vollständig umschließt.
- **Inkrement**: Abstand zwischen den Bemaßungen.
- **Einrastlinien**: Dies sind Hilfslinien, auf die Bemaßungen platziert (eingerastet) werden. Einrastlinien werden nicht mit ausgedruckt.

Nach dem Ordnen stellt sich die Bemaßung der Basisansicht ähnlich der nebenstehenden Abbildung dar.

☐ Bemaßungsanpassung

Die weiteren Bemaßungsanpassungen müssen manuell durchgeführt werden. Es können beliebig einzelne ⇦ oder mehrere **[Strg]** + ⇦ Maße, aber auch Maße in Bereichen **[Fenster ziehen** ⇦ **]** ausgewählt und in Position und Lage sowie Darstellung variiert werden. Nach dem Auswählen eines oder mehrerer Maße können die verschiedenen Funktionen im Register ANMERKUNGEN ERSTELLEN über die rechte Maustaste ▶ erreicht werden:

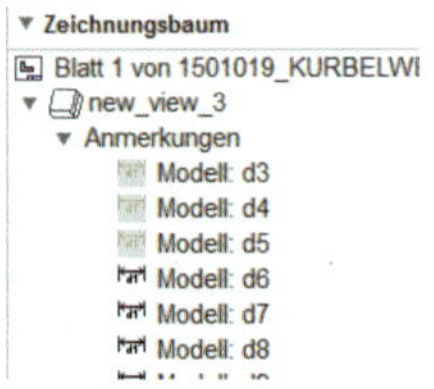

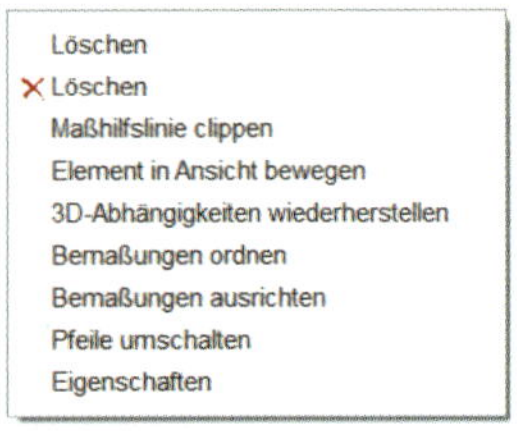

- **Löschen:** Entfernt die markierten Maße aus der Zeichnung. Die Maße werden aus der Zeichnungsansicht ausgeblendet, nicht jedoch entfernt. Im Zeichnungsbaum der Ansicht bleiben die Maßsymbole grau unterlegt bestehen.
- ✕ **Löschen:** Entfernt die markierten Maße vollständig aus der Zeichnung. Im Modell bleiben die Maße bestehen, wenn es Konstruktionsmaße (steuernde Bemaßungen) sind.
- **Maßhilfslinie clippen:** Ermöglicht das Anpassen der Längen der Maßhilfslinien. Bei Mehrfachauswahl können immer nur Linearmaße in eine Richtung oder parallele Winkelmaße gemeinsam angepasst werden.
- **Element in Ansicht bewegen:** Die markierten Maße werden in eine andere, auszuwählende Ansicht bewegt. Wird eine Ansicht gewählt, in der das entsprechende Maß nicht dargestellt werden kann, so gibt *Creo* eine Fehlermeldung im Mitteilungsbereich aus.

- **3D-Abhängigkeiten wiederherstellen** (nur bei 3D-Maßen): Beim Verschieben und Ordnen von Maßen, die bereits als 3D-Maße definiert waren, geht die Platzierungsassoziativität zur 3D-Maßposition verloren. Diese lässt sich mit dieser Funktion wiederherstellen. Die Maße rücken wieder an die Position aus der 3D-Definition.
- **Bemaßung ordnen:** (siehe Anfang des aktuellen Kapitels)
- **Bemaßung ausrichten**: Richtet Bemaßungen an beliebigen Punkten horizontal oder vertikal aus.
- **Ordinaten/Linear umschalten** (nur bei 2D-Maßen): Für Ordinatenbemaßung muss eine gemeinsame Bemaßungsgrundreferenz gewählt werden.

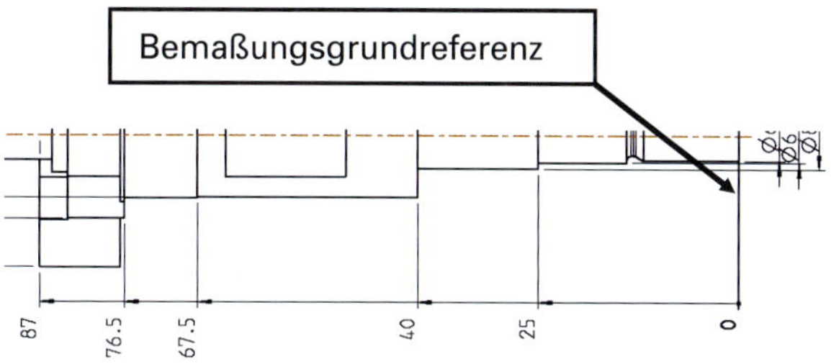

- **Pfeile umschalten:** Schaltet zwischen den möglichen Pfeildarstellungsformen (Pfeile außen, Pfeile innen) um.
- **Eigenschaften:** Über die Eigenschaften lassen sich alle wesentlichen Merkmale einer Bemaßung steuern.

⚠ Die **Eigenschaften-Funktion** steht nur für einzelne Maße, nicht für die Mehrfachauswahl zur Verfügung.

☐ Möglichkeiten der Bemaßungseigenschaften

Unter der Option **Eigenschaften** im Dialog BEMAẞUNGSEIGENSCHAFTEN können die Toleranzdarstellung, der Nennwert sowie die Darstellung und das Darstellungsformat eingestellt werden. Auf die Toleranzzuweisung wurde in Kap. 8.6 speziell eingegangen. Daneben besteht die Möglichkeit, die Anzeige einzelner Maßhilfslinien zu unterbinden.

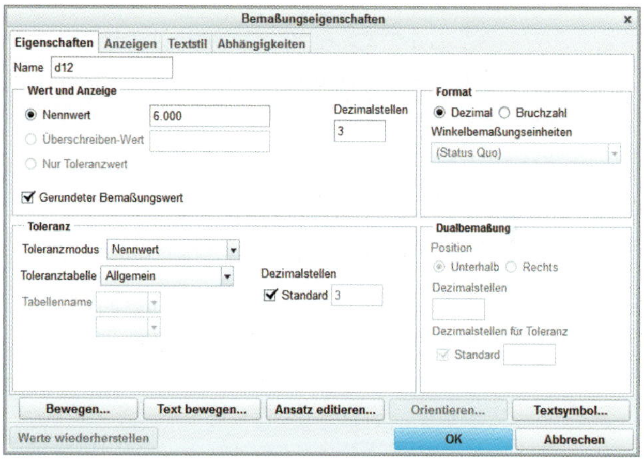

⚠ Das **Ändern des Nennwertes** eines Maßes bewirkt eine Änderung des Modells und ist daher nur mit äußerster Sorgfalt anzuwenden.

Unter der Option **Anzeigen** des Dialogs BEMAẞUNGSEIGENSCHAFTEN kann der Bemaßungstext durch Voranstellen (Präfix) bzw. Anfügen (Suffix) von Textzeichen und Symbolen verändert werden.

Beispiel: Gewindebezeichnung M6 durch Ersetzen des Präfix „Ø" durch das Präfix „M".

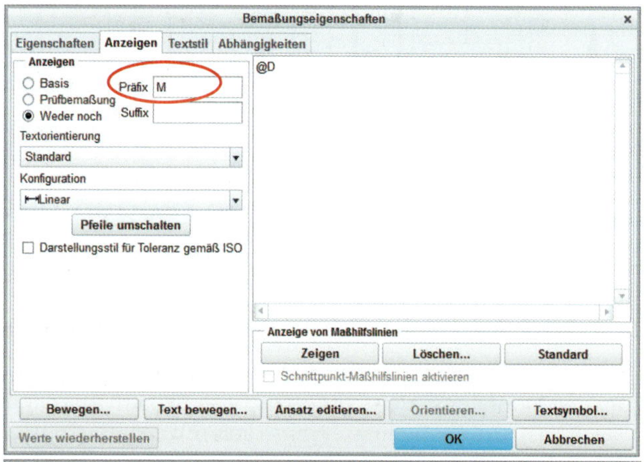

⚠ Das „Schreiben" von Toleranzen als Suffix, z. B. „H7" sollte unterlassen werden. Das Zuweisen von Toleranzen über Toleranztabellen ist in Kap. 8.6 beschrieben.

Unter der Option **Textstil** des Dialogs BEMAẞUNGSEIGENSCHAFTEN kann der Stil des Bemaßungstextes variiert werden.

Hervorzuheben ist hier die Möglichkeit, bei Maßen, die innerhalb eines schraffierten Bereiches stehen, die Schraffur unter der Bemaßung auszublenden (**☒ Schraffur aufheben**).

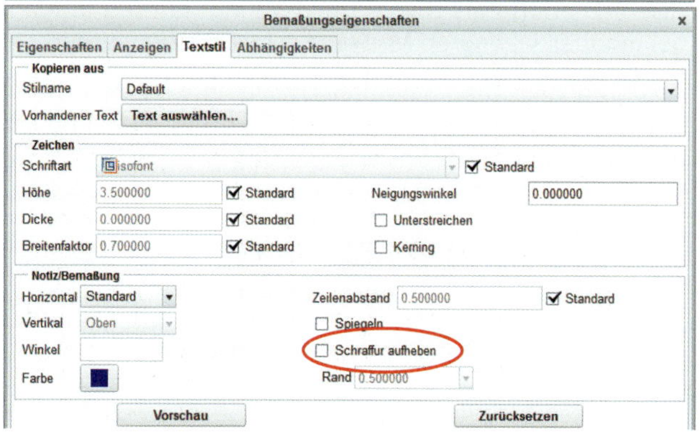

☞ Durch mehrfaches Anwenden der Layout-Funktion ANMERKUNGEN ERSTELLEN bei jeweiligem Anwählen anderer Konstruktionselemente kann schrittweise die gesamte Teil-Bemaßung aufgebaut, auf die Ansichten verteilt und sinnvoll angeordnet werden.

22.4.4 Notizen zeigen

Das Erzeugen von Notizen ist in Kap. 13.10 behandelt. Das Anzeigen von Notizen geschieht analog zum Anzeigen von Bemaßungen und Achsen:

- ⇦ **Anmerkungen erstellen**, ⇦ **Modellanmerkungen zeigen**
- Bezüge aktivieren:
- KE oder Zeichnungsansicht auswählen: ⇦
- Symbole an- bzw. abwählen: ⇦ ☑, ⇦ ☐
- Dialog beenden: **[OK]**

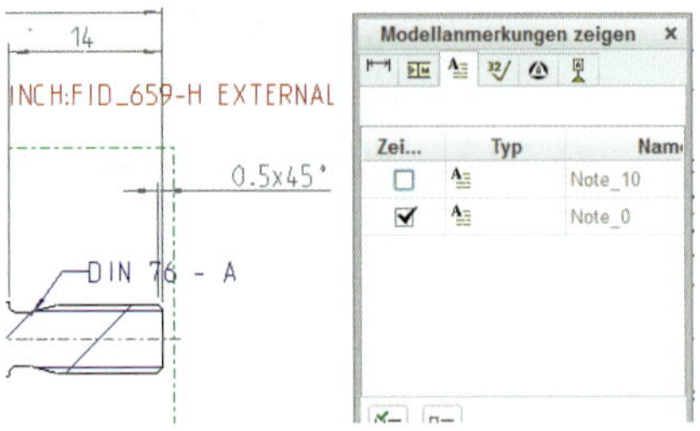

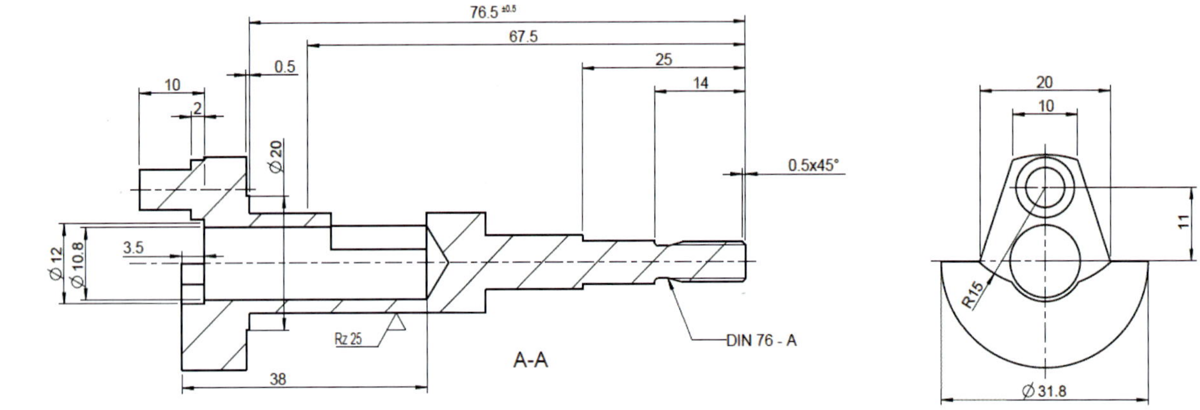

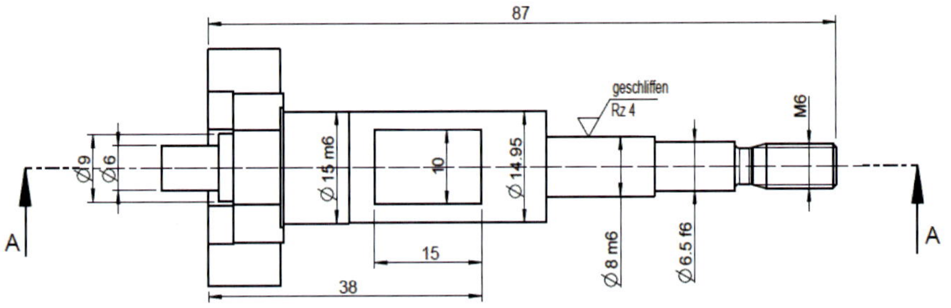

Die vorliegende Zeichnung erhebt keinen Anspruch auf Vollständigkeit oder Sinnhaftigkeit von Maßen und Toleranzen. Sie dient nur der Verdeutlichung des aktuellen Arbeitsfortschritts.

22.5 Bemaßungen erzeugen und Zeichnungselemente ergänzen

In Zeichnungen erzeugte Maße sind im Unterschied zu den bei der Modellgenerierung festgelegten nur in eine Richtung parametrisch, also nicht bidirektional, sondern unidirektional. Das bedeutet, dass diese Maße sich bei einer Veränderung des Modells diesem anpassen können, aber ihrerseits nicht zur Änderung des Modells herangezogen werden können.

Bei der Modellgenerierung anhand von Skizzen werden innerhalb der Skizzen – allerdings immer in Verbindung mit den Konstruktionsbedingungen – keine Über- und vor allem auch keine Unterbemaßungen zugelassen, außer bei Überbemaßung als Referenzbemaßung (Eintrag in Klammern). Diese Eindeutigkeit der Bemaßung kann von *Creo* bei manuell erzeugten Maßen nicht überprüft werden.

Analog erstellt *Creo* automatisch alle notwendigen Körperkanten und Konturen, die sich aus der Definition der Ansichten und Schnitte ergeben. Trotzdem ist es häufig sinnvoll, z. B. zusätzliche Mittel- oder Hinweislinien als Zeichnungselemente zu ergänzen.

22.5.1 Bemaßungen erzeugen

Je sorgfältiger die Bemaßungen in den Schnitten bei der Modellgenerierung definiert und platziert wurden, desto weniger manuelle Maße sind bei der Zeichnungsgestaltung erforderlich. Idealerweise werden keine manuellen Maße mehr benötigt.

Im Register ANMERKUNGEN ERSTELLEN stehen verschiedene Varianten zur Definition neuer Zeichnungsmaße zur Verfügung, die im Folgenden am Beispiel einer Zeichnungsableitung der Platte *1501017_boden.prt* demonstriert werden. Dazu wird analog zu den Erläuterungen in Kap. 22.3 eine Zeichnungsschnittansicht auf einem Blatt DIN-A4-Querformat mit dem Maßstab 1:1 entsprechend der nachfolgenden Abbildung erstellt. An diesem Beispiel sollen einige der unterschiedlichen Maßvarianten vorgestellt werden.

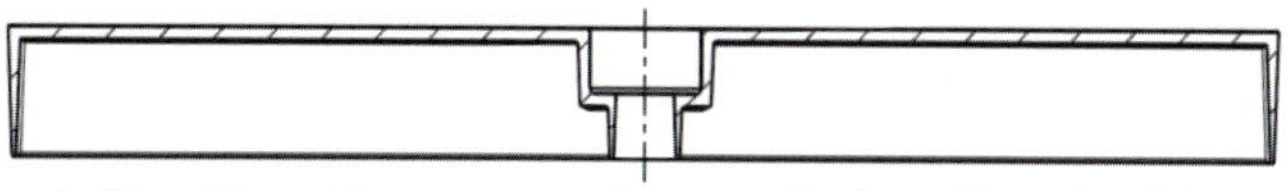

Alle neu in der Zeichnung erstellten Bemaßungen werden an die jeweilige Ansicht durch Referenzen angeknüpft. Beim nachträglichen Verschieben von Ansichten werden die Bemaßungen daher mitverschoben.

22.5.1.1 Bemaßung – Neue Referenzen

⇦ **Anmerkungen erstellen**, ⇦ **Bemaß. - Neue Referenzen**

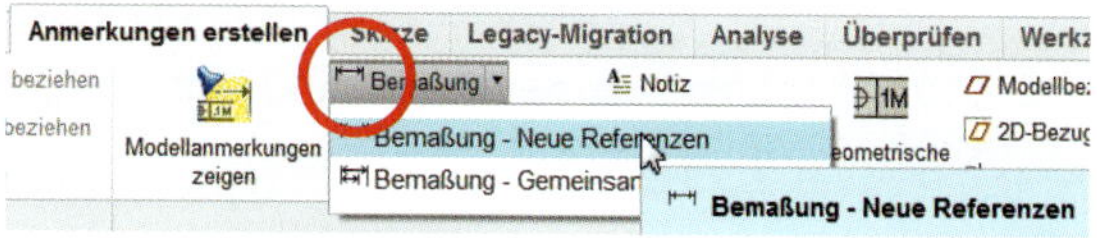

Zum Referenzieren stehen folgende Ansatztypen zur Verfügung:

- **Auf Element**: Setzt die Bemaßung am Klickpunkt an das Element an, und zwar nach den Regeln, die auch für das Erzeugen herkömmlicher Bemaßungen gelten.
  - Ansatztyp: ⇦ **Auf Element**
  - 1. Kante: ⇦
  - 2. Kante: ⇦
  - Maßposition: ⇩

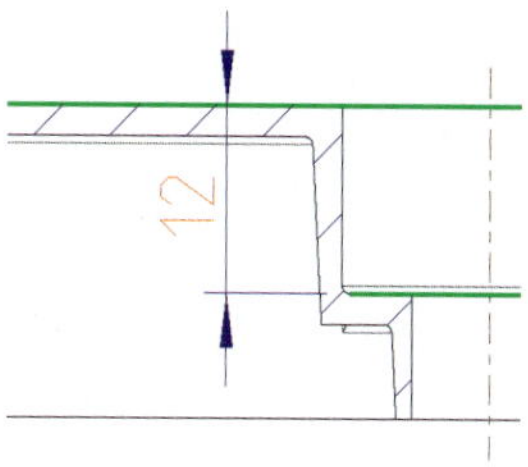

- **Mittelpunkt:** Der Maßansatz liegt auf dem Mittelpunkt des gewählten Elements.
- **Mitte:** Setzt die Bemaßung am Zentrumspunkt (Mitte) einer kreisförmigen Kante an. Zu kreisförmigen Kanten zählen kreisförmige Geometrie (Bohrungen, Rundungen, Kurven, Flächen usw.) und kreisförmige 2D-Elemente.
- **Schneiden:** Der Maßansatz wird durch den Schnittpunkt zweier Elemente festgelegt.

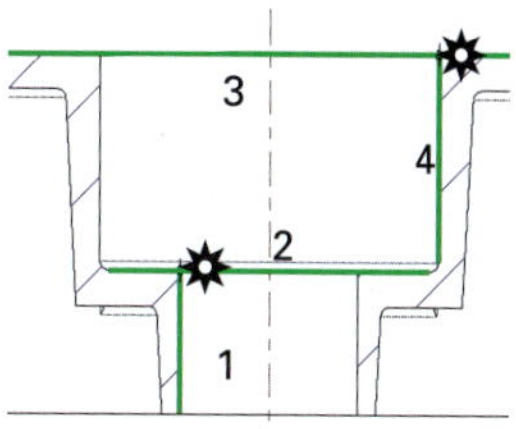

  - Ansatztyp: ⇦ Schneiden
  - 1. Schnittpunkt: ⇦ 1. Kante (1), **[Strg]** +⇦ 2. Kante (2)
  - 2. Schnittpunkt: ⇦ 1. Kante (3), **[Strg]** +⇦ 2. Kante (4)
  - Maßposition: ⇩ <zwischen Schnittpunkt 1 und 2 >
  - Maßorientierung: ⇦ **[Geneigt]**

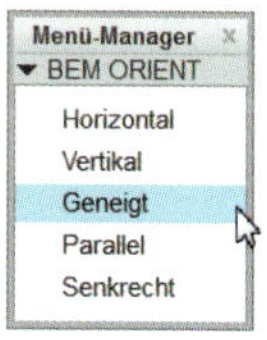

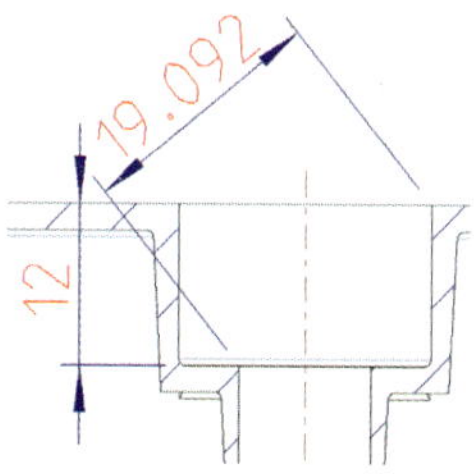

- **Linie erzeugen:** Referenziert die aktuelle *x*- und *y*-Achse in der Ausrichtung des Modells.

☞ Über das Icon werden analog Referenzbemaßungen (Klammermaße) erstellt.

22.5.1.2 Bemaßung – Gemeinsame Referenz

⇦ **Anmerkungen erstellen**, ⇦ **Bemaßung - Gemeinsame Referenz**

Das als erstes gewählte Objekt oder der als erstes gewählte Punkt legen die gemeinsame Referenz für die folgenden Bemaßungen fest. Im abgebildeten Beispiel wurde zunächst die Mittelachse als gemeinsame Maßreferenz gewählt (**Auf Element**). Danach wurden nacheinander die zu bemaßenden Kanten (**Auf Element**) gewählt und jeweils sofort platziert ⇩.

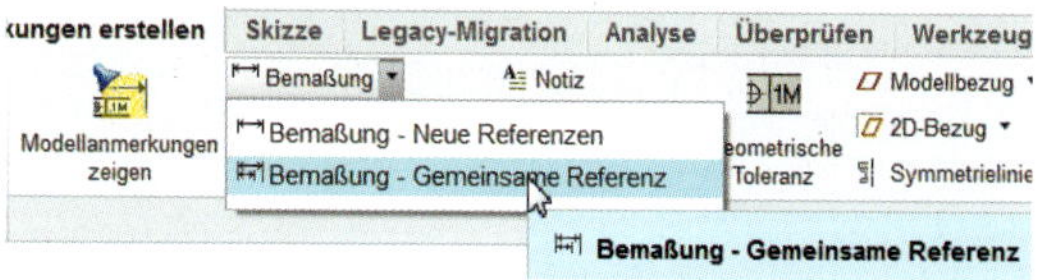

- Ansatztyp: ⇦ **Auf Element**
- ⇦ <Achse als gemeinsame Referenz>
- ⇦ <1. Kante>
- ⇩ <an Maßposition absetzen>
- ⇦ <2. Kante>
- ⇩ <an Maßposition absetzen>
- …

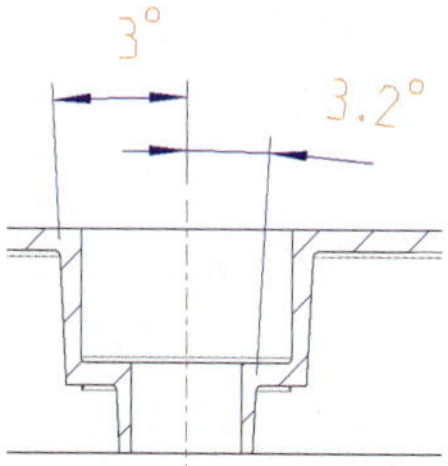

☞ Über das Icon werden analog Referenzbemaßungen (Klammermaße) erstellt.

22.5.1.3 Ordinatenbemaßung

⇦ **Anmerkungen erstellen**, ⇦ **Ordinatenbemaßung**

Bei der Ordinatenbemaßung wird als erstes das Element der Basislinie gewählt. Nachfolgend werden die Abstandselemente gewählt. Mehrere Abstandselemente können mit der Strg-Taste eingesammelt werden. Abgeschlossen wird die Bemaßung durch Platzieren der Bemaßungsposition mit der mittleren Maustaste.

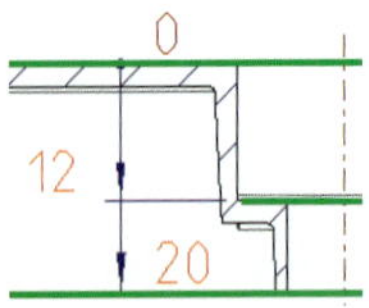

⚠ Durch ✕ Löschen der „Null-Angabe" wird die komplette Ordinatenbemaßung gelöscht. Einzelne Maße können wahlweise aus der Ordinatenbemaßung herausgelöscht werden.

22.5.1.4 Automatische Ordinatenbemaßung

⇦ **Anmerkungen erstellen**, ⇦ **Automatische Ordinatenbemaßung**

Bei der automatischen Ordinatenbemaßung werden zunächst die zu bemaßenden Flächen gewählt. Dazu kann sehr komfortabel die Bereichsauswahl durch Ziehen eines Fensters in einer Zeichnungsansicht verwendet werden.

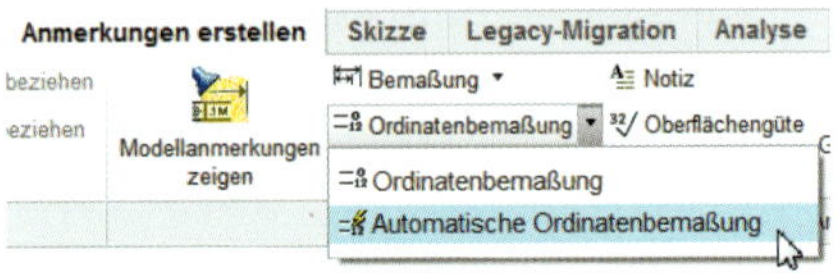

- Fenster ziehen: ⇦ **Fenster** <gepunktete Linie>
- Flächenauswahl beenden: ⇩
- Basislinie wählen: ⇦
- Bemaßung beenden: **[Fertig]** *oder* ⇩

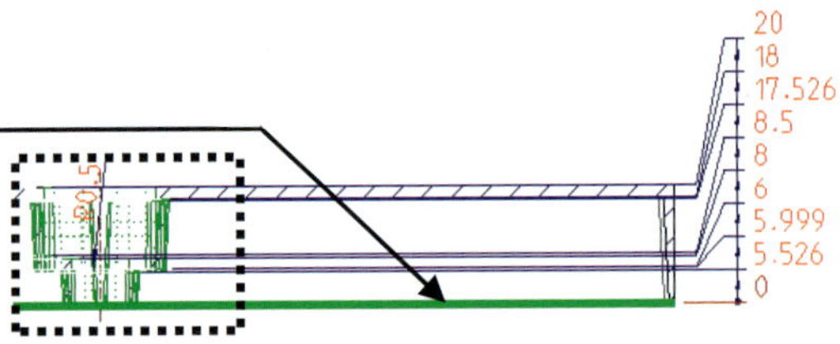

☞ Steht nicht genügend Platz zur Verfügung, um die Maßzahlen darstellen zu können, erzeugt *Creo* automatisch abgeknickte Maßhilfslinien und ordnet die Maßangaben entsprechend an.

22.5.1.5 Verkürzte Radiusbemaßung

⇦ **Anmerkungen erstellen**, ⇦ Anmerkungen▼, ⇦ **Z-Radiusbemaßung**

Bei der verkürzten Radiusbemaßung (Z-Bemaßung) wird nach Auswahl einer Kreisbogenfläche ein beliebiger Bildschirmpunkt für den darzustellenden Radienmittelpunkt mit ⇦ gewählt und dann das Maß mit ⇦ platziert.

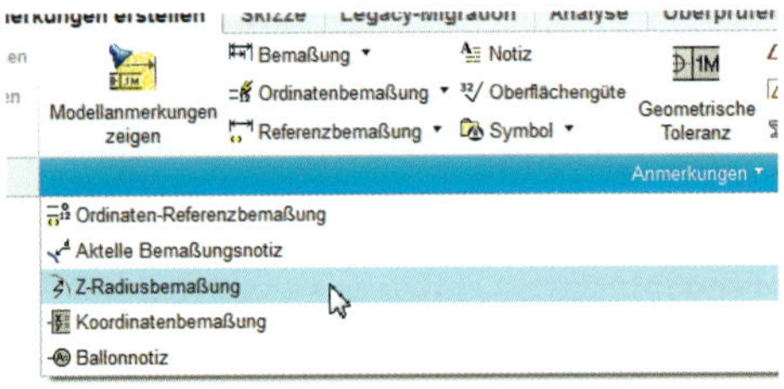

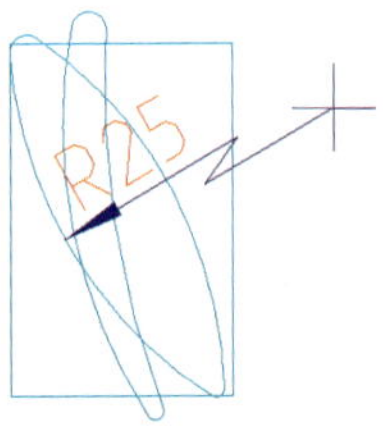

☞ Bei Verwendung der INNEO-Startup TOOLS werden alle Zeichnungsbemaßungen auf eine eigene Folie „Zeichnungsbemassungen" geschrieben. Dadurch bleiben sie als Zeichnungsbemaßungen erkennbar und selektierbar.

22.5.2 Maßhilfslinien anpassen

Neben den Anpassungsmöglichkeiten über die Eigenschaften ausgewählter Maße können die Maßhilfslinien zusätzlich manuell unterbrochen (Unterbrechung) sowie mit einem Knick versehen werden.

☐ **Maßhilfslinie unterbrechen**

- ⇦ **Anmerkungen erstellen**, ⇦ **Unterbrechung**
- ⇦ <Startpunkt auf Maßhilfslinie wählen>
- ⇦ <Endpunkt der Unterbrechung wählen>

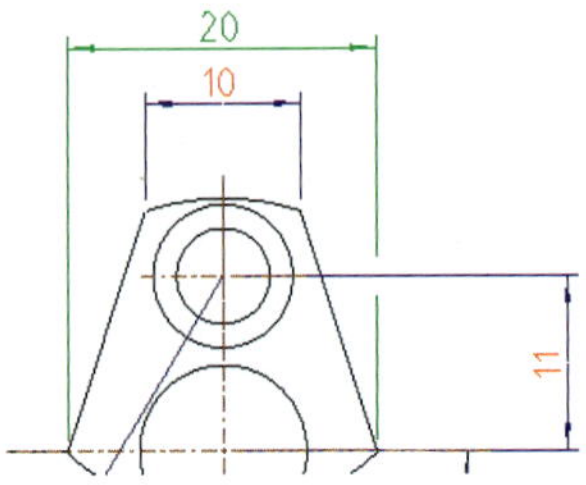

22.5.3 Zeichnungselemente ergänzen

Als Beispiel für das Ergänzen von Zeichnungselementen wird eine Härteangabe nach DIN 6773 in der Zeichnung der Kurbelwelle ergänzt. Der Skizzenmodus innerhalb der Zeichnung findet sich im Register SKIZZE.

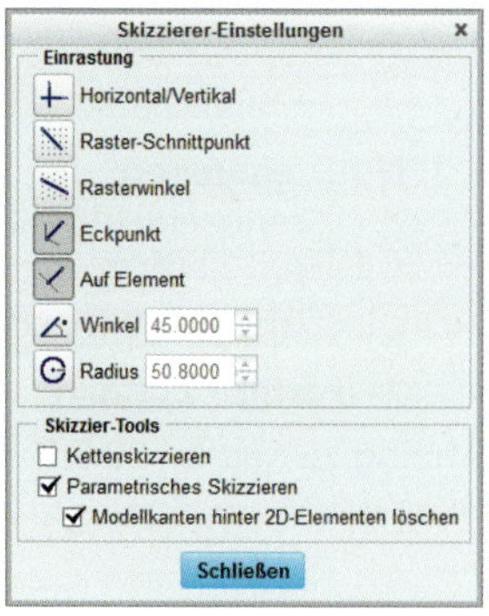

☐ **Voreinstellungen für Skizzenelemente**

Die Mittellinie soll parametrisch mit der Modellgeometrie verknüpft sein, damit sie im Fall einer Geometrieänderung parametrisch mit angepasst wird. Dazu muss der Schalter **Parametrische Skizze** aktiviert werden:

- ⇦ **Skizze**, ⇦ **Parametrische Skizze**

Im Dialog SKIZZIERER-EINSTELLUNGEN lassen sich die Standard-Einrastoptionen für Skizzenelemente definieren. Die nebenstehende Abbildung zeigt eine mögliche Einstellung für das Einrasten auf Elementen und Eckpunkten sowie für horizontale und vertikale Ausrichtung. Alternativ kann auch mit Einrastungen auf ein Zeichnungsraster gearbeitet werden.

- ⇦ **Skizze**, ⇦ **Skizzierer-Einstellungen**
- ⇦ **[Schließen]**

☐ **Linie skizzieren**

- ⇦ Skizze, ⇦ Linie <Linienelement erzeugen>
- ⇦ <Sammeln von EINRASTREFERENZEN aktivieren>
- ⇦ <Einrastreferenzen wählen>

Als Einrastreferenz werden die Begrenzungsflächen (Kanten) für den zu härtenden Lagersitz *Ø15 m6* gewählt *(hier: hellblau hervorgehoben)*.

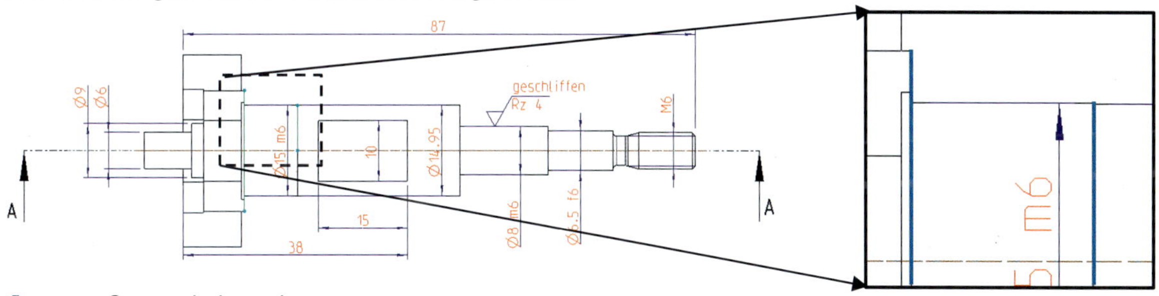

- ⇩ <Sammeln beenden>

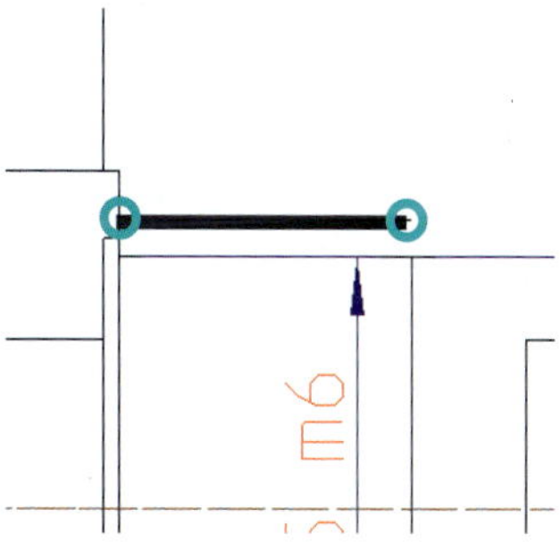

Die Linie wird rechts oberhalb der Durchmesserfläche an der linksseitigen Refernz begonnen und nach rechts gezogen. Fährt man dabei kurz über die rechtsseitige Referenz, wird anschließend die vertikale Zuordnung der zweiten Referenz als Endpunkt der Linie automatisch eingefangen und eine horizontale Ausrichtung erzeugt. Während des Skizzierens wird die aktuelle Mausposition durch ein Fadenkreuz aus zwei rechtwinkligen Linien dargestellt.

- ⇦ <Startpunkt der Linie an linker Referenz>
- ⇦ <Endpunkt der Linie an rechter Referenz>
- ⇩ <Linienerzeugung beenden>

☐ **Linienstil ändern**

Nun wird der Linienstil in eine dicke Mittellinie umgewandelt:

- ▶ **Linienstil**
- Linienart: ⇦ **[CTRLFONT]** <Strichpunktlinie>
- Breite: **[0.5]** mm
- Farbe: ⇦ **[Geometrie]**, **[OK]** <schwarz>
- ⇦ **[Anwenden]**
- ⇦ **[Schließen]** < LINIENSTIL ÄNDERN beenden >

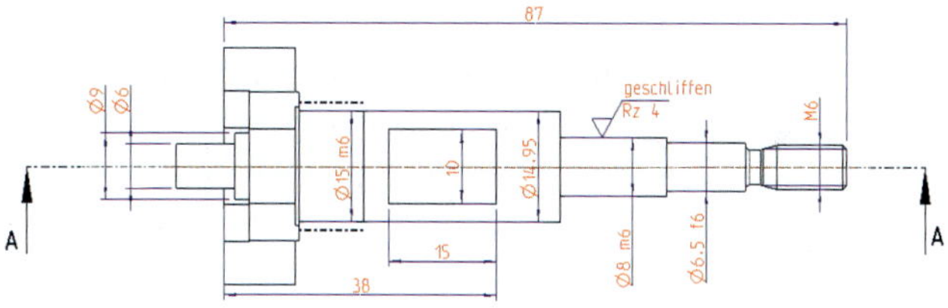

☐ **Härtelinie spiegeln**

- ⇦ **Skizze**, **Spiegeln**
- ⇦ <Linie wählen>, ⇩ <Auswahl beenden>
- ⇦ <Mittellinie (Achse) wählen>

22.5.4 Zeichnungsnotiz erstellen

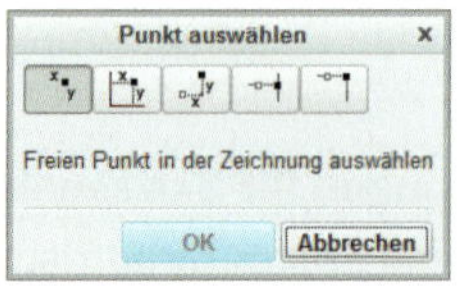

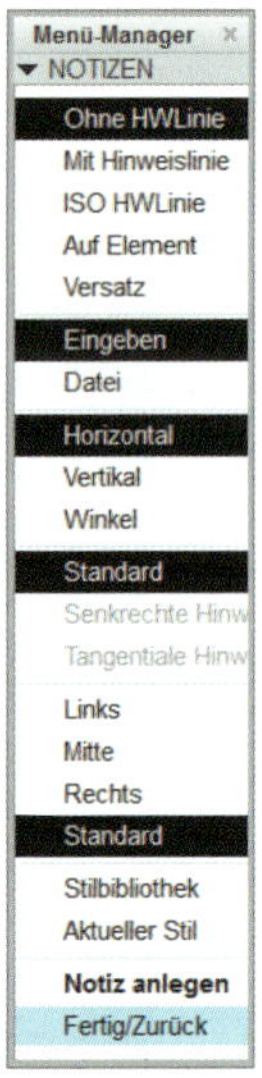

- ⇦ **Anmerkungen erstellen**, ⇦ **Notiz**
- Ohne HWLinie, Eingeben, Horizontal, Standard
- ⇦ **Notiz anlegen**
- ⇦ <Freien Punkt wählen>
- **Notiz eingeben:**
  "randschichtgehärtet", [↵]
  "50+4 HRC", [↵]
  "Rht 500=0,8+0,8", [↵], [↵]
- ⇦ **[Fertig / Zurück]**

Analog zu Kapitel 22.5.3 wird vor der Notiz noch ein kurzes Linienstück als dicke Mittellinie erstellt.

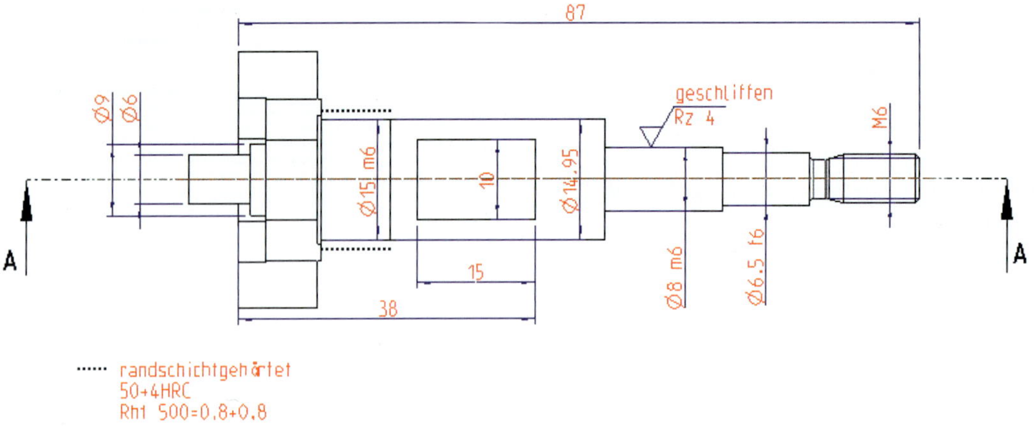

☞ Die Darstellung des Linienstils am Bildschirm ist stark abhängig vom aktuellen Zoom. Während in der oberen Darstellung die Linie als gepunktete Linie erscheint, ist dieselbe Linie in der größeren Darstellung als Strichpunktlinie zu erkennen.

☞ Die Druckdarstellung ist vom Zoom unabhängig!

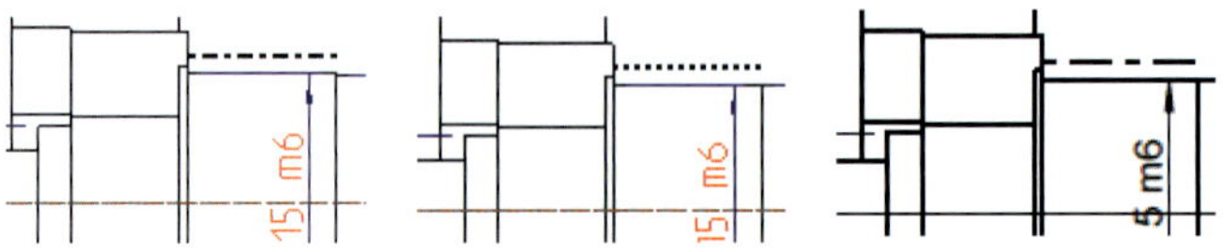

22.6 Geometrische Toleranzen (Form- und Lagetoleranzen)

Form- und Lagetoleranzen werden in *Creo* als *Geometrische Toleranzen* bezeichnet. Die Darstellungsvarianten von Bezügen und geometrischen Toleranzen sind so vielfältig, dass diese hier nur ausschnittsweise vorgestellt werden können.

Prinzipiell können geometrische Toleranzen sowie die zugehörigen Bezüge als **reine Zeichnungselemente** durch geeignete **Symbole** (siehe Kap. 22.7) realisiert werden. Diese sind dann aber nur in der Zeichnungsdatei (.drw) bzw. einem Ausdruck verfügbar. Auf diese Vorgehensweise wird hier nicht weiter eingegangen.

Darüber hinaus besteht die Möglichkeit, die Form- und Lagetoleranzen sowie die zugehörigen Bezüge als **Modellelemente** mit gegenseitiger Referenzierung zu definieren. Damit sind die Informationen in der Zeichnungsdatei, in einem Ausdruck und zusätzlich in der Modelldatei, also auch in einem digitalen Datensatz verfügbar. Modellbasierte Form- und Lagetoleranzen können wahlweise sowohl im Modell (3D), als auch in der Zeichnung (2D) definiert werden.

22.6.1 Bezug für Geometrische Toleranzen definieren

Bezüge für die Darstellung von Geometrischen Toleranzen nach DIN ISO 1101 und DIN ISO 5459 können nur Ebenen, Flächen oder Achsen sein. In *Creo* können daher Modellbezüge auf Ebenen, Flächen und Achsen definiert werden. Die Definition kann sowohl im Teilmodus als auch im Zeichnungsmodus im Register ANMERKUNGEN ERSTELLEN vorgenommen werden. Als Beispielmodell für Bezugselemente sowie geometrische Toleranzen wird eine Zeichnungsableitung des Statorblechs *1501048_statorblech* aus Kap. 16.10 herangezogen. Die Zeichnungserstellung erfolgt nach den bereits beschriebenen Verfahren und wird daher nicht extra erläutert.

22.6.1.1 Ebenen-Bezug erstellen

Bezugsdefinitionen für Ebenen können auf bestehenden Ebenen (aus dem Modell heraus) oder als neu zu definierende Ebenen erstellt werden. Der Bezugsname (z. B. „A") wird dabei gleichzeitig als KE-Name im Modellbaum verwendet. Damit beispielsweise die Ebenen des Startmodells durch eine Verwendung als Bezug nicht umbenannt werden ist, es meist sinnvoll, neue Bezugsebenen zu erstellen:

- ⇦ **Anmerkungen erstellen**, ⇦ Modellbezug ▼, ⇦ **Modellbezugsebene**

Es öffnet sich der Dialog BEZUG.

- Name: **[A]**
- Anzeige: ⇦
- Bezug definieren: ⇦ **[Definieren...]**

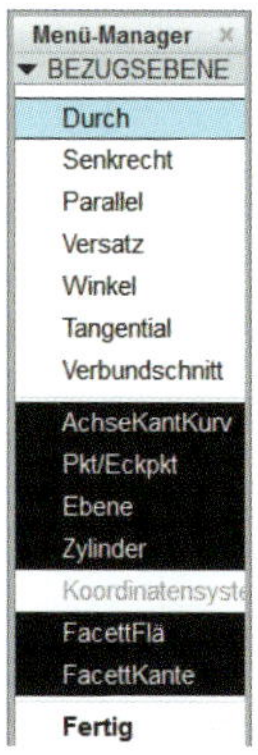

Im Menü-Manager der Bezugsebene stehen verschiedene Möglichkeiten zur Definition der Bezugsebene zur Verfügung. Beispielhaft wird die Definition der Bezugsachse „Durch" eine ebene Körperfläche vorgenommen:

- Auswahl: ⇦ **Durch**
- Oberfläche wählen: ⇦

Als Referenz für die Bezugsebene wird die Oberfläche des Blechs in einer Zeichnungsansicht gewählt.

- Auswahl beenden: ⇦ **[Fertig]**
- Dialog beenden: **[OK]**

Das Bezugssymbol wird in allen geeigneten Ansichten dargestellt. Es muss lediglich mit der linken Maustaste geeignet verschoben werden.

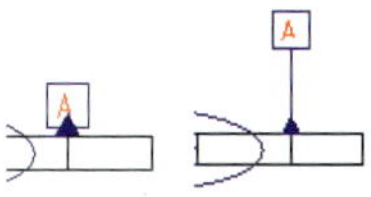

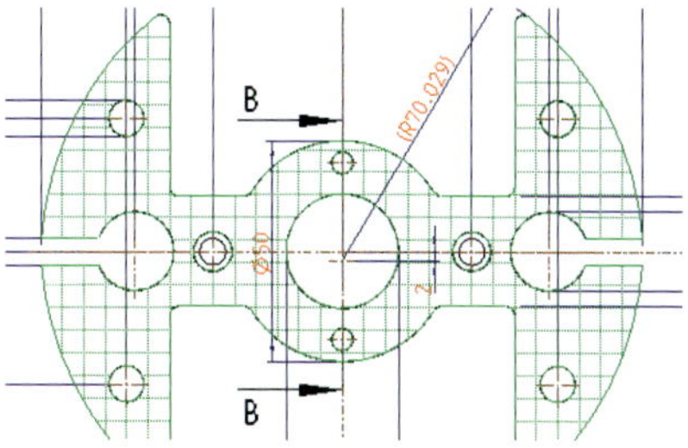

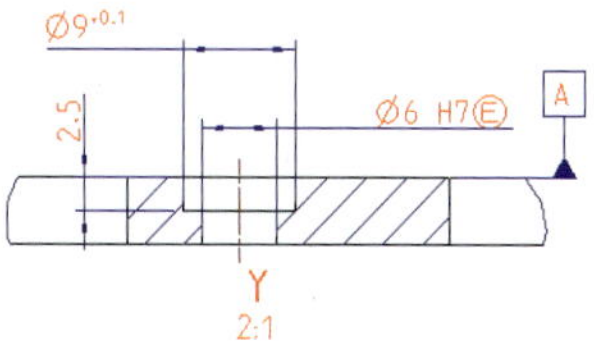

⚠ Der Ebenenbezug ist als neue, reguläre Bezugsebene mit dem Namen „A" im Modell angelegt.

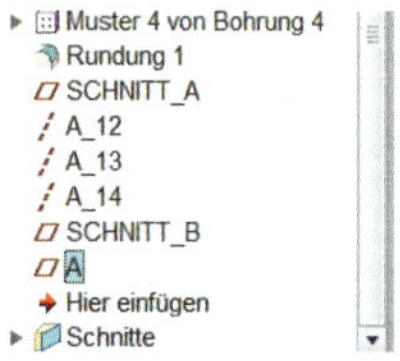

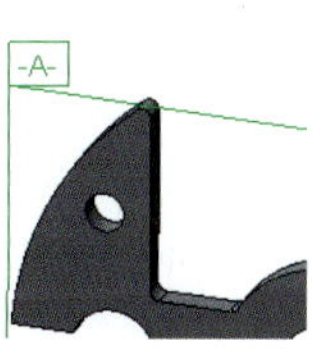

22.6.1.2 Achsbezug erstellen

Bezugsdefinitionen für Achsen können auf bestehenden Achsen (aus dem Modell heraus) oder als neu zu definierende Modellachsen erstellt werden. Der Bezugsname (z. B. „B") wird dabei gleichzeitig als KE-Name im Modellbaum verwendet. Damit beispielsweise die Achsen des Startmodells durch eine Verwendung als Bezug nicht umbenannt werden, ist es meist sinnvoll, neue Bezugsachsen zu erstellen:

- ⇦ **Anmerkungen erstellen**, ⇦ Modellbezug ▼, ⇦ **Modellbezugsachse**

Es öffnet sich der Dialog ACHSE.

- Name: **[B]**
- Anzeige: ⇦
- Bezug definieren: ⇦ **[Definieren...]**

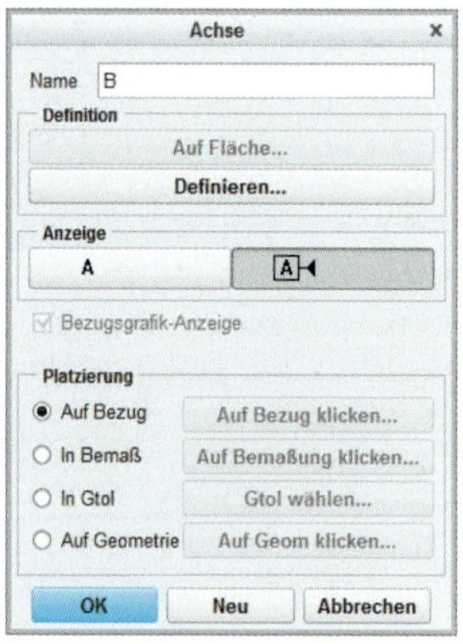

Im Menü-Manager stehen verschiedene Möglichkeiten zur Definition der Bezugsachse zur Verfügung. Beispielhaft wird die Definition der Bezugsachse „Durch Zylinder" vorgenommen:

- Auswahl: ⇦ **Durch Zylinder**

Die Auswahl der Zylinderflächen ist auch in der zweidimensionalen Zeichnungsdarstellung möglich. *Creo* erkennt anhand der 2D-Darstellung die Zylinderflächen auch in Schnittdarstellungen:

- Zylinderfläche wählen: ⇦ <Zylinderfläche>

Mit der Auswahl der Bezug unmittelbar in der Zeichnung eingetragen.

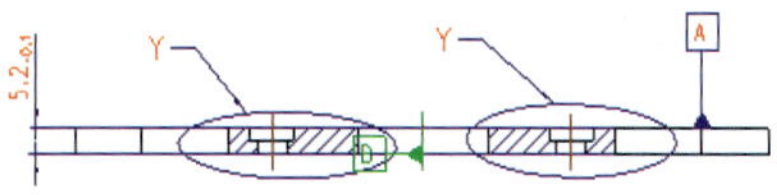

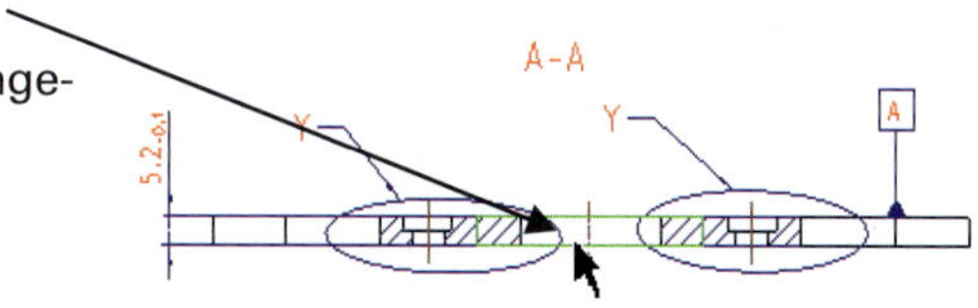

Für die Platzierung wird eine geignete Bemaßung aus einer anderen Zeichnungsansicht gewählt:

- Platzierung: ⇦ **In Bemaß**
- Bemaßung für Anzeige: ⇦
- Dialog beenden: **[OK]**

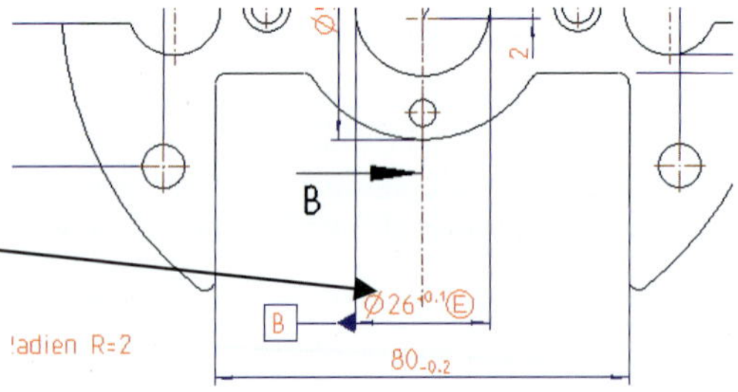

Das Bezugssymbol wird mittig über der Bemaßung auf der Zylinderoberfläche erstellt. Es lässt sich nun einfach mit gedrückter, linker Maustaste verschieben.

☞ Nach der Platzierung **In Bemaßung** kann bei angewähltem Bezug über die rechte Maustaste ▶ die Richtung der Position über **Maßhilfslinie umschalten** gewechselt werden.

⚠ Der Achsbezug ist als neue, reguläre Bezugsachse mit dem Namen „B" im Modell angelegt. Im Gegensatz zu den sonstigen Eindeutigkeitsregeln in *Creo* können Bezugsachsen, Bezugsebenen und Querschnitte jeweils denselben Namen verwenden.

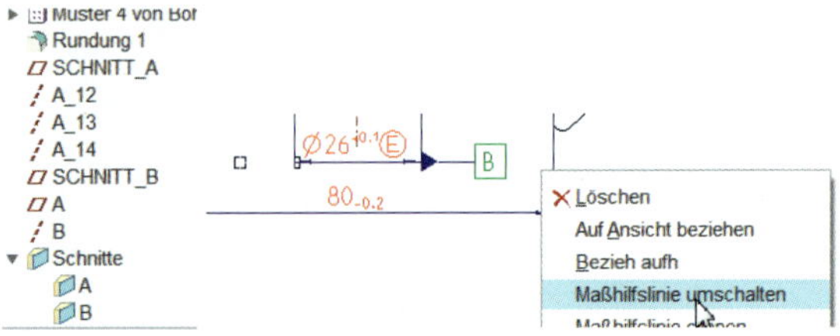

22.6.1.3 Modellachse als Achsbezug

Jede im Modell vorhandene Achse kann nach Auswahl über das Menü Eigenschaften der rechten Maustaste in einen Achsbezug umgewandelt werden.

- ⇦ Anmerkungen erstellen
- Ansicht im Zeichnungsbaum öffnen: ⇦ ▼
- **Bezüge** im Modellbaum öffnen: ⇦ ▼
- Modellachse auswählen: ⇦
- ▶ **Eigenschaften**

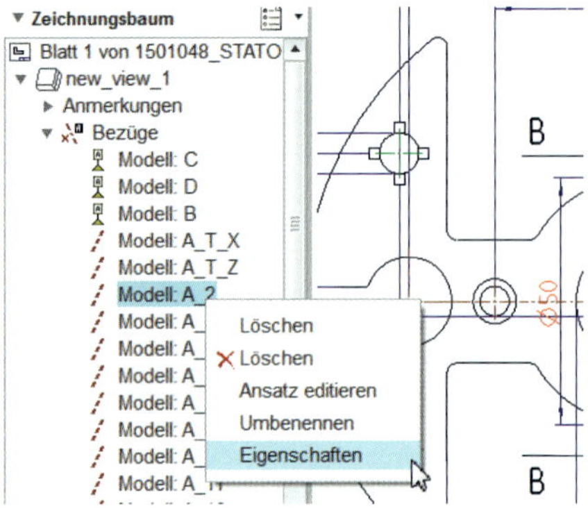

Es öffnet sich der Dialog ACHSE, jetzt aber ohne Möglichkeit zur Definition der Achse, da diese durch die vorherige Auswahl der Achse bereits definiert ist.

Anschließend ist die Achse im Zeichnungsbaum umbenannt und umsortiert worden.

Analog wird die Bezugsachse „F" aus einer vorhandenen Bohrungsachse definiert.

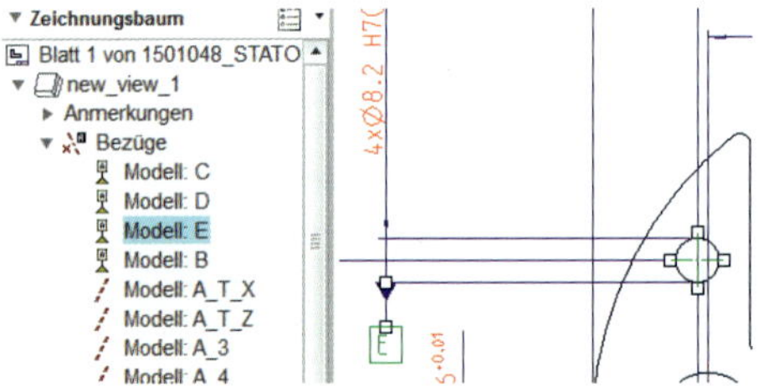

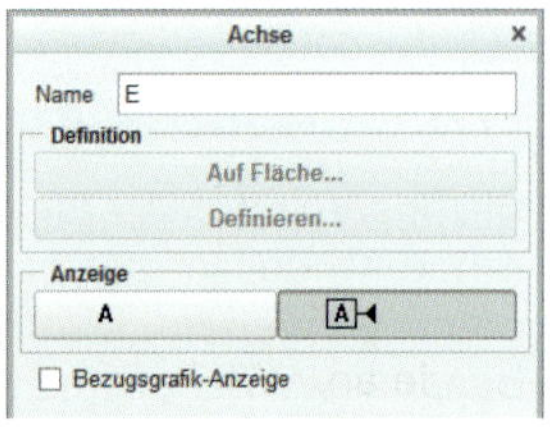

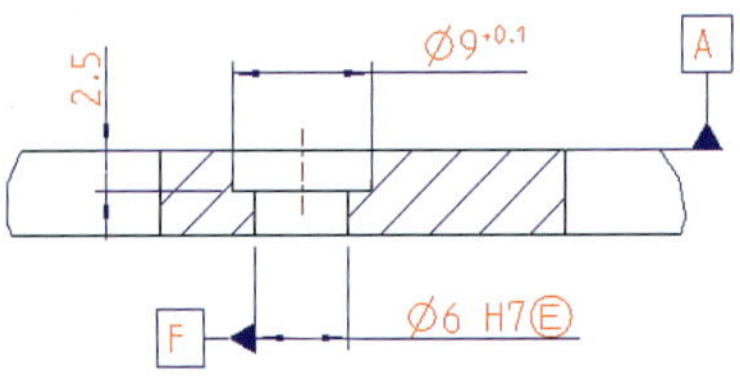

22.6.1.4 Flächenbezug erstellen

Flächenbezüge können als Ebenen-Bezug auf ebene Flächen, oder als Achsbezug auf zylindrische Flächen erstellt werden. Für ebenen Flächenbezüge gibt es in *Creo* eine eigene Auswahlvariante:

- ⇦ **Anmerkungen erstellen**, ⇦ Modellbezug ▼, ⇦ ▱ **Modellbezugsebene**

Es öffnet sich der Dialog BEZUG.

- Name: **[C]**
- Anzeige: ⇦ A◄
- Bezug definieren: ⇦ **[Auf Fläche…]**

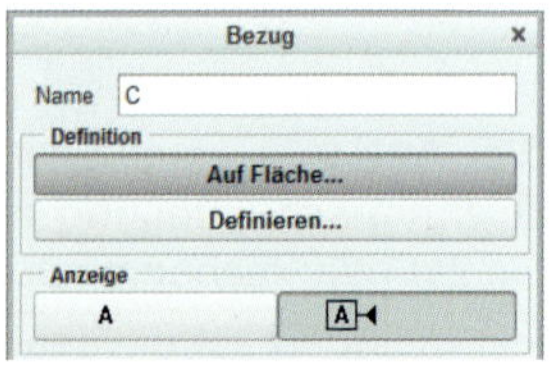

Als Flächenreferenz wird die Schlitzfläche (Kante) gewählt. Dazu wird nach dem Positionieren der Maus die Listenauswahl aktiviert:

- Mauszeiger positionieren
- Listenauswahl: ▶ **Aus Liste wählen**
- Schlitzfläche wählen: **[OK]**

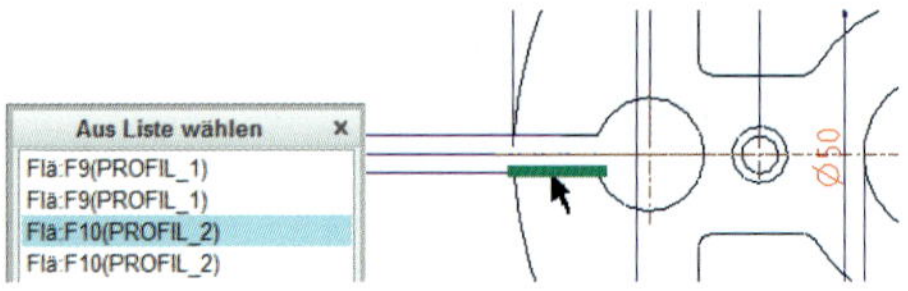

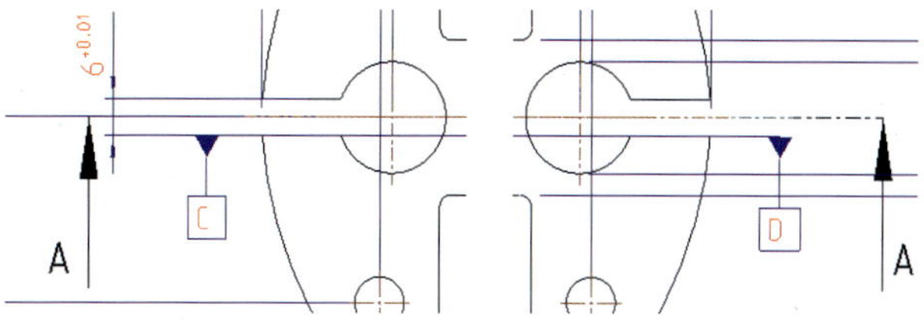

- Dialog beenden: **[OK]**

Mit der linken Maustaste lässt sich der Flächenbezug in der Lage und Orientierung anpassen.

In gleicher Weise wird ein weiterer Flächenbezug „D" für den zweiten Schlitz erstellt.

☞ Unerwünschte Bezugsdarstellungen in anderen Zeichnungsansichten lassen sich über den Zeichnungsbaum selektieren und nach Auswahl über die rechte Maustaste aus der Darstellung löschen.

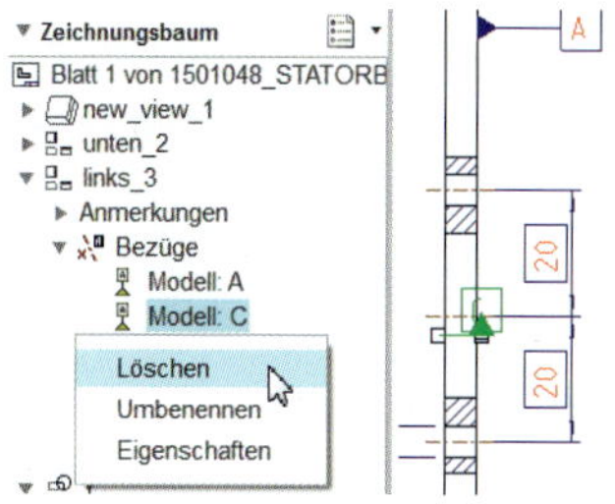

22.6.2 Geometrische Toleranz definieren

Nachdem nun Bezugselemente definiert wurden, können diese für geometrische Toleranzen referenziert werden.

- ⇦ **Anmerkungen erstellen**, ⇦ **Geometrische Toleranz**

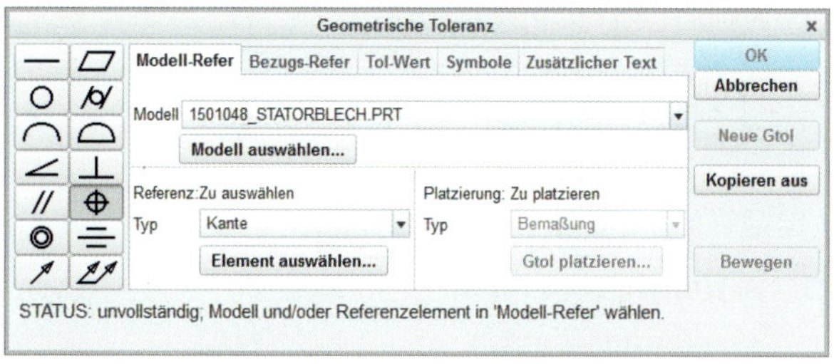

Im Dialog GEOMETRISCHE TOLERANZ stehen die **Toleranzsymbole** nach DIN ISO 1101 zur Verfügung. Da geometrische Toleranzen unter Umständen auch in Gesamtzeichnungen (d. h. Zeichnungen mit mehreren Modellen) verwendet werden, ist für den jeweiligen Toleranzeintrag das zugehörige **Modell** (hier: *1501048_statorblech.prt*) zu wählen bzw. im Allgemeinen voreingestellt aus der die Funktion aufrufenden Zeichnungsdatei.

Als **Referenz-Typen** können je nach Toleranzsymbol Achsen, Flächen oder Elemente ausgewählt werden. Referenz-Typen sind dabei die Verweiselemente. So gehört eine Achse oder eine Zylindermantelfläche als Verweis zu einer Konzentrizitätsbedingung ◎.

Nach der Auswahl der Referenz muss die geometrische Toleranz in der Zeichnung platziert werden. Für die **Platzierung** stehen verschiedene Optionen zur Verfügung, die am Beispiel einer Konzentrizitätsangabe vorgestellt werden:

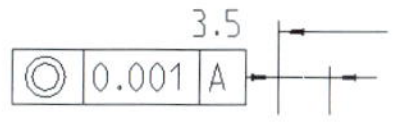

☐ **Bemaßung**: Das Toleranzsymbol wird an das mit ***Gtol platzieren*** zu wählende vorhandene Maß angetragen. Der Bemaßungswert selbst wird dann oberhalb des neuen Toleranzsymbols angeordnet.

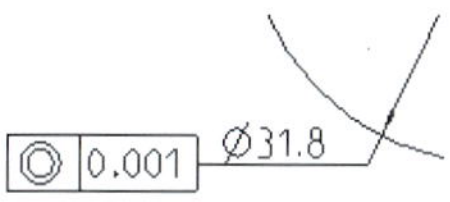

☐ **Bemaßungsknick**: Setzt die geometrische Toleranz an dem Pfeilknick einer Radius- oder Durchmesserbemaßung an, die den Pfeilknickstil verwendet. Beim Ansetzen einer geometrische Toleranz an einem Bemaßungsknick wird der vorhandene Bemaßungstext oberhalb des Knicks verschoben. *Creo* passt die Länge des Knicks an die längste Textzeile an.

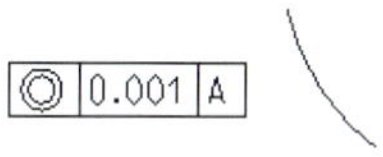

☐ **Als Freie Notiz**: Die geometrische Toleranz kann frei auf dem Arbeitsschirm platziert werden.

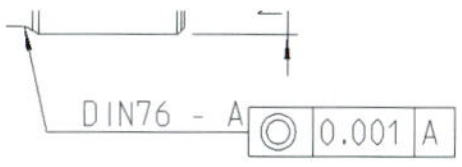

☐ **Notizknick**: Die geometrische Toleranz wird an eine vorhandene Knicknotiz angeschlossen.

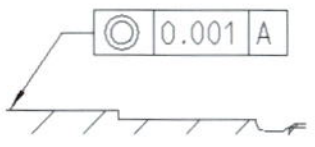

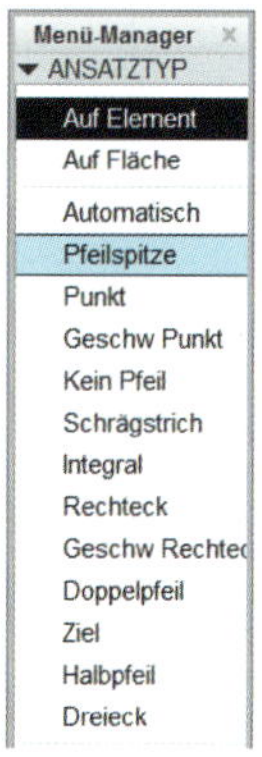

☐ **Mit Hinweislinie**: Die geometrische Toleranz wird über eine einstellbare Hinweislinie an ein zu wählendes Zeichnungselement (Ansatzziel) angebunden und an einer frei wählbaren Stelle positioniert.

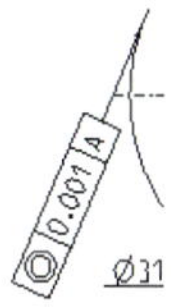

☐ **Tangentiale Hinweislinie**: Die geometrische Toleranz wird über eine einstellbare Hinweislinie an ein zu wählendes Zeichnungselement (Ansatzziel) tangential angebunden. Die Tangentiallage ergibt sich aus dem gewählten Ansatzpunkt und der gewählten Toleranzposition. Sie ist nachträglich verschiebbar.

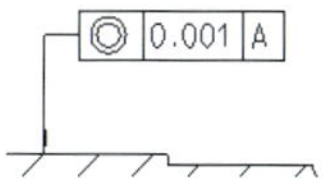

☐ **Senkrechte Hinweislinie**: Die geometrische Toleranz wird über eine einstellbare Hinweislinie an ein zu wählendes Zeichnungselement (Ansatzziel) senkrecht angebunden.

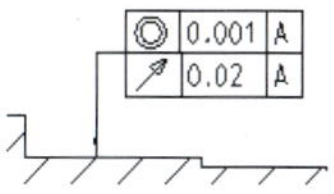

☐ **Andere Gtol**: Die zu platzierende geometrische Toleranz wird mit einer vorhandenen geometrischen Toleranz zusammengefasst.

☞ Üblicherweise wird die Hinweislinie der Form- und Lagetoleranzen senkrecht zur Oberfläche gerichtet. Dazu wird sinnvollerweise die Platzierungsart **Senkrechte Hinweislinie** verwendet.

Im Folgenden werden am Beispiel des Statorblechs einige typische Anwendungen mit unterschiedlichem Komplexitätsgrad vorgestellt.

22.6.2.1 Positionstoleranz zu einer Referenz, senkrechte Hinweislinie

- ⇦ **Anmerkungen erstellen**
- ⇦ **Geometrische Toleranz**
- ⇦ Position

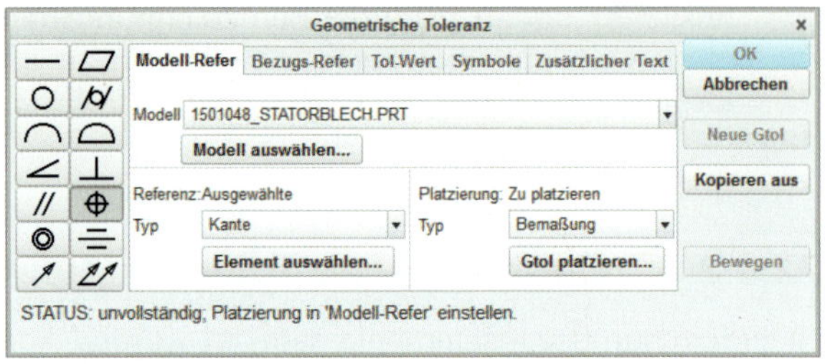

☐ **Modell-Refer-Referenz**
- *Referenz*: ⇦ ▼Kante
- Kante auswählen: ⇦

☐ **Modell-Refer-Platzierung**
- *Platzierung*: ⇦ Senkr. Hinweislinie
- HW-Linientyp: ⇦ Pfeilspitze
- Pfeil-Ansatz wählen: ⇦
- Platzierungspunkt wählen: ⇦

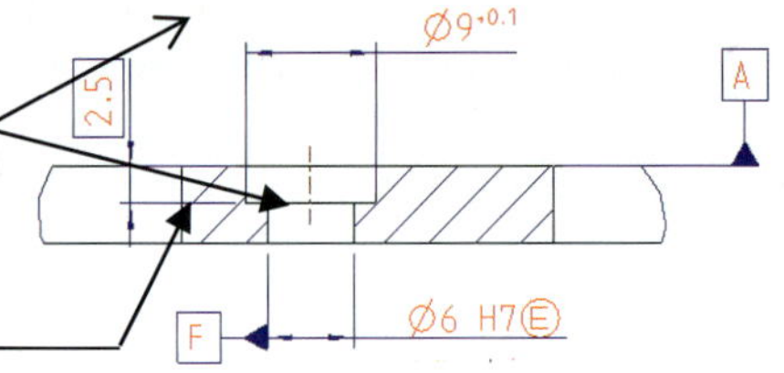

☐ **Bezugs-Refer-Primär**
- Primär-Einfach: ⇦ **▼[A]**

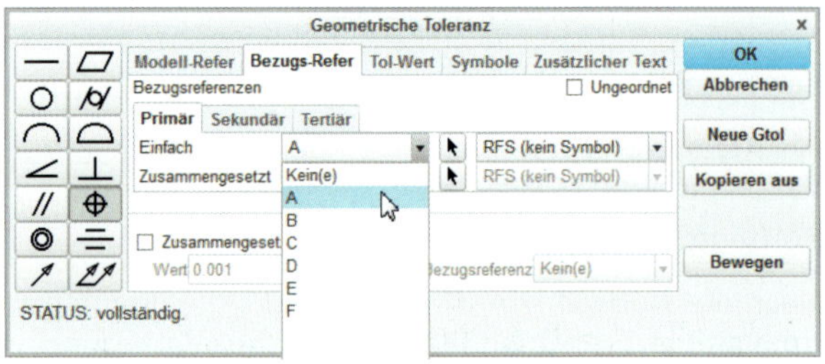

☐ **Tol-Wert**
- Gesamttoleranz ⇦ ☑, **[0.08]**

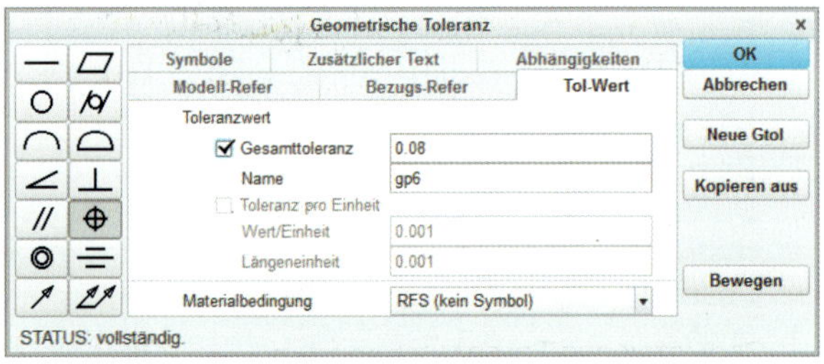

- Geometrische Toleranz beenden: **[OK]**

Das Ergebnis ist die abgebildete Positionstoleranz.

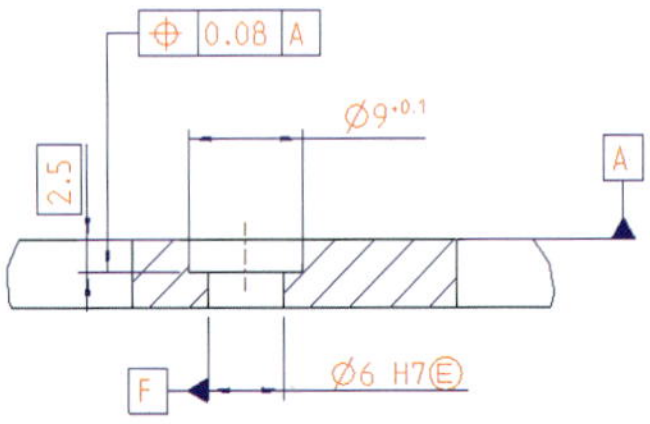

22.6.2.2 Koaxialitätstoleranz zu zwei Referenzen in Bemaßung

- ⇦ **Anmerkungen erstellen**
- ⇦ **Geometrische Toleranz**
- ⇦ Konzentrizität

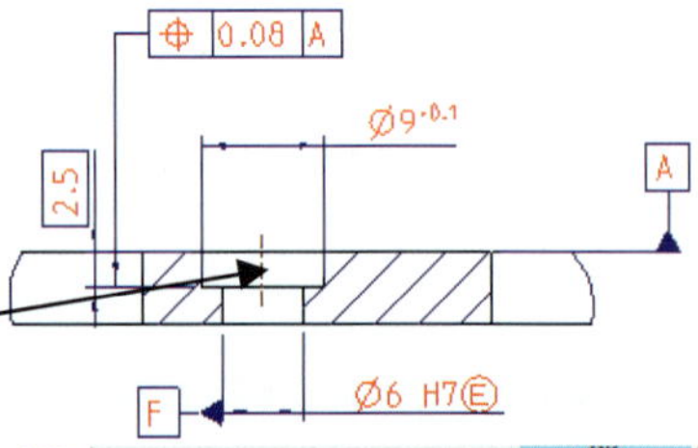

☐ **Modell-Refer-Referenz**
- *Referenz*: ⇦ ▼Achse
- Achse auswählen: ⇦

☐ **Modell-Refer-Platzierung**
- *Platzierung*: ⇦ Bemaßung
- Gtol Platzieren… : ⇦ <Ø9-Maß wählen>

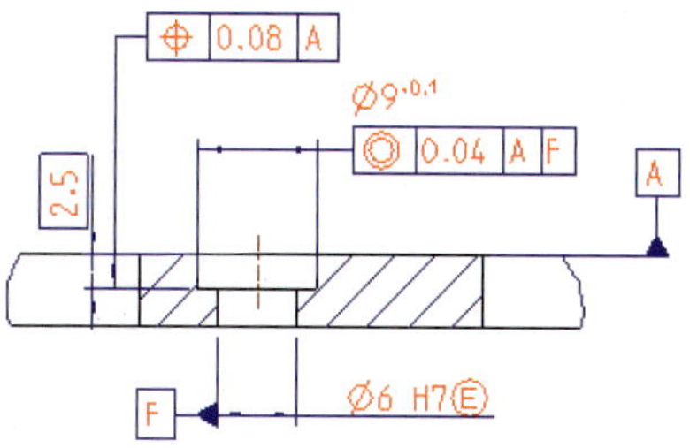

- ☐ **Bezugs-Refer-Primär**
  - Primär-Einfach: ⇦ ▼**[A]**
- ☐ **Bezugs-Refer-Sekundär**
  - Sekundär-Einfach: ⇦ ▼**[F]**
- ☐ **Tol-Wert**
  - Gesamttoleranz ⇦ ☑, **[0.04]**
- Geometrische Toleranz beenden: **[OK]**

Das Ergebnis ist die abgebildete Positionstoleranz.

22.6.2.3 Symmetrietoleranz mit Mehrfachreferenzen (CZ-„common zone“)

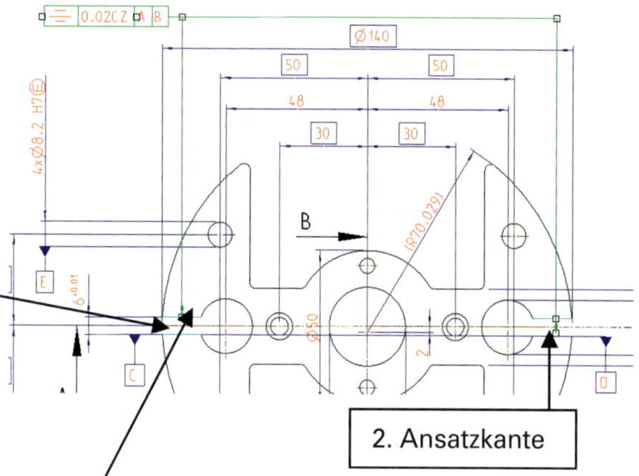

- ⇦ **Anmerkungen erstellen**
- ⇦ **Geometrische Toleranz**
- ⇦ Symmetrie
- ☐ **Modell-Refer-Referenz**
  - *Referenz*: ⇦ ▼Kante
  - Kante auswählen: ⇦
- ☐ **Bezugs-Refer-Primär**
  - Primär-Einfach: ⇦ ▼**[A]**
- ☐ **Bezugs-Refer-Sekundär**
  - Sekundär-Einfach: ⇦ ▼**[B]**
- ☐ **Tol-Wert**
  - Gesamttoleranz ⇦ ☑, **[0.01]**
- ☐ **Zusätzlicher Text**
  - Suffix aktivieren: ⇦ ☑, **[CZ]**
- ☐ **Modell-Refer-Platzierung**
  - *Platzierung*: ⇦ Senkrechte Hinweislinie
  - HW-Linientyp: ⇦ Pfeilspitze
  - 1. Ansatzkante: ⇦
  - 2. Ansatzkante: **[Strg]**+⇦
  - Gtol Platzieren… ⇩
- Geometrische Toleranz beenden: **[OK]**

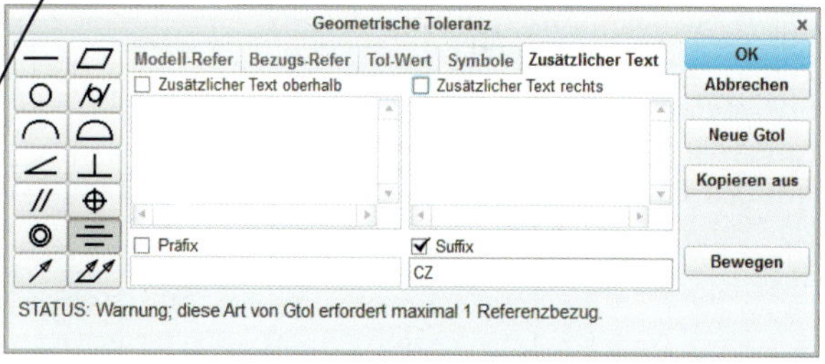

Das Ergebnis ist die abgebildete Symmetrietoleranz.

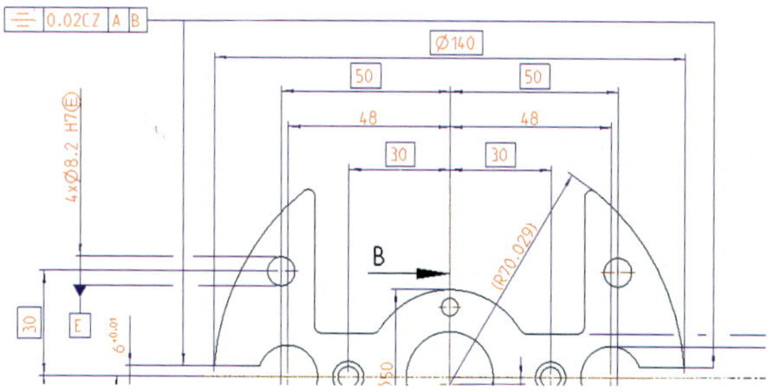

Durch geeignetes Ziehen an den weißen Zugkästchen können die Lage von Symbol und Hinweislinien sowie die Richtung der Pfeile modifiziert werden. Aus Gründen der Übersichtlichkeit wurden in der nebenstehenden Abbildung einzelne Maßhilfslinien mit ⇦ **Anmerkungen erstellen**, ⇦ **Unterbrechung** unterbrochen.

22.6.2.4 Positionstoleranz mit Bereichsreferenz und Maximum-Material-Bedingung

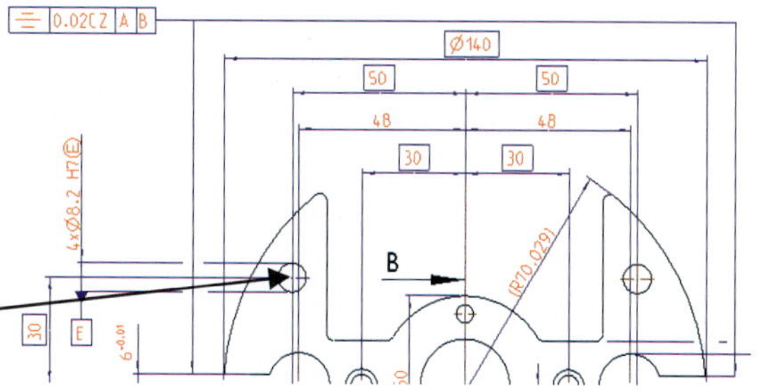

- ⇦ **Anmerkungen erstellen**
- ⇦ **Geometrische Toleranz**
- ⇦ Position
- ☐ **Modell-Refer-Referenz**
  - *Referenz*: ⇦ ▼Achse
  - Achse auswählen: ⇦ <Mittelkreuz>

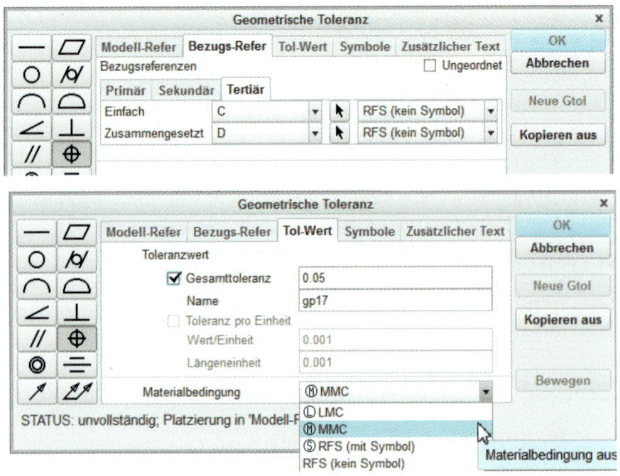

☐ **Bezugs-Refer**

- Primär-Einfach: ⇦ ▼[A]
- Sekundär-Einfach: ⇦ ▼[B]
- Tertiär-Einfach: ⇦ ▼[C]
- Tertiär-Zusammengesetzt: ⇦ ▼[D]

☐ **Tol-Wert**

- Gesamttoleranz ⇦ ☑, **[0.01]**
- Materialbedingung: ⇦ ▼ **MMC**

☐ **Zusätzlicher Text**

- Suffix aktivieren: ⇦ ☑, **[CZ]**

☐ **Modell-Refer-Platzierung**

- *Platzierung*: ⇦ Bemaßung
- Gtol Platzieren… ⇦ <4xØ8.2 H7-Maß wählen>

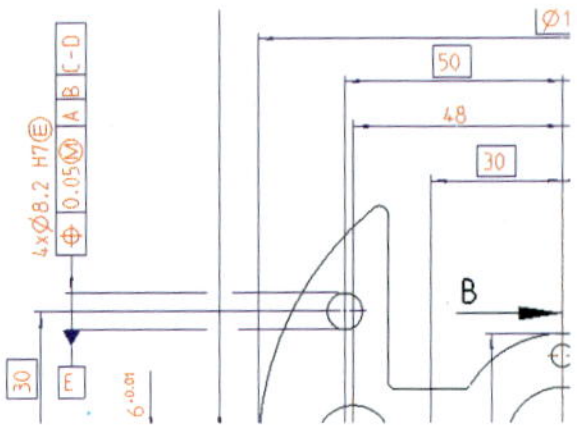

- Geometrische Toleranz beenden: **[OK]**

Das Ergebnis ist die abgebildete Positionstoleranz.

22.6.2.5 Flächen-Profiltoleranz mit erweiterten Bezügen

Für die nebenstehend rechts oben abgebildete erweiterte Profiltoleranz werden zunächst jeweils die Bezugspunkte S, T, U und V als **Notizen** mit Hinweislinie erstellt. Der Ansatzpunkt kann dabei mit der Option *Schneiden* und Auswahl der Begrenzungsflächen definiert werden. Die Notizen können wahlweise als reine 2D- oder 3D-Notizen angelegt werden.

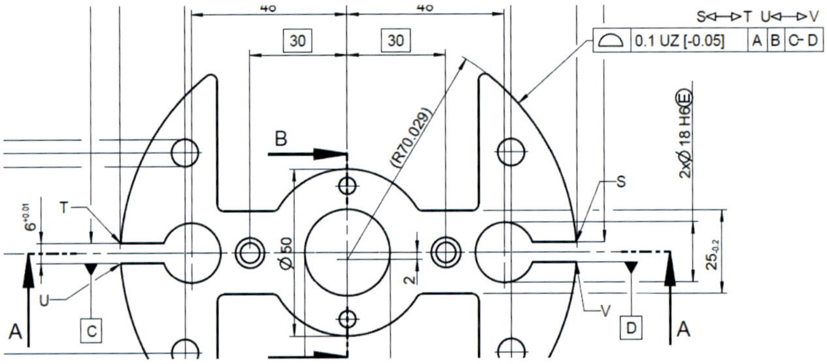

☐ **2D-Notiz im Zeichnungsmodus anlegen**

- ⇦ **Anmerkungen erstellen**
- ⇦ **Notiz**
- Mit Hinweislinie, Eingeben, Horizontal, Standard
- ⇦ **Notiz anlegen**
- Ansatztyp: ⇦ **Schneiden**, **Pfeilspitze**
- ⇦ 1. Kante, [Strg]+⇦ 2. Kante
- ⇩ Notiz absetzen
- Notiz eingeben: **[U]**, **[↵]**, **[↵]**

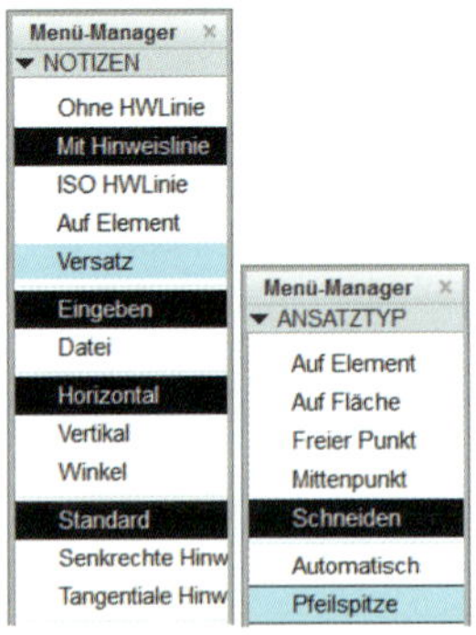

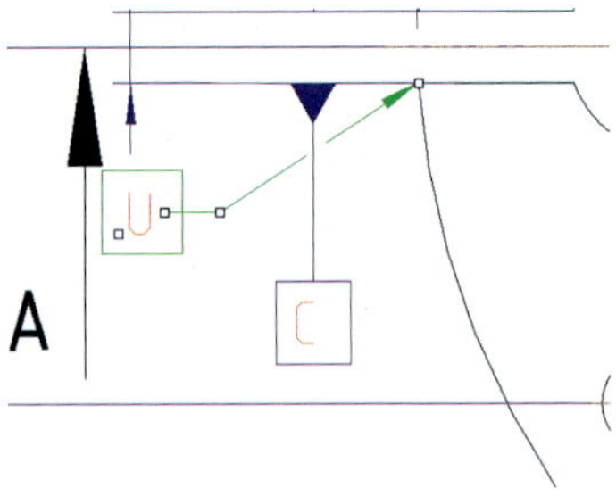

☞ Wird die Notiz als 2D-Notiz angelegt, so ist sie nur im Zeichnungsmodus verfügbar. Die geometrische Toleranz, die auf die Notiz verweist, ist auf jeden Fall auch im 3D-Modell verfügbar. Wesentlich sinnvoller ist daher das Anlegen der Notiz als 3D-Notiz im Modell.

☐ **3D-Notiz im Modellmodus anlegen**

- ⇦ Öffnen [***14501048_statorblech.prt***]
- ⇦ **Anmerkungen erstellen**, ⇦ TOP
- ⇦ **Anmerkungs-KE**
- ⇦ **Notiz,** Text: **[V]**
- ⇦ **[Platzieren]**
- Mit Hinweislinie, Standard, ⇦ **Fertig**
- Auf Element
- ⇩ **Notiz positionieren**
- Notiz beenden: **[OK]**

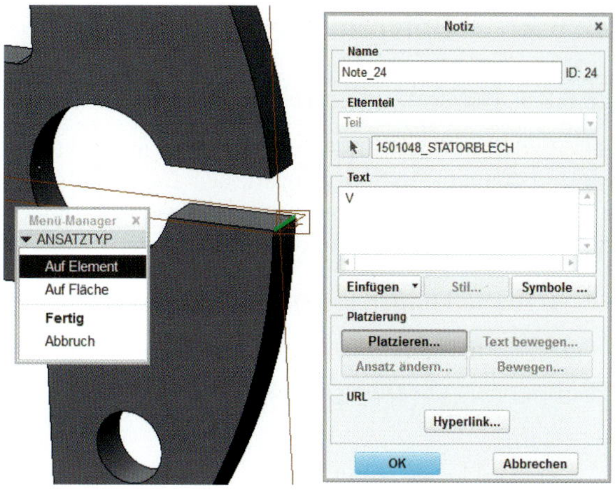

Die weiteren Notizen S und T werden analog erstellt.
Danach wird in die Zeichnung zurückgewechselt.

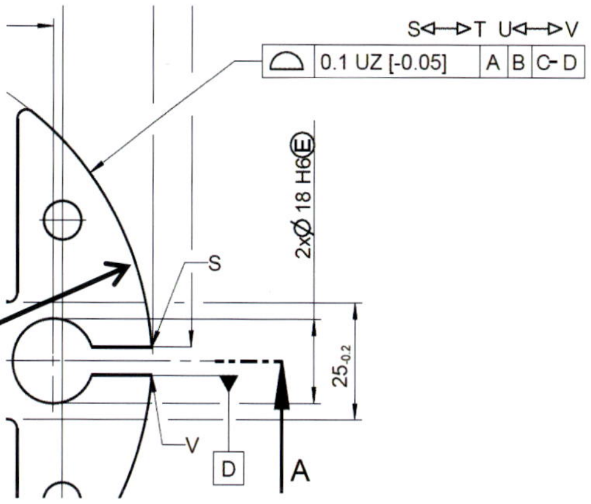

☐ **Definition der Flächen-Profiltoleranz**

- ⇦ **Anmerkungen erstellen**
- ⇦ **Geometrische Toleranz**
- ⇦ Profil einer Fläche

☐ **Modell-Refer-Referenz**

- *Referenz*: ⇦ ▼Fläche
- Element auswählen: ⇦ <Profilfläche>

☐ **Bezugs-Refer**

- Primär-Einfach: ⇦ ▼**[A]**
- Sekundär-Einfach: ⇦ ▼**[B]**
- Tertiär-Einfach: ⇦ ▼**[C]**
- Tertiär-Zusammengesetzt: ⇦ ▼**[D]**

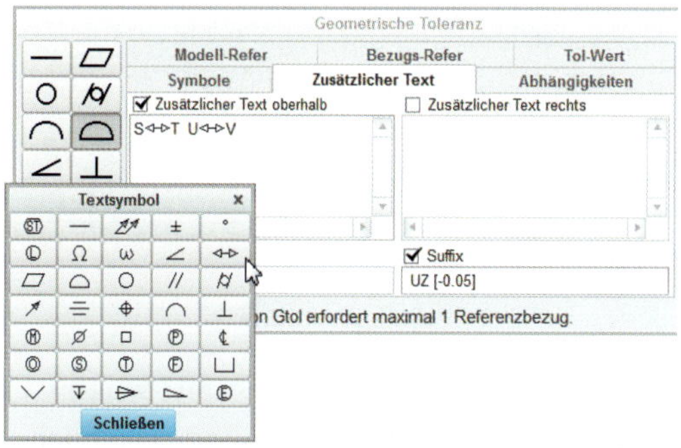

☐ **Tol-Wert**

- Gesamttoleranz ⇦ ☑, **[0.1]**
- Material-Bedingung: ⇦ ▼ **RFS** (kein Symbol)

☐ **Zusätzlicher Text**

- Suffix aktivieren: ⇦ ☑, **UZ [-0.05]**
- Zusätzlicher Text oberhalb: ⇦ ☑, **S⊲⊳T U⊲⊳V**

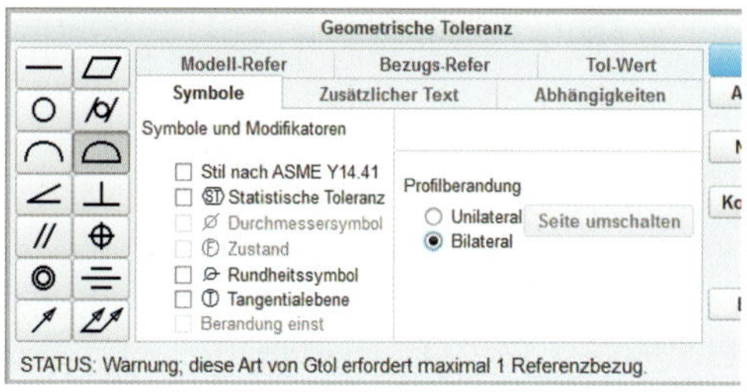

☐ **Modell-Refer-Platzierung**

- *Platzierung*: ⇦ Senkrechte Hinweislinie
- Gtol Platzieren... ⇦ <Profilkante wählen>
- Gtol absetzen: ⇩

☐ **Symbole**

- Profilberandung: ◉ **Bilateral**

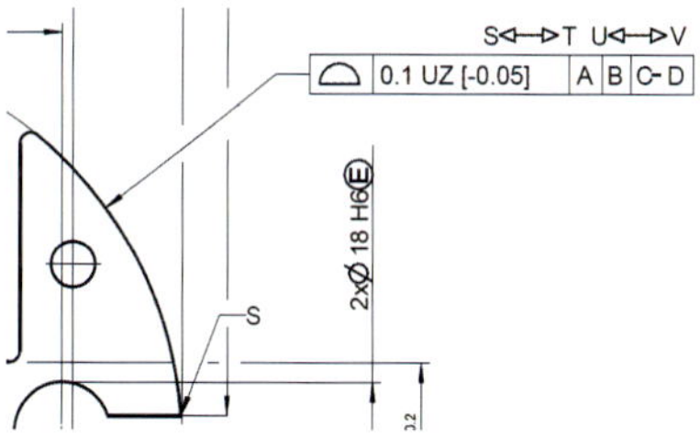

- Geometrische Toleranz beenden: **[OK]**

Das Ergebnis ist die abgebildete Profiltoleranz.

22.6.3 Beispiel: Geometrische Toleranz in Kurbelwellenzeichnung

22.6.3.1 Achsbezug erstellen

Bezugsdefinitionen für Achsen können auf bestehenden Achsen (aus dem Modell heraus) oder aus neu zu definierenden Achsen erstellt werden. Der Bezugsname (z. B. „A") wird dabei gleichzeitig als KE-Name im Modellbaum verwendet. Damit beispielsweise die Achsen des Startmodells durch eine Verwendung als Bezug nicht umbenannt werden, ist es meist sinnvoll, neue Bezugsachsen zu erstellen:

- ⇦ **Anmerkungen erstellen**, ⇦ Modellbezug ▼, ⇦ **Modellbezugsachse**

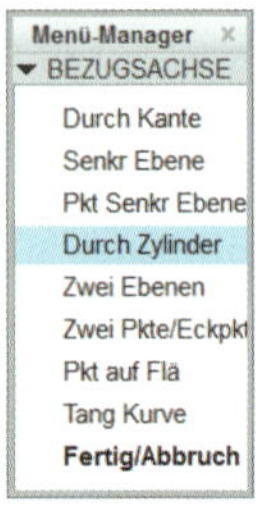

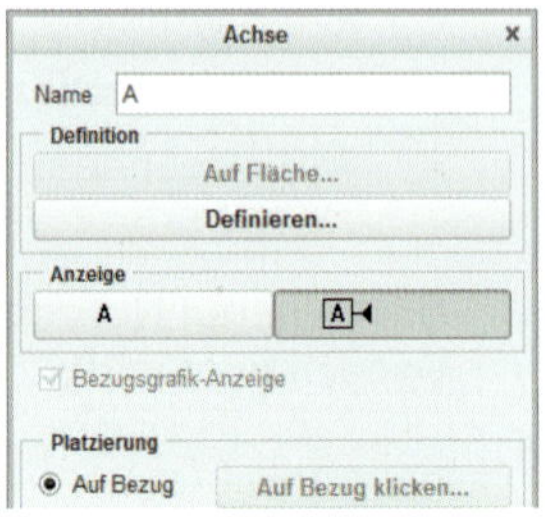

Es öffnet sich der Dialog ACHSE.

- Name: **[A]**
- Anzeige: ⇦ [A]
- Bezug definieren: ⇦ **[Definieren...]**
- Auswahl: ⇦ Durch Zylinder

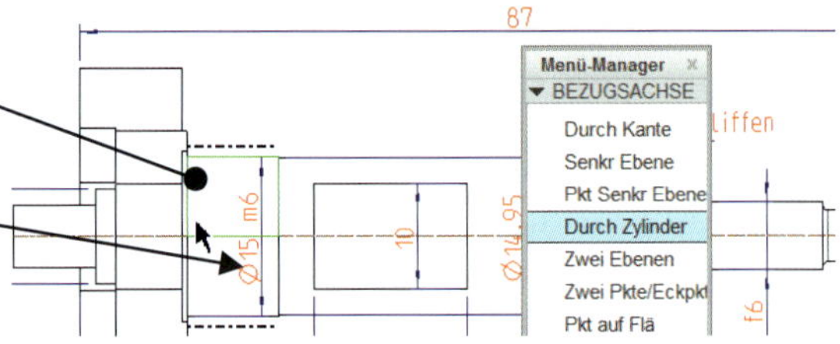

- Zylinderfläche wählen: ⇦ <Zylinderfläche>
- Platzierung: ⇦ **In Bemaß**
- Bemaßung für Anzeige: ⇦
- Dialog beenden: **[OK]**

Das Bezugssymbol wird mittig über der Bemaßung auf die Zylinderoberfläche erstellt. Es lässt sich nun einfach mit gedrückter, linker Maustaste verschieben.

☞ Nach der Platzierung **In Bemaßung** kann bei angewähltem Bezug über die rechte Maustaste ▶ die Richtung der Position über **Maßhilfslinie umschalten** gewechselt werden.

⚠ Der Achsbezug ist als neue reguläre Bezugsachse mit dem Namen „A" im Modell angelegt. Im Gegensatz zu den sonstigen Eindeutigkeitsregeln in *Creo* können Bezugsachsen und Querschnitte denselben Namen verwenden.

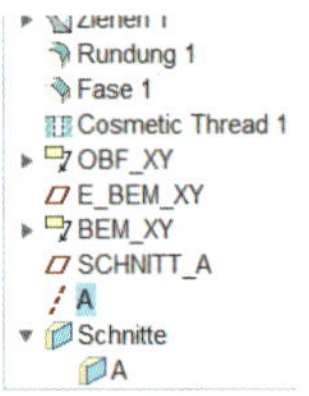

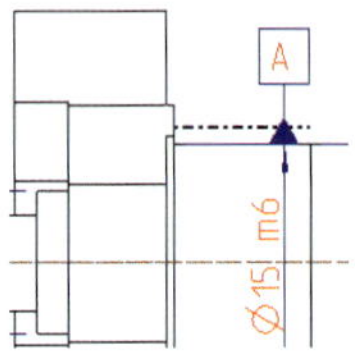

22.6.3.2 Geometrische Toleranz setzen

- ⇦ **Anmerkungen erstellen**
- ⇦ **Geometrische Toleranz**
- ⇦ **Konzentrizität**

☐ **MODELL-REFER-Referenz**

- *Referenz*: ⇦ ▼Achse
- Achse auswählen: ⇦

☐ **MODELL-REFER-Platzierung**

- *Platzierung*: ⇦ Senkr. Hinweislinie
- HW-LINIENTYP: ⇦ Pfeilspitze
- Pfeil-Ansatz wählen: ⇦
- Platzierungspunkt wählen: ⇩

☐ **BEZUGS-REFER-Primär**

- Primär-Einfach: ⇦ **▼[A]**

☐ **TOL-WERT**

- Gesamttoleranz ⇦ ☑, **[0.02]**

- Gtol beenden: ⇦ **[OK]**

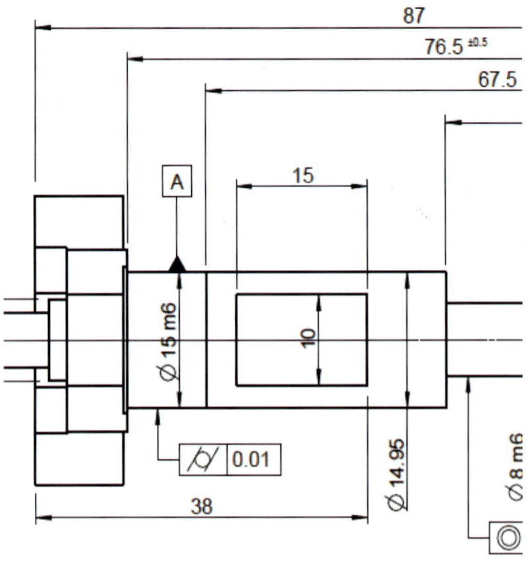

Nach dem Eintrag weiterer geometrischer Toleranzen sollte die Zeichnung der Kurbelwelle das folgende Aussehen haben:

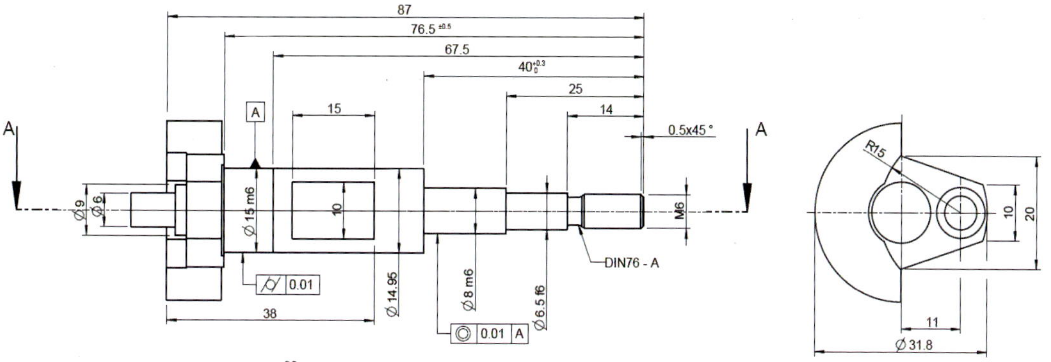

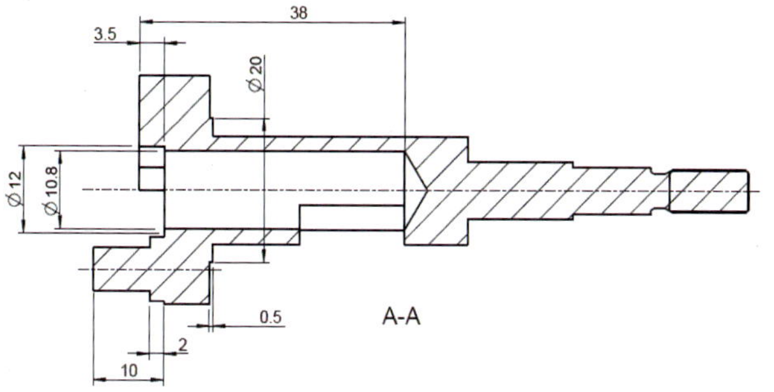

Die vorliegende Zeichnung erhebt keinen Anspruch auf Vollständigkeit oder Sinnhaftigkeit von Maßen und Toleranzen. Sie dient nur der Verdeutlichung des aktuellen Arbeitsfortschritts.

22.7 Symbole

Symbole sind 2D-Elemente, die zur eindeutigen Definition einer Zeichnung erforderlich sind. Beispiele für Symbole sind Oberflächenangaben und Werkstückkanten, aber Form- und Lagetoleranzen, Stücklistenballons, Schweißzeichen sowie Pneumatik- und Hydrauliksymbole. Symboldateien erhalten die Endung *.sym*.

Für die wichtigsten und häufigsten Symbole (Oberflächen, Form- und Lagetoleranzen) stehen eigene Funktionsaufrufe in *Creo* zur Verfügung, die eine optimale Anwendung und Platzierung ermöglichen. Alle Symbole, auch die mit eigenem Aufruf versehenen oder benutzerdefinierten, können über einen speziellen Symboldialog aufgerufen, definiert und platziert werden. Symbole können durch den Benutzer selbst erzeugt werden. Dazu besteht die Möglichkeit des Gruppierens. Damit lassen sich komplexe, durch Parameter gesteuerte Symbole definieren. Ein Beispiel für eine derartige Symboldefinition sind die Oberflächensymbole aus den StartupTOOLS.

Alle Symbole können entsprechend der in Kap. 13.10.3 vorgestellten Vorgehensweise als 3D-Anmerkungen am Volumenmodell definiert werden. Bei Ableiten einer 2D-Zeichnung stehen diese Symbole nach dem Verfahren von Kap. 22.4 als Notizanmerkungen zum Anzeigen zur Verfügung.

Alternativ dazu können die Symbole auch als reine Zeichnungselemente nur für die Zeichnung verwendet werden. Vorteile dieses Verfahrens sind die erheblich einfachere Anwendung und die Möglichkeit, in einem Schritt mehrere gleiche Symbole an unterschiedlicher Position zu erstellen (Beispiel: Oberflächenzeichen). Nachteilig ist, dass diese Symbol Information ausschließlich in der Zeichnung verfügbar ist. Es erfolgt kein Zurückschreiben in das Volumenmodell.

22.7.1 Symboleintrag als 2D-Notizen (rein grafische Symbol)

Der Aufruf von Symbolen erfolgt über:

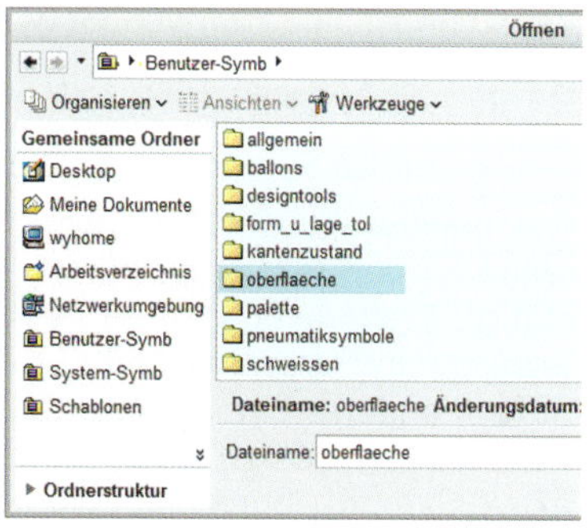

- ⇦ **Anmerkungen erstellen**, ⇦ Symbol ▼, ⇦ **Angepasstes Symbol**

Ist noch kein 2D-Zeichnungssymbol in der Zeichnung vorhanden, wird der ÖFFNEN-Dialog im Verzeichnis der Benutzer-Symbole geöffnet. Die Installation der StartupTOOLS stellt hier eine große Zahl an vordefinierten Symbolen, strukturiert in Verzeichnissen zur Verfügung.

☞ Ist bereits eine Zeichnungssymbol in der Zeichnung vorhanden, öffnet sich sofort der Dialog ANGEPASSTES ZEICHNUNGSSYMBOL.

⚠ Das Benutzer-Symbolverzeichnis und die verfügbaren Symbole können je nach Installation erheblich abweichen!

- ⇦ ⇦ <Oberflächenverzeichnis wählen>
- ⇦ ⇦ ***obf_eniso_1302.sym*** <öffnen der Oberflächensymboldatei>

Danach stehen über den Dialog ANGEPASSTES ZEICHNUNGSSYMBOL alle Parameter zur Darstellung, Platzierung, ggf. zu den Gruppierungen und Texten zur Verfügung. Der gleiche Dialog öffnet sich auch dann, wenn durch Doppelklick auf ein in der Zeichnung bereits vorhandenes Symbol die Editierfunktion des Symbols aufgerufen wird, oder bereits ein Symbol in der Zeichnung geladen ist.

Als Beispiel wird das bereits erzeugte Oberflächensymbol aufgerufen. Erreicht wird diese Symboldatei mit:

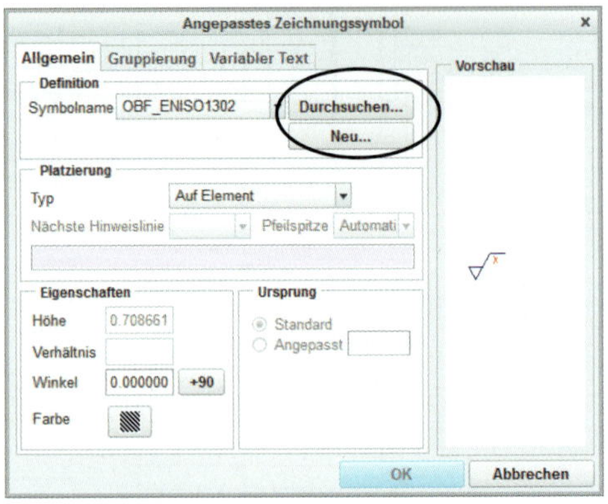

- ANGEPASSTES ZEICHNUNGSSYMBOL: ⇦ **[Durchsuchen]**
- Im DATEI-ÖFFNEN-Dialog: ⇦ *<obf_eniso_1302.sym>* ⇦ **[Öffnen]**

  Über die Rubriken **Gruppierung** und **Variabler Text** können die gewünschten Anpassungen analog zu Kap. 13.10.3 vorgenommen werden.

☐ **Symbole platzieren**

- ⇦ **[Senkrecht zu Element]** <Platzierungstyp>
- ⇦ Auswahl der Platzierungsoberfläche
- ⇩ Symbol platzieren
- ⇦ Weitere Oberfläche für gleiches Symbol wählen
- ⇩ Symbol platzieren
- ...
- ⇦ Gruppierung, ⇦ ... Ändern
- ⇦ Auswahl der Platzierungsoberfläche für geändertes Symbol
- ⇩ Symbol platzieren
- ...
- Symbolplatzierung beenden: **[OK]**

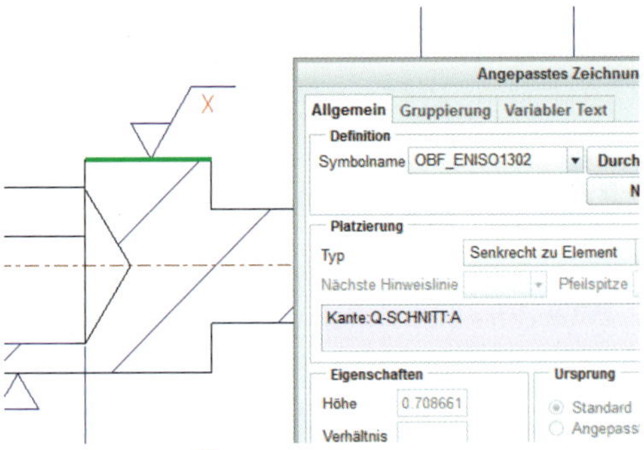

Im Zuge der Symbolplatzierung kann auch der Platzierungstyp umgeschaltet werden. So können in einem Arbeitsgang auch die allgemeinen Symbolvorgaben mit der Platzierungsoption **Frei** abgesetzt werden.

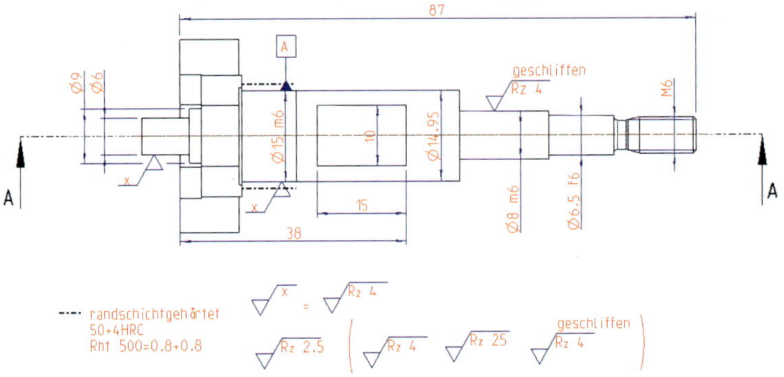

22.7.2 Symbol aus Palette (rein grafische Symbol)

Analog zum bereits in Kapitel 13.10.4 beschrieben Verfahren können auch in Zeichnungen Symbole aus einer Zeichnungspalette verwendet werden:

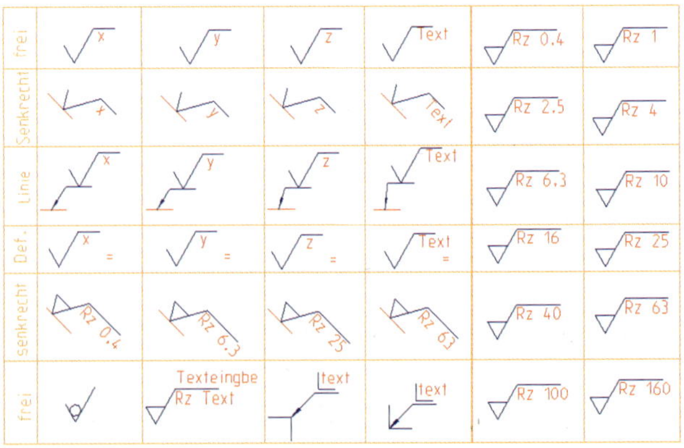

- ⇦ **Anmerkungen erstellen**,
- ⇦ Symbol ▼, ⇦ Symbol aus Palette

Das gewünschte Symbole wird in der Palette mit ⇦ gewählt, in der Zeichnung mit ⇦ abgesetzt und mit ⇩ bestätigt. Weitere Positionen desselben Symbols können jeweils mit ⇦ gewählt und mit ⇩ bestätigt werden. Soll auf ein anderes Symbol aus der Palette gewechselt werden, muss zunächst über die rechte Maustaste ⇨ das aktive Symbol abgemeldet werden. Das nächste Symbol kann dann sofort mit ⇦ aus der Palette entnommen und platziert werden.

☞ In der abgebildeten Symbolpalette sind die einzelnen Symbole bereits mit einer Platzierungsbedingung versehen. Alternativ kann man alle Symbole in der Palette frei positionieren, muss diese dann aber in der Zeichnung nachträglich z. B. auf Element anordnen.

22.7.3 Eigenes Symbol erzeugen

Als Beispiel für eine Symbolerzeugung wird im Folgenden ein Symbol für einen Stücklistenballon erzeugt, der neben der Positionsnummer auch die Identnummer ausgibt. Symbole können nur aus dem Zeichnungsmodus heraus definiert werden. Dabei ist es unerheblich, aus welcher Zeichnung dies geschieht, da die Symbole später unabhängig voneinander gespeichert werden können. Das Oberflächensymbol *ballon_idnr_pos.sym* wird daher aus der aktuellen Zeichnung der Kurbelwelle heraus definiert und gesichert.

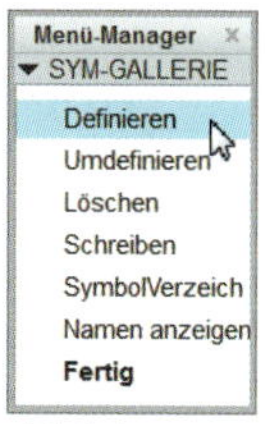

Die Symboldefinition wird aktiviert über:

- ⇦ **Anmerkungen erstellen**, ⇦ Symbol ▼, ⇦ Symbol Galerie
- Im Dialog Sym-Galerie: ⇦ **[Definieren]**
- Symbolnamen eingeben: **[ballon_idnr_pos]**, [↵]

Creo öffnet eine neue Zeichnung mit dem Namen SYM_EDIT_BALLON_IDNR_POS. Der Rahmen der Zeichnung dient nur zur Größenorientierung. Er ist kein Bestandteil des späteren Symbols. Die Lage des Symbols auf der Zeichenfläche ist unerheblich, da die Position später über einen Einfügepunkt angegeben wird.

☐ **Symbol-Notiz definieren**

Die Symbolnotiz wird zuerst erstellt, damit deren Größe als Referenz für den umschließenden Kreis (Ballon) verwendet werden kann. Aus demselben Grund wird auch zunächst nicht der Parameterverweis für die Indentnummer *&asm.mbr.idnr* eingetragen, sondern eine 7-stellige Zahl *0000000*, denn der Parametertext hat eine abweichende Größe. Die erfolgt analog für die Positionsnummer.

- ⇦ **Einfügen**, ⇦ Notiz...
- Ohne HWLinie, Eingeben, Horizontal, Standard, ⇦ Mitte,⇦ **Notiz anlegen**
- ⇦ <Freien Punkt in Zeichnungsfläche wählen>
- 1. Textzeile eingeben: **[0000000]**, ⇦ ✔
- 2. Textzeile eingeben: **[Pos.000]**, ⇦ ✔
- 3. Textzeile: ⇦ ✔ Leereingabe
- ⇦ Fertig / Zurück

Bei Bedarf können Schriftgröße und Schriftart der Notiz geändert werden:

- ⇦ Notiz auswählen, ▶ Eigenschaften, ⇦ Textstil
- ☐ Standard (abwählen), ⇦ Schriftart ▼ **[win_font]**
- ☐ Standard (abwählen), Höhe **[2.5]**
- ⇦ **[OK]**

☐ **Symbol skizzieren**

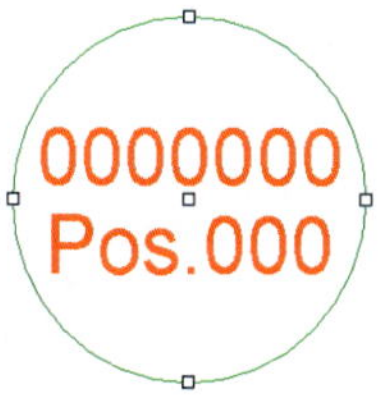

Speziell für Stücklistenballon-Symbole gibt es den Platzierungstyp „Radiale HWLinie". Bei diesem wird der Linienansatz auf einen Kreismittelpunkt definiert, die Hinweislinie selber aber innerhalb des Kreises nicht dargestellt. Diesen Ansatz gibt es nur für Kreise. Die Ballonnotiz soll nun von einem Kreis möglichst eng umrahmt werden:

- ⇦ , ⇦ freien Mittelpunkt, ⇦ Radienpunkt <Kreis zeichnen>, ⇩ <beenden>

Trennlinie skizzieren:

Als nächstes wird eine Trennlinie zwischen die beiden Textzeil erstellten. Diese soll durch die Kreismitte jeweils bis an den Kreis verlaufen.

- ⇦ ,⇦ , ⇦ <Skizzenkette, Parametrische Skizze und Linienmodus aktivieren>

Automatisch öffnet sich der Dialog EINRASTREFERENZEN. Darin können mit ⇦ die Einrastreferenzen neu gewählt werden.

- ⇦ , ⇦ Kreis <Kreis als Einrastreferenz wählen>
- ⇩ <Referenzauswahl beenden>
- Startpunkt auswählen: ⇦ <Kreismittelpunkt>
- Endpunkt über Winkel: ▶ **[Winkel...]**, Winkel: **[0.0]**, Winkel beenden: ✔
- Endpunkt auf Kreis: ⇦ <Kreiskante>

Die 2. Linie wird analog von der Mitte zur anderen Seite des Kreises erstellt.

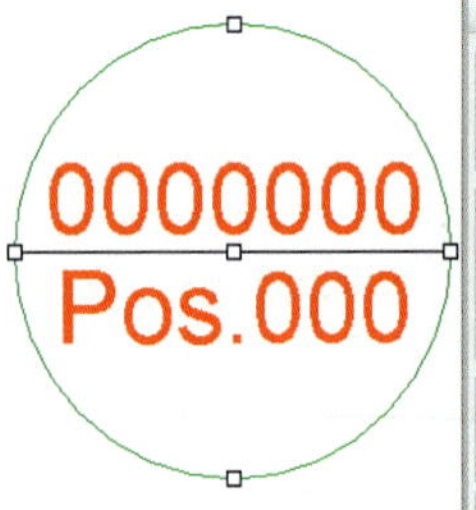

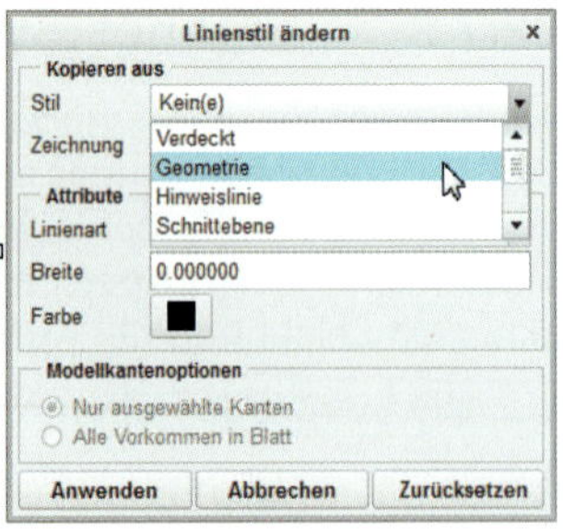

☐ **Linienstil zuweisen**

Dem Kreis soll der Linienstil der Körperkante, den Querlinien der von Hinweislinien zugewiesen werden:

- ⇦ <Kreis auswählen>
- ▶ **[Linienstil]**, ⇦ Stil: **[Geometrie]**
- ⇦ **[Anwenden]**, ⇦ **[Schließen]**

Die beiden horizontalen Linien werden analog auf Typ **Hinweislinie** gesetzt.

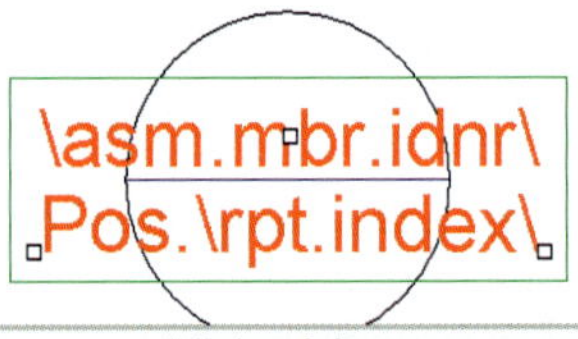

☐ **Notizinhalt ersetzen**

Nachdem die optische Bearbeitung abgeschlossen ist, können die Parameter für die Stückliste anstelle der Zahlendummys eingetragen werden. Variabler Text wird innerhalb von Symbolen zwischen zwei "\" eingetragen. Die verfügbaren Systemparameter für Zeichnungen findet man mit dem Suchbegriff „Systemparameter" in der *Creo*-Hilfe.

- ⇦ Notiz auswählen, ▶ **[Eigenschaften]**
- Ändern des Inhalts in

  \asm.mbr.idnr
  Pos.\rpt.index

- ⇦ **[OK]**

☐ **Attribute festlegen**

Aktivieren Sie als Platzierungstypen im Register ALLGEMEIN für das Symbol die Radiale HWLinie und wählen Sie den Kreis als Mittelpunktsreferenz:

- Im Dialog SYMBOLEDIT: ⇦ **[Attribute]**
- ⇦ ☑ Radiale HWLinie, ⇦ **[Auf Kreis klicken...]**, ⇦ <Kreis anklicken>
- ◉ Konstant <Symbolvarianten-Höhe>
- ☑ Konstanter Textwinkel <Attribute>
- ⇦ **[OK]**
- Im Dialog SYMBOLEDIT: ⇦ **[Fertig]**
- Im Dialog SYM-GALLERIE: ⇦ **[Schreiben]**, ⇦ **[Name]**, ⇦ <*ballon_idnr_pos* wählen>
- Symbol-Verzeichnis bestätigen ✔ oder anderes Verzeichnis eintragen.
- Im Dialog SYM-GALLERIE: ⇦ **[Fertig]**

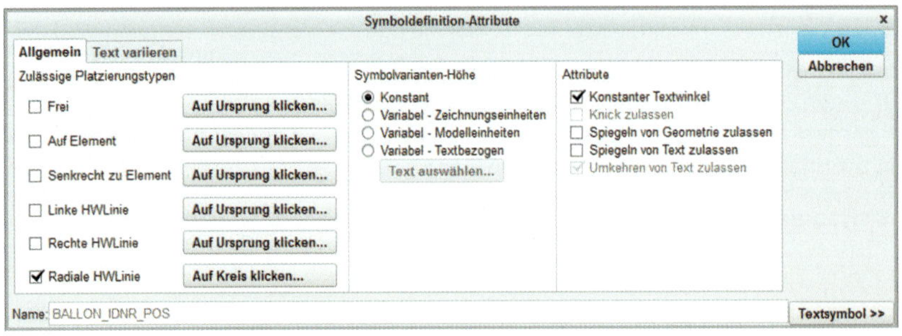

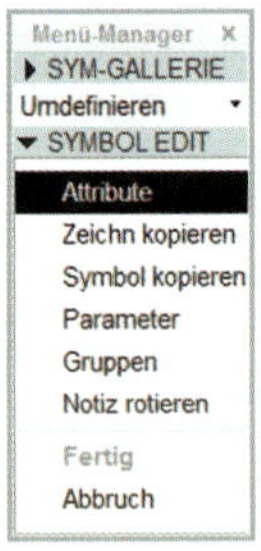

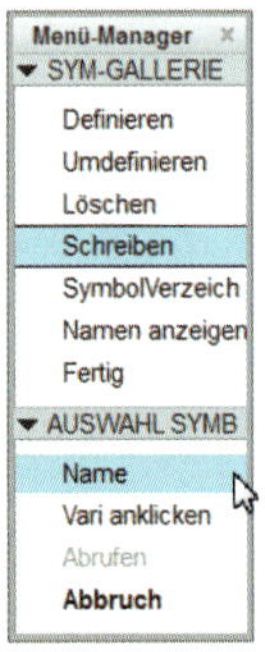

☞ Wird kein Symbolverzeichnis gewählt und wurde kein Verzeichnis als *pro_symboil_dir* in der Konfiguration definiert, schreibt *Creo* die Symboldatei in das aktuelle Arbeitsverzeichnis. Soll die Symboldatei für alle weiteren *Creo*-Sitzungen zur Verfügung stehen, muss die Symboldatei in das allgemeine Verzeichnis der User-Symboldateien geschrieben werden. Dieses Verzeichnis wird in der Konfigurationsdatei über den Parameter ***pro_symbol_dir*** eingestellt (siehe Kap. 4.3.1).

22.8 Gesamtzeichnungen

Gesamtzeichnungen werden auf die gleiche Art erzeugt wie die bisher behandelten Einzelteilzeichnungen, nur dass als Modell anstelle eines Bauteils (*.prt) eine Baugruppe (*.asm) verwendet wird.

☐ **Neue Zeichnung anlegen**

- ⇦ **Datei**, ⇦ Öffnen, **[*1501025_motor.asm*], [Mater-Darst.]**
- ⇦ **Datei**, ⇦ Neu, ⇦ ◉ Zeichnung
- Name: *1501025_motor*, üblicher Name: *motor*
- ☑ Standardschablone verwenden
- Dialog NEU beenden: ⇦ **[OK]**

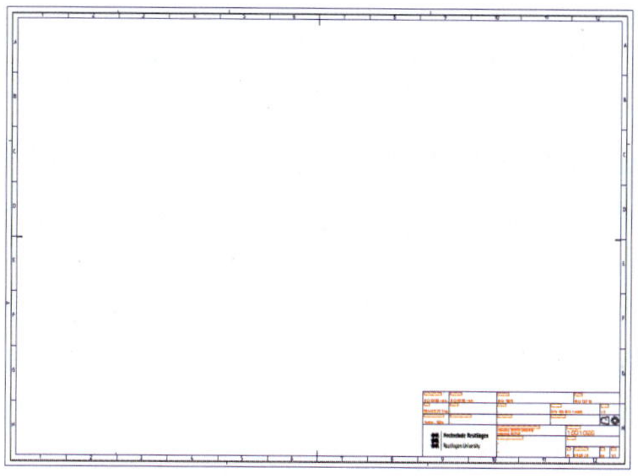

☐ **Im Dialog NEUE ZEICHNUNG**

- Standardmodell: ***1501025_motor.asm***
- Mit Zeichnungsrahmen: **◉ Leer mit Formatierung**

Es soll als Zeichnungsrahmen ein Rahmen DIN A2 (Querformat) der INNEO-Installation verwendet werden. Dieser befindet sich im Verzeichnis der Benutzerformate bzw. unter:

... ***\stools\data\fh_creo1_se\bibliotheken\zeichnung\rahmen***

- ⇦ **[Durchsuchen]**, ⇦ *a2qm_hsrt_de.frm*, ⇦ **Öffnen**
- BLATT EINRICHTEN verlassen: ⇦ **[OK]**

22.8.1 Zeichnungsansicht (Basisansicht) erstellen

Analog zu der in Kap. 22.3.1 beschriebenen Vorgehensweise wird die folgende Basisansicht erstellt. Diese wird immer in genau der Form dargestellt, die in der Baugruppe *1501025_motor.asm* definiert ist. Das heißt in diesem Fall, dass der Baugruppenschnitt aus Kap. 20.1 als Volumenentnahme verwendet wird.

- ⇦ **Layout**, ⇦ **Basisansicht** *oder* ▶ Basisansicht einfügen...
- Kein kombinierter Zustand: **[OK]**
- ⇦ Mittelpunkt der Zeichnungsansicht
- Ansichtsorientierung: ⇦ **[Rechts]**
- ZEICHNUNGSANSICHT schließen: ⇦ **[OK]**

Um zu einer sinnvollen Zeichnungsdarstellung zu kommen, muss der Baugruppen-Materialschnitt in der Datei *1501025_motor.asm* **unterdrückt** werden.

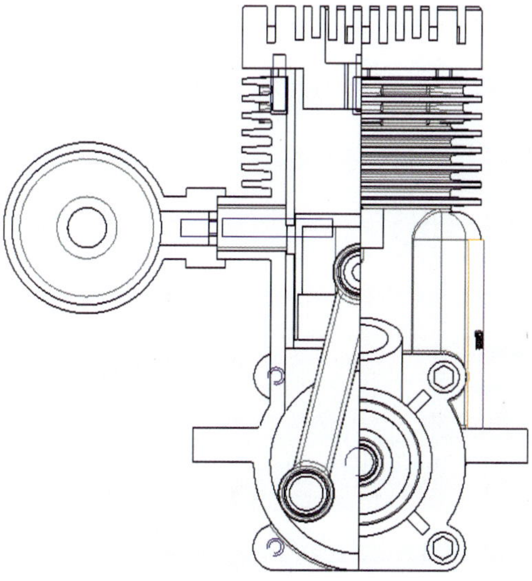

Mit Baugruppen-Materialschnitt

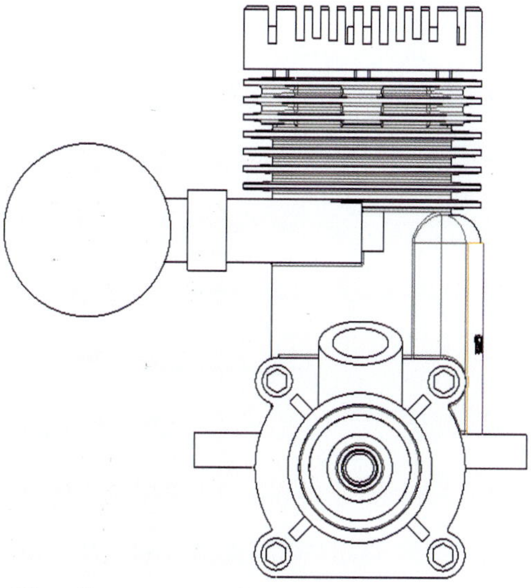

Ohne Baugruppen-Materialschnitt

☐ **Baugruppenschnitt unterdrücken**

- ⇦ <*105025_motor.asm* im **Modellbaum der Zeichnung** wählen>
- ▶ **Öffnen, Master-Darst**
- ⇦ <Baugruppenschnitt wählen>
- ▶ **[Unterdrücken]**

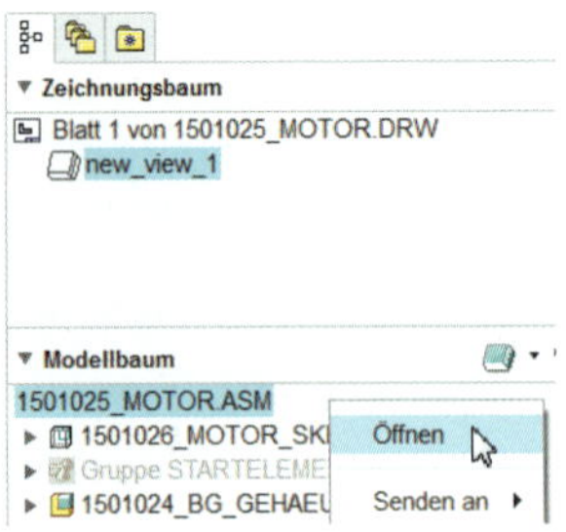

☐ **Zurück zur Gesamtzeichnung**

- ⇦ 🗔, ⇦ *1501025_motor.drw* <Fenster wechseln zur Zeichnung>

22.8.2 Schnittansicht (Projektion) erstellen

Der unter der Bezeichnung „A" definierte Querschnitt aus Kap. 20.3.5 mit der Überarbeitung nach Kap. 20.3.5.7 wird als Vollschnitt für eine Projektionsschnittansicht des gesamten Motors verwendet:

☐ **Projektionsansicht erstellen im Register** LAYOUT

- ⇦ **Layout**
- ⇦ <Basisansicht auswählen>
- ▶ **[Projektionsansicht einfügen]**
- ⇦ <Mittelpunkt der neuen Zeichnungsansicht, Punkt rechts neben der Basisansicht>

☐ **Schnittansicht einstellen**

Durch einen Doppelklick mit der linken Maustaste auf die zuletzt erzeugte Ansicht wird der zugehörige Dialog ZEICHNUNGSANSICHT wieder geöffnet.

- ⇦ ⇦ Dialog ZEICHNUNGSANSICHT öffnen
- Kategorie auswählen: ⇦ **[Schnitte]**
- Schnittoptionen: ◉ **2D-Querschnitt**
- Querschnitt hinzu: ⇦ ✚

In der Namensliste (**Name**) werden nur die Querschnitte mit einem grünen Haken versehen, die senkrecht zur Zeichnungsansicht liegen.

- Querschnitt auswählen: ⇦ **[A]**

Im Bereich **Pfeilanzeige** können zum gewählten Querschnitt die Ansicht und die Darstellung der Schnittpfeile aktiviert werden.

- Pfeilanzeige: ⇦ <anklicken>
- Ansicht für Pfeile wählen: ⇦ <anklicken>
- Schnitt zuweisen: **[OK]**

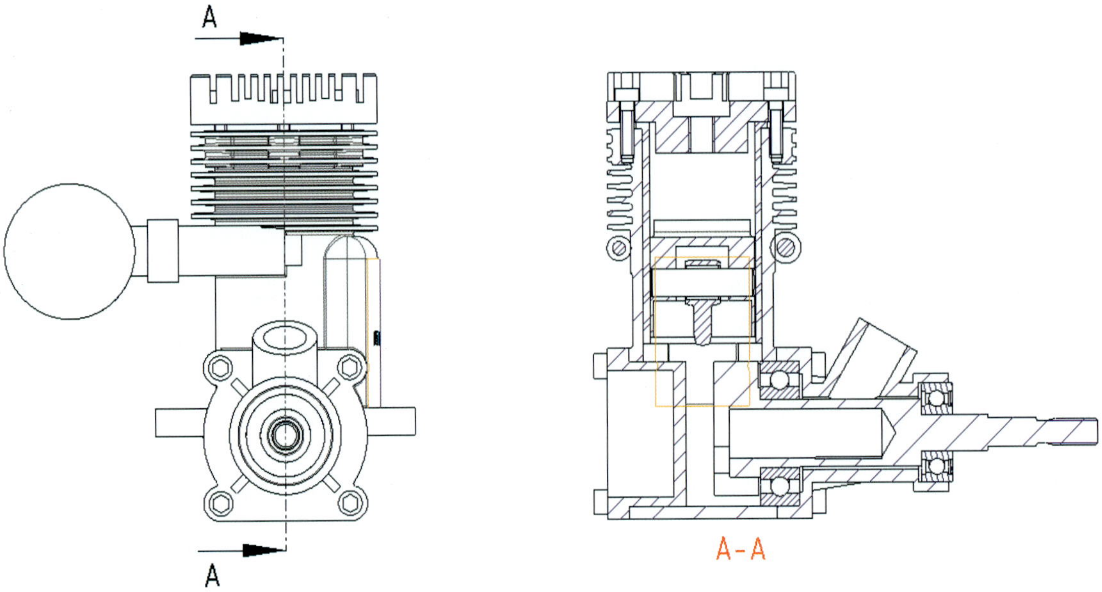

Analog zu Kap. 22.3.6 wird der Zeichnungsmaßstab auf 2:1 geändert.

- ⇦ ⇦ MASSSTAB, **[2]**, **[↵]**

Das Ergebnis ist die auf der vorangegangenen Seite dargestellte Schnittansicht des Motors. Dabei werden alle geschnittenen Bauteile schraffiert, soweit diese nicht nach Kap. 20.3.5.7 bei der Schnittdefinition bereits vom Schnitt ausgeschlossen wurden. Wenn die Schraffur nicht bereits bei der Querschnittserzeugung im Modell angepasst wurde, kann dies jetzt lokal für die aktuelle Schnittansicht erfolgen. Sinnvoll ist daher die Schraffur-Anpassung im Modellbereich.

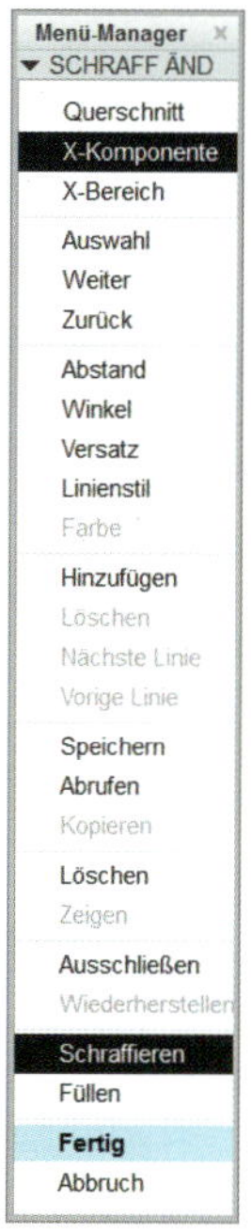

22.8.3 Schraffur anpassen

Beim Überfahren der Schnittansicht mit der Maus werden die unter dem Mauszeiger liegenden Objekte hervorgehoben. Wird die Schraffur hervorgehoben (immer die gesamte Schraffur der Ansicht), kann diese mit der linken Maustaste ausgewählt werden. Danach stehen die Schraffur-Eigenschaften auf der rechten Maustaste zur Verfügung:

- ⇦ **Layout**
- ⇦ <Schraffur auswählen>
- ▶ **[Eigenschaften]** <Schraffureigenschaften aktivieren>

☞ Wichtig ist, dass die Folie Schrumpfverpackung ausgeblendet ist, da ansonsten die Schraffur nur schlecht oder gar nicht angewählt werden kann!

Mit **[Weiter]** und **[Zurück]** kann zwischen den einzelnen vorhandenen Schraffurquerschnitten hin- und hergeschaltet werden. Jede einzelne Schraffur kann im **Abstand**, **Winkel**, **Versatz** und **Linienstil** verändert werden.

[Ausschließen] unterbindet das Schraffieren des entsprechenden Querschnittes. Das heißt, das Teil wird weiterhin geschnitten dargestellt, aber ohne Schraffur. **[Wiederherstellen]** nimmt das Ausschließen wieder zurück. Mit **[Füllen]** wird der gesamte Querschnitt geschwärzt.

Sind alle Schraffurquerschnitte einer Ansicht angepasst, wird der Dialog SCHRAFF ÄND mit **[Fertig]** beendet.

☞ Werden Komponenten aus der Schraffur ausgeschlossen, muss die Zeichnungsansicht aktualisiert werden, damit die Darstellung der Komponenten stimmt!

- ⇦ **Überprüfen**, ⇦ **Zeichnungsansicht aktualisieren**, ⇦ <Ansicht wählen>

☞ Wird im Modell (Teil) der Parameter **DEFAULT_XHATCH_ANGLE** mit einem Wert von **45°** angelegt, haben alle Schraffuren diesen Winkel. Diesen Parameter kann man auch dauerhaft im Startmodell unterbringen. Die Schraffurabstände werden dann weiterhin automatisch unterschiedlich vergeben. Sollen die Schraffurabstände ebenfalls festgelegt werden, ist dies über den Parameter **DEFAULT_XHATCH_SPACING** möglich.

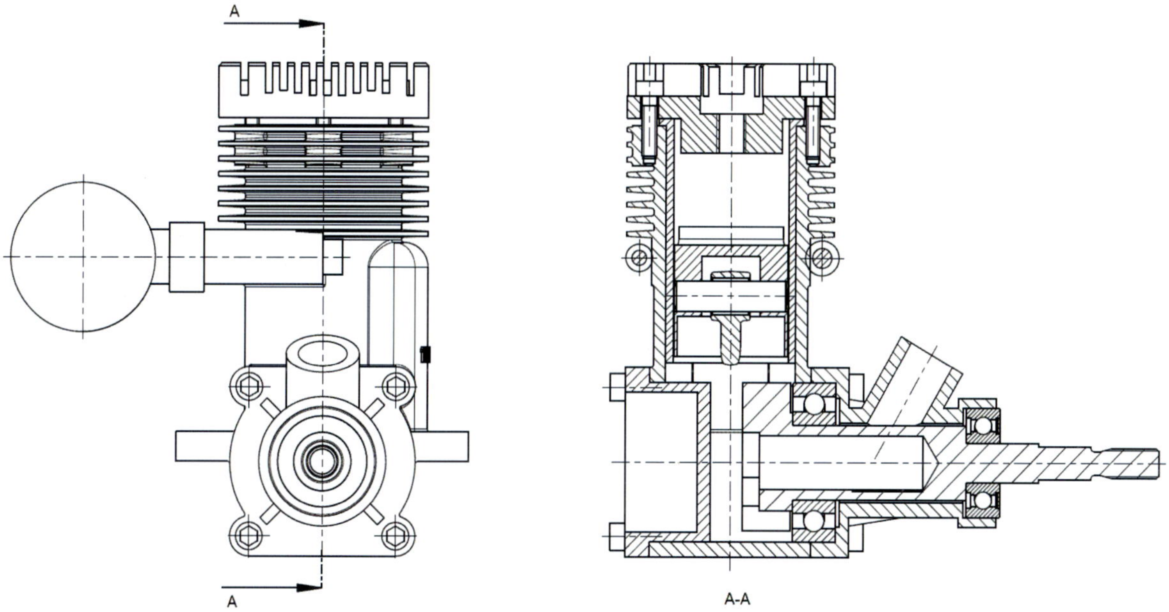

Gesamtzeichnung nach Anpassen der Schraffuren, Ergänzen von Mittellinien und Ausblenden der Flächen- und Kurvenfolien

22.8.4 Ansicht mit Ausbruch

Eine Schnittansicht mit einem Ausbruch für den Kurbeltrieb ist zu erzeugen. Den Schnitt für den Ausbruch stellt der Querschnitt „B“ dar. Das bedeutet, im Ausbruch wird der Querschnitt „B“ dargestellt. Der Umriss des Ausbruchs wird über eine Freihandlinie (Spline) definiert.

☐ **Projektionsansicht erstellen**

- ⇦ **Layout**, ⇦ Projektion
- ⇦ Projektions-Elternansicht wählen: <Vorhandene Schnittansicht wählen>
- ⇦ Mittelpunkt der neuen Zeichnungsansicht: <Rechts neben Schnittansicht>

☐ **Ausbruch definieren**

- ⇦ ⇦ Dialog ZEICHNUNGSANSICHT öffnen
- Kategorie auswählen: ⇦ **[Schnitte]**
- Schnittoptionen: ◉ **2D-Querschnitt**
- Querschnitt hinzu: ⇦ Name: **[B]**
- Schnittbereich: ⇦ **[Lokal]**

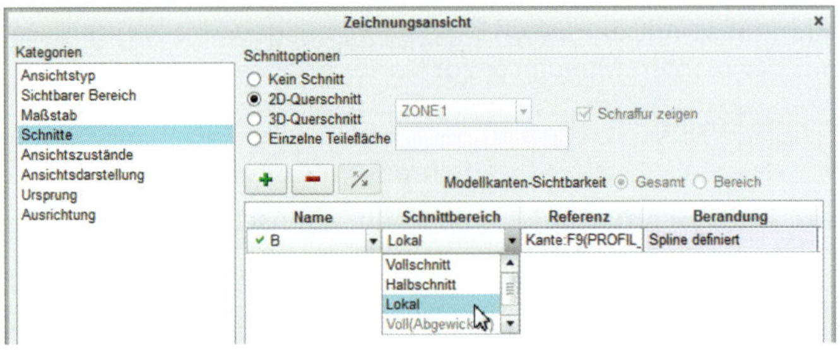

Der darzustellende Schnitt soll nur **lokal** im Bereich eines Ausbruchs Gültigkeit haben. Vor dem Erzeugen einer Skizze, die den Ausbruchumriss darstellt, muss ein Referenzpunkt in der Ansicht gewählt werden, an dem die Skizze „aufgehängt“ wird. Damit wird sichergestellt, dass bei einem Verschieben der Ansicht die Ausbruchskizze mitverschoben wird. Dieser Referenzpunkt muss **innerhalb** der späteren Skizzenkontur liegen.

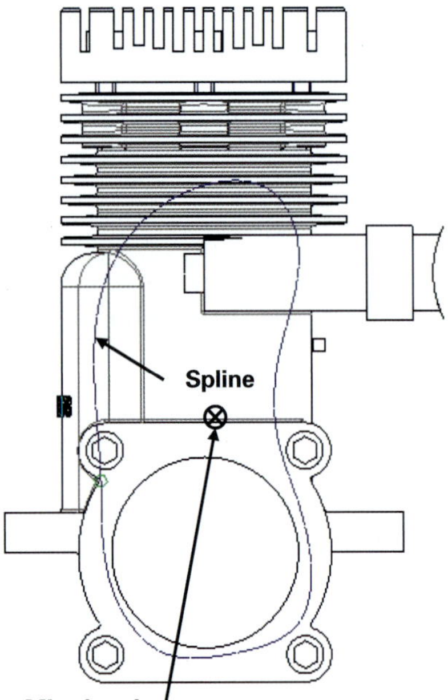

- ⇦ Punkt wählen: <siehe Skizze>
- Berandung aktivieren: ⇦ **Berandung**
  Durch Klicken in das Dialogfeld „Berandung“ wird dieses aktiviert. Der aktive Status wird durch den hellgelben Hintergrund im Dialog angezeigt.
- Spline-Berandung setzen: ⇦, ⇦, ⇦, ..., ⇩
  Die Ausbruchumrandung wird als Spline erzeugt. Durch Klicken mit der linken Maustaste sind die einzelnen Stützpunkte des Splines zu definieren. *Creo* zieht den Spline kontinuierlich nach. Zum Abschluss der Spline-Umrandung wird die mittlere Maustaste betätigt. *Creo* schließt die Kontur des Splines automatisch.

⚠ Zum Skizzieren des Splines dürfen nicht die Elemente der Zeichenleiste verwendet werden. Es dürfen nur die Stützpunkte ⇦ abgesetzt und mit ⇩ beendet werden!

- ZEICHNUNGSANSICHT beenden: **[OK]**
  Die nebenstehende Abbildung zeigt den entstandenen Schnitt nach dem Anpassen der Schraffuren.

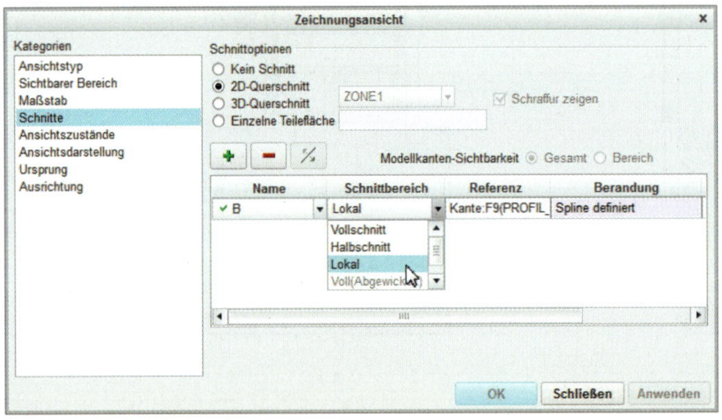

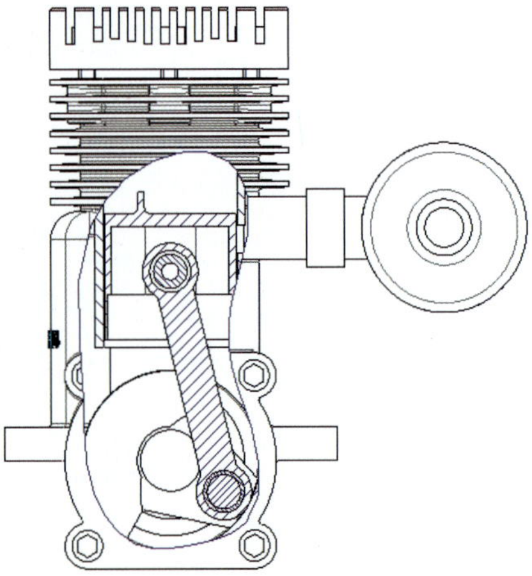

☞ Ausbrüche können auch aus einer Schnittansicht mit Blick auf einen dahinter liegenden Schnitt erzeugt werden.

22.8.5 Sichtbarer Bereich einer Ansicht

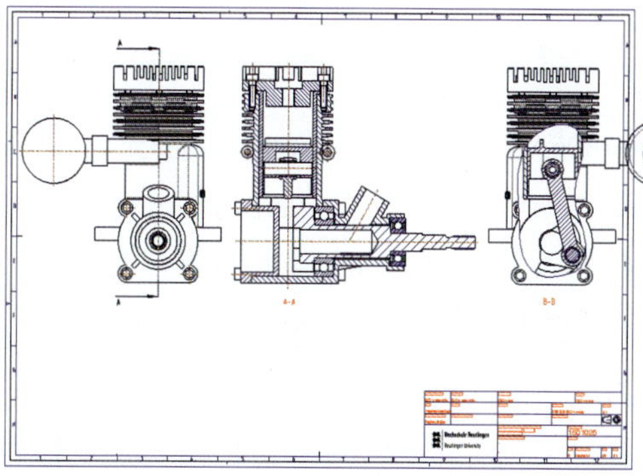

Aktuell überschreitet die Anordnung der 3 Ansichten den verfügbaren Zeichenbereich des gewählten Zeichnungsrahmens. Natürlich könnte ein größeres Papierformat oder ein kleinerer Darstellungsmaßstab gewählt werden. Der Informationsgehalt der Bruchansicht B-B beschränkt sich jedoch auf die Darstellung der Kurbelschwinge. Insbesondere die Lage und Darstellung des Auspuffs sind in der Ansicht B-B nicht von Bedeutung.

Hier bietet sich die Möglichkeit an, den sichtbaren Bereich der Ansicht B-B einzuschränken.

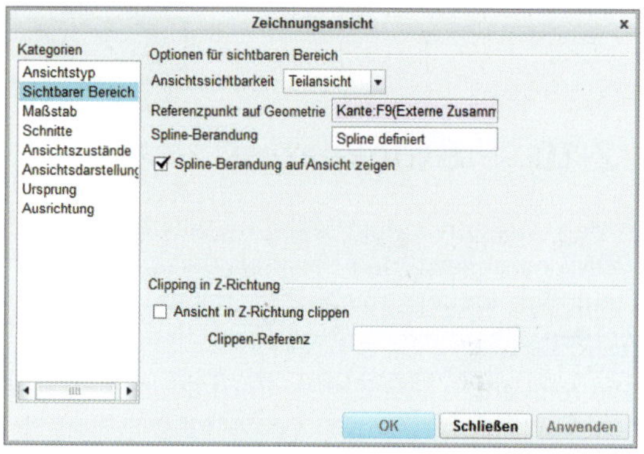

☐ **Sichtbaren Bereich ändern**

- ⇦ ⇦ Dialog ZEICHNUNGSANSICHT öffnen
- Kategorie auswählen: ⇦ **[Sichtbarer Bereich]**
- Ansichtssichtbarkeit: ⇦ **▾ Teilansicht**

Analog zur Ausbruchdefinition aus Kap. 22.8.4 werden auch hier ein innenliegender Referenzpunkt für das „Aufhängen" der Spline-Berandung und die Spline-Berandung selber benötigt.

- Referenzpunkt auf Geom. ⇦ <Geom. im Sichtbereich>
- Spline-Berandung setzen: ⇦ , ⇦ , ⇦ , ..., ⇩
- ZEICHNUNGSANSICHT beenden: **[OK]**

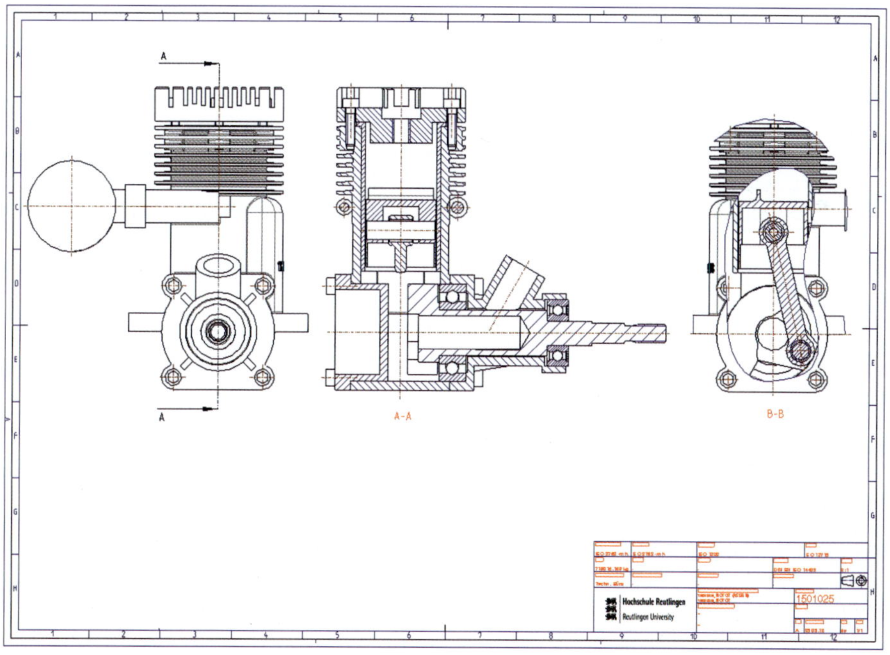

22.9 Schweißnahtsichtbarkeit

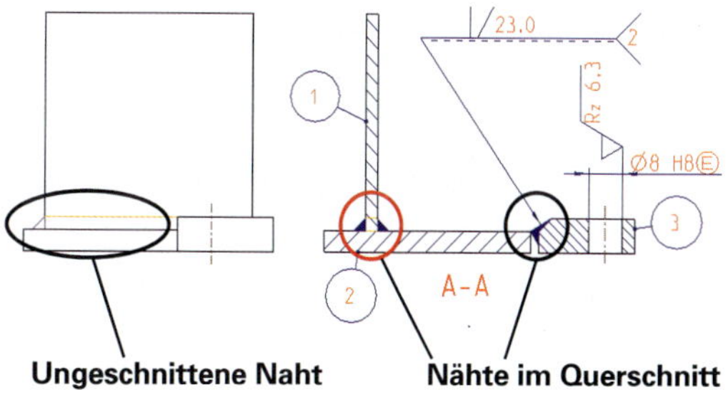

Schweißbaugruppen (siehe Kap. 17) werden als ganz normale Baugruppen ggf. mit Stücklisten aufgebaut. Sind die Schweißnähte entsprechend der in Kap. 17 beschriebenen Vorgehensweise erstellt worden, werden Schweißnähte im Quer- oder Längsschnitt automatisch gefüllt dargestellt, ungeschnittene Schweißnähte werden als Flächen-Konturlinien dargestellt.

Dabei kann es vorkommen, dass Schweißnähte, die hinter Querschnitten oder Profilen liegen (im rechten Bild rot eingekreist), nicht weggeschnitten werden und störend (im linken Bild als gelbe Linien) sichtbar sind.

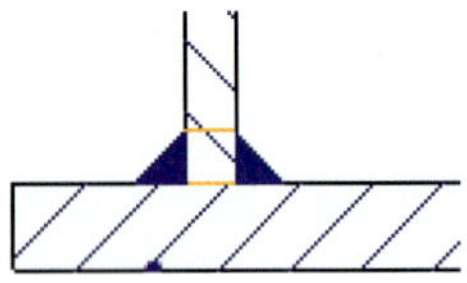

Diese können beispielsweise über Folien nur für bestimmte Ansichten ausgeblendet werden:

- ⇦ **Folienbaum** <Modellbaum zu Folienbaum umschalten>
- ⇦ <Schnittansicht wählen
- ⇦ ▸ <Schweißnahtfolien erweitern>
- ⇦ <Schweißnahtfolie auswählen>
- ▶ **[Ausblenden]**

Im folgenden Bild sind die störenden gelben Linien nicht mehr enthalten.

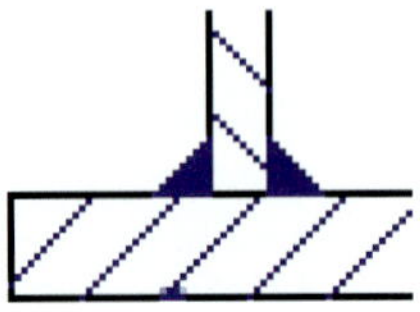

22.10 Stücklisten

In den meisten industriellen Installationen wird *Creo* in Verbindung mit einem **P**rodukt**d**aten**m**anagementsystem (PDM) eingesetzt, das beispielsweise Stücklisteninformationen über Teilestammsätze mit Identnummern versieht, Freigaben steuert sowie Zugriffe auf Zeichnungen und Teile gewährt oder verweigert. Entsprechende Systeme werden u. a. von PTC (Pro/INTRALINK, Pro/WINDCHILL, PDMLink usw.) bereitgestellt.

Alle relevanten Stücklisteninformationen (Material, Bauteile, Baugruppenstruktur, Benennungen usw.) sind in *Creo* bekannt und werden den Verwaltungssystemen mittels definierter Schnittstellen übergeben.

Im Folgenden wird vorgeführt, wie ohne Verwendung eines zusätzlichen Produktdatenmanagementsystems direkt aus *Creo* heraus Stücklisten erstellt werden können. Dazu werden zunächst die noch fehlenden Stücklisteninformationen (Parameter), wie Benennung, Bezeichnung, usw., eingegeben.

22.10.1 Stücklisten- und Zeichnungsparameter im ASM-Modus eingeben

In Kap. 8.8 wurde gezeigt, wie Stücklistenparameter im Teilmodus zugewiesen werden können. Sehr übersichtlich lassen sich diese Eintragungen auch in der übergeordneten Baugruppe vornehmen, indem die jeweiligen Felder mit der Maus ausgewählt und dann die Informationen/Texte eingetragen werden.

Die Abbildung zeigt einen Ausschnitt der Stücklisteninformationen der Hauptbaugruppe *1501025_motor.asm* in der Modellbaumansicht. Die Positionsnummern werden von *Creo* bei der Stücklistenerzeugung automatisch vergeben.

	IDNR	BENENNUNG	BEZEICHNUNG	FIRMA	HALBZEUG	MATERIAL
1501025_MOTOR.ASM	1501025	Motorgruppe	-	HS-RT	-	-
▸ 1501026_MOTOR_SKEL0001.PRT	1501026	Motorskelett	-	HS-RT	-	no material
▾ 1501024_BG_GEHAEUSE.ASM	1501024	Gehäusegruppe	-	HS-RT	-	-
▸ 1501034_MOTORGEHAEUSE_FERTIG.PRT	1501034	Motorgehäuse	-	HS-RT	Mdl. 1501033	EN-GJL250
▸ 1501013_LAUFBUCHSE.PRT	1501013	Laufbuchse	-	HS-RT	-	16MnCr5
▸ 1501012_ZYLINDERKOPF.PRT	1501012	Zylinderkopf	-	HS-RT	Mdl. 1501009	EN-GJL250
▾ Muster 2 von 9030213<9039201_DIN4762>.PRT						
▸ 9030213<9039201_DIN4762>.PRT	9030213	Innensechskant...	D4762 M3 x 12 - 12.9	-	-	12.9
▸ 9030213<9039201_DIN4762>.PRT	9030213	Innensechskant...	D4762 M3 x 12 - 12.9	-	-	12.9
▸ 9030213<9039201_DIN4762>.PRT	9030213	Innensechskant...	D4762 M3 x 12 - 12.9	-	-	12.9
▸ 9030213<9039201_DIN4762>.PRT	9030213	Innensechskant...	D4762 M3 x 12 - 12.9	-	-	12.9
▸ 9030213<9039201_DIN4762>.PRT	9030213	Innensechskant...	D4762 M3 x 12 - 12.9	-	-	12.9
▸ 9030213<9039201_DIN4762>.PRT	9030213	Innensechskant...	D4762 M3 x 12 - 12.9	-	-	12.9
▸ 1501037_GEHAEUSEDECKEL.PRT	1501037	Gehäusedeckel	-	HS-RT	-	EN-GJL250
▾ Muster 4 von 9030203<9039201_DIN4762>.PRT						
▸ 9030203<9039201_DIN4762>.PRT	9030203	Innensechskant...	D4762 M3 x 12 - 8.8	-	-	8.8
▸ 9030203<9039201_DIN4762>.PRT	9030203	Innensechskant...	D4762 M3 x 12 - 8.8	-	-	8.8
▸ 9030203<9039201_DIN4762>.PRT	9030203	Innensechskant...	D4762 M3 x 12 - 8.8	-	-	8.8
▸ 9030203<9039201_DIN4762>.PRT	9030203	Innensechskant...	D4762 M3 x 12 - 8.8	-	-	8.8
▸ 1501011_KURBELWELLENGEHAEUSE.PRT	1501011	Kurbelwellenge...	-	HS-RT	-	EN-GJL200
▾ Muster 3 von 9030203<9039201_DIN4762>.PRT						
▸ 9030203<9039201_DIN4762>.PRT	9030203	Innensechskant...	D4762 M3 x 12 - 8.8	-	-	8.8
▸ 9030203<9039201_DIN4762>.PRT	9030203	Innensechskant...	D4762 M3 x 12 - 8.8	-	-	8.8
▸ 9030203<9039201_DIN4762>.PRT	9030203	Innensechskant...	D4762 M3 x 12 - 8.8	-	-	8.8
▸ 9030203<9039201_DIN4762>.PRT	9030203	Innensechskant...	D4762 M3 x 12 - 8.8	-	-	8.8
▸ 1501015_PLEUEL.PRT	1501015	Pleuel	-	HS-RT	-	41Cr4
▾ 1501022_BG_KOLBEN.ASM	1501022	Kolbengruppe	-	HS-RT	-	-
▸ 1501014_KOLBEN.PRT	1501014	Kolben	-	HS-RT	-	EN-AW-5754-H112-B
▸ 1501021_KOLBENBOLZEN.PRT	1501021	Kolbenbolzen	-	HS-RT	-	20MnCr5
▾ 1501023_BG_KURBELWELLE.ASM	1501023	Kurbewellengru...	-	HS-RT	-	-
▸ 1501019_KURBELWELLE.PRT	1501019	Kurbelwelle	-	HS-RT	-	42CrMo4
▸ 1501020_GLEITLAGER.PRT	1501020	Gleitlager	SBZ 060808	GLT	-	CuSn8
▸ 9020014<DIN625_T1>.PRT	9020014	Rillenkugellager;...	DIN 625 - Kurzzeichen	INA/FAG	-	
▸ 9021101<DIN625_T1_RS>.PRT	9021101	Rillenkugellager	DIN 625 - 608-RS	INA/FAG	-	
▸ 1501018_AUSPUFF.PRT	1501018	Auspuff	-	HS-RT	-	E295
▾ Muster 1 von 9030205<9039201_DIN4762>.PRT						

22.10.2 Stücklistendefinition erstellen

Das Erstellen von Stücklistendefinitionen, also das Vorbereiteten neuer Stücklistentabellen, ist im Regelfall Aufgabe einer zentralen CAD-Administration, da die Stückliste eng mit dem Datenmanagement des Unternehmens verknüpft ist. Als einfaches Beispiel für das Erstellen einer Stücklistendefinition wird hier eine Mengenübersichtsstückliste als Liste aller Bauteile ohne Baugruppen definiert.

22.10.2.1 Zeichnungstabelle erstellen

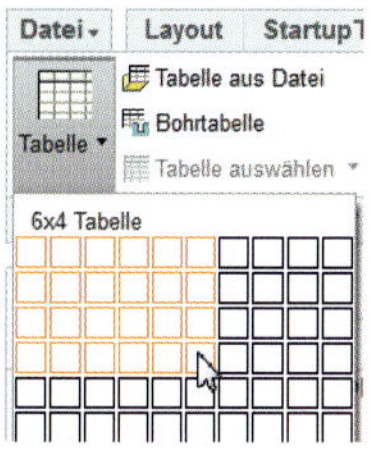

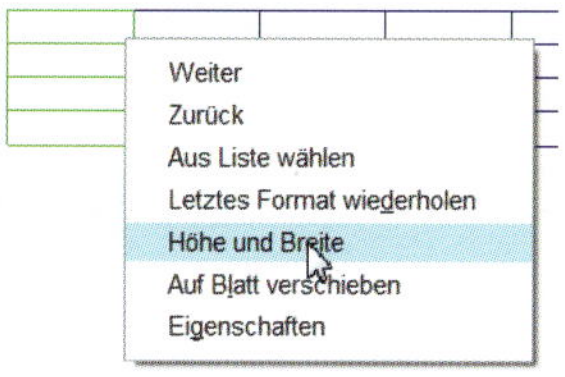

In einer leeren Zeichnung (Name egal, da diese nicht gespeichert wird) ohne Modell wird zunächst eine Tabelle 6x4 erstellt und außerhalb des Zeichnungsrahmens abgelegt.

- ⇦ **Tabelle**, ⇦ 6x4 Tabelle, ⇦ <Absetzen in Zeichnung>

Anschließend werden die Breiten der Tabellenspalten entsprechend der Ausgabeparameter und der Verwendung als Tabelle im DIN-A4-Hoch-Format angepasst.

Dazu wird zunächst eine Zelle der Tabelle mit ⇦ hervorgehoben, anschließend mit ⇨ weiter geklickt, bis die Spalte markiert ist. Mit ▶ (rechte Maustaste lang) wird die Eingabe für *Höhe und Breite* aufgerufen. Alternativ kann man mit dem Mauszeiger die Tabellenspalte anfahren, bis diese hervorgehoben wird, und dann ▶ **[Breite]** einstellen.

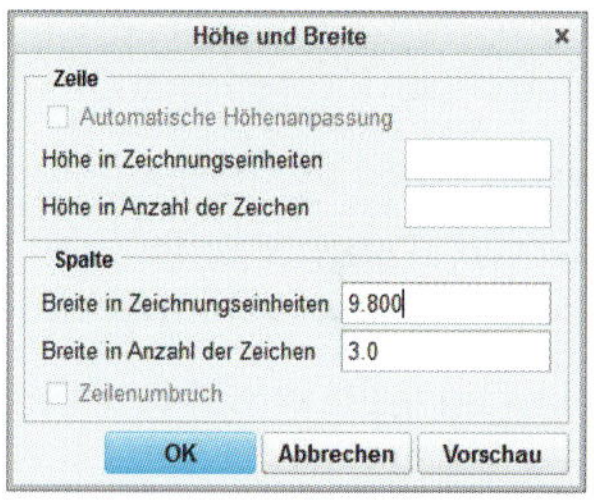

Die Eingabe der Spaltenbreite kann wahlweise durch die Angabe von Maßwerten entsprechend der Zeichnungseinheiten (hier: Millimeter), oder die Anzahl an Zeichen der aktuellen Standardschriftart eingegeben werden.

Für die Beispieltabelle werden folgende Breiten (*Angaben in Anzahl an Zeichen*), Spaltennummern (in Zeile 2) und Spaltenüberschriften (in Zeile 3) durch ⇦⇦ auf die jeweilige Zelle gesetzt:

Spalte	Breite	Überschrift (Zeile 3)
1	3	Lfd. Nr.
2	4	Menge
3	3	Einheit
4	20	Benennung (Kategorie/Dateiname)
5	22	Identnummer Sachnummer/Norm-Kurzbezeichnung
6	14	Material Halbzeug

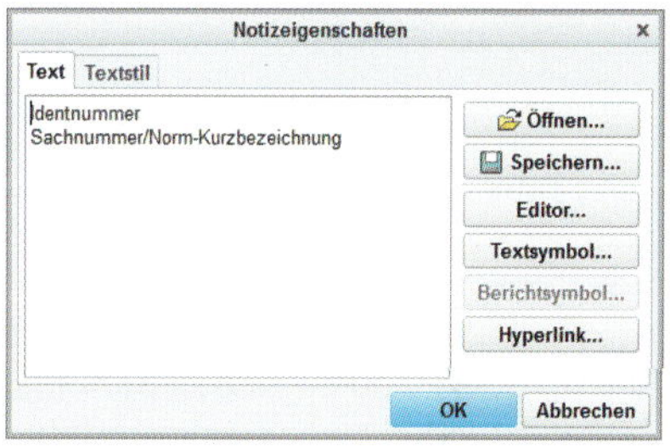

Die Zellen der ersten Zeile werden durch Auswahl ⇦ und Hinzufügen **Strg**+⇦ markiert (mit Zeilenmarkierung funktioniert das nicht) und dann mit

- ⇦ **Tabelle**, ⇦ **Zellen zusammenführen**

zu einer einzigen Zelle vereint.

1	2	3	4	5	6
Lfd. Nr.	Menge	Einheit	Benennung (Kategorie/Dateiname)	Identnummer Sachnummer/Norm-Kurzbezeichnung	Material Halbzeug

Anschließend werden die Schriftgröße der Zellen auf die Höhe 2 sowie die Formatierung durch Setzen der horizontalen und vertikalen Ausrichtung auf Mitte eingestellt.

Dazu wird die gesamte Tabelle gewählt

- ⇦ <beliebige Zelle auswählen>, ⇦ **Tabelle**, ⇦ **Tabelle auswählen**

und über die rechte Maustaste das Menü für den Textstil aufgerufen.

- ▶ **Textstil**, ⇦ TEXTSTIL, Höhe **[2]**, ⇦ Vertikal: **[Mitte]**, ⇦ Horizontal: **[Mitte]**
- ⇦ **[Anwenden]**

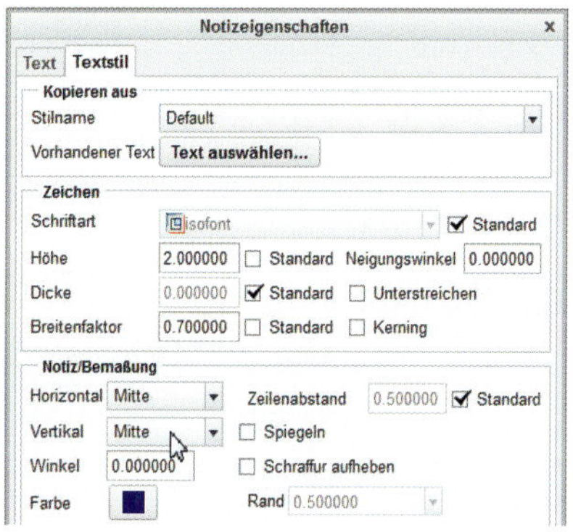

Nach ein paar weiteren Anpassarbeiten (Überschrift, Zeilenhöhe) sollt die vorbereitete Tabelle ungefähr wie nachfolgend abgebildet aussehen.

Mengenübersichtsstückliste					
1	2	3	4	5	6
Lfd. Nr.	Menge	Einheit	Benennung (Kategorie/Dateiname)	Identnummer Sachnummer/Norm-Kurzbezeichnung	Material Halbzeug

22.10.2.2 Tabellen-Wiederholbereich definieren

In *Creo* sind Stücklisten sogenannte Tabellen, die ihrerseits einen Tabellenkopf mit den Überschriften (siehe Kap. 22.10.2.1) und einen Wiederholbereich haben, in dem die verwendeten Parameter definiert sind.

☞ Positionsnummern, in *Creo* sogenannte Stücklistenballons, können nur von Tabellen mit einem definierten **Wiederholbereich** ausgegeben werden. Daher muss der Zeichnung zunächst eine Stücklistentabelle zugeordnet werden, deren Positionsnummern angezeigt werden können.

Die vierte Zeile der Tabelle aus Kap. 22.10.2.1 wird als Wiederholbereich, also als sich automatisch entsprechend der Teilanzahl wiederholender Bereich definiert.

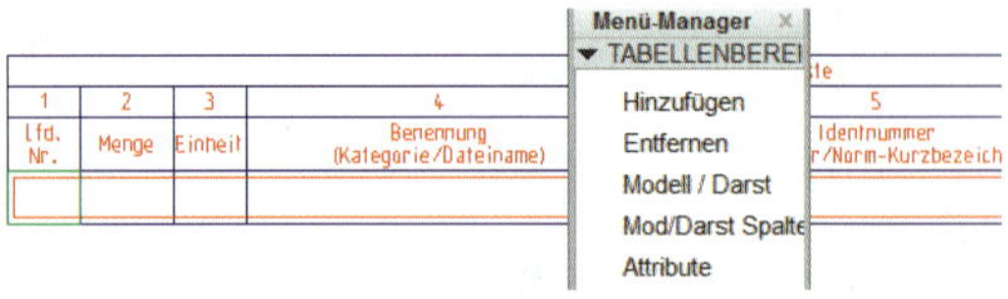

- ⇦ **Tabelle**, ⇦ Wiederholbereich, ⇦ **Hinzufügen**, ⇦ Einfach
- ⇦ <erste Zelle von Zeile 4>
- ⇦ <letzte Zelle von Zeile 4>
- ⇦ **Fertig**

In die einzelnen Zellen dieses Wiederholbereichs hinein werden nun die Berichtsparameter als Zellinformationen eingetragen:

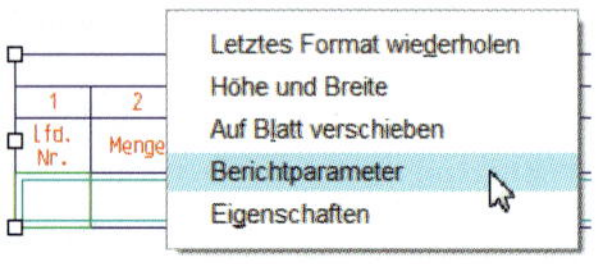

- ⇦ <1. Zelle des Wiederholbereichs markieren>, ▶ **Berichtsparameter**

Es wird eine Liste der verfügbaren Berichtssymbol-Gruppen ausgegeben. Hinter den einzelnen Symbolgruppen (asm..., rpt...) verbergen sich im Einzelnen die eigentlichen Berichtsinformationen.

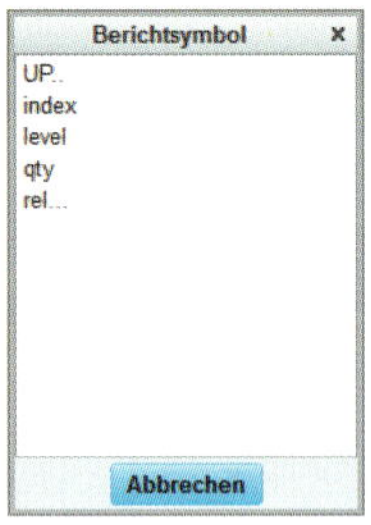

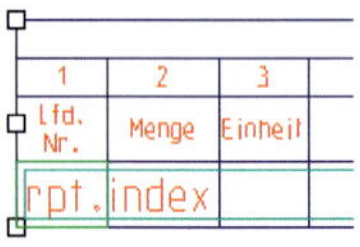

- ⇦ rpt..., ⇦ index

In die Tabellenzelle wird so der Eintrag *rpt.index* als Berichtsparameter für die Stücklistenposition eingetragen.

Analog wird in die 2. Tabellenzelle des Wiederholbereichs für die Menge *qty* (Quantity) eingetragen:

- ⇦ rpt..., ⇦ qty

In der 4. Tabellenzelle des Wiederholbereichs werden die in der Baugruppe aufgelisteten Modellparameter „Benennung" und „Kategorie" sowie der Dateiname ausgegeben:

- ⇦ asm..., ⇦ mbr..., ⇦ User Defined, **[Benennung]**, ⇦ ✔
  Assembly → asm, Member (Mitglied) → mbr

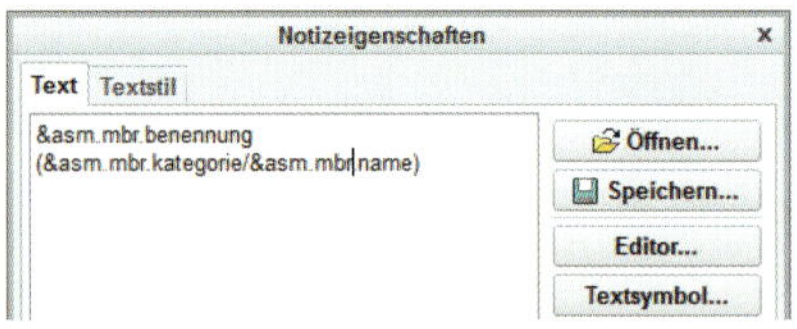

Da für diese Zelle weitere Berichtsparameter einzutragen sind, werden anschließend die Notizeigenschaften nach Auswahl der Zelle über ▶ **Eigenschaften** geöffnet und die weiteren Berichtsparameter mit Zeilenumbruch eingetragen.

Analog werden in Spalte 5 und Spalte 6 eingetragen:

Spalte 5	Spalte 6
&asm.mbr.idnr &asm.mbr.bezeichnung	&asm.mbr.material &asm.mbr.halbzeug

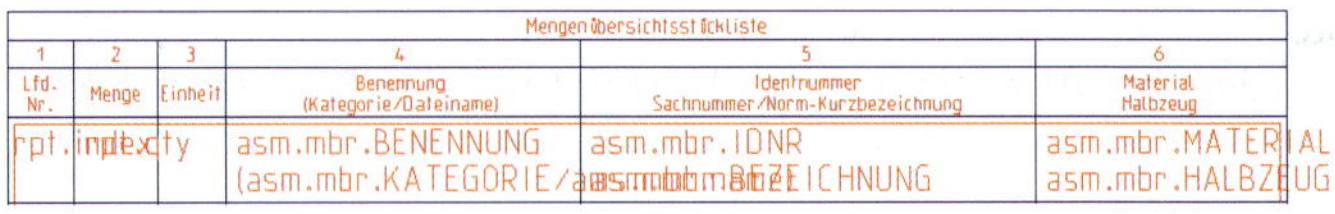

Die Stückliste ist nun soweit definiert, dass bei Anwendung in einer Baugruppenzeichnung die Komponenten dargestellt werden. Allerdings sind für die korrekte Auflistung noch einige weitere Einstellungen erforderlich. So müssen beispielsweise Baugruppe und Skelette ausgeschlossen und mehrfach verwendete Komponenten nur einmal mit Mengenangabe aufgelistet werden.

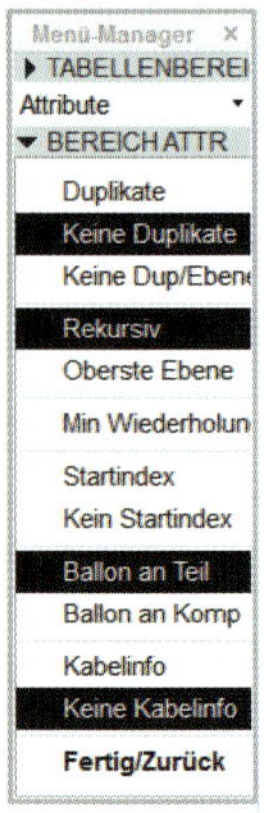

☐ **Attribute**

- ⇦ **Tabelle**, ⇦ Wiederholbereich, ⇦ **Attribute**
- ⇦ <Wiederholbereich der Tabelle anklicken>
- ⇦ Keine Duplikate, ⇦ Rekursiv, ⇦ Ballon an Teil, ⇦ Keine Kabelinfo
- ⇦ **Fertig/Zurück**

☐ **Filter**

- ⇦ **Tabelle**, ⇦ Wiederholbereich, ⇦ **Filter**
- ⇦ <Wiederholbereich der Tabelle anklicken>
- ⇦ Nach Regel, ⇦ Hinzufügen
- Nächsten Filter eingeben: **[&asm.mbr.type != assembly]**, ⇦ ✔

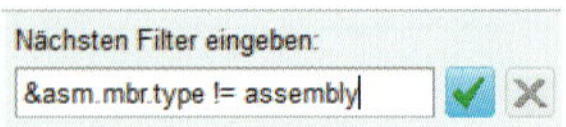

- Nächsten Filter eingeben: **[&asm.mbr.type != "skeleton model"]**, ⇦ ✔

☞ Leider werden die Skelett-Körper aus Kap. 10.4.3 nicht automatisch als Skelette erkannt und daher mit in der Stückliste ausgegeben. Eine Möglichkeit besteht darin, einen weiteren Filter über den Modellparameter KATEGORIE zu setzen (z. B. *&asm.mbr.KATEGORIE != -1* bei Vergabe von *KATEGORIE=-1* für Skelettkörper).

- ⇦ ✔ <Filtereinträge beenden>
- ⇦ **Fertig/Zurück**

☐ **Beziehungen**

Über Beziehungen können unter anderem neue Ausgabeparameter definiert werden. Als Beispiel sollen in der Spalte 3 (Einheit) die Angabe „BG" für Baugruppen und „Stk" als Stückzahl für Einzelteile aufgeführt werden:

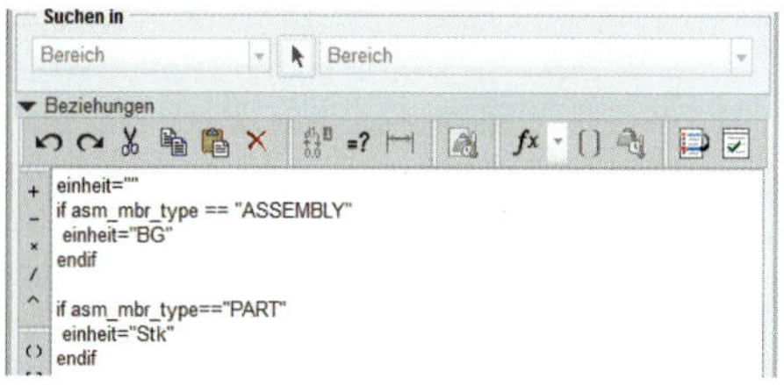

- ⇦ **Tabelle**, ⇦ Wiederholbereich, ⇦ **Beziehungen**
- ⇦ <Wiederholbereich der Tabelle anklicken>
- Beziehungen eintragen
- ⇦ **[OK]**, ⇦ **[Fertig]**

Damit kann nun auch in Spalte 2 (Einheit) der Berichtsparameter &rpt.rel.EINHEIT eingetragen werden.

☐ **Sortierregeln**

Die Positionsnummerierung (rpt.index) entspricht der Sortierreihenfolge des Wiederholbereichs. Sortierregeln können einzeln und kombiniert definiert werden:

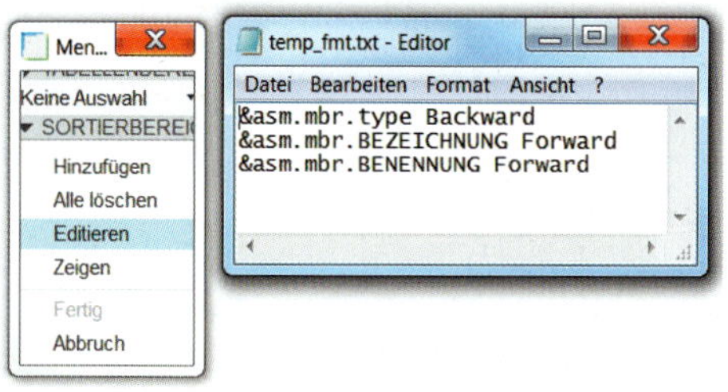

- ⇦ **Tabelle**, ⇦ Wiederholbereich, ⇦ **Sortieren**
- ⇦ <Wiederholbereich der Tabelle anklicken>
- ⇦ Editieren
- … Regeln eintragen (siehe rechts)
- ⇦ Editor mit **Speichern** beenden
- ⇦ **Fertig**, ⇦ **Fertig**

☞ Die Regeln werden in der Reihenfolge der Eintragung in der Regeldatei abgearbeitet.

Regel	Bedeutung
&asm.mbr.type backward	Baugruppen, dann Teile
&asm.mbr.Bezeichnung forward	alphabetisch
&asm.mbr.Benennung forward	alphabetisch

22.10.2.3 Tabelle als Stücklistevorlage speichern

Die neu definierte Stücklistentabelle kann als Stücklistenvorlage für andere Zeichnungen abgespeichert werden. Beim Abspeichern im Arbeitsverzeichnis steht die Tabelle nur aus dem Arbeitsverzeichnis heraus zur Verfügung. Sinnvoll ist das Abspeichern im Verzeichnis der Benutzertabellen. Dieses wird in der Konfiguration (siehe Kap. 4.3.1) über die Option ***pro_table_dir*** angegeben.

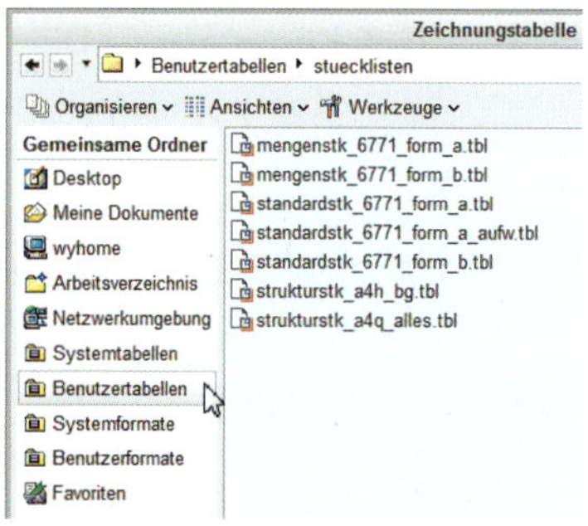

- ⇦ **Tabelle**, ⇦ <Tabellenzelle wählen>, ⇦ **Tabelle speichern**

In der SUT-Konfiguration (Schreibrechte beachten):

- ⇦ Benutzertabellen, ⇦ stuecklisten, Dateiname: **[mengenstueckliste_A4H]**
- ⇦ Speichern

22.10.3 Stückliste anwenden

Die Stückliste soll nun auf die Gesamtzeichnung des Motors angewendet werden. Zu diesem Zweck wird zunächst die Gesamtzeichnung geöffnet und die Tabelle dort hinein geladen.

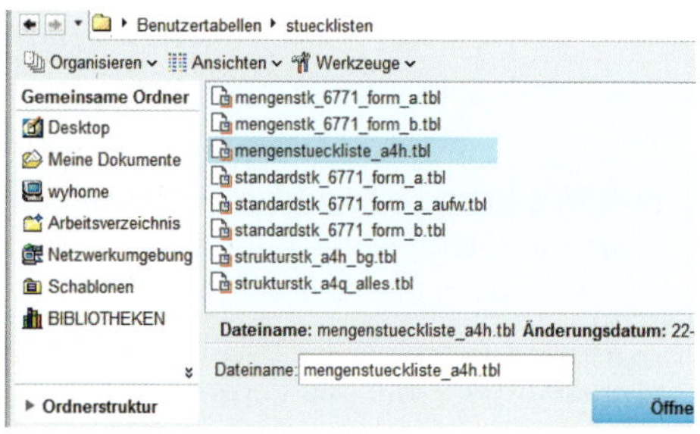

- ⇦ Datei, ⇦ Öffnen, ⇦ ***1501025_motor.drw***

☐ **Vordefinierte Stückliste laden**

- ⇦ **Tabelle**, ⇦ Tabelle aus Datei,
- ⇦ Benutzertabellen, ⇦ stuecklisten,
- ⇦ *mengenstueckliste_A4H.tbl*

Die Stückliste hängt am Fadenkreuz und kann auf der Zeichnung durch Absetzen mit der linken Maustaste platziert werden. Die Breite der Stückliste ist durch die Tabellendefinition festgelegt, die Höhe durch die Anzahl der Elemente. Da die Definition von Stücklistenballons (Positionsnummern) nur möglich ist, wenn die Stücklistentabelle und die Ansicht für die Positionsnummer sich zum Zeitpunkt der Definition auf demselben Zeichnungsblatt befinden, wird die Stücklistentabelle zunächst **außerhalb des Zeichnungsrahmens** abgelegt. Die Zeichnungsansichten und auch die Stücklistentabelle können später beliebig auf Zeichnungsblätter verteilt werden.

Mengenübersichtsstückliste					
1	2	3	4	5	6
Lfd. Nr.	Menge	Einheit	Benennung (Kategorie/Dateiname)	Identnummer Sachnummer/Norm-Kurzbezeichnung	Material Halbzeug
1	1	Stk	Auspuff (1/1501018_AUSPUFF)	1501018 -	E295 -
2	1	Stk	Gehäusedeckel (1/1501037_GEHAEUSEDECKEL)	1050137 -	EN-GJL250 -
3	1	Stk	Kolben (1/1501014_KOLBEN)	1501014 -	C45 -
4	1	Stk	Kolbenbolzen (1/1501021_KOLBENBOLZEN)	1501021 -	20MnCrS -
5	1	Stk	Kurbelwelle (1/1501019_KURBELWELLE)	1501019 -	42CrMo4 -
6	1	Stk	Kurbewellengehäuse (1/1501011_KURBELWELLENGEHAEUSE)	1501011 -	EN-GJL250 -
7	1	Stk	Laufbuchse (1/1501013_LAUFBUCHSE)	1501013 -	16MnCrS -
8	1	Stk	Motorgehäuse (1/1501034_MOTORGEHAEUSE_FERTIG)	1501034 -	EN-GJL250 1501033
9	1	Stk	Pleuel (1/1501015_PLEUEL)	1501015 -	41Cr4 -
10	1	Stk	Zylinderkopf (1/1501012_ZYLINDERKOPF)	1501012 -	EN-GJL250 Mdl_1501009
11	6	Stk	Innensechskantschraube (20/9030213)	9030213 D4762 M3 x 12 - 12.9	12.9 -
12	8	Stk	Innensechskantschraube (20/9030203)	9030203 D4762 M3 x 12 - 8.8	8.8 -
13	2	Stk	Innensechskantschraube (20/9030205)	9030205 D4762 M3 x 30 - 8.8	8.8 -
14	1	Stk	Rillenkugellager (50/9021101)	9021101 DIN 625 - 608-RS	-
15	1	Stk	Rillenkugellager; einreihig (50/9020014)	9020014 DIN 625 - Kurzzeichen	-
16	1	Stk	Gleitlager (1/1051020_GLEITLAGER)	1501020 SBZ 060808	CuSn8 -

- Stückliste platzieren: ⇦ <Punkt außerhalb des Rahmens>

☞ Im vorliegenden Fall könnte man die Stücklistentabelle auch mit auf dem aktuellen Zeichnungsblatt ausgeben, da sie gerade noch in den Zeichnungsrahmen passt. Allerdings ist zu beachten, dass mit jeder der Baugruppe nachträglich hinzugefügten Komponente die Stückliste nach unten aus dem Zeichnungsrahmen herauswachsen würde. Besser ist daher die Verwendung einer eigenen Stücklistenberichtsdatei (siehe Kap. 22.11).

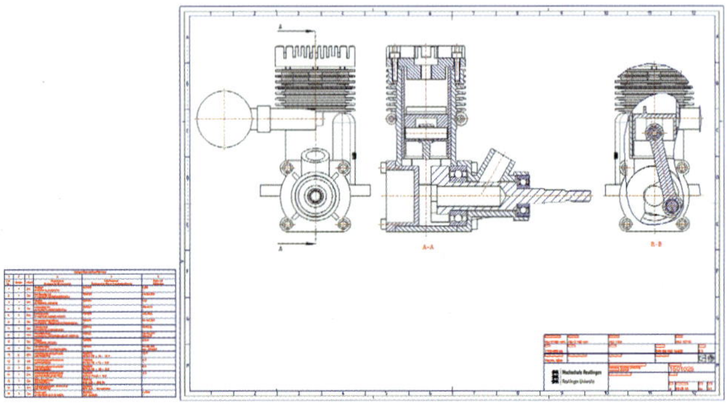

⚠ Auch beim Verwenden einer Stücklistenberichtsdatei muss exakt dieselbe Stücklistentabelle in der Zeichnungsdatei, aber im nicht sichtbaren Bereich, vorhanden sein, wenn Stücklistenballons der Tabelle dargestellt werden sollen.

☐ Stücklistenballons

Stücklistenballons sind von der Definition der Stückliste abhängig, d. h. sie sind dem Wiederholbereich einer Stückliste zugeordnet.

- ⇦ Tabelle, ⇦ ⑤ **Ballons erzeugen**

Es stehen verschiedene Möglichkeiten zum Erzeugen der Stücklistenballons zur Verfügung:

- **Alle:** Je nach Ansichtsorientierung sind die Ballons u. U. über mehrere Ansichten verteilt.
- **Nach Ansicht:** Alle Ballons werden, soweit möglich, in einer Ansicht dargestellt.
- **Nach Komponente:** Die Anzeige der Ballons erfolgt nach Auswahl der Komponenten.
- **Nach Komp und Ansicht:** Wenn sich ein Bereich auf mehrere Ansichten bezieht, wird die Ansicht ausgewählt, in der Ballons angezeigt werden sollen.
- **Nach Datensatz:** Hier können einzelne Datensätze der Stückliste ausgewählt werden, für welche die Stücklistenballons zu erstellen sind.

Da theoretisch mehrere Tabellen auf einem Blatt definiert sein können, muss eventuell der Wiederholbereich der zu verwendenden Stücklistentabelle ausgewählt werden:

⇦ <Wiederholbereich der Stücklistentabelle>

⚠ Der Wiederholbereich der Stücklistentabelle ist der Bereich, in dem *Creo* die Einzelpositionen eingetragen hat, also **nicht** der Tabellenkopf!

- ⇦ Tabelle, ⇦ ⑤ **Ballons erzeugen – Nach Ansicht**
- ⇦ <Schnittansicht wählen>

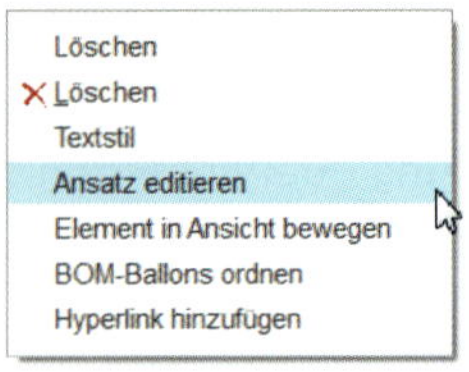

An der so erzeugten Stücklistenanordnung sind noch einige Anpassungen erforderlich. So ist z. B. die Position 1 (Auspuff) nicht an einer sichtbaren Körperkante angetragen und liegt scheinbar im freien Raum bzw. mitten in der Basisansicht. Der Grund dafür ist, dass der Auspuff in der Schnittansicht vollständig weggeschnitten ist.

Jeder einzelne Ballon kann nach Auswahl verschoben werden. Über die rechte Maustaste können weitere Anpassungen, wie das Verändern des Ansatzes (**Ansatz editieren**), das heißt das Ändern der Lage des Positionslinienendpunktes auf dem Objekt, die Ansicht (**Element in Ansicht bewegen**) usw. durchgeführt werden, bis das Ergebnis zufriedenstellend ist.

Die unten stehende Zeichnungsdarstellung zeigt das Ergebnis nach dem Erzeugen und Bearbeiten der Stücklistenballons mit der Stückliste auf dem Zeichnungsblatt und einer weiteren 3D-Basisansicht mit angepasstem Maßstab.

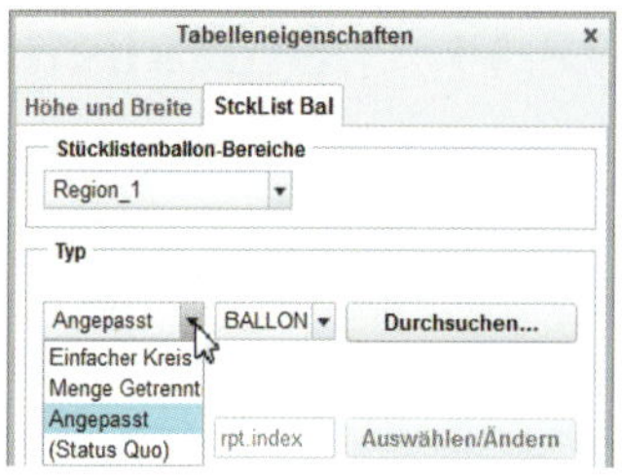

☐ **Alternative Stücklistenballons verwenden**

Üblicherweise werden Kreise mit darin liegender Positionsnummer (rpt.index) als Stücklistenballons verwendet. Nach Auswahl der gesamten Stücklistentabelle können über *Eigenschaften* auch andere Symbole als Stücklistenballons verwendet werden.

- ⇦ **Tabelle**, ⇦ <beliebige Tabellenzelle wählen>, ⇦ **Tabelle auswählen**
- ⇦ **Eigenschaften**, ⇦ StckList Bal, ⇦ Angepasst▼, ⇦ **Durchsuchen**
- ⇦ *Ballon_idnr_pos*, **[Öffnen]**

Stücklistenballons sind Symbole mit Ausgabe von Berichtsparametern. Beispielhaft sind nebenstehend die Symboldefinition und Darstellung mit Identnummer und Positionsnummer abgebildet.

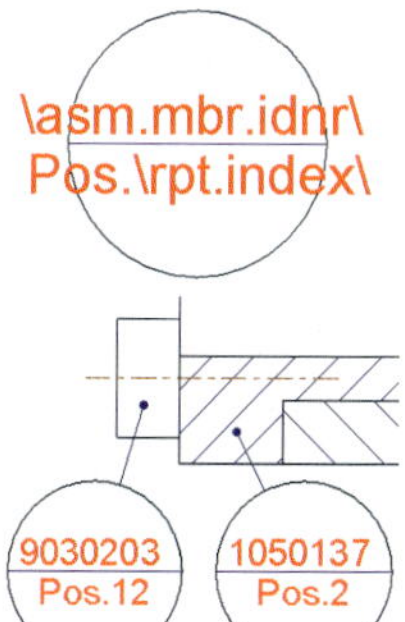

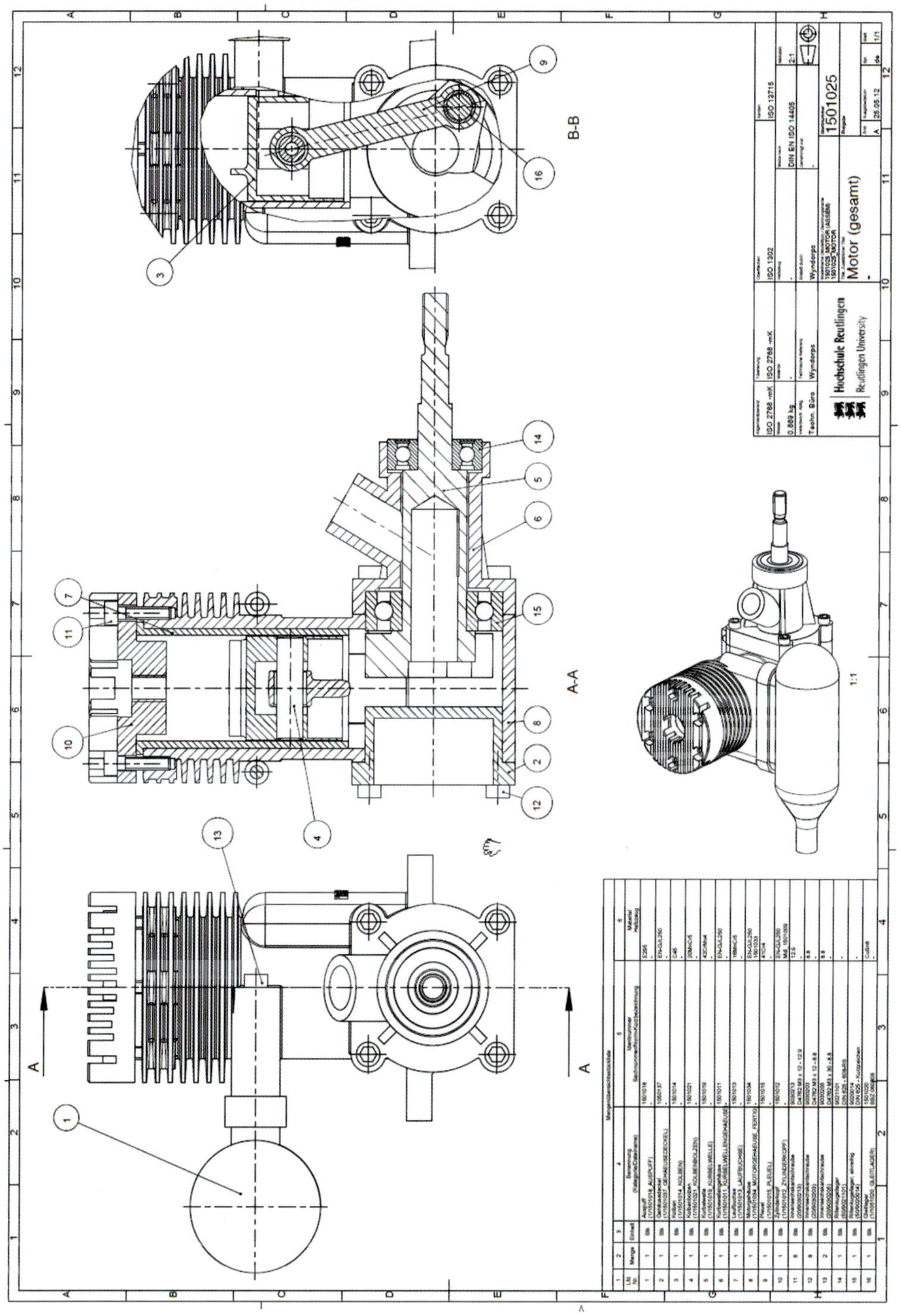

22.11 Stückliste als Bericht

Berichtsdateien (Report: **.rep*) in *Creo* sind prinzipiell identisch mit Zeichnungsdateien (Drawing: **.drw*). Sie verwenden daher exakt dieselben Anwendungsschritte wie Zeichnungen (Kap. 22.1). Im Folgenden wird die Stückliste aus Kap. 22.9 als Bericht in eine eigene Berichtsdatei mit dem Papierformat DIN-A4 (hoch) geladen

Am besten erfolgt der Berichtsaufruf für einen neu zu erstellenden Bericht ebenfalls aus dem 3D-Modell heraus, von der dem Bericht abgeleitet werden soll. Der Modus Bericht wird eingestellt durch:

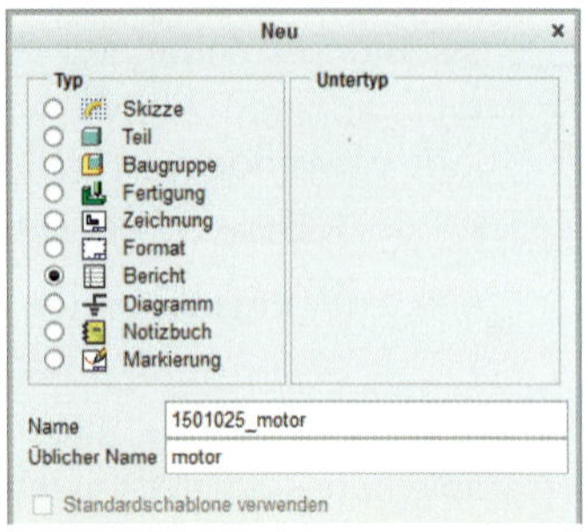

- ⇦ **Datei**, ⇦ **Öffnen, [*1501025_motor.asm*]**
- ⇦ Datei, ⇦ **Neu**, ⇦ ⦿ **Bericht**
- Name: ***1501025_motor***, üblicher Name: ***motor***
- Dialog NEU beenden: **[OK]**

☞ **Aus Gründen der Übersichtlichkeit sollten für den Bericht und das Objekt, von dem der Bericht abgeleitet wird, der gleiche Name verwendet werden.**

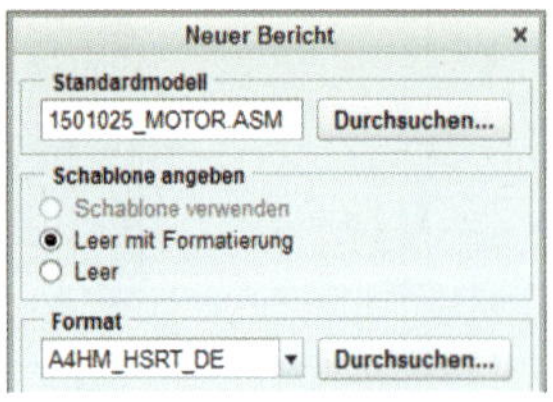

- Standardmodell: **[*1501025_MOTOR.ASM*]**
- Schablone angeben: ⦿ Leer mit Formatierung
- Format: ⇦ **[Durchsuchen]**, ⇦ A4HM_... <A4 Hochformatrahmen>
- ⇦ **[OK]**
- ⇦ Master-Darst, ⇦ **[OK]**

Es öffnet sich ein Zeichenbereich analog Kap. 22.3 mit dem gewählten Zeichnungsrahmen. Allerdings ist in *Creo* 2.0 das Benutzermenü des Berichts noch nicht auf das *Creo*-Format umgestellt worden. Der Berichtsmodus arbeitet noch mit der Menüstruktur aus Pro/ENGINEER.

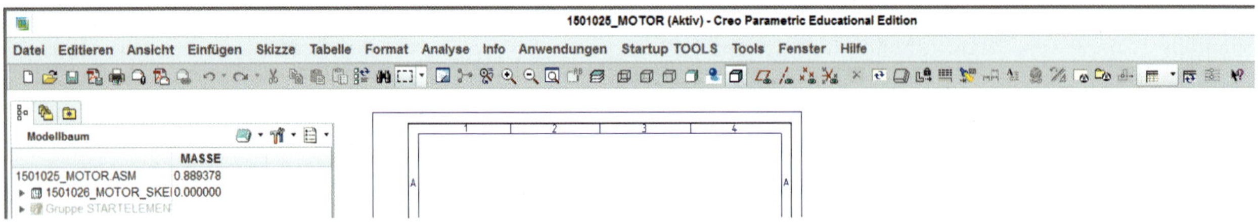

In den Zeichnungsbereich des Berichts hinein wird lediglich die Stücklistentabelle aus Kap. 22.10.3 abgelegt:

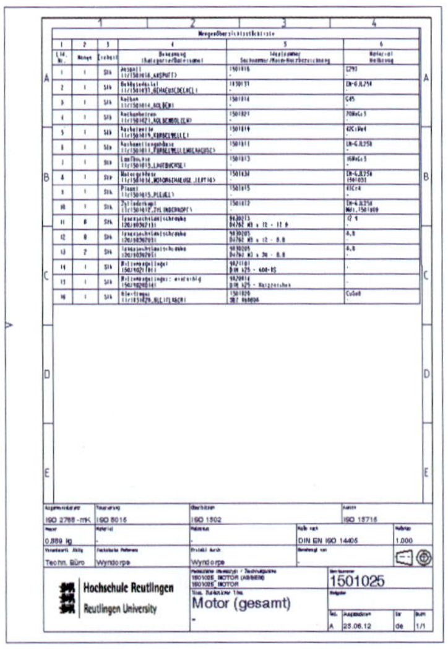

- ⇦ Tabelle, ⇦ Einfügen, ⇦ Tabelle aus Datei,
- ⇦ Benutzertabellen, ⇦ stuecklisten, ⇦ *mengenstueckliste_A4H.tbl*

⚠ Die für die Stücklistenballons verwendete Stücklistentabelle und die Berichtstabelle müssen identisch sein, da sonst die Positionsnummern nicht übereinstimmen!

Die Stückliste hängt am Mauszeiger und wird in der oberen linken Ecke des Zeichnungsrahmens platziert.

Wird die Zeilenanzahl der Stückliste größer als der verfügbare Bereich über dem Schriftfeld, kann ein Seitenumbruch definiert werden, der bei Erreichen der maximalen Zeilenzahl je Seite automatisch ein neues Blatt ergänzt:

- ⇦ <beliebige Tabellenzelle wählen>, ⇦ Tabelle, ⇦ Umbruch...,
- ⇦ **Umbruch einst**, ⇦ <letzte auf der Seite verbleibende Tabellenzeile wählen>

Es werden nach Bedarf, auch bei ic her rägchtnErweiterung der Stückliste durch das Hinzufügen neuer Komponenten, automatisch neue Blätter desselben Formats mit den Stücklistendaten angelegt.

23 Bewegungsanalysen (Kinematik) – Mechanismus

Mit dem in Kap. 10.4.3 vorgestellten Verfahren können aus der Skelett-Technik heraus kinematische Modelle, also Modelle mit Bewegungszusammenhang zwischen den Körpern, erstellt werden. In Kap. 10 wurden zum Einbau von Komponenten in Baugruppen nur statische Baugruppenzustände, gesteuert durch maßliche Zusammenhänge, im 3D-Modell abgebildet. Mit der Anwendung ***Mechanismus*** aus dem Modul **M**echanism **D**esign **E**xtension MDX bietet *Creo* die Möglichkeit, komplexe kinematische Zusammenhänge zu definieren und zu animieren. Damit können des Weiteren Spurkurven ermittelt sowie Durchdringungsanalysen durchgeführt werden.

Der Modellflugmotor hat sehr wenige kinematische Verknüpfungen und ist somit nur ein einfaches eingeschränktes Beispiel für die Anwendung von *Mechanism*.

23.1 Hilfe zu Mechanismus

Für die Applikation *Mechanismus* stellt *Creo* sehr gute Hilfen und kommentierte Beispiele bereit. Daher wird hier auf eine ausführliche Anleitung verzichtet und nur ein Einstieg am Beispiel des Flugmotors vorgeführt.

Die Mechanismus-Hilfe wird erreicht über:

- ⇦ ❓, ⇦ *Creo Parametric*
- ⇦ Simulation, ⇦ **Mechanism Design...**

☞ Bei der Studentenversion von *Creo* ist derzeit keine lokale Hilfe vorhanden. Die Hilfe kann nur online abgerufen werden.

Über das Inhaltsverzeichnis können die einzelnen Funktions- und Vorgehensbeschreibungen sowie die Übungsbeispiele aufgerufen werden.

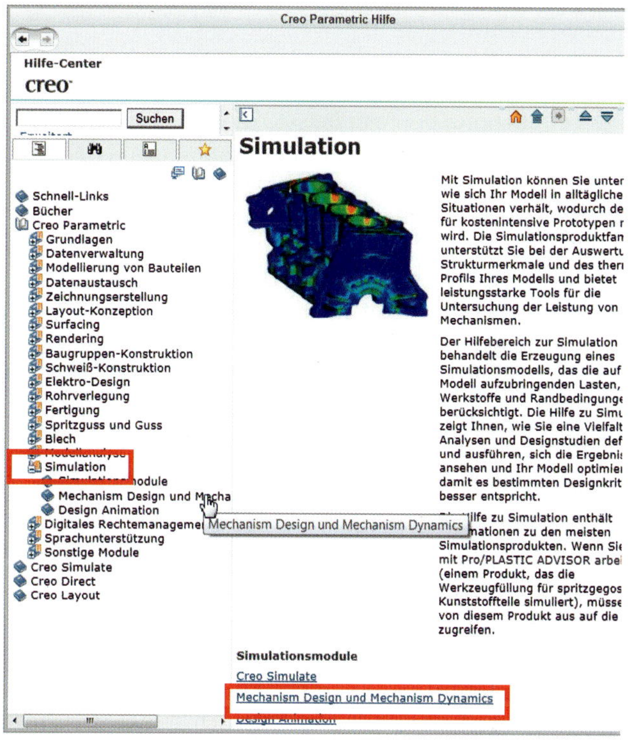

23.2 Kinematischer Zusammenbau

Die **Verbindungen** geben den Bewegungszusammenhang (kinematische Bedingungen) zwischen einzelnen Komponenten bzw. Unterbaugruppen an. *Creo*-MDX stellt für den Zusammenbau die **Gelenkverbindungen** (Lager, Zylinderlager, Drehgelenk, Schubgelenk, Planar, Kugel, Starr) und **Schweißverbindung** bereit.

Neben den direkt beim Einbau der Komponenten verwendbaren Gelenkverbindungen stehen in der Applikation *Mechanismus* zusätzlich **Kurvenscheibenkopplungen**, **Getriebepaarungen**, **Riemenscheibenpaarungen** und der **allgemeine 3D-Kontakt** zur Verfügung. Des Weiteren können dort **Verbindungsgrenzwerte** und **Gelenkachsennulllagen** festgelegt (bzw. aus dem Zusammenbau editiert) sowie **Servomotoren** als Antriebe definiert werden (siehe Kap. 23.3.1) Der deutsche Begriff „Gelenkverbindungen" ist missverständlich, da beispielsweise auch die planare Ausrichtung zweier Ebenen darunter fällt.

⚠ Gelenkverbindungen können nur beim Einbauen der Komponenten gesetzt werden.

Die bisher behandelten festen Einbaubedingungen können in Gelenkverbindungen umdefiniert werden und umgekehrt. Dabei versucht *Creo* bereits getroffene Definitionen zu erhalten.

☞ Fest zusammengesetzte Baugruppen können auch nachträglich für *Mechanismus* aufbereitet werden!

In der nachfolgenden Tabelle sind die in *Creo*-Mechanismus verfügbaren Verbindungen aufgelistet und erläutert.

Verbindungen	Freiheitsgrade
☐ **Lager** Richtet einen Punkt an einer Kante oder Achse aus, d. h. die Achse oder Kante verläuft immer durch den ausgewählten Punkt. Es werden keine weiteren Bewegungseinschränkungen gemacht. **Verbindungsreferenzen:** • Komponentenreferenz: Kante oder Punkt • Baugruppenreferenz: Punkt oder Kante **Optionen:** keine	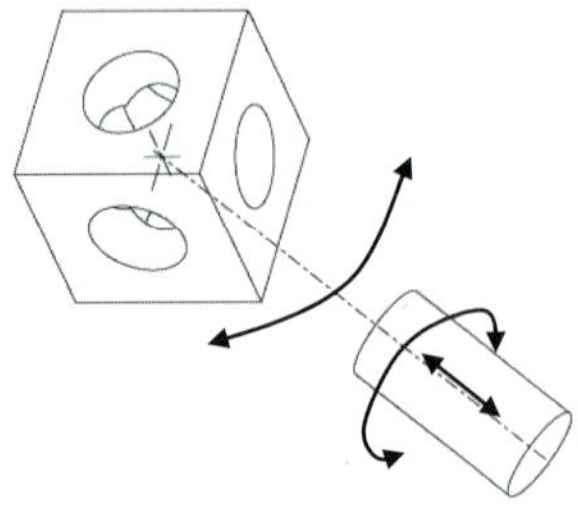
☐ **Zylinderlager** Richtet zwei Achsen aufeinander aus. Die axiale Position und die rotatorische Lage bleiben frei. **Verbindungsreferenzen:** • Komponentenreferenz: Achse (zylindrische Fläche) • Baugruppenreferenz: Achse (zylindrische Fläche) **Optionen:** Umschalten der Achsausrichtung	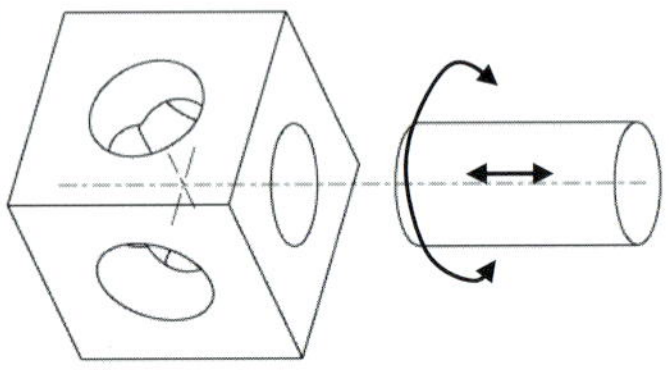
☐ **Drehgelenk** Richtet zwei Achsen aufeinander in einer bestimmten axialen Position aus. Die rotatorische Lage bleibt frei. **Achsausrichtung:** • 1. Komponentenreferenz: Achse (zylindrische Fläche) • 1. Baugruppenreferenz: Achse (zylindrische Fläche) **Verschiebung:** • 2. Komponentenreferenz: Fläche, Ebene • 2. Baugruppenreferenz: Fläche, Ebene **Optionen:** Umschalten der Achsausrichtung Versatz der Verschiebung	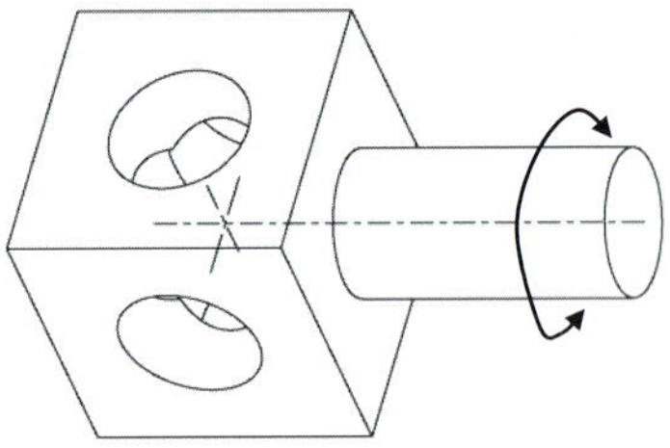
☐ **Schubgelenk** Richtet zwei Achsen aufeinander in einer bestimmten rotatorischen Position aus. Die axiale Lage bleibt frei. **Achsausrichtung:** • 1. Komponentenreferenz: Achse (zylindrische Fläche) • 1. Baugruppenreferenz: Achse (zylindrische Fläche) **Rotation:** • 2. Komponentenreferenz: Fläche, Ebene • 2. Baugruppenreferenz: Fläche, Ebene **Optionen:** Umschalten der Achsausrichtung Winkelversatz	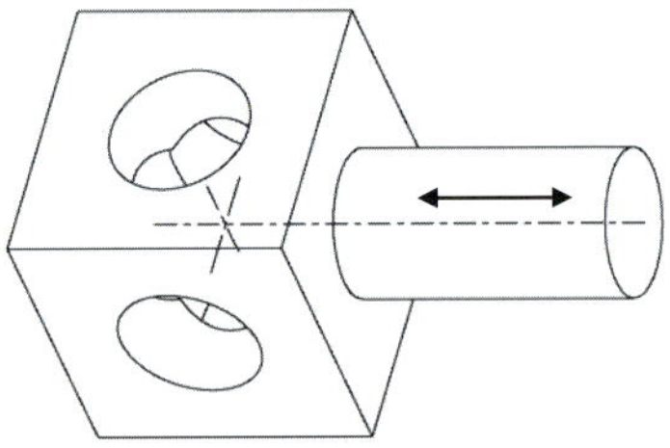
☐ **Planar** Richtet zwei Flächen/Ebenen zueinander aus. **Verbindungsreferenzen:** • Komponentenreferenz: Fläche, Ebene • Baugruppenreferenz: Fläche, Ebene **Optionen:** Umschalten der Flächenausrichtung Flächenversatz	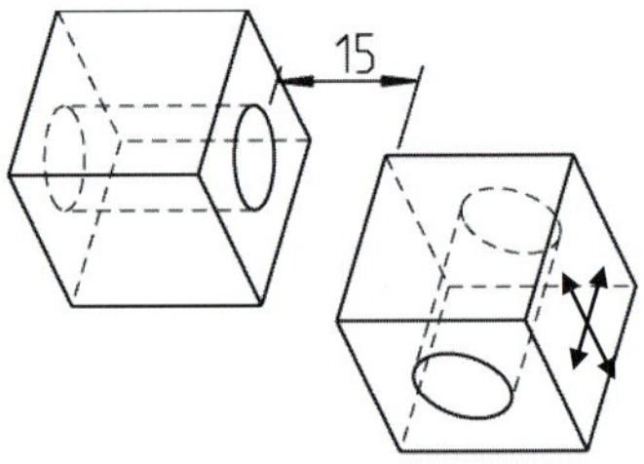
☐ **Kugel** Kugelverbindungen werden durch die Auswahl ihrer Kugelmittelpunkte definiert. **Verbindungsreferenzen:** • Komponentenreferenz: Punkt • Baugruppenreferenz: Punkt **Optionen:** keine	

Verbindungen	Freiheitsgrade
☐ **Gimbal** Gimbalverbindungen werden durch die Auswahl zweier Koordinatensysteme definiert. Es werden die Koordinatensysteme zentral aufeinander ausgerichtet, jedoch nicht die Achsen, um eine freie Rotation zu ermöglichen. ☞ Im Gegensatz zur Kugelverbindung kann die Gimbalverbindung durch einen Motor angetrieben werden. **Verbindungsreferenzen:** • Komponentenreferenz: Koordinatensystem • Baugruppenreferenz: Koordinatensystem **Optionen:** keine	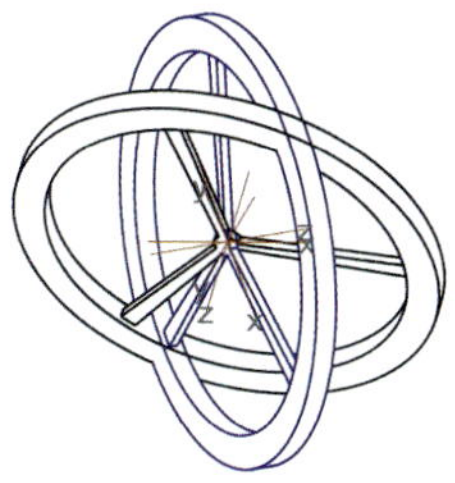
☐ **Führung** Führungsverbindungen werden durch die Auswahl einer Führungskurve und eines daran anzuknüpfenden Punktes definiert. **Verbindungsreferenzen:** • Komponentenreferenz: Kurve • Baugruppenreferenz: Punkt **Optionen:** keine	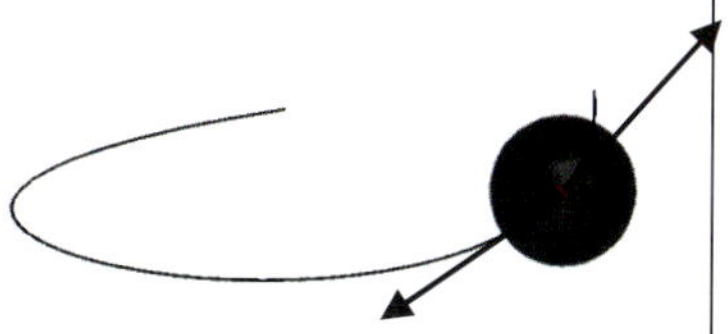
☐ **Allgemein** Allgemein verwendet 1 oder 2 konfigurierbare Bedingungen aus dem Bereich der Standard-Platzierungen (Ausrichten, Gegenrichten, usw.) **Verbindungsreferenzen:** • Komponentenreferenz: verschiedene • Baugruppenreferenz: verschiedene **Optionen:** verschiedene	Abhängig von der/den gewählten Platzierung(en)
☐ **6FG** Das Koordinatensystem der Komponente wird mit dem Koordinatensystem in der Baugruppe ausgerichtet. Die *x*-, *y*- und *z*-Baugruppenachsen sind Bewegungsachsen, die Rotation und Verschiebung ermöglichen. Die Bewegung der Komponente in Bezug auf die Baugruppe wird in keiner Weise beeinflusst, da keine Bedingungen angewendet werden.	Alle Freiheitsgrade
☐ **Feste Verbindungen** **Starr** Starre Gelenke werden beim Einbauen einer Komponente oder einer Unterbaugruppe verwendet, die mit zwei verschiedenen Körpern unbeweglich verbunden ist. Das Ausrichten erfolgt über die Funktionen des Platzierens (siehe Kap. 10). **Schweißverbindung** Schweißverbindungen werden beim Einbau von Unterbaugruppen verwendet, die Verbindungen enthalten, aber mehrere Verbindungen zum gleichen Körper erfordern. Das Ausrichten erfolgt durch Koordinatensysteme.	Keine Freiheitsgrade
⚠ Wird ein starres Gelenk zum Einbau einer Unterbaugruppe mit MDX in einer Master-Baugruppe verwendet, verlieren die Unterbaugruppenverbindungen ihre Bewegungsfreiheit. Wird stattdessen eine Schweißverbindung verwendet, bezieht sich die Unterbaugruppe auf das gleiche Koordinatensystem wie die Master-Baugruppe. Die Bewegungsfreiheit der Unterbaugruppe bleibt erhalten.	

23.2.1 BG_Kurbelwelle mit Drehgelenkverbindung einbauen

Um den bisher erstellten statischen Zusammenbau *1501025_motor.asm* und den dynamischen Skelett-Zusammenbau *1501027_motor_dyn.asm* gleichermaßen zu erhalten, wird für den manuellen Bewegungszusammenbau eine neue Baugruppe *motor_kin.asm* erstellt. Darin wird als erste Komponente die Gehäusebaugruppe *BG_gehaeuse.asm* an der Standardposition als **festes Basisteil** eingebaut (siehe Kap. 10.2.1).

☞ Mit *Mechanismus* werden die kinematischen Zusammenhänge (Bewegungen) zwischen den einzelnen Komponenten von Baugruppen simuliert. Um Bewegungen im Raum eindeutig zu definieren, ist eine raumfeste Basis erforderlich.

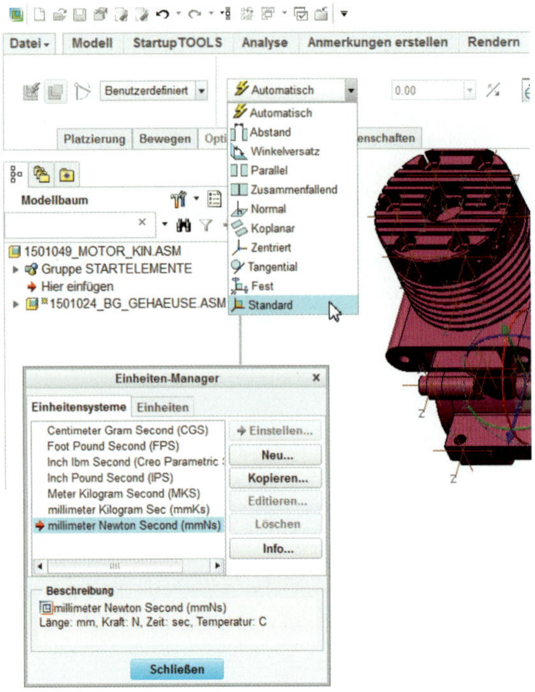

☐ **Anlegen einer neuen Baugruppe**

- ⇦ **Datei**, ⇦ Neu, ⦿ Baugruppe, ⦿ Konstruktion,
- ☑ Standardschablonen, Name: <***1501049_motor_kin***>
- ⇦ **Datei**, ⇦ *Vorbereiten* ▶, ⇦ **Modelleigenschaften**
- ⇦ Einheiten **Ändern** ⇦ **[mmNs]**, ⇦ **Einstellen**
- ⇦ ⦿ Bemaßungen interpretieren, ⇦ **[OK]**
- ⇦ **[Schließen]**, ⇦ **[Schließen]**

☐ **Komponenteneinbau der festen Basis**

- ⇦ **Modell**, **Einbauen**, ⇦ **[*1501024_BG_gehaeuse.asm*]**
- ⇦ Master-Darst, ⇦ OK
- ⇦ Ablegen der Komponenten
- ▶ **[Standardbedingung]**
- SCHALTPULT beenden: ✔ *oder* ⇩

☐ **Gehäusebaugruppe ausblenden**

- ⇦ Gehäusebaugruppe auswählen
- ▶ Ausblenden

☐ **Komponenteneinbau mit Verbindungen**

- ⇦ **Modell**, **Einbauen**, ⇦ **[*1501023_BG_kurbelwelle.asm*]**
- ⇦ Master-Darst, ⇦ OK
- ⇦ Ablegen der Komponenten
- ⇦ **[Platzierung]** <Register PLATZIERUNG öffnen>

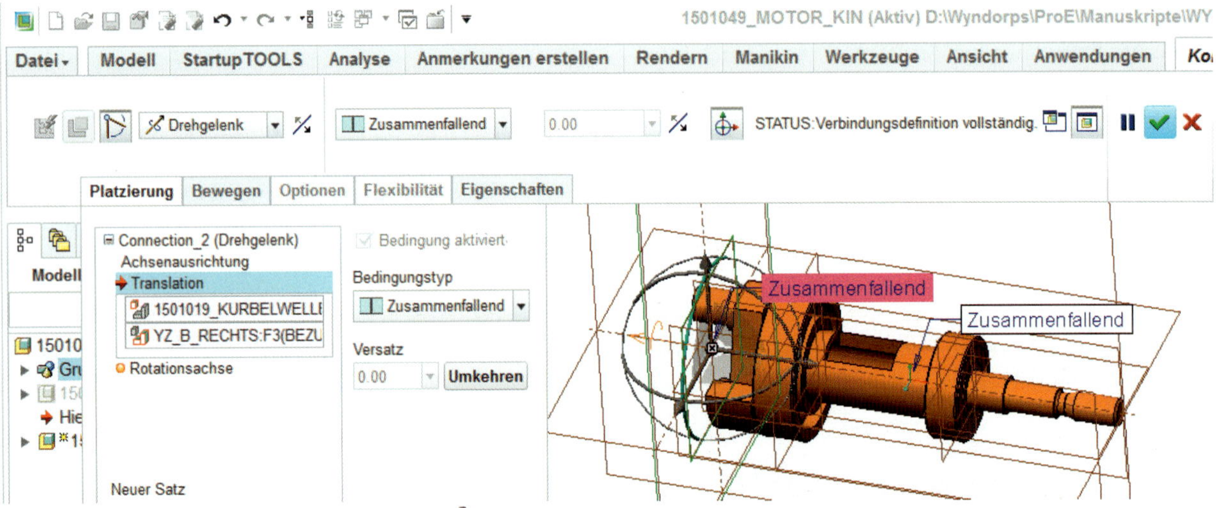

- Drehgelenk einstellen: ⇦ **[Drehgelenk / Pin]**
- **Achsenausrichtung:**
  Komponentenreferenz: ⇦ Achse
  Baugruppenreferenz: ⇦ Baugruppenachse
  Bedingungstyp: ⇦ **Zusammenfallend**
- **Translation:**
  Komponentenreferenz: ⇦ *YZ_B_RECHTS*
  Baugruppenreferenz: ⇦ *YZ_B_RECHTS*
  Bedingungstyp: ⇦ **Zusammenfallend**

Der Status zeigt jetzt an: **Verbindungsdefinition vollständig**

Seit WF 3.0 besteht die Möglichkeit, die Freiheitsgrade, die Grenzzustände und den Regenerierungszustand der Verbindungen schon bei der Verbindungsdefinition festzulegen. Das ist nützlich, um bei komplexen Baugruppen einen strukturierten und regenerierbaren Zusammenbau zu erreichen.

Im folgenden Beispiel wird die Winkelstellung der Kurbelwelle für jedes Regenerieren auf 150° zwischen der Baugruppenebene XZ_B_OBEN und der Kurbelwellen-Baugruppenebene XZ_B_OBEN fixiert.

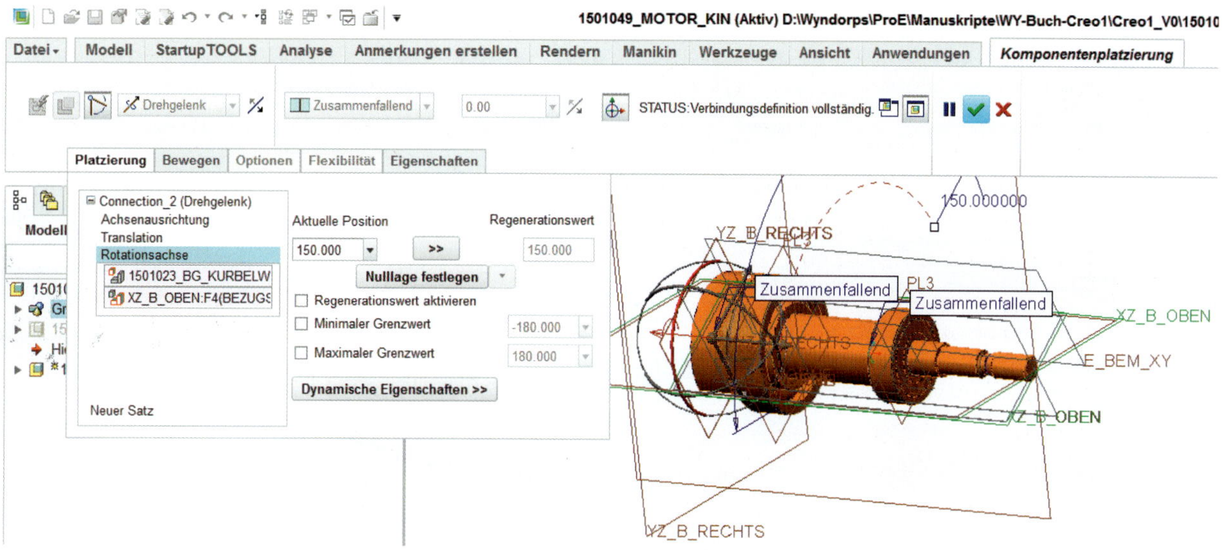

- Definition Rotationsachse aktivieren: ⇦ **Rotationsachse**
- Komponentenreferenz: ⇦ <XZ_B_OBEN der BG_Kurbelwelle>
- Baugruppenreferenz wählen: ⇦ <XZ_B_OBEN>
- Aktuelle Position auf 150° setzen: **[150]**°
- 150°-Position als Regenerierungswert: >>

Wird der Schalter **Regenerationswert aktivieren** gesetzt, dann wird bei jedem Regenerieren der Baugruppe sowie einer übergeordneten Baugruppe die Verbindung auf die Winkellage 150° eingestellt. Alternativ oder zusätzlich können Grenzwerte für den Freiheitsgrad eingestellt werden. Das ist beispielsweise beim Einbau eines Kolbens in einen Zylinder mittels Zylinderlager sinnvoll.

- KOMPONENTENPLATZIERUNG beenden: ✔ *oder* ⇩

Im Unterschied zu den bisher verwendeten Einbaumethoden ist die „unvollständige Verbindungsdefinition“ jetzt gewünscht; die Welle ist nicht vollständig eingespannt. Das wird im Modellbaum durch ein ungefülltes Quadrat mit einem kleinen Punkt in der Mitte vor der Komponente angezeigt.

23.2.2 Pleuel mit Drehgelenkverbindung einbauen

- Verbindungsmodus aktivieren
- ⇦ Modell, Einbauen, ⇦ [*1501015_pleuel.prt*]
- ⇦ Ablegen der Komponenten
- ⇦ **[Platzierung]** <Register PLATZIERUNG öffnen>
- Verbindungsdefinition: Drehgelenk
- Drehgelenk einstellen: ⇦ **[Drehgelenk]**
- **Achsenausrichtung:**
  Komponentenreferenz: ⇦ <zylindrische Flächen der Pleuelbohrung>
  Baugruppenreferenz: ⇦ <zylindrische Fläche des Kurbelwellenzapfens>
  Bedingungstyp: ⇦ **Zusammenfallend**

☞ Alternativ kann auch eine Zylinderfläche des verbauten Gleitlagers verwendet werden. Im Sinne einer möglichst einfachen Referenzstruktur ist aber das Referenzieren auf nur eine einzige Komponente empfehlenswert.

- **Translation:**
  Komponentenreferenz: ⇦ <Pleuel-Seitenfläche>
  Baugruppenreferenz: ⇦ <Anschlagfläche des Kurbelzapfens>
  Bedingungstyp: ⇦ **Zusammenfallend**
- KOMPONENTENPLATZIERUNG beenden: ✔ *oder* ⇩

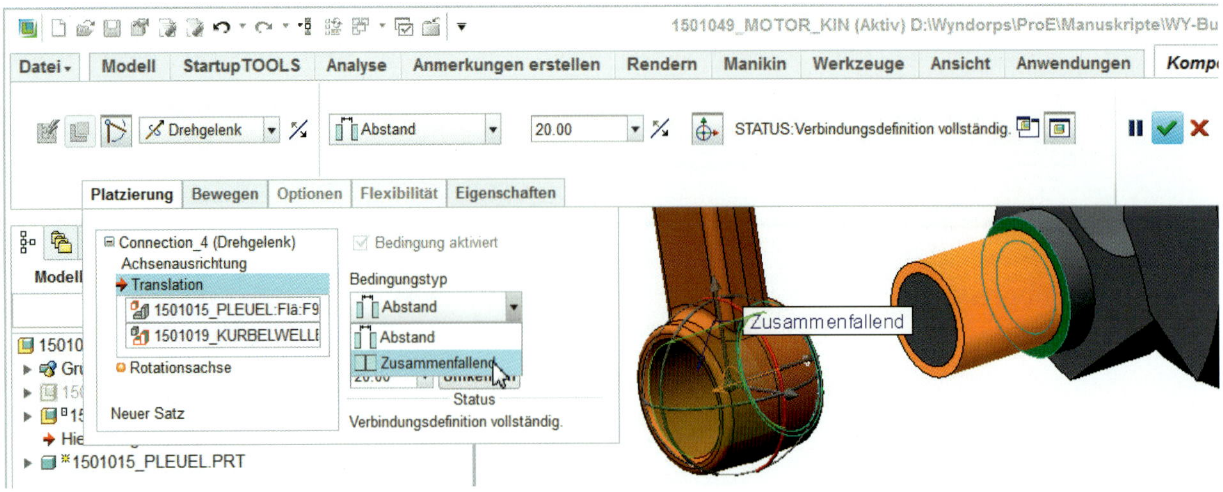

Die Definition weiterer Bedingungen oder Grenzwerte für den Pleuel ist zu diesem Zeitpunkt nicht sinnvoll, da die Winkellage des Pleuels durch die im Anschluss einzubauende Kolbenbaugruppe definiert wird.

23.2.3 BG_Kolben mit Zylinderlagerverbindung einbauen

Da das Pleuel und der Kolben sich im Inneren des Motorgehäuses befinden sollen, ist es für die weiteren Einbauten sinnvoll, die gesamte Gehäusebaugruppe nur mit **sichtbaren Kanten** darzustellen:

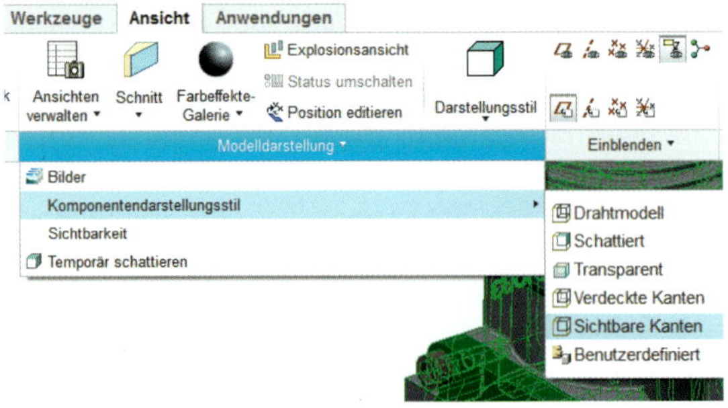

☐ **Darstellung anpassen**

- ⇦ *1501024_BG_gehaeuse* <im Modellbaum wählen>
- ▶ **[Einblenden]**
- ⇦ **Ansicht**, ⇦ Modelldarstellung ▼
- ⇦ Komponentendarstellungsstil ▶
- ⇦ **Sichtbare Kanten**

Das gesamte Gehäuse wird nun nur über seine sichtbaren Kanten dargestellt. Das „Innenleben" wird sichtbar und greifbar.

Alternative: Ansichts-Stil erstellen (siehe Kap. 20.3.3).

Um den Innendurchmesser der Laufbuchse leicht greifen zu können, ist es zudem sinnvoll, analog den Zylinderkopf und die Zylinderkopfschrauben zunächst auszublenden.

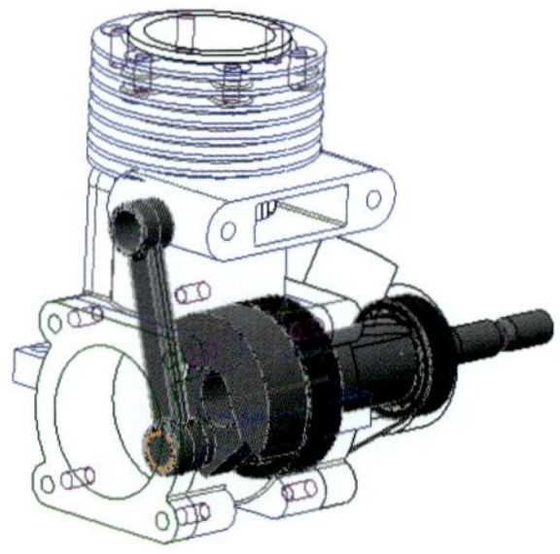

☐ **Verbindungsmodus für Kolbenbaugruppe aktivieren**

- ⇦ **Modell**, **Einbauen**, ⇦ **[*1501022_bg_kolben.asm*]**, ⇦ Öffnen, ⇦ Mater-Darst, ⇦ OK
- ⇦ Ablegen der Komponenten

☐ **1. Zylinderlager-Verbindung (Kolben-Zylinder) definieren**

- Zylinderlager einstellen: ⇦ **[Zylinder]**
- Achsenausrichtung:
  ⇦ <zyl. Kolbenaußenfläche>
  ⇦ <Laufbuchsenfläche innen>
  ⇦ **Zusammenfallend**

Unter Umständen muss mit ▶ **[Bedingung umschalten]** oder mit im Platzierungsregister die Achsausrichtung des Kolbens gewechselt werden.

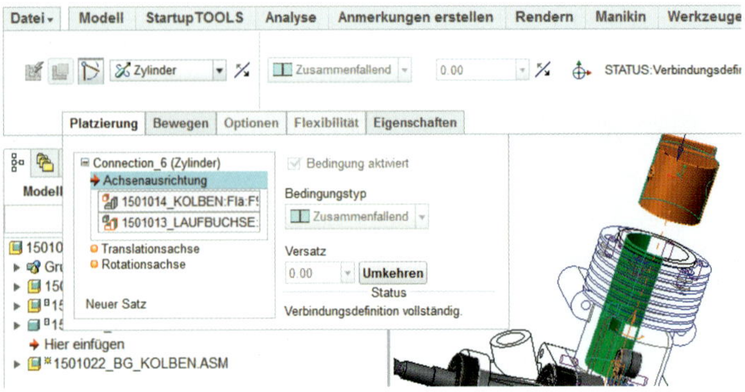

☐ **2. Zylinderlager-Verbindung (Kolben-Pleuel) definieren**

- Neuen Verbindungssatz aktivieren: ▶ **[Satz hinzufügen]**
  oder **[Neuer Satz]** *im Platzierungsregister*
- Achsenausrichtung:
  ⇦ <zylindrische Kolbenbolzenfläche>
  ⇦ <zylindrische Pleuelbohrungsfläche>
  ⇦ Zusammenfallend

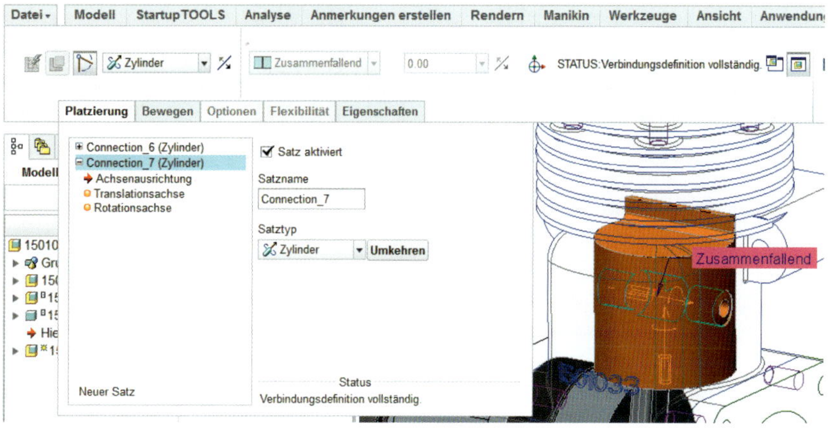

Durch kurzes Antippen der rechten Maustaste werden die übereinander liegenden Flächen nacheinander hervorgehoben und sind somit zur Auswahl mit der linken Maustaste verfügbar.

- ✔ oder ⇩

23.2.4 Komponente ziehen

Seit Wildfire 3.0 besteht die Möglichkeit, manuelle Bewegungen der Kinematik direkt aus der Baugruppe heraus, ohne Wechsel in die Anwendung *Mechanismus* durchzuführen.

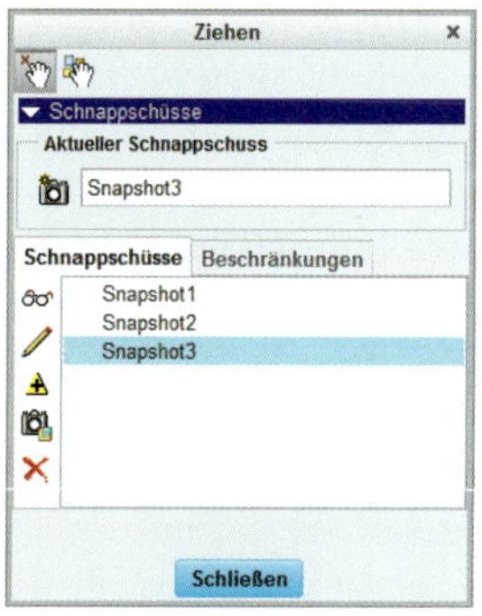

Durch **Ziehen** einer Komponente mit der Maus können die Funktionalität des Mechanismus überprüft oder bestimmte Stellungen eingestellt werden.

- ⇦ **Modell**, ⇦ **Komponenten ziehen**

Mit wird ein beliebiger (Körper-)Punkt gezogen, mit wird eine Komponente gezogen. Wird beim Motor die Komponente Kolben (Auswahl mit ⇦) gezogen, so kann diese maximal in die gestreckte Lage des Pleuels gezogen werden. Die Komponente folgt der Bewegung der Maus. Das Verlassen der gestreckten bzw. ganz eingezogenen Lage ist mathematisch nicht eindeutig definiert, da die Kurbelwelle in zwei Richtungen drehen kann.

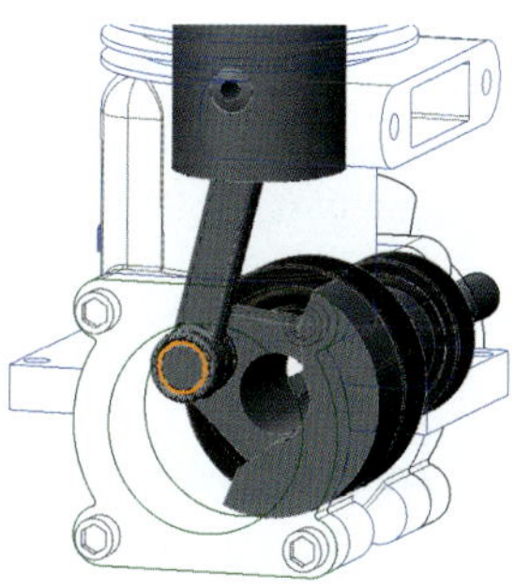

Mit kann beispielsweise eine Kante des Massenausgleichs der Kurbelwelle als Ziehpunkt gewählt werden. Der Ziehpunkt wird als schwarze Raute angezeigt. Die Bewegung des gesamten Mechanismus folgt der Bewegung des Mauszeigers. Durch Drehen mit dem Mauszeiger (ohne Tastendruck) um die Kurbelwellenachse wird der gesamte Motorablauf simuliert.

Der Zugmodus wird durch Betätigen von ⇦ beendet. Gleichzeitig wird die neue Position des Mechanismus akzeptiert. Das Abbrechen des Zugmodus ohne Übernahme der neuen Position erfolgt über ⇩.

- ⇦ ▶ Schnappschüsse

Im Dialog Ziehen werden nach Aufklappen des Bereichs „Schnappschüsse" mit Schnappschüsse der aktuellen Stellung erzeugt und abgelegt. Diese Schnappschüsse können mit wieder eingestellt werden.

☞ Schnappschüsse beziehen sich nur auf die Stellung des Mechanismus, nicht auf die Ansichtsanordnung auf dem Bildschirm.

Mit können ausgewählte Schnappschüsse, also bestimmte Stellungen des Zusammenbaus, für Zeichnungen verwendbar gemacht werden. *Creo* stellt diese Schnappschüsse im Ansichtsmanager (Kap. 20.1) unter dem Register **Explodieren** (Kap. 20.3.4) zur Verfügung. Diese können damit in Zeichnungen aufgerufen werden, erkennbar an dem vorangestellten Zeichnungssymbol.

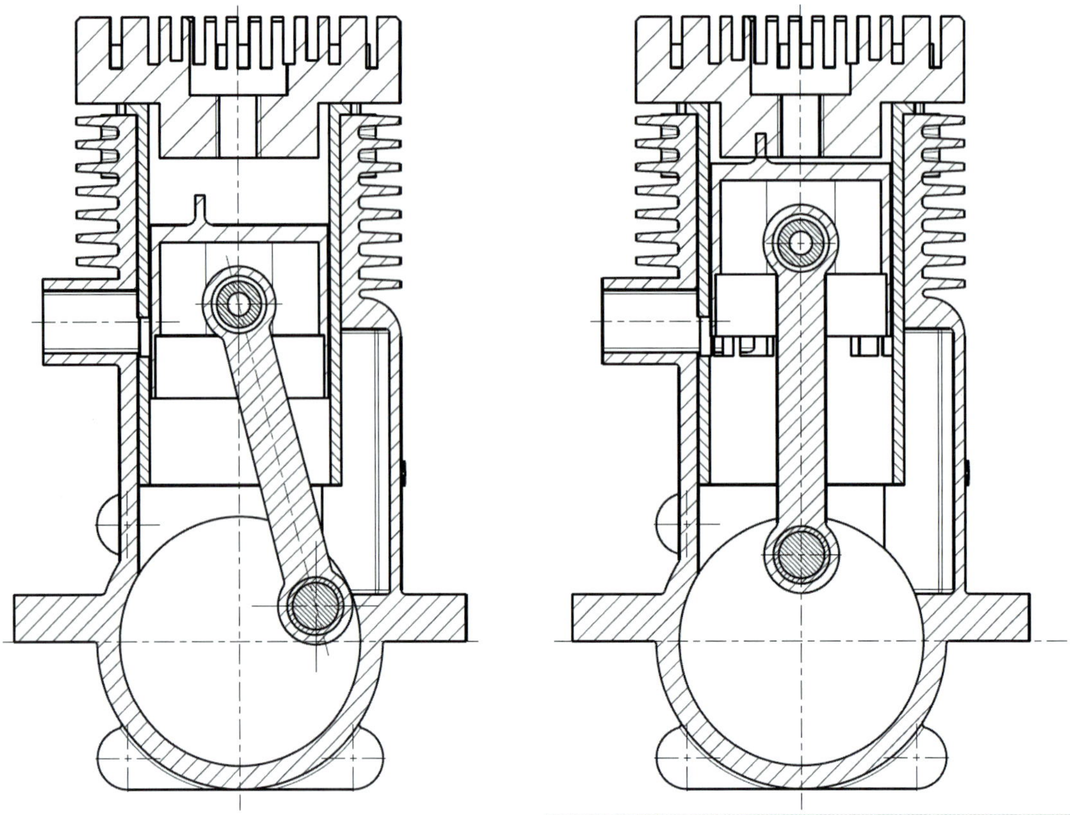

Die oben abgebildete Zeichnung wurde vom Modell *1501049_motor_kin.asm* abgeleitet. Die unterschiedlichen Kolbenstellungen wurden über Schnappschüsse fixiert und mit für den Zeichnungsmodus bereitgestellt. Bei der Ansichtserstellung im Zeichnungsmodus wurde dann im Dialog ZEICHNUNGSANSICHT unter dem Register **Ansichtszustände** der jeweilige Schnappschuss ausgewählt, nachdem zuvor der Schalter ☑ **Komponenten in Ansicht explodieren** gesetzt wurde.

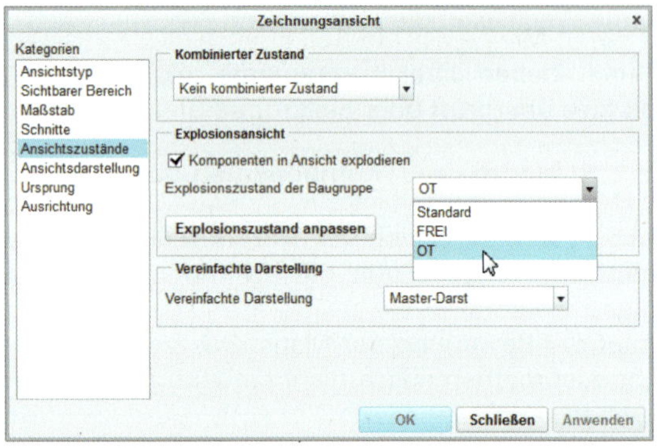

23.2.5 Schnappschüsse erstellen

Für die folgenden Anwendungsbeispiele zu *Mechanismus* werden Schnappschüsse des Kurbeltriebes in den Winkellagen 0° (OT), 90° (Mittellage ML), 180° (UT) und 150° (FREI) erstellt. Da das Ziehen mit der Maus zu unpräzise für definierte Winkellagen ist, werden die einzelnen Winkellagen jeweils in der Einbaudefinition der Kurbelwellenbaugruppe als Regenerationswert eingestellt, die Baugruppe regeneriert und danach der zugehörige Schnappschuss erstellt:

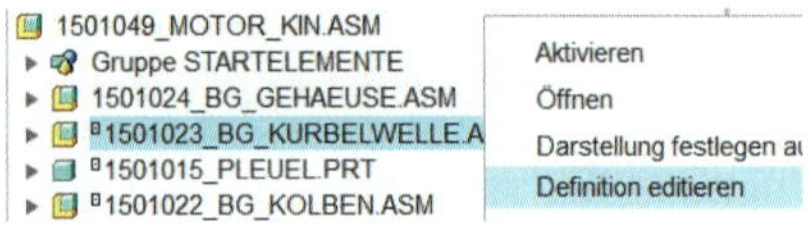

☐ **Winkellage über Regenerierungswert einstellen**

- ⇦ *1501023_BGKurbelwelle.asm* <im Modellbaum auswählen>
- ▶ **[Definition editieren]**
- ⇦ Platzierung, ⇦ Rotationsachse
- Aktuelle Position: **[0]** ↵
- ⇦ [>>] <als Regenerierungswert setzen>
- ⇦ ☑ **Regenerierungswert aktivieren**
- ✔ oder ⇩ <Einbau beenden>
- ⇦ **Modell**, ⇦ **Regenerieren**

☐ **Winkellage über Beschränkungen einstellen**

Alternativ können die Winkellagen für die einzelnen Schnappschüsse im Register Beschränkungen des Ziehe-Dialogs eingestellt werden:

- ⇦ **Modell**, ⇦ Komponenten ziehen
- ⇦ ▶ Schnappschüsse, ⇦ Beschränkungen
- ⇦ <Orientieren Sie zwei Flächen>
- ⇦ **[XZ_B_OBEN]** aus *1501049_motor.asm*
- **[Strg] +** ⇦ **[XZ_B_OBEN]** aus *1501023_BG_kurbelwelle.asm*
- Winkellage unter Versatz eintragen

☞ Es können nur Winkellagen zwischen 0° und 180° eingestellt werden.

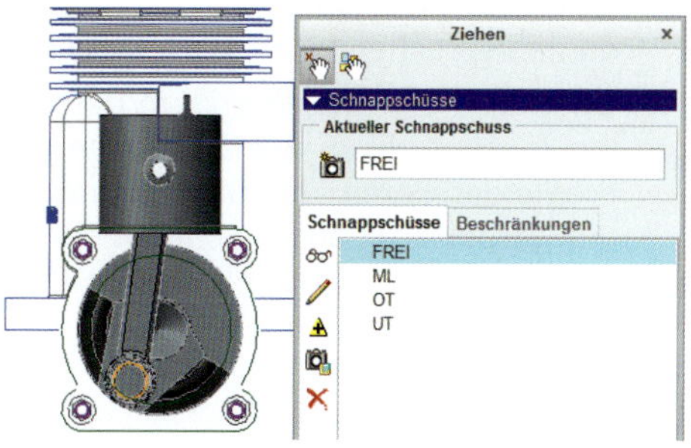

☐ **Schnappschuss erstellen**

- ⇦ **Modell**, ⇦ Komponenten ziehen
- ⇦ ▶ Schnappschüsse
- ⇦ <Schnappschuss der aktuellen Lage>
- **[OT]** ↵ <Umbenennen>
- ⇦ **[Schließen]**

☐ **Weitere Schnappschüsse**

Die weiteren Schnappschüsse werden analog erstellt.

23.3 Anwendung Mechanismus

Um den Mechanismus zu aktivieren und weitere Elemente, wie Kurvenscheibenkopplungen, Führungskopplungen, Getriebepaarungen, Riemenkopplungen und Servomotoren, zu ergänzen und zu definieren, muss die Anwendung *Mechanismus* aus dem Baugruppenmodus heraus gestartet werden:

- ⇦ **Anwendung**, ⇦ **Mechanismus**

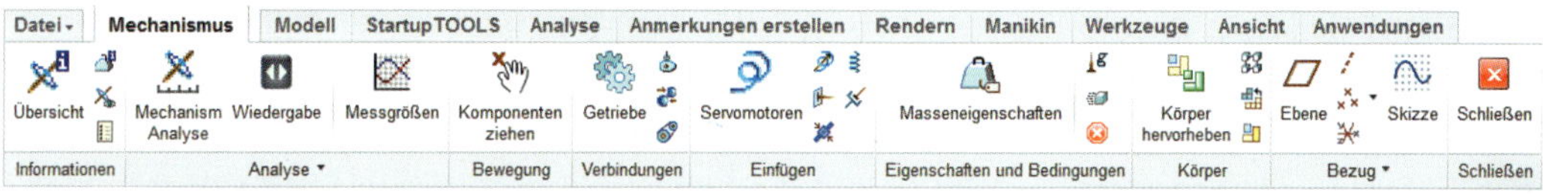

Mit dem Aufruf der Anwendung *Mechanismus* wird eine neue Multifunktionsleiste *Mechanismus* zur Verfügung gestellt. Gleichzeitig werden in der Baugruppenansicht Symbole für die Gelenkachsenverbindungen dargestellt.

Die Sichtbarkeit der Mechanismus-Symbole in der Baugruppenansicht wird über gesteuert.

Auf eine detaillierte Beschreibung aller Funktionen wird verzichtet.

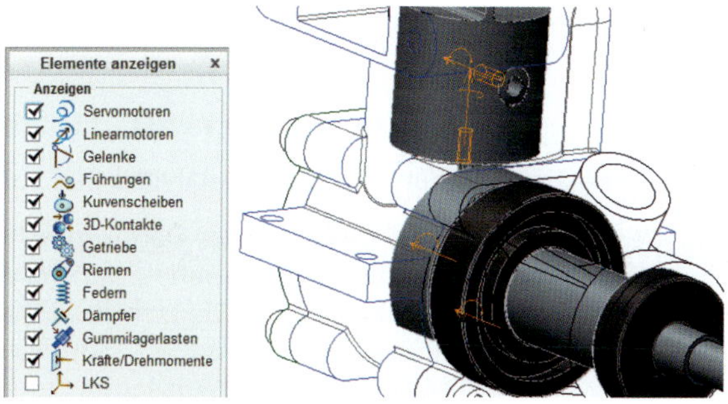

23.3.1 Motoren (Servomotoren) und Mechanismus-Baumstruktur

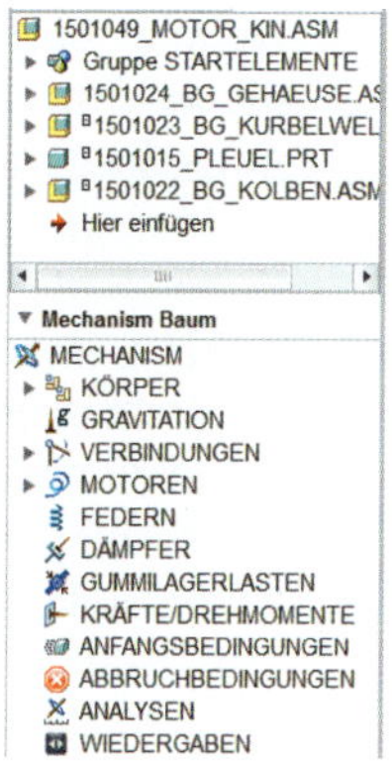

Die Mechanismus-Baumstruktur wird abgetrennt vom Modellbaum dargestellt. Darin lassen sich alle Mechanismus-Definitionen übersichtlich auswählen und über die Funktionsmenüs der rechten Maustaste hinzufügen, löschen oder editieren.

- ⇦ **Mechanismus**, ⇦ **Servomotoren**

Es öffnet sich das Fenster SERVOMOTOR-DEFINITION im Register TYP.

- ⇦ <Bewegungsachse (Mittelachse)>

Die Drehrichtung wird durch einen Pfeil an der Gelenkachse nach der „Rechte-Hand-Regel“ angegeben. Sie kann mit **[Umkehren]** geändert werden.

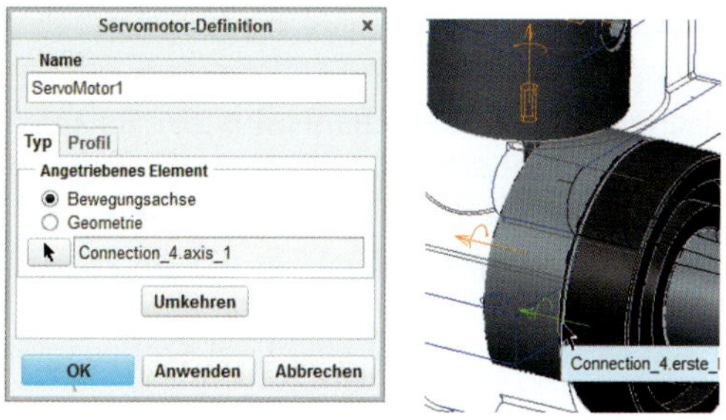

☞ **Rechte-Hand-Regel:** Daumen der rechten Hand in Richtung des Pfeils; die Finger geben die Drehrichtung an.

☐ **Motorprofil definieren:**

Im Register PROFIL des Dialogs SEVOMOTOR-DEFINITION steht eine Vielzahl von Möglichkeiten zur Spezifikation des Motorprofils zur Verfügung: ⇦ **PROFIL**

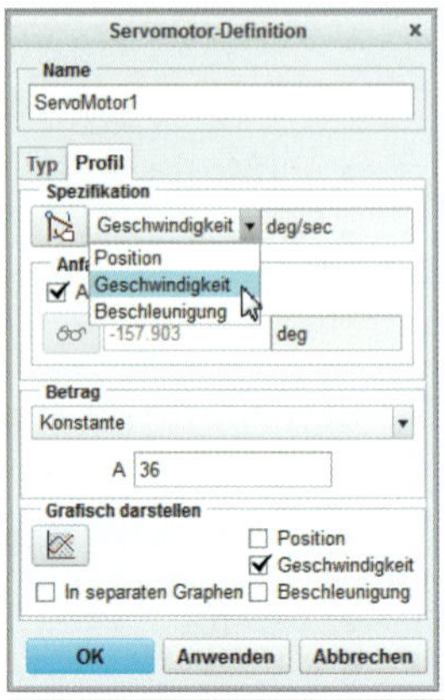

Für das aktuelle Beispiel soll bei einer Simulationszeit von 10 Sekunden eine volle Umdrehung des Motors (360°) mit konstanter Geschwindigkeit dargestellt werden. Dazu ist einzustellen:

- Spezifikation: ⇦ **[Geschwindigkeit] ▼**
- Betrag: ⇦ **[Konstante] ▼**
- Konstantenwert A: **[36]** deg/sec

Die Winkelgeschwindigkeit des Motors wird in Grad/Sekunde angegeben und soll dementsprechend 360°/10s = 36°/s betragen.

Über das Pull-Down-Menü im Bereich „Betrag" lassen sich neben den vordefinierten Motorprofilen, wie Konstante, Rampe, Cosinus, Polynom usw., alle anderen Profile definieren, da unter **Benutzerdefiniert** auch beliebige Funktionen angewendet werden können.

- Profil zuweisen: ⇦ **[Anwenden]**
- SEVOMOTOR-DEFINITION beenden: ⇦ **[OK]**

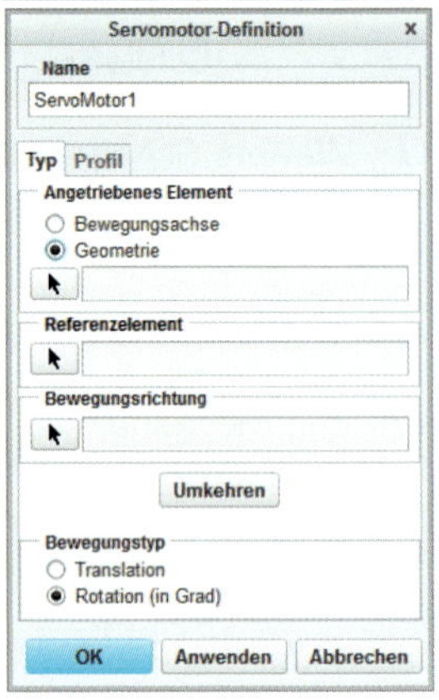

⚠ Servomotoren dienen im Unterschied zu Kraftmotoren ausschließlich der Bewegungserzeugung. Aufgrund eines Übersetzungsfehlers in *Creo* werden die Kraftmotoren als Linearmotoren bezeichnet.

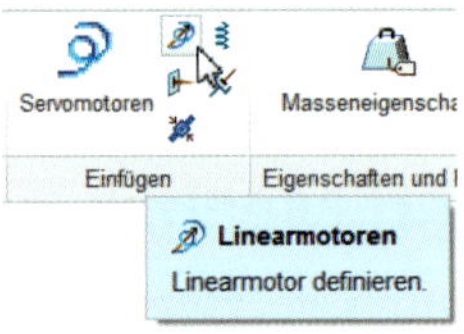

Im Bereich des Strukturbaums werden die Kraftmotoren richtigerweise auch als solche bezeichnet. Soll demnach eine **lineare Bewegung** erzeugt werden, dient dazu ebenfalls ein **Servomotor**. Als angetriebenes Element werden aber anstelle einer Drehachse zwei parallele Ebenen oder ein Punkt und eine Ebene definiert. Dazu muss als **Angetriebenes Element** anstelle der *Bewegungsachse* die **Geometrie** eingestellt und ausgewählt werden.

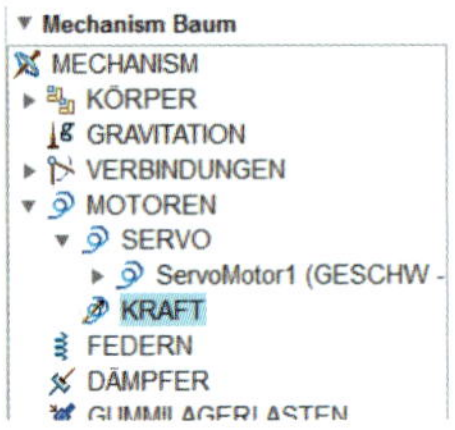

Die Definition eines Kraftmotors (Linearmotor) erfolgt nach derselben Vorgehensweise wie beim Linearmotor und wird daher hier nicht näher beschrieben. Dazu wird eine MDO-Lizenz benötigt!

23.3.2 Mechanism Analysen

In *Mechanismus* stehen folgenden Analysetypen zur Verfügung:

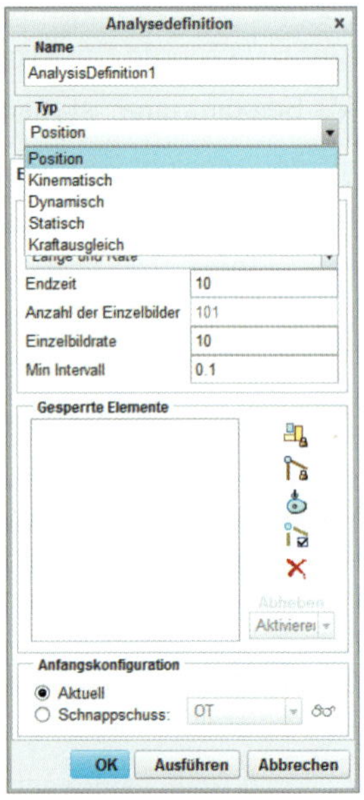

☐ **Position** (bis WF 2.0 *„wiederholte Baugruppe"*): Das mechanische Zusammenwirken aller Komponenten unter Einbeziehen der Servomotoren (nicht der Kraft- bzw. Linearmotoren) wird analysiert. Je Zeitschritt stehen die Positionen und Durchdringungen der Komponenten zur Verfügung. Spurkurven der Bewegung können ausgegeben werden. Nicht möglich sind Aussagen zur Geschwindigkeit oder Beschleunigung von Komponenten sowie jede Form von Kräften.

☐ **Kinematisch:** Erweitert die Positionsanalyse um die Informationen zu Geschwindigkeit und Beschleunigung der Komponenten je Zeitschritt. Ergänzend können Bewegungshüllen erstellt werden, welche die Bewegung des Mechanismus umfassen.

☐ **Dynamisch (MDO):** Erweitert die kinematische Analyse um die Kraftberechnungen, d. h. es werden Servo- und Kraft-/Linearmotoren sowie Reibung, Dämpfung und Gravitation berücksichtigt.

☐ **Statisch (MDO):** Die statische Analyse ist ein Sonderfall einer dynamischen Analyse. Sie stellt die statische Lage eines Mechanismus ein. Beispiel: Für ein bis zu einer Anfangshöhe ausgelenktes Pendel ergibt die statische Analyse den niedrigsten Punkt des Pendels ohne Schwingungen.

☐ **Kraftausgleich (MDO):** Der Kraftausgleich ist die Umkehrung der statischen Analyse. Sie gibt die Reaktionen (z. B. Kraft) zurück, die erforderlich sind, um die Lage eines Mechanismus zu halten. Beispiel: Für ein bis zu einer Anfangshöhe ausgelenktes Pendel ergibt die Kraftausgleich-Analyse die Haltekraft des Mechanismus.

23.3.2.1 Positionsanalyse – Beispiel: Angetriebener Kurbeltrieb

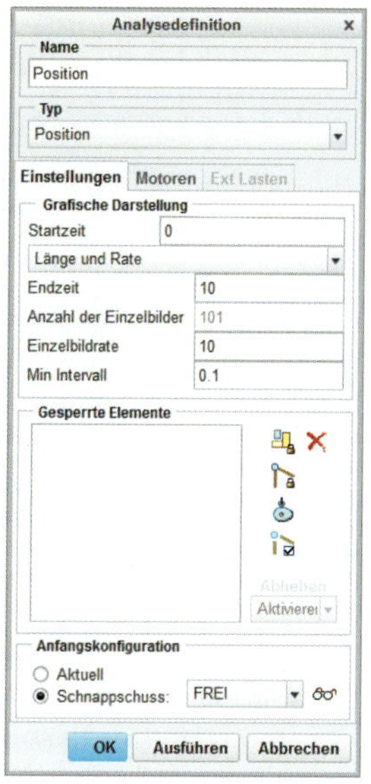

Bei einer Positionsanalyse sind alle Kräfte, Momente, Reibungs- sowie Schwerkrafteinflüsse usw. ohne Bedeutung. Die jeweilige Position der Komponenten wird durch die Gelenk- und Führungsverbindungen, Elementsperren und insbesondere Servomotoren definiert.

- ⇦ Mechanismus, ⇦ Mechanism Analyse
- Name: **[Position]**, Typ: **Position ▼**
- Startzeit der Simulation: **[0]** sec (Standard)

Für die Zeitsteuerung der Simulation stehen folgende Modi zur Verfügung:

- Länge und Rate
- Länge und Anzahl der Einzelbilder
- Rate und Anzahl der Einzelbilder

Damit lässt sich die Qualität und Rechenzeit der Simulation beeinflussen.

- ⇦ **[Länge und Rate] ▼**
- Endzeit der Simulation: **[10]** sec (Standard)
- Einzelbildrate: **[10]** Bild/sec
- Anfangskonfiguration: ⇦ ◉ Schnappschuss **[FREI]**

Mit diesen Eingaben werden für die Simulationszeit von 10 Sekunden mit einer Einzelbildrate von 10 Bildern pro Sekunde insgesamt 101 Einzelbilder der Simulation erstellt, was einem Messintervall von 0,1 Sekunde entspricht.

Das Register Ext Lasten steht für Positionsanalysen nicht zur Verfügung. Im Register Motoren ist der ServoMotor1 als vom **Start** bis zum **Ende** der Simulation laufend definiert.

- ⇦ **[Ausführen]**

Die Analyse wird nun schrittweise durchgerechnet. Das Ergebnis der Analyse wird nach jedem Rechenschritt als neue Position der Komponenten am Bildschirm ausgegeben.

- ⇦ **[OK]** <Die Analysedefinition (nicht die Berechnung) im Modell gespeichert.>

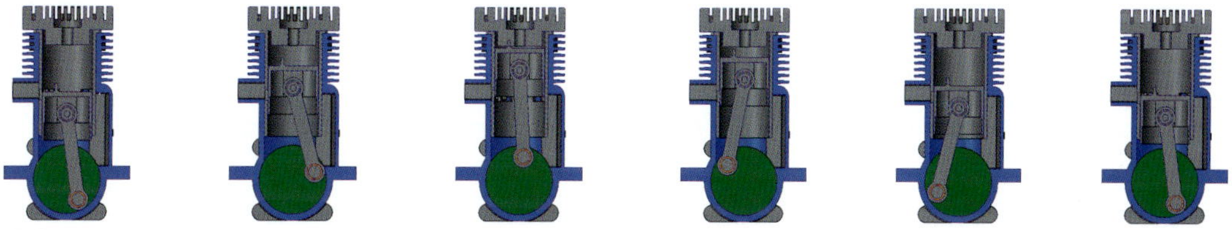

Zeit 0.0 **Zeit 2.0** **Zeit 4.0** **Zeit 6.0** **Zeit 8.0** **Zeit 10.0**

23.3.2.2 Statische Analyse (MDO) – Beispiel: Statische Endlage ermitteln

Als Beispiel einer statischen Analyse wird die Endlage (UT) des Kurbeltriebs infolge der Schwerkraft ermittelt. Dazu wird zunächst die Richtung der Schwerkraft definiert:

- ⇦ **Mechanismus**, ⇦ Gravitation
  Die Richtung der Schwerkraft wird durch die Angabe einer Zahl entsprechend der Achsenausrichtung des Baugruppenkoordinatensystems definiert. Voreingestellt ist die Erdbeschleunigung von 9806,65 mm/s². Die Erdbeschleunigung soll in negativer y-Richtung wirken. Daraus folgt die Eingabe von -1 für die y-Richtung.
- ⇦ **[OK]**
- ⇦ **Mechanismus**, ⇦ **Mechanism Analyse**
- Name: **[Statisch]**, Typ: **Statisch ▼**
- Anfangskonfiguration: ⇦ **◉ Schnappschuss**
- ⇦ Ext Lasten, ⇦ ☑ **Gravitation aktivieren**

☞ Mit **[OK]** wird die Analysedefinition im Modell gespeichert, **ohne** ausgeführt zu werden. Die Analyse wird in der entsprechenden Rubrik im Mechanismus-Baum aufgeführt und kann dort über ▶ jederzeit bearbeitet oder ausgeführt werden.

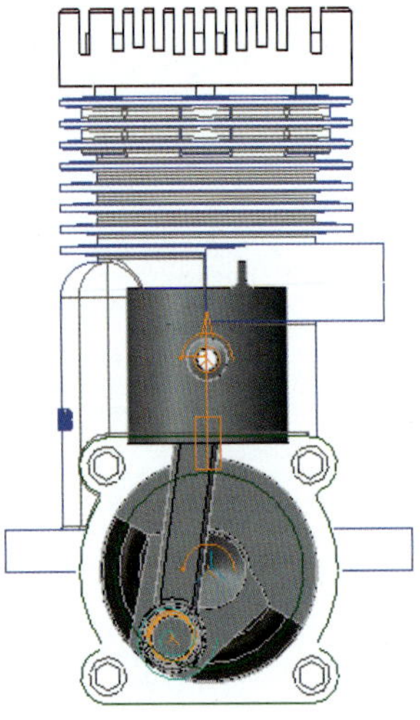

Startlage (Schnappschuss)

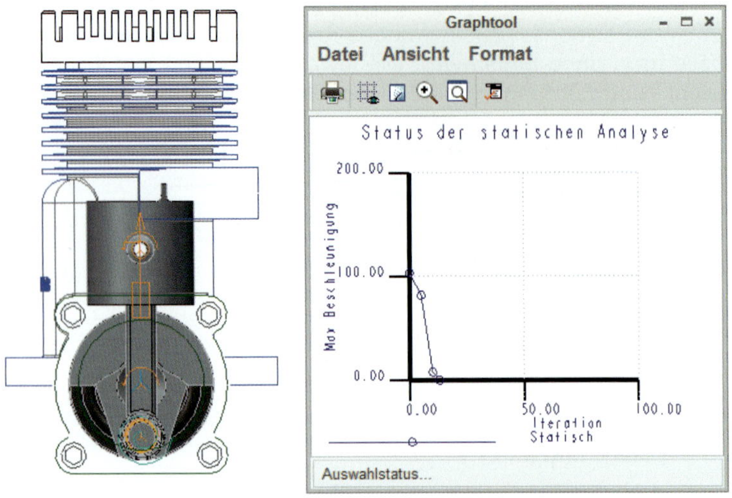

Statische Endlage (errechnet) mit Graphtool

Ausgehend von der über den Startpunkt definierten Startlage wird die statische Lage des Kurbeltriebes infolge der Schwerkraftwirkung ermittelt.

23.3.2.3 Kraftausgleich Analyse (MDO) – Beispiel: Schwerkraftausgleich

Als erstes Beispiel einer Kraftausgleich-Analyse soll nun die vertikal gerichtete Lagerkraft im Gleitlager ermittelt werden, die erforderlich ist, um das System gegen die Schwerkraft in der Startlage zu halten. Dazu muss analog zu Kap. 23.3.2.1 zunächst die Richtung der Schwerkraft definiert sein.

Hilfreich ist weiterhin die Definition eines Bezugspunkts in der Mitte des Gleitlagers *1051020_gleitlager.prt*, der als Referenzlage für den Kraftangriff der Haltekraft verwendet werden kann:

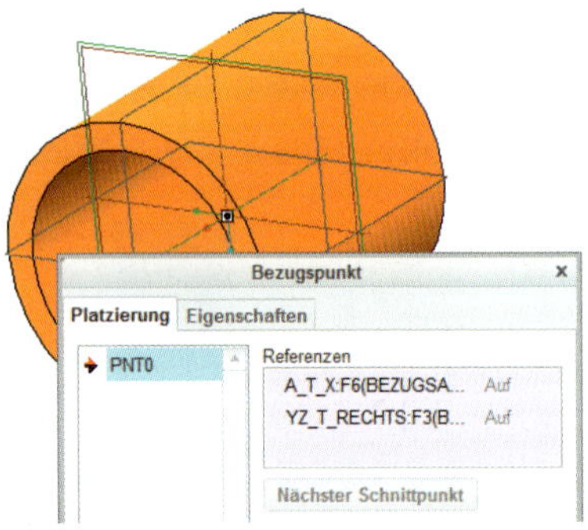

☐ **Bezugspunkt im Gleitlager setzen**

- ⇦ **Datei**, ⇦ **Öffnen**, 1051020_gleitlager.prt
- ⇦ **Modell**, ⇦ **Punkt**, ⇦ Achse: **A_T_X**, **Strg+**⇦ Ebene: **YZ_T_Rechts**
- ⇦ **[OK]**
- ⇦ Speichern

☐ **Kraftausgleich definieren**

- ⇦ *1501049_motor_kin.asm*
- ⇦ **Mechanismus**, ⇦ **Mechanism Analyse**
- Name: **[Kraftausgleich_g]**, Typ: **Kraftausgleich ▼**
- Anfangskonfiguration: ⇦ ◉ **Schnappschuss**
- ⇦ Ext Lasten, ⇦ ☑ **Gravitation aktivieren**

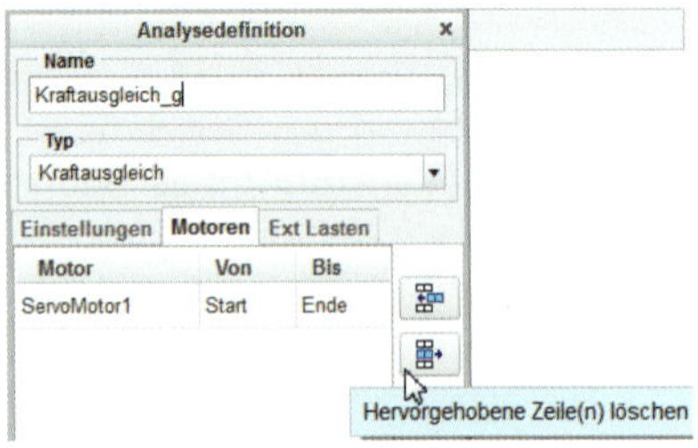

Im Register MOTOREN wird der in Kap. 23.3.1 definierte Motor als vom Start bis zum Ende laufend aufgeführt. Der Motor muss mit aus dieser Analyse ausgeschlossen werden, da er sonst als starrer Positionsantrieb das System blockieren würde.

- ⇦ **ServoMotor1**, ⇦ **Löschen**

☐ **Freiheitsgrad des Mechanismus prüfen**

Der Antrieb des Kurbeltriebs erfolgt über die Schwerkraft. Das System hat nach dem Löschen des Motors noch einen Freiheitsgrad, nämlich die Rotation der Kurbelwelle. Der Freiheitsgrade des Systems werden berechnet mit:

- ⇦ Einstellungen, ⇦ Freiheitsgrade: **Auswerten**

Für die Kraftausgleich-Analyse darf das System keinen Freiheitsgrad mehr haben(FG=0). Dazu kann beispielsweise eine Kraft über deren Kraftangriffspunkt und Richtung definiert werden, die als Ausgleichskraft dem System das Gleichgewicht hält.

☐ **Kraftausgleich (Lastzellensperre) definieren**

Die Ausgleichskraft soll rein vertikal gerichtet im Bezugspunkt des Gleitlagers angreifen.

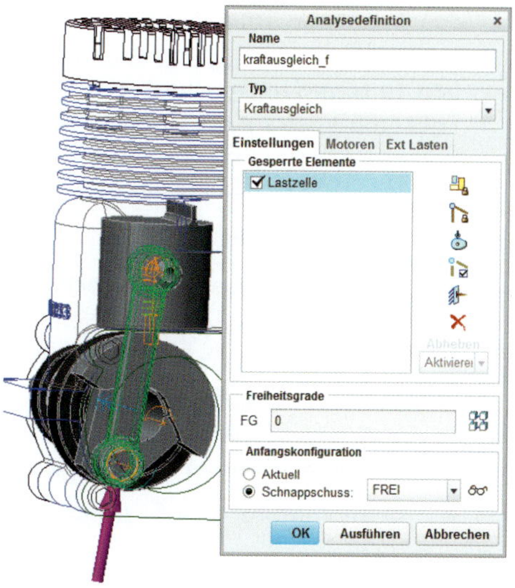

- ⇦ Einstellungen, ⇦ **Lastzellensperre erzeugen**
- ⇦ Filter: **Bezugspunkt**
- ⇦ <Bezugspunkt Mitte Gleitlager>
- ⇩ *1501015_Pleuel* <Koordinatensystem von Pleuel verwenden>

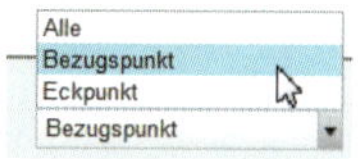

Die Komponenten der Kraft richten sich nach dem Baugruppenkoordinatensystem.

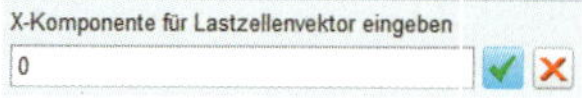

- X-Komponente: **[0]**, ⇩
- Y-Komponente: **[1]**, ⇩
- Z-Komponente: **[0]**, ⇩

Bei einer erneuten Überprüfung des Freiheitsgrads hat dieser den Wert Null!

- ⇦ **[Ausführen]**

Die Reaktionskraft in der Lastzelle wird in einem Ergebnisfenster leider ohne Einheit ausgegeben. Die Einheit entspricht dem unter Kap. 23.2.1 eingestellten Einheitensystem (hier: Newton).

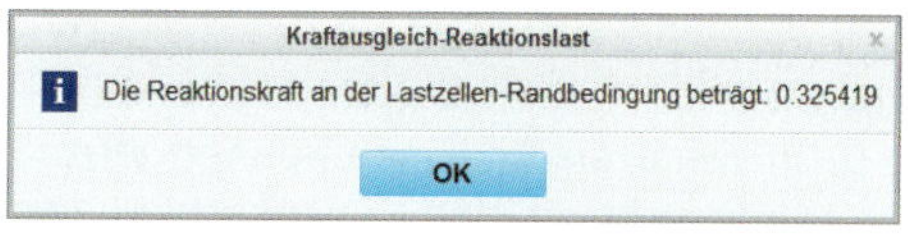

23.3.2.4 Kraftausgleich Analyse (MDO) – Beispiel: Ausgleich für Federkraft

Als zweites Beispiel einer Kraftausgleich-Analyse soll die Stabkraft im Pleuel ermittelt werden, die erforderlich ist, um das System gegen eine Federkraft auf den Kolben in der Startlage zu halten. Dazu soll zunächst die Feder so definiert werden, dass diese bei der Lage UT kraftlos, d. h. im Gleichgewicht ist.

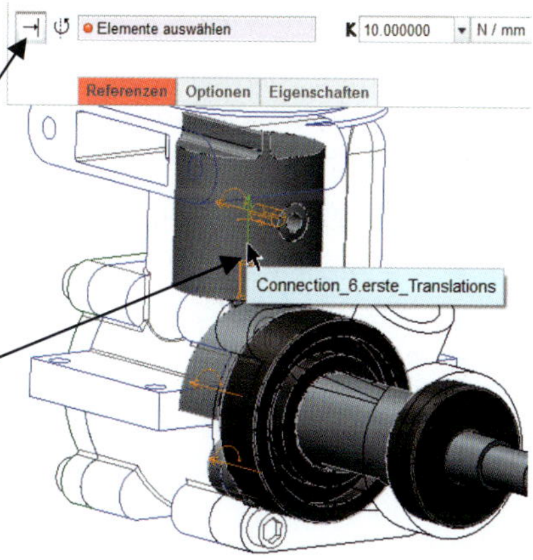

- ⇦ **Modell**, ⇦ Komponenten ziehen, ⇦⇦ **UT**, ⇦ Schließen

☐ **Feder erstellen**

- ⇦ **Mechanismus**, ⇦ **Feder**
- *Feder*, Verlängerungs- / Komprimierungsfeder
- ⇦ <Translationsachse wählen>
- ⇦ **[N/mm]** <Einheit der Federrate K>
- Federrate K: **[10]** N/mm
- ⇦ REFERENZEN
- ⇦ ◉ Angepasst

Zur Definition der Federlängen werden die Kolbenoberfläche und die Gehäuseoberfläche gewählt.

- ⇦ <Kolbenoberfläche>
- **Strg** + ⇦ <Ebene XZ_B_OBEN>

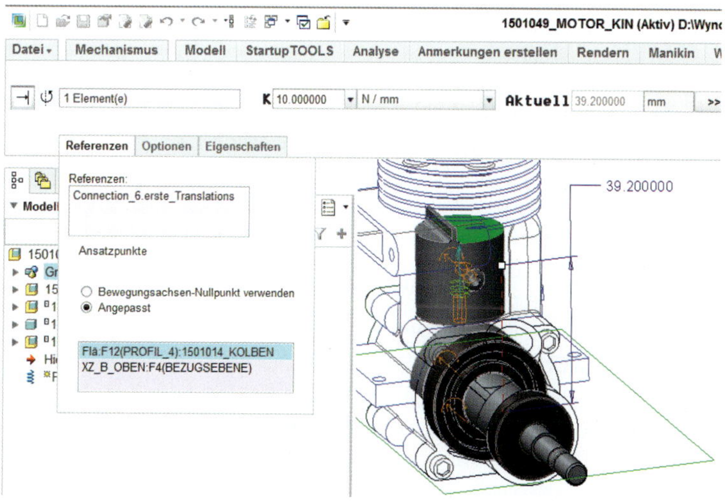

Creo ermittelt den Abstand der beiden Flächen und gibt diesen als aktuelle Federlänge an. Im abgebildeten Beispiel hat die Feder aktuell eine Länge von 40,294 mm. Gleichzeitig wird mit [>>] der Wert für die Verschiebung zum Einstellen des Federgleichgewichts U auf denselben Wert gesetzt. D. h. in der aktuellen Lage ist die Feder kraftlos.

☐ **Zu erwartende Ergebnisse**

Von UT zu OT beträgt der Exzenterhub der Kurbelwelle $h = 2 \cdot 11$ mm $= 22$ mm. Bei der eingestellten Federrate von 10 N/mm entspricht das einer maximalen Federkraft (in OT) von 220 N. In der Lage des Schnappschusses FREI (150°) beträgt der Hub der Feder gerade 1,094 mm (Länge = 40,294 mm). Die Federkraft in dieser Lage sollte demnach etwa $F_{ML} = K \cdot \Delta h = 10 \cdot 1{,}094$ N $= 10{,}94$ N betragen. Aufgrund des Winkels des Pleuels von etwa 7,9° zur Vertikalen sollte die Stabkraft dann etwa $F_{Stab} = F_{ML} / cos(7{,}9°) = 11{,}04$ N betragen.

☐ **Kraftausgleich definieren**

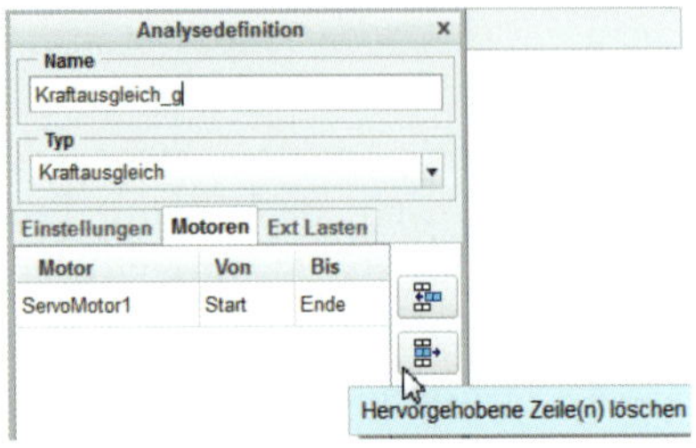

- ⇦ **Mechanismus**, ⇦ **Mechanism Analyse**
- Name: **[Kraftausgleich_f]**, Typ: **Kraftausgleich ▼**
- Anfangskonfiguration: ⇦ ◉ Schnappschuss **[Frei]**

Gravitation und Reibung werden zunächst nicht berücksichtigt. Im Register MOTOREN wird der ServoMotor1 aus dieser Analyse ausgeschlossen.

- ⇦ Ext Lasten, ⇦ ☐ Gravitation **deaktivieren**
- ⇦ **ServoMotor1,** ⇦ **Löschen**

☐ **Kraftausgleich (Lastzellensperre) und Analyse**

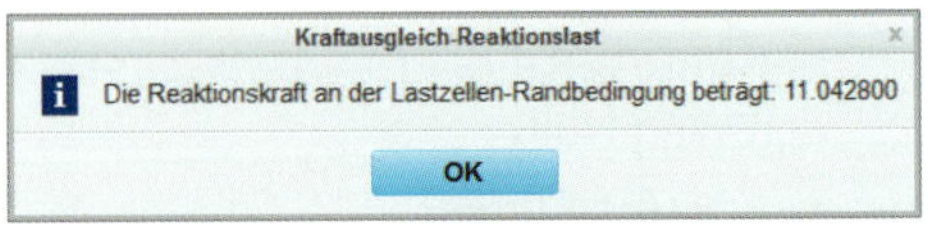

Die Ausgleichskraft (Lastzellensperre) wird identisch zum Beispiel aus Kap. 23.3.2.3 definiert und die Analyse ausgeführt. Das Ergebnis bestätigt die Vorüberlegungen.

In weiteren Analysen können jetzt Gravitation und Reibung (zu definieren in den Gelenkachseneinstellungen) aktiviert und in die Berechnung einbezogen werden. Nebenstehend ist das Ergebnis unter Berücksichtigung der Gravitation abgebildet.

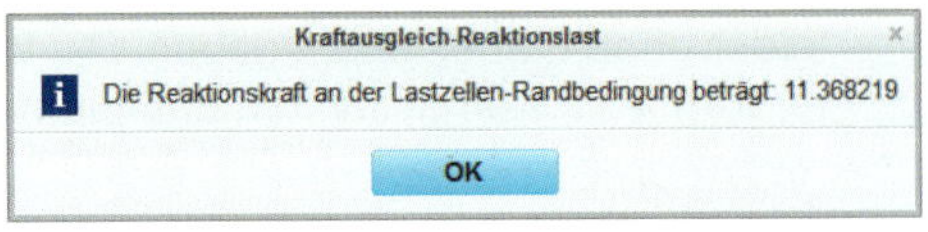

23.3.2.5 Dynamische Analyse (MDO) – Beispiel: Benutzerdefiniertes Drehmoment gegen Federkraft

Der Kurbeltrieb soll gegen die Feder mit variablem Drehmoment an der Kurbelwelle angetrieben werden. Gesucht sind dabei der zeitliche Verlauf der Kräfte auf den Pleuel sowie der Verlauf von Beschleunigung und Geschwindigkeit der Kurbelwelle beim Antrieb gegen die Feder.

☐ **Benutzerdefiniertes Drehmoment**

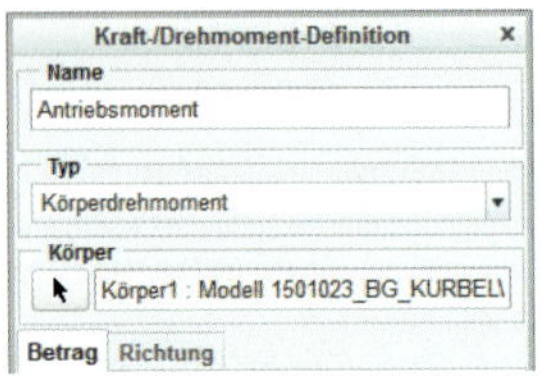

- ⇦ **Mechanismus**, ⇦ **Kraft / Drehmoment**
- Name: **[Antriebsmoment]**
- Typ: **Körperdrehmoment ▼**
- ⇦ <*1501023_BG_kurbelwelle* wählen>
- ⇦ Richtung, Richtung definieren über: **Gerade Kante, Kurve oder Achse▼**
- ⇦ <Kurbelwellenachse wählen>
- ⇦ Betrag, Funktion: **Benutzerdefiniert ▼**
- Variable: t ▼

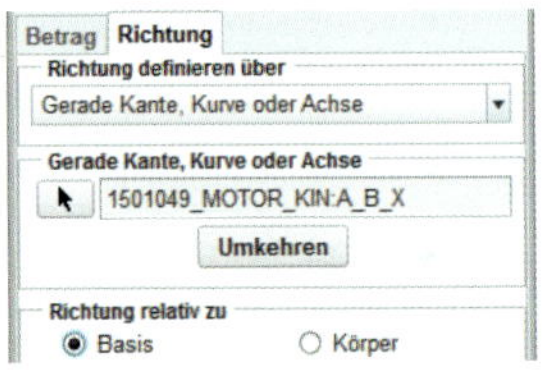

Es wird die Variable gewählt, von der das Antriebsmoment abhängig sein soll. „t" steht für die Zeit. Wenn bereits Messgrößen in der Simulation definiert sind, können diese ebenfalls als Variable für die Berechnung des Drehmoments verwendet werden.

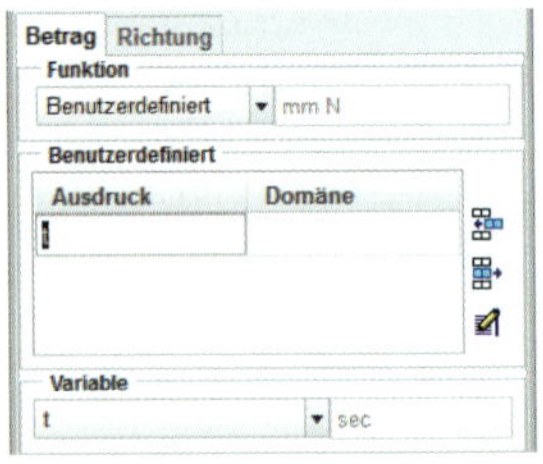

- ⇦ <Ausdrucksegment hinzufügen>
- ⇦ <Ausdrucksegment in Liste wählen>
- ⇦ <Ausdrucksegment editieren>
- ⇦ ☑ Domäne angeben

Im Zeitbereich von 0 bis 0,025 Sekunden soll das Drehmoment linear von Null auf 1750 Nmm steigen. Die Eingabe erfolgt durch Eintragen der Grenzwerte (0 und 0,025) und Auswahl der Vergleichsoperatoren (hier: „<" und „<="). Der Steigungswert für das Drehmoment errechnet sich zu $a = \frac{T_2 - T_1}{t_2 - t_1} = \frac{1750 - 0}{0{,}025 - 0} \frac{Nmm}{s} = 70000 \frac{Nmm}{s}$. Dieser Wert wird in der Form $t*a$ in den Ausdruck eingetragen.

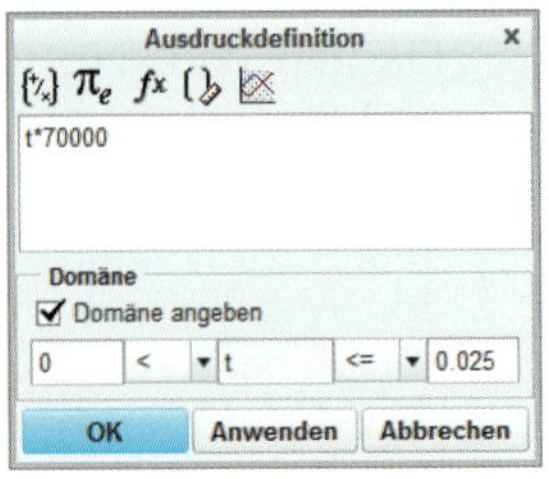

- t*70000
- ⇦ **[OK]** <1. Ausdruckdefinition beenden>

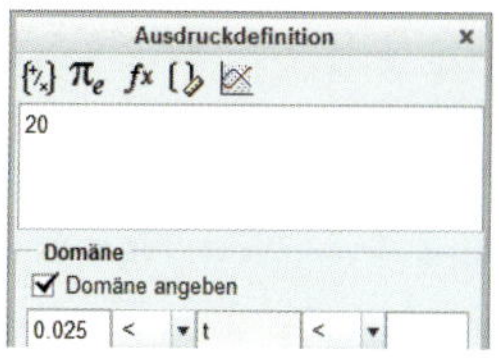

Analog wird eine weitere Definition für das Drehmoment definiert. Nach der Anlaufphase, also nach mehr als 0,025 Sekunden soll das Drehmoment konstant nur 20 Nmm betragen.

- ⇦ <Ausdrucksegment hinzufügen>
- ⇦ <Ausdrucksegment in Liste wählen>
- ⇦ <Ausdrucksegment editieren>

Die zugehörigen Einträge sind den Abbildungen zu entnehmen.

- ⇦ **[OK]** <2. Ausdruckdefinition beenden>

Der zeitliche Verlauf des Drehmoments kann grafisch dargestellt werden.

- ⇦ <grafisch darstellen>

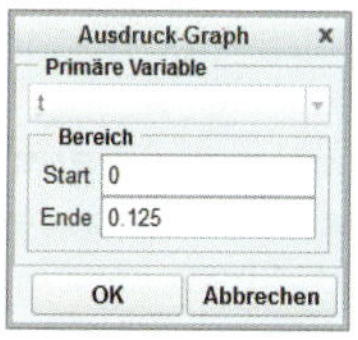

Da in der 2. Ausdrucksdefinition keine obere Grenze der Zeit angegeben wurde, fragt *Creo* das Ende für die Darstellung unter Angabe eines Vorschlags ab.

- ⇦ **[OK]**

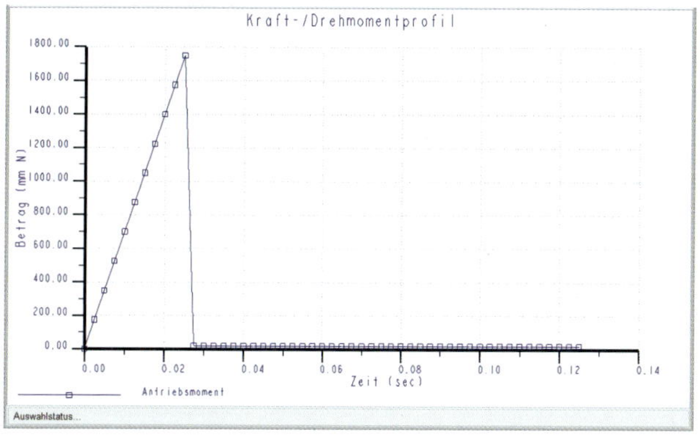

☐ **Anfangsbedingung erstellen**

Anfangsbedingungen erlauben weit mehr als die Definition von reinen Startlagen (Schnappschüssen) wie bei den vorangegangenen Analysen. Sie ermöglichen beispielsweise den Start der Analyse mit vorgegebener Anfangsgeschwindigkeit oder Anfangsbeschleunigung von Komponenten. Für das aktuelle Beispiel reicht wiederum die einfache Startlage des Schnappschusses UT aus. Sie muss nun allerdings als Anfangsbedingung definiert werden:

- ⇦ **Mechanismus**, ⇦ **Anfangsbedingung**
- Name: **[Start_bei_UT]**
- Schnappschuss: **[UT]**
- ⇦ **[OK]**

☐ **Dynamische Analyse**

- ⇦ **Mechanismus**, ⇦ **Mechanism Analyse**
- Name: **[Dynamisch]**, Typ: **Dynamisch▼**
- Anfangskonfiguration:
  ⇦ ◉ AB-Zustand, **Start_bei_UT▼**

Grafische Darstellung:
Länge & Rate
Dauer =**0.1**
Einzelbildrate=**1000**

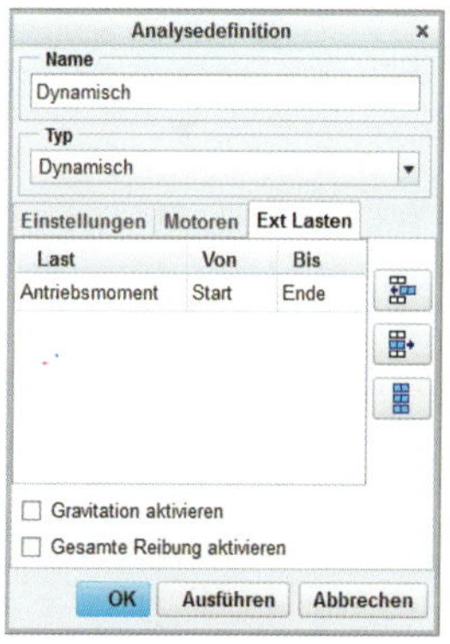

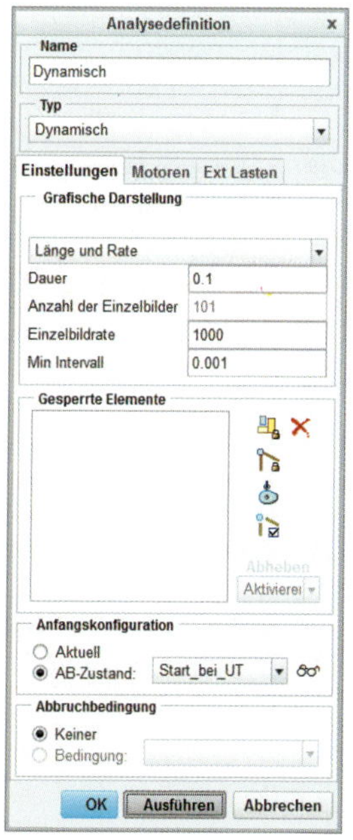

- ⇦ Motoren, **keine**, ggf. ServoMotor1 löschen
- ⇦ Ext Lasten, **Antriebsmoment von Start bis Ende**
- ⇦ **[Ausführen]**

Die Analyse wird schrittweise berechnet. Das kann unter Umständen ein paar Minuten dauern. Am unteren Rand des *Creo*-Fensters kann der Fortschritt der Simulation abgelesen werden.

☞ Mit kann die Berechnung der Analyse gestoppt werden.

23.3.3 Messgrößen

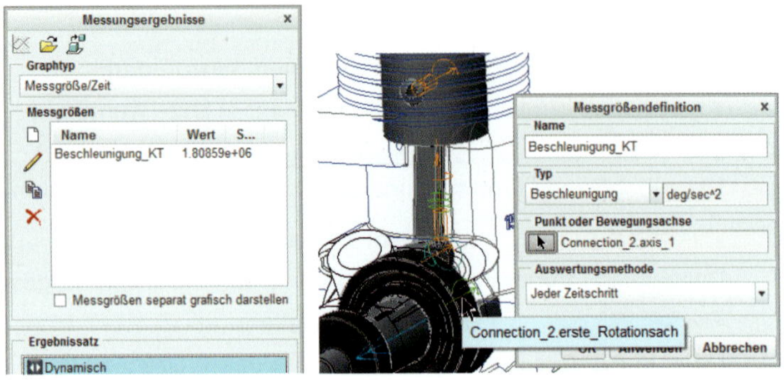

- ⇦ **Mechanismus**, ⇦ **Messgrößen**
- ⇦ **Neu**, Name: **[Beschleunigung_KT]**
- ⇦ Typ: **Beschleunigung ▼**
- ⇦ <Drehgelenkverbindung wählen>
- ⇦ **[OK]**

Wird der Ergebnissatz *Dynamisch* aus der Liste gewählt, ist sofort ein Wert der Beschleunigung ausgewiesen. Dieser Wert entspricht dem letzten berechneten Wert der Analyse.

Analog wird die Messgröße für die Geschwindigkeit der Kurbelwelle erstellt.

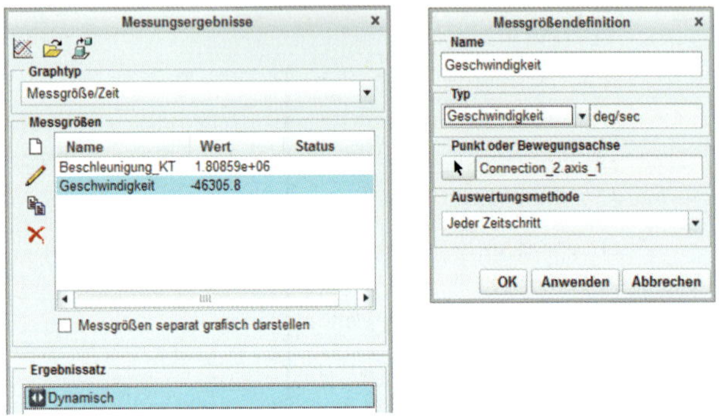

- ⇦ **Neu**, Name: **[Geschwindigkeit]**
- ⇦ Typ: **Geschwindigkeit ▼**
- ⇦ <Drehgelenkverbindung wählen>
- ⇦ **[OK]**

Als dritte Messgröße wird die Lagerreaktion zwischen Kolben (Kolbenbolzen) und Pleuel ausgewiesen:

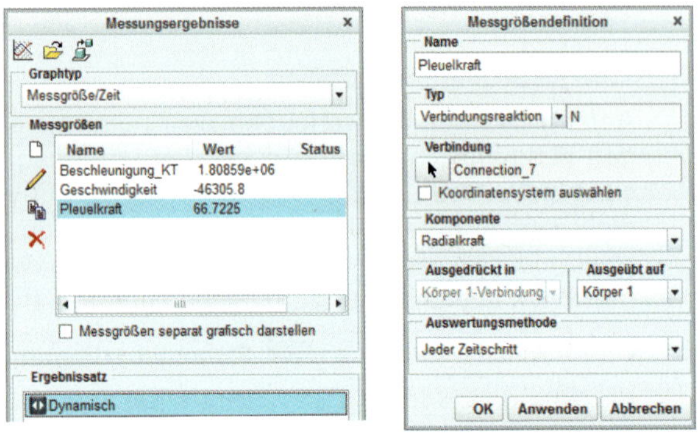

- ⇦ **Neu**, Name: **[Pleuelkraft]**
- ⇦ Typ: **Verbindungsreaktion ▼**
- ⇦ <Drehgelenkverbindung am Kolbenbolzen wählen>
- ⇦ Komponente: **Radialkraft ▼**
- ⇦ **[OK]**

Mit [Symbol] können die Messwerte grafisch dargestellt werden. Bei Mehrfachauswahl (Strg) von Messwerten werden diese gemeinsam in einem Diagramm dargestellt. Wird der Schalter ☐ *Messgrößen separat grafisch darstellen* gesetzt, werden einzelne Diagramme in einem gemeinsamen Format (siehe folgende Abbildung *Graphtool*) dargestellt.

Dazu müssen aber mit [Symbol] die Darstellungsgrenzen der einzelnen Grafiken angepasst werden.

Die nebenstehend abgebildeten Ergebnisse zeigen, dass nach dem Anlaufen mit hohem Drehmoment das geringe Drehmoment von 20 Nmm gerade nicht ausreicht, um den Kurbeltrieb dauerhaft weiterlaufen zu lassen, da die Geschwindigkeitskurve langsam, aber stetig abnimmt.

Die Grafiken und Messwerte lassen sich für weitere Bearbeitung aus dem Graphen heraus nach MS-EXCEL exportieren.

- ⇦ Datei, ⇦ Excel exportieren

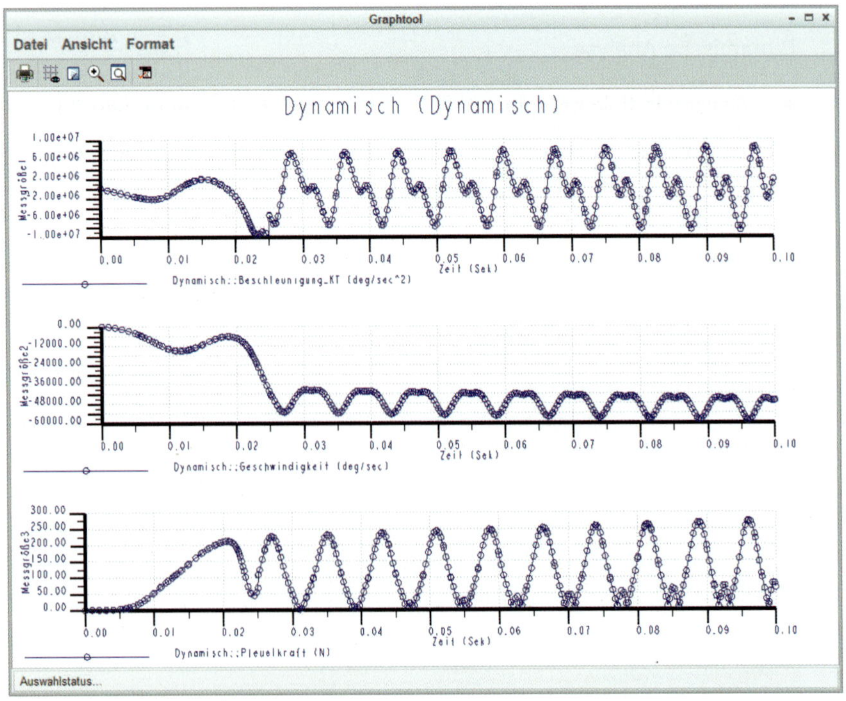

23.3.4 Wiedergabe

Wiedergaben ermöglichen den wiederholten Ablauf der Bewegungen der Komponenten. Darüber hinaus bieten sie eine Vielzahl an weiteren Hilfen, wie:

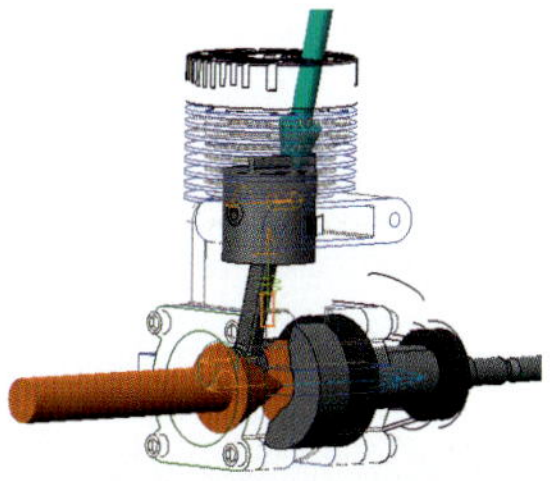

- das Erfassen der Bewegungen als MPEG-Film,
- die Ausgabe von Messwerten als Wert und/oder größenvariable Pfeile über der Bewegung (siehe rechts),
- das Aufzeigen von Kollisionen,
- das Erstellen einer Bewegungshülle mit Export derselben.

23.3.4.1 Wiedergabe mit Messgrößenausgabe

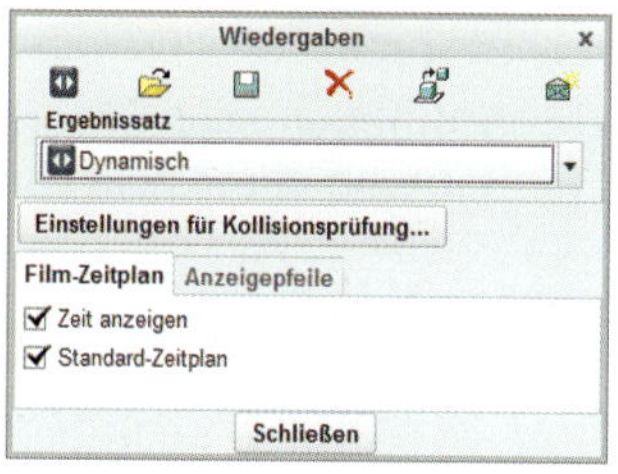

Als Beispiel werden die Ergebnisse der dynamischen Analyse aus Kap. 23.3.2.5 verwendet.

- ⇦ **Mechanismus**, ⇦ **Wiedergabe**

Alle während der *Creo*-Sitzung ausgeführten Analysen sind in der Ergebnissatz-Liste aufgeführt und können für die Wiedergabe gewählt werden. Mit lassen sich zuvor auf der Festplatte gespeicherte Analysen laden.

- ⇦ Ergebnissatz: **Dynamisch ▼**

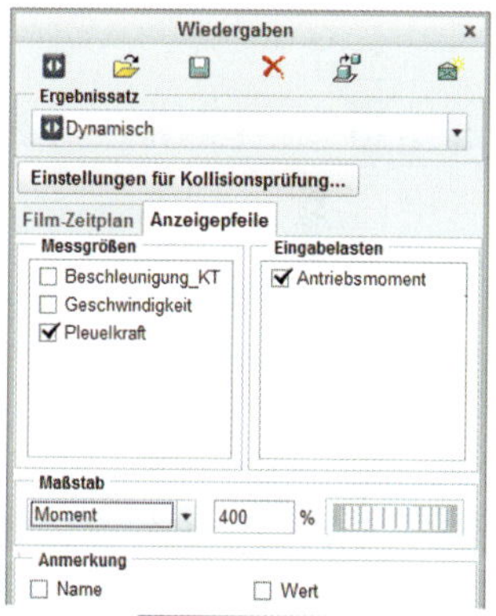

☐ **Messgrößen und Eingabelast**

Die Anzeige der Messgrößen und Eingabelasten wird im Register ANZEIGEPFEILE eingestellt. Im Bereich *Maßstab* kann jedem Anzeigepfeil ein Vergrößerungsfaktor für die Darstellung zugewiesen werden.

- ⇦ Anzeigepfeile
- ⇦ Messgrößen: ☑ **Pleuelkraft**, ⇦ Maßstab: **Kraft▼**, ⇦ **[250]** %
- ⇦ Eingabelast: ☑ **Antriebsmoment**, ⇦ Maßstab: **Moment▼**, ⇦ **[400]** %

Im Bereich *Anmerkungen* können wahlweise die Ausgabe des Messgrößennamens und des Messwertes auf dem Bildschirm zugeschaltet werden.

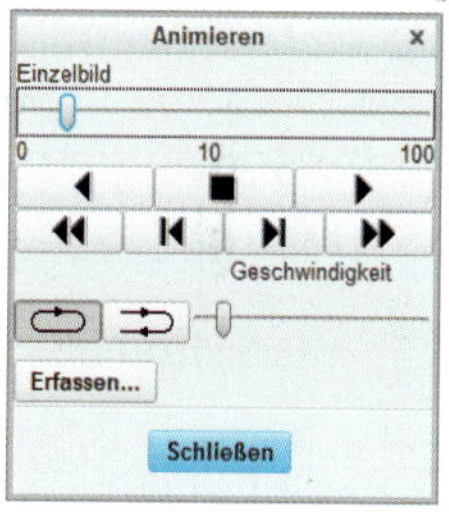

☐ **Wiedergabe starten**

Die Wiedergabe wird mit gestartet. Im Dialog ANIMIEREN stehen folgende Funktionen zur Verfügung:

- Abspielen
- Zurückspielen
- Stoppen
- Vorlauf zum Ende
- Geschwindigkeitsregler
- Rücklauf zum Anfang
- Nächstes Einzelbild
- Vorheriges Einzelbild
- Animation wiederholen
- Am Ende umkehren

Die nachfolgende Bilderserie zeigt einzelne Etappen der dynamischen Analyse gemäß der vorgestellten Definition.

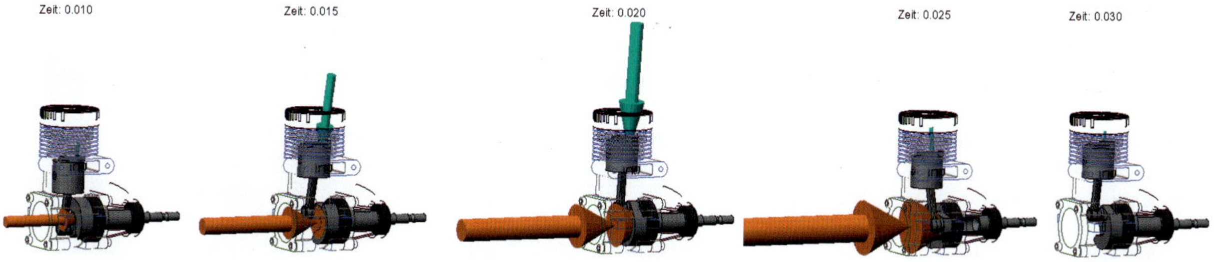

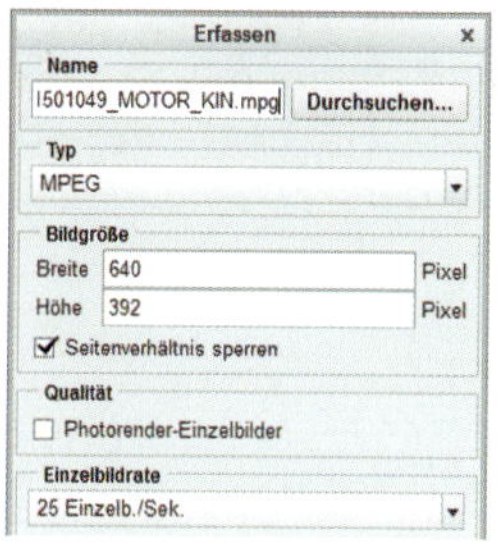

☐ **Wiedergabe erfassen**

Im Dialog ANIMIEREN steht die Funktion *Erfassen* zur Verfügung. Sie stellt verschiedene Formate (MPEG, AVI, JPEG,usw.) und Qualitätseinstellungen für die filmische oder bildliche Ausgabe der Analysen zur Verfügung.

23.3.4.2 Wiedergabe mit Kollisionsprüfung

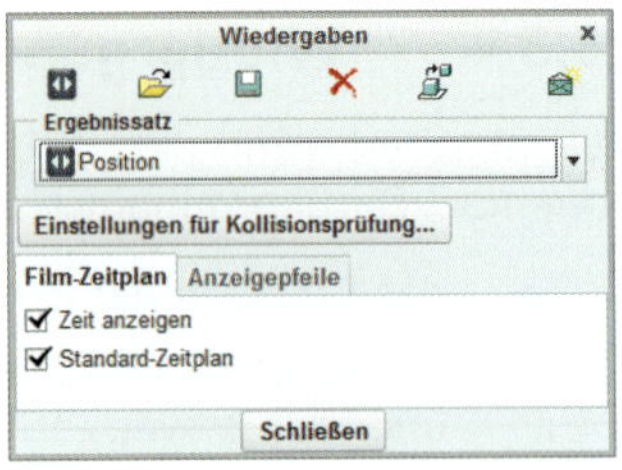

Als Beispiel werden die Ergebnisse der Positionsanalyse aus Kap. 23.3.2.1 verwendet.

- ⇦ **Mechanismus**, ⇦ **Wiedergabe**, ⇦ **Position ▼**

Anzeigepfeile stehen in der Positionsanalyse nicht zur Verfügung, da keine kinematischen Berechnungen durchgeführt wurden.

- ⇦ **[Einstellungen für Kollisionsprüfung...]**

☞ Die globale Kollisionsprüfung kann unter Umständen relativ lange Rechenzeiten zur Folge haben.

☞ Schrauben sind generell eine Durchdringung, da der Schaft dicker als die Bohrung dargestellt wird.

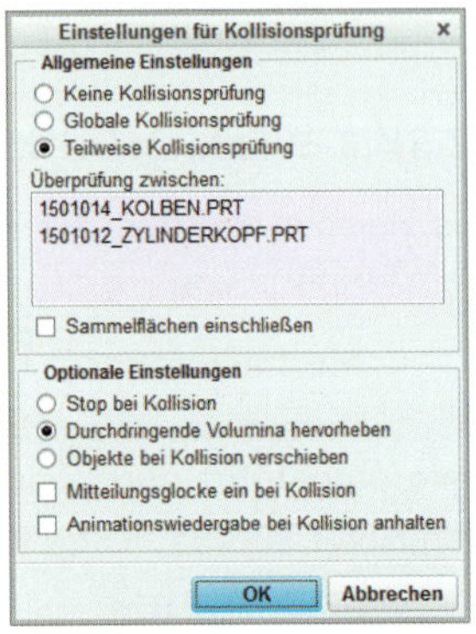

Sinnvoll ist eine teilweise Kollisionsprüfung allein zwischen dem Kolben und dem Zylinderkopf.

- ⇦ ⦿ Teilweise Kollisionsprüfung
- ⇦ *1501014_kolben.prt*, **[Strg]** + ⇦ *1501012_zylinderkopf.prt*
- ⇦ ⦿ Durchdringende Volumina hervorheben
- ⇦ **[OK]**
- ⇦ <Wiedergabe öffnen>
- ⇦ <Wiedergabe abspielen>

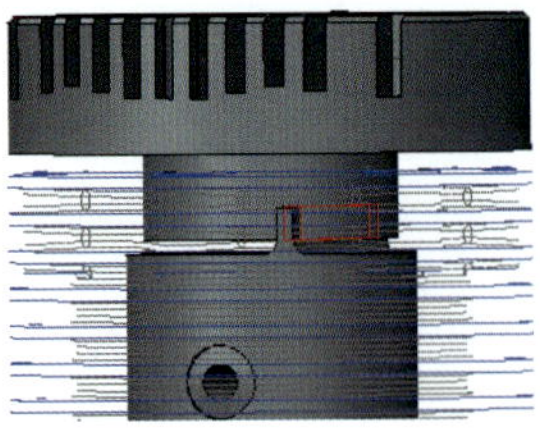

Die Durchdringung des Kolbenschildes in den Zylinderkopf hinein wird während der Wiedergabe als rote Kantenkontur dargestellt.

23.3.4.3 Wiedergabe mit Bewegungshülle

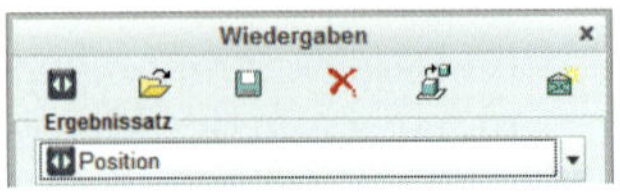

Als weiteres Beispiel wird die Bewegungshülle des Pleuels erstellt. Dazu werden wieder die Ergebnisse der Positionsanalyse aus Kap. 23.3.2.1 verwendet.

- ⇦ **Mechanismus**, ⇦ **Wiedergabe**, ⇦ **Position ▼**
- ⇦ **Bewegungshülle erzeugen**

☞ Standardmäßig sind alle Komponenten ausgewählt.

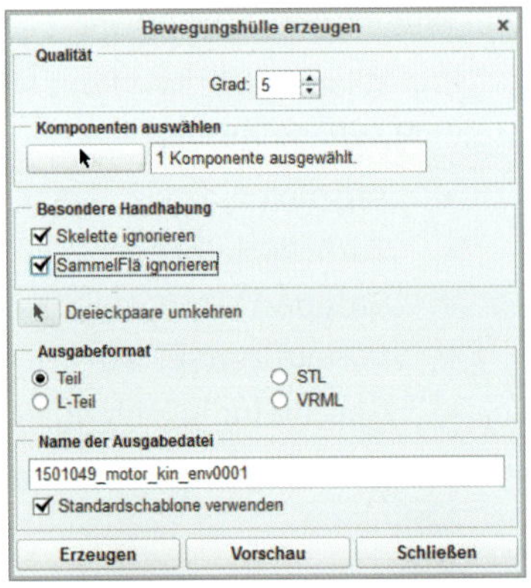

- ⇦ Qualitätsgrad: **[5]**
- ⇦ <Komponentenauswahl aktivieren>
- ⇦ *1501015_pleuel.prt* <Pleuel auswählen>
- ⇦ Ausgabeformat: ⦿ Teil
- ⇦ ☑ **Standardschablone verwenden**
- ⇦ **[Vorschau]**

Die Bewegungshülle wird aus den schrittweise ermittelten Positionen der Komponenten ermittelt. Ein höherer Qualitätsgrad (max. 10) erfordert eine erheblich längere Berechnungszeit und ergibt dafür bessere Ergebnisse. Trotzdem sind die Ergebnisse als Dreiecksflächen beispielsweise für eine Hinterschnitt-Analyse ungeeignet.

Ist das Ergebnis der Vorschau zufriedenstellend, kann mit ⇦ **[Erzeugen]** ein neues Teil (nur Flächen) der Bewegungshülle erstellt werden.

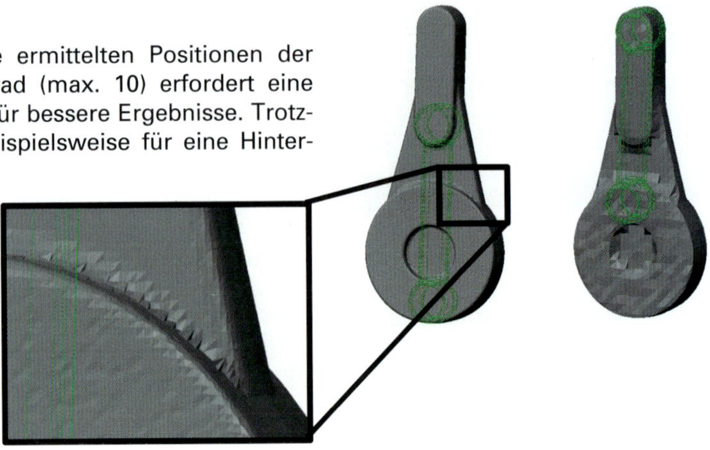

24 Komplexe Modellierungsbeispiele

Im Folgenden werden Anwendungsbeispiele für weitere Modellierungsfunktionen von *Creo Parametric* vorgestellt, die sich nicht aus dem Zusammenhang des Beispielmotors ergeben.

24.1 Regenerierungsabfragen mit Pro/Program (AAX)

Legen Sie ein neues Teil mit dem Namen *1501054_feder_spezial.prt* unter Verwendung der Standardschablonen an. Der Programmbereich von *Creo* wird bei entsprechendem Lizenzmodell aktiviert mit:

- ⇦ **Werkzeuge**, ⇦ Modellabsicht ▼, ⇦ Program
- ⇦ Programm edit

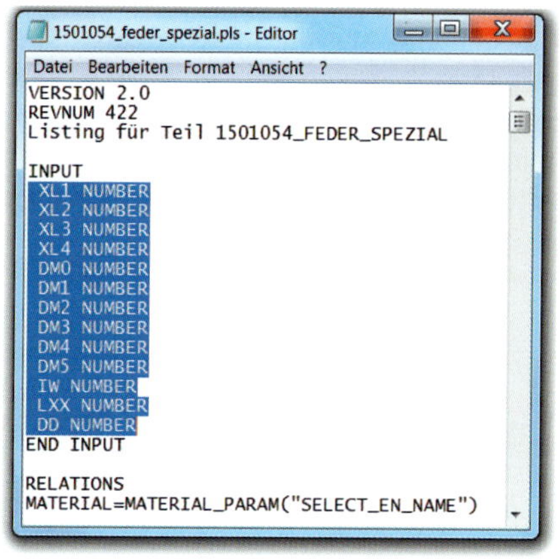

Es öffnet sich der Windows Notepad Editor mit der Programmdatei *1501054_feder_spezial.pls*. Ergänzen Sie in den Bereich zwischen **INPUT** und **ENDINPUT** hinein die Parameter *xl1* bis *xl4* und *dm0* bis *dm5* sowie *iw* und *Lxx* jeweils als eigene Zeile unter Angabe des Parametertyps ***number*** für reelle Zahlen. Die in diesem Inputbereich aufgelisteten Parameter werden bei jedem Regenerieren abgefragt und können mit neuen Parameterwerten versehen werden.

- Daten eintragen: **XL1 NUMBER**
- Daten eintragen: **XL2 NUMBER**
- Daten eintragen: ...
- Editor beenden:
- Änderungen speichern? ⇦ **[Speichern]**
- |Änderungen in das Modell einbauen?| ⇦ **[Ja]**

☞ Im INPUT-Bereich lassen sich auch erläuternde und steuernde Eingabeabfragen definieren. Das nebenstehend abgebildete Beispiel stellt eine gesteuerte Abfrage dar, bei der zunächst die Verwendung einer Nut als **YES_NO**-Variable hinterfragt und nur bei Bestätigung der Verwendung deren Breite als **NUMBER**-Variable abgefragt wird.

```
INPUT
MIT_NUT YES_NO
"Soll eine Nut defniert werden?"
IF MIT_NUT == YES
NUT_BREITE NUMBER
"Nutbreite: "
ELSE
...
ENDIF
...
END INPUT
```

Die Parameter werden jetzt automatisch im Modell angelegt und zunächst mit dem Wert Null besetzt. Im Folgenden werden erste Startwerte für die Parameter eingegeben:

- Im Dialog {EING HOLEN }: ⇦ **[Eingeben]**

Im Dialog {INPUT SEL} können alle Parameter einzeln oder alle gemeinsam zur Eingabe ausgewählt werden.

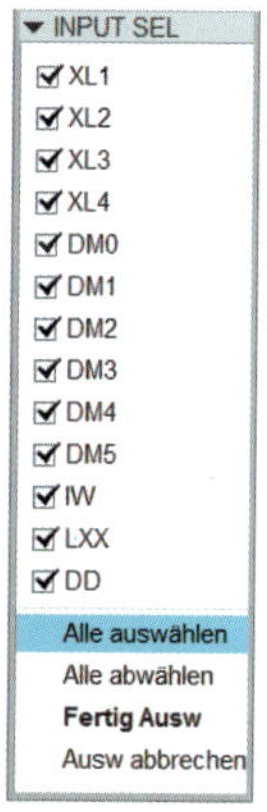

- Alle wählen: ⇦ **[Alle auswählen]**
- Auswahl beenden: ⇦ **[Fertig Ausw]**

Die Parameter werden nun alle der Reihe nach abgefragt und mit einem Wert versehen:

xl1 = 10	xl2 = 45	xl3 = 55	xl4 = 90	dm0 = 35	dm1 = 40	
dm2 = 87	dm3 = 85	dm4 = 40	dm5 = 35	iw = 18	Lxx = 130	dd = 5

- Beenden: ⇦ **[Fertig/Zurück]**

24.2 Komplexe Feder mit Graph-KE

Das Graph-KE ermöglicht eine grafische Funktionsdefinition. Als Beispiel wird eine Feder verwendet, deren mittlerer Wicklungsdurchmesser nicht konstant ist und über die Eingabewerte aus Kap. 24.1 variabel gesteuert werden soll.

Die Problematik besteht darin, dass alle Windungsbereiche der Feder stetig ineinander übergehen müssen. Damit sind eine mathematische Definition über Kurven aus Gleichung oder das spiralförmige Zug-KE nicht anwendbar.

Daher werden in diesem Beispiel zwei Graph-KEs eingesetzt, die zum einen den Verlauf der Federsteigung über der Windungszahl und zum anderen den Verlauf des Windungsdurchmessers über der Federlänge definieren.

- ⇦ Modell, ⇦ Bezug ▼, ⇦ Graph
- |Name für feature eingeben:| **[Windung_Steigung], [↵]**

Es öffnet sich die *Creo*-Skizzenumgebung, jedoch vollständig ohne Referenzabfragen, weder bezüglich Ausrichtung noch zur Skizzierebene. Das Graph-KE ist eine ebene Skizze, die keinerlei Ebenendefinition benötigt. Der Graph-Nullpunkt wird über ein Skizzenkoordinatensystem im unteren linken Bereich des Grafikfensters definiert:

- ⇦ Skizze, ⇦ **Koordinatensystem** <Skizzenkoordinatensystem unten links einfügen>
- ⇦ <Position absetzen>, ⇩ <Funktion beenden>

Als nächstes werden 3 Skizzenpunkte erstellt und entsprechend der nachfolgenden Vorlage bemaßt. Die Bemaßungsnamen können dabei unterschiedlich ausfallen. Es ist darauf zu achten, dass die zugehörigen Beziehungen angepasst werden.

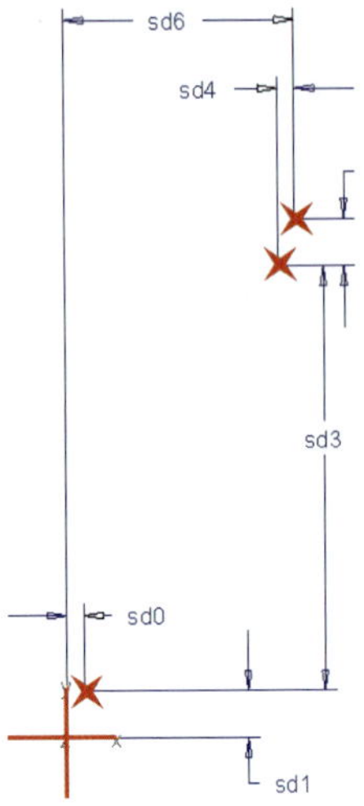

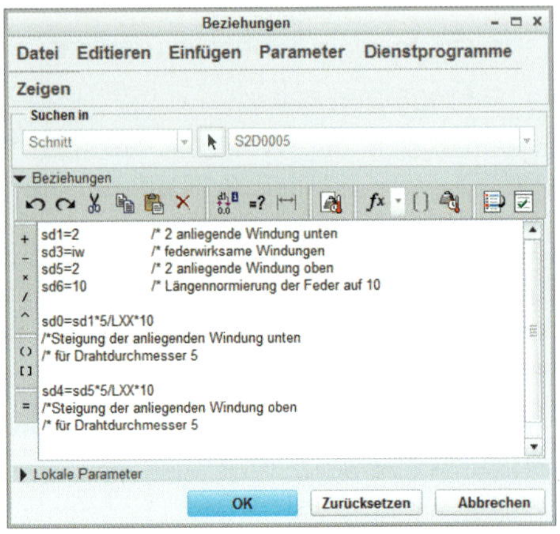

- ⇦ Skizze, ⇦ **Punkt** ✕
  <3 Skizzenpunkte einfügen>
- ⇦ Skizze, ⇦ **Senkrecht**
  <Bemaßung gemäß Skizze anpassen>
- ⇦ **Werkzeuge**, ⇦ **Beziehungen** d=
  <Beziehungen eintragen >
- ⇦ **[OK]**
  <Beziehungseditor verlassen>

Im nächsten Schritt werden das Koordinatensystem und die 3 Punkte durch Konstruktionslinien miteinander verbunden:

- ⇦ Skizze, ⇦ Konstruktionsmodus, **Linie**

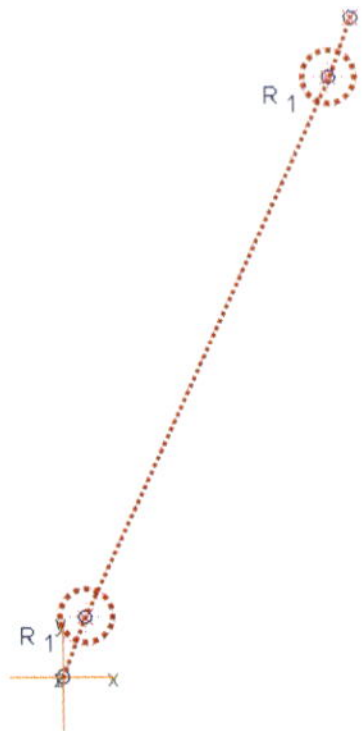

Weiter werden zwei kleine Konstruktionskreise gleicher Größe (d=1mm) um die beiden inneren Punkte erstellt:

- ⇦ Skizze, ⇦ **Kreis, [1]** mm
  Bei ausgeblendeten Maßen sollte die Skizze entsprechend der nebenstehenden Abbildung aussehen.

Dann werden weitere Skizzenpunkte auf alle 4 Schnittpunkte der Kreise mit den Linien erstellt und der Konstruktionsmodus deaktiviert:

- ⇦ Skizze, ⇦ **Punkt** ✕ <4 Skizzenpunkte als Schnittpunkte einfügen>
- ⇦ Skizze, ⇦ Konstruktionsmodus <deaktivieren>

Anschließend werden weitere **Geometrie-Linien** vom Koordinatensystem zum ersten Kreisschnittpunkt, vom 2. Kreisschnittpunkt zum 1. Kreisschnittpunkt des oberen Kreises und vom 2. Kreisschnittpunkt oben zum äußeren Ende erstellt.

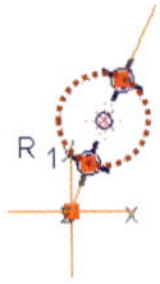

- ⇦ Skizze, ⇦ **Linie** <4 Skizzenpunkte als Schnittpunkte einfügen>

Abschließend werden Splines zwischen den Kreisschnittpunkten erstellt, die tangential in das jeweilig anschließende Linienelement übergehen.

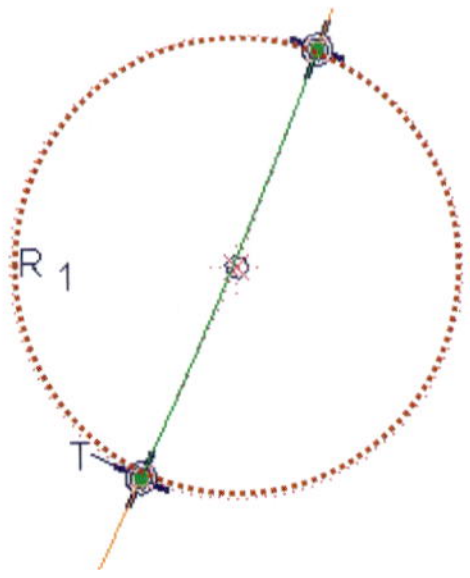

- ⇦ Skizze, ⇦ **Spline**

☞ **Erläuterung:** Der Übergang zwischen den 3 Steigungsbereichen könnte auch erheblich einfacher über einen Radius realisiert werden. Dabei tritt allerdings das Problem auf, dass ein Radius in *Creo* immer seine Richtungsdefinition behält mit dem Ergebnis, dass bei einer parametrisch bedingten Vorzeichenänderung der Steigung der Radius zur Kreisschleife wird. Die Spline-Konstruktionen sind hingegen über die Punkte und Tangentialität unabhängig vom Vorzeichen der Steigung.

Als weitere sinnvolle Ergänzung kann der Radius der Hilfskreise über eine Skizzenbeziehung aus dem Drahtdurchmesser definiert werden:

d-Hilfskreis (nebenstehend sd7) = dd/LXX*10

Die Variable dd steht für den Drahtdurchmesser, LXX für die Federlänge und 10 für den Längennormierungsfaktor.

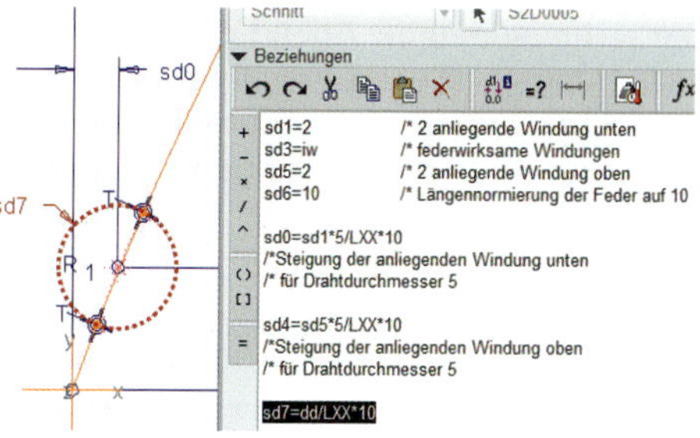

- ⇦ Skizze, ✔ **OK** <Skizzierer beenden>

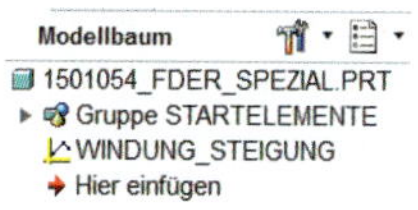

Von dem erstellten Graph ist auf dem Arbeitsschirm nichts zu sehen. Lediglich im Modellbaum taucht das Graph-Symbol mit dem zugehörigen Namen auf. Der Graph *Windung_Steigung* enthält aber nun eine stetige grafische Definition der Steigung über der Windungszahl unter Berücksichtigung von je 2 anliegenden Windungen und einer frei wählbaren wirksamen Windungszahl *iw*.

24.2.1 Arbeiten mit Beziehungen

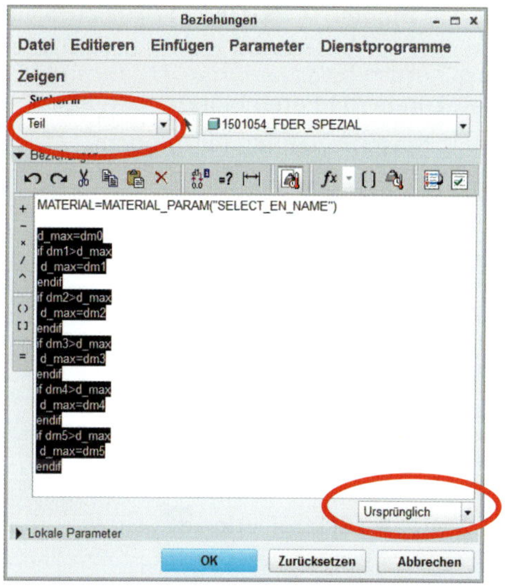

Für die grafische Darstellung des Wicklungsradius über der Federlänge ist ebenfalls eine Normierung der Darstellung auf einen festen maximalen Windungsdurchmesser zu empfehlen. Aufgrund der variablen Eingabemöglichkeit im Programm-Modus können stark abweichende Werte für die Windungsdurchmesser *dm(i)* auftreten. Daher wird über *Beziehungen* auf Teil-Ebene (*Suchen in*) der maximale Wicklungsdurchmesser aus den Eingabewerten ermittelt und in einen neuen Parameter *d_max* eingetragen.

- ⇦ **Werkzeuge**, ⇦ **Beziehungen** d=
- Suchen in: **[Teil]**
- Berechnung: [Ursprünglich]

Nach dem Eintragen der nebenstehenden Beziehungen wird der Beziehungseditor geschlossen.

- ⇦ **[OK]** <Beziehungseditor beenden>

Analog zu Kap. 24.2 wird ein neues Graph-KE angelegt:

- ⇦ **Modell**, ⇦ Bezug ▼, ⇦ **Graph**
- |Name für feature eingeben:| **[Windungsradius_Laenge] [↵]**
- ⇦ Skizze, ⇦ **Koordinatensystem**
  ⇦ <Position absetzen>, ⇩ <Funktion beenden>
- 2 Mittellinien skizzieren (horizontal, vertikal):
- 6 Punkte; der erste auf der vertikalen Mittellinie:

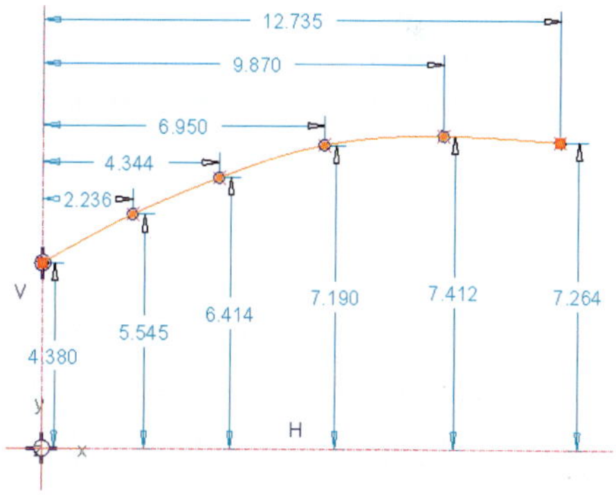

Die Bemaßungswerte der Punkte werden später über Skizzen-Beziehungen definiert.

- Spline durch alle Punkte:
- ⇦ **Werkzeuge**, ⇦ **Beziehungen** d=

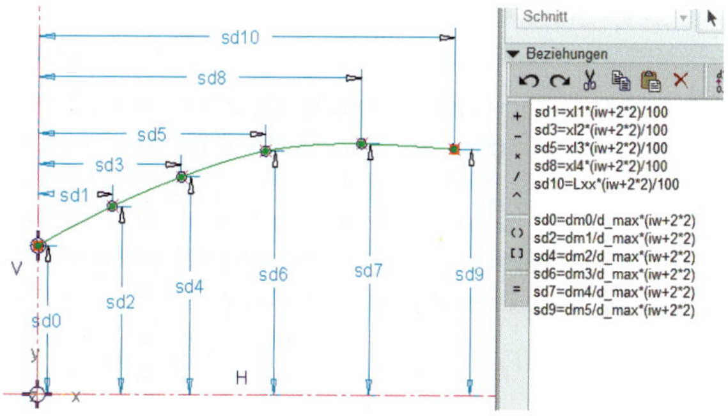

Die Beziehungen werden entsprechend der nebenstehenden Auflistung eingetragen. Darin bedeutet *(iw+2*2)* die Gesamtwindungszahl einschließlich der anliegenden 2 Windungen je Seite.

Die Werte *xl1* bis *xl4* sind die Längenangaben in % der Gesamtlänge *Lxx*, für die die jeweiligen Durchmesser *dm(i)* gelten. Nach dem Schließen des Beziehungseditors werden die Beziehungen berechnet und der Spline an die Angaben angepasst.

- Editor beenden: ⇦ **[OK]**

⚠ Die Bemaßungsbezeichnungen *sd...* können von denen in der Abbildung abweichen!

Die nebenstehende Abbildung zeigt den Graphen nach Berechnen der Beziehungen. Diese Darstellung stellt den Dickenverlauf der Feder über der Länge entsprechend der eingegebenen Parameter dar. Er passt sich automatisch allen Änderungen von Eingabeparametern an.

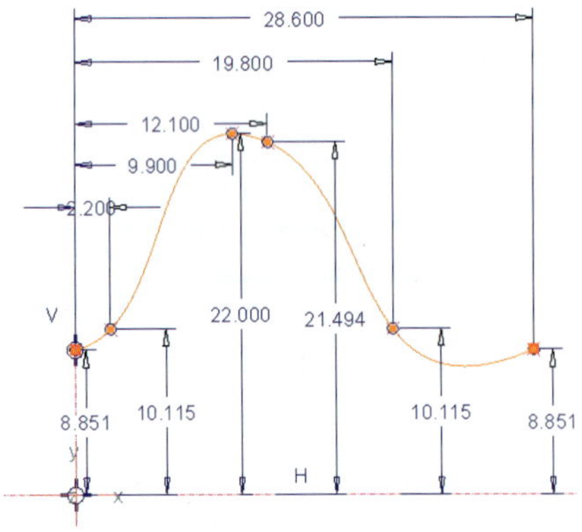

- ⇦ Skizze, ✔ **OK** <Skizzierer beenden>

24.2.2 Graph-KE im Zug-KE referenzieren

Für die Definition des Zug-KEs, bei dem als Ergebnis die Mittellinie des Federdrahts herauskommen soll, wird zunächst eine Leitkurve für die Federlänge benötigt.

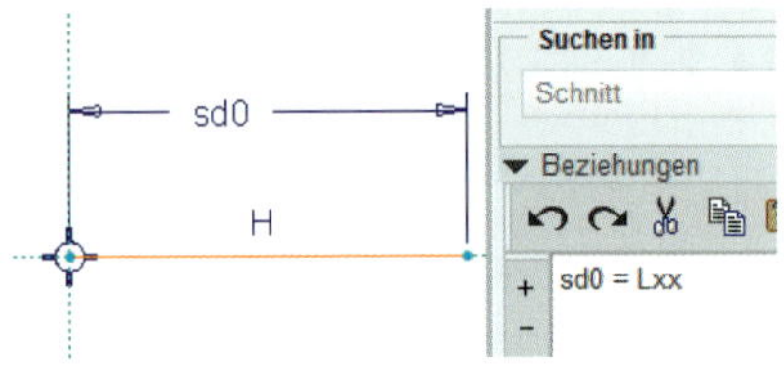

- ⇦ **Modell**, ⇦ **Skizze**, Skizzierebene: ⇦ **[XY_T_VORNE]**
- Skizze, ⇦ <Linie skizzieren>
- Länge mit Parameter *Lxx* bemaßen: **[⇦ +⇦] [Lxx] [↵]**
- „Diese Beziehung hinzufügen ...?" **[Ja]**
- ⇦ Skizze, ✔ **OK** <Skizzierer beenden>

☐ **ZugKE der Feder-Mittelpunktsbahn erstellen**

Ist vor dem Aufruf der ZugKE-Funktion bereits eine Skizze gewählt, so wird diese automatisch als Leitkurve verwendet (object first).

- ⇦ <Skizze 1 wählen>
- ⇦ **Modell**, ⇦ **Zug-KE**
- ⇦ <variablen Schnitt einstellen>
- ▶ **[Skizze]** oder <Zug-Schnitt erstellen>
- Skizze, ⇦ <Linie skizzieren>
  <Die Linie wird vom Ursprungspunkt beliebig schräg nach oben rechts geführt.>
- Skizze, ⇦ <Linienlänge und Winkel bemaßen>
- ⇦ **Werkzeuge**, ⇦ d= **Beziehungen**

Für das Winkelmaß wird folgende Beziehung eingetragen:

sd3=360*evalgraph("windung_steigung",trajpar*10)

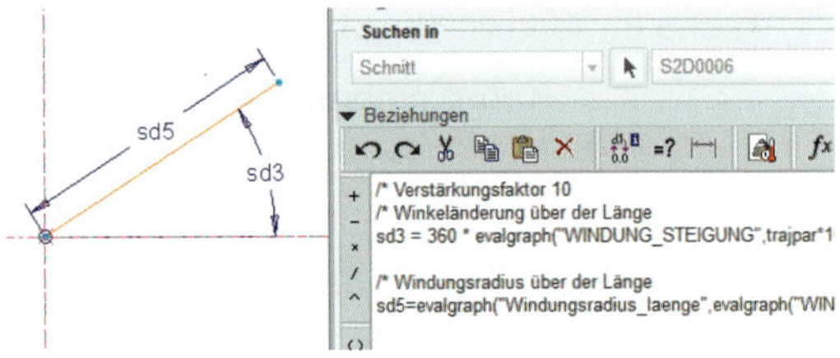

Der Teil *evalgraph("windung_steigung",trajpar*10)* der Beziehung liefert die erforderliche Windungsanzahl zurück, die sich aufgrund der Länge (hier durch die Zug-Variable *trajpar* gegeben) und dem gewünschten Verlauf der Steigung ergibt. Multipliziert mit 360° ergibt das den gesamten Drehwinkel der Feder.

Der Verstärkungsfaktor 10 ist derselbe, der auch schon in Graph-KE "windung_steigung" verwendet wurde, um den Graphen in eine etwa gleichgroße Darstellung bezüglich Länge zu Windungszahl zu bringen.

Für das Längenmaß wird folgende Beziehung eingetragen:
sd5=evalgraph("windungsradius_Laenge",evalgraph("windung_steigung",trajpar*10))*D_MAX/2/(iw+2*2)

Diese Beziehung liefert den Verlauf des Federwindungsradius über der Zugvariable.

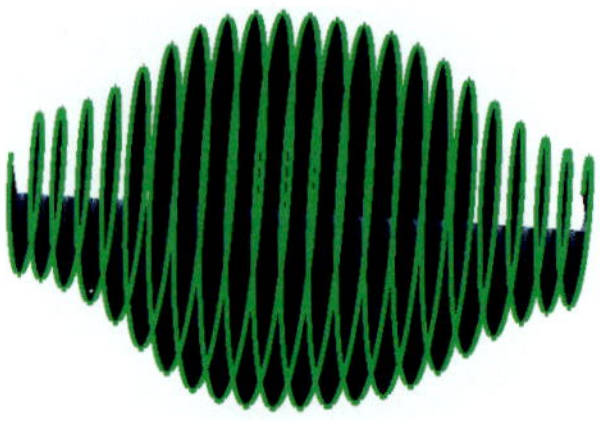

- ⇦ **[OK]** <Beziehungseditor beenden>
- ⇦ Skizze, ✔ **OK** <Skizze beenden>
- ⇦ **[OK]** <Option zum Wechseln der Körperfläche>
- ⇦ Zug-KE, ✔ **OK** <Zug-KE beenden>

Das Ergebnis ist die nebenstehend abgebildete **Spiralfläche** deren äußere Kante (rot hervorgehoben) die Mittelpunktsbahn des Federdrahtes entsprechend der Eingabewerte darstellt.

☐ **Außenkante der ZugKE-Fläche als Leitkurve wählen**

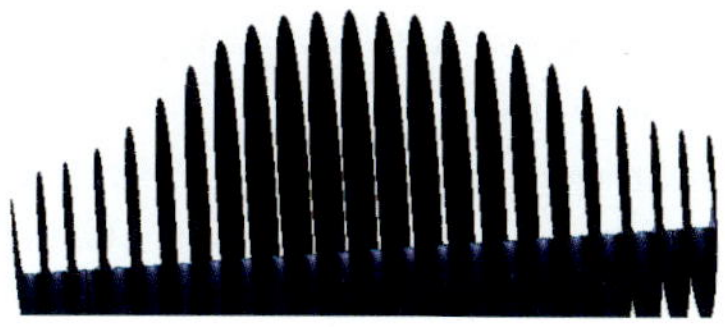

Die Auswahl der äußeren Flächenkante als Leitkurve für das nachfolgende ZugKE erfordert tiefere Kenntnisse über den "Smart"-Auswahlmodus in *Creo*.

Der **erste Klick** ⇦ in den freien Arbeitsbereich löscht den Eingabespeicher. Es sind keinerlei Kanten hervorgehoben.

Der **zweite Klick** ⇦ wählt im Arbeitsbereich oder Modellbaum das Konstruktionselement (ZugKE) aus. Die Kanten des Elements werden nun leicht grün hervorgehoben.

- ZugKE auswählen: ⇦ **ZugKe**

Beim **Überfahren** mit der Maus **ohne Tastendruck** werden die einzelnen Kantensegmente der ZugKE-Fläche hellgrün hervorgehoben.

Hält man über dem ZugKE die rechte Maustaste ▶ etwas länger gedrückt, so erscheint ein Popup-Menü. Darin kann die Funktion **Aus Liste wählen** aktiviert werden.

- Listenauswahl aktivieren: ▶ **[Aus Liste wählen]**

In der Liste steht die Absichtskante des ZugKE zur Auswahl zur Verfügung.

- Absichtskante wählen: ⇦ **[AbsichtsKan (ZugKE)]**
  ⇦ **[OK]**

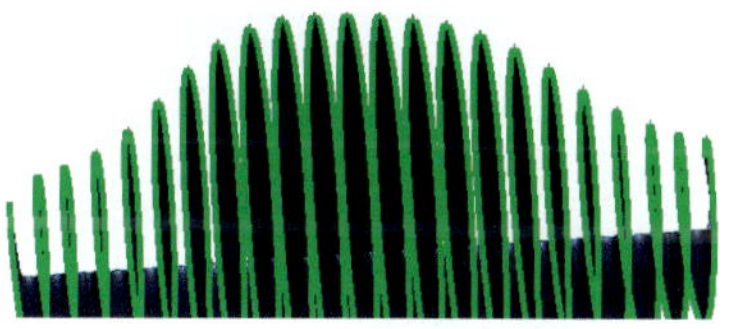

Die Außenkante der ZugKE-Fläche ist nun als Absichtskette für die Leitkurve des nachfolgenden zweiten ZugKEs ausgewählt.

☐ **ZugKE für Federkörper erstellen**

- **Modell**, ⇦ **Zug-KE** <ZugKE starten>
- ⇦ <Volumenkörper aktivieren>
- ▶ **[Skizze]** <Zug-Schnitt erstellen>
- ⇦ Skizze, ⇦ **Kreis** <im Ursprungspunkt>
- ⇦ ⇦ **[dd]** <Drahtdurchmesser eingeben>
- ⇦ Skizze, ✔ **OK** <Skizze beenden>
- ▶ **[Konstanter Schnitt]** <Konstanten Schnitt einstellen>
- ⇦ Zug-KE, ✔ **OK** <Zug-KE beenden>

☐ **Foliensteuerung**

Durch **Ausblenden** der Folien *Flaechen* und *Kurven*, sowie durch anschließendes Speichern des Folienstatus wird dauerhaft die Anzeige des Volumens sichergestellt (siehe Kap. 10.5).

24.2.3 Modellvariationen aus Pro/Program

Beim Öffnen und beim Regenerieren des Modells werden die im Input-Bereich von Pro/Program eingetragenen Parameter abgefragt. Die nachfolgenden Abbildungen zeigen eine kleine Auswahl an Federvarianten, die sich allein über die Parameterauswahl definieren lassen.

24.3 Verzahnungsfräsen als UDF (User Defined Feature)

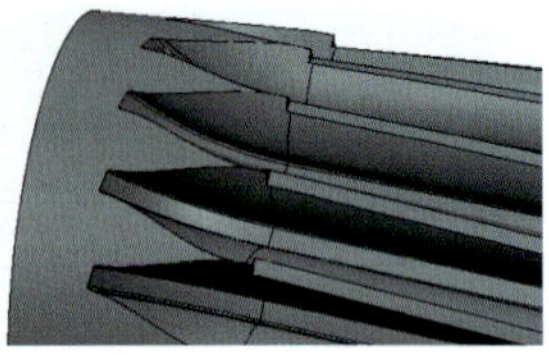

Im Folgenden wird Verzahnungsfräsen auf bestehenden Wellen für die Anwendung als Benutzerdefiniertes KE (**U**ser **D**efined **F**eature UDF) vorgestellt. Dabei werden nahezu alle Verfahren angewendet. Die sehr sorgfältige Abarbeitung aller Schritte ist Voraussetzung für die Funktion des Modells.

⚠ Kleine Fehler bei der Referenzierung machen das Modell bereits unbrauchbar.

24.3.1 Grundkörper erstellen

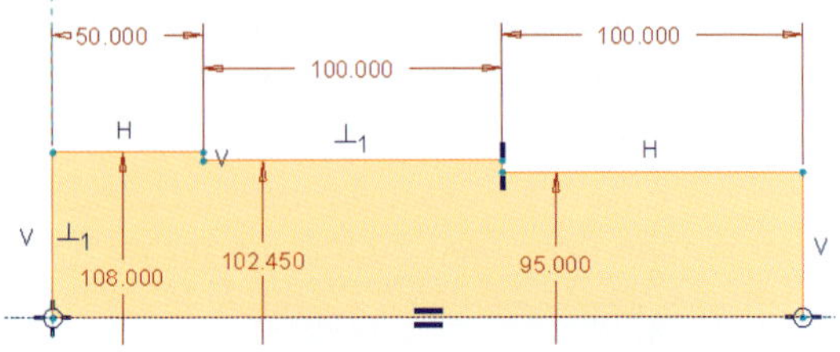

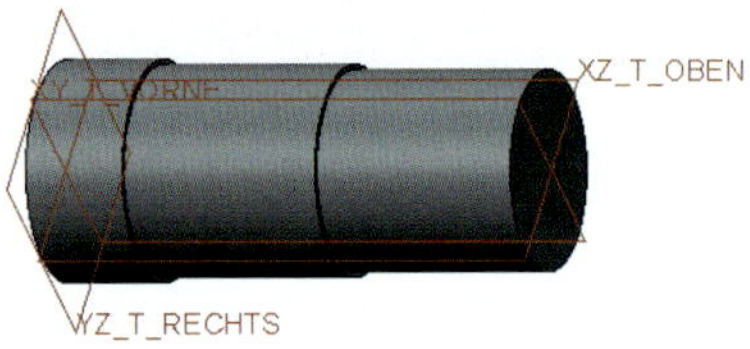

Zunächst wird in einem neuen Teil *1501055_zahnrad_udf.prt* ein Grundkörper erstellt, aus dem die Verzahnung ausgeschnitten werden soll. Dieser Grundkörper wird ausschließlich für die Definition des Fräsausschnitts verwendet. Bei der späteren Anwendung als UDF wird anstelle des Grundkörpers die vorhandene Wellengeometrie verwendet.

Erstellen Sie analog zu Kap. 6.3.4.1 einen Körper durch Drehen entsprechend der abgebildeten Bemaßungen. Als Skizzierebene wählen Sie **XY_T_VORNE**.Für die Skizzen- Ausrichtung wählen Sie die Ebene **YZ_T_RECHTS** in der Orientierung *Rechts*.

Die gewählten Bemaßungswerte gelten nur für die im Folgenden modellierte Basisgröße der Verzahnungsausfräsung.

24.3.2 Einbaureferenz und Eingabeparameter der UDF-Anwendung

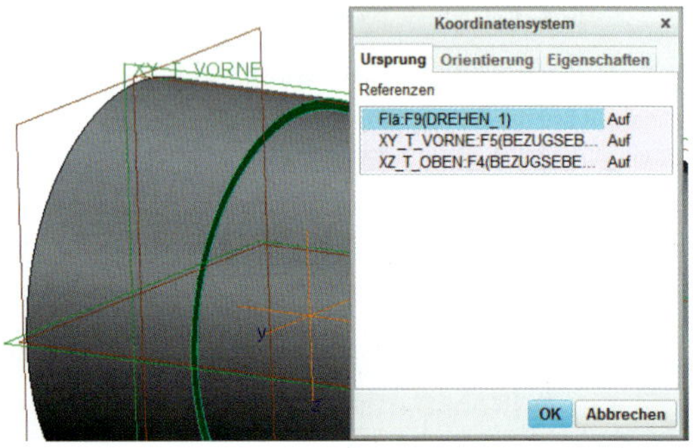

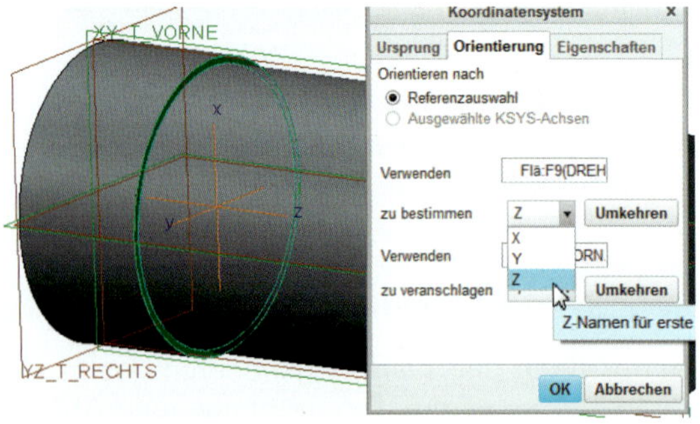

Das Verzahnungsfräsen-UDF muss am bestehenden Modell (hier Grundkörper) eindeutig verankert werden. Dazu müssen Referenzen gewählt werden, die bei einer beliebigen Welle ebenfalls verfügbar oder leicht zu erstellen sind. Als Grundelemente für das UDF wird ein Koordinatensystem verwendet:

☐ **Koordinatensystem anlegen**

- ⇦ **Modell**, ⇦ **Koordinatensystem**
- ⇦ <Ringfläche des Grundkörpers>
- **[Strg]** + ⇦ <XY_T_VORNE>
- **[Strg]** + ⇦ <XZ_T_OBEN>
- ⇦ Orientierung
- Zu bestimmen: ⇦ **[Z]** ▼
- ⇦ **[OK]**

☐ **Eingabeparameter**

Die Eingabeparameter und Grundberechnungen zur Steuerung der Verzahnung werden als Konstruktionselementparameter (KE-Parameter) bzw. KE-Beziehungen am Koordinatensystem angelegt.

☞ **Erläuterung:** KE-Parameter (und KE-Beziehungen) hängen unmittelbar an dem Konstruktionselement (KE), in dem sie definiert sind, können aber trotzdem auch außerhalb durch Verweis auf das KE verwendet werden. Wird das KE gelöscht, werden auch alle Parameter mitgelöscht. Im Gegensatz dazu verbleiben Paramter auf Teilebene immer im Modell und müssen ggf. manuell gelöscht werden. Für eine UDF-Anwendung sind daher KE-Parameter sinnvoll. Sie werden beim Einbau des UDF mit in das Modell übernommen und beim Löschen eines UDF aus dem Modell wieder restlos entfernt.

- ⇦ <Koordinatensystem CS0 wählen>
- ▶ **[Parameter editieren]**
- ⇦ + <Neue Parameter anlegen>
- Name: ***ALPHA***, Typ: **Reele Zahl**, Wert: **20**
- Name: ***B***, Typ: **Reele Zahl**, Wert: **100**
- Name: ***Beta***, Typ: **Reele Zahl**, Wert: **20**
- Name: ***D_FR***, Typ: **Reele Zahl**, Wert: **100**
- Name: ***M***, Typ: **Reele Zahl**, Wert: **5**
- Name: ***RECHTS***, Typ: **Ja/Nein**, Wert: **Yes**
- Name: ***XX***, Typ: **Reele Zahl**, Wert: **0.2**
- Name: ***ZZ***, Typ: **Reele Zahl**, Wert: **17**
- ⇦ **[OK]**

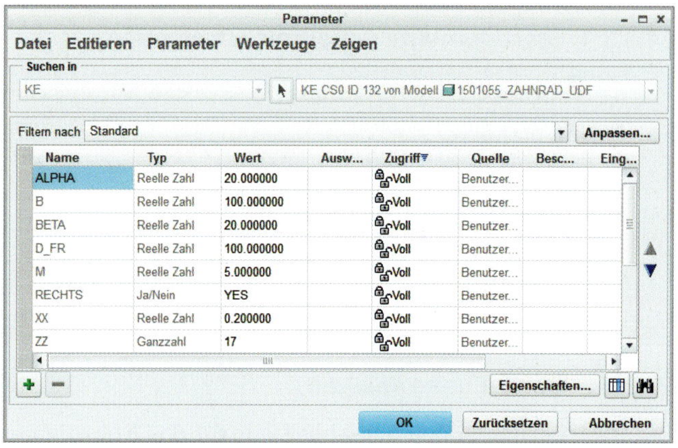

Der Parameter *XX* steht für den Profilverschiebungsfaktor x, der Parameter *ZZ* für die Zähnezahl z. Allerdings sind die Variablen *x*, *y* und *z* intern von *Creo* als Achsvariablen belegt. Mit *D_FR* wird der Fräserdurchmesser, *BETA* der Schrägungswinkel, *ALPHA* der Normaleingriffswinkel und *M* der Modul bezeichnet. *RECHTS* steht für die Richtung des Schrägungswinkels.

☐ Grundberechnungen (Beziehungen)

Die Grundberechnungen der Verzahnungsgeometrie werden als Beziehungen in das Koordinatensystem-KE eingetragen.

- ⇦ **Werkzeuge**, ⇦ d= **Beziehungen**, ⇦ Suchen in▼: **[KE]**
- ⇦ <Koordinatensystem CS0 wählen>
- ⇦ ▶ Lokale Parameter <Erweiterung öffnen>

Die KE-Parameter stehen in den Beziehungen desselben KE als lokale Parameter direkt zur Verfügung und können in Beziehungen verwendet werden.

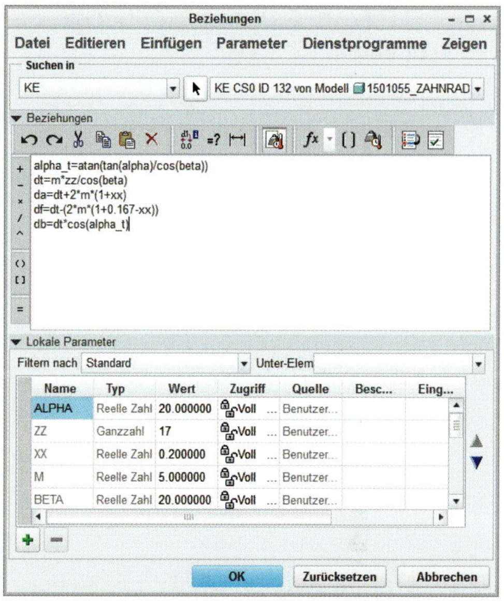

> ☞ Durch den Eintrag der Beziehungen werden die neuen Variablen *alpha_t* (Stirneingriffswinkel), *dt* (Teilkreisdurchmesser), *da* (Kopfkreisdurchmesser), *df* (Fußkreisdurchmesser) und *db* (Grundkreisdurchmesser) gleichzeitig als neue KE-Parameter angelegt.

- Beziehungen wie nebenstehend eintragen
- ⇦ **[OK]**

☐ Parameterkontrolle

- ⇦ <Koordinatensystem CS0 wählen>
- ▶ **[Parameter editieren]**

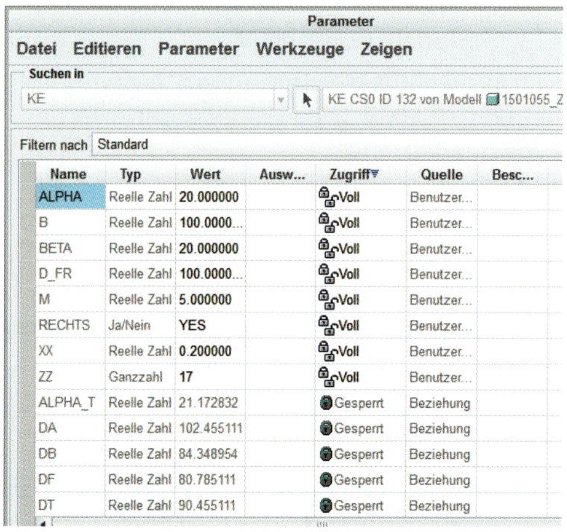

Die durch die Beziehung definierten KE-Parameter stehen nun mit berechnetem Wert in der Parameterliste zur Verfügung. Im Gegensatz zu den Eingabeparametern, die Vollzugriff über die Quelle „Benutzer" haben, sind die durch Beziehung definierten Parameter gesperrt.

- ⇦ **[OK]**

24.3.3 Basisbezüge und Grundgeometrie (Evolvente)

Im nächsten Schritt werden die Basisbezüge (Stirnebene und Achse), sowie die Grundgeometrie (Teilkreis, Fußkreis und Kopfkreis) im Modell als Kurven erstellt.

> ☞ Das Verzahnungsfräsen-UDF erhält auf der Basis seines Koordinatensystems (CS0) eigene Basisbezüge. Diese dürfen **allein** auf das Koordinatensystem CS0 referenzieren.

Zur Vermeidung von Referenzfehlern ist es empfehlenswert, die Startelemente des Teils dauerhaft auszublenden.

24.3.3.1 Startelemente dauerhaft ausblenden

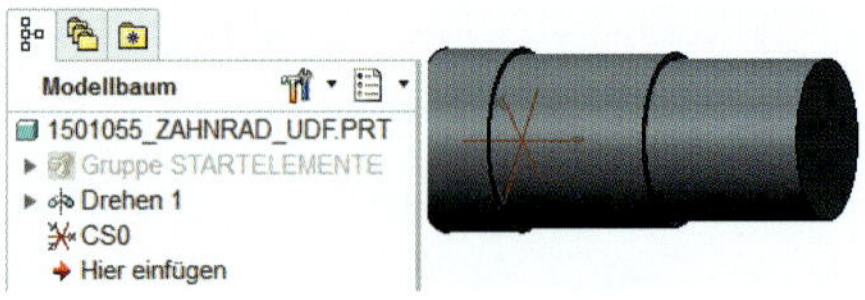

- ⇦ Gruppe STARTELEMENTE <im Modellbaum wählen>
- ▶ **[Ausblenden]**
- ⇦ **Ansicht**, ⇦ **Folien** <aktivieren>
- ▶ **[Status speichern]**
- ⇦ **Ansicht**, ⇦ **Folien** <deaktivieren>
- ⇦ **Datei**, ⇦

24.3.3.2 Basis-Ebene anlegen

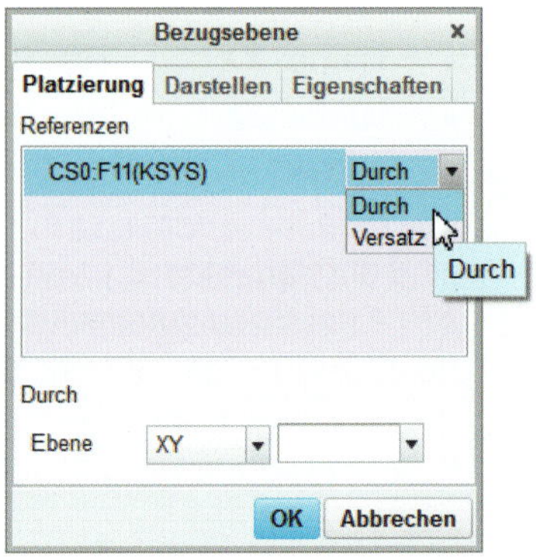

Die Basisbezüge sollen ausschließlich auf das Koordinatensystem *CS0* referenzieren. Dazu wird zunächst das Koordinatensystem im Modellbaum ausgewählt und anschließend die Funktion Ebene aufgerufen:

- ⇦ <Koordinatensystem CS0 wählen>
- ⇦ **Modell**, ⇦ **Ebene**
- ⇦ Versatz ▼: **[Durch]**
- ⇦ Ebene▼: **[XY]**
- ⇦ EIGENSCHAFTEN, ⇦ Name: **[Stirnebene]**
- ⇦ **[OK]**

24.3.3.3 Basis-Achse

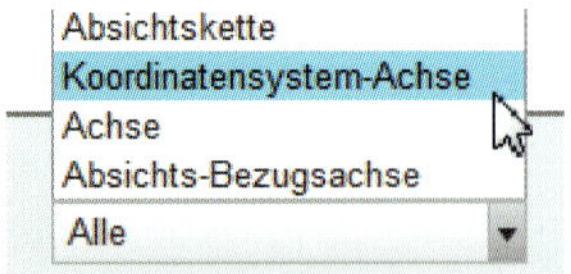

Die Basisachse wird **durch** die *z*-Achse des Koordinatensystems erstellt. Dazu wird zunächst die Achse-Funktion aufgerufen und dann der Auswahlfilter auf **Koordinatensystem-Achse** umgestellt:

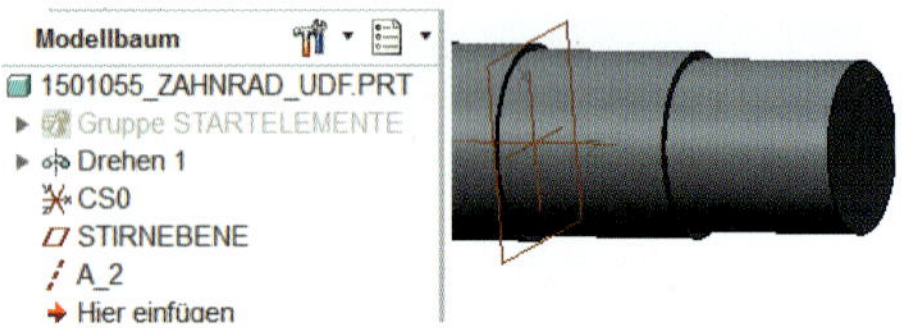

- ⇦ Modell, ⇦ **Achse**
- Filter ▼: ⇦ **Koordinatensystem-Achse**
- ⇦ <*z*-Achse im Arbeitsfenster anklicken>
- ⇦ **[OK]**

24.3.3.4 Evolvente als Kurve aus Gleichung

- ⇦ **Modell**, ⇦ Bezug ▼, ⇦ Kurve ▶, **Kurve aus Gleichung**

Die Evolventengleichung wird in Zylinderkoordinaten eingegeben. Daher wird die **Zylinderform** des Koordinatenbezugs gewählt.

- ⇦ <Koordinatensystem CS0 wählen>
- ⇦ Kartetisch▼: **[Zylinderform]**

Creo verwendet intern die Variable *t* als Laufvariable für die Berechnungsbegrenzung. Mit der Standardeinstellung ***Von 0.00 Bis 1.00*** durchläuft *t* für die Kurvenberechnung den Wert von Null bis Eins.

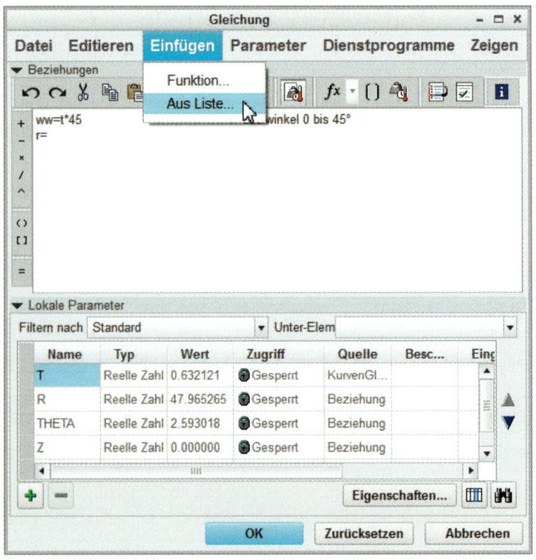

- ⇦ **[Gleichung]**

Unter dem Register Lokale Parameter des Dialogs Gleichung stehen als lokale Parameter die Standardparameter einer zylindrischen Koordinatendefinition (Radius *R*, Winkel *THETA*, *z*-Ausdehnung und die Laufvariable *T*) zur Verfügung.

Zur Berechnung der Radien-Koordinate *r* wird der als KE-Parameter am Koordinatensystem CS0 definierte Grundkreisdruchmesser *db* benötigt:

- ⇦ Einfügen, ⇦ **Aus Liste** ...

Es öffnet sich der Dialog PARAMETER AUSWÄHLEN. Darin muss der Suchbereich wiederum auf KE umgestellt und das Koordinatensystem CS0 gewählt werden:

- Suchen in: ⇦ **KE ▼**
- ⇦ <Koordinatensystem CS0 wählen>

Auswahl des KE-Parameters DB aus der Liste:

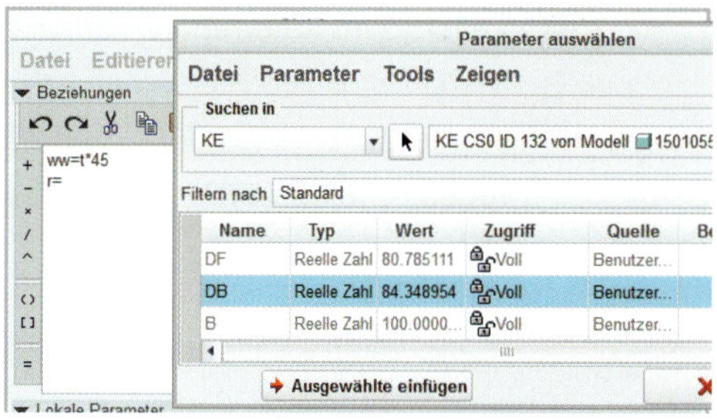

- ⇦ **DB**
- ⇦ **Ausgewählte einfügen**

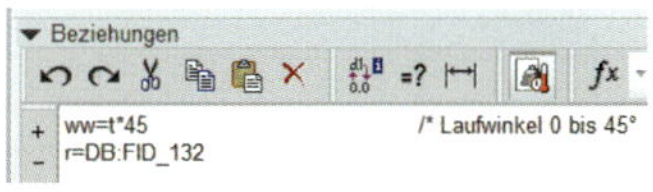

Der Parameter *DB* wird in der Form ***DB:FID_132*** in die Beziehung eingetragen.

☞ Nach dem Schließen des Beziehungseditors und erneutem Aufruf wird die Kennung *FID_123* automatisch durch den KE-Namen *CS0* ersetzt.

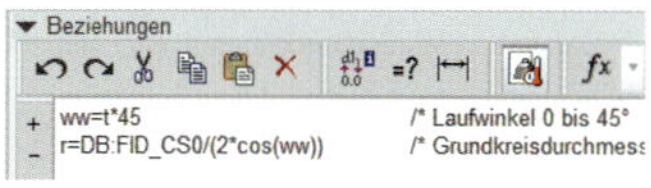

Beziehungen fertig schreiben:

*ww=t*45*
*r=DB:FID_132/(2*cos (ww))*
*theta=tan(ww)*180/pi-ww*
z=0

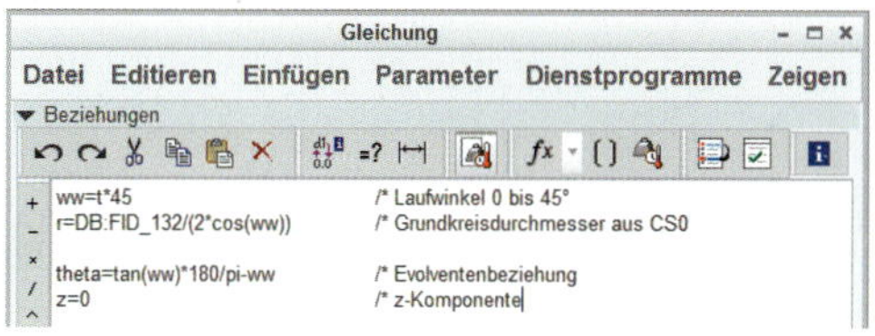

- ⇦ **[OK]**
- ⇦ Kurve: *Aus Gleichung*, ✔ <Kurvendef. beenden>

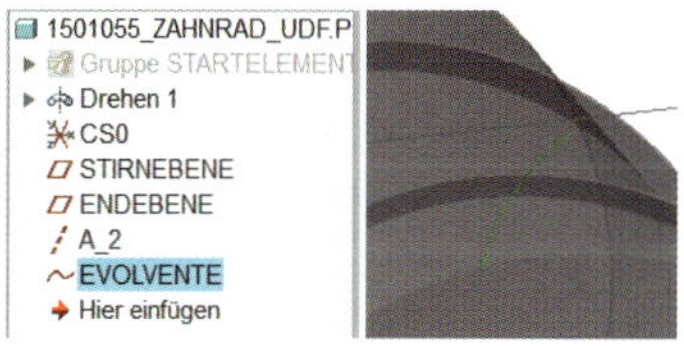

☞ Die Kurve wird größtenteils von dem Grundkörper verdeckt. Sie wird bei Auswahl vollständig sichtbar.

24.3.3.5 Durchmesser-Kreise anlegen

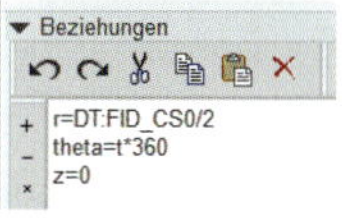

Anstelle der Definition der Kreise jeweils als Kurven aus Gleichung können auch einfache Standardskizzen verwendet werden.

☞ Die Vorteile der Kurven liegen in der direkten Benennung der Bezüge (z. B. *Teilkreis*) für die nachfolgenden Anwendungen sowie der einfachen und eindeutigen Referenzierung. Skizzen benötigen immer eine Skizzier- und eine Ausrichtungsebene, die sorgfältig gewählt werden müssen.

- ⇦ **Modell**, ⇦ Bezug ▼, ⇦ Kurve ▶, **Kurve aus Gleichung**
- ⇦ <Koordinatensystem CS0 wählen>
- ⇦ Kartetisch▼: **[Zylinderform]**
- ⇦ **[Gleichung]**
- ⇦ Einfügen, ⇦ **Aus Liste** ...
- Suchen in: ⇦ **KE ▼**
- ⇦ <Koordinatensystem CS0 wählen>
- ⇦ **DT**
- ⇦ **Ausgewählte einfügen**
- <Beziehung fertig schreiben>
- ⇦ **[OK]**

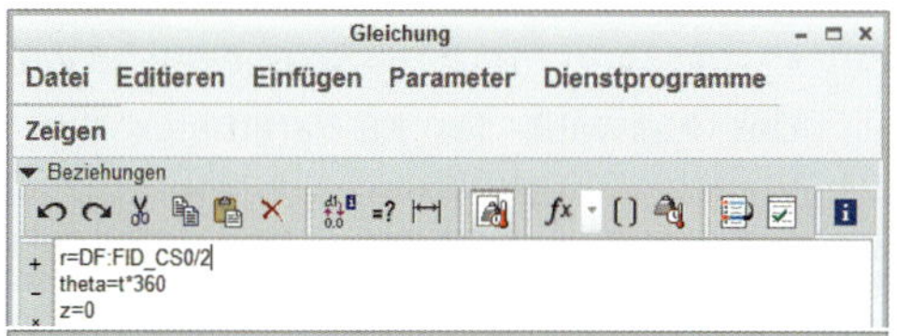

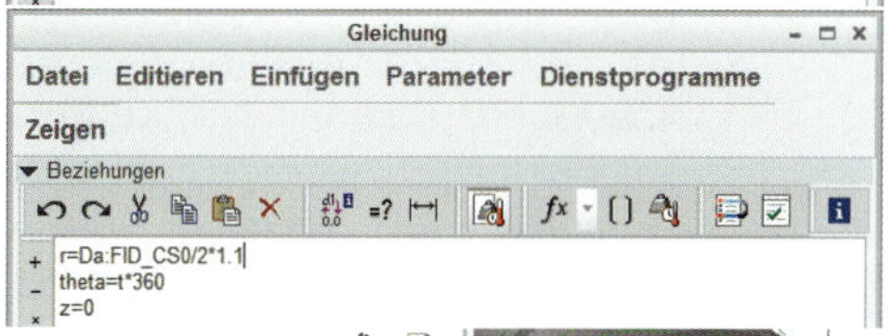

- ⇦ Kurve: *Aus Gleichung*, ✔ <Kurvendef. beenden>
- Umbenennen: **[TEILKREIS]**

Analog werden Kurven für den Fußkreis (*DF*) und den Kopfkreis (*DA*) erstellt.

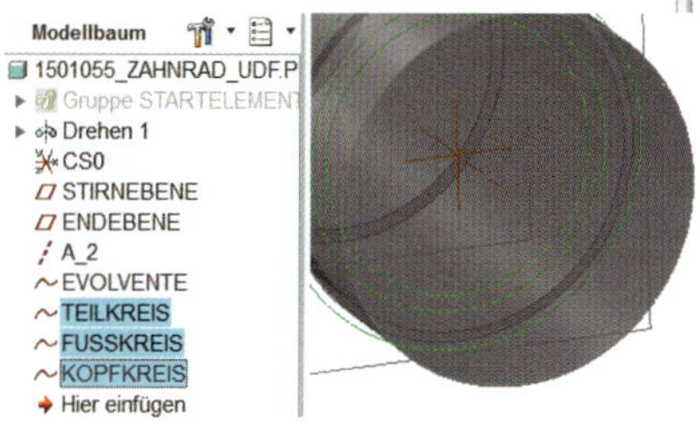

24.3.3.6 Spiegelebene und Spiegelgeometrie

Die Spiegelebene kann anhand des Lückenwinkels am Teilkreis $\psi_t = \frac{\pi+4\cdot x\cdot\tan\alpha}{2\cdot z}$ ermittelt werden. Zunächst wird der Definitionspunkt für die Lückendicke am Teilkreis ermittelt, dann eine Hilfsebene durch den Punkt und die Achse *A_2* und anschließend die Spiegelebene durch die Achse *A_2* im Winkel ψ_t zur Hilfsebene erstellt:

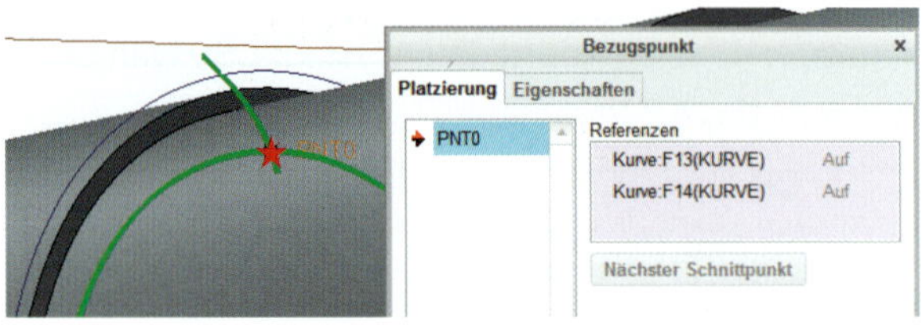

☐ **Definitionspunkt für Lückendicke**

- ⇦ <Teilkreis im Modellbaum auswählen>
- ⇦ <markierte Linie im Arbeitsfenster auswählen>
- **[Strg]** + ⇦ <Evolvente im Arbeitsfenster wählen>
- ⇦ **Modell**, ⇦ **Punkt**
- ⇦ **[OK]**

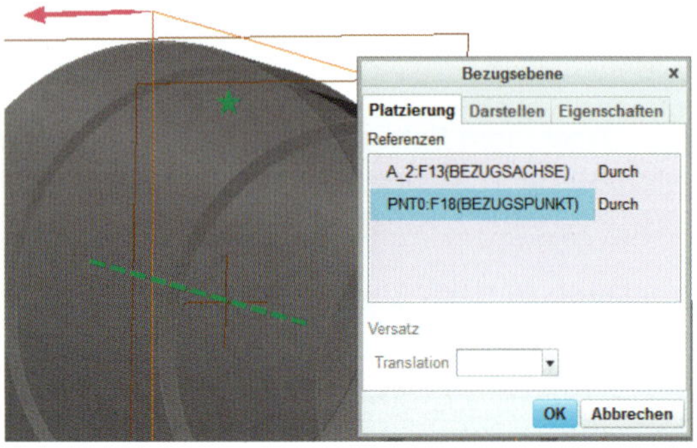

☐ **Hilfsebene**

- ⇦ <Punkt *PNT0* im Modellbaum wählen >
- **[Strg]** + ⇦ <Achse *A_2* im Modellbaum wählen>
- ⇦ **Modell**, ⇦ **Ebene**
- ⇦ **[OK]**

☐ **Spiegelebene**

- ⇦ <Achse *A_2* im Modellbaum markieren>
- **[Strg]** + ⇦ <Hilfsebene *DTM1* im Modellbaum wählen>
- ⇦ **Modell**, ⇦ **Ebene**
- ⇦ EIGENSCHAFTEN, ⇦ Name: **[Spiegelebene]**
- ⇦ **[OK]**

☞ Im unten abgebildeten 15°-Beispiel ist die positive Winkeldefinition ungeeignet, da die Spiegelung der Evolvente einen Zahn anstatt einer Lücke ergeben würde. Der Lückenwinkel muss daher als 360°- ψ_t eingegeben werden.

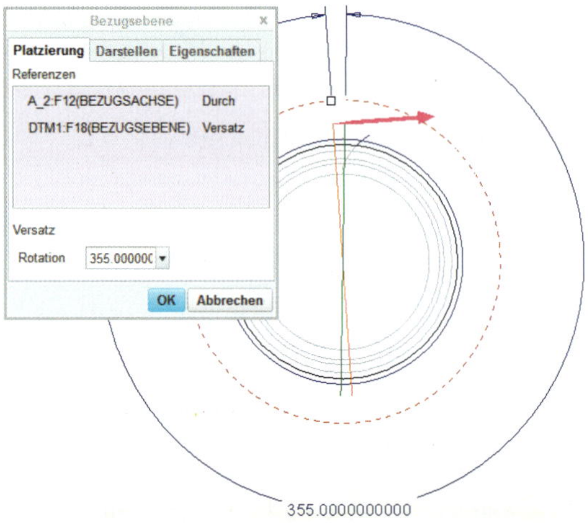

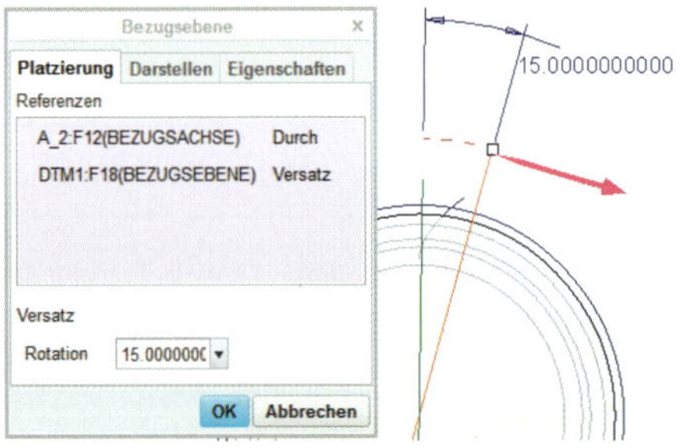

- ⇦ **Werkzeuge**, ⇦ **Beziehungen**, ⇦ Suchen in▼: **[KE]**
- ⇦ <Spiegelebene wählen>

Die Auswahl der KE-Parameter des Koordinatensystems über EINFÜGEN-AUS LISTE (siehe Kap. 24.3.3.4) ist mühsam. Auch sind Gleichungen mit Variablen analog XX:FID_CS0 schlecht lesbar.

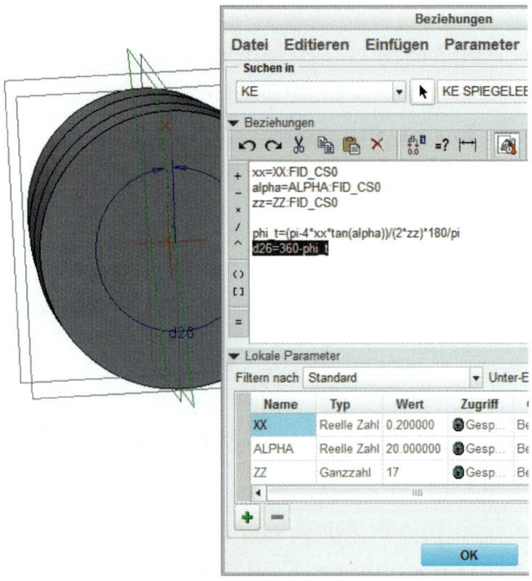

☞ Mit einer einmaligen Zuweisung der Form ***XX=XX:FID_CS0*** in den KE-Beziehungen (hier der Spiegelebene) werden automatisch neue, lokale Variablen (XX) angelegt, die nur innerhalb der Beziehungen des KE Gültigkeit haben.

- Beziehungen fertig schreiben:
  xx=XX:FID_CS0
  alpha=ALPHA:FID_CS0
  zz=ZZ:FID_CS0
  *phi_t=(pi-4*xx*tan(alpha))/(2*zz)*180/pi*
  d26=360-phi_t
- ⇦ **[OK]**

⚠ Die Variablenbezeichnung (hier *d26*) kann abweichend sein.

☐ **Evolvente spiegeln**

Das Spiegeln der Evolvente kann entweder durch Spiegeln des gesamten Evolventen-KE oder durch Spiegeln der Evolventen-Linie erfolgen.

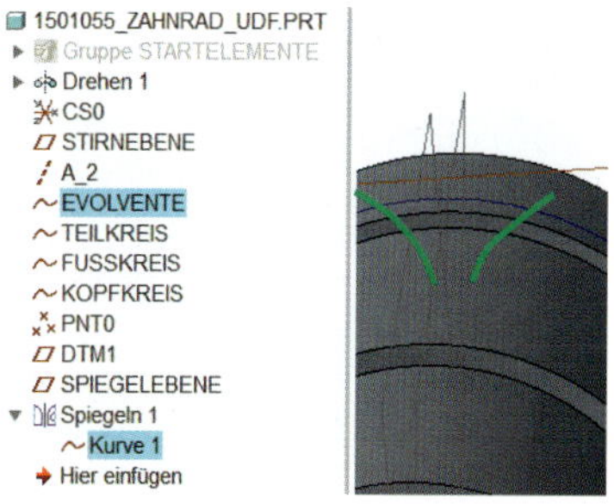

Evolventen-KE spiegeln

- ⇦ <Evolvente im Modellbaum wählen>
- ⇦ **Modell**, ⇦ **Spiegeln**
- ⇦ <Spiegelebene im Modellbaum wählen>
- ⇦ *Spiegeln*, ✔

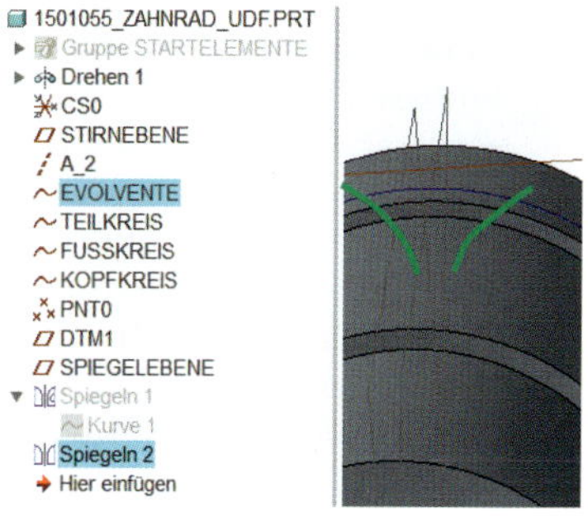

Alternativ: Evolventen-Linie spiegeln

- ⇦ <Evolvente im Modellbaum wählen>
- ⇦ <Evolventen-Linie im Arbeitsfenster wählen>
- ⇦ **Modell**, ⇦ **Spiegeln**
- ⇦ <Spiegelebene im Modellbaum wählen>
- ⇦ *Spiegeln*, ✔

Die Vorgehensweisen sind für die vorliegende Anwendung gleichwertig.

24.3.4 Zahnlücken als Flächen-Zugelement

☐ **Zugskizze anlegen**

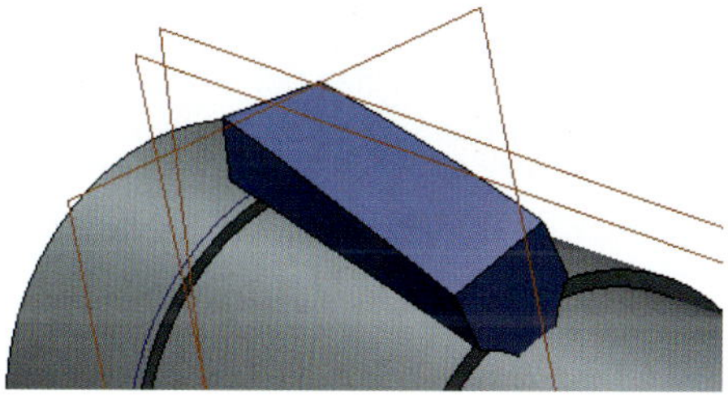

Für die schräg verlaufende Zahnlücke (Schrägverzahnung) muss zunächst eine Leitkurve als Mittelpunktsbahn erstellt werden. Diese wird als Kante einer variablen ZugKE-Fläche über einer Basisleitkurve (Zahnbreitenlinie) auf der Achse *A_2* erstellt. Um den Lückenquerschnitt am Verzahnungsende (ggf. auch am Verzahnungsanfang) für den Fräsauslauf verfügbar zu machen, wird die Lückengeometrie über die Zahnbreite hinaus gezogen.

- ⇦ **Modell**, ⇦ **Skizze**
- Skizzierebene: ⇦ **[Spiegelebene]**
- Orientierungsreferenz: ⇦ **[Stirnebene]**
- Orientierung: ⇦ **Rechts ▼**

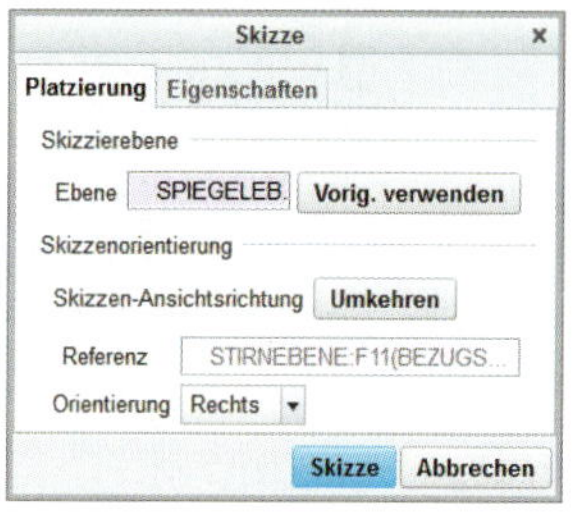

⚠ Die Wahl der richtigen Referenzen ist hier äußerst wichtig. **Es dürfen keine Referenzen auf Startelemente erhalten bleiben!**

- ⇦ **[Skizze]**
- ⇦ Skizze, ⇦ **Referenzen**

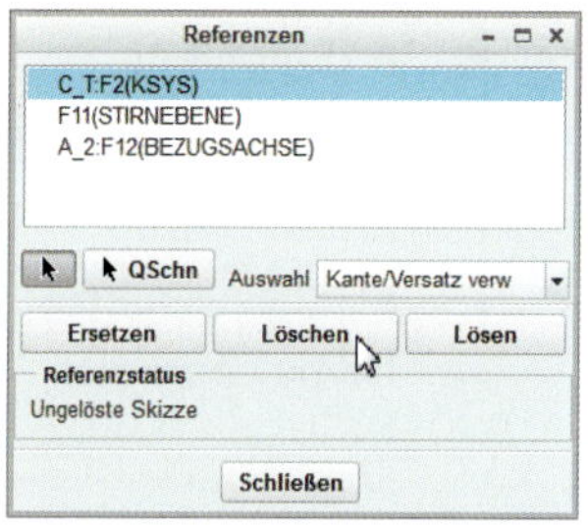

Als Skizzen-Referenzen werden von *Creo* automatisch das Koordinatensystem aus den Startbezügen *C_T* und die Stirnebene gesetzt. Anstelle des Koordinatensystems muss hier die Achse *A_2* als Referenz verwendet werden.

- ⇦ **A_2** <im Modellbaum wählen>
- ⇦ **C_T:F2(KSYS)** <in der Liste wählen>
- ⇦ **[Löschen]**
- ⇦ **[Schließen]**
- Skizze wie nebenstehend anlegen
- ⇦ *Skizze*, ✔
- ⇦ ⇦ Skizze Umbenennen: **[Zugskizze]**

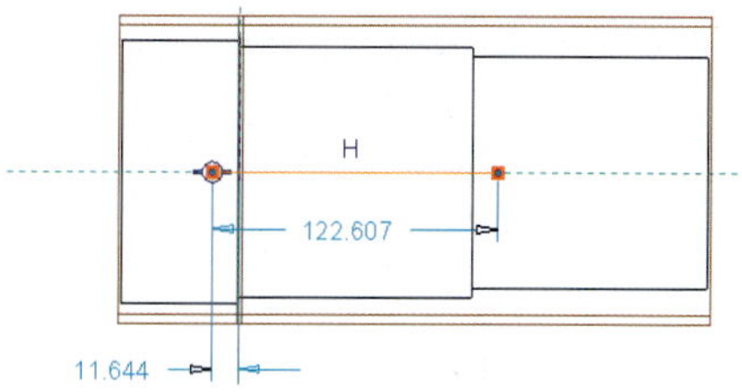

Die Länge der Zugkurve sowie der seitliche Überstand werden als KE-Beziehungen an der Zugskizze eingetragen:

- ⇦ **Werkzeuge**, ⇦ d= **Beziehungen**, ⇦ Suchen in▼: **[KE]**
- ⇦ <Zugskizze wählen>
- Beziehungen fertig schreiben:
  *d29=0.1*B:FID_CS0*
  *d28=1.2*B:FID_CS0*
- ⇦ **[OK]**

⚠ Die Variablenbezeichnungen (hier *d29* und *d28*) können abweichen.

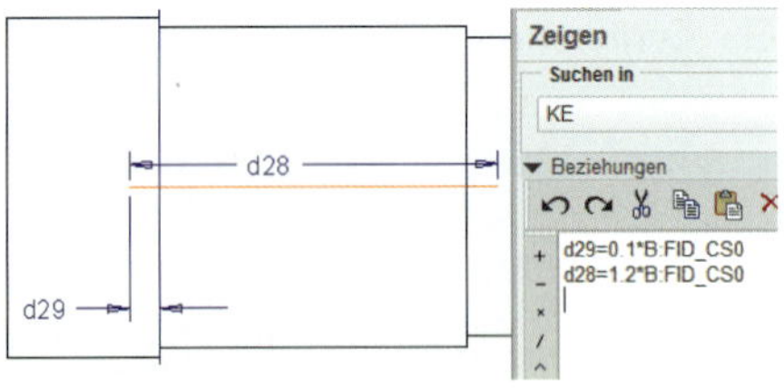

☞ Die Zugskizze überschreitet den tatsächlichen Bereich um 10% der Breite je Seite.

☐ **Skizze als Variablenspeicher**

In *Creo* können KE-Parameter nur in Beziehungen verwendet werden, die auf Teilebene oder KE-Ebene erstellt wurden. Beziehungen auf Skizzenebene haben dagegen nur Zugriff auf Teil-Parameter oder beliebige Maße, nicht aber auf KE-Parameter. Gleichzeitig lassen sich Skizzen mit variablem Querschnitt nur über Skizzen-Beziehungen definieren. Damit nun der Wert des Eingabeparameters für den Schrägungswinkel *BETA* in der Definition der Mittelpunktsbahn des Zahnprofils verwendet werden kann, muss dieser einem Dummy-Maß zugewiesen werden. Gleiches gilt für die Parameter *D_FR* für den Frässcheibendurchmesser und *RECHTS* für die Steigungsrichtung. Zu diesem Zweck wird eine Skizze so erstellt, dass sie möglichst im Inneren des Bauteils (Welle) liegt. Darin werden Skizzenelemente mit benannten Maßen verwendet, die ihrerseits wieder im ganzen Modell verwendet werden können:

- ⇦ **Modell**, ⇦ **Skizze**
- Skizzierebene: ⇦ **[Stirnebene]**
- Orientierungsreferenz: ⇦ **[Spiegelebene]**
- Orientierung: ⇦ **Oberseite ▼**

⚠ Die Wahl der richtigen Referenzen ist hier äußerst wichtig. **Es dürfen keine Referenzen auf Startelemente erhalten bleiben!**

- ⇦ **[Skizze]**
- ⇦ Skizze, ⇦ **Referenzen**

Als Skizzen-Referenzen wird von *Creo* automatisch die Spiegelebene gesetzt. Ergänzend muss das Koordinatensystems *CS0* hinzugefügt werden.

- ⇦ **CS0** <im Modellbaum wählen>
- ⇦ **[Schließen]**

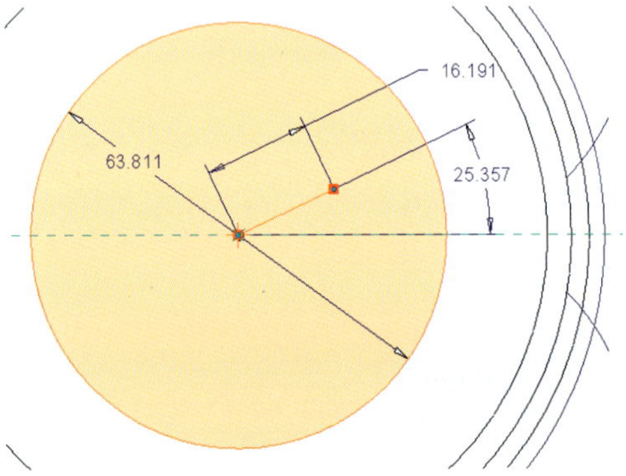

Als Skizze werden nach nebenstehendem Muster ein Kreis und eine Linie mit Längenbemaßung und Winkelbemaßung zur Spiegelebenenreferenz erstellt.

- ⇦ *Skizze*, ✔
- ⇦ ⇦ Skizze Umbenennen: **[Variablenspeicher]**

Entsprechend der in Kap. 13.11.4 beschriebenen Vorgehensweise werden nun die Skizzenmaße umbenannt:

- ⇦ <KE selektieren>
- ▶ **[Editieren]** <Editieren aufrufen
- ⇦ **Werkzeuge**, ⇦ **Symbole umschalten**

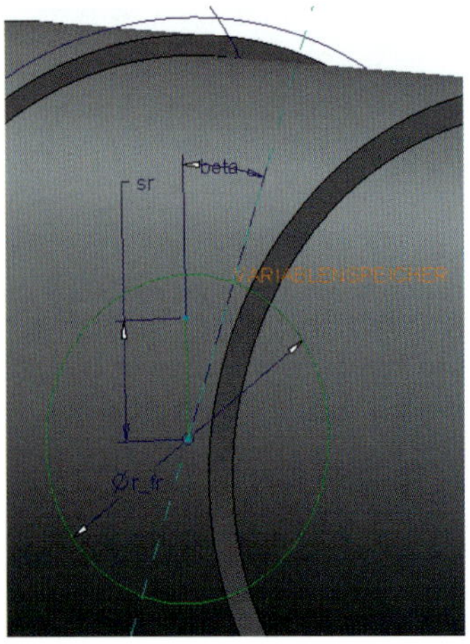

- ⇦ <1. Maß (Kreisdurchm.) auswählen>
- ▶ **[Eigenschaften]**
- Name eintragen: **[r_fr]**, **[OK]** <Fräser Radius>
- ⇦ <2. Maß (Länge) auswählen>
- ▶ **[Eigenschaften]**
- Name eintragen: **[sr]**, **[OK]** <Schrägenrichtung>
- ⇦ <3. Maß (Winkel) auswählen>
- ▶ **[Eigenschaften]**
- Name eintragen: **[beta]**, **[OK]** <Schrägungswinkel>

Nun werden den Bemaßungen noch über eine KE-Beziehung der Skizze die entsprechenden Werte zugewiesen:

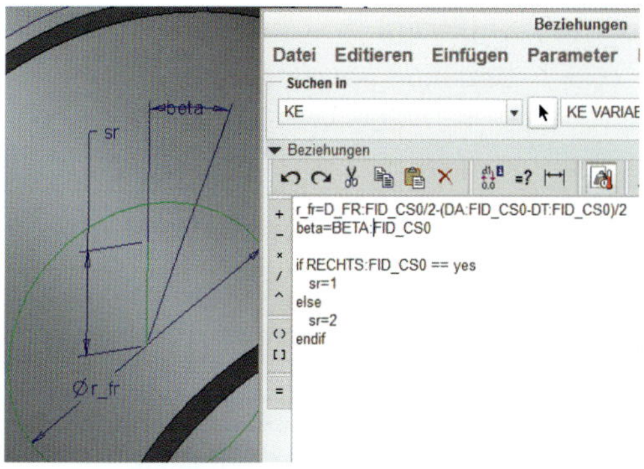

- ⇦ **Werkzeuge**, ⇦ d= **Beziehungen**, ⇦ Suchen in▼: **[KE]**
- ⇦ <Variablenspeicher wählen>

Die Funktion $r_{\mathrm{Fr}} = \frac{d_{\mathrm{Fr}}}{2} - \frac{d_{\mathrm{a}} - d_{\mathrm{t}}}{2}$ gibt den Mittelpunktsradius des Wälzfräsers an. Anstelle der Boolschen Richtungsvariablen wird ein Bemaßungswert 1 für rechtssteigend und 2 für linkssteigend gewählt.

- Beziehungen eintragen

  r_fr=D_FR:FID_CS0/2-(DA:FID_CS0-DT:FID_CS0)/2
  beta=BETA:FID_CS0

  if RECHTS:FID_CS0 == yes
  sr=1
  else
  sr=2
  endif
- ⇦ **[OK]**
- ⇦ **Modell**, **Regenerieren**

☐ **Mittelpunktskurve anlegen**

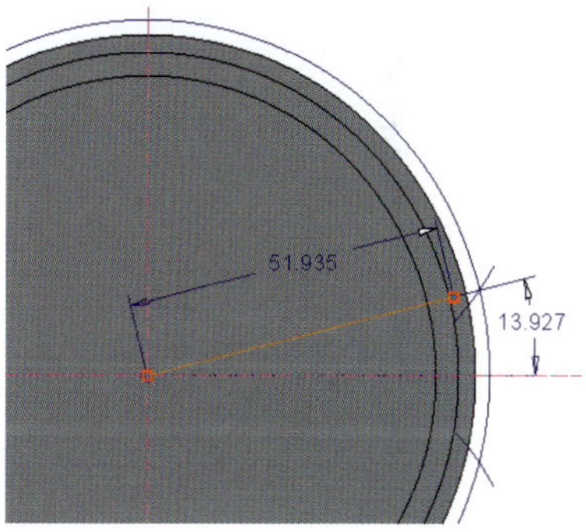

- ⇦ <KE-Zugskizze im Modellbaum wählen>
- ⇦ < Zugskizzen-Kurve im Arbeitsfenster wählen>
- ⇦ **Modell**, ⇦ **Zug-KE**, ⇦ <Flächenkonstruktion>
- ▶ **[Variabler Schnitt]**
- ▶ **[Skizze]**

Als Skizze wird ausschließlich eine Linie mit bemaßter Länge und Winkel zur Spiegelebene erstellt. Ohne die Skizze zu verlassen, wird nun der Beziehungseditor (Skizzenbeziehung) aufgerufen:

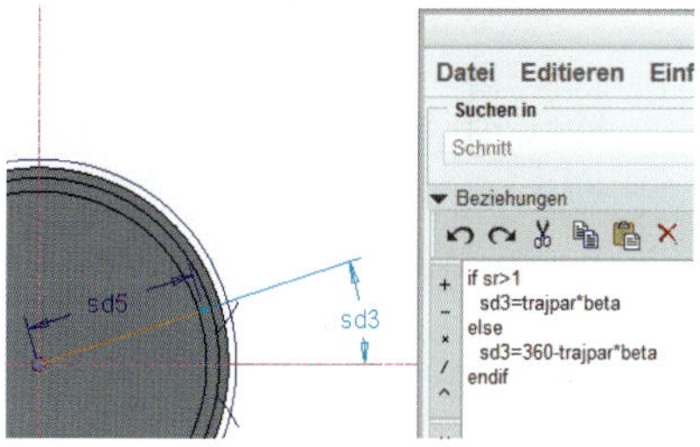

- ⇦ **Werkzeuge**, ⇦ d= **Beziehungen**
- Beziehungen eintragen:

  if sr>1
  *sd3=trajpar*beta*
  else
  *sd3=360-trajpar*beta*
  Endif
- ⇦ **[OK]**

☞ Mit *trajpar* wird die Laufvariable entlang der Zugkurve bezeichnet. Sie geht von Null (Zugkurvenanfang) bis Eins (Zugkurvenende).

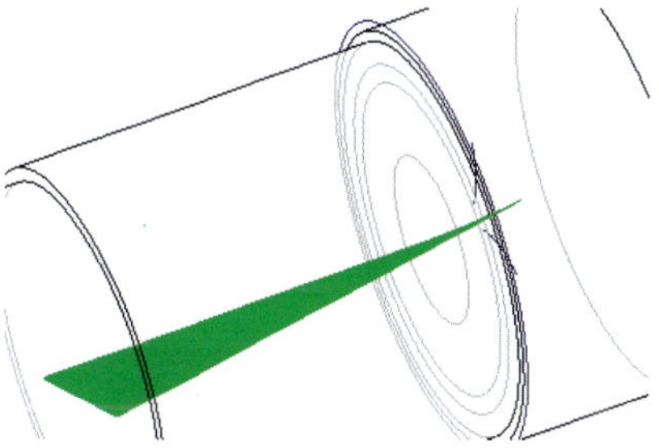

- ⇦ *Skizze*, ✔
- ⇦ *Zug-KE*, ✔

Das Ergebniss ist die nebenstehend abgebildete Sammelfläche. In dieser muss noch lediglich das Längenmaß (*sd5* aus Skizze) über eine KE-Beziehung auf den Wert des Teilkreisradius gesetzt werden.

- ⇦ <Ziehen-KE im Modellbaum wählen>
- ▶ **[Editieren]**, ⇦ **Werkzeuge**, ⇦ **Symbole umschalten**

Im Arbeitsfenster werden die KE-Benennungen der Skizzenmaße angezeigt (Winkel = D33 und Länge = D36).

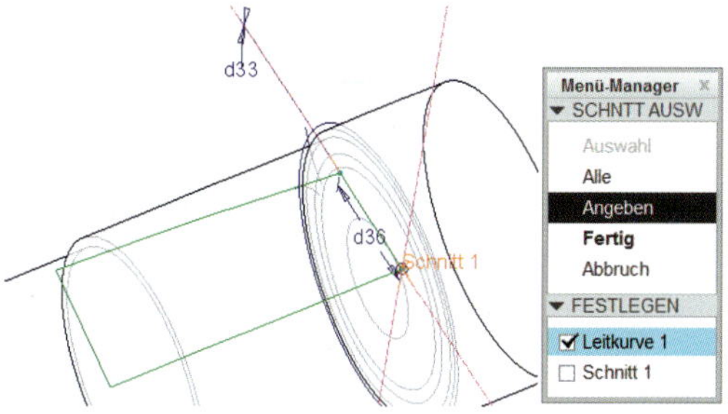

- ⇦ **Werkzeuge**, ⇦ d= **Beziehungen**, ⇦ Suchen in▼: **[KE]**
- ⇦ <Ziehen-KE im Modellbaum wählen>
- ⇦ ☑ **Leitkurve 1**

- ⇦ **[Fertig]**
- Beziehungen eintragen:

  d36=DT:FID_CS0/2
- ⇦ **[OK]**
- ⇦ **Modell**, **Regenerieren**

☞ Die Oberkante der so erstellten Fläche stellt die Mittelpunktsbahn der Zahnlücke dar.

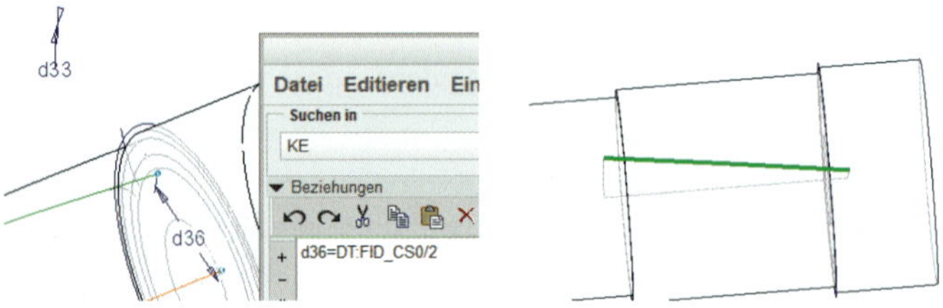

☐ Leitkurve des Zahnlückenprofils

Das Zahnlückenprofil wird entlang der Mittelpunktsbahn als Leitkurve gezogen. Wird allein die Mittelpunktsbahn als Zugreferenz gewählt, so folgt der Konturverlauf der Mittelpunktsbahn einschließlich ihrer Rotation, aber der definierte Schnitt ist zunächst senkrecht zur Leitkurve projiziert. Damit stimmen die Soll- und Realkontur nicht überein.

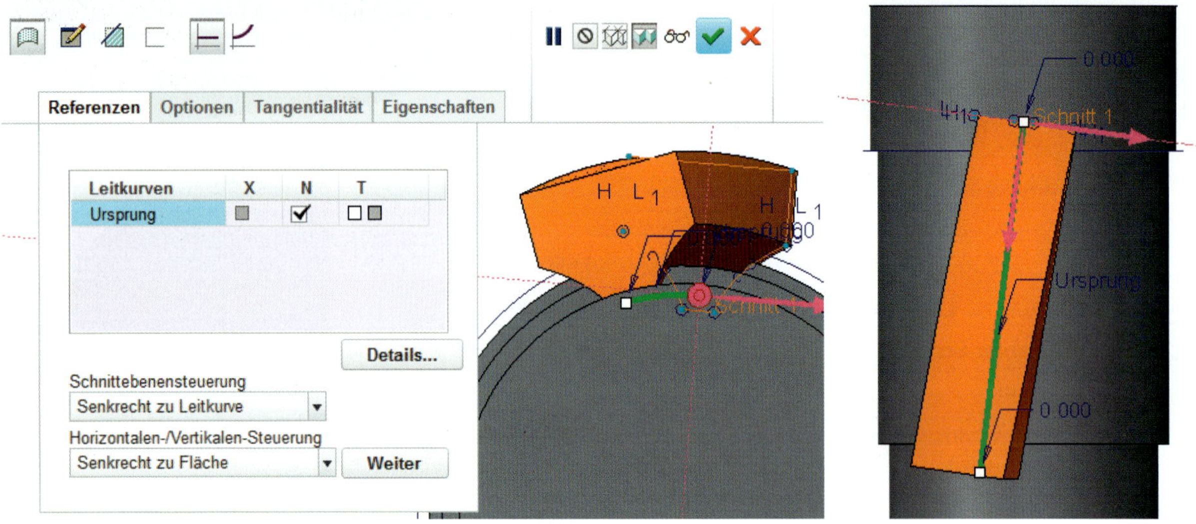

Wird die Schnittebenensteuerung auf eine konstante senkrechte Richtung (Stirnebene) umgestellt, so stimmt jetzt die Querschnittsdefinition der Lücke, aber dafür fehlt die Eigenrotation des Profils entlang der Zugkurve.

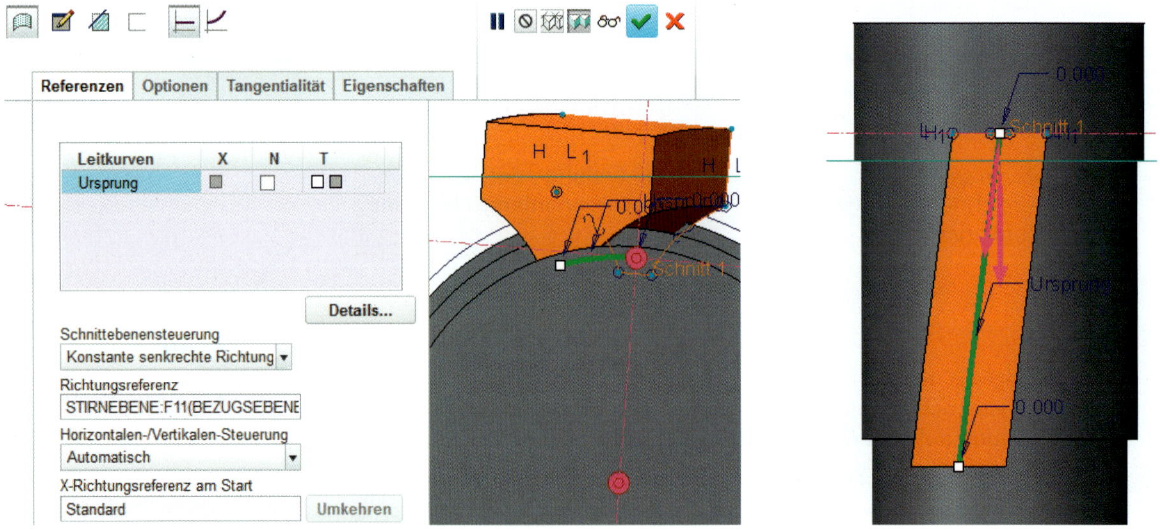

Erst durch die Definition zweier Kurven wird das gewünschte Profil korrekt erstellt:

Dabei dient die Mittelpunktsbahn als Zugkurve (Kette 1) und die Kurve aus dem KE ZUGSKIZZE als Ursprungskurve und gleichzeitig zur Schnittebenensteuerung (Senkrecht = ☑ **N** Normal).

Mit der Ursprungskurve wird der Drehursprung der Lückenskizze konstant auf der Mittelachse verankert.

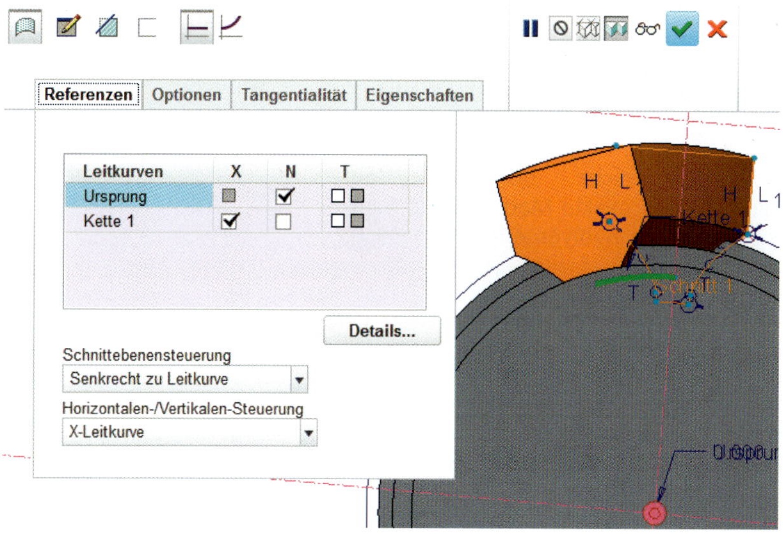

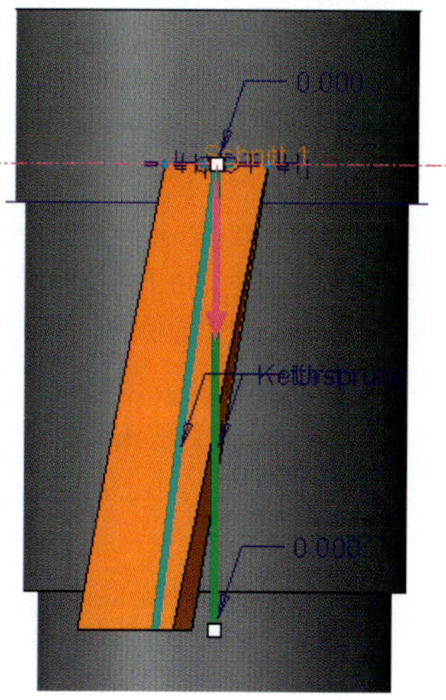

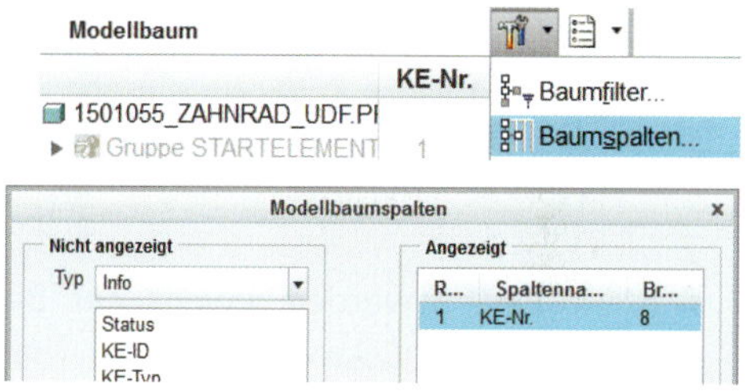

☐ Modellbaumspalten erweitern

Für eine saubere Referenzierung ist es empfehlenswert, den Modellbaum um die Angabe der KE-Nr zu erweitern:

- ⇦ Modellbaum, ⇦ Einstellungen, ⇦ **Baumspalten**
- ⇦ <KE-Nr. aus Liste Typ *Info* wählen>
- ⇦ >> <Übernehmen in den Bereich *Angezeigt*>
- ⇦ **[OK]**

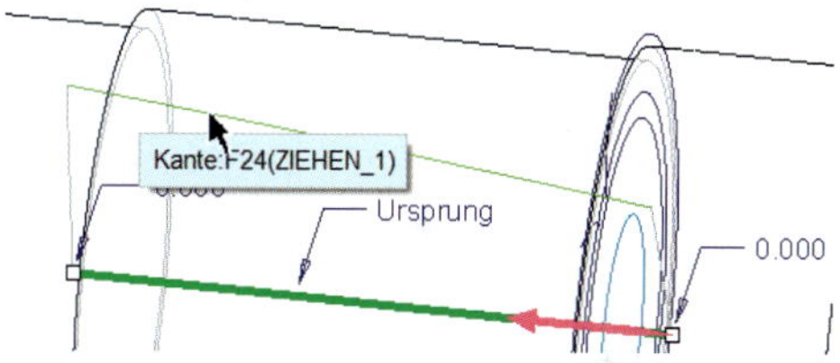

☐ Zahnlückenprofil erstellen

- ⇦ **Darstellungssteuerung**, ⇦ **Verdeckte Kanten**
- ⇦ <KE-Zugskizze im Modellbaum wählen>
- ⇦ < Zugskizzen-Kurve im Arbeitsfenster wählen>

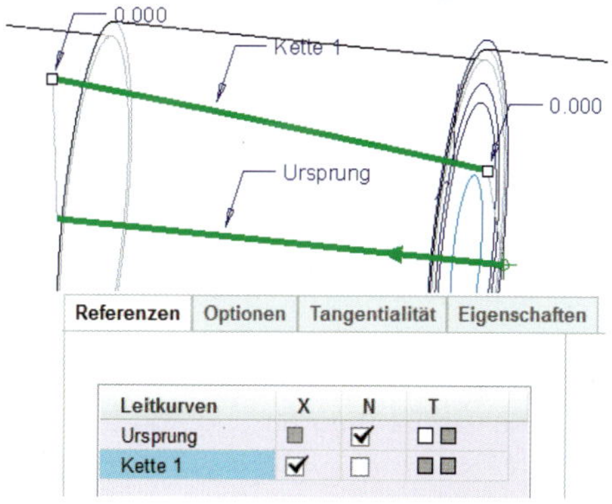

- ⇦ **Modell**, ⇦ **Zug-KE**
- **[Strg]** + ⇦ <obere Kante des Ziehen-KE hinzu wählen>
- ⇦ <Flächenmodus aktivieren>
- ▶ **[Konstanter Schnitt]**
- ⇦ Referenzen
- Kette 1: ⇦ ☑ **X** <Aktivieren>
- ⇦ **Darstellungssteuerung**, ⇦ **Sichtbare Kanten**
- ▶ **[Skizze]**
- ▶ **[Referenzen]**
- ⇦ <Fußkreiskurve im Arbeitsfenster wählen>
- ⇦ <Kopfkreiskurve im Arbeitsfenster wählen>

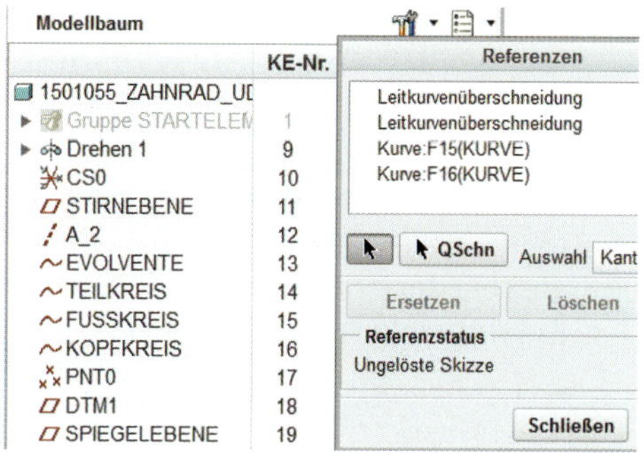

> ☞ Die korrekte Referenzauswahl ist anhand der Übereinstimmung der KE-Nummern im Referenzenfenster (Kurve **F15**) und Modellbaum (15) zu erkennen.

- ⇦ **[Schließen]**

- ⇦ **Skizze**, ⇦ **Projizieren**, ⦿ Einzeln
- ⇦ <Evolventenkontur im Arbeitsfenster wählen>
- ⇦ <gespiegelte Evolventenkontur im Arbeitsfenster wählen>
- ⇦ **[Schließen]**

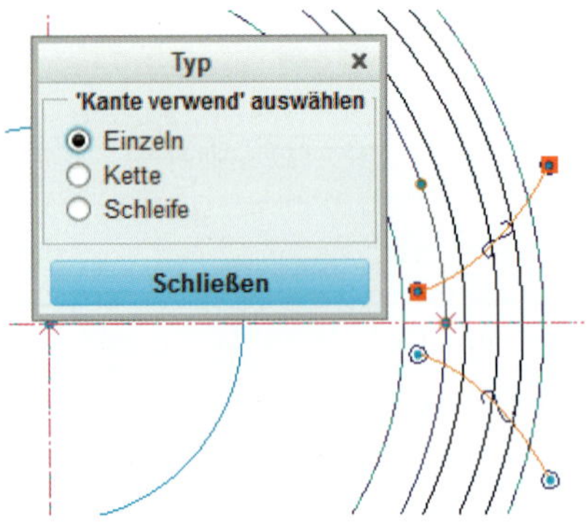

☞ Die Evolventenkontur reicht nicht bis an den Fußkreisdurchmesser heran. Für eine exakte Modellierung fehlt noch die Fußtrochoide, die analog der Evolvente mathematsich konstrutiert werden kann.

Als Vereinfachung werden tangentiale Geraden als Fortsetzung der Evolventen konstruiert.

- ⇦ **Skizze**, ⇦ **Linie**

Die beiden Linien werden jeweils an das innere Ende der Evolvent tangential anschließend und in beliebiger Länge, jedoch deutlich über den referenzierten Fußkreis hinausreichend skizziert.

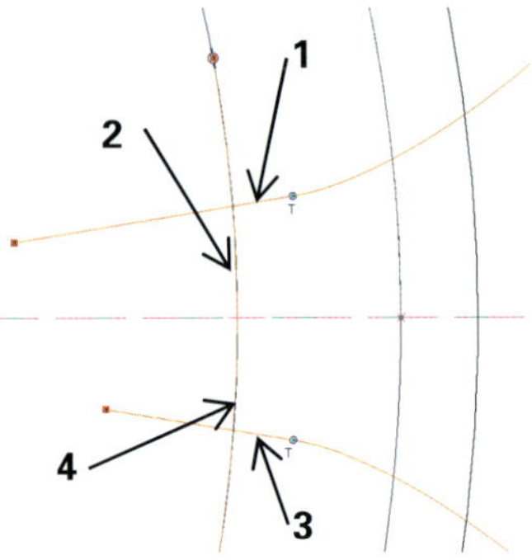

- ⇦ **Skizze**, ⇦ Bogen ▼, ⇦ **Mitte und Endpunkte**
- ⇦ Mittelpunkt, ⇦ Endpunkt 1, ⇦ Endpunkt 2

Der Bogen wird ausgehend vom Mittelpunkt (Mitte Kopf- bzw. Fußkreis) auf die Fußkreisreferenz über die beiden Tangenten hinaus skizziert. Nebenstehend sind aus Gründen der Übersichtlichkeit die Skizzen-Bemaßungen ausgeblendet.

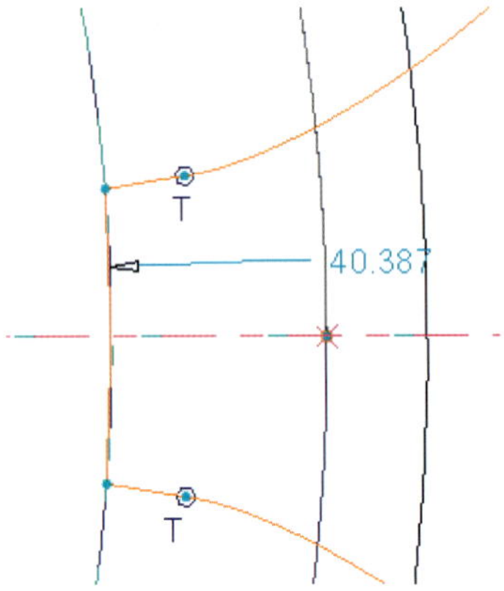

Als nächstes werden jeweils der Bogen und die Tangente mit der Funktion **Ecke** aufeinander getrimmt. Dazu wird nach dem Funktionsaufruf jeweils ein verbleibender Bereich von Bogen und Tangente angeklickt.

- ⇦ **Skizze**, ⇦ **Ecke**
- ⇦ *Tangente (1)*, ⇦ *Bogen (2)*
- ⇦ *Tangente (3)*, ⇦ *Bogen (4)*, ⇩

⚠ Ist nach dem Einblenden der Skizzen-Bemaßungen wieder eine Bemaßung sichtbar, so wurde durch die Eckenfunktion die Referenz auf den Fußkreis verloren und muss erneuert werden.

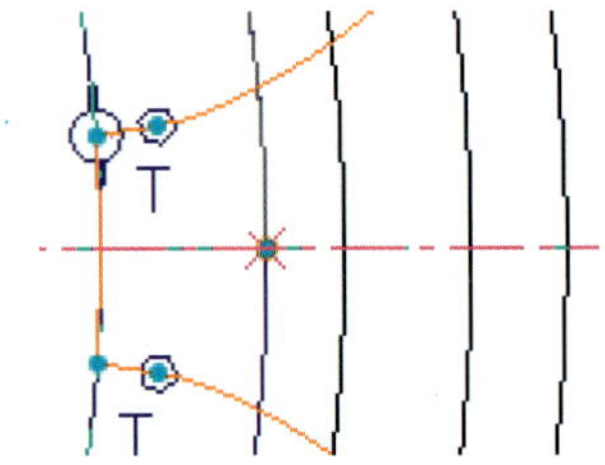

- ⇦ **Skizze**, ⇦ **Zusammenfallend**,
- ⇦ <Endpunkt Tangente/Bogen>
- ⇦ <Fußkreisreferenz>

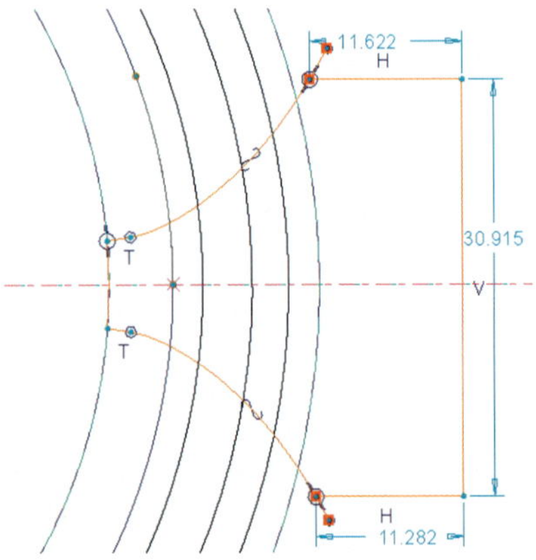

Als Größenbegrenzung für den Wälzfräser werden nun 3 Linien gemäß nebenstehende Abbildung skizziert. Damit kein zusätzlicher Eintrag für die nutzbare Wälzfräserbreite benötigt wird und unter Nutzen der Annahme, dass bei sinnvollen Eingaben der Fräser bis zum Kopfkreis voll verfügbar ist, wird die Breitenreferenz durch den Kopfkreisdurchmesser festgelegt.

Dazu wird nach dem Skizzieren die Evolvente mit den Flanken (horizontale Linien) mit der Funktion **Ecke** getrimmt und anschließend jeweils der Eckpunkt mit der Kopfkreisreferenz **Zusammenfallend** definiert.

- ⇦ **Skizze**, ⇦ **Linie** <3 Stück nach Skizze>
- ⇦ **Skizze**, ⇦ **Ecke** <beide Seiten>
- ⇦ **Skizze**, ⇦ **Zusammenfallend** <beide Seiten>

Das Ergebnis muss gemäß der nebenstehenden Skizze eine geschlossene Kontur aus den Evolventen und dem Fußkreisbogen sowie der Anbindung der Breitenpunkte an den Kopfkreisdurchmesser sein. Als einzige Skizzenbemaßung sollte ein Maß für den Innendurchmesser des Wälzfräsers erforderlich sein.

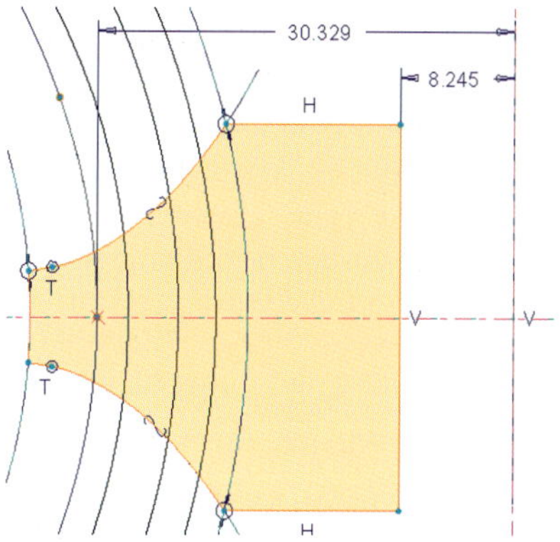

Nun wird eine Mittellinie ergänzt und der Abstand zum Zugpunkt bemaßt. Weiter wird der Abstand des Wälzfräser-Innendurchmessers zur Mittellinie bemaßt.

- ⇦ **Skizze**, ⇦ **Mittellinie**
- ⇦ **Skizze**, ⇦ **Senkrecht**, ⇦ <Punkt>, ⇦ <Mittellinie>
- ⇦ **Skizze**, ⇦ **Senkrecht**, ⇦ <Punkt>, ⇦ <Kante>

Für die beiden Bemaßungen können nun direkt im Skizzenmodus Beziehungen eingetragen werden, die das benannte Maß r_fr aus dem Variablenspeicher verwenden:

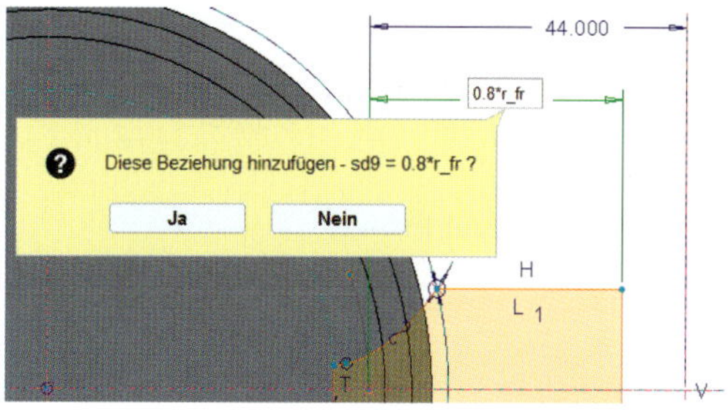

- ⇦ ⇦ **[r_fr]**, Beziehung hinzufügen: ⇦ **[Ja]**
- ⇦ ⇦ **[0.9*r_fr]**, Beziehung hinzufügen: ⇦ **[Ja]**
- ⇦ *Skizze*, ✔
- ⇦ **Darstellungssteuerung**, ⇦ **Schattierung mit Kanten**
- ⇦ Optionen, ⇦ ☑ **Abschlussenden**

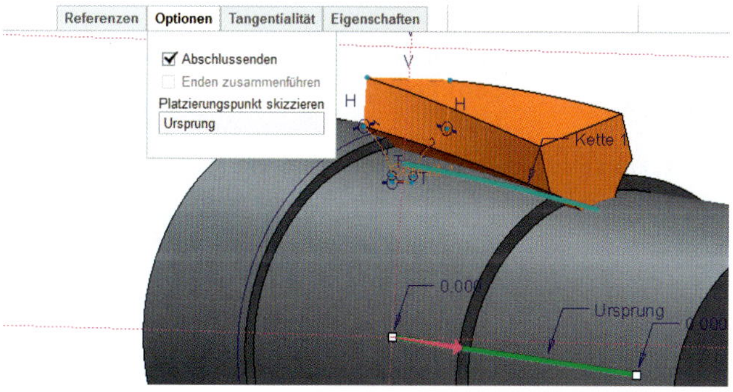

Das Ergebnis ist jetzt bereits in der Voransicht sichtbar.

- ⇦ *Zug-KE*, ✔

☐ Fußausrundungsradius setzen

☞ Der Fußausrundungsradius wird beidseitig als Flächen-Radius an die fertige Fläche erstellt, da dieses bei veränderlichen Eingabewerten wesentlich stabiler funktioniert als ein Kantenradius.

- ⇦ Darstellungssteuerung, ⇦ **Verdeckte Kanten**
- ⇦ **Modell**, ⇦ **Rundung**
- ⇦ <1. Evolventenfläche wählen>
- **[Strg]** + ⇦ <Fußkreisfläche hinzuwählen, dazu Auswahl mit ⇨ ⇨ durchklicken)>
- ▶ **[Satz hinzufügen]**
- ⇦ <2. Evolventenfläche wählen>
- **[Strg]** + ⇦
<Fußkreisfläche hinzuwählen, dazu Auswahl mit ⇨ ⇨ durchklicken)>

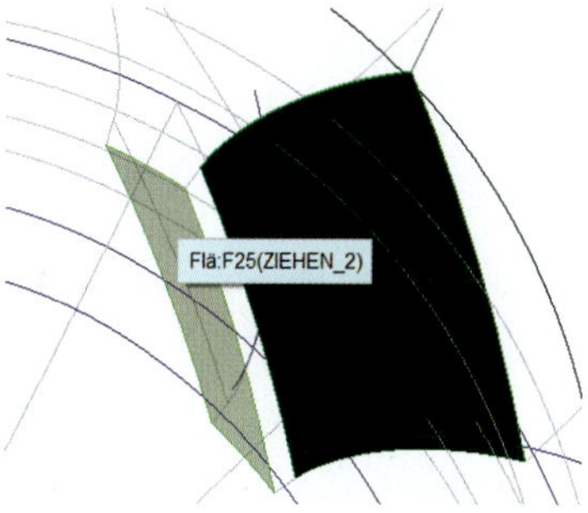

- ⇦ *Rundung*, ✔

Der Fußausrundungsradius soll auf den Wert von *0,25·m* parametrisch festgelegt werden:

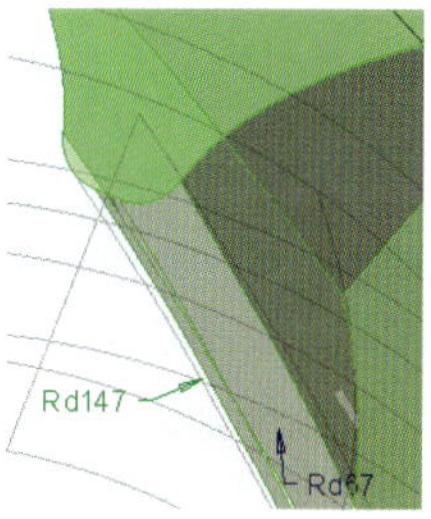

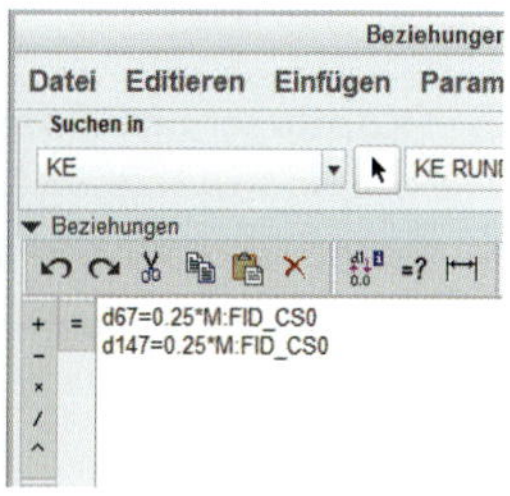

- ⇦ **Werkzeuge**, ⇦ **Beziehungen**, ⇦ Suchen in▼: **[KE]**
- ⇦ <Rundung 1>
- ⇦ **[OK]**
- ⇦ **Modell**, ⇦ **Regenerieren**

24.3.5 Fräserauslauf modellieren

☐ **Hilfspunkte erstellen**

Die Fräserauslaufkonturen werden als 180°-Drehen-KE aus dem Lückenquerschnitt im Stirnschnitt erstellt, wobei die Schnittebene des Drehen-KE senkrecht zur Mittelpunktsbahn definiert werden muss. Dazu werden zwei Hilfspunkte benötigt, die in einem gemeinsamen Punkt-KE erstellt werden.

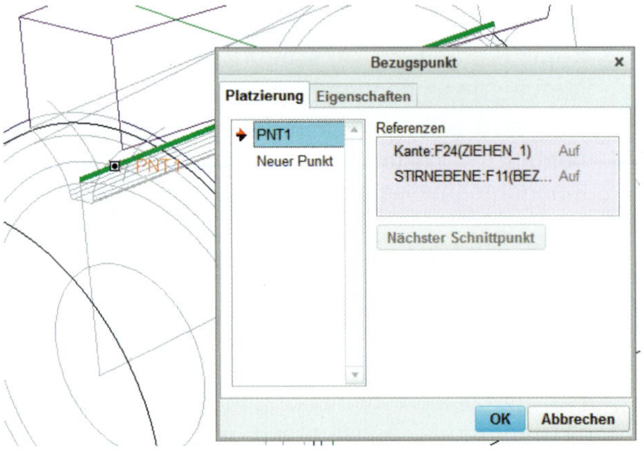

- ⇦ **Modell**, ⇦ **Punkt**
- ⇦ Filter, Kante ▼,
  ⇦ <Mittelpunktsbahn von Ziehen 1 wählen>
- ⇦ Filter, Alle ▼,
- **[Strg]** + ⇦ <Stirnebene im Modellbaum wählen>
- ⇦ **[Neuer Punkt]**
- ⇦ <Achse *A_2 im Modellbaum* wählen>
- **[Strg]** + ⇦ <Stirnebene im Modellbaum wählen>
- ⇦ **[OK]**
- ⇦ <Klick in den freien Hintergrund zum Sammelfilter leeren>

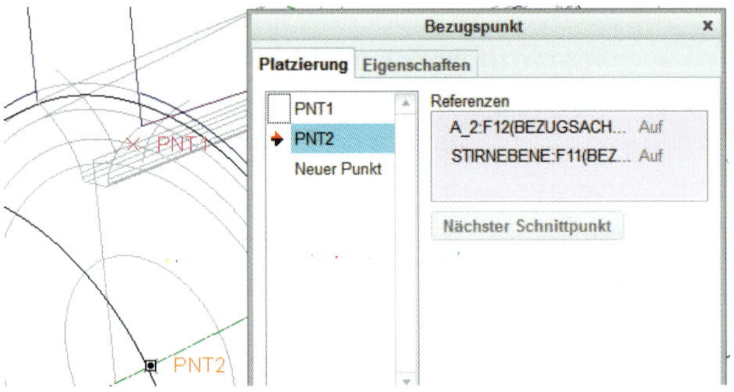

☐ **1. Hilfsebene erstellen**

- ⇦ **Modell**, ⇦ **Ebene**
- ⇦ Filter, Kante ▼
- ⇦ <Mittelpunktsbahn von Ziehen 1 wählen>
- ⇦ Filter, Alle ▼
- Kante:Fxxx: ⇦ Durch -> Senkrecht ▼
- **[Strg]** + ⇦ <Bezugspunkt PNT1 im Arbeitsfenster wählen>
- ⇦ **[OK]**

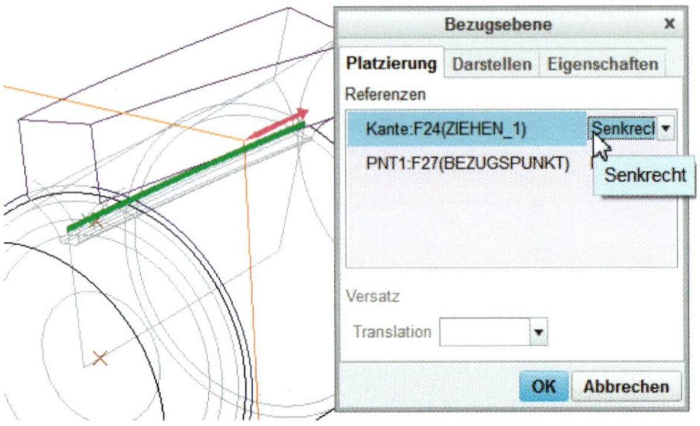

☐ **2. Hilfsebene erstellen**

- ⇦ **Modell**, ⇦ **Ebene**
- ⇦ **[Ebene DTM2]** <im Modellbaum wählen>
- DTM2:Fxxx: ⇦ Versatz -> Senkrecht ▼
- **[Strg]** + ⇦ <Bezugspunkt PNT1 im Arbeitsfenster wählen>
- **[Strg]** + ⇦ <Bezugspunkt PNT2 im Arbeitsfenster wählen>
- ⇦ **[OK]**

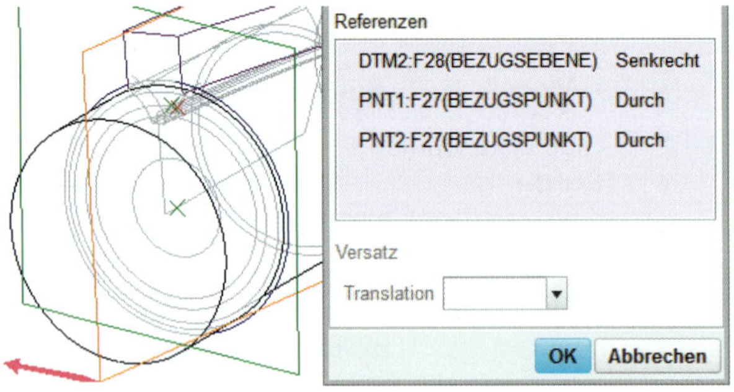

☐ **Konturschnitt erstellen**

Als Konturlinie für den Fräserauslauf wird nun die Zahnlückenfläche mit der Ebene DTM2 geschnitten.

- ⇦ Filter, Sammelflächen ▼
- ⇦ <Zahnlückenfläche im Arbeitsfenster wählen>
- ⇦ **Modell**, ⇦ **Schneiden**

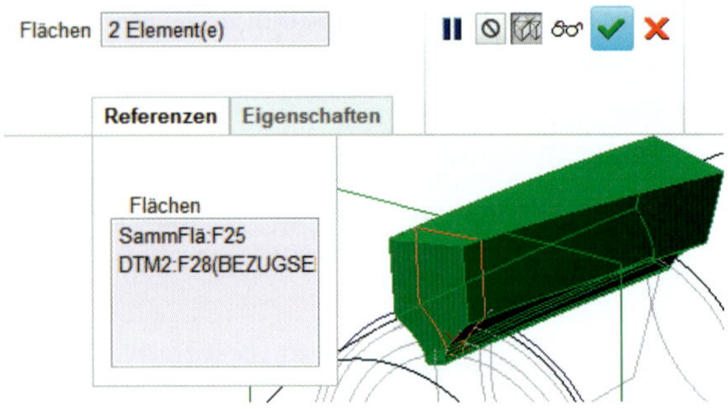

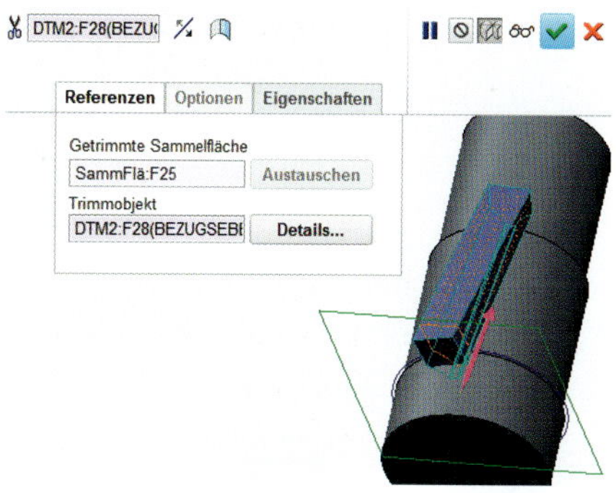

- **[Strg]** + ⇦ <Ebene DTM2 im Modellbaum wählen>
- ⇦ *Flächenüberschneidung*, ✔

☐ **Zahnlückenfläche an DTM2 trimmen**

- ⇦ **Darstellungssteuerung**, ⇦ **Schattierung mit Kanten**
- ⇦ <Zahnlückenfläche im Arbeitsfenster wählen>
- ⇦ **Modell**, ⇦ **Trimmen**
- **[Strg]** + ⇦ <Ebene DTM2 im Modellbaum wählen>
- <Ggf. mit die Schnittrichtung umschalten>
- ⇦ *Flächentrimmung*, ✔

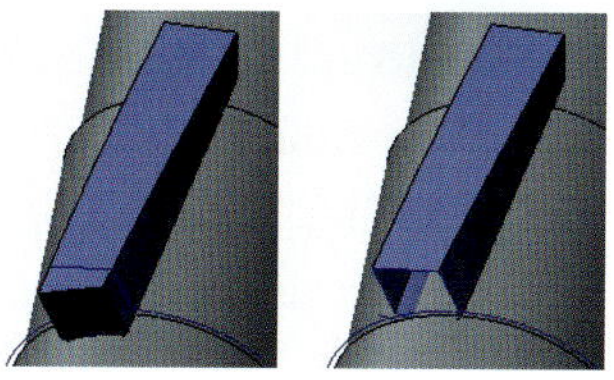

Die nebenstehenden Abbildungen zeigen die Zahnlückenfläche vor und nach dem Trimmen mit der Ebene DTM2.

☐ **Fräserauslauf-Annäherung als 180°-Drehung**

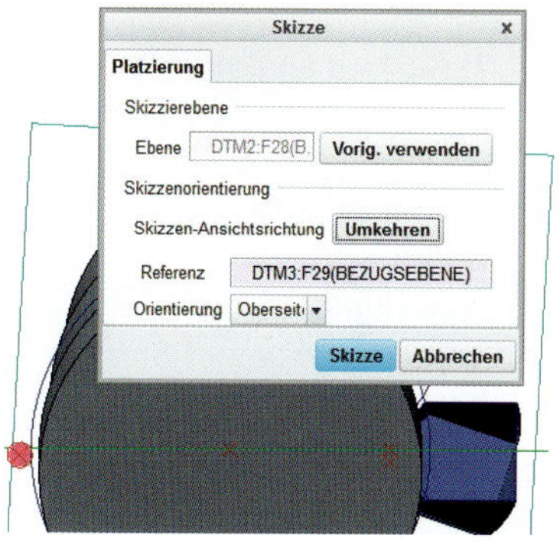

- ⇦ **Modell**, ⇦ **Drehen**, ▶ **Interne Skizze definieren …**
- Skizzierebene: ⇦ **[DTM2]**
- ⇦ Skizze, **Skizze einrichten**, Ansichtsrichtung ⇦ **[Umkehren]** <Die Skizzierebene wird so ausgerichtet, dass man in die offene Fläche hineinschaut>
- Skizzenorientierung Ref.: ⇦ **[DTM3]**, ⇦ **[Oberseite]** <im Modellbaum wählen>
- ⇦ **[Skizze]**

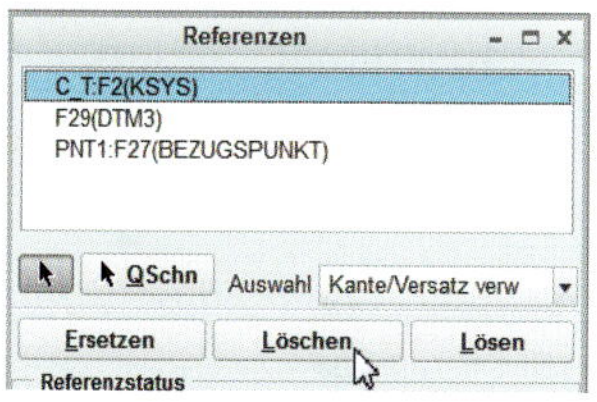

- ▶ **[Referenzen…]**
- ⇦ <Bezugspunkt PNT1 im Arbeitsfenster hinzuwählen>
- ⇦ ***C_T*** <aus Liste wählen>, ⇦ **[Löschen]**

⚠ Alle Referenzen auf die Startobjekte müssen ersetzt werden!

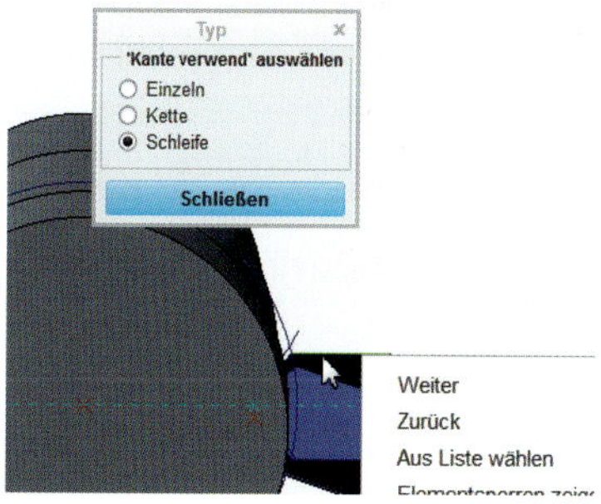

- ⇦ **[Schließen]**
- ⇦ Skizze, ⇦ **Projizieren**, ⇦ ◉ Schleife
- <Mauszeiger ohne Anklicken über der offenen Flächenkante platzieren>
- ▶ **[Aus Liste wählen]**
- ⇦ **Kurve:Fxx(Schneiden_1)** <aus Liste wählen>
- ⇦ **[OK]**
- ⇦ **[Schließen]** <Dialog Typ>

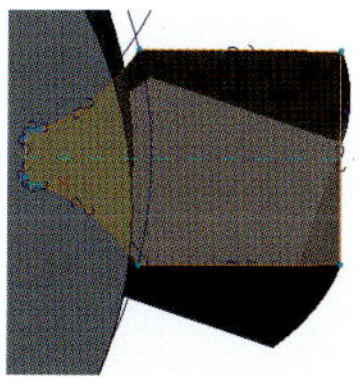

Der Schnitt wird bei aktiviertem Prüftool als geschlossene Kontur in der Skizze dargestellt. Jetzt muss lediglich noch die Drehachse definiert werden.

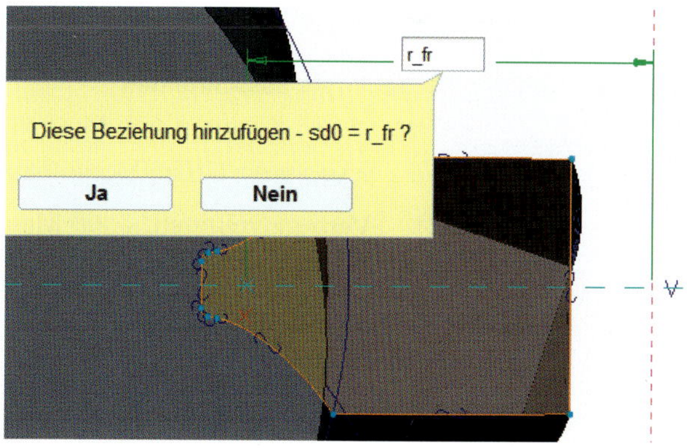

- ⇦ Skizze, **Mittellinie**
- ▶ **[Drehachse bestimmen]** <Mittellinie als Drehachse>
- ⇦ **Skizze**, ⇦ **Senkrecht**, ⇦ <Punkt>, ⇦ <Mittellinie>
- ⇦ ⇦ **[r_fr]**, Beziehung hinzufügen: ⇦ **[Ja]**
- ⇦ *Skizze*, ✔
- ⇦ <Flächenmodus aktivieren>
- ⇦ ⇦ **[180]** <Drehwinkel auf 180° einstellen>

- ⇦ Optionen, ⇦ ☑ **Geschlossene Enden**
- ⇦ *Drehen*, ✔

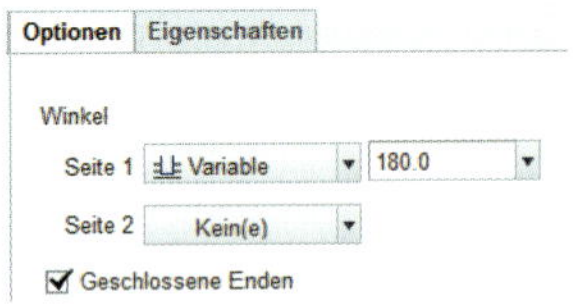

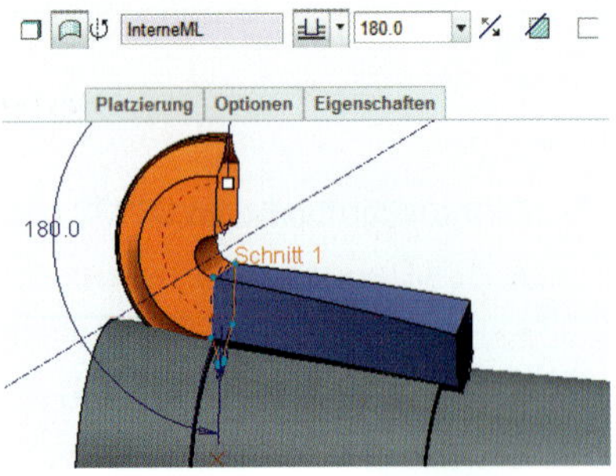

☐ **Teilflächen zusammenführen**

Die beiden Teilflächen der Verzahnungslücke (Breitenlücke und Auslauf) müssen zu einer gemeinsamen Fläche zusammengeführt werden:

- ⇦ Filter, Sammelflächen ▼
- ⇦ <Auslauffläche im Arbeitsfenster wählen>
- **[Strg]** + ⇦ < Zahnlückenfläche im Arbeitsfenster wählen>
- ⇦ **Modell**, ⇦ **Zusammenführen**

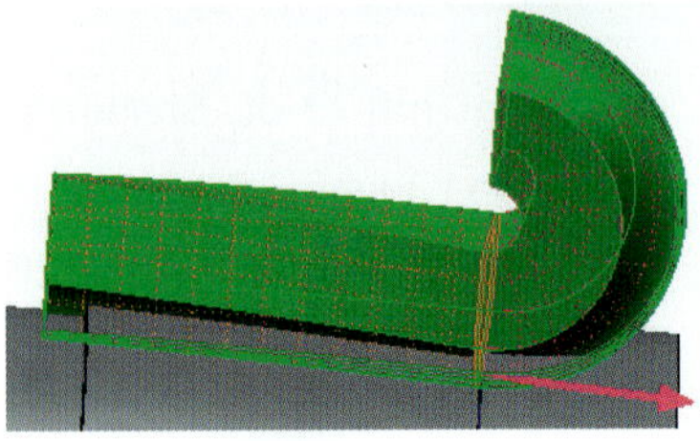

Mit ⤡ so wählen, dass beide Flächenelemente in der schattierten Darstellung vernetzt dargestellt sind.

- ⇦ *Zusammenführen*, ✔

☐ **2. Auslauf analog und Zusammenführen**

Für den Fräserauslauf auf der gegenüberliegenden Seite wird anstelle der *Stirnebene* eine Versatzebene mit dem Namen *Endebene* im Verastzabstand *B:FID_CS0*, eingegeben als KE-Parameter in der neuen Ebene, erstellt.

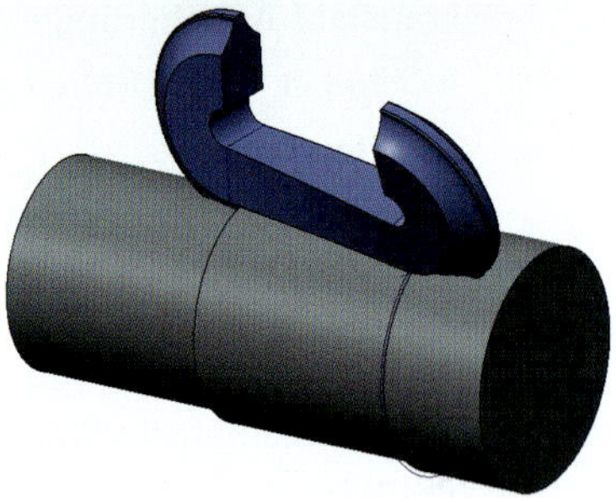

Anschließend werden alle Schritte des Kap. 24.3.5 erneut ausgeführt, wobei anstelle der *Stirnebene* jeweils die *Endebene* verwendet wird.

Die gewünschte Schnittkontur einer Zahnlücke mit beidseitigem Auslauf besteht nun wieder aus zwei Flächenelementen (Breitenlücke mit erstem Auslauf und zweiter Fräserauslauf). Diese Flächen werden weiter in gleicher Weise zu einer gemeinsamen Fläche im KE *Zusammenführen 2* zusammen geführt.

24.3.6 Verzahnungslücke als Materialschnitt vervielfältigen

Für das Vervielfältigen (Muster) der Lücke als Materialschnitt muss zunächst eine Kopie der Lückenfläche erstellt werden, da die zusammengeführte Fläche in *Creo* nicht direkt gemustert werden kann.

☐ **Flächenkopie erzeugen**

- ⇦ Filter, Sammelflächen ▼
- ⇦ <Sammelfläche im Arbeitsfenster wählen>
- ⇦ **Modell**, ⇦ **Kopieren**
- ⇦ **Modell**, ⇦ **Einfügen**, *FLÄCHE: Kopieren*, ✔

☐ **Flächenkopie mustern**

- ⇦ <Kopieren 1 im Modellbaum wählen>
- ▶ **[Muster …]**, ⇦ Achse ▼,
- ⇦ **[A-2]** <Achse *A_2* als Musterachse wählen>
- ⇦ *Muster*, ✔

☐ **Volumen der Flächenkopie ausschneiden**

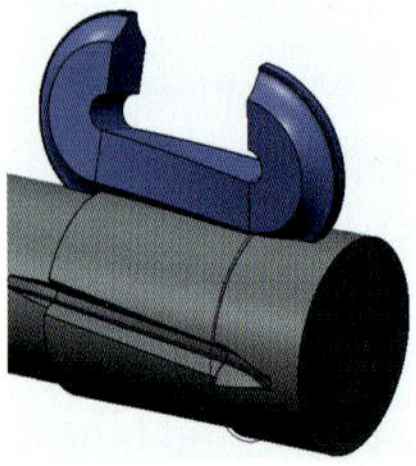

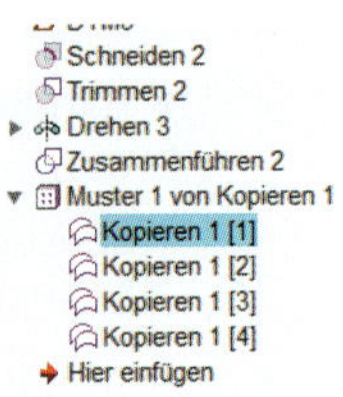

- ⇦ <*Muster 1 von Kopieren 1* im Modellbaum aufklappen>
- ⇦ <*Kopieren 1[1]* im Modellbaum wählen>
- ⇦ **Modell**, ⇦ **Verbundvolumen**, ⇦ Material entfernen
- ⇦ *Verbundvolumen*, ✔
- ▶ **[Muster …]**, Referenz ▼
- ⇦ *Muster*, ✔

Das Resultat sind vier Zahnlückenausschnitte mit Fräsauslauf auf der Welle, wobei der erste Ausschnitt durch die ursprüngliche Flächenkonstruktion überdeckt ist.

☐ **Zähnezahl parametrisch setzen**

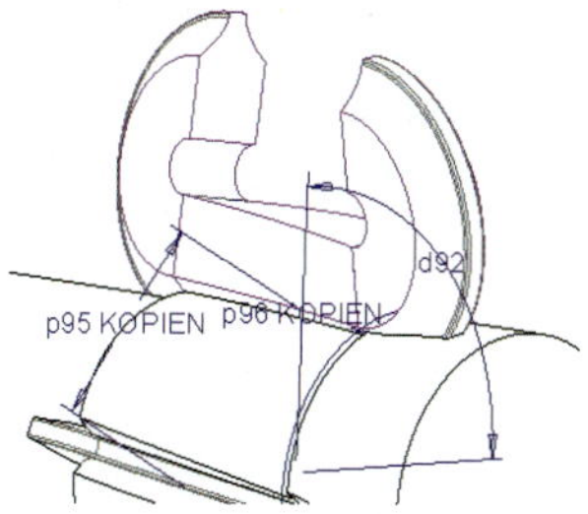

- ⇦ **Werkzeuge**, ⇦ d= **Beziehungen**, ⇦ Suchen in▼: **[KE]**
- ⇦ *<Muster 1 von Kopieren 1>*
- ⇦ **Werkzeuge**, ⇦ **Symbole umschalten**

Nach dem Umschalten der Symbole sind die Bemaßungswerte der drei Musterbemaßungen sichtbar. Das Winkelmaß 90° gibt den Winkel zwischen den einzelnen Lücken an, die 4 Kopien stehen für die Anzahl an Kopien am Umfang und die 1 Kopie für die Anzahl in axialer Richtung.

- ⇦ <*4 KOPIEN* anklicken>

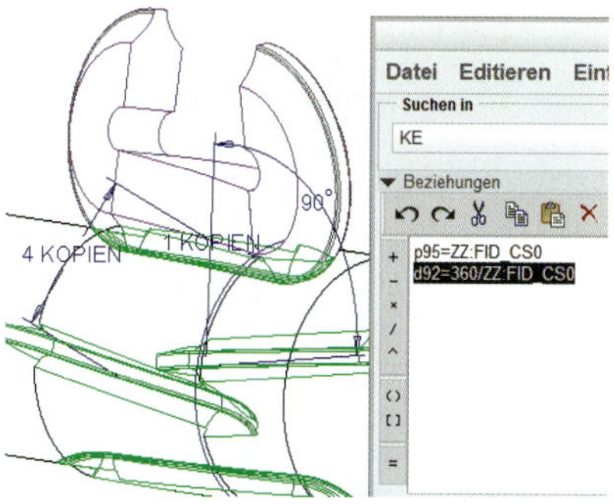

Die Variablenbezeichnung des Maßes (hier: *p95*) wird in den Beziehungseditor übertragen und kann dort mit dem Eingabewert für die Zähnezahl versehen werden.

- ⇦ Einfügen, ⇦ **Aus Liste** ..., Suchen in: ⇦ **KE ▼**
- ⇦ <Koordinatensystem CS0 wählen>
- ⇦ **ZZ**, ⇦ **Ausgewählte einfügen**

Winkelbemaßung analog:

- ⇦ <*90°* anklicken>
- *d92=360/ZZ:FID_CS0* <Beziehung eintragen>
- ⇦ **[OK]**
- ⇦ **Modell**, ⇦ **Regenerieren**

☐ **Kurven- und Flächenfolien ausblenden**

- ⇦ **Folienbaumansicht**
- ⇦ FLAECHEN <Flächenfolie wählen>
- **[Strg]** + ⇦ KURVEN <Kurvenfolie hinzuwählen>
- ▶ **[Ausblenden]**
- ▶ **[Status speichern]**
- ⇦ **Modellbaumansicht**
- ⇦ **Datei**, ⇦ **Speichern**

24.3.7 Modellbaumgruppen und Strukturanpassung

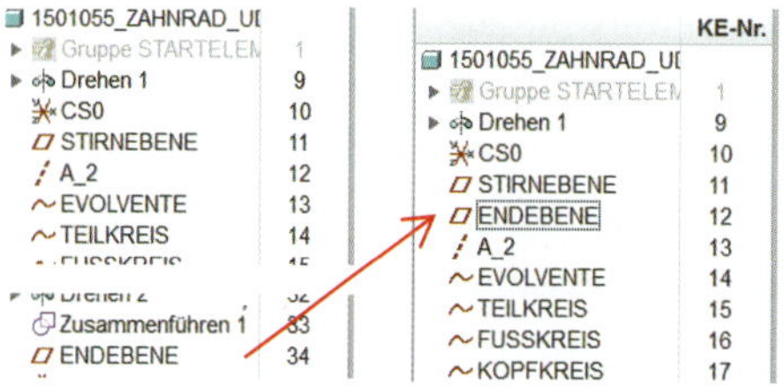

Da dieses Modell als Grundmodell für über UDF variabel einzusetzende Verzahnungen dienen soll, ist es für die Übersicht sinnvoll, die einzelnen KE in benannten Gruppen zusammenzufassen.

Dazu wird zunächst die *Endebene* hinter die *Stirnebene* verschoben, da es sich auch um ein Basiselement handelt.

- ⇦ <Endebene im Modellbaum wählen>
- ▶ <Verschieben im Modellbaum>

Als nächstes werden die KE beginnend vom Koordinatensystem *CS0* bis einschließlich dem KE *Spiegeln 1* zu einer Gruppe *BASIS* zusammengefasst.

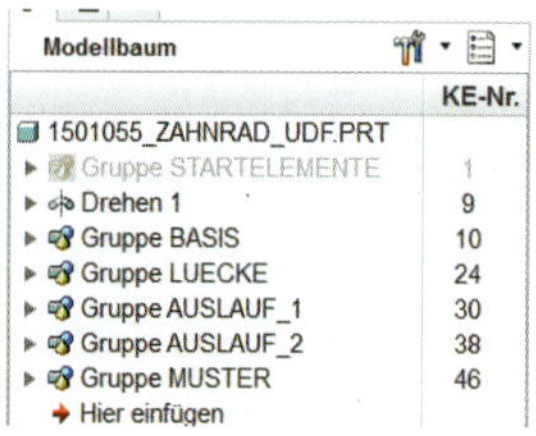

- ⇦ <Endebene im Modellbaum wählen>
- **[⇧]** + ⇦ <Spiegeln 1 im Modellbaum wählen>
- ▶ **[Gruppe]**
- ⇦ ⇦ **[Basis]** <Gruppe umbenennen>

Analog werden die KE *Zugskizze* bis *Rundung 1* einschließlich zu einer Gruppe *LUECKE*, weiter vom *Bezugspunkt* bis *Zusammenführen 1* einschließlich zur Gruppe *AUSLAUF_1*, vom nächsten *Bezugspunkt* bis *Zusammenführen 2* einschließlich zur Gruppe *AUSLAUF_2* und die restlichen Muster-KE zur Gruppe *MUSTER* zusammengefasst.

24.3.8 Eingabeparameter am Ursprungsmodell variieren

Zur Variation der Eingabeparameter wird die Gruppe *BASIS* geöffnet und das Element *CS0* gewählt. Über die rechte Maustaste ▶ können die Parameter variiert werden.

- ⇦ ▼ Gruppe BASIS <Gruppe öffnen>
- ⇦ <CS0 wählen>
- ▶ **[Parameter editieren]**
- Werte ändern
- ⇦ **[OK]**
- ⇦ **Modell**, ⇦ **Regenerieren**

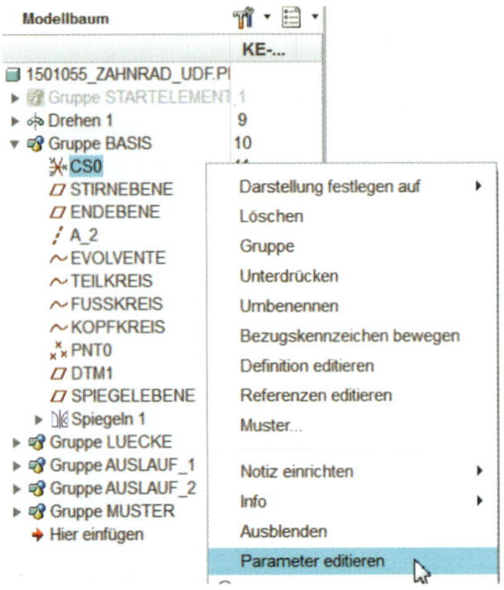

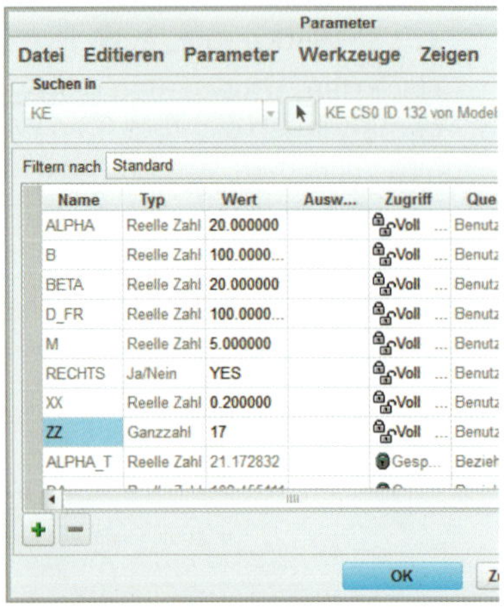

Nebenstehend ist eine Variation der nutzbaren Zahnbreite *b* und der Schrägenrichtung *RECHTS* dargestellt.

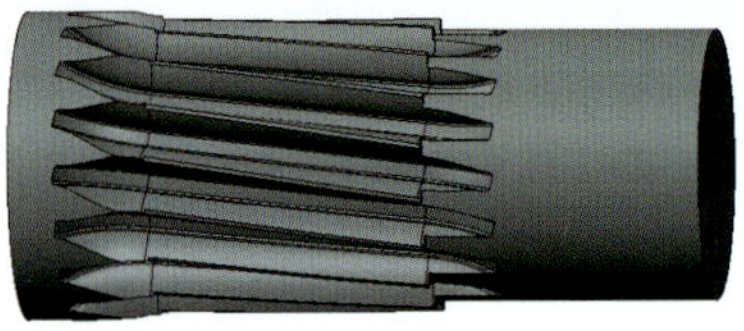

***RECHTS* = YES**

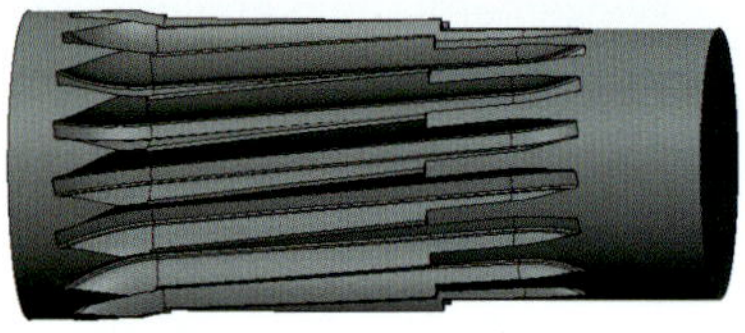

***RECHTS* = NO, Breite *b* = 130**

Bei Variation nahezu aller Größenparameter (Zähnezahl, Modul, Schrägenwinkel, usw.) ist eine Anpassung der Wellen-Grundgeometrie erforderlich. Nebenstehend ist die Auswirkung der Änderung von Zähnezahlen bei unveränderter Wellengeometrie dargestellt. Das Ergebnis sind dann im Allgemeinen unbrauchbare Verzahnungen.

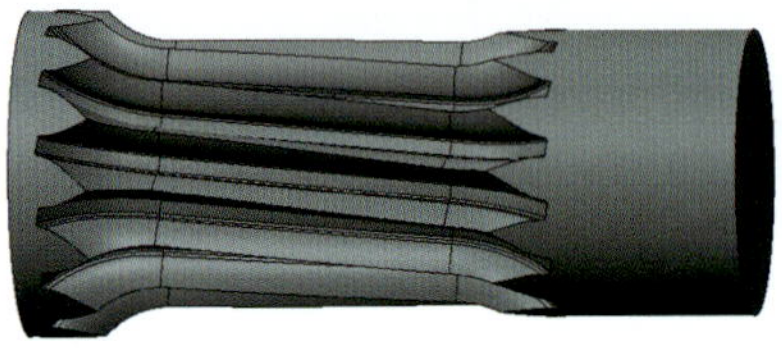

Zähnezahl *ZZ* = 14

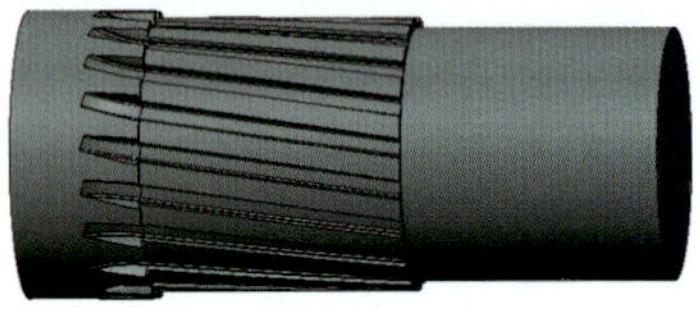

Zähnezahl *ZZ* = 20

24.3.9 UDF erstellen

Das Verzahnungsmodell soll variabel für beliebige Wellen nutzbar gemacht werden. Dazu wird es als benutzerdefiniertes Objekt (UDF) ohne die Wellengrundgeometrie, aber mit variierbaren Eingabeparametern erstellt.

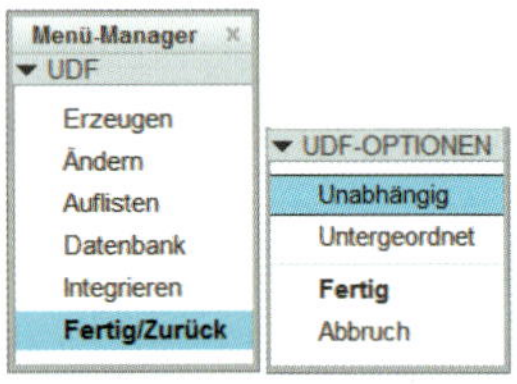

- ⇦ **Werkzeuge**, ⇦ **UDF-Bibliothek**
- ⇦ **Erzeugen**, UDF-Name: **[udf_zahnrad_1501055]**, **[↵]**
- ⇦ **[Unabhängig]**, ⇦ **[Fertig]**
- |Referenzteil einschließen?| ⇦ **[Nein]**

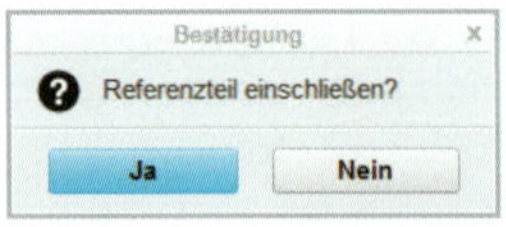

Als nächstes sind die Konstruktionselemente auszuwählen, die in das UDF aufgenommen werden sollen. Hier reicht die Auswahl der ersten Gruppe G*ruppe BASIS* und der letzten Gruppe *Gruppe MUSTER* bei gedrückter ⇧-Taste.

- ⇦ <*Gruppe BASIS* im Modellbaum wählen>
- **[⇧] +** ⇦ < *Gruppe MUSTER* im Modellbaum wählen>
- ⇦ **[Fertig]**
- ⇦ **[Fertig/Zurück]**

Creo fragt nacheinander die Einbaureferenzen für das UDF ab. Bei korrekter Referenzierung über den gesamten Modellierungsprozess dürfen nur genau drei Flächen- bzw. Ebenenreferenzen abgefragt werden. Dies sind die Einbaureferenzen des Koordinatensystems *CS0*.

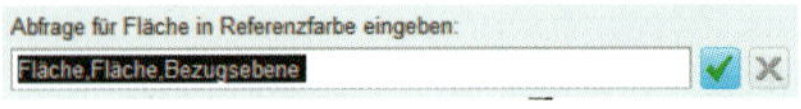

- Erste Referenzabfrage: **[Stirnfläche]** , **[↵]**
- Zweite Referenzabfrage: **[Querschnittsfläche 1]** , **[↵]**
- Dritte Referenzabfrage: **[Querschnittsfläche 2]** , **[↵]**

Nach der letzten von *Creo* benötigten Referenz erscheint im Menümanager der Dialog EINGABE ÄND. Hier besteht noch einmal die Möglichkeit, die Benennungen der Referenzabfragen zu ändern.

- ⇦ **[Fertig/Zurück]**

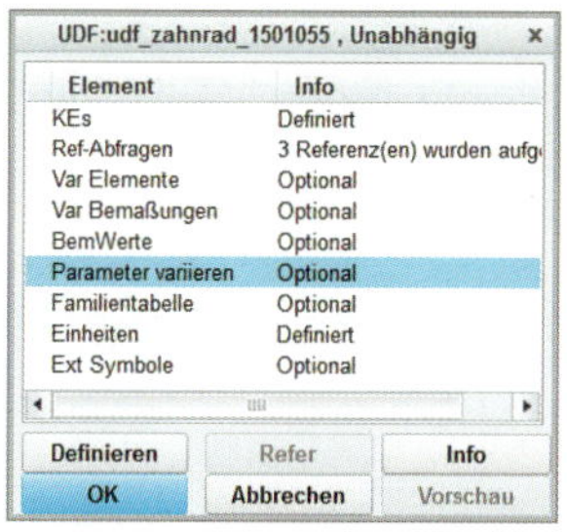

Im Definitionsdialog des UDF sind nun die Pflichteingaben getätigt. **KEs** sind **definiert**, und **3 Referenz(en) wurden aufgerufen**. Nun können weitere **optionale Elemente** dem UDF hinzugefügt werden:

- ⇦ Parameter variieren <aus Liste wählen>
- ⇦ **[Definieren]**
- ⇦ ▼ Gruppe BASIS <Gruppe öffnen>
- ⇦ *CS0* <*CS0* wählen>
- ⇩ <KE-Auswahl mit mittlerer Maustaste bestätigen>

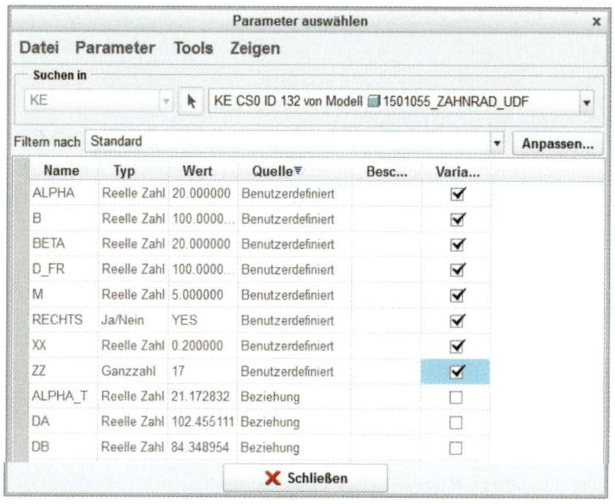

Es öffnet sich der Dialog PARAMETER AUSWÄHLEN. Als Eingabeparameter eignen sich nur die Parameter des Koordinatensystems *CS0*, die nicht über *Beziehung*, sondern *Benutzerdefiniert* sind. Hilfreich ist daher das Sortieren der Liste nach der Quelle.

- ⇦ Quelle <Register anklicken>
- ⇦ ☑ <Parameter als Variable markieren>
- ...
- ⇦ ✕ Schließen

Der Definitionsdialog UDF:UDF_ZAHNRAD_150055 kann auch mit **OK** und der Menü-Manager mit **Fertig/Zurück** beendet werden.

- ⇦ **[OK]**
- ⇦ **[Fertig/Zurück]**

Das UDF ist unter dem Namen *udf_zahnrad_1501055.gph.1* in das Arbeitsverzeichnis geschrieben worden und kann beliebig angewendet werden.

24.3.10 Einschränkungen und Anmerkungen zum Verzahnungsfräsen-UDF

Das vorgestellte Verzahungsfräsen-UDF stellt für ein grundlegendes Lehrbuch eine sehr komplexe Modellierungsanleitung dar. Ziel dieses Beispiels ist es, auch dem geübten *Creo*-Anwender Hilfen für komplexe Modellierungsformen an die Hand zu geben. Damit trotzdem der Rahmen eines Buches nicht zu weit überschritten wird, liegen dem Beispiel folgende Einschränkungen zu Grunde:

- *Zahnkopf- und Zahnfußhöhenfaktor* wurden nicht extra ausgewiesen und damit auf den Wert *Eins* fixiert. Entsprechende Erweiterungen können bei Bedarf in den Eingabeparametern und Beziehungen des Koordinatensystems CS0 ergänzt werden.
- Die *Fußtrochoide* (Unterschnittskurve) wurde nicht mathematisch modelliert. Stattdessen wurde vereinfachend eine tangentiale Linienfortsetzung unterhalb des Grundkreises modelliert. Analog der Evolventengleichung kann eine weitere *Kurve aus Gleichung* für die Fußtrochoide modelliert und anstelle der Tangentialverlängerung im Modell genutzt werden. Entsprechende Modellierungsbeispiele sind in den Design TOOLS enthalten.
- Der *Fußausrundungsradius* wurde im KE *Rundung 1* fest auf den Wert *0,25·m* fixiert. Auch hier wären ein weiterer Parameter im Koordinatensystem *CS0* sowie geänderte Beziehungen in *Rundung 1* denkbar.
- Das *Kopfspiel* wurde in *CS0* fest auf den Wert *0,167·m* fixiert. Auch hier wären ein weiterer Parameter sowie eine geänderte Beziehung im Koordinatensystem *CS0* möglich.
- Zu Problemen mit der UDF-Anwendung kann es kommen, wenn der Fußkreis-Verbindungsbogen zwischen den Tangentenverlängerungen umschlägt. Vermeidbar ist dies, wenn anstelle der Skizzenanpassung vorher Flächenkonstruktionen von Tangenten-, Evolventen- und Fußkreisflächen erstellt und miteinander verbunden werden. In den Design TOOLS sind solche Modellierungen realisiert.

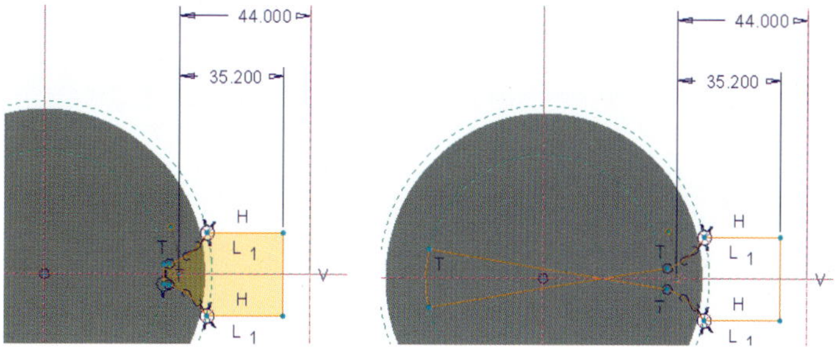

24.3.11 UDF anwenden

Die Anwendungsmöglichkeiten des benutzerdefinierten Verzahnungsfräsen-KE (UDF: **U**ser **D**efined **F**eature) werden am Beispiel der abgebildeten, rein fiktiven Welle mit zwei völlig unterschiedlichen Verzahnungen demonstriert.

Vor der Anwendung des Verzahnungsfräsen-UDF muss jeweils der maximal zulässige Außendurchmesser der zu verzahnenden Welle anhand der Verzahnungsparameter errechnet werden.

- Bsp. 1: $d_a = d_t + 2 \cdot m \cdot (1 + xx) = 55.70\ mm$
- Bsp. 2: $d_a = d_t + 2 \cdot m \cdot (1 + xx) = 63{,}05\ mm$

Parameter	Einh.	Bsp. 1	Bsp. 2
Eingriffswinkel α	°	20	20
Zähnezahl zz		14	22
Profilverschiebungsfaktor xx		0,2	-0,1
Modul m	mm	3	2,2
Schrägungswinkel β	°	30	35
Schrägungsrichtung *RECHTS*		YES	NO
Fräserdurchmesser d_Fr	mm	50	60
Verzahnungsbreite b	mm	80	130

☐ **Welle modellieren**

Mit den Daten wird die Wellengeometrie als neues Teil *1501056_verzahnungsdemo.prt* modelliert.

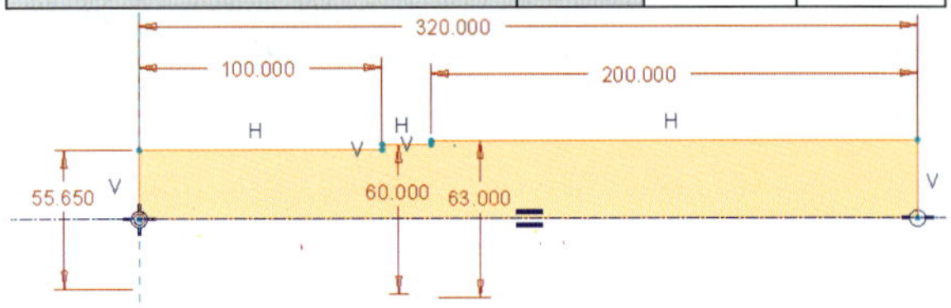

- ⇦ **Modell**, ⇦ **Drehen**
- <Skizze wie nebenstehend>

Anschließend wird eine Versatzebene im Abstand 20 mm zum ersten Absatz als axiale Einbaureferenz für das erste Verzahnungsfräsen (Bsp. 1) erstellt.

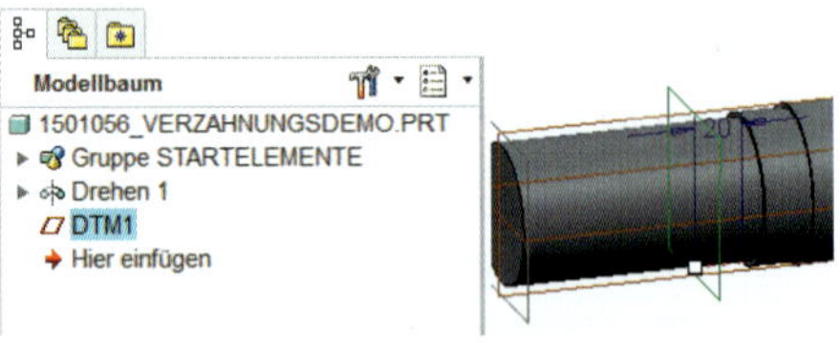

- ⇦ **Modell**, ⇦ **Ebene**
- ⇦ Absatzstirnfläche, **[20]**

☐ **Benutzerdefiniertes KE einbauen**

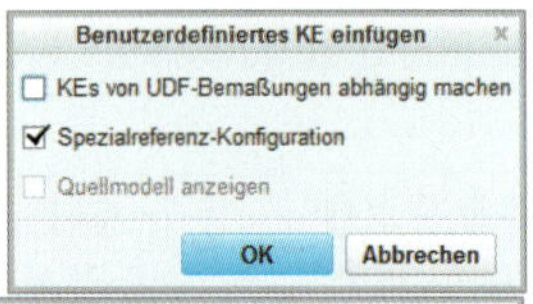

- ⇦ **Modell**, ⇦ **Benutzerdefiniertes KE**
- Öffnen: ⇦ Arbeitsverzeichnis, ⇦ ***udf_zahnrad_1501055.gph***
- ⇦ **[Öffnen]**
- ☑ Spezialreferenz-Konfiguration, ⇦ **[OK]**
- ⇦ ☐ **Autom Regenerierung**

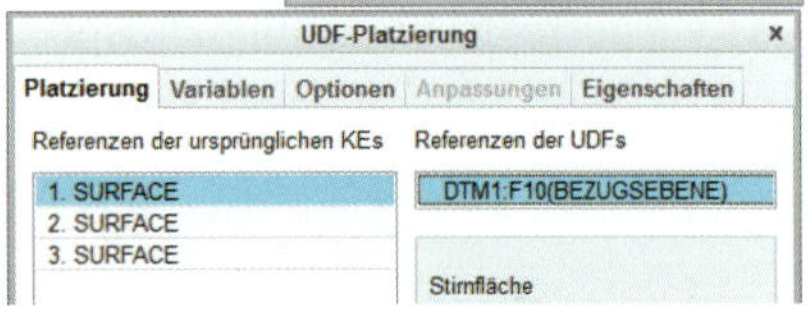

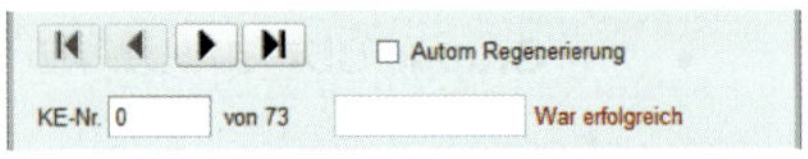

> ☞ Das Verzahnungsfräsen-UDF benötigt für die vollständige Regenerierung einige Sekunden Berechnungszeit. Ist der Schalter *Autom Regenerierung* aktiviert, wird nach jeder einzelnen Parametereingabe immer wieder eine neue Modell-Regenerierung angestoßen.

Zunächst werden im Register Platzierung den Referenzen des ursprünglichen KE die entsprechenden Referenzen des UDF zugewiesen:

- ⇦ **1. SURFACE**, <aus Liste> ⇦ **[DTM1]** <aus Modellbaum>
- ⇦ **2. SURFACE**, <aus Liste> ⇦ **[XY_T_VORNE]**
- ⇦ **3. SURFACE**, <aus Liste> ⇦ **[XZ_T_OBEN]**

Als nächstes werden die Variablenwerte für die zu erzeugende Verzahnung eingegeben.

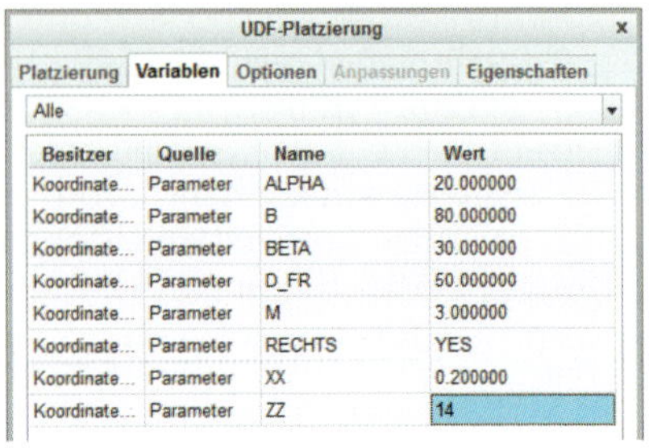

- ⇦ Variablen, ⇦ ⇦ B: **[80]**
- ⇦ BETA: **[30]**
- ⇦ D_FR: **[50]**
- ⇦ M: **[3]**
- ⇦ ZZ: **[14]**
- ⇦ ✔

Das Ergebnis ist die nebenstehend abgebildete Verzahnungskontur einschließlich der Hilfsebenen, Kurven und Flächen des ursprünglichen Verzahnungsmodells. Wird die gesamte UDF-Gruppe im Modellbaum gewählt und ausgeblendet, verschwinden alle diese störenden Elemente und es bleiben nur alle Volumenelemente sowie die vorher definierten Startelemente und Versatzebene sichtbar.

- ⇦ **Gruppe UDF_ZAHNRAD_1501055** <im Modellbaum>
- ▶ **[Ausblenden]**

☐ Zweite Verzahnung als UDF aufbringen

Für den Einbau der zweiten Verzahnung wird wieder eine Versatzebene als axiale Einbaureferenz erstellt.

☞ Die Richtung der Ebene ist maßgeblich für die Richtung der Verzahnungsbreite. Durch Umschalten der Ebenenrichtung wird gleichzeitig die Richtung der Verzahnungsbreite umgeschaltet.

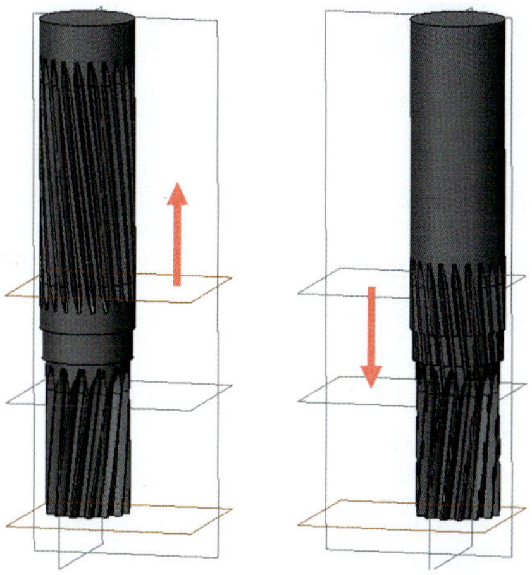

Standard Ebenenrichtung **Ebenenrichtung umgeschaltet**

- ⇦ **Modell**, ⇦ **Ebene**
- ⇦ YZ_T_RECHTS, **[150]**
- ⇦ **Modell**, ⇦ **Benutzerdefiniertes KE**
- ÖFFNEN: ⇦ Arbeitsverzeichnis, ⇦ ***udf_zahnrad_1501055.gph***
- ⇦ **[Öffnen]**
- ☑ Spezialreferenz-Konfiguration, ⇦ **[OK]**
- ⇦ ☐ **Autom Regenerierung**
- ⇦ **1. SURFACE**, <aus Liste> ⇦ **[DTM7]** <im Modellbaum>
- ⇦ **2. SURFACE**, <aus Liste> ⇦ **[XY_T_VORNE]**
- ⇦ **3. SURFACE**, <aus Liste> ⇦ **[XZ_T_OBEN]**
- ⇦ VARIABLEN, ⇦ B: **[130]**
- ⇦ BETA: **[35]**
- ⇦ D_FR: **[60]**
- ⇦ M: **[2.2]**
- ⇦ XX: **[-0.1]**
- ⇦ RECHTS: **[NO]**
- ⇦ ZZ: **[22]**
- ⇦ ✔
- ⇦ **Gruppe UDF_ZAHNRAD_1501055_1** <im Modellbaum>
- ▶ **[Ausblenden]**

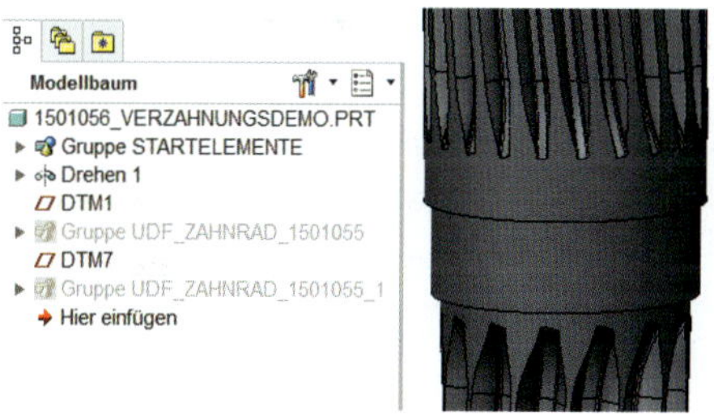

Anhang

Sachwortverzeichnis

Literatur

Für die Erstellung dieses Buches wurde folgende Literatur verwendet:

- Pro/ENGINEER-Update Wildfire-01: RAND worldwide (heute: INNEO Solutions GmbH), Ausgabe Juni 2003
- PTC-Hilfe (Bestandteil der PTC-Software)
- Pro/ENGINEER-Basis-Training Version 2000i²: CAD Praxis GmbH (heute: TRIVIT AG, Ravensburg), Ausgabe Oktober '00
- Forumsinformationen aus www.cad.de
- Normen (DIN) des Beuth-Verlags